기초 전기전자공학

Electronics Fundamentals: Circuits, Devices, and Applications **9th Edition**

기초 전기전자공학

Thomas L. Floyd • David M. Buchla • Gary D. Snyder 지음

강동우 • 강석원 • 김호락 • 류우찬 • 박경석 • 박민기 • 안경관 • 이동원 옮김

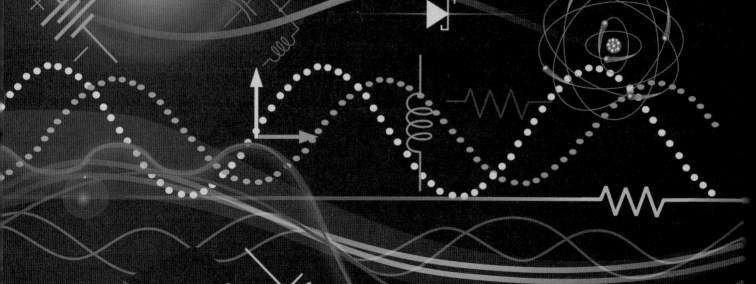

Pearson

Σ 시그마프레스

Pearson Education South Asia Pte Ltd
3 Temasek Avenue #21–23, Centennial Tower
Singapore 039190

Pearson Education offices in Asia: *Bangkok, Beijing, Ho Chi Minh City, Hong Kong, Jakarta, Kuala Lumpur, Manila, Seoul, Singapore, Taipei, Tokyo*

3   2   1
26   25   24

Cover Image by Agsandrew/Shutterstock

발행일: 2024년 2월 29일
공급처: ㈜시그마프레스(02-323-4845/sigma@spress.co.kr)
ISBN: 978-981-3350-01-4(93560)
가격: 45,000원

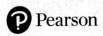

http://pearson.com/asia

역자 서문

21세기 정보통신 기술의 원천은 반도체 소자 기술의 눈부신 발전과 회로 설계 기술의 고도화이며, 그 파급 효과로 관련 산업 분야가 더욱 정밀화되고 있다. 따라서 전자, 전기, 정보통신 관련 전공자뿐만 아니라 기계, 화학, 산업공학 등 비관련 분야의 전공자도 최소한의 전자공학 관련 전공지식을 갖춰야 한다.

《기초 전기전자공학》은 이러한 목적에 매우 부합하는 교재이다. 기초적인 수준의 수학을 사용하여 누구나 쉽게 원리를 이해할 수 있으며, 실전에 바로 응용할 수 있는 내용을 차근차근 설명한다. '기초'와 '이해'에 매우 충실한 책으로, 전기전자공학 전 분야에 걸쳐 필요한 내용을 놓치지 않으면서도 균형을 잘 맞추었다. 또한 기존 교재들이 구분하여 다루는 회로 이론과 전자회로를 연계하여 다룸으로써 전자공학 분야에 대해 체계적이고 종합적인 안목을 키울 수 있다. 이 책의 특징은 다음과 같이 요약할 수 있다.

◆ 학생 관점에서 서술되었다.
◆ 수식보다는 개념 위주로 기초부터 쉽게 설명했다.
◆ 이론을 설명하면서 실생활과 관련된 풍부한 예제를 소개했다.
◆ 실제 관련 분야에서 접하는 문제점 해결 방안을 수록했다.

이 책을 번역하는 과정은 생각보다 쉽지 않았다. 원서의 분량이 워낙 방대하고 수많은 분야를 다루기 때문에 각 분야의 전문 지식과 경험이 충분치 않다면 원서를 이해하여 번역할 수 없다. 역자들은 단순히 원문을 그대로 번역하기보다는 저자의 의도를 제대로 전달하는 동시에 독자의 입장에서 쉽게 이해할 수 있도록 우리말로 옮기기 위해 노력했다. 또한 번역 후 여러 차례의 교정을 거치면서 오류를 바로잡았으나 미처 발견하지 못한 실수가 있을지도 모르겠다. 이는 모두 역자의 책임이며, 독자로부터 지적받은 오류는 증쇄 시 반영하여 더욱 완성도를 높여나갈 것을 약속드린다.

끝으로 이 책을 출간하기까지 물심양면으로 지원해준 피어슨에듀케이션 관계자들에게도 감사인사를 전한다.

2024년 2월
역자 일동

저자 서문

이 책의 주 저자인 Tomas Floyd 교수는 2018년 4월에 생을 마감했다. 그를 알고 지냈던 많은 사람과 함께 깊은 애도를 표한다. 지난 수십 년 동안 그의 책은 전자 분야의 교육에 크게 이바지했다. Floyd 교수는 놀라운 명확성, 통찰력, 혁신을 전자교육 분야에 도입했고, 우리는 그의 뛰어남을 향한 끊임없는 의지를 계속 그리워할 것이다.

9판은 Floyd 교수가 적극적으로 참여하지 않았으나, 30년 이상 그와 함께한 공저자들은 기본적인 전기 및 전자 개념, 실제 응용 프로그램 및 문제해결에 대해 포괄적이고 명확한 범위를 제시하는 그의 탁월한 저술을 유지하기 위해 노력했다. 8판에서 소개된 기능을 유지하면서도 자료를 업데이트하고 새로운 배터리 기술 및 재생 에너지와 같은 새로운 주제를 포함하는 등 내용을 보강했다.

이 책은 네 부분으로 구성되었다. 1부(1~7장)에서는 DC 회로를, 2부(8~14장)에서는 AC 회로를 다루며, 직류 및 교류 전원을 가진 저항성, 용량성, 유도성 회로의 전통적인 주제를 소개한다. 그리고 소자를 다루는 3부(15~18장)에서는 기본적인 종류의 전자 소자와 회로의 개론을 설명한다.

다양한 주제를 개정 및 확장하기 위해 많은 예제를 추가하고, 모든 예제의 정확성을 높이기 위해 철저히 검토했다. 예제 중에 '공학용 계산기'로 표시된 부분의 경우 두 종류의 그래픽 과학용 계산기(TI-84 Plus CE, HP Prime)를 사용할 수 있도록 관련 단계별 지침(Introduction to Scientific Calculators)을 온라인으로 제공한다. 회로 시뮬레이션 예제로 새로운 LTspice IV와 새로 업데이트된 Multisim 회로 파일이 포함되었다. 또한 고장진단을 수요하게 다루고, 각 장의 적용 범위와 관련된 실례를 담은 응용과제로 마무리했다.

이전 판과 마찬가지로 9판에서는 전류흐름을 나타내기 위해 전자흐름 방향을 사용했다. 회로 동작을 구상하고 해석할 목적으로 가정된 전류 방향에 관해 널리 허용되는 견해로 전자흐름 방향과 전통적인 전류 방향이 있다. 회로 해석 결과의 관점에서 두 가지 방법은 차이는 없다. 전자흐름 방향은 전압원의 음의 부분에서 나와 부하를 거쳐 전원의 양의 부분으로 되돌아가며, 전자가 고체 전도체를 통해 움직이는 실제 방향이다. 전통적인 전류 방향은 전압원의 양의 부분에서 나와 부하를 거쳐 전원의 음의 부분으로 되돌아간다. 전류의 효과는 관찰할 수 있지만 전류 그 자체는 결코 보이지 않는다. 그러므로 일관성만 유지한다면 어느 방향을 선택하든 상관없다. 선택은 보통 개인적인 기호 또는 익숙함의 문제이고, 가정된 전류 방향에 관한 두 학파의 생각은 전자흐름과 전통적 흐름 사이에서 균등하게 유지되고 있다.

9판의 새로운 내용

◆ 배터리, 표면실장(SMD) 부품, LED 응용, 옵토커플러 및 옵토아이솔레이터, 홀센서, 다층 인쇄기판 등 전자 기술의 최근 발전 및 응용 범위가 확대되었다.

◆ 신형 계장용 연산증폭기, 새로운 절연 증폭기, 개정된 활용 예제, 슈미트 트리거 회로 등 내용을 완전히 수정했다.

◆ 신규 규정 사항이 포함된 전기 안전에 대한 논의를 강화했다.

◆ RoHS 및 WEEE 지시사항이 포함된 친환경 기술에 대한 절을 추가했다.

◆ 새로운 삽화가 포함된 새로운 콘텐츠를 50쪽 이상 포함했다.

◆ 실제 회로 설계를 위한 기본적인 전자파 적합성(EMC)에 대한 고려 사항을 다루었다.

◆ 여러 장에 차원 해석을 포함했다.

◆ 열화상 카메라, 가우스미터, 임의 함수파형 발생기, 오실로스코프, 혼합신호 오실로스코프 등 계측기의 적용 범위를 새로이 확장했다.

◆ 평면 자기 장치, 펄스 변압기, 피크 변압기, 폴리머 전해 커패시터, 슈퍼 커패시터, 페라이트 비드, 서미스터, 열전쌍 및 열전쌍 신호 컨디셔닝, MRAM(magnetoresistive random access memory) 등 수동 부품의 추가 적용 범위를 다루었다.

◆ 유도성 고전압 회로 보호, 쇼트키 다이오드, 새로운 LED 기술, 새로운 연산증폭기, 전압 조정기 안정성, 솔리드 스테이트 장치 및 설계 고려 사항의 적용 범위를 확장했다.

◆ 과학 계산기 부분에 그래픽 계산 기능, 방법, 관련 예제를 담은 새로운 예제를 추가했다.

◆ 열 관련 문제를 감지하기 위한 열화상 카메라의 사용 및 문제해결을 위한 경험적 접근 방식과 알고리즘 접근 방식의 비교를 포함하는 고장진단 부분을 확장했다.

◆ Multisim 14 회로 파일 예제, 고장진단 문제 등을 온라인으로 제공한다.

◆ LTSpice IV 자습서와 회로 파일을 온라인으로 제공한다.

특징

◆ 학습하는 데 필요한 수학의 수준을 기초대수학, 직각삼각법 정도로 제한했다.

◆ 각 장은 구성, 학습목표, 응용과제 미리보기, 핵심용어, 서론으로 시작된다.

◆ 각 절은 개요와 학습목표로 시작된다.

◆ 각 장에는 수많은 작업 예제의 관련 문제와 답이 포함되어 있다. 대부분은 관련 문제에 대한 계산기 사용 단계를 상세히 제공한다.

◆ 많은 실습 예제에서 Multisim, LTspice 연습을 제공한다.

◆ 대부분의 장에 고장진단 절이 포함되어 있다.

◆ 1장을 제외한 모든 장에 응용과제가 포함되어 있다.

◆ 각 장 후반부에 요약, 핵심용어, 수식, 참/거짓 퀴즈, 자습 문제, 고장진단: 증상과 원인, 연습 문제, 해답을 수록했다.

◆ '고장진단: 증상과 원인'은 문제해결에 필수적인 사고 과정을 개발하는 데 도움이 된다.

◆ 연습 문제는 기초 문제와 고급 문제로 구분되며, 이 중 홀수 번호 문제의 해답을 책 끝부분에 수록했다.

◆ 모든 저항, 캐패시터 값에 표준값을 사용한다.

학생 자료

◆ **Multisim 파일:** 이 책과 연동된 회로 파일은 www.pearsonhighered.com/careersresources에서 다운로드할 수 있다. 접두사 E가 붙은 회로 파일은 예제 회로이고, 접두사 P가 붙은 파일은 연습 문제 회로이다. Multisim 회로 파일을 사용하려면 컴퓨터에 Multisim 소프트웨어가 설치되어 있어야 하며, 이 소프트웨어는 www.ni.com/에서 다운로드할 수 있다. Multisim 회로 파일은 보조적인 자료로, 이 책을 공부하는 데 필수적인 것은 아니다.

◆ **LTspice IV 입문 자습서:** LTspice IV를 사용한 회로 설계 캡처, 편집, 시뮬레이션에 대해서는

www.pearsonhighered.com/careersresources에서 다운로드할 수 있다.

◆ **공학용 계산기:** 직류 및 교류의 기본 문제 풀이와 관련된 TI-84 CE Plus 계산기 또는 HP Prime 컬러 그래프 계산기의 특징과 기능에 대한 자료는 www.pearsonhighered.com/careersresources에서 다운로드할 수 있다.

계산기 사용

복잡한 수학적 문제의 해결에는 항상 계산 장치가 포함된다. 1950년대 후반 이전에는 슬라이드 자가 전자 문제에 대한 답을 찾는 일반적인 수단이었으나, 그 이후로 전자계산기와 개인용 컴퓨터는 학생과 엔지니어가 수행해야 하는 계산을 크게 단순화했다. 초기 계산기는 단순한 수치 문제를 푸는 것으로 제한되었지만, 프로그래밍이 가능한 오늘날의 과학 그래프 계산기는 한때 컴퓨터를 필요로 했던 회로 분석을 할 수 있다. 특히 이 책에서 소개하는 최신 계산기는 비교적 가격이 저렴한 **TI-84 Plus CE**와 **HP Prime**이다. 둘 다 저항성, 리액턴스성, 복합회로와 관련된 문제를 비슷하게 해결할 수 있다. 이러한 계산기는 문제 풀이의 해답이 옳은지 확인하는 데 사용되고, 계산기용 예제를 개발하는 데에도 사용되었다. 중간 및 최종 답은 세 자리 유효숫자로 반올림되지만, 각 문제에 대한 답을 계산하는 중간에는 최대한의 계산기 정밀도가 그대로 사용되었다.

각 장의 교육적 특징

◆ **각 장의 도입부:** 이 장의 구성, 학습목표, 응용과제 미리보기, 핵심용어, 서론으로 시작한다.

◆ **각 절의 도입부:** 각 절은 개요와 학습목표로 시작된다.

◆ **각 절의 복습:** 각 장의 주요 개념을 강조하는 문제로 구성되어 있으며, 해답은 각 장 끝에 수록했다.

▲ 그림 P-1

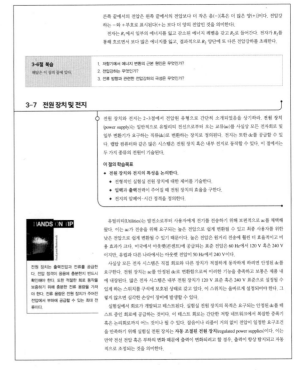

▲ 그림 P-2

◆ **예제, 관련 문제, Multism/LTspice 문제, 프로그래머블 계산기:** 기본적인 개념과 풀이 절차를 명확히 이해하는 데 도움이 된다. 예제에서는 유사한 관련 문제를 제시하여 이를 풀어봄으로써 예제를 더 잘 이해하고 사고력을 확장할 수 있다. 예제 중 일부는 Multisim 파일에 포함되어 있으며, 웹사이트에서 다운로드 가능한 'Introduction to Scientific Calculators'에서는 계산기가 필요한 문제의 풀이 단계를 확인할 수 있다. 예제 관련 문제의 해답은 각 장 끝에 수록했다.

◆ **Safety Note, History Note, Hands on Tip:** 본문의 여백에 보충 자료로 Safety Note, History Note, Hands on Tip을 수록했다.

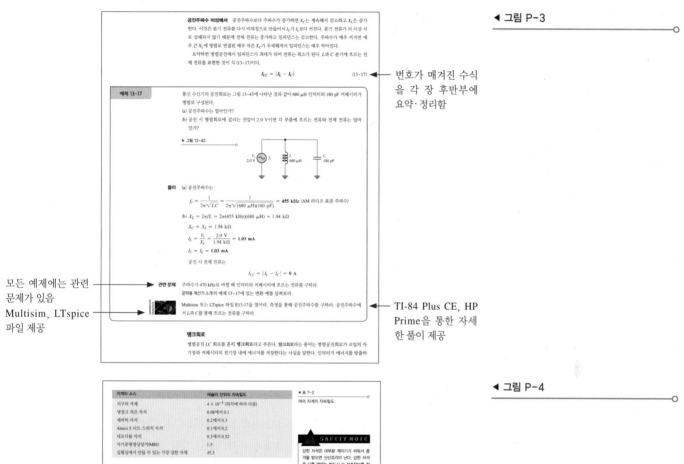

◀ 그림 P-3

번호가 매겨진 수식을 각 장 후반부에 요약·정리함

모든 예제에는 관련 문제가 있음 Multisim, LTspice 파일 제공

TI-84 Plus CE, HP Prime을 통한 자세한 풀이 제공

◀ 그림 P-4

◆ **고장진단:** 대부분 장에는 해당 장의 주제와 관련된 고장진단 절을 포함했으며, 이는 체계적인 접근방법을 제시할 뿐만 아니라 논리적인 사고를 함양한다.

◆ **응용과제:** 각 장에서 다룬 주제의 실제적인 응용을 보여준다. 그림 P-5의 경우 인쇄회로기판(PCB)과 같은 실질적인 회로, 실제 계측 장비, 기술자의 업무에 관한 실제적인 내용을 담고 있다.

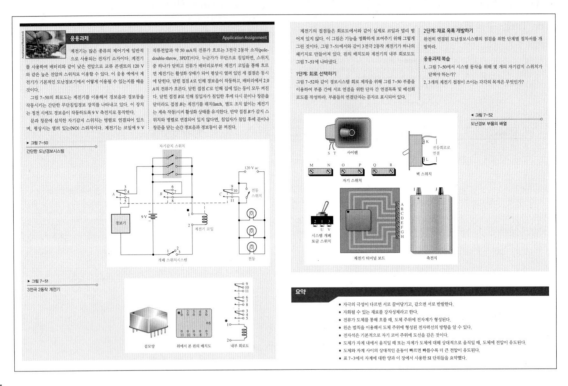

▲ 그림 P-5

전자공학 분야의 직업

전기 및 전자 분야는 매우 다양하며 직업의 기회 또한 다양하다. 전기 및 전자 기술 교육을 받은 사람을 대상으로 한 많은 자격 유형의 직업 분류가 있다. 가장 일반적인 몇 가지 직무는 다음과 같다.

◆ **정비 기술자:** 대리점이나 제조업체의 전자 장비 수리 또는 서비스를 맡으며, 자영업도 가능하다. 특정 분야에는 가전제품과 컴퓨터가 포함된다.

◆ **산업 설비 제조 기술자:** 생산 조립 라인에서 전기 및 전자 제품을 테스트하거나 제조에 사용되는 전기·전자·전기기계 시스템의 유지관리 및 고장을 해결한다. 거의 모든 유형의 제조 공장은 제품에 관계없이 전자 제어 자동화 장비를 사용한다.

◆ **실험실 기술자:** 연구·개발 실험실에서 브레드보드 제작, 시제품, 신규 전자시스템 테스트에 참여한다. 일반적으로 제품 개발 단계에서 엔지니어와 긴밀하게 협력한다.

◆ **현장 서비스 기술자:** 현장 서비스 기술자는 사용처에서 컴퓨터 시스템, 레이더 설치, 자동은행 장비, 보안시스템과 같은 전자 장비를 설치·유지관리·서비스·수리한다. 대규모 시스템에서는 신규 시스템을 설치한 후 고객 교육을 수행하기도 한다.

◆ **엔지니어링 보조/부엔지니어:** 전기 및 전자 시스템의 개념 구현과 기본 설계, 개발 시 엔지

니어와 긴밀히 협력한다. 엔지니어링 보조는 초기 설계부터 제조 단계까지 프로젝트에 참여한다.

◆ **기술 서적 저술가:** 기술 정보를 수집하여 발간하거나 기술 안내 서적과 시청각 자료를 발간한다. 특수한 시스템에 대해서도 전반적인 지식을 갖추고 원리와 동작을 명확하게 설명할 수 있어야 한다.

◆ **기술 영업:** 첨단 기술 제품을 판매하기 위해 전문기술 교육을 받은 기술자에 대한 수요가 크다. 기술적 개념과 제품의 성능을 소비자에게 이해시키려면 전문적인 지식이 필요하기 때문이다. 이러한 분야에서는 기술 서적을 만드는 것처럼 자신의 생각을 말이나 글로 잘 표현해야 한다. 제품을 판매하기 위해서는 상대방에게 성능, 사용방법 등을 설명하는 과정에서 결론 및 최종적인 구매 판단을 분명하고 효과적으로 이끌어낼 수 있는 의사소통 능력이 매우 중요하다.

전자공학의 중요 사건

오늘날과 같이 전자공학 기술이 발전하기까지 중요한 사건을 간략히 살펴보자. 전기 및 전자 기학에서 선구적인 역할을 한 인물의 이름은 그 업적을 기리기 위해 단위로 사용되곤 한다. Ohm, Ampere, Volta, Farad, Henry, Coulomb, Tesla, Hertz 등이 대표적인 예이다. 이러한 선구자 중 몇몇의 전기는 본문 여백의 History Note에 소개했다.

◀ 표 P-1

연도	이름	역사적 사건
1857	Heinrich Geißler	현대적인 네온램프와 유사한 가스 방전관 개발
약 1870년대	David Crookes 등	진공관의 전신인 Crookes 가스 방전관 개발
1897	Sir Joseph J. Thomson	가스 방전관을 이용한 전자의 전하 및 질량 특성 조사
1904	Sir John A. Fleming	진공관 다이오드의 전신인 플레밍 밸브 개발
1907	Lee deForest	전기 신호 증폭을 가능하게 한 3극 진공관의 초기 버전인 그리드 Audion 개발
1909	Robert A. Millikan	전자의 전하량에 대한 실험적 연구
1912	Edwin H. Armstrong	진공관으로 훨씬 더 큰 증폭을 가능하게 하는 재생(정궤환) 회로 특허 출원
1923	Vladimir Zworykin	최초의 텔레비전 영상 튜브 발명
1925	Julian E. Lilienfeld	접합 전계 효과 트랜지스터 개념 특허 출원
1927	Philo T. Farnsworth	최초의 완전한 텔레비전 시스템 특허 출원
약 1930년대	Various	점접촉 다이오드 개발
1939	John Anatasoff	Anatasoff-Berry 구성
	Clifford Berry	컴퓨터, 최초의 전자 이진 컴퓨터
	Hentry Boot	마그네트론, 진공관 발명
	John Randall	마이크로파 발진기
	Russel Varian, Sigurd Varian	클라이스트론(klystron) 마이크로웨이브 진공관 발명
1945	Percy Spencer	유비쿼터스 마이크로웨이브 오븐 개발

연도	이름	역사적 사건
1946	John von Neumann	최초의 프로그램을 탑재한 전자 컴퓨터인 ENIAC 구축
1947	Walter Brattain, John Bardeen, William Shockley	양극접합 트랜지스터의 전신인 점접촉 트랜지스터 발명
1947	Various	제조업에 인쇄회로기판 도입
1951	Allentown Works	트랜지스터 양산 시작
1957	Leo Esaki, Yuriko Kurose, Takashi Suzuki	에사키(터널) 다이오드 발명
1958	Jack Kilby	Texas Instruments 사에서 최초의 집적회로 구축
1959	Mohamad M. Atalla, Dahwon Kang	Bell 연구소에서 금속 산화물 반도체 전계 효과 트랜지스터(MOSFET) 발명
1961	James A. Biard, Gary Pittman	최초의 실용 LED인 반도체 발광다이오드 특허 출원
1965	Bob Widlar	최초로 성공한 연산 증폭기인 Fairchild 사의 μA709 설계
1969	Charley Cline, Bill Duvall	인터넷의 전신인 ARPANET을 사용하여 UCLA 와 Stanford Research Institute의 인터페이스 메시지 프로세서(IMP) 간의 최초의 성공적인 호스트 간 연결
1971	Intel Corporation	최초의 마이크로프로세서인 4004 출시, 8비트 8008 마이크로프로세서 출시
	University of Hawaii	전문적으로 개발된 최초의 무선 네트워크 ALOHAnet 시작
1973	John F. Mitchell, Martin Cooper	Motorola가 시연한 최초의 모바일 셀룰러 휴대 전화
1974	Hewlett-Packard	세계 최초의 휴대용 공학용 계산기 HP-35 출시
1975	Altair	최초의 개인용 컴퓨터 도입
1976	Steve Wozniak, Steve Jobs	1.0 MHz MOS 기술을 사용한 6502 마이크로프로세서 기반 개인용 컴퓨터인 Apple 1 출시
1977	General Telephone and Electronics	0.8 μm GaAs 레이저 송신기와 광섬유 케이블을 사용해 최초의 실시간 통화 성공
1981	IBM	Intel 사의 4.77 MHz, 8088 마이크로프로세서 기반 개인용 컴퓨터인 IBM PC 출시
1982	Sony Corporation, Pioneer Corporation	최초의 50개 콤팩트디스크(CD) 타이틀 출시
1984	Apple Computer	그래픽 사용자 인터페이스의 개인용 컴퓨터인 매킨토시 출시
1990년대	Various	휴대용 통신 네트워크 확산
1990	Tim Berners-Lee	World Wide Web의 표준 마크업 언어인 HTML 출시
1991	Sony Corporation, Asahi Kasei	리튬이온 전지 상용화

연도	이름	역사적 사건
1995	FCC	DARS(Digital Audio Radio Service)를 위한 주파수 할당
	Jennifer Healey, Rosalind Picard	생리 데이터를 수집하고 수집된 데이터에 대한 결정을 내리는 웨어러블 기술의 초기 개발 및 시연으로 스마트 시계 및 군 전술용 센서와 같은 이후의 상용 및 군사 기술 개발 예고
1996	FCC	미국 디지털 텔레비전 표준 개발
	General Motors Corporation	최초 현대식 전기 자동차인 GM EV1 출시 후 다른 제조업체도 잇달아 전기 자동차 출시
	U.S. Federal Government	정부 GPS(Global Position System)를 이중 용도 시스템으로 만들어 민간용으로 개방
1997	Deep Blue, Garry Kasparov	세계 체스 챔피언 개리 카스파로프(Garry Kasparov)가 IBM의 딥 블루(Deep Blue)에 패배. 컴퓨터의 첫 승리
1999	Research in Motion	최신 스마트폰 선구자인 Blackberry 850 출시
2002	European Union	RoHS(Restriction of Hazardous Substances), WEEE(Waste Electrical and Electronic Equipment) 지침 개발, 이듬해 EU 회원국 채택
2006	Blu-Ray Disc Association	1995년에 출시된 DVD(디지털 다용도 디스크)를 대체하기 위한 Blu-Ray 디스크 출시
2007	Apple Computer	혁신적인 스마트폰 디자인, Apple iPhone 소개
2009	FCC	미국에서 아날로그 텔레비전 전송 종료
2012	CERN	Super Hadron Collider 사의 ATLAS 및 CMS 실험에서 힉스 보손과 일치하는 입자를 발견하여 입자 질량의 힉스 필드 이론을 뒷받침하고 François Englert와 Peter Higgs가 이듬해 노벨 물리학상을 받도록 도움
2015	USB Implementers Forum	데이터 속도 12 Mbps, 최대 전력 2.5 W인 1995년 USB 1.1 표준과 비교되는 데이터 속도 40 Gbps 및 최대 전력 100 W인 Thunderbolt 3 Active 케이블 USB 표준 도입
2016	MIT	5-원자 양자 컴퓨터 건립 발표
2017	Kingston Digital	CES(Consumer Electronics Show)에서 $942.50 가격표의 2TB 플래시 드라이브 제품 발표
2018	Blu-Ray Disc Association	2015, 2016년에 발표된 표준을 대체하는 4K Ultra HD 표준 v. 3.2 출시
2019	Google AI NASA	기존 컴퓨팅 방법을 사용하면 계산할 수 없는 데이터 암호화의 기본 요소 연산과 같은 특정 문제를 양자 컴퓨팅이 해결할 수 있다고 주장하는 논문 게시
2020	Internet	인터넷 사용자가 25년 전의 1,600만 명에서 약 45억 명으로 증가(연평균 34%의 성장률)

감사의 글

9판은 정확한 내용을 담기 위해 철저히 검토와 점검 과정을 거쳤다. 각 검토자와 조사자에게 감사를 표한다. 피어슨에듀케이션의 많은 인원이 이 책의 개발과 제작 과정 동안 상당히 기여했다. 핵심 인물은 Tara Warrens와 Deepali Malhotra이며, 전문가로서 헌신한 두 사람에게 감사의 말을 전한다. Integra 사의 Ashwina Ragounath에게도 노고에 대해 감사를 표한다. 또한 Multisim 부록을 준비하는 데 도움을 준 National Instruments 사의 Mark Walters, Digilent 사의 Kaitlyn Franz에게도 고마움을 전한다. 모든 이에게 감사드린다.

Thomas L. Floyd

David M. Buchla

Gary D. Snyder

차례

부록은 유통사인 시그마프레스의 홈페이지(www.sigmapress.co.kr) 고객센터(일반자료실)에서 다운로드할 수 있습니다.

PART 1

DC 회로

양과 단위

1

학습목표

▶ 물리량을 나타내기 위해 과학적 표시법을 사용한다.
▶ 전기 단위와 미터법 접두어를 사용하여 작업한다.
▶ 미터법 접두어를 갖는 하나의 단위를 또 다른 단위로 변환한다.
▶ 일반적인 공학용 계산기를 사용하여 고정 소수점, 과학 및 공학 표기법으로 숫자를 표시한다.
▶ 측정된 데이터를 적절한 수의 유효숫자로 나타낸다.
▶ 일반적인 공학용 계산기를 사용하여 필요한 유효 자릿수를 표시한다.
▶ 전기 위험을 인식하고 적절한 안전 절차를 실습한다.

응용과제 미리보기

2장부터는 각 장의 처음에 그 장과 관련되는 응용과제를 제시할 것이다. 미리보기에서 기술되는 응용과제는 산업체에서 부딪히게 되는 다양한 실제 상황을 보여준다.

각 장을 공부하고 나면 각 장의 마지막에 나오는 응용과제를 해결할 수 있을 것이다. 각 장을 마칠 때 그 과제를 완성할 수 있도록 다루는 주제에 대해 충분한 지식을 갖게 될 것이다.

핵심용어

▶ 공학적 표시법
▶ 과학적 표시법
▶ 미터법 접두어
▶ 반올림
▶ 오차
▶ 유효숫자
▶ 전기 충격
▶ 정밀도
▶ 정확도
▶ 지수
▶ SI
▶ 10의 거듭제곱

서론

전자공학에서 사용되는 단위에 익숙해야 하고 미터법 접두어를 이용하여 여러 가지 방법으로 전기적인 물리량을 어떻게 나타내는지를 알아야 한다. 과학적 표시법과 공학적 표시법은 컴퓨터, 계산기를 사용하거나 예전 방식으로 계산할 때 필수적 표현 도구이다.

1-1 과학적 및 공학적 표시법

전기 및 전자 분야에서는 매우 적거나 매우 큰 양이 존재한다. 예를 들어 전력 응용에서는 수백 암페어의 전류가 사용되는가 하면, 많은 전자회로에서는 수천 분의 일 또는 수백만 분의 일 암페어의 전류가 사용되기도 한다. 이 정도의 수치 범위는 많은 다른 전기량에서도 흔히 볼 수 있다. 공학적 표시법은 과학적 표시법의 특별한 형태이다. 이는 크거나 적은 양을 나타내기 위해 공학 분야에서 널리 사용된다. 전자공학에서 공학적 표시법은 전압, 전류, 전력, 저항 등의 값을 나타내기 위해 사용된다.

이 절의 학습목표

◆ 양을 나타내기 위해 과학적 표시법을 사용한다.
  ◆ 10의 거듭제곱을 이용하여 임의의 수를 나타낸다.
  ◆ 10의 거듭제곱을 이용한 계산을 수행한다.

과학적 표시법(scientific notation)*은 매우 크거나 작은 수를 나타내거나 이와 관련된 계산을 하는 데 편리한 방법을 제공한다. 과학적 표시법에서 하나의 양은 1과 10 사이의 숫자(소수점 왼쪽의 한 자리 숫자)와 10의 거듭제곱의 곱으로 나타낸다. 예를 들어 150,000은 과학적 표시법으로 1.5×10^5으로 나타내고, 0.00022는 2.2×10^{-4}으로 나타낸다.

10의 거듭제곱

표 1-1은 10의 양(+)과 음(−)의 거듭제곱 일부와 해당되는 소수를 나타낸다. **10의 거듭제곱**(power of ten)은 밑수 10의 지수로 나타낸다.

$$\overset{\text{밑수}}{\searrow} \quad \overset{\text{지수}}{\swarrow}$$
$$10^x$$

지수(exponent)는 밑수의 위첨자에 나타나는 숫자이다. 지수는 소수를 만들기 위해 소수점이 오른쪽 또는 왼쪽으로 이동하는 자리의 수를 나타낸다. 10의 양(+)의 거듭제곱의 경우, 등가의 소수를 얻기 위해 소수점을 오른쪽으로 이동한다. 예를 들어 지수가 4인 경우,

$$10^4 = 1 \times 10^4 = 1.0000. = 10,000$$

10의 음(−)의 거듭제곱의 경우, 등가의 소수를 얻기 위해 소수점을 왼쪽으로 이동한다. 예를 들

▶ **표 1-1**

10의 양과 음의 지수승 표시 예

$10^6 = 1,000,000$	$10^{-6} = 0.000001$
$10^5 = 100,000$	$10^{-5} = 0.00001$
$10^4 = 10,000$	$10^{-4} = 0.0001$
$10^3 = 1,000$	$10^{-3} = 0.001$
$10^2 = 100$	$10^{-2} = 0.01$
$10^1 = 10$	$10^{-1} = 0.1$
$10^0 = 1$	

---

* 색깔로 표시된 볼드체 용어는 핵심용어이며 각 장의 끝에 정의되어 있다.

어 지수가 −4인 경우,

$$10^{-4} = 1 \times 10^{-4} = .0001. = 0.0001$$

음의 지수는 수가 음이라는 것을 나타내지 않으며 단지 소수점을 왼쪽으로 이동시킨다.

예제 1-1

각 수를 과학적 표시법으로 나타내라.

(a) 240   (b) 5,100   (c) 85,000   (d) 3,350,000

풀이 각각의 경우 10의 양의 거듭제곱을 결정하기 위해 왼쪽으로 적절한 자릿수만큼 소수점을 이동한다.

(a) $240 = 2.4 \times 10^2$ (b) $5,100 = 5.1 \times 10^3$

(c) $85,000 = 8.5 \times 10^4$ (d) $3,350,000 = 3.35 \times 10^6$

관련 문제* 750,000,000을 과학적 표시법으로 나타내라.

공학용 계산기 소개의 예제 1-1에 있는 변환 예를 살펴보라.

_____

* 해답은 이 장의 끝에 있다.

예제 1-2

각 수를 과학적 표시법으로 나타내라.

(a) 0.24   (b) 0.005   (c) 0.00063   (d) 0.000015

풀이 각각의 경우 10의 음의 거듭제곱을 결정하기 위해 오른쪽으로 적절한 자릿수만큼 소수점을 이동한다.

(a) $0.24 = 2.4 \times 10^{-1}$ (b) $0.005 = 5 \times 10^{-3}$

(c) $0.00063 = 6.3 \times 10^{-4}$ (d) $0.000015 = 1.5 \times 10^{-5}$

관련 문제 0.00000093을 과학적 표시법으로 나타내라.

공학용 계산기 소개의 예제 1-2에 있는 변환 예를 살펴보라.

예제 1-3

다음 각 수를 일반적인 십진수로 나타내라.

(a) 1×10^5 (b) 2.9×10^3 (c) 3.2×10^{-2} (d) 2.5×10^{-6}

풀이 10의 양 또는 음의 거듭제곱에 표시된 자릿수만큼 소수점을 각각 오른쪽 또는 왼쪽으로 옮긴다.

(a) $1 \times 10^5 = 100,000$ (b) $2.9 \times 10^3 = 2900$

(c) $3.2 \times 10^{-2} = 0.032$ (d) $2.5 \times 10^{-6} = 0.0000025$

관련 문제 8.2×10^8을 일반적인 십진수로 나타내라.

공학용 계산기 소개의 예제 1-3에 있는 변환 예를 살펴보라.

10의 거듭제곱으로 계산

과학적 표시법의 장점은 매우 작거나 큰 수의 덧셈, 뺄셈, 곱셈, 나눗셈을 하는 데 있다.

덧셈 10의 거듭제곱으로 표현된 수를 더하기 위한 단계는 다음과 같다.

1. 더할 수들을 10의 동일한 거듭제곱으로 나타낸다.
2. 10의 거듭제곱을 제외한 수들을 더하여 합을 구한다.
3. 10의 공통 거듭제곱을 취한다. 이것은 합의 10의 거듭제곱이 된다.

산술 연산을 수행한 후, 필요에 따라서 과학적 또는 공학적 표기법 형식에 맞게 숫자와 지수를 수정해야 할 수 있다.

예제 1-4	2×10^6과 5×10^7을 더하고 결과를 과학적 표시법으로 나타내라.
풀이	1. 두 수를 10의 동일한 거듭제곱으로 나타낸다. $(2 \times 10^6) + (50 \times 10^6)$.
	2. 더한다. $2 + 50 = 52$.
	3. 10의 공통 거듭제곱(10^6)을 취한다. 합은 $52 \times 10^6 = \mathbf{5.2 \times 10^7}$이다.
관련 문제	4.1×10^3과 7.9×10^2을 더하라.
	공학용 계산기 소개의 예제 1-4에 있는 덧셈 예를 살펴보라.

뺄셈 10의 거듭제곱으로 표현된 수를 빼기 위한 단계는 다음과 같다.

1. 뺄 수들을 10의 동일한 거듭제곱으로 나타낸다.
2. 10의 거듭제곱을 제외한 수들을 빼서 차를 구한다.
3. 10의 공통 거듭제곱을 취한다. 이것은 차의 10의 거듭제곱이 된다.
4. 만약 차이가 1보다 작으면, 그 값이 1에서 10 사이가 되도록 지수를 조정한다.

예제 1-5	7.5×10^{-11}에서 2.5×10^{-12}을 빼고 결과를 과학적 표시법으로 나타내라.
풀이	1. 각각의 수를 10의 동일한 거듭제곱으로 표현한다. $(7.5 \times 10^{-11}) - (0.25 \times 10^{-11})$.
	2. 뺀다. $7.5 - 0.25 = 7.25$.
	3. 10의 공통 거듭제곱(10^{-11})을 취한다. 결과는 $\mathbf{7.25 \times 10^{-11}}$이다.
관련 문제	2.2×10^{-5}에서 3.5×10^{-6}를 빼라.
	공학용 계산기 소개의 예제 1-5에 있는 뺄셈 예를 살펴보라.

곱셈 10의 거듭제곱으로 나타낸 수를 곱하기 위한 단계는 다음과 같다.

1. 10의 거듭제곱을 제외한 수들을 직접적으로 곱한다.
2. 10의 거듭제곱들을 대수적으로 더한다(지수가 같을 필요는 없다).

예제 1-6	5.0×10^{12}과 3.0×10^{-6}을 곱하고 결과를 과학적 표시법으로 나타내라.
풀이	두 수를 곱하고 거듭제곱들을 대수적으로 더한다.

$$(5.0 \times 10^{12})(3.0 \times 10^{-6}) = 15 \times 10^{12+(-6)} = 15 \times 10^{6} = \mathbf{1.5 \times 10^{7}}$$

관련 문제 1.2×10^3과 4×10^2을 곱하라.

공학용 계산기 소개의 예제 1-6에 있는 곱셈 예를 살펴보라.

나눗셈 10의 거듭제곱으로 나타낸 수를 나누기 위한 단계는 다음과 같다.

1. 10의 거듭제곱을 제외한 수들을 직접적으로 나눈다.

2. 분모에 있는 10의 거듭제곱을 분자에 있는 10의 거듭제곱에서 뺀다(지수가 같을 필요는 없다).

예제 1-7	5.0×10^8을 2.5×10^3으로 나누고 결과를 과학적 표시법으로 나타내라.
풀이	분자와 분모를 갖는 나누기 형태로 쓴다.

$$\frac{5.0 \times 10^8}{2.5 \times 10^3}$$

수들을 나누고 10의 거듭제곱들을 뺀다(8에서 3).

$$\frac{5.0 \times 10^8}{2.5 \times 10^8} = 2.0 \times 10^{8-3} = \mathbf{2.0 \times 10^5}$$

관련 문제 8.0×10^{-6}을 2.0×10^{-10}으로 나누어라.

공학용 계산기 소개의 예제 1-7에 있는 나눗셈 예를 살펴보라.

공학용 계산기의 과학적 표시법 과학적 표시법으로 수를 입력하는 것은 대부분의 계산기에서 EE 키를 사용하여 다음과 같이 입력한다. 소수점 왼쪽으로 한 자릿수만 되도록 수를 입력하고, EE 키를 누르고, 10의 거듭제곱을 입력한다. 이 방법으로 수를 입력하기 전에 미리 10의 거듭제곱을 결정한다. 일부의 계산기는 입력된 임의의 십진수를 과학적 표시법으로 자동 변환하는 모드로 바꿔 놓을 수도 있다.

예제 1-8	EE 키를 이용하여 23,560을 과학적 표시법으로 입력하라.
풀이	소수점을 왼쪽으로 네 자릿수만큼 옮겨 숫자 2 뒤에 오도록 한다. 이 결과는 다음과 같이 과학적 표시법으로 나타낸 수가 된다.

$$2.3560 \times 10^4$$

이 수를 계산기에 다음과 같이 입력한다.

| 2 | . | 3 | 5 | 6 | 0 | EE | 4 | 2.3560E4 |

관련 문제 EE 키를 이용하여 573,946을 입력하라.
공학용 계산기 소개의 예제 1-8에 있는 수 입력 예를 살펴보라.

공학적 표시법

공학적 표시법(engineering notation)은 과학적 표시법과 유사하다. 그러나 공학적 표시법에서 숫자는 소수점 왼쪽의 한 자릿수에서 세 자릿수까지 가질 수 있으며, 10의 거듭제곱 지수는 3의 배수가 되어야 한다. 예를 들어 33,000은 공학적 표시법으로 33×10^3이다. 과학적 표시법은 3.3×10^4으로 나타낸다. 또 다른 예로서 0.045는 공학적 표시법으로 45×10^{-3}이다. 과학적 표시법은 4.5×10^{-2}으로 나타낸다. 공학적 표시법은 미터법 접두어(1-2절 참조)를 사용하는 전기 및 전자 계산에 유용하다.

예제 1-9

다음 수를 공학적 표시법으로 나타내라.

(a) 82,000 (b) 243,000 (c) 1,956,000

풀이 공학적 표시법으로

(a) 82,000은 $\mathbf{82 \times 10^3}$이다.

(b) 243,000은 $\mathbf{243 \times 10^3}$이다.

(c) 1,956,000은 $\mathbf{1.956 \times 10^6}$이다.

관련 문제 36,000,000,000을 공학적 표시법으로 나타내라.
공학용 계산기 소개의 예제 1-9에 있는 수 입력 예를 살펴보라.

예제 1-10

다음 수를 공학적 표시법으로 변환하라.

(a) 0.0022 (b) 0.000000047 (c) 0.00033

풀이 공학적 표시법으로

(a) 0.0022는 $\mathbf{2.2 \times 10^{-3}}$이다.

(b) 0.000000047은 $\mathbf{47 \times 10^{-9}}$이다.

(c) 0.00033은 $\mathbf{330 \times 10^{-6}}$이다.

관련 문제 0.0000000000056을 공학적 표시법으로 나타내라.
공학용 계산기 소개의 예제 1-10에 있는 수 입력 예를 살펴보라.

계산기의 공학적 표시법 입력 소수점 왼쪽에 한 자릿수, 두 자릿수, 세 자릿수를 갖는 수를 입력하고, 그 다음 EE 키를 누르고, 마지막으로 3의 배수인 10의 거듭제곱을 입력한다.
이 방법으로 수를 입력하기 전에 미리 10의 적절한 거듭제곱을 결정해둔다.

예제 1-11

EE 키를 사용하여 공학적 표시법으로 51,200,000을 입력하라.

풀이 소수점을 왼쪽으로 여섯 자릿수만큼 옮겨 숫자 1 뒤에 오도록 한다. 이 결과는 다음과 같은 공학적 표시법으로 나타낸 수가 된다.

$$51.2 \times 10^6$$

이 수를 계산기에 다음과 같이 입력한다.

[5] [1] [•] [2] [EE] [6]   51 .2ᴇ6

관련 문제 EE 키를 이용하여 공학적 표현법으로 273,900을 입력하라.

공학용 계산기 소개의 예제 1-11에 있는 공학적 표시에 따른 수 입력 예를 살펴보라.

1-1절 복습

해답은 이 장의 끝에 있다.

1. 과학적 표시법은 10의 거듭제곱을 사용한다. (참/거짓)
2. 100을 10의 거듭제곱으로 나타내라.
3. 다음 수를 과학적 표시법으로 나타내라.
   (a) 4350   (b) 12,010   (c) 29,000,000
4. 다음 수를 과학적 표시법으로 나타내라.
   (a) 0.760   (b) 0.00025   (c) 0.000000597
5. 다음 연산을 수행하라.
   (a) $(1.0 \times 10^5) + (2.0 \times 10^5)$ (b) $(3.0 \times 10^6)(2.0 \times 10^4)$
   (c) $(8.0 \times 10^3) \div (4.0 \times 10^2)$ (d) $(2.5 \times 10^{-6}) - (1.3 \times 10^{-7})$
6. 문제 3에서 과학적 표시법으로 나타낸 수를 계산기에 입력하라.
7. 다음 수를 공학적 표시법으로 나타내라.
   (a) 0.0056   (b) 0.0000000283
   (c) 950,000   (d) 375,000,000,000
8. 문제 7에 있는 수를 공학적 표시법을 사용하여 계산기에 입력하라.

1-2 단위와 미터법 접두어

전자공학에서는 측정 가능한 양을 다룰 수 있어야 한다. 예를 들어 회로의 어떤 테스트 지점에서 측정된 전압은 얼마이며, 도체를 통해 흐르는 전류는 얼마이며, 어떤 증폭기가 전달하는 전력은 얼마인지를 나타낼 수 있어야 한다. 이 절에서는 이 책에서 사용되는 대부분의 전기량에 대한 단위와 기호가 소개된다. 미터법 접두어는 흔히 사용되는 10의 어떤 거듭제곱에 대한 빠른 표기법으로서 공학적 표시법과 함께 사용된다.

이 절의 학습목표

◆ **전기 단위와 미터법 접두어를 다룬다.**

　◆ 12 종류의 전기적인 단위를 명기한다.

　◆ 전기 단위에 대한 기호를 명기한다.

　◆ 미터법 접두어를 목록으로 나열한다.

　◆ 공학적 표시법으로 표기된 10의 거듭제곱을 미터법 접두어로 변경한다.

　◆ 미터법 접두어를 사용하여 전기적인 양을 나타낸다.

▶ 표 1-2

전기량과 관련된 SI 단위 및 기호

양	기호	SI 단위	기호
커패시턴스(capacitance)	C	패럿(farad)	F
전하(charge)	Q	쿨롱(coulomb)	C
컨덕턴스(conductance)	G	지멘스(siemens)	S
전류(current)	I	암페어(ampere)	A
에너지 또는 일(energy or work)	W	줄(joule)	J
주파수(frequency)	f	헤르츠(hertz)	Hz
임피던스(impedance)	Z	옴(ohm)	Ω
인덕턴스(inductance)	L	헨리(henry)	H
전력(power)	P	와트(watt)	W
리액턴스(reactance)	X	옴(ohm)	Ω
저항(resistance)	R	옴(ohm)	Ω
전압(voltage)	V	볼트(volt)	V

전기 단위

전자공학에서는 물리적인 양과 단위를 나타내기 위해 문자 기호가 사용된다. 어떤 기호는 양의 명칭을 나타내기 위해 사용되고, 또 다른 기호는 그 양의 측정 단위를 나타내기 위해 사용된다. 표 1-2는 가장 중요한 전기량을 SI 단위와 기호로 함께 나타낸다. 예를 들어 이탤릭체 P는 전력을 뜻하고 비이탤릭체(로마체) W는 전력의 단위인 와트를 뜻한다. 일반적으로 이탤릭체 문자는 양을 나타내고 비이탤릭체 문자는 단위를 나타낸다. 에너지는 일을 나타내는 이탤릭체 W로 줄여 쓰는 것에 주의하라. 그리고 에너지와 일은 동일한 단위[줄(joule, J)]를 갖는다. SI는 *International System*(프랑스어로 *Système International*)에 대한 프랑스어 약자이다.

표 1-2에 나타낸 공통의 전기 단위 이외에 SI 시스템은 어떤 기본적인 단위 관점에서 정의된 많은 다른 단위를 갖고 있다. 1954년에 국제 협약으로 미터(meter), 킬로그램(kilogram), 초(second), 암페어(ampere), 절대온도(degree kelvin), 칸델라(candela)가 기본적인 SI 단위(degree kelvin은 나중에 kelvin으로 변경되었다)로 채택되었다. 이러한 단위는 유도된 양을 위해 사용되는 mks (meter-kilogram-second) 단위의 기본을 형성하고 거의 모든 과학적 및 공학적 단위에 우선 단위가 되었다. 기본 단위에 대한 최신 정의는 자연의 물리 상수를 사용하여 2019년 5월에 발효되었다. 즉 기본 단위는 이제 일차적이거나 이차적인 물리적 표준을 사용하여 보정적으로 사용되는 대신 전 세계 표준 실험실에서 그 정의에 따라 직접 사용한다.

cgs 시스템이라 불리는 좀 더 오래된 미터법 시스템은 근본 단위로서 센티미터(centimeter), 그램(gram), 초(second)를 근거로 했다. 흔히 cgs 시스템을 근거로 사용하는 많은 단위가 여전히 존재한다. 예를 들어 가우스(gauss)는 cgs 시스템의 자속(magnetic flux) 단위이고 여전히 널리 사용된다. 표준화된 단위를 유지하기 위해 이 책은 별도의 언급이 있을 경우를 제외하고 mks 단위를 사용한다.

미터법 접두어

공학적 표시법에서 미터법 접두어(metric prefixes)는 가장 널리 사용되는 10의 거듭제곱을 나타낸다. 이러한 미터법 접두어는 표 1-3에 각각의 기호와 해당되는 10의 거듭제곱과 함께 나열되어 있다.

미터법 접두어는 볼트, 암페어, 옴과 같이 측정 단위를 갖는 수와 함께 사용되며 단위 기호 앞

미터법 접두어	기호	10의 거듭제곱	값
펨토(femto)	f	10^{-15}	1000조분의 1
피코(pico)	p	10^{-12}	1조분의 1
나노(nano)	n	10^{-9}	10억분의 1
마이크로(micro)	μ	10^{-6}	100만분의 1
밀리(milli)	m	10^{-3}	1천분의 1
킬로(kilo)	k	10^{3}	1천
메가(mega)	M	10^{6}	100만
기가(giga)	G	10^{9}	10억
테라(tera)	T	10^{12}	1조

◀ 표 1-3

미터법 접두어 기호와 그에 해당하는 10의 거듭제곱 값

에 위치한다. 예를 들어 0.025암페어는 공학적 표시법으로 25×10^{-3} A로 나타낼 수 있다. 미터법 접두어를 사용하여 나타낸 이 양은 25 mA이며, 25밀리암페어라고 읽는다. 미터법 접두어 밀리는 10^{-3}을 대신한다. 또 다른 예로서 10,000,000옴은 10×10^{6} Ω으로 나타낼 수 있다. 미터법 접두어를 사용하여 나타낸 이 양은 10 MΩ이며, 10메가옴이라고 읽는다. 미터법 접두어 메가는 10^{6}을 나타낸다.

예제 1-12	미터법 접두어를 사용하여 각각의 양을 나타내라.

(a) 50,000 V (b) 25,000,000 Ω (c) 0.000036 A

풀이 (a) 50,000 V = 50×10^{3} V = **50 kV** (b) 25,000,000 Ω = 25×10^{6} Ω = **25 MΩ**

(c) 0.000036 A = 36×10^{-6} A = **36 μA**

관련 문제 미터법 접두어를 사용하여 각각의 양을 나타내라.

(a) 56,000,000 Ω (b) 0.000470 A

공학용 계산기 소개의 예제 1-12에 있는 미터법 접두어 예제를 살펴보라.

1-2절 복습	1. 10의 거듭제곱 10^{6}, 10^{3}, 10^{-3}, 10^{-6}, 10^{-9}, 10^{-12}에 대한 미터법 접두어를 각각 열거하라.
해답은 이 장의 끝에 있다.	2. 미터법 접두어를 사용하여 0.000001 A를 나타내라.
	3. 미터법 접두어를 사용하여 250,000 W를 나타내라.

1-3 미터법 단위 변환

밀리암페어(mA)를 마이크로암페어(μA)로 변환하는 것처럼 미터법 접두어를 갖는 어떤 단위에서 다른 단위로 변환시키는 것이 종종 필요하거나 편리할 때가 있다. 특정한 변환을 위해 소수점을 적절한 자릿수만큼 왼쪽이나 오른쪽으로 이동함으로써 미터법 단위 변환이 이루어진다.

이 절의 학습목표

◆ 미터법 접두어를 갖는 어떤 단위에서 다른 단위로 변환한다.

　◆ 밀리, 마이크로, 나노, 피코 간에 변환한다.

◆ 킬로와 메가 간에 변환한다.

다음과 같은 기본 규칙이 미터법 단위 변환에 적용된다.

1. 보다 큰 단위에서 보다 작은 단위로 변환할 때에는 소수점을 오른쪽으로 옮긴다.
2. 보다 작은 단위에서 보다 큰 단위로 변환할 때에는 소수점을 왼쪽으로 옮긴다.
3. 변환되는 단위의 10의 거듭제곱의 차를 구함으로써 소수점을 이동할 자릿수를 결정한다.

예를 들어 밀리암페어(mA)에서 마이크로암페어(μA)로 변환할 때, 두 단위 사이에는 세 자릿수의 차가 있으므로(mA는 10^{-3} A이고, μA는 10^{-6} A이다) 소수점을 오른쪽으로 세 자리 옮긴다. 다음 예제들은 몇 가지 변환을 보여준다.

예제 1-13

0.15밀리암페어(0.15 mA)를 마이크로암페어(μA)로 변환하라.

풀이 소수점을 오른쪽으로 세 자리 옮긴다.

$$0.15 \text{ mA} = 0.15 \times 10^{-3} \text{ A} = 150 \times 10^{-6} \text{ A} = \mathbf{150 \, \mu A}$$

관련 문제 1.0 mA를 마이크로암페어로 변환하라.

공학용 계산기 소개의 예제 1-13에 있는 단위 변환 예제를 살펴보라.

예제 1-14

4,500마이크로볼트(4,500 μV)를 밀리볼트(mV)로 변환하라.

풀이 소수점을 왼쪽으로 세 자리 옮긴다.

$$4,500 \, \mu V = 4,500 \times 10^{-6} \text{ V} = 4.5 \times 10^{-3} \text{ V} = \mathbf{4.5 \, mV}$$

관련 문제 1,000 μV를 밀리볼트로 변환하라.

공학용 계산기 소개의 예제 1-14에 있는 단위 변환 예제를 살펴보라.

예제 1-15

5,000나노암페어(5,000 nA)를 마이크로암페어(μA)로 변환하라.

풀이 소수점을 왼쪽으로 세 자리 옮긴다.

$$5,000 \text{ nA} = 5,000 \times 10^{-9} \text{ A} = 5.0 \times 10^{-6} \text{ A} = \mathbf{5.0 \, \mu A}$$

관련 문제 893 nA를 마이크로암페어로 변환하라.

공학용 계산기 소개의 예제 1-15에 있는 단위 변환 예제를 살펴보라.

예제 1-16

47,000피코패럿(47,000 pF)을 마이크로패럿(μF)으로 변환하라.

풀이 소수점을 왼쪽으로 여섯 자리 옮긴다.

$$47,000 \text{ pF} = 47,000 \times 10^{-12} \text{ F} = 0.047 \times 10^{-6} \text{ F} = \mathbf{0.047 \, \mu F}$$

관련 문제 10,000 pF를 마이크로패럿으로 변환하라.

공학용 계산기 소개의 예제 1-16에 있는 단위 변환 예제를 살펴보라.

예제 1-17

0.00022 마이크로패럿(0.00022 μF)을 피코패럿(pF)으로 변환하라.

풀이 소수점을 오른쪽으로 여섯 자리 옮긴다.

$$0.00022 \ \mu F = 0.00022 \times 10^{-6} \ F = 220 \times 10^{-12} \ F = \mathbf{220 \ pF}$$

관련 문제 0.0022 μF를 피코패럿으로 변환하라.

공학용 계산기 소개의 예제 1-17에 있는 단위 변환 예제를 살펴보라.

예제 1-18

1,800킬로옴(1800 kΩ)을 메가옴(MΩ)으로 변환하라.

풀이 소수점을 왼쪽으로 세 자리 옮긴다.

$$1,800 \ k\Omega = 1,800 \times 10^{3} \ \Omega = 1.8 \times 10^{6} \ \Omega = \mathbf{1.8 \ M\Omega}$$

관련 문제 2.2 kΩ을 메가옴으로 변환하라.

공학용 계산기 소개의 예제 1-18에 있는 단위 변환 예제를 살펴보라.

서로 다른 미터법 접두어를 갖는 양들을 더하거나 뺄 때는 우선 이 양들 중 하나를 나머지 양과 같은 접두어로 변환한다.

예제 1-19

15 mA와 8,000 μA를 더하고 그 결과를 밀리암페어로 나타내라.

풀이 8,000 μA를 8.0 mA로 변환하고 더한다.

$$15 \ mA + 8,000 \ \mu A = 15 \ mA + 8.0 \ mA = \mathbf{23 \ mA}$$

관련 문제 2,873 mA와 10,000 μA를 더하라.

공학용 계산기 소개의 예제 1-19에 있는 미터법 덧셈 예제를 살펴보라.

1-3절 복습

해답은 이 장의 끝에 있다.

1. 0.01 MV를 킬로볼트(kV)로 변환하라.
2. 250,000 pA를 밀리암페어(mA)로 변환하라.
3. 0.05 MW와 75 kW를 더하고 그 결과를 kW로 나타내라.
4. 50 mV와 25,000 μV를 더하고 그 결과를 mV로 나타내라.

1-4 측정된 수

물리적 양이 측정될 때는 사용되는 계측기의 한계로 인해 불확실성이 존재한다. 이로 인해 측정된 양이 근사 수치를 가질 때 의미있다고 알려진 숫자를 유효숫자라고 한다. 계측한 양을 보고할 때 보존되어야 하는 유효숫자에는 단 한 자릿수의 불확실한 숫자만 존재해야 한다.

이 절의 학습목표

◆ 측정된 데이터를 적절한 자릿수의 유효숫자로 나타낸다.
  ◆ 정확도, 오차, 정밀도를 정의한다.
  ◆ 수를 적절하게 반올림한다.

오차, 정확도, 정밀도

실험에서 얻는 데이터의 정확성은 테스트 장비의 정확도와 측정이 이루어진 조건에 달려 있기 때문에 완벽하지 않다. 측정 데이터를 적절하게 보고하기 위해 측정과 관련된 오차가 고려되어야 한다. 실험 오차는 실수로 간주되어서는 안 된다. 개수를 세아리지 않는 한 모든 측정값은 참값의 근사값이다. 어떤 물리량의 참값(혹은 최상으로 허용되는 값)과 측정된 값과의 차는 **오차**(error)이다. 만약 오차가 작으면 측정값은 정확하다고 얘기한다. **정확도**(accuracy)는 측정값에서 오차의 범위를 나타내는 지표이다. 예를 들어 10.00 mm 게이지 블록(gauge block)의 두께를 마이크로미터로 측정하고 측정 표준으로 사용되는 게이지 블록을 마이크로미터로 측정했을 때 10.8 mm로 나타난다면 이 값은 정확한 값이 아니라고 볼 수 있다. 만약 10.02 mm로 측정되면, 이 측정값은 표준과 거의 일치하기 때문에 정확하다.

측정의 질과 관련된 또 다른 용어는 **정밀도**이다. **정밀도**(precision)는 어떤 물리량에 대한 측정치의 반복성 혹은 일관성의 척도이다. 일련의 측정된 값들이 분산되어 있지는 않지만, 각각의 측정은 오차 때문에 정확하지 않은 일정한 값을 갖는 것이 가능하다. 예를 들어 어떤 측정기기가 교정되어 있지 않은 경우 부정확하지만 일관성 있는(정밀한) 측정 결과들을 만들어낼 수 있다. 하지만 어떤 측정기기가 정밀하지 않다면 정확한 측정값을 갖는 것은 불가능하다.

유효숫자

측정된 수에서 정확하다고 알려진 자릿수를 **유효숫자**(significant digits)라고 한다. 대부분의 측정기기는 적절한 수의 유효숫자를 나타내지만, 일부 측정기는 유효숫자가 아닌 숫자들을 보여줄 수 있으므로, 어떤 값이 보고되어야 할지 결정하는 일은 사용자의 몫으로 남겨진다. 이것은 **부하**(6-4절 참조)라 불리는 효과 때문에 발생할 수 있다. 측정기기는 회로에서 이런 효과 때문에 실제 측정값을 변화시킬 수 있다. 측정값이 부정확할 때를 인지하는 것이 중요하다. 부정확한 것으로 알려진 숫자를 보고해서는 안 된다.

유효숫자와 관련된 또 다른 문제는 수를 가지고 수학적 연산을 수행할 때 발생한다. 유효숫자의 수는 당초 측정값에 있는 유효숫자의 자릿수를 결코 초과해서는 안 된다. 예를 들어 1.0 V가 3.0 Ω으로 나누어진다면 계산기는 0.33333333을 보여줄 것이다. 당초의 수는 각각 2개의 유효숫자를 갖고 있기 때문에 해답은 0.33 A(동일한 자릿수의 유효숫자)로 보고되어야 한다.

보고된 숫자가 유효숫자인지를 결정하는 규칙은 다음과 같다.

1. 영이 아닌 숫자들은 항상 유효숫자로 간주한다.
2. 첫 번째 영이 아닌 숫자의 왼쪽에 있는 영들은 결코 유효숫자가 아니다.
3. 영이 아닌 숫자들 사이에 있는 영들은 항상 유효숫자이다.
4. 십진수의 경우 소수점 오른쪽에 있는 영들은 유효숫자이다.
5. 정수의 경우 소수점 왼쪽에 있는 영들은 측정에 따라 유효숫자가 될 수도 있고 안 될 수도 있다. 예를 들어 12,100 Ω은 유효숫자가 세, 네, 다섯 자리 모두 가능하다. 유효숫자를 명확하게 하려면 과학적 표시법(혹은 미터법 접두어)이 사용되어야 한다. 예를 들어 12.10 kΩ은 4개의 유효숫자를 갖는다.

측정된 값을 나타낼 때 불확실한 마지막 자릿수 하나는 표시될 수 있지만, 그 이하의 불확실한 자리의 숫자는 표시하지 않아야 한다. 수에서 유효숫자의 자릿수를 구하기 위해 소수점을 무시하고, 첫 번째로 영이 아닌 숫자로 시작해서 오른쪽으로 마지막 숫자로 끝마칠 때까지 숫자의 수를 왼쪽에서 오른쪽으로 계수한다. 계수된 모든 숫자는 수의 오른쪽 끝에 있는 영들을 제외하고 유효숫자이다. 이 영들은 유효숫자가 될 수도 있고 안 될 수도 있다. 다른 정보가 없을 경우, 오른쪽에 있는 영들의 유효숫자 여부는 불확실하다. 일반적으로 측정치가 아니면서 단순히 자리표시를 위해 나타낸 영들은 유효숫자로 고려되지 않는다. 유효숫자인 영들을 명확히 보여줄 필요가 있을 경우, 수는 과학적 혹은 공학적 표시법을 사용하여 나타내야 한다.

예제 1-20

측정된 수 4,300을 두 자리, 세 자리, 네 자리 유효숫자로 나타내라.

풀이 십진수에서 소수점 오른쪽에 있는 영들은 유효숫자이다. 따라서 두 자리 유효숫자를 보여주기 위해 다음과 같이 쓴다.

$$4.3 \times 10^3$$

세 자리 유효숫자를 보여주기 위해 다음과 같이 쓴다.

$$4.30 \times 10^3$$

네 자리 유효숫자를 보여주기 위해 다음과 같이 쓴다.

$$4.300 \times 10^3$$

관련 문제 숫자 10,000에서 유효숫자가 세 자리인 경우, 어떻게 나타내야 하는가?
공학용 계산기 소개의 예제 1-20에 있는 유효숫자 예제를 살펴보라.

예제 1-21

다음 각각의 측정값에서 유효숫자에 밑줄을 표시하라.
(a) 40.0　　(b) 0.3040　　(c) 1.20×10^5　　(d) 120,000　　(e) 0.00502

풀이 (a) 40.0은 세 자리의 유효숫자를 갖는다. 규칙 4를 보라.

(b) 0.3040은 네 자리의 유효숫자를 갖는다. 규칙 2와 3을 보라.

(c) 1.20×10^5은 세 자리의 유효숫자를 갖는다. 규칙 4를 보라.

(d) 120,000은 적어도 두 자리의 유효숫자를 갖는다. 비록 이 수는 (c)에 있는 것과 같은 값을 갖고 있지만, 이 예제에서 영들은 불확실하다. 규칙 5를 보라. 이런 표시 형식은 권고되는 방법

이 아니다. 이 경우에는 과학적 표시법 혹은 미터법 접두어를 사용하라(예제 1-20 참조).

(e) 0.00502은 세 자리의 유효숫자를 갖는다. 규칙 2와 3을 보라.

관련 문제 측정된 양 10과 10.0의 차이는 무엇인가?

수를 반올림하기

측정된 양은 항상 근사 수치를 가지기 때문에 측정값은 유효숫자 내에 하나의 불확실한 자릿수로만 보여주어야 한다. 보여주는 숫자의 수는 측정의 정밀도를 나타내는 지표가 된다. 이러한 이유 때문에 마지막 유효숫자의 가장 오른쪽에 있는 하나 혹은 그 이상의 숫자들을 탈락시킴으로써 수를 **반올림**(round off)해야 한다. 반올림하는 규칙은 다음과 같다.

1. 만약 버리는 자리 중 가장 높은 자리의 숫자(맨 왼쪽의 숫자)가 5보다 크거나, 그 다음 버리는 자리들 중에서 0보다 큰 수가 있으면, 마지막 유효숫자를 1만큼 증가한다.
2. 만약 버리는 숫자가 5보다 작으면, 마지막 유효숫자를 변경하지 않는다.
3. 만약 버리는 숫자가 5인 경우, 버리면서 마지막 유효숫자를 1 증가해서 짝수로 만들면 마지막 유효숫자를 증가한다. 그렇지 않고 홀수가 되면 증가하지 않는다. 이것은 '짝수로의 반올림(round-to-even)' 규칙이라 불린다.

예제 1-22

다음 각각의 수를 세 자리 유효숫자로 반올림하라.

(a) 10.071   (b) 29.961   (c) 6.3948   (d) 123.52   (e) 122.5

풀이   (a) 10.071은 **10.1**로 반올림된다.   (b) 29.961은 **30.0**으로 반올림된다.

(c) 6.3948은 **6.39**로 반올림된다.   (d) 123.52는 **124**로 반올림된다.

(e) 122.5는 **122**로 반올림된다.

관련 문제 3.2850을 짝수로의 반올림을 사용하여 세 자리 유효숫자로 반올림하라.

대부분의 전기 및 전자 회로에서 부품은 1%보다 큰(5%와 10%가 보통이다) 허용오차를 갖는다. 대부분의 측정기기는 이보다 좋은 정확도 규격을 갖지만 1,000분의 1보다 높은 정확도로 측정이 이루어지는 것은 흔치 않다. 이러한 이유로 세 자리 유효숫자는 매우 정확한 측정을 제외한 대부분 작업에서 측정된 양을 나타내는 수로서 적절하다. 만약 여러 중간 계산 결과들로 인해 문제가 될 수 있는 일을 하고 있다면, 일단 계산기에 모든 숫자를 보존하자. 하지만 결과를 나타낼 때는 세 자리 유효숫자로 답을 반올림한다.

1-4절 복습

해답은 이 장의 끝에 있다.

1. 소수점 오른쪽에 영들을 보여주기 위한 규칙은 무엇인가?
2. 짝수로의 반올림 규칙은 무엇인가?
3. 회로도에서 1,000 Ω저항이 1.0 kΩ으로 표시된 것을 자주 보게 된다. 이것은 저항값에 대해 무엇을 의미하는가?
4. 만약 전원장치가 10.00 V로 설치되도록 요구되면, 이것은 측정기기에 필요한 정확도에 대해 무엇을 의미하는가?
5. 측정값에서 유효숫자의 정확한 수를 보여주기 위해 과학적 혹은 공학적 표시법이 어떻게 사용될 수 있는가?

1-5 전기안전

안전은 전기관련 작업을 할 때 주요한 관심사항이다. 전기 충격이나 화상의 가능성은 항상 존재하므로 늘 주의가 요구된다. 전압이 인체 두 지점에 걸릴 때 전류 통로가 형성되고 전류는 전기 충격을 일으킨다. 어떤 전기 부품은 높은 온도에서 작동하기 때문에 부품과 접촉할 때 피부 화상을 입을 수 있다. 또한 전기의 존재는 잠재적인 화재 위험을 뜻하기도 한다.

이 절의 학습목표

◆ **전기 위험을 인식하고 적절한 안전절차를 훈련한다.**
   ◆ 전기 충격의 원인을 설명한다.
   ◆ 인체를 통한 전류 통로 그룹을 열거한다.
   ◆ 인체에 대한 전류의 영향을 논의한다.
   ◆ 전기 작업을 할 때 준수해야 할 안전 예방조치를 열거한다.

전기 충격

인체를 통해 흐르는 전류(전압이 아닌)는 **전기 충격**(electrical shock)의 원인이다. 물론 전류를 생성하기 위해 인체 저항 양단에 전압이 필요하다. 인체의 한 지점이 전압과 접촉되고 또 다른 지점이 다른 전압(혹은 금속 샤시와 같은 접지)과 접촉하게 될 때 인체를 통해 한 지점에서 다른 지점으로 전류가 흐를 것이다. 전류의 통로는 전압이 걸리는 양단 지점에 달려 있다. 그 결과로서 발생하는 전기 충격의 심각 정도는 전압의 크기와 인체를 통해 흐르는 전류 통로에 달려 있다.

어느 조직과 장기가 영향을 받는지는 인체에 흐르는 전류 통로에 의해 결정된다. 전류 통로는 세 그룹으로 나누어진다. 이 세 그룹은 그림 1-1과 같이 터치 포텐셜(touch potential), 스텝 포텐셜(step potential), 터치/스텝 포텐셜(touch/step potential)로 불린다.

인체에 대한 전류의 영향 전류의 양은 전압과 저항에 달려 있다. 인체는 인체의 질량, 피부 습기, 전압 포텐셜을 갖는 인체의 접촉지점 등등을 포함한 많은 요인에 의존하는 저항을 갖고 있다. 표 1-4는 여러 가지 전류값(밀리암페어 단위)에 대한 영향을 보여준다.

신체 저항 인체의 저항은 보통 10 kΩ과 50 kΩ 사이이고, 저항이 측정되는 두 지점에 따라 달라진다. 또한 피부의 습기도 두 지점 간의 저항에 영향을 준다. 저항은 표 1-4에 열거된 각각의 영향을 일으키는 데 필요한 전압의 양을 결정한다. 예를 들어 인체 위 두 지점 간의 저항이 10 kΩ이

터치 포텐셜

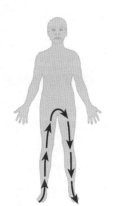
스텝 포텐셜

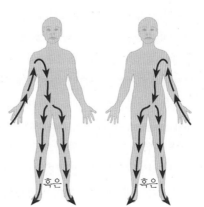
혹은   혹은
터치/스텝 포텐셜

◀ 그림 1-1

세 가지 기본 전류 통로 그룹에 관한 충격 위험

전류(mA)	물리적 영향
0.4	약간의 감각
1.1	인식 한계값
1.8	충격, 고통 없음, 근육제어 손실 없음
9	고통스러운 충격, 근육제어 손실 없음
16	고통스러운 충격, 렛고(let-go) 한계값(근육제어 손실 전류 레벨)
23	심각하게 고통스러운 충격, 근육수축, 호흡곤란
75	심실세동, 한계값
235	심실세동, 5초 혹은 이보다 많은 시간 지속 시 보통은 치명적
4,000	심장마비(심실세동 없음)
5,000	조직 화상

면 두 지점 간에 걸리는 90 V의 전압은 고통스런 충격을 야기하는 데 충분한 전류(9.0 mA)를 생성할 것이다.

유틸리티 전압

유틸리티 전압 사용을 당연시하는 경향이 있지만, 이는 치명적이었고 앞으로도 그럴 수 있다. 모든 전압원(비록 낮은 전압은 심각한 화상 위험을 방지할 수 있을지라도) 주변에서는 조심하는 것이 최상이다. 일반적인 규칙을 따르자면 전기가 공급되는 회로에서 일하는 것을 피해야 하고, 알려진 좋은 계측기(meter, 미터)로 전력이 차단되어 있는지 확인해야 한다. 교육 실험실에서 대부분의 작업은 낮은 전압을 사용하지만, 그럼에도 전기가 공급되는 회로에 접촉하는 것을 피해야 한다. 만약 유틸리티 전압에 연결된 회로에서 작업을 하고 있으면, 이 전기는 차단되어야 하고 이 전기가 차단되는 장비 혹은 장소에 경고문이 게시되어야 하며 누군가가 우연히 전원을 켜는 것을 방지하기 위해 맹꽁이자물쇠(padlock)가 사용되어야 한다. 이런 절차는 로크아웃/태그아웃(lockout/tagout, LOTO)이라 불리며 산업체에서 널리 사용된다. 그림 1-2에서 로크아웃/태그아웃에 대해 특별한 직업안전위생관리국(OSHA, 미국)과 산업체 표준이 존재한다.

▲ 그림 1-2

대표적인 로크아웃/태그아웃 알림 표시와 맹꽁이자물쇠.

HANDS ON TIP

Focal point/Shutterstock

콘센트 테스터는 특정 아웃렛(outlets)을 포함한 특별한 콘센트 유형과 함께 사용되도록 설계되어 있다. 이는 개방된 라인, 결함 있는 결선, 극성 반전과 같은 문제들의 위치를 정확히 나타낸다. 테스트 결과는 LED 혹은 네온전구로 보여준다. 일부 테스터는 접지결함 회로차단기(ground fault circuit interrupters, GFCI)를 테스트하도록 설계되어 있다.

대부분의 실험실 장비는 유틸리티 라인("ac")에 연결되고 북미에서는 120 V rms이다(rms는 8-2절 참조). 결함 있는 장비는 활선 단자가 부주위로 노출될 수 있다. 노출된 전선을 찾기 위해 코드를 검사해야 하고 분실된 커버 혹은 다른 잠재적인 안전 문제를 위해 장비를 확인해야 한다. 가정과 전기 실험실에 있는 단상 유틸리티 라인은 활선(hot, 검정색 혹은 빨간색 전선), 중립(neutral, 하얀색 전선), 안전 접지(safety ground, 초록색 전선)라 불리는 3개의 절연된 전선을 사용한다. 활선과 중립 전선은 정상 사용 시 전류가 흐르지만 초록색 안전 라인은 정상적인 동작에서 결코 전류가 흐르지 않는다. 안전 전선은 케이스가 되어 있는 장비의 금속 외부에 연결되고 또한 주택 콘센트를 위한 전선관과 금속 박스에 연결된다. 그림 1-3은 표준형 콘센트에서 이러한 단자들의 위치를 보여준다. 콘센트에서 중립 단자가 활선 단자보다 큰 것을 인지해야 한다.

안전 접지는 서비스 패널 내에서 중립 단자와 연결된다. 기기 혹은 전기 제품의 금속 섀시도 접지에 연결해놓아야 한다. 그래서 활선이 우연히 접지와 접촉할 경우, 높은 전류가 발생하는데, 이 때 위험을 제거하기 위해 회로차단기가 작동하거나 퓨즈가 끊어진다. 그러나 접지선이 끊어져 있거나 접지 단자가 없는 경우, 인체 접촉 시 큰 전류가 흐를 수 있게 된다. 이런 위험 상황은 접지 제거를 비롯한 연결선이 바뀌지 않도록 해야 하는 분명한 이유이다.

접지결함 회로차단기(ground-fault circuit interrupter, GFCI 혹은 GFI)라 불리는 특수 장치를 이

용하면 회로는 한층 더 보호된다. 만약 이 장치가 연결된 회로에서 문제가 발생하면 회로차단기 내의 센서는 활선과 중립선에 흐르는 각 전류가 같지 않다는 것을 검출하고 회로차단기를 동작시킨다. 이 회로차단기는 매우 빨리 작동하며 주 패널에 있는 차단기보다 빨리 작동할 수 있다. 이런 접지결함 회로차단기는 물이나 습기가 있는 곳과 같이 전기 충격 위험이 있는 장소에 반드시 필요하다. 특히 수영장, 화장실, 부엌, 지하실, 차고는 접지결함 회로차단기 내장형 콘센트 아웃렛를 필히 갖고 있어야 한다. 그림 1-4는 리셋과 테스트 버튼을 갖고 있는 접지결합 콘센트를 보여준다.

▲ 그림 1-3

표준형 콘센트와 연결부

안전 예방조치

전기 및 전자 장치와 함께 작업할 때 실질적으로 해야 할 것이 많이 있다. 일부 중요한 예방조치를 서술하면 다음과 같다.

◆ 어떠한 전압원과의 접촉을 피한다. 회로 부품에 접촉이 필요할 때 회로에서 작업하기 전에 전원을 차단한다.
◆ 혼자 작업하지 않는다. 비상시를 대비하여 사용 가능한 전화기가 있어야 한다.
◆ 피곤하거나 졸음을 유발하는 약을 복용할 때는 작업을 하지 않는다.
◆ 회로에서 작업할 때 반지, 시계 그리고 다른 금속성 보석을 제거한다.
◆ 적절한 절차를 알고 잠재적인 위험을 인식할 때까지 장비에서 작업하지 않는다.
◆ 전원 코드가 좋은 상태이고 접지 핀이 분실되거나 구부러져 있지 않은지 확인한다.
◆ 도구가 잘 유지 보수되어야 한다. 금속성 도구 손잡이의 절연이 좋은 상태인지 확인한다.
◆ 도구를 적절히 다루고 깨끗이 정돈된 작업 구역을 유지한다.
◆ 적절할 때, 특히 전선을 납땜하고 자를 때, 보안경을 착용한다.
◆ 회로의 어떤 부분을 손으로 만지기 전에 항상 전원을 차단하고 커패시터를 방전한다.
◆ 비상 전원차단 스위치와 비상구의 위치를 안다.
◆ 연동 스위치 혹은 3극 플러그의 접지 핀과 같은 안전장치를 결코 무시하거나 훼손하려고 하지 않는다.
◆ 항상 신발을 신고 건조하게 한다. 전기 회로에서 작업을 할 때 금속이나 젖은 바닥 위에서 있지 않는다.
◆ 손이 젖었을 때 절대 기기를 다루지 않는다.
◆ 결코 회로가 전원이 차단되어 있다고 가정하지 않는다. 다루기 전에 신뢰성 있는 계측기로 재확인한다.
◆ 테스트 중인 회로에 공급되는 전류가 필요 이상 흐르는 것을 방지하기 위해 전자 전원장치에 리미터(limiter)를 둔다.
◆ 커패시터와 같은 일부 장치는 전원이 제거된 후에도 오랫동안 치명적인 전하를 저장할 수 있다. 이러한 장치를 갖고 작업을 하기 전에 적절하게 방전시켜야 한다.
◆ 회로 연결을 할 때, 가장 높은 전압을 갖는 지점과의 연결을 항상 가장 마지막 단계로 한다.
◆ 전원장치의 단자와의 접촉을 피한다.
◆ 항상 절연되어 있는 전선과 절연 덮개가 있는 커넥터 혹은 클립을 사용한다.
◆ 케이블과 전선을 가능한 한 짧게 유지한다. 극성이 있는 부품은 적절하게 연결한다.
◆ 안전하지 않은 어떠한 상태도 보고한다.

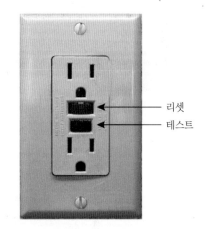

▲ 그림 1-4

GFCI 콘센트

 SAFETY NOTE

접지결함 회로차단기 콘센트가 모든 경우의 전기적 충격이나 피해를 방지하지는 않는다. 만약 접지선이 없는 상태에서 중립 전선과 활선 라인을 접촉하면 접지결함이 검출되지 않고 따라서 접지결함 회로차단기는 작동되지 않을 것이다. 또 다른 경우 접지결함 회로차단기는 감전사를 방지할 수는 있지만, 차단 전의 초기 전기 충격은 방지하지 못할 수 있다. 초기 충격은 추락과 같은 2차 피해를 일으킬 수 있다.

◆ 모든 작업장과 실험실 규칙을 알고 따른다. 장비 근처에서 음료수를 마시지 않고 음식을 먹지 않는다.

◆ 만약 또 다른 사람이 전기가 공급된 도체로부터 벗어날 수 없다면, 전원을 즉시 차단한다. 만약 이것이 가능하지 않으면 임의의 사용 가능한 비도체 물질을 사용하여 이러한 접촉으로부터 인체를 분리시키는 것을 시도한다. 회로에서 작업하고 있는 동안 누군가가 전원을 켜는 것을 방지하기 위해 로크아웃/ 태그아웃 절차를 사용한다.

1-5절 복습

해답은 이 장의 끝에 있다.

1. 전기 접촉이 이루어질 때 무엇이 인체에 물리적 고통 그리고/또는 손상을 일으키는가?
2. 전기 회로 상에서 작업을 할 때 반지를 끼는 것은 괜찮다. (참/거짓)
3. 전기와 관련된 작업을 할 때 젖은 바닥에 서 있는 것은 안전상의 위험을 주지 않는다. (참/ 거짓)
4. 만약 주의를 한다면 전원을 제거하지 않은 상태로 회로를 재결선할 수 있다. (참/거짓)
5. 전기 충격은 매우 고통스럽거나 혹은 심지어 치명적일 수 있다. (참/거짓)
6. GFCI는 무엇을 나타내는가?

요약

● 과학적 표시법은 매우 크거나 매우 작은 수를 1과 10 사이의 수(소수점 왼쪽 한 자리 숫자)와 10의 거듭제곱의 곱으로 표현하는 하나의 방법이다.
● 공학적 표시법은 물리적 양이 소수점 왼쪽 한 자리 숫자, 두 자리, 세 자리 숫자와 3의 배수인 10의 거듭제곱과의 곱으로 나타내는 과학적 표시법의 한 형태이다.
● 미터법 접두어는 3의 배수인 10의 거듭제곱을 나타내는 데 사용되는 기호이다.
● 측정된 양의 불확실성은 측정의 정확도와 정밀도에 달려 있다.
● 수학적 연산의 결과 유효숫자의 자릿수는 원래의 수에 있는 유효숫자의 자릿수를 결코 초과해서는 안 된다.
● 전기 플러그의 표준 연결은 활선, 중립, 안전 접지를 포함한다.
● GFCI는 활선과 중립 전선에 있는 전류를 감지하고, 만약 이 두 전류가 서로 다르면 접지 결함을 표시하면서 차단기를 작동시킨다.

핵심용어

공학적 표시법 임의의 수를 한 자리 숫자, 두 자리 숫자, 세 자리 숫자와 3의 배수인 지수를 갖는 10의 거듭제곱과의 곱으로 나타내기 위한 시스템

과학적 표시법 임의의 수를 1과 10 사이의 수와 10의 적절한 거듭제곱의 곱으로 나타내기 위한 시스템

미터법 접두어 공학적 표시법으로 나타낸 수에서 10의 거듭제곱을 대신하여 사용되는 기호

반올림 유효숫자의 마지막 오른쪽에 있는 하나 혹은 그 이상의 숫자들을 탈락시키는 과정

오차 어떤 물리량의 참값 혹은 최상으로 허용되는 값과 측정된 값과의 차

유효숫자 하나의 수에서 정확하다고 알려진 숫자의 자릿수

전기 충격 인체를 통해 흐르는 전류로부터 야기되는 물리적 감각

정밀도 일련의 측정값의 반복성(혹은 일관성)의 척도

정확도 측정값에서 오차의 범위를 나타내는 지표

지수 밑수의 위첨자에 나타나는 수

10의 거듭제곱 10의 밑수와 지수로 구성되는 수치 표현

SI 모든 공학 및 과학 작업을 위해 사용되는 단위에 대한 표준화된 국제 시스템. *Le Systeme International d'Unites*의 프랑스어 약자

참/거짓 퀴즈   해답은 이 장의 끝에 있다.

1. 3300은 과학적 및 공학적 표시법으로 모두 3.3×10^3으로 쓰인다.
2. 과학적 표시법으로 나타낸 음수는 항상 음의 지수를 갖는다.
3. 과학적 표시법으로 쓰인 두 수를 곱할 때 지수는 같을 필요가 있다.
4. 과학적 표시법으로 쓰인 두 수를 나눌 때 분자의 지수에서 분모의 지수를 뺀다.
5. 미터법 접두어 마이크로는 10^6과 같은 10의 등가 거듭제곱을 갖는다.
6. 56×10^6을 미터법 접두어로 나타내면 그 결과는 56 M이다.
7. 0.047 μF은 47 nF와 같다.
8. 0.0102에 있는 유효숫자의 자릿수는 3이다.
9. 짝수로 반올림을 적용하여 26.25를 세 자리로 반올림할 때 그 결과는 26.3이다.
10. ac 전기에서 하얀색 중립 단자는 활선 단자와 같은 전류를 가져야 한다.

자습 문제   해답은 이 장의 끝에 있다.

1. 4.7×10^{-3}과 같은 것은 무엇인가?
   - (a) 470
   - (b) 4,700
   - (c) 47,000
   - (d) 0.0047
2. 56×10^{-3}과 같은 것은 무엇인가?
   - (a) 0.056
   - (b) 0.560
   - (c) 560
   - (d) 56,000
3. 3,300,000을 공학적 표시법으로 나타낸 것은 무엇인가?
   - (a) $3,300 \times 10^3$
   - (b) 3.3×10^{-6}
   - (c) 3.3×10^6
   - (d) (a) 또는 (c)
4. 10밀리암페어를 나타낸 것은 무엇인가?
   - (a) 10 MA
   - (b) 10 μA
   - (c) 10 kA
   - (d) 10 mA
5. 5,000볼트를 나타낸 것은 무엇인가?
   - (a) 5,000 V
   - (b) 5.0 M
   - (c) 5.0 kV
   - (d) (a) 또는 (c)
6. 20,000,000 Ω을 나타낸 것은 무엇인가?
   - (a) 20 mΩ
   - (b) 20 MW
   - (c) 20 MΩ
   - (d) 20 μΩ
7. 15,000 W와 같은 것은 무엇인가?
   - (a) 15 mW
   - (b) 15 kW
   - (c) 15 MW
   - (d) 15 μW
8. 다음 중 전기량이 아닌 것은 무엇인가?
   - (a) 전류
   - (b) 전압
   - (c) 시간
   - (d) 전력
9. 전류의 단위는 무엇인가?
   - (a) 볼트
   - (b) 와트
   - (c) 암페어
   - (d) 줄
10. 전압의 단위는 무엇인가?
    - (a) 옴
    - (b) 와트
    - (c) 볼트
    - (d) 패럿
11. 저항의 단위는 무엇인가?
    - (a) 암페어
    - (b) 헨리
    - (c) 헤르츠
    - (d) 옴
12. 헤르츠는 무엇의 단위인가?
    - (a) 전력
    - (b) 인덕턴스
    - (c) 주파수
    - (d) 시간

13. 0.1050에서 유효숫자의 수는 얼마인가?

(a) 2   (b) 3   (c) 4   (d) 5

연습 문제

홀수 번호 연습 문제의 해답은 이 책의 끝에 있다.

기초 문제

1-1 과학적 및 공학적 표시법

1. 다음 각 수를 과학적 표시법으로 나타내라.

(a) 3,000   (b) 75,000   (c) 2,000,000

2. 다음 각 분수를 과학적 표시법으로 나타내라.

(a) 1/500   (b) 1/2,000   (c) 1/5,000,000

3. 다음 각 수를 과학적 표시법으로 나타내라.

(a) 8,400   (b) 99,000   (c) 0.2×10^6

4. 다음 각 수를 과학적 표시법으로 나타내라.

(a) 0.0002   (b) 0.6   (c) 7.8×10^{-2}

5. 다음 각 수를 통상적인 십진수 형태로 나타내라.

(a) 2.5×10^{-6} (b) 5.0×10^2 (c) 3.9×10^{-1}

6. 다음 각 수를 통상적인 십진수 형태로 나타내라.

(a) 4.5×10^{-6} (b) 8.0×10^{-9} (c) 4.0×10^{-12}

7. 다음 수를 덧셈하라.

(a) $(9.2 \times 10^6) + (3.4 \times 10^7)$ (b) $(5.0 \times 10^3) + (8.5 \times 10^{-1})$

(c) $(5.6 \times 10^{-8}) + (4.6 \times 10^{-9})$

8. 다음 수를 뺄셈하라.

(a) $(3.2 \times 10^{12}) - (1.1 \times 10^{12})$ (b) $(2.6 \times 10^8) - (1.3 \times 10^7)$

(c) $(1.5 \times 10^{-12}) - (8.0 \times 10^{-13})$

9. 다음 수를 곱셈하라.

(a) $(5.0 \times 10^3)(4.0 \times 10^5)$ (b) $(1.2 \times 10^{12})(3.0 \times 10^2)$

(c) $(2.2 \times 10^{-9})(7.0 \times 10^{-6})$

10. 다음 수를 나눗셈하라.

(a) $(1.0 \times 10^3) \div (2.5 \times 10^2)$ (b) $(2.5 \times 10^{-6}) \div (5.0 \times 10^{-8})$

(c) $(4.2 \times 10^8) \div (2.0 \times 10^{-5})$

11. 다음 각 수를 공학적 표시법으로 나타내라.

(a) 89,000   (b) 450,000   (c) 12,040,000,000,000

12. 다음 각 수를 공학적 표시법으로 나타내라.

(a) 2.35×10^5 (b) 7.32×10^7 (c) 1.333×10^9

13. 다음 각 수를 공학적 표시법으로 나타내라.

(a) 0.000345   (b) 0.025   (c) 0.00000000129

14. 다음 각 수를 공학적 표시법으로 나타내라.

(a) 9.81×10^{-3} (b) 4.82×10^{-4} (c) 4.38×10^{-7}

15. 다음 수를 덧셈하고, 각 결과를 공학적 표시법으로 나타내라.

(a) $2.5 \times 10^{-3} + 4.6 \times 10^{-3}$ (b) $68 \times 10^6 + 33 \times 10^6$ (c) $1.25 \times 10^6 + 250 \times 10^3$

16. 다음 수를 곱셈하고, 각 결과를 공학적 표시법으로 나타내라.

(a) $(32 \times 10^{-3})(56 \times 10^3)$ (b) $(1.2 \times 10^{-6})(1.2 \times 10^{-6})$ (c) $100(55 \times 10^{-3})$

17. 다음 수를 나눗셈하고, 각 결과를 공학적 표시법으로 나타내라.

(a) $50 \div (2.2 \times 10^3)$ (b) $(5.0 \times 10^3) \div (25 \times 10^{-6})$ (c) $(560 \times 10^3) \div (660 \times 10^3)$

1-2 단위와 미터법 접두어

18. 문제 11에 있는 각 수를 미터법 접두어를 사용하여 옴으로 나타내라.

19. 문제 13에 있는 각 수를 미터법 접두어를 사용하여 암페어로 나타내라.

20. 다음에 있는 각각을 미터법 접두어를 갖는 양으로 나타내라.

(a) 31×10^{-3} A   (b) 5.5×10^3 V   (c) 20×10^{-12} F

21. 다음을 미터법 접두어를 사용하여 나타내라.

(a) 3.0×10^{-6} F   (b) 3.3×10^6 Ω   (c) 350×10^{-9} A

22. 각각의 양을 10의 거듭제곱으로 나타내라.

(a) 5.0 μA   (b) 43 mV

(c) 275 kΩ   (d) 10 MW

1-3 미터법 단위 변환

23. 표시된 변환을 수행하라.

(a) 5.0 mA를 μA로   (b) 3,200 μW를 mW로

(c) 5,000 kV를 MV로   (d) 10 MW를 kW로

24. 아래 문제에 답하라.

(a) 1 mA는 몇 μA인가?   (b) 0.05 kV는 몇 mV인가?

(c) 0.02 kΩ은 몇 MΩ인가?   (d) 155 mW는 kW인가?

25. 다음 양을 덧셈하라.

(a) 50 mA + 680 μA   (b) 120 kΩ + 2.2 MΩ   (c) 0.02 μF + 3,300 pF

26. 다음 연산을 수행하라.

(a) 10 kΩ ÷ (2.2 kΩ + 10 kΩ)   (b) 250 mV ÷ 50 μV   (c) 1.0 MW ÷ 2.0 kW

1-4 측정된 수

27. 다음 각 수에는 몇 자리의 유효숫자가 있는가?

(a) 1.00×10^3 (b) 0.0057   (c) 1502.0

(d) 0.000036   (e) 0.105   (f) 2.6×10^5

28. 다음 각 수를 세 자리 유효숫자로 반올림하라. '짝수로의 반올림' 규칙을 사용하라.

(a) 50,505   (b) 220.45   (c) 4646

(d) 10.99   (e) 1.005

해답

각 절의 복습

1-1 과학적 및 공학적 표시법

1. 참

2. 10^2

3. (a) 4.35×10^3 (b) 1.201×10^4 (c) 2.9×10^7

4. (a) 7.6×10^{-1} (b) 2.5×10^{-4} (c) 5.97×10^{-7}

5. (a) 3.0×10^5 (b) 6.0×10^{10} (c) 2.0×10^1 (d) 2.37×10^{-6}

6. 숫자를 입력하고, EE를 누르고, 10의 거듭제곱을 입력한다.

7. (a) 5.6×10^{-3} (b) 28.3×10^{-9} (c) 950×10^{3} (d) 375×10^{9}

8. 숫자를 입력하고, EE를 누르고, 10의 거듭제곱을 입력한다.

1-2 단위와 미터법 접두어

1. 메가(M), 킬로(k), 밀리(m), 마이크로(μ), 나노(n), 피코(p)

2. $1.0\ \mu\text{A}$(1.0마이크로암페어)

3. 250 kW (250킬로와트)

1-3 미터법 단위 변환

1. 0.01 MV = 10 kV

2. 250,000 pA = 0.00025 mA

3. 125 kW

4. 75 mV

1-4 측정된 수

1. 만약 영들이 소수점 오른쪽에 보인다면 이들은 유효숫자로 고려되기 때문에 오직 이들이 유효숫자일 경우에만 영들이 보존되어야 한다.

2. 만약 탈락되는 숫자가 5이고 이것이 마지막으로 보존되는 숫자를 짝수로 만들면 마지막으로 보존되는 숫자는 증가한다. 그렇지 않으면 증가하지 않는다.

3. 소수점 오른쪽에 있는 하나의 영은 저항이 100 Ω(0.1 kΩ)까지 정확하다는 것을 의미한다.

4. 기기는 네 자리 유효숫자까지 정확하다.

5. 과학적 및 공학적 표시법은 소수점 오른쪽에 나타낼 수 있는 자릿수에 제한이 없다. 소수점 오른쪽에 있는 수들은 항상 유효숫자로 고려된다.

1-5 전기 안전

1. 전류

2. 거짓

3. 거짓

4. 거짓

5. 참

6. 접지결함 회로차단기

예제 관련 문제

1-1 7.5×10^{8}

1-2 9.3×10^{-7}

1-3 820,000,000

1-4 4.89×10^{3}

1-5 1.85×10^{-5}

1-6 4.8×10^{5}

1-7 4.0×10^{4}

1-8 5.73946을 입력하고, EE를 누른 후, 5를 입력한다.

1-9 36×10^{9}

1-10 5.6×10^{-12}

1-11 273.9를 입력하고, EE를 누른 후, 3을 입력한다.

1-12 (a) 56 MΩ (b) 470 μA

1-13 1,000 μA

1-14 1.0 mV

1-15 0.893 μA

1-16 0.01 μF

1-17 2,200 pF

1-18 0.0022 MΩ

1-19 2,883 mA

1-20 10.0×10^3

1-21 10은 두 자리의 유효숫자를 갖는다. 10.0은 세 자리의 유효숫자를 갖는다.

1-22 3.28

참/거짓 퀴즈

1. T   2. F   3. F   4. T   5. F   6. T   7. T   8. T   9. F   10. T

자습 문제

1. (b)   2. (a)   3. (c)   4. (d)   5. (d)   6. (c)   7. (b)   8. (c)   9. (c)   10. (c)

11. (d)   12. (c)   13. (c)

전압, 전류, 저항

2

학습목표

▶ 원자의 기본적인 구조를 설명한다.
▶ 전하의 개념을 설명한다.
▶ 전압을 정의하고 이의 특성을 논의한다.
▶ 전류를 정의하고 이의 특성을 논의한다.
▶ 저항을 정의하고 이의 특성을 논의한다.
▶ 알칼리 건전지의 기본구성과 특성을 기술한다.
▶ 기본적인 전기회로를 기술한다.
▶ 인쇄회로기판의 구성과 특징을 기술한다.
▶ 기초회로 측정을 한다.
▶ 전기량을 포함한 계산을 수행하기 위해 일반적인 공학용 계산기를 사용한다.

응용과제 미리보기

과학박람회 전시의 일환으로 대화형 퀴즈 보드를 원한다고 가정한다. 퀴즈 보드는 4개의 전지 유형 중의 하나를 선택하기 위해 회전식 스위치를 사용할 것이다. 각 위치의 스위치는 하나의 전등을 밝힌다. 디스플레이를 보는 사람은 4개의 가능한 답 가운데 하나의 누름 버튼을 눌러 해당되는 답을 선택한다. 만약 정답 누름 버튼이 눌러지면, '정답' 전구에 불이 들어온다. 그렇지 않으면 아무 일도 일어나지 않는다. 전구의 전체 밝기는 1개의 가감저항기로 조절된다. 이 장을 공부하고 나면 응용과제를 해결할 수 있을 것이다.

핵심용어

▶ 가감저항기 ▶ 개회로 ▶ 기준접지
▶ 녹색 ▶ 도체 ▶ 반도체
▶ 볼트(V) ▶ 부하 ▶ 분압기
▶ 비아 ▶ 산화환원 반응 ▶ 셀
▶ 스위치 ▶ 암페어(A) ▶ 연료 전지
▶ 옴(Ω) ▶ 원자
▶ 유해물질사용제한(RoHS)
▶ 인쇄회로기판 ▶ 자유전자 ▶ 저항
▶ 저항계 ▶ 저항기
▶ 전기·전자장비폐기물처리(WEEE)
▶ 전류 ▶ 전류계 ▶ 전류원
▶ 전압 ▶ 전압계 ▶ 전압원
▶ 전자 ▶ 전지 ▶ 전하
▶ 절연체 ▶ 접지 ▶ 지멘스(S)
▶ 층 ▶ 컨덕턴스 ▶ 컬러 코드
▶ 쿨롱(C) ▶ 쿨롱의 법칙 ▶ 평면
▶ 폐회로 ▶ 퓨즈 ▶ 회로
▶ 회로도 ▶ 회로차단기 ▶ AWG
▶ DMM

서론

이 장에서 소개하는 기본적인 전기량은 전압, 전류, 저항이다. 어떤 종류의 전기 혹은 전자 장비로 작업을 하든, 이 전기량은 항상 매우 중요하다. 이것은 dc와 ac 회로에 대해 사실이지만, 이 책의 제1부에서는 dc 회로에 초점을 둘 것이다. 전기회로에서 ac 회로의 중요성 때문에 때때로 특별한 개념을 설명하기 위해 사용될지도 모른다. 하지만 이러한 특별한 경우에 해석과 계산은 등가 dc 회로에 대한 것과 같다.

전압, 전류, 저항의 이해를 돕기 위해 원자의 기본적인 구조가 논의되고 전하의 개념이 소개된다. 전압, 전류, 저항을 측정하는 방법과 함께 기본적인 전기회로를 학습한다.

2-1 원자

모든 물질은 원자로 이루어져 있다. 그리고 모든 원자는 전자, 양자, 중성자로 구성되어 있다. 원자 내에서 어떤 전자의 구성은 도체 혹은 반도체 물질이 전류를 어떻게 잘 전도시키는지를 결정하는 핵심적인 요소이다.

이 절의 학습목표

◆ **원자의 기본 구조를 설명한다.**

   ◆ 핵, 양자, 중성자, 전자를 정의한다.

   ◆ 원자번호를 정의한다.

   ◆ 전자각을 정의한다.

   ◆ 가전자가 무엇인지 설명한다.

   ◆ 이온화를 설명한다.

   ◆ 자유전자가 무엇인지 설명한다.

   ◆ 도체, 반도체, 절연체를 정의한다.

원자(atom)는 **원소**의 성질을 유지하고 있는 원소의 가장 작은 입자이다. 지금까지 알려진 118개 원소들 각각은 모든 다른 원소들의 원자와 다른 고유의 원자번호를 가지는 원자들로 구성된다. 이는 각 원소에 독특한 원자구조를 제공한다. 고전적인 보어(Bohr)의 모델에 따르면, 원자는 그림 2-1에서와 같이 궤도전자로 둘러싸인 중앙의 **핵**으로 구성되어 있는 행성 구조로 시각화된다. 이 핵은 양(+)의 전하를 가지는 입자인 **양자**와 전하를 갖지 않은 입자인 **중성자**로 구성된다. 음(−)의 전하를 갖는 기본 입자는 **전자**라고 한다. 전자(electrons)는 핵을 중심으로 궤도를 돈다.

각 원자는 모든 다른 원소의 원자와 구별되는 일정한 수의 양자를 갖는다. 예를 들어 가장 간단한 수소 원자는 그림 2-2(a)와 같이 1개의 양자와 1개의 전자를 가지고 있다. 또 다른 예로 그림 2-2(b)에 나타낸 헬륨 원자는 핵에 2개의 양자와 2개의 중성자와 핵 주위 궤도를 도는 2개의 전

▶ 그림 2-1

핵 주위의 원형 궤도에 있는 전자를 보여주는 원자의 보어 모델. 전자의 '꼬리'는 이들이 움직이고 있음을 나타낸다.

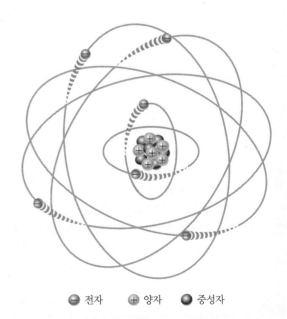

   ◯ 전자   ⊕ 양자   ● 중성자

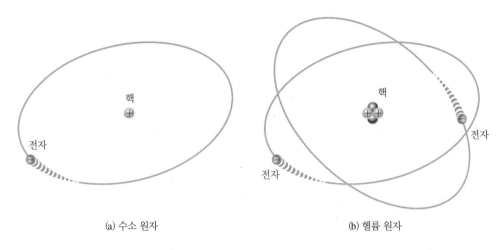

◀ 그림 2-2
2개의 가장 간단한 원자인 수소와
헬륨

(a) 수소 원자   (b) 헬륨 원자

자를 갖고 있다.

원자번호

모든 원소는 그들의 **원자번호**에 따라 주기율표에 차례로 배열되어 있다. 원자번호는 핵에 있는 양자의 수와 같다. 예를 들어 수소는 원자번호가 1이며, 헬륨은 원자번호가 2이다. 정상(중성) 상태에서 주어진 원소의 모든 원자는 전자와 양자의 수가 같다. 양의 전하와 음의 전하는 서로 상쇄되어 원자의 순수 전하가 영이 되고 전기적으로 평형이 되거나 중성이 된다.

전자각과 궤도

전자는 원자의 핵으로부터 일정한 거리에 있는 궤도를 돈다. 핵 가까이에 있는 전자는 보다 먼 **궤도**에 있는 전자보다 적은 에너지를 갖는다. 원자 구조 내에서 전자에너지는 이산적인(별개의 서로 다른) 값만 존재한다고 알려져 있다. 따라서 전자는 핵으로부터 이산적인 거리에 있는 궤도만을 돌아야 한다.

에너지 준위 핵으로부터 각각의 이산적인 거리(궤도)는 어떤 에너지 준위에 해당된다. 원자에

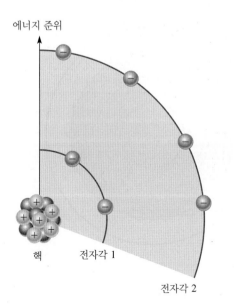

◀ 그림 2-3
에너지 준위는 핵으로부터 거리가 멀어질수록 증가한다.

에너지 준위

핵   전자각 1   전자각 2

서 궤도들은 **전자각**이라고 알려진 에너지 밴드들로 무리지어 있다. 주어진 원자는 고정된 수의 전자각을 갖는다. 각각의 전자각은 허용되는 에너지 준위(궤도)에서 고정된 최대 수의 전자를 가지고 있다. 전자각은 1, 2, 3, …으로 나타내며 1이 핵에서 가장 가깝나. 이 에너지 밴드 개념은 그림 2-3에 나타나 있으며 2개의 에너지 준위를 보여준다. 추가적인 전자각들이 원소에 따라 다른 종류의 원자들에 존재할 수 있다.

각각의 전자각에 있는 전자의 수는 공식 $2N^2$에 따라 예측할 수 있는 패턴을 따른다. 여기서 N은 전자각의 번호이다. 원자의 첫 번째 전자각($N = 1$)은 2개의 전자까지, 두 번째 전자각($N = 2$)은 8개의 전자까지, 세 번째 전자각($N = 3$)은 18개의 전자까지, 네 번째 전자각($N = 4$)은 32개의 전자까지 가질 수 있다. 많은 원소에서 전자들은 8개의 전자가 세 번째 전자각에 존재한 후 네 번째 전자각을 채우기 시작한다.

가전자

핵에서 멀리 떨어진 궤도에 있는 전자들은 핵에 더 가까이 있는 전자들보다 높은 에너지를 가지며, 원자에 덜 구속되어 있다. 이는 핵으로부터의 거리가 멀어짐에 따라 양의 전하를 띤 핵과 음의 전하를 띤 전자 사이의 인력이 감소하기 때문이다. 가장 높은 에너지 준위를 갖는 전자들은 원자의 가장 바깥쪽 전자각에 존재하며, 상대적으로 느슨하게 구속되어 있다. 이러한 가장 바깥쪽 전자각은 **가전자 각**이라 하며, 이 각에 있는 전자는 **가전자**라고 불린다. 이러한 가전자는 물질의 구조 내에서 화학 작용 및 결합에 기여하며, 물질의 전기적 특성을 결정한다.

자유전자와 이온

만약 하나의 전자가 충분한 에너지를 갖는 **광자**를 흡수하면, 원자로부터 탈출하여 **자유전자**(free electron)가 된다. 언제라도 원자 혹은 원자들의 그룹은 순수 전하 상태로 남게 되는데, 이를 **이온**이라 부른다. 하나의 전자가 중성의 수소 원자(H로 나타냄)로부터 탈출하면, 이 원자의 순수 전하는 양이 되어 양의 이온(H^+로 나타냄)이 된다. 다른 경우에 원자 혹은 원자들의 그룹은 하나의 전자를 얻을 수 있는데, 이 경우에 이를 음의 이온이라 부른다.

▶ 그림 2-4

구리 원자

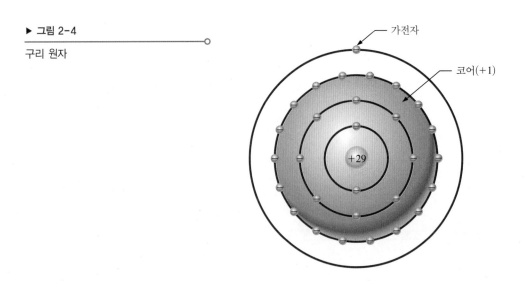

구리 원자

구리는 **전기** 응용에서 가장 널리 사용되는 물질이다. 구리 원자는 그림 2-4와 같이 4개의 전자각 내에 핵을 중심으로 궤도를 돌고 있는 29개의 전자를 가지고 있다. 네 번째 혹은 가장 바깥쪽 전자각인 가전자 각이 오직 1개의 가전자만 갖고 있음에 주목하라. 구리 원자의 가장 바깥쪽 전자각에 있는 가전자가 충분한 열에너지를 얻으면, 부모 원자로부터 탈출하여 자유전자가 된다. 실온에 있는 한 조각의 구리에는 이러한 자유전자의 '바다'가 존재한다. 이러한 전자는 주어진 원자에 구속되지 않고 구리 물질에서 자유롭게 이동한다. 자유전자는 구리를 우수한 도체로 만들고 전류를 가능하게 한다.

물질의 분류

전자공학에서는 도체, 반도체, 절연체의 세 부류의 물질이 사용되고 있다.

도체 도체(conductors)는 쉽게 전류가 흐르는 물질이다. 도체는 많은 수의 자유전자를 갖고 있으며, 그 구조에 1개에서 3개까지의 가전자를 가지는 특징이 있다. 대부분 금속은 좋은 도체이다. 은이 최상의 도체이며, 구리는 그 다음이다. 구리는 은보다 가격이 저렴하므로 가장 널리 사용되는 도체이다. 구리선은 전기회로에서 도체로 흔히 사용된다.

반도체 반도체(semiconductors)는 도체보다는 자유전자를 적게 가지고 있기 때문에 전류를 전송하는 능력이 도체보다는 아래 등급으로 분류된다. 반도체는 원자 구조에 4개의 가전자를 가지고 있다. 그러나 독특한 특성으로 인해, 어떤 반도체 물질은 다이오드, 트랜지스터, 집적회로와 같은 전자소자의 기초성분이 된다. 실리콘과 게르마늄은 가장 흔한 반도체 물질이다.

절연체 절연체(insulators)는 전류의 전도성이 나쁜 비금속성 물질이다. 절연체는 전류가 필요치 않은 곳에서 전류의 흐름을 방지하기 위해 사용된다. 절연체는 그 구조에 자유전자를 갖고 있지 않다. 가전자는 핵에 구속되어 있고 '자유'롭지 않다. 일반적으로 비금속성 물질이 절연체로 고려되지만, 전기 및 전자 응용에서 사용되는 대부분의 실질적인 절연체는 몇 가지 예를 들면 유리, 자기, 테플론™, 폴리에틸렌 등의 합성물이다.

2-1절 복습
해답은 이 장의 끝에 있다.

1. 음전하의 기본 입자는 무엇인가?
2. 원자를 정의하라.
3. 원자는 무엇으로 구성되어 있는가?
4. 원자번호를 정의하라.
5. 모든 원소는 같은 종류의 원자를 가지고 있는가?
6. 자유전자는 무엇인가?
7. 원자구조에서 전자각은 무엇인가?
8. 두 가지 도체 물질의 이름을 써라.

2-2 전하

알다시피 전자는 음의 전하를 나타내는 가장 작은 입자이다. 물질에 과잉 전자가 존재하면 순수 전하는 음이 된다. 전자가 부족할 때 순수 전하는 양이 된다.

이 절의 학습목표

◆ **전하의 개념을 설명한다.**

 ◆ 전하의 단위를 기술한다.

 ◆ 전하의 종류를 기술한다.

 ◆ 전하 사이의 힘을 설명한다.

 ◆ 주어진 수의 전자에 대한 전하량을 결정한다.

HISTORY NOTE

Charles Augustin Coulomb 1736~1806

프랑스인인 쿨롱은 공병으로 수년간을 보냈다. 건강이 나빠서 은퇴하게 되었을 때 그는 그의 시간을 과학 연구에 헌신했다. 그는 두 전하 사이의 힘에 대한 역제곱 법칙을 개발하여 전기와 자기에 관한 연구로 잘 알려져 있다. 전하의 단위는 그의 명예를 기려 그의 이름에서 따온 것이다.

(사진 제공: Courtesy of the Smithsonian Institution. Photo number: 52,597)

양자의 전하와 전자의 전하의 **크기**는 같고 부호는 반대이다. 전하(electrical charge)는 전자의 과잉 혹은 부족으로 존재하는 물질의 전기적인 특성이다. 전하는 Q로 나타낸다. 정전기는 물질에서 순수 양전하 혹은 순수 음전하의 존재를 나타낸다. 모두가 때때로 금속 표면 또는 다른 사람과 접촉하려 할 때 혹은 건조기 내에서 옷들이 서로 달라붙을 때와 같은 정전기 효과를 경험한 적이 있다.

그림 2-5에서와 같이 반대 극성의 전하를 갖는 물질들은 서로 당기고, 같은 극성의 전하를 갖는 물질들은 서로 밀어낸다. 끌어당기고 밀어내는 것에서 명확히 드러난 것처럼 전하 사이에는 힘이 작용한다. 이 힘은 전장에 의해 발생하며 그림 2-6에서와 같이 보이지 않는 역선으로 구성된다.

쿨롱의 법칙(Coulomb's law)은 다음과 같다.

두 점 소스 전하(Q_1, Q_2) 사이에 힘(F)이 존재한다. 이 힘은 두 전하의 곱에 직접 비례하고 두 전하 사이의 거리(d)의 제곱에 반비례한다.

(a) 비전하: 힘이 작용하지 않는다.

(b) 반대 극성의 전하들은 서로 당긴다.

(c) 같은 양전하들은 서로 밀어낸다.

(d) 같은 음전하들은 서로 밀어낸다.

▲ **그림 2-5**

전하의 끌어당김과 밀어냄

▶ **그림 2-6**

반대 극성으로 대전된 두 표면 사이의 전계

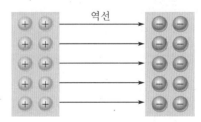

쿨롱: 전하의 단위

전하의 단위는 쿨롱(coulomb)이고 기호는 C로 쓴다.

1쿨롱(C)은 6.25×10^{18}개의 전자가 갖는 총 전하이다.

1개의 전자는 1.6×10^{-19} C의 전하를 갖는다. 어떤 주어진 개수의 전자에 대한 전체 전하 Q(쿨롱으로 나타냄)는 다음 공식으로 구해진다.

$$Q = \frac{\text{전자들의 개수}}{6.25 \times 10^{18} \text{ 전자들/C}} \tag{2-1}$$

양전하와 음전하

중성원자를 고려해보자. 즉 다시 말해 중성원자는 전자와 양자의 수가 같으며, 순수 전하는 없다. 알다시피 어떤 가전자가 에너지를 얻어서 원자에서 떨어지면, 그 원자는 순수 양전하(전자보다 양자의 수가 많음)로 남게 되고 양이온이 된다. **양이온**은 순수 양전하를 갖는 원자 또는 원자들의 그룹으로 정의된다. 만약 원자가 가장 바깥쪽 전자각에 추가로 1개의 전자를 얻게 된다면이 원자는 순수 음전하를 갖게 되고 음이온이 된다. **음이온**은 순수 음전하를 갖는 원자 또는 원자들의 그룹으로 정의된다.

가전자를 자유롭게 하기 위해 요구되는 에너지의 양은 가장 바깥쪽 전자각에 있는 전자의 수와 관련이 있다. 어떤 원자는 8개까지 가전자를 가질 수 있다. 가장 바깥쪽 전자각이 보다 더 완전해질수록 원자는 보다 더 안정되고, 따라서 전자를 떼어내기 위해는 보다 큰 에너지가 요구된다. 그림 2-7은 수소 원자가 단 하나의 가전자를 염소 원자에게 넘겨주고 가스 상태의 염화수소(HCl)가 형성될 때 양이온과 음이온의 생성을 보여준다. 가스 상태의 HCl가 물에 용해될 때 염산이 형성된다.

수소 원자
(1개의 양자, 1개의 전자)

염소 원자
(17개의 양자, 17개의 전자)

(a) 중성의 수소 원자는 단일 가전자를 갖는다.

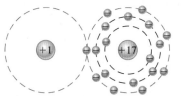

(b) 원자들은 가전자와 공유결합하고 가스 상태의 염화수소(HCl)를 형성한다.

양의 수소 이온
(1개의 양자, 전자 없음)

음의 염소 이온
(17개의 양자, 18개의 전자)

(c) 가스 상태의 염화수소가 물에 용해될 때, 양의 수소 이온과 음의 염소 이온으로 분리된다. 염소 원자는 수소 원자로부터 넘겨받은 전자를 보유하고 같은 용액에 양의 이온과 음의 이온을 형성한다.

▲ 그림 2-7

양이온과 음이온 형성 예

예제 2-1	93.8×10^{16}개의 전자는 몇 쿨롱의 전하를 나타내는가?

풀이 $Q = \dfrac{\text{전자들의 갯수}}{6.25 \times 10^{18} \text{ 전자들/C}} = \dfrac{93.8 \times 10^{16} \text{ 전자들}}{6.25 \times 10^{18} \text{ 전자들/C}} = 15 \times 10^{-2} \text{ C} = \mathbf{0.15\,C}$

관련 문제* 3 C의 전하는 몇 개의 전자를 갖고 있는가?

공학용 계산기 소개의 예제 2–1에 있는 변환 예를 살펴보라.

_____

* 해답은 이 장의 끝에 있다.

2-2절 복습

해답은 이 장의 끝에 있다.

1. 전하에 사용된 기호는 무엇인가?
2. 전하의 단위는 무엇이고, 이 단위 기호는 무엇인가?
3. 두 종류의 전하는 무엇인가?
4. 10×10^{12}개의 전자에는 얼마의 전하량(쿨롱)이 있는가?

2-3 전압

배운 바와 같이 양전하와 음전하 사이에는 끌어당기는 힘이 작용한다. 이러한 힘을 극복하고 전하를 주어진 이격거리 만큼 움직이기 위해는 일정량의 에너지가 일의 형태로 작용해야 한다. 모든 반대 극성의 전하들은 그들 사이의 간격으로 인해 일정한 위치에너지를 갖고 있다. 전하들의 위치에너지의 차를 전위차 혹은 **전압**이라고 한다. 전압은 전기회로에서의 구동력이고 전류를 발생시킨다.

이 절의 학습목표

◆ **전압을 정의하고 이의 특성을 논한다.**
   ◆ 전압에 대한 공식을 설명한다.
   ◆ 전압의 단위를 기술하고 정의한다.
   ◆ 기본적인 전압원을 기술한다.

전압(voltage)은 단위전하당 에너지로 정의되며 다음과 같이 표현된다.

$$V = \frac{W}{Q} \tag{2-2}$$

여기서 V는 볼트(V)로 전압이고, W는 줄(J)로 에너지이며, Q는 쿨롱(C)으로 전하이다. 간단한 유추로 전압을 폐쇄된 수계에서 파이프를 통해 물이 흐르게 하는 펌프에 의해 발생되는 수압차와 유사한 것으로 생각할 수 있다.

볼트: 전압의 단위

전압의 단위는 볼트(volt)이며, 기호는 V이다.

한 점에서 다른 점까지 1쿨롱의 전하를 이동시키는 데 사용되는 에너지가 1줄일 때, 1볼트는 두 지점 간의 전위차(전압)이다.

예제 2-2	10 C의 전하를 이동하기 위해 50 J의 에너지가 요구된다면, 전압은 얼마인가?

풀이
$$V = \frac{W}{Q} = \frac{50\ J}{10\ C} = \textbf{5.0 V}$$

관련 문제 50 C의 전하를 회로에 있는 한 점에서 또 다른 점까지 이동하는 데 요구되는 에너지는 얼마인가? 여기서 두 지점 사이의 전압은 12 V이다.

공학용 계산기 소개의 예제 2-2에 있는 변환 예를 살펴보라.

DC 전압원

전압원(voltage source)은 전기에너지 혹은 기전력(보다 일반적으로는 전압으로 알려짐)을 제공한다. 전압은 기계적 운동과 결합한 화학에너지, 빛에너지, 자기에너지에 의해 생성된다.

이상적인 DC 전압원 이상적인 전압원은 회로에서 요구되는 모든 전류에 일정한 전압을 제공한다. 이상적인 전압원은 존재하지 않지만 실제로 가까이 근사화될 수 있다. 달리 언급하지 않으면 전압원은 이상적이라고 가정할 것이다.

전압원은 dc 혹은 ac가 될 수 있다. dc 전압원에 대한 일반적인 기호는 그림 2-8과 같다.

이상적인 dc 전압원에 대한 전류 대 전압을 보여주는 그래프를 그림 2-9에 나타냈다. 보는 바와 같이, 전압은 소스로부터의 어떠한 전류에 대해도 일정하다. 회로에 연결된 실질적인(비이상적인) 전압원의 경우 점선으로 보이는 것처럼 전압은 전류가 증가함에 따라 약간 감소한다. 저항과 같은 부하가 회로에 연결되어 있을 때 전류는 항상 전압원에서 얻어진다.

▲ 그림 2-8

dc 전압원에 대한 기호

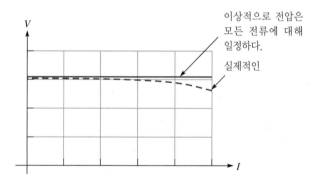

◀ 그림 2-9

전압원 그래프

HISTORY NOTE

Alessandro
Volta
1745~1827

이탈리아인인 볼타는 정전기를 발생시키는 장치를 발명했고, 메탄가스를 발견했다. 볼타는 다른 금속 사이의 반응을 연구했으며 1800년에 최초로 볼타전지를 개발했다. 전압으로 보다 널리 알려진 전위와 전압의 단위인 볼트(volt)는 그의 명예를 기려 그의 이름에서 따온 것이다.
(사진 제공: Bilwissedition Ltd. & Co. KG/ Alamy Stock Photo)

DC 전압원의 유형

셀과 전지 셀(cell)은 화학에너지를 전기에너지로 변환하는 단일 전압원이다. 셀은 하나의 전극이 다른 전극에 비해 얼마나 쉽게 전자를 넘겨주는가에 따라 일정한 고정전압을 가질 것이다. 전지(battery)는 전력 전기 장치에 외부 접속되는 하나 이상의 셀들로 구성되는 소자이다. 단일 셀이 공급할 수 있는 것보다 더 큰 전압과 전류가 필요할 때 많은 셀을 사용한다. 알다시피 전하당 일(혹은 에너지)은 전압의 기본 단위이고, 전지는 에너지를 각각의 단위전하에 더한다. 전지는 전하를 저장하는 것이 아니라 오히려 화학적 포텐셜 에너지를 저장하기 때문에 "전지를 충전한다고" 말하는 것은 어딘가 잘못 불리는 감이 있다. 모든 전지는 **산화-환원**(oxidation-reduction) 반응이라고 불리는 특별한 유형의 화학 반응을 사용한다. 이런 유형의 반응에서 전자는 하나의 반응물(화학적으로 산화된)에서 나머지 반응물(화학적으로 환원된)로 전달된다. 만약 반응에서 사용

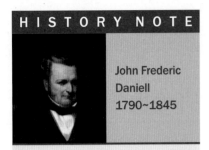
되는 화학물질이 분리되어 있으면, 외부 회로에서 전자가 이동하는 것이 가능하여 전류를 일으킨다. 전자를 위한 외부 경로가 존재하는 한, 반응은 계속되고 저장된 화학에너지가 전류로 전환된다. 만약 경로가 차단되면 반응은 멈추고 전지는 평형 상태에 있다고 말한다. 전지에서 전자를 공급하는 단자는 잉여 전자를 갖고 있고 음의 전극 또는 **애노드**(anode)이다. 전자를 얻는 전극은 양의 전위를 갖고 **캐소드**(cathode)이다.

다양한 dc 전력원으로부터 발전된 현대 전지는 19세기에 개발되었다. 볼타가 만든 볼타 전지는 펠트 또는 소금물로 포화된 다른 비전도성, 투과성 물질로 분리된 아연과 구리(또는 은) 판이 교차하여 구성된다. 그것은 실험 목적으로는 유용했으나 실제 사용하기에는 한계가 있었다. 좀 더 실용적인 dc 전력원은 1836년 다니엘에 의해 발명된 다니엘 전지이다. 다니엘 전지는 자동차 납축 전지처럼 일종의 습식 전지이다. 그림 2-10에 있는 다니엘 구리-아연 전지는 습식 전지의 기본 구성을 보여준다. 시약과 음의 전극(애노드) 사이의 화학적 반응은 양이온(Zn^{2+})과 자유 전자(e^-)를 생성한다. 이 자유전자들이 외부 전도성 경로를 통해 양의 전극(또는 캐소드)으로 흐를 수 있을 때 셀은 전류를 생성한다. Zn^{2+} 이온들이 음전하 SO_4^{2-}와 균형을 맞추기 위해 염다리(salt bridge)를 통해 이동하는 반면 캐소드에서 자유전자들은 시약으로 양이온(Cu^{2+})들과 결합한다. 습식 전지의 장점은 열화된 시약과 판을 교체함으로써 전지가 재생된다는 것이다. 하나의 단점은 액체 화학제의 용기가 전지를 이동하기 어렵게 만든다는 것이다. 이러한 용기들은 또한 손상되기 쉽고 화학 반응이 가연성의 수소 가스를 만들어 잠재적인 안전상 위험을 초래했다. 이러한 단점에도 불구하고 습식 전지는 19세기 동안 내내 주된 dc 전력원이었으며 전신국에 dc 전력을 공급하는 등의 용도로 활용되었다.

셀의 단자전압은 셀을 구성하는 데 사용되는 재료에 달려 있다. 다니엘 구리-아연 셀에서 전압은 1.1 V이다. 자동차 전지에서 사용되는 유형인 납-산 셀은 애노드와 캐소드 사이에 약 2.1 V의 전위차를 가진다. 니켈-카드뮴 셀은 약 1.2 V이고 리튬 셀 전압은 거의 4 V 정도 높다. 전지는 여러 개의 셀을 하나의 하우징에 함께 연결하여 단일 셀보다 더 높은 전압과 전류를 만든다. 예를 들어 전형적인 자동차 전지는 6개의 납-산 셀들을 연결하여 전지 단자에서 12 V를 공급한다.

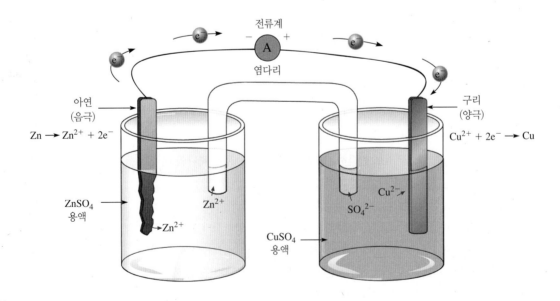

▲ 그림 2-10

다니엘 구리-아연 습식 전지. 전자를 위한 외부 통로가 제공될 때만 반응이 일어날 수 있다. 반응이 계속되면, 애노드에 아연은 용해되고 캐소드에 구리 금속이 침전된다.

19세기 끝 무렵에 건전지 설계가 습식 전지의 액체 전해물질을 촉촉한 전해액 반죽으로 대체했다. 이러한 형태의 셀 설계는 또한 밀폐된 건전지에서 수소 가스 생성을 방지하기 위해 소극제라고 불리우는 화학물질을 추가했다. 이러한 셀 설계는 오늘날 사용되는 최신 전지의 설계와 유사하고 실제로 휴대용 dc 제품을 만들 수 있게 되었다. 1960년대가 되자 제조자들은 손전등, 보청기, 시계, 카메라, 휴대용 라디오 같은 휴대용 전기전자 제품을 생산하여 전지는 아주 흔하게 되었다. 최근에는 스마트폰, 휴대용 컴퓨터 장치, 전기자동차와 신재생에너지원의 도입으로 전지의 개발과 생산에 박차를 가하고 있다.

그림 2-11은 최근 알칼리 전지의 기본 구성을 보이는데, 최근 다른 건전지들과 구성이 비슷하다. D 크기 형태의 알칼리 전지는 종종 손전등 전지로 불리우며 1시간 동안 1.5 A까지 공급할 수 있기 때문에 널리 사용된다. 알칼리 전지는 애노드와 캐소드라는 두 전극으로 구성되는데, 각각 알칼리 전해질과 접촉하고 있어 전극들 사이에 이온들이 통과하지만 직접 접촉하지는 못하게 되어 있다. 애노드는 아연인데 중앙에 위치하고 전류 집전체를 통해 음단자에 연결된다. 캐소드는 셀의 외각에 의해 둘러싸인 이산화망간이다. 캐소드의 이산화망간의 산화 반응은 수산화칼륨(알칼리)의 전해질을 통과하는 음의 수산화물 이온을 만든다. 아연의 산화 반응은 전지 전류를 만들고 양이온을 생산하는 자유전자를 방출한다. 이러한 양이온들은 셀 내의 전하의 균형을 맞추기 위해 캐소드의 음의 수산화물 이온들과 반응한다. 아연과 이산화망간 전극 둘 다 **산화환원 반응**(redox reaction)이라는 반응에 의해 소모된다. 산화환원 반응은 전자가 하나의 반응 물질(산화된)에서 다른 반응물질(환원된)로 이동되는 화학적 반응이다. 전해질은 단지 이온 다리로써 작용하고 소모되지 않는다. 그 결과 방전된 알칼리 전지는 여전히 수산화칼륨을 함유하고 진짜 가성 화학물질이어서 사용 후 적절히 처리되어야 한다. 다른 종류의 전지들은 다른 반응을 갖지만 모든 전지에서 음전하의 전자들은 전도성 경로를 통해 외부 이동을 하고 양전하의 이온들은 방전됨에 따라 내부 이동을 한다. 표 2-1에 다양한 셀 종류의 전형적인 구성을 요약해놓았다.

특성 모든 전지(또는 셀)는 특정 응용분야에 얼마나 적합한지를 결정하는 특성을 가진다. 물리적 크기와 방전 특성과 같은 몇 가지 특성은 모든 전지에 적용되는 반면에 수명과 기억 효과와 같은 다른 특성들은 충전지에만 적용된다.

물리적 크기 전지의 물리적 크기는 매우 다양하며 보청기와 초소형 전자공학에 사용되는 아주 작은 전지부터 풍력과 태양광 발전소로부터 에너지를 저장하는 데 사용되는 거대한 전지망에 걸쳐 크기가 다양하다. 대부분의 상업용 전지는 AAA, AA, C, D, PP3 (ac-전력 소자에 dc 예비 전력을 공급하기 위해 흔하게 사용되는 친숙한 9 V 사각 전지)와 같은 표준 크기로 생산된다. 이러한 표준 크기로 제조업체들이 dc-전원 전자 제품을 더욱 쉽게 설계할 수 있다.

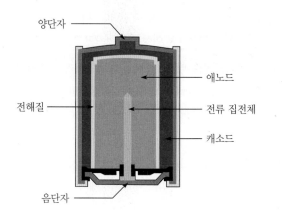

양단자

애노드

전해질

전류 집전체

캐소드

음단자

◀ 그림 2-11

알칼리 건전지

셀 종류	캐소드	산화제	이온 전달 전해질	애노드	환원제	대표전압
다니엘 셀	구리	황산아연	황산나트륨	아연	황산구리	1.10 V
납-산 셀	납	해당없음	황산수용액	산화납	해당없음	2.05 V
탄산-아연 셀	이산화망간	해당없음	염화아연 수용액	아연	해당없음	1.50 V
알칼리 셀	이산화망간	해당없음	수산화칼륨 수용액	아연	해당없음	1.59 V
니켈-카드뮴 셀	산화-수산화 니켈	해당없음	수산화칼륨 수용액	카드뮴	해당없음	1.30 V
리튬이온 셀	흑연	해당없음	유기용제의 전해질 분리판	리튬 코발트 산화물	해당없음	3.60 V

일반적으로 더 큰 전지가 같은 구조의 작은 전지보다 더 오랜 시간동안 더 많은 전류를 공급할 수 있다.

보존기간 이상적인 전지는 필요할 때까지 전하가 무기한으로 저장될 수 있도록 전하를 무기한으로 가지고 있을 것이다. 그러나 실제 전지의 내부저항은 전지가 외부 회로에 연결되어 있지 않아도 전류가 흐를 수 있다. 이로 말미암아 전지는 서서히 방전되고 실제 전지는 보존기간이나 보관해 사용 가능한 시간이 제한되어 있다. 알칼리 전지같은 일부 전지들은 또한 전지의 가스 압력이 커져 밀봉이 뚫리는 것처럼 시간이 지남에 따라 자가방전으로 새서 부식된다. 셀의 화학적 성질이 전지 종류의 보관수명을 결정한다. 예를 들어 리튬-이산화망간(MnO_2) 전지는 비슷한 망간 전지에 비해 보통 세 배의 보존기간을 가진다. 요즘 대부분 전지들은 일반적으로 유효기간이 인쇄되어 있다.

온도범위 전지의 산화환원 반응을 포함한 화학적 반응은 온도가 증가함에 따라 떠 빠르게 진행되고 온도가 감소함에 따라 더 느리게 진행된다. 전지 온도가 감소하면 자유전자가 생성되고 더 느리게 이동된다. 이것이 자가방전 전류를 줄이지만 전지가 부하에 전달할 수 있는 전류량을 감소시킨다. 온도가 충분히 낮으면 전지는 실제로 얼 수 있고 작동이 안 되게 된다. 더 높은 온도에서는 전지는 더 많은 전류를 전달할 수 있지만 자가방전 전류가 증가하고 화학물질이 고갈되어 전지의 저장수명이 감소한다. 과도한 온도에서는 전지가 새거나 리튬이온 같은 종류의 일부 전지는 아마 폭발하여 불이 날 수 있다.

단자 전압 앞서 언급한 바와 같이 셀은 일정한 고정전압을 가지는데, 이것은 하나의 전극이 다른 전극에 비해 전자를 얼마나 쉽게 방출하는가에 따른다. 보통 셀 전압은 다니엘 구리-아연 셀의 경우 약 1.1 V에서 일부 리튬 종류의 전지의 경우 4 V 이상까지 이르고 있다.

전지 용량 전지는 제한된 시간 동안에만 전력을 공급하는데, 그 후에는 재충천하거나 폐기되어 교체된다. 전지의 용량의 단위는 암페어시(ampere-hours, Ah) 또는 밀리암페어시(mAh)이다. 1.0 Ah의 정격 전지는 1시간 동안 전지의 정격 전압에서 1.0 A의 전류를 공급할 수 있다. 앞서 언급한 알칼리 D셀은 1.5 Ah의 용량을 가진다.

방전 특성 이상적인 전지는 내부저항이 없으며 정격전압에서 완전 방전될 때까지 전류를 공급한다. 실제 전지의 내부저항은 방전됨에 따라 증가하고 따라서 내부저항에 전류를 빼앗겨 전지의 단자전압은 시간에 따라 점차 감소한다. 방전 곡선은 다양한 종류의 전지에 따라 변하는데 니켈 카드뮴과 니켈 수소 전지가 방전동안 가장 좋은 정전압 응답을 보인다. 셀의 화학물질이 전지의 방전 특성을 결정한다.

기억 효과 일부 충전 가능한 전지들, 특히 니켈 카드뮴(NiCad)과 니켈 수소(NiMH) 전지들은 기억 효과(또한 전지 효과와 전지 기억이라 불림)라는 바람직하지 않은 특성을 보인다. 단지 부분(~75%) 방전 후에 지속적으로 충전된 전지는 용량이 감소한다. 충전에 의해 총 저장된 전하의 일부분만을 복원한다는 것을 전지가 '기억'하는 것처럼 보이기 때문에 정격 용량의 감소를 기억 효과라 부른다.

수명주기 충전은 충전 가능한 전지들이 전류를 생성하도록 하는 화학적 과정의 역이지만 충전에 의해 화학물질을 충분히 복원할 수 없어 전지를 원래 상태로 완전히 되돌릴 수는 없다. 이것이 전지가 재충전될 때마다 전지의 용량을 약간씩 감소한다. 결국 반복된 충전은 전지 용량을 감소시켜 더 이상 사용할 수 없게 된다. 이것이 전지의 수명주기 또는 충전주기(전지의 충전과 방전)의 횟수를 제한한다.

전지 구조 전지는 보통 내부에서 전기적으로 함께 연결된 다중 셀로 구성된다. 셀이 연결되는 방법과 셀의 유형은 전지의 전압과 전류 용량을 결정한다. 만약 한 셀의 양의 전극이 그림 2-12(a)에서와 같이 다음 셀의 음의 전극에 연이어 연결되면 전지 전압은 개개의 셀 전압의 합이다. 이것은 **직렬연결**(series connection)이라 불린다. 전지 전류 용량을 증가하기 위해 그림 2-12(b)에서 나타낸 것처럼 여러 셀의 양의 전극을 함께 연결하고 모든 음의 전극도 함께 연결하는데, 이것을 **병렬연결**(parallel connection)이라 부른다.

셀들을 병렬로 연결하면 전지가 공급할 수 있는 전류량이 증가할지라도, 셀들은 같은 단자전압, 용량 또는 방전 특성을 가지지 않는다. 전지나 전지 팩의 셀이 크게 방전되면, 높은 전압을 가진 셀은 낮은 전압을 가진 셀의 캐소드로 전류가 흐르게 한다. 이것을 역충전이라 한다. 역충전은 셀을 과열시킬 수 있어 역전류가 흐르고 전지와 그것을 사용하는 장치를 영구적으로 손상시킬 수 있다. 셀들이 병렬연결되어야 할 때, **다이오드**라는 특별한 반도체 소자가 역충전을 방지하기 위해 사용될 수 있다. 여러분들은 다이오드와 그것이 어떻게 동작하는지 16장에서 배울 것이다.

수많은 크기의 전지가 있다. 앞서 말한 바와 같이 보다 많은 물질을 가진 큰 전지는 같은 유형의 작은 전지보다 더 많은 전류를 공급할 수 있다. 수많은 크기와 모양 이외에 전지는 이들의 화학적 구성과 충전 가능 여부에 따라 분류된다. 1차 전지는 충전이 불가능하고 화학적 반응은 비가역적이기 때문에 전지가 다 소모되면 폐기된다. 2차 전지는 이들의 화학 반응이 가역적이기 때문에 재사용이 가능하다. 2차 전지는 충전하여 재사용할 수 있기 때문에 많은 1차 전지들을 대체할 수 있다. 이것은 폐기된 전지로부터 발생하는 폐기물은 물론 1차 전지를 만드는 데 필요한 원료량을 크게 줄인다. 1차 전지에 대한 이러한 장점들로 현대 전자 장치와 제품들에는 2차 전지가

◀ 그림 2-12

전지를 만들기 위해 연결되는 셀

(a) 직렬연결 셀은 전압을 증가한다.

(b) 병렬연결 셀은 전류 용량을 증가한다.

HANDS ON TIP

납-산 전지의 보존기간을 늘리기 위해는 충분히 충전을 하고 결빙이나 과도한 열로부터 보호되는 서늘하고 건조한 곳에 두어야 한다. 전지는 시간이 지나면 자체 방전을 한다. 따라서 충전량이 70% 미만으로 낮아질 경우에는 주기적으로 점검하고 재충천해야 한다. 전지 제조사는 보관에 대한 구체적인 권장사항을 그들의 웹사이트에 안내하고 있다.

일반적으로 사용된다. 다음은 전지의 중요한 유형들의 일부이다.

◆ 알칼리-이산화망간(Alkaline-MnO₂) 일반적으로 팜형(palm-type) 컴퓨터, 사진 장비, 장난감, 라디오, 녹음기에 사용되는 1차 전지이다. 이는 탄소-아연 전지보다 긴 보존기간과 보다 높은 전력 밀도를 갖는다.

◆ 탄소-아연(Carbone-zinc) 손전등 및 소형 전기 제품을 위한 1차 다용도 전지이다. AAA, AA, C, D와 같은 다양한 크기의 형태가 있다.

◆ 납-산(Lead-acid) 일반적으로 자동차, 선박, 재생가능한 에너지 장치 및 다른 응용에 사용되는 2차 전지이다.

◆ 리튬-이온(Lithium-ion) 일반적으로 모든 유형의 휴대용 전자 제품에 사용되는 2차 전지이며 국방, 항공, 자동차 응용에 더욱 더 이용되고 있다. 리튬-이온 전지의 한 가지 단점은 포함하고 있는 용매가 가연성이라는 것이다. 전지가 구멍이 나서 잘못 충전되거나 과도한 전류가 흐르게 되면 과열되어 불이 날 수 있다. 리튬-이온 전지를 가지고 있는 전지 팩과 회로는 보통 충전이 전지의 안전 충전 전압과 전류를 초과하지 않도록 보장하는 회로나 전원관리 통합회로(PMICs)를 포함하고 있다.

◆ 리튬-이산화망간(Lithium-MnO₂) 일반적으로 사진과 전자 장비, 화재경보기, 전자수첩, 메모리 백업, 그리고 통신 장비에 사용되는 1차 전지이다.

◆ 니켈-금속 수소화물(Nikel metal hydride) 보통 휴대용 컴퓨터, 휴대폰, 캠코더 및 다른 휴대용 소비자 전자제품에 사용되는 2차 전지이다.

◆ 은 산화물(Siver oxide) 보통 시계, 사진장비, 보청기, 그리고 고용량 전지를 요구하는 전 자 제품에 사용되는 1차 전지이다.

◆ 아연 공기(Zinc air) 대기 중의 공기를 반응물의 하나의 원천으로 사용하는 1차 전지이다. 응용은 보청기와 의료감시 장치부터 광범위한 항법보조기기와 에너지저장 장치까지 다양하다.

연료 전지 연료 전지(fuel cell)는 전기화학에너지를 dc 전압으로 직접 변환하는 소자이다. 연료 전지는 연료(보통은 수소)를 산화제(보통은 산소)와 결합한다. 수소 연료 전지에서 수소와 산소가 반응하여 물을 형성하는데, 이는 유일한 부산물이다. 이 과정은 깨끗하고 조용하며 연소보다 더 효율적이다. 연료 전지와 전지는 모두 산화–환원 화학 반응을 이용하는 점에서 유사한데, 전자들은 외부 회로에서 이동하게 된다. 그러나 전지는 모든 화학물질이 내부에 저장되는 폐쇄 시스템인 반면, 연료 전지에서 수소와 산소는 끊임없이 연료 전지로 흘러 들어간다. 여기서 이들은 결합하고 전기를 발생한다.

수소 연료 전지는 일반적으로 동작 온도와 사용하는 전해질의 종류에 의해 분류된다. 일부 종류는 고정형 발전 설비에서의 용도로 잘 동작한다. 다른 종류는 작은 휴대성 제품응용이나 자동차에 동력을 공급하기 위해 유용하게 사용될 수 있다. 예를 들어 자동차 응용에 가장 유망한 종류는 고분자전해질 연료 전지(polymer exchange membrane fuel cell, PEMFC)이고 이는 수소 연료 전지의 한 종류이다. 기본적인 동작을 설명하기 위해 간략한 다이어그램을 그림 2–13에 나타냈다.

채널들은 압력이 가해진 수소 가스와 산소 가스를 촉매의 표면 위에 균등하게 분산시킨다. 여기서 촉매는 산소와 수소의 반응을 촉진시킨다. H_2 분자가 연료 전지의 음극 쪽에서 백금 촉매와 접촉할 때, 이것은 H^+ 이온과 2개의 전자(e^-)로 쪼개진다. 수소 이온은 중합체전해질막(PEM)을 통과하여 캐소드로 움직인다. 전자는 애노드를 통해 외부 회로로 움직여서 전류를 일으킨다.

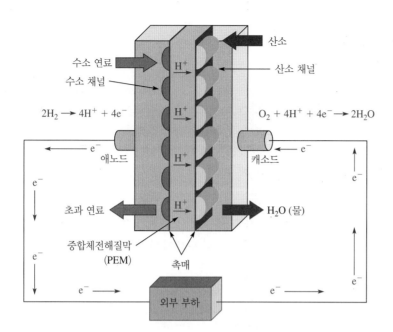

$2H_2 \longrightarrow 4H^+ + 4e^-$

$O_2 + 4H^+ + 4e^- \longrightarrow 2H_2O$

O₂ 분자가 캐소드 쪽에서 촉매와 접촉할 때, 이는 분리되어 2개의 산소 이온을 형성한다. 이 이온의 음전하는 2개의 H⁺ 이온을 전해질막을 통해 끌어들이고, 그들은 함께 외부 회로에서 온 전자와 결합하여 물 분자(H_2O)를 형성한다. 이 물 분자는 부산물로서 셀로부터 배출된다. 단일 연료 전지에서 이 반응은 대략 0.7 V만을 발생시킨다. 보다 높은 전압을 얻기 위해 다중의 연료 전지가 직렬로 연결된다.

연료 전지에 대한 연구는 현재 진행 중이고, 자동차 및 다른 응용을 위해 신뢰성이 있고 보다 작으며 비용이 효과적인 부품 개발에 초점을 두고 있다. 또한 연료 전지로의 전환은 수소 연료가 필요한 곳에서 어떻게 최상으로 수소 연료를 얻고 공급할지에 관한 연구가 필요하다. 수소의 잠재적인 원천은 태양, 지열, 풍력에너지를 사용하여 물을 분리하는 것을 포함한다. 수소는 또한 수소가 풍성한 석탄 혹은 천연 가스 분자들을 분해하여 얻을 수도 있다.

태양 전지 태양 전지는 빛에너지가 전기에너지로 직접적으로 변환되는 과정을 나타내는 **광기전력 효과**(photovoltaic effect)에 기초를 두고 있다. 기본적인 태양 전지는 두 층의 다른 유형의 반도체물질로 구성되며 이들은 함께 결합되어 접합을 이룬다. 한 층이 빛에 노출될 때 많은 전자는 부모 원자로부터 이탈하고 접합을 통과할 수 있는 충분한 에너지를 얻는다. 이 과정을 통해 접합의 한쪽에는 음이온이, 다른 한쪽에는 양이온이 형성되어 전위차(전압)가 발생한다. 그림 2-14 는 기본적인 태양 전지의 구조를 보여준다.

비록 태양 전지가 실내등에서 계산기나 다른 저전력 장치의 전원으로 사용될 수 있을지라도, 태양빛을 전기로 변환하는 데 보다 많은 연구가 집중되고 있다. 오늘날 태양 전지와 광기전력 모듈[photovoltaic(PV) module]의 효율을 증가시키는 상당한 연구가 있는데, 이는 이들이 태양빛을 이용한 매우 깨끗한 에너지원이기 때문이다. 일반적으로 연속적인 전력 공급을 위한 완전한 시스템은 태양이 빛나지 않을 때 에너지를 공급하기 위해 전지 백업이 요구된다. 태양 전지는 에너지원을 이용할 수 없는 원격지에 잘 어울리고 위성이나 우주탐사선에 전력을 공급하는 데 사용된다.

발전기 전기 발전기(generator)는 전자기유도(electromagnetic induction)라 불리는 원리(7장 참조)

HANDS ON TIP

과학자들은 지폐 인쇄 공정에 의해 인쇄될 수 있는 유연한 태양 전지를 개발하기 위해 연구하고 있다. 이 기술은 유기 셀을 이용한다. 유기 셀은 지폐가 인쇄되는 것과 같은 방식으로 인쇄하여 값싸게 대량 생산될 수 있다. '인쇄 가능한 전자공학'은 중합체 기술 연구의 선두에 있다.

▶ 그림 2-14

기본적인 태양 전지 구조

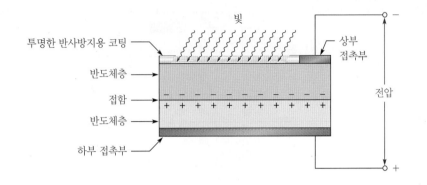

를 사용하여 기계에너지를 전기에너지로 변환시킨다. 도체가 자기장 사이에서 회전하고, 전압이 도체 양단에 발생된다. 대표적인 발전기를 그림 2-15에 나타냈다.

▶ 그림 2-15

dc 전압 발전기의 절삭 입체도

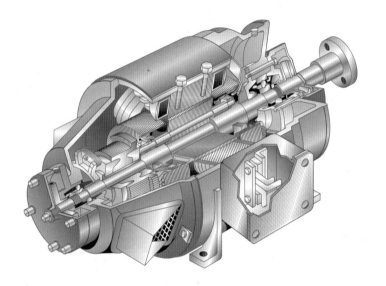

전원 장치 전원 장치(power supply)는 벽의 아웃렛(콘센트)으로부터 ac 전압을 일정한(dc) 전압으로 변환한다. 기본적인 상용 전원 장치를 그림 2-16에 나타냈다. 전원 장치는 3-7절에서보다 자세히 다룬다.

▶ 그림 2-16

기본적인 전원 장치(Courtesy of B+K Precision)

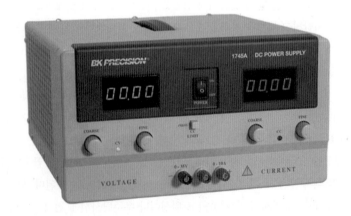

열전대 열전대(thermocouple)는 온도를 감지하기 위해 일반적으로 사용되는 열전대 유형의 전압원이다. 열전대는 2개의 다른 금속의 접합에 의해 형성되고, 이의 동작은 금속의 접합에서 발

생하는 전압을 온도의 함수로 기술하는 **제벡 효과**(Seebeck effect)에 근거하고 있다.

표준 유형의 열전대는 사용되는 특정한 금속에 의해 특징지어진다. 이러한 표준 열전대는 특정한 온도범위에 대해 예측할 수 있는 출력전압을 발생한다. 가장 흔한 것은 크로멜(chromel)과 알루멜(alumel)로 만들어진 유형 K이다. 또한 다른 유형은 E, J, N, B, R, S와 같은 문자로 나타낸다. 대부분 열전대는 선 또는 탐침 형태로 제공된다.

압전 센서 이 센서는 전압원으로 작용하고 압전 물질이 기계적으로 외부 힘에 의해 변형될 때 전압이 발생되는 **압전 효과**(piezoelectric effect)에 근거한다. 수정과 세라믹은 두 가지 유형의 압전물질이다. 압전 센서는 압력 센서, 힘 센서, 가속도계, 마이크로폰, 초음파 장치, 많은 다른 것의 응용에 사용된다.

2-3절 복습 해답은 이 장의 끝에 있다.	1. 전압을 정의하라. 2. 전압의 단위는 무엇인가? 3. 10 C의 전하를 움직이는데 24 J의 에너지가 요구될 때 전압은 얼마인가? 4. 7개의 전압원을 열거하라. 5. 1차 전지에 비해 2차 전지의 두 가지 주요 장점은 무엇인가? 6. 모든 전지와 연료 전지에서 어떤 유형의 화학 반응이 일어나는가?

2-4 전류

전압은 전자들이 회로를 통해 이동할 수 있도록 에너지를 공급한다. 전자의 이런 운동이 전류이고, 이것이 전기회로에서 일이 이루어지도록 한다. 전기회로를 논할 때 두 가지 다른 전류에 대한 관례가 사용된다. 전자 흐름에 대한 관례는 전류를 음전하의 흐름으로 정의하며, 반면에 종래의 전류에 대한 관례는 전류를 반대 방향인 양전하의 흐름으로 취급한다. 일관되게 사용된다면 어느 관례도 괜찮을 것이다. 이 교재에서는 회로를 해석할 때 전자 흐름의 규약을 사용한다.

이 절의 학습목표

◆ **전류를 정의하고 이의 특성을 논한다.**
  ◆ 전자의 운동을 설명한다.
  ◆ 전류의 공식을 나타낸다.
  ◆ 전류의 단위를 기술하고 정의한다.

배운 바와 같이 자유전자는 모든 도체 및 반도체 물질에서 이용가능하다. 그림 2-17에 표시된 것과 같이, 바깥쪽 전자각에 있는 모든 전자는 물질 구조 내에서 원자에서 원자로 모든 방향으로 랜덤하게 떠돈다. 이러한 전자들은 물질 내의 양의 금속 이온들에게 느슨하게 구속되어 있다. 하지만 열에너지로 인해 이들은 금속의 결정 구조를 자유롭게 돌아다닌다.

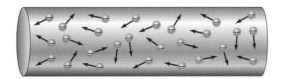

◀ **그림 2-17**
물질에 있는 자유전자의 랜덤 운동

그림 2-18에서와 같이 전압이 도체 혹은 반도체 물질 양쪽 끝에 인가되면, 한쪽 끝은 양이 되고 나머지는 음이 된다. 왼쪽 끝에 있는 음의 전압에 의해 발생되는 척력은 자유전자(음전하)가 오른쪽으로 이동하도록 한다. 오른쪽 끝에 있는 양의 전압에 의해 발생되는 인력은 자유전자(음전하)를 오른쪽으로 끌어당긴다. 결과적으로 자유전자는 그림 2-18과 같이 물질의 음의 끝에서 양의 끝으로 순수 이동을 한다.

▶ 그림 2-18

도체 혹은 반도체 물질 양 단에 전압이 인가되었을 때 전자는 음에서 양으로 흐른다.

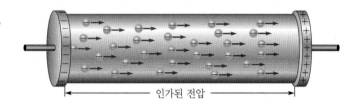

인가된 전압

물질의 음의 끝에서 양의 끝으로의 자유전자의 이동을 전류(current)라 하고 기호는 I로 나타낸다.

전류는 전하의 흐름률이다.

식의 형태로는 다음과 같이 쓸 수 있다.

$$I = \frac{Q}{t} \qquad (2-3)$$

여기서 I는 암페어(A)인 전류이며, Q는 쿨롱(C)으로 전자의 전하이고, t는 초(s)인 시간이다. 간단한 유추로 전류는 수계에서 펌프(전압원에 해당되는)에 의해 압력(전압에 해당되는)이 가해질 때 파이프를 통해 물이 흐르는 것과 유사하다고 생각할 수 있다. 전압은 전류를 발생한다.

암페어: 전류의 단위

전류의 단위는 암페어(ampere) 또는 간단히 'amp'라고 하며, 기호는 A로 나타낸다. 암페어를 그림 2-19에 보여주고 있다.

1암페어(1.0 A)는 초(1.0 s)당 1쿨롱(1.0 C)이다.

▶ 그림 2-19

물질에서 1.0 A 전류(1.0 C/s)의 예

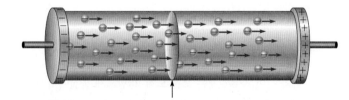

1초 동안 1.0 C의 총 전하를 갖는 많은 전자가 단면적을 통과할 때 1.0 A의 전류가 존재한다.

예제 2-3	

2초 동안 10쿨롱의 전하가 전선 내의 임의의 점을 통해 흐른다. 몇 암페어의 전류가 흐르는가?

풀이

$$I = \frac{Q}{t} = \frac{10\ C}{2.0\ s} = \textbf{5.0 A}$$

관련 문제   전구의 필라멘트를 통해 8 A의 전류가 흐른다면, 1.5초 동안 몇 쿨롱의 전하가 필라멘트를 통해 이동했는가?

공학용 계산기 소개의 예제 2-3에 있는 변환 예를 살펴보라.

전류원

이상적인 전류원   아는 바와 같이, 이상적인 전압원은 어떤 부하에도 일정한 전압을 제공할 수 있다. 이상적인 전류원(current source)은 어떠한 부하에도 일정한 전류를 공급할 수 있다. 전압원의 경우와 마찬가지로 이상적인 전류원은 존재하지 않지만 실제로 비슷하게 될 수 있다. 별도로 명시하지 않는 한 이상적인 전류원을 가정할 것이다.

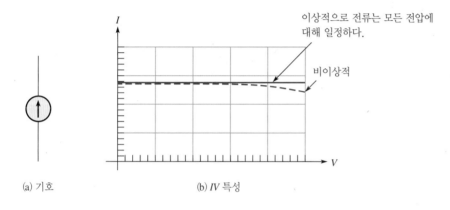

(a) 기호   (b) IV 특성

◀ **그림 2-20**

전류원

전류원의 기호는 그림 2-20(a)에 나타냈다. 이상적인 전류원의 그래프는 그림 2-20(b)에서 보이는 것처럼 수평선이다. 이 그래프는 IV 특성 커브라고 불린다. 전류는 전류원 양단의 임의전압에 대해 일정하다는 것을 주목하라. 비이상적인 전류원에서 전류는 그림 2-20(b)에서 점선으로 보이는 것처럼 떨어진다.

실제의 전류원   전원 장치는 실험실에서 가장 흔한 유형의 전원이기 때문에 보통은 전압원으로 간주한다. 그러나 전류원은 또 다른 유형의 전원 장치이다. 전류원은 '독립형' 기기일 수도 있거나 전압원, 디지털멀티미터(DMM), 함수발생기와 같은 다른 기기와 결합할 수도 있다. 결합형 기기의 예는 그림 2-21에 나타낸 전원-측정 장치이다. 이 장치는 전압원 혹은 전류원으로 설정될 수 있고 다른 기기뿐만 아니라 내장된 DMM을 포함한다. 이들은 주로 트랜지스터와 다른 반도체를 테스트하기 위해 사용된다.

SAFETY NOTE

전류원은 부하에 일정한 전류를 공급하기 위해 출력전압을 변화시킨다. 예를 들어 미터 눈금측정기는 테스트 중인 미터에 따라 다른 출력전압을 가질 수 있다. 전압이 높거나 충격이 있을 수 있으므로 전류원의 리드를 결코 만지면 안 된다. 특히 부하가 고저항이거나 전류원이 켜질 때 부하의 연결이 끊어지면 특히 해당된다.

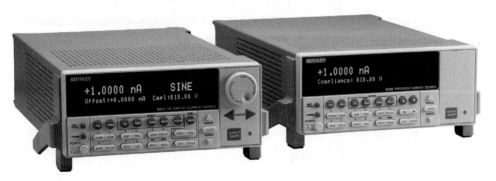

◀ **그림 2-21**

전류원과 전압원을 갖는 전원-측정 장치(Keithley Instruments 제공)

▶ 그림 2-22

일정한 전류 영역을 보여주는 트랜지스터의 특성 곡선

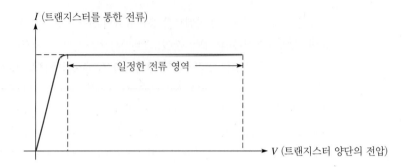

대부분의 트랜지스터 회로에서 IV 특성 곡선의 일부가 그림 2-22의 트랜지스터 특성에 의해 보여진 것처럼 수평선이기 때문에 트랜지스터는 전류원으로 작용한다. 이 그래프의 평평한 부분은 어떤 전압 범위에 대해 트랜지스터 전류가 일정한 영역을 나타낸다. 일정한 전류 영역은 일정한 전류원을 형성하기 위해 사용된다.

2-4절 복습	
해답은 이 장의 끝에 있다.	1. 전류를 정의하고 그 단위를 말하라.
	2. 몇 개의 전자가 1쿨롱의 전하를 형성하는가?
	3. 20 C이 전선에서 4.0초 동안 임의의 점을 통과할 때 전류는 몇 암페어인가?

2-5 저항

물질을 통해 전류가 흐를 때, 자유전자는 물질을 통해 이동하며 때때로 원자들과 충돌한다. 이 충돌로 전자들은 에너지의 일부를 잃게 되고, 이동이 제한된다. 충돌이 많으면 많을수록 전자의 흐름은 더욱 더 제한된다. 이러한 제한은 변하며 물질의 유형에 의해 결정된다. 전자들의 흐름을 제한하는 물질의 특성을 저항이라고 하며, R로 표기한다.

이 절의 학습목표

◆ 저항을 정의하고 이의 특성을 논한다.
  ◆ 저항의 단위를 기술하고 정의한다.
  ◆ 기본적인 종류의 저항기를 설명한다.
  ◆ 컬러 코드 혹은 표시에 의해 저항값을 결정한다.

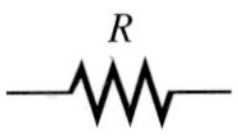

▲ 그림 2-23

저항/저항기 기호

저항(resistance)은 전류의 흐름을 방해한다. 그림 2-23은 저항의 회로 기호를 나타낸다.

저항을 갖는 물질을 통해 전류가 흐를 때 전자와 원자의 충돌에 의해 열이 발생된다. 따라서 대체로 매우 작은 저항을 갖는 전선은 충분한 전류가 전선을 통해 흐르면 따뜻해지거나 심지어 뜨거워질 수도 있다.

간단한 유추로 저항기는 폐쇄된 수계에서 파이프를 통해 흐르는 물의 양을 제한하는 부분적으로 열린 밸브에 상응한다고 생각할 수 있다. 만약 밸브가 더 열리면(보다 작은 저항에 상응되는), 물의 흐름(전류에 상응되는)은 증가한다. 만약 밸브가 조금 닫히면(보다 많은 저항에 상응되는) 물의 흐름(전류에 상응되는)은 감소한다.

옴: 저항의 단위

저항 R의 단위는 옴(ohm)이며, 이의 기호는 그리스 문자인 오메가(omega, Ω)로 나타낸다.

1.0옴(Ω)의 저항은 물질 양 끝에 1.0볼트(V)의 전압이 인가되어 1.0암페어(A)의 전류가 흐를 때 존재한다.

컨덕턴스 저항의 역수는 **컨덕턴스**(conductance)이며, 이의 기호는 G로 나타낸다. 이는 전류를 얼마나 잘 흐르게 하는가를 나타내는 척도이다. 이의 공식은 다음과 같다.

$$G = \frac{1}{R} \tag{2-4}$$

컨덕턴스의 단위는 **지멘스**(siemens)이고, 이의 기호는 S로 나타낸다. 예를 들어 22 kΩ 저항기의 컨덕턴스는 다음과 같다.

$$G = \frac{1}{22 \text{ k}\Omega} = 45.5 \text{ } \mu\text{S}$$

때때로 구식의 "mho"라는 단위가 여전히 컨덕턴스의 단위로 쓰인다.

저항기

일정한 양의 저항을 갖도록 명확하게 설계된 소자는 **저항기**(resistor)라고 불린다. 저항기의 주요 응용은 전류를 제한하고, 전압을 분배하며, 어떤 경우에는 열을 발생시키는 것이다. 비록 다른 종류의 저항기가 많은 모양과 크기로 나와 있을지라도, 모든 저항기는 2개의 주된 부류 중의 하나인 고정형 혹은 가변형으로 분류될 수 있다.

고정형 저항기 고정형 저항기는 제조과정에서 저항값이 정해져 그 값을 쉽게 바꿀 수 없으며, 저항값을 다양하게 선택할 수 있다. 고정형 저항기는 여러 가지 방법 및 재료로 만들어진다. 그림 2-24는 여러 가지의 일반적인 종류를 보여준다.

가장 흔한 고정형 저항기는 탄소-합성물 유형이며, 이것은 미세 분말 탄소, 절연 충전제, 합성 수지 접합제의 혼합물로 제조된다. 저항값은 탄소와 절연 충전제의 비율에 의해 결정된다. 이 혼

HISTORY NOTE

Georg
Simon Ohm
1787~1854

옴은 바이에른에서 태어났으며 전류, 전압, 저항 사이의 관계를 공식화한 업적을 인정받기 위해 수년간을 애썼다. 이 수학적 관계식은 오늘날 옴의 법칙으로 알려져 있고, 저항의 단위는 그의 명예를 기려 그의 이름에서 따온 것이다.
(사진 제공: Library of Congress, LCUSZ62 -40943)

(a) 탄소-합성물형

(b) 금속 피막 칩 저항기

(d) 저항기 네트워크(SIP)

(c) 칩 저항기 배열

(e) 저항기 네트워크(표면 부착형)

(f) PC 보드 삽입용 방사형 리드

▲ 그림 2-24

전형적인 고정형 저항기

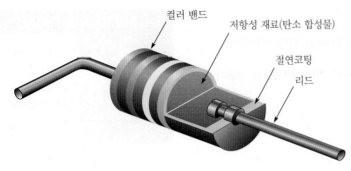

(a) 탄소 합성물 저항기의 내부 모형도

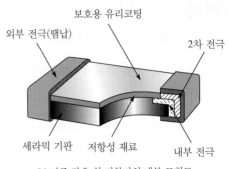

(b) 아주 작은 칩 저항기의 내부 모형도

▲ 그림 2-25

두 가지 종류의 고정형 저항기(실제 크기 비율이 아님)

합물은 막대 형태로 만들어진 후 짧은 길이로 절단되고, 리드 연결이 이루어진다. 그리고 전체 저항기는 보호를 위해 절연코팅으로 도포되어 있다. 그림 2-25(a)는 전형적인 탄소 합성물 저항기의 구조를 나타낸다.

칩 저항기는 또 다른 종류의 고정 저항기이고 SMT(surface mount technology, 표면 설치 기술) 부품으로 분류된다. 이는 조밀한 조립을 위한 매우 작은 크기의 이점을 갖고 있다. 작은 값의 칩 저항기(<1.0 Ω)는 매우 정밀한 허용오차(±0.5%)를 갖고 있으며 전류 감지 저항기와 같은 응용에 사용된다. 그림 2-25(b)에 칩 저항기의 구조를 나타냈다.

다른 종류의 고정형 저항기로는 탄소 피막, 금속 피막, 금속 산화 피막, 선륜이 있다. 피막 저항기에서 저항성 재료는 높은 등급의 세라믹 막대에 균일하게 침착된다. 저항성 피막으로는 탄소(탄소 피막) 혹은 니켈 크롬(금속 피막)이 사용될 수 있다. 이러한 종류의 저항에서 원하는 저항값은 그림 2-26(a)에서와 같이 나선 기법을 이용하여 막대를 따라 저항성 물질의 일부를 나선 모양으로 제거하여 얻는다. 매우 정밀한 **허용오차**는 이러한 방법으로 얻을 수 있다. 피막 저항기는 그림 2-26(b)와 같이 저항기 네트워크의 형태도 제공된다.

선륜형 저항기는 절연 막대에 저항성 도선을 감아 만들어 밀폐된다. 일반적으로 선륜형 저항기는 정격 전력이 상대적으로 높기 때문에 사용된다. 선륜형 저항기는 전선의 코일로 제작되기 때문에 아주 큰 인덕턴스 값을 갖고 있으며, 보다 높은 주파수에서는 사용되지 않는다. 일부 전형적인 선륜형 저항기를 그림 2-27에 나타냈다.

저항기 컬러 코드   5% 혹은 10%의 허용오차를 갖는 고정형 저항기의 일부 종류는 저항값과 허용오차를 표시하기 위해 4개의 밴드로 컬러 코드화되었다. 이 **컬러 코드**(color code) 밴드 시스템

▶ 그림 2-26

전형적인 피막 저항기의 구조도

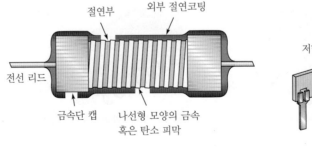

(a) 나선형 기술을 나타내는 피막 저항기

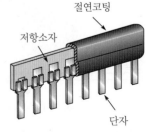

(b) 저항기 네트워크

▲ 그림 2-27

전형적인 선륜형 전력 저항기

은 그림 2-28에 나타냈으며, 컬러 코드는 표 2-2에 열거했다. 이 밴드는 항상 한쪽 끝에 더 가까이 위치하고 있다.

이 4밴드 컬러 코드는 다음과 같이 해석된다.

1. 저항기의 한쪽 끝에 가장 가까운 밴드부터 시작한다. 첫 번째 밴드는 저항값의 첫 번째 숫자이다. 만약 어느 것이 밴드 끝(첫 번째 밴드)인지 분명하지 않으면, 금색 혹은 은색 밴드로

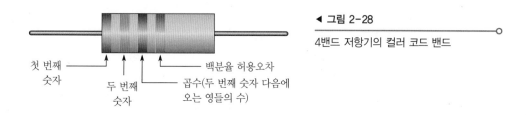

◀ 그림 2-28

4밴드 저항기의 컬러 코드 밴드

첫 번째 숫자
두 번째 숫자
곱수(두 번째 숫자 다음에 오는 영들의 수)
백분율 허용오차

	숫자	컬러
저항값, 처음 3개의 밴드: 첫 번째 밴드 — 첫 번째 숫자 두 번째 밴드 — 두 번째 숫자 * 세 번째 밴드 — 곱수(두 번째 숫자 다음에 오는 영들의 수)	0	검정
	1	갈색
	2	빨강
	3	주황
	4	노랑
	5	초록
	6	파랑
	7	보라
	8	회색
	9	흰색
네 번째 밴드 — 허용오차	±5%	금색
	±10%	은색

◀ 표 2-2

4밴드 저항기 컬러 코드

(그림 색깔은 책 뒷부분의 컬러 페이지 참조)

* 10 Ω 미만의 저항값의 경우, 세 번째 밴드는 금색 혹은 은색이다. 금색은 0.1의 곱수를 나타내고, 은색은 0.01의 곱수를 나타낸다.

시작하지 않는 끝부터 시작한다.

2. 두 번째 밴드는 저항값의 두 번째 숫자이다.

3. 세 번째 밴드는 두 번째 숫자 다음에 오는 영들의 수 혹은 곱수이다.

4. 네 번째 밴드는 백분율(%) 허용오차를 나타내고, 보통 금색 혹은 은색이다. 만약 네 번째 밴드가 없으면 허용오차는 ±20%이다.

예를 들어 5%의 허용오차는 실제 저항값이 컬러 코드가 나타내는 저항값의 ±5% 이내에 있다는 것을 의미한다. 따라서 5%의 허용오차를 갖는 100 Ω의 저항은 최소 95 Ω에서부터 최대 105 Ω까지의 저항값을 허용 범위로 가질 수 있다.

표에서 나타난 바와 같이 10 Ω 미만 저항값의 경우, 세 번째 밴드는 금색 혹은 은색이다. 세 번째 밴드의 금색은 0.1의 곱수를 나타내고, 은색은 0.01의 곱수를 나타낸다. 예를 들어 적색, 보라색, 금색, 은색의 컬러 코드는 ±10%의 허용오차를 갖는 2.7 Ω을 나타낸다. 표준 저항값의 표는 부록 A에 있다.

예제 2-4

▶ 그림 2-29
(그림 색깔은 책 뒷부분의 컬러 페이지 참조)

그림 2-29에 나타낸 컬러로 코드화된 저항기의 저항값(옴으로)과 백분율 허용오차를 구하라.

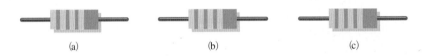

(a) (b) (c)

풀이 (a) 첫 번째 밴드는 빨강 = 2이고, 두 번째 밴드는 보라 = 7이며, 세 번째 밴드는 주황 = 3 (000)이고, 네 번째 밴드는 은색 = ±10% 허용오차이다.

$$R = 27{,}000 \ \Omega \pm 10\%$$

(b) 첫 번째 밴드는 갈색 = 1이고, 두 번째 밴드는 검정 = 0이며, 세 번째 밴드는 갈색 = 1 (0)이고, 네 번째 밴드는 은색 = ±10% 허용오차이다.

$$R = 100 \ \Omega \pm 10\%$$

(c) 첫 번째 밴드는 초록 = 5이고, 두 번째 밴드는 파랑 = 6이며, 세 번째 밴드는 초록 = 5 (00000)이고, 네 번째 밴드는 금색 = ±5% 허용오차이다.

$$R = 5{,}600{,}000 \ \Omega \pm 10\%$$

관련 문제 어떤 저항기의 첫 번째 밴드는 노랑, 두 번째 밴드는 보라, 세 번째 밴드는 빨강, 네 번째 밴드는 금색이다. 저항값(옴으로)과 백분율 허용오차를 구하라.

공학용 계산기 소개의 예제 2-4에 있는 변환 예를 살펴보라.

---

5 밴드 컬러 코드 2%, 1%, 이보다 작은 허용오차를 갖는 정밀 저항기는 그림 2-30에 나타낸 것처럼 일반적으로 5개의 밴드로 컬러 코드화된다. 한쪽 끝에 가장 가까운 밴드에서부터 시작하라. 첫 번째 밴드는 저항값의 첫 번째 숫자이고, 두 번째 밴드는 두 번째 숫자이며, 세 번째 밴드는 세 번째 숫자이고, 네 번째 밴드는 곱수(세 번째 숫자 이후 영들의 수)이며, 다섯 번째 밴드는 허용오차를 나타낸다. 표 2-3은 5밴드 컬러 코드를 나타내고 있다.

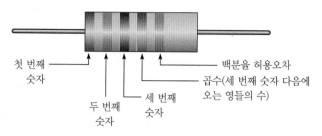

◀ 그림 2-30

5밴드 저항기의 컬러 코드 밴드

첫 번째
숫자

두 번째
숫자

세 번째
숫자

백분율 허용오차

곱수(세 번째 숫자 다음에
오는 영들의 수)

	숫자	컬러
저항값, 처음 4개의 밴드	0	검정
	1	갈색
	2	빨강
첫 번째 밴드—첫 번째 숫자	3	주황
두 번째 밴드—두 번째 숫자	4	노랑
세 번째 밴드—세 번째 숫자	5	초록
네 번째 밴드—곱수	6	파랑
(세 번째 숫자 다음에 오는 영들의 수)	7	보라
	8	회색
	9	흰색
네 번째 밴드—곱수	0.1	금색
	0.01	은색
다섯 번째 밴드—허용오차	±2%	빨강
	±1%	갈색
	±0.5%	초록
	±0.25%	파랑
	±0.1%	보라

◀ 표 2-3

5밴드 저항기의 컬러 코드

예제 2-5

그림 2-31에 나타낸 컬러로 코드화된 저항기의 저항값(옴으로)과 백분율 허용오차를 구하라.

▶ 그림 2-31

(그림 색깔은 책 뒷부분의 컬러 페이지 참조)

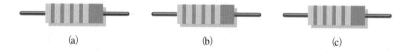

(a)   (b)   (c)

풀이 (a) 첫 번째 밴드는 빨강 = 2이고, 두 번째 밴드는 보라 = 7이며, 세 번째 밴드는 검정 = 0이고, 네 번째 밴드는 금색 = ×0.1이며, 다섯 번째 밴드는 빨강 = ±2% 허용오차이다.

$$R = 270 \times 0.1 = 27 \ \Omega \pm 2\%$$

(b) 첫 번째 밴드는 노랑 = 4이고, 두 번째 밴드는 검정 = 0이며, 세 번째 밴드는 빨강 = 2이고, 네 번째 밴드는 검정 = 0이며, 다섯 번째 밴드는 갈색 = ±1% 허용오차이다.

$$R = 402 \ \Omega \pm 1\%$$

(c) 첫 번째 밴드는 주황 = 3이고, 두 번째 밴드는 주황 = 3이며, 세 번째 밴드는 빨강 = 2이고, 네 번째 밴드는 주황 = 3이며, 다섯 번째 밴드는 초록 = ±0.5% 허용오차이다.

$$R = 332{,}000 \ \Omega \pm 0.5\%$$

관련 문제 어떤 저항기가 첫 번째 밴드는 노랑, 두 번째 밴드는 보라, 세 번째 밴드는 초록, 네 번째 밴드는 금색, 다섯 번째 밴드는 빨강이다. 저항값(옴으로)과 백분율 허용오차를 구하라.
공학용 계산기 소개의 예제 2-5에 있는 변환 예를 살펴보라.

저항기 라벨 코드 모든 종류의 저항기가 컬러 코드화되어 있지는 않다. 표면 부착형 저항기를 포함한 많은 저항기가 저항값과 허용오차를 나타내기 위해 활자 인쇄 표시를 사용한다. 이러한 라벨 코드는 모두 숫자이거나 숫자와 글자의 조합으로 구성된다. 저항기의 몸체가 충분히 큰 일부의 경우 저항값과 허용오차 전부가 표준 형태로 활자 인쇄된다. 예를 들어 저항이 33,000 Ω인 저항기는 33 kΩ으로 라벨이 붙여진다.

숫자 라벨 붙이기는 특정한 예를 사용하여 그림 2-32에서 보여준 것처럼 저항값을 표시하기 위해 세 자리의 숫자를 사용한다. 처음 두 숫자는 저항값의 처음 두 숫자를 표시하고, 세 번째 수는 곱수 혹은 처음 2개의 숫자 뒤에 오는 영들의 수를 나타낸다. 이 코드는 10 Ω 혹은 이보다 큰 값으로 제한된다.

▶ 그림 2-32

저항기에 세 자리 숫자로 라벨을 한 예

또 다른 흔한 종류의 표시는 숫자와 문자를 모두 이용하는 세 문자 라벨 혹은 네 문자 라벨이다. 이 유형의 라벨은 전형적으로 오직 세 자리 숫자 혹은 두 자리 또는 세 자리 숫자와 문자 R, K, M 중 하나로 구성된다. 문자는 곱수를 나타내기 위해 사용되고, 문자의 위치는 소수점의 위치를 나타낸다. 문자 R은 1의 곱수(숫자들 뒤에 0이 없음)를 나타내고, 문자 K는 1000의 곱수(숫자들 뒤에 0의 수가 3개)를 나타내며, 문자 M은 1,000,000의 곱수(숫자들 뒤에 0의 수가 6개)를 나타낸다. 이 형식에서 100에서 999까지의 값은 세 자리 숫자로 구성되고 저항값에 세 자리 숫자를 나타내기 위해 문자는 사용되지 않는다. 그림 2-33은 이러한 종류의 저항기 라벨의 세 가지 예를 보여준다.

저항의 허용오차값을 나타내는 라벨 시스템은 문자 F, G, J를 이용한다.

$$F = \pm1\% \quad G = \pm2\% \quad J = \pm5\%$$

예를 들어 620F는 허용오차가 ±1%인 620 Ω 저항기를 나타내고, 4R6G는 4.6 Ω ± 2% 저항기를 나타내며, 56KJ는 56 kΩ ± 5% 저항기를 나타낸다.

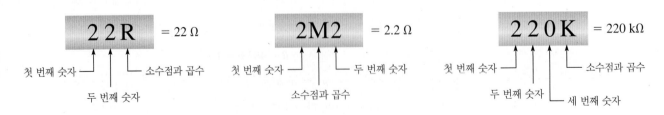

▲ 그림 2-33

문자와 숫자 저항 라벨의 예

| 예제 2-6 | 다음 문자와 숫자 저항 라벨을 해석하라. |

(a) 470　　　　(b) 5R6　　　　(c) 68K　　　　(d) 10M　　　　(e) 3M3

풀이　(a) 470 = **470 Ω**　　　(b) 5R6 = **5.6 Ω**　　　(c) 68K = **68 kΩ**

　　　　(d) 10M = **10 MΩ**　　　(e) 3M3 = **3.3 MΩ**

관련 문제　1K25는 얼마의 저항값을 나타내는가?

공학용 계산기 소개의 예제 2-6에 있는 변환 예를 살펴보라.

가변 저항기　가변 저항기는 저항값이 쉽게 변하도록 설계되어 있다. 가변 저항기는 기본적으로 전압 분배와 전류 제어용으로 이용된다. 전압 분배를 위해 이용되는 가변 저항기는 **분압기**(potentiometer)라고 부르며, 전류 제어를 위해 이용되는 가변 저항기는 **가감저항기**(rheostat)라고 한다. 이들 유형의 회로 기호는 그림 2-34에 나타냈다. 분압기는 그림 2-34(a)에서와 같이 3단자 소자이다. 단자 1과 단자 2 사이는 고정 저항값을 가지며, 이 저항기의 전체 저항값이다. 단자 3은 **이동 접점**(와이퍼)에 연결된다. 접점을 이동하여 단자 3과 단자 1 또는 단자 3과 단자 2 사이의 저항값을 변경할 수 있다.

(a) 분압기　　　　(b) 가감저항기　　　　(c) 가감저항기로 연결된 분압기

◀ **그림 2-34**

분압기와 가감저항기의 기호

그림 2-34(b)는 2단자 가변저항기인 가감저항기이다. 그림 2-34(c)는 단자 3을 단자 1 또는 단자 2에 접속하여 분압기를 가감저항기로 사용하는 방법을 나타내고 있다. 그림 2-34(b)와 (c)는 등가 기호이다. 일부 대표적인 분압기를 그림 2-35에 나타냈다. 일반적인 모양 아래에 구조도를 나타냈다.

분압기는 이동 접점을 전체에 걸쳐 움직이는데, 하나의 권선 또는 더 많은 권선이 필요하냐에

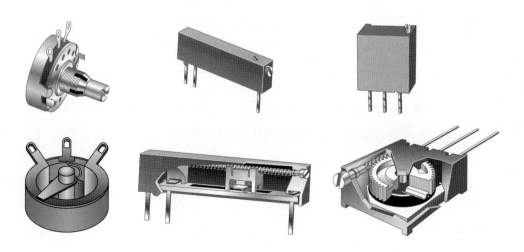

▲ **그림 2-35**

대표적인 분압기와 구조도

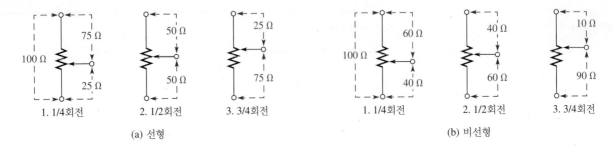

1. 1/4회전   2. 1/2회전   3. 3/4회전

(a) 선형

1. 1/4회전   2. 1/2회전   3. 3/4회전

(b) 비선형

▲ 그림 2-36

(a) 선형, (b) 비선형 분압기의 예

따라 단일권선 또는 복수권선으로 분류될 수 있다. 복수권선 분압기는 이동 접점의 위치를 보다 잘 제어할 수 있으며 종종 전기와 전자 장비에서 미세조정을 위해 사용된다. 분압기와 가감저항기는 그림 2-36에서와 같이 선형 또는 비선형으로 분류할 수 있다. 여기서는 전체 저항이 100 Ω인 분압기를 하나의 예로서 사용하고 있다. (a)에 나타낸 바와 같이, 선형 분압기에서는 양 단자와 이동 접점 사이의 저항은 이동 접점의 위치에 따라 선형적으로 변한다. 예를 들어 접점이 중간에 위치하면 저항은 전체 저항의 절반이 된다. 접점이 3/4의 위치에 있으면 한 단자와 이동 접점 사이의 저항은 전체 저항의 3/4이며, 다른 단자와 이동 접점 사이의 저항은 전체 저항의 1/4이 된다.

비선형(nonlinear, tapered) 분압기에서 저항은 이동 접점의 위치에 따라 비선형적으로 변하며, 결과적으로 이동 접점이 1/2 위치에 있어도 전체 저항은 1/2이 되지 않는다. 이 개념은 그림 2-36(b)에서 설명하고 있으며, 여기서 비선형 값은 임의적이다.

분압기는 전압제어 소자로 이용된다. 고정 전압이 두 단자 사이에 인가되었을 때 가변전압은 각 단자와 이동 접점(와이퍼 접점) 간에 얻어진다. 가감저항기는 전류제어 소자로 이용된다. 전류는 와이퍼 위치를 변경함으로써 변화될 수 있다.

가변 저항 센서   많은 센서는 가변저항의 개념으로 동작하는데, 여기서 물리량은 전기저항을 변경한다. 센서 및 측정 요구조건에 따라 저항의 변화는 전압 혹은 전류를 변경하는 저항 변화를 이용하여 직접적으로 혹은 간접적으로 결정된다.

저항 센서의 예는 온도의 함수로써 저항을 변화시키는 **서미스터**(thermistors), 빛의 함수로써 저항을 변화시키는 **광전도 셀**(photoconductive cells), 힘이 가해질 때 저항을 변화시키는 **변형 게이지**(strain gauges)를 포함한다. 서미스터는 보통 자동 온도 제어장치에 사용된다. 광전지는 많은 응용을 갖고 있다. 예를 들어 날이 저물 때 가로등을 켜고, 날이 샐 때 가로등을 끄는 데 사용된다. 변형 게이지는 저울과 기계적인 동작(움직임)이 감지될 필요가 있는 응용에 널리 사용된다. 변형 게이지의 측정 기구는 저항의 변화가 매우 작기 때문에 매우 민감해야 한다. 그림 2-37은 이런 종류의 저항 센서에 대한 기호를 보여준다.

▶ 그림 2-37

온도, 빛, 힘을 감지하는 저항 소자의 기호

(a) 서미스터

(b) 광전도 셀

(c) 변형 게이지

1. 저항을 정의하고, 그 단위를 기술하라.
2. 저항기의 두 가지 주요 부류는 무엇인가? 차이점을 간단히 설명하라.
3. 4밴드 저항기 컬러 코드에서 각각의 밴드는 무엇을 나타내는가?
4. 다음 컬러 코드의 각각에 대한 저항과 백분율 허용오차를 결정하라.
   (a) 노랑, 보라, 빨강, 금색   (b) 파랑, 빨강, 주황, 은색
   (c) 갈색, 회색, 검정, 금색   (d) 빨강, 빨강, 파랑, 빨강, 초록
5. 다음 문자 숫자 라벨의 저항값은 얼마인가?
   (a) 33R   (b) 5K6   (c) 900   (d) 6M8
6. 가감저항기와 분압기의 기본적인 차이점은 무엇인가?
7. 3개의 저항 센서와 이러한 저항에 영향을 주는 물리량을 기술하라.

2-6 전기회로

기본적인 전기회로는 어느 유용한 기능을 수행하기 위해 전압, 전류, 저항을 이용하는 물리적 부품들을 배열한 것이다.

이 절의 학습목표

◆ **기본적인 전기회로를 설명한다.**
  ◆ 회로도와 실제회로와의 관계를 기술한다.
  ◆ 개회로와 폐회로를 정의한다.
  ◆ 여러 종류의 보호 소자를 설명한다.
  ◆ 여러 종류의 스위치를 설명한다.
  ◆ 전선의 크기가 게이지 번호와 어떻게 관련되는지 설명한다.
  ◆ 접지를 정의한다.
  ◆ 다양한 종류의 인쇄회로기판과 층, 평면, 넷과 같은 관련된 개념들을 기술한다.

기본적으로 **회로**(circuit)는 전압원, **부하**(load), 전압원과 부하 사이의 전류 경로로 구성된다. 부하는 부하에 흐르는 전류로 의해 일이 행해지는 소자이다. 그림 2-38은 간단한 전기회로의 한 예를 보여준다. 전지는 2개의 도체(전선)로 전구에 연결되어 있다. 전지는 전압원이며, 전구는 전지로부터 전류를 공급받으므로 전지의 부하이다. 2개의 전선은 화살표로 표시된 것과 같이 전지의 음의 단자에서 램프까지 그리고 원래의 전지의 양 단자까지 전류 경로를 제공한다. 전류는 램프의 필라멘트(저항을 갖는)를 통해 흐르며, 이로 인해 필라멘트는 가시광선을 발생하기에 충분할 정도로 뜨거워진다. 전지의 전류는 화학 작용에 의해 발생된다.

많은 실제의 경우 전지의 한 단자는 접지(공통 지점)에 연결되어 있다. 예를 들어 자동차에서 음의 전지 단자는 일반적으로 자동차의 금속 섀시에 연결되어 있다. 이 섀시는 자동차 전기시스템의 접지이고 회로의 전류 경로를 제공한다(접지의 개념은 이 장의 후반부에서 다룬다).

전기회로는 **회로도**(schematic)로 나타내는데, 회로도는 그림 2-38에 있는 간단한 회로에 대해 그림 2-39에 나타낸 것처럼 각각의 소자에 대한 표준 기호를 사용하여 부품들의 상호연결을 보여준다.

회로도는 회로의 동작이 결정될 수 있도록 주어진 회로에 있는 여러 부품이 어떻게 체계적으

SAFETY NOTE

전기적인 충격을 피하기 위해 회로가 전원에 연결되어 있을 때는 절대로 만져서는 안 된다. 만약 회로를 다루거나, 부품을 제거하거나, 교체할 필요가 있으면 우선 전원이 차단되어 있는지 확인해야 한다.

▶ 그림 2-38

간단한 전기회로

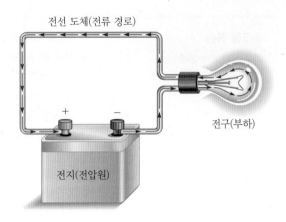

전선 도체(전류 경로)

전구(부하)

전지(전압원)

▲ 그림 2-39

그림 2-38의 회로에 대한 회로도

로 상호연결되는지 보여준다.

회로 전류 제어 및 보호

그림 2-40(a)는 폐회로(closed circuit)를 보여준다. 폐회로는 전류가 완전한 통로를 갖는 회로이다. 개회로(open circuit)는 그림 2-40(b)에서 보이는 것처럼 전류의 통로가 끊어져서 전류가 흐르지 않는 회로이다. 개회로는 무한대의 저항을 갖는 것으로 고려되는데, 무한대는 측정할 수 없을 정도로 크다는 것을 의미한다. 무한대는 측정될 수 없기 때문에 때때로 정의되지 않는다고 말한다.

기계식 스위치 스위치(switches)는 일반적으로 회로를 열고 닫는 것을 제어하기 위해 사용된다. 예를 들어 스위치는 그림 2-40과 같이 전구를 켜고(on) 끄는(off) 데 이용된다. 각각의 회로 그림은 이와 관련된 회로도와 함께 나타냈다. 표시된 스위치의 유형은 SPST(single-pole-single-throw) 토글(toggle) 스위치이다. 여기서 폴(pole)은 스위치에서 움직일 수 있는 암을 나타내고, 쓰로우(throw)는 한 번의 스위치 동작(한 번의 폴 동작)에 의해 영향을 받는(열린 혹은 닫힌) 접점의 수를 의미한다.

그림 2-41은 SPDT(single-pole-double-throw) 유형의 스위치를 이용하여 2개의 서로 다른 전구에 흐르는 전류를 제어하는 다소 더 복잡한 회로를 나타내고 있다. 각각의 스위치 위치를 나타내는 2개의 회로도에서 나타낸 것처럼 한 전구가 켜질 때 나머지 전구는 꺼지고, 그 반대도 마찬

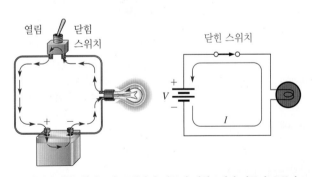

(a) 완전한 전류의 경로가 존재하기 때문에 폐회로에서 전류가 흐른다 (스위치는 ON 혹은 닫힌 위치에 있다). 이 교재에서 전류는 항상 빨간 화살표로 표시된다.

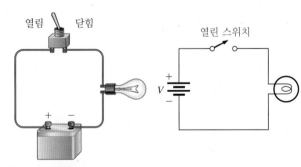

(b) 경로가 끊어져 있기 때문에 개방된 회로에서 전류는 흐르지 않는다(스위치는 OFF 혹은 열린 위치에 있다).

▲ 그림 2-40

제어를 위해 SPST 스위치를 이용한 개회로와 폐회로의 도해

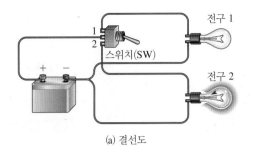 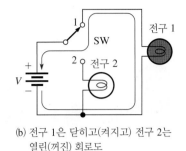 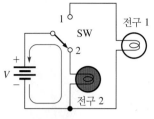

(a) 결선도

(b) 전구 1은 닫히고(켜지고) 전구 2는 열린(꺼진) 회로도

(c) 전구 2는 켜지고 전구 1은 꺼진 회로도

▲ 그림 2-41

SPDT 스위치를 이용하여 2개의 전구를 제어하는 예

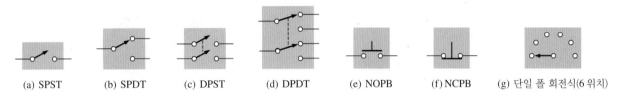

(a) SPST (b) SPDT (c) DPST (d) DPDT (e) NOPB (f) NCPB (g) 단일 폴 회전식(6 위치)

▲ 그림 2-42

스위치 기호

가지이다.

SPST와 SPDT 스위치[그림 2-42(a)와 (b)에 보여준 기호] 이외에 다른 종류의 스위치도 중요하다.

◆ DPST(double-pole-single-throw). DPST 스위치는 두 세트의 접점을 동시에 열거나 닫을 수 있다. 이 기호는 그림 2-42(c)에 나타냈다. 점선은 접점 암이 기계적으로 연결되어 하나의 스위치 동작으로 양쪽 모두가 움직인다는 것을 나타낸다.

◆ DPDT(double-pole-double-throw). DPDT 스위치는 한 세트의 접점으로부터 2개의 다른 세트의 어느 한쪽으로의 연결을 제공한다. 이 기호는 그림 2-42(d)에 나타냈다.

◆ PB(push-button). 그림 2-42(e)와 같이 보통의 개방 누름 버튼 스위치(NOPB)에서 버튼이 눌러질 때 두 접점 간의 접속이 이루어지고, 버튼이 복귀될 때 연결이 끊어진다. 그림 2-42(f)와 같이 보통의 폐쇄 누름 버튼 스위치(NCPB)에서 버튼이 눌러질 때 두 접점 간의 연결이 끊어진다.

◆ 회전식(rotary). 회전식 스위치에서는 하나의 접점과 다른 여러 개의 접점 중 하나를 연결하기 위해 손잡이를 돌린다. 간단한 6 위치 회전식 스위치의 기호를 그림 2-42(g)에 나타냈다. 이것은 하나의 폴과 6개의 접점을 가지므로 SP6T 형태의 스위치임을 주목하라.

그림 2-43은 여러 종류의 스위치를 나타내고, 그림 2-44는 대표적인 토글 스위치의 구조도를 나타낸다. 기계적 스위치 이외에 어떤 응용에서는 SPST 스위치의 등가로 트랜지스터가 사용될 수 있다.

보호 소자 퓨즈(fuse)와 회로차단기(circuit breaker)는 전류 경로에 설치되고 회로에서 고장 또는 비정상적인 상태가 발생해 전류가 정격값을 초과할 경우에 고의로 개회로를 만드는 데 사용된다. 예를 들어 20 A 정격의 퓨즈 혹은 회로차단기는 전류가 20 A를 초과할 때 회로를 개방한다.

HANDS ON TIP

Focal point/Shutterstock

작은 전자 부품은 납땜을 할 때 너무 많은 열이 부품에 가해지면 쉽게 손상을 입을 수 있다. 그림 2-43에 보이는 작은 스위치는 종종 녹을 수 있는 플라스틱으로 제작되어 스위치를 쓸모없게 만든다. 제작자들은 보통 손상 없이 부품에 가해질 수 있는 최대시간과 온도를 제공한다. 땜납이 가해지는 점과 부품의 예민한 영역 사이에 작은 방열판이 일시적으로 연결될 수 있다.

토글 스위치

로커 스위치

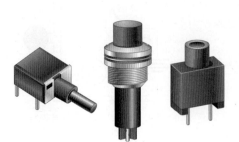
누름 버튼 스위치

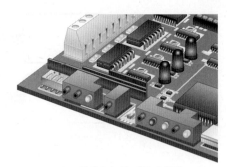
PC 보드 설치용 누름 버튼 스위치

회전식 스위치

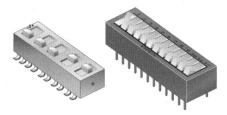
PC 보드에 설치를 위한 DIP 스위치

▲ 그림 2-43

대표적인 기계식 스위치

▶ 그림 2-44

대표적인 토글 스위치의 구조도

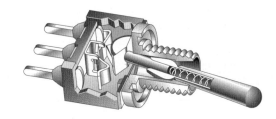

SAFETY NOTE

전기박스에서 퓨즈를 제거하고 교체하기 위해 항상 완전히 절연된 퓨즈 뽑는 장치를 사용하라. 비록 차단 스위치가 오프 위치에 있을지라도, 도선 전압이 여전히 박스에 존재한다. 퓨즈를 제거하고 교체하기 위해 결코 금속 도구를 사용하지 마라. 퓨즈는 항상 같은 정격을 가진 퓨즈로 교체하라.

퓨즈와 회로차단기의 기본적인 차이점은 퓨즈는 끊어지면 새 것으로 교체해야 하지만, 회로차단기는 개방되었을 때 리셋되어 반복해서 사용할 수 있다는 것이다. 이 두 장치는 과잉 전류로 인한 회로의 손상으로부터 보호하거나 혹은 전류가 너무 커서 전선 또는 부품의 과열에 의해 발생되는 위험한 조건을 방지한다. 퓨즈는 회로차단기보다 더욱 빨리 과도 전류를 차단하기 때문에, 퓨즈는 민감한 전자장비가 보호될 필요가 있을 때 사용된다. 여러 가지 대표적인 퓨즈와 회로차단기가 도해적인 기호와 함께 그림 2-45에 나타나 있다.

물리적 구성의 관점에서 퓨즈의 두 가지 기본적인 종류는 카트리지 유형과 플러그 유형이다. 카트리지 유형의 퓨즈는 그림 2-45(a)에 보이는 바와 같이 리드나 다른 형태의 접점을 가진 여러 가지 모양의 하우징을 갖고 있다.

대표적인 플러그 유형의 퓨즈는 그림 2-45(b)에 나타냈다. 퓨즈의 동작은 전선이나 다른 금속 요소의 융해 온도에 근거한다. 전류가 증가함에 따라 퓨즈 요소는 가열되고 정격전류가 초과될 때, 그 요소는 융해 온도에 이르고 개방되어 전력을 회로로부터 차단한다.

두 가지 흔한 유형의 퓨즈는 신속작동형과 시간지연형이다. 신속작동형 퓨즈는 F 유형이고, 시간지연형 퓨즈는 T 유형이다. 정상 동작에서 퓨즈는 종종 회로에 전원이 켜질 때와 같이 정격 전류를 초과하게 되는 간헐적인 전류 서지를 받는다. 시간이 지나면서, 이것은 퓨즈가 짧은 서지 혹은 심지어 정격 전류를 견디는 능력을 줄인다. 시간지연형 퓨즈는 전형적인 신속동작형 퓨즈보

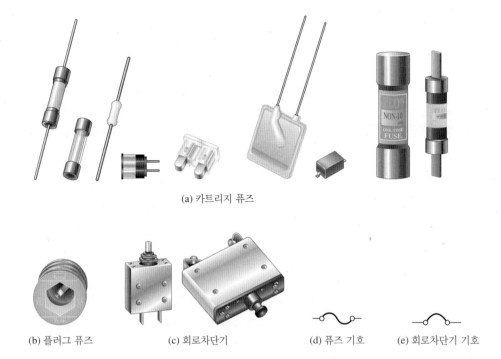

(a) 카트리지 퓨즈

(b) 플러그 퓨즈   (c) 회로차단기   (d) 퓨즈 기호   (e) 회로차단기 기호

다 더 크고 더 긴 지속시간을 갖는 전류 서지를 견딜 수 있다. 퓨즈 기호는 그림 2-45(d)에 나타냈다.

대표적인 회로차단기는 그림 2-45(c)에 나타냈고, 그 기호는 그림 2-45(e)에 나타냈다. 일반적으로 회로차단기는 전류의 열 효과 혹은 전류에 의해 발생되는 자계에 의해 과도 전류를 검출한다. 열 효과 기반의 회로차단기에서 정격 전류가 초과될 때 두 가지 금속으로 된 스프링이 접촉을 개방한다. 일단 개방이 되면, 접촉은 수동으로 리셋될 때까지 기계적인 수단에 의해 개방을 유지한다. 자계 기반의 회로차단기에서 접촉은 과도 전류에 의해 발생되는 충분한 자력에 의해 개방되고 기계적으로 리셋되어야 한다.

최근에는 PTC(positive temperature coefficient) 서미스터 같은 리셋할 수 있는 퓨즈가 매우 대중화되었다. PTC는 장치의 저항은 온도가 상승함에 따라 증가하고 온도가 하강함에 따라 감소한다는 것을 의미한다. 과도전류는 장치를 뜨거워지게 하므로 이러한 장치들은 과도전류로부터 보호된다. 이것은 저항을 매우 증가시켜 전류를 감소시킨다. 하지만 과도전류의 원인이 되는 부하의 연결이 끊어지면 장치들은 자동으로 리셋될 것이고 장치는 다시 정상화된다. 종래의 퓨즈와 회로차단기에 비해 리셋할 수 있는 퓨즈의 주요 이점은 고장으로 과도전류가 흐를 때 사용자가 수동으로 리셋하거나 회로의 퓨즈를 물리적으로 교체할 필요가 없다는 것이다. 간단히 고장을 고치면 회로를 정상 동작으로 복원할 것이다. 최대전류량을 제한하는 장치가 필요한 USB(universal serial bus) 같은 규격들은 종종 리셋 가능한 퓨즈를 내장할 것이다.

전선

전선은 전기응용에서 가장 보편적으로 사용되는 전도성 물질이다. 전선은 직경이 다양하며 AWG(American Wire Gauge) 크기(size)라 불리는 표준 게이지 번호에 따라 정리되어 있다. 게이지 번호가 증가함에 따라 전선의 직경은 감소한다. 전선의 크기는 또한 그림 2-46에서와 같이 단면적으로 명기된다. 단면적의 단위는 **서큘러 밀**(circular mil)이며, 줄여서 CM으로 표시한다. 1 서큘러 밀은 직경이 0.001인치(0.001 in. 또는 1.0 mil)인 전선의 면적이다. 서큘러 밀(CM)로 나

▶ 그림 2-46

전선의 단면적

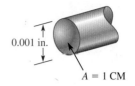

단면적, A

A = 1 CM

타낸 단면적은 직경[직경의 단위는 1/1000인치(mil)로 나타낸다]의 제곱으로 다음과 같이 표현된다.

$$A = d^2 \qquad (2-5)$$

여기서 A는 서큘러 밀(CM)로 나타낸 단면적, d는 밀로 나타낸 직경이다. 표 2-4에 AWG 크기를 해당하는 단면적(CM으로)과 20℃에서 1000 ft당 저항(Ω으로)과 함께 열거했다. 표 2.4에서 보듯이 게이지 번호가 3만큼 증가하면 단면적은 대략 반으로 줄어든다.

◀ 표 2-4

AWG 크기와 원통형 구리선의 저항

AWG #	면적(CM)	저항 (20℃에서 Ω/1000 FT)	AWG #	면적(CM)	저항 (20℃에서 Ω/1000 FT)
0000	211,600	0.0490	19	1,288.1	8.051
000	167,810	0.0618	20	1,021.5	10.15
00	133,080	0.0780	21	810.10	12.80
0	105,530	0.0983	22	642.40	16.14
1	83,694	0.1240	23	509.45	20.36
2	66,373	0.1563	24	404.01	25.67
3	52,634	0.1970	25	320.40	32.37
4	41,742	0.2485	26	254.10	40.81
5	33,102	0.3133	27	201.50	51.47
6	26,250	0.3951	28	159.79	64.90
7	20,816	0.4982	29	126.72	81.83
8	16,509	0.6282	30	100.50	103.2
9	13,094	0.7921	31	79.70	130.1
10	10,381	0.9989	32	63.21	164.1
11	8,234.0	1.260	33	50.13	206.9
12	6,529.0	1.588	34	39.75	260.9
13	5,178.4	2.003	35	31.52	329.0
14	4,106.8	2.525	36	25.00	414.8
15	3,256.7	3.184	37	19.83	523.1
16	2,582.9	4.016	38	15.72	659.6
17	2,048.2	5.064	39	12.47	831.8
18	1,624.3	6.385	40	9.89	1049.0

예제 2-7	직경이 0.005인치인 전선의 단면적은 얼마인가?

풀이

$$d = 0.005 \text{ in.} = 5.0 \text{ mils}$$

$$A = d^2 = (5.0 \text{ mils})^2 = \textbf{25 CM}$$

관련 문제 직경이 0.0201인치인 전선의 단면적은 얼마인가? 표 2-4에서 이 전선의 AWG #는 무엇인가? 공학용 계산기 소개의 예제 2-7에 있는 변환 예를 살펴보라.

전선 저항　구리선은 전기를 극단적으로 잘 흐르게 하지만, 모든 도체가 그런 것처럼 약간의 저항을 여전히 갖고 있다. 전선의 저항은 세 가지 물리적 특성인 (a) 물질의 유형, (b) 전선의 길이, (c) 단면적에 달려 있다. 또한 온도도 저항에 영향을 줄 수 있다.

각각의 종류의 도전 물질은 **고유저항(resistivity)**을 갖는데, 이는 그리스 문자 ρ(rho)로 나타낸다. 각각의 물질의 ρ는 주어진 온도에서 일정한 값을 갖는다. 길이가 l이고 단면적이 A인 전선의 저항에 대한 공식은 다음과 같다.

$$R = \frac{\rho l}{A} \qquad\qquad (2\text{-}6)$$

이 공식으로부터 저항은 고유저항과 길이에 비례하며, 단면적에 반비례하는 것을 알 수 있다. 저항을 옴(Ω)으로 계산하기 위해는 길이는 피트(ft), 단면적은 서큘러 밀(CM), 고유저항은 CM-Ω/ft로 해야 한다.

예제 2-8

길이가 100 ft이고 단면적이 810.1 CM인 구리선의 저항을 구하라. 구리의 고유저항은 20°C에서 10.37 CM-Ω/ft이다.

풀이
$$R = \frac{\rho l}{A} = \frac{(10.37 \text{ CM-}\Omega\text{/ft}) (100 \text{ ft})}{810.1 \text{ CM}} = \mathbf{1.280}\ \Omega$$

관련 문제　표 2-4를 이용하여 길이가 100 ft이고 단면적이 810.1 CM인 구리선의 저항을 구하라. 계산된 값과 비교하라.

공학용 계산기 소개의 예제 2-8에 있는 변환 예를 살펴보라.

언급한 것처럼 표 2-4는 20°C에서 1000 ft당 여러 가지 표준 전선 크기의 저항을 옴(Ω)으로 열거하고 있다. 예를 들어 길이가 1000 ft인 14 게이지 구리선의 저항은 2.525 Ω이다. 또 길이가 1000 ft인 22-게이지 전선의 저항은 16.14 D이다. 주어진 길이에 대해 보다 작은 게이지 전선은 보다 큰 저항을 갖는다. 따라서 주어진 전압에 대해 보다 큰 게이지 전선이 보다 작은 게이지 전선보다 더 많은 전류를 운반한다.

접지

접지(ground)는 전기회로에서 기준점이다. 접지란 용어는 회로의 한 도체가 대지 자체에 박혀 있는 8피트의 긴 금속 막대와 전형적으로 연결되어 있었다는 사실에서 유래되었다. 오늘날 이런 종류의 연결을 **대지접지(earth ground)**라고 부른다. 가정용 배선에서 대지접지는 초록 혹은 노출된 구리선으로 표시된다. 대지접지는 안전을 위해 보통 전기기구 혹은 금속 전기 박스의 금속 섀시에 연결된다. 불행히도 이 규칙에 예외가 있어 왔는데, 만약 금속 섀시가 대지접지가 아닌 경우 안전상의 위험을 줄 수 있다는 것이다. 계기 혹은 전기기구에서 어떠한 작업을 하기 전에 금속 섀시가 실제로 대지접지 전위에 있다는 것을 확인하는 것은 좋은 생각이다.

또 다른 종류의 접지는 **기준접지(reference ground)**라고 불린다. 기준접지는 회로에서 모든 전압측정의 기준이 되는 전기 전위의 점이며, 또한 **공통영역(COM)**이라 부른다. 전자 조립에서 기준접지는 보통 조립을 수용하는 금속 섀시, 전원 반환선 또는 인쇄회로기판 상의 큰 전도 영역이 된다.

전압은 항상 또 다른 점에 대해 규정된다. 만약 그 점이 명확히 명시되지 않으면, 기준접지는

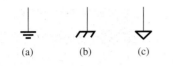

▲ 그림 2-47

접지 기호

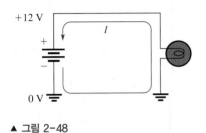

▲ 그림 2-48

접지 연결을 갖는 간단한 회로

다른 지점으로 이해된다. 기준접지는 회로에 대해 0 V를 정의한다. 기준접지는 대지접지와 완전히 다른 전위에 있을 수 있다. 기준접지는 공통의 도체를 나타내기 때문에 또한 **공통영역**이라 하며, COM 혹은 COMM으로 표시된다. 실험실에서 프로토보드(protoboard)를 결선할 때, 보통은 버스 스트립(보드의 길이를 따라 있는 긴 선) 중 하나를 이러한 공통의 도체로 남겨둘 것이다.

세 가지의 접지 기호를 그림 2-47에 나타냈다. 불행히도 대지접지와 기준접지를 구별하는 별도의 기호는 없다. 그림 2-47(a)에 있는 기호는 대지접지 혹은 기준접지를 나타내고, 그림 2-47(b)는 새시접지(chassis ground)를 보여주며, 그림 2-47(c)는 다른 기준 기호이다. 이 기호는 일반적으로 하나 이상의 공통연결(같은 회로에서 아날로그와 디지털 접지와 같은)이 있을 때 사용된다. 이 교재에서는 그림 2-47(a)에 있는 기호가 일반적으로 사용될 것이다.

그림 2-48은 접지 연결을 갖는 간단한 회로를 보여준다. 전류는 12 V 전원의 음(−)의 단자로부터 공통의 접지 연결을 통해, 전구를 통해, 전선을 통해 전원의 양(+)의 단자로 되돌아온다. 접지는 모든 접지점이 전기적으로 같은 점이고 저항이 0인(이상적으로) 전류의 경로를 제공하기 때문에 전원으로부터의 전류에 대한 통로를 제공한다. 회로 윗부분의 전압은 접지에 대해 +12 V이다. 회로에서 모든 접지 점들은 도체에 의해 함께 연결된 것으로 생각할 수 있다.

인쇄회로

인쇄회로기판(printed circuit board, PCB) 또는 **인쇄배선판**(printed wiring board, PWB)은 그 위에 전도 경로가 얇은 구리층 또는 다른 도전 재료로 에칭되고 부품들이 부착되는 비전도성 물질의 박판이다. PCB의 물질적 전도성 표면을 **층**(layer)이라고 한다. 인쇄회로기판(PCB)은 일반적으로 얼마나 많은 전도성 표면을 가지느냐에 따라 단층, 2층, 다층의 3가지 부류 중의 하나로 나뉜다. 단층 기판은 한쪽 면에만 그들을 연결하는 패드(pad)와 트레이스(trace)가 있는 반면 2층 기판은 상위층과 하위층 모두 트레이스가 있다. 다층 기판은 층을 여러 개 포개어 붙여서 구성되어 외층뿐만 아니라 내층에도 패드와 트레이스를 포함한다. 다층 기판이 제작될 때 단지 특정한 패드만이 안쪽 면에 연결되어, 그 층에 연결되어야만 하는 부품들만이 연결될 것이다. **평면**(plane)은 전압, 접지, 신호와 관련된 물리적 층의 영역이다. 여러 개의 평면은 층을 공유할 수 있으며, 한 층은 하나의 평면으로 구성될 수도 있다. 내층에 신호가 포함될 수 있을지라도 많은 경우에 다층 기판의 내층은 주로 공급전압과 접지만을 포함하고 분리된 전력과 접지면으로 설계될 것이다.

일반적으로 층 사이의 연결은 **비아**(via)를 사용하는데, 이것은 부품의 스루홀(through-hole)로 사용되는 패드와 비슷하지만 일반적으로 더 작다. 비아는 PCB의 다른 층 사이의 전기적 연결이다. 2층 기판에서 비아는 상위층과 하위층을 연결해준다. 다층 기판에서 비아는 어떤 층 사이도 연결해줄 수 있다. 그림 2-49는 다층 기판의 층과 관련된 3가지 형태의 비아를 보여주고 있다.

PCB가 가질 수 있는 층수 외에도 완성된 전자 조립체는 단면과 양면 기판일 수 있다. 단면 기판에서는 부품들은 한쪽 면에만 설치되는 반면, 양면 기판에서는 부품들이 상층과 하층 둘 다 설치될 수 있다. 대부분의 인쇄회로기판은 단단하고 섬유 유리와 합성수지 같은 불연재료로 제조되지만 유연한 회로기판도 또한 존재한다. 유연한 회로기판은 프린터와 평판 스캐너에서 고정체로부터 이동체를 연결하는 '연성 플랫(flat flex)' 케이블을 포함한다.

다층 PCB는 몇 가지 중요한 이점을 제공한다. 하나의 이점은 다층 PCB는 외층에 전원과 접지 트레이스의 수를 줄일 수 있다는 것이다. 이것은 기판의 밀집도를 높이기 위해 부품들을 더 가까이 배치할 수 있게 해준다. 더 적은 트레이스는 또한 비아의 수를 줄이고 더 짧고 넓은 트레이스를 가능하게 한다. 접지를 위해 사용되는 더 넓은 면은 또한 무선주파수 간섭(radio frequency

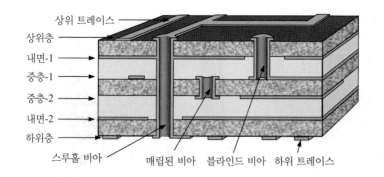

상위 트레이스
상위층
내면-1
중층-1
중층-2
내면-2
하위층

스루홀 비아   매립된 비아 블라인드 비아 하위 트레이스

◀ 그림 2-49
다층 PC 기판의 확대된 단면. 그림은
6층 기판을 나타낸다.

interference, RFI)과 방출에 관해 전자기파 적합성(electromagnetic compatibility, EMC)의 규제
조건을 준수하기 위한 차폐 효과를 가진다.

2-6절 복습	
해답은 이 장의 끝에 있다.	1. 전기회로의 기본적인 요소는 무엇인가?
	2. 개회로를 정의하라.
	3. 폐회로를 정의하라.
	4. 개방 스위치의 저항은 얼마인가? 이상적으로 닫힌 스위치의 저항은 얼마인가?
	5. 퓨즈의 목적은 무엇인가?
	6. 퓨즈와 회로차단기의 차이점은 무엇인가?
	7. AWG #3 혹은 AWG #22에서 어느 전선의 직경이 더 큰가?
	8. 전기회로에서 접지는 무엇인가?
	9. 인쇄회로기판에서 3가지 일반적인 종류는 무엇이며, 그들의 차이는?
	10. 비아는 무엇인가? 2층 기판에서 사용되는 유일한 형태의 비아는 무엇인가?
	11. PCB에서 층과 면의 차이는 무엇인가?
	12. 다층 기판의 중요한 두 가지 이점은 무엇인가?

2-7 기초회로 측정

전기 혹은 전자회로에서 작업을 할 경우에 전압, 전류, 저항을 측정하고 계측기를 안전하고 올바
르게 사용할 필요가 종종 있다.

이 절의 학습목표

◆ **기초회로 측정을 한다.**

　　◆ 회로에서 적절하게 전압을 측정한다.

　　◆ 회로에서 적절하게 전류를 측정한다.

　　◆ 적절하게 저항을 측정한다.

　　◆ 기본적인 계측기를 설치하고 측정 결과를 읽는다.

　전압, 전류, 저항의 측정은 전자 작업에서 일반적으로 요구된다. 전압을 측정하는 데 이용되
는 계측기는 **전압계**(voltmeter, 볼트미터)이고, 전류를 측정하는 데 이용되는 계측기는 **전류계**
(ammeter, 암미터)이며, 저항을 측정하는 데 이용되는 계측기는 **저항계**(ohmmeter, 옴미터)이다.

▶ 그림 2-50

대표적인 휴대용 멀티미터 (a) Fluke Corporation. 허락에 의해 제공, (b) BK Precision 제공

(a) 디지털 멀티미터   (b) 아날로그 멀티미터

▶ 그림 2-51

이 책에서 이용된 계측기 기호 예. 각각의 기호는 전류계(A), 전압계(V), 저항계(D)를 나타내기 위해 사용될 수 있다.

(a) 디지털   (b) 막대 그래프   (c) 아날로그   (d) 일반

보통 이 3개의 계측기는 **멀티미터**(multimeter)라고 하는 하나의 계측기에 결합되어 있어, 사용자가 스위치로 적절한 기능을 선택하여 특정한 양을 측정할 수 있다.

대표적인 휴대용 멀티미터는 그림 2-50에 나타냈다. 그림 2-50(a)는 측정된 양을 디지털로 나타내는 디지털 멀티미터(DMM)이고, 그림 2-50(b)는 지침을 갖는 아날로그 미터이다. 또한 많은 디지털 멀티미터는 막대 그래픽 표시기를 포함하고 있다.

계측 기호

이 책에서는 그림 2-51에서와 같이 회로 내에서 계측기를 나타내기 위해 특정 기호를 사용한다. 어떤 기호가 가장 효과적으로 필요한 정보를 전달하느냐에 따라 전압계, 전류계, 저항계에 대해 네 가지 유형의 기호 중에 하나를 사용할 수 있다. 디지털 계측 기호는 회로에서 구체적인 값을 나타내고 싶을 때 사용하며, 막대 그래픽 계측 기호와 지침 계측 기호는 구체적인 값보다는 상대적인 측정값이나 양의 변화를 나타낼 필요가 있을 때 회로의 동작을 보여주기 위해 사용된다. 변화되는 양은 디스플레이에 화살로 표시되며 증가 혹은 감소를 보여준다. 일반적인 기호는 값이나 값의 변화가 표시될 필요가 없을 때 회로에서 계측 위치를 나타내기 위해 사용된다.

전류 측정하기

그림 2-52는 전류계로 전류를 측정하는 방법을 설명한다. 그림 2-52(a)는 저항에 흐르는 전류를 측정하기 위한 간단한 회로를 보여준다. 그림 2-52(b)에서처럼 회로를 먼저 개방하고 전류 경로에 전류계를 연결한다. 그리고 그림 2-52(c)에서 보이는 것처럼 계측기를 삽입한다. 이러한 연결은 직렬 연결이다. 계측기의 극성은 전류가 음의 단자로 흘러들어가고, 양의 단장에서 나가도록 한다.

SAFETY NOTE

전기회로에서 작업하는 동안 반지 혹은 어떤 종류의 금속성 보석도 결코 착용하지 마라. 이러한 것들은 우연히 회로와 접촉할 수 있어 회로에 충격 또는 손상을 초래할 수 있다. 자동차 전지와 같은 높은 에너지 전원에서 보석(시계 혹은 반지) 양단의 단락은 순간적으로 열을 발생시켜 착용자에게 화상을 초래할 수 있다.

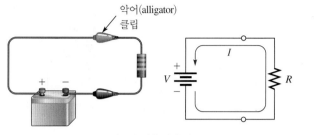

(a) 전류 측정을 위한 회로

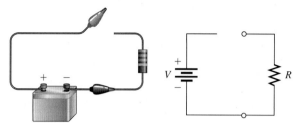

(b) 전원의 (−) 단자와 저항 사이, 또는 (+) 단자와 저항 사이의 회로를 개방한다.

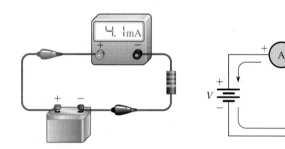

(c) 전류 경로에 전류계를 그림과 같은 극성으로 설치한다(−는 −쪽으로, +는 +쪽으로).

▲ 그림 2-52

간단한 회로에서 전류를 측정하기 위한 전류계 연결 예 (그림 색깔은 책 뒷부분의 컬러 페이지 참조)

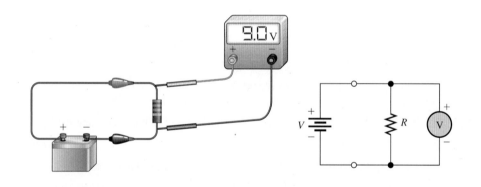

◀ 그림 2-53

간단한 회로에서 전압을 측정하기 위한 전압계 연결 예

(그림 색깔은 책 뒷부분의 컬러 페이지 참조)

전압 측정하기

전압을 측정하기 위해 측정하려는 부품 양단에 전압계를 연결한다. 이러한 연결은 병렬 연결이다. 계측기의 음의 단자는 부품의 음의 쪽에, 계측기의 양의 단자는 부품의 양의 쪽에 연결되어야 한다. 그림 2-53은 저항 양단의 전압을 측정하기 위해 연결된 전압계를 나타내고 있다.

저항 측정하기

저항을 측정하기 위해 저항기 양단에 저항계를 연결한다. 먼저 저항기는 회로에서 제거되거나 분리되어야 한다. 그 절차는 그림 2-54에 나타냈다.

디지털 멀티미터

DMM(digital multimeter)은 전압, 전류, 저항을 측정할 수 있는 다기능 전자계기이다. DMM은 가장 널리 사용되는 종류의 전자계측기이다. 일반적으로 DMM은 다음에 취급되는 아날로그 계

▶ 그림 2-54

저항을 측정하기 위한 저항계 사용 예

(그림 색깔은 책 뒷부분의 컬러 페이지 참조)

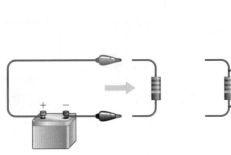

(a) 계측기의 손상과/혹은 부정확한 측정을 피하기 위해 회로에서 저항을 떼어낸다.

(b) 저항을 측정한다(극성은 중요하지 않다).

측기보다 더 많은 기능, 높은 정확성, 더 쉬운 판독성, 더 높은 신뢰성을 제공한다. 그러나 아날로그 계측기는 DMM에 비해 적어도 한 가지의 이점을 가지고 있다. 이는 많은 DMM이 너무 느려 응답할 수 없는 측정량의 단기적인 변화와 추세를 아날로그 계측기는 추적할 수 있다. 그림 2-55 는 대표적인 DMM을 나타내고 있다. 많은 DMM은 내부회로에 의해 적절한 범위가 자동적으로 선택되는 자동범위선택 유형이다.

DMM 기능 대부분의 DMM에서 구해지는 기본적인 기능은 다음과 같다.

◆ 옴

◆ DC 전압과 전류

◆ AC 전압과 전류

일부 DMM은 아날로그 막대 그래프 디스플레이, 트랜지스터 또는 다이오드 테스트, 전력 측정, 온도 측정, 오디오 증폭기 테스트를 위한 데시벨 측정과 같은 추가 기능을 제공한다.

DMM 디스플레이 DMM은 LCD(liquid crystal display) 또는 LED(light emitting diode) 데이터 표시기를 가지고 있다. LCD는 매우 적은 전류의 양을 요구하므로 전지로 전력을 공급받는 계기에서 가장 흔히 사용된다. 9 V 전지로 동작하는 LCD 방식의 DMM은 수백 시간에서 2000시간 혹은 그 이상의 전지 수명을 갖고 있다. LCD 디스플레이의 단점은 (1) 어두운 곳에서 배면광

▶ 그림 2-55

대표적인 디지털 멀티미터(BK Precision 제공)

(a)

1234567890
(b)

◀ 그림 2-56

7 세그먼트 디스플레이

(backlighting) 없이는 어렵거나 불가능하고, (2) 측정 변화에 대한 반응이 상대적으로 느리다는 것이다. 반면에 LED 디스플레이는 어두운 곳에서도 읽을 수 있고, 측정된 값의 변화에 빨리 반응한다. LED 디스플레이는 LCD 디스플레이보다 훨씬 더 많은 전류를 요구한다. 따라서 LED가 휴대용 장비에 사용될 때 전지 수명이 짧아진다.

LCD와 LED DMM 디스플레이 모두 7 세그먼트 형태이다. 디스플레이에서 각각의 숫자는 그림 2-56(a)에서 보이는 것처럼 일곱 개의 별도의 세그먼트로 구성된다. 각각의 십진수는 그림 2-56(b)에서와 같이 적절한 세그먼트의 활성화에 의해 형성된다. 7 세그먼트 이외에 소수점이 또한 존재한다.

분해능 DMM의 분해능(resolution)은 DMM이 측정할 수 있는 양의 가장 작은 증가량이다. 증가량이 작으면 작을수록 분해능은 더욱 더 좋아진다. 계측기의 분해능을 결정하는 한 요소는 디스플레이에 있는 자릿수이다.

많은 DMM은 디스플레이에 3½ 자릿수를 갖기 때문에, 설명을 위해 이것을 이용한다. 3½ 자릿수 멀티미터는 0~9까지 표시할 수 있는 3개의 자릿수와 단지 1의 값을 나타내는 1개의 자릿수를 가진다. 후자의 경우 반 자릿수라고 부르며 표시기에서 항상 가장 중요한 자릿수이다. 예를 들어 그림 2-57(a)에서와 같이 DMM이 0.999 V를 표시하고 있다고 가정하자. 만약 전압이 0.001 V 증가해 1.000 V가 되면, 표시기는 그림 2-57(b)와 같이 정확히 1.000 V를 나타낸다. 여기서 '1'은 반 자릿수이다. 결과적으로 3½ 자릿수는 분해능이 0.001 V의 변화를 관측할 수 있다.

이번에는 전압이 1.999 V로 증가했다고 가정하자. 이 값은 그림 2-57(c)와 같이 계측기에 표시되고 있다. 만약 전압이 0.001 V 증가하여 2.000 V가 되면, 반 자릿수는 '2'를 표시할 수 없어

(a) 분해능: 0.001 V

(b) 분해능: 0.001 V

(c) 분해능: 0.001 V

(d) 분해능: 0.01 V

▲ 그림 2-57

3½자릿수 DMM은 사용되는 자릿수에 따라 분해능이 어떻게 변하는지 보여주고 있다.

아날로그 계측기의 눈금을 읽을 때는 항상 눈금과 바늘을 사각이 아닌 정면에서 똑바로 보아야 한다. 이 훈련은 시차를 피할 것이다. 이 시차는 계측기 눈금에 대해 바늘의 위치에서 발생하는 표시상의 변화로 부정확한 판독을 초래한다. 대부분 아날로그 계측기들은 바늘 아래에 눈금에 반사된 띠를 가지고 있다. 바늘이 반사된 띠에 직접 보이도록 계측기 눈금을 읽는 것이 시차를 없앨 것이다.

표시기는 2.00을 나타낸다. 반 자릿수는 공란으로 동작하지 않으며, 그림 2-57(d)에 나타낸 바와 같이 단지 3개의 자릿수만 동작한다. 세 자릿수만 동작하기 때문에, 분해능은 0.001 V가 아닌 0.01 V가 된다. 분해능은 19.99 V까지 0.01 V를 유지한디. 분해능은 20.0 V에서 199.9 V까지 0.1 V가 되며, 200 V일 때 1 V가 된다.

DMM의 분해능은 또한 내부회로와 양을 측정하는 샘플링 레이트에 의해 결정된다. DMM 표시기는 4½에서 8½자릿수까지 처리가 가능하다.

정밀도 1장에서 정의된 것처럼 정밀도는 측정된 값과 양의 실제 또는 허용된 값 사이의 오차 범위를 일반적으로 백분율로 나타내는 지표이다. DMM의 정밀도는 내부회로와 보정(calibration)에 의해 엄밀하게 결정된다. 대표적으로 계측기의 정밀도는 0.01~0.5% 범위를 갖지만 일부 실험실용 계측기는 0.002%의 정밀도를 갖기도 한다.

아날로그 멀티미터 읽기

비록 DMM이 많이 사용되고 있을지라도, 때때로 아날로그 미터를 사용해야만 할지도 모른다.

기능 대표적인 아날로그 침형 멀티미터를 그림 2-58에 나타냈다. 이 특정한 계측기는 저항값은 물론 직류(dc)와 교류(ac)의 양을 측정하는 데 이용하며 직류전압(DC VOLTS), 직류전류(DC mA), 교류전압(AC VOLTS), 저항(OHMS) 등 4개의 선택할 수 있는 기능을 가지고 있다. 비록 측정 범위 및 눈금의 차이는 있지만, 대부분의 아날로그 멀티미터는 그 기능이 유사하다.

측정 범위 각 기능 내에는 선택 스위치 둘레에 범위 대가 표시된 것처럼 여러 측정 범위가 있다. 예를 들어 DC 전압 기능은 0.3 V, 3 V, 12 V, 60 V, 300 V, 600 V의 측정 범위를 갖는다. 따라서 0.3 V에서 600 V까지 전체 범위에서 직류전압을 측정할 수 있다. DC mA 기능에서 직류전류는 0.06 mA에서 120 mA 전체 범위까지 측정할 수 있다. 저항 눈금에서 측정 범위는 ×1, ×10, ×100, ×1000, ×100,000로 설정할 수 있다.

옴 눈금 옴은 계측기의 맨 위 눈금을 읽는다. 이 눈금은 비선형이다. 즉 각각의 구간에 나타난

▶ 그림 2-58

대표적인 아날로그 멀티미터

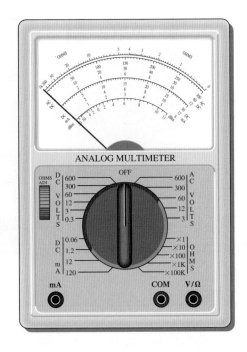

값들이 (크거나 작거나) 눈금에 따라 변한다. 그림 2-58에서 눈금이 오른쪽에서 왼쪽으로 가면서 좀 더 압축되는 것에 주목하라.

실제 저항값을 읽기 위해는 바늘이 가르키는 눈금의 수에 스위치에 의해 선택된 인자를 곱한다. 예를 들어 스위치가 ×100에 맞추어져 있고 바늘이 눈금 20을 가리키고 있으면, 저항값은 20 × 100 = 2000 Ω이 된다.

또 다른 예로 스위치가 ×10에 위치하고 바늘이 1과 2 표시 사이에 7번째 작은 구간을 가리키고 있다면, 17 Ω(1.7 × 10)이 된다. 만약 계측기가 같은 저항에 연결되어 있고 스위치 위치가 ×1로 변경된다면, 바늘은 15와 20 표시 사이의 두 번째 작은 구간으로 이동할 것이다. 물론 이것 역시 17 Ω이며, 이는 여러 스위치 설정으로 주어진 저항값을 측정할 수 있음을 설명한다. 그러나 측정 범위를 변경할 때마다 두 측정 단자를 접촉하여 계측값이 0이 되도록 영점을 조정해야 한다.

AC-DC와 DC mA 눈금

위에서 두 번째, 세 번째, 네 번째 눈금은 DC VOLTS와 AC VOLTS 기능을 함께 사용한다. 위쪽 ac-dc 눈금은 최댓값이 300으로 측정 범위는 0.3, 3, 300 중 어느 하나를 선택해 이용할 수 있다. 예를 들어 스위치를 DC VOLTS 기능에서 3에 맞추었다면 300 눈금의 전체 눈금값은 3 V가 된다. 300에 맞추었다면 전체 눈금값은 300 V가 된다. 중간 ac-dc 눈금의 최대 눈금은 60이다. 이 눈금은 0.06, 60, 600의 범위 설정이 함께 사용된다. 예를 들어 스위치를 DC VOLTS 기능의 60에 맞추었을 때 전체 눈금값은 60 V가 된다. 아래쪽 ac-dc 눈금은 최대 눈금이 12이며, 1.2, 12, 120의 스위치 설정이 함께 사용된다. 3개의 DC mA 눈금은 전류를 측정하기 위해 같은 방법으로 사용된다.

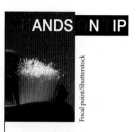

HANDS ON TIP

그림 2-58에 나타낸 아날로그 멀티미터를 이용할 때 전압과 전류의 측정 범위는 수동으로 선택하며, 미지의 전압과 전류를 측정하기 전에 멀티미터의 측정 범위를 항상 최대로 설정하는 것이 좋은 습관이다. 그 다음에 만족스러운 측정값을 얻을 때까지 측정 범위를 줄일 수 있다. 또한 계측기 눈금을 선택하거나 변경할 때마다 측정 단자를 실험하는 회로에 연결하기 전에 반드시 계측값을 0으로 해야 한다. 이렇게 하기 위해서는 바늘이 눈금의 가장 왼쪽 끝에 정렬되도록 영점 조정 손잡이를 돌려야 한다. 이 손잡이의 위치는 계측기마다 다르지만, 그림 2-58에서 계측기 눈금 아래 왼쪽 가장자리에 영점 조정 손잡이를 보이고 있다.

예제 2-9	그림 2-58에 있는 계측기에서 다음과 같이 명시된 값으로 스위치가 설정될 경우, 그림 2-59에서 측정되고 있는 양(전압, 전류, 저항)을 결정하라.

    (a) DC volts: 60   (b) DC mA: 12   (c) OHMS: ×1K

◀ 그림 2-59

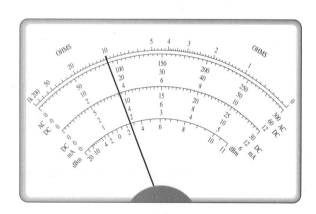

풀이   (a) 중간 AC-DC 눈금으로부터 취한 판독값은 **18 V**이다.

       (b) 아래 AC-DC 눈금으로부터 취한 판독값은 **3.7 mA**이다.

       (c) 옴 눈금(위)로부터 취한 판독값은 **10 kΩ**이다.

관련 문제 이 예제의 (c)에서 스위치를 ×100 ohms 설정으로 이동했다. 같은 저항값이 측정되고 있다면 바늘은 무엇을 가리키고 있나?

1. 다음을 측정하기 위한 멀티미터 기능을 기술하라.

    (a) 전류　　　　　　　(b) 전압　　　　　　　(c) 저항

2. 그림 2-41의 회로에서 어느 한쪽의 전구를 통해 흐르는 전류를 측정하기 위해 2개의 전류계를 어떻게 위치해야 하는지 보여라(반드시 극성을 살펴라). 단지 1개의 전류계로 동일한 측정을 어떻게 할 수 있는가?

3. 그림 2-41에서 전구 2에 걸리는 전압을 측정하기 위해 전압계는 어떻게 연결해야 하는가?

4. DMM 디스플레이의 대표적인 유형 2개를 열거하고, 각각의 장점과 단점을 논하라.

5. DMM에서 분해능을 정의하라.

6. 그림 2-58에서 아날로그 멀티미터는 dc 전압을 측정하기 위해 3 V 범위에 설정되었다. 바늘이 위쪽 ac-dc 눈금 150을 가리킨다고 가정한다. 측정된 전압은 얼마인가?

7. 275 V dc를 측정하기 위해 그림 2-58의 멀티미터는 어떻게 설정하고 어느 눈금으로 전압을 읽는가?

8. 그림 2-58의 멀티미터로 20 kΩ이 넘는 저항을 측정하기를 기대하면 스위치를 어디에 두어야 하는가?

2-8 녹색 기술

오늘날 전기 전자 제품의 동작, 생산과 폐기에 있어서 환경 책임 또는 **녹색**(green) 방법론의 개발이 더욱 중요시되고 있다. 이들 중에는 재생에너지의 개발과 위험물질사용제한(RoHS) 및 전기·전자장비폐기물처리(WEEE) 지침과 같은 법안의 준수가 들어 있다.

재생에너지　화석 연료(석탄, 기름, 천연 가스)는 현재 발전, 난방, 운송의 가장 주된 에너지원이다. 화석 연료는 전반적인 풍부함과 비교적 작고 휴대 가능한 양에 포함된 에너지 양으로 말미암아 대부분 응용에서 선호하게 되었다. 그러나 1970년대가 되면서 많은 사람이 화석 연료의 추출, 운송, 사용이 환경에 미치는 심각한 영향과 건강상의 위험을 인식하게 되었다. 석유의 수요 증가는 또한 알려진 자원을 고갈시킬 위험이 있었으며 주요 소비국과 생산국 사이에 정치적 마찰을 초래했다. 산업화된 국가들은 태양광, 풍력, 지열 에너지원으로부터 재생에너지의 생산, 더 많은 에너지와 연료 효율이 좋은 상품의 개발, 전기모터로 내연 기관의 대체를 역설하여 이러한 우려들을 해결하기 위해 노력해왔다.

전지는 특히 가정 시스템과 같은 재생에너지의 효율적인 사용에서 중요한 역할을 한다. 태양광과 풍력과 같은 재생에너지원의 에너지양은 예측할 수 없다. 바람이 불지 안 불지 모르는 것처럼 태양은 특정한 날 또는 연중 특정한 시기에 비출지 안 비출지 모른다. 이것은 생산되는 에너지 양이 그때 필요한 에너지 양보다 많거나 적을 수 있다는 것을 의미한다. 전지는 생산되는 것보다 더 많은 에너지가 필요할 때 에너지를 공급할 뿐만 아니라 생산되지만 즉시 필요하지 않은 남은 에너지를 저장할 수 있는 가장 일반적인 방법이다. 전지는 에너지를 저장하고(충전) 때로는 에너지를 공급하기(방전) 때문에 2차 전지는 이러한 응용에 사용되어야 한다.

RoHS　유해물질사용제한(Restriction of Hazardous Substances, RoHS)은 특정 물질에 의해 생기는 건강과 환경 문제들을 공정과 제품에서 그들의 사용을 제한함으로써 대응하는 지침이다. 원래 RoHS 지침은 특정 물질에 의해 발생하는 문제들을 다루기 위해 2004년에 유럽연합(EU)에 의해 채택되었지만, 미국과 다른 국가의 제조사들은 대개 그 지침 또는 어느 정도 지침의 변경을 따라왔고 EU뿐만 아니라 그들의 나라 안에서 제품 판매를 규제했다. 2011년에 RoHS2는 CE 마크를 사용하여 모든 제품의 RoHS 준수를 요구했으며, 2015년에 RoHS3는 제한물질의 목록을 확

대했다.

RoHS("ROH-hoss" 또는 "ross"로 다양하게 발음되는)는 대개 무연 생산과 관련되어 있다고 여겨지지만 원래의 지침은 실제로 6개 물질(2015년 나중에는 10개로 확대)의 제한을 명시했다. 원래 목록과 확대된 목록을 따르는 것은 전기·전자 조립품과 제품에 직접 영향을 미쳤다. 납의 제한은 대부분 제조자가 페인트와 안료에서 납을 제거할 뿐만 아니라 비스무트, 인듐, 아연같은 대체 물질을 사용하여 무연 납땜을 사용하도록 만들었다. 무연 납땜은 보통 주석-납땜보다 5°C에서 20°C (9°F에서 36°F) 높은 용해점을 가지며 제조자들은 기존의 제조와 재작업 공정을 변경해야 했다. RoHS의 다른 영향은 전지와 다른 제품으로부터 수은 카드뮴을 제거하고(일부 예외가 있을지라도), 전자 조립품에서 여러 개의 발화지연 화학물질을 제거하고 특정 종류의 PVC 단열재와 도관에서 특수 가소제들을 제거하는 것이었다.

RoHS는 제품이 완전히 RoHS를 준수하도록 제품에 사용되는 모든 부품들이 RoHS 지침을 따를 것을 요구한다. 그 결과 기술자와 설계자는 제품 설계와 관련된 모든 부품, 하위부품, 공정들이 RoHS를 준수하는 것을 보장해야 한다. 이것을 보이기 위해 일반적으로 데이터시트는 부품이 RoHS를 준수하는지 또는 그림 2-60에 보이는 바와 같은 RoHS 표시를 가지고 있는지 명확하게 알려줄 것이다. 그러나 어떤 경우에는 유사한 제품(저항 같은)군의 생산자들은 서류에 열거된 제품들은 RoHS 지침을 준수한다고 명시하는 각 군에 대해 단일 문서만을 가지고 있을 것이다.

◀ 그림 2-60
RoHS 표시 중 하나의 종류

WEEE 전기·전자장비폐기물처리(Waste Electrical and Electronic Equipment, WEEE)는 전기·전자 제품의 폐기로 인한 건강과 환경 문제에 대응하는 지침이다. WEEE 지침은 2003년에 EU에서 처음으로 입법화되어 그 이후로 여러 번 개정되었다. 그것은 환경에 해를 끼치고, 토양에 침투하고, 지하수를 오염시키고 건강 문제를 일으킬 수 있는 유해화학물질의 존재를 포함하여 열 가지 종류의 전기·전자 제품의 폐기와 관련된 문제들을 다룬다. 지침은 장비들을 제조하고

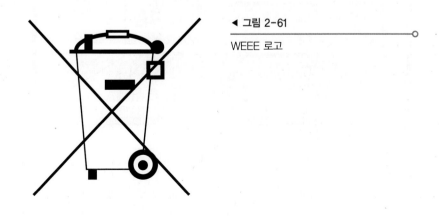

◀ 그림 2-61
WEEE 로고

유통하는 사람들에게 적절한 수집과 폐기에 대한 책임을 부여하는데, 이것은 제조자와 유통자들이 직접 WEEE에 따라 제품을 수집하고 처리해야 한다는 것을 의미하는 것처럼 보인다. 하지만 지침은 실질적으로 그들이 수집과 재활용 시설을 마련하고 비용을 부담하게 허용하여 이 시설을 통해 적절한 폐기에 대한 실질적인 책임을 최종 소비자에게 부여한다. WEEE 지침을 따르는 제품들은 그림 2-61에 보이고 있는 것과 유사한 로고가 있을 것이다.

2-8절 복습

해답은 이 장의 끝에 있다.

1. 전기·전자 제품의 제조, 동작과 폐기에 관련하여 '녹색'이 의미하는 것을 정의하라.
2. 세 가지 중요한 부류의 재생에너지를 열거하라.
3. RoHS 지침의 의도와 그것이 전자 제품에 미치는 영향에 대해 논하라.
4. WEEE 지침의 의도와 영향에 대해 논하라.

응용과제   Application Assignment

학생이 전지에 관한 과학박람회 프로젝트(science fair project)의 일환으로 퀴즈 보드를 만들고 있다. 퀴즈 보드는 그림 2-62에 나타냈다. 퀴즈 보드에서 회전식 스위치는 열거된 4개의 전지 유형 중의 하나를 선택한다. 디스플레이를 보는 사람은 이 전지에 대해 올바른 셀 전압을 선택한다. 선택을 위해 A, B, C, D로 표시된 4개의 답 옆에 위치한 정상적으로 개방된 누름 버튼을 누른다. 만약 올바른 누름 버튼이 눌러지면, '정답' 전구에 조명이 된다. 그렇지 않으면 아무 반응도 일어나지 않는다. 전구의 전반적인 밝기는 1개의 가감저항기로 조절된다.

보드의 요구조건은 다음과 같이 요약될 수 있다.

1. 회전식 스위치가 각각의 위치로 이동되면 4개의 전지 유형 중

▶ 그림 2-62

퀴즈 보드(Quiz board)

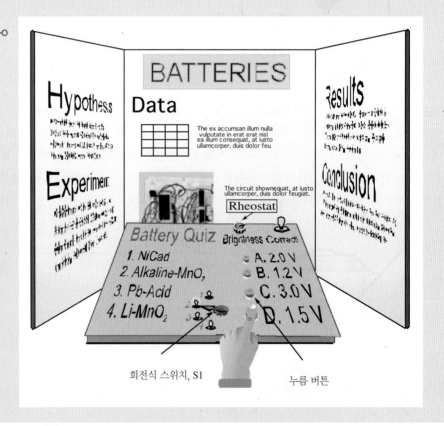

회전식 스위치, S1   누름 버튼

하나에 해당되는 꼬마 전구에 불이 들어온다.

2. 만약 그 전지(A, B, C, D)에 대해 올바른 전압이 누름 버튼 을 눌러 선택되면 '정답' 전구에 불이 들어온다. 만약 잘못된 버튼 이 눌러지면 아무것도 발생하지 않는다.

3. 4개의 전지에 대한 정답의 순서는 B, D, A, C이다.

4. 모든 전구의 밝기는 1개의 가감저항기로 조절된다.

1단계: 회로 선택하기

두 개의 가능한 회로가 그림 2-63에 보인다. 퀴즈 보드의 요구조건 을 만족하는 회로를 선택하라. 거부된 회로는 왜 요구조건을 만족 하지 않는지 설명하라. 회로에서 각각의 부품의 목적을 설명하라.

2단계: 재료 목록 개발하기

선택한 회로도로부터 퀴즈 보드를 제작하는 데 요구되는 재료를 나열하라. +12 V 전원이 내부 랜턴 전지에 의해 공급된다고 가정한 다. 보이지 않는 재료(커넥터, 퓨즈 홀더 등과 같은)를 잊지 마라.

3단계: 부품 목록 개발하기

회로도에서 원 번호의 점들은 회로에서 노드(node)를 나타낸다. 노 드는 2개 이상의 부품들이 만나는 접합 지점이다. 회로의 부품 목 록과 회로 결선을 명시하기 위해 노드 번호를 이용한 부터-까지 결 선 목록을 개발하라.

4단계: 퓨즈의 전류 정격 결정

요구되는 퓨즈의 크기를 명시하라. 12 V가 인가될 때 각각의 전구 에는 대략 0.83 A가 흐른다. 설계한 회로를 근거로 가장 적절한 퓨 즈를 선택하라. 사용 가능한 퓨즈 크기는 1 A, 2 A, 3 A, 5 A, 10 A 이다. 선택에 대해 설명하라.

5단계: 회로의 고장진단

회로를 고장진단하라. 회로가 올바르게 동작하지 않는 다음 각각 의 경우에 대해 가능한 고장과 문제를 발견하기 위해 회로를 어떻 게 고장진단하는지 자세히 기술하라. 대부분 문제의 경우 하나 이

◀ 그림 2-63

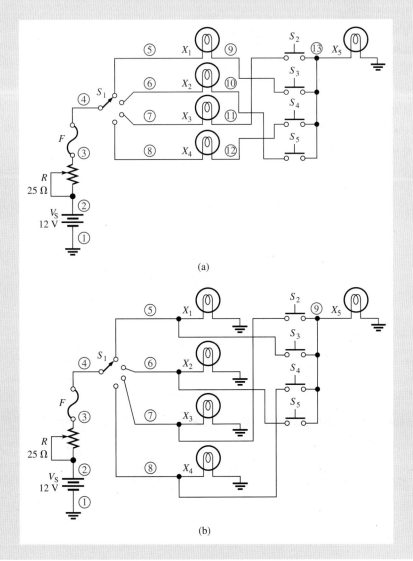

(a)

(b)

상의 가능한 고장이 있다.

◆ 회전식 스위치는 첫 번째 질문을 선택하지만, 전구는 켜지지 않는다. 다른 전구들은 선택될 때 동작한다.

◆ 어느 전구도 켜지지 않는다.

◆ 어떠한 조합의 질문 혹은 답이 선택될지라도 정답 전구가 결코 켜지지 않는다.

◆ 모든 전구가 선택되었을 때 너무 어둡다.

6단계: 회로를 시뮬레이션하기

시스템 응용 폴더에 있는 Multisim 파일 AA-CH02를 열어라. 파

일은 회로를 완성하는 데 필요한 모든 부품을 갖고 있다. 지침으로 선택한 회로도를 이용하여 회로 결선을 완성하라. 결선을 완료하후 시뮬레이션을 수행하고 요구조건을 만족하는지 보여라(주의: Multisim은 가감저항기의 효과를 나타낼 수 없다. 또한 누름 버튼 스위치는 닫기 위해 눌러야 하고 열기 위해 다시 눌러야 한다).

응용과제 복습

1. 정답 순서를 변경하기 위해 회로를 어떻게 수정할 수 있는가?

요약

● 원자는 원소의 성질을 보유하고 있는 가장 작은 입자이다.
● 전자는 음전하의 기본 입자이다.
● 양자는 양전하의 기본 입자이다.
● 이온은 전자를 얻거나 혹은 잃은 원자이며, 더 이상 중성이 아니다.
● 원자의 최외각 궤도에 있는 전자(가전자)들이 이탈할 때, 이들은 자유전자들이 된다.
● 자유전자는 고체 도체에서 전류를 가능하게 한다.
● 극성이 같은 전하는 서로 밀고, 극성이 다른 전하는 서로 당긴다.
● 회로에 전압이 인가되어야 전류가 존재할 수 있다.
● 셀은 화학적 산화환원 작용을 이용하여 화학에너지를 전기에너지로 변환하는 전압원이다.
● 전지는 하나 이상의 셀로 구성된다. 다중 셀 전지는 전체 전압 또는 전류를 증가하기 위해 직렬 또는 병렬 구성으로 연결될 수 있다.
● 저항은 전류를 제한한다.

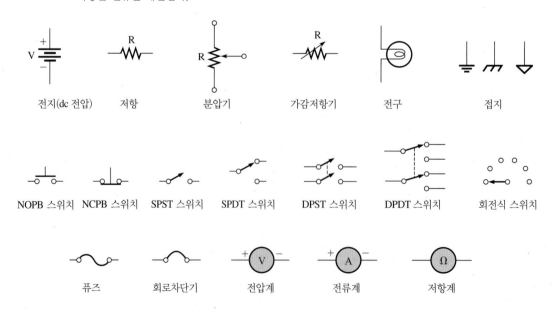

▲ 그림 2-64

- 연료 전지는 또한 산화환원 작용을 이용하여 화학에너지를 전기에너지로 변환한다.
- 기본적으로 전기회로는 전원, 부하, 전류 경로로 구성된다.
- 개회로는 전류 경로가 끊어진 회로이다.
- 폐회로는 완전한 전류 경로를 갖고 있는 회로이다.
- 전류계는 전류를 측정하기 위해 전류 경로와 직선으로(직렬로) 연결된다.
- 전압계는 전압을 측정하려는 부품 양단에(병렬로) 연결된다.
- 저항계는 저항을 측정하기 위해 저항기 양단에 연결된다. 저항기는 회로로부터 연결이 끊어져야 한다.
- 그림 2-64는 이 장에서 소개된 전기 기호를 나타낸다.
- 1쿨롱은 6.25×10^{18}개의 전자들에 대한 전하이다.
- 1 V는 한 점에서 다른 점으로 1 C의 전하를 이동시키기 위해 1 J의 에너지가 사용될 때 두 점 간의 전위차(전압)이다.
- 1 A는 1 C의 전하가 1초 동안 물질의 주어진 단면적을 통해 이동할 때 존재하는 전류의 양이다.
- 1 D은 물질 양단에 1 V의 전압이 인가되고 1 A의 전류가 물질에 존재할 때의 저항이다.

핵심용어

가감저항기 2 단자 가변저항기

개회로 완전한 전류 경로가 존재하지 않는 회로

기준접지 회로에서 모든 전압 측정의 기준이 되는 전위의 점. 공통영역이라고도 한다.

녹색 환경적으로 책임있는 실천을 일컫는데 사용되는 용어

도체 전류가 쉽게 흐르는 물질. 하나의 예는 구리이다.

반도체 컨덕턴스 값이 도체와 절연체의 사이에 있는 물질. 실리콘과 게르마늄이 반도체의 예이다.

볼트(V) 전압 혹은 기전력의 단위

부하 전원으로부터 전류를 이끌어내고 일이 행해지는 회로의 출력단자 양단에 연결된 소자(저항 혹은 다른 부품)

분압기 3 단자 가변저항기

비아 PCB의 다른 층 사이의 전기적 연결

산화환원 반응 전자들이 하나의 반응물(화학적으로 산화된)에서 다른 반응물(화학적으로 환원된)로 전달되는 화학 반응

셀 화학에너지를 전기에너지로 변환하는 단일 전압원

스위치 전류의 경로를 개방하고 차단하기 위한 전기 또는 전자 소자

암페어(A) 전류의 단위

연료 전지 외부원으로부터의 전기화학에너지를 dc 전압으로 변환하는 장치. 수소 연료 전지가 가장 일반적인 유형이다.

옴(Ω) 저항의 단위

원자 원소의 특별한 성질을 갖는 원소의 가장 작은 입자

유해물질사용제한(RoHS) 특정물질에 의해 생기는 건강과 환경 문제들을 공정과 제품에서 그들의 사용을 제한함으로써 대응하는 지침

인쇄회로기판(PCB) 그 위에 전도 경로가 얇은 구리층 또는 다른 도전 재료로 에칭되고 부품들이 부착되는 비전도성 물질의 박판. 또한 인쇄배선판(PWB)이라고도 한다.

자유전자 부모 원자로부터 이탈한 가전자. 물질의 원자 구조 내에서 원자와 원자 사이를 자유롭게 이동한다.

저항 전류에 대한 반대. 단위는 옴(Ω)이다.

저항계 저항을 측정하기 위한 계기

저항기 특정한 양의 저항을 갖도록 특별하게 설계된 전기 부품

전기·전자장비폐기물처리(WEEE) 전기·전자 제품의 폐기에 기인하는 건강과 환경 문제를 다루는 지침

전류 전하(자유전자)의 흐름율

전류계 전류 측정을 위해 이용되는 전기 계기

전류원 변동하는 부하에 대해 일정한 전류를 발생하는 장치

전압 전기회로에서 전자를 한 점에서 다른 점까지 이동하는 데 이용할 수 있거나 필요한 단위전하당 에너지의 양

전압계 전압 측정을 위해 사용되는 계기

전압원 변동하는 부하에 대해 일정한 전압을 발생하는 장치

전자 물질에서의 전하의 기본 입자. 전자는 음전하를 갖는다.

전지 화학에너지를 전기에너지로 변환하는 하나 이상의 셀로 구성된 전자화학 장치

전하 전자의 과잉 혹은 부족 때문에 존재하는 물질의 전기적인 특성. 전하는 양(1) 혹은 음(2)이 될 수 있다.

절연체 정상 상태에서 전류를 허용하지 않는 물질

접지 회로에서의 공통 혹은 기준점

지멘스(S) 컨덕턴스의 단위

층 PCB의 물리적 전도성 표면

컨덕턴스 전류를 허용하는 회로의 능력. 단위는 지멘스(S)이다.

컬러 코드 저항과 다른 부품들의 값과 오차를 식별하기 위해 색 띠나 점을 이용하여 값을 나타내는 체계

쿨롱(C) 전하의 단위. 6.25×10^{18}개의 전자들에 의해 소유되는 전체 전하

쿨롱의 법칙 2개의 전하를 띤 물체 사이에 존재하는 힘을 기술하는 법칙으로 2개의 전하의 곱에 정비례하고 두 전하 사이의 거리의 제곱에 반비례한다.

평면 전압, 접지 또는 신호와 관련된 물리층 영역

폐회로 완전한 전류 통로를 갖는 회로

퓨즈 회로에 과잉전류가 있을 때 타서 개방되는 보호 장치

회로 원하는 결과를 얻기 위해 설계된 전기 부품들의 상호연결. 기본적인 회로는 전원, 부하 그리고 상호 연결하는 전류 경로로 구성된다.

회로도 전기 또는 전자 회로의 기호화된 다이어그램

회로차단기 전기회로에서 과잉전류를 차단하기 위해 이용되는 리셋 가능한 보호 소자

AWG 전선 직경에 근거한 표준

DMM 전압, 전류, 저항의 측정을 위한 계측기들을 결합한 전자계기

수식

2-1 $$Q = \frac{\text{전자들의 개수}}{6.25 \times 10^{18} \text{ 전자들/C}}$$ 전하

2-2 $$V = \frac{W}{Q}$$ 전압(V)은 에너지(J)를 전하(C)로 나눈 것과 같다.

2-3 $$I = \frac{Q}{t}$$ 전류(A)는 전하(C)를 시간(s)으로 나눈 것과 같다.

2-4 $$G = \frac{1}{R}$$ 컨덕턴스(siemens)는 저항(Ω)의 역수이다.

2-5 $$A = d^2$$ 단면적(CM)은 직경(mil)의 제곱과 같다.

2-6 $$R = \frac{\rho l}{A}$$ 저항은 비저항(CM Ω/ft)에 길이(ft)를 곱하고 단면적(CM)으로 나눈 것이다.

참/거짓 퀴즈   해답은 이 장의 끝에 있다.

1. 핵에 있는 중성자의 수는 그 원소의 원자번호이다.
2. 전하의 단위는 암페어이다.
3. 전지에서 에너지는 화학에너지 형태로 저장된다.
4. 볼트는 단위전하당 에너지로 정의될 수 있다.
5. 5밴드 정밀 저항기에서 네 번째 밴드는 허용오차이다.
6. 변형 게이지는 인가되는 힘에 응하여 저항을 변화시킨다.
7. 모든 회로는 전류를 위한 완전한 경로를 가져야 한다.
8. 서큘러밀(circular mil, CM)은 면적의 단위이다.
9. DMM에 의해 행할 수 있는 세 가지 기본적인 측정은 전압, 전류, 전력이다.
10. 녹색의 주창은 환경적으로 책임있는 실천을 개발하고 수행하려는 것이다.
11. RoHS 지침은 낡은 전자 장비들을 적절하게 폐기하는 문제들을 다룬다.

자습 문제   해답은 이 장의 끝에 있다.

1. 원자번호가 3인 중성원자는 몇 개의 전자를 가지고 있는가?
   (a) 1　　(b) 3　　(c) 없다　　(d) 원자의 종류에 달려 있다.
2. 전자궤도는 무엇이라 불리는가?
   (a) 전자각　　(b) 핵　　(c) 파동　　(d) 원자가
3. 전류가 흐를 수 없는 물질은 무엇인가?
   (a) 필터　　(b) 도체　　(c) 절연체　　(d) 반도체
4. 양(+)으로 대전된 물질과 음(−)으로 대전된 물질이 서로 가까이 두면 어떻게 되나?
   (a) 반발한다.　　(b) 중성이 된다.　　(c) 당긴다.　　(d) 전하를 교환한다.
5. 전자 한 개의 전하는 얼마인가?
   (a) 6.25×10^{-18} C　　(b) 1.6×10^{-19} C　　(c) 1.6×10^{-19} J　　(d) 3.14×10^{-6} C
6. 전위차는 다음에 대한 또 다른 용어이다.
   (a) 에너지　　(b) 전압　　(c) 핵으로부터 전자의 거리　　(d) 전하
7. 에너지의 단위는 무엇인가?
   (a) 와트　　(b) 쿨롱　　(c) 줄　　(d) 볼트
8. 다음 중 어느 것이 에너지원의 종류가 아닌가?
   (a) 전지　　(b) 태양 전지　　(c) 발전기　　(d) 분압기
9. 다음 중 어느 것이 수소 연료 전지의 부산물인가?
   (a) 산소　　(b) 이산화탄소　　(c) 염산　　(d) 물
10. 다음 중 어느 것이 전기회로에서 일반적으로 가능하지 않은 조건인가?
    (a) 전압 그리고 전류 없음　　(b) 전류 그리고 전압 없음　　(c) 전압 그리고 전류　　(d) 전압 없음 그리고 전류 없음
11. 전류는 다음으로 정의된다.
    (a) 자유전자들　　(b) 자유전자들의 흐름률　　(c) 전자들을 이동시키는 데 요구되는 에너지　　(d) 자유전자들의 전하
12. 다음과 같을 때 회로에 전류가 없다.
    (a) 직렬 스위치가 닫혀 있을 때　　(b) 직렬 스위치가 열려 있을 때

(c) 전압원 전압이 없을 때　　　　　(d) (a)와 (c) 모두

(e) (b)와 (c) 모두

13. 저항기의 주목적은 무엇인가?

(a) 전류를 증가한다.　　　　　　　(b) 전류를 제한한다.

(c) 열을 발생한다.　　　　　　　　(d) 전류의 변화를 억제한다.

14. 분압기와 가감저항기는 어느 유형인가?

(a) 전압원　　　　(b) 가변저항기　　　　(c) 고정저항기　　　　(d) 회로차단기

15. 주어진 회로의 전류가 22 A를 초과하지 않는다. 어떤 값의 퓨즈가 최고인가?

(a) 10 A　　　　　　　　　　　　(b) 25A

(c) 20 A　　　　　　　　　　　　(d) 퓨즈가 필요하지 않다

연습 문제

홀수 번호 연습 문제의 해답은 이 책의 끝에 있다.

기초 문제

2-2 전하

1. 50×10^{31}개의 전자는 몇 C의 전하를 가지고 있는가?

2. 80 μC의 전하를 만들기 위해 몇 개의 전자가 필요한가?

3. 구리 원자의 핵의 전하는 몇 쿨롱(C)인가?

4. 염소 원자의 핵의 전하는 몇 쿨롱(C)인가?

2-3 전압

5. 다음 각각의 경우에서 전압을 구하라.

(a) 10 J/C　　　　　　(b) 5.0 J/2.0 C　　　　　　(c) 100 J/25 C

6. 저항을 통해 100 C의 전하를 이동시키기 위해 500 J의 에너지가 사용된다. 저항 양단의 전압은 얼마인가?

7. 저항을 통해 40 C의 전하를 이동시키기 위해 800 J의 에너지를 사용하는 전지의 전압은 얼마인가?

8. 전기회로를 통해 2.5 C을 이동시키기 위해 자동차의 12 V 전지는 얼마의 에너지를 사용하는가?

9. 0.2 C의 전하가 이동될 때 태양 전지 충전기가 2.5 J의 에너지를 전달한다고 가정한다. 전압은 얼마인가?

2-4 전류

10. 9번 문제의 태양 전지가 그 전하를 10초 동안 이동하면 전류는 얼마인가?

11. 다음 각각의 경우에서 전류를 구하라.

(a) 1.0초 동안 75 C　　　　　　(b) 0.5초 동안 10 C　　　　　　(c) 2.0초 동안 5 C

12. 6/10 C의 전하가 어떤 점을 3.0초 동안 통과한다. 전류는 몇 A인가?

13. 만약 전류가 5.0 A이면, 10 C의 전하가 한 점을 통과하는 데는 얼마나 오래 걸리나?

14. 전류가 1.5 A일 때 0.1초 동안 몇 C이 한 점을 통과하는가?

2-5 저항

15. 그림 2-65(a)는 컬러 코드화된 저항기를 보여준다. 각각의 저항값과 허용오차를 구하라.

16. 그림 2-65(a)의 각각의 저항기에 대해 허용오차 범위 내에서 최소 및 최대 저항을 구하라.

17. (a) 5% 허용오차를 갖는 270 Ω의 저항이 필요하면 어떤 컬러 밴드를 찾는가?

(b) 그림 2-65(b)에 있는 저항기에서 330 Ω, 2.2 kΩ, 39 kΩ, 56 kΩ, 100 kΩ을 선택하라.

18. 그림 2-66의 각각의 저항기에 대한 저항값과 허용오차를 구하라.

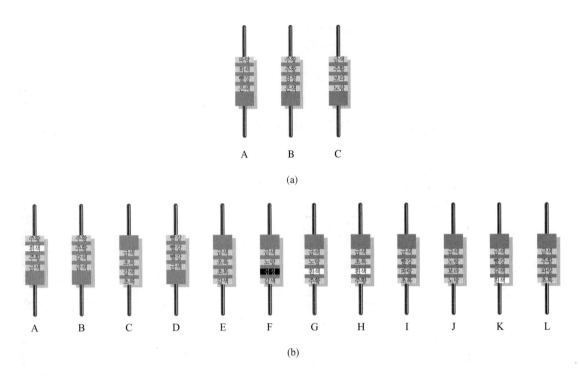

▲ 그림 2-65

(그림 색깔은 책 뒷부분의 컬러 페이지 참조)

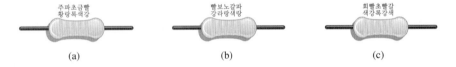

▲ 그림 2-66

(그림 색깔은 책 뒷부분의 컬러 페이지 참조)

19. 다음 각각의 4밴드 저항기의 저항과 허용오차를 구하라.

   (a) 갈색, 검정, 검정, 금색   (b) 초록, 갈색, 초록, 은색   (c) 파랑, 회색, 검정, 금색

20. 다음 각각의 4밴드 저항기에 대한 컬러 밴드를 결정하라. 각각은 5% 허용오차를 가지고 있다고 가정한다.

   (a) 0.47 Ω   (b) 270 kΩ   (c) 5.1 MΩ

21. 다음 각각의 5밴드 저항기의 저항과 허용오차를 구하라.

   (a) 빨강, 회색, 보라, 빨강, 갈색

   (b) 파랑, 검정, 노랑, 금색, 갈색

   (c) 흰색, 주황, 갈색, 갈색, 갈색

22. 다음 각각의 5밴드 저항기에 대한 컬러 밴드를 결정하라. 각각은 1% 허용오차를 가지고 있다고 가정한다.

   (a) 14.7 kΩ   (b) 39.2 Ω   (c) 9.76 kΩ

23. 다음 라벨(수치와 문자로 표현된)에 의해 나타내는 저항값들을 결정하라.

   (a) 220   (b) 472   (c) 823   (d) 3K3   (e) 560   (f) 10M

24. 선형 분압기의 조절 접점이 조절장치의 기계조작의 중앙에 설정되어 있다. 만약 분압기의 전체 저항이 1000 Ω이면, 조절 접점과 각각의 단자 사이의 저항은 얼마인가?

2-6 전기회로

25. 그림 2-41(a)의 전등회로에서 전류 경로를 그려라. 이 회로의 스위치의 접점은 중간과 보다 낮은 핀 사이에 있다.

26. 스위치가 어느 한쪽 위치에 있는 상태로 과잉전류로부터 회로를 보호하기 위해 퓨즈가 연결된 그림 2-41(b)의 전등 회로를 다시 그려라.

2-7 기초회로 측정

27. 그림 2-67에서 전류와 전원 전압을 측정하기 위한 전류계와 전압계의 위치를 나타내라.

28. 그림 2-67의 저항 R_2를 어떻게 측정하는지 보여라.

29. 그림 2-68에서 스위치(SW)가 위치 1에 있을 때 각각의 전압계는 얼마를 나타내는가? 위치 2에서는?

30. 그림 2-68에서 스위치(SW)의 위치에 관계없이 전압원으로부터 전류를 측정하기 위해 전류계를 어떻게 연결하는지 보여라.

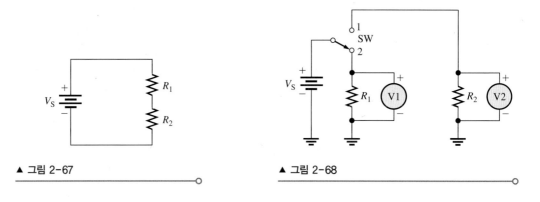

▲ 그림 2-67   ▲ 그림 2-68

31. 그림 2-69에서 계측기가 지시하고 있는 전압은 얼마인가?

▶ 그림 2-69

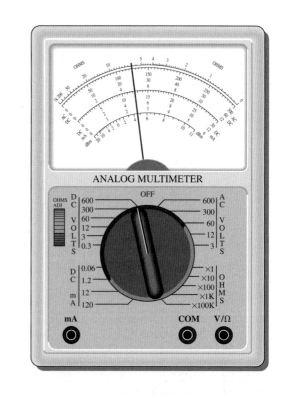

32. 그림 2-70의 계측기는 얼마의 저항을 측정하고 있는가?

33. 다음 각각의 저항계의 지시 눈금값과 범위 설정에 의해 나타내지는 저항을 결정하라.

    (a) 바늘은 2에 있고, 범위 설정은 R × 100

    (b) 바늘은 15에 있고, 범위 설정은 R × 10M

▶ 그림 2-70

(그림 색깔은 책 뒷부분의 컬러 페이지 참조)

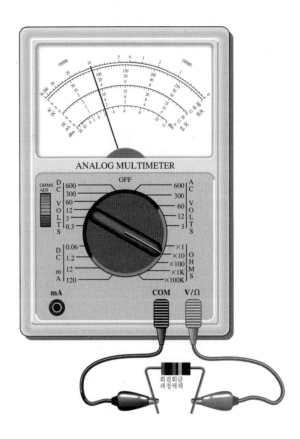

(c) 바늘은 45에 있고, 범위 설정은 R × 100

34. 멀티미터가 1 mA, 10 mA, 100 mA; 100 mV, 1 V, 10 V; R × 1, R × 10, R × 100의 측정 범위를 가지고 있다. 다음 양들을 측정하기 위해 그림 2-71에 멀티미터를 어떻게 연결할지 그림으로 표시하라.

(a) I_{R1} (b) V_{R1} (c) R_1

각각의 경우에 계측기의 설정 기능과 사용 범위를 나타내라.

▶ 그림 2-71

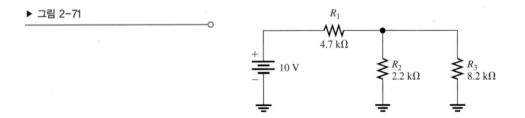

2-8 녹색 기술

35. RoHS 지침은 어떤 측면의 환경적 책임을 다루는가?

36. WEEE 지침은 환경적으로 책임있는 제조 관행을 다루는 데 RoHS 지침을 어떻게 보완하는가?

고급 문제

37. 증폭기 회로에서 2 A의 전류를 갖는 저항기가 15초 동안 1000 J의 전기에너지를 열에너지로 변환한다. 이 저항기 양단의 전압은 얼마인가?

38. 만약 574 × 10^{15}개의 전자가 250 ms 동안 스피커 전선을 통해 흐르면, 전류는 몇 암페어인가?

39. 120 V 전압원이 그림 2-72와 같이 두 가닥의 전선에 의해 1500 Ω 부하저항에 연결되어 있다. 전압원은 부하로부터 50 ft 떨어져 있다. 만약 두 가닥 전선의 전체 저항이 6 Ω을 초과하지 않을 경우, 사용될 수 있는 가장 작은 전선의 게이지 번호를 표 2-4를 이용하여 결정하라.

▶ 그림 2-72

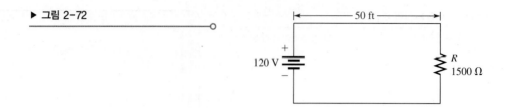

40. 다음과 같은 라벨을 갖는 각각의 저항기의 저항과 허용오차를 결정하라.

    (a) 4R7J   (b) 560KF   (c) 1M5G

41. 그림 2-73에 모든 전등을 동시에 켤 수 있는 회로가 오직 하나 있다. 어느 회로인지 결정하라.

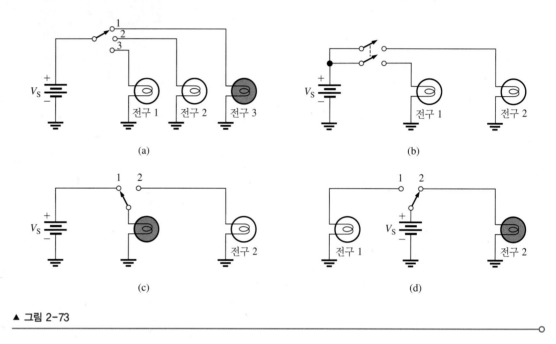

▲ 그림 2-73

42. 그림 2-74에서 스위치의 위치에 관계없이 항상 전류가 흐르는 저항은 어떤 것인가?

43. 그림 2-74에서 각각의 저항을 통해 흐르는 전류와 전지로부터 나오는 전류를 측정하기 위한 전류계들의 적절한 배치를 보여라.

44. 그림 2-74에서 각각의 저항 양단에 걸리는 전압을 측정하기 위한 전압계들의 적절한 배치를 보여라.

▶ 그림 2-74

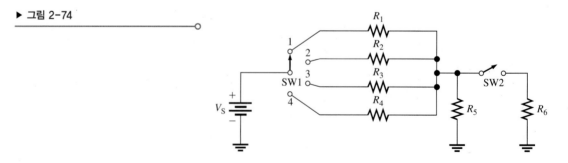

45. 2개의 전압원 V_{S1}과 V_{S2}가 다음과 같이 2개의 저항기(R_1과 R_2)의 어느 한쪽에 동시에 연결될 수 있도록 스위치 배열을 고안하라.

        V_{S1}이 R_1에 연결되고, V_{S2}는 R_2에 연결된다.

        V_{S1}이 R_2에 연결되고, V_{S2}는 R_1에 연결된다.

해답

각 절의 복습

2-1 원자

1. 전자는 음전하의 기본 입자이다.

2. 원자는 원소의 고유한 성질을 보유하고 있는 가장 작은 입자이다.

3. 원자는 궤도전자로 둘러싸인 양의 전하를 띠는 핵이다.

4. 원자번호는 핵 내의 양자의 수와 같다.

5. 아니오. 각각의 원소는 다른 유형의 원자를 가진다.

6. 자유전자는 부모 원자로부터 이탈한 최외각 전자이다.

7. 전자각은 전자가 원자핵 주위 궤도를 도는 에너지 밴드이다.

8. 구리와 은

2-2 전하

1. Q는 전하의 기호이다.

2. 쿨롱은 전하의 단위이며, C는 쿨롱의 기호이다.

3. 두 가지 종류의 전하는 양(+)과 음(−)이다.

4. $Q = \dfrac{10 \times 10^{12} \text{ 전자들}}{6.25 \times 10^{18} \text{ 전자들/C}} = 1.6 \times 10^{-6} \text{ C} = 1.6 \text{ μC}$

2-3 전압

1. 전압은 단위전하당 에너지이다.

2. 전압의 단위는 볼트(V)이다.

3. $V = W/Q = 24 \text{ J}/10 \text{ C} = 2.4 \text{ V}$

4. 전지, 연료 전지, 전원공급 장치, 태양 전지, 발전기, 열전대, 압전 센서는 전압원이다.

5. 1차 전지에 비해 2차 전지의 두 가지 장점은 (1) 필요한 같은 갯수의 1차 전지를 생산하는 데 요구되는 원재료를 줄인다는 것, (2) 1차 전지가 만드는 폐기물량을 줄인다는 것이다.

6. 산화환원 반응

2-4 전류

1. 전류는 전하 흐름률이다. 전류의 단위는 암페어(A)이다.

2. 1 C에 6.25×10^{18}개의 전자가 있다.

3. $I = Q/t = 20 \text{ C}/4.0 \text{ s} = 5 \text{ A}$

2-5 저항

1. 저항은 전류의 흐름을 방해하며, 단위는 옴(Ω)이다.

2. 저항기는 고정저항기와 가변저항기로 분류된다. 고정저항기의 저항값은 변화될 수 없으나, 가변저항기의 저항값은 변화될 수 있다.

3. 첫 번째 밴드: 저항값의 첫 번째 숫자

   두 번째 밴드: 저항값의 두 번째 숫자

   세 번째 밴드: 두 번째 숫자 뒤에 붙는 0의 수

   네 번째 밴드: 백분율 허용오차

4. (a) 노랑, 보라, 빨강, 금색 = 4700 Ω ± 5%

   (b) 파랑, 빨강, 주황, 은색 = 62,000 Ω ± 10%

   (c) 갈색, 회색, 검정, 금색 = 18 Ω ± 5%

(d) 빨강, 빨강, 파랑, 빨강, 초록 = 22.6 kΩ ± 0.5%

5. (a) 33R = 33 Ω

    (b) 5K6 = 5.6 kΩ

    (c) 900 = 900 Ω

    (d) 6M8 = 6.8 MΩ

6. 가감저항기는 2개의 단자를 가지고 있으며, 분압기는 3개의 단자를 가지고 있다.

7. 서미스터 — 온도, 광전도체 셀 — 빛, 변형 게이지 — 힘

2-6 전기회로

1. 기본 전기회로는 전원, 부하, 전류 경로(전원과 부하 사이에)로 구성된다.

2. 개회로는 전류에 대한 경로가 없는 회로이다.

3. 폐회로는 전류에 대한 완전한 경로를 가지고 있는 회로이다.

4. $R = \infty$ (무한대), $R = 0\ \Omega$

5. 퓨즈는 과도한 전류로부터 회로를 보호한다.

6. 퓨즈는 일단 끊어지면 교체되어야 한다. 회로차단기는 한 번 작동이 중단되면 리셋될 수 있다.

7. AWG #3은 AWG #22보다 크다.

8. 접지는 다른 점에 대한 기준점으로 전압이 0이다.

9. 인쇄회로기판(PCB)의 일반적인 3가지 부류는 단층, 2층, 다층이다.

10. 비아는 PCB의 다른 층 사이의 전기적 연결이다. 2층 기판에서 사용되는 유일한 형태의 비아는 스루홀 비아이다.

11. 층은 인쇄회로기판의 물리적 표면이다. 평면은 특정한 전압, 접지, 신호와 관련된 층의 영역이다.

12. 다층 기판의 두 가지 중요한 이점은 (1) 외층에 전원과 접지 트레이스의 수를 줄여 부품의 밀집도를 높일 수 있다는 것, (2) 전자기파 방출을 줄일 수 있다는 것이다.

2-7 기초회로 측정

1. (a) 전류계는 전류를 측정한다.

    (b) 전압계는 전압을 측정한다.

    (c) 저항계는 저항을 측정한다.

2. 그림 2-75를 보라.

▶ 그림 2-75

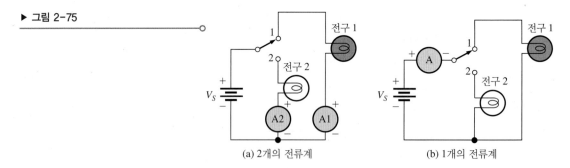

(a) 2개의 전류계   (b) 1개의 전류계

3. 그림 2-76을 보라.

4. 두 가지 종류의 DMM은 LED와 LCD이다. LCD는 전류가 적지만, 어두운 곳에서 보기가 어렵고 반응이 느리다. LED는 어두운 곳에서도 보이며 빠르게 반응한다. 그러나 이것은 LCD보다 많은 전류를 요구한다.

5. 분해능은 계측기가 측정할 수 있는 양의 가장 작은 증가량이다.

6. 측정되는 전압은 1.5 V이다.

7. DC VOLTS, 측정 범위 600 설정, 275 V는 60 눈금자의 중간점 가까이에서 읽힌다.

8. OHMS × 1000

▶ 그림 2-76

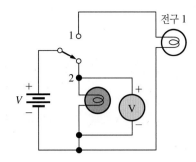

전구 1

2-8 녹색 기술

1. 전기전자 제품의 제조, 동작과 폐기에 관련된 '녹색'은 환경적으로 책임있는 방법론과 실천의 채택을 의미한다.

2. 세 가지 중요한 부류의 재생에너지는 태양광, 지열, 풍력이다.

3. RoHS 지침의 의도는 특정 물질로 인해 발생하는 문제들에 대응하는 것이다. RoHS가 전자 제품에 미치는 영향은 납과 수은, 발화 지연제, 가소제 같은 물질을 전자 부품과 조립품에서 제거하고 덜 위험한 물질들을 사용하여 새로운 공정을 개발하는 것이다.

4. WEEE 지침의 의도는 전기·전자 제품의 폐기물 처리가 환경 또는 건강 문제를 일으키지 않도록 보장하는 것이다. 이 지침의 영향으로 수집과 처리 시설을 마련하고 최종 소비자가 전기·전자 제품을 처리할 때 이 시설을 이용하도록 요구했다.

예제 관련 문제

2-1 1.88×10^{19} 전자들

2-2 600 J

2-3 12 C

2-4 4700 Ω ± 5%

2-5 47.5 Ω ± 2%

2-6 1.25 kΩ

2-7 404.01 CM, #24

2-8 1.280 Ω, 계산된 결과와 같다

2-9 바늘은 위의 눈금자에서 100을 나타낼 것이다.

참/거짓 퀴즈

1. F   2. F   3. T   4. T   5. F   6. F   7. T   8. T   9. T   10. F

11. T   12. F

자습 문제

1. (b)   2. (a)   3. (c)   4. (c)   5. (b)   6. (b)   7. (c)   8. (d)   9. (d)   10. (b)

11. (b)   12. (e)   13. (b)   14. (b)   15. (c)

옴의 법칙, 에너지와 전력

3

학습목표

▶ 옴의 법칙을 설명한다.
▶ 전압, 전류, 저항을 결정하기 위해 옴의 법칙을 이용한다.
▶ 에너지와 전력을 정의한다.
▶ 회로에서의 전력을 계산한다.
▶ 전력 고려에 근거하여 저항을 적절하게 선택한다.
▶ 에너지 변환과 전압강하를 설명한다.
▶ 전원 장치와 전지의 특성을 논의한다.
▶ 고장진단의 기본적인 접근법을 기술한다.

응용과제 미리보기

부품을 명시하고 새로운 저항 대체 박스를 구현하는 업무가 할당되었다. 이 박스는 벤치 기술자가 5 V까지의 입력을 갖는 회로용으로 한 그룹의 표준 저항기에서 선택할 수 있도록 설계된다. 부품을 명시하고 프로젝트의 비용을 계산한 후, 회로도를 그리고 테스트 절차를 개발한다. 과제를 완성하기 위해 다음을 수행한다.

1. 저항기의 정격전력을 결정한다.
2. 부품 목록을 개발하고 프로젝트의 전체 비용을 추정한다.
3. 저항 박스에 대한 회로도를 그린다.
4. 테스트 절차를 개발한다.
5. 회로를 고장진단한다.

이 장을 공부하고 나면 응용과제를 해결할 수 있을 것이다.

핵심용어

▶ 고장진단
▶ 선형
▶ 옴의 법칙
▶ 와트의 법칙
▶ 전압강하
▶ 정격전력
▶ 킬로와트-시간(kWh)
▶ Ah 정격

▶ 반분할법
▶ 에너지
▶ 와트(W)
▶ 전력
▶ 전원 장치
▶ 줄(J)
▶ 효율

서론

옴은 전압, 전류, 저항 모두가 특정한 방법으로 관련이 있다는 것을 실험적으로 발견했다. 옴의 법칙으로 알려진 이 기본 관계는 전기와 전자 분야에서 가장 기본적인 중요한 법칙 중의 하나이다. 이 장에서는 옴의 법칙이 고찰되고, 실제 회로 응용에서 이의 사용이 여러 가지 예를 통해 논의되고 입증된다.

옴의 법칙 외에도 전기회로의 에너지와 전력의 개념과 정의가 소개되고, 와트의 법칙인 전력 공식이 주어진다. 또한 분석, 계획, 측정으로 이루어지는 APM 방법을 이용한 일반적인 고장진단 접근법이 소개된다.

3-1 옴의 법칙

옴의 법칙은 회로 내에서 전압, 전류, 저항이 어떤 관계를 갖는지 수학적으로 설명한다. 옴의 법칙은 3개의 등가 형식으로 표현할 수 있다. 사용하는 공식은 결정을 필요로 하는 양에 달려 있다.

이 절의 학습목표

◆ **옴의 법칙을 설명한다.**
　◆ 전압(*V*), 전류(*I*), 저항(*R*)이 어떤 관계가 있는지 기술한다.
　◆ *I*를 *V*와 *R*의 함수로서 표현한다.
　◆ *V*를 *I*와 *R*의 함수로서 표현한다.
　◆ *R*을 *V*와 *I*의 함수로서 표현한다.

　옴은 저항 양단의 전압이 증가하면 저항에 흐르는 전류가 증가할 것이고, 마찬가지로 전압이 감소하면 전류는 감소할 것을 실험적으로 확인했다. 예를 들어 전압이 두 배가 되면 전류도 두 배가 될 것이다. 전압이 반으로 감소하면 전류도 반으로 감소할 것이다. 이러한 관계는 전압과 전류의 상대적인 전류계 표시에 의해 그림 3-1에서 설명하고 있다.

▶ **그림 3-1**

일정한 저항에서 전압이 변할 때 전류의 영향

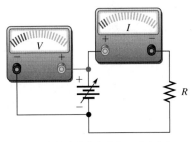 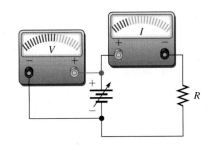

　　(a) 전압이 작아지면 전류도 작아진다.　　　　(b) 전압이 많아지면 전류도 많아진다.

　옴은 전압이 일정하게 유지되면, 저항이 작을수록 전류는 많아지고, 저항이 많아질수록 전류는 작아진다는 것을 또한 확인했다. 예를 들어 저항이 반으로 되면 전류는 두 배가 된다. 저항이 두 배가 되면 전류는 반으로 된다. 이 개념은 그림 3-2에서 설명하고 있다. 여기서 저항은 증가되고 전압은 일정하게 유지된다.

▶ **그림 3-2**

일정한 전압에서 저항이 변할 때 전류의 영향

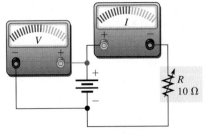 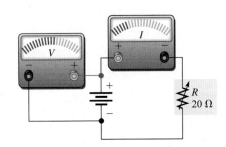

　　(a) 저항이 작아지면 전류는 많아진다.　　　　(b) 저항이 커지면 전류는 작아진다.

　옴의 법칙(Ohm's law)에 의하면 전류는 전압에 직접적으로 비례하고 저항에는 반비례한다.

$$I = \frac{V}{R}$$

(3-1)

여기서 I는 전류(암페어, A)이고, V는 전압(전압, V)이며, R은 저항(옴, Ω)이다. 이 공식은 그림 3-1과 3-2의 회로 동작에 의해 설명된 관계를 기술한다.

일정한 저항의 경우 회로에 인가된 전압이 증가하면 전류가 증가할 것이고, 전압이 감소하면 전류가 감소할 것이다.

V를 증가시키면 I가 증가한다.　　V를 감소시키면 I가 감소한다.　　R 일정

일정한 전압의 경우 회로의 저항이 증가하면 전류는 감소할 것이고, 저항이 감소하면 전류는 증가할 것이다.

R을 증가시키면 I는 감소한다.　　R을 감소시키면 I는 증가한다.　　V 일정

예제 3-1

식 (3-1)의 옴의 법칙을 이용하여 전압이 5 V에서 20 V로 증가할 때 10 Ω 저항을 통해 흐르는 전류가 증가하는 것을 증명하라.

풀이　$V = 5$ V의 경우

$$I = \frac{V}{R} = \frac{5.0 \text{ V}}{10 \text{ Ω}} = \textbf{0.5 A}$$

$V = 20$ V의 경우

$$I = \frac{V}{R} = \frac{20 \text{ V}}{10 \text{ Ω}} = \textbf{2.0 A}$$

관련 문제　저항이 5 Ω에서 20 Ω으로 증가하고 전압은 10 V로 일정할 때 전류가 감소하는 것을 보여라. 공학용 계산기 소개의 예제 3-1에 있는 변환 예를 살펴보라.

―――――――――――
* 해답은 이 장의 끝에 있다.

옴의 법칙은 또한 또 다른 형태로 표현될 수 있다. 식 (3-1) 양변에 R을 곱하고 이항하면 다음과 같은 등가 형태의 옴의 법칙을 얻는다.

$$V = IR \tag{3-2}$$

이 공식으로, 만약 전류(A)와 저항(Ω)을 알고 있으면 전압(V)을 계산할 수 있다.

예제 3-2

식 (3-2)의 옴의 법칙을 이용하여 전류가 2.0 mA일 때 100 Ω 저항 양단의 전압을 계산하라.

풀이　　　　$V = IR = (2.0 \text{ mA})(100 \text{ Ω}) = \textbf{200 mV}$

관련 문제 전류가 5.0 mA일 때 1.0 kΩ 저항 양단의 전압을 구하라.
공학용 계산기 소개의 예제 3-2에 있는 변환 예를 살펴보라.

옴의 법칙을 표현하는 세 번째 등가 방법이 있다. 식 (3-2)의 양변을 I로 나누고 이항하면 다음과 같은 공식을 얻는다.

$$R = \frac{V}{I} \qquad\qquad (3\text{-}3)$$

옴의 법칙 공식의 이러한 표현은 전압(V)과 전류(A)의 값을 알고 있을 경우에 저항(Ω)을 구하기 위해 사용된다.

식 (3-1), (3-2), (3-3)은 모두 등가라는 것을 기억하라. 이는 단지 옴의 법칙을 표현하는 세 가지 방법일 뿐이다.

예제 3-3

식 (3-3)의 옴의 법칙을 이용하여 자동차 뒷유리 서리제거기 그리드(grid)의 저항을 계산하라. 이것이 12.6 V에 연결될 때, 15.0 A의 전류가 전지로부터 흘러나온다. 이 서리제거기 그리드의 저항은 얼마인가?

풀이

$$R = \frac{V}{I} = \frac{12.6\ V}{15.0\ A} = \mathbf{840\ m\Omega}$$

관련 문제 만약 그리드 선 중 하나가 개방되면 전류는 13.0 A로 떨어진다. 새로운 저항은 얼마인가?
공학용 계산기 소개의 예제 3-3에 있는 변환 예를 살펴보라.

전류와 전압의 선형 관계

저항성 회로에서 전류와 전압은 선형적으로 비례한다. 선형(linear)은 저항이 일정한 값을 갖고 있다고 가정할 경우 만약 하나의 값이 일정한 백분율로 증가하거나 감소하면, 나머지 다른 값이 같은 백분율로 증가하거나 감소하는 것을 의미한다. 예를 들어 저항 양단의 전압이 세 배가 되면 전류는 세 배가 될 것이다. 만약 전압이 반으로 줄면, 전류는 반으로 감소할 것이다.

예제 3-4

그림 3-3의 회로에서 전압이 현재 값의 세 배로 증가하면, 전류의 값이 세 배가 되는 것을 보여라.

▶ 그림 3-3

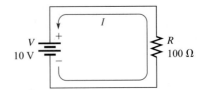

풀이 10 V 전압의 경우에 전류는

$$I = \frac{V}{R} = \frac{10\ V}{100\ \Omega} = 0.1\ A$$

이다. 만약 전압이 30 V로 증가하면 전류는 다음과 같다.

$$I = \frac{V}{R} = \frac{30 \text{ V}}{100 \text{ }\Omega} = 0.3 \text{ A}$$

전압이 30 V로 세 배가 될 때 전류는 0.1 A에서 0.3 A가 된다.

관련 문제 그림 3-3에서 전압이 네 배가 되면 전류도 네 배가 되는가?
공학용 계산기 소개의 예제 3-4에 있는 변환 예를 살펴보라.

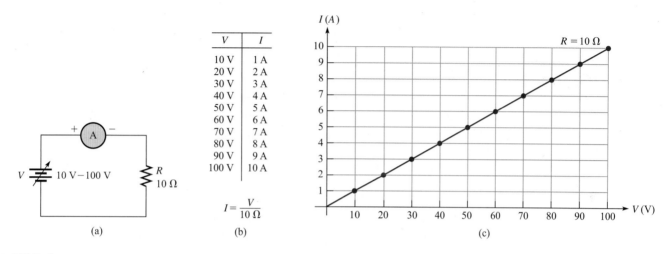

▲ **그림 3-4**

그림 (a)의 회로에 대한 전류 대 전압의 그래프

일정한 저항값, 예를 들어 10 Ω을 취하고, 그림 3-4(a)의 회로에서 전압이 10 V에서 100 V까지 분포하는 여러 가지 전압값에 대해 전류를 계산하라. 계산 결과가 그림 3-4(b)에 나타나 있다. I 값 대 V 값의 그래프가 그림 3-4(c)에 나타나 있다. 이는 직선 그래프임을 주목하라. 이 그래프는 전압의 변화가 선형적으로 비례하는 전류의 변화를 초래하는 것을 보여준다. 저항이 일정하다고 가정할 경우, R의 값에 상관없이 I 대 V의 그래프는 항상 직선이 된다. 다른 R값을 사용하면 기울기가 변하지만, 그래프는 여전히 직선이 된다.

옴의 법칙의 그래픽 보조

옴의 법칙을 적용하는 데 도움이 되는 그래픽 보조를 그림 3-5에서 찾을 수 있다. 이것은 공식을 기억하기 위한 하나의 방법이다. 특정 수량을 찾는 공식을 결정하려면 해당 기호를 덮어서 다른 두 수량 간의 관계를 확인한다. 예를 들어 전류 공식을 찾으려면 전류(I) 기호를 덮어서 전류가 전압을 저항(V/R)으로 나눈 값과 같다는 것을 확인할 수 있다.

◀ **그림 3-5**

옴의 법칙 공식을 위한 그래픽 보조

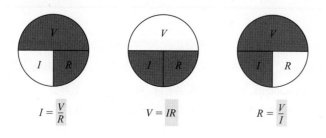

1. 옴의 법칙을 간단히 기술하라.

2. 전류를 계산하기 위한 옴의 법칙 공식을 써라.

3. 전압을 계산하기 위한 옴의 법칙 공식을 써라.

4. 저항을 계산하기 위한 옴의 법칙 공식을 써라.

5. 만약 저항 양단의 전압이 세 배가 되면, 전류는 증가하는가? 혹은 감소하는가? 얼마만큼?

6. 가변저항기 양단에 고정된 전압이 있고, 10 mA의 전류를 측정한다. 만약 저항을 두 배로 하면, 얼마만큼의 전류를 측정할 수 있나?

7. 선형회로에서 전압과 저항이 모두 두 배가 되면 전류는 어떻게 될까?

3-2 옴의 법칙의 응용

이 절은 옴의 법칙을 이용하여 전기회로에서 전압, 전류, 저항을 계산하기 위한 응용 예를 제공한다. 또한 회로 계산에서 미터법 접두어로 표현된 양을 어떻게 사용하는지 알게 될 것이다.

이 절의 학습목표

◆ **전압, 전류, 저항을 구하기 위해 옴의 법칙을 이용한다.**

　◆ 전압과 저항을 알고 있을 때 전류를 구하기 위해 옴의 법칙을 이용한다.

　◆ 전류와 저항을 알고 있을 때 전압을 구하기 위해 옴의 법칙을 이용한다.

　◆ 전압과 전류를 알고 있을 때 저항을 구하기 위해 옴의 법칙을 이용한다.

　◆ 미터법 접두어로 양을 사용한다.

전류 계산

다음 예제에서 전압과 저항의 값을 알고 있을 때 전류값을 구하는 것을 배우게 될 것이다. 이 문제에서 공식 $I = V/R$이 사용된다. 전류를 암페어로 얻기 위해 V의 값은 볼트로, R의 값은 옴으로 표현해야 한다.

예제 3-5	표시기 전등은 전류를 제한하기 위해 330 Ω 저항을 요구한다. 전류 제한 저항기 양단에 걸리는 전압은 3.0 V이다. 저항기의 전류는 얼마인가?

풀이

$$I = \frac{V}{R} = \frac{3.0 \text{ V}}{330 \text{ }\Omega} = \textbf{9.09 mA}$$

관련 문제 만약 270 Ω이 대신 사용되고 3.0 V가 여전히 저항기 양단에 걸리면 전류는 어떻게 변할까?

공학용 계산기 소개의 예제 3-5에 있는 변환 예를 살펴보라.

전자공학에서 수천 혹은 수백만 옴의 저항값은 흔하다. 큰 값을 표시하기 위해 미터법 접두어 킬로(kilo, k)와 메가(mega, M)가 사용된다. 따라서 수천 옴은 킬로옴(kilohms, kΩ)으로 표현하고, 수백만 옴은 메가옴(megaohms, MΩ)으로 표현된다. 다음 예제는 전류를 계산하기 위해 옴의 법칙을 이용할 때 킬로옴과 메가옴을 어떻게 이용하는지 설명하고 있다.

예제 3-6

그림 3-6의 회로에서 전류를 밀리암페어로 계산하라.

▶ 그림 3-6

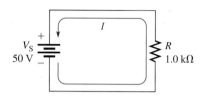

풀이 1.0 kΩ은 1.0×10^3 Ω과 같다는 것을 기억한다. 공식 $I = V/R$을 이용하고 V에는 50 V, R에는 1.0×10^3 Ω을 대입한다.

$$I = \frac{V_S}{R} = \frac{50\ V}{1.0\ k\Omega} = \frac{50\ V}{1.0 \times 10^3\ \Omega} = 50 \times 10^{-3}\ A = \mathbf{50\ mA}$$

관련 문제 만약 그림 3-6에서 저항이 10 kΩ으로 증가하면 전류는 얼마인가?

공학용 계산기 소개의 예제 3-6에 있는 변환 예를 살펴보라.

Miltisim 또는 LTspice 파일 E03-06을 열어라. 멀티미터를 회로에 연결하고 이 예제에서 계산되는 전류의 값을 확인하라.

예제 3-6에서 전류는 50 mA로 나타나 있다. 따라서 볼트(V)가 킬로옴(kΩ)으로 나누어질 때 전류는 밀리암페어(mA)로 나타내진다. 볼트(V)가 메가옴(MΩ)으로 나누어질 때 전류는 예제 3-7에서와 같이 마이크로암페어(μA)로 나타내진다.

예제 3-7

그림 3-7의 회로에서 전류의 양을 마이크로암페어로 구하라.

▶ 그림 3-7

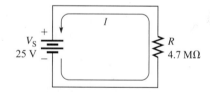

풀이 4.7 MΩ은 4.7×10^6 Ω과 같다는 것을 기억한다. 공식 $I = V/R$을 이용하고 V에는 25 V, R에는 4.7×10^6 Ω을 대입한다.

$$I = \frac{V_S}{R} = \frac{25\ V}{4.7\ M\Omega} = \frac{25\ V}{4.7 \times 10^6\ \Omega} = 5.32 \times 10^{-6} A = \mathbf{5.32\ \mu A}$$

관련 문제 만약 그림 3-7에서 저항이 1.0 MΩ으로 감소하면 전류는 얼마인가?

공학용 계산기 소개의 예제 3-7에 있는 변환 예를 살펴보라.

Miltisim 또는 LTspice 파일 E03-07을 열어라. 멀티미터를 회로에 연결하고 이 예제에서 계산되는 전류의 값을 확인하라.

전자회로에서 보통 50 V보다 작은 전압이 사용된다. 그러나 경우에 따라서는 큰 전압을 만나게 된다. 더 높은 전압은 대부분의 소비자 제품에서 흔하지 않지만, 라디오와 TV 송신기와 같은 특정 응용 분야에서 흔히 사용된다.

예제 3-8	50 kV가 100 MΩ 저항 양단에 인가될 때 이 저항을 통해 흐르는 전류는 몇 마이크로암페어인가?
풀이	전류를 얻기 위해 50 kV를 100 MΩ으로 나눈다. 전류를 구하는 공식에서 50 kV에는 50×10^3 V, 100 MΩ에는 100×10^6 Ω을 대입한다. V_R은 저항 양단에 걸리는 전압이다.

$$I = \frac{V_R}{R} = \frac{50 \text{ kV}}{100 \text{ M}\Omega} = \frac{50 \times 10^3 \text{ V}}{100 \times 10^6 \text{ }\Omega} = 0.5 \times 10^{-3} \text{ A} = 500 \times 10^{-6} = \mathbf{500 \text{ μA}}$$

관련 문제	2.0 kV가 인가될 때 10 MΩ을 통해 흐르는 전류는 얼마인가?
	공학용 계산기 소개의 예제 3-8에 있는 변환 예를 살펴보라.

전압 계산

다음 예에서 전류와 저항을 알고 있을 때, 공식 $V = IR$을 이용하여 전압을 어떻게 구하는지 배울 것이다. 전압을 볼트로 얻기 위해 I의 값을 암페어로, R의 값을 옴으로 표현해야 한다.

예제 3-9	그림 3-8의 회로에서 5.0 A의 전류를 발생하기 위해 얼마의 전압이 필요하게 되는가?

▶ 그림 3-8

풀이	I에는 5.0 A를, R에는 100 Ω을 공식 $V = IR$에 대입한다.

$$V_S = IR = (5.0 \text{ A})(100 \text{ }\Omega) = \mathbf{500 \text{ V}}$$

따라서 100 Ω 저항을 통해 5.0 A의 전류를 발생시키기 위해 500 V가 요구된다.

관련 문제	그림 3-8의 회로에서 8.0 A의 전류를 발생시키기 위해 얼마의 전압이 요구되나?
	공학용 계산기 소개의 예제 3-9에 있는 변환 예를 살펴보라.

예제 3-10	그림 3-9에서 저항 양단에 얼마의 전압이 측정되는가?

▶ 그림 3-9

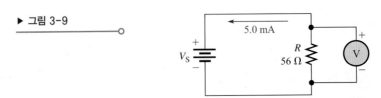

풀이	5.0 mA는 5.0×10^{-3} A와 같음에 주목한다. I와 R의 값을 공식 $V = IR$에 대입한다.

$$V_R = IR = (5.0 \text{ mA})(56 \text{ }\Omega) = (5.0 \times 10^{-3} \text{A})(56 \text{ }\Omega) = \mathbf{280 \text{ mV}}$$

밀리암페어가 옴에 의해 곱해질 때 그 결과는 밀리볼트이다.

관련 문제   그림 3-9의 저항을 22 Ω으로 바꾸고 10 mA를 발생하기 위해 요구되는 전압을 구하라.

공학용 계산기 소개의 예제 3-10에 있는 변환 예를 살펴보라.

예제 3-11

그림 3-10의 회로는 10 mA를 가지고 있다. 전압원의 전압은 얼마인가?

▶ 그림 3-10

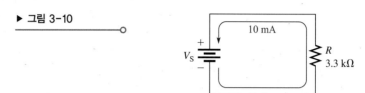

풀이   10 mA는 10×10^{-3} A와 같고 3.3 kΩ은 3.3×10^{3} Ω과 같음에 주목한다. 이 값들을 공식 $V = IR$에 대입한다.

$$V_S = IR = (10 \text{ mA})(3.3 \text{ k}\Omega) = (10 \times 10^{-3} \text{ A})(3.3 \times 10^{3} \text{ }\Omega) = \textbf{33 V}$$

밀리암페어와 킬로암페어가 곱해질 때 그 결과는 볼트이다.

관련 문제   만약 전류가 5.0 mA이면, 그림 3-10에서 전압은 얼마인가?

공학용 계산기 소개의 예제 3-11에 있는 변환 예를 살펴보라.

예제 3-12

작은 태양 전지가 27 kΩ 저항에 연결되어 있다. 밝은 태양빛에서 태양 전지는 그림 3-11에 보이는 것처럼 180 μA를 저항기에 공급할 수 있는 전류원처럼 보인다. 저항기 양단의 전압은 얼마인가?

▶ 그림 3-11

풀이
$$V_R = IR = (180 \text{ μA})(27 \text{ k}\Omega) = \textbf{4.86 V}$$

관련 문제   흐린 조건에서 만약 전류가 40 μA로 떨어질 때 전압은 얼마나 변하는가?

공학용 계산기 소개의 예제 3-12에 있는 변환 예를 살펴보라.

Miltisim 또는 LTspice 파일 E03-12를 열어라. 볼트미터를 저항기 양단에 연결하고 이 예제에서 계산되는 전압을 확인하라.

저항 계산

다음 예제에서 전압과 전류를 알고 있을 때 공식 $R = V/I$을 이용하여 저항값을 어떻게 구하는지 배울 것이다. 저항을 옴으로 구하기 위해 V의 값은 볼트로, I의 값은 암페어로 표현해야 한다.

예제 3-13

자동차 전구가 2.0 A를 13.2 V 전지로부터 받는다. 전구의 저항은 얼마인가?

풀이
$$R = \frac{V}{I} = \frac{13.2\,\text{V}}{2.0\,\text{A}} = \textbf{6.6}\ \boldsymbol{\Omega}$$

관련 문제 6.6 V에서 동작될 때, 같은 전구가 1.1 A의 전류를 갖는다. 이 경우 전구의 저항은 무엇인가?
공학용 계산기 소개의 예제 3-13에 있는 변환 예를 살펴보라.

예제 3-14

카드뮴황화물 셀(CdS cell)은 빛이 이것을 비출 때 저항을 변화시키는 감광성(photo-sensitive) 저항이다. 해질 무렵에 전등을 켜는 것과 같은 응용에 사용된다. 이 셀이 그림 3-12에 나타낸 장비와 함께 능동회로에 있을 때 암미터로부터 간접적으로 저항을 측정할 수 있다. 표시된 측정 전류값은 얼마의 저항을 의미하나?

▶ 그림 3-12

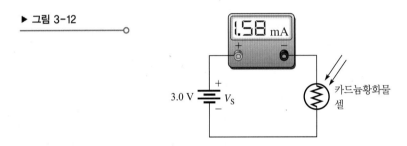

풀이
$$R = \frac{V}{I} = \frac{3.0\,\text{V}}{1.58\,\text{mA}} = \textbf{1.90}\ \textbf{k}\boldsymbol{\Omega}$$

관련 문제 어두울 때 전류가 76 μA로 떨어진다. 이것은 얼마의 저항을 의미하나?
공학용 계산기 소개의 예제 3-14에 있는 변환 예를 살펴보라.

3-2절 복습
해답은 이 장의 끝에 있다.

1. $V = 10$ V이고, $R = 4.7$ Ω이다. I를 구하라.
2. 4.7 kΩ 저항이 양단에 20 V의 전압을 갖는다면 전류는 얼마인가?
3. 2.7 kΩ 저항 양단의 10 V 전압은 얼마의 전류를 발생하는가?
4. $I = 1.0$ A이고, $R = 10$ Ω이다. V를 구하라.
5. 3.3 kΩ 저항에 2.9 mA의 전류를 발생하기 위해 얼마의 전압이 필요한가?
6. 전지가 5.6 Ω의 저항성 부하를 통해 2.0 A의 전류를 발생한다. 전지의 전압은 얼마인가?
7. $V = 10$ V이고, $I = 2.0$ A이다. R을 구하라.
8. 스테레오 증폭기 회로에 저항기가 있다. 이 저항기 양단의 측정 전압은 25 V이고, 암미터는 저항기에서 50 mA의 전류를 나타낸다. 저항값은 킬로옴으로 얼마인가? 옴으로는 얼마인가?

3-3 에너지와 전력

저항을 통해 전류가 흐르면 전기에너지는 열 혹은 빛과 같은 다른 형태의 에너지로 변환된다. 흔한 예는 접촉하기에 너무 뜨거운 전구이다. 대표적인 예는 전구가 가열되는 현상에서 볼 수 있다. 또한 필라멘트는 저항을 가지고 있으므로 빛을 발생하는 필라멘트의 전류는 원치 않는 열을 발생한다. 전기 소자는 주어진 시간 동안 일정량의 에너지를 소모할 수 있어야 한다.

이 절의 학습목표

◆ 에너지와 전력의 정의
  ◆ 전력을 에너지와 시간에 관해 표현한다.
  ◆ 전력의 단위를 기술한다.
  ◆ 에너지의 일반적인 단위를 기술한다.
  ◆ 에너지와 전력의 계산을 수행한다.

에너지는 일을 하는 능력이고, 전력은 에너지가 사용되는 율(rate)이다.

다시 말해 전력(power, P)는 단위시간(t) 동안 사용된 에너지(energy, W)의 양이며 다음과 같이 표현된다.

$$P = \frac{W}{t} \tag{3-4}$$

여기서 P는 와트(watt, W)로 나타낸 전력이고, W는 줄(joule, J)로 나타낸 에너지이며, t는 초(second, s)로 나타낸 시간이다. 이탤릭체 W는 에너지를 일의 형태로 나타내기 위해 사용되고, 비이탤릭체 W는 전력의 단위인 와트를 위해 사용된다. 줄은 에너지에 대한 SI 단위이다.

에너지(줄)를 시간(초)으로 나누면 전력(와트)이 된다. 예를 들어 50 J의 에너지가 2.0초 동안 사용되면 전력은 50 J/2.0 s = 25 W가 된다. 정의하면

1와트는 1줄의 에너지가 1초 동안 사용될 때의 전력량이다.

따라서 1초 동안 사용된 줄의 수는 와트의 수와 항상 같다. 예를 들어 1초 동안 75 J이 사용되면 전력은 다음과 같다.

$$P = \frac{W}{t} = \frac{75\,\text{J}}{1.0\,\text{s}} = 75\,\text{W}$$

1와트보다 훨씬 작은 전력의 양은 전자공학의 어떤 영역에서는 흔하다. 작은 전류와 전압의 값에서와 마찬가지로, 미터법 접두어가 작은 전력량을 나타내기 위해 사용된다. 따라서 밀리와트(mW)와 마이크로와트(μW)가 몇 가지 응용에서 흔히 발견된다. 전기 유틸리티 분야에서 킬로와트(kW)와 메가와트(MW)는 일반적인 단위이다. 라디오와 TV 방송국 역시 신호전송을 위해 큰 전력량을 사용한다. 전기 전동기는 보통 마력(horsepower, hp)으로 나타낸다. 여기서 1.0 hp = 746 W이다.

전력은 에너지가 사용되는 율이므로 일정기간 사용된 전력은 에너지의 소모를 나타낸다. 만약 전력(W)과 시간(s)을 곱하면 에너지(J)가 되고, 기호는 W로 나타낸다.

$$W = Pt$$

| 예제 3-15 | 100 J과 같은 에너지의 양이 5.0초 동안 사용된다. 전력은 몇 와트인가? |

풀이

$$P = \frac{\text{에너지}}{\text{단위시간}} = \frac{W}{t} = \frac{100 \text{ J}}{5.0 \text{ s}} = \mathbf{20 \text{ W}}$$

관련 문제 30초 동안 100 W의 전력이 발생한다면, 에너지는 몇 줄이 사용되는가?

공학용 계산기 소개의 예제 3-15에 있는 변환 예를 살펴보라.

| 예제 3-16 | 적절한 미터법 접두어를 이용하여 다음 전력들을 표현하라. |

(a) 0.045 W   (b) 0.000012 W   (c) 3500 W   (d) 10,000,000 W

풀이

(a) $0.045 \text{ W} = 45 \times 10^{-3} \text{ W} = \mathbf{45 \text{ mW}}$ (b) $0.000012 \text{ W} = 12 \times 10^{-6} \text{ W} = \mathbf{12 \text{ μW}}$

(c) $3500 \text{ W} = 3.5 \times 10^3 \text{ W} = \mathbf{3.5 \text{ kW}}$ (d) $10{,}000{,}000 \text{ W} = 10 \times 10^6 \text{ W} = \mathbf{10 \text{ MW}}$

관련 문제 다음 전력량들을 미터법 접두어를 사용하지 않고 와트로 나타내라.

(a) 1.0 mW   (b) 1800 μW   (c) 3.0 MW   (d) 10 kW

공학용 계산기 소개의 예제 3-16에 있는 변환 예를 살펴보라.

에너지의 킬로와트-시간(kWh) 단위

줄은 에너지의 단위로 정의됐다. 그러나 에너지를 표현하는 또 다른 방법이 있다. 전력은 와트로 표현되고 시간은 시간(hour)으로 표현되기 때문에 **킬로와트-시간**(kilowatt-hour, kWh)이라 불리는 에너지의 단위가 사용될 수 있다.

전기요금 청구서에 표시된 전기요금은 사용한 에너지의 양을 기준으로 책정된다. 전력회사는 거대한 양의 에너지를 다루기 때문에 가장 실제적인 단위는 킬로와트-시간이다. 1000 W의 등가 전력을 1시간 동안 사용할 때 1킬로와트-시간의 에너지를 사용한다. 예를 들어 100 W 전구를 10시간 켜면 1.0 kWh의 에너지를 사용하게 된다.

$$W = Pt = (100 \text{ W})(10 \text{ h}) = 1000 \text{ Wh} = 1 \text{ kWh}$$

| 예제 3-17 | 다음 각각의 에너지 소비에 대해 kWh의 수를 구하라. |

(a) 1.0 h 동안 1,400 W   (b) 2.0 h 동안 2,500 W   (c) 5.0 h 동안 100,000 W

풀이

(a) 1,400 W = 1.4 kW

$W = Pt = (1.4 \text{ kW})(1.0 \text{ h}) = 1.4 \text{ kWh}$

(b) 2,500 W = 2.5 kW

에너지 $= (2.5 \text{ kW})(2.0 \text{ h}) = 5.0 \text{ kWh}$

(c) 100,000 W = 100 kW

에너지 $= (100 \text{ kW})(5.0 \text{ h}) = 500 \text{ kWh}$

관련 문제 250 W의 전구를 8.0시간 동안 켰다면 몇 킬로와트-시간(kWh)의 에너지가 사용되나?

공학용 계산기 소개의 예제 3-17에 있는 변환 예를 살펴보라.

표 3-1은 여러 가지 가전 제품에 대한 대표적인 정격전력을 와트로 나타낸다. 표 3-1의 정격전력을 킬로와트로 변환하고 사용시간 수와 곱하여 여러 가전 제품에 대한 최대 kWh를 구할 수 있다.

가전 제품	정격전력(WATTS)
에어컨	860
헤어드라이어	1000
시계	2.0
옷건조기	4000
식기세척기	1200
히터	1322
마이크로파 오븐	800
레인지	12,200
냉장고	500
텔레비전	250
세탁기	400
온수기	2500

◀ 표 3-1

HISTORY NOTE

James Watt
1736~1819

와트는 스코틀랜드 발명가였고 증기 엔진의 개선으로 잘 알려졌다. 이 개선은 증기 엔진을 산업 용도에 사용할 수 있도록 했다. 와트는 회전 엔진을 포함한 여러 가지 발명품의 특허를 얻었다. 전력의 단위는 그의 명예를 기려 그의 이름에서 따온 것이다.
(사진 제공: Library of Congress.)

예제 3-18

전형적인 24시간의 기간 동안 가전 제품을 다음과 같이 명시된 시간 동안 사용한다.

에어컨: 15시간 마이크로파 오븐: 15분
헤어드라이어: 10분 냉장고: 12시간
시계: 24시간 텔레비전: 2시간
옷 건조기: 1시간 온수기: 8시간
식기세척기: 45분

주어진 시간동안 전체 킬로와트-시간 및 전기요금 청구서를 결정하라. 킬로와트-시간당 전기요금은 13센트이다.

풀이 표 3-1의 와트를 킬로와트로 변환하고 시간(h)을 곱하여 사용되는 각각의 가전 제품에 대한 kWh를 구한다.

에어컨: 0.860 kW × 15 h = 12.9 kWh
헤어드라이어: 1.0 kW × 0.167 h = 0.167 kWh
시계: 0.002 kW × 24 h = 0.048 kWh
옷건조기: 4.0 kW × 1.0 h = 4.0 kWh
식기세척기: 1.2 kW × 0.75 h = 0.9 kWh
마이크로파 오븐: 0.8 kW × 0.25 h = 0.2 kWh
냉장고: 0.5 kW × 12 h = 6.0 kWh
텔레비전: 0.25 kW × 2.0 h = 0.5 kWh
온수기: 2.5 kW × 8.0 h = 20 kWh

이제 24시간 동안 전체 에너지를 얻기 위해 모든 킬로와트-시간(kWh)을 더한다.

전체 에너지 = (12.9 + 0.167 + 0.048 + 4.0 + 0.9 + 0.2 + 6.0 + 0.5 + 20) kWh

$$= \textbf{44.7 kWh}$$

13센트/kWh에서 24시간 동안 가전 제품을 동작하기 위한 에너지의 비용은 다음과 같다.

에너지 비용 = 44.7 kWh × 0.13 $/kWh = **$5.81**

관련 문제　위의 가전 제품 외에 100 W 전등 2개를 2.0시간, 75 W 전등 1개를 3.0시간 사용했다고 가정한다. 24시간 동안 가전 제품과 전구 모두에 대한 비용을 계산하라.

공학용 계산기 소개의 예제 3–18에 있는 변환 예를 살펴보라.

3-3절 복습

해답은 이 장의 끝에 있다.

1. 전력을 정의하라.
2. 에너지와 시간에 관한 전력의 공식을 기술하라.
3. 와트를 정의하라.
4. 다음 각각의 전력량을 가장 적절한 단위로 변환하라.
   (a) 68,000 W　　　　　　(b) 0.005 W　　　　　　(c) 0.000025 W
5. 만약 100 W의 전력을 10시간 사용한다면 얼마의 에너지(킬로와트-시간)를 소모했는가?
6. 2,000 W를 킬로와트로 변환하라.
7. 만약 에너지 비용이 kWh당 13센트라면 1,322 W 전열기를 24시간 동안 사용하는 비용은 얼마인가?

3-4 전기회로에서의 전력

회로에서 전기에너지가 열에너지로 변환될 때 일어나는 열의 발생은 회로에서 저항을 통해 흐르는 전류의 원하지 않는 부산물이다. 그러나 어떤 경우에 열의 발생은 전기 저항성 히터에서와 같은 회로의 1차 목적이 된다. 어떤 경우는 전기 및 전자회로에서 전력을 자주 다루어야 한다.

이 절의 학습목표

◆ **회로에서 전력을 계산한다.**
　◆ V와 I를 알고 있을 때 전력을 계산한다.
　◆ I와 R을 알고 있을 때 전력을 계산한다.
　◆ V와 R을 알고 있을 때 전력을 계산한다.

저항을 통해 전류가 흐를 때 전자가 저항을 통해 이동함에 따라 생기는 전자의 충돌은 열을 발생하며 그림 3–13에 보인 바와 같이 전기에너지를 열에너지로 변환시킨다. 식 (3–4)에서 소비되는 전력은 $P = \dfrac{W}{t}$이다. 식 (2–2)에서 전압은 $V = \dfrac{W}{Q}$로 정의되며, 다시 정리하면 에너지 $W = VQ$를 구할 수 있다. 식 (3–4)에서 W를 VQ로 대입하면 다음을 얻는다.

$$P = V\left(\frac{Q}{t}\right)$$

식 (2–3)은 전류를 $I = \dfrac{Q}{t}$로 정의하기 때문에, $\dfrac{Q}{t}$를 I로 대체하면 회로의 전력은

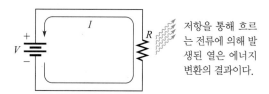

저항을 통해 흐르는 전류에 의해 발생된 열은 에너지 변환의 결과이다.

◀ 그림 3-13

대부분의 장치에서 전기회로의 에너지 소모는 저항에 의해 방출되는 열로 간주된다. 전력 소모는 전압 V와 전류 I를 공급하는 전압원에 의해 공급된 전력과 같다.

$$P = VI \tag{3-5}$$

여기서 P는 와트(W)이고, V는 볼트(V)이며, I는 암페어(A)이다.

식 (3-5)와 옴의 법칙을 결합하면 회로의 전력을 회로 저항과 회로를 통과하는 총 전류로 표현할 수 있다. 옴의 법칙 $V = IR$에서 V는 전압(V), I는 전류(A), R은 저항(Ω)이다. 식 (3-5)에서 V를 IR로 대체하면 저항 R과 전류 I를 갖는 전기회로에서 소비되는 전력량이 다음과 같다는 것을 알 수 있다.

$$P = VI = IV$$
$$P = I(IR)$$
$$P = I^2R \tag{3-6}$$

여기서 P는 와트(W) 단위의 전력이며, I는 암페어(A) 단위의 전류이고, R은 옴(Ω) 단위의 저항이다.

식 (3-5)와 옴의 법칙을 결합하면 회로 저항과 전압을 사용하는 또 다른 등가식을 통해 회로의 전력을 계산할 수 있다. 식 (3-5)에서 I (옴의 법칙)을 V/R로 대체하면,

$$P = VI = V\left(\frac{V}{R}\right)$$
$$P = \frac{V^2}{R} \tag{3-7}$$

식 (3-5), (3-6), (3-7) 세 개의 전력 수식은 **와트의 법칙**(Watt's law)으로 알려져 있다. 저항의 전력을 계산하기 위해 와트의 법칙인 3개의 등가 전력 공식 중 어느 하나를 이용할 수 있다. 예를 들어 전류와 전압의 값을 알고 있다고 가정한다. 이 경우 공식 $P = VI$을 이용하여 전력을 구한다. 만약 I와 R을 알면 공식 $P = I^2R$을 이용한다. 만약 V와 R을 알면 공식 $P = V^2/R$을 이용한다.

옴의 법칙과 와트의 법칙을 이용하기 위한 그래픽 보조는 이 장의 요약에 그림 3-28로 나타나 있다.

예제 3-19   그림 3-14의 세 가지 회로에서 각각의 전력을 계산하라.

▶ 그림 3-14

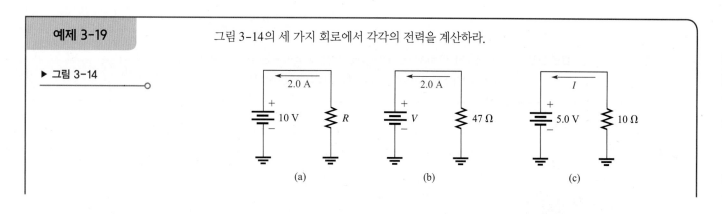

(a)   (b)   (c)

풀이 회로 (a)에서 V와 I를 알고 있다. 전력은 다음과 같이 구해진다.

$$P = VI = (10\ \text{V})(2.0\ \text{A}) = \mathbf{20\ W}$$

회로 (b)에서 I와 R을 알고 있다. 그러므로

$$P = I^2R = (2.0\ \text{A})^2(47\ \Omega) = \mathbf{188\ W}$$

회로 (c)에서 V와 R을 알고 있다. 그러므로

$$P = \frac{V^2}{R} = \frac{(5.0\ \text{V})^2}{10\ \Omega} = \mathbf{2.5\ W}$$

관련 문제 다음 변화의 경우에 대해 그림 3-14에 있는 각각의 회로의 전력을 계산하라. 회로 (a)에서 I는 두 배가 되고 V는 같다. 회로 (b)에서 R은 두 배가 되고 I는 같다. 회로 (c)에서 V는 반이 되고 R은 같다.

공학용 계산기 소개의 예제 3-19에 있는 변환 예를 살펴보라.

예제 3-20

그림 3-15에 보인 것과 같은 태양 야드(yard) 전등은 3.0 V 전지를 충전하기 위해 1.0 W의 전력을 공급할 수 있는 태양열 집열기를 가지고 있다. 태양열 집열기가 완전히 방전된 3.0 V 전지에 공급할 수 있는 최대 충전 전류는 얼마인가?

▶ 그림 3-15

Streeter photography/alamy stock photo

풀이

$$I = \frac{P}{V} = \frac{1.0\ \text{W}}{3.0\ \text{V}} = \mathbf{0.33}\ \text{A}$$

관련 문제 만약 전류가 30 mA이면 밤에 전등에 의해 소비되는 전력은 얼마인가?

공학용 계산기 소개의 예제 3-20에 있는 변환 예를 살펴보라.

3-4절 복습

해답은 이 장의 끝에 있다.

1. 자동차 창 서리제거기가 13.0 V에 연결되어 있고 12 A의 전류를 가진다. 서리제거기에서 소비되는 전력은 얼마인가?
2. 47 Ω의 저항을 통해 50 mA의 전류가 흐른다면 전력은 얼마인가?

3. 많은 오실로스코프는 입력과 접지 사이에 2.0 W, 50 Ω의 저항을 두는 50 Ω 입력 위치를 가지고 있다. 이 저항기의 정격전력을 초과하기 전 입력에 인가될 수 있는 최대 전압은 얼마인가?
4. 자동차 좌석 히터가 3.0 Ω의 내부 저항을 가지고 있다고 가정한다. 만약 전지전압이 13.4 V이면, 히터가 켜질 때 히터에서 소비되는 전력은 얼마인가?
5. 2.2 kΩ 저항기 양단에 8.0 V가 인가될 때 생성되는 전력은 얼마인가?
6. 0.5 A의 전류를 흐르게 하는 60 W 전구의 저항은 얼마인가?

3-5 저항의 정격전력

알고 있는 것처럼 저항기는 그것을 통해 전류가 흐를 때 열을 방출한다. 저항이 방출할 수 있는 열의 양은 제한되며, 정격전력에 의해 명시된다.

이 절의 학습목표

◆ **전력 고려에 근거하여 적절하게 저항기를 선택한다.**
  ◆ 정격전력을 정의한다.
  ◆ 저항기의 물리적 특성이 어떻게 정격전력을 결정하는지 설명한다.
  ◆ 저항계로 저항의 고장을 검사한다.

정격전력(power rating)은 저항이 열의 축적으로 인해 파손되지 않고 소모할 수 있는 최대 전력량이다. 정격전력은 옴의 값(저항)과는 관련이 없고 오히려 저항기의 구성, 크기, 모양에 의해 주로 결정된다. 다른 모든 조건이 동일할 경우 저항기의 표면적이 크면 클수록 더 큰 전력을 소모할 수 있다. 원통형 모양의 저항기 표면은 그림 3-17에 보인 바와 같이 길이(*l*)에 원주(*c*)를 곱한 것과 같다. 양쪽 끝의 면적은 포함되지 않는다.

최대 정격전력을 소모하는 저항기는 뜨거워진다. 부품의 수명과 신뢰성을 연장하기 위해 설계자는 일반적으로 각 저항기에 의해 소비되는 전력이 정격전력보다 훨씬 낮은지 확인한다. 잘못된 설계, 구성 요소 간격, 회로 오류로 인해 저항기가 과열되는 경우 열화상 카메라나 Fluke TiS10 또는 FLIR® One (스마트폰 부착 장치)과 같은 장치를 사용하여 확인할 수 있다.

SAFETY NOTE

일부 저항기는 정상동작에서 매우 뜨거울 수가 있다. 화상을 피하려면 전력이 회로에 연결되어 있는 동안 회로 부품에 손을 대서는 안 된다. 전력이 끊어진 후에 부품이 식도록 해야 한다.

◀ 그림 3-16
FLIR® One, 스마트폰 열화상 이미지 센서(사진 제공: FLIR Systems, Inc.)

▶ 그림 3-17

저항기의 정격전력은 표면적과 직접적으로 관련된다.

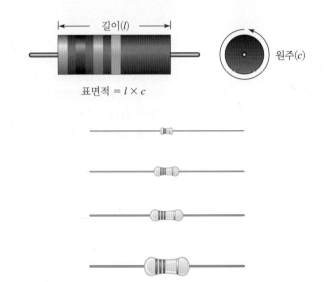

▶ 그림 3-18

표준 정격전력이 ⅛ W, ¼ W, ½ W, 1.0 W인 금속필름 저항기의 상대적인 크기

금속필름 저항기는 그림 3-18에 보인 바와 같이 ⅛ W부터 1.0 W까지의 표준 정격전력이 있다. 다른 종류의 저항기의 정격전력은 다양하다.

표면실장소자(surface-mount device, SMD) 저항기의 전원 등급은 01005 (0402 미터법) 패키지의 약 1/33 W에서 2512 (6332 미터법 장치)의 1.0 W까지 다양하다. 표 3-2는 SMD 저항기의 표준 패키지 코드, 치수, 전원 등급을 요약하고 있다. 영어와 메트릭 패키지가 동일한 코드(예: 0402)를 가질 수 있지만, 물리적 치수가 다를 수 있다는 점에 주의해야 한다. 따라서 제품 데이터시트가 부품의 영어 또는 미터법 패키지 코드를 명시하는지를 알아야 한다. 또한 SMD 저항기의 데이터시트는 저항기가 명시된 전원 등급을 충족하기 위한 마운팅 패드의 크기 및 PCB 레이아웃과 같은 특정 PCB 요구 사항을 포함한다.

예를 들어 선륜 저항기는 225 W 혹은 이보다 큰 정격전력을 가진다. 그림 3-19는 저항기의 일부를 나타내고 있다.

저항기가 회로에서 사용될 때 그 정격전력은 안전 여유를 두기 위해 저항기가 다뤄야 할 최대전력보다 커야 한다. 일반적으로 그 다음으로 높은 표준값이 사용된다. 예를 들어 탄소복합 저항기가 회로 응용에서 0.75 W의 전력을 소모하면, 그 저항의 정격은 그 다음으로 높은 표준값인 1.0 W가 되어야 한다.

▶ 표 3-2

패키지 코드		정확한 수치		전원 등급
영어	메트릭	영어(IN)	메트릭(MM)	(W)
01005	0402	0.016 × 0.008	0.40 × 0.20	1/33 (0.0303)
0201	0603	0.024 × 0.012	0.60 × 0.30	1/20 (0.05)
0402	1005	0.040 × 0.020	1.00 × 0.50	1/16 (0.0625)
0603	1608	0.060 × 0.030	1.55 × 0.85	1/10 (0.1)
0805	2012	0.080 × 0.050	2.00 × 1.20	1/8 (0.125)
1206	3216	0.120 × 0.060	3.20 × 1.60	1/4 (0.25)
1210	3225	0.120 × 0.100	3.20 × 2.50	1/2 (0.5)
1218	3246	0.120 × 0.180	3.20 × 4.60	1 (1.0)
2010	5025	0.200 × 0.100	5.00 × 2.50	3/4 (0.75)
2512	6332	0.250 × 0.120	6.30 × 3.20	1 (1.0)

(a) 축모양-리드 선륜

(b) 가변 선륜

(c) PC 보드 삽입을 위한 방사형-리드

(d) 두꺼운 피막 전력

▲ 그림 3-19

높은 정격전력의 대표적인 저항기

| 예제 3-21 | 그림 3-20에 나타낸 각각의 탄소복합 저항기에 적절한 정격전력(⅛ W, ¼ W, ½ W, 1.0 W)을 선택하라. |

▶ 그림 3-20

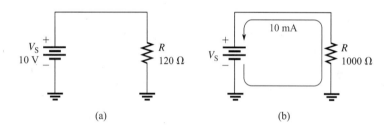

(a) (b)

풀이 그림 3-20(a)의 회로에서 실제 전력은 다음과 같다.

$$P = \frac{V_S^2}{R} = \frac{(10\ V)^2}{120\ \Omega} = \frac{100\ V^2}{120\ \Omega} = 0.833\ W$$

실제 전력 소모보다 큰 정격전력을 갖는 저항기를 선택한다. 이 경우 **1.0 W 저항기**가 사용되어야 한다.

그림 3-20(b)의 회로에서 실제 전력은

$$P = I^2R = (10\ mA)^2(1{,}000\ \Omega) = 0.1\ W$$

이다. 이 경우에는 **⅛ W (0.125 W) 저항기**가 사용되어야 한다.

관련 문제 어떤 저항기가 0.25 W (¼ W)를 소비하도록 요구된다. 얼마의 표준 정격이 사용되어야 하나?
공학용 계산기 소개의 예제 3-21에 있는 변환 예를 살펴보라.

저항기에서 소모되는 전력이 그것의 정격보다 클 때 저항기는 지나치게 뜨거워질 것이다. 결과적으로 저항기는 타서 개방되거나 저항값이 크게 변할 수 있다.

과열로 인해 손상을 입은 저항기는 까맣게 타거나 변화된 표면의 형상에 의해 종종 찾아질 수 있다. 만약 눈에 보이는 흔적이 없으면, 손상된 것으로 의심이 되는 저항기는 저항계를 이용하여 개방되거나 증가된 저항값에 대해 검사될 수 있다. 저항을 측정하기 위해 저항기가 회로로부터 단락되어야 하는 것을 기억하라. 때때로 과열된 저항기는 회로에서 또 다른 고장에 기인한다. 과열된 저항기를 교체한 후, 전력을 회로에 복귀하기 전에 근본적인 원인이 조사되어야 한다.

예제 3-22

그림 3-21에 있는 각 회로의 저항이 과열로 손상되었는지 확인하라.

▶ 그림 3-21

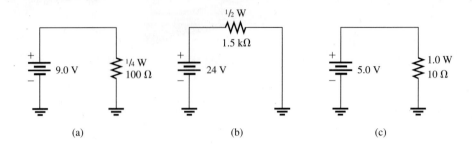

(a)　　　　　　　(b)　　　　　　　(c)

풀이　　그림 3-21(a) 회로의 경우

$$P = \frac{V^2}{R} = \frac{(9.0 \text{ V})^2}{100 \text{ }\Omega} = 0.81 \text{ W}$$

저항기의 정격은 ¼ W (0.25 W)이며, 전력을 감당하기에 불충분하다. 저항기는 과열되고 타버려 개방이 될지도 모른다.

　　그림 3-21(b) 회로의 경우

$$P = \frac{V^2}{R} = \frac{(24 \text{ V})^2}{1.5 \text{ k}\Omega} = 0.384 \text{ W}$$

저항기의 정격은 ½ W (0.5 W)이며 전력을 감당하기에 충분하다.

　　그림 3-21(c) 회로의 경우

$$P = \frac{V^2}{R} = \frac{(5.0 \text{ V})^2}{10 \text{ }\Omega} = 2.5 \text{ W}$$

저항기의 정격은 1.0 W이며 전력을 감당하기에 충분하지 못하다. 저항기는 과열되고 타버려 개방이 될지도 모른다.

관련 문제　¼ W, 1.0 kΩ의 저항기가 12 V 전지 양단에 연결되어 있다. 이것은 과열되겠는가?

공학용 계산기 소개의 예제 3-22에 있는 변환 예를 살펴보라.

3-5절 복습

해답은 이 장의 끝에 있다.

1. 저항과 관련되는 두 가지 중요한 매개변수를 기술하라.
2. 저항기의 물리적 크기는 저항기가 취급할 수 있는 전력의 양을 어떻게 결정하는가?
3. 금속 피막 저항의 표준 정격전력을 열거하라.
4. 저항기가 0.3 W를 다뤄야 한다. 에너지를 적절하게 소모하기 위해 얼마의 표준 크기 금속피막 저항이 사용되어야 하는가?
5. 저항기는 0.6 W를 안전하게 소산해야 한다. 에너지를 적절하게 소산하는 데 사용해야 하는 가장 작은 SMD 저항기에 대한 영어 패키지 코드는 무엇인가?
6. 만약 정격전력이 초과되지 않는다면 ¼ W, 100 Ω 저항기에 인가될 수 있는 최대 전압은 얼마인가?
7. 미터식 1608 SMD 100 Ω 저항기가 정격전력을 초과하지 않고 통과할 수 있는 최대 전류는 얼마인가?

3-6 저항에서의 에너지 변환과 전압강하

배운 바와 같이 저항을 통해 전류가 흐를 때 전기에너지는 열에너지로 변환된다. 이 열은 저항성 물질의 원자구조 내에 있는 자유전자들의 충돌에 의해 발생한다. 충돌이 발생하면서 열이 발생되고, 전자는 물질 내를 이동하면서 얻은 에너지의 일부를 잃게 된다.

이 절의 학습목표

◆ **에너지 변환과 전압강하를 설명한다.**

   ◆ 회로에서 에너지 변환의 원인을 논의한다.

   ◆ 전압강하를 정의한다.

   ◆ 에너지 변환과 전압강하의 관계를 설명한다.

그림 3-22는 전지의 음(−) 단자에서부터 회로를 통해 양(+) 단자로 되돌아흐르는 전자들의 형태로서 전하를 나타내고 있다. 전자가 음 단자에서 나올 때, 이것은 가장 높은 에너지 레벨에 있다. 전자는 전류의 통로를 제공하기 위해 연결되어 있는 각각의 저항기를 통해 흐른다(이런 종류의 접속을 직렬이라고 함, 4장 참조). 전자가 각각의 저항기를 통해 흐르면서 이의 일부 에너지는 열의 형태로 잃게 된다. 그러므로 전자는 그림에서 빨간색 밝기의 감소로 나타낸 것처럼 저항기를 나갈 때보다 저항기로 들어올 때 더 많은 에너지를 가지고 있다. 전자가 회로를 일주하고 전지의 양의 단자로 다시 돌아올 때, 전자는 가장 낮은 에너지 레벨에 있다.

전압은 단위전하당 에너지($V = W/Q$)와 같고 전하는 전자의 성질이라는 것을 기억하라. 전지의 전압에 근거하여 일정량의 에너지는 음 단자에서 흘러나가는 모든 전자에게 분배된다. 같은 수의 전자가 회로 전체에 걸쳐 각 점에서 흐르지만, 그 에너지는 회로의 저항을 통해 이동하면서 감소한다.

그림 3-22에서 R_1의 왼쪽 끝의 전압은 W_{enter}/Q와 같고, R_1의 오른쪽 끝의 전압은 W_{exit}/Q와 같다. R_1으로 들어간 전자의 수와 R_1을 빠져나온 전자의 수는 같다. 따라서 Q는 일정하다. 그러나 에너지 W_{exit}가 W_{enter}보다 적다. 따라서 R_1의 오른쪽 끝에서의 전압이 왼쪽 끝에서의 전압보다 작다. 에너지 손실에 기인한 저항 양단의 전압감소는 **전압강하**(voltage drop)라고 불린다. R_1의 오

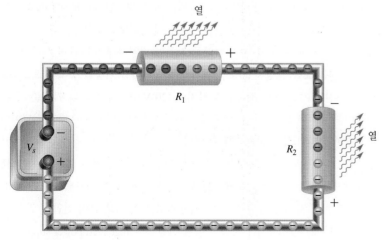

열

R_1

V_s

R_2

열

● 가장 많은 에너지
● 적은 에너지
● 가장 적은 에너지

◀ **그림 3-22**

전압은 에너지를 전하로 나눈 것과 같으므로, 전자가 저항을 통해 흐르면서 발생하는 전자(전하)의 에너지 손실은 전압강하를 만든다.

른쪽 끝에서의 전압은 왼쪽 끝에서의 전압보다 더 작은 음(−)[혹은 더 많은 양(+)]이다. 전압강하는 −와 +부호로 표시된다(+는 보다 더 양의 전압인 것을 의미한다).

전자는 R_1에서 일부의 에너지를 잃고 감소된 에너지 레벨을 갖고 R_2로 늘어간다. 전자가 R_2를 통해 흐르면서 보다 많은 에너지를 잃고, 결과적으로 R_2 양단에 또 다른 전압강하를 초래한다.

3-6절 복습	1. 저항기에서 에너지 변환의 근본 원인은 무엇인가?
해답은 이 장의 끝에 있다.	2. 전압강하는 무엇인가?
	3. 전류 방향과 관련한 전압강하의 극성은 무엇인가?

3-7 전원 장치 및 전지

전원 장치와 전지는 2-3절에서 전압원 유형으로 간단히 소개되었음을 상기하라. 전원 장치(power supply)는 일반적으로 유틸리티 전선으로부터 오는 교류(ac)를 사실상 모든 전자회로 및 일부 변환기가 요구하는 직류(dc)로 변환하는 장치로 정의된다. 전지는 또한 dc를 공급할 수 있다. 랩탑 컴퓨터와 같은 많은 시스템은 전원 장치 혹은 내부 전지로 동작할 수 있다. 이 절에서는 두 가지 종류의 전원이 기술된다.

이 절의 학습목표
◆ **전원 장치와 전지의 특성을 논의한다.**
  - ◆ 전형적인 실험실 전원 장치에 대한 제어를 기술한다.
  - ◆ **입력**과 **출력**전력이 주어질 때 전원 장치의 효율을 구한다.
  - ◆ 전지의 암페어-시간 정격을 정의한다.

HANDS ON TIP

Focal point/Shutterstock

전원 장치는 출력전압과 전류를 공급한다. 전압 정격이 응용에 충분한지 반드시 확인해야 한다. 또한 적절한 회로 동작을 보증하기 위해 충분한 전류 용량을 가져야 한다. 전류 용량은 전원 장치가 주어진 전압에서 부하에 공급할 수 있는 최대 전류이다.

유틸리티(Utilities)는 발전소로부터 사용자에게 전기를 전송하기 위해 보편적으로 ac를 채택해 왔다. 이는 ac가 전송을 위해 요구되는 높은 전압으로 쉽게 변환될 수 있고 최종 사용자를 위한 낮은 전압으로 쉽게 변환될 수 있기 때문이다. 높은 전압은 원거리 전송에 훨씬 더 효율적이고 비용 효과가 크다. 미국에서 아웃렛(콘센트)에 공급되는 표준 전압은 60 Hz에서 120 V 혹은 240 V 이지만, 유럽과 다른 나라에서는 아웃렛 전압이 50 Hz에서 240 V이다.

사실상 모든 전자 시스템은 직접 회로와 다른 장치가 적절하게 동작하게 하려면 안정된 dc를 요구한다. 전원 장치는 ac를 안정된 dc로 변환함으로써 이러한 기능을 충족하고 보통은 제품 내에 내장된다. 많은 전자 시스템은 내부 전원 장치가 120 V 표준 혹은 240 V 표준으로 설정될 수 있게 하는 스위치를 구석에 보호된 상태로 갖고 있다. 이 스위치는 올바르게 설정되어야 한다. 그렇지 않으면 심각한 손상이 장비에 발생할 수 있다.

실험실에서 회로가 개발되고 테스트된다. 실험실 전원 장치의 목적은 요구되는 안정된 dc를 테스트 중인 회로에 공급하는 것이다. 이 테스트 회로는 간단한 저항 네트워크에서 복잡한 증폭기 혹은 논리회로까지 어느 것이나 될 수 있다. 잡음이나 리플이 거의 없이 전압이 일정한 요구조건을 만족하기 위해 실험실 전원 장치는 **자동 조절된 전원 장치**(regulated power supplies)이다. 이는 만약 전선 전압 혹은 부하의 변화 때문에 출력이 변화되려고 할 경우, 출력이 항상 탐지되고 자동적으로 조정되는 것을 의미한다.

◀ 그림 3-23

3중 출력 전원 장치(Courtesy of B1K Precision)

많은 회로는 전압을 정확한 값으로 조정하거나 테스트를 위해 소량만큼 변화시키는 능력 뿐만 아니라 다중의 전압을 요구한다. 이러한 이유 때문에 실험실 전원 장치는 보통 서로 독립적인 2개 혹은 3개의 출력을 갖고 별개로 제어될 수 있다. 출력 전압 혹은 전류를 조정하고 감시하기 위해 출력 계량은 보통 좋은 실험실 전원 장치의 일부 기능으로 작용한다. 제어는 정확한 전압을 맞추기 위해 아주 세밀하고 거친 제어 혹은 디지털 입력을 포함할 수 있다.

그림 3-23은 많은 전자 실험실에서 사용되는 유형과 같은 3중 출력 벤치(bench) 전원 장치를 보여준다. 이 모델은 2개의 0~30 V 독립 공급 장치와 4~6.5 V 고전류 공급 장치(보통 논리 공급 장치라 불리는)를 갖고 있다. 전압은 거칠고 아주 세밀한 제어를 사용하여 정확하게 조정될 수 있다. 0~30 V 공급 장치는 부동 출력을 갖는데, 이는 공급 장치가 접지에 관계되지 않는 것을 의미한다. 이는 사용자가 이 공급 장치를 양의 혹은 음의 공급 장치로 설정하거나, 심지어 이 장치를 또 다른 외부 공급 장치에 연결할 수 있도록 한다. 이 장치의 또 다른 특징은 이 장치가 일정전류 응용으로 설정된 최대 전압을 갖는 전류원으로 설정될 수 있다는 것이다.

많은 전원 장치에서처럼 0~30 V 공급 장치의 각각에 3개의 출력 바나나 잭이 있다. 출력은 빨간색(보다 더 양의)과 검은색 단자 사이에서 취한다. 초록색 잭은 대지 접지인 섀시와 관계되어 있다. 접지는 빨간색 혹은 검은색 잭에 연결된다. 이 잭들은 보통은 '부동'(접지에 관계되지 않는) 상태이다. 게다가 전류와 전압은 내장된 디지털 계기를 사용하여 감시될 수 있다.

전원 장치에 의해 전달되는 전력은 절대 전압과 전류의 곱이다. 예를 들어 전원 장치가 3.0 A에서 −15.0 V를 공급하면, 공급되는 전력은 45 W이다. 3중 전원 장치의 경우 모든 세 가지 공급 장치에 의해 공급되는 전체 전력은 각각의 공급 장치에 의해 개별적으로 공급되는 전력의 합이다.

| **예제 3-23** | 만약 출력전압과 전류가 다음과 같다면, 3중 출력 전원 장치에 의해 전달되는 전체 전력은 얼마인가? |

전원 1: 2.0 A에서 18 V

전원 2: 1.5 A에서 −18 V

전원 3: 1.0 A에서 5.0 V

풀이 각각의 장치에서 전달되는 전력은 전압과 전류의 곱(부호는 무시하고)이다.

전원 1: $P_1 = V_1 I_1 = (18 \text{ V})(2.0 \text{ A}) = 36 \text{ W}$

전원 2: $P_2 = V_2 I_2 = (18 \text{ V})(1.5 \text{ A}) = 27 \text{ W}$

전원 3: $P_3 = V_3 I_3 = (5.0\text{ V})(1.0\text{ A}) = 5.0\text{ W}$

전체 전력은 다음과 같다.

$$P_T = P_1 + P_2 + P_3 = 36\text{ W} + 27\text{ W} + 5.0\text{ W} = \textbf{68 W}$$

관련 문제 만약 전원 1로부터의 전류가 2.5 A로 증가하면, 전달되는 전체 전력은 얼마나 변하는가?

공학용 계산기 소개의 예제 3–23에 있는 변환 예를 살펴보라.

전원 장치의 효율

전원 장치의 중요한 특성은 효율이다. **효율**(efficiency)은 입력전력, P_{IN}에 대한 출력전력 P_{OUT}의 비이다.

$$효율 = \frac{P_{OUT}}{P_{IN}} \tag{3-8}$$

효율은 보통 백분율(%)로 표현한다. 예를 들어 입력전력이 100 W이고, 출력전력이 50 W이면 효율은 (50 W/100 W) × 100% = 50%이다.

모든 전자전원 장치는 에너지 변환기이고 출력전력을 얻기 위해 전원 장치로의 전력의 투입이 요구된다. 예를 들어 전자식 dc 전원 장치는 벽에 설치된 아웃렛으로부터 공급되는 ac 전력을 이의 입력으로 사용하게 된다. 이의 출력은 보통은 자동 제어된 dc 전압이다. 전체 전력의 일부는 전원 장치회로를 동작시키기 위해 내부적으로 사용되기 때문에, 출력전력은 항상 입력전력보다 작다. 이 내부 전력 소모를 일반적으로 전력 손실이라고 한다. 출력전력은 입력전력에서 전력 손실을 뺀 것이다.

$$P_{OUT} = P_{IN} - P_{LOSS} \tag{3-9}$$

효율이 높다는 것은 전원 장치 내부에서 전력 손실이 매우 작다는 것과 주어진 입력전력에 대한 출력전력의 몫이 보다 높다는 것을 의미한다.

예제 3-24

어떤 전자전원 장치는 25 W의 입력전력을 요구한다. 이 장치의 출력전력은 20 W이다. 이 장치의 효율은 얼마이고, 내부 손실은 얼마인가?

풀이

$$효율 = \frac{P_{OUT}}{P_{IN}} = \left(\frac{20\text{ W}}{25\text{ W}}\right) = \textbf{0.8}$$

백분율로 다음과 같이 표현된다.

$$효율 = \frac{20\text{ W}}{25\text{ W}} \times 100\% = 80\%$$

$$P_{LOSS} = P_{IN} - P_{OUT} = 25\text{ W} - 20\text{ W} = \textbf{5.0 W}$$

관련 문제 전원 장치의 효율이 92%이다. 만약 P_{IN}이 50 W이면, 출력 P_{OUT}은 얼마인가?

공학용 계산기 소개의 예제 3–24에 있는 변환 예를 살펴보라.

전지의 암페어-시간 정격

전지는 저장된 화학에너지를 전기에너지로 변환한다. 이들은 랩탑 컴퓨터와 휴대폰과 같은 소형 시스템에 전력을 공급하고, 요구되는 안정된 dc를 공급하기 위해 널리 사용된다. 이러한 소형 시스템에 사용되는 전지는 일반적으로 2차(충전식) 배터리이다. 이는 화학반응이 외부원에 의해 가역적이라는 것을 의미한다. 전지의 용량은 암페어-시간(ampere-hours, Ah)으로 측정된다. 재충전 가능한 전지의 경우에 Ah 정격은 재충전이 필요하기 전의 용량이다. **Ah 정격**(Ah rating)은 전지가 정격전압에서 일정한 양의 전류를 전달할 수 있는 시간의 길이를 결정한다. 배터리가 방전되면 내부 저항이 증가하고 부하에 연결된 동안의 단자전압이 감소한다. 이 때문에 제조업체에서는 단자전압이 특정 테스트 전압 수준으로 떨어지기 전에 배터리가 지정된 전류를 전달할 수 있는 시간을 기준으로 배터리의 Ah 등급을 지정한다. 종단점전압 또는 차단전압이라고도 불리는 이 전압 레벨은 제조업체, 배터리 유형, 애플리케이션에 따라 달라진다. 1암페어-시간(Ah)의 정격(rating)은 전지가 정격 전압 출력에서 부하에 평균 1 A의 전류를 1시간 동안 전달할 수 있다는 것을 의미한다. 이와 같은 전지는 평균 2 A의 전류를 반시간 동안 전달할 수 있다. 전지가 보다 큰 전류를 전달하도록 요구되면 전지의 수명은 더욱 더 짧아진다. 예를 들어 12 V의 자동차용 전지가 3.5 A에서 70 Ah의 정격을 갖게 된다. 이는 이 전지가 주어진 정격전압에서 평균 3.5 A의 전류를 20시간 동안 공급할 수 있다는 것을 의미한다.

예제 3-25	

만약 어떤 전지의 정격이 70 Ah라면, 이 전지는 2.0 A의 전류를 몇 시간 동안 전달할 수 있는가?

풀이 암페어-시간(Ah) 정격은 전류 곱하기 시간 수(x)이다.

$$70 \text{ Ah} = (2.0 \text{ A})(x \text{ h})$$

시간 수(x)에 대해 풀면 다음과 같다.

$$x = \frac{70 \text{ Ah}}{2.0 \text{ A}} = \textbf{35 h}$$

관련 문제 어떤 전지가 10 A를 6.0 h 동안 전달한다. 최소 Ah 정격은 얼마인가?

공학용 계산기 소개의 예제 3-25에 있는 변환 예를 살펴보라.

예제 3-26	

그림 3-24의 배터리 방전곡선을 참조하라. 종단점전압이 완전 충전전압의 90%인 경우 배터리에 지정된 Ah 정격은 얼마인가?

▶ **그림 3-24**

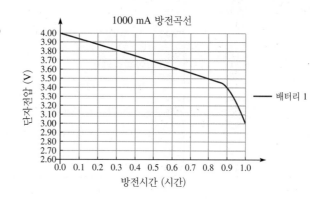

풀이 그래프는 시간 경과에 따른 1000 mA 부하에 대한 배터리 방전을 0.1시간 단위로 보여준다. 완전 충전 전압은 4.0 V이므로 90% 전압은 (0.9)(4.0 V) = 3.6 V이다. 1000 mA 부하의 경우, 배터리는 0.64시간 후에 3.6 V로 방전되므로 배터리 Ah 정격은 (1000 mA)(0.64 h) = **640 mAh**이다.

관련 문제 종단점전압이 완전 충전전압의 80%인 경우에 배터리의 지정된 Ah 등급은 어떻게 되는가?

예제 3-27

디자이너는 새로운 디자인에서 그림 3-24에 표시된 방전 특성을 가진 배터리를 사용할 계획이다. 회로는 10 mA를 소비하며 중요한 부분은 신뢰성을 위해 최소 3.5 V가 필요로 한다. 이때 배터리로 회로를 얼마나 오래 사용할 수 있는가?

풀이 그림 3-23의 그래프를 통해 1000 mA의 부하 하에서 배터리가 0.8시간 후에 3.5 V까지 방전될 것으로 알 수 있다. 이는 Ah(암페어-시) 등급으로 표시되며, (1000 mA)(0.8 h) = 800 mAh이다. 10 mA의 부하 하에서 배터리는 (800 mAh)/(10 mA) = **80 h** 동안 지속된다.

관련 문제 예제 3-27의 디자이너가 중요한 부분을 3.3 V까지 안정하게 작동하는 다른 부품으로 교체하고 회로는 여전히 10 mA를 소비한다면, 대체 부품을 사용하여 배터리가 회로를 얼마나 더 오래 사용할 수 있는가?

3-7절 복습

해답은 이 장의 끝에 있다.

1. 전원 장치로부터 부하 장치에 유입되는 전류량이 증가될 때, 이러한 전류의 변화는 전원 장치에 더 큰 혹은 더 작은 부하를 나타내는가?
2. 전원 장치의 출력전압이 10 V이다. 만약 이 장치가 부하에 0.5 A를 공급한다면 출력전력은 얼마인가?
3. 만약 전지의 암페어-시 정격이 100 Ah라면, 이 전지는 부하에 5.0 A의 전류를 얼마나 오래 공급할 수 있는가?
4. 3번 문제에 있는 전지가 12 V 장치라면 명시된 전류에 대한 이 전지의 전력출력은 얼마인가?
5. 실험실에서 사용되는 전원 장치가 1.0 W의 입력전력으로 동작하고 있다. 이 장치는 750 mW의 출력전력을 공급한다. 이 장치의 효율은 얼마인가?

3-8 고장진단의 기초

기술자는 오동작하는 회로나 시스템을 진단하고 수리할 수 있어야 한다. 이 절에서는 간단한 예제를 이용하여 고장진단의 일반적인 접근방법을 배운다. 고장진단은 이 책의 중요한 부분 중 하나이므로 고장진단 기술을 쌓기 위한 고장진단 문제뿐만 아니라 많은 장에서 고장진단에 관한 절을 볼 수 있을 것이다.

이 절의 학습목표

◆ **고장진단을 위한 기본적인 접근방법을 기술한다.**
   ◆ 고장진단의 3단계를 열거한다.
   ◆ 반분할법은 무엇을 의미하는지 설명한다.
   ◆ 전압, 전류, 저항의 3가지 기본적인 측정을 논의하고 비교한다.

고장진단(troubleshooting)은 오동작을 교정하기 위해 회로 또는 시스템 동작에 대한 철저한 지식과 결합된 논리적인 사고의 응용이다. 고장진단의 기본적인 접근방법은 **분석**, **계획**, **측정**이라는 세 가지 단계로 구성된다. 이러한 3단계 접근방법을 APM이라고 부른다.

분석

회로 고장진단의 첫 번째 단계는 우선 고장의 단서 혹은 증상을 분석하는 것이다. 분석은 다음과 같은 질문들에 대한 답변을 구함으로써 시작할 수 있다.

1. 회로가 이제까지 동작해오고 있는가?
2. 만약 회로가 한 때 동작을 했다면 어떤 조건에서 고장이 발생했는가?
3. 고장의 징후는 무엇인가?
4. 고장의 가능한 원인은 무엇인가?

계획

단서를 분석한 후 고장진단의 두 번째 단계는 문제해결을 위한 논리적인 계획을 세우는 것이다. 적절한 계획은 시간을 단축시킬 수 있다. 회로의 실무적인 지식은 고장진단을 위한 계획의 선결조건이다. 만약 회로가 어떻게 동작하는지 확신할 수 없다면 우선 회로도, 동작 안내서, 다른 관련 정보를 검토할 시간을 가져야 한다. 다양한 테스트 포인트에 전압이 표시된 회로도는 특히 유용하다. 비록 논리적인 사고가 고장진단에 가장 중요한 도구일지라도 그것만으로는 문제를 좀처럼 해결할 수 없다.

측정

세 번째 단계는 측정을 통해 주의 깊게 사고함으로써 가능한 고장들을 좁혀가는 것이다. 이러한 측정은 보통 문제를 해결할 때 취하는 방향을 확인시키거나, 취해야 할 새로운 방향을 제시할 수도 있다. 때때로 전혀 예상치 못한 결과를 발견하기도 한다.

APM 예

APM 접근방법의 일부인 사고과정이 간단한 예로 설명될 수 있다. 그림 3-25에 보인 바와 같이 120 V 전원 V_S에 직렬로 12 V 장식용 전구 8개가 연결되어 있다고 가정한다. 이 회로는 한때 정상적으로 동작했으나, 새로운 위치로 이동된 후 동작을 멈추었다고 가정한다. 새로운 위치에서 플러그가 꽂힐 때 전구는 켜지지 않는다. 어떻게 문제를 찾을 수 있겠는가?

분석 사고 과정 상황을 분석해가면서 다음과 같이 생각할 수 있다.

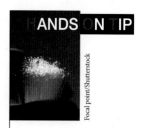
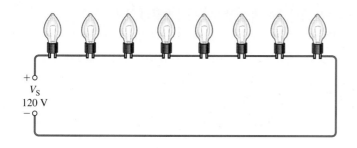

+
V_S
120 V
−

◀ 그림 3-25

전압원에 연결된 전구열

◆ 이동하기 전에 정상동작했으므로 새로운 장소에 전원이 들어오지 않을 가능성이 있다.

◆ 아마도 결선이 느슨하여 빠져버렸을 가능성이 있다.

◆ 전구가 타버렸거나 소켓의 섭촉이 느슨할 가능성이 있다.

이런 추론으로 발생할 수 있는 가능한 원인과 고장을 고려했다. 사고 과정은 계속된다.

◆ 회로가 한 때 동작했다는 사실은 원래 회로의 배선이 잘못되었을 가능성을 배제한다.

◆ 만약 고장이 하나의 개방된 통로에 기인한다면 단락이(연결이 불량일 수 있거나 타버린 전구가 있을 수 있는 경우) 하나 이상 많을 가능성은 없다.

우리는 문제를 분석했고 회로의 고장을 찾기 위한 과정을 계획할 준비가 되었다.

계획 사고 과정 계획의 첫 번째 단계는 새로운 위치에서 전압을 측정하는 것이다. 만약 전압이 존재하면 문제는 전구의 줄에 있다. 만약 전압이 존재하지 않으면 집에 있는 배전반의 회로 안전 차단기를 점검하라. 차단기를 리셋하기 전에 차단기가 왜 시동되었는지 점검해야 한다. 전압이 존재하는 것을 찾았다고 가정한다. 이것은 문제가 전구의 줄에 있다는 것을 의미한다.

계획의 두 번째 단계는 전구의 전선줄에 있는 저항을 측정하거나 각각의 전구 양단의 전압을 측정하는 것이다. 저항 혹은 전압을 측정할지 결정하는 것은 동전던지기이고 테스트의 편이성에 근거하여 결정될 수 있다. 모든 가능한 사태가 고려될 정도로 고장진단 계획이 거의 완전하게 개발되지는 않는다. 앞으로 나아가면서 계획을 수정할 필요가 종종 있을 것이다.

측정 과정 새로운 위치에서 전압을 점검하기 위해 멀티미터를 이용함으로써 계획의 첫 번째 부분을 계속한다. 측정된 전압이 120 V라고 가정한다. 이제 전압이 없는 가능성을 배제했다. 전선줄 양단에 전압이 있고 전구가 켜지지 않기 때문에 전류는 없다. 따라서 전류통로에 틀림없이 개방이 있다는 것을 알게 된다. 전구가 타버렸거나 전구 소켓의 연결이 끊어져 있거나 전선이 끊어져 있는 것이다.

다음은 멀티미터로 저항을 측정하여 단락 위치를 결정해야 한다. 논리적인 사고를 적용하여 각각의 전구의 저항을 측정하는 대신 전선줄 각각의 절반의 저항을 측정하기로 결정한다. 한 번에 전구들 절반의 저항을 측정함으로써 일반적으로 개방을 찾는 데 요구되는 노력을 줄일 수 있다. 이 기술은 **반분할법**(half-splitting)이라 불리는 고장진단 절차의 한 종류이다.

일단 무한대의 저항에 의해 표시된 것처럼 개방이 발생하는 절반의 위치를 확인하면 그 고장난 절반에 대해 다시 반분할법을 사용하고, 고장난 전구 혹은 연결로 그 고장을 좁힐 때까지 계속한다. 이 과정은 그림 3-26에 보이고 있으며 설명을 위해 7번째 전구가 타버렸다고 가정한다.

그림에서 볼 수 있는 것처럼, 이러한 특별한 경우에 반분할 접근방법은 개방된 전구를 찾기 위해 최대 5번의 측정을 한다. 만약 각각의 전구를 개별적으로 측정하기로 결정하고 왼쪽부터 시작했다면 7번의 측정이 필요했을 것이다. 따라서 때로는 반분할법은 단계를 절약하고 때로는 그렇지 않다. 요구되는 단계의 수는 측정 장소와 순서에 달려 있다.

불행하게도 대부분의 고장진단은 이 예제보다 더 어렵다. 하지만 분석과 계획은 어느 상황에서도 효과적인 고장진단을 위해 필수적이다. 측정이 이루어지면 문제해결자는 종종 계획을 수정하고 증상과 측정값을 가장 가능성 있는 원인에 맞춰 검색 범위를 좁히게 된다. 일부 경우에는 낮은 비용의 장비의 수리 비용이 교체 비용과 비슷하거나 그 이상인 경우에는 간단히 폐기하거나 재활용할 수 있다. 이러한 경우에도 품질 개선에 사용되는 제품 고장 데이터를 수집하기 위해 문제해결이 수행된다.

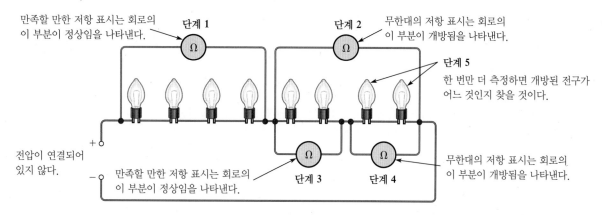

▲ 그림 3-26

고장진단의 반분할법의 예. 각 단계의 번호는 멀티미터가 한 지점에서 또 다른 지점으로 이동되는 순서를 나타낸다.

V, R, I 측정의 비교

2-7절로부터 알고 있듯이 회로에서 전압, 전류, 저항을 측정할 수 있다. 전압을 측정하기 위해 소자 양단에 병렬로 전압계를 둔다. 다시 말해 하나의 리드를 소자 양쪽 위에 둔다. 이것은 전압 측정을 세 가지 종류의 측정 중 가장 쉬운 것으로 만든다.

저항을 측정하기 위해 소자 양단에 저항계를 연결한다. 그러나 먼저 전압이 차단되어야 하고, 때때로 소자 그 자체가 회로로부터 분리되어야 한다. 따라서 저항 측정은 전압 측정보다 일반적으로 더 어렵다.

전류를 측정하기 위해 전류계를 소자와 직렬로 연결한다. 다시 말해 전류계는 전류통로와 일직선으로 있어야 한다. 이를 위해 전류계를 연결하기 전에 소자 리드 혹은 전선을 차단해야 한다. 이것은 보통 전류 측정을 수행하기 가장 어려운 것으로 만든다.

3-8절 복습	1. 고장진단에 대한 APM 접근방법에서 세 가지 단계를 명시하라.
해답은 이 장의 끝에 있다.	2. 반분할 기술의 기본적인 아이디어를 설명하라.
	3. 회로에서 전류보다 전압을 측정하는 것이 쉬운 이유는 무엇인가?

응용과제 — Application Assignment

이 과제에서 5.0 V까지 갖는 회로를 테스트할 때 사용되는 저항 대체 박스를 완성하고자 한다. 요구되는 저항의 범위는 10 Ω에서 4.7 kΩ까지이다. 주어진 일은 요구되는 저항의 정격전력을 결정하고, 부품 목록을 준비하고, 부품 비용을 결정하고, 회로도를 그리고, 회로에 대한 테스트 절차를 준비하는 것이다. 과제를 완수하기 위해는 와트의 법칙을 사용할 필요가 있을 것이다.

설계규격은 다음과 같다.

1. 각 저항기는 회전식 스위치로 선택할 수 있고, 따라서 단 한 번에 1개의 저항만이 출력단자에 연결된다.

2. 저항의 범위는 10 Ω에서 4.7 kΩ까지이다. 요구되는 각각의 크기는 이전 저항 크기의 대략 2배이다. 표준 저항을 사용하기 위해 10 Ω, 22 Ω, 47 Ω, 100 Ω, 220 Ω, 470 Ω, 1.0 kΩ, 2.2 kΩ, 4.7 kΩ의 크기가 선택되었다. 저항의 허용오차는 ± 5%이고 정격전력은 최소 ¼ W(필요한 경우 더 큼)이다. 작은 저항(½ W 혹은 이보다 작은)은 탄소합성물이고 ½ W보다 큰 저항은 금속산화물이다.

3. 저항 박스에 인가될 최대전압은 5.0 V이다.

4. 박스는 저항에 연결하기 위해 2개의 결박단자를 갖는다.

1단계: 정격전력과 저항 비용 결정하기

저항 대체 박스는 그림 3-27에 보이는 것처럼 섀시에 저항값이 실크 스크린 날염법으로 새겨져 있고, PC 보드의 뒤쪽에 준비되어 있다. 과제에 필요한 특정한 저항을 결정하기 위해 와트의 법칙과 명시된 저항값을 사용하라. 표 3-3은 소량으로 구매되는 저항의 비용을 나타낸다.

2단계: 재료 목록 개발하고 과제 총비용 추정하기

요구되는 특정한 저항을 근거로 재료 목록과 비용 견적을 준비할 필요가 있다. 양과 비용을 보여주는 완전한 재료 목록을 준비한다. 과제의 총비용(인건비 제외)을 추정한다.

3단계: 회로도 그리기

요구 조건과 보드 레이아웃으로부터 회로에 대한 회로도를 그려라. 저항값을 보여라. 각각의 저항 옆에 정격전력을 포함하라.

4단계: 테스트 절차 개발하기

저항 대체 박스가 만들어진 후, 이의 정상동자을 확인하기 위한 절차를 나열하라. 테스트하는데 사용하게 될 계기를 열거하라.

5단계: 회로의 고장진단

다음 문제들의 각각에 대해 가장 가능성이 큰 고장을 기술하라.
1. 저항계가 10 Ω 위치에 대해 무한대의 저항값을 계기에 나타낸다.
2. 저항계가 스위치의 모든 위치에 대해 무한대의 저항값을 계기에 보인다.
3. 모든 저항이 열거된 값보다 10% 높게 계기에 나타난다.

응용과제 복습

1. 와트의 법칙이 이 응용과제에 어떻게 적용되었는지 설명하라.
2. 명시된 저항이 7 V 출력을 갖는 회로에서 사용될 수 있는가? 설명하라.

▶ 그림 3-27

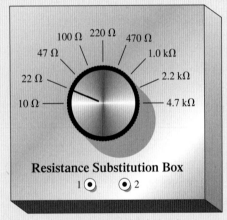

(a) 외장 박스를 위쪽에서 본 모습

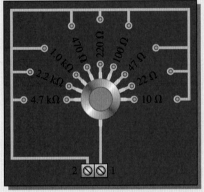

(b) PC 보드를 아래쪽에서 본 모습

▶ 표 3-3

부품	항목당 가격($)
¼ W 저항기(탄소합성물)	0.08
½ W 저항기(탄소합성물)	0.09
1 W 저항기(금속산화물)	0.09
2 W 저항기(금속산화물)	0.10
5 W 저항기(금속산화물)	0.33
1극, 9위치 회전 스위치	10.30
손잡이(knob)	3.30
외장(4″ × 4″ × 2″ 알루미늄)	8.46
스크루 터미널(screw terminal)	0.20
결박단자	0.60
PC 보드(패턴이 식각된)	1.78
잡다한 스탠드오프(stand offs) 등	0.50

요약

- 전압과 전류는 선형적으로 비례한다.
- 옴의 법칙은 전압, 전류, 저항의 관계를 나타낸다.
- 전류는 저항에 역으로 비례한다.
- 1킬로옴(kΩ)은 1,000 Ω이다.
- 1메가옴(MΩ)은 1,000,000 Ω이다.
- 1마이크로암페어(μA)는 1/1,000,000 A이다.
- 1밀리암페어(mA)는 1/1,000 A이다.
- 전류를 계산하기 위해 $I = V/R$을 이용한다.
- 전압을 계산하기 위해 $V = IR$을 이용한다.
- 저항을 계산하기 위해 $R = V/I$을 이용한다.
- 1와트는 단위 초당 1줄과 같다.
- 와트는 전력의 단위이고, 줄은 에너지의 단위이다.
- 저항기의 정격전력은 저항기가 안전하게 다룰 수 있는 최대 전력을 결정한다.
- 보다 큰 물리적 크기를 갖는 저항가는 보다 작은 것보다 더 많은 전력을 열 형태로 발산할 수 있다.
- 저항기는 회로에서 다룰 것으로 예상되는 최대 전력만큼 같거나 더 많은 정격전력을 가져야 한다.
- 정격전력은 저항값과는 관련이 없다.
- 저항기는 과열되고 고장이 날 때 일반적으로 개방된다.
- 에너지는 전력에 시간을 곱한 것과 같다.
- 킬로와트-시간(kWh)는 에너지의 단위이다.
- 1 kWh의 예는 1시간 동안 사용되는 1,000 W이다.
- 전원 장치는 전기 및 전자 장치(소자)를 동작시키기 위해 사용되는 에너지원이다.
- 전지는 화학에너지를 전기에너지로 변환하는 전원 장치의 한 종류이다.
- 전원 장치는 상용에너지(전력회사로부터의 ac)를 여러 가지 전압 레벨에서 조정된 dc로 변환한다.
- 전원 장치의 출력전력은 출력전압과 부하전류의 곱이다.
- 부하는 전원 장치로부터 전류를 이끌어내는 장치이다.
- 전지의 용량은 암페어-시간(Ah)으로 측정된다.
- 1 Ah는 1시간 동안 사용되는 1암페어와 같거나 암페어와 시간의 곱이 1이 되는 임의의 조합이다.
- 높은 효율을 갖는 전원 장치는 낮은 효율을 갖는 전원 장치보다 작은 백분율 전력 손실을 가진다.
- 그림 3-28의 공식 회전반은 옴의 법칙과 와트의 법칙에 대한 관계를 보여준다.
- APM(분석, 계획, 측정)은 고장진단에 대한 논리적 접근방법을 제공한다.
- 고장진단의 반분할법은 일반적으로 보다 작은 회수의 측정을 초래한다.

▶ 그림 3-28

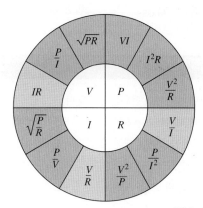

☐ 옴의 법칙 ☐ 와트의 법칙

핵심용어

고장진단 장비나 회로에서 결함을 구분하고, 확인하고, 수리하는 체계적인 절차

반분할법 고장진단을 신속히 하기 위해 장비 또는 회로의 전체에서 반씩 나누어 점검하는 방식

선형 직선과 관련성이 있는 특성

에너지 일을 하는 능력. 단위는 줄(J)이다.

옴의 법칙 전류는 전압에 비례하고, 저항에 반비례하는 법칙

와트(W) 전력의 단위. 1와트는 1 J의 에너지가 1 s 동안 사용될 때의 전력

와트의 법칙 전압, 전류, 저항과 전력의 관계를 나타내는 법칙

전력 에너지 사용률

전압강하 에너지 변환으로 인한 두 점 간의 전압 차

전원 장치 유틸리티 전선으로부터 공급되는 ac를 dc 전압으로 변환하는 장치

정격전력 저항이 발열로 인한 손상 없이 발산할 수 있는 최대 전력량

줄(J) 에너지의 SI 단위

킬로와트-시간(kWh) 주로 전력회사에서 이용하는 에너지의 단위

효율 회로의 출력전력과 입력전력의 비, 보통은 백분율로 표현

Ah 정격 전류(A)와 전지가 부하에 그 전류를 전달할 수 있는 시간의 길이(h)를 곱함으로써 결정되는 정격 용량

수식

3–1	$I = \dfrac{V}{R}$	전류를 계산하기 위한 옴의 법칙
3–2	$V = IR$	전압을 계산하기 위한 옴의 법칙
3–3	$R = \dfrac{V}{I}$	저항을 계산하기 위한 옴의 법칙
3–4	$P = \dfrac{W}{t}$	전력은 에너지를 시간으로 나눈 것과 같다.
3–5	$P = I^2R$	전력은 전류의 제곱 곱하기 저항과 같다.
3–6	$P = VI$	전력은 전압 곱하기 전류와 같다.
3–7	$P = \dfrac{V^2}{R}$	전력은 전압의 제곱을 저항으로 나눈 것과 같다.
3–8	효율 $= \dfrac{P_{\text{OUT}}}{P_{\text{IN}}}$	전원 장치 효율
3–9	$P_{\text{OUT}} = P_{\text{IN}} - P_{\text{LOSS}}$	출력전력

참/거짓 퀴즈
해답은 이 장의 끝에 있다.

1. 회로의 전체 저항이 증가하면 전류는 감소한다.
2. 저항을 구하는 옴의 법칙은 $R = I/V$이다.
3. 밀리암페어와 킬로옴이 함께 곱해질 때 결과는 볼트이다.
4. 10 kΩ 저항이 10 V 전원에 연결되면 저항에 흐르는 전류는 1 A가 된다.
5. 킬로와트-시간은 전력의 단위이다.
6. 1와트는 단위초당 1줄과 같다.

7. 저항의 정격전력은 회로에서 요구되는 전력 소비보다 항상 작을 것이다.

8. 자동조절된 전원 장치는 부하가 변할지라도 출력 전압을 자동으로 일정하게 유지한다.

9. 음의 출력전압을 갖는 전원 장치는 부하로부터 전력을 흡수한다.

10. 회로문제를 분석할 때 고장 조건을 고려해야만 한다.

자습 문제　해답은 이 장의 끝에 있다.

1. 옴의 법칙에 의하면,
   (a) 전류는 전압 곱하기 저항과 같다.　(b) 전압은 전류 곱하기 저항과 같다.
   (c) 저항은 전류 나누기 전압과 같다.　(d) 전압은 전류의 제곱 곱하기 저항과 같다.

2. 저항기 양단의 전압이 두 배로 될 때, 전류는 어떻게 되는가?
   (a) 세 배　(b) 절반　(c) 두 배　(d) 변하지 않는다

3. 20 Ω 저항기 양단에 10 V가 인가될 때, 전류는 얼마인가?
   (a) 10 A　(b) 0.5 A　(c) 200 A　(d) 2.0 A

4. 1.0 kΩ 저항기를 통해 10 mA의 전류가 흐를 때, 저항 양단의 전압은 얼마인가?
   (a) 100 V　(b) 0.1 V　(c) 10 kV　(d) 10 V

5. 저항기 양단에 20 V의 전압이 인가되고, 6.06 mA의 전류가 흐른다면 저항은 얼마인가?
   (a) 3.3 kΩ　(b) 33 kΩ　(c) 330 Ω　(d) 3.03 kΩ

6. 4.7 kΩ 저항기에 250 μA의 전류가 흐를 때 전압강하는 얼마인가?
   (a) 53.2 V　(b) 1.175 mV　(c) 18.8 V　(d) 1.175 V

7. 2.2 MΩ의 저항이 1.0 kV 전원 양단에 연결되어 있다. 결과로서 생기는 전류는 얼마인가?
   (a) 2.2 mA　(b) 455 μA　(c) 45.5 μA　(d) 0.455 A

8. 전력은 다음 중 어느 것으로 정의될 수 있는가?
   (a) 에너지　(b) 열
   (c) 에너지가 이용되는 비율　(d) 에너지가 이용되는 시간

9. 10 V와 50 mA에 대한 전력은 얼마인가?
   (a) 500 mW　(b) 0.5 W　(c) 500,000 μW　(d) 답 (a), (b), (c)

10. 10 kΩ 저항기를 통해 10 mA의 전류가 흐를 때, 전력은 얼마인가?
    (a) 1.0 W　(b) 10 W　(c) 100 mW　(d) 1.0 mW

11. 2.2 kΩ 저항기가 0.5 W를 소모한다. 전류는 얼마인가?
    (a) 15.1 mA　(b) 227 μA　(c) 1.1 mA　(d) 4.4 mA

12. 330 Ω 저항이 2.0 W를 소모한다. 전압은 얼마인가?
    (a) 2.57 V　(b) 660 V　(c) 6.6 V　(d) 25.7 V

13. 1.1 W까지 다룰 수 있는 저항기의 정격전력은 얼마인가?
    (a) 0.25 W　(b) 1.0 W　(c) 2.0 W　(d) 5.0 W

14. 22 Ω ½ W 저항기와 220 Ω ½ W 저항기가 10 V 전원 양단에 연결되어 있다. 어느 것(들)이 과열되는가?
    (a) 22 Ω　(b) 220 Ω　(c) 둘다　(d) 어느 것도 아니다

15. 아날로그 저항계의 바늘이 무한대를 지시할 때, 측정된 저항은
    (a) 과열된다　(b) 단락된다　(c) 개방된다　(d) 역방향이 된다

고장진단:
증상과 원인

이를 연습하는 목적은 고장진단에 필수적인 사고력 개발에 도움을 주기 위한 것이다. 해답은 이 장의 끝에 있다.

증상들의 각각의 세트에 대한 원인을 결정하라. 그림 3-29를 참조하라.

▶ **그림 3-29**

미터는 이 회로에 대해 정확한 값을 나타내고 있다.

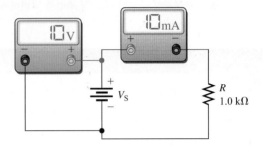

1. **증상**: 전류계는 0을 나타내고, 전압계는 10 V를 나타낸다.
   원인:
   (a) R은 단락이다.
   (b) R은 개방이다.
   (c) 전압원은 고장이다.

2. **증상**: 전류계는 0을 나타내고, 전압계는 0 V를 나타낸다.
   원인:
   (a) R은 개방이다.
   (b) R은 단락이다.
   (c) 전압원은 꺼져 있거나 고장이다.

3. **증상**: 전류계는 10 mA를 나타내고, 전압계는 0 V를 나타낸다.
   원인:
   (a) 전압계는 결함이 있다.
   (b) 전류계는 고장이다.
   (c) 전압원은 꺼져 있거나 고장이다.

4. **증상**: 전류계는 1.0 mA를 나타내고, 전압계는 10 V를 나타낸다.
   원인:
   (a) 전압계는 결함이 있다.
   (b) 저항기의 값은 원래 값보다 높다.
   (c) 저항기의 값은 원래 값보다 낮다.

5. **증상**: 전류계는 100 mA를 나타내고, 전압계는 10 V를 나타낸다.
   원인:
   (a) 전압계는 결함이 있다.
   (b) 저항기의 값은 원래 값보다 높다.
   (c) 저항기의 값은 원래 값보다 낮다.

연습 문제

홀수 번호 연습 문제의 해답은 이 책의 끝에 있다.

기초 문제

3-1 옴의 법칙

1. 어떤 회로에 전류가 1.0 A이다. 다음의 경우 전류는 얼마인가?
   (a) 전압이 3배이다.

(b) 전압이 80%로 감소했다.

(c) 전압이 50%로 증가했다.

2. 어떤 회로의 전류가 100 mA이다. 다음의 경우 전류는 얼마인가?

(a) 저항이 100%로 증가했다.

(b) 저항이 30%로 감소했다.

(c) 저항이 4배로 되었다.

3. 어떤 회로의 전류가 10 mA이다. 만약 전압은 3배로 하고 저항은 2배로 한다면, 전류는 얼마인가?

3-2 옴의 법칙의 응용

4. 다음의 경우 전류를 구하라.

(a) $V = 5.0$ V, $R = 1.0$ Ω (b) $V = 15$ V, $R = 10$ Ω

(c) $V = 50$ V, $R = 100$ Ω (d) $V = 30$ V, $R = 15$ kΩ

(e) $V = 250$ V, $R = 4.7$ MΩ

5. 다음의 경우 전류를 구하라.

(a) $V = 9.0$ V, $R = 2.7$ kΩ (b) $V = 5.5$ V, $R = 10$ kΩ

(c) $V = 40$ V, $R = 68$ kΩ (d) $V = 1.0$ kV, $R = 2.0$ kΩ

(e) $V = 66$ kV, $R = 10$ MΩ

6. 10 Ω 저항기가 12 V 전지에 연결되어 있다. 저항기를 통하는 전류는 얼마인가?

7. 그림 3-30과 같이 저항기는 dc 전압원 양단에 연결되어 있다. 각각의 저항기의 전류를 구하라.

8. 5 밴드 저항이 12 V 전원 양단에 연결된다. 저항 컬러 코드가 주황, 보라, 노랑, 금색, 갈색일 경우 전류를 결정하라.

9. 만약 8번 문제에서 전압이 두 배가 되면, 0.5 A 퓨즈는 끊어지겠는가? 답을 설명하라.

▶ 그림 3-30

(그림 색깔은 책 뒷부분의 컬러 페이지 참조)

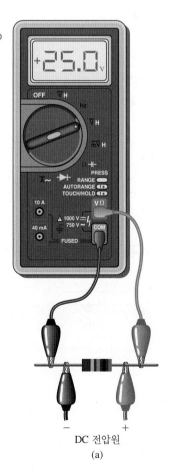

DC 전압원

(a)

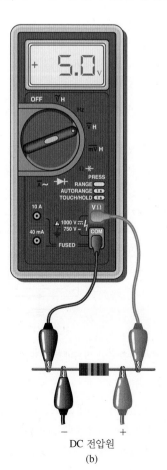

DC 전압원

(b)

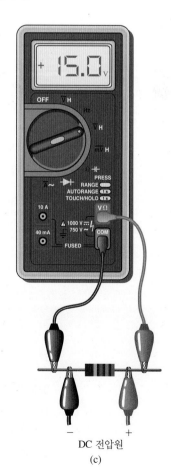

DC 전압원

(c)

10. 다음 각 경우의 전압을 구하라.

(a) $I = 2.0$ A, $R = 18$ Ω   (b) $I = 5.0$ A, $R = 47$ Ω

(c) $I = 2.5$ A, $R = 620$ Ω   (d) $I = 0.6$ A, $R = 47$ Ω

(e) $I = 0.1$ A, $R = 470$ Ω

11. 다음 각 경우의 전압을 구하라.

(a) $I = 1.0$ mA, $R = 10$ Ω   (b) $I = 50$ mA, $R = 33$ Ω

(c) $I = 3.0$ A, $R = 4.7$ kΩ   (d) $I = 1.6$ mA, $R = 2.2$ kΩ

(e) $I = 250$ μA, $R = 1.0$ kΩ   (f) $I = 500$ mA, $R = 1.5$ MΩ

(g) $I = 850$ μA, $R = 10$ MΩ   (h) $I = 75$ μA, $R = 47$ Ω

12. 전원에 연결된 27 Ω 저항에 흐르는 전류가 3 A이다. 전원의 전압은 얼마인가?

13. 표시된 전류량을 얻기 위해 그림 3–31의 회로에서 각각의 전원에 전압을 할당하라.

▶ 그림 3–31

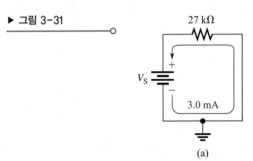 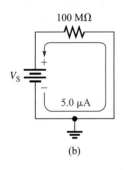 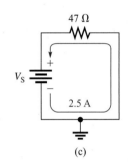

        (a)   (b)   (c)

14. 다음 각각의 V와 I의 값에 대해 저항을 계산하라.

(a) $V = 10$ V, $I = 2.0$ A   (b) $V = 90$ V, $I = 0.45$ A

(c) $V = 50$ V, $I = 5.0$ A   (d) $V = 5.5$ V, $I = 2.0$ A

(e) $V = 150$ V, $I = 0.5$ A

15. 다음 각각의 V와 I의 값에 대해 R을 계산하라.

(a) $V = 10$ kV, $I = 5.0$ A   (b) $V = 7.0$ V, $I = 2.0$ mA

(c) $V = 500$ V, $I = 250$ mA   (d) $V = 50$ V, $I = 500$ μA

(e) $V = 1.0$ kV, $I = 1.0$ mA

16. 어떤 저항에 6 V를 인가했다. 전류는 2.0 mA가 측정되었다. 저항은 얼마인가?

17. 그림 3–32의 각각의 회로에서 표시된 전류를 얻기 위한 정확한 저항값을 선택하라.

▶ 그림 3–32

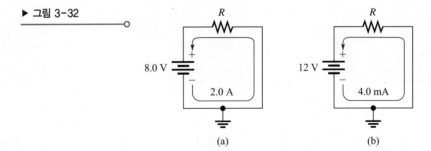

        (a)   (b)   (c)

18. 전구가 3.2 V에서 동작되고 필라멘트가 뜨거울 때 3.9 Ω의 저항을 갖는다. 전지에 의해 공급되는 전류는 얼마인가?

3-3 에너지와 전력

19. 18번 문제에 있는 전구가 10 s에 26 J을 사용하면 전력은 몇 와트인가?

20. 에너지가 350 J/s의 율로 사용될 때 전력은 얼마인가?

21. 7500 J의 에너지가 5.0시간 동안 사용되었을 경우 전력은 얼마인가?

22. 다음을 킬로와트로 바꾸어라.

(a) 1000 W   (b) 3750 W   (c) 160 W   (d) 50,000 W

23. 다음을 메가와트로 바꾸어라.

(a) 1,000,000 W   (b) 3.0×10^6 W   (c) 15×10^7 W   (d) 8,700 kW

24. 다음을 밀리와트로 바꾸어라.

(a) 1.0 W   (b) 0.4 W   (c) 0.002 W   (d) 0.0125 W

25. 다음을 마이크로와트로 바꾸어라.

(a) 2.0 W   (b) 0.0005 W   (c) 0.25 mW   (d) 0.00667 mW

26. 다음을 와트로 바꾸어라.

(a) 1.5 kW   (b) 0.5 MW   (c) 350 mW   (d) 9,000 μW

27. 전력의 단위(와트)는 1.0 V × 1.0 A와 등가인 것을 보여라.

28. 1킬로와트-시간에는 3.6×10^6줄이 있음을 보여라.

3-4 전기회로에서의 전력

29. 어떤 저항기의 양단의 전압이 5.5 V이고, 3.0 mA의 전류가 흐른다면 전력은 얼마인가?

30. 115 V에 사용되는 전기히터에 3.0 A의 전류가 흐른다. 전력은 얼마인가?

31. 4.7 kΩ 저항에 500 mA의 전류가 흐르고 있다면 전력은 얼마인가?

32. 100 μA가 흐르는 10 kΩ 저항에 의해 소모되는 전력을 계산하라.

33. 620 Ω 저항 양단의 전압이 60 V라면, 전력은 얼마인가?

34. 1.5 V 전지의 단자 사이에 56 Ω의 저항이 연결되었다. 저항에서 소모되는 전력은 얼마인가?

35. 어떤 저항이 2.0 A의 전류를 흘리고, 이때 전력이 100 W라면 저항값은 얼마인가? 전압은 원하는 값으로 조정이 가능하다고 가정한다.

36. 1.0분 동안 사용한 5.0×10^6 W를 kWh로 바꾸어라.

37. 1.0초 동안 사용한 6,700 W를 kWh로 바꾸어라.

38. 50 W가 12 h 동안 사용되었다면 몇 kWh인가?

39. 알칼린 D-셀 전지는 불안정해지기 전 10 Ω 부하에서 90 h 동안 평균 1.25 V의 전압을 유지할 수 있다고 가정한다. 전지의 수명 동안 부하에 전달되는 평균 전력은 얼마인가?

40. 39번 문제에서 전지의 경우 90 h 동안 전달되는 전체 에너지는 줄로 얼마인가?

3-5 저항의 정격전력

41. 6.8 kΩ 저항기가 회로에서 타버렸다. 같은 저항값을 갖는 다른 저항기로 바꾸어야 한다. 저항기에 10 mA의 전류가 흐르면 정격전력은 얼마가 되는가? 모든 표준 정격전력의 저항기가 사용가능하다고 가정한다.

42. 어떤 종류의 전력 저항기는 3.0 W, 5.0 W, 8.0 W, 12 W, 20 W의 정격을 갖는다. 특별한 응용은 대략 8.0 W를 다룰 수 있는 저항기를 요구한다. 정격값보다 20% 높은 최소 안전 여유를 위해 얼마의 정격을 사용하겠는가? 왜 그런가?

3-6 저항에서의 에너지 변환과 전압강하

43. 그림 3-33의 각각의 회로의 경우, 저항 양단의 전압강하에 대한 적절한 극성을 할당하라.

▶ 그림 3-33

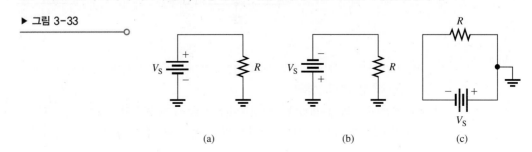

(a)   (b)   (c)

3-7 전원 장치 및 전지

44. 50 Ω의 부하가 1.0 W의 전력을 소모한다. 전원 장치의 출력전압은 얼마인가?

45. 이떤 전지가 1.5 A의 전류를 24시간 공급하고 있다. 이 전지의 암페어-시간 정격은 얼마인가?

46. 80 Ah 전지로부터 10시간 동안 계속 얻을 수 있는 전류는 얼마인가?

47. 어떤 전지의 정격이 650 mAh라면 48시간 동안 얼마만큼의 전류를 지속적으로 공급할 수 있는가?

48. 전원 장치의 입력이 500 mW이고 출력이 400 mW이다. 소모 전력은 얼마인가? 또 이 전원 장치의 효율은 얼마인가?

49. 85% 효율로 동작하기 위해 전원 장치의 입력전력이 5.0 W라면, 출력전력은 얼마인가?

3-8 고장진단의 기초

50. 그림 3-34의 전구회로에서 일련의 저항계 표시값에 근거하여 불량 전구를 확인하라.

▶ 그림 3-34

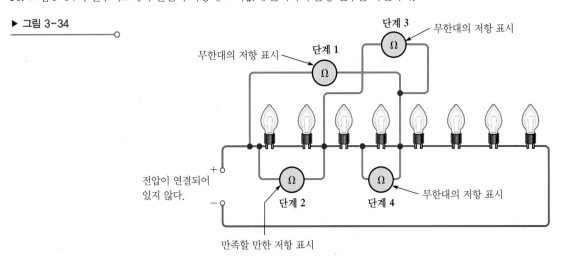

51. 32개의 전구가 직렬로 연결된 회로에서 1개의 전구가 타버렸다고 가정한다. 왼쪽에서부터 시작하여 반분할법을 이용할 경우에 몇 번의 저항 측정으로 불량 전구를 발견할 수 있는가? 불량 전구는 왼쪽에서 17번째에 있다고 가정한다.

고급 문제

52. 어떤 전원 장치가 2.0 W를 부하에 지속적으로 공급한다. 이것은 60%의 효율로 동작한다. 24시간 동안 전원 장치는 몇 kWh를 사용하는가?

53. 그림 3-35(a) 회로에서 전구의 필라멘트는 그림 3-35(b)의 등가저항으로 나타낸 일정한 양의 저항을 가진다. 전구가 120 V와 0.8 A의 전류가 흐른다면, 필라멘트의 저항은 얼마인가?

▶ 그림 3-35

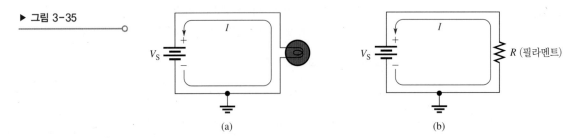

(a)   (b)

54. 어떤 전기 장치가 미지의 저항을 가진다. 12 V 전지와 전류계가 사용 가능하다. 미지의 저항값을 어떻게 구하는가? 필요한 회로 연결도를 그려라.

55. 가변 전압원이 그림 3-36의 회로에 연결된다. 0 V부터 시작하여 100 V까지 10 V씩 증가시킨다. 각각의 전압값에서의 전류를 구하고, V-I 그래프를 그려라. 이 그래프는 직선인가? 그래프는 무엇을 나타내는가?

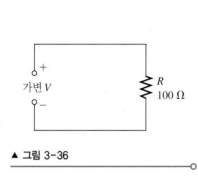

▲ 그림 3-36

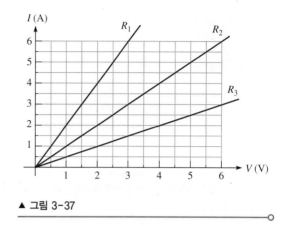

▲ 그림 3-37

56. 어떤 회로에서 V_s = 1.0 V이고 I = 5.0 mA이다. 같은 저항을 갖는 회로에서 다음 각각의 전압에 대한 전류를 구하라.

    (a) V_S = 1.5 V   (b) V_S = 2.0 V   (c) V_S = 3.0 V   (d) V_S = 4.0 V   (e) V_S = 10 V

57. 그림 3-37는 3개의 저항값에 대한 전류 대 전압의 그래프이다. R_1, R_2, R_3를 구하라.

58. 10 V 전지에 연결되어 있는 회로의 전류를 측정하려 한다. 전류계는 50 mA를 지시하고 있다. 잠시 후 전류가 30 mA로 떨어졌다. 저항 변화의 가능성을 배제하고 전압이 변한 것으로 결론을 내려야 한다. 전지의 전압은 얼마가 변했는가? 그리고 변한 전지의 전압은 얼마인가?

59. 어떤 저항에 인가된 20 V 전원을 바꾸어 전류를 100 mA로부터 150 mA로 증가하고자 한다. 전원의 전압은 어느 정도 증가해야 하는가? 그리고 바꾼 전압은 얼마인가?

60. 6.0 V 전원이 2개의 12 ft 길이의 18게이지 구리선에 의해 100 Ω 저항에 연결되어 있다. 표 2-4를 참조하여 다음을 구하라.

    (a) 전류   (b) 저항전압   (c) 각각의 전선 길이 양단의 전압

61. 만약 300 W 전구가 30일 동안 연속적으로 켜져 있으면, 전구는 몇 킬로와트-시간(kWh)의 에너지를 사용하는가?

62. 31일의 기간이 끝나는 날 유틸리티 청구서에 의하면 1500 kWh를 사용했다. 매일 평균전력은 얼마인가?

63. 어떤 종류 전력 저항의 정격은 3.0 W, 5.0 W, 8.0 W, 12 W, 20 W이다. 특별한 응용의 경우 대략 10 W를 다룰 수 있는 저항을 요구한다. 어떤 정격을 사용할 것인가? 왜 그런가?

64. 12 V 전원이 10 Ω 저항 양단에 2.0분 동안 연결된다.

    (a) 전력 소모는 얼마인가?

    (b) 얼마만큼의 에너지가 사용되는가?

    (c) 만약 저항이 추가로 1분 동안 연결이 유지되면, 전력 소모는 증가하는가 감소하는가?

65. 발열 소자의 전류를 제어하기 위해 그림 3-38과 같이 가감 저항기가 사용된다. 가감 저항기가 8.0 Ω 혹은 이의 미만 값으로 조절되면, 발열 소자는 타버릴 수 있다. 만약 최대 전류의 시점에서 발열 소자 양단전압이 100 V이면, 이 회로를 보호하는 데 필요한 퓨즈의 정격값은 얼마인가?

▶ 그림 3-38

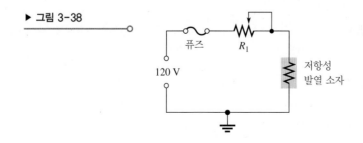

고장진단 문제

66. Multisim 파일 P03-66을 열어라. 회로가 적절하게 동작하는지 아닌지 결정하라. 만약 아니면 고장을 찾아라.

67. Multisim 파일 P03-67을 열어라. 회로가 석설하게 동작하는지 아닌지 결정하라. 만약 아니면 고장을 찾아라.

68. Multisim 파일 P03-68을 열어라. 회로가 적절하게 동작하는지 아닌지 결정하라. 만약 아니면 고장을 찾아라.

69. Multisim 파일 P03-69를 열어라. 회로가 적절하게 동작하는지 아닌지 결정하라. 만약 아니면 고장을 찾아라.

70. Multisim 파일 P03-70을 열어라. 회로가 적절하게 동작하는지 아닌지 결정하라. 만약 아니면 고장을 찾아라.

해답

각 절의 복습

3-1 옴의 법칙

1. 옴의 법칙에 의하면 전류는 전압에 비례하고, 저항에 반비례한다.

2. $I = V/R$

3. $V = IR$

4. $R = V/I$

5. 전압이 세 배로 될 때 전류는 세 배 증가한다.

6. R이 두 배로 되면 전류는 절반인 5.0 mA로 된다.

7. V와 R이 모두 두 배로 되면 I는 변하지 않는다.

3-2 옴의 법칙의 응용

1. $I = 10 \text{ V}/4.7 \text{ }\Omega = 2.13 \text{ A}$

2. $I = 20 \text{ V}/4.7 \text{ k}\Omega = 4.26 \text{ mA}$

3. $I = 10 \text{ kV}/2.7 \text{ k}\Omega = 3.70 \text{ mA}$

4. $V = (12 \text{ mA})(10 \text{ }\Omega) = 120 \text{ mV}$

5. $V = (2.9 \text{ mA})(3.3 \text{ k}\Omega) = 9.57 \text{ V}$

6. $V = (2.2 \text{ A})(5.6 \text{ }\Omega) = 12.3 \text{ V}$

7. $R = 10 \text{ V}/2.0 \text{ A} = 5.0 \text{ }\Omega$

8. $R = 25 \text{ V}/50 \text{ mA} = 0.5 \text{ k}\Omega = 500 \text{ }\Omega$

3-3 에너지와 전력

1. 전력은 에너지가 사용되는 율이다.

2. $P = W/t$

3. 와트(W)는 전력의 단위이다. 1 W는 1.0 J의 에너지가 1.0 s에 사용될 때의 전력이다.

4. (a) 68,000 W = 68 kW   (b) 0.005 W = 5.0 mW   (c) 0.000025 W = 25 μW

5. $(100 \text{ W})(10 \text{ h}) = 1.0 \text{ kWh}$

6. 2000 W = 2.0 kW

7. $(1.322 \text{ kW})(24 \text{ h}) = 31.73 \text{ kWh};$ $(0.13 \text{ \$/kWh})(31.73 \text{ kWh}) = \$4.12$

3-4 전기회로에서의 전력

1. $P = IV = (12 \text{ A})(13 \text{ V}) = 156 \text{ W}$

2. $P = (5.0 \text{ A})^2(47 \text{ }\Omega) = 1175 \text{ W}$

3. $V = \sqrt{PR} = \sqrt{(2.0 \text{ W})(50 \text{ }\Omega)} = 10 \text{ V}$

4. $P = \dfrac{V^2}{R} = \dfrac{(13.4 \text{ V})^2}{3.0 \text{ }\Omega} = 60 \text{ W}$

5. $P = (8.0 \text{ V})^2/2.2 \text{ k}\Omega = 29.1 \text{ mW}$

6. $R = 60 \text{ W}/(0.5 \text{ A})^2 = 240 \text{ }\Omega$

3-5 저항의 정격전력

1. 저항에 관한 두 가지 파라미터는 저항과 정격전력이다.

2. 저항의 면적이 더 클수록 더 많은 에너지를 발산할 수 있다.

3. 금속박막 저항기들의 표준 정격은 ⅛ W, ¼ W, ½ W, 1.0 W이다.

4. 0.3 W를 다루기 위해 최소한 정격이 0.5 W이어야 한다.

5. 가장 작은 SMD 저항 중 안전하게 0.6 W를 소산할 수 있는 것의 영어 패키지 코드는 1218이다.

6. 5.0 V

7. 미터식 1608 패키지가 안전하게 소비할 수 있는 최대 전력은 0.1 W이다. 와트의 법칙에 따르면 1/10 W 100 Ω 저항기가 안전하게 통과할 수 있는 최대 전류는 $\sqrt{(0.1 \text{ W})/(100 \text{ }\Omega)} = 31.6 \text{ mA}$이다.

3-6 저항에서의 에너지 변환과 전압강하

1. 저항에서의 에너지 변환은 물질 내의 원자들과 자유전자들의 충돌에 기인한다.

2. 전압강하란 에너지 손실에 기인한 저항 양단의 전압 감소이다.

3. 전압강하는 전류의 방향에서 음에서 양으로이다.

3-7 전원 장치 및 전지

1. 전류가 증가했다는 것은 부하가 더 커진 것을 나타낸다.

2. $P_{\text{OUT}} = (10 \text{ V})(0.5 \text{ A}) = 5.0 \text{ W}$

3. $100 \text{ Ah}/5.0 \text{ A} = 20 \text{ h}$

4. $P_{\text{OUT}} = (12 \text{ V})(5.0 \text{ A}) = 60 \text{ W}$

5. 효율 = $(750 \text{ mW}/1000 \text{ mW}) \times 100\% = 75\%$

3-8 고장진단의 기초

1. 분석, 계획, 측정

2. 반분할법은 남은 회로의 반을 연속적으로 분리시켜 고장을 찾는다.

3. 전압은 소자의 양단에서 측정된다. 전류는 소자와 직렬로 측정된다.

예제 관련 문제

3-1 $I_1 = 10 \text{ V}/5 \text{ }\Omega = 2.0 \text{ A}$, $I_2 = 10 \text{ V}/20 \text{ }\Omega = 0.5 \text{ A}$

3-2   1.0 V

3-3   970 mΩ

3-4   그렇다

3-5   11.1 mA

3-6   5.0 mA

3-7   25 μA

3-8   200 μA

3-9   800 V

3-10   220 mV

3-11   16.5 V

3-12   1.08 V로 전압강하

3-13 6.0 Ω

3-14 39.5 kΩ

3-15 3000 J

3-16 (a) 0.001 W   (b) 0.0018 W   (c) 3,000,000 W   (d) 10,000 W

3-17 2.0 kWh

3-18 $5.81 + $0.06 = $5.87

3-19 (a) 40 W   (b) 376 W   (c) 625 mW

3-20 26 W

3-21 0.5 W (½ W)

3-22 아니오

3-23 77 W

3-24 46 W

3-25 60 Ah

3-26 80%에서 배터리 단자전압은 (4.0 V)(0.80) = 3.2 V이므로 배터리 Ah 정격은 (1000 mA)(0.95 h) = 950 mAh이다.

3-27 그래프에 따르면 배터리는 1000 mA 부하에서 0.93시간 내에 3.3 V로 방전된다. 이는 (1000 mA)(0.93 h) = 930 mA의 Ah 정격을 나타낸다. 따라서 10 mA 부하에서 배터리는 (930 mAh)/(10 mA) = 93시간 동안 지속된다. 대체 부품은 회로 작동을 13시간 연장한다.

참/거짓 퀴즈

1. T   2. F   3. T   4. F   5. F   6. T   7. F   8. T   9. F   10. T

자습 문제

1. (b)   2. (c)   3. (b)   4. (d)   5. (a)   6. (d)   7. (b)   8. (c)   9. (d)   10. (a)

11. (a)   12. (d)   13. (c)   14. (a)   15. (c)

고장진단: 증상과 원인

1. (b)   2. (c)   3. (a)   4. (b)   5. (c)

직렬회로

4

학습목표

▶ 직렬 저항 회로를 확인한다.
▶ 전체 직렬저항을 결정한다.
▶ 직렬회로를 통해 흐르는 전류를 결정한다.
▶ 직렬회로에서 옴의 법칙을 적용한다.
▶ 직렬로 연결된 전압원의 전체 효과를 결정한다.
▶ 키르히호프의 전압 법칙을 적용한다.
▶ 직렬회로를 전압 분배기로 사용한다.
▶ 직렬회로에서의 전력을 결정한다.
▶ 접지에 대해 어떻게 전압을 측정하는지 기술한다.
▶ 직렬회로를 고장진단한다.

응용과제 미리보기

이 장의 응용과제를 위해 필요할 경우 전압 분배기 보드가 평가되고 수정될 것이다. 이 전압 분배기는 12 V 전지로부터 다섯 가지의 서로 다른 전압 레벨을 공급한다. 전압 분배기는 아날로그-디지털 변환기의 전자회로에 양(+)의 기준전압을 공급하기 위해 사용될 것이다. 이 분배기가 요구되는 전압을 공급하는지 관찰하기 위해 회로를 검사하고, 그렇지 않으면 그렇게 되도록 회로를 수정할 것이다. 또한 저항기의 전력 정격은 이 응용에 적합해야 한다. 이 장을 공부하고 나면 응용과제를 해결할 수 있을 것이다.

핵심용어

▶ 개방   ▶ 단락
▶ 전압 분배기   ▶ 직렬
▶ 직렬저지   ▶ 직렬지원
▶ 키르히호프의 전압 법칙

서론

저항성 회로는 직렬 혹은 병렬의 두 가지 기본 형태를 갖는다. 이 장에서는 직렬회로가 논의된다. 병렬회로는 5장에서 다뤄지고, 직렬과 병렬 조합회로는 6장에서 고찰될 것이다. 이 장에서는 옴의 법칙이 직렬회로에 어떻게 사용되는지 살펴보고, 또 다른 중요한 법칙인 키르히호프의 전압 법칙을 학습할 것이다. 또한 몇몇 중요한 직렬회로의 응용이 소개된다.

4-1 직렬저항

저항이 **직렬**(series)로 연결될 때 선류의 통로는 오직 하나이므로 저항기는 한 줄로 펜 형태를 이룬다.

이 절의 학습목표

◆ **직렬회로를 식별한다.**

    ◆ 실제 배열된 저항을 회로도로 바꾼다.

그림 4-1(a)는 2개의 저항기가 점 A에서 B까지 직렬로 연결된 것을 나타낸다. 그림 4-1(b)에서는 3개가 직렬로, 그림 4-1(c)에서는 4개가 직렬로 연결되었다. 물론 직렬회로에서 저항의 수는 제한이 없다.

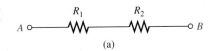
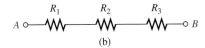
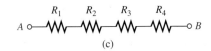

▲ 그림 4-1

직렬로 연결된 저항

점 A와 B 사이에 전압원을 연결할 경우 그림 4-1에서 점 A에서 점 B까지 전자가 이동할 수 있는 길은 각 저항을 통과하는 한 가지뿐이다. 직렬회로는 다음과 같이 설명할 수 있다.

직렬회로에서 두 점 사이의 전류 통로는 오직 하나이므로 각 직렬저항을 통해 흐르는 전류는 같다.

실제 회로도에서 직렬회로는 언제나 그림 4-1과 같이 쉽게 구분되지 않는다. 예를 들어 그림 4-2는 인가된 전압에 대해 다른 형태로 연결된 직렬저항을 나타낸다. 두 점 사이에 하나의 전류 통로만 있다면 이 두 점 사이의 저항은 비록 그림에서 이들이 어떻게 나타나더라도 직렬이라는 것을 기억하라.

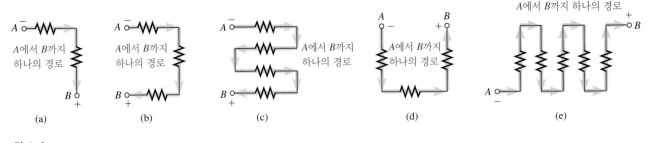

▲ 그림 4-2

저항의 직렬연결의 일부 예. 통로가 하나뿐이므로 전류는 모든 지점에서 같다는 것에 주목하라.

예제 4-1

그림 4-3과 같이 5개의 저항이 회로기판에 배치되어 있다. 음(−)의 단자로부터 시작하여 R_1은 첫 번째, R_2는 두 번째, R_3는 세 번째 등의 순서로 직렬로 연결하고 회로도를 그려라.

▶ 그림 4-3

(그림 색깔은 책 뒷부분의 컬러 페이지 참조)

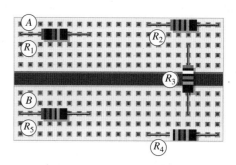

풀이 전선은 그림 4-4(a)와 같이 연결했으며, 회로도는 그림 4-4(b)에 나타냈다. 회로도가 조립 도형도와 같이 반드시 저항의 실제 기하학적 배열을 나타내야 하는 것은 아니다. 회로도는 구성 요소들이 어떻게 전기적으로 연결되었는지를 나타낸다. 조립도는 부품들이 어떻게 기하학적으로 배열되고 서로 연결되는지를 나타낸다.

▶ 그림 4-4

(그림 색깔은 책 뒷부분의 컬러 페이지 참조)

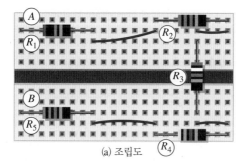

(a) 조립도

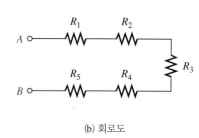

(b) 회로도

관련 문제* (a) 그림 4-4(a)의 회로기판에서 모든 홀수 번호 저항들이 짝수 번호 저항들 앞에 배열되도록 다시 결선하라.

(b) 각 저항의 값을 구하라.

───────────

*해답은 이 장의 끝에 있다.

예제 4-2 그림 4-5의 인쇄회로기판(PCB)에서 저항들의 전기적인 연결 관계를 설명하고, 각 저항의 저항값을 구하라.

▶ 그림 4-5

(그림 색깔은 책 뒷부분의 컬러 페이지 참조)

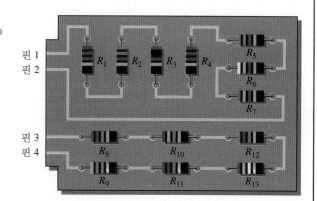

풀이 R_1에서 R_7까지의 저항들은 직렬로 연결되어 있다. 이 직렬 조합은 PC기판의 핀 1과 2 사이에 연결되어 있다.

R_8에서 R_{13}까지의 저항들은 직렬로 연결되어 있다. 이 직렬 조합은 PC기판의 핀 3과 4 사이에 연결되어 있다.

저항값은 R_1 = 2.2 kΩ, R_2 = 3.3 kΩ, R_3 = 1.0 kΩ, R_4 = 1.2 kΩ, R_5 = 3.3 kΩ, R_6 = 4.7 kΩ, R_7 = 5.6 kΩ, R_8 = 12 kΩ, R_9 = 68 kΩ, R_{10} = 27 kΩ, R_{11} = 12 kΩ, R_{12} = 82 kΩ, R_{13} = 270 kΩ 이다.

관련 문제 핀 2와 핀 3이 연결되면 그림 4-5의 회로는 어떻게 변화하는가?

4-1절 복습

해답은 이 장의 끝에 있다.

1. 직렬회로에서는 저항들이 어떻게 연결되는가?
2. 직렬회로를 어떻게 식별할 수 있는가?
3. 그림 4-6에서 저항들을 A에서 B까지 직렬로 연결하여 회로도를 완성하라.
4. 그림 4-6에서 각 직렬저항 그룹을 모두 직렬로 연결하라.

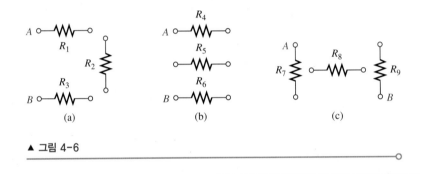

▲ 그림 4-6

4-2 전체 직렬저항

직렬회로의 전체 저항은 각 개별 저항기의 저항의 합과 같다.

이 절의 학습목표

◆ **전체 직렬저항을 결정한다.**

   ◆ 저항이 직렬로 연결되어 있을 때 저항을 합산해야 하는 이유를 설명한다.
   ◆ 직렬저항 공식을 적용한다.

직렬저항의 합산

저항이 직렬로 연결되면, 각 저항이 그 저항에 비례하여 전류의 흐름을 방해하므로 그 저항값들을 합산한다. 직렬로 연결된 저항의 수가 증가할수록 전류는 더욱 억제된다. 전류가 더 많이 억제된다는 것은 저항의 값이 증가했다는 것을 뜻한다. 따라서 저항이 직렬로 더해질 때마다 전체 저항은 증가한다.

그림 4-7에서는 직렬로 연결된 저항의 전체 저항을 어떻게 합산하는지 설명하고 있다. 그림 4-7(a)의 회로는 10 Ω 저항이 1개 있다. 그림 4-7(b)는 또 다른 10 Ω 저항이 기존 저항과 직렬로 연결되어 전체 저항이 20 Ω이 된다. 그림 4-7(c)와 같이 세 번째 10 Ω 저항이 처음 두 저항과 직

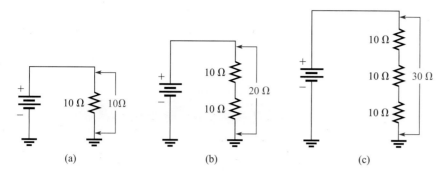

▲ 그림 4-7

전체 저항은 각 직렬저항이 추가될수록 증가한다. 여기서 사용한 접지 기호는 2-6절에서 소개되었다.

렬로 연결된다면 전체 저항은 30 Ω이 된다.

직렬저항 공식

n개의 저항이 직렬로 연결된 경우, 전체 저항은 각 저항값의 합이 된다.

$$R_T = R_1 + R_2 + R_3 + \cdots + R_n \qquad (4\text{-}1)$$

R_T는 전체 저항이며, R_n은 직렬저항의 마지막 저항이다(n은 직렬저항의 수와 같은 정수이다). 예를 들어 4개의 저항($n = 4$)이 직렬로 연결되어 있다면 전체 저항 공식은 다음과 같다.

$$R_T = R_1 + R_2 + R_3 + R_4$$

6개의 저항($n = 6$)이 직렬로 연결되어 있다면, 전체 저항 공식은 다음과 같다.

$$R_T = R_1 + R_2 + R_3 + R_4 + R_5 + R_6$$

전체 직렬저항 계산 방법의 이해를 돕기 위해 그림 4-8의 회로에서 R_T를 구해보자. 여기서 V_S는 전압원이다. 이 회로는 5개의 저항이 직렬로 연결되어 있다. 전체 저항을 구하기 위해 간단히 각 저항값을 합하면 된다.

$$R_T = 56\,\Omega + 100\,\Omega + 27\,\Omega + 10\,\Omega + 47\,\Omega = 240\,\Omega$$

그림 4-8에서 저항을 합하는 순서는 중요하지 않다. 회로 내에서 저항기의 위치를 바꾸어도 전체 저항과 전류에는 영향을 미치지 않는다.

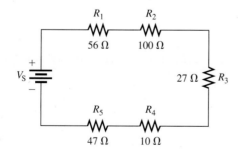

▲ 그림 4-8

5개의 저항으로 구성된 직렬회로의 예. V_S는 전압원을 나타낸다.

예제 4-3

그림 4-9의 만능기판에 저항들을 직렬로 연결하고, 전체 저항 R_T를 구하라.

▶ **그림 4-9**

(그림 색깔은 책 뒷부분의 컬러 페이지 참조)

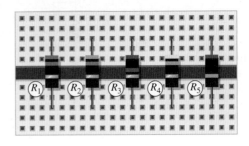

풀이 저항기들은 그림 4-10과 같이 연결되었다. 모든 저항값을 합산해 전체 저항을 구한다.

$$R_T = R_1 + R_2 + R_3 + R_4 + R_5 = 33\,\Omega + 68\,\Omega + 100\,\Omega + 47\,\Omega + 10\,\Omega = \mathbf{258\,\Omega}$$

▶ **그림 4-10**

(그림 색깔은 책 뒷부분의 컬러 페이지 참조)

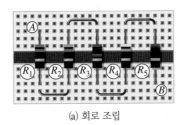

(a) 회로 조립

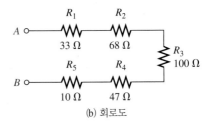

(b) 회로도

관련 문제 그림 4-10(a)에서 R_2와 R_4의 위치를 서로 바꾸어놓았을 때 전체 저항을 구하라.

공학용 계산기 소개의 예제 4-3에 있는 변환 예를 살펴보라.

예제 4-4

그림 4-11의 각 회로에서 전체 저항 R_T를 구하라.

▶ **그림 4-11**

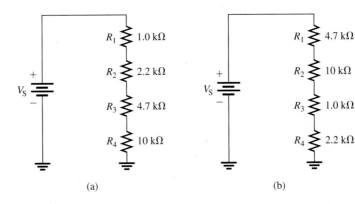

풀이 회로 (a)의 경우,

$$R_T = 1.0\,\text{k}\Omega + 2.2\,\text{k}\Omega + 4.7\,\text{k}\Omega + 10\,\text{k}\Omega = \mathbf{17.9\,\text{k}\Omega}$$

회로 (b)의 경우,

$$R_T = 4.7\,\text{k}\Omega + 10\,\text{k}\Omega + 1.0\,\text{k}\Omega + 2.2\,\text{k}\Omega = \mathbf{17.9\,\text{k}\Omega}$$

전체 저항은 저항의 위치와 관계없다는 것을 잊지 마라. 두 회로의 전체 저항은 똑같다.

관련 문제 $1.0\,\text{k}\Omega$, $2.2\,\text{k}\Omega$, $3.3\,\text{k}\Omega$, $5.6\,\text{k}\Omega$ 저항들이 직렬로 연결된다면 전체 저항은 얼마인가?

공학용 계산기 소개의 예제 4-4에 있는 변환 예를 살펴보라.

예제 4-5

그림 4-12의 회로에서 R_4를 구하라.

▶ **그림 4-12**

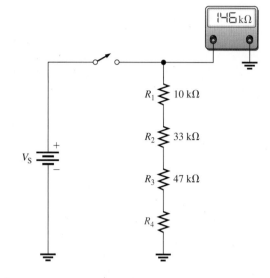

풀이 저항계를 읽으면 R_T = 146 kΩ이다.

$$R_T = R_1 + R_2 + R_3 + R_4$$

R_4에 대해 풀면 다음과 같다.

$$R_4 = R_T - (R_1 + R_2 + R_3) = 146\,\text{k}\Omega - (10\,\text{k}\Omega + 33\,\text{k}\Omega + 47\,\text{k}\Omega) = \mathbf{56\,k\Omega}$$

관련 문제 그림 4-12에서 저항계가 나타낸 값이 112 kΩ인 경우 R_4의 값을 구하라.

공학용 계산기 소개의 예제 4-5에 있는 변환 예를 살펴보라.

같은 값의 직렬저항

직렬회로에서 1개 이상의 같은 값을 갖는 저항기가 있으면, 전체 저항을 구하는 손쉬운 방법이
있다. 직렬에서 같은 저항값을 갖는 저항기들의 저항값을 이 저항기들의 수로 곱하라. 이 방법은
저항값을 모두 더하는 것과 본질적으로 같다. 예를 들어 100 Ω의 저항 5개가 직렬로 연결되었으
면 R_T는 5(100 Ω) = 500 Ω이 된다. 일반적으로 이 공식은 다음과 같이 나타낸다.

$$R_T = nR \qquad\qquad (4\text{-}2)$$

여기서 n은 저항값이 같은 저항기들의 개수이고, R은 저항의 값이다.

예제 4-6

8개의 22 Ω 저항기들이 직렬로 연결되어 있을 때 전체 저항 R_T를 구하라.

풀이 각 저항값을 더해 R_T를 구한다.

$$R_T = 22\,\Omega + 22\,\Omega + 22\,\Omega + 22\,\Omega + 22\,\Omega + 22\,\Omega + 22\,\Omega + 22\,\Omega = \mathbf{176\,\Omega}$$

그러나 곱셈으로 하면 훨씬 더 쉽게 구할 수 있다.

$$R_T = 8(22\,\Omega) = \mathbf{176\,\Omega}$$

관련 문제 1.0 kΩ 저항기 3개와 680 Ω 저항기 2개가 직렬로 연결되어 있을 때 전체 저항 R_T를 구하라.

공학용 계산기 소개의 예제 4-6에 있는 변환 예를 살펴보라.

1. 그림 4-13의 각 회로에서 단자 A와 B 사이의 R_T를 구하라.
2. 다음의 100 Ω 1개, 47 Ω 2개, 12 Ω 4개, 330 Ω 1개 저항들이 직렬로 연결되어 있다. 전체 저항은 얼마인가?
3. 다음의 1.0 kΩ, 2.7 kΩ, 3.3 kΩ, 1.8 kΩ 저항들을 각각 하나씩 가지고 있다고 가정하자. 저항기 1개를 더 추가하여 전체 저항이 10 kΩ이 되게 하려면, 이 저항기의 저항값은 얼마가 되어야 하는가?
4. 47 Ω 저항기 12개가 직렬로 연결되어 있다면 R_T는 얼마인가?

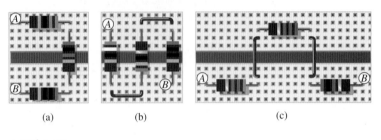

(a)   (b)   (c)

▲ 그림 4-13

(그림 색깔은 책 뒷부분의 컬러 페이지 참조)

4-3 직렬회로에서의 전류

직렬회로 내의 모든 점에서 전류의 크기는 같다. 즉 직렬회로에서 각 저항을 통해 흐르는 전류는 그 저항과 직렬로 연결된 다른 저항을 통해 흐르는 전류와 같다.

이 절의 학습목표

◆ **직렬회로에서 전류를 결정한다.**

  ◆ 전류는 직렬회로의 모든 지점에서 같다는 것을 보인다.

그림 4-14는 전압원에 직렬로 연결된 3개의 저항기들을 보여준다. 전류 방향 화살표에 나타낸 것과 같이 회로상의 어느 지점에서나 그 지점으로 들어가는 전류는 그 지점에서 나가는 전류와 같아야 한다. 또한 전류의 일부가 지선으로 들어가고 그 외의 다른 곳으로 갈 수 있는 곳이 없기 때문에 각 저항기에서 나오는 전류는 들어가는 전류와 같아야 함에 유의하라. 따라서 회로의 각 부분에서의 전류는 다른 모든 부분에서의 전류와 같아야 한다. 직렬회로는 전원의 음(−)쪽에서 양(+)쪽으로 가는 유일한 1개의 통로만 갖는다.

▶ 그림 4-14

직렬회로에서 어떤 점으로 들어간 전류는 그 점에서 나가는 전류와 같다.

(그림 색깔은 책 뒷부분의 컬러 페이지 참조)

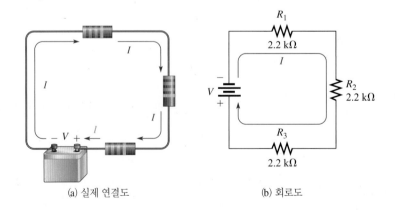

(a) 실제 연결도   (b) 회로도

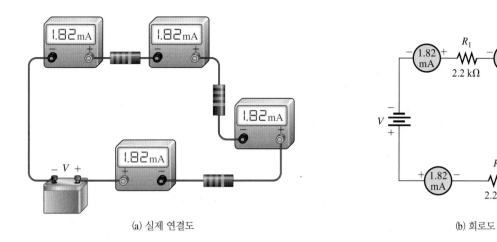

(a) 실제 연결도   (b) 회로도

▲ 그림 4-15

전류는 직렬회로의 모든 지점에서 같다. (그림 색깔은 책 뒷부분의 컬러 페이지 참조)

그림 4-15에서 전지는 직렬저항기들에 1.82 mA의 전류를 공급한다. 전지의 음(−) 단자로부
터 나온 전류는 1.82 mA이다. 보이는 바와 같이 같은 전류가 직렬회로의 여러 지점에서 측정된다.

4-3절 복습	
해답은 이 장의 끝에 있다.	1. 직렬회로의 임의 지점에서 전류의 양에 대해 설명하라.
	2. 100 Ω과 47 Ω 저항기가 직렬로 연결된 회로에서 100 Ω 저항기를 통해 20 mA의 전류가 흐른다. 47 Ω 저항기에 흐르는 전류를 구하라.
	3. 그림 4-16에서 전류계는 점 A와 B 사이에 연결되어 있으며, 전류 50 mA를 측정했다. 전류계를 이동하여 점 C와 D 사이에 연결했다면, 전류계의 지시값은 얼마인가? 또 E와 F 사이에 연결하면 전류는 얼마인가?
	4. 그림 4-17에서 전류계 A1과 A2의 나타내는 값은 각각 얼마인가?

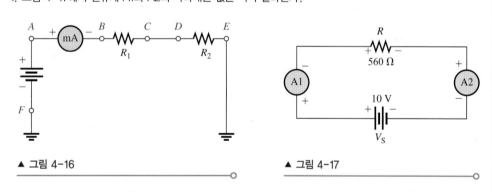

▲ 그림 4-16   ▲ 그림 4-17

4-4 옴의 법칙의 응용

직렬회로의 기본 개념과 옴의 법칙은 직렬회로의 해석에 적용될 수 있다.

이 절의 학습목표

◆ **직렬회로에서 옴의 법칙을 적용한다.**

  ◆ 직렬회로에서 전류를 구한다.

  ◆ 직렬회로의 각 저항기에 걸리는 전압을 구한다.

직렬회로를 해석할 때 기억해야 할 몇 가지 중요한 점들은 다음과 같다.

1. 직렬로 연결된 임의의 저항기에 흐르는 전류는 전체 전류와 같다.
2. 전체 인가전압과 전체 저항을 알면 옴의 법칙에 의해 전체 전류를 구할 수 있다.

$$I_T = \frac{V_T}{R_T}$$

3. 직렬저항기 1개에 걸리는 전압강하를 알면 옴의 법칙에 의해 전체 전류를 구할 수 있다.

$$I_T = \frac{V_x}{R_x}$$

4. 전체 전류를 알면 옴의 법칙에 의해 임의의 직렬저항기에 걸리는 전압강하를 구할 수 있다.

$$V_x = I_T R_x$$

5. 저항기에 걸리는 전압강하의 극성은 전압원의 양(+)의 단자에 보다 가까운 쪽에 있는 그 저항기의 끝에서 양(+)의 극성이 된다.
6. 저항기를 통해 흐르는 전류의 방향은 그 저항기의 음(−)의 쪽에서 양(+)의 쪽으로 정의된다.
7. 직렬회로의 한 곳이 개방되면 전류가 흐르지 못하고 각 저항기에서 전압강하는 0이다. 따라서 전체 전압은 개방되어 있는 두 점 사이에 나타난다.

직렬회로 해석을 위해 옴의 법칙을 이용하는 몇 가지 예제를 살펴보자.

예제 4-7

그림 4-18의 회로에 흐르는 전류를 구하라.

▶ 그림 4-18

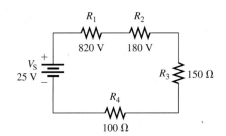

풀이 전류는 전원전압과 전체 저항에 의해 결정된다. 우선 전체 저항을 계산한다.

$$R_T = R_1 + R_2 + R_3 + R_4 = 820\,\Omega + 180\,\Omega + 150\,\Omega + 100\,\Omega = 1.25\,\text{k}\Omega$$

다음은 옴의 법칙을 이용하여 전류를 계산한다.

$$I = \frac{V_S}{R_T} = \frac{25\,\text{V}}{1.25\,\text{k}\Omega} = \textbf{20 mA}$$

회로의 모든 지점에서 전류는 같다는 것을 기억한다. 따라서 각 저항기에 흐르는 전류는 20 mA 이다.

관련 문제 그림 4-18에서 R_4가 200 Ω으로 변경되면 이 회로의 전류는 얼마인가?

공학용 계산기 소개의 예제 4-7에 있는 변환 예를 살펴보라.

Multisim 또는 LTspice 파일 E04-07을 열어라. 멀티미터를 연결하고 이 예제에서 계산한 전류의 값을 확인하라. R_4를 200 Ω으로 바꾸고, 이 관련 문제에서 계산된 전류의 값을 확인하라.

예제 4-8	그림 4-19의 회로에서 1.5 mA의 전류가 흐르기 위해 전원전압 V_S는 얼마가 되어야 하나?

▶ 그림 4-19

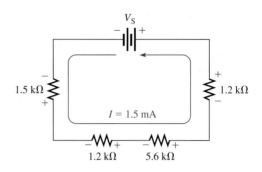

풀이 V_S를 계산하기 위해, 먼저 R_T를 구한다.

$$R_T = 1.2\,\text{k}\Omega + 5.6\,\text{k}\Omega + 1.2\,\text{k}\Omega + 1.5\,\text{k}\Omega = 9.5\,\text{k}\Omega$$

이제 옴의 법칙을 이용하여 V_S를 구한다.

$$V_S = IR_T = (1.5\,\text{mA})(9.5\,\text{k}\Omega) = \textbf{14.2 V}$$

관련 문제 5.6 kΩ의 저항기가 3.9 kΩ으로 바뀌면, 1 mA의 전류를 유지하기 위해 필요한 V_S의 값은 얼마인가?

공학용 계산기 소개의 예제 4-8에 있는 변환 예를 살펴보라.

Multisim 또는 LTspice 파일 E04-08을 열어라. 계산된 전원의 전압이 결과적으로 그림 4-19의 전류가 되는 것을 확인하라. 관련 문제에서 결정된 V_S값을 확인하라.

예제 4-9	그림 4-20의 각 저항기 양단의 전압강하를 계산하고, V_S의 값을 구하라. 만약 전류가 5.0 mA로 제한되면 V_S는 어느 값까지 상승될 수 있는가?

▶ 그림 4-20

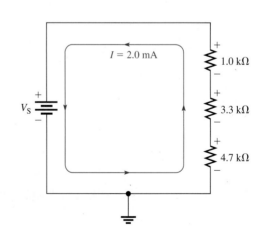

풀이 옴의 법칙에서 각 저항기에 걸리는 전압강하는 그 저항기에 흐르는 전류에 저항을 곱한 것과 같다. 옴의 법칙 공식 $V = IR$을 사용하여 각 저항기에서의 전압강하를 계산한다. 각 직렬저항기에 흐르는 전류는 모든 지점에서 같다는 것을 꼭 기억한다. R_1에서의 전압강하 V_1은

$$V_1 = IR_1 = (2.0\,\text{mA})(1.0\,\text{k}\Omega) = \textbf{2.0 V}$$

R_2에서의 전압강하는

$$V_2 = IR_2 = (2.0 \, \text{mA})(3.3 \, \text{k}\Omega) = \textbf{6.6 V}$$

R_3에서의 전압강하는

$$V_3 = IR_3 = (2.0 \, \text{mA})(4.7 \, \text{k}\Omega) = \textbf{9.4 V}$$

V_S를 계산하기 위해, 우선 전체 저항을 구해야 한다.

$$R_T = 1.0 \, \text{k}\Omega + 3.3 \, \text{k}\Omega + 4.7 \, \text{k}\Omega = 9.0 \, \text{k}\Omega$$

전원전압 V_S는 전체 저항에 전류를 곱한 것과 같다.

$$V_S = IR_T = (2.0 \, \text{mA})(9.0 \, \text{k}\Omega) = \textbf{18 V}$$

각 저항기에서 전압강하를 모두 더하면 18 V이고, 이 값이 전원전압과 같다는 것에 유의하라.

$I = 5.0 \, \text{mA}$일 때 V_S는 최댓값으로 증가될 수 있다. 따라서 V_S의 최댓값은 다음과 같다.

$$V_{S(\text{max})} = IR_T = (5.0 \, \text{mA})(9.0 \, \text{k}\Omega) = \textbf{45 V}$$

관련 문제 만약 R_3가 2.2 kΩ이고 전류 I가 2.0 mA로 유지될 경우, V_1, V_2, V_3, V_S, $V_{S(\text{max})}$에 대한 계산을 반복하라.

공학용 계산기 소개의 예제 4-9에 있는 변환 예를 살펴보라.

Multisim 또는 LTspice 파일 E04-09를 열어라. 멀티미터를 사용하여 저항기들에 걸리는 전압들이 이 예제에서 계산된 값들과 일치하는지 확인하라.

예제 4-10

직렬연결은 종종 전류를 어느 수준으로 제한하기 위해 저항의 사용을 필요로 한다. 예를 들어 LED(light-emitting diode)가 타버리는 것을 방지하기 위해 이에 흐르는 전류를 제한할 필요가 있다. 그림 4-21의 회로는 기본적인 응용을 보여준다. 여기서 빨간 LED는 보다 복잡한 회로의 일부로서 표시기로 사용된다. 가감저항기가 주위 조건에 따라 LED를 희미하게 하기 위해 포함된다. 여기서는 단지 이러한 2개의 전류 제한저항기에 초점을 둔다.

▶ 그림 4-21

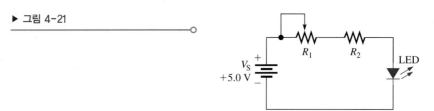

빨간 LED가 켜지고 정상적인 동작 범위 내에서 동작할 때 +1.7 V의 전압이 이의 양단에 항상 걸릴 것이다. 전원 장치로부터의 나머지 전압은 2개의 직렬저항기 양단에 걸릴 것이다. 전체적으로 가감저항기와 고정저항기에는 총 3.3 V의 전압이 걸리게 될 것이다.

원하는 LED의 전류 범위가 최소 2.5 mA(희미한)에서 최대 10 mA(밝은)까지라고 가정한다. 이것을 완수하기 위해 얼마의 R_1과 R_2 값을 선택하겠는가?

풀이 가감저항기의 저항이 0 Ω으로 조정된 가장 밝은 조건부터 시작하자. 이 경우는 R_1에 걸리는 전압은 없고 3.3 V가 R_2에 걸린다. 이는 직렬회로이기 때문에 동일한 전류가 R_2와 LED에 흐른다. 그러므로

$$R_2 = \frac{V}{I} = \frac{3.3\ \text{V}}{10\ \text{mA}} = \mathbf{330\ \Omega}$$

이제 전류를 2.5 mA로 제한하기 위해 요구되는 전체 저항을 결정하자. 전체 저항은 $R_\text{T} = R_1 + R_2$이고, R_T 양단의 전압강하는 3.3 V이다. 옴의 법칙으로부터

$$R_\text{T} = \frac{V}{I} = \frac{3.3\ \text{V}}{2.5\ \text{mA}} = 1.32\ \text{k}\Omega$$

R_1을 구하기 위해 전체 저항에서 R_2의 값을 뺀다.

$$R_1 = R_\text{T} - R_2 = 1.32\ \text{k}\Omega - 330\ \Omega = 990\ \Omega$$

1.0 kΩ 가감저항기를 가장 가까운 표준값으로 선택한다.

관련 문제   만약 가장 높은 전류가 12 mA이면 R_2의 값은 무엇인가?

공학용 계산기 소개의 예제 4-10에 있는 변환 예를 살펴보라.

4-4절 복습

해답은 이 장의 끝에 있다.

1. 6.0 V의 전지가 직렬로 3개의 100 Ω 저항기에 연결된다. 각 저항기에 흐르는 전류는 얼마인가?
2. 그림 4-22의 회로에서 5.0 mA의 전류를 생성하기 위해 요구되는 전압은 얼마인가?

▶ 그림 4-22

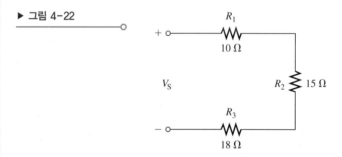

3. 그림 4-22의 회로에서 전류가 5.0 mA일 때 각 저항기에 걸리는 전압은 얼마인가?
4. 4개의 같은 값을 갖는 저항기가 5.0 V 전원에 직렬로 연결된다. 측정된 전류가 4.63 mA이다. 각 저항기의 값은 얼마인가?
5. 3.0 V 전원으로부터 빨간 LED에 흐르는 전류를 10 mA로 제한하기 위한 전류 제한저항기의 크기는 얼마인가? LED 전압은 1.7 V 하락한다고 가정한다.

4-5 직렬로 연결한 전원

전원은 일정한 전압을 부하에 공급하는 에너지원임을 상기하라. 전지와 전원 장치가 dc 전원의 실제적인 예이다. 2개 혹은 이보다 많은 전원이 직렬로 연결될 때, 전체 전압은 각 전원의 전압을 대수적으로 합한 것과 같다.

이 절의 학습목표

◆ **직렬로 연결된 전원의 전체 효과를 결정한다.**

   ◆ 같은 극성을 갖는 직렬 전원의 전체 전압을 결정한다.

   ◆ 반대의 극성을 갖는 직렬 전원의 전체 전압을 결정한다.

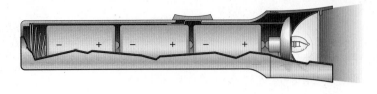

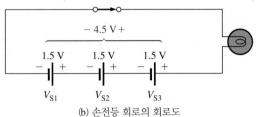

(a) 직렬 전지를 갖는 손전등   (b) 손전등 회로의 회로도

▲ 그림 4-23

직렬지원 전원의 예

HANDS ON TIP

Focal point/Shutterstock

전등이나 다른 장치에서 전지를 교체할 때, 모두 같은 종류의 전지를 사용하고 오래된 전지를 새 것과 혼합하지 않는 것이 최상이다. 특히 알칼리성 전지를 비알칼리성 전지와 혼합하지 마라. 전지의 옳지 않은 사용은 수소 가스가 전지 내에 축적되어 케이스를 파열한다. 설상가상으로 수소 가스와 산소의 혼합은 폭발 위험이 될 수 있다. 위험한 상황에서 폭발한 손전등의 몇몇 경우가 보고된다.

전지가 손전등에 놓일 때 더 높은 전압을 얻기 위해 전지들은 그림 4-23과 같이 직렬지원(series-aiding) 배열로 연결된다. 이 예에서는 3개의 1.5 V 전지가 직렬로 연결되어 있으므로 전체 전압[$V_{S(tot)}$]은 다음과 같다.

$$V_{S(tot)} = V_{S1} + V_{S2} + V_{S3} = 1.5\ V + 1.5\ V + 1.5\ V = 4.5\ V$$

직렬 전압원(이 예에서 전지들)은 극성이 같은 방향 또는 직렬지원일 때 더해지고, 극성이 반대 방향 또는 직렬저지(series-opposing)일 때 빼진다. 예를 들어 그림 4-24에서와 같이 손전등 내의 전지 중 하나가 반대로 놓이면, 음의 값을 갖기 때문에 이의 전압이 빼져 전체 전압을 낮춘다.

$$V_{S(tot)} = V_{S1} - V_{S2} + V_{S3} = 1.5\ V - 1.5\ V + 1.5\ V = 1.5\ V$$

전지를 거꾸로 하는 것에 대한 타당한 이유는 없고, 만약 이것이 우연히 발생하면 높은 전류와 수명 단축을 초래할 수 있다. 그러나 반대의 전원은 전동기의 경우 자연스럽게 발생한다. 전원전압에 반대하는 전압은 전동기 내에서 발생되며, 이는 7-7절에서 확인하는 것과 같이 전류를 줄인다.

▶ 그림 4-24

전지가 반대 방향으로 연결될 때 전체 전압은 전압의 대수합이다. 지적된 것처럼, 이것은 효과적인 전지 배열은 아니다.

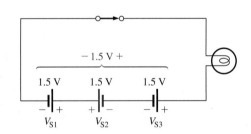

| 예제 4-11 | 그림 4-25에서 전원의 전체 전압 $V_{S(tot)}$는 얼마인가? |

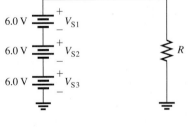

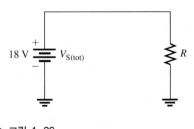

▲ 그림 4-25   ▲ 그림 4-26

풀이 각 전원의 극성은 같다(전원들이 회로 내에서 같은 방향으로 연결되어 있다). 그러므로 전체 전압을 얻기 위해 3개의 전압을 더한다.

$$V_{S(tot)} = V_{S1} + V_{S2} + V_{S3} = 6.0\,V + 6.0\,V + 6.0\,V = \mathbf{18\,V}$$

3개의 개별적인 전원은 그림 4-26에 보인 것처럼 극성을 갖는 1개의 등가 전원 18 V로 대체될 수 있다.

관련 문제 그림 4-25에서 전지 V_{S3}가 우연히 반대로 연결되면, 전체 전압은 얼마인가?

공학용 계산기 소개의 예제 4-11에 있는 변환 예를 살펴보라.

Multisim 또는 LTspice 파일 E04-11을 열어라. 전체 전원전압을 확인하라. 관련 문제에 대해 반복하라.

예제 4-12

많은 회로는 전원 장치로부터 양의 전압과 음의 전압을 사용한다. 이중전원 장치는 그림 4-27에 보이는 것과 같이 보통 2개의 독립적인 출력을 가질 것이다. 양의 출력과 음의 출력이 모두 있고 2개의 전원이 직렬지원이 되도록 전원 장치에 있는 2개의 12 V 출력을 어떻게 연결하는지 보여라.

▶ 그림 4-27

풀이 그림 4-28을 보자. 한 공급원의 양의 출력이 두 번째 공급원의 음의 출력에 연결된다. 이는 직렬 지원 연결을 만든다. 접지 단자는 두 공급원 사이의 공통 지점에 연결되어, A 출력을 접지 아래로 두고 B 출력을 접지 위로 둔다.

▶ 그림 4-28

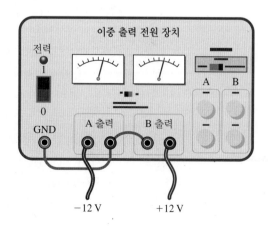

관련 문제 그림 4-28에 보인 전원 장치 설정에 대한 회로도를 그려라.

1. 60 V가 되기 위해는 12 V 전지 몇 개를 직렬로 연결해야 하는가? 전지의 연결을 나타내는 회로도를 그려라.
2. 손전등에서 4개의 1.5 V 전지가 직렬지원으로 연결된다. 손전등 전구 양단에 걸리는 전체 전압은 얼마인가?
3. 그림 4-29의 저항성 회로는 트랜지스터 증폭기의 바이어스에 이용된다. 직렬저항에 30 V가 걸리게 하기 위해 저항을 2개의 15 V 전원 장치에 어떻게 연결하는지 보여라.
4. 그림 4-30의 각 회로에서 전체 전원전압을 구하라.
5. 4개의 전지로 구성된 손전등에서 4개의 1.5 V 전지 중 1개가 우연히 잘못된 방향으로 연결되었다. 이 경우 전구가 켜졌을 때 그 전구 양단에 걸리는 전압은 얼마인가?

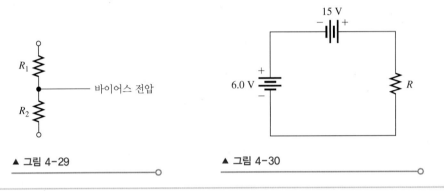

▲ 그림 4-29   ▲ 그림 4-30

4-6 키르히호프의 전압 법칙

키르히호프의 전압 법칙은 기본적인 회로 법칙이다. 이 법칙에 의하면 단일 폐경로를 일주할 때 관계되는 모든 전압의 대수적인 합은 0이다. 다시 말해 전압강하의 합은 전체 전원전압과 같다.

이 절의 학습목표

◆ 키르히호프의 전압 법칙을 적용한다.
 ◆ 키르히호프의 전압 법칙을 기술한다.
 ◆ 전압강하의 합에 의해 전원전압을 결정한다.
 ◆ 미지의 전압강하를 결정한다.

전기회로에서 저항 양단에 걸리는 전압(전압강하)의 극성은 항상 전원전압의 극성과 반대이다. 예를 들어 그림 4-31에서 회로의 시계 방향 루프를 따라 전원의 극성은 양(+)에서 음(−)이고, 각 전압강하의 극성은 음(−)에서 양(+)이다.

또한 그림 4-31에서 전류는 전원의 음(−)극에서 나오고, 화살표와 같이 저항을 통하는 것에 유의하라. 전류는 각 저항의 음(−)의 쪽으로 들어가서 양(+)의 쪽으로 나온다. 3장에서 학습한 바와 같이 전자가 저항을 통해 흐를 때 에너지를 잃으며 그들이 빠져나올 때 더 낮은 에너지 상태가 된다. 낮은 에너지 쪽은 높은 에너지 쪽보다 더 적은 음(−)[더 큰 양(+)]이 된다. 저항 양단에서의 에너지 준위 강하로 전위차 또는 전압강하가 생기며, 이때의 극성은 전류의 방향으로 음(−)에서 양(+)이 된다.

그림 4-31의 회로에서 점 A로부터 점 B로의 전압은 전원전압 V_S이다. 또한 점 A로부터 점 B로의 전압은 직렬저항기의 전압강하의 합이다. 따라서 키르히호프의 전압 법칙(Kirchhoff's voltage law)에서 기술되는 것과 같이 전원전압은 3개의 전압강하의 합과 같다.

회로에서 단일 폐경로를 일주할 때 발생하는 모든 전압강하의 합은 그 폐경로에 있는 전체 전원전압의 합과 같다.

직렬회로에 적용된 키르히호프의 전압 법칙은 그림 4-32에 나타나 있다. 이 경우 키르히호프의 전압 법칙은 다음 식으로 표현될 수 있다.

$$V_S = V_1 + V_2 + V_3 + \cdots + V_n \tag{4-3}$$

여기서 아래첨자 n은 전압강하의 수를 나타낸다.

만약 폐경로를 일주하여 발생되는 전압강하가 더해지고 이 합을 전원전압에서 빼면, 그 결과는 0이다. 이 결과는 직렬회로에서 전압강하의 합은 항상 전원전압과 같기 때문이다.

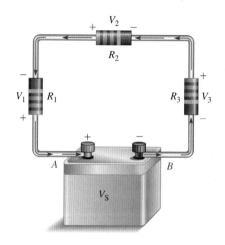

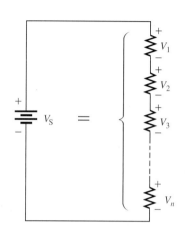

▲ 그림 4-31
폐루프 회로에서 전압 극성의 도해
(그림 색깔은 책 뒷부분의 컬러 페이지 참조)

▲ 그림 4-32
n개의 전압강하의 합은 전원전압과 같다.

식 (4-3)은 하나의 전압원과 저항기들 혹은 다른 부하를 갖고 있는 임의의 회로에 적용될 수 있다. 핵심개념은 단일 폐경로를 임의의 출발점에서 시작하여 다시 이 점으로 돌아와 따라간다는 것이다. 직렬회로에서 폐경로는 항상 하나의 전압원과 하나 혹은 이보다 많은 저항기 또는 다른 부하를 포함할 것이다. 이 경우 전압원은 전압상승을 나타내고 각 부하는 전압강하를 나타낸다. 직렬회로에 대해 키르히호프의 전압 법칙을 기술하는 또 다른 방법은 모든 전압상승의 합과 모든 전압강하의 합이 같다는 것이다.

직렬회로에서 키르히호프의 전압 법칙은 그림 4-33과 같이 회로를 연결하고 각 저항기전압과 전원전압을 측정하여 확인할 수 있다. 저항기전압이 모두 더해지면, 이 합은 전원전압과 같을 것이다. 임의의 개수의 저항기들이 사용될 수 있다.

여기서 키르히호프의 전압 법칙은 직렬회로를 위해 개발되었지만, 이 개념은 어떠한 회로에도 적용될 수 있다. 복잡한 회로에서 키르히호프의 전압 법칙을 여전히 쓸 수 있다. 하지만 주어진 폐루프에 전압원이 없는 경우가 있다. 비록 그렇더라도 키르히호프의 전압 법칙은 여전히 적용된다. 이것은 키르히호프의 전압 법칙을 다음과 같이 보다 일반적으로 기술한다.

회로에서 어떤 폐경로를 일주할 때 관계되는 전압의 대수적인 합은 0이다.

만약 전압원이 존재하면, 이것은 단지 그 합에 있는 하나의 항으로 취급된다. 루프를 일주함에

▶ **그림 4-33**

키르히호프의 전압 법칙 확인 도해

(그림 색깔은 책 뒷부문의 컬러 페이지 참소)

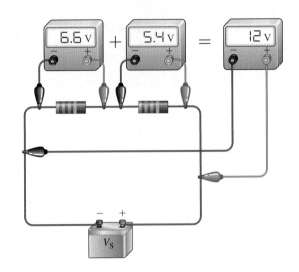

따라 전압이 상승하는지 혹은 강하하는지를 주목하여 올바른 대수적인 부호를 항들에 할당하는 것이 중요하다. 수식 형태로는 다음과 같다.

$$V_1 + V_2 + V_3 + \cdots + V_n = 0 \qquad (4\text{-}4)$$

식 (4-4)의 어떤 변수는 전압상승 혹은 전압강하를 나타낼 수 있다. 보다 일반적인 형태의 키르히호프의 전압 법칙은 보다 간결하게 다음과 같이 표현될 수 있다.

$$\sum_{i=1}^{n} V_i = 0$$

식은 식 (4-4)의 간결한 표현 방법이다. 여기서 대문자 시그마(sigma, Σ)는 첫 번째($i = 1$)부터 마지막($i = n$)까지 전압을 더하는 것을 의미한다.

이런 형태의 키르히호프의 전압 법칙은 단일 폐경로를 따르면 직렬회로 이외의 다른 회로에도 적용될 수 있다. 식 (4-4)를 적용할 때 경로에 있는 각 전압에 대수적인 부호를 할당할 필요가 있다. 직렬회로 이외의 다른 회로에서 저항 양단의 전압은 선택된 경로에 따라 상승 혹은 강하로 나타날 수 있다. 경로를 일주하면서 전압상승과 전압강하를 일관된 방식으로 기술할 필요가 있다. 전압원이 없는 루프에 대해 키르히호프의 전압 법칙을 기술하는 실제적인 예는 5장에 있는 응용 과제에 주어져 있다. 그림 4-32에 주어진 것과 같은 직렬회로의 경우 주요 개념은 전원전압(상승)이 회로의 총 부하(저항) 양단의 전압(강하)의 합과 같다는 것이다.

예제 4-13

2개의 전압강하가 주어진 그림 4-34의 회로에서 전원전압 V_S를 구하라.

▶ **그림 4-34**

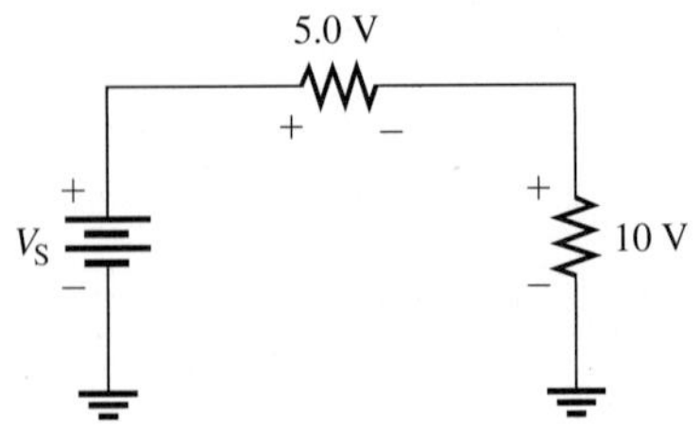

풀이 키르히호프의 전압 법칙[식 (4-3)]에 의해 전원전압(인가전압)은 전압강하의 합과 같아야 한다. 전압강하의 합은 전원전압의 값이 된다.

$$V_S = 5.0 \text{ V} + 10 \text{ V} = \textbf{15 V}$$

관련 문제 그림 4-34에서 V_S가 30 V로 증가하면, 각 저항에서의 전압강하는 얼마인가?

공학용 계산기 소개의 예제 4-13에 있는 변환 예를 살펴보라.

Multisim 또는 LTspice 파일 E04-13을 열어라. 전압강하는 V_S와 같은 것을 확인하라. 관련 문제에 대해 반복하라.

예제 4-14

그림 4-35에서 미지의 전압강하 V_3를 구하라.

▶ 그림 4-35

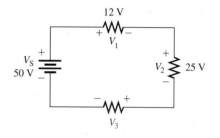

풀이 키르히호프의 전압 법칙[수식 (4-4)]에 의해 회로상의 모든 전압의 대수적인 합은 0이다.

$$V_1 + V_2 + V_3 + V_4 = 0$$

V_4에 대해 $-V_S$를 대입하라. 그러면

$$V_1 + V_2 + V_3 - V_S = 0$$

V_3에 대해 푼다.

$$V_3 = V_S - V_1 - V_2 = 50 \text{ V} - 12 \text{ V} - 25 \text{ V} = \textbf{13 V}$$

R_3 양단의 전압강하는 13 V이고, 극성은 그림 4-35와 같다.

관련 문제 만약 그림 4-35에서 전원이 25 V로 변경되면 V_3는 얼마인가?

공학용 계산기 소개의 예제 4-14에 있는 변환 예를 살펴보라.

Multisim 또는 LTspice E04-14를 열어라. V_3가 계산된 값과 일치하는 것을 확인하라. 관련 문제에 대해 반복하라.

예제 4-15

그림 4-36에서 R_4의 값을 구하라.

▶ 그림 4-36

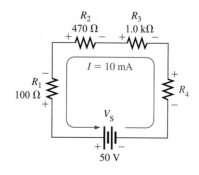

풀이 이 문제에서는 옴의 법칙과 키르히호프의 전압 법칙을 함께 이용할 것이다. 먼저 알려진 각 저항기 양단의 전압강하를 구하기 위해 옴의 법칙을 이용한다.

$$V_1 = IR_1 = (10\,\text{mA})(100\,\Omega) = 1.0\,\text{V}$$
$$V_2 = IR_2 = (10\,\text{mA})(470\,\Omega) = 4.7\,\text{V}$$
$$V_3 = IR_3 = (10\,\text{mA})(1.0\,\text{k}\Omega) = 10\,\text{V}$$

다음으로 모르는 저항기 양단의 전압강하 V_4를 구하기 위해 키르히호프의 전압 법칙을 이용한다.

$$V_S - V_1 - V_2 - V_3 - V_4 = 0\,\text{V}$$
$$50\,\text{V} - 1.0\,\text{V} - 4.7\,\text{V} - 10\,\text{V} - V_4 = 0\,\text{V}$$
$$34.3\,\text{V} - V_4 = 0\,\text{V}$$
$$V_4 = 34.3\,\text{V}$$

이제 V_4를 알았으므로 R_4를 계산하기 위해 옴의 법칙을 이용할 수 있다.

$$R_4 = \frac{V_4}{I} = \frac{34.3\,\text{V}}{10\,\text{mA}} = \textbf{3.43\,k}\boldsymbol{\Omega}$$

3.43 kΩ은 3.3 kΩ의 표준 허용오차(±5%) 내에 있으므로, R_4는 3.3 kΩ 표준값 저항기일 가능성이 가장 높다.

관련 문제 만약 그림 4–36에서 $V_S = 20$ V이고 $I = 10$ mA일 경우 R_4의 값을 결정하라.

공학용 계산기 소개의 예제 4–15에 있는 변환 예를 살펴보라.

Multisim 또는 LTspice 파일 E04-15를 열어라. R_4의 계산된 값은 그림 4–36에 있는 전류를 생성하는 것을 확인하라. 관련 문제에 대해 반복하라.

4-6절 복습

해답은 이 장의 끝에 있다.

1. 키르히호프의 전압 법칙을 두 가지 방법으로 기술하라.
2. 50 V의 전원이 직렬저항성 회로에 연결되어 있다. 이 회로에서 전압강하의 합은 얼마인가?
3. 2개의 동일한 값을 갖는 저항이 10 V 전지 양단에 직렬로 연결되어 있다. 각 저항기의 전압강하는 얼마인가?
4. 25 V 전원을 갖는 직렬회로에 3개의 저항기가 있다. 하나의 전압강하는 5.0 V이고, 다른 전압강하는 10 V이다. 세 번째 전압강하는 얼마인가?
5. 직렬회로에서 각 전압강하가 1 V, 3 V, 5 V, 7 V, 8 V이다. 이 직렬회로의 양단에 인가되는 전체 전압은 얼마인가?

4-7 전압 분배기

직렬회로는 전압 분배기로서 작용한다. 전압 분배기는 직렬회로의 중요한 응용이다.

이 절의 학습목표

◆ **직렬회로에서 전압 분배기로 이용한다.**

  ◆ 전압 분배기 공식을 적용한다.

  ◆ 가변전압 분배기로서 분압기를 이용한다.

  ◆ 일부 전압 분배기 응용을 기술한다.

전압원에 연결된 일련의 직렬저항기들로 구성된 회로는 전압 분배기(voltage divider)로 작용한다. 비록 저항기의 수가 임의일지라도 그림 4-37(a)는 2개의 저항기가 직렬로 연결된 회로를 보여준다. 이미 알고 있듯이 2개의 전압강하가 있다. R_1 양단에는 V_1이 있고 R_2 양단에는 V_2가 있다. 이들 전압강하는 회로도에서와 같이 V_1과 V_2로 표기된다. 각 저항기에 같은 전류가 흐르기 때문에 전압강하는 저항의 값에 비례한다. 예를 들어 R_2가 R_1의 두 배라면, V_2는 V_1의 두 배가 된다.

단일 폐경로에 대한 전체 전압강하는 저항값들에 직접적으로 비례하는 양만큼 직렬저항기 사이에 분배된다. 가장 작은 저항에는 가장 작은 전압이 걸리고 가장 큰 저항에는 가장 큰 전압이 걸린다($V = IR$). 예를 들어 그림 4-37(b)의 회로에서 V_S가 10 V, R_1이 100 Ω, R_2가 200 Ω이면 R_1은 전체 저항의 1/3이므로 V_1은 전체 전압의 1/3인 3.33 V가 된다. 마찬가지로 R_2는 전체 저항의 2/3이므로 V_2는 V_S의 2/3인 6.67 V이다.

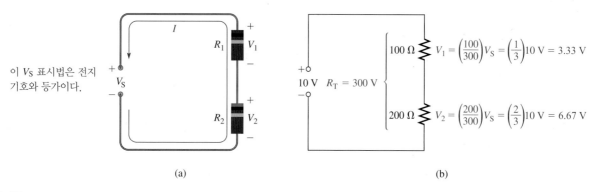

이 V_S 표시법은 전지 기호와 등가이다.

(a)   (b)

▲ 그림 4-37

저항기 전압 분배기의 예 (그림 색깔은 책 뒷부분의 컬러 페이지 참조)

전압 분배기 공식

직렬저항기 사이에 분배되는 전압은 약간의 계산으로 구할 수 있다. 그림 4-38과 같이 n개의 저항기가 직렬로 연결되어 있다고 가정하자. 여기서 n은 임의의 수이다.

임의의 저항기 양단의 전압강하를 V_x라 하자. 그리고 R_x는 특정한 저항기 혹은 저항기들의 결합 수를 나타낸다. 옴의 법칙에 의해 R_x 양단의 전압강하는 다음과 같이 표현할 수 있다.

$$V_x = IR_x$$

회로에 흐르는 전류는 전원전압을 전체 저항으로 나눈 것과 같다($I = V_S/R_T$). 예를 들어 그림

▶ 그림 4-38

n개의 저항기를 갖는 일반화된 전압 분배기

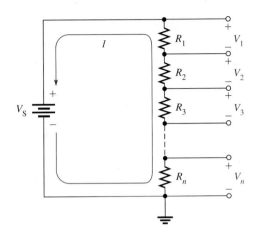

4-38의 회로에서 전체 저항은

$$R_T = R_1 + R_2 + R_3 + \cdots + R_n$$

이다. V_x에 대한 식에서 I에 V_S/R_T를 대입하면

$$V_x = \left(\frac{V_S}{R_T}\right)R_x$$

항을 재정돈하면 다음과 같다.

$$V_x = \left(\frac{R_x}{R_T}\right)V_S \tag{4-5}$$

식 (4-5)는 일반적인 전압 분배기 공식이고, 다음과 같이 기술될 수 있다.

직렬회로에서 임의의 저항기 혹은 저항기들의 결합 양단의 전압강하는 전체 저항에 대한 그 저항의 비에 전원전압을 곱한 것과 같다.

예제 4-16

그림 4-39의 회로에서 V_1 (R_1 양단의 전압)과 V_2 (R_2 양단의 전압)를 결정하라.

▶ 그림 4-39

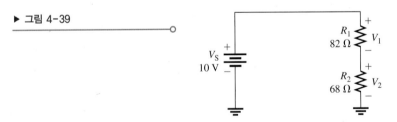

풀이 전압 분배기 공식 $V_x = (R_x/R_T)V_S$을 이용하자. 여기서 $x = 1$이다. 전체 저항은

$$R_T = R_1 + R_2 = 82\ \Omega + 68\ \Omega = 150\ \Omega$$

R_1은 82 Ω이고 V_S는 10 V이다. 이 값들을 전압 분배기 공식에 대입하면

$$V_1 = \left(\frac{R_1}{R_T}\right)V_S = \left(\frac{82\ \Omega}{150\ \Omega}\right)10\ V = \mathbf{5.47\ V}$$

V_2를 찾는 방법은 두 가지가 있는데, 키르히호프의 전압 법칙 또는 전압 분배기 공식을 이용하면 된다. 키르히호프의 전압 법칙($V_S = V_1 + V_2$)을 이용하려면, V_S와 V_1에 대한 값들을 대입하고 V_2

에 대해 푼다.

$$V_2 = V_S - V_1 = 10 \text{ V} - 5.47 \text{ V} = \textbf{4.53 V}$$

V_2를 구하기 위해 전압 분배기 공식을 이용한다. 여기서 $x = 2$이다.

$$V_2 = \left(\frac{R_2}{R_T}\right)V_S = \left(\frac{68 \ \Omega}{150 \ \Omega}\right)10 \text{ V} = \textbf{4.53 V}$$

관련 문제 그림 4-39에서 R_2가 180 Ω으로 변경되면, R_1과 R_2 양단의 전압강하는 얼마인가?
공학용 계산기 소개의 예제 4-16에 있는 변환 예를 살펴보라.

Multisim 또는 LTspice 파일 E04-16을 열어라. V_1과 V_2의 계산된 값을 확인하기 위해 멀티미터를 이용하라. 관련 문제에 대해 반복하라.

예제 4-17

그림 4-40의 회로에서 각 저항기 양단의 전압강하를 계산하라.

▶ 그림 4-40

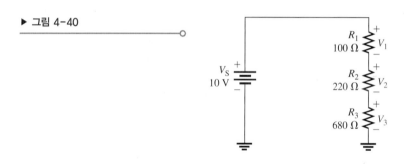

풀이 잠시 동안 회로를 보자. 그리고 다음과 같이 고찰하자. 전체 저항은 1000 Ω이다. R_1은 전체 저항의 10%이므로 R_1 양단의 전압은 전체 전압의 10%이다(100 Ω은 1000 Ω의 10%이다). 마찬가지로 R_2는 전체 저항의 22%이므로 R_2 양단의 전압은 전체 전압의 22%이다(220 Ω은 1000 Ω의 22%이다). R_3는 전체 저항의 68%이므로 R_3 양단의 전압은 전체 전압의 68%이다(680 Ω은 1000 Ω의 68%이다).

이 문제에 있는 편리한 값들 때문에 전압강하를 암산으로 계산하기 쉽다($V_1 = 0.10 \times 10$ V $= 1.0$ V, $V_2 = 0.22 \times 10$ V $= 2.2$ V, $V_3 = 0.68 \times 10$ V $= 6.8$ V). 항상 그런 것은 아니지만, 때때로 조금만 생각하면 결과를 보다 효율적으로 얻을 것이다. 비록 이 문제를 통해 이미 심사숙고했을 지라도 그 계산은 다음과 같다.

$$V_1 = \left(\frac{R_1}{R_T}\right)V_S = \left(\frac{100 \ \Omega}{1000 \ \Omega}\right)10 \text{ V} = \textbf{1.0 V}$$

$$V_2 = \left(\frac{R_2}{R_T}\right)V_S = \left(\frac{220 \ \Omega}{1000 \ \Omega}\right)10 \text{ V} = \textbf{2.2 V}$$

$$V_3 = \left(\frac{R_3}{R_T}\right)V_S = \left(\frac{680 \ \Omega}{1000 \ \Omega}\right)10 \text{ V} = \textbf{6.8 V}$$

키르히호프의 전압 법칙에 따라 전압강하의 합은 전원전압과 같음에 주목하라. 이를 확인하는 것은 결과를 입증하는 좋은 방법이다.

관련 문제 그림 4-40에서 R_1과 R_2 모두 680 Ω으로 변경되면, 전압강하는 얼마인가?

공학용 계산기 소개의 예제 4-17에 있는 변환 예를 살펴보라.

Multisim 또는 LTspice 파일 E04-17을 열어라. V_1, V_2, V_3의 값을 확인하라. 관련 문제에 대해 반복하라.

예제 4-18

그림 4-41의 회로에서 다음 점들 사이의 전압을 구하라.

(a) A와 B (b) A와 C (c) B와 C (d) B와 D (e) C와 D

▶ **그림 4-41**

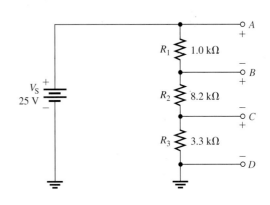

풀이 우선 R_T를 구한다.

$$R_T = 1.0 \text{ k}\Omega + 8.2 \text{ k}\Omega + 3.3 \text{ k}\Omega = 12.5 \text{ k}\Omega$$

그 다음에 각각의 요구되는 전압을 구하기 위해 전압 분배기 공식을 적용한다.

(a) A와 B 사이의 전압은 또한 R_1 양단의 전압강하이다.

$$V_{AB} = \left(\frac{R_1}{R_T}\right)V_S = \left(\frac{1.0 \text{ k}\Omega}{12.5 \text{ k}\Omega}\right)25 \text{ V} = \textbf{2.0 V}$$

(b) A와 C 사이의 전압은 R_1과 R_2 양단에 걸리는 결합된 전압강하이다. 이 경우 식 (4-5)에 주어진 일반적인 공식에서 R_x는 $R_1 + R_2$가 된다.

$$V_{AC} = \left(\frac{R_1 + R_2}{R_T}\right)V_S = \left(\frac{9.2 \text{ k}\Omega}{12.5 \text{ k}\Omega}\right)25 \text{ V} = \textbf{18.4 V}$$

(c) B와 C 사이의 전압은 R_2 양단의 전압강하이다.

$$V_{BC} = \left(\frac{R_2}{R_T}\right)V_S = \left(\frac{8.2 \text{ k}\Omega}{12.5 \text{ k}\Omega}\right)25 \text{ V} = \textbf{16.4 V}$$

(d) B와 D 사이의 전압은 R_2와 R_3 양단에 걸리는 결합된 전압강하이다. 이 경우 일반적인 공식에서 R_x는 $R_2 + R_3$이다.

$$V_{BD} = \left(\frac{R_2 + R_3}{R_T}\right)V_S = \left(\frac{11.5 \text{ k}\Omega}{12.5 \text{ k}\Omega}\right)25 \text{ V} = \textbf{23 V}$$

(e) 끝으로 C와 D 사이의 전압은 R_3 양단의 전압강하이다.

$$V_{CD} = \left(\frac{R_3}{R_T}\right)V_S = \left(\frac{3.3 \text{ k}\Omega}{12.5 \text{ k}\Omega}\right)25 \text{ V} = \textbf{6.6 V}$$

이 전압 분배기를 연결하면, 각 경우에 적절한 점들 사이에 전압계를 연결하여 계산된 각각의 전압들을 확인할 수 있다.

관련 문제 V_S가 두 배가 될 때 이전에 계산된 각 전압을 구하라.

공학용 계산기 소개의 예제 4-18에 있는 변환 예를 살펴보라.

Multisim 또는 LTspice 파일 E04-18을 열어라. V_{AB}, V_{AC}, V_{BC}, V_{BD}, V_{CD}의 값을 확인하라. 관련 문제에 대해 반복하라.

가변전압 분배기로서 분압기

분압기는 2장에서 학습했듯이 3개의 단자를 갖는 가변저항기임을 상기하자. 전원에 연결된 선형 분압기는 그림 4-42에 나타냈다. 양 끝의 단자는 1과 2로, 가변 단자 또는 와이퍼는 3으로 표시하고 있다. 분압기는 전압 분배기의 역할을 하며, 이것은 그림 4-42(c)와 같이 전체 저항을 두 부분으로 나누어 나타낼 수 있다. 단자 1과 3 사이의 저항(R_{13})이 한 부분, 단자 3과 2 사이의 저항(R_{32})이 나머지 한 부분이 된다. 이 분압기는 수동으로 조절이 가능한 2저항기 전압 분배기이다.

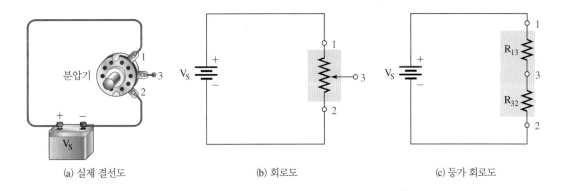

(a) 실제 결선도   (b) 회로도   (c) 등가 회로도

▲ 그림 4-42

전압 분배기로서 사용되는 분압기

그림 4-43은 와이퍼 접촉(3)이 움직일 때 어떤 일이 일어나는지를 보여준다. 그림 4-43(a)에서 와이퍼는 정확히 중간에 있으며 두 저항은 같다. 단자 3과 2 사이의 전압을 표시된 것처럼 측정하면, 전체 전원전압의 반이 된다. 그림 4-43(b)에서와 같이 와이퍼를 중간 지점에서 위로 움직

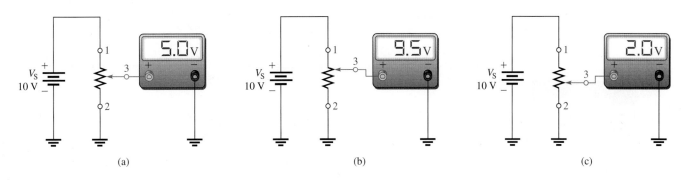

(a)   (b)   (c)

▲ 그림 4-43

전압 분배기 조정하기

이면 단자 3과 2 사이의 저항은 증가하며, 그 사이의 전압도 비례하여 증가한다. 그림 4-43(c)에서와 같이 와이퍼를 중간 지점에서 아래로 움직이면, 단자 3과 2 사이의 저항은 감소하고 그 사이의 전압은 비례하여 감소한다.

응용

라디오 수신기의 볼륨 조절은 전압 분배기로 사용되는 분압기의 흔한 응용이다. 소리의 크기는 음성 신호에 관련된 전압의 양에 따라 변하기 때문에 분압기를 조절함으로써, 즉 그 세트에 있는 볼륨 조절 손잡이를 돌려서 볼륨을 증가하거나 감소할 수 있다. 그림 4-44에 있는 블록 다이어그램은 전형적인 수신기에서 분압기가 어떻게 사용될 수 있는지를 보여준다.

▶ 그림 4-44

라디오 수신기에서 볼륨 조절에 사용되는 가변전압 분배기

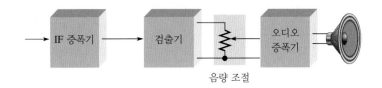

그림 4-45는 분압기 전압 분배기가 저장 탱크에서 레벨 센서로 어떻게 사용될 수 있는지를 보여준다. 그림 4-45(a)에서 보이는 것처럼 부표는 탱크가 채워지면 위로 움직이고, 탱크가 비워지면 아래로 움직인다. 그림 4-45(b)에서 보이는 것처럼 부표는 분압기의 와이퍼 암에 기계적으로 연결되어 있다. 출력전압은 와이퍼 암의 위치에 비례하여 변한다. 탱크에 있는 액체가 감소하면 센서 출력전압도 감소한다. 출력전압은 표시기 회로로 전달되어 탱크에 있는 액체의 양을 나타내는 디지털판독기를 제어한다. 이 시스템의 회로도는 그림 4-45(c)에 나타나 있다.

전압 분배기의 또 다른 응용은 연산 증폭기의 이득을 설정하고 전원공급 장치에서 기준전압을 설정하는 것이다. 어떤 정밀 응용에서 전압 분배기는 **IC** 형태로 나와 있다. 게다가 전압 분배기는 트랜지스터 증폭기에서 dc 동작전압(바이어스)을 설정하기 위해 사용된다. 그림 4-46은 이 목

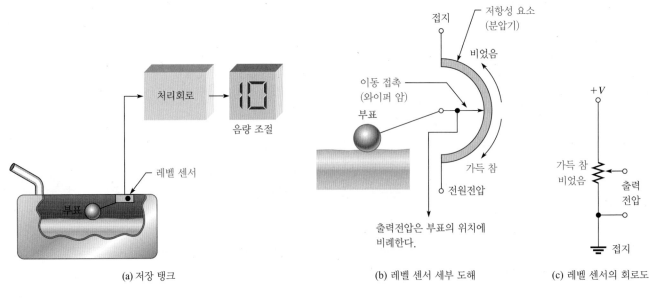

(a) 저장 탱크

(b) 레벨 센서 세부 도해

(c) 레벨 센서의 회로도

▲ 그림 4-45

레벨 센서로 이용된 분압기 전압 분배기

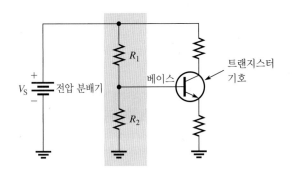

◀ 그림 4-46

트랜지스터 증폭기의 바이어스 회로로
사용된 전압 분배기

적을 위해 사용된 전압 분배기를 보여준다.

전압 분배기는 저항 센서 출력을 전압으로 변환하는 데 유용하다. 저항 센서는 2-5절에 기술
되었고 시미스터, CdS 셀, 변형게이지를 포함한다. 저항의 변화를 출력전압으로 변환하기 위해
저항 센서가 전압 분배기의 저항기 중의 하나를 대신하여 사용될 수 있다.

예제 4-19

전원(4.5 V)으로 3개의 AA 전지를 사용하는 CdS 셀을 그림 4-47과 같이 갖고 있다고 가정한다.
해질녘에 셀의 저항은 낮은 값에서 90 kΩ보다 높게 상승한다. 만약 V_{OUT}이 대략 1.5 V보다 클
경우, 전등을 켜는 논리회로를 작동하기 위해 셀이 사용된다. 셀 저항이 90 kΩ이 될 때 1.5 V의
출력전압을 발생할 R의 값은 얼마인가?

▶ 그림 4-47

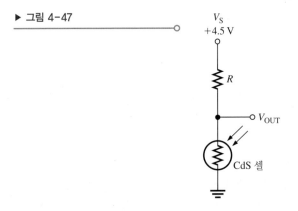

풀이 임계전압(1.5 V)은 전원전압의 1/3임을 주목한다. 현 시점에서 90 kΩ은 전체 저항의 1/3을 나타
냄을 알 수 있다. 그러므로 전체 저항은

$$R_T = 3(90\,k\Omega) = 270\,k\Omega$$

이다. 1.5 V의 출력전압을 생성하는 데 필요한 저항은 다음과 같다.

$$R = R_T - 90\,k\Omega = 270\,k\Omega - 90\,k\Omega = \mathbf{180\,k\Omega}$$

관련 문제 식 (4-5)로 시작하여 셀 저항이 90 kΩ일 때 1.5 V의 출력전압을 생성하는 데 요구되는 저항은
180 kΩ임을 확인하라.

공학용 계산기 소개의 예제 4-19에 있는 변환 예를 살펴보라.

4-7절 복습

해답은 이 장의 끝에 있다.

1. 전압 분배기란 무엇인가?
2. 직렬전압 분배기 회로에 얼마나 많은 저항기를 설치할 수 있는가?
3. 일반적인 전압 분배기 공식을 써라.
4. 20 V 전원 양단에 같은 값의 저항기 2개가 직렬로 연결되면 각 저항기에 걸리는 전압은 얼마인가?
5. 10 V 전압원에 56 kΩ과 82 kΩ의 저항기가 전압 분압기로서 연결되어 있다. 회로를 그리고, 각 저항기에 걸리는 전압을 결정하라.
6. 그림 4-48의 회로는 가변전압 분배기이다. 분압기가 선형적이라면, B와 A 사이에서 5.0 V를 얻고 C와 B 사이에서 5.0 V를 얻기 위해 와이퍼를 어디에 설치해야 하는가?

▶ 그림 4-48

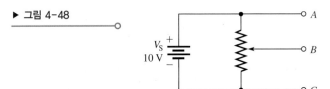

4-8 직렬회로에서의 전력

직렬회로의 각 개별 저항기에서 소비된 전력은 그 회로의 전체 전력에 기여한다. 개별 전력은 더해진다.

이 절의 학습목표

◆ 직렬회로에서 전력을 결정한다.

  ◆ 전력 공식을 적용한다.

직렬저항성 회로에서 전력의 전체 양은 직렬로 연결된 각 저항기의 전력 합과 같다.

$$P_T = P_1 + P_2 + P_3 + \cdots + P_n \tag{4-6}$$

여기서 P_T는 전체 전력이고, P_n은 직렬회로에서 마지막 저항기의 전력이다(n은 직렬로 연결된 저항기의 수이며, 양의 정수이다).

3장에서 공부했던 전력 공식들이 직렬회로에 적용될 수 있다. 직렬회로에서 각 저항기에 흐르는 전류는 같으므로 아래의 공식은 전체 전력을 계산하는 데 이용된다.

$$P_T = V_S I$$

$$P_T = I^2 R_T$$

$$P_T = \frac{V_S^2}{R_T}$$

여기서 I는 회로에 흐르는 전류이고, V_S는 직렬회로 양단의 전원전압이며, R_T는 전체 저항이다.

예제 4-20

그림 4-49의 직렬회로에서 전력의 전체 양을 구하라.

풀이 전원은 15 V이다. 전체 저항은 다음과 같다.

$$R_T = 100\ \Omega + 120\ \Omega + 560\ \Omega + 220\ \Omega = 1000\ \Omega$$

▶ 그림 4-49

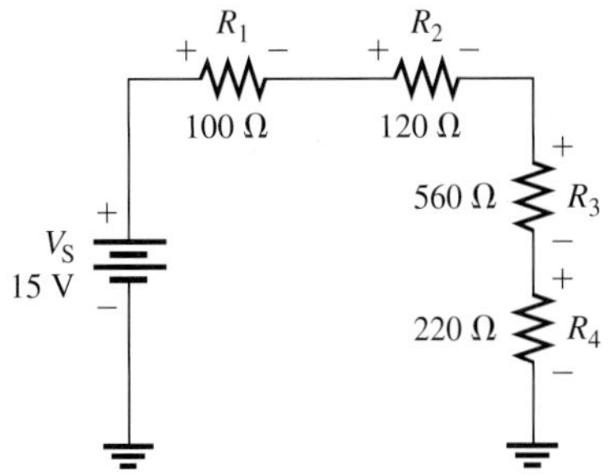

V_S와 R_T를 알고 있으므로 가장 쉬운 공식 $P_T = V_S^2/R_T$을 이용한다.

$$P_T = \frac{V_S^2}{R_T} = \frac{(15\text{ V})^2}{1000\text{ }\Omega} = \frac{225\text{ V}^2}{1000\text{ }\Omega} = \textbf{225 mW}$$

각 저항기의 전력을 따로 구하여 모두 더하면 같은 결과를 얻는다. 또 다른 계산법을 소개한다. 우선 전류를 구한다.

$$I = \frac{V_S}{R_T} = \frac{15\text{ V}}{1000\text{ }\Omega} = \textbf{15 mA}$$

다음으로 $P = I^2R$을 이용하여 각 저항기의 전력을 계산한다.

$$P_1 = (15\text{ mA})^2 (100\text{ }\Omega) = 22.5\text{ mW}$$
$$P_2 = (15\text{ mA})^2 (120\text{ }\Omega) = 27.0\text{ mW}$$
$$P_3 = (15\text{ mA})^2 (560\text{ }\Omega) = 126\text{ mW}$$
$$P_4 = (15\text{ mA})^2 (220\text{ }\Omega) = 49.5\text{ mW}$$

이제 전체 전력을 구하기 위해 이 전력들을 더한다.

$$P_T = 22.5\text{ mW} + 27.0\text{ mW} + 126\text{ mW} + 49.5\text{ mW} = \textbf{225 mW}$$

이 결과는 개별 전력들의 합이 공식 $P_T = V_S^2/R_T$에 의해 구한 전체 전력과 같다는 것을 보여준다.

관련 문제 만약 V_S가 30 V로 증가되면 그림 4-49의 회로에서 전체 전력은 얼마인가?

4-8절 복습

해답은 이 장의 끝에 있다.

1. 직렬회로에서 각 저항기의 전력을 안다면, 전체 전력은 어떻게 구하는가?
2. 직렬회로에서의 저항기들이 10 mW, 20 mW, 50 mW, 80 mW의 전력을 갖고 있다. 이 회로에서 전체 전력은 얼마인가?
3. 100 Ω, 330 Ω, 680 Ω의 저항기들이 직렬로 연결되어 있다. 이 회로에 4.5 mA의 전류가 흐르면 전체 전력은 얼마인가?

4-9 전압 측정

기준접지의 개념은 2장에서 소개되었고 회로에 대한 0 V 기준점으로 나타냈다. 전압은 항상 회로에 있는 또 다른 점에 대해 측정된다. 접지는 이 절에서 보다 자세히 논의된다.

이 절의 학습목표

◆ **접지에 대해 전압을 어떻게 측정하는지 기술한다.**
- ◆ 기준접지라는 용어를 정의한다.
- ◆ 전압을 표시하기 위한 단일 및 이중 아래첨자의 사용을 설명한다.

접지란 용어는 도체 하나가 대지 그 자체인 전화시스템에서 유래한다. 이 용어는 또한 초기 무선 수신 안테나(aerials라 불리는)에서 사용되었다. 여기서 그 시스템의 한 부분이 대지에 박힌 금속 파이프에 연결되었다. 오늘날 접지는 많은 것을 의미할 수 있고 반드시 대지와 같은 전위에 있지 않다. 전자 시스템에서 기준접지(혹은 공통영역)는 회로에서 전압 측정을 위한 비교점이 되는 도체를 나타낸다. 이는 종종 전원 장치 귀환 전류를 운반하는 도체이다. 대부분의 전자회로 보드는 접지를 위해 보다 큰 전도성 표면 영역을 갖고 있다. 많은 다층 보드의 경우 표면 영역은 별도의 내부층이고 **접지 평면**이라고 불린다.

전기 결선에서 중립과 대지 접지가 입구 지점에서 건물에 연결되어 있기 때문에, 기준접지는 보통 대지 전위와 같다. 이 경우에 기준접지와 대지 접지는 같은 전위에 있다[미국국립전기코드(National Electric Code, NEC)의 517절은 병원 수술실과 건강관리 시설을 위해 이러한 접지 방법에 어떤 예외를 명기하고 있다].

또한 기준접지 개념은 자동차 전기시스템에서 사용된다. 대부분의 자동차시스템에서 자동차의 섀시는 접지 기준(비록 타이어가 이것을 대지로부터 절연시켜 다른 전위를 가질 수 있을지라도)이다. 거의 모든 현대의 자동차는 전지의 음(−)의 포스트가 고체의 낮은 저항 연결을 통해 섀시에 연결된다. 이는 그림 4-50에서 나타낸 것처럼 자동차의 섀시를 자동차에 있는 모든 전기회로를 위한 귀환경로로 작용하게 한다. 일부 구식 차에서 양의 단자가 **양의 접지**라 불리는 장치에서 섀시에 연결되었다. 양쪽의 경우 섀시는 기준접지 점을 나타낸다.

▶ 그림 4-50

섀시는 자동차에서 전기회로를 위한 귀환경로로 작용한다.

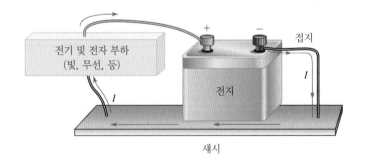

접지에 대한 전압 측정

전압이 접지에 대해 측정될 때, 전압은 단일 문자 아래첨자로 표시된다. 예를 들어 V_A는 접지에 대한 점 A에서의 전압이다. 그림 4-51의 각 회로는 3개의 1.0 kΩ 직렬저항기와 4개의 문자로 표시된 기준점으로 구성된다. 기준 접지는 그림에 나타낸 것처럼 각 회로의 모든 다른 점에 대해

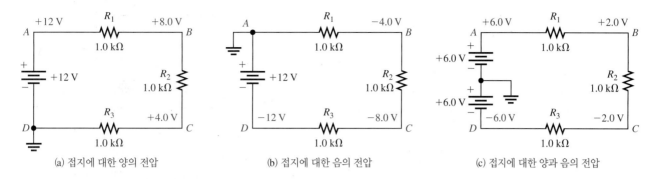

(a) 접지에 대한 양의 전압 (b) 접지에 대한 음의 전압 (c) 접지에 대한 양과 음의 전압

▲ 그림 4-51

접지점은 회로의 전류 혹은 저항기 양단의 전압에 영향을 주지 않는다.

0 V의 전위를 나타낸다. 그림 4-51(a)에서 기준점은 D이고 모든 전압은 D에 대해 양이다. 그림 4-51(b)에서 기준점은 A이고, 모든 전압은 음의 전압을 갖는다.

많은 회로는 양의 그리고 음의 전압을 사용하고 언급한 것처럼 전원의 귀환통로는 기준 접지로 나타낸다. 그림 4-51(c)는 같은 회로를 보여주지만, 6 V 직렬지원 전원이 12 V 전원을 대체하고 있다. 이 경우 기준점은 2개의 전원 사이에 임의로 나타낸다. 3개의 모든 회로에 정확히 같은 전류가 존재하지만, 이제 전압은 새로운 접지점에 대해 기준이 된다. 예에서 볼 수 있듯이 기준접지점은 임의적이고 전류를 변화하지 않는다.

모든 전압이 접지에 대해 측정되지 않는다. 만약 지하에 있는 저항기 양단의 전압강하를 나타내고 싶으면 저항을 아래첨자로 명명하거나 두 문자 아래첨자를 사용할 수 있다. 2개의 다른 첨자가 사용되면, 전압은 두 점 사이의 차이를 나타낸다. 예를 들어 V_{BC}는 $V_B - V_C$를 의미한다. 그림 4-51에서 V_{BC}는 모두 3개의 회로(+4.0 V)에서 각 경우에 뺄셈을 수행함으로써 확인할 수 있는 것과 같다. $|V_{BC}|$를 나타내는 또 다른 방법은 V_{R2}로 쓰는 것이다.

첨자를 사용하여 전압을 표현하기 위해 흔히 사용되는 표시 방법이 하나 더 있다. 전원전압은 보통 이중문자 아래첨자로 주어진다. 기준점은 접지 혹은 공통영역이다. 예를 들어 V_{CC}로 쓰인 전압은 접지에 대해 양의 전원 장치전압이다. 다른 공통의 전원전압은 V_{DD}(양의), V_{EE} 또는

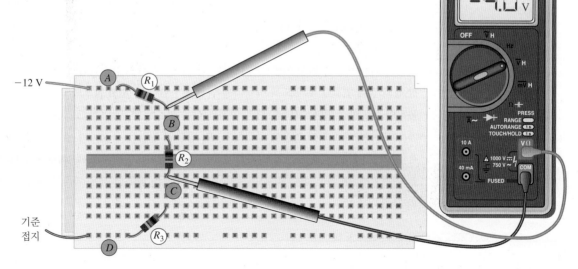

▲ 그림 4-52

DMM은 '부동'의 공통영역을 갖고 있다. 따라서 리드는 회로의 임의점에 연결될 수 있고 두 리드 간의 올바른 전압을 나타낼 것이다. (그림 색깔은 책 뒷부분의 컬러 페이지 참조)

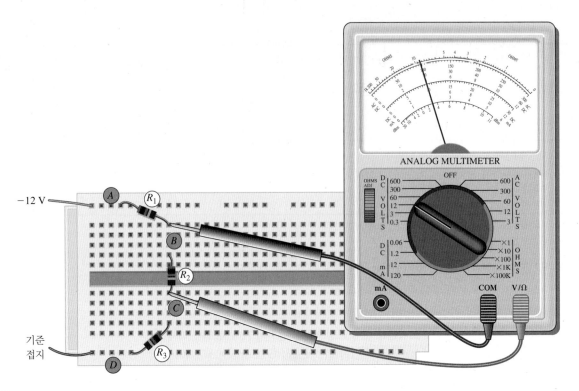

▲ 그림 4-53

아날로그 미터는 양의 리드가 보다 더 양의 점에 가도록 연결될 필요가 있다. (그림 색깔은 책 뒷부분의 컬러 페이지 참조)

$-V_{EE}$(음의), V_{SS} 또는 $-V_{SS}$(음의)이다.

디지털 미터로 전압을 측정하기 위해 측정기 리드가 어떤 두 점 양단에 연결될 수 있고, 측정기는 양의 혹은 음의 전압을 표시할 것이다. 측정기 기준 잭은 'COM'(보통 검정)으로 표시되어 있다. 이것은 측정기에서만 흔하고 회로에서는 그렇지 않다. 그림 4-52는 접지되지 않은(부동의) 저항기 R_2 양단의 전압을 측정하기 위해 사용되는 DMM을 보여준다. 회로는 그림 4-51(b)에 주어진 것과 같으며 음의 전원을 갖는다. 측정기는 음의 전압을 표시하고 있음에 주목하자. 이것은 측정기의 COM 리드가 더 양의 리드인 것을 의미한다. 만약 회로의 기준접지에 대해 전압을 측정하기를 원하면, 측정기의 COM을 회로의 기준접지에 연결하면 된다. 기준접지에 대한 전압이 표시될 것이다.

만약 회로 측정을 위해 아날로그 미터를 사용하고자 하면 측정기의 COM 리드가 회로에서 가장 음의 점에 연결될 수 있도록 측정기를 연결해야 한다. 그렇지 않으면 측정기 작동 기구가 뒤로 움직이려고 할 것이다. 그림 4-53은 이전과 같은 회로에 연결된 아날로그 미터를 보여준다. 측정기 리드가 반대로 되어 있음에 주목하자. R_2 양단의 전압을 측정하기 위해, 측정기가 양의 방향으로 편향될 수 있도록 리드가 연결되어야 한다. 측정기의 양의 리드는 회로에서 보다 양의 점으로 연결된다. 이 경우 이는 회로의 접지이다. 사용자는 판독된 값을 기록할 때 음의 부호를 판독된 값에 덧붙인다.

예제 4-21

그림 4-54의 각 회로에 표시된 각 점의 전압을 접지에 대해 결정하라. 4개의 저항기가 모두 같은 값이므로 각 저항기 양단의 전압강하는 2.5 V이다.

풀이 그림 4-54(a)의 회로에서는 점 E가 접지이며, 전압의 극성은 그림과 같다. 접지에 대한 각 점의

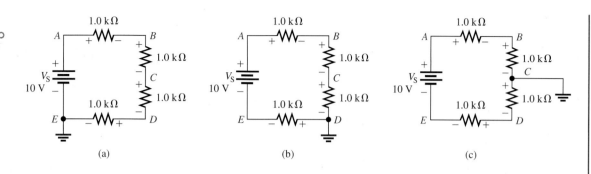

▶ 그림 4-54

(a)   (b)   (c)

전압은 각 점에 해당되는 아래첨자로 나타낸다. 접지에 대한 전압은 다음과 같다.

$$V_E = 0 \text{ V}, \ V_D = +2.5 \text{ V}, \ V_C = +5.0 \text{ V}, \ V_B = +7.5 \text{ V}, \ V_A = +10 \text{ V}$$

그림 4-54(b)의 회로에서는 점 D가 접지이며, 전압의 극성은 그림과 같다. 접지에 대한 전압은 다음과 같다.

$$V_E = -2.5\text{V}, \ V_D = 0\text{V}, \ V_C = +2.5\text{V}, \ V_B = +5.0\text{V}, \ V_A = +7.5\text{V}$$

그림 4-54(c)의 회로에서는 점 C가 접지이며, 전압의 극성은 그림과 같다. 접지에 대한 전압은 다음과 같다.

$$V_E = -5.0\text{V}, \ V_D = -2.5\text{V}, \ V_C = 0\text{V}, \ V_B = +2.5\text{V}, \ V_A = +5.0\text{V}$$

관련 문제 만약 그림 4-54(a)에서 접지가 점 A로 이동되면 접지에 대한 나머지 점의 각 전압은 얼마인가? 공학용 계산기 소개의 예제 4-21에 있는 변환 예를 살펴보라.

Multisim 또는 LTspice 파일 E04-21을 열어라. 각 회로에 대해 접지에 대한 각 점의 전압을 확인하라. 관련 문제에 대해 반복하라.

4-9절 복습

해답은 이 장의 끝에 있다.

1. 회로에서 기준점은 무엇이라고 불리는가?
2. 만약 회로에서의 V_{AB}가 +5.0 V이면, V_{BA}는 무엇인가?
3. 회로에서 전압은 일반적으로 접지를 기준으로 한다. (참/거짓)
4. 하우징 혹은 섀시는 접지로 사용될 수 있다. (참/거짓)

4-10 고장진단

모든 회로에서 개방된 부품 혹은 접촉 그리고 도체 사이의 단락은 모든 회로에서 흔한 문제이다. 개방이 되면 저항은 무한대가 되고, 단락이 되면 저항은 0이 된다.

이 절의 학습목표

◆ **직렬회로를 고장진단한다.**
  ◆ 개회로를 검사한다.
  ◆ 단락회로를 검사한다.
  ◆ 개방과 단락의 일차 원인을 식별한다.

개회로

직렬회로에서 흔히 발생할 수 있는 문제는 회로가 개방(open)되는 것이다. 예를 들어 저항기나 램프가 탔을 때 그림 4-55에서와 같이 회로는 개방되고 전류 통로는 끊어지는 결과를 조래한다.

직렬회로가 개방되면 전류가 흐르지 못한다.

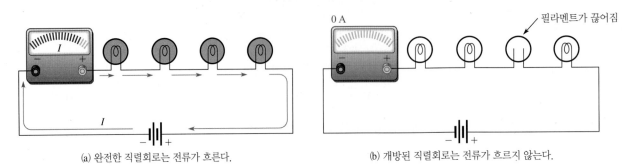

(a) 완전한 직렬회로는 전류가 흐른다.　　　　　　　(b) 개방된 직렬회로는 전류가 흐르지 않는다.

▲ 그림 4-55

회로가 개방되면 전류가 흐르지 못한다.

개회로의 고장진단　3장에서 고장진단 접근방식인 APM법, 즉 분석, 계획, 측정을 공부했다. 또한 저항계를 이용한 예에서 본 바와 같이 반분할법을 공부했다. 이번에는 같은 원리를 저항 측정 대신 전압 측정을 이용하여 적용할 것이다. 이미 알고 있듯이 전압 측정은 부품을 회로에서 분리하지 않아도 되므로 측정하기가 매우 쉽다.

분석 전 단계로 회로를 검사할 때 고장난 부분을 육안으로 점검하는 것은 매우 좋은 방법이다. 때때로 이 방법으로 저항이 탔는지 전구의 필라멘트가 끊어졌는지, 연결점이 느슨한지 등을 알아볼 수 있다. 그러나 육안으로 확인할 수 없는 경우도 있다. 이와 같은 경우 APM 진단법을 이용한다.

직렬회로가 개방되면 전원의 전압은 모두 개방된 양단에 걸린다. 그 이유는 직렬회로가 개방되면 전류가 흐르지 못하여 어떤 저항기(혹은 다른 부품)에서도 전압강하가 없기 때문이다. $IR = (0 \text{ A})R = 0 \text{ V}$이므로 이상이 없는 저항기 양단의 전압은 모두 같다. 결과적으로 직렬선을 따라 인가된 전압은 그림 4-56에서와 같이 회로 내에서 전압강하는 발생하지 않으므로 모든 전압이 개방된 양단에 나타난다. 키르히호프의 전압 법칙에 의해 전원전압은 개방된 저항기 양단에 다음과 같이 나타날 것이다.

$$V_S = V_1 + V_2 + V_3 + V_4 + V_5 + V_6$$
$$V_4 = V_S - V_1 - V_2 - V_3 - V_5 - V_6$$
$$= 10 \text{ V} - 0 \text{ V} - 0 \text{ V} - 0 \text{ V} - 0 \text{ V} - 0 \text{ V}$$
$$V_4 = V_S = 10 \text{ V}$$

▶ 그림 4-56

전원전압은 개방된 직렬저항기에 나타난다.

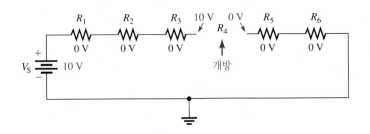

전압 측정을 이용한 반분할법의 예 회로가 직렬로 연결된 4개의 저항기들을 가지고 있다고 가정하자. 증상(전압은 있지만, 전류가 없다)을 분석하여 저항기 하나가 개방된 것으로 결정하고, 반분할법으로 측정하기 위해 전압계를 사용하여 개방된 저항기를 찾기 위한 계획을 세우고 있다. 이러한 특별한 경우에 대한 일련의 측정이 그림 4-57에 예시되어 있다.

단계 1: R_1과 R_2에 걸리는 전압을 측정한다(회로의 왼쪽 반). 0 V의 판독값은 이 저항기들 어느 것도 개방되지 않았음을 나타낸다.

단계 2: 다음은 R_3와 R_4에 걸리는 전압을 측정한다. 판독값이 10 V이다. 이것은 회로의 오른쪽 반에 개방이 있다는 것을 나타낸다. 따라서 R_3 혹은 R_4 어느 하나가 불량 저항이다(접촉 불량은 아니라고 가정한다).

단계 3: R_3에 걸리는 전압을 측정한다. R_3 양단의 10 V 측정치는 이 저항기가 개방된 것을 확인해준다. 만약 R_4 양단을 측정했다면 0 V가 되었을 것이다. 또한 이것은 R_3 양단에 10 V가 유일하게 걸리게 되어 R_3를 고장이 있는 부품으로 확인한다.

저항을 측정할 때 미터 또는 저항기의 선이 손에 닿지 않도록 조심해야 한다. 만약 손가락이 저항값이 높은 저항기의 양단에 닿으면, 우리 몸의 저항값이 측정값에 영향을 주어 부정확한 측정이 된다. 우리 몸의 저항이 높은 저항값의 저항기와 병렬이 되어 측정값은 저항기의 실제값보다 작게 된다.

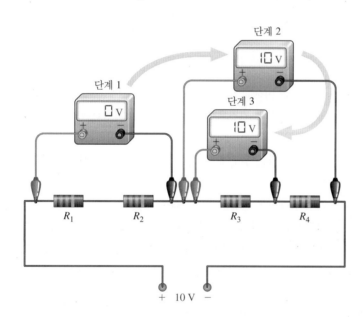

◀ **그림 4-57**

반분할법을 이용한 개방된 직렬회로의 고장진단

(그림 색깔은 책 뒷부분의 컬러 페이지 참조)

단락회로

때때로 원하지 않는 단락회로는 2개의 도체가 접촉하거나 땜납 혹은 와이어 클리핑과 같은 외부 물체가 우연히 회로의 두 부분과 접촉할 때 발생한다. 이 경우는 특히 높은 부품밀도를 갖는 회로에서 흔하다. 단락회로의 세 가지 잠재적인 원인이 그림 4-58의 PC 보드에 나타나 있다.

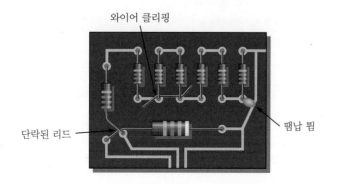

◀ **그림 4-58**

PC 보드에서의 단락 예

(그림 색깔은 책 뒷부분의 컬러 페이지 참조)

회로가 **단락(short)**되면, 직렬저항의 일부분이 바이패스(모든 전류는 단락을 통해 흐른다)되어 그림 4-59에서와 같이 전체 저항이 감소하게 된다. 따라서 전류는 증가한다.

직렬회로에서 단락이 발생하면 전류가 증가한다.

▶ 그림 4-59

직렬회로에서 단락의 영향

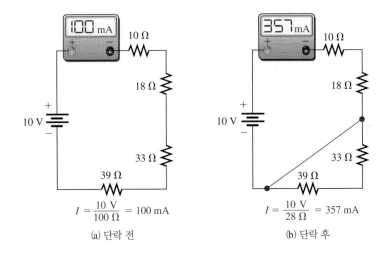

$$I = \frac{10\ V}{100\ \Omega} = 100\ mA$$

(a) 단락 전

$$I = \frac{10\ V}{28\ \Omega} = 357\ mA$$

(b) 단락 후

단락의 고장진단 단락은 일반적으로 고장진단이 매우 어렵다. 어떠한 고장진단 상황에 있을 때 고장회로를 눈으로 확인하는 비주얼 검사는 좋은 방법이다. 회로 단락의 경우에 와이어 클리핑, 땜납 튐, 리드 접촉이 종종 문제의 원인으로 밝혀진다. 부품 고장관점에서 많은 종류의 부품에서의 단락은 개방보다 덜 흔하다. 게다가 회로의 한 부분에서의 단락은 단락에 의해 발생되는 보다 높은 전류로 인해 과열이 또 다른 부분에 발생될 수 있다. 결과적으로 두 가지 고장인 개방과 단락은 함께 발생할 수 있다.

직렬회로에서 단락이 발생하면 본질적으로 단락된 부분 양단에 전압이 없다. 비록 상당한 저항값을 갖는 단락이 때때로 발생할 수 있을지라도, 단락은 저항이 0이거나 0에 가까운 값을 갖는다. 이것은 **저항성 단락**이라고 불린다. 설명을 위해 모든 단락은 저항이 0이라고 가정한다.

단락의 고장진단을 위해, 0 V의 판독값을 얻을 때까지 각 저항에 걸리는 전압을 측정한다. 이것은 전방향직진 접근법이고 반분할법을 이용하지 않는다. 반분할법을 적용하기 위해 회로의 각 점에서의 전압을 알아야 하고 측정값과 비교해야 한다. 예제 4-22는 단락을 찾기 위해 반분할법을 이용하는 것을 보여준다.

직렬회로에서 단락된 저항기를 식별하는 또 다른 접근 방식은 회로에 대해 계산된 전류를 측정된 전류와 비교하고 옴의 법칙을 사용하여 저항의 변화를 결정하는 것이다. 결함이 없는 회로의 경우 총 저항은 $R_T = R_1 + R_2 + \cdots + R_n$이다. 단락이 없는 회로의 인가전압 V_S는 계산된 총 저항 R_T에 계산된 전류 I_{calc}를 곱한 것과 같다.

$$V_S = I_{calc} \times R_T$$

직렬회로의 일부 저항을 R_K라고 부르고 단락되면, 총 단락 저항은 $R_{short} = R_T - R_K$가 된다. 단락된 회로에 인가된 전압은 단락된 총 저항 R_{short}에 측정된 전류 I_{meas}를 곱한 것과 같다.

$$V_S = I_{meas} \times R_{short}$$

각 경우에 인가되는 전압은 동일하므로 두 방정식은 서로 동일하게 설정될 수 있다.

$$I_{calc} \times R_{\mathrm{T}} = I_{meas} \times R_{short}$$

여기서 $R_{short} = R_{\mathrm{T}} - R_K$이므로

$$I_{calc} \times R_{\mathrm{T}} = I_{meas} \times (R_{\mathrm{T}} - R_K) = (I_{meas} \times R_{\mathrm{T}}) - (I_{meas} \times R_K)$$

이제 이 식을 풀어 단락 저항기 R_K의 값을 결정할 수 있으며, 이는 스스로 연습할 수 있다. 결국

$$R_K = [(I_{meas} - I_{calc})/I_{meas}] \times R_{\mathrm{T}} \tag{4-7}$$

회로 전류 측정이 쉽고 직렬 구성 요소의 값이 다른 경우 식 4-7을 사용하는 것이 편리하다. 단락된 저항기가 회로의 다른 저항기와 동일한 값을 갖는 경우 방정식은 단락된 저항기의 값을 제공하지만 어떤 저항기가 단락되었는지는 제공하지 않는다.

예제 4-22

저항기 4개가 직렬로 연결된 회로의 전류가 정상적인 값보다 높아서 단락이 존재한다고 결정했다고 가정한다. 만약 회로가 정상적으로 작동할 경우 회로의 각 점에서의 전압은 그림 4-60과 같이 표기된다. 표기된 전압은 전원의 음(−)의 단자에 대한 값이다. 단락된 곳을 찾아라.

▶ 그림 4-60

올바른 전압이 표시된 직렬회로 (단락이 없는)

(그림 색깔은 책 뒷부분의 컬러 페이지 참조)

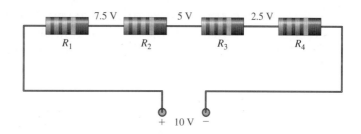

풀이 단락을 고장진단하기 위해 반분할법을 이용한다.

단계 1: 먼저 R_1과 R_2를 측정하자. 계측기는 정상전압보다 높은 6.67 V를 가리키고 있다. 회로가 정상적으로 동작한다면 이곳의 전압은 5.0 V이어야 한다. 단락은 회로의 이 부분 양단의 전압을 작게 하기 때문에 정상보다 낮은 전압을 그 밖의 지점에서 찾는다.

▶ 그림 4-61

반분할법을 이용한 직렬회로의 단락 고장진단

(그림 색깔은 책 뒷부분의 컬러 페이지 참조)

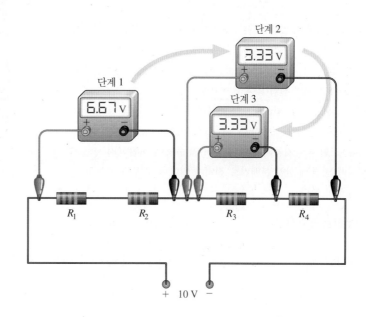

단계 2: 계측기를 이동하여 R_3와 R_4 사이를 측정하자. 3.33 V의 판독값은 부정확하며, 정상보다 낮다(이는 5.0 V이어야 한다). 이것은 회로의 오른쪽 반에 단락이 있다는 것을 의미하며, R_3와 R_4 중 1개가 단락이다.

단계 3: 다음 계측기를 이동하여 R_3 양단을 측정하자. R_3 양단의 3.3 V 판독값은 이 값이 0 V가 되어야 하기 때문에 R_4가 단락되었음을 알 수 있다. 그림 4-61은 이러한 고장진단 기법을 보여준다.

관련 문제 그림 4-61에서 R_1이 단락되어 있다고 가정한다. 단계 1에서의 측정값은 얼마인가? 공학용 계산기 소개의 예제 4-22에 있는 변환 예를 살펴보라.

4-10절 복습

해답은 이 장의 끝에 있다.

1. 개방을 정의하라.
2. 단락을 정의하라.
3. 직렬회로가 개방되면 무슨 일이 일어나는가?
4. 개회로가 실제로 발생할 수 있는 두 가지 방법을 기술하라.
5. 저항이 파손되면 일반적으로 개방될 것이다. (참/거짓)
6. 직렬저항기 양단의 전체 전압이 24 V이다. 만약 저항기 하나가 개방되면 개방된 저항기 양단에 얼마의 전압이 걸리는가? 정상적인 각 저항기 양단에는 얼마의 전압이 걸리는가?
7. 그림 4-61의 단계 1에서 측정된 전압이 정상보다 왜 높은지 설명하라.
8. 직렬회로에 대해 계산된 전류값은 10 V가 적용된 경우 10 mA이다. 저항이 단락된 것으로 의심되는 경우 측정된 전류는 14.9 mA이다. 단락된 저항의 값은 얼마인가?

응용과제 | Application Assignment

응용과제를 위해 감독이 필요할 경우 평가하고 수정하기 위한 전압 분배기 보드를 주었다고 가정하자. 이 전압 분배기를 사용하여 6.5 Ah 정격인 12 V 전지로부터 5개의 서로 다른 전압 레벨을 얻는다. 이 전압 분배기는 아날로그-디지털 변환기(ADC)의 전자회로에 양(+)의 기준전압을 공급한다. 주어진 업무는 이 보드가 전지의 음극을 기준으로 허용오차 ±5% 내의 전압(10.4 V, 8.0 V, 7.3 V, 6.0 V, 2.7 V)을 공급하는지 관찰하기 위해 회로를 검사하는 것이다. 만약 기존의 회로가 특정한 전압을 공급하지 못하면, 그것이 가능하도록 수정할 것이다. 또한 저항기들의 전력 정격이 이 응용에 적합한지 확인하고 전지에 연결된 전압 분배기로 전지가 얼마나 오래 지속될 것인지 결정해야 한다.

1단계: 회로의 회로도 그리기

저항값 결정을 위해 그림 4-62를 이용하고 전압 분배기 회로의 회로도를 그려라. 보드에 있는 모든 저항기의 전력 정격은 0.25 W이다.

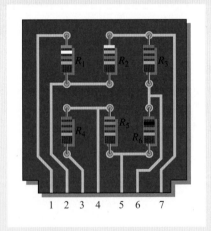

▲ 그림 4-62
(그림 색깔은 책 뒷부분의 컬러 페이지 참조)

2단계: 전압 결정하기

12 V 전지의 양(+)의 단자가 핀 3에 연결되고 음(-)의 단자는 핀

1에 연결될 때, 기존 회로 보드의 각 출력전압을 결정하라. 이 기존의 출력전압들을 다음 규격값과 비교하라.

핀 1: 12 V 전지의 음(−)의 단자
핀 2: 2.7 V ± 5%
핀 3: 12 V 전지의 양(+)의 단자
핀 4: 10.4 V ± 5%
핀 5: 8.0 V ± 5%
핀 6: 7.3 V ± 5%
핀 7: 6.0 V ± 5%

3단계: 기존 회로 수정하기

만약 기존 회로의 출력전압이 2단계의 설계규격에 명시된 것과 같지 않다면, 설계규격에 맞도록 회로에서 필요한 변경을 하라. 저항기값과 적절한 전력 정격을 나타내는 수정된 회로의 회로도를 그려라.

4단계: 전지의 수명 결정하기

전압 분배기 회로가 연결될 때 12 V 전지로부터 유출되는 전체 전류를 구하고, 6.5 Ah 전지가 며칠 동안 지속될지를 결정하라.

5단계: 테스트 절차 개발하기

어떻게 전압 분배기를 테스트하고 어떤 계기를 사용할지 결정하라. 그리고 테스트 절차를 단계별 형식으로 상술하라.

6단계: 회로 고장진단하기

다음의 각 경우에 대해 가장 발생하기 쉬운 고장을 결정하라[전압은 음(−)의 전지 단자(회로 보드의 핀 1)에 대해 측정된다].

1. 회로 보드의 어떤 핀에도 전압이 걸리지 않는다.
2. 핀 3과 핀 4에서는 12 V이고, 모든 다른 핀에서는 0 V이다.
3. 핀 1에서만 0 V이고, 다른 모든 핀에서는 12 V이다.
4. 핀 6에서는 12 V이고, 핀 7에서는 0 V이다.
5. 핀 2에서는 3.3 V이다.

Multisim 분석

1. Multisim을 이용하여 1단계의 회로도에 근거한 회로를 연결하고, 2단계에 명시된 출력전압을 확인하라.
2. 6단계에서 결정된 고장을 삽입하고 전압 측정 결과를 확인하라.

응용과제 복습

1. 12 V 전지로 구성된 전압 분배기 회로에서 소모되는 전체 전력은 얼마인가?
2. 만약 6.0 V 전지의 양의 전극이 핀 3에 연결되고 음의 전극이 핀 1에 연결되면, 전압 분배기의 출력전압은 얼마인가?
3. 전압 분배기 보드가 전자회로에(전압 분배기 보드는 양의 기준전압을 전자회로에 공급한다) 연결될 때, 보드의 어느 핀이 전자회로의 접지에 연결되어야 하는가?

요약

- 전체 직렬저항은 직렬회로에서 모든 저항기의 합이다.
- 직렬회로에서 어느 두 점 사이의 전체 저항은 그 두 점 사이에 직렬로 연결된 모든 저항기의 합과 같다.
- 직렬회로에서 모든 저항기가 같은 값을 가지면, 전체 저항은 저항기 1개의 저항값과 저항기들의 개수를 곱한 것과 같다.
- 전류는 직렬회로의 모든 점에서 같다.
- 직렬로 연결된 전압원들은 대수적으로 더해진다.
- 키르히호프의 전압 법칙: 직렬회로에서 전압강하의 총합은 전체 전원전압과 같다.
- 키르히호프의 전압 법칙: 폐 단일 통로 주위의 모든 전압의 대수적인 합은 0이다.
- 회로에서의 전압강하는 전체 전원전압과 극성이 항상 반대이다.
- 전류는 전원의 음(−) 쪽에서 나와서 양(+) 쪽으로 들어가는 것으로 정의된다.
- 전류는 각 저항기의 음(−)의 쪽으로 들어가 양(+)의 쪽으로 나오는 것으로 정의된다.
- 전압 분배기는 전원에 연결된 저항기들의 직렬 배열이다.
- 직렬회로에서 어떤 저항기 양단의 전압강하는 전체 전압으로부터 전체 저항과 관련하여 그 저항값에 비례하는 양으로 나누어지기 때문에 전압 분배기라고 불린다.
- 분압계는 조정 가능한 전압 분배기로 사용될 수 있다.
- 저항성 회로에서 전체 전력은 직렬회로를 구성하는 저항기들의 모든 개별 전력의 합이다.
- 단일 문자 아래첨자로 주어진 전압은 접지를 기준으로 되어 있다. 2개의 다른 문자가 아래첨자에 사용되면 전압은 두

점에서의 차이이다.
- 접지(공통영역)는 회로에서 접지에 기준이 되어 있는 모든 점들에 대해 0 V이다.
- 음의 접지란 전원의 음(−) 단자가 접지되어 있을 때 사용되는 용어이다.
- 양의 접지란 전원의 양(+) 단자가 접지되어 있을 때 사용되는 용어이다.
- 개방된 소자 양단의 전압은 항상 전원전압과 같다.
- 단락된 소자 양단의 전압은 항상 0 V이다.

핵심용어

개방 전류 통로가 차단된 회로의 상태
단락 두 점 사이에 0 또는 비정상적으로 낮은 저항 경로가 존재하는 회로의 상태(일반적으로 의도하지 않은 돌발 상태)
전압 분배기 직렬저항기들로 구성되는 회로로, 이 저항기(들) 양단에 하나 혹은 이보다 많은 출력전압이 취해진다.
직렬 전기회로에서 두 점 사이에 하나의 전류 통로를 제공하도록 연결된 소자들의 관계
직렬저지 다른 방향의 극성을 갖는 2개의 직렬 전원의 배열
직렬지원 같은 방향의 극성을 갖는 2개 혹은 이보다 많은 수의 직렬 전원의 배열
키르히호프의 전압 법칙 (1) 단일 폐경로 주위의 전압강하의 합은 그 루프에서의 전원전압과 같거나, (2) 단일 폐경로 주위의 모든 전압의 대수적인 합은 0이라고 기술하는 법칙

수식

4-1 $R_T = R_1 + R_2 + R_3 + \cdots + R_n$ 직렬 연결된 n개의 저항기의 전체 저항

4-2 $R_T = nR$ 직렬회로에서 값이 같은 n개의 저항기의 전체 저항

4-3 $V_S = V_1 + V_2 + V_3 + \cdots + V_n$ 직렬회로에서 키르히호프의 전압 법칙

4-4 $V_1 + V_2 + V_3 + \cdots + V_n = 0$ 키르히호프의 전압 법칙

4-5 $V_x = \left(\dfrac{R_x}{R_T}\right)V_S$ 전압 분배기 공식

4-6 $P_T = P_1 + P_2 + P_3 + \cdots + P_n$ 전체 전력

4-7 $R_K = [(I_{meas} - I_{calc})/I_{meas}] \times R_T$ 직렬회로에서 단락된 저항 R_K의 값

참/거짓 퀴즈   해답은 이 장의 끝에 있다.

1. 직렬회로는 전류에 대해 하나보다 많은 전류 통로를 가질 수 있다.
2. 직렬회로의 전체 저항은 이 회로에 있는 최대 저항기보다 작을 수 있다.
3. 만약 2개의 직렬저항기의 크기가 다르면, 보다 큰 저항기는 보다 큰 전류를 가질 것이다.
4. 만약 2개의 직렬저항기의 크기가 다르면, 보다 큰 저항기는 보다 큰 전압을 가질 것이다.
5. 만약 3개의 동일한 저항기가 전압 분배기에 사용되면, 각각에 걸리는 전압은 전원전압의 1/3일 것이다.
6. 손전등 전지가 직렬 전지가 되도록 전지를 설치하는 어떤 타당한 전기적인 이유는 없다.
7. 만약 루프가 전원을 포함하기만 하면 키르히호프의 전압 법칙은 유효하다.
8. 전압 분배기 수식은 $V_x = (R_x/R_T)V_S$로 표현될 수 있다.
9. 직렬회로에서 저항에 의해 소비되는 전력은 전원에 의해 공급되는 전력과 같다.
10. 만약 회로의 점 A가 +10 V의 전압을 갖고 점 B가 −2.0 V의 전압을 가지면, V_{AB}는 +8.0 V이다.

해답은 이 장의 끝에 있다.

1. 저항값이 같은 5개의 저항기가 직렬로 연결되어 있으며, 첫 번째 저항기에 2 mA의 전류가 흐른다. 두 번째 저항기에 흐르는 전류는 얼마인가?

   (a) 2.0 mA   (b) 1.0 mA   (c) 4.0 mA   (d) 0.4 mA

2. 4개의 저항기가 직렬로 구성된 회로에서 세 번째 저항기에서 나오는 전류를 측정하기 위해 전류계를 어떻게 연결해야 하는가?

   (a) 세 번째와 네 번째 저항기 사이   (b) 두 번째와 세 번째 저항기 사이

   (c) 전원의 양(+) 단자에   (d) 회로의 어느 곳에나

3. 2개의 직렬저항기에 세 번째 저항기가 직렬로 연결되면 전체 저항기은?

   (a) 똑같다   (b) 증가한다   (c) 감소한다   (d) 1/3 증가한다

4. 직렬로 연결된 4개의 저항기 중 하나를 없애고, 회로를 다시 연결했을 때 전류는?

   (a) 제거된 저항기를 통과하는 전류량만큼 감소한다

   (b) 1/4 감소한다   (c) 4배가 된다   (d) 증가한다

5. 각각 100 Ω, 220 Ω, 330 Ω인 3개의 저항기가 직렬로 연결된 회로에서 전체 저항은?

   (a) 100 Ω보다 작다   (b) 그 값들의 평균값   (c) 550 Ω   (d) 650 Ω

6. 각각 68 Ω, 33 Ω, 100 Ω, 47 Ω인 저항기를 직렬로 연결한 회로에 9 V의 전지를 연결했다. 전류는?

   (a) 36.3 mA   (b) 27.6 A   (c) 22.3 mA   (d) 363 mA

7. 손전등에 4개의 1.5 V 전지를 넣을 때, 그중 하나를 반대 방향으로 놓았다면 손전등의 밝기는?

   (a) 더 밝아진다   (b) 더 어두워진다   (c) 꺼진다   (d) 똑같다

8. 직렬회로에서 모든 전압강하와 전원전압을 측정한 후 극성을 고려하여 더하면, 그 결과값은 다음의 어느 것과 같은가?

   (a) 전원전압   (b) 전압강하의 총합

   (c) 0   (d) 전원전압과 전압강하의 총합

9. 6개의 저항기가 연결된 직렬회로에서 각 저항기의 전압강하는 5.0 V이다. 그 전원전압은?

   (a) 5 V   (b) 30 V

   (c) 저항값들에 달려 있다.   (d) 전류에 달려 있다

10. 4.7 kΩ, 5.6 kΩ, 10 kΩ 저항기로 구성된 직렬회로에서 가장 큰 전압이 걸리는 저항기는?

    (a) 4.7 kΩ   (b) 5.6 kΩ

    (c) 10 kΩ   (d) 주어진 정보로는 결정할 수 없다

11. 100 V 전원 양단에 연결될 때 다음 직렬 조항 중 어느 것이 가장 많은 전력을 소비하는가?

    (a) 1개의 100 Ω 저항기   (b) 2개의 100 Ω 저항기

    (c) 3개의 100 Ω 저항기   (d) 4개의 100 Ω 저항기

12. 어떤 회로에서 전체 전력이 1.0 W이다. 이 회로를 구성하는 같은 값을 갖는 5개의 직렬저항기의 각각은 얼마를 소모하는가?

    (a) 1.0 W   (b) 5.0 W   (c) 0.5 W   (d) 0.2 W

13. 직렬저항회로에 전류계를 연결하고 전압원을 인가했을 때, 전류계는 0을 지시한다. 무엇을 확인해야 하는가?

    (a) 끊어진 전선   (b) 단락된 저항기   (c) 개방된 저항기   (d) (a)와 (c)

14. 직렬저항회로를 검사하는 동안 전류가 예상보다 높다는 것을 발견했다. 무엇을 찾아야 하는가?

    (a) 개회로   (b) 단락   (c) 낮은 저항기의 값   (d) (b)와 (c)

고장진단:
증상과 원인

이를 연습하는 목적은 고장진단에 필수적인 사고력 개발에 도움을 주기 위한 것이다. 해답은 이 장의 끝에 있다.

다음 증상의 각 세트에 대한 원인을 결정하라. 그림 4-63을 참조하라.

▶ 그림 4-63
측정기는 이 회로에 대한 정확한 값을
나타내고 있다.

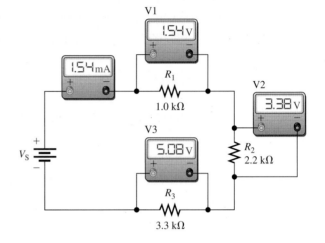

1. 증상: 전류계는 0을 나타내고, 전압계 1과 전압계 3은 0을 나타내며, 전압계 2는 10 V를 나타낸다.
   원인:
   (a) R_1은 개방이다.
   (b) R_2는 개방이다.
   (c) R_3은 개방이다.

2. 증상: 전류계는 0을 나타내고, 모든 전압계는 0 V를 나타낸다.
   원인:
   (a) 어떤 저항기가 개방이다.
   (b) 전원이 꺼졌거나, 고장이다.
   (c) 1개의 저항기의 값이 너무 높다.

3. 증상: 전류계는 2.33 mA를 나타내고, 전압계 2는 0 V를 나타낸다.
   원인:
   (a) R_1은 단락이다.
   (b) 전원이 너무 높게 설정되어 있다.
   (c) R_2는 단락이다.

4. 증상: 전류계는 0을 나타내고, 전압계 1은 0 V를 나타내며, 전압계 2와 전압계 3은 각각 5.0 V를 나타낸다.
   원인:
   (a) R_1은 단락이다.
   (b) R_1과 R_2는 개방이다.
   (c) R_2와 R_3은 개방이다.

5. 증상: 전류계는 0.645 mA를 나타내고, 전압계 1은 너무 높은 전압을 나타내며, 나머지 두 전압계는 너무 낮은 전압
   을 나타내고 있다.
   원인:
   (a) R_1은 10 kΩ의 부정확한 값을 가진다.
   (b) R_2는 10 kΩ의 부정확한 값을 가진다.
   (c) R_3은 10 kΩ의 부정확한 값을 가진다.

연습 문제
홀수 번호 연습 문제의 해답은 이 책의 끝에 있다.

기초 문제

4-1 직렬저항

1. 그림 4-64에서 점 A와 점 B 사이에 있는 저항기들의 각 세트를 직렬로 연결하라.

▶ 그림 4-64

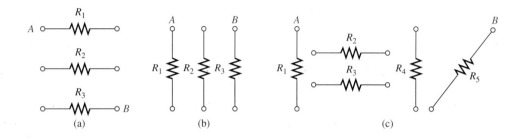

2. 그림 4-65에서 직렬로 연결된 저항기들을 찾아라. 모든 저항기를 직렬로 연결하기 위해 핀들을 어떻게 연결하는지 보여라.

3. 그림 4-65의 회로 보드에서 핀 1과 핀 8 사이의 저항을 결정하라.

4. 그림 4-65의 회로 보드에서 핀 2와 핀 3 사이의 저항을 결정하라.

▶ 그림 4-65

(그림 색깔은 책 뒷부분의 컬러 페이지 참조)

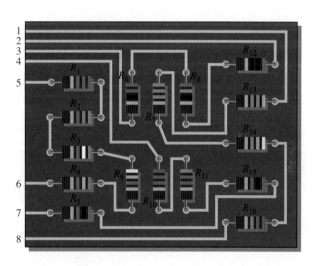

4-2 전체 직렬저항

5. 82 Ω과 56 Ω의 저항기들이 직렬로 연결되어 있다. 전체 저항은 얼마인가?

6. 그림 4-66에 보인 각 그룹의 직렬저항기들의 전체 저항을 구하라.

▶ 그림 4-66

(그림 색깔은 책 뒷부분의 컬러 페이지 참조)

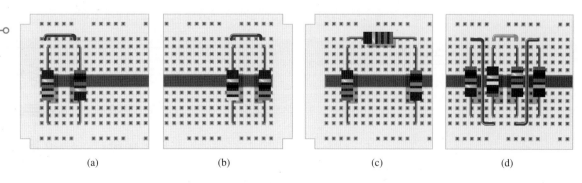

(a)   (b)   (c)   (d)

7. 그림 4-67에서 각 회로에 대한 R_T를 구하라. 저항계로 R_T를 측정하는 방법을 보여라.

▶ 그림 4-67

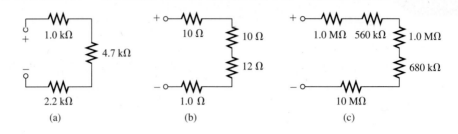

(a)　　　　(b)　　　　(c)

8. 직렬로 연결된 5.6 kΩ 저항기 12개의 전체 저항은 얼마인가?

9. 47 Ω 저항기 6개, 100 Ω 저항기 8개, 22 Ω 저항기 2개가 직렬로 연결되어 있다. 전체 저항은 얼마인가?

10. 그림 4-68에서 전체 저항은 20 kΩ이다. R_5의 값은 얼마인가?

▶ 그림 4-68

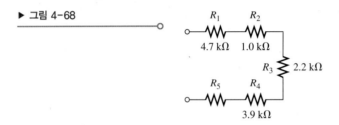

11. 그림 4-65의 PC 보드에서 다음 각 세트의 핀 사이의 저항을 구하라.

　(a) 핀 1과 핀 8　　　(b) 핀 2와 핀 3　　　(c) 핀 4와 핀 7　　　(d) 핀 5와 핀 6

12. 그림 4-65에서 모든 저항기가 직렬로 연결되어 있다면 전체 저항은 얼마인가?

4-3 직렬회로에서의 전류

13. 전원전압이 12 V이고, 전체 저항이 120 Ω인 경우 직렬회로에서 4개의 저항기 각각을 통해 흐르는 전류는 얼마인가?

14. 그림 4-69에서 전원으로부터 나오는 전류는 5.0 mA이다. 회로에서 각 전류계가 지시하는 전류값은 얼마인가?

▶ 그림 4-69

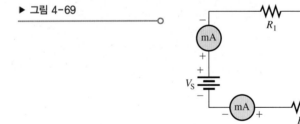

4-4 옴의 법칙의 응용

15. 그림 4-70에서 각 회로의 전류는 얼마인가? 각 경우에 전류계를 어떻게 연결해야 하는지 보여라.

▶ 그림 4-70

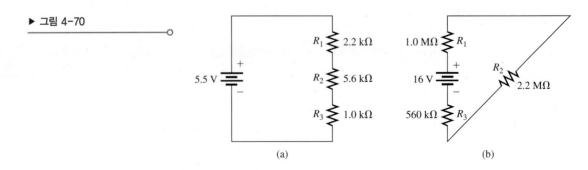

(a)　　　　(b)

16. 그림 4-70에서 각 저항기 양단에 걸리는 전압을 결정하라.

17. 470 Ω 저항기 3개가 48 V 전원에 직렬로 연결되어 있다.

    (a) 전류는 얼마인가?

    (b) 각 저항기 양단의 전압은 얼마인가?

    (c) 저항기들의 최소 전력 정격은 얼마인가?

18. 동일한 저항기 4개가 5.0 V 전원과 직렬로 연결되어 있고 1.0 mA가 측정된다. 각 저항기의 값은 얼마인가?

4-5 직렬로 연결한 전원

19. 24 V의 전압을 얻기 위해 4개의 6.0 V 전지를 어떻게 연결하는지 보여라.

20. 만약 19번 문제에서 하나의 전지가 우연히 반대로 연결된다면 무슨 일이 일어나는가?

4-6 키르히호프의 전압 법칙

21. 직렬로 연결된 3개의 저항기 양단에 각각 5.5 V, 8.2 V, 12.3 V의 전압강하가 측정된다. 이 저항들이 연결되는 전원 전압의 값은 얼마인가?

22. 20 V의 전원에 5개의 저항기가 직렬로 연결되어 있다. 4개의 저항기에서 전압강하가 각각 1.5 V, 5.5 V, 3.0 V, 6.0 V이다. 다섯 번째 저항기 양단에는 얼마의 전압강하가 발생하는가?

23. 그림 4-71의 각 회로에 명시되어 있지 않은 전압강하를 결정하라. 각 미지의 전압강하를 측정하기 위해 전압계를 어떻게 연결해야 하는지를 나타내라.

▶ 그림 4-71

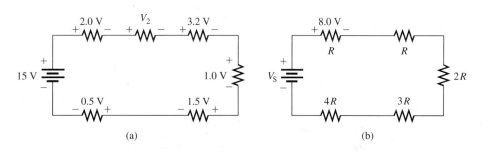

        (a)   (b)

4-7 전압 분배기

24. 전체 저항이 500 Ω인 직렬회로가 있다. 직렬회로에서 전체 전압의 몇 퍼센트가 22 Ω의 저항기 양단에 걸리는가?

25. 그림 4-72의 각 전압 분배기에서 A와 B 사이의 전압을 구하라.

▶ 그림 4-72

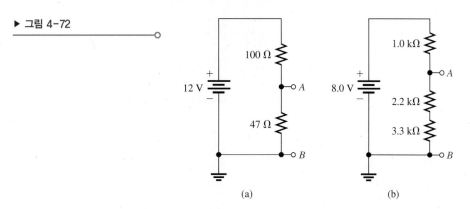

        (a)   (b)

26. 그림 4-73(a)에서 출력 A, B, C의 경우 접지에 대한 전압을 결정하라.

27. 그림 4-73(b)에서 전압 분배기로부터의 최소 및 최대 출력전압을 결정하라.

28. 그림 4-74에서 각 저항기에 걸리는 전압은 얼마인가? R이 가장 낮은 값이며, 모든 다른 것은 표시된 것처럼 이 값의 배수이다.

▶ 그림 4–73

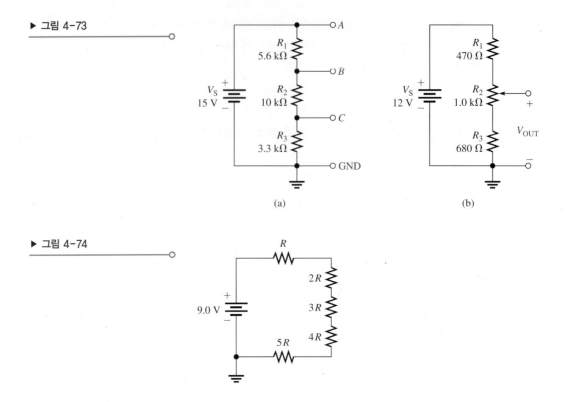

(a)

(b)

▶ 그림 4–74

29. 그림 4–75(b)에 있는 프로토보드의 각 저항기에 걸리는 전압은 얼마인가?

▶ 그림 4–75

(그림 색깔은 책 뒷부분의 컬러 페이지 참조)

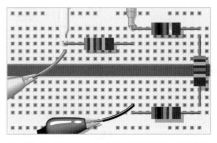

(a) 프로토보드로 가는 리드를 갖는 계측기

(b) 계측기 리드(노랑과 초록)와 전원장치 리드(빨강과 검정)가 연결된 프로토보드

4-8 직렬회로에서의 전력

30. 5개의 직렬저항회로에서 각 저항기가 50 mW의 전력을 소모한다. 전체 전력은 얼마인가?

31. 그림 4–75에서 전체 전력을 구하라.

4-9 전압 측정

32. 그림 4–76에서 접지에 대한 각 점에서의 전압을 결정하라.

33. 그림 4–77에서 전압계를 R_2 양단에 직접 연결하지 않고, 이 저항기에 걸리는 전압을 어떻게 측정할 수 있는가?

▶ 그림 4-76

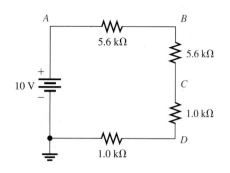

▶ 그림 4-77

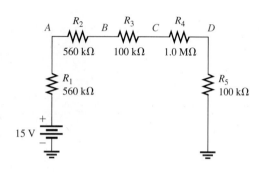

34. 그림 4-77에서 접지에 대한 각 점에서의 전압을 구하라.

35. 그림 4-77에서 V_{AC}는 무엇인가?

36. 그림 4-77에서 V_{CA}는 무엇인가?

4-10 고장진단

37. 그림 4-78에 있는 측정기를 관찰하여, 회로에서의 고장의 유형과 어느 소자가 고장인지를 결정하라.

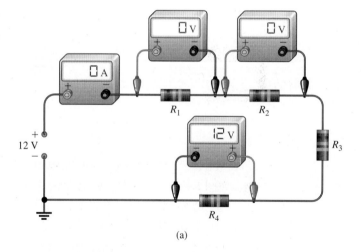

(a)

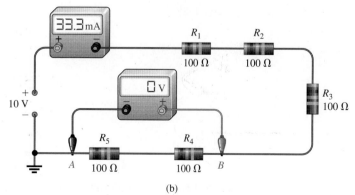

▶ 그림 4-78

(그림 색깔은 책 뒷부분의 컬러 페이지 참조)

(b)

38. 그림 4-79에서 멀티미터가 나타내는 값이 정확한가? 만약 그렇지 않다면, 무엇이 잘못되었는가?

▶ 그림 4-79

(그림 색깔은 책 뒷부분의 컬러 페이지 참조)

(a) 프로토보드로 가는 리드
　를 갖는 계측기

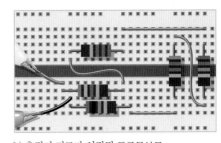

(b) 측정기 리드가 연결된 프로토보드

고급 문제

39. 그림 4-80의 회로에서 미지의 저항(R_3)을 결정하라.

▶ 그림 4-80

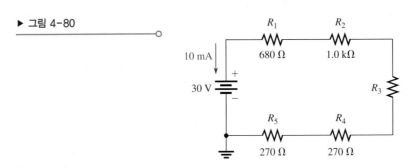

40. 실험실에 있는 $10\,\Omega$, $100\,\Omega$, $470\,\Omega$, $560\,\Omega$, $680\,\Omega$, $1.0\,k\Omega$, $2.2\,k\Omega$, $5.6\,k\Omega$ 저항기 값은 양의 제한 없이 존재한다. 나머지 모든 표준값 저항의 재고는 없다. 수행하려는 프로젝트는 $18\,k\Omega$의 저항을 요구한다. 위의 사용 가능한 저항들을 어떻게 조합하여 필요한 값을 얻을 수 있는가?

41. 그림 4-81에서 접지에 대한 각 점에서의 전압을 결정하라.

▶ 그림 4-81

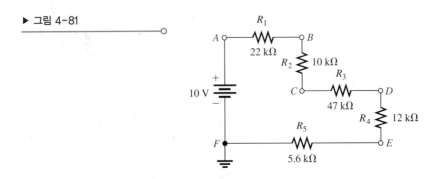

42. 그림 4-82에서 모든 미지의 양(빨간색으로 나타낸)을 구하라.

▶ 그림 4-82

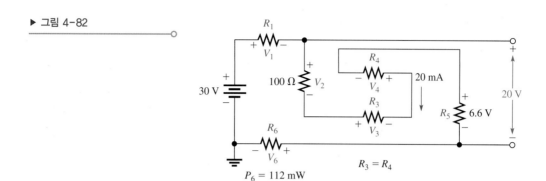

43. 전체 저항이 1.5 kΩ인 직렬회로에 250 mA가 흐른다. 전류를 25% 감소하기 위해 얼마의 저항이 더해져야 하는지 결정하라.

44. 4개의 ½ W 저항기들(47 Ω, 68 Ω, 100 Ω, 120 Ω)이 직렬로 연결되어 있다. 저항기의 한계 전력 정격 내에서 최대 전류값은 얼마인가? 만일 전류가 위의 최댓값을 초과한다면 어떤 저항기가 제일 먼저 타버리겠는가?

45. ⅛ W, ¼ W, ½ W 전력 정격 저항기들로 구성된 직렬회로가 있다. 전체 저항은 2400 Ω이다. 각 저항기가 최대 전력 레벨로 동작할 때 다음을 구하라.

    (a) I (b) V_S (c) 각 저항기의 값

46. 1.5 V 전지들, 스위치 1개, 전구 3개를 이용하여 1개의 제어용 스위치로 전구 1개, 직렬로 연결된 전구 2개, 직렬로 연결된 전구 3개 양단에 4.5 V를 인가하는 회로를 고안하라. 이 회로도를 그려라.

47. 120 V 전원을 사용하여 최소 10 V에서 최대 100 V까지의 출력전압을 제공하는 가변전압 분배기를 개발하라. 최대 전압은 분압기의 최대 저항으로 설정되어야 한다. 최소 전압은 최소 저항(0 Ω)으로 설정되어야 한다. 전류는 10 mA이다.

48. 부록 A에 주어진 표준 저항기 값들을 이용하여, 30 V 전원의 (−) 단자를 기준으로 대략 8.18 V, 14.7 V, 24.6 V 전압을 공급하는 전압 분배기를 설계하라. 전원의 전류는 1.0 mA를 초과하면 안 된다. 저항기들의 수, 저항값들, 전력 정격들을 명기해야 한다. 모든 저항값이 표시된 회로도를 그려라.

49. 그림 4-83의 양면 PC 기판에서 각 직렬저항기의 그룹을 확인하고, 이의 전체 저항을 결정하라. 많은 상호연결이 보드의 윗면에서 아랫면으로 통하고 있음을 주목하라.

▶ 그림 4-83

(그림 색깔은 책 뒷부분의 컬러 페이지 참조)

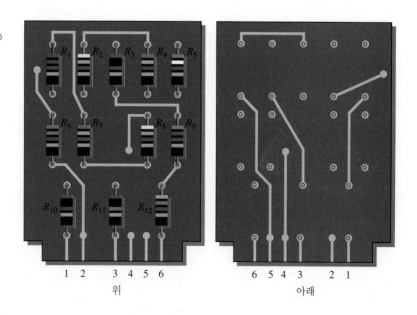

50. 그림 4-84에서 각 스위치 위치에 대해 A에서 B로의 전체 저항은 얼마인가?

▶ 그림 4-84

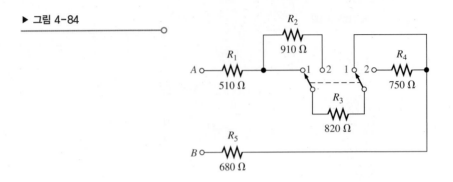

51. 그림 4-85에서 스위치가 각 위치에 있을 때 전류계의 지시값은 얼마인가?

▶ 그림 4-85

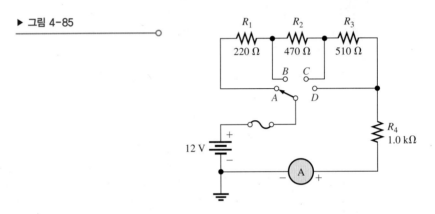

52. 그림 4-86에서 연동 스위치가 각 위치에 있을 때 전류계의 지시값은 얼마인가?

▶ 그림 4-86

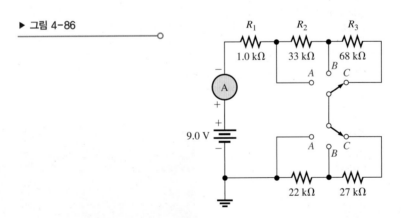

53. 그림 4-87에서 스위치가 각 위치에 있을 때 각 저항기의 양단에 걸리는 전압을 구하라. 스위치가 D에 놓일 때 R_5에 6.0 mA의 전류가 흐른다.

▶ 그림 4-87

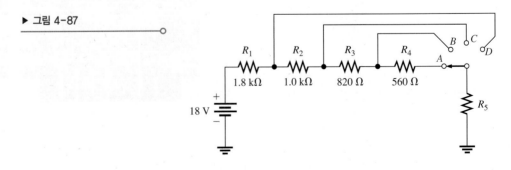

54. 표 4-1은 그림 4-83의 PC 회로보드에서 측정한 저항값을 나타내고 있다. 이 결과는 정확한가? 만약 그렇지 않다면 가능한 문제들을 확인하라.

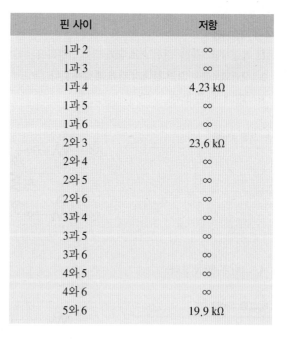

▶ 표 4-1

핀 사이	저항
1과 2	∞
1과 3	∞
1과 4	4.23 kΩ
1과 5	∞
1과 6	∞
2와 3	23.6 kΩ
2와 4	∞
2와 5	∞
2와 6	∞
3과 4	∞
3과 5	∞
3과 6	∞
4와 5	∞
4와 6	∞
5와 6	19.9 kΩ

55. 그림 4-83에 있는 PC 보드의 핀 5와 6 사이에서 15 kΩ이 측정된다. 이 값에 문제가 있는가? 만약 그렇다면 확인하라.

56. 그림 4-83의 PC보드를 확인할 때 핀 1과 2 사이는 17.83 kΩ으로 측정된다. 또한 핀 2와 4 사이는 13.6 kΩ으로 측정된다. PC 보드에 문제가 있는가? 만약 그렇다면 그 고장을 확인하라.

57. 그림 4-83에 있는 PC 보드의 직렬저항기 3개 그룹은 상호직렬로 연결되어 핀 2를 핀 4에 연결하고, 핀 3을 핀 5에 연결하여 단일 직렬회로를 구성한다. 전압원을 핀 1과 6 사이에 연결하고 전류계는 직렬로 연결한다. 전원전압이 증가함에 따라 전류도 증가함을 관찰했다. 전류계의 바늘이 갑자기 0으로 떨어지고 연기 냄새가 났다. 모든 저항기들은 ½ W이다.
   (a) 무슨 일이 일어났는가?
   (b) 이런 문제를 해결하기 위해 특별히 무엇을 해야 하는가?
   (c) 전압이 얼마일 때 이러한 고장이 발생했는가?

고장진단 문제

58. Multisim 파일 P04-58을 열어라. 고장이 있는지 결정하고, 만약 그렇다면 고장을 확인하라.
59. Multisim 파일 P04-59를 열어라. 고장이 있는지 결정하고, 만약 그렇다면 고장을 확인하라.
60. Multisim 파일 P04-60을 열어라. 고장이 있는지 결정하고, 만약 그렇다면 고장을 확인하라.
61. Multisim 파일 P04-61을 열어라. 고장이 있는지 결정하고, 만약 그렇다면 고장을 확인하라.
62. Multisim 파일 P04-62를 열어라. 고장이 있는지 결정하고, 만약 그렇다면 고장을 확인하라.
63. Multisim 파일 P04-63을 열어라. 고장이 있는지 결정하고, 만약 그렇다면 고장을 확인하라.

해답

각 절의 복습

4-1 직렬저항

1. 직렬저항기들은 '전선'으로 끝과 끝이 연결되어야 한다.

2. 직렬회로에는 오직 하나의 전류 통로가 있다.

3. 그림 4-88을 보라.

▶ 그림 4-88

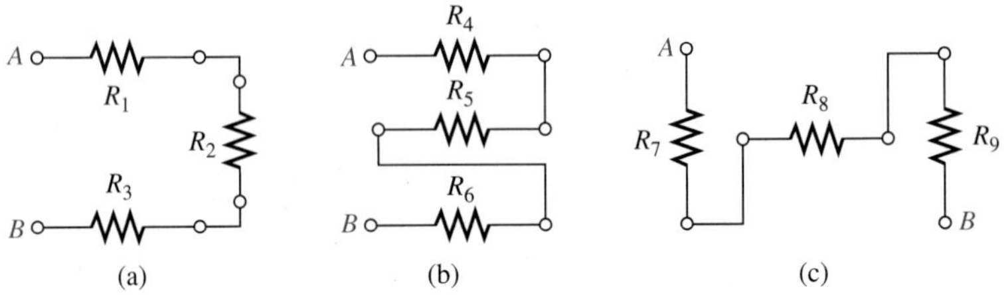

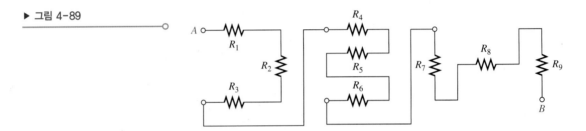

    (a)   (b)   (c)

4. 그림 4-89를 보라.

▶ 그림 4-89

4-2 전체 직렬저항

1. (a) $R_T = 33\ \Omega + 100\ \Omega + 10\ \Omega = 143\ \Omega$

   (b) $R_T = 39\ \Omega + 56\ \Omega + 10\ \Omega = 105\ \Omega$

   (c) $R_T = 820\ \Omega + 2200\ \Omega + 1000\ \Omega = 4020\ \Omega$

2. $R_T = 100\ \Omega + 2(47\ \Omega) + 4(12\ \Omega) + 330\ \Omega = 572\ \Omega$

3. $10\ k\Omega - 8.8\ k\Omega = 1.2\ k\Omega$

4. $R_T = 12(47\ \Omega) = 564\ \Omega$

4-3 직렬회로에서의 전류

1. 전류는 직렬회로의 모든 점에서 같다.

2. 47 Ω의 저항을 통해 20 mA가 흐른다.

3. C와 D 사이에는 50 mA, E와 F 사이에는 50 mA

4. 전류계 1은 1.79 mA를 지시하고, 전류계 2는 1.79 mA를 지시한다.

4-4 옴의 법칙의 응용

1. $I = 6.0\ V/300\ \Omega = 0.020\ A = 20\ mA$

2. $V = (5.0\ mA)(43\ \Omega) = 125\ mV$

3. $V_1 = (5.0\ mA)(10\ \Omega) = 50\ mV$, $V_2 = (5.0\ mA)(15\ \Omega) = 75\ mV$, $V_3 = (5.0\ mA)(18\ \Omega) = 90\ mV$

4. $R = 1.25\ V/4.63\ mA = 270\ \Omega$

5. $R = 130\ \Omega$

4-5 직렬로 연결한 전원

1. 60 V/12 V = 5, 그림 4-90을 보라.

▶ 그림 4-90

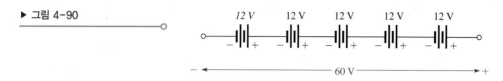

2. $V_T = (4)(1.5 \text{ V}) = 6.0 \text{ V}$

3. 그림 4-91을 보라.

▶ 그림 4-91

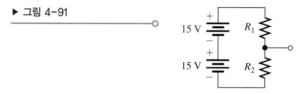

4. $V_{S(\text{tot})} = 6.0 \text{ V} + 15 \text{ V} = 21 \text{ V}$

5. 3.0 V

4-6 키르히호프의 전압 법칙

1. 키르히호프의 전압 법칙은 다음과 같다.

   (a) 폐경로 주위 전압의 대수적인 합은 0이다.

   (b) 전압강하의 합은 전체 전원전압과 같다.

2. $V_{R(\text{tot})} = V_S = 50 \text{ V}$

3. $V_{R1} = V_{R2} = 10 \text{ V}/2 = 5.0 \text{ V}$

4. $V_{R3} = 25 \text{ V} - 5.0 \text{ V} - 10 \text{ V} = 10 \text{ V}$

5. $V_S = 1.0 \text{ V} + 3.0 \text{ V} + 5.0 \text{ V} + 7.0 \text{ V} + 8.0 \text{ V} = 24 \text{ V}$

4-7 전압 분배기

1. 전압 분배기는 2개 이상의 저항기들을 직렬로 연결하고, 그중 하나 또는 그 이상의 저항 양단으로부터 출력을 얻어내는 회로이다. 출력전압은 그 저항의 값에 비례한다.

2. 전압 분배기는 2개 혹은 이보다 많은 수의 저항기로 구성된다.

3. $V_x = (R_x/R_T)V_S$는 일반적인 전압 분배기 공식이다.

4. $V_R = 20 \text{ V}/2 = 10 \text{ V}$

5. 그림 4-92를 보라. $V_{R1} = (56 \text{ k}\Omega/138 \text{ k}\Omega)10 \text{ V} = 4.06 \text{ V}$, $V_{R2} = (82 \text{ k}\Omega/138 \text{ k}\Omega)10 \text{ V} = 5.94 \text{ V}$

6. 중간점에 분압기를 설치하라.

▶ 그림 4-92

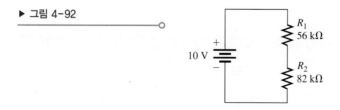

4-8 직렬회로에서의 전력

1. 각 저항기의 전력을 더하여 전체 전력을 구한다.

2. $P_T = 10 \text{ mW} + 20 \text{ mW} + 50 \text{ mW} + 80 \text{ mW} = 160 \text{ mW}$

3. $P_T = (4.5 \text{ mA})^2 (100 \ \Omega + 330 \ \Omega + 680 \ \Omega) = 22.5 \text{ mW}$

4-9 전압 측정

1. 접지
2. -5.0 V
3. 참
4. 참

4-10 고장진단

1. 개방은 전류 통로의 끊어짐이다.
2. 단락은 회로의 한 부분을 바이패스하고, 저항이 0인 통로이다.
3. 직렬회로가 개방되면 전류는 흐르지 않는다.
4. 개방은 소자의 고장 또는 접촉 불량에 의해 발생될 수 있다. 단락은 와이어 클리핑, 땜납 튐 등에 의해 발생될 수 있다.
5. 참
6. 개방된 R 양단에 24 V, 나머지 저항기들 양단에 0 V
7. R_4는 단락되었으므로 나머지 저항기들 양단에 정상보다 많은 전압강하가 발생한다. 전체 전압은 동일한 값을 갖는 3개의 저항기에 분배된다.
8. 회로의 계산된 전류는 10 V가 적용된 상태에서 10 mA이므로 총 저항 $R_T = 10 \text{ V}/10 \text{ mA} = 1.0 \text{ k}\Omega$이다. 식 (4-7)에서 단락된 저항기의 값은 다음과 같다. $[(14.9 \text{ mA} - 10 \text{ mA}) / 14.9 \text{ mA}] \times 1.0 \text{ k}\Omega = 0.33 \times 1.0 \text{ k}\Omega = 330 \ \Omega$

예제 관련 문제

4-1 (a) R_1의 왼쪽 끝을 A 단자로, R_1의 오른쪽 끝을 R_3의 위쪽 끝으로, R_3의 아래쪽 끝을 R_5의 오른쪽 끝으로, R_5의 왼쪽 끝을 R_2의 왼쪽 끝으로, R_2의 오른쪽 끝을 R_4의 오른쪽 끝으로, R_4의 왼쪽 끝을 B 단자로 한다.

(b) $R_1 = 1.0 \text{ k}\Omega$, $R_2 = 33 \text{ k}\Omega$, $R_3 = 39 \text{ k}\Omega$, $R_4 = 470 \ \Omega$, $R_5 = 22 \text{ k}\Omega$

4-2 2개의 직렬회로가 직렬로 연결된다. 따라서 보드의 모든 저항기는 직렬이다.

4-3 258 Ω(변화 없음)

4-4 12.1 kΩ

4-5 22 kΩ

4-6 4.36 kΩ

4-7 18.5 mA

4-8 11.7 V

4-9 $V_1 = 2.0 \text{ V}$, $V_2 = 6.6 \text{ V}$, $V_3 = 4.4 \text{ V}$, $V_S = 13 \text{ V}$, $V_{S(\text{max})} = 32.5 \text{ V}$

4-10 275 Ω

4-11 6.0 V

4-12 그림 4-93을 보라.

▶ 그림 4-93

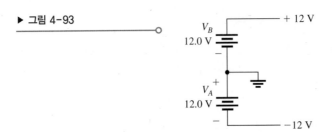

4-13 10 V, 20 V

4-14 6.5 V

4-15 430 Ω

4-16 $V_1 = 3.13$ V, $V_2 = 6.87$ V

4-17 $V_1 = V_2 = V_3 = 3.33$ V

4-18 $V_{AB} = 4.0$ V, $V_{AC} = 36.8$ V, $V_{BC} = 32.8$ V, $V_{BD} = 46$ V, $V_{CD} = 13.2$ V

$$V_x = \left(\frac{R_x}{R_T}\right)V_S$$

$$\frac{V_x}{V_S} = \frac{R_x}{R_T} = \frac{R_x}{R + R_x}$$

4-19 $\dfrac{1.5\text{ V}}{4.5\text{ V}} = \dfrac{90\text{ k}\Omega}{R + 90\text{ k}\Omega}$

$1.5\text{ V}(R + 90\text{ k}\Omega) = (4.5\text{ V})(90\text{ k}\Omega)$

$1.5R = 270\ \Omega$

$R = 180\ \Omega$

4-20 900 mW

4-21 $V_A = 0$ V, $V_B = -2.5$ V, $V_C = -5.0$ V, $V_D = -7.5$ V, $V_E = -10$ V

4-22 3.33 V

참/거짓 퀴즈

1. F   **2.** F   **3.** F   **4.** T   **5.** T   **6.** T   **7.** F   **8.** T   **9.** T   **10.** F

자습 문제

1. (a)   **2.** (d)   **3.** (b)   **4.** (d)   **5.** (d)   **6.** (a)   **7.** (b)   **8.** (c)   **9.** (b)   **10.** (c)

11. (a)   **12.** (d)   **13.** (d)   **14.** (d)

고장진단: 증상과 원인

1. (b)   **2.** (b)   **3.** (c)   **4.** (c)   **5.** (a)

병렬회로

5

학습목표

▶ 병렬저항회로를 판별한다.
▶ 전체 병렬저항을 계산한다.
▶ 각 병렬가지에 걸리는 전압을 계산한다.
▶ 병렬회로에서 옴의 법칙을 응용한다.
▶ 키르히호프의 전류 법칙을 응용한다.
▶ 병렬회로를 전류 분배기로 이용한다.
▶ 병렬회로의 전력을 계산한다.
▶ 병렬회로를 고장진단한다.

응용과제 미리보기

응용과제에서는 패널에 장착된 전원 장치가 부하에 흐르는 전류치를 표시하기 위한 밀리암미터를 추가하여 변경시킨다. 병렬(분권)저항을 이용하여 미터의 전류 측정 범위를 다단계로 확장하는 방법이 소개된다. 전류 범위를 선택하는 스위치가 매우 낮은 저항값에 사용될 때의 문제점과 스위치 접촉저항의 문제점이 제시된다. 접촉저항 문제점을 제거하는 방법도 보였다. 마지막으로 전원 장치 내에 전류계 회로를 설치한다. 이 장에서 배울 병렬회로와 기본적인 전류계에 대한 지식은 옴의 법칙과 전류 분배기에 대한 이해에 덧붙여 대단히 유용할 것이다. 이 장을 공부하고 나면 응용과제를 해결할 수 있을 것이다.

핵심용어

▶ 가지
▶ 마디
▶ 병렬
▶ 전류 분배기
▶ 키르히호프의 전류 법칙

서론

이 장에서는 병렬회로에 옴의 법칙을 적용하는 방법을 배우고, 키르히호프의 전류 법칙을 학습할 것이다. 또 자동차의 조명 장치, 주택의 배선, 제어회로, 아날로그 계기의 내부 결선 등을 포함한 병렬회로의 몇 가지 응용사례를 살펴본다. 또한 전체 병렬 저항을 구하는 방법과 개방 저항의 고장진단 방법을 학습한다.

저항을 병렬로 연결하고 그 양단에 전압을 인가하면, 저항들은 각각 개별 전류 통로가 된다. 저항들이 병렬로 연결되면 전체 저항은 감소한다. 각 병렬저항의 양단 전압은 전체 병렬저항의 양단에 공급한 전압과 같다.

5-1 병렬저항

2개 이상의 지항들이 두 점 사이에 같이 연결되어 있을 때, 이 저항들은 서로 **병렬**(parallel)이라 한다. 병렬회로는 하나 이상의 전류 통로를 제공한다.

이 절의 학습목표

◆ **병렬회로를 판별한다.**

   ◆ 실제 배치된 병렬저항을 회로도로 변환한다.

　　회로에서 각각의 병렬 통로를 가지(branch)라고 한다. 그림 5-1(a)는 병렬로 연결된 2개의 저항을 보여주고 있다. 그림 5-1(b)에서와 같이 전원에서 나온 전류(I_T)는 점 B에서 나누어진다. I_1은 R_1을 통해 흐르고, I_2는 R_2를 통해 흐른다. 두 전류는 점 A에서 다시 합쳐져 되돌아간다. 만약 여기에 더 많은 저항이 추가되어 연결된다면, 전류의 통로는 그림 5-1(c)와 같이 더 많이 생긴다. 위쪽 색 선상의 모든 점은 전기적으로 점 A와 같고, 아래쪽 회색 선의 모든 점은 전기적으로 점 B와 같다.

　　그림 5-1에서 저항들이 병렬로 연결되어 있다는 것을 쉽게 확인할 수 있다. 그러나 실제 회로에서 병렬 관계가 명백하지 않을 때가 흔히 있다. 회로도가 그려진 상태와 상관없이 병렬회로를 식별하는 것을 공부하는 것은 매우 중요하다.

　　병렬회로를 식별하는 원칙은 다음과 같다.

두 점 사이에 하나 이상의 전류 통로(가지)가 있고, 각각 가지의 두 점 사이에 전압이 걸리면, 이때 두 점 사이에는 병렬회로가 존재한다.

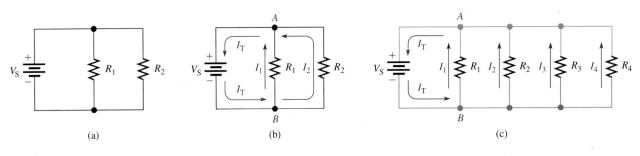

▲ 그림 5-1

병렬저항

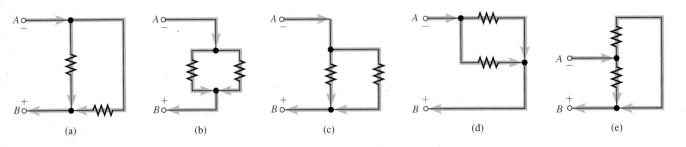

▲ 그림 5-2

2개의 병렬 통로를 갖는 회로의 예

그림 5-2는 점 *A*와 점 *B* 사이의 경로를 다르게 그린 병렬저항을 나타내고 있다. 각각의 경우에 전류는 *A*에서 *B*로 가는 두 통로로 흐르고, 각 가지에 걸리는 전압은 같다는 것에 유의하라. 이 그림들은 2개의 병렬 경로만 보여주었지만, 병렬 내에는 훨씬 많은 저항이 있을 수 있다.

예제 5-1

5개의 저항이 그림 5-3에서와 같이 회로기판에 놓여 있다. 이 저항들을 모두 병렬로 연결되도록 결선하라. 회로도를 그리고 저항의 기호와 값들을 구하라.

▶ **그림 5-3**
(그림 색깔은 책 뒷부분의 컬러 페이지 참조)

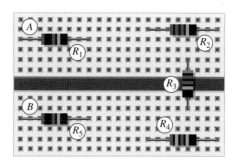

풀이 전선은 그림 5-4(a)와 같이 연결했다. 이 회로도는 컬러 밴드 저항의 값을 기록하여 그림 5-4(b)와 같이 나타낼 수 있다. 다시 언급하지만 회로도는 저항의 실제 위치와 같을 필요는 없다. 회로도는 부품들이 전기적으로 어떻게 연결되는지를 보여준다.

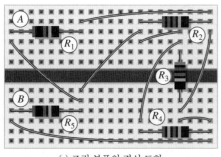

(a) 조립 부품의 결선 도형

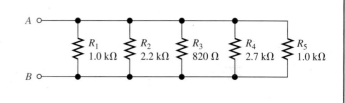

(b) 회로도

▲ **그림 5-4**
(그림 색깔은 책 뒷부분의 컬러 페이지 참조)

관련 문제* *R*$_2$를 제거한다면 회로는 다시 결선해야 하는가?

----

* 해답은 이 장의 끝에 있다.

예제 5-2

그림 5-5에서 병렬의 그룹 상태를 확인하고, 각 저항의 값들을 구하라.

풀이 저항 *R*$_1$에서 *R*$_4$까지, *R*$_{11}$ 및 *R*$_{12}$는 모두 병렬 관계이다. 이 병렬 조합은 핀 1과 핀 4 사이에 연결되어 있다. 이 그룹의 병렬저항은 각 56 kΩ이다.

저항 *R*$_5$에서 *R*$_{10}$까지도 모두 병렬이다. 이 병렬 조합은 핀 2와 핀 3 사이에 연결되어 있다. 이 그룹의 저항은 각 100 kΩ이다.

▶ 그림 5-5

(그림 색깔은 책 뒷부분의 컬러 페이지 참조)

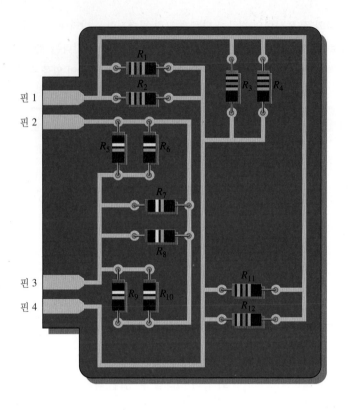

관련 문제 PC 회로기판 위의 모든 저항을 병렬로 연결하려면 어떻게 해야 하는가?

5-1절 복습

해답은 이 장의 끝에 있다.

1. 병렬회로에서 저항들은 어떻게 연결되는가?
2. 병렬회로를 어떻게 식별할 수 있는가?
3. 그림 5-6에서 각 그룹의 점 A와 점 B 사이에 병렬로 저항을 연결하는 회로도를 완성하라.
4. 그림 5-6에서 각 그룹의 병렬저항들을 모두 병렬로 연결하라.

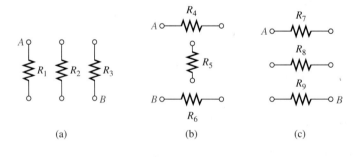

▲ 그림 5-6

5-2 전체 병렬저항의 합

저항들이 병렬로 연결되어 있으면 회로의 전체 저항값은 감소한다. 병렬회로의 전체 저항값은 그 중 가장 작은 저항값보다 작게 된다. 예를 들어 $10\,\Omega$ 저항과 $100\,\Omega$ 저항이 병렬로 연결되어 있다면 그 저항들의 합은 $10\,\Omega$보다 작다.

이 절의 학습목표

◆ **전체 병렬저항값을 계산한다.**
   ◆ 저항들이 병렬로 연결되면, 전체의 합이 작아지는 이유를 설명한다.
   ◆ 병렬저항 계산 공식을 응용한다.
   ◆ 병렬회로의 두 가지 응용을 설명한다.

저항들이 병렬로 연결되어 있으면, 전류는 하나 이상의 통로를 갖는다. 전류의 통로 수는 병렬 가지의 수와 같다.

그림 5-7(a)의 회로는 직렬회로이므로 전류 통로는 하나뿐이고 전류값은 R_1을 통하는 전류값 I_1이 된다. 만약 그림 5-7(b)와 같이 저항 R_2이 R_1에 병렬로 접속된다면, R_2를 통하는 전류 I_2가 추가될 것이다. 병렬가지가 추가됨에 따라 전원으로부터 오는 전체 전류는 증가하게 된다. 전원 전압이 일정하다면 전원전류가 증가한다는 것은 옴의 법칙에 따라 저항의 감소를 뜻한다. 저항이 병렬로 접속되면 저항값이 감소하고 전체 전류의 값은 증가하게 되는 것이다.

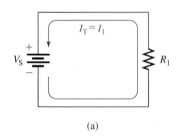
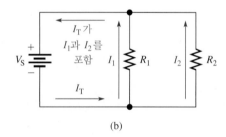

(a)   (b)

◀ 그림 5-7

저항을 병렬로 연결하면 전체 저항값은 감소하고 전류는 증가한다.

전체 저항값 R_T를 구하는 공식

그림 5-8은 n개의 저항이 병렬로 연결된 회로를 보여준다(n은 1보다 큰 임의의 정수). 저항이 추가될수록 전류의 통로가 증가한다. 즉 컨덕턴스가 증가한다. 2-5절에서 정의한 바와 같이 컨덕턴스(G)는 저항의 역수($1/R$)이며, 그 단위는 지멘스(S)이다.

병렬저항에 대해 도전 통로로 간주하는 것이 간단하다. 각 저항들이 다음 식과 같이 전체 컨덕턴스에 더해진다.

$$G_T = G_1 + G_2 + G_3 + \cdots + G_n$$

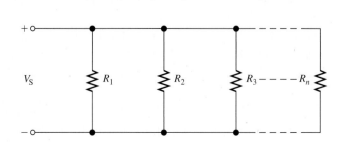

◀ 그림 5-8

n개의 저항으로 구성된 병렬회로

G를 $1/R$로 대치하면,

$$\frac{1}{R_T} = \frac{1}{R_1} + \frac{1}{R_2} + \frac{1}{R_3} + \cdots + \frac{1}{R_n}$$

양변의 역수를 취해 R_T를 구하면

$$R_T = \frac{1}{\dfrac{1}{R_1} + \dfrac{1}{R_2} + \dfrac{1}{R_3} + \cdots + \dfrac{1}{R_n}} \tag{5-1}$$

식 (5-1)은 전체 병렬저항을 구하기 위해 모든 $1/R$ (즉 컨덕턴스 G)의 합을 구하고 그 역수를 취하면 된다는 것을 보여준다.

$$R_T = \frac{1}{G_T}$$

예제 5-3

그림 5-9의 회로에서 점 A와 B 사이의 병렬저항들의 합을 계산하라.

▶ 그림 5-9

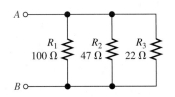

풀이 각각의 저항을 알면 식 (5-1)을 이용하여 전체 저항을 구할 수 있다. 우선 3개의 저항의 역수, 즉 컨덕턴스를 구한다.

$$G_1 = \frac{1}{R_1} = \frac{1}{100 \ \Omega} = 10 \ \text{mS}$$

$$G_2 = \frac{1}{R_2} = \frac{1}{47 \ \Omega} = 21.3 \ \text{mS}$$

$$G_3 = \frac{1}{R_3} = \frac{1}{22 \ \Omega} = 45.5 \ \text{mS}$$

다음으로 G_1, G_2, G_3의 합의 역수를 취해 R_T를 구한다.

$$R_T = \frac{1}{\dfrac{1}{R_1} + \dfrac{1}{R_2} + \dfrac{1}{R_3}} = \frac{1}{G_1 + G_2 + G_3}$$

$$= \frac{1}{10 \ \text{mS} + 21.3 \ \text{mS} + 45.5 \ \text{mS}} = \frac{1}{76.8 \ \text{mS}} = \mathbf{13.0 \ \Omega}$$

대략적인 확인을 위해 R_T (13.0 Ω)가 병렬저항 중 가장 작은 R_3 (22 Ω)보다 작다는 사실에 주목한다.

관련 문제 33 Ω의 저항이 그림 5-9의 회로에 병렬로 연결된다면 R_T는 어떻게 되나?

공학용 계산기 소개의 예제 5-3에 있는 변환 예를 살펴보라.

계산기의 해법 병렬저항의 공식은 식 (5-1)을 이용하여 계산기로 쉽게 풀 수 있다. 일반적인 과정은 R_1의 값을 입력하고 x^{-1} 키를 눌러 그것의 역수를 취하는 것이다. 어떤 계산기에서는 x^{-1}

대신 $1/x$을 사용한다(x^{-1}은 $1/x$을 의미한다). 다음은 +키를 눌러라. 그리고 R_2의 값을 입력하고 그것의 역수를 취하라. 모든 저항값을 입력하고 각각의 역수를 합산할 때까지 이 과정을 반복하라. 마지막 절차는 $1/R_T$을 R_T로 변환하기 위해 x^{-1} 키를 누르는 것이다. 전체 병렬저항이 표시될 것이다. 표시방식은 계산기에 따라 다르다.

병렬로 연결된 2개의 저항 식 (5-1)은 병렬로 연결된 전체 저항값을 구하는 일반식이다. 2개의 저항이 병렬로 연결되는 경우가 실제로 많으므로 이에 대한 이해가 특히 유용하다.

식 (5-1)로부터 유도된 병렬저항에 대한 식은

$$R_T = \frac{R_1 R_2}{R_1 + R_2} \tag{5-2}$$

식 (5-2)는

병렬로 연결된 두 저항의 합은 두 저항의 곱을 두 저항의 합으로 나눈 값과 같다는 것을 나타낸다.

이 방정식은 때때로 '곱 나누기 합'으로 표현된다.

예제 5-4	그림 5-10의 전압원에 연결된 전체 저항을 구하라.

▶ **그림 5-10**

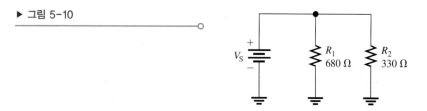

풀이 식 (5-2)를 사용하여

$$R_T = \frac{R_1 R_2}{R_1 + R_2} = \frac{(680\ \Omega)(330\ \Omega)}{680\ \Omega + 330\ \Omega} = \frac{224{,}400\ \Omega^2}{1{,}010\ \Omega} = \textbf{222}\ \boldsymbol{\Omega}$$

관련 문제 그림 5-10에서 R_1을 저항 220 Ω으로 바꾸어 R_T를 구하라.
공학용 계산기 소개의 예제 5-4에 있는 변환 예를 살펴보라.

같은 저항의 병렬연결 병렬회로의 또 다른 특수한 경우는 같은 값을 갖는 여러 개의 저항이 병렬로 연결된 경우이다. 더 작은 저항기를 사용하여 총 전류 및 전력 처리 성능을 높이기 위해 동일한 값의 저항기가 병렬로 연결되는 경우도 있다. 이럴 때는 다음과 같이 간단한 방법으로 R_T를 계산할 수 있다.

$$R_T = \frac{R}{n} \tag{5-3}$$

식 (5-3)은 모든 저항(R)의 값이 같으며 n개의 저항이 병렬로 연결되어 있을 때, R_T는 병렬연결된 저항의 개수로 저항을 나눈 것과 같다는 것을 나타내고 있다.

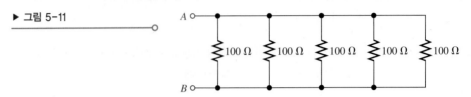

| 예제 5-5 | 그림 5-11에서 점 *A*와 *B* 사이의 전체 저항을 구하라. 각 저항의 정격 전력이 2.0 W라면 병렬회로의 총 정격 전력은 얼마인가? |

▶ 그림 5-11

풀이 5개의 100 Ω 저항이 병렬로 연결되어 있다. 식 (5-3)을 사용하여

$$R_T = \frac{R}{n} = \frac{100\ \Omega}{5} = \mathbf{20\ \Omega}$$

각 저항기의 정격 전력이 2.0 W인 경우 저항기 병렬 조합의 총 정격 전력은 다음과 같다.

$$5 \times 2.0\ \text{W} = \mathbf{10\ W}$$

관련 문제 3개의 100 kΩ 저항이 병렬연결되어 있을 때 R_T를 구하라.

공학용 계산기 소개의 예제 5-5에 있는 변환 예를 살펴보라.

병렬저항의 표기법 편의성을 위해 병렬저항은 흔히 2개의 수직선으로 표기한다. 예를 들어 병렬인 R_1과 R_2는 $R_1 \| R_2$로 나타낼 수 있다. 여러 개의 저항이 서로 병렬일 때, 이 표기법을 이용할 수 있다. 예를 들어

$$R_1 \| R_2 \| R_3 \| R_4 \| R_5$$

은 R_1에서 R_5까지 모두 병렬이라는 것을 나타내고 있다.

이 표기법은 역시 저항의 값으로 나타낼 수도 있다. 예를 들어

$$10\ \text{k}\Omega \| 5.0\ \text{k}\Omega$$

은 10 kΩ 저항이 5.0 kΩ과 병렬이라는 것을 의미한다.

병렬회로의 응용

자동차 직렬회로와 비교하여 병렬회로의 장점은 어떤 가지가 개방되어도 다른 가지들은 영향을 받지 않는 것이다. 그림 5-12는 자동차 전등시스템의 개략도이다. 자동차의 전조등은 모두 병렬로 연결되어 있기 때문에 하나가 망가져서 켜지지 않아도 다른 등에는 영향을 주지 않는다.

브레이크등은 전조등이나 후미등과 독립적으로 연결되어 있다. 브레이크등은 운전자가 브레이크 페달을 밟아서 스위치가 연결되는 경우에만 켜지게 된다. 전등 스위치를 연결하면 전조등과 2개의 후미등이 켜진다. 스위치에 연결된 점선이 보여주는 것과 같이, 전조등이 켜지면 주차등은 꺼지며 반대로 주차등이 켜지면 전조등이 꺼진다. 전등 중의 하나가 망가져도 다른 전등에는 전류가 계속 흐른다. 후진 기어가 들어가면 후진등이 켜진다.

자동차에서 병렬저항의 또 다른 응용으로 뒷창문의 서리제거 장치가 있다. 잘 아는 바와 같이 전력은 저항에서 열의 형태로 소진된다. 서리제거 장치는 전력이 인가되면 유리를 가열하는 일군의 병렬저항선으로 구성되어 있다. 보통 서리제거 장치는 유리 위로 100 W 이상을 방산시킨

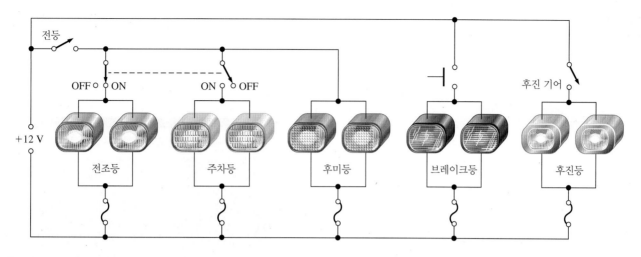

▲ 그림 5-12

자동차 외부 전등시스템의 간단한 회로도

다. 일반적으로 저항 가열식이 비경제적이지만 이런 경우는 간편하고 효과적이다.

주택에서 일반 가정의 전기시스템에서도 병렬회로가 폭넓게 응용되고 있다. 가정에서 사용하는 모든 전등과 전기기구는 병렬로 연결되어 있다. 그림 5-13은 2개의 스위치제어 전등과 3개의 벽 콘센트가 병렬로 연결되어 있는 것을 보여준다.

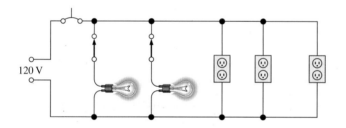

◀ 그림 5-13

주택용 배선에서 병렬회로의 예

제어회로 생산라인과 같은 산업 공정을 감시하고 제어하기 위해 많은 제어시스템에서 병렬회로나 그 등가회로를 사용한다. 대부분의 복합제어는 **프로그래머블 로직 컨트롤러**(PLC)라고 하는 전용 컴퓨터에서 시행된다. PLC는 컴퓨터 스크린상에 등가 병렬회로를 보여준다. 내부적으로 회로는 컴퓨터 프로그래밍 언어로 작성된 전산 코드로 존재한다. 그러나 스크린에 보인 회로는 실제 하드웨어적으로 구성할 수 있는 것이다. 이 회로는 사다리의 형태로 그려지며 각 단은 부하와 전원을 나타내고 사다리의 가로대는 전원에 연결된 2개의 도체에 해당한다(예를 들어 그림 5-13은 전등과 벽 콘센트 같은 부하를 사다리 형태로 보여준다). 병렬제어회로는 **사다리 도형**(래더 다이어그램)을 사용하지만 여기에 스위치, 계전기, 타이머 등의 제어 소자가 추가된다. 이같이 제어 소자가 추가되면 결과적으로 로직도가 되며 **사다리 로직**(래더 로직)이라 한다. 사다리 로직은 이해하기 쉬워서 공장이나 푸드 프로세서 같은 산업 환경에서 제어 로직을 나타내는 데 많이 쓰인다. 사다리 로직에 관한 책은 많이 있으나 그 핵심은 사다리 도형(병렬회로)이다. 가장 중요한 측면은 사다리 로직이 회로의 기본 기능을 쉬운 형태로 보여준다는 것이다.

산업 분야뿐만 아니라 자동차 수리설명서에서도 고장진단을 위한 회로를 나타내는데, 이러한 도면이 많이 사용된다. 사다리 도형은 논리적이기 때문에 기술자들이 도면을 보면 시험과정을 수행할 수 있을 것이다.

1. 더 많은 저항이 병렬로 연결되면, 전체 저항은 증가하는가 감소하는가?

2. 총 병렬저항은 항상 무엇보다 작은가?

3. 그림 5-14의 회로에서 핀 1과 핀 4 사이의 R_T를 구하라. 핀 1과 2가 연결되어 있고, 핀 3과 4가 연결되어 있다.

▶ 그림 5-14

(그림 색깔은 책 뒷부분의 컬러 페이지 참조)

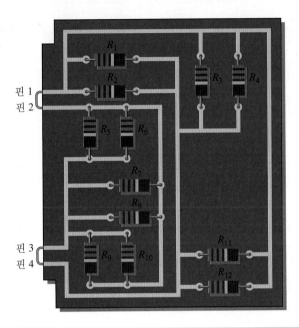

5-3 병렬회로에서의 전압

병렬회로에서 각 가지에 걸리는 전압은 병렬로 연결된 다른 가지에 걸리는 전압과 같다. 앞 절에서 다루었듯이, 병렬회로에서 각각의 전류 통로를 가지라고 한다.

이 절의 학습목표

◆ 각 병렬가지에 걸리는 전압을 계산한다.

　◆ 모든 병렬저항에 걸리는 전압이 같은 이유를 설명한다.

　　병렬회로의 전압을 설명하기 위해 그림 5-15(a)의 회로를 검토해보자. 병렬회로의 왼쪽에 있는 점 A, B, C, D는 전압이 같기 때문에 전기적으로는 같은 점들이다. 이 점들은 전지의 (−) 단자에 하나의 도선으로 연결되어 있다고 생각할 수 있다. 회로의 오른쪽에 있는 점 E, F, G, H는 전원의 (+) 단자와 전압이 모두 같다. 결론적으로 각각의 병렬저항에 걸리는 전압은 같으며 전원과도 전압이 같다.

　　그림 5-15(b)는 그리는 방법에 차이가 있을 뿐이고 그림 5-15(a)와 동일한 회로이다. 여기서 각 저항의 왼쪽은 전지의 (−) 단자에 한 점으로 연결되어 있고, 각 저항의 오른쪽은 전지의 (+) 단자에 한 점으로 연결되어 있다. 저항들은 전원과 병렬로 연결되어 있다.

　　그림 5-16에서 12 V 전지는 3개의 병렬저항에 연결되어 있다. 전지와 각 저항에 걸리는 전압을 측정하면 모두 같다. 병렬회로의 각 가지 사이에 같은 전압이 인가되는 것을 눈으로 확인할 수 있다.

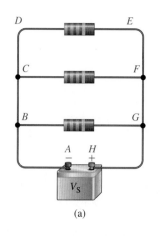
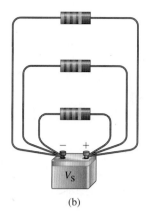

◀ 그림 5-15

◀ 그림 5-15

병렬가지에 걸리는 전압은 같다.
(그림 색깔은 책 뒷부분의 컬러 페이지 참조)

(a)　(b)

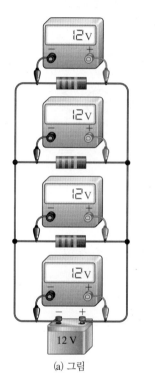
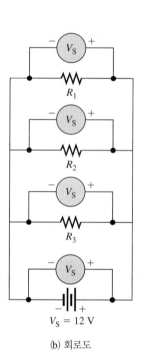

◀ 그림 5-16

병렬로 연결된 각 저항의 전압은 같다.
(그림 색깔은 책 뒷부분의 컬러 페이지 참조)

$V_S = 12$ V

(a) 그림　(b) 회로도

예제 5-6

그림 5-17의 각 저항에 걸리는 전압을 구하라.

▶ 그림 5-17

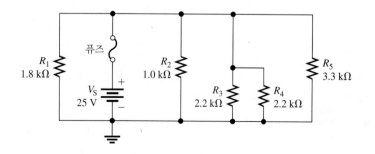

퓨즈
R_1 1.8 kΩ
V_S 25 V
R_2 1.0 kΩ
R_3 2.2 kΩ
R_4 2.2 kΩ
R_5 3.3 kΩ

풀이 5개의 저항이 병렬로 연결되어 있다. 각 저항에 걸리는 전압은 전압원 V_S와 같다. 퓨즈 사이의 전압은 0이다.

$$V_1 = V_2 = V_3 = V_4 = V_5 = V_S = \mathbf{25\ V}$$

관련 문제 회로에서 R_4을 제거하면 R_3에 걸리는 전압은 얼마인가?

Sattahipbeach/Shutterstock

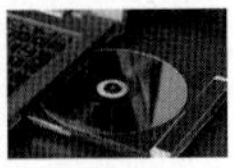

Multisim 또는 LTspice 파일 E05-06을 열어라. 각 저항전압이 전원전압과 같음을 증명하라. 관련 문제에 대해도 풀어라.

5-3절 복습

해답은 이 장의 끝에 있다.

1. 100 Ω과 220 Ω의 저항이 5.0 V의 전원과 병렬로 연결되었다. 각 저항에 걸리는 전압은 얼마인가?
2. 그림 5-18에서 R_1의 전압을 전압계로 측정하니 12 V였다. 이 전압계로 R_2의 전압을 측정하면 얼마인가? 전압원은 얼마인가?
3. 그림 5-19에서 전압계 1이 측정하는 전압은 얼마인가? 전압계 2는 얼마인가?
4. 병렬회로의 각 가지에 걸리는 전압들은 어떤 관계가 있는가?

▶ 그림 5-18

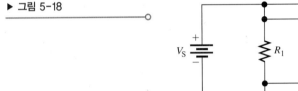

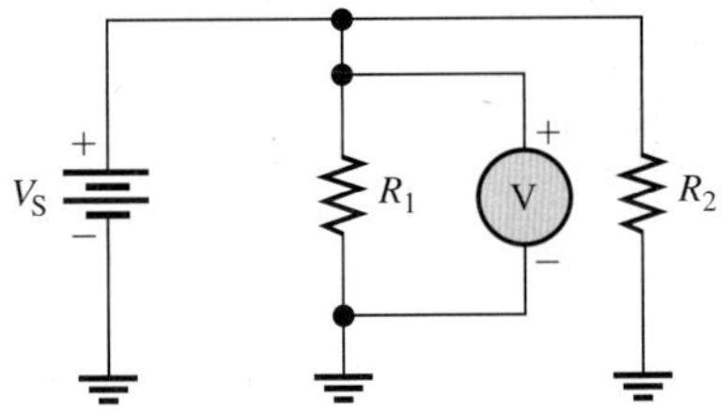

▶ 그림 5-19

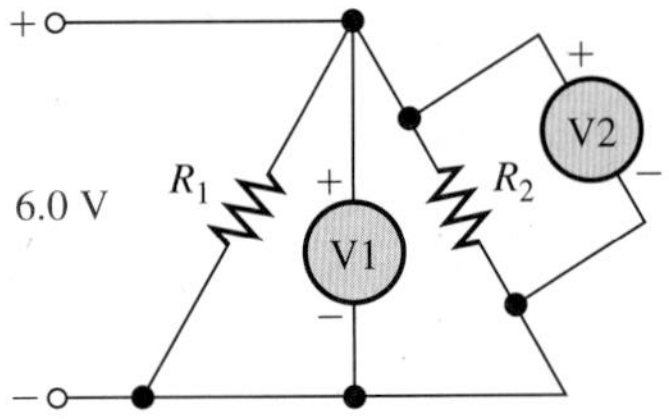

5-4 옴의 법칙의 응용

옴의 법칙을 이용하여 병렬회로를 해석한다.

이 절의 학습목표

- **병렬회로에 옴의 법칙을 적용한다.**
  - 병렬회로에서 전체 전류를 계산한다.
  - 병렬회로에서 가지전류, 전압, 저항을 계산한다.

다음의 예제들은 병렬회로에 옴의 법칙을 응용하는 방법을 보여준다.

예제 5-7

그림 5-20에서 전지에 의해 발생하는 전체 전류를 구하라.

풀이 전류의 양을 구하기 위해 전지에서 '바라 본' 전체 병렬저항 R_T를 먼저 계산한다.

$$R_T = \frac{R_1 R_2}{R_1 + R_2} = \frac{(100\ \Omega)(56\ \Omega)}{100\ \Omega + 56\ \Omega} = \frac{5600\ \Omega^2}{156\ \Omega} = 35.9\ \Omega$$

▶ 그림 5-20

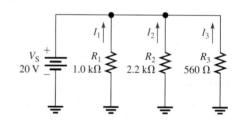

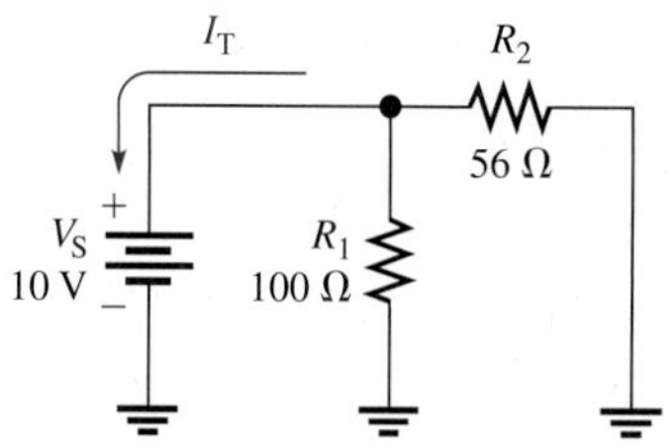

전지전압은 10 V이다. I_T를 구하기 위해 옴의 법칙을 이용하자.

$$I_T = \frac{V_S}{R_T} = \frac{10\text{ V}}{35.9\ \Omega} = \mathbf{279\ mA}$$

관련 문제 그림 5-20에서 R_1과 R_2에 흐르는 전류를 각각 구하라. R_1과 R_2에 흐르는 전류의 합이 전체 전류와 같음을 보여라.

공학용 계산기 소개의 예제 5-7에 있는 변환 예를 살펴보라.

Sattahipbeach/Shutterstock

Multisim 또는 LTspice 파일 E05-07을 열어라. 멀티미터를 이용하여 전체 전류와 가지전류의 계산한 값을 확인하라.

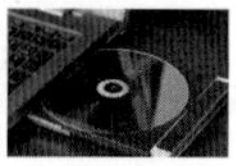

예제 5-8

그림 5-21의 병렬회로에서 각 저항에 흐르는 전류를 구하라.

▶ 그림 5-21

풀이 각 저항에 걸리는 전압은 전압원과 같다. R_1의 양단전압은 20 V이고, R_2의 양단전압은 20 V이며, R_3의 양단전압은 20 V이다. 각 저항에 흐르는 전류는 다음과 같다.

$$I_1 = \frac{V_S}{R_1} = \frac{20\text{ V}}{1.0\text{ k}\Omega} = \mathbf{20.0\ mA}$$

$$I_2 = \frac{V_S}{R_2} = \frac{20\text{ V}}{2.2\text{ k}\Omega} = \mathbf{9.09\ mA}$$

$$I_3 = \frac{V_S}{R_3} = \frac{20\text{ V}}{560\text{ k}\Omega} = \mathbf{35.7\ mA}$$

관련 문제 그림 5-21의 회로에 추가로 910 Ω의 저항을 병렬로 연결하면 각 가지에 흐르는 전류는 얼마인가?

공학용 계산기 소개의 예제 5-8에 있는 변환 예를 살펴보라.

Sattahipbeach/Shutterstock

Multisim 또는 LTspice 파일 E05-08을 열어라. 각 저항에 흐르는 전류를 측정하라. 다른 저항과 함께 병렬로 910 Ω 저항을 연결하라. 그리고 가지전류를 측정하라. 새로운 저항을 추가하면 전원으로부터 전체 전류는 얼마나 변하는가?

예제 5-9

그림 5-22의 병렬회로 양단에 걸리는 전압은 얼마인가?

▶ 그림 5-22

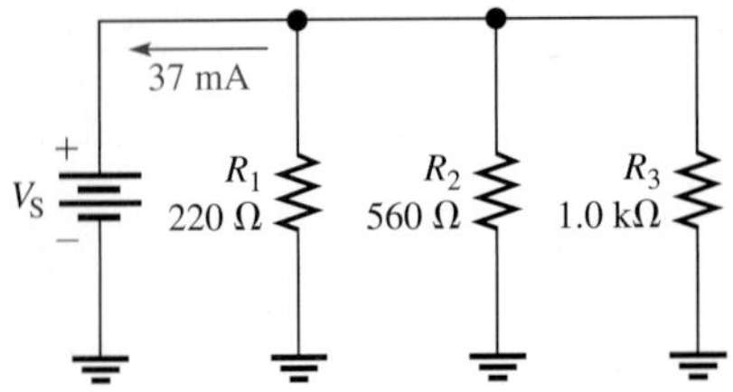

풀이 병렬회로의 전체 전류는 37 mA이다. 전체 전류를 알고 있다면 전압을 구하기 위해 옴의 법칙을 적용할 수 있다. 전체 저항은

$$R_T = \cfrac{1}{\cfrac{1}{R_1} + \cfrac{1}{R_2} + \cfrac{1}{R_2}} = \cfrac{1}{\cfrac{1}{220\,\Omega} + \cfrac{1}{560\,\Omega} + \cfrac{1}{1.0\,k\Omega}}$$

$$= \frac{1}{4.55\,mS + 1.76\,mS + 1.0\,mS} = \frac{1}{7.34\,mS} = 136\,\Omega$$

따라서 전압원과 각 가지에 걸리는 전압은

$$V_S = I_T R_T = (37\,mA)(136\,\Omega) = \mathbf{5.05\,V}$$

관련 문제 그림 5-22에서 R_3이 개방되면 전체 전류는 얼마인가? V_S는 변하지 않는다고 가정한다.
공학용 계산기 소개의 예제 5-9에 있는 변환 예를 살펴보라.

예제 5-10

간혹 저항을 실제로 직접 측정할 수 없는 경우도 있다. 예를 들어 텅스텐 필라멘트 전구는 전기가 흐를 땐 뜨거워지며, 저항이 증가하게 된다. 옴미터로는 차가울 때의 저항만을 측정할 수 있다. 자동차 2개의 전조등과 2개의 후미등의 고온 저항을 알고 싶다 하자. 두 전조등이 켜 있을 때는 보통 12.6 V에서 작동하며, 각 2.8 A의 전류가 흐른다.

(a) 두 전조등이 켜져 있을 때 등가고온저항은 얼마인가?

(b) 전조등과 후미등의 4개의 전구가 전부 켜져 있을 때, 전체 전류가 8.0 A라 하자. 각 후미등의 등가저항은 얼마인가?

풀이 (a) 한쪽 전조등의 등가저항을 계산하기 위해 옴의 법칙을 이용한다.

$$R_{HEAD} = \frac{V}{I} = \frac{12.6\,V}{2.8\,A} = 4.5\,\Omega$$

두 전구는 병렬이고 저항이 같으므로

$$R_{T(HEAD)} = \frac{R_{HEAD}}{n} = \frac{4.5\,\Omega}{2} = \mathbf{2.25\,\Omega}$$

(b) 옴의 법칙을 이용하여 2개의 후미등과 두 전조등이 모두 켜졌을 때의 전체 저항을 구한다.

$$R_{T(HEAD+TAIL)} = \frac{12.6\,V}{8.0\,A} = 1.58\,\Omega$$

병렬저항의 공식을 이용하여 두 후미등의 저항값을 구한다.

$$\frac{1}{R_{T(HEAD+TAIL)}} = \frac{1}{R_{T(HEAD)}} + \frac{1}{R_{T(TAIL)}}$$

$$\frac{1}{R_{T(TAIL)}} = \frac{1}{R_{T(HEAD+TAIL)}} - \frac{1}{R_{T(HEAD)}} = \frac{1}{1.58\ \Omega} - \frac{1}{2.25\ \Omega}$$

$$R_{T(TAIL)} = 5.25\ \Omega$$

두 후미등은 병렬이므로 각 등의 저항값은 다음과 같다.

$$R_{TAIL} = nR_{T(TAIL)} = 2(5.25\ \Omega) = \mathbf{10.5\ \Omega}$$

관련 문제 각 전조등에 흐르는 전류가 3.15 A라면 두 전조등의 전체 등가저항은 얼마인가?
공학용 계산기 소개의 예제 5-10에 있는 변환 예를 살펴보라.

5-4절 복습

해답은 이 장의 끝에 있다.

1. 12 V 전지는 680 Ω 저항과 병렬로 연결되어 있다. 전지의 전체 전류는 얼마인가?
2. 그림 5-23에서 20 mA의 전류가 흐르게 하려면 몇 V의 전압이 필요한가?
3. 그림 5-23에서 각 저항에 흐르는 전류는 얼마인가?

▶ 그림 5-23

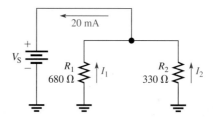

4. 값이 같은 4개의 저항이 12 V 전원에 병렬로 연결되어 있고, 전원으로부터 6 mA의 전류가 흐른다. 각 저항의 값은 얼마인가?
5. 1.0 kΩ과 2.2 kΩ의 저항이 병렬로 연결되어 있다. 병렬연결을 통해 전체 전류가 21.8 mA이다. 저항 양단에 걸리는 전압은 얼마인가?

5-5 키르히호프의 전류 법칙

키르히호프의 전압 법칙에서는 단일 폐회로에서의 전압들을 다뤘다. 키르히호프의 전류 법칙은
여러 통로 내의 전류를 다룬다.

이 절의 학습목표

◆ **키르히호프의 전류 법칙을 응용한다.**

　◆ 키르히호프의 전류 법칙을 설명한다.

　◆ 마디를 설명한다.

　◆ 가지전류들을 더해 전체 전류를 구한다.

　◆ 임의의 가지 전류를 구한다.

키르히호프의 전류 법칙은 전기시스템에서 모든 부하에 적용할 수 있다. 예를 들어 회로기판의 전력연결에서 공급전류와 출력전류는 같다. 마찬가지로 건물의 입력 '핫라인' 전류는 중성선과 같다. 공급과 반환 전류는 항상 같으나 시스템에 사고가 생기면 반환전류는 중성선이 아닌 다른 통로를 따르게 된다('접지 사고'라 한다).

키르히호프의 전류 법칙(Kirchhoff's current law)은 흔히 KCL로 줄여서도 쓰며, 다음과 같이 설명할 수 있다.

어떤 마디로 흘러들어오는 전류의 합(들어오는 전체 전류)은 그 마디에서 흘러나가는 전류의 합(나가는 전체 전류)과 같다.

마디(node)는 2개 이상의 소자가 연결되어 있는 회로 내의 접합 또는 어떤 점이다. 병렬회로에서 마디는 병렬가지들이 연결되는 점이다. 예를 들어 그림 5-24의 회로에서 점 A는 1개의 마디이며, 점 B는 또 다른 마디이다. 전원의 (−) 단자에서 시작하여 전류를 따라가보자. 전원에서 나온 전체 전류 I_T는 마디 A로 들어간다. 이 점에서 전류는 그림 5-24와 같이 3개의 가지 사이로 나뉜다. 3개의 각 가지전류(I_1, I_2, I_3)는 마디를 빠져나간다. 키르히호프의 전류 법칙은 마디 A로 들어오는 전체 전류는 마디 A를 빠져나가는 전체 전류와 같다는 것이다. 즉

$$I_T = I_1 + I_2 + I_3$$

그림 5-24에서 3개의 가지로 흐르는 전류들은 마디 B에서 다시 모인다는 것을 확인할 수 있다. 전류 I_1, I_2, I_3은 마디 B로 들어오고, I_T는 마디 B를 나간다. 결론적으로 마디 B에서 키르히호프의 전류 법칙은 마디 A에서와 같다.

$$I_1 + I_2 + I_3 = I_T$$

키르히호프의 전류 법칙에 의하면, 어떤 마디로 들어오는 전류의 합은 그 마디를 나가는 전류의 합과 같아야 한다. 그림 5-25는 일반적인 경우의 키르히호프의 전류 법칙을 보여주며 다음과 같은 식으로 나타낼 수 있다.

$$\begin{aligned} I_{IN(1)} + I_{IN(2)} + I_{IN(3)} + \cdots + I_{IN(n)} \\ = I_{OUT(1)} + I_{OUT(2)} + I_{OUT(3)} + \cdots + I_{OUT(m)} \end{aligned} \quad (5\text{-}4)$$

식의 우변의 모든 항을 좌변으로 이항하고 부호를 바꾸면 다음과 같이 쓸 수 있다.

$$I_{IN(1)} + I_{IN(2)} + I_{IN(3)} + \cdots + I_{IN(n)} - I_{OUT(1)} - I_{OUT(2)} - I_{OUT(3)} - \cdots - I_{OUT(m)} = 0$$

이 식은 어떤 마디로 들어오고 나가는 모든 전류의 합이 0이 된다는 것을 보여준다.

▶ 그림 5-24

키르히호프의 전류 법칙. 마디로 들어오는 전류는 그 마디를 나가는 전류와 같다.

(그림 색깔은 책 뒷부분의 컬러 페이지 참조)

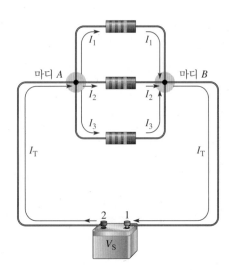

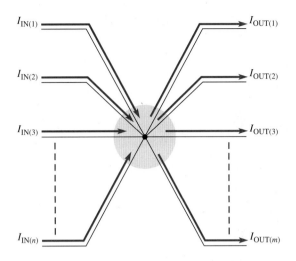

일반화된 회로의 마디는 키르히호프의 전류 법칙을 설명한다.

$$I_{\text{IN}(1)} + I_{\text{IN}(2)} + I_{\text{IN}(3)} + \cdots + I_{\text{IN}(n)} = I_{\text{OUT}(1)} + I_{\text{OUT}(2)} + I_{\text{OUT}(3)} + \cdots + I_{\text{OUT}(m)}$$

4-6절에서 키르히호프의 전압 법칙을 공부했던 것과 같이 수학적인 합산 기호를 사용하여 키르히호프의 전류 법칙을 표현할 수 있다. 이런 식으로 키르히호프의 전류 법칙을 나타내기 위해 모든 전류를 마디에 들어오고 나가는 것에 관계없이 순서대로 첨자를 붙여준다(1, 2, 3, …). 마디로 들어오는 전류에는 +, 나가는 전류에는 −부호를 붙여준다. 그러면 키르히호프의 전류 법칙은 다음과 같이 나타낼 수 있다.

$$\sum_{i=1}^{n} I_i = 0$$

이 식의 수학 기호 Σ는 $i = 0$부터 $i = n$까지 모든 항을 더하라는 것이며 그 합이 0이므로, 다음과 같이 설명할 수 있다.

어떤 마디로 들어오고 나가는 모든 전류의 대수적인 합은 0이다.

그림 5-26에서 보인 것과 같이 회로를 결선하고 각 가지에 흐르는 전류와 전체 전류를 측정하여 키르히호프의 전류 법칙을 증명할 수 있다. 각 가지의 전류를 합한 것은 전체 전류와 같게 된다. 가지 수가 얼마이건 관계없다.

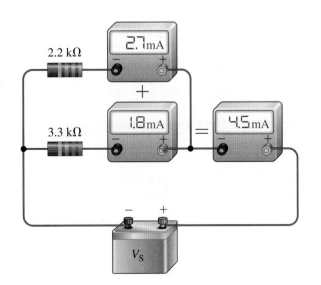

키르히호프의 전류 법칙의 설명

(그림 색깔은 책 뒷부분의 컬러 페이지 참조)

예제 5-11

예제 5-10에서 자동차의 전조등과 후미등의 등가저항을 구했다. 전체 전류가 8.0 A이고 전조등에 흐르는 전류가 5.6 A라 할 때, 키르히호프의 전류 법칙을 이용하여 2개의 후미등에 흐르는 각각의 전류를 구하라. 이것들만이 전지의 유일한 부하라고 가정한다.

풀이 전지의 전류는 등에 흐르는 전류와 같다.

$$I_{BAT} = I_{T(HEAD)} + I_{T(TAIL)}$$

전지로부터의 전체 전류는 +8.0 A이고 전구로 흐르는 전류는 −이므로

$$I_{T(TAIL)} = I_{BAT} - I_{T(HEAD)} = 8.0\ A - 5.6\ A = 2.4\ A$$

각각의 후미등에 흐르는 전류는 2.4 A/2 = **1.2 A**이다.

관련 문제 예제 5-10에서 후미등의 저항을 이용하여 옴의 법칙을 이용해도 같은 결과를 얻을 수 있음을 보여라.

공학용 계산기 소개의 예제 5-11에 있는 변환 예를 살펴보라.

Multisim 또는 LTspice 파일 E05-11을 열어라. 자동차 조명시스템에 대해 계산된 총 전류 소모량을 확인하고 헤드램프 쌍이 각각 12.6 V 배터리에서 3.15 A를 소모하는 경우 한 쌍의 헤드램프에 대한 총 저항을 결정하라.

예제 5-12

그림 5-27의 회로에서 가지전류의 크기를 알고 있다. 마디 A로 들어오는 전체 전류와 마디 B를 나가는 전체 전류를 구하라.

▶ **그림 5-27**

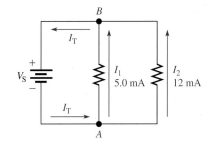

풀이 마디 A를 나가는 전체 전류는 두 가지전류의 합과 같다. 따라서 마디 A로 들어가는 전체 전류는

$$I_T = I_1 + I_2 = 5.0\ mA + 12\ mA = \textbf{17 mA}$$

마디 B로 들어오는 전체 전류는 두 가지전류의 합과 같다. 따라서 마디 B에서 나가는 전체 전류는

$$I_T = I_1 + I_2 = 5.0\ mA + 12\ mA = \textbf{17 mA}$$

관련 문제 그림 5-27의 회로에서 세 번째 저항을 병렬로 연결하고 이 저항에 흐르는 전류가 3.0 mA라면, 마디 A로 들어오는 전체 전류와 마디 B를 나가는 전체 전류는 얼마인가?

공학용 계산기 소개의 예제 5-12에 있는 변환 예를 살펴보라.

Multisim 또는 LTspice 파일 E05-12를 열어라. 전체 전류는 가지전류들의 합과 같음을 증명하라. 관련 문제에 대해 반복하라.

| 예제 5-13 | 그림 5-28에서 R_2에 흐르는 전류를 구하라. |

▶ 그림 5-28

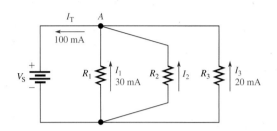

풀이 마디 A로 들어가는 전체 전류는 $I_T = I_1 + I_2 + I_3$이다. 그림 5-28로부터 전체 전류와 R_1과 R_3로 흐르는 가지전류는 알고 있다. I_2를 풀면

$$I_2 = I_T - I_1 - I_3 = 100\text{ mA} - 30\text{ mA} - 20\text{ mA} = \mathbf{50\text{ mA}}$$

관련 문제 그림 5-28의 회로에 네 번째 가지가 연결되고, 이 가지에 12 mA의 전류가 흐른다. I_T와 I_2를 구하라.

공학용 계산기 소개의 예제 5-13에 있는 변환 예를 살펴보라.

Multisim 또는 LTspice 파일 E05-13를 열어라. I_2에 대한 계산치를 확인하라. 관련 문제에 대해 반복하라.

| 예제 5-14 | 그림 5-29에서 키르히호프의 전류 법칙을 이용하여 전류계 A3과 A5로 측정하는 전류를 구하라. |

▶ 그림 5-29

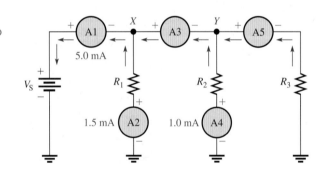

풀이 마디 X로 들어오는 전체 전류는 5.0 mA이다. 마디 X로 들어오는 전류는 두 가지이다. 저항 R_1을 통해 1.5 mA, A3을 통해 흐르는 전류의 합이다. 마디 X에서 키르히호프의 전류 법칙은

$$5.0\text{ mA} = 1.5\text{ mA} + I_{A3}$$

I_{A3}에 대해 풀면

$$I_{A3} = 5.0\text{ mA} - 1.5\text{ mA} = \mathbf{3.5\text{ mA}}$$

마디 Y로 들어가는 전체 전류는 $I_{A3} = 3.5$ mA이다. 2개의 전류는 마디 Y를 나간다. R_2를 통해 1.0 mA, A5와 R_3을 통하는 전류의 합이다. 마디 Y에서 키르히호프의 전류 법칙은

$$3.5\text{ mA} = 1.0\text{ mA} + I_{A5}$$

I_{A5}에 대해 풀면

$$I_{A5} = 3.5\ \text{mA} - 1.0\ \text{mA} = \textbf{2.5 mA}$$

관련 문제 전류계를 그림 5-29의 R_3의 바로 아래에 연결했을 때 얼마의 전류가 측정되는가? 전지의 (−)극 바로 아래에 위치한다면 얼마인가?

공학용 계산기 소개의 예제 5-14에 있는 변환 예를 살펴보라.

5-5절 복습

해답은 이 장의 끝에 있다.

1. 키르히호프의 전류 법칙을 두 가지 방법으로 설명하라.
2. 3개의 병렬가지를 갖는 마디 점으로 전체 전류 2.5 A가 들어온다. 세 가지 전류의 합은 얼마인가?
3. 그림 5-30에서 100 mA와 300 mA가 마디로 들어온다. 마디를 나가는 전체 전류는 얼마인가?

▶ 그림 5-30

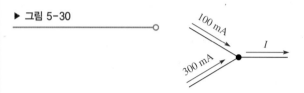

4. 어떤 트레일러의 2개의 후미등에 각각 1.0 A의 전류가 흐르고 두 브레이크등에 각각 1.0 A의 전류가 흐른다면, 그 등들이 모두 켜졌을 때 전류는?
5. 어떤 지하 펌프에 10 A의 전류가 흐른다.
   (a) 중성선 전류는 얼마가 되는가?
   (b) 열선전류와 중성선전류를 측정하여 서로 다르다는 것을 발견했다고 가정하자. 가능한 이유는 무엇인가?

5-6 전류 분배기

병렬회로는 병렬가지의 접합부로 들어간 전류가 여러 개의 가지전류로 나누어지므로 전류 분배기 역할을 한다.

이 절의 학습목표

◆ **병렬회로를 전류 분배기로 이용한다.**
  ◆ 전류 분배기 공식을 응용한다.
  ◆ 모르는 가지전류를 계산한다.

병렬회로에서 병렬가지의 접합(마디)으로 들어간 전체 전류는 각 가지로 분배된다. 결과적으로 병렬회로는 전류 분배기(current divider)로서의 역할을 한다. 그림 5-31는 전체 전류 I_T가 R_1과 R_2로 분배되는 두 가지(two branch) 병렬회로에 대해 전류 분배기의 원리를 보여준다.

▶ 그림 5-31

두 전류는 2개의 가지로 분배된다.

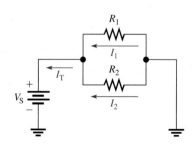

병렬연결된 각 저항의 양단에는 같은 전압이 걸리므로, 가지전류는 저항의 값에 반비례한다. 예를 들어 R_2의 값이 R_1의 2배일 때 I_2의 값은 I_1의 1/2이다. 다시 말하면

전체 전류는 각 병렬저항 사이로 분배되며 그 전류값은 저항값에 반비례한다.

옴의 법칙에 따르면 저항이 큰 가지일수록 적은 전류가 흐르고, 저항이 작은 가지일수록 많은 전류가 흐른다. 만약 모든 가지가 같은 저항이면 가지전류는 모두 같다.

그림 5-32은 가지저항에 따라 전류가 어떻게 분배되는지 이해를 돕기 위해 특정한 값을 나타내고 있다. 이 경우 위 가지의 저항이 아래 가지저항의 1/10임을 주목하라. 그러나 위 가지전류는 아래 가지전류의 10배이다.

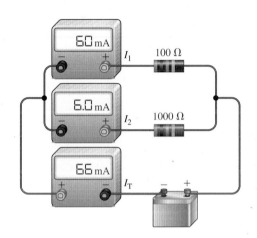

◀ **그림 5-32**

가지에서 가장 작은 저항에 가장 큰 전류가 흐르며, 가장 큰 저항에 가장 작은 전류가 흐른다.

(그림 색깔은 책 뒷부분의 컬러 페이지 참조)

전류 분배기 공식

그림 5-33과 같이 n개의 저항이 병렬로 접속된 회로에서 전류가 어떻게 분배되는지를 구하는 공식을 만들 수 있다. 여기서 n은 전체 저항의 수이다.

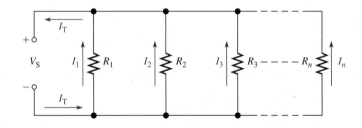

◀ **그림 5-33**

n개의 가지를 갖는 병렬회로

병렬저항들 중 한 저항을 흐르는 전류를 I_x라 한다. 여기서 x는 특정한 저항의 번호이다. 옴의 법칙에서 그림 5-33의 어떤 저항에 흐르는 전류를 다음과 같이 나타낼 수 있다.

$$I_x = \frac{V_S}{R_x}$$

전원전압 V_S는 병렬저항들 양단에 걸리고 R_x는 병렬저항들 중 어느 하나를 나타낸다. 전체 전원전압, V_S는 전체 전류와 전체 병렬저항을 곱한 것과 같다.

$$V_S = I_T R_T$$

앞의 식에 이것을 대입하면

$$I_x = \frac{I_\mathrm{T} R_\mathrm{T}}{R_x}$$

정리하면

$$I_x = \left(\frac{R_\mathrm{T}}{R_x}\right) I_\mathrm{T} \tag{5-5}$$

여기서 $x = 1, 2, 3, \cdots$이고 식 (5-5)는 일반적인 전류 분배 공식이며 어떤 수의 가지를 가진 병렬회로에 적용될 수 있다.

어떤 가지를 흐르는 전류 (I_x)는 전체 병렬저항(R_T)를 그 가지의 저항(R_x)로 나누고, 여기에 병렬가지 접합에 들어오는 전체 전류(I_T)를 곱한 것과 같다.

예제 5-15

그림 5-34의 회로에서 각 저항에 흐르는 전류를 구하라.

▶ 그림 5-34

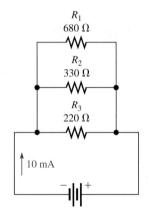

풀이 우선 전체 병렬저항을 구한다.

$$R_\mathrm{T} = \frac{1}{\dfrac{1}{R_1} + \dfrac{1}{R_2} + \dfrac{1}{R_3}} = \frac{1}{\dfrac{1}{680\ \Omega} + \dfrac{1}{330\ \Omega} + \dfrac{1}{220\ \Omega}} = 110.5\ \Omega$$

전체 전류는 10 mA이다. 식 (5-5)를 이용하여 각 가지에 흐르는 전류를 구한다.

$$I_1 = \left(\frac{R_\mathrm{T}}{R_1}\right) I_\mathrm{T} = \left(\frac{110.5\ \Omega}{680\ \Omega}\right) 10\ \mathrm{mA} = \mathbf{1.63\ mA}$$

$$I_2 = \left(\frac{R_\mathrm{T}}{R_2}\right) I_\mathrm{T} = \left(\frac{110.5\ \Omega}{330\ \Omega}\right) 10\ \mathrm{mA} = \mathbf{3.35\ mA}$$

$$I_3 = \left(\frac{R_\mathrm{T}}{R_3}\right) I_\mathrm{T} = \left(\frac{110.5\ \Omega}{220\ \Omega}\right) 10\ \mathrm{mA} = \mathbf{5.02\ mA}$$

관련 문제 그림 5-34에서 R_3를 제거할 경우 R_1과 R_2에 흐르는 전류를 구하라. 전압원은 같다고 가정한다.
공학용 계산기 소개의 예제 5-15에 있는 변환 예를 살펴보라.

2개의 가지에 대한 전류 분배기 공식 전압과 저항을 알고 있을 때, 병렬가지의 전류를 구하기 위해는 옴의 법칙($I = V/R$)을 이용하면 된다. 전압은 모르지만 전체 전류를 알고 있을 때, 두 가지 전류(I_1 및 I_2)는 다음 식을 이용하여 구한다.

$$I_1 = \left(\frac{R_2}{R_1 + R_2}\right)I_T \tag{5-6}$$

$$I_2 = \left(\frac{R_1}{R_1 + R_2}\right)I_T \tag{5-7}$$

이들 공식은 각 가지의 전류가 반대가지의 저항을 두 저항의 합으로 나누고, 전체 전류로 곱한 값과 같다는 것을 나타내고 있다.

| 예제 5-16 | 그림 5-35에서 I_1과 I_2를 구하라. |

▶ 그림 5-35

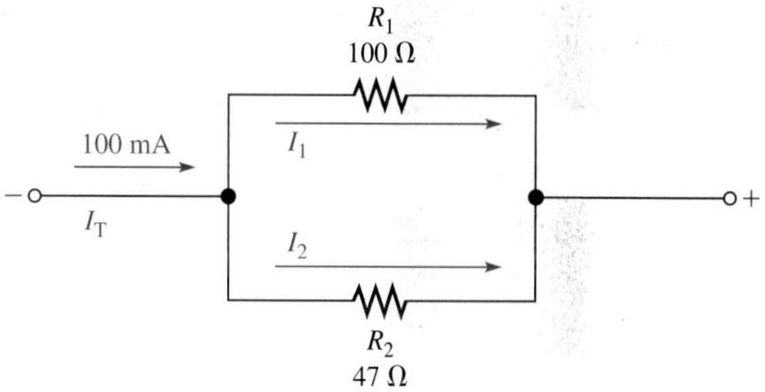

R_1
100 Ω

100 mA
I_1

I_T

I_2

R_2
47 Ω

풀이 식 (5-6)을 이용하여 I_1을 구한다.

$$I_1 = \left(\frac{R_2}{R_1 + R_2}\right)I_T = \left(\frac{47\ \Omega}{147\ \Omega}\right)100\ \text{mA} = \mathbf{32.0\ mA}$$

식 (5-7)을 이용하여 I_2를 구한다.

$$I_2 = \left(\frac{R_1}{R_1 + R_2}\right)I_T = \left(\frac{100\ \Omega}{147\ \Omega}\right)100\ \text{mA} = \mathbf{68.0\ mA}$$

관련 문제 그림 5-35에서 $R_1 = 56\ \Omega$이고 $R_2 = 82\ \Omega$이며 I_T의 값이 일정하다면, 각 가지에 흐르는 전류는 얼마인가?

공학용 계산기 소개의 예제 5-16에 있는 변환 예를 살펴보라.

5-6절 복습

해답은 이 장의 끝에 있다.

1. 다음 220 Ω, 100 Ω, 68 Ω, 56 Ω, 22 Ω의 저항들은 전원과 병렬회로를 구성하고 있다. 가장 많은 전류가 흐르는 저항은 무엇인가? 또 가장 적은 전류가 흐르는 저항은 무엇인가?

2. 그림 5-36에서 R_3에 흐르는 전류를 구하라.

▶ 그림 5-36

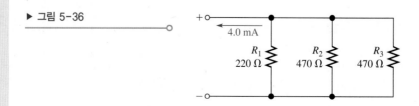

4.0 mA

R_1
220 Ω

R_2
470 Ω

R_3
470 Ω

3. 그림 5-37에서 각 저항에 흐르는 전류를 구하라.

▶ 그림 5-37

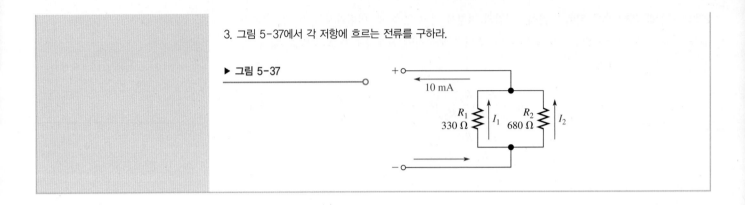

5-7 병렬회로의 전력

직렬회로에서와 같이 병렬회로에서 전체 전력은 각 저항의 전력의 합으로 구한다.

이 절의 학습목표

◆ 병렬회로의 전력을 계산한다.

식 (5-8)은 여러 병렬저항의 전체 전력을 구하는 공식을 나타내고 있다.

$$P_T = P_1 + P_2 + P_3 + \cdots + P_n \tag{5-8}$$

여기서 P_T는 전체 전력이고, P_n은 병렬에서 마지막 저항의 전력이다. 직렬회로에서와 같이 전력 손실은 덧셈으로 한다.

3장의 전력 공식을 병렬회로에 직접 적용할 수 있다. 다음의 공식들은 전체 전력 P_T를 계산하기 위해 이용한다.

$$P_T = V_S I_T$$

$$P_T = I_T^2 R_T$$

$$P_T = \frac{V_S^2}{R_T}$$

여기서 V_S는 병렬회로 양단의 전압이고, I_T는 병렬회로의 전체 전류, R_T는 병렬회로의 전체 저항이다. 예제 5-17과 5-18에서 병렬회로의 전체 전력을 어떻게 계산하는지 나타내고 있다.

예제 5-17

그림 5-38의 병렬회로에서 소비되는 전체 전력을 구하라.

▶ 그림 5-38

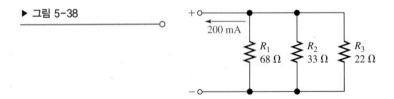

풀이　전체 전류는 200 mA이다. 전체 저항은

$$R_T = \cfrac{1}{\cfrac{1}{68\ \Omega} + \cfrac{1}{33\ \Omega} + \cfrac{1}{22\ \Omega}} = 11.1\ \Omega$$

전류 I_T와 저항 R_T를 알고 있으므로, 가장 쉬운 공식 수식을 이용한다. 결과적으로

$$P_T = I_T^2 R_T = (200\ \text{mA})^2 (11.1\ \Omega) = \textbf{442 mW}$$

각 저항의 전력을 구하고 이 값들을 모두 더하면 같은 결과를 얻는다는 것을 보이기 위해 다른 방법을 사용해보자. 우선 회로의 각 가지에 걸리는 전압을 구한다.

$$V_S = I_T R_T = (200\ \text{mA})(11.1\ \Omega) = 2.21\ \text{V}$$

각 가지에 걸리는 전압은 같다는 것을 기억하라.

다음은 수식을 이용하여 각 저항의 전력을 구한다.

$$P_1 = \frac{(2.21\ \text{V})^2}{68\ \Omega} = 71.9\ \text{mW}$$

$$P_2 = \frac{(2.21\ \text{V})^2}{33\ \Omega} = 148\ \text{mW}$$

$$P_3 = \frac{(2.21\ \text{V})^2}{22\ \Omega} = 224\ \text{mW}$$

전체 전력을 얻기 위해 이들 전력을 합산한다.

$$P_T = 71.9\ \text{mW} + 148\ \text{mW} + 224\ \text{mW} = \textbf{442 mW}$$

위 계산에서 각 전력의 합은 하나의 전력 공식으로 계산한 전체 전력과 대략 같다는 것을 알 수 있다. 3의 유효숫자에서 반올림은 전력 차의 원인이 되고 있다.

관련 문제 그림 5-38의 회로에서 전체 전압이 2배가 될 때의 전체 전력을 구하라.

공학용 계산기 소개의 예제 5-17에 있는 변환 예를 살펴보라.

예제 5-18

그림 5-39의 스테레오시스템에서 한 채널의 증폭기는 4개의 병렬 스피커를 구동시킨다. 스피커에 공급되는 최대 전압*이 15 V일 때, 증폭기가 이 스피커들에 전달해야 하는 전력은 얼마인가?

▶ 그림 5-39

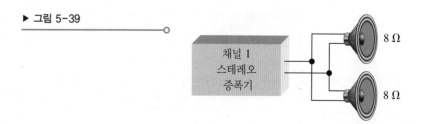

채널 1
스테레오
증폭기

8 Ω

8 Ω

풀이 스피커가 증폭기 출력에 병렬로 연결되어 있으므로 스피커 양단에 걸리는 전압은 모두 같다. 각 스피커의 최대 전력은

$$P_{\text{max}} = \frac{V_{\text{max}}^2}{R} = \frac{(15\ \text{V})^2}{8.0\ \Omega} = 28.1\ \text{W}$$

전체 전력은 각 전력의 합이므로, 증폭기가 스피커 시스템에 전달해야 할 전체 전력은 각 전력의 2배이다.

$$P_{T(max)} = P_{max} + P_{max} = 2P_{max} = 2(28.1\,W) = \mathbf{56.2\,W}$$

관련 문제 증폭기의 최대 출력전압이 18 V일 때, 스피커에 공급되는 최대 전체 전력은 얼마인가?

공학용 계산기 소개의 예제 5-18에 있는 변환 예를 살펴보라.

* 여기서 전압은 교류다. 나중에 공부하겠지만 교류전압이나 직류전압에 대해 전력은 같다.

5-7절 복습

해답은 이 장의 끝에 있다.

1. 병렬회로에서 각 저항의 소비전력을 알고 있다면, 전체 전력은 어떻게 구하는가?
2. 병렬회로에서 저항들이 1.0 W, 2.0 W, 5.0 W, 8.0 W의 전력을 소모한다. 전체 전력은 얼마인가?
3. 1.0 kΩ, 2.7 kΩ, 3.9 kΩ의 저항들이 병렬로 연결되어 있다. 이 회로에 전체 전류가 19.5 mA 흐른다. 전체 전력은 얼마인가?
4. 회로는 적어도 120%의 최대 전류를 예상하는 퓨즈로 보호한다. 자동차 뒷유리 서리제거 장치가 100 W 정격이라면 어떤 크기의 퓨즈를 써야 하는가? 전지전압은 12.6 V라 하자.

5-8 고장진단

Anyaivanova/Shutterstock

개방된 회로는 전류의 통로가 가로막혀 전류가 흐르지 않는다는 것을 상기하라. 이 절에서는 병렬로 된 가지가 개방되면 병렬회로에 어떤 영향을 미치는지 공부하게 될 것이다.

이 절의 학습목표

◆ **병렬회로를 고장진단한다.**
  ◆ 회로의 개방 상태로 점검한다.

개방된 가지

그림 5-40과 같이 스위치가 병렬회로의 가지에 연결되어 있으면, 스위치로 통로를 개방 또는 단락할 수 있다. 그림 5-40(a)와 같이 스위치를 단락하면 R_1과 R_2는 병렬이 된다. 전체 저항은 50 Ω이다(2개의 100 Ω 저항이 병렬). 전류는 두 저항을 통해 흐른다. 그림 5-40(b)와 같이 스위치를 개방하면, R_1은 회로로부터 제거된 것과 같은 효과를 갖는다. 전체 저항은 100 Ω이다. 역시 R_2 양단의 전압은 같으며 R_1 저항으로 흐르는 전류도 같다. 그러나 전원의 전체 전류는 R_1 전류만큼 감소한다.

▶ 그림 5-40

스위치가 개방되었을 때, 전체 전류는 감소하고 R_2에 흐르는 전류는 변화없이 일정하게 유지된다.

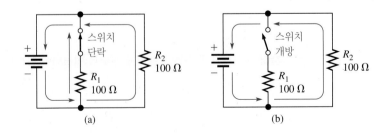

(a)   (b)

일반적으로

어느 병렬가지가 개방되면 전체 저항은 증가하고 전체 전류는 감소하며, 나머지 병렬 통로들에는 같은 전류가 흐른다.

그림 5-41의 전구회로를 검토해보자. 4개의 전구가 12 V 전원에 병렬로 연결되어 있다. 그림 그림 5-41(a)에서는 각 전구를 통해 고르게 전류가 흐른다. 이 중에서 하나의 전구가 고장이 나서 그림 5-41(b)에서와 같이 통로가 개방되었다고 가정하자. 개방된 통로로는 전류가 흐를 수 없으므로 전등은 꺼진다. 그러나 나머지 전구들에는 전류가 계속 흐르고 있으며, 지속적으로 빛을 내고 있음을 주목하라. 개방가지는 나머지 병렬가지 양단전압에 영향을 주지 못한다. 전압은 변함없이 12 V를 유지하며 각 가지에 흐르는 전류도 변함이 없다.

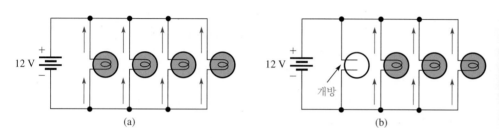

▲ 그림 5-41

전구의 필라멘트가 개방되었을 때 전체 전류는 개방된 전구에 흐르던 전류만큼 감소한다. 다른 가지의 전류는 변함이 없다.

조명시스템에서 병렬회로는 1개 또는 그 이상의 전구가 끊어져도 나머지 전구들은 여전히 동작하므로 직렬연결에 비해 유리하다. 직렬회로에서는 한 전구가 끊어지면 전류 통로가 완전히 차단되므로 나머지 전구들도 모두 꺼지게 된다.

병렬회로에서 1개의 저항이 개방되었을 때 가지 양단의 전압을 측정하여 개방된 저항을 찾아낼 수 없다. 이는 모든 가지의 양단에는 동일한 전압이 인가되기 때문이다. 그러므로 간단하게 전압을 측정하여 어떤 저항이 개방되었는지를 구분할 수 있는 방법은 없다(반분할법도 적용할 수 없다). 그림 5-42에서와 같이 품질이 좋은 저항은 어느 저항이 개방되어도 늘 같은 전압을 갖게 될 것이다(가운데 저항이 개방되었음을 유의하라).

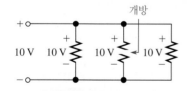

◀ 그림 5-42

모든 병렬가지(개방되었든 아니든)는 같은 전압이 인가된다.

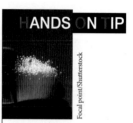

HANDS ON TIP

회로에 전류계를 연결하기 위해 회로를 파손하는 일 없이 전류를 측정하는 방법이 있다. 원래 회로의 한 부분으로서 전류를 측정해야 할 각 선에 1 Ω의 저항을 직렬로 설치하는 것이다. 이 작은 '감지저항'은 일반적으로 전체 저항에 거의 영향을 주지 않는다. 감지저항 양단의 전압을 측정하면 자동적으로 전류값을 알 수 있다.

$$I = \frac{V_{meas}}{R_{sense}}$$

만약 눈으로 조사하여 개방저항을 쉽게 찾을 수 없으면, 전류나 저항을 측정하여 그 위치를 찾아낼 수 있다. 실제적으로 저항을 측정하기 위해 측정하고자 하는 저항을 회로에서 분리해야 하고, 전류를 측정하기 위해 전류계를 직렬로 삽입해야 하므로 전류나 저항을 측정하는 것이 전압을 측정하는 것보다 훨씬 어렵다. 결론적으로 DMM에 연결하여 전류와 저항을 측정하기 위해 전선 또는 인쇄회로 연결부분을 베어내거나 끊거나 소자의 한쪽 끝을 회로 기판으로부터 빼내야 한다. 물론 전압을 측정할 때에는 전압계의 도선을 소자 양단에 간단히 연결하면 되므로 이 과정은 불필요하다.

전류 측정에 의해 개방된 가지 찾기

의심스러운 개방가지를 갖는 병렬회로에서 전체 전류를 측정해야 한다. 병렬저항이 개방되었을 때 I_T는 그것의 정상적인 값보다 항상 작다. I_T와 가지 양단의 전압을 알면 모든 저항이 다른 값을 갖는 경우 약간의 계산을 통해 개방된 저항을 찾을 수 있다.

그림 5-43(a)에서 2개의 가지를 갖는 회로를 보자. 저항 중 하나가 개방되었다면 전체 전류는 정상적인 저항에서의 전류와 같을 것이다. 옴의 법칙을 이용하여 각 저항에 흐르는 전류를 계산하면 다음과 같다.

$$I_1 = \frac{50\ \text{V}}{560\ \Omega} = 89.3\ \text{mA}$$

$$I_2 = \frac{50\ \text{V}}{100\ \Omega} = 500\ \text{mA}$$

$$I_T = I_1 + I_2 = 589.3\ \text{mA}$$

그림 5-43(b)와 같이 R_2가 개방되었다면 전체 전류는 89.3 mA가 된다. 만약 R_1이 개방되었다면 그림 5-43(c)와 같이 전체 전류는 500 mA이다.

이 과정은 저항의 값이 같지 않은 다수의 가지들에도 확장할 수 있다. 만약 병렬저항이 모두 같다면 전류가 흐르지 않는 가지를 발견할 때까지 각 가지들의 전류를 점검해야 한다.

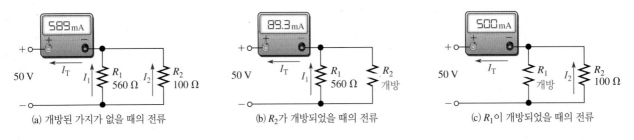

(a) 개방된 가지가 없을 때의 전류　　　(b) R_2가 개방되었을 때의 전류　　　(c) R_1이 개방되었을 때의 전류

▲ 그림 5-43

전류 측정으로 개방 통로 찾기

예제 5-19

그림 5-44에서 전체 전류는 31.1 mA이며, 병렬가지 양단의 전압은 20 V이다. 개방된 저항이 있는가? 있다면 어떤 것인가?

▶ 그림 5-44

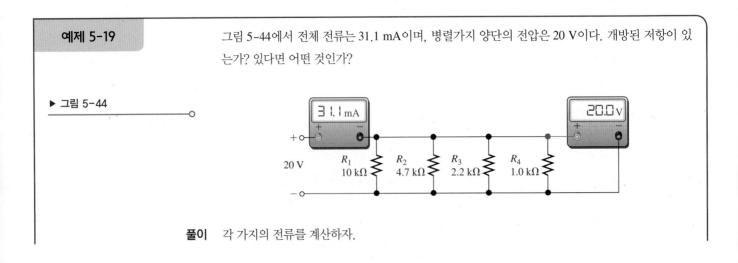

풀이　각 가지의 전류를 계산하자.

$$I_1 = \frac{20\,\text{V}}{10\,\text{k}\Omega} = 2.0\,\text{mA}$$

$$I_2 = \frac{20\,\text{V}}{4.7\,\text{k}\Omega} = 4.26\,\text{mA}$$

$$I_3 = \frac{20\,\text{V}}{2.2\,\text{k}\Omega} = 9.09\,\text{mA}$$

$$I_4 = \frac{20\,\text{V}}{1.0\,\text{k}\Omega} = 20\,\text{mA}$$

전체 전류는 다음과 같다.

$$I_\text{T} = I_1 + I_2 + I_3 + I_4 = 2.0\,\text{mA} + 4.26\,\text{mA} + 9.09\,\text{mA} + 20\,\text{mA} = 35.4\,\text{mA}$$

실제로 측정된 전류는 31.1 mA이며, 이는 정상적인 값에 비해 4.3 mA가 작다. 즉 4.26 mA의 전류가 흐르던 가지가 개방되었다는 것을 알 수 있다. 결과적으로 R_2는 **개방된 것이 틀림없다.**

관련 문제   그림 5-44에서 R_4가 개방되고 R_2는 개방되지 않았을 때 측정된 전체 전류는 얼마인가?
공학용 계산기 소개의 예제 5-19에 있는 변환 예를 살펴보라.

Multisim 또는 LTspice 파일 E05-19를 열어라. 전체 전류와 각 저항의 전류를 측정하라. 회로에 결함은 없다.

저항 측정으로 개방된 가지 찾기

검사를 한 병렬회로에서 전원 또는 어떤 회로의 선이 끊어졌다면, 전체 저항을 측정함으로써 개방 가지를 찾을 수 있다.

컨덕턴스 G는 저항의 역수($1/R$)이며, 단위는 지멘스(S)이다. 병렬회로의 전체 컨덕턴스는 모든 저항의 컨덕턴스 합이다.

$$G_\text{T} = G_1 + G_2 + G_3 + \cdots + G_n$$

개방된 가지를 찾기 위해 다음과 같은 과정을 실행하라.

1. 전체 컨덕턴스는 개개의 저항을 이용하여 계산하라.

$$G_\text{T(calc)} = \frac{1}{R_1} + \frac{1}{R_2} + \frac{1}{R_3} + \cdots + \frac{1}{R_n}$$

2. 전체 저항을 측정하고, 측정된 전체 컨덕턴스를 계산하라.

$$G_\text{T(meas)} = \frac{1}{R_\text{T(meas)}}$$

3. 계산된 전체 컨덕턴스(1단계)로부터 측정된 전체 컨덕턴스(2단계)를 빼라. 그 결과는 개방 가지의 컨덕턴스이며, 그 값의 역수를 취하여 저항을 구한다($R = 1/G$).

$$R_\text{open} = \frac{1}{G_\text{T(calc)} - G_\text{T(meas)}}$$

예제 5-20

그림 5-45에서 저항계로 측정한 핀 1과 핀 4 사이의 저항이 402 Ω이었다. 개방가지를 찾기 위해 인쇄회로 기판의 두 핀 사이를 점검하라.

▶ 그림 5-45

(그림 색깔은 책 뒷부분의 컬러 페이지 참조)

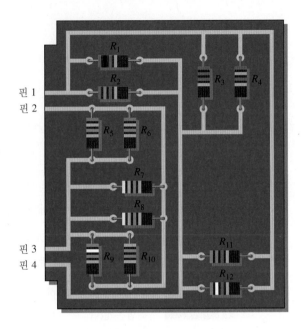

풀이 핀 1과 핀 4 사이의 회로는 다음과 같이 검사한다.

1. 전체 컨덕턴스는 개개의 저항을 이용하여 계산한다.

$$G_{T(calc)} = \frac{1}{R_1} + \frac{1}{R_2} + \frac{1}{R_3} + \frac{1}{R_4} + \frac{1}{R_{11}} + \frac{1}{R_{12}}$$
$$= \frac{1}{1.0\ k\Omega} + \frac{1}{1.8\ k\Omega} + \frac{1}{2.2\ k\Omega} + \frac{1}{2.7\ k\Omega} + \frac{1}{3.3\ k\Omega} + \frac{1}{3.9\ k\Omega}$$
$$= 2.94\ mS$$

2. 측정된 전체 컨덕턴스를 계산한다.

$$G_{T(meas)} = \frac{1}{402\ \Omega} = 2.49\ mS$$

3. 계산된 전체 컨덕턴스(1단계)로부터 측정된 전체 컨덕턴스(2단계)를 뺀다. 그 결과는 개방가지의 컨덕턴스이며, 저항은 그 값의 역수를 취해 얻는다.

$$G_{open} = G_{T(calc)} - G_{T(meas)} = 2.94\ mS - 2.49\ mS = 0.45\ mS$$

$$R_{open} = \frac{1}{G_{open}} = \frac{1}{0.45\ mS} = 2.2\ k\Omega$$

저항 R_3이 **개방**되었으며 교체해야 한다.

관련 문제 그림 5-45에서 인쇄회로기판의 핀 2와 핀 3 사이에 놓인 저항계는 9.6 kΩ을 가리키고 있다. 이 값은 정확한가? 만약 그렇지 않다면 어느 저항이 개방되었는가?

공학용 계산기 소개의 예제 5-20에 있는 변환 예를 살펴보라.

단락가지

병렬회로에서 어느 한 가지가 단락되면 전류가 엄청난 값으로 증가하고 대개 저항이 타고 퓨즈나 회로 차단기가 끊어지게 된다. 단락가지를 분리하기 어려우므로 이런 경우 수리가 어렵다.

회로의 단락부를 찾아내기 위해 펄서나 전류 추적기를 사용한다. 이것들은 디지털회로뿐 아니라 모든 유형의 회로에 사용할 수 있다. 펄서는 펜 같이 생긴 도구로 회로의 어떤 점에 펄스를 인가하여 단락 통로를 통해 펄스전류를 흐르게 한다. 전류 추적기도 역시 펜 모양의 도구로 펄스전류를 감지한다. 전류를 추적하여 전류 통로를 알아낼 수 있다.

5-8절 복습

해답은 이 장의 끝에 있다.

1. 병렬회로 양단에는 일정한 전압원이 인가되고 있다고 가정한다. 만약 병렬가지가 개방되었다면 회로의 전압과 전류로 그 변화를 검출할 수 있는가?
2. 1개의 가지가 개방되면 전체 저항에 어떤 변화가 나타나는가?
3. 몇 개의 전구가 병렬로 연결되어 있으며 이중 한 전구가 끊어졌을 때, 나머지 전구들은 계속 켜져 있는가?
4. 병렬회로의 각 가지에 1 A의 전류가 흐른다. 만약 한 가지가 개방되었다면, 나머지 가지들 각각의 전류는 얼마인가?
5. 어떤 부하에 1.00 A의 전류가 흐르고 중심선으로 0.90 A의 전류가 회수된다. 전원전압이 120 V라면 접지선에서 명목저항 결함은 얼마인가?

응용과제 Application Assignment

이 응용에서는 직류전원에 3가지의 측정 범위를 갖는 전류계를 연결하여 부하 전류를 나타내도록 한다. 전류계의 측정 범위를 늘리기 위해 병렬저항을 사용할 수 있다. 이 저항을 분로라 하며, 전류를 계기 구동부 주위로 우회시켜 원래 전류계의 사양보다 훨씬 큰 전류를 측정할 수 있게 해준다. 다중 범위 아날로그 미터의 회로는 지침이 전체 눈금으로 움직이게 하기 위해 병렬저항을 이용한다.

일반적인 작동 원리

이런 종류의 전류계에서 다양한 값의 전류 측정을 위해 사용자가 여러 범위를 선택할 수 있으므로 병렬회로는 전류계 동작에서 중요한 부분을 차지한다.

전류에 비례하여 바늘이 움직이는 아날로그 전류계의 메커니즘은 **구동계기**라 하며, 7장에서 공부할 자기의 원리에 기초하고 있다. 지금은 구동계기가 어떤 저항과 최대 전류를 가진다는 것만 알면 된다. **최대눈금 편향전류**라고 하는, 이 최대 전류는 바늘을 눈금이 표시되어 있는 오른쪽 끝까지 움직이게 한다. 예를 들어 어떤 구동계기가 50 Ω의 저항을 가지며, 최대 계기 편향전류가 1.0 mA라면, 이 계기는 1.0 mA 이하의 전류를 측정할 수 있다. 전류가 1.0 mA보다 크게 되면 바늘은 그림 5–46에 보인 것처럼 최대 눈금에 정지하게 될 것이다.

그림 5–47은 저항이 계기 구동부와 병렬로 연결된 간단한 전류계를 보여주고 있다. 이 저항을 분로저항이라 한다. 이것의 목적은 전류의 측정 범위를 확장하기 위해 1.0 mA를 초과하는 전류를 흐르는 것이다. 그림 5–47에서 9.0 mA는 분로저항을 통해 흐르고, 1.0 mA는 구동계기로 흐르는 것을 나타내고 있다. 결과적으로 10 mA의 전류까지 측정할 수 있다. 실제의 전류값을 구하기 위해 바늘이 지시하는 눈금에 10을 곱하면 된다.

실제 전류계는 몇 개의 최대 측정범위를 선택할 수 있도록 측정 범위 선택 스위치가 있다. 각 스위치 위치마다 저항값으로 계산된 양의 전류가 병렬저항을 통해 흐르게 된다. 여기서 구동체로 흐르는 전류는 1.0 mA보다 클 수 없다.

그림 5–48은 세 가지 측정 범위(1.0 mA, 10 mA, 100 mA)를 갖는 계기를 설명하고 있다. 선택 스위치가 1.0 mA에 위치할 때 전류계로 들어오는 모든 전류는 구동계기를 통해 흐른다. 10 mA의 범위에 위치하면 9.0 mA는 R_{SH1}으로 흐르고, 구동기로는 1.0 mA까지 전류가 흐른다. 100 mA에서 99 mA는 R_{SH2}로 흐르고, 구동기는 최대 측정 범위를 위해 1.0 mA만 흐른다.

예를 들어 그림 5–48에서 50 mA의 전류를 측정한다면 바늘은 눈금 상에 0.5를 가리킬 것이다. 전류값을 찾기 위해 0.5에 100을 곱해야 한다. 이 경우에 0.5 mA는 구동부를 통하고(1/2 눈금의 편각), 49.5 mA는 R_{SH2}를 통과한다.

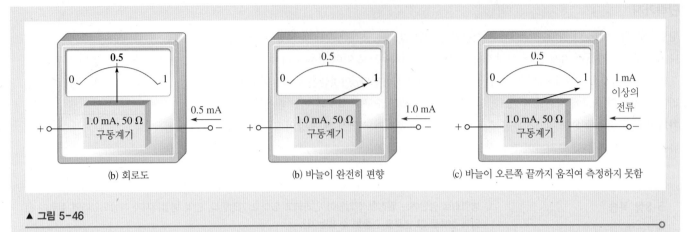

(b) 회로도　　　　　　　(b) 바늘이 완전히 편향　　　　　(c) 바늘이 오른쪽 끝까지 움직여 측정하지 못함

▲ 그림 5-46

1.0 mA 계기

▶ 그림 5-47

10 mA 계기

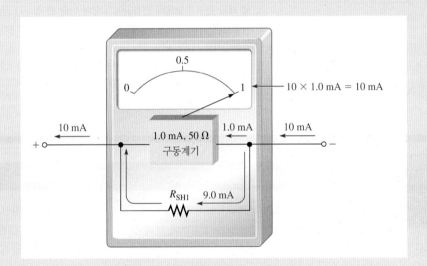

▶ 그림 5-48

세 가지 측정 범위를 갖는 밀리전류계

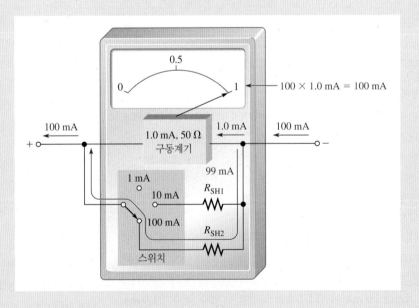

전원 장치

그림 5-49에 선반형 전원 장치를 보였다. 전압 조절기로 0 V부터 10 V까지 출력전압을 조정하는데, 전압계는 이것을 보여준다. 전원 장치는 부하에 2.0 A까지 공급할 수 있다. 전원 장치의 기본적

인 블록도를 그림 5-50에 보였다. 이것은 교류전압을 직류로 바꿔주는 정류회로와 출력전압을 특정한 값으로 일정하게 유지해주는 조정회로로 구성되어 있다.

스위치로 선택되는 25 mA, 250 mA, 2.5 A의 세 가지 전류 범위의 전류계를 연결하여 전원 장치를 변경시킬 필요가 있다. 이를 위해 2개의 분류저항이 계기 구동부에 병렬로 스위치와 함께 연결된다. 이같은 접근법은 요구되는 분류저항값이 지나치게 작지 않는 한 괜찮다. 그러나 분류저항값이 아주 낮으면 문제가 되며 그 이유는 곧 알게 될 것이다.

분류회로

어떤 전류계가 6.0 Ω의 저항에서 25 mA이 전체 눈금으로 편향되도록 선택되었다. 2개의 분류저항이 추가된다. 하나는 250 mA, 또 하나는 2.5 A의 전체 눈금 편향이다. 내부 계기 구동부는 25 mA 범위이며 그림 5-51에 보였다. 접촉저항이 50 mΩ인 단극 3단 로터리 스위치로 측정 범위를 선택한다. 스위치의 접촉저항은 20 mΩ 이하부터 100 mΩ까지이다. 스위치의 접촉저항은 온도, 전류, 사용 등에 따라 변할 수 있으므로 특정 허용 범위 내에 유지될 것으로 신뢰할 수 없다. 또한 스위치는 '메이크-비포-브레이크(Make-Before-Break)' 유형으로, 이는 이전 위치와의 접촉이 새로운 위치와의 접촉이 이루어질 때까지 끊어지지 않는다는 것을 의미한다.

2.5 A 범위의 분류저항값은 다음과 같이 결정되는데, 여기서 계기 구동부 양단의 전압은

$$V_{\text{M}} = I_{\text{M}}R_{\text{M}} = (25 \,\text{mA})(6.0 \,\Omega) = 150 \,\text{mV}$$

최대눈금 편향 시 분류저항을 흐르는 전류는

$$I_{\text{SH2}} = I_{\text{FULL SCALE}} - I_{\text{M}} = 2.5 \,\text{A} - 25 \,\text{mA} = 2.475 \,\text{A}$$

전체 분류저항은

$$R_{\text{SH2(tot)}} = \frac{V_{\text{M}}}{I_{\text{SH2}}} = \frac{150 \,\text{mV}}{2.475 \,\text{A}} = 60.6 \,\text{m}\Omega$$

저저항 정밀 저항기는 대개 1.0 mΩ에서부터 10 Ω가 있는데, 제조사에 따라 그 이상도 있다.

그림 5-51에서 스위치의 접촉저항 R_{CONT}이 R_{SH2}와 직렬 형태임을 주목하라. 전체 분류저항이 60.6 mΩ이므로 분류저항 R_{SH2}는

$$R_{\text{SH2}} = R_{\text{SH2(tot)}} - R_{\text{CONT}} = 60.6 \,\Omega - 50 \,\text{m}\Omega = 10.6 \,\text{m}\Omega$$

이 값이 유효하기는 하지만, 이 경우의 문제는 스위치 접촉저항이 R_{SH2}에 비해 꽤 커서 조그마한 변화도 계기에 큰 오차를 줄 수 있다는 것이다. 알 수 있듯이 특수한 경우에는 이러한 접근법이 바람직하지 않다.

다른 방법

그림 5-52에 표준 분류저항회로를 개조한 것을 보였다. 분류저항 R_{SH}는 2개의 더 높은 전류 범위와 병렬로 연결되어 있고, 2극 3단

▶ 그림 5-49

선반형 전원 장치의 앞 모습

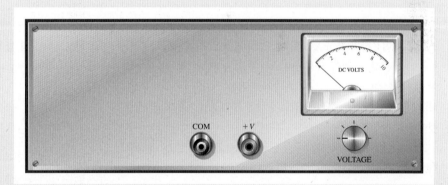

▶ 그림 5-50

dc 전원 장치의 기본적인 블록도

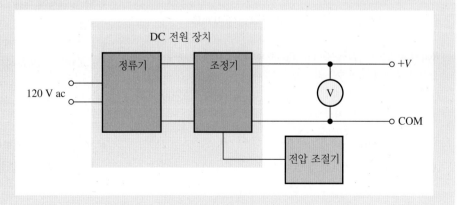

▶ 그림 5-51

3개의 전류 범위에 맞게 구성된
전류계

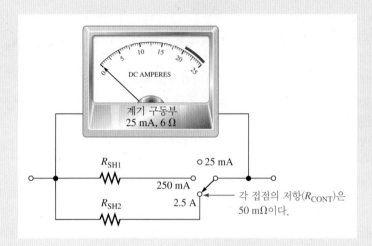

▶ 그림 5-52

스위치 접촉저항의 효과를 최소화하기
위해 재구성된 계기회로

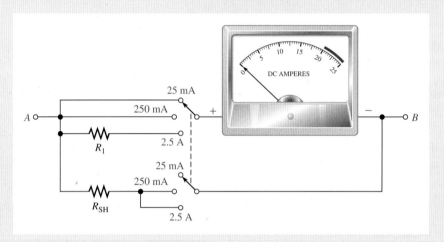

스위치를 이용하며 25 mA 세팅과는 단락되어 있다. 이 회로는 저항값이 충분히 큰 것을 사용하여 스위치 접촉저항의 영향을 무시할 수 있을 정도로 만든다. 이 계기의 단점은 스위치 구조가 복잡하고, 앞의 분류회로에 비해 입력에 대한 출력전압강하가 크다는 것이다.

250 mA 레인지에서 계기 구동부의 최대눈금 편향은 25 mA이다. 계기 구동부 양단의 전압은 150 mA이다.

$$I_{SH} = 250 \text{ mA} - 25 \text{ mA} = 225 \text{ mA}$$

$$R_{SH} = \frac{150 \text{ mV}}{225 \text{ mA}} = 0.67 \ \Omega = 670 \text{ m}\Omega$$

R_{SH}의 값은 예상 스위치 저항치인 50 mΩ보다 적어도 13배가 넘으므로 접촉저항의 영향을 최소화시켜준다.

2.5 A 레인지에서는 계기 구동부 최대눈금 편향이 25 mA이다. 이것은 R_1을 흐르는 전류이다.

$$I_{SH} = 2.5 \text{ A} - 25 \text{ mA} = 2.475 \text{ A}$$

A와 B 사이의 계기회로에 걸리는 전압은

$$V_{AB} = I_{SH}R_{SH} = (2.475 \text{ A})(670 \text{ m}\Omega) = 1.66 \text{ V}$$

키르히호프의 전압 법칙과 옴의 법칙을 이용하여 R_1을 구하면

$$V_{R1} + V_M = V_{AB}$$

$$V_{R1} = V_{AB} - V_M = 1.66 \text{ V} - 150 \text{ mV} = 1.51 \text{ V}$$

$$R_1 = \frac{V_{R1}}{I_M} = \frac{1.51 \text{ V}}{25 \text{ mA}} = 60.4 \ \Omega$$

이 값은 스위치의 접촉저항보다 훨씬 크기 때문에 R_{CONT}의 효과를 무시할 수 있게 된다.

◆ 각 레인지에 대해 그림 5-52의 R_{SH}에서 소진되는 최대 전력을 계산한다.

◆ 스위치가 2.5 A 레인지에 맞춰 있고 전류가 1.0 A일 때 그림 5-52의 A와 B 사이의 전압은 얼마인가?

◆ 계기가 250 mA를 지시하고 있다. 스위치가 250 mA 위치에서 2.5 A 위치로 이동할 때, 계기회로의 A와 B 사이의 전압은 얼마나 변하는가?

◆ 계기 구동부의 저항이 6.0 Ω이 아니라 4.0 Ω이라 가정하자. 그림 5-52에서 회로의 변화를 열거하라.

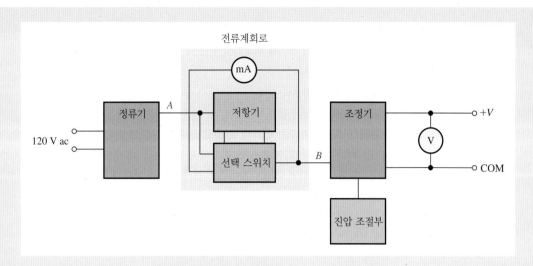

▲ 그림 5-53

3레인지 밀리암미터계가 연결된 dc 전원 장치의 개략도

▶ 그림 5-54

밀리암미터와 전류레인지 선택 스위치가
부착된 전원 장치

전원 장치 개조

저항의 적당한 값이 구해지면 그 저항을 기판에 설치하고 이 기판을 전원 장치에 부착한다. 저항과 레인지 스위치는 그림 5-53과 같이 전원에 연결한다. 전류계회로는 계기회로 사이의 전압강하의 출력전압에 대한 충격을 줄이기 위해 전원 장치의 정류회로와 조정회로 사이에 연결되어 있다. 조정기는 계기회로의 입력전압이 변하더라도 출력전압을 어느 범위 내에서 일정하게 유지시켜 준다.

그림 5-54는 로터리 레인지 스위치와 밀리암미터가 부착된 전원 장치의 전면 판넬을 보여준다. 2.5 A 레인지에서 전원 장치의 안전운전을 위한 최대 전류는 2.0 A이므로 스케일의 색 부분은 초과 전류를 나타내준다.

응용과제 복습

1. 그림 5-52의 계기가 250 mA 레인지에 맞춰져 있다면 어느 저항을 통해 가장 큰 전류가 흐르는가?
2. 그림 5-52의 계기회로에서 3개의 각 전류레인지에 대해 A와 B 사이의 전체 저항을 구하라.
3. 그림 5-51의 회로 대신 그림 5-52의 회로가 사용되는 이유를 설명하라.
4. 전류계의 나침이 15를 지시하고 레인지 스위치가 250 mA에 맞춰져 있다면 전류는 얼마인가?
5. 그림 5-52의 세 가지 레인지 스위치 선택에 대해 그림 5-55에 보인 전류계가 지시하는 전류값을 구하라.

▶ 그림 5-55

요약

- 병렬저항은 히로에서 동일한 두 마디 양단에 연결되어 있다.
- 병렬회로는 전류의 통로가 1개 이상이다.
- 전체 병렬저항은 가장 작은 병렬저항보다 작다.
- 병렬회로의 모든 가지에 걸리는 전압은 같다.
- 키르히호프의 전류 법칙: 마디로 들어오는 전류의 합(유입 전체 전류)은 그 마디를 나가는 전류(유출 전체 전류)의 합과 같다. 유입, 유출되는 모든 전류의 대 수합은 0이다.
- 병렬회로는 전류 분배기이다. 왜냐하면 가지로 들어가는 전체 전류는 마디에 연결된 각각의 가지로 분배되기 때문이다.
- 병렬회로의 모든 가지의 저항이 같다면, 모든 가지를 통하는 전류는 같다.
- 병렬저항회로의 전체 전력은 그 회로를 구성하는 저항 각각의 전력의 합과 같다.
- 병렬회로의 전체 전력은 전체 전류, 전체 저항, 총 전압을 이용하여 전력 공식으로 계산할 수 있다.
- 병렬회로의 가지 중 1개가 개방되면 전체 저항은 증가하고, 결과적으로 전체 전류는 감소한다.
- 병렬회로의 한 가지가 개방되어도 남은 가지에는 계속 같은 전류가 흐른다.

핵심용어

가지 병렬회로에서 어떤 전류 통로

마디 2개 이상의 소자가 연결된 점 또는 접합

병렬 2개 이상의 전류 통로가 2개로 분리된 점이 같은 양단에 연결된 전기회로의 관계

전류 분배기 전류가 병렬 가지 저항에 역으로 비례하여 분배되는 병렬회로

키르히호프의 전류 법칙 마디로 들어오는 전체 전류는 마디를 나가는 전체 전류와 같다. 즉 어느 마디에서 들어오고 나가는 전류의 합은 0이다.

수식

5-1
$$R_T = \frac{1}{\dfrac{1}{R_1} + \dfrac{1}{R_2} + \dfrac{1}{R_3} + \cdots + \dfrac{1}{R_n}}$$
전체 병렬저항

5-2
$$R_T = \frac{R_1 R_2}{R_1 + R_2}$$
2개의 병렬저항 공식

5-3
$$R_T = \frac{R}{n}$$
저항값이 같은 n개 병렬저항의 공식

5-4
$$I_{IN(1)} + I_{IN(2)} + I_{IN(3)} + \cdots + I_{IN(n)}$$
$$= I_{OUT(1)} + I_{OUT(2)} + I_{OUT(3)} + \cdots + I_{OUT(m)}$$
키르히호프의 전류 법칙

5-5
$$I_x = \left(\frac{R_T}{R_x}\right) I_T$$
전류 분배 일반식

5-6
$$I_1 = \left(\frac{R_2}{R_1 + R_2}\right) I_T$$
두 가지 전류 분배기 공식

5-7
$$I_2 = \left(\frac{R_1}{R_1 + R_2}\right) I_T$$
두 가지 전류 분배기 공식

5-8
$$P_T = P_1 + P_2 + P_3 + \cdots + P_n$$
전체 전력

참/거짓 퀴즈   해답은 이 장의 끝에 있다.

1. 병렬저항의 전체 컨덕턴스를 구하려면 각 저항의 컨덕턴스를 더해야 한다.

2. 병렬회로의 전체 저항은 항상 가장 작은 저항보다 작다.

3. '곱셈 나누기 덧셈' 규칙은 모든 병렬저항에 적용된다.

4. 병렬회로에서 큰 저항의 전압은 높고 작은 저항의 전압은 낮다.

5. 병렬회로에 새 통로가 추가되면 저항은 커진다.

6. 병렬회로에 새 통로가 추가되면 전류는 커진다.

7. 어떤 마디로 들어가는 전체 전류는 그 마디에서 나가는 전체 전류와 같다.

8. 전류 분배 공식 $I_x = (R_T/R_x)I_T$에서 괄호 안의 분수는 1보다 클 수 없다.

9. 2개의 저항이 병렬로 연결되어 있을 때, 작은 저항에서 전력 소모가 더 작다.

10. 병렬저항들의 전체 전력 소모는 전원에서 공급된 전력보다 클 수 없다.

자습 문제   해답은 이 장의 끝에 있다.

1. 병렬회로에서 각 저항들은
   (a) 전류값이 같다   (b) 전압이 같다
   (c) 전력이 같다   (d) 전부 같다

2. 1.2 kΩ과 100 Ω 저항이 병렬로 연결되어 있다면 전체 저항은
   (a) 1.2 kΩ보다 크다   (b) 100 Ω보다 크고 1.2 kΩ보다는 작다
   (c) 100 Ω보다는 작고 90 Ω보다는 크다   (d) 90 Ω보다 작다

3. 330 Ω, 270 Ω, 68 Ω 저항들이 병렬로 연결되어 있다. 대략 전체 저항은?
   (a) 668 Ω   (b) 47 Ω   (c) 68 Ω   (d) 22 Ω

4. 8개의 저항이 병렬로 연결되어 있다. 그중 가장 작은 저항값 2개가 1.0 kΩ이다. 전체 저항은?
   (a) 결정할 수 없다   (b) 1.0 kΩ보다 크다
   (c) 500 Ω과 1000 Ω 사이다   (d) 500 Ω보다 작다

5. 병렬회로에 저항이 추가로 연결되었을 때 전체 저항은?
   (a) 감소한다   (b) 증가한다
   (c) 똑같다   (d) 추가된 저항의 값만큼 증가한다

6. 병렬회로의 저항 중에서 하나를 제거하면 전체 저항은?
   (a) 제거된 저항값만큼 감소한다   (b) 똑같다
   (c) 증가한다

7. 마디에 전류가 두 통로로 들어온다. 한 전류는 5.0 A, 다른 것은 3.0 A이다. 이 마디로 나가는 전체 전류는?
   (a) 2.0 A   (b) 알 수 없다   (c) 8.0 A   (d) 두 전류 중에서 큰 값

8. 390 Ω, 560 Ω, 820 Ω 저항들이 전원 양단에 병렬로 연결되어 있다. 가장 적은 전류가 흐르는 저항은?
   (a) 390 Ω   (b) 560 Ω
   (c) 820 Ω   (d) 전압을 알지 못하면 결정하기가 불가능하다

9. 병렬회로로 들어가는 전체 전류가 갑자기 감소했다면 어떤 현상이 발생한 것인가?
   (a) 단락   (b) 개방 저항
   (c) 전압원의 감소   (d) (b)나 (c) 중 하나

10. 가지가 4개인 병렬회로에서 각 가지에 10 mA의 전류가 흐른다. 만약 가지 중 1개가 개방된다면 다른 3개의 가지 각각에 흐르는 전류는?
    (a) 13.33 mA   (b) 10 mA   (c) 0 A   (d) 30 mA

11. 가지가 3개인 병렬회로에서 R_1은 10 mA의 전류가 흐르고, R_2에는 15 mA, R_3에는 20 mA의 전류가 흐른다. 전체 전류가 35 mA로 측정되었다면 다음 중 어느 것이 맞는가?

(a) R_1이 개방   (b) R_2가 개방

(c) R_3가 개방   (d) 회로는 정상적으로 작동

12. 3개의 가지로 구성되어 있는 병렬회로에 100 mA의 전체 전류가 흐르고, 그 중 2개의 가지에 각각 40 mA와 20 mA가 흐른다면, 세 번째 가지에 흐르는 전류는 얼마인가?

(a) 60 mA   (b) 20 mA   (c) 160 mA   (d) 40 mA

13. 인쇄회로기판 위의 5개의 병렬저항 중 하나가 완전히 단락되었다. 가장 가능성 있는 결과는?

(a) 가장 작은 값의 저항이 타버릴 것이다.   (b) 다른 저항들 중에서 하나 이상의 저항이 타버릴 것이다.

(c) 전원 공급기의 퓨즈가 타버릴 것이다.   (d) 저항값이 변할 것이다.

14. 가지가 4개인 병렬회로에서 각 가지가 소비하는 전력은 1.0 mW이다. 전체 소비전력은?

(a) 1.0 W   (b) 4.0 W   (c) 0.25 W   (d) 16 W

고장진단: 증상과 원인

이를 연습하는 목적은 고장진단에 필수적인 사고력 개발에 도움을 주기 위한 것이다. 해답은 이 장의 끝에 있다.

그림 5-56을 참조하여 각 증상에 대한 원인을 알아낸다.

▶ 그림 5-56

이 미터들은 회로에 대한 정확한 값을 지시하고 있다.

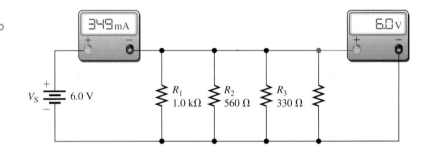

1. 증상: 전류계와 전압계는 0을 가리키고 있다.

   원인:

   (a) R_1이 개방이다.   (b) 전원이 끊어졌거나 고장이다.   (c) R_3가 개방이다.

2. 증상: 전류계는 16.7 mA을 가리키고 있으며, 전압계는 6.0 V를 가리키고 있다.

   원인:

   (a) R_1은 개방이다.   (b) R_2는 개방이다.   (c) R_3는 개방이다.

3. 증상: 전류계는 28.9 mA를 가리키고 있으며, 전압계는 6.0 V를 가리키고 있다.

   원인:

   (a) R_1은 개방이다.   (b) R_2는 개방이다.   (c) R_3는 개방이다.

4. 증상: 전류계는 24.2 mA를 가리키고 있으며, 전압계는 6.0 V를 가리키고 있다.

   원인:

   (a) R_1은 개방이다.   (b) R_2는 개방이다.   (c) R_3는 개방이다.

5. 증상: 전류계는 34.9 mA를 가리키고 있으며, 전압계는 0 V를 가리키고 있다.

   원인:

   (a) 저항은 단락이다.   (b) 전압계는 고장이다.   (c) 전압원이 끊어졌거나 또는 고장이다.

연습 문제 홀수 번호 연습 문제의 해답은 이 책의 끝에 있다.

기초 문제

5-1 병렬저항

1. 그림 5-57의 저항을 전지에 병렬로 연결하라.

2. 그림 5-58의 모든 저항이 기판에 병렬로 연결되었는지 아닌지를 결정하고, 저항값을 포함하는 회로도를 그려라.

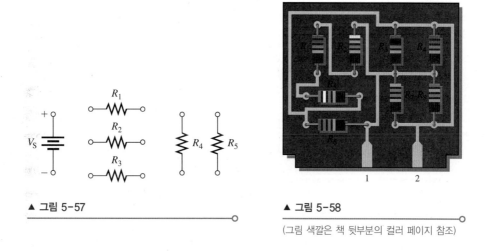

▲ 그림 5-57

▲ 그림 5-58

(그림 색깔은 책 뒷부분의 컬러 페이지 참조)

5-2 전체 병렬저항의 합

3. 그림 5-58의 핀 1과 2 사이의 전체 저항을 구하라.

4. 1.0 MΩ, 2.2 MΩ, 4.7 MΩ, 12 MΩ, 22 MΩ의 저항이 병렬로 연결되어 있다. 전체 저항을 구하라.

5. 그림 5-59에서 각 병렬저항 그룹의 A와 B 마디 사이의 전체 저항을 구하라.

▶ 그림 5-59

(그림 색깔은 책 뒷부분의 컬러 페이지 참조)

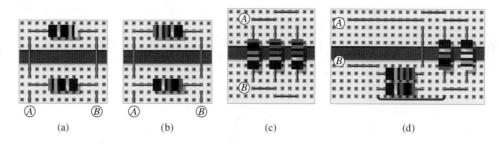

(a)   (b)   (c)   (d)

6. 그림 5-60의 각 회로에 대해 전체 저항 R_T를 계산하라.

▶ 그림 5-60

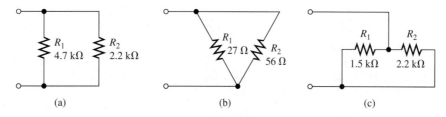

(a)   (b)   (c)

7. 22 kΩ 저항 11개가 병렬로 연결되면 전체 저항은 얼마인가?

8. 5개의 15 Ω, 10개의 100 Ω, 2개의 10 Ω 저항들이 모두 병렬로 연결되었다. 전체 저항은 얼마인가?

5-3 병렬회로에서의 전압

9. 저항값이 같은 4개의 저항이 병렬로 연결되었을 때, 전체 전압이 12 V이고 전체 저항이 600 Ω인 경우, 각 병렬저항의 전류와 전압을 구하라.

10. 그림 5-61의 전압원은 100 V이다. 3개의 계기가 지시하는 전압은 얼마인가?

▶ 그림 5-61

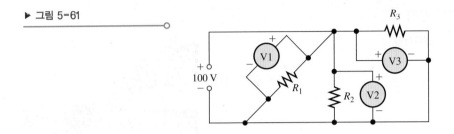

5-4 옴의 법칙의 응용

11. 그림 5-62의 각 회로에서 전체 전류 I_T는 얼마인가?

▶ 그림 5-62

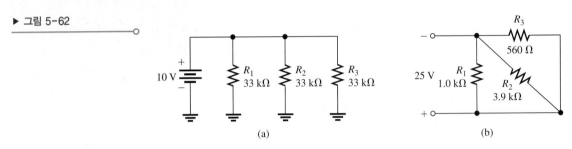

(a)　　(b)

12. 60 W 전구의 저항이 약 240 Ω이다. 전구 3개가 120 V에 병렬로 연결되어 켜져 있을 때 전원으로부터의 전류는 얼마인가?

13. 그림 5-63의 회로의 각 저항에 흐르는 전류는 얼마인가?

▶ 그림 5-63

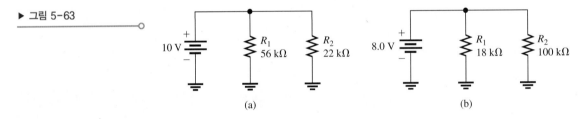

(a)　　(b)

14. 4개의 같은 저항이 병렬로 연결되어 있다. 병렬회로 양단에 5 V가 인가되어 있고 전원으로부터 2.5 mA의 전류가 측정되었다. 각 저항값은 얼마인가?

5-5 키르히호프의 전류 법칙

15. 세 가지 병렬회로에서 250 mA, 300 mA, 800 mA의 전류가 같은 방향으로 측정되었다. 이 세 가지가 연결된 마디로 들어가는 전류는 얼마인가?

16. 전체 500 mA의 전류가 5개의 병렬저항으로 흐른다. 4개의 저항으로 흐르는 전류는 50 mA, 150 mA, 25 mA, 100 mA이다. 다섯 번째 저항에는 얼마의 전류가 흐르는가?

17. 그림 5-64에서 R_2와 R_3이 같은 저항을 가진다면 R_2와 R_3에 흐르는 전류는 얼마인가? 이 전류를 측정하기 위해 어떻게 전류계를 연결해야 하는가?

▶ 그림 5-64

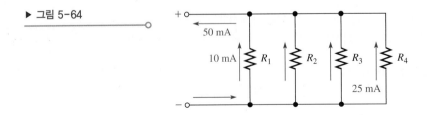

18. 어떤 트레일러의 4개의 전조등에 각각 0.5 A의 전류가 흐르고 2개의 후미등엔 각각 1.2 A의 전류가 흐른다. 이 등들이 다 켜져 있을 때 트레일러에 공급되는 전류는 얼마인가?

19. 18번 문제의 트레일러에 각각 1.0 A가 흐르는 브레이크 등이 2개가 있다.

 (a) 모든 등이 켜져 있을 때 트레일러에 공급되는 전류는 얼마인가?

 (b) 이런 상태에서 트레일러의 접지전류는 얼마인가?

5-6 전류 분배기

20. 10 kΩ 저항과 15 kΩ 저항이 병렬로 전압원에 연결되어 있다. 어느 저항에 더 많은 전류가 흐르는가?

21. 그림 5-65의 각 가지에 흐르는 전류는 각 계기에 얼마로 나타나겠는가?

▶ 그림 5-65

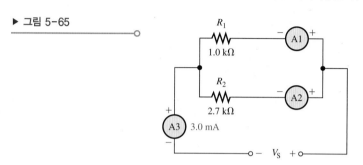

22. 전류 분배 공식을 사용하여 그림 5-66 회로의 각 가지전류를 구하라.

▶ 그림 5-66

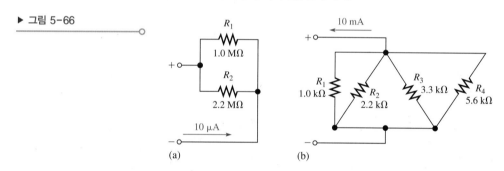

 (a)   (b)

5-7 병렬회로의 전력

23. 5개의 병렬저항이 각각 40 mW를 소비한다. 전체 전력은 얼마인가?

24. 그림 5-66의 각 회로의 전체 전력을 구하라.

25. 6개의 전구가 120 V에 병렬로 연결되어 있다. 각 전구는 75 W를 소비한다. 각 전구에는 얼마나 많은 전류가 흐르고, 전체 전류는 얼마인가?

5-8 고장진단

26. 25번 문제에서 전구 중 하나가 타버린다면, 남아 있는 각각의 전구에 흐르는 전류는 얼마인가? 또 한 전체 전류는 얼마인가?

27. 그림 5-67과 같이 전류와 전압을 측정했다. 저항이 개방 상태인가? 만일 그렇다면 어떤 것인가?

▶ 그림 5-67

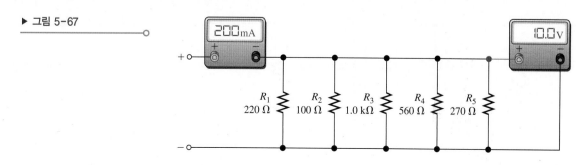

28. 그림 5-68의 회로에서 무엇이 잘못되었는가?

▶ 그림 5-68

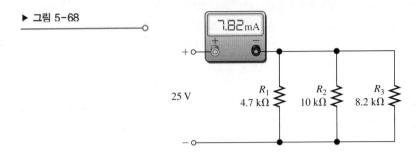

29. 그림 5-69에서 개방된 저항을 찾아라.

▶ 그림 5-69

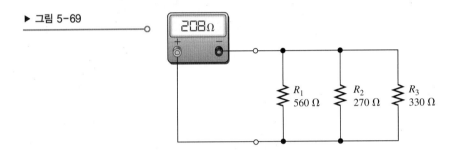

30. 그림 5-70에서 개방된 저항이 있는지 확인하고, 있다면 그 저항을 찾아라.

▶ 그림 5-70

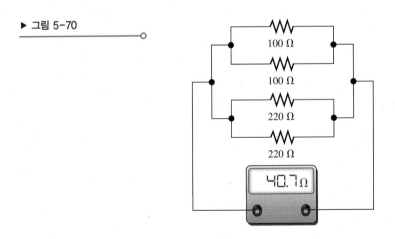

고급 문제

31. 그림 5-71의 회로에서 저항 R_2, R_3, R_4를 구하라.

32. 병렬회로의 전체 저항은 25 Ω이다. 전체 전류가 100 mA라면, 병렬회로 중 220 Ω 저항을 흐르는 전류는 얼마인가?

33. 그림 5-72의 각 저항을 지나는 전류는 얼마인가? R이 가장 적은 저항이고, 다른 것들은 그림에서처럼 R의 곱 형태

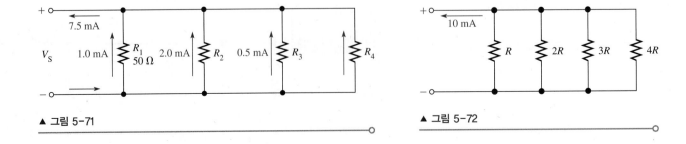

▲ 그림 5-71   ▲ 그림 5-72

로 표시되었다.

34. 어떤 병렬 네트워크가 ½ W를 각각 소비하는 저항값이 같은 것으로 구성되었다. 전체 저항은 1.0 kΩ이고, 전체 전류는 50 mA이다. 각 저항이 최고 전력 수준의 절반을 소비한다면, 다음 사항들을 계산하라.

　　(a) 저항의 수　　　　(b) 각 저항의 값　　　　　　(c) 각 가지의 전류　　　(d) 인가전압

35. 그림 5-73의 각 회로에서 숫자로 표기되지 않은 값(색으로 표시한 것)들을 계산하라.

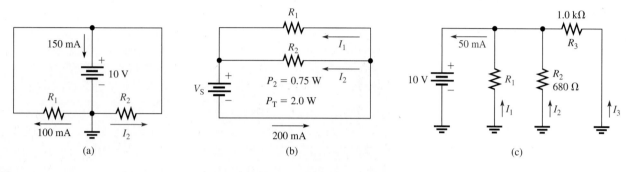

▲ 그림 5-73

36. 다음의 조건에서 그림 5-74의 점 *A*와 접지 사이의 전체 저항은 얼마인가?

　　(a) SW1과 SW2 모두 개방　　　　　　　　(b) SW1은 닫히고, SW2는 개방

　　(c) SW1은 개방, SW2는 닫힘　　　　　　　(d) SW1과 SW2 모두 닫힘

37. 그림 5-75에서 R_2의 값이 얼마이면 과도전류의 원인이 되는가?

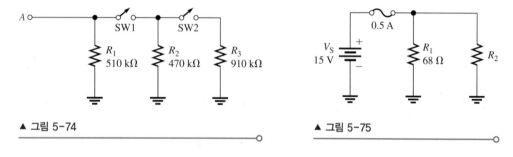

▲ 그림 5-74　　　　　　　　　　　　　　　　　▲ 그림 5-75

38. 그림 5-76에서 스위치가 각 지점에 위치할 때 전원으로부터 전체 전류를 구하고 각 저항을 통하는 전류를 구하라.

▶ 그림 5-76

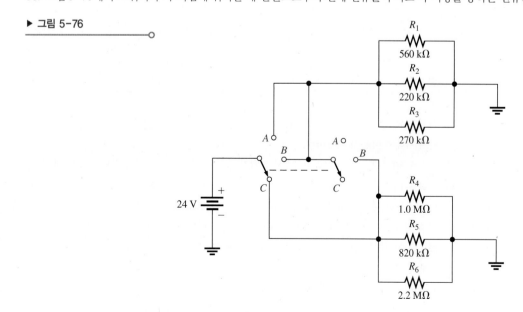

39. 어떤 방의 전기회로가 15 A의 회로차단기에 의해 보호되고 있다. 8.0 A 용량의 난방기가 벽의 콘센트에 연결되어 있고, 각각 0.833 A인 2개의 전기스탠드가 다른 콘센트에 연결되어 있다. 용량이 5.0 A인 진공청소기를 같은 회로에 연결해도 괜찮은가? 그 이유를 설명하라.

40. 120 Ω 저항 3개로 이루어진 하나의 병렬회로의 전체 전류가 200 mA이다. 전원전압은 얼마인가?

41. 그림 5-77의 양면 PC 기판에서 어느 그룹의 저항이 병렬로 연결되었는지 식별하라. 그리고 각 그룹의 전체 저항을 계산하라.

▶ 그림 5-77

(그림 색깔은 책 뒷부분의 컬러 페이지 참조)

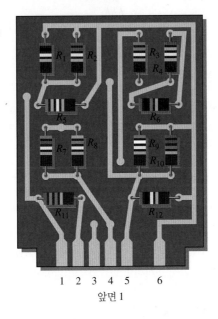
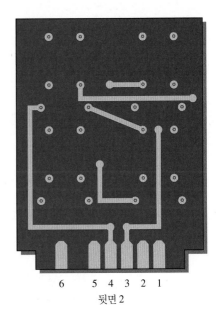

1 2 3 4 5 6
앞면 1

6 5 4 3 2 1
뒷면 2

42. 그림 5-78에서 전체 저항이 200 Ω이면, R_2의 값은 얼마인가?

43. 그림 5-79에서 모르는 저항의 값을 계산하라.

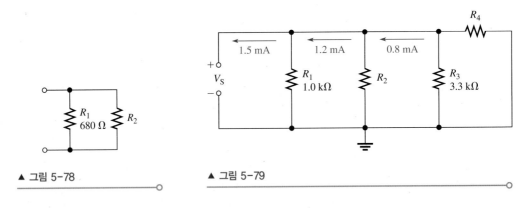

▲ 그림 5-78

▲ 그림 5-79

44. 전체 전류 2.5 mA가 전체 저항 1.5 kΩ인 병렬회로에 흐른다. 전류를 25% 증가한다. 이를 위해 병렬로 저항을 얼마나 추가해야 하는지 계산하라.

45. 그림 5-80의 회로도를 그리고, 25 V가 빨강 단자와 검정 단자에 걸린다면 이 회로에서 무엇이 잘못됐는지 찾아라.

46. 그림 5-81의 회로에 개방된 부품이 없다는 것을 확인하기 위한 테스트 절차를 개발하라. 이 테스트는 기판에서 어느 부품도 빼내지 않고 실시해야 한다. 테스트 절차를 단계별로 상세히 나열하라.

47. 어떤 병렬회로가 1.8 kΩ, 2.2 kΩ, 3.3 kΩ, 3.9 kΩ, 4.7 kΩ의 값을 가지는 5개의 ½ W 저항으로 구성되어 있다. 병렬회로에 인가하는 전압을 서서히 증가하면 전체 전류도 서서히 증가한다. 그런데 갑자기 전체 전류가 작은 값으로 감소했다.

(a) 전원 공급이 이상이 없다면, 무슨 일이 일어난 것인가?

(a) 노랑 단자는(오른쪽 단자) 회
로판으로 가고, 빨강 단자는
(왼쪽 단자) 25V 전원 공급
기의 +단자로 연결한다.

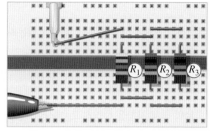

(b) 단자들이 연결된 회로판. 노랑 단자는 측정기
로부터, 집게는 25 V 전원 공급기의 접지로부
터, 빨강 단자는 양의 25 V로 간다.

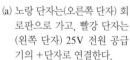

▲ 그림 5-80

(그림 색깔은 책 뒷부분의 컬러 페이지 참조)

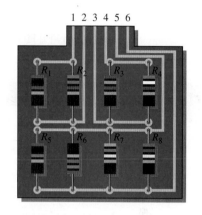

▲ 그림 5-81

(그림 색깔은 책 뒷부분의 컬러 페이지 참조)

(b) 이 회로에 인가해야 할 최대 전압은 얼마인가?

(c) 이 결함을 수리하기 위해 무엇을 해야 하는가?

48. 그림 5-82의 회로기판에서 핀 2와 핀 4 사이가 단락된 경우, 다음의 핀들 사이의 저항을 구하라.

(a) 핀 1과 핀 2   (b) 핀 2와 핀 3   (c) 핀 3과 핀 4   (d) 핀 1과 핀 4

49. 그림 5-82의 회로기판에서 핀 3과 핀 4가 단락된 경우, 다음의 핀들 사이의 저항을 구하라.

(a) 핀 1과 핀 2   (b) 핀 2와 핀 3   (c) 핀 2와 핀 4   (d) 핀 1과 핀 4

▶ 그림 5-82

(그림 색깔은 책 뒷부분의 컬
러 페이지 참조)

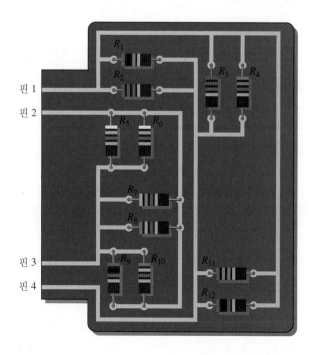

고장진단 문제

50. Multisim 파일 P05-50을 열어라. 전류측정기를 이용하여 회로에 고장이 있는지 확인하라. 만약 그렇다면 고장의 원인을 밝혀라.

51. Multisim 파일 P05-51을 열어라. 전류측정기를 이용하여 회로에 고장이 있는지 확인하라. 만약 그렇다면 고장의 원인을 밝혀라.

52. Multisim 파일 P05-52를 열어라. 저항측정기를 이용하여 회로에 고장이 있는지 확인하라. 만약 그렇다면 고장의 원인을 밝혀라.

53. Multisim 파일 P05-53을 열어라. 각 회로의 전체 저항을 측정하고, 계산한 값과 비교하라.

해답

각 절의 복습

5-1 병렬저항

1. 병렬저항이 똑같은 두 점 사이에 연결된다.
2. 병렬회로는 주어진 두 점 사이에 하나 이상의 전류 통로를 가진다.
3. 그림 5-83을 보라.

▶ 그림 5-83

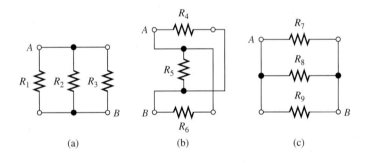

(a)　　　　　(b)　　　　　(c)

4. 그림 5-84를 보라.

▶ 그림 5-84

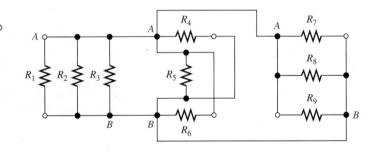

5-2 전체 병렬저항의 합

1. 병렬로 많은 저항이 연결될수록 전체 저항은 감소한다.
2. R_T는 항상 가장 작은 저항값보다 적다.
3. $R_T = 2.2\ k\Omega/12 = 183\ \Omega$

5-3 병렬회로에서의 전압

1. 5.0 V
2. $V_{R2} = 12\ V$, $V_S = 12\ V$
3. $V_{R1} = 6.0\ V$, $V_{R2} = 6.0\ V$

4. 전압은 모든 병렬가지의 양단에서 같다.

5-4 옴의 법칙의 응용

1. I_T = 12 V/(680 Ω/3) = 53 mA
2. V_S = 20 mA(680 Ω ∥ 330 Ω) = 4.44 V
3. I_1 = 4.44 V/680 Ω = 6.53 mA, I_2 = 4.44 V/330 Ω = 13.5 mA
4. R_T = 4(12 V/6.0 mA) = 8.0 kΩ
5. V = (1.0 kΩ ∥ 2.2 kΩ)21.8 mA = 15 V

5-5 키르히호프의 전류 법칙

1. 키르히호프의 전류 법칙: 마디의 모든 전류의 대수적인 합은 0이다. 또는 마디로 들어오는 전류의 합과 그 마디를 나가는 전류의 합은 같다.
2. $I_1 + I_2 + I_3$ = 2.5 A
3. 100 mA + 300 mA = 400 mA
4. 4.0 A
5. (a) 10 A
   (b) 열선전류와 중성선전류가 다른 경우 접지 고장이 존재할 수 있다.

5-6 전류 분배기

1. 22 Ω에 전류의 대부분이 흐른다. 220 Ω에는 적은 전류가 흐른다.
2. I_3 = (R_T/R_3)4.0 mA = (113.6 Ω/470 Ω)4.0 mA = 967 μA
3. I_2 = (R_T/680 Ω)10 mA = 3.27 mA, I_1 = (R_T/330 Ω)10 mA = 6.73 mA

5-7 병렬회로의 전력

1. P_T를 구하기 위해 각 저항의 전력을 더한다.
2. P_T = 1.0 W + 2.0 W + 5.0 W + 8.0 W = 16 W
3. P_T = $(I_T)^2 R_T$ = (19.5 mA)² 615 Ω = 234 mW
4. 정상전류는 $I = P/V$ = 100 W/12.6 V = 7.9 A이다. 10 A 퓨즈를 선택한다.

5-8 고장진단

1. 병렬가지가 개방될 때 전압에는 변화가 없고, 전체 전류는 감소한다.
2. 전체 저항이 예측되는 것보다 매우 클 때 가지는 개방이다.
3. 그렇다. 모든 전구는 계속 빛을 낸다.
4. 개방되지 않은 각 가지의 전류는 여전히 1.0 A이다.
5. 키르히호프의 전류 법칙에 의하면 접지전류는 0.10 A이며 병렬 통로를 형성한다. 옴의 법칙에서 R = 120 V/0.1 A = 1200 Ω

예제 관련 문제

5-1 배선을 바꾸는 것이 필요치 않다.
5-2 핀 1과 핀 2, 핀 3과 핀 4를 연결하라.
5-3 9.34 Ω
5-4 132 Ω
5-5 33.3 kΩ
5-6 25 V
5-7 I_1 = 100 mA, I_2 = 179 mA, 100 mA + 179 mA = 279 mA

5-8 $I_1 = 20.0$ mA, $I_2 = 9.09$ mA, $I_3 = 35.7$ mA, $I_4 = 22.0$ mA

5-9 31.9 mA

5-10 2.0 Ω

5-11 $I = V/R_{TAIL} = 12.6$ V/10.5 Ω = 1.2 A

5-12 20 mA

5-13 $I_T = 112$ mA, $I_2 = 50$ mA

5-14 2.5 mA, 5.0 mA

5-15 $I_1 = 1.63$ mA, $I_2 = 3.35$ mA

5-16 $I_1 = 59.4$ mA, $I_2 = 40.6$ mA

5-17 1.78 W

5-18 81 W

5-19 15.4 mA

5-20 정확하지 않다. R_{10}(68 kΩ)은 개방되어 있다.

참/거짓 퀴즈

1. T   **2.** T   **3.** F   **4.** F   **5.** F   **6.** T   **7.** T   **8.** T   **9.** F   **10.** F

자습 문제

1. (b)   **2.** (c)   **3.** (b)   **4.** (d)   **5.** (a)   **6.** (c)   **7.** (c)   **8.** (c)   **9.** (d)   **10.** (b)

11. (a)   **12.** (d)   **13.** (c)   **14.** (b)

고장진단: 증상과 원인

1. (b)   **2.** (c)   **3.** (a)   **4.** (b)   **5.** (b)

직렬-병렬 회로

이 장의 구성

학습목표

▶ 직렬-병렬 관계를 식별한다.
▶ 직렬-병렬 회로를 분석한다.
▶ 부하가 걸린 전압 분배기를 해석한다.
▶ 회로에서 전압계의 부하효과를 결정한다.
▶ 휘트스톤 브리지를 해석한다.
▶ 테브난의 정리를 적용하여 해석을 위한 회로를 단순화한다.
▶ 최대 전력전달 정리를 적용한다.
▶ 중첩의 원리를 이용하여 회로를 해석한다.
▶ 직렬-병렬 회로를 고장진단한다.

응용과제 미리보기

이 장의 응용과제는 앞장에서 배운 기술과 함께 이 장에서 배울 부하가 연결된 전압 분배기의 지식을 적용하여 휴대용 전원공급 장치에서 이용되는 전압 분배회로기판을 평가하는 일이다. 이 응용에서 전압 분배기는 회로에서 부하의 역할을 하는 세 가지 장비들의 기준전압을 공급하기 위해 설계된다. 독자는 여러 가지 공통적인 결합에 대한 회로기판의 고장진단을 할 것이다. 이 장을 공부하고 나면 응용과제를 해결할 수 있을 것이다.

핵심용어

▶ 단자등가
▶ 부하전류
▶ 분압기전류
▶ 중첩의 원리
▶ 테브난의 정리
▶ 휘트스톤 브리지
▶ 변형 게이지
▶ 부하효과
▶ 불평형 브리지
▶ 최대 전력전달
▶ 평형 브리지

서론

전자회로에서는 직렬저항과 병렬저항을 여러 형태로 조합한 것을 자주 볼 수 있다. 이 장에서는 직렬-병렬 배열의 예를 고찰하고 해석한다. 또한 휘트스톤 브리지라고 부르는 중요한 회로를 소개하고 있다. 복잡한 회로를 테브난의 이론을 이용하여 단순화하는 방법을 공부할 것이다. 주어진 회로에서 부하에 최대 전력을 공급하는 것이 중요한 응용에서 사용되는 최대 전력전달 이론을 논의한다. 또한 1개 이상의 전원을 가진 회로를 중첩의 정리를 이용하여 간단한 방법으로 해석한다. 단락과 개방에 대한 직렬-병렬 회로 고장진단도 공부할 것이다.

6-1 직렬-병렬 관계의 식별

직렬-병렬 회로는 전류의 경로가 직렬과 병렬로 혼합되어 있다. 회로에서 소자들이 직렬-병렬 관계의 항으로 어떻게 배열이 되어 있는지 식별하는 것은 대단히 중요하다.

이 절의 학습목표

◆ **직렬-병렬 관계를 식별한다.**

  ◆ 주어진 회로에서 각 저항들 간의 연결 관계를 이해한다.

  ◆ PC 기판에서의 직렬-병렬 관계를 결정한다.

그림 6-1(a)는 저항의 간단한 직렬-병렬 결합의 예를 보이고 있다. 점 A와 점 B 사이의 저항은 R_1임을 주목하라. 점 B와 점 C 사이의 저항은 R_2와 R_3가 같은 한 쌍의 노드에 연결되어 있기 때문에(노드 B와 노드 C) 병렬로 연결된 R_2와 R_3이다($R_2 \parallel R_3$). 그림 6-1(b)에 보이고 있는 바와 같이 A와 C 사이의 총 저항은 R_1이 R_2와 R_3의 병렬결합과 직렬로 연결되어 있다.

그림 6-1(a)의 회로가 그림 그림 6-1(c)에서와 같이 전압원에 연결될 때, R_1를 통하는 전체 전류는 점 B에서 2개의 병렬 경로로 나누어진다. 이들 두 가지 전류는 다시 합쳐져서 전체 전류는 그림과 같이 양(+)극 전원 **단자**로 흘러 들어간다. 저항 관계를 그림 6-1(d)에 블록 형태로 보이고 있다.

이제 직렬-병렬 관계를 좀 더 설명하기 위해 그림 6-1(a)의 회로를 점차로 복잡하게 다루어 보자.

1. 그림 6-2(a)에서 저항 R_4가 R_1에 직렬로 연결되어 있다. 점 A와 점 B 사이의 저항은 $R_1 + R_4$가 되고, 이것은 다시 그림 6-2(b)에서 보인 것과 같이 병렬로 연결된 R_2와 R_3에 직렬로 연결되어 있다. 그림 6-2(c)는 이 저항 관계를 블록도로 보였다.

2. 그림 6-3(a)에서 R_5는 R_2와 직렬로 연결되어 있다. R_2와 R_5의 직렬결합은 R_3와 병렬로 연결되어 있다. 이 전체 직렬-병렬 결합에 그림 6-3(b)에 보이고 있는 바와 같이 $R_1 + R_4$가 직렬로 연결되어 있다. 그림 6-3(c)는 이것을 블록도로 보여준다.

3. 그림 6-4(a)에서 R_6는 R_1과 R_4의 직렬결합에 병렬로 연결되어 있다. 그림 6-4(b)에서와 같이 R_1, R_4, R_6의 직렬-병렬 결합은 R_2, R_3, R_5의 직렬-병렬 결합과 직렬로 연결되어 있다. 그림 6-4(c)에 블록도를 보이고 있다.

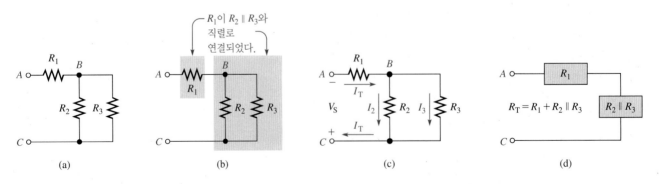

▲ 그림 6-1

간단한 직렬-병렬 저항회로

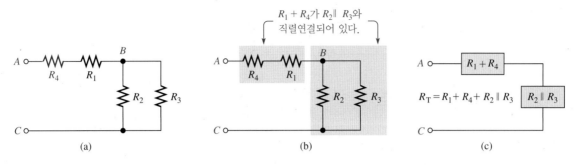

▲ 그림 6-2

R_4는 R_1과 직렬로 회로에 추가되어 있다.

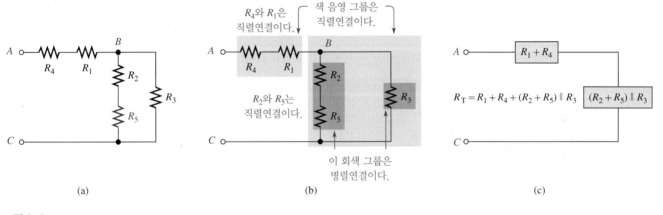

▲ 그림 6-3

R_5는 R_2와 직렬로 회로에 추가되어 있다.

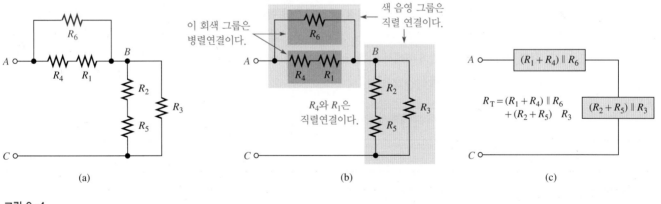

▲ 그림 6-4

R_6은 R_1과 R_4의 직렬결합에 병렬로 회로에 추가되어 있다.

예제 6-1	그림 6-5에서 직렬-병렬 관계를 설명하라.
풀이	전원의 음(−)극 단자에서 시작해서 전류가 흐르는 경로를 따라가자.

1. 전원에 의해 발생한 모든 전류는 R_1을 통해 흘러야 하며, 이 저항은 회로의 나머지 부분과 직렬로 연결되어 있다.

2. 전체 전류는 마디 A에서 2개의 경로로 나눠진다. 일부는 R_2를 통해 흐르고, 일부는 R_3를 통해

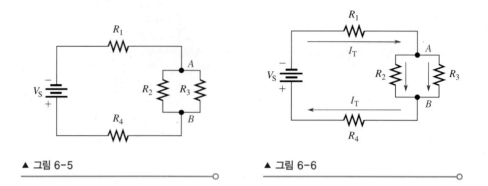

▲ 그림 6-5   ▲ 그림 6-6

흐른다.

3. 저항 R_2와 R_3는 같은 한 쌍의 노드에 연결되어 있으므로 서로 병렬이며, 이 병렬결합은 R_1과 직렬이다.

4. 마디 B에서 R_2와 R_3를 통해 흐르는 전류는 하나의 경로로 다시 합쳐진다. 결과적으로 전체 전류는 R_4를 통해 흐른다.

5. 저항 R_4는 R_1, R_2와 R_3의 병렬결합과 직렬로 연결되어 있다.

전류는 그림 6-6에 나타내고 있으며, 여기서 I_T는 전체 전류이다. 요약하면 R_1과 R_4는 R_2와 R_3의 병렬결합에 직렬로 연결되어 있다.

$$R_1 + R_2 \| R_3 + R_4$$

위의 식에서 보이듯이 직렬-병렬 회로는 앞장에서 사용된 직렬(+)과 병렬(∥) 연결 연산자에 의해 나타낼 수 있다. 식이 직렬과 병렬 연산자를 함께 사용할 때, 회로의 연산 순서는 수학에서 보통 덧셈과 뺄셈 전에 곱셈과 나눗셈을 수행하는 것처럼 직렬연결 전에 병렬연결을 구한다. 만약 직렬연결을 병렬연결 전에 구해야 한다면, 연산 순서를 변경하기 위해 괄호를 사용할 수 있다.

관련 문제* 만약 그림 6-6에서 R_5를 추가로 마디 A와 전원의 (+)극 단자 사이에 연결할 경우, 다른 저항들과의 관계를 기술하라.

———————————
* 해답은 이 장의 끝에 있다.

| 예제 6-2 | 그림 6-7에서 A와 D 단자 사이의 직렬-병렬 결합을 설명하라. |

▶ 그림 6-7

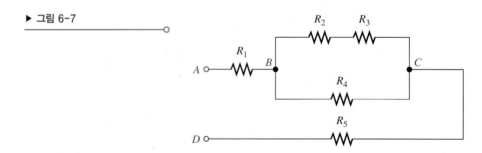

풀이 마디 B와 C 사이에 2개의 병렬 경로가 있다.

1. 아래쪽 경로는 R_4로 구성되어 있다.

2. 위쪽 경로는 R_2와 R_3가 직렬로 결합되어 있다.

이 병렬결합이 R_1과 R_5와 직렬로 연결되어 있다. 요약하면 R_1과 R_5는 R_4와 $(R_2 + R_3)$의 병렬결합과 직렬로 연결되어 있다.

$$R_1 + R_5 + R_4 \| (R_3 + R_4)$$

관련 문제   저항을 그림 6-7에 마디 C와 마디 D 사이에 연결한 경우, 회로에서 그 저항의 관계를 구하라.

예제 6-3

그림 6-8에서 각 단자들 사이의 전체 저항을 구하라.

▶ 그림 6-8

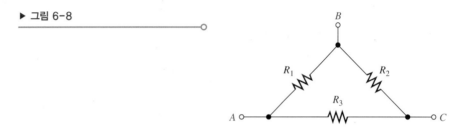

풀이   1. 단자 A와 B 사이: R_1은 R_2와 R_3의 직렬결합과 함께 병렬이다.

2. 단자 A와 C 사이: R_3은 R_1과 R_2의 직렬결합과 함께 병렬이다.

3. 단자 B와 C 사이: R_2은 R_1과 R_3의 직렬결합과 함께 병렬이다.

관련 문제   그림 6-8에서 새로운 저항 R_4가 단자 C와 접지 사이에 연결되었다면, 각 단자와 추가된 접지 사이의 전체 저항을 구하라. 기존의 저항은 어느 것도 접지에 직접 연결되어 있지는 않다.

회로도를 따라 기판 위에 회로를 연결할 때, 저항과 결선이 회로도에 그려진 대로 맞게 배열되었는지 회로를 확인하는 것이 더 쉽다. 어떤 경우는 그림에 따라 회로도에서 직렬-병렬 관계를 알아보기 어려울 때도 있다. 그런 경우에 관계가 분명해지도록 회로도를 다시 그려보는 것도 도움이 될 것이다.

예제 6-4

그림 6-9에서의 직렬-병렬 관계를 식별하라.

▶ 그림 6-9

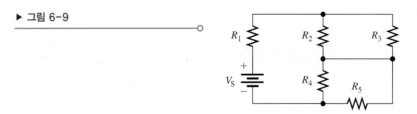

풀이   이 회로도는 직렬-병렬 관계 설명을 명확히 하기 위해 그림 6-10에 다시 그렸다. R_2와 R_3는 서로 병렬이며, R_4와 R_5 역시 병렬연결인 것을 알 수 있다. 이 두 병렬결합은 서로 직렬이며 R_1과도 직렬이다.

▶ 그림 6-10

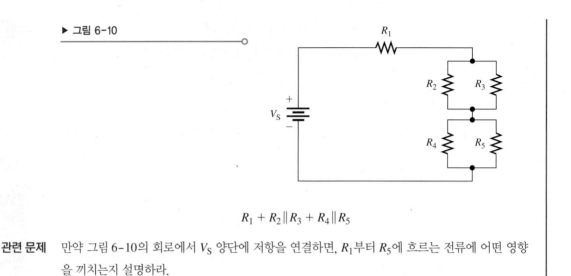

$$R_1 + R_2 \| R_3 + R_4 \| R_5$$

관련 문제 만약 그림 6-10의 회로에서 V_S 양단에 저항을 연결하면, R_1부터 R_5에 흐르는 전류에 어떤 영향을 끼치는지 설명하라.

일반적으로 인쇄회로기판에서 각 부품의 배열을 보고 실제의 전기적인 관련성을 알아내기는 쉽지 않다. 이런 경우 기판에서의 회로를 추적한 후 알아볼 수 있도록 종이 위에 각 부품들을 재배치하여 직렬-병렬 관계를 결정할 수 있다.

예제 6-5

그림 6-11의 인쇄회로기판에서 저항들의 관계를 구하라.

▶ 그림 6-11

(그림 색깔은 책 뒷부분의 컬러 페이지 참조)

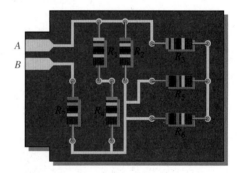

풀이 그림 6-12(a)에서 회로도는 기판상의 저항 배치와 대략 같게 그렸다. 그림 6-12(b)에서 저항들은 직렬-병렬 관계가 더 명확히 나타나도록 재배치했다.

저항 R_1과 R_4는 직렬 관계이고, 이 결합은 R_2와 병렬로 연결되어 있다. R_5와 R_6는 병렬 관계이며, 이 결합은 R_3와 직렬로 연결되어 있다.

R_3, R_5, R_6의 직렬-병렬 결합은 R_2와 $(R_1 + R_4)$의 결합과 병렬이다. 이 전체 직렬-병렬 결합은 R_7과 직렬이다.

그림 6-12(c)는 이 관계를 설명하고 있다. 식의 형태로 요약하면

$$R_{AB} = (R_1 + R_4) \| R_2 \| (R_3 + R_5 \| R_6) + R_7$$

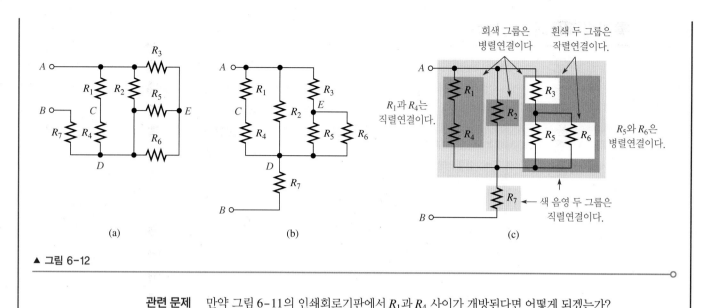

▲ 그림 6-12

관련 문제 만약 그림 6-11의 인쇄회로기판에서 R_1과 R_4 사이가 개방된다면 어떻게 되겠는가?

6-1절 복습

해답은 이 장의 끝에 있다.

1. 어떤 직렬-병렬 회로가 다음과 같이 설명되어 있다. R_1과 R_2는 병렬이다. 이 병렬결합은 또 다른 병렬결합 R_3와 R_4와 직렬로 연결되어 있다. 이 회로도를 그려라.

2. 그림 6-13의 회로에서 저항들의 직렬-병렬 관계를 밝혀라.

▶ 그림 6-13

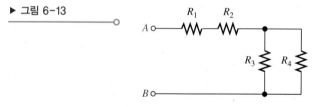

3. 그림 6-14에서 어느 저항들이 병렬로 연결되어 있는가?

▶ 그림 6-14

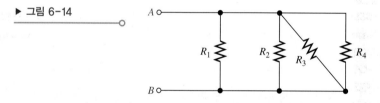

4. 그림 6-15에서 병렬저항들을 찾아라.

5. 그림 6-15의 병렬결합들은 직렬로 연결되어 있는가?

▶ 그림 6-15

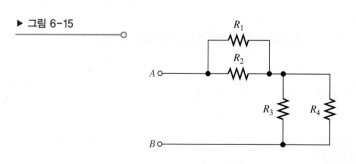

6-2 직렬-병렬 저항회로의 해석

직렬-병렬 회로의 해석은 필요한 정보와 알고 있는 회로값에 따라 여러 가지 방법으로 접근할 수 있다. 이 절의 예제들은 완전한 해석방법이 아니라 직렬-병렬 회로의 해석을 어떻게 접근할지 알려준다.

이 절의 학습목표

◆ **직렬-병렬 회로를 분석한다.**
  ◆ 전체 저항을 계산한다.
  ◆ 모든 전류를 계산한다.
  ◆ 모든 전압강하를 계산한다.

옴의 법칙, 키르히호프의 법칙, 전압 분배 공식, 전류 분배 공식 등을 알고 이 법칙들을 어떻게 적용하는지 알고 있다면, 대부분의 저항회로 해석 문제를 풀 수 있을 것이다. 이러한 문제를 풀기 위해 직렬과 병렬의 결합을 이해하는 것이 가장 중요하다. 모든 상황에 적용할 수 있는 표준이 되는 '상세한 지침서'는 없다. 논리적인 생각이 문제해결에 가장 강력한 도구가 된다.

전체 저항

4장에서 전체 직렬저항을 구하는 방법을 배웠다. 5장에서는 전체 병렬저항을 구하는 방법을 배웠다. 직렬-병렬 회로에서 전체 저항 R_T를 구하기 위해 먼저 직렬-병렬 관계를 식별하고, 앞에서 공부한 것을 적용하면 된다. 다음 두 예제가 일반적인 접근 방법을 보여준다.

예제 6-6	그림 6-16의 회로에서 단자 A와 B 사이의 R_T를 구하라.

▶ 그림 6-16

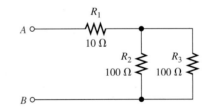

풀이 저항 R_2와 R_3는 병렬이며, 이 병렬결합은 R_1과 직렬이다. 우선 R_2와 R_3의 병렬저항을 구하자. R_2와 R_3는 같은 값이므로 2로 그 값을 나눈다.

$$R_{2\|3} = \frac{R}{n} = \frac{100\ \Omega}{2} = 50\ \Omega$$

R_1은 $R_{2\|3}$와 직렬이므로, 이들 값을 합한다.

$$R_T = R_1 + R_{2\|3} = 10\ \Omega + 50\ \Omega = \mathbf{60\ \Omega}$$

관련 문제 그림 6-16에서 R_3를 82 Ω으로 교체했을 때 R_T를 구하라.

공학용 계산기 소개의 예제 6-6에 있는 변환 예를 살펴보라.

Multisim 또는 LTspice 파일 E06-06을 열어라. 계산된 전체 저항값을 확인하라. R_1은 18 Ω, R_2는 82 Ω, R_3는 82 Ω으로 바꾸고 전체 저항을 측정하라.

예제 6-7

그림 6-17의 회로에서 R_T를 구하라.

▶ 그림 6-17

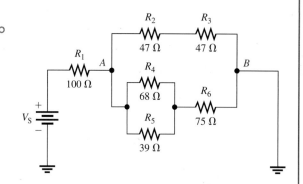

풀이 1. 마디 A와 B 사이의 위쪽 가지에서 R_2는 R_3와 직렬이다. 직렬결합은 R_{2+3}으로 표기하며, $R_2 + R_3$와 같다.

$$R_{2+3} = R_2 + R_3 = 47\ \Omega + 47\ \Omega = 94\ \Omega$$

2. 아래쪽 가지에서 R_4와 R_5는 서로 병렬이다. 이 병렬결합은 $R_{4\|5}$로 표기한다.

$$R_{4\|5} = \frac{R_4 R_5}{R_4 + R_5} = \frac{(68\ \Omega)(39\ \Omega)}{68\ \Omega + 39\ \Omega} = 24.8\ \Omega$$

3. 또한 아래쪽 가지에서 R_4와 R_5의 병렬결합은 R_6와 직렬이다. 이 직렬-병렬 결합은 $R_{4\|5+6}$으로 표기한다.

$$R_{4\|5+6} = R_6 + R_{4\|5} = 75\ \Omega + 24.8\ \Omega = 99.8\ \Omega$$

그림 6-18은 간략화한 등가회로이다.

▶ 그림 6-18

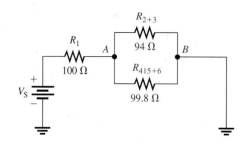

4. 마디 A와 B 사이에 저항을 구할 수 있다. R_{2+3}와 $R_{4\|5+6}$는 병렬이다. 등가저항은 다음과 같이 계산이 된다.

$$R_{AB} = \frac{1}{\dfrac{1}{R_{2+3}} + \dfrac{1}{R_{4\|5+6}}} = \frac{1}{\dfrac{1}{94\ \Omega} + \dfrac{1}{99.8\ \Omega}} = 48.4\ \Omega$$

5. 최종적으로 전체 회로 저항은 R_1과 R_{AB}가 직렬이다.

$$R_T = R_1 + R_{AB} = 100\ \Omega + 48.4\ \Omega = \mathbf{148\ \Omega}$$

관련 문제 그림 6-17 회로에서 68 Ω의 저항이 마디 A와 B 사이에 연결되어 있을 때, R_T를 계산하라.

공학용 계산기 소개의 예제 6-7에 있는 변환 예를 살펴보라.

Multisim 또는 LTspice 파일 E06-07을 열어라. 예제에서 계산된 전체 저항을 확인하라. 회로에서 R_5를 제거하고 전체 저항을 측정하라. 측정한 값과 계산한 전체 저항을 비교하라.

전체 전류

전체 저항과 전원전압을 알고 있으면, 옴의 법칙을 이용하여 회로의 전체 전류를 구할 수 있다. 전체 전류는 전체 전원전압을 전체 저항으로 나눈 값이다.

$$I_T = \frac{V_S}{R_T}$$

예를 들어 예제 6-7(그림 6-17)의 회로에서 전체 전류를 구해보자. 전원전압을 10 V라고 가정한다. 그 계산은 다음과 같다.

$$I_T = \frac{V_S}{R_T} = \frac{10 \text{ V}}{148 \text{ } \Omega} = 67.4 \text{ mA}$$

가지전류

전류 분배 공식, 키르히호프의 전류 법칙, 옴의 법칙, 이들의 결합 등을 이용하여 직렬-병렬 회로의 어떤 가지에 흐르는 전류를 구할 수 있다. 어떤 경우에는 전류를 구하기 위해 이 과정을 여러 번 반복해야 한다.

예제 6-8

그림 6-19에서 $V_S = 5.0$ V일 때 R_4에 흐르는 전류를 구하라.

▶ 그림 6-19

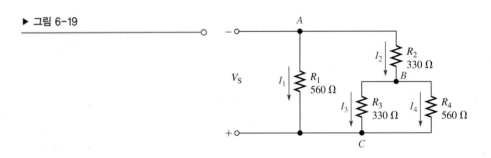

풀이 먼저 마디 B로 흘러 들어가는 전류(I_2)를 구한 다음, 전류 분배 법칙을 이용하여 R_4에 흐르는 I_4를 구한다. 이 예제와 이후 예제에서는 중간 결과에 대해 완전한 정밀도가 유지됨을 주목하자.

이 회로에는 2개의 주 가지가 있다는 것에 주목하자. 가장 왼쪽에 있는 가지는 R_1으로만 구성되어 있다. 가장 오른쪽 가지에는 R_3와 R_4의 결합과 직렬로 연결된 R_2가 있다. 이 주 가지에 걸리는 전압은 같으며 5.0 V이다. 가장 오른쪽 주 가지의 등가저항($R_{2+3\|4}$)을 계산하고 옴의 법칙을 적용한다. I_2는 이 주 가지에 흐르는 전체 전류이다. 결과적으로,

$$R_{2+3\|4} = R_2 + \frac{R_3 R_4}{R_3 + R_4} = 330 \text{ } \Omega + \frac{(330 \text{ } \Omega)(560 \text{ } \Omega)}{890 \text{ } \Omega} = 538 \text{ } \Omega$$

$$I_2 = \frac{V_S}{R_{2+3\|4}} = \frac{5.0 \text{ V}}{538 \text{ } \Omega} = 9.30 \text{ mA}$$

두 저항에 전류 분배 법칙을 사용하여 I_4를 다음과 같이 구한다.

$$I_4 = \left(\frac{R_3}{R_3 + R_4}\right)I_2 = \left(\frac{330 \text{ } \Omega}{890 \text{ } \Omega}\right)9.30 \text{ mA} = \textbf{3.45 mA}$$

관련 문제 그림 6-19에서 I_1, I_3, I_T를 구하라.

공학용 계산기 소개의 예제 6-8에 있는 변환 예를 살펴보라.

Multisim 또는 LTspice 파일 E06-08을 열어라. 각 저항의 전류를 측정하라. 측정값과 계산한 결과를 비교하라.

전압 관계

그림 6-20의 회로는 직렬-병렬 회로에서의 전압 관계를 설명하고 있다. 각 저항전압을 측정하기 위해 전압계가 연결되었고 그 측정값이 표시되었다.

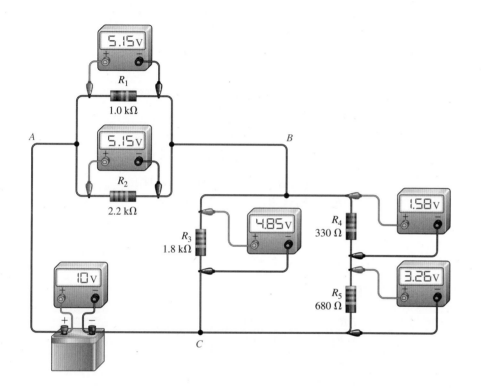

◀ 그림 6-20

전압 관계의 실례

(그림 색깔은 책 뒷부분의 컬러 페이지 참조)

그림 6-20의 회로 관측 결과는 다음과 같다.

1. R_1과 R_2가 병렬연결이므로 V_{R1}과 V_{R2}는 같다(병렬로 연결된 가지에 걸리는 전압은 같다는 것을 기억하자). V_{R1}과 V_{R2}는 A와 B 사이에 걸리는 전압과 같다.

2. R_3가 R_4와 R_5의 직렬결합과 병렬이므로 V_{R3}는 $V_{R4} + V_{R5}$와 같다(V_{R3}는 B와 C 사이에 걸리는 전압과 같다).

3. R_4가 $R_4 + R_5$의 1/3 정도이므로 V_{R4}는 B와 C 사이 전압의 1/3 정도이다(전압 분배 원리에 의해).

4. R_5는 $R_4 + R_5$의 2/3 정도이므로 V_{R5}는 B와 C 사이 전압의 2/3 정도이다.

5. 키르히호프의 전압 법칙에 의하면, 단일 폐경로를 따라 전압강하의 합은 0이므로 $V_{R1} + V_{R3} - V_S = 0$이다.

예제 6-9는 그림 6-20의 전압 측정값을 확인시켜줄 것이다.

예제 6-9

그림 6-20에서 전압 측정값이 맞는지 확인하라. 회로는 그림 6-21에 회로도로 다시 그렸다.

▶ 그림 6-21

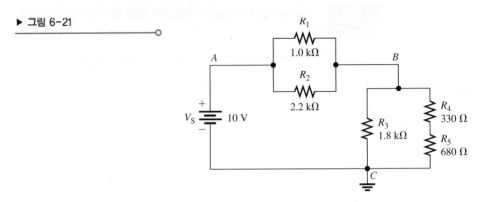

풀이 A와 B 사이의 저항은 R_1과 R_2의 병렬결합이다.

$$R_{AB} = \frac{R_1 R_2}{R_1 + R_2} = \frac{(1.0\ \text{k}\Omega)(2.2\ \text{k}\Omega)}{3.2\ \text{k}\Omega} = 688\ \Omega$$

B와 C 사이의 저항은 R_4와 R_5의 직렬결합과 병렬로 연결된 R_3이다.

$$R_4 + R_5 = 330\ \Omega + 680\ \Omega = 1010\ \Omega = 1.01\ \text{k}\Omega$$

$$R_{BC} = \frac{R_3(R_4 + R_5)}{R_3 + R_4 + R_5} = \frac{(1.8\ \text{k}\Omega)(1.01\ \text{k}\Omega)}{2.81\ \text{k}\Omega} = 647\ \Omega$$

A와 B 사이의 저항은 B와 C 사이의 저항과 직렬로 연결되어 있으므로 전체 회로 저항은

$$R_T = R_{AB} + R_{BC} = 688\ \Omega + 647\ \Omega = 1334\ \Omega$$

전압 분배 법칙을 이용하여, 다음과 같이 전압을 계산할 수 있다.

$$V_{AB} = \left(\frac{R_{AB}}{R_T}\right)V_S = \left(\frac{688\ \Omega}{1335\ \Omega}\right)10\ \text{V} = 5.15\ \text{V}$$

$$V_{BC} = \left(\frac{R_{BC}}{R_T}\right)V_S = \left(\frac{647\ \Omega}{1335\ \Omega}\right)10\ \text{V} = 4.85\ \text{V}$$

$$V_{R1} = V_{R2} = V_{AB} = \textbf{5.15 V}$$

$$V_{R3} = V_{BC} = \textbf{4.85 V}$$

$$V_{R4} = \left(\frac{R_4}{R_4 + R_5}\right)V_{BC} = \left(\frac{330\ \Omega}{1010\ \Omega}\right)4.85\ \text{V} = \textbf{1.58 V}$$

$$V_{R5} = \left(\frac{R_5}{R_4 + R_5}\right)V_{BC} = \left(\frac{680\ \Omega}{1010\ \Omega}\right)4.85\ \text{V} = \textbf{3.26 V}$$

관련 문제 그림 6-21에서 R_2가 개방되었을 때 전체 저항값을 계산하라. 이것은 V_{BC}에 어떤 영향을 미치는가?

공학용 계산기 소개의 예제 6-9에 있는 변환 예를 살펴보라.

Multisim 또는 LTspice 파일 E06-09를 열어라. 각 저항에 걸리는 전압을 측정하고 계산한 값과 비교하라. 만약 전원전압이 두 배가 되면 각 전압강하도 두 배가 되고, 전원전압이 반이 되면 각 전압강하도 반으로 줄어듦을 측정하여 확인하라.

예제 6-10

그림 6-22에서 각 저항에서의 전압강하를 계산하라.

▶ 그림 6-22

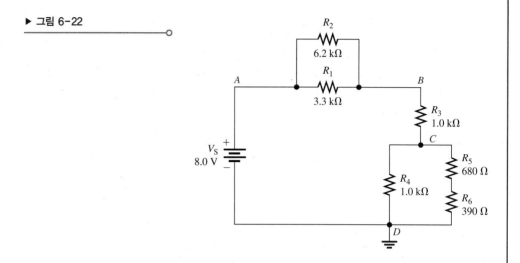

풀이 전체 전압을 알고 있으므로, 전압 분배 공식을 사용하여 이 문제를 풀 수 있다.

1단계: 각각의 병렬결합을 등가저항으로 바꾼다. R_1과 R_2는 마디 A와 B 사이에서 병렬로 연결되어 있으므로 그 값을 구하면

$$R_{AB} = \frac{R_1 R_2}{R_1 + R_2} + \frac{(3.3\,\text{k}\Omega)(6.2\,\text{k}\Omega)}{9.5\,\text{k}\Omega} = 2.15\,\text{k}\Omega$$

R_4는 마디 C와 D 사이에 있는 R_5와 R_6의 직렬결합과 병렬이므로, 이 값들을 연결한다.

$$R_{CD} = \frac{R_4(R_{5+6})}{R_4 + R_{5+6}} + \frac{(1.0\,\text{k}\Omega)(1.07\,\text{k}\Omega)}{2.07\,\text{k}\Omega} = 517\,\Omega$$

2단계: 그림 6-23과 같이 등가회로를 그린다. 전체 회로 저항은

$$R_\text{T} = R_{AB} + R_3 + R_{CD} = 2.15\,\text{k}\Omega + 1.0\,\text{k}\Omega + 517\,\Omega = 3.67\,\text{k}\Omega$$

▶ 그림 6-23

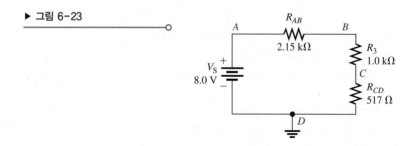

3단계: 전압 분배 공식을 적용하여 등가회로의 전압들을 구한다.

$$V_{AB} = \left(\frac{R_{AB}}{R_\text{T}}\right) V_\text{S} = \left(\frac{2.15\,\Omega}{3.67\,\text{k}\Omega}\right) 8.0\,\text{V} = 4.69\,\text{V}$$

$$V_{BC} = \left(\frac{R_3}{R_\text{T}}\right) V_\text{S} = \left(\frac{1.0\,\text{k}\Omega}{3.67\,\text{k}\Omega}\right) 8.0\,\text{V} = 2.18\,\text{V}$$

$$V_{CD} = \left(\frac{R_{CD}}{R_\text{T}}\right) V_\text{S} = \left(\frac{517\,\Omega}{3.67\,\text{k}\Omega}\right) 8.0\,\text{V} = 1.13\,\text{V}$$

그림 6-22를 참고하라. V_{AB}는 R_1과 R_2에 걸리는 전압과 같다.

$$V_{R1} = V_{R2} = V_{AB} = \textbf{4.69 V}$$

V_{BC}는 R_3에 걸리는 전압이다.

$$V_{R3} = V_{BC} = \textbf{2.18 V}$$

V_{CD}는 R_4 또는 R_5와 R_6의 직렬결합에 걸리는 전압이다.

$$V_{R4} = V_{CD} = \textbf{1.13 V}$$

4단계: R_5와 R_6의 직렬결합에 전압 분배 법칙을 적용하여 V_{R5}와 V_{R6}를 구한다.

$$V_{R5} = \left(\frac{R_5}{R_5 + R_6}\right)V_{CD} = \left(\frac{680\ \Omega}{1070\ \Omega}\right)1.13\ \text{V} = \textbf{716 mV}$$

$$V_{R6} = \left(\frac{R_6}{R_5 + R_6}\right)V_{CD} = \left(\frac{390\ \Omega}{1070\ \Omega}\right)1.13\ \text{V} = \textbf{411 mV}$$

5단계: 점검으로 키르히호프의 전압 법칙을 그림 6-23의 회로에 적용하여 전압강하의 합은 전원전압과 같다는 것을 확인하자.

$$V_{AB} + V_{BC} + V_{CD} = 4.69\ \text{V} + 2.18\ \text{V} + 1.13\ \text{V} = 8.00\ \text{V}$$

계산된 전압에 대한 답을 확인한다.

관련 문제 그림 6-22의 각 저항을 통해 흐르는 전류와 전력을 계산하라.

공학용 계산기 소개의 예제 6-10에 있는 변환 예를 살펴보라.

Multisim 또는 LTspice 파일 E06-10을 열어라. 각 저항에 걸리는 전압을 측정하고 계산한 값과 비교하라. 만약 R_4가 2.2 kΩ으로 증가한다면, 어떤 전압강하가 증가하고 어떤 것이 감소하는지 명시하라.

6-2절 복습

해답은 이 장의 끝에 있다.

1. 그림 6-24의 회로에서 A와 B 사이의 전체 저항을 구하라.
2. 그림 6-24에서 R_3에 흐르는 전류를 구하라.
3. 그림 6-24에서 V_{R2}를 구하라.
4. 그림 6-25에서 R_T와 I_T를 구하라.

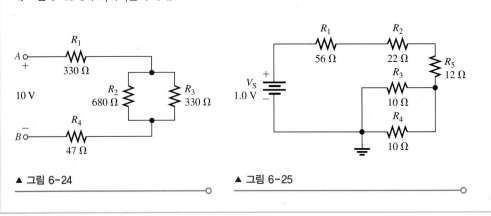

▲ 그림 6-24   ▲ 그림 6-25

6-3 저항성 부하와 전압 분배기

전압 분배기는 이미 4장에서 소개되었다. 이 절에서 저항성 부하가 전압 분배기 회로의 동작에 어떤 영향을 미치는지 공부하게 될 것이다.

이 절의 학습목표

◆ **부하가 걸린 전압 분배기를 해석한다.**

    ◆ 전압 분배회로에 저항성 부하의 효과를 분석한다.

    ◆ 분압기전류를 정의한다.

그림 6-26(a)에서 전압 분배기는 5.0 V의 출력전압(V_{OUT})을 만든다. 그 이유는 입력전압이 10 V이고 두 저항의 값이 같기 때문이다. 이 전압은 부하가 연결되지 않은 상태에서의 출력전압이다. 그림 6-26(b)와 같이 부하저항 R_L이 출력과 접지 사이에 연결되면, 출력전압은 R_L의 값에 따라 감소한다. 이 영향을 **부하효과**(loading)라 한다. 부하저항은 R_2와 병렬이므로 마디 *A*와 접지 사이의 저항을 감소하고, 결과적으로 병렬결합에 인가되는 전압은 감소한다. 이것은 전압 분배기의 부하 영향 중의 하나이다. 부하의 또 다른 영향은 회로의 전체 저항이 감소하기 때문에 전원으로부터 더 많은 전류가 흐른다는 것이다.

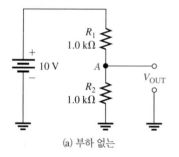 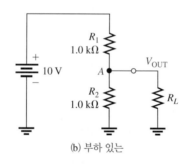

(a) 부하 없는   (b) 부하 있는

◀ **그림 6-26**

출력에 부하가 있거나 없는 전압 분배기

전압 분배기에서 부하효과는 중요하여 분배기 저항을 선택할 때 이점을 고려해야 한다. 분배기 저항에 비해 R_L이 크면 부하효과는 작고, 출력전압은 무부하 시에 비해 크게 변하지 않는다. 부하효과가 작은 경우 분배기를 **경직전압 분배기**라 한다. 이것은 상대적인 용어이며 무부하 시와 부하 시의 출력전압 차이가 작다는 것을 의미한다. 대개 부하저항이 병렬로 연결된 분배기 저항보다 적어도 10배 이상 클 때, 경직전압 분배기라고 한다. **경직전압 분배기**는 더 안정적이나 전

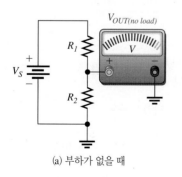 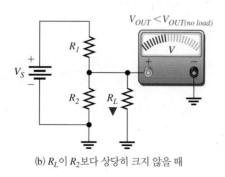 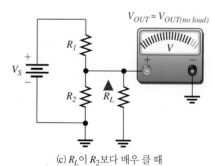

(a) 부하가 없을 때   (b) R_L이 R_2보다 상당히 크지 않을 때   (c) R_L이 R_2보다 매우 클 때

▲ **그림 6-27**

부하저항의 영향. (c)의 회로는 경직전압 분배기를 보여준다.

력을 많이 소모하므로 분배기 저항은 이 양면을 고려하여 선택해야 한다. 그림 6-27은 출력전압에 대한 부하저항의 효과를 보여준다.

예제 6-11

(a) 그림 6-28에서 부하가 없을 때의 전압 분배기의 출력전압을 구하라.

(b) 그림 6-28에서 부하저항이 $R_L = 10\ \text{k}\Omega$과 $R_L = 100\ \text{k}\Omega$인 경우에 전압 분배기의 부하출력전압을 각각 구하라.

▶ 그림 6-28

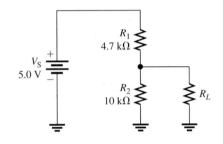

풀이 (a) 부하가 없을 때의 출력전압은

$$V_{\text{OUT (unloaded)}} = \left(\frac{R_2}{R_1 + R_2}\right)V_S = \left(\frac{10\ \text{k}\Omega}{14.7\ \text{k}\Omega}\right)5.0\ \text{V} = \textbf{3.40 V}$$

(b) 10 kΩ의 부하저항이 연결된 경우, R_L은 R_2와 병렬이므로 다음과 같다.

$$R_2 \| R_L = \frac{R_2 R_L}{R_2 + R_L} = \frac{(10\ \text{k}\Omega)(10\ \text{k}\Omega)}{20\ \text{k}\Omega} = 5.0\ \text{k}\Omega$$

등가회로가 그림 6-29(a)에 나타나 있다. 부하가 연결된 출력전압은

$$V_{\text{OUT(loaded)}} = \left(\frac{R_2 \| R_L}{R_1 + R_2 \| R_L}\right)V_S = \left(\frac{5.0\ \text{k}\Omega}{9.7\ \text{k}\Omega}\right)5.0\ \text{V} = \textbf{2.58 V}$$

▶ 그림 6-29

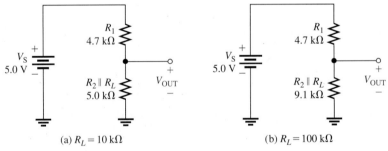

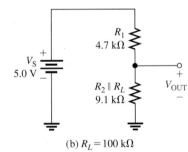

(a) $R_L = 10\ \text{k}\Omega$　　　　　　　　　　(b) $R_L = 100\ \text{k}\Omega$

100 kΩ의 부하저항에서 출력과 접지 사이의 저항은

$$R_2 \| R_L = \frac{R_2 R_L}{R_2 + R_L} = \frac{(10\ \text{k}\Omega)(100\ \text{k}\Omega)}{110\ \text{k}\Omega} = 9.1\ \text{k}\Omega$$

등가회로는 그림 6-29(b)에 나타나 있다. 부하출력전압은 다음과 같다.

$$V_{\text{OUT(loaded)}} = \left(\frac{R_2 \| R_L}{R_1 + R_2 \| R_L}\right)V_S = \left(\frac{9.1\ \text{k}\Omega}{13.8\ \text{k}\Omega}\right)5.0\ \text{V} = \textbf{3.30 V}$$

R_L이 작은 경우 V_{OUT}의 감소는

$$3.40\ \text{V} - 2.58\ \text{V} = 0.82\ \text{V}\ (\text{출력전압 24\% 감소})$$

R_L이 큰 경우 V_{OUT}의 감소는

$$3.40 \text{ V} - 3.30 \text{ V} = 0.10 \text{ V} \text{ (출력전압 3\% 감소)}$$

이것은 전압 분배기에 R_L의 부하 영향을 설명하고 있다.

관련 문제 그림 6-28에서 부하저항이 1.0 MΩ일 때 V_{OUT}를 구하라.

공학용 계산기 소개의 예제 6-11에 있는 변환 예를 살펴보라.

Multisim 또는 LTspice 파일 E06-11을 열어라. 접지를 기준으로 출력단의 전압을 측정하라. 출력과 접지 사이에 10 kΩ 부하저항을 연결하고 출력전압을 측정하라. 부하저항을 100 kΩ로 바꾸고 출력전압을 측정하라. 이 측정결과는 계산값과 거의 일치하는가?

부하전류와 분압기전류

다중 탭에 부하가 연결된 전압 분배기 회로에서 전원으로부터 유입된 전체 전류는 분배기의 저항을 통해 흐르는 전류와 부하저항을 통해 흐르는 **부하전류**(load current)로 구성된다. 그림 6-30은 2개의 전압출력 또는 탭을 갖는 전압 분배기를 나타내고 있다. 전체 전류 I_T는 R_1을 통해 흐름을 주목하자. 전체 전류는 2개의 가지전류, I_{RL1}과 I_2로 구성된다. 전류 I_2는 2개의 추가 가지전류 I_{RL2}와 I_3로 구성된다. 전류 I_3는 **분압기전류**(bleeder current)라 하며, 이것은 회로에 흐르는 전체 전류에서 전체 부하전류를 뺀 후에 남은 전류이다. 식 (6-1)은 분압기전류를 계산하는 방법을 보인다.

$$I_{BLEEDER} = I_T - I_{RL1} - I_{RL2} \tag{6-1}$$

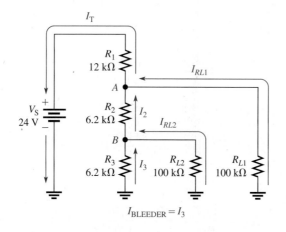

◀ 그림 6-30

2개의 탭에 부하가 연결된 전압 분배기에 흐르는 전류

예제 6-12

그림 6-30의 2개의 탭에 부하가 연결된 전압 분배기에서 부하전류 I_{RL1}과 I_{RL2}, 분압기전류 I_3을 구하라.

풀이 마디 A와 접지 사이의 등가저항은 R_3와 R_{L2}의 병렬결합과 직렬로 연결된 R_2에 100 kΩ의 부하저항 R_{L1}이 병렬로 연결된 것이다. 우선 저항값을 구하라. R_3와 R_{L2}의 병렬저항을 R_B라 하자. 그 결과 등가회로는 그림 6-31(a)에 보이고 있다.

$$R_B = \frac{R_3 R_{L2}}{R_3 + R_{L2}} = \frac{(6.2 \text{ k}\Omega)(100 \text{ k}\Omega)}{106.2 \text{ k}\Omega} = 5.84 \text{ k}\Omega$$

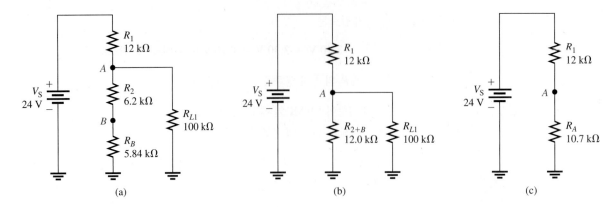

▲ 그림 6-31

R_2와 R_B의 직렬연결을 R_{2+B}라 하자. 이 등가회로를 그림 6-31(b)에 보이고 있다.

$$R_{2+B} = R_2 + R_B = 6.2\,\text{k}\Omega + 5.84\,\text{k}\Omega = 12.0\,\text{k}\Omega$$

R_{L1}과 R_{2+B}의 병렬연결을 R_A라 하자. 그 등가회로를 그림 6-31(c)에 보이고 있다.

$$R_A = \frac{R_{L1}R_{2+B}}{R_{L1} + R_{2+B}} = \frac{(100\,\text{k}\Omega)(12.0\,\text{k}\Omega)}{112\,\text{k}\Omega} = 10.7\,\text{k}\Omega$$

R_A는 점 A와 접지 사이의 전체 저항이다. 회로의 전체 저항은

$$R_\text{T} = R_A + R_1 = 10.7\,\text{k}\Omega + 12\,\text{k}\Omega = 22.7\,\text{k}\Omega$$

R_{L1}에 걸리는 전압은 그림 6-31(c)의 등가회로부터 다음과 같이 구한다.

$$V_{RL1} = V_A = \left(\frac{R_A}{R_\text{T}}\right)V_\text{S} = \left(\frac{10.7\,\text{k}\Omega}{22.7\,\text{k}\Omega}\right)24\,\text{V} = 11.3\,\text{V}$$

R_{L1}을 흐르는 부하전류는

$$I_{RL1} = \frac{V_{RL1}}{R_{L1}} = \left(\frac{11.3\,\text{V}}{100\,\text{k}\Omega}\right) = \mathbf{113\,\mu A}$$

마디 B에 전압은 그림 6-31(a)의 등가회로에서 마디 A의 전압을 사용하여 구한다.

$$V_B = \left(\frac{R_B}{R_{2+B}}\right)V_A = \left(\frac{5.84\,\text{k}\Omega}{12.0\,\text{k}\Omega}\right)11.3\,\text{V} = 5.50\,\text{V}$$

R_{L2}를 흐르는 부하전류는

$$I_{RL2} = \frac{V_{RL2}}{R_{L2}} = \frac{V_B}{R_{L2}} = \frac{5.50\,\text{V}}{100\,\text{k}\Omega} = \mathbf{55.0\,\mu A}$$

분압기전류는

$$I_3 = \frac{V_B}{R_3} = \frac{5.50\,\text{V}}{6.2\,\text{k}\Omega} = \mathbf{887\,\mu A}$$

관련 문제 R_{L1}이 제거된다면, R_{L2}의 부하전류는 어떻게 되겠는가?

공학용 계산기 소개의 예제 6-12에 있는 변환 예를 살펴보라.

Multisim 또는 LTspice 파일 E06-12를 열어라. 각 부하저항기 R_{L1}과 R_{L2} 양단의 전압과 이를 통해 흐르는 전류를 측정하라.

1. 부하저항은 전압 분배기의 출력에 연결되어 있다. 부하저항은 출력전압에 어떤 영향을 미치는가?
2. 큰 값의 부하저항은 작은 값의 부하저항보다 전압 분배기의 출력전압에 더 작은 영향을 미칠 것이다. (참/거짓)
3. 그림 6-32의 전압 분배기에서 부하가 연결되지 않은 출력전압을 구하라. 또한 10 MΩ의 부하저항이 출력과 접지 사이에 연결되었을 때 출력전압을 구하라.

▶ 그림 6-32

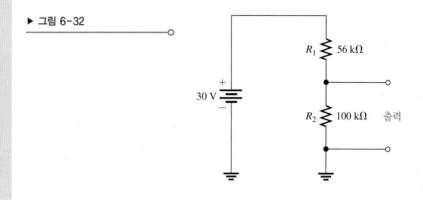

6-4 전압계의 부하효과

앞에서 공부한 바와 같이 전압계는 저항 양단의 전압을 측정하기 위해 저항과 병렬로 연결되어야 한다. 전압계는 물론 대부분의 계측 장비는 그 자신 고유의 내부 저항이 존재하며, 이로 인해 회로 내에 부하로 작용하여 측정하고 있는 전압에 다소 영향을 미치게 된다. 지금까지는 부하효과를 무시했다. 그 이유는 전압계의 내부 저항이 매우 크고, 일반적으로 측정하려고 하는 회로에 미치는 영향이 미미하기 때문이다. 그러나 만약 전압계 내부 저항이 측정하고자 하는 회로저항보다 충분히 크지 않다면, 측정한 전압이 실제값보다 상당히 작아지는 부하효과가 발생하게 된다.

이 절의 학습목표

◆ **회로 내에 전압계의 부하효과를 해석한다.**
   ◆ 전압계가 회로에 부하로 작용하는 이유를 설명한다.
   ◆ 전압계의 내부 저항을 논의한다.

예를 들어 전압계가 그림 6-33(a)에서와 같이 회로에 연결될 때, 그 내부 저항은 그림 6-33(b)에서와 같이 R_3와 병렬로 나타난다. A와 B 사이의 저항은 전압계 내부 저항 R_M의 부하효과로 인해 변하며, 그림 6-33(c)와 같이 $R_3 \parallel R_M$이 된다.

만약 R_M이 R_3보다 훨씬 크다면, A와 B 사이의 저항은 거의 변하지 않고 계측기로 측정되는 값은 실제의 전압과 거의 같다. 만약 R_M이 R_3보다 충분히 크지 않으면, A와 B 사이의 저항은 상당히 감소하여 R_3에 걸리는 전압은 계측기의 부하효과에 의해 변하게 된다. 경험에 의한 고장진단 작업에서 계측기 저항이 연결되어 있는 저항보다 최소한 10배 이상 크면, 부하효과는 무시할 수 있다(측정오차는 10% 이내이다).

대부분의 전압계는 DMM 또는 2-7절에서 공부한 아날로그 멀티미터와 같은 다기능 계기의 일부이다. DMM의 전압계는 대개 내부 저항이 10 MD 이상이어서, 매우 고저항 회로가 아니면

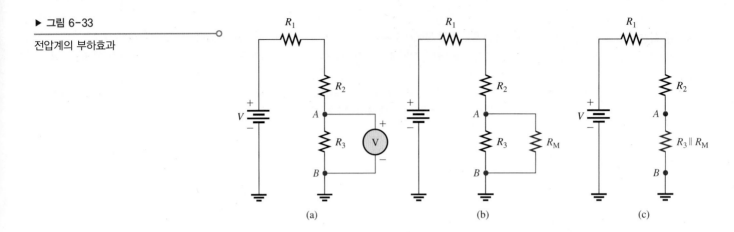

▶ 그림 6-33

전압계의 부하효과

(a)　　　　　　(b)　　　　　　(c)

부하효과가 별문제가 되지 않는다. DMM은 입력이 내부의 고정전압 분배기에 연결되었으므로 전체 측정 범위에 저항이 일정하다. 아날로그 멀티미터의 경우는 측정을 위해 선택된 범위에 따라 내부 저항이 달라진다. 부하효과를 알려면 계측기의 **감도**를 알 필요가 있는데, 이 값은 제조자가 계측기 또는 설명서에 적어놓는다. 감도는 Ω/V로 나타내며, 보통 dc의 경우 20,000 Ω/V 정도이다. 내부 직렬저항을 구하려면 측정 범위의 최대 전압에 감도를 곱하면 된다. 예를 들어 20,000 Ω/V의 계측기의 내부 저항은 1 V 범위에서는 20,000 Ω, 10 V 범위에서는 200,000 Ω이다. 아날로그 계측기에서는 낮은 전압 범위보다 높은 전압 범위에서 부하효과가 더 적다.

예제 6-13

그림 6-34의 회로에서 디지털 전압계는 측정하려고 하는 전압에 얼마나 영향을 미치는가? 계측기의 입력저항(R_M)은 10 MΩ로 가정한다.

▶ 그림 6-34

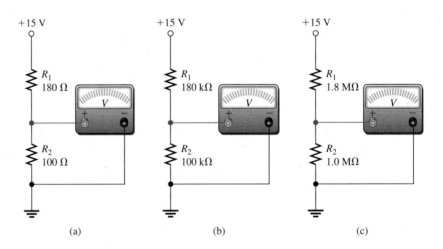

(a)　　　　　　(b)　　　　　　(c)

풀이　작은 차이를 좀 더 명확히 보이기 위해 이 예제에서는 결과를 세 자리 유효숫자로 나타냈다.

(a) 그림 6-34(a)를 참고하자. 전압 분배기 회로에서 부하가 없는 상태에서 R_2에 걸리는 전압은

$$V_{R2} = \left(\frac{R_2}{R_1 + R_2}\right)V_\mathrm{S} = \left(\frac{100\ \Omega}{280\ \Omega}\right)15\ \mathrm{V} = 5.357\ \mathrm{V}$$

R_2와 병렬인 계측기 저항은

$$R_2 \| R_\mathrm{M} = \left(\frac{R_2 R_\mathrm{M}}{R_2 + R_\mathrm{M}}\right) = \frac{(100\ \Omega)(10\ \mathrm{M}\Omega)}{10.0001\ \mathrm{M}\Omega} = 99.999\ \Omega$$

계측기가 실제로 측정한 전압은

$$V_{R2} = \left(\frac{R_2 \| R_M}{R_1 + R_2 \| R_M} \right) V_S = \left(\frac{99.999 \ \Omega}{279.999 \ \Omega} \right) 15 \text{ V} = 5.357 \text{ V}$$

전압계의 연결로 인한 부하효과는 거의 없다.

(b) 그림 6-34(b)를 참고하자.

$$V_{R2} = \left(\frac{R_2}{R_1 + R_2} \right) V_S = \left(\frac{100 \text{ k}\Omega}{280 \text{ k}\Omega} \right) 15 \text{ V} = 5.357 \text{ V}$$

$$R_2 \| R_M = \frac{R_2 R_M}{R_2 + R_M} = \frac{(100 \text{ k}\Omega)(10 \text{ M}\Omega)}{10.1 \text{ M}\Omega} = 99.01 \text{ k}\Omega$$

계측기가 측정한 실제 전압은

$$V_{R2} = \left(\frac{R_2 \| R_M}{R_1 + R_2 \| R_M} \right) V_S = \left(\frac{99.01 \text{ k}\Omega}{279.01 \text{ k}\Omega} \right) 15 \text{ V} = 5.323 \text{ V}$$

전압계의 부하효과로 **전압이 다소 감소했다.**

(c) 그림 6-34(c)를 참고하자.

$$V_{R2} = \left(\frac{R_2}{R_1 + R_2} \right) V_S = \left(\frac{1.0 \text{ M}\Omega}{2.8 \text{ M}\Omega} \right) 15 \text{ V} = 5.357 \text{ V}$$

$$R_2 \| R_M = \frac{R_2 R_M}{R_2 + R_M} = \frac{(1.0 \text{ M}\Omega)(10 \text{ M}\Omega)}{11 \text{ M}\Omega} = 909.09 \text{ k}\Omega$$

실제로 측정된 전압은

$$V_{R2} = \left(\frac{R_2 \| R_M}{R_1 + R_2 \| R_M} \right) V_S = \left(\frac{909.09 \text{ k}\Omega}{2.709 \text{ M}\Omega} \right) 15 \text{ V} = 5.034 \text{ V}$$

전압계의 부하효과로 **전압이 주목할 만큼 감소했다.** 보는 바와 같이 전압을 측정하고자 하는 저항이 크면 클수록 부하효과는 더 커진다.

관련 문제 아날로그 전압계에 대한 그림 6-34(c)에서 전압 측정 범위가 10 V일 때, 계측기 감도가 50 kΩ/V 경우 R_2에 걸리는 전압을 계산하라.

공학용 계산기 소개의 예제 6-13에 있는 변환 예를 살펴보라.

6-4절 복습

해답은 이 장의 끝에 있다.

1. 전압계가 회로에 부하로 작용할 수 있는 이유를 설명하라.
2. 만약 10 MΩ의 내부 저항을 갖는 전압계로 1.0 kΩ의 저항에 걸린 전압을 측정한다면, 부하효과를 고려해야 하는가?
3. 10 MΩ의 저항을 갖는 전압계로 3.3 MΩ의 저항에 걸린 전압을 측정한다면, 부하효과를 고려해야 하는가?
4. 20,000 Ω/V 아날로그 전압계가 200 V 측정 범위에 있을 때 내부 직렬저항은 얼마인가?

6-5 휘트스톤 브리지

휘트스톤 브리지 회로는 저항 변화에 매우 민감하기 때문에 저항을 정확히 측정하기 위해 널리 쓰인다. 또한 이 브리지는 트랜스듀서와 결합하여 변형, 온도, 압력과 같은 물리적인 양을 측정하는 데 이용된다. **트랜스듀서**는 물리적인 파라미터의 변화를 감지하며, 그것을 저항의 변화와 같은 전기적인 양으로 변환시키는 소자이다. 가장 중용한 형태의 트랜스듀서 중 하나가 변형 게이지인데, 이 절에서 소개된다. 휘트스톤 브리지는 변형 게이지 저항의 작은 변화를 쉽게 측정할 수 있는 전압으로 변환한다.

이 절의 학습목표

◆ **휘트스톤 브리지를 해석하고 적용한다.**
  ◆ 브리지의 평형을 결정한다.
  ◆ 평형 브리지를 이용한 미지저항 측정한다.
  ◆ 브리지의 불평형을 결정한다.
  ◆ 불평형 브리지를 이용한 측정을 논의한다.

휘트스톤 브리지(Wheastone bridge) 회로는 그림 6-35(a)와 같이 가장 일반적인 '다이아몬드' 형태로 나타낸다. 이것은 '다이아몬드'의 위쪽과 아래쪽 점에 연결된 dc 전압원과 4개의 저항으로 구성된다. 출력전압은 A와 B 사이 '다이아몬드'의 오른쪽과 왼쪽 점 양단으로부터 얻는다. 그림 6-35(b)에 이 회로의 직렬-병렬 관계를 더 명확히 볼 수 있도록 약간 다른 방법으로 다시 그렸다.

평형 휘트스톤 브리지

그림 6-35에서 휘트스톤 브리지는 단자 A와 B 사이의 출력전압이(V_{OUT}) 0이 될 때 **평형 브리지**(balanced bridge) 조건이 된다.

$$V_{OUT} = 0 \text{ V}$$

브리지가 평형이 되었을 때 R_1과 R_2에 걸리는 전압이 같고($V_1 = V_2$), R_3와 R_4에 걸리는 전압이 같다($V_3 = V_4$). 그러므로 전압비는 다음과 같이 쓸 수 있다.

$$\frac{V_1}{V_3} = \frac{V_2}{V_4}$$

옴의 법칙에 의해 V 대신 IR을 대입하면

$$\frac{I_1 R_1}{I_3 R_3} = \frac{I_2 R_2}{I_4 R_4}$$

▶ 그림 6-35

휘트스톤 브리지. 브리지가 2개의 전압 분배기를 병렬로 구성하고 있음에 주목하자.

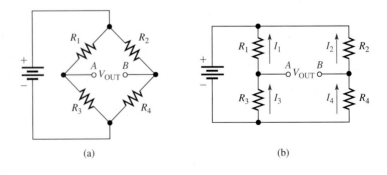

(a)   (b)

$I_1 = I_3$이고 $I_2 = I_4$이므로, 모든 전류 항은 소거되고 저항의 비만 남는다.

$$\frac{R_1}{R_3} = \frac{R_2}{R_4}$$

R_1에 대해 풀면 다음 식을 얻는다.

$$R_1 = R_3\left(\frac{R_2}{R_4}\right)$$

이 식은 브리지가 평형이 되었을 때 다른 저항값에 의해 R_1 저항값을 구하는 데 이용된다. 유사한 방법으로 다른 저항값도 구할 수가 있다.

평형 휘트스톤 브리지를 이용하여 미지의 저항 구하기 그림 6-35의 R_1을 미지의 값이라고 가정하고, R_X라 하자. 저항 R_2와 R_4는 고정된 값을 가지므로, 그 비율 R_2/R_4 또한 고정된 값을 갖는다. R_X는 어떤 값도 가질 수 있으므로, 평형 조건을 만들기 위해 R_3는 $R_1/R_3 = R_2/R_4$의 관계가 성립되도록 조정되어야 한다. 따라서 R_3는 가변저항이며, R_V라고 부를 것이다. R_X를 브리지에 연결하면, R_V는 브리지가 평형 상태가 되어 출력전압이 0이 될 때까지 조정을 한다. 그러면 미지의 저항은 다음과 같다.

$$R_X = R_V\left(\frac{R_2}{R_4}\right) \tag{6-2}$$

R_2/R_4의 비는 브리지의 눈금계수라고 한다.

검류계라고 불리는 구식의 전류계는 평형 상태를 검출하기 위해 출력 단자 A와 B 사이에 연결한다. 검류계는 계측기를 통해 흐르는 전류의 크기와 방향을 나타내는데, 중간 눈금점이 전류가 0임을 나타낸다. 휘트스톤 브리지 계측기에서는 브리지 출력에 연결된 증폭기가 그 출력이 0 V일 때 평형 상태를 지시한다. 의료용 센서, 저울, 정밀 계측과 같은 까다로운 응용에서는 제조 중에 브리지 저항을 미세조정할 수 있도록 정밀도가 높은 미세조정 저항이 또한 사용될 수 있다.

식 (6-2)에서 평형 상태의 R_V와 눈금계수 R_2/R_4의 곱은 R_X의 실제 저항값이다. 만약 $R_2/R_4 = 1$이면 $R_X = R_V$이고, $R_2/R_4 = 0.5$이면 $R_X = 0.5\,R_V$이다. 이런 식으로 계속된다. 실제 브리지 회로에서 R_X의 조정 위치는 눈금상에 또는 다른 디스플레이 방법으로 R_X의 실제값을 지시하도록 보정할 수 있다.

| 예제 6-14 | 그림 6-36의 브리지가 평형일 때 R_X는 얼마인가? R_V가 1200 Ω에 맞춰졌을 때, 브리지가 평형 상태에 있다($V_{OUT} = 0$ V). |

▶ 그림 6-36

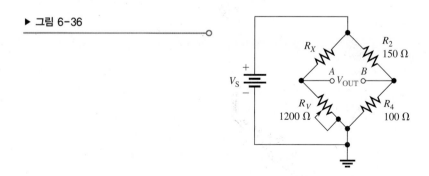

풀이　눈금계수는

$$\frac{R_2}{R_4} = \frac{150 \ \Omega}{100 \ \Omega} = 1.5$$

따라서 미지의 저항은

$$R_X = R_V\left(\frac{R_2}{R_4}\right) = (1200 \ \Omega)(1.5) = \mathbf{1800 \ \Omega}$$

관련 문제　만약 그림 6-36에서 R_V는 브리지가 평형이 되기 위해 2.2 kΩ으로 조정되어야 한다면, R_X는 얼마인가?

공학용 계산기 소개의 예제 6-14에 있는 변환 예를 살펴보라.

불평형 휘트스톤 브리지

불평형 브리지(unbalanced bridge) 조건은 V_{OUT}이 0이 아닐 때 발생한다. 불평형 브리지 측정은 평형 브리지 측정만큼 정확하지 않다. 하지만 그것은 정밀한 변화량은 아니므로 물리량의 변화를 관찰할 때 기계적 변형, 온도, 압력과 같은 물리량을 측정하기 위해 사용될 수 있다. 이것은 그림 6-37에서와 같이 브리지의 한쪽 다리 부분에 트랜스듀서를 연결하여 수행할 수 있다. 트랜스듀서의 저항은 측정하고 있는 파라미터의 변화에 비례하여 변한다. 만약 브리지가 알고 있는 지점에서 평형 상태에 있다면, 평형 상태를 벗어난 편차량은 출력전압으로 보이는 것과 같이 측정하고 있는 파라미터의 변화량을 나타낸다. 따라서 측정되는 파라미터의 값은 브리지가 불평형되는 정도의 크기에 의해 결정된다.

▶ 그림 6-37

트랜스듀서를 이용하여 물리적인 파라미터를 측정하는 브리지 회로

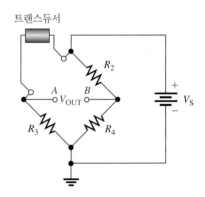

온도 측정을 위한 브리지 회로　온도 측정을 위해 온도 감지 저항기인 서미스터를 트랜스듀서로 이용한다. 온도가 변함에 따라 서미스터의 저항이 예측한 대로 변한다. 온도 변화는 서미스터 저항을 변화시키고, 이에 따라 브리지가 불평형 상태가 되어 출력전압이 변한다. 출력전압은 온도에 비례한다. 따라서 출력 사이에 연결된 전압계는 온도를 나타내기 위해 보정할 수도 있고, 출력 전압을 증폭한 다음 온도를 디스플레이하기 위해 디지털 형태로 변환할 수도 있다.

온도를 측정하는 브리지 회로는 기준 온도에서 평형이 되고 측정 온도에서 불평형이 되도록 설계된다. 예를 들어 브리지가 25℃에서 평형이 되게 했다면, 그 온도에서 서미스터의 저항값은 알고 있는 것이다.

예제 6-15	그림 6-38의 온도 측정용 브리지 회로에서 25°C에서 저항이 1.0 kΩ인 서미스터가 50°C에 노출되어 있을 때 출력전압을 구하라. 50°C에서 서미스터의 저항은 900 Ω으로 감소한다고 가정한다.

▶ 그림 6-38

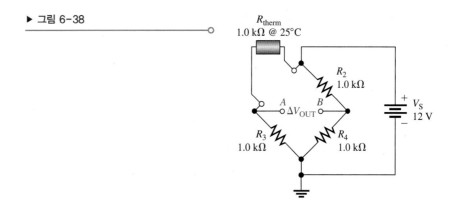

풀이   50°C에서 브리지의 왼쪽에 전압 분배 공식을 적용한다.

$$V_A = \left(\frac{R_3}{R_3 + R_{therm}}\right)V_S = \left(\frac{1.0 \text{ k}\Omega}{1.0 \text{ k}\Omega + 900 \text{ }\Omega}\right)12 \text{ V} = 6.32 \text{ V}$$

브리지의 오른쪽에 전압 분배 공식을 적용한다.

$$V_B = \left(\frac{R_2}{R_2 + R_4}\right)V_S = \left(\frac{1.0 \text{ k}\Omega}{2.0 \text{ k}\Omega}\right)12 \text{ V} = 6.00 \text{ V}$$

50°C에서의 출력전압이 V_A와 V_B의 차이이므로

$$V_{OUT} = V_A - V_B = 6.32 \text{ V} - 6.00 \text{ V} = \textbf{0.32 V}$$

마디 A는 마디 B에 대해 +이다.

관련 문제   온도가 60°C로 증가하여 그림 6-38의 서미스터 저항이 850 Ω으로 감소한다면, V_{OUT}은 어떻게 되겠는가?

공학용 계산기 소개의 예제 6-15에 있는 변환 예를 살펴보라.

변형 게이지의 휘트스톤 브리지 응용   변형 게이지(strain gauge)는 외부의 힘에 의해 압축되거나 늘어날 때 저항이 변하는 저항성 트랜스듀서이다. 압력으로 게이지 내부의 가는 선이 늘어나면 저항은 약간 증가하고 압축되면 선의 저항이 감소한다. 힘에 의해 극히 작은 저항 변화만 생기므로 직접적으로는 정확히 측정하기 어렵다. 휘트스톤 브리지는 본질적으로 높은 감도를 가지고 있어 변형 게이지의 저항의 작은 변화를 측정하기에 이상적이다. 휘트스톤 브리지는 하나 이상의 변형 게이지로 구성될 수 있다. 변형 게이지의 저항이 변하면 평형 상태에 있던 브리지가 불평형 상태로 된다. 불평형 상태가 되면 출력전압이 0이 아닌 다른 값을 갖게 되고 이 변화량으로 압력의 크기를 결정할 수 있다.

변형 게이지는 아주 작은 무게에서부터 큰 트럭의 무게를 재는 데까지 다양한 종류의 저울에 이용되고 있다. 보통 변형 게이지는 저울에 무게가 가해지면 변형되는 특수한 알루미늄 블록 위에 설치된다. 변형 게이지는 극히 민감하므로 적절히 설치되어야 하기 때문에, 보통 전체 조립은

부하 셀이라는 단일 유니트로 이루어진다. 부하 셀은 변형 게이지를 이용해 기계적 힘을 전기신호로 변환시켜주는 트랜스듀서이다. 응용에 따라 다양한 형태와 크기의 부하 셀들이 있다. 그림 6-39(a)에 4개의 변형 게이지를 가진 전형적인 무게 측정용 벤딩 빔 부하 셀을 보이고 있다. 하중이 가해지면 빔의 일부분은 장력을 받고 다른 부분은 압력을 받도록 빔은 특별히 가공되어 설치되어 있다. 게이지는 저울에 하중이 가해지면 2개의 게이지는 늘어나고(장력을 받고), 2개는 압력을 받도록 설치된다.

▶ 그림 6-39

부하 셀의 예

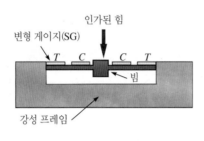

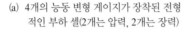

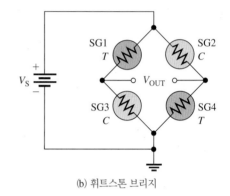

(a) 4개의 능동 변형 게이지가 장착된 전형적인 부하 셀(2개는 압력, 2개는 장력)

(b) 휘트스톤 브리지

부하 셀은 대개 그림 6-39(b)와 같이 휘트스톤 브리지에 연결되어 있는데, 장력(T)과 압력(C)의 변형 게이지(SG)가 서로 맞은편 대각선 쪽에 위치하고 있다. 브리지의 출력은 보통 디지털화하여 디스플레이를 위한 표시로 변환되거나 처리를 위해 컴퓨터로 보내진다. 휘트스톤 브리지 회로의 가장 큰 장점은 저항의 작은 변화라도 정확히 측정할 수 있다는 것이다. 4개의 능동 트랜스듀서를 사용하여 측정 감도가 증가하고 브리지가 계기의 이상적인 회로가 된다. 휘트스톤 브리지 회로는 온도 변화와 연결된 선 저항의 변화를 보상하여 부정확성 줄여주는 부가적인 이점이 있다.

두서너 가지 예를 들어 변형 게이지는 저울뿐만 아니라 압력, 변위, 가속도 측정 등에 휘트스톤 브리지와 함께 사용된다. 압력 측정에서 압력이 트랜스듀서에 가해질 때 변형 게이지는 신축성 있는 유연한 격막에 접합되어 있다. 휘는 양은 압력과 관련되어 있는데, 다시 매우 작은 저항 변화로 변환된다.

6-5절 복습

해답은 이 장의 끝에 있다.

1. 기본적인 휘트스톤 브리지 회로를 그려라.
2. 어떤 조건에서 브리지가 평형이 되는가?
3. 그림 6-36에서 R_V = 3.3 kΩ, R_2 = 10 kΩ, R_4 = 2.2 kΩ일 때 미지의 저항은 얼마인가?
4. 휘트스톤 브리지는 불평형 상태에서 어떻게 이용하는가?
5. 부하 셀이란 무엇인가?

6-6 테브난의 정리

테브난의 정리는 회로를 2개의 출력 단자에 대한 표준 등가형태로 단순화하기 위한 방법이다. 많은 경우에 이 정리를 이용하여 직렬-병렬 회로의 해석을 간단하게 할 수 있다. 등가형태로 회로를 단순화하는 또 다른 방법으로 노턴의 정리가 있으며 부록 C에 설명했다.

이 절의 학습목표

◆ **회로 해석을 단순화하기 위한 테브난의 정리를 적용한다.**

- ◆ 테브난의 등가회로를 기술한다.
- ◆ 테브난의 등가전압원을 계산한다.
- ◆ 테브난의 등가저항을 계산한다.
- ◆ 테브난의 정리의 상황에서 단자등가를 설명한다.
- ◆ 일부 회로를 테브난화한다.
- ◆ 휘트스톤 브리지를 테브난화한다.

2단자 저항성 회로의 테브난 등가회로는 그림 6-40에서와 같이 등가전압원(V_{TH})과 등가직렬 저항(R_{TH})으로 구성된다. 등가전압과 저항값은 본래 회로값에 의존한다. 어떤 2단자 저항회로라도 복잡성에 상관없이 테브난 등가회로로 단순화할 수 있다.

등가전압 V_{TH}는 전체 테브난 등가회로의 한 부분이다. **테브난의 정리**(Thevenin's theorem)에 의하면,

테브난 등가전압(V_{TH})은 회로 내의 두 특정 출력단자 사이의 개회로(무부하) 전압이다.

전체 테브난 등가회로의 다른 부분은 R_{TH}이다. 테브난의 정리에 의하면,

테브난 등가저항(R_{TH})은 모든 전원을 그들의 내부 저항으로 바꾸고(이상적인 전압원은 0이다) 회로 내의 두 특정한 출력단자들 사이에 나타나는 전체 저항이다.

두 특정한 단자들 사이에 연결된 어떠한 소자라도 R_{TH}와 직렬로 연결된 V_{TH}를 실질적으로 볼 수 있다.

테브난의 등가회로는 원래의 회로와 똑같지는 않지만, 출력전압과 전류는 똑같이 작용한다. 그림 6-41에 보이는 예와 같이 다음 사항을 생각해보자. 어떤 복잡한 저항성 회로는 출력 단자만 밖에 있고 나머지는 상자 안에 놓여 있다. 이 회로의 테브난 등가는 출력단자들만이 밖에 있고 똑같이 상자에 놓여 있다. 동일한 부하저항은 각 상자의 출력단자들 사이에 연결되어 있다. 다음으로 전압계와 전류계는 그림 6-41과 같이 각 부하에 전압과 전류를 측정하기 위해 연결되어 있다. 측정된 값은 동일할 것이며(허용오차 변화를 무시하면), 따라서 어떤 상자에 원래 회로가 있는지 또는 원래 회로의 테브난 등가가 있는지 구별할 수 없을 것이다. 즉 전기적으로 측정해 관찰해보면 두 회로는 똑같아 보인다. 이 조건은 2개의 회로가 두 출력단자의 '관찰하는 위치'에서 같아 보이기 때문에 때때로 **단자등가**(terminal equivalency)라고 한다.

어떤 회로의 테브난 등가를 찾기 위해 등가전압 V_{TH}와 등가저항 R_{TH}를 구해야 한다. 예를 들어 출력단자 A와 B 사이의 테브난 등가회로는 그림 6-42처럼 구한다.

그림 6-42(a)에서 지정된 단자 A와 B 사이의 전압은 테브난 등가전압이다. 이 회로에서 A와 B

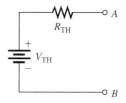

▲ 그림 6-40

테브난 등가회로의 일반형은 저항과 직렬로 전압원이 있다.

HISTORY NOTE

Léon Charles
Thévenin
1857~1926

테브난은 프랑스의 전신기술자였으며 전기회로의 측정문제에 관심을 갖게 되었다. 키르히호프의 법칙과 옴의 법칙을 공부한 결과, 1882년 그는 복잡한 전기회로를 간단한 등가회로로 단순화해 해석할 수 있는 테브난의 정리라는 방법을 개발했다.

어느 상자에 본래의 회로가 들어 있고, 어느 상자에 테브난의 등가회로가 들어 있는가? 이것은 회로가 단자등가를 갖기 때문에 계측기의 관측만으로는 알 수 없다.

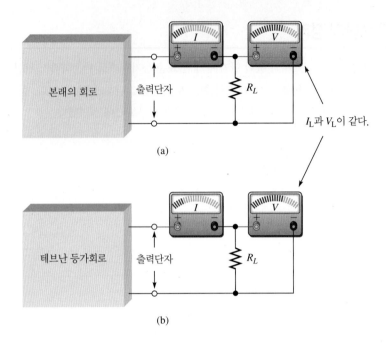

본래의 회로

출력단자

R_L

I_L과 V_L이 같다.

(a)

테브난 등가회로

출력단자

R_L

(b)

사이의 전압은 R_3에 전류가 흐르지 않아 이 저항에서의 전압강하가 없으므로, R_2에 걸리는 전압과 같다. 이 예에서 V_{TH}는 다음과 같이 표시된다.

$$V_{TH} = \left(\frac{R_2}{R_1 + R_2} \right) V_S$$

그림 6-42(b)에서 전압원을 내부 저항이 0이므로 단락되고, 단자 A와 B 사이의 저항이 테브난 등가저항이다. 이 회로에서 A와 B 사이의 저항은 R_1과 R_2의 병렬결합에 R_3가 직렬로 연결되었다. 따라서 R_{TH}는 다음과 같이 구한다.

$$R_{TH} = R_3 + \frac{R_1 R_2}{R_1 + R_2}$$

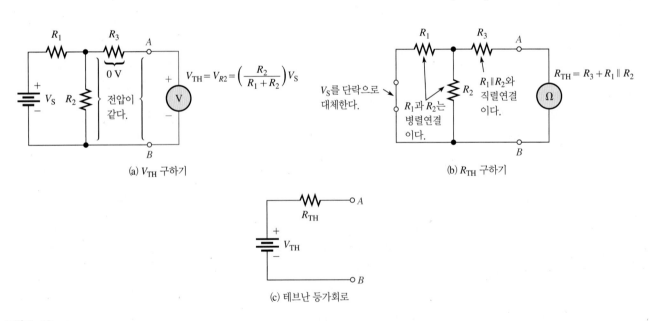

R_1 R_3 A

0 V

전압이 같다.

V_S R_2

B

$V_{TH} = V_{R2} = \left(\frac{R_2}{R_1 + R_2} \right) V_S$

(a) V_{TH} 구하기

V_S를 단락으로 대체한다.

R_1과 R_2는 병렬연결 이다.

$R_1 \| R_2$와 직렬연결 이다.

$R_{TH} = R_3 + R_1 \| R_2$

(b) R_{TH} 구하기

R_{TH}

V_{TH}

A

B

(c) 테브난 등가회로

▲ 그림 6-42

테브난의 정리에 의해 회로를 단순화한 예

테브난 등가회로는 그림 6-42(c)에 나타나 있다.

예제 6-16

그림 6-43에 있는 회로의 출력단자 A와 B 사이의 테브난 등가회로를 구하라. 만약 단자 A와 B 사이에 부하저항이 연결되어 있다면, 먼저 그것을 제거하여야 한다.

▶ 그림 6-43

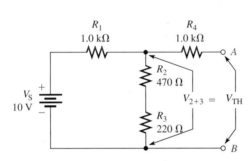

풀이 R_4에서는 전압강하가 없으므로 그림 6-44(a)에서와 같이 V_{AB}는 $R_2 + R_3$에 걸리는 전압과 같고, $V_{TH} = V_{AB}$이다. 전압 분배 법칙을 사용하여 V_{TH}를 구한다.

$$V_{TH} = \left(\frac{(R_2 + R_3)}{R_1 + (R_2 + R_3)} \right) V_S = \left(\frac{690\ \Omega}{1.69\ k\Omega} \right) 10\ V = \mathbf{4.08\ V}$$

▶ 그림 6-44

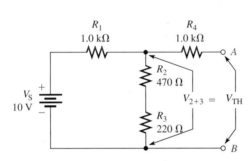

(a) A와 B 사이의 전압은 V_{TH}이고, V_{2+3}과 같다.

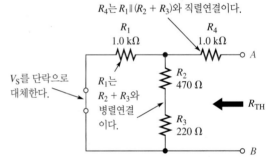

(b) 단자 A와 B로부터 회로를 들여다보면 R_1과 $(R_2 + R_3)$의 병렬결합에 R_4가 직렬로 연결된 것으로 보인다.

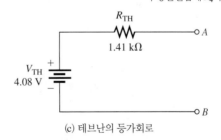

(c) 테브난의 등가회로

R_{TH}를 구하기 위해 전압원의 내부 저항이 0이므로 전압원을 단락한다. R_1은 $R_2 + R_3$와 병렬연결이고, 그림 6-44(b)에서와 같이 R_4는 R_1과 $R_2 + R_3$의 직렬-병렬 결합에 직렬로 연결되어 있다.

$$R_{TH} = R_4 + \frac{R_1(R_2 + R_3)}{R_1 + (R_2 + R_3)} = 1.0\ k\Omega + \frac{(1.0\ \Omega)(690\ \Omega)}{1.69\ k\Omega} = \mathbf{1.41\ k\Omega}$$

최종 테브난 등가회로는 그림 6-44(c)에 보이고 있다.

관련 문제 그림 6-43에서 560 Ω의 저항이 R_2와 R_3에 병렬로 연결되어 있다면, V_{TH}와 R_{TH}를 구하라.
공학용 계산기 소개의 예제 6-16에 있는 변환 예를 살펴보라.

테브난 등가회로는 관찰하는 위치에 따라 달라진다

어떤 회로의 테브난 등가회로는 그 회로를 '바라보는' 두 출력단자의 위치에 따라 달라진다. 그림 6-43에서 A와 B의 두 단자 사이에서 회로를 바라보았다. 어떤 회로는 테브난 등가회로를 1개 이상 가질 수 있으며, 출력단자를 어떻게 지정하느냐에 따라 다르다. 예를 들어 그림 6-45에서 단자 A와 C 사이로 회로를 바라본다면, 단자 A와 B 사이 또는 단자 B와 C 사이로 회로를 바라보는 것과 전혀 다른 결과를 얻게 된다.

▶ 그림 6-45

테브난의 등가는 회로를 바라보는 출력단자의 위치에 따라 달라진다.

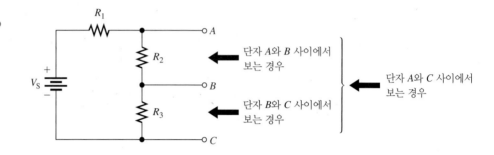

그림 6-46(a)에서 단자 A와 C 사이에서 바라볼 때, V_{TH}는 $R_2 + R_3$에 걸리는 전압이고 전압 분배 공식을 이용하여 다음과 같이 구한다.

$$V_{\text{TH}(AC)} = \left(\frac{R_2 + R_3}{R_1 + R_2 + R_3} \right) V_S$$

또한 그림 6-46(b)에 보이고 있는 바와 같이 단자 A와 C 사이의 저항은 R_1과 $R_2 + R_3$가 병렬이며(전압원은 단락한다), 합과 곱으로 다음과 같이 표현한다.

$$R_{\text{TH}(AC)} = R_1 \| (R_2 + R_3) = \frac{R_1(R_2 + R_3)}{R_1 + (R_2 + R_3)}$$

이에 대한 테브난 등가회로를 그림 6-46(c)에 나타냈다.

그림 6-46(d)처럼 단자 B와 C 사이에서 회로를 바라볼 때, $V_{\text{TH}(BC)}$는 R_3에 인가되는 전압이고 다음과 같이 표현된다.

▶ 그림 6-46

다른 두 단자로부터 테브난화한 등가회로의 예. (a), (b), (c)는 점 A와 C 사이에서 본 예이고, (d), (e), (f)는 점 B와 C 사이에서 본 예이다(두 경우의 V_{TH}와 R_{TH}의 값이 서로 다르다).

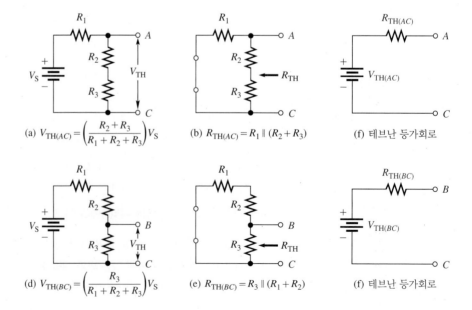

(a) $V_{\text{TH}(AC)} = \left(\dfrac{R_2 + R_3}{R_1 + R_2 + R_3} \right) V_S$

(b) $R_{\text{TH}(AC)} = R_1 \| (R_2 + R_3)$

(f) 테브난 등가회로

(d) $V_{\text{TH}(BC)} = \left(\dfrac{R_3}{R_1 + R_2 + R_3} \right) V_S$

(e) $R_{\text{TH}(BC)} = R_3 \| (R_1 + R_2)$

(f) 테브난 등가회로

$$V_{\text{TH}(BC)} = \left(\frac{R_3}{R_1 + R_2 + R_3} \right) V_S$$

그림 6-46(e)에서 단자 B와 C 사이의 저항은 R_1과 R_2의 직렬결합에 병렬로 연결된 R_3이다.

$$R_{\text{TH}(BC)} = R_3 \| (R_1 + R_2) = \frac{R_3(R_1 + R_2)}{(R_1 + R_2) + R_3}$$

이에 대한 테브난 등가회로는 그림 6-46(f)에 나타내고 있다.

예제 6-17

(a) 그림 6-47의 회로에서 A와 C 단자 사이에서 본 테브난 등가회로를 구하라.

(b) 그림 6-47의 회로에서 B와 C 단자 사이에서 본 테브난 등가회로를 구하라.

▶ **그림 6-47**

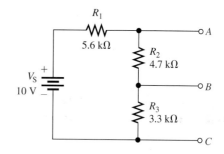

풀이 (a) $V_{\text{TH}(AC)} = \left(\dfrac{R_2 + R_3}{R_1 + R_2 + R_3} \right) V_S = \left(\dfrac{4.7\,\text{k}\Omega + 3.3\,\text{k}\Omega}{5.6\,\text{k}\Omega + 4.7\,\text{k}\Omega + 3.3\,\text{k}\Omega} \right) 10\,\text{V} = \mathbf{5.88\,V}$

$R_{\text{TH}(AC)} = R_1 \| (R_2 + R_3) = 5.6\,\text{k}\Omega \| (4.7\,\text{k}\Omega + 3.3\,\text{k}\Omega) = \mathbf{3.29\,k\Omega}$

그림 6-48(a)에 테브난 등가회로를 보였다.

(b) $V_{\text{TH}(BC)} = \left(\dfrac{R_3}{R_1 + R_2 + R_3} \right) V_S = \left(\dfrac{3.3\,\text{k}\Omega}{5.6\,\text{k}\Omega + 4.7\,\text{k}\Omega + 3.3\,\text{k}\Omega} \right) 10\,\text{V} = \mathbf{2.43\,V}$

$R_{\text{TH}(BC)} = R_3 \| (R_1 + R_2) = 3.3\,\text{k}\Omega \| (5.6\,\text{k}\Omega + 4.7\,\text{k}\Omega) = \mathbf{2.50\,k\Omega}$

그림 6-48(b)에 테브난 등가회로를 보였다.

▶ **그림 6-48**

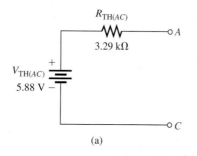

(a)

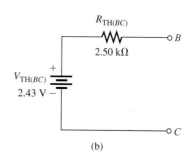

(b)

관련 문제 그림 6-47에서 단자 A와 B로부터 본 테브난 등가회로를 구하라.

공학용 계산기 소개의 예제 6-17에 있는 변환 예를 살펴보라.

브리지 회로의 테브난화

테브난 정리의 유용성은 휘트스톤 브리지 회로에 적용시킬 때 잘 나타난다. 예를 들어 그림 6-49

▶ 그림 6-49

출력단자 사이에 부하저항이 연결된 휘트스톤 브리지는 간단한 **직렬-병렬** 회로가 아니다.

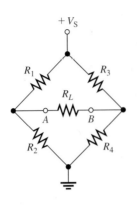

에서와 같이 부하저항이 휘트스톤 브리지의 출력단자에 연결된 경우를 살펴보자. 부하저항이 출력단자 A와 B 사이에 연결되어 있으면 간단한 직렬-병렬 배치가 아니기 때문에 브리지 회로는 해석하기가 어렵다. 다른 저항과 완전히 직렬이거나 병렬인 저항은 없다.

그림 6-50에서 단계적으로 보였듯이 테브난의 정리를 이용하여 브리지 회로를 부하저항으로부터 바라본 등가회로로 간단하게 만들 수 있다. 그림 6-50에서 보인 단계들을 주의 깊게 살펴보자. 브리지의 등가회로를 찾으면, 옴의 법칙을 이용하여 부하저항에 대한 전압과 전류를 쉽게 구할 수 있다.

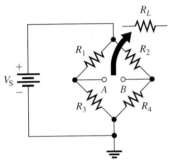

(a) R_L을 제거하여 출력단자 A와 B 사이를 개방한다.

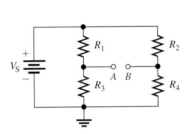

(b) 회로를 다시 그린다(원하면).

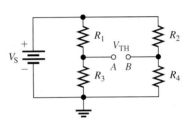

(c) V_{TH}를 구한다.
$$V_{TH} = V_A - V_B = \left(\frac{R_3}{R_1 + R_3}\right)V_S - \left(\frac{R_4}{R_2 + R_4}\right)V_S$$

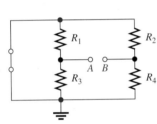

(d) 전압원의 내부 저항이 0이므로 V_S는 단락한다. 주: 색 선은 그림 (e)와 같이 전기적으로 같은 점을 나타낸다.

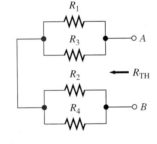

(e) 회로를 다시 그리고(원하면) R_{TH}를 구한다.
$$R_{TH} = R_1 \| R_3 + R_2 \| R_4$$

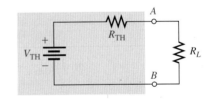

(f) R_L를 다시 연결한 테브난의 등가회로(색 음영 블록)

▲ 그림 6-50

테브난의 정리를 적용하여 간단하게 만든 휘트스톤 브리지

| 예제 6-18 | 그림 6-51의 브리지 회로에서 부하저항 R_L에 대한 전압과 전류를 구하라. |

풀이 **1단계:** R_L을 제거하여 A와 B 사이를 개방한다.

2단계: 그림 6-50에서와 같이 단자 A와 B 사이에서 바라본 브리지의 테브난화를 위해, 우선 V_{TH}를 구한다.

$$V_{TH} = V_A - V_B = \left(\frac{R_3}{R_1 + R_3}\right)V_S - \left(\frac{R_4}{R_2 + R_4}\right)V_S$$

$$= \left(\frac{680\ \Omega}{1010\ \Omega}\right)24\ \text{V} - \left(\frac{560\ \Omega}{1240\ \Omega}\right)24\ \text{V} = 16.16\ \text{V} - 10.84\ \text{V} = 5.32\ \text{V}$$

▶ 그림 6-51

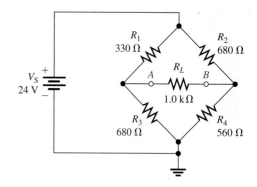

3단계: R_{TH}를 구한다.

$$R_{TH} = R_1 \| R_3 + R_2 \| R_4 = \frac{R_1 R_3}{R_1 + R_3} + \frac{R_2 R_4}{R_2 + R_4}$$

$$= \frac{(330\ \Omega)(680\ \Omega)}{1010\ \Omega} + \frac{(680\ \Omega)(560\ \Omega)}{1240\ \Omega} = 222\ \Omega + 307\ \Omega = 529\ \Omega$$

4단계: V_{TH}와 R_{TH}를 직렬로 연결하여 테브난 등가회로를 만든다.

5단계: 등가회로의 단자 A와 B 사이에 부하저항을 연결하고, 그림 6-52에서와 같이 부하전압과 전류를 구한다.

$$V_L = \left(\frac{R_L}{R_L + R_{TH}}\right) V_{TH} = \left(\frac{1.0\ k\Omega}{1.529\ k\Omega}\right) 5.32\ V = \textbf{3.48 V}$$

$$I_L = \frac{V_L}{R_L} = \frac{3.48\ V}{1.0\ k\Omega} = \textbf{3.48 mA}$$

▶ 그림 6-52

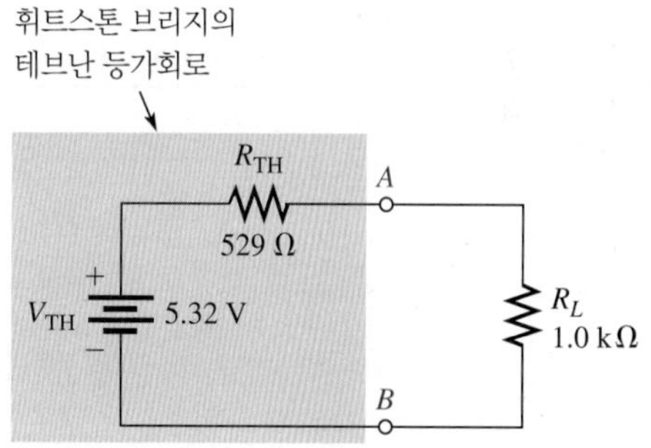

휘트스톤 브리지의 테브난 등가회로

(회로도: R_{TH} 529 Ω, V_{TH} 5.32 V, R_L 1.0 kΩ, 단자 A, B)

관련 문제 그림 6-51에서 $R_1 = 2.2\ k\Omega$, $R_2 = 3.9\ k\Omega$, $R_3 = 3.3\ k\Omega$, $R_4 = 2.7\ k\Omega$일 때 I_L을 구하라. 공학용 계산기 소개의 예제 6-18에 있는 변환 예를 살펴보라.

Multisim 또는 LTspice 파일 E06-18을 열어라. 멀티미터를 이용하여 R_L에 대한 전류와 전압을 구하라. 저항값을 관련된 문제에 명시된 값으로 바꾸고 R_L에 대한 전압과 전류를 측정하라.

테브난의 정리 요약

저항성 회로에 대한 테브난의 등가회로는 항상 본래의 회로와는 관계없이 직렬로 연결된 등가저항과 등가전원으로 구성된다는 사실을 기억하자. 테브난 정리의 중요성은 외부 부하가 연결되면 본래의 회로를 간단한 등가회로로 대치할 수 있다는 것이다. 테브난 등가회로의 점 사이에 연결

HANDS ON TIP

Focal point/Shutterstock

회로의 테브난 저항은 회로의 출력에 가변저항을 연결하고 회로의 출력전압이 개회로 전압의 절반이 될 때까지 저항을 조정하여 측정할 수 있다. 만약 가변저항이 제거되고 그 저항을 측정하면, 그 값은 회로의 테브난 등가저항과 같다.

된 부하저항은 그 저항이 본래 회로점에 연결됐을 때와 똑같은 전압과 전류를 가질 것이다.

테브난의 정리 적용을 위한 단계를 다음과 같이 요약할 수 있다.

1단계: 테브난 등가회로를 구하려고 하는 두 단자 사이를 개방한다(그 사이의 부하는 제거한다).

2단계: 두 개방된 단자 사이의 테브난 전압 V_{TH}를 구한다.

3단계: 모든 전원을 내부 저항으로 교체하고, 두 단자 사이의 테브난 저항 R_{TH}를 구한다(이상적인 전압원은 단락으로 대치한다).

4단계: 원래의 회로에 대해 완전한 테브난 등가로 나타내기 위해 직렬로 V_{TH}와 R_{TH}를 연결한다.

5단계: 1단계에서 제거한 부하저항을 테브난 등가회로의 단자 사이에 연결한다. 부하전류와 부하전압은 옴의 법칙을 이용하여 계산할 수 있으며, 그것들은 본래 회로의 부하전류 및 부하전압과 같은 값을 갖는다.

두 가지의 추가 정리가 때때로 회로해석에 이용된다. 그중 하나가 노턴의 정리(Norton's theorem)이며, 이것은 전압원 대신 전류원을 다루는 것을 제외하고는 테브난의 정리와 아주 유사하다. 다른 하나는 밀만의 정리(Millman's theorem)이며 병렬 전압원을 다룬다. 테브난과 노턴 등가회로의 변환방법 뿐만 아니라 노턴 정리와 밀만 정리의 적용 범위에 대해서는 부록 C를 참고하라.

6-6절 복습

해답은 이 장의 끝에 있다.

1. 테브난 등가회로의 두 가지 구성요소는 무엇인가?
2. 테브난 등가회로의 일반형을 그려라.
3. V_{TH}를 정의하라.
4. R_{TH}를 정의하라.
5. 그림 6-53의 회로에 대해 출력 단자 A와 B에서 바라본 테브난 등가회로를 그려라.

▶ 그림 6-53

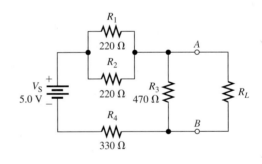

6-7 최대 전력전달의 정리

최대 전력전달의 정리는 전원으로부터 최대 전력이 전달되는 부하의 값을 알 필요가 있을 때 중요하다.

이 절의 학습목표

◆ **최대 전력전달의 정리를 적용한다.**

  ◆ 정리를 설명한다.

  ◆ 주어진 회로로부터 최대 전력이 전달되는 부하저항을 결정한다.

최대 전력전달(maximum power transfer)의 정리는 다음과 같이 설명할 수 있다.

주어진 전원전압에 대해 부하저항이 내부 전원저항과 같을 때 최대 전력이 전원으로부터 부하로 전달된다.

회로의 전원저항 R_S는 테브난 정리를 사용하여 출력 단자에서 바라본 테브난 등가저항이다. 전원저항과 부하를 갖는 테브난 등가회로는 그림 6-54에 나타나 있다. $R_L = R_S$일 때 주어진 V_S 값에 대해 가능한 한 최대 전력이 전압원으로부터 R_L로 전달된다.

최대 전력전달의 정리는 스테레오, 라디오, 공공연설과 같은 오디오시스템에 실제적으로 적용된다. 이 시스템에서 스피커의 저항은 부하이다. 스피커에 구동하는 회로는 전력 증폭기이다. 이 시스템은 보통 스피커에 최대 전력을 위해 최적화된다. 따라서 스피커의 저항은 증폭기의 내부 전원저항과 같아야 한다. 이후 논의될 최대 전력전달 정리의 다른 실제적인 면은 정합된 부하가 ac 시스템에서 반사와 방사된 전자파 잡음을 감소한다는 것이다.

예제 6-19는 최대 전력이 $R_L = R_S$일 때 발생한다는 것을 보인다.

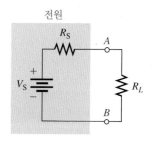

전원

▲ 그림 6-54

최대 전력은 $R_L = R_S$일 때 부하에 전달된다.

예제 6-19

그림 6-55에서 전원은 75 Ω의 내부 저항을 가지고 있다. 가변 부하저항이 다음과 같을 때 부하전력을 각각 구하라.

(a) 0 Ω   (b) 25 Ω   (c) 50 Ω   (d) 75 Ω   (e) 100 Ω   (f) 125 Ω

부하저항에 대한 부하전력의 관계를 나타내는 그래프를 그려라.

▶ 그림 6-55

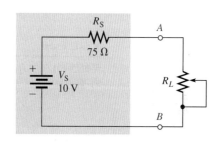

풀이 옴의 법칙($I = V/R$)과 전력을 구하는 공식($P = I^2R$)을 이용하여, 각각의 부하저항에 대해 부하전력 P_L을 구한다.

(a) $R_L = 0$ Ω일 때

$$I = \frac{V_S}{R_S + R_L} = \frac{10 \text{ V}}{75 \text{ Ω} + 0 \text{ Ω}} = 133 \text{ mA}$$

$$P_L = I^2R_L = (133 \text{ mA})^2(0 \text{ Ω}) = \mathbf{0 \text{ mW}}$$

(b) $R_L = 25$ Ω일 때

$$I = \frac{V_S}{R_S + R_L} = \frac{10 \text{ V}}{75 \text{ Ω} + 25 \text{ Ω}} = 100 \text{ mA}$$

$$P_L = I^2R_L = (100 \text{ mA})^2(25 \text{ Ω}) = \mathbf{250 \text{ mW}}$$

(c) $R_L = 50$ Ω일 때

$$I = \frac{V_S}{R_S + R_L} = \frac{10 \text{ V}}{125 \text{ Ω}} = 80 \text{ mA}$$

$$P_L = I^2R_L = (80 \text{ mA})^2(50 \text{ Ω}) = \mathbf{320 \text{ mW}}$$

(d) $R_L = 75\ \Omega$일 때

$$I = \frac{V_S}{R_S + R_L} = \frac{10\ \text{V}}{150\ \Omega} = 66.7\ \text{mA}$$

$$P_L = I^2 R_L = (66.7\ \text{mA})^2 (75\ \Omega) = \mathbf{334\ mW}$$

(e) $R_L = 100\ \Omega$일 때

$$I = \frac{V_S}{R_S + R_L} = \frac{10\ \text{V}}{175\ \Omega} = 57.1\ \text{mA}$$

$$P_L = I^2 R_L = (57.1\ \text{mA})^2 (100\ \Omega) = \mathbf{326\ mW}$$

(f) $R_L = 125\ \Omega$일 때

$$I = \frac{V_S}{R_S + R_L} = \frac{10\ \text{V}}{200\ \Omega} = 50\ \text{mA}$$

$$P_L = I^2 R_L = (50\ \text{mA})^2 (125\ \Omega) = \mathbf{313\ mW}$$

부하전력은 $R_L = R_S = 75\ \Omega$일 때 최대가 됨을 주목하자. 이것은 전원의 내부 저항과 같다. 부하저항이 이 값보다 크거나 작다면, 그림 6-56에서 그래프로 보인 것과 같이 전력은 감소한다. 이는 출력전력이 출력전압과 출력전류의 곱과 같기 때문이다. $R_L < R_S$일 때, 출력전류는 크지만 출력전압은 작다. 반대로 $R_L > R_S$일 때, 출력전압은 크지만 출력전류는 작다. $R_L = R_S$일 때만 출력전류와 출력전압값이 최적화되어 최대전력을 전달한다.

▶ 그림 6-56

부하전력이 $R_L = R_S$일 때 최대
가 됨을 보여주는 곡선

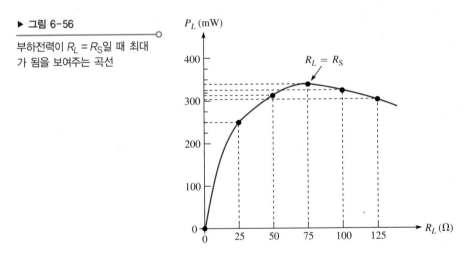

관련 문제   그림 6-55에서 전원저항이 600 Ω이면, 부하에 전달되는 최대 전력은 얼마인가?
공학용 계산기 소개의 예제 6-19에 있는 변환 예를 살펴보라.

6-7절 복습	
해답은 이 장의 끝에 있다.	1. 최대 전력전달의 정리를 설명하라.
	2. 최대 전력은 언제 전원으로부터 부하에 전달되는가?
	3. 어떤 회로의 내부 전원저항은 50 Ω이다. 최대 전력을 전달하기 위한 부하의 값은 얼마인가?

6-8 중첩의 원리

어떤 회로는 하나 이상의 전압원 또는 전류원이 필요하다. 예를 들어 대부분의 증폭기는 ac와 dc 2개의 전압원으로 작동한다. 게다가 어떤 증폭기는 적절한 동작을 위해 양(+)과 음(−)의 dc 전압원이 필요하다. 선형회로에서 여러 개의 전압원이 사용될 때 중첩의 원리를 적용하여 해석할 수 있다. 선형회로는 전부 저항과 같은 선형 소자들로 구성된 회로인데, 인가전압을 증가하거나 감소하면 그에 비례해서 전류가 증가하거나 감소한다.

이 절의 학습목표

◆ **회로 해석에 중첩의 원리를 적용한다.**

  ◆ 중첩의 원리를 기술한다.

  ◆ 원리를 적용하는 단계를 열거한다.

중첩(superposition)의 원리는 여러 개의 전원이 있는 선형회로에서 모든 다른 전원을 그들의 내부저항으로 대치하고 하나의 전원의 영향을 분리하여 전류를 구하는 방법이다. 이상적인 전압원의 내부 저항은 0이고 이상적인 전류원의 저항은 무한대라는 것을 기억하자. 모든 전압원은 해석을 간단히 하기 위해 이상적인 것으로 가정한다.

일반적으로 중첩의 원리는 다음과 같이 기술할 수 있다.

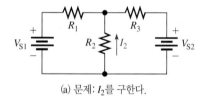

(a) 문제: I_2를 구한다.

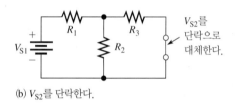

(b) V_{S2}를 단락한다.

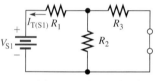

(c) V_{S1}에서 보는 R_T와 I_T를 계산한다.
$$R_{T(S1)} = R_1 + R_2 \| R_3$$
$$I_{T(S1)} = V_{S1}/R_{T(S1)}$$

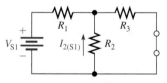

(d) V_{S1}로 인한 I_2를 구한다.
$$I_{2(S1)} = \left(\frac{R_3}{R_2 + R_3}\right) I_{T(S1)}$$

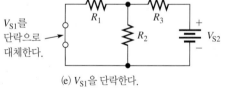

(e) V_{S1}을 단락한다.

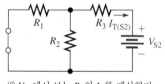

(f) V_{S2}에서 보는 R_T와 I_T를 계산한다.
$$R_{T(S2)} = R_3 + R_1 \| R_2$$
$$I_{T(S2)} = V_{S2}/R_{T(S2)}$$

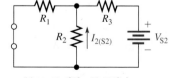

(g) V_{S2}로 인한 I_2를 구한다.
$$I_{2(S2)} = \left(\frac{R_1}{R_1 + R_2}\right) I_{T(S2)}$$

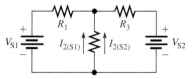

(h) 전원들을 원래대로 연결한다. $I_{2(S1)}$과 $I_{2(S2)}$는 같은 방향이므로 두 전류를 더해 I_2를 계산한다. $I_2 = I_{2(S1)} + I_{2(S2)}$

▲ 그림 6-57

중첩의 원리 설명

다수 전원 선형회로의 어떤 가지에 흐르는 전류는 다른 모든 전원을 그들의 내부저항으로 대치하고, 여러 개의 전원 중 하나만 인가하여 특정한 가지에 생성되는 전류를 산정함으로써 구할 수 있다. 그 가지에 흐르는 전체 전류는 그 가지에 흐르는 각각의 전원전류의 대수적인 합이다.

중첩의 원리를 적용하는 단계는 다음과 같다.

1단계: 한 번에 하나의 전압원(또는 전류원)만 남기고 다른 전압원(또는 전류원)들은 내부 저항으로 대치한다. 이상적인 전원의 경우, 단락은 내부 저항이 0임을 나타내고 개방은 무한대의 내부 저항을 나타낸다.

2단계: 회로 내에는 유일하게 하나의 전원만 있는 것처럼 가정하고, 구하고자 하는 특정한 전류(또는 전압)를 결정한다. 이것은 구하고자 하는 전체 전류 또는 전압의 한 부분이다.

3단계: 회로 내의 다음 전원을 취하고 각각의 전원에 대해 1단계와 2단계를 반복한다.

4단계: 특정한 가지에서(모든 전원을 인가하여) 실제 전류를 구하기 위해는 각각의 전원에 대해 구한 값들을 대수적으로 합한다. 일단 전류를 구하면 옴의 법칙을 이용하여 전압을 구할 수 있다.

그림 6-57에서 2개의 이상적인 전압원을 갖는 직렬-병렬 회로에 대해 중첩의 원리 적용 사례를 설명하고 있다. 그림에서 각 단계들을 살펴보자.

예제 6-20

중첩의 원리를 이용하여 그림 6-58에서 R_2에 흐르는 전류와 그 양단에 걸리는 전압을 구하라.

▶ 그림 6-58

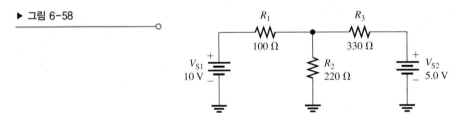

풀이 **1단계:** 그림 6-59와 같이 전압원 V_{S2}는 0의 내부 저항을 갖는 단락회로로 바꾸고, 전압원 V_{S1}에 의해 R_2에 흐르는 전류를 구한다. I_2를 구하기 위해 전류 분배 공식을 이용한다. V_{S1}에서 회로를 보면,

$$R_{T(S1)} = R_1 + R_2 \| R_3 = 100\ \Omega + 220\ \Omega \| 330\ \Omega = 232\ \Omega$$

$$I_{T(S1)} = \frac{V_{S1}}{R_{T(S1)}} = \frac{10\text{ V}}{232\ \Omega} = 43.1\text{ mA}$$

전압원 V_{S1}에 의해 R_2에 흐르는 전체 전류의 성분은

$$I_{2(S1)} = \left(\frac{R_3}{R_2 + R_3}\right)I_{T(S1)} = \left(\frac{330\ \Omega}{220\ \Omega + 330\ \Omega}\right)43.1\text{ mA} = 25.9\text{ mA}$$

▶ 그림 6-59

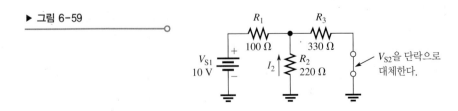

이 전류는 R_2를 통과하여 위쪽으로 흐른다.

2단계: 그림 6-60에서와 같이 V_{S1}을 단락회로로 대체하여 전압원 V_{S2}에 의해 R_2를 통과하는 전류를 구한다. V_{S2}에서 회로를 보면,

$$R_{T(S2)} = R_3 + R_1 \| R_2 = 330\ \Omega + 100\ \Omega \| 220\ \Omega = 399\ \Omega$$

$$I_{T(S2)} = \frac{V_{S2}}{R_{T(S2)}} = \frac{5\ V}{399\ \Omega} = 12.5\ mA$$

V_{S2}에 의해 R_2를 통하는 전체 전류의 성분은

$$I_{2(S2)} = \left(\frac{R_1}{R_1 + R_2}\right)I_{T(S2)} = \left(\frac{100\ \Omega}{100\ \Omega + 220\ \Omega}\right)12.5\ mA = 3.92\ mA$$

이 전류는 R_2를 통과하여 위쪽으로 흐른다.

▶ 그림 6-60

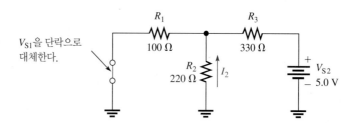

3단계: 두 전류 성분은 R_2를 위쪽 방향으로 통과하여 대수적으로 같은 부호를 갖는다. 따라서 R_2를 통하는 전체 전류를 얻기 위해 그 값을 더한다.

$$I_{2(tot)} = I_{2(S1)} + I_{2(S2)} = 25.9\ mA + 3.92\ mA = \mathbf{29.8\ mA}$$

R_2에 걸리는 전압은

$$V_{R2} = I_{2(tot)}R_2 = (29.8\ mA)(220\ \Omega) = \mathbf{6.55\ V}$$

관련 문제 만약 그림 6-58에서 V_{S2}의 극성이 바뀌면, R_2를 지나는 전체 전류를 구하라.

공학용 계산기 소개의 예제 6-20에 있는 변환 예를 살펴보라.

예제 6-21

그림 6-61에서 R_3에 걸리는 전체 전압과 전체 전류를 계산하라.

▶ 그림 6-61

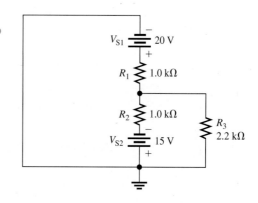

풀이 **1단계:** 그림 6-62와 같이 V_{S2}를 단락하고 V_{S1}에 의해 R_3에 흐르는 전류를 계산한다. V_{S1}에서 회

▶ 그림 6-62

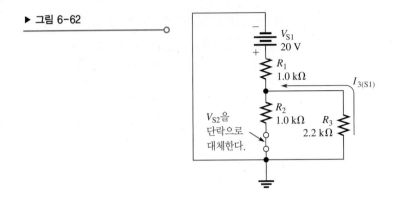

로를 보면

$$R_{T(S1)} = R_1 + \frac{R_2 R_3}{R_2 + R_3} = 1.0\,\text{k}\Omega + \frac{(1.0\,\text{k}\Omega)(2.2\,\text{k}\Omega)}{3.2\,\text{k}\Omega} = 1.69\,\text{k}\Omega$$

$$I_{T(S1)} = \frac{V_{S1}}{R_{T(S1)}} = \frac{20\,\text{V}}{1.69\,\text{k}\Omega} = 11.9\,\text{mA}$$

전류 분배 법칙을 적용하여 V_{S1}에 의해 R_3를 지나는 전류를 구하면

$$I_{3(S1)} = \left(\frac{R_2}{R_2 + R_3}\right)I_{T(S1)} = \left(\frac{1.0\,\text{k}\Omega}{3.2\,\text{k}\Omega}\right)11.9\,\text{mA} = 3.70\,\text{mA}$$

이 전류는 R_3를 통과하여 위쪽으로 향한다.

2단계: 그림 6-63와 같이 V_{S1}은 단락하고, V_{S2}에 의해 R_3에 흐르는 전류를 구하라. V_{S2}에서 회로를 보면,

▶ 그림 6-63

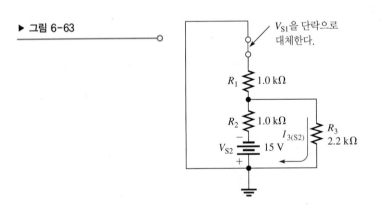

$$R_{T(S2)} = R_2 + \frac{R_1 R_3}{R_1 + R_3} = 1.0\,\text{k}\Omega + \frac{(1.0\,\text{k}\Omega)(2.2\,\text{k}\Omega)}{3.2\,\text{k}\Omega} = 1.69\,\text{k}\Omega$$

$$I_{T(S2)} = \frac{V_{S2}}{R_{T(S2)}} = \frac{15\,\text{V}}{1.69\,\text{k}\Omega} = 8.89\,\text{mA}$$

전류 분배 법칙을 적용하여 V_{S2}에 의해 R_3를 지나는 전류를 구하면

$$I_{3(S2)} = \left(\frac{R_1}{R_1 + R_3}\right)I_{T(S2)} = \left(\frac{1.0\,\text{k}\Omega}{3.2\,\text{k}\Omega}\right)8.89\,\text{mA} = 2.78\,\text{mA}$$

이 전류는 R_3를 통과하여 아래쪽으로 향한다.

3단계: R_3를 통과하는 전체 전류와 그 저항에 걸리는 전압을 계산하자.

$$I_{3(tot)} = I_{3(S1)} - I_{3(S2)} = 3.69 \text{ mA} - 2.78 \text{ mA} = 0.926 \text{ mA} = \mathbf{926 \ \mu A}$$

$$V_{R3} = I_{3(tot)} \, R_3 = (910 \ \mu A)(2.2 \text{ k}\Omega) = \mathbf{2.04 \text{ V}}$$

전류는 R_3를 통과하여 위쪽으로 흐른다.

관련 문제 그림 6-61에서 V_{S1}을 12 V로 바꾸고 극성을 역으로 할 경우, R_3을 통과하는 전체 전류를 구하라. 공학용 계산기 소개의 예제 6-21에 있는 변환 예를 살펴보라.

조정된 dc 전원은 이상 전압원에 가깝지만, 많은 ac 전원은 그렇지 않다. 예를 들어 함수 발생기 는 대개 50 Ω 혹은 600 Ω의 내부 저항을 가지고 있는데, 이상 전원과 직렬저항으로 나타난다. 전지들은 새 것일 때 이상적이나 시간이 경과하면 내부 저항이 증가하게 된다. 중첩의 원리를 적용할 때와 전원이 이상적이지 않을 때를 인지하는 것이 중요하며 실제의 등가내부 저항으로 교체해야 한다.

전류원은 전압원처럼 흔하지는 않으며, 항상 이상적인 것으로 취급되지는 않는다. 전류원이 이상적이 아니면 트랜지스터에서와 같이 중첩 원리가 적용될 때 실제의 등가내부 저항으로 교체돼야 한다.

6-8절 복습 해답은 이 장의 끝에 있다.	1. 중첩의 원리를 기술하라. 2. 중첩의 원리가 다수 전원 선형회로의 해석에 유용한 이유는 무엇인가? 3. 중첩의 원리를 적용할 때 이상적인 전압원을 단락하는 이유는 무엇인가? 4. 중첩의 원리를 적용한 결과로 회로의 가지를 통과하는 2개 성분의 전류 방향이 서로 반대라면, 전체 전류의 방향은 어떻게 되는가?

6-9 고장진단

고장진단은 회로에서 결함 또는 문제의 위치를 식별하는 절차이다. 고장진단 기법 및 논리적인 사고의 적용은 직렬회로와 병렬회로에 관해 이미 논의되었다. 성공적인 회로의 고장진단을 위한 기본 전제는 찾는 것이 무엇인지 알아야 한다는 것이다.

Anyaivanova/
Shutterstock

이 절의 학습목표

◆ **직렬-병렬 회로를 고장진단한다.**

   ◆ 회로 내에서 개방의 영향을 평가한다.

   ◆ 회로 내에서 단락의 영향을 평가한다.

   ◆ 개방과 단락의 위치를 확인한다.

개방과 단락은 전기회로에서 흔히 발생하는 문제이다. 4장에서 언급했지만, 저항이 타면 이것은 일반적으로 개방으로 나타날 것이다. 잘못된 납땜, 단선, 접촉 불량은 경로를 개방하는 원인이 될 것이다. 납땜이 튀는 것과 같은 이물질 파편, 도선의 절연파괴 등은 회로를 단락할 수 있다. 단락은 두 점 사이의 경로저항이 0인 것을 의미한다.

완전히 개방되거나 단락되는 경우 외에도 회로에서 부분적인 개방이나 단락이 발생할 수도 있다. 부분적으로 개방된 경우의 저항은 무한대는 아니지만 정상적인 때의 저항보다 매우 크다. 부분적으로 단락된 경우의 저항은 0은 아니지만 정상적인 때의 저항보다 훨씬 작다. 다음 세 가지 예제들은 직렬-병렬 회로의 고장진단 예를 보여준다.

예제 6-22

그림 6-64의 전압계 측정값으로부터 APM 방법을 적용하여 회로에 고장이 있는지 판단하라. 만약 고장이 있다면 그것이 단락인지 개방인지 식별하라.

▶ 그림 6-64

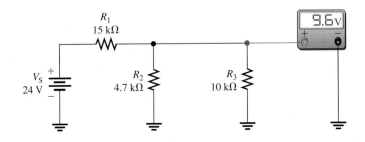

풀이 **1단계: 분석**

다음과 같이 전압계가 지시할 값을 계산하자. R_2와 R_3는 병렬이므로 이들 합성저항은

$$R_{2\|3} = \frac{R_2 R_3}{R_2 + R_3} = \frac{(4.7\ \text{k}\Omega)(10\ \text{k}\Omega)}{14.7\ \text{k}\Omega} = 3.20\ \text{k}\Omega$$

병렬결합에 인가된 전압은 전압 분배 공식에 의해 결정된다.

$$V_{2\|3} = \left(\frac{R_{2\|3}}{R_1 + R_{2\|3}}\right)V_S = \left(\frac{3.20\ \text{k}\Omega}{18.2\ \text{k}\Omega}\right)24\ \text{V} = 4.22\ \text{V}$$

이 계산결과 4.22 V는 계측기에서 관측되어야 할 전압이다. 그러나 계측기는 $R_{2\|3}$ 사이에 9.6 V를 지시하고 있다. 이 값은 부정확하며 기댓값보다 높기 때문에, R_2나 R_3가 개방되었을 수가 있다. 왜 그런가? 만약 두 저항 중 어느 하나가 개방되어 있다면 계측기가 연결된 사이의 저항이 기댓값보다 크기 때문이다. 높은 저항은 이 회로에서 높은 전압강하를 일으킨다.

2단계: 계획

R_2가 개방되었다고 가정하며 개방저항을 찾는 것으로 시작하자. 그렇다면 R_3에 걸리는 전압은

$$V_3 = \left(\frac{R_3}{R_1 + R_3}\right)V_S = \left(\frac{10\ \text{k}\Omega}{25\ \text{k}\Omega}\right)24\ \text{V} = 9.6\ \text{V}$$

측정전압은 역시 9.6 V이므로 이 계산결과로 R_2가 개방되었다는 것을 알 수 있다.

3단계: 측정

전원을 끊고 R_2를 제거한다. 이것이 개방되었는지 확인을 위해 저항을 측정한다. 만약 그것이 아니라면, R_2 주변의 결선, 납땜, 연결 상태 등이 개방되었는지 조사한다.

관련 문제 그림 6-64에서 만약 R_3가 개방되었다면 전압계가 가리키는 측정치는 얼마인가? 만약 R_1이 개방되었다면 얼마인가?

공학용 계산기 소개의 예제 6-22에 있는 변환 예를 살펴보라.

Multisim 또는 LTspice 파일 E06-22를 열어라. 회로에 고장이 있는지 확인하라. 만약 있다면, 고장을 단일 구성요소로 분리하라.

예제 6-23

그림 6-65에서 전압계로 24 V를 측정했다고 가정하자. 회로에 고장이 있는지 결정하고, 있다면 그곳을 찾아라.

▶ 그림 6-65

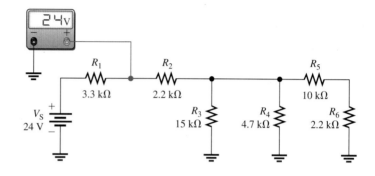

풀이 **1단계**: 분석

저항의 양쪽이 +24 V이므로 R_1 사이에 전압강하는 없다. 전원으로부터 R_1을 통해 전류는 흐르지 않으므로, 회로에서 R_2는 개방됐거나 R_1이 단락되었다.

2단계: 계획

가장 가능성 있는 고장은 R_2의 개방이다. 만약 저항이 개방이라면, 이때 전원으로부터 전류는 흐를 수 없다. 이것을 확인하기 위해 전압계로 R_2에 걸리는 전압을 측정하자. 만약 R_2가 개방이라면 계측기는 24 V를 지시할 것이다. R_2의 오른쪽 전압은 0이 될 것이다. 왜냐하면 다른 어떤 저항에도 전압강하를 일으키는 전류가 흐르지 않기 때문이다.

3단계: 측정

그림 6-66은 R_2가 개방인지 확인하기 위한 측정을 보여주고 있다.

▶ 그림 6-66

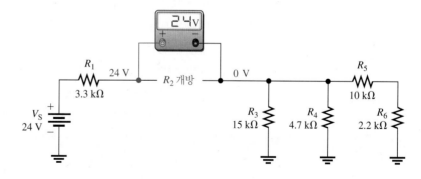

관련 문제 그림 6-65의 회로에서 다른 고장이 없다고 가정하면, 개방된 R_5에 걸리는 전압은 얼마인가?

공학용 계산기 소개의 예제 6-23에 있는 변환 예를 살펴보라.

Multisim 또는 LTspice 파일 E06-23을 열어라. 회로에 고장이 있는지 확인하라. 만약 있다면, 고장을 단일 구성요소로 분리하라.

예제 6-24

그림 6-67에서 2개의 전압계로 측정된 전압을 보이고 있다. 회로 동작에 대한 지식과 논리적인 사고를 적용하여 회로에 개방이나 단락이 있는지 결정하고, 만약 있다면 그 위치를 찾아라.

▶ 그림 6-67

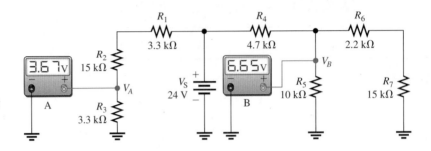

풀이 **1단계**: 먼저 전압계의 측정값이 맞는지 확인한다. R_1, R_2, R_3는 전압 분배기의 역할을 한다. R_3에 걸린 전압(V_A)는 다음과 같이 계산된다.

$$V_A = \left(\frac{R_3}{R_1 + R_2 + R_3}\right)V_S = \left(\frac{3.3\ \text{k}\Omega}{21.6\ \text{k}\Omega}\right)24\ \text{V} = 3.67\ \text{V}$$

전압계 A의 측정값은 정확하다. 이것은 R_1, R_2, R_3이 잘 연결되어 있고, 결함이 없다는 것을 나타낸다.

2단계: 전압계 B의 측정값이 정확한지 살펴보자. $R_6 + R_7$은 R_5와 병렬로 연결되어 있다. R_5, R_6, R_7의 직렬-병렬 결합은 R_4와 직렬로 연결되어 있다. R_5, R_6, R_7의 결합저항은 다음과 같이 계산된다.

$$R_{5\|(6+7)} = \frac{R_5(R_6 + R_7)}{R_5 + R_6 + R_7} = \frac{(10\ \text{k}\Omega)(17.2\ \text{k}\Omega)}{27.2\ \text{k}\Omega} = 6.32\ \text{k}\Omega$$

$R_{5\|(6+7)}$과 R_4는 전압 분배기를 형성하며, 전압계 B는 $R_{5\|(6+7)}$ 사이의 전압을 측정하고 있다. 그것은 정확한가? 다음과 같이 검사를 해보자.

$$V_B = \left(\frac{R_{5\|(6+7)}}{R_4 + R_{5\|(6+7)}}\right)V_S = \left(\frac{6.32\ \text{k}\Omega}{11\ \text{k}\Omega}\right)24\ \text{V} = 13.8\ \text{V}$$

따라서 이 지점에서 실제 측정된 전압(6.65 V)은 부정확하다. 논리적인 사고는 문제점을 찾는 데 많은 도움을 줄 것이다.

3단계: R_4는 개방이 아니다. 만약 그렇다면, 계측기는 0 V를 나타낼 것이기 때문이다. 만약 그 사이가 단락이었다면, 계측기는 24 V를 나타낼 것이다. 실제 전압이 예측값보다 훨씬 적으므로 $R_{5\|(6+7)}$은 계산된 값 6.32 kΩ보다 작은 것이 틀림없다. 가장 가능성이 있는 것은 R_7의 단락이다. 만약 R_7의 위쪽과 접지 사이가 단락되어 있다면, R_6는 R_5와 실질적으로 병렬연결이 된다. 이 경우,

$$R_5 \| R_6 = \frac{R_5 R_6}{R_5 + R_6} = \frac{(10\ \text{k}\Omega)(2.2\ \text{k}\Omega)}{12.2\ \text{k}\Omega} = 1.80\ \text{k}\Omega$$

이때 V_B는

$$V_B = \left(\frac{1.80\ \text{k}\Omega}{6.5\ \text{k}\Omega}\right)24\ \text{V} = 6.66\ \text{V}$$

V_B의 값은 전압계 B의 측정값과 일치한다. 따라서 R_7 사이는 단락이다. 실제 회로에서는 단락의 물리적인 원인이 무엇인지 찾아야 할 것이다.

관련 문제 그림 6-67에서 만약 유일한 결함이 R_2의 단락이라면, 전압계 A의 측정값은 얼마인가? 전압계 B의 측정값은 얼마인가?

공학용 계산기 소개의 예제 6-24에 있는 변환 예를 살펴보라.

Multisim 또는 LTspice 파일 E06-24를 열어라. 회로에 고장이 있는지 확인하라. 만약 있다면, 고장을 단일 구성요소로 분리하라.

6-9절 복습
해답은 이 장의 끝에 있다.

1. 회로에서 흔히 발생하는 고장 두 가지를 써라.
2. 그림 6-68에서 다음의 고장이 발생했을 때, 마디 A에서 측정되는 전압은 얼마인지 구하라.
   (a) 고장이 없을 때   (b) R_1이 개방   (c) R_5 사이가 단락
   (d) R_3와 R_5가 개방   (e) R_2가 개방

▶ 그림 6-68

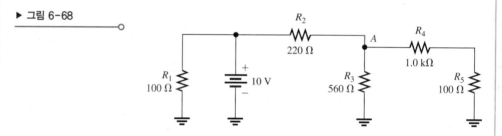

3. 그림 6-69에서 회로 내의 저항 중 1개가 개방되었다. 계측기의 측정치에 근거하여 개방된 저항을 찾아라.

▶ 그림 6-69

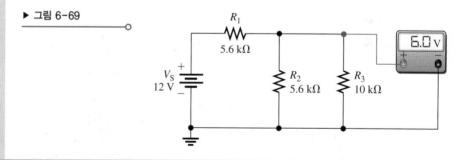

응용과제
Application Assignment

3개의 출력전압을 갖는 전압 분배기를 설계하여 인쇄회로기판 위에 제작했다. 이 전압 분배기는 실제로 계측기에 세 가지 다른 기준전압을 공급하기 위해 휴대용 전원공급 장치의 일부로 사용되고 있다. 전원 장치는 전압 분배회로에 +12 V의 일정한 전압을 공급하는 전압 조정기와 결합된 전지 팩을 포함하고 있다. 이 과제에서 우리는 가능한 부하의 구성을 위한 전압과 전류에 의해 전압 분배기의 동작 파라

미터를 결정하기 위해 키르히호프의 법칙, 옴의 법칙, 부하가 연결된 전압 분배기의 지식을 활용한다. 또한 우리는 여러 고장에 대한 회로 고장진단을 할 것이다.

1단계: 전압 분배기의 회로도를 그리기
그림 6-70의 회로기판에 대한 회로도를 그리고 저항값들을 표시하라.

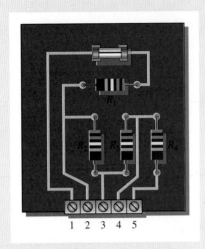

▲ 그림 6-70

전압 분배기 회로기판 (그림 색깔은 책 뒷부분의 컬러 페이지 참조)

2단계: 12 V의 전원공급장치를 연결

모든 저항이 직렬이 되고 2번 핀이 가장 높은 출력전압을 갖도록 회로기판에 12 V 전원공급 장치를 어떻게 연결해야 하는지 기술하라.

3단계: 무부하 출력전압을 구하기

부하를 연결하지 않은 각 출력전압을 계산하라. 이 전압값들을 그 림 6-71의 표에 추가하라.

4단계: 부하가 연결된 출력전압을 구하기

각 전압 분배기에 연결된 장비는 10 MΩ의 입력저항을 갖는다. 이 것은 어떤 장비가 전압 분배기의 출력에 연결되면 그 출력과 접지 (전원의 음극) 사이에 실질적으로 10 MΩ의 저항이 존재한다는 것을 의미한다. 다음과 같은 부하 조합에 대해 각각의 부하에 걸리는 출력전압을 계산하고 그림 6-71의 표에 이들 전압을 기록하라.

1. 10 MΩ의 부하를 2번 핀과 접지 사이에 연결한다.
2. 10 MΩ의 부하를 3번 핀과 접지 사이에 연결한다.
3. 10 MΩ의 부하를 4번 핀과 접지 사이에 연결한다.
4. 10 MΩ의 부하를 2번 핀과 접지 사이, 또 하나의 10 MΩ 부하를 3번 핀과 접지 사이에 연결한다.
5. 10 MΩ의 부하를 2번 핀과 접지 사이, 또 다른 10 MΩ의 부하를 4번 핀과 접지 사이에 연결한다.
6. 10 MΩ의 부하를 3번 핀과 접지 사이, 또 다른 10 MΩ의 부하를 4번과 접지 사이에 연결한다.
7. 10 MΩ의 부하들을 각각 2번, 3번, 4번 핀과 접지 사이에 연결한다.

5단계: 출력전압의 % 편차를 구하기

4단계에서 열거한 각 부하의 구성에 대해 부하가 연결된 출력전압과 부하가 연결되지 않은 출력전압의 편차가 얼마인지 계산하라.

▶ 그림 6-71

전원공급 장치 전압 분배기의 동작 변수표

10 MΩ 부하	$V_{OUT\,(2)}$	$V_{OUT\,(3)}$	$V_{OUT\,(4)}$	% 편차	$I_{LOAD\,(2)}$	$I_{LOAD\,(3)}$	$I_{LOAD\,(4)}$
없음							
핀 2와 접지							
핀 3와 접지							
핀 4와 접지							
핀 2와 접지				2			
핀 3와 접지				3			
핀 2와 접지				2			
핀 4와 접지				4			
핀 3와 접지				3			
핀 4와 접지				4			
핀 2와 접지				2			
핀 3와 접지				3			
핀 4와 접지				4			

▶ 그림 6-72

(그림 색깔은 책 뒷부분
의 컬러 페이지 참조)

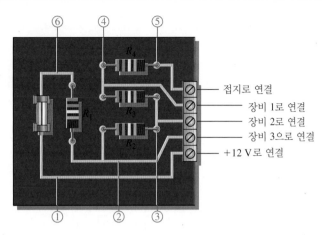

접지로 연결
장비 1로 연결
장비 2로 연결
장비 3으로 연결
+12 V로 연결

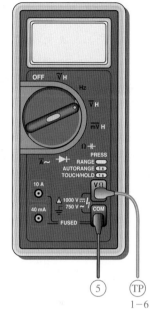

⑤   TP
1-6

다음의 전압계 측정값은 접지에 대해 테스트 포인트 1번부터 6번까지
에서 얻은 값이다.

번호	테스트 포인트(volts)					
	1	2	3	4	5	6
1	0	0	0	0	0	0
2	12	0	0	0	0	0
3	12	0	0	0	0	12
4	12	11.6	0	0	0	12
5	12	11.3	10.9	0	0	12
6	12	11	10.3	10	0	12
7	12	5.9	0	0	0	12
8	12	7.8	3.8	0	0	12

다음 공식을 이용하여 % 편차를 나타내라.

$$\% \text{ 편차} = \left(\frac{V_{OUT \text{ (unloaded)}} - V_{OUT \text{ (loaded)}}}{V_{OUT \text{ (unloaded)}}} \right) 100\%$$

이 값을 그림 6-71의 표에 기입한다.

6단계: 부하전류를 구하기

4단계에 열거한 각 부하의 구성에 대해 각각의 10 MΩ 부하에 흐르
는 전류를 구하라. 이 값들을 그림 6-71의 표에 기입한다. 퓨즈의
최소용량을 결정한다.

7단계: 회로판의 고장진단

그림 6-72에서와 같이 전압 분배기 회로기판은 12 V 전원공급 장
치가 연결되어 있고, 기준전압을 공급하기 위해 3개의 장비에 연결
했다. 번호가 붙은 각 테스트 포인트에서 각 8가지 다른 경우에 대
한 전압을 전압계로 측정한다. 각 경우에 전압 측정으로 나타난 문
제가 무엇인지 결정하라.

Multisim 분석과 고장진단

1. Multisim을 이용하여 1단계에서 그린 회로도에 따라 회로를 연
   결하라. 3단계에서 구한 부하가 연결되지 않은 출력전압을 확인
   하라.
2. 6단계에서 계산한 부하전류를 측정하라.
3. 회로에 결함을 삽입하고 각 점에서 전압 측정을 점검하여, 각 경
   우에 대해 7단계에서 결정한 고장을 확인하라.

응용과제 복습

1. 이 절에서 다룬 휴대용 전원공급 장치로 3개의 장비 모두에 기
   준전압을 제공할 때, 100 mAh의 전지를 며칠이나 사용할 수 있
   는가?
2. ⅛ W 저항들을 전압 분배기에 사용할 수 있는가?
3. ⅛ W 저항들을 사용하는 경우 출력을 접지와 단락하면 이 저항
   들이 과도한 전력으로 인해 과열될 수 있는가?

요약

- 직렬-병렬 회로는 직렬전류 경로와 병렬전류 경로가 함께 있는 회로이다.
- 직렬-병렬 회로에서 전체 저항을 구하려면, 먼저 직렬과 병렬 관계를 알아야 하고 다음에 4장과 5장에서 다룬 직렬저항과 병렬저항에 대한 식을 적용한다.
- 전체 전류를 구하기 위해 전체 전압을 전체 저항으로 나눈다.
- 가지전류를 구하려면 전류 분배 공식, 키르히호프의 전류 법칙, 옴의 법칙을 적용한다. 가장 적절한 방법을 결정하기 위해 각각의 회로 문제를 따로 고려해야 한다.
- 직렬-병렬 회로의 일부분에 걸리는 전압강하를 구하기 위해서는 전압 분배 공식, 키르히호프의 전압 법칙, 옴의 법칙을 사용한다. 가장 적절한 방법을 결정하기 위해 각각의 회로 문제를 따로 고려해야 한다.
- 부하저항을 전압 분배기 출력 사이에 연결하면, 출력전압은 감소한다.
- 부하효과를 최소화하기 위해 부하저항은 그것이 연결되는 저항에 비해 커야 한다. 너무 큰 부하를 피하기 위해 일반적으로 10배 정도의 값을 사용하지만, 실제 값은 출력전압에 의해 요구되는 정확도에 따라 달라진다.
- 전압원(또는 전류원)을 가진 선형 회로에서 어떤 전류 또는 전압을 구하기 위해는 중첩의 원리를 이용하여 각 전원의 영향을 하나씩 해석한다.
- 평형 휘트스톤 브리지는 미지의 저항을 측정하기 위해 이용한다.
- 브리지는 출력전압이 0일 때 평형이 된다. 평형이 되면 브리지의 출력 단자에 연결된 부하에 전류가 흐르지 않는다.
- 불평형 휘트스톤 브리지는 트랜스듀서를 사용하여 물리적인 양을 측정하기 위해 사용한다.
- 2단자 저항성 회로는 아무리 복잡해도 테브난 등가회로로 대치할 수 있다.
- 테브난 등가회로는 등가저항(R_{TH})과 등가전압원(V_{TH})의 직렬연결로 구성된다.
- 최대 전력전달의 정리는 내부 전원저항 R_S가 부하저항 R_L과 같아질 때 최대 전력이 전원으로부터 부하에 전달된다는 것이다.
- 개방과 단락은 회로의 대표적인 고장이다.
- 저항이 고장나면 보통 개방 상태가 된다.

핵심용어

단자등가 2개의 회로가 같은 부하가 회로에 연결되어 같은 부하전류와 전압이 나타날 때 발생하는 조건

변형 게이지 외부 힘에 의해 압축되거나 늘어날 때 저항이 변하는 저항성 트랜스듀서

부하전류 부하에 공급되는 회로의 출력전류

부하효과 회로로부터 전류를 공급받은 소자가 출력 단자 사이에 연결되어 있을 때 회로의 효과

분압기전류 회로 내에 공급된 전체 전류에서 전체 부하전류를 빼고 남은 전류

불평형 브리지 브리지 사이의 전압이 평형 상태로부터 편차에 비례하는 양을 나타내는 불평형 상태의 브리지 회로

중첩의 원리 각 전원의 영향을 개별적으로 조사하고 그 영향을 결합하여 2개 이상의 전원을 갖는 선형회로를 해석하는 방법

최대 전력전달 부하저항과 전원저항이 같을 때, 최대 전력이 전원에서 부하로 전달되는 조건

테브난의 정리 2단자 저항성 회로를 하나의 등가저항과 등가전압원의 직렬연결로 변환하는 회로 이론

평형 브리지 브리지 사이의 전압이 영을 나타내는 평형 상태에 있는 브리지 회로

휘트스톤 브리지 2개의 전압 분배기가 병렬로 구성된 저항성 회로. 미지의 저항을 브리지의 평형 상태를 이용하여 정확히 측정할 수 있다. 저항의 편차는 불평형 상태를 이용하여 측정할 수 있다.

수식

6-1 $I_{BLEEDER} = I_T - I_{RL1} - I_{RL2}$ 2출력 전압 분배기의 분압기전류

6-2 $R_X = R_V \left(\dfrac{R_2}{R_4} \right)$ 휘트스톤 브리지에서 미지의 저항

참/거짓 퀴즈   해답은 이 장의 끝에 있다.

1. 병렬저항들은 항상 같은 쌍의 마디에 연결되어 있다.
2. 어떤 저항이 다른 병렬저항들과 직렬로 연결되어 있을 때, 직렬저항은 항상 병렬저항보다 전압강하가 크다.
3. 직렬-병렬 회로에서 병렬저항들에 흐르는 전류는 같다.
4. 큰 부하의 저항이 회로에 더 작은 부하효과를 보인다.
5. dc 전압 측정 시, DMM은 보통 회로에 더 작은 부하효과를 보인다.
6. dc 전압 측정 시, DMM의 입력저항은 측정 범위에 상관없이 똑같다.
7. dc 전압 측정 시, 아날로그 멀티미터의 입력저항은 측정 범위에 상관없이 똑같다.
8. 테브난 회로는 병렬저항을 가진 전압원으로 구성된다.
9. 이상적인 전압원의 내부 저항은 0이다.
10. 부하에 최대 전력을 전달하기 위해 부하저항은 전원의 테브난 저항의 두 배가 된다.

자습 문제   해답은 이 장의 끝에 있다.

1. 다음 보기 중 그림 6-73에 대해 옳게 설명한 것은?

    (a) R_1과 R_2는 R_3, R_4, R_5에 직렬이다.

    (b) R_1과 R_2는 직렬이다.

    (c) R_3, R_4, 및 R_5는 병렬이다.

    (d) R_1과 R_2의 직렬결합은 R_3, R_4, 및 R_5의 직렬결합과 병렬이다.

    (e) (b)와 (d)

▶ 그림 6-73

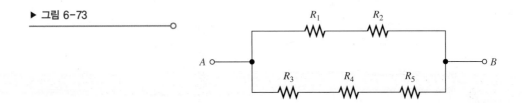

2. 그림 6-73의 전체 저항은 다음의 어느 식으로 구할 수 있는가?

    (a) $R_1 + R_2 + R_3 \| R_4 \| R_5$ (b) $R_1 \| R_2 + R_3 \| R_4 \| R_5$

    (c) $(R_1 + R_2) \| (R_3 + R_4 + R_5)$ (d) 어느 것도 아니다

3. 그림 6-73에서 모든 저항이 같은 값을 갖는다면, 단자 A와 B에 전압을 인가할 때의 전류는?

    (a) R_5에서 가장 크다   (b) R_3, R_4, R_5에서 가장 크다

    (c) R_1, R_2에서 가장 크다   (d) 모든 저항에서 같다

4. 2개의 1.0 kΩ 저항이 직렬로 연결되어 있고, 이 직렬결합이 2.2 kΩ의 저항에 병렬로 연결되었다. 1.0 kΩ 저항 중 하나에 걸리는 전압이 6.0 V이면 2.2 kΩ의 저항에 걸리는 전압은?

    (a) 6.0 V   (b) 3.0 V   (c) 12 V   (d) 13.2 V

5. 330 Ω의 저항과 470 Ω의 저항의 병렬조합이 4개의 1.0 kΩ 저항의 병렬결합과 직렬로 연결되었다. 10 V의 전원이 이 회로에 인가되면 가장 큰 전류가 흐르는 저항은?

   (a) 1.0 kΩ   (b) 330 Ω   (c) 470 Ω

6. 5번 문제의 회로에서 가장 큰 전압이 걸리는 저항은?

   (a) 1.0 kΩ   (b) 470 Ω   (c) 330 Ω

7. 5번 문제의 회로에서 1.0 kΩ의 저항 하나에 흐르는 전류의 전체 전류에 대한 백분율은?

   (a) 100%   (b) 25%   (c) 50%   (d) 31.25%

8. 부하가 연결되지 않은 어떤 전압 분배기의 출력이 9.0 V이다. 부하가 연결되면 출력전압은?

   (a) 증가한다   (b) 감소한다   (c) 변하지 않는다   (d) 0이 된다

9. 어떤 전압 분배기가 직렬로 연결된 2개의 10 kΩ 저항으로 구성되어 있다. 다음 부하저항 중 출력전압에 가장 큰 영향을 미치는 것은?

   (a) 1.0 MΩ   (b) 20 kΩ   (c) 100 kΩ   (d) 10 kΩ

10. 부하저항이 전압 분배기 회로의 출력에 연결되면 전원에서 나오는 전류는?

    (a) 감소한다   (b) 증가한다   (c) 변하지 않는다   (d) 차단된다

11. 평형 상태에 있는 휘트스톤 브리지의 출력전압은?

    (a) 전원전압과 같다   (b) 0이다

    (c) 브리지의 모든 저항값에 따라 달라진다   (d) 미지의 저항값에 따라 달라진다

12. 2개 이상의 전압원을 갖는 선형회로를 해석하는 주된 방법은?

    (a) 테브난의 정리   (b) 옴의 법칙   (c) 중첩의 원리   (d) 키르히호프의 법칙

13. 2개의 전원이 연결된 회로에서 한 전원만 연결되어 어떤 가지에 10 mA의 전류가 흐른다. 다른 전원이 연결되면 그 가지에 반대 방향으로 8.0 mA의 전류가 흐른다. 두 전원이 함께 연결되면, 이 가지에 흐르는 전체 전류는?

    (a) 10 mA   (b) 8.0 mA   (c) 18 mA   (d) 2.0 mA

14. 테브난의 등가회로는 어떻게 구성되는가?

    (a) 하나의 전압원과 하나의 저항이 직렬연결   (b) 하나의 전압원과 하나의 저항이 병렬연결

    (c) 하나의 전류원과 하나의 저항이 병렬연결   (d) 2개의 전압원과 하나의 저항

15. 전원의 내부 저항이 300 Ω인 전압원이 최대 전력을 전달하는 부하는?

    (a) 150 Ω 부하   (b) 50 Ω 부하   (c) 300 Ω 부하   (d) 600 Ω 부하

16. 저항이 매우 높은 회로의 한 점에서 전압을 측정한 결과 정상적인 값보다 약간 낮게 나왔다. 다음 중 가능한 고장 원인은?

    (a) 하나 이상의 저항이 끊어졌다   (b) 전압계의 부하효과

    (c) 전원전압이 너무 낮다   (d) 위의 답들이 모두 맞다

고장진단: 증상과 원인   이를 연습하는 목적은 고장진단에 필수적인 사고력 개발에 도움을 주기 위한 것이다. 해답은 이 장의 끝에 있다.

그림 6-74를 참조하여 각각의 증상에 대해 원인을 알아내라.

▶ 그림 6-74

이 계측기들은 이 회로에 대한 정확한 값을 지시하고 있다.

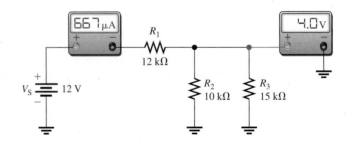

1. 증상: 전류계의 지시 눈금값이 너무 낮고, 전압계는 5.45 V를 가리키고 있다.

   원인:

   (a) R_1은 개방이다.

   (b) R_2은 개방이다.

   (c) R_3는 개방이다.

2. 증상: 전류계는 1.0 mA를 가리키고 있으며, 전압계는 0 V를 가리키고 있다.

   원인:

   (a) R_1 사이가 단락이다.

   (b) R_2 사이가 단락이다.

   (c) R_3는 개방이다.

3. 증상: 전류계의 지시 눈금값은 0에 가깝고, 전압계는 12 V를 가리키고 있다.

   원인:

   (a) R_1은 개방이다.

   (b) R_2는 개방이다.

   (c) R_2와 R_3 둘 다 개방이다.

4. 증상: 전류계는 444 μA을 가르키고 있으며, 전압계는 6.67 V를 가리키고 있다.

   원인:

   (a) R_1은 단락이다.

   (b) R_2는 개방이다.

   (c) R_3는 개방이다.

5. 증상: 전류계는 2.0 mA를 가리키고 있으며, 전압계는 12 V를 가리키고 있다.

   원인:

   (a) R_1은 단락이다.

   (b) R_2는 단락이다.

   (c) R_2와 R_3 둘 다 개방이다.

연습 문제

홀수 번호 연습 문제의 해답은 이 책의 끝에 있다.

기초 문제

6-1 직렬-병렬 관계의 식별

1. 그림 6-75에서 전원 단자에서 보는 직렬-병렬 관계는 어떻게 되는가?

▶ 그림 6-75

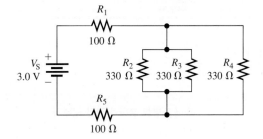

2. 다음의 직렬-병렬 관계를 회로로 그려라.

   (a) R_2와 R_3의 병렬결합에 R_1이 직렬로 연결되었다.

   (b) R_2와 R_3의 직렬결합에 R_2가 병렬로 연결되었다.

   (c) 4개의 다른 저항들의 병렬결합과 직렬로 R_2가 연결된 가지에 R_1이 다시 병렬로 연결되었다.

3. 다음의 직렬-병렬 관계를 회로로 그려라.

(a) 2개의 직렬저항이 각각 있는 3개의 가지들의 병렬결합

(b) 2개의 병렬저항이 각각 있는 3개의 병렬회로들의 직렬결합

4. 그림 6-76의 각 회로에서 전원에서 본 저항의 직렬-병렬 관계를 밝히라.

▶ 그림 6-76

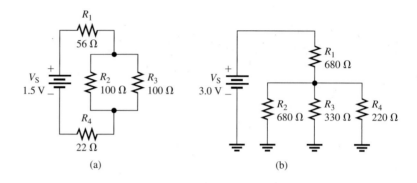

(a)   (b)

6-2 직렬-병렬 저항회로의 해석

5. 어떤 회로가 2개의 병렬저항으로 이루어져 있고, 전체 저항이 667 Ω이다. 저항 중의 하나가 1.0 kΩ이면 다른 저항의 저항값은?

6. 그림 6-77의 회로에서 A와 B 사이의 전체 저항을 구하라.

7. 그림 6-76의 각 회로에서 전체 저항을 구하라.

8. 그림 6-75에서 각 저항을 통과하는 전류를 구하고, 각 전압강하를 계산하라.

9. 그림 6-76의 두 회로에서 각 저항을 통과하는 전류를 구하고, 각 전압강하를 계산하라.

10. 그림 6-77에서 다음을 구하라.

(a) 단자 A와 B 사이의 전체 저항

(b) A와 B 사이에 연결된 6.0 V의 전원에서 나오는 전체 전류

(c) R_5에 흐르는 전류

(d) R_2의 양단에 걸리는 전압

11. 그림 6-78에서 $V_{AB} = 3.0$ V일 때 R_2에 흐르는 전류는 얼마인가?

12. 그림 6-78에서 $V_{AB} = 3.0$ V일 때 R_4에 흐르는 전류는 얼마인가?

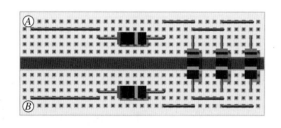

▲ 그림 6-77

(그림 색깔은 책 뒷부분의 컬러 페이지 참조)

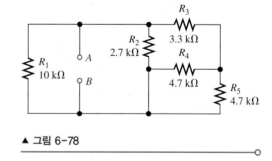

▲ 그림 6-78

6-3 저항성 부하와 전압 분배기

13. 어떤 전압 분배기가 2개의 56 kΩ 저항과 15 V의 전원으로 구성되어 있다. 56 kΩ 저항 중 하나에 걸리는 무부하 출력전압을 계산하라. 출력단자 사이에 1.0 MΩ의 부하저항이 연결된다면, 출력전압은 얼마인가?

14. 12 V 전지 출력이 2개의 출력전압을 얻기 위해 분배되었다. 3개의 3.3 kΩ 저항을 사용하여 2개의 출력을 얻고, 한쪽 출력에만 따로 10 kΩ의 부하저항을 연결한다. 이 두 가지 경우의 출력전압을 구하라.

15. 다음 전압 분배기에 의해 출력전압을 적게 감소할 수 있는 경우는 10 kΩ 부하 또는 56 kΩ 부하 중 어느 것인가?

16. 그림 6-79에서 출력단자에 부하를 연결하지 않은 경우의 전지에서 나오는 전류를 구하라. 10 kΩ의 부하가 연결되면 전지에서 나오는 전류는 얼마인가?

▶ 그림 6-79

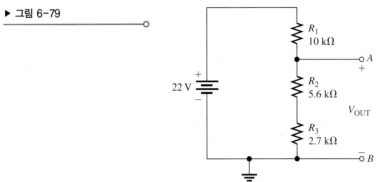

6-4 전압계의 부하효과

17. 10 MΩ의 내부 저항을 갖는 전압계가 회로에 가장 적은 부하효과를 나타내는 것은 다음 중 어느 저항과 연결되었을 때인가?

  (a) 100 kΩ   (b) 1.2 MΩ   (c) 22 kΩ   (d) 8.2 MΩ

18. 어떤 전압 분배기가 10 V의 전원에 직렬로 연결된 3개의 1.0 MΩ 저항으로 구성되어 있다. 10 MΩ 전압계로 측정한 경우, 한 저항에 걸리는 전압은 얼마인가?

19. 18번 문제에서 측정전압과 부하를 연결하지 않은 실제 전압과의 차이는 얼마인가?

20. 18번 문제에서 전압계는 측정하는 전압을 몇 %나 바꾸는가?

21. 전압 분배기의 출력을 측정하기 위해 10,000 Ω/V VOM(전압저항계)을 10 V 눈금에서 사용하고 있다. 분배기가 2개의 직렬 100 kΩ 저항기로 구성되어 있다면 한 저항기에서 측정되는 전압은 전원전압의 몇 %인가?

22. 21번 문제에서 VOM 대신 입력 저항이 10 MΩ인 DMM(디지털멀티미터)을 사용한다면 DMM에는 전원전압의 몇 %가 측정되는가?

6-5 휘트스톤 브리지

23. 저항값을 모르는 저항을 휘트스톤 브리지 회로에 연결했다. 이 브리지의 평형 조건은 R_V = 18 kΩ과 R_2/R_4 = 0.02이다. R_X는 얼마인가?

24. 그림 6-80의 브리지 회로가 평형이 되려면 R_V는 얼마가 되어야 하는가?

25. 그림 6-81의 평형 브리지에서 R_X의 값을 계산하라. 브리지가 평형일 때 R_V = 5.0 kΩ이다.

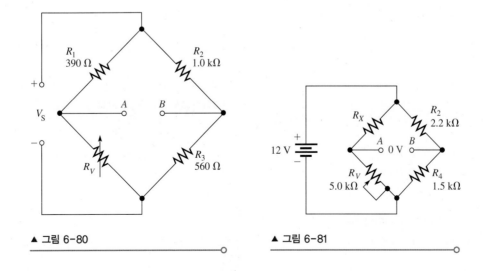

▲ 그림 6-80   ▲ 그림 6-81

26. 65°C의 온도에서 그림 6-82의 불평형 브리지의 출력전압 V_{AB}를 구하라. 서미스터의 저항은 25°C에서 1.0 kΩ이고 양의 온도계수를 갖는다. 이것의 저항은 1°C마다 5.0 Ω이 변한다고 가정한다.

▶ 그림 6-82

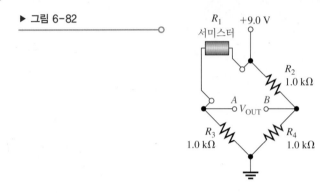

6-6 테브난의 정리

27. 그림 6-83의 회로를 단자 A와 B 사이에서 본 테브난 등가회로로 바꿔라.

▶ 그림 6-83

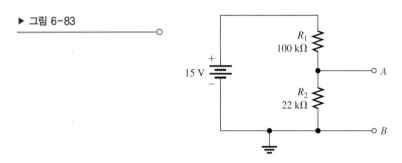

28. 그림 6-84의 각 회로를 단자 A와 B 사이에서 본 테브난 등가회로로 바꿔라.

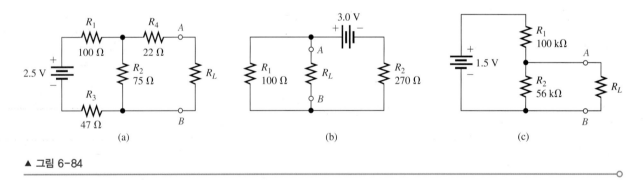

(a)　　　　　　　　　(b)　　　　　　　　　(c)

▲ 그림 6-84

29. 그림 6-85에서 R_L에 대한 전류와 전압을 구하라.

▶ 그림 6-85

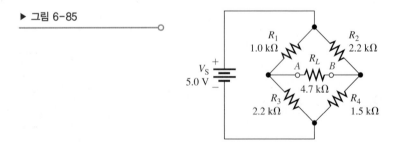

6-7 최대 전력전달의 정리

30. 그림 6-83에서 부하저항에 최대 전력전달을 위한 단자 A와 B 사이에 연결된 부하저항의 값을 구하라.

31. 어떤 테브난 등가회로가 V_{TH} = 5.5 V이고 R_{TH} = 75 Ω이다. 최대 전력전달을 위한 부하저항의 값은?

32. 그림 6-84(a)에서 최대 전력을 소모하는 R_L의 값을 구하라.

6-8 중첩의 정리

33. 그림 6-86에서 중첩의 원리를 이용하여 R_3에 흐르는 전류를 구하라.

34. 그림 6-86에서 R_2에 흐르는 전류는 얼마인가?

▶ 그림 6-86

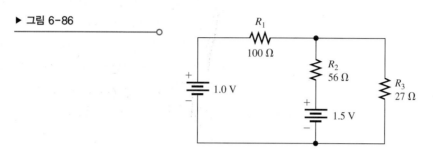

6-9 고장진단

35. 그림 6-87에서 전압계의 지시값은 정확한가? 만약 아니라면, 무엇이 문제인가?

▶ 그림 6-87

(그림 색깔은 책 뒷부분의
컬러 페이지 참조)

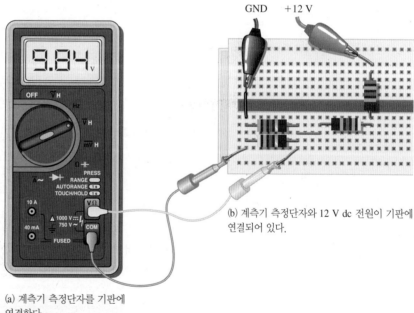

(a) 계측기 측정단자를 기판에
연결한다.

(b) 계측기 측정단자와 12 V dc 전원이 기판에
연결되어 있다.

36. 그림 6-88에서 R_2가 개방되었다면, 점 A, B, C에서 전압은 각각 얼마가 되는가?

37. 그림 6-89의 계측기 지시값을 점검하고, 존재할 수 있는 결함의 위치를 찾아라.

▶ 그림 6-88

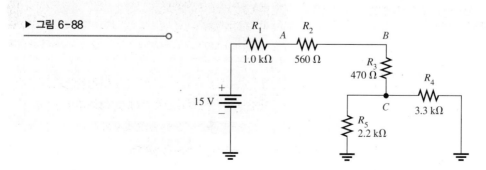

38. 그림 6-88에서 다음과 같은 결함이 발생한 경우 각 저항에 걸리는 전압을 구하라. 결함은 서로 독립적으로 발생한다고 가정하라.

(a) R_1이 개방   (b) R_3가 개방   (c) R_4가 개방   (d) R_5가 개방

(e) 점 C는 접지와 단락

39. 그림 6-89에서 다음과 같은 결함이 발생한 경우 각 저항에 걸리는 전압을 구하라.

(a) R_1이 개방   (b) R_2가 개방   (c) R_3가 개방   (d) R_4 사이가 단락

▶ 그림 6-89

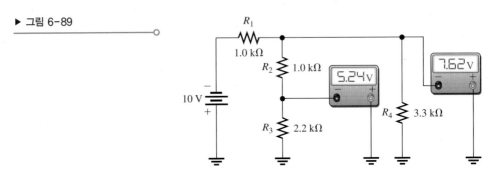

고급 문제

40. 그림 6-90의 각 회로에서 전원에서 본 저항들의 직렬-병렬 관계를 밝혀라.

▶ 그림 6-90

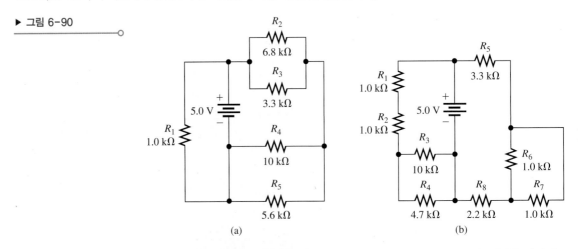

(a)   (b)

41. 저항값을 보이는 그림 6-91에서 PC기판 레이아웃의 회로도를 그리고, 직렬-병렬 관계를 밝혀라. 저항을 제거해도 R_T에 영향을 주지 않는 저항은 어느 것인가?

▶ 그림 6-91

(그림 색깔은 책 뒷부분의 컬러 페이지 참조)

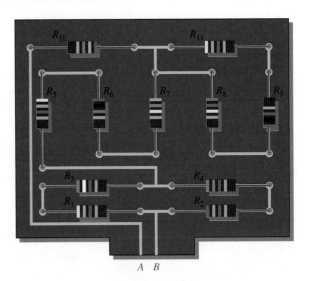

42. 그림 6-92의 회로에서 다음을 계산하라.

    (a) 전원 양단의 전체 저항   (b) 전원에서 나오는 전체 전류

    (c) 910 Ω의 저항에 흐르는 전류   (d) 점 A와 B 사이의 전압

▶ 그림 6-92

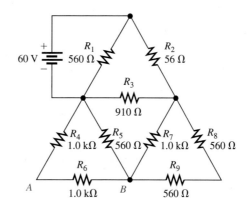

43. 그림 6-93의 회로에서 전체 저항과 점 A, B, C에서의 전압을 구하라.

▶ 그림 6-93

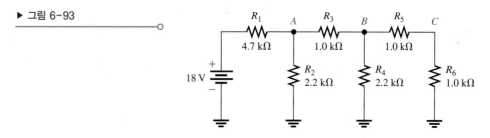

44. 그림 6-94의 회로에서 단자 A와 B 사이의 전체 저항을 구하라. 또한 A와 B 사이에 10 V의 전지가 연결되었을 때 각 가지에 흐르는 전류를 계산하라.

45. 그림 6-94에서 각 저항에 걸리는 전압은 얼마인가? A와 B 사이는 10 V이다.

▶ 그림 6-94

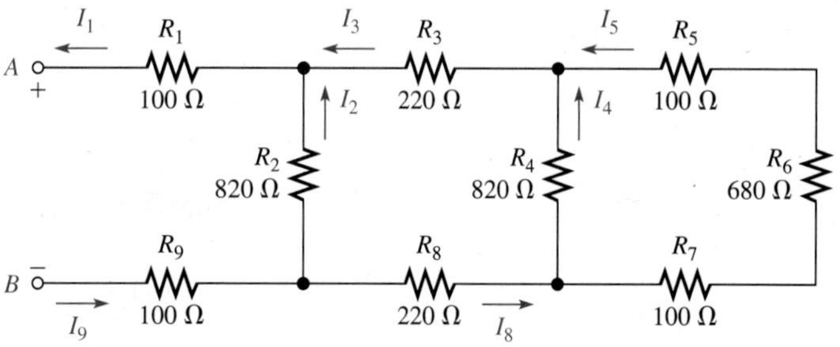

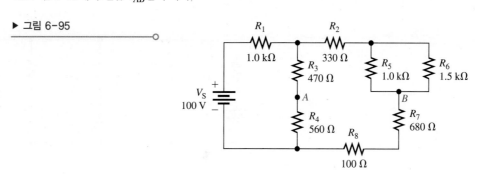

46. 그림 6-95에서 전압 V_{AB}를 구하라.

▶ 그림 6-95

47. 그림 6-96에서 R_2의 값을 구하라.

▶ 그림 6-96

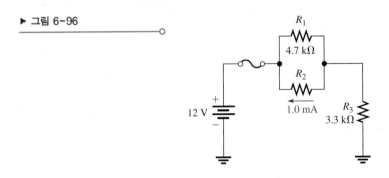

48. 그림 6-97의 회로에서 전체 저항과 점 A, B, C에서의 전압을 구하라.

▶ 그림 6-97

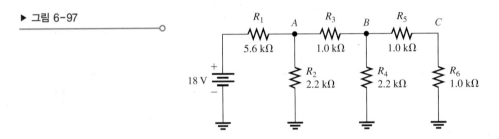

49. 부하가 연결되지 않았을 때 출력이 6.0 V이고, 1.0 kΩ의 부하에 최소한 5.5 V의 전압이 걸리는 전압 분배기를 설계하라. 전원전압은 24 V이고, 무부하 전류는 100 mA를 초과하지 않는다.

50. 다음 사항들을 만족시키는 전압 분배기의 저항값을 구하라. 무부하 조건에서 전류는 5.0 mA를 초과하지 않는다. 전원전압은 10 V이다. 5.0 V와 2.5 V의 출력전압이 필요하다. 회로를 그려라. 만약 1.0 kΩ 부하를 각 출력에 연결했을 때 출력전압은 어떻게 영향을 받는가?

51. 중첩의 원리를 이용하여 그림 6-98에서 가장 오른쪽 가지에 흐르는 전류를 계산하라.

▶ 그림 6-98

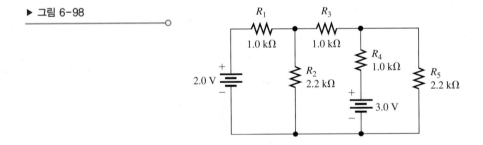

52. 그림 6-99에서 R_L에 흐르는 전류를 구하라.

▶ 그림 6-99

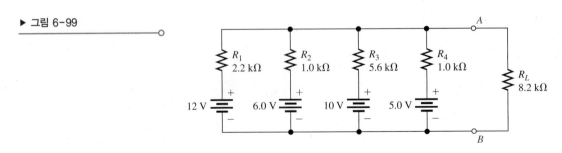

53. 테브난의 정리를 사용하여 그림 6–100의 R_4 양단에 걸리는 전압을 구하라.

▶ 그림 6–100

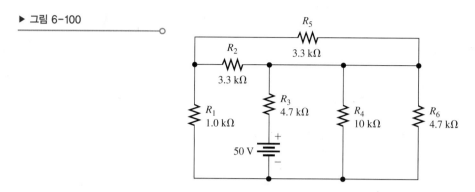

54. 그림 6–101의 회로에서 다음 조건에서의 V_{OUT}을 구하라.

(a) 스위치 SW2가 +12 V에 연결되고 다른 스위치들은 접지에 연결된다.

(b) 스위치 SW1이 +12 V에 연결되고 다른 스위치들은 접지에 연결된다.

▶ 그림 6–101

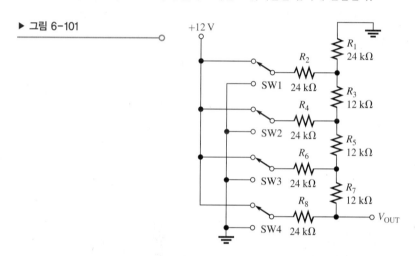

55. 그림 6–102의 양면회로기판의 회로도를 그리고 저항값을 기입하라.

▶ 그림 6–102
(그림 색깔은 책 뒷부분의 컬러 페이지 참조)

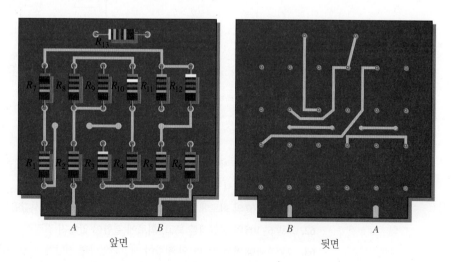

앞면　　　　　　　　뒷면

56. 그림 6–90(b)의 회로를 회로기판에 배치하라. 전지는 기판의 외부에 설치해야 한다.

57. 그림 6–103의 전압 분배기에 스위치가 달린 부하가 연결되었다. 스위치의 각 위치에 대해 각각의 탭에서의 전압 (V_1, V_2, V_3)을 구하라.

58. 그림 6–104는 전계효과 트랜지스터 증폭기에 dc 바이어스를 제공하는 회로를 나타낸다. 바이어스를 거는 것은 증

▶ 그림 6-103

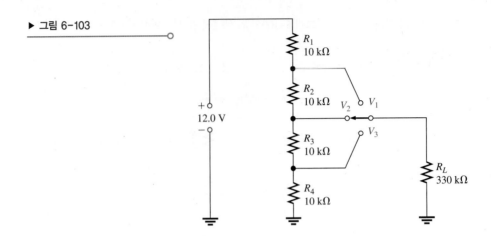

폭기가 제대로 작동할 수 있게 하려면 dc 전압을 제공하는 일반적인 방법이다. 지금 트랜지스터 증폭기의 원리를 잘 모르고 있다고 해도 이 회로의 dc 전압과 전류는 이미 알고 있는 방법으로 구할 수 있다.

(a) 접지에 대한 V_G와 V_S를 구하라.

(b) I_1, I_2, I_D, I_S를 구하라.

(c) V_{DS}와 V_{DG}를 구하라.

▶ 그림 6-104

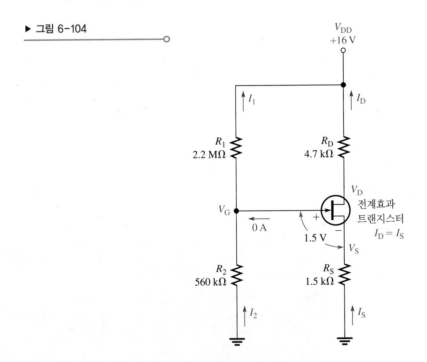

59. 그림 6-105의 전압계를 보고, 회로에 결함이 있는지 알아보아라. 만약 결함이 있다면 그곳을 찾아라.

60. 그림 6-106에서 전압계의 지시값은 맞는가?

61. 그림 6-107의 회로에 한 군데 결함이 있다. 전압계의 지시값을 보고 어디에 결함이 있는지 찾아라.

62. 그림 6-108의 전압계를 보고, 회로에 결함이 있는지 결정하라. 만약 결함이 있다면, 그곳을 찾아라.

63. 그림 6-108에서 4.7 kΩ의 저항이 개방되었다면 전압계의 지시값은 얼마인가?

고장진단 문제

64. Multisim 파일 P06-64를 열고, 회로에 고장이 있는지 확인하라. 만약 그렇다면, 고장의 원인을 밝혀라.

65. Multisim 파일 P06-65를 열고, 회로에 고장이 있는지 확인하라. 만약 그렇다면, 고장의 원인을 밝혀라.

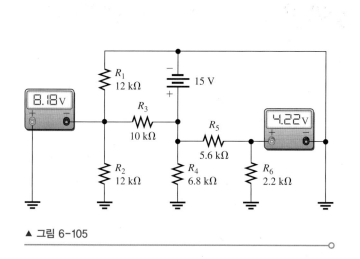

▲ 그림 6-105

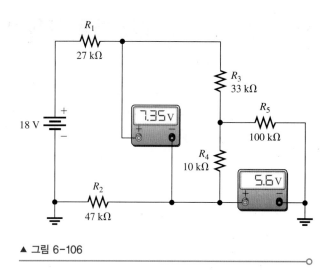

▲ 그림 6-106

▶ 그림 6-107

▶ 그림 6-108

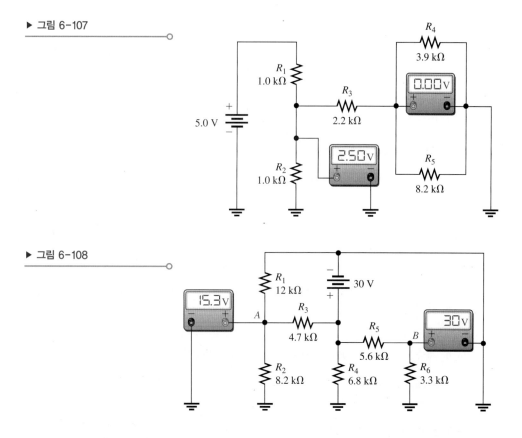

66. Multisim 파일 P06-66을 열고, 회로에 고장이 있는지 확인하라. 만약 그렇다면, 고장의 원인을 밝혀라.

67. Multisim 파일 P06-67을 열고, 회로에 고장이 있는지 확인하라. 만약 그렇다면, 고장의 원인을 밝혀라.

68. Multisim 파일 P06-68을 열고, 회로에 고장이 있는지 확인하라. 만약 그렇다면, 고장의 원인을 밝혀라.

69. Multisim 파일 P06-69를 열고, 회로에 고장이 있는지 확인하라. 만약 그렇다면, 고장의 원인을 밝혀라.

70. Multisim 파일 P06-70을 열고, 회로에 고장이 있는지 확인하라. 만약 그렇다면, 고장의 원인을 밝혀라.

71. Multisim 파일 P06-71을 열고, 회로에 고장이 있는지 확인하라. 만약 그렇다면, 고장의 원인을 밝혀라.

해답

각 절의 복습

6-1 직렬-병렬 관계의 식별

1. 그림 6-109를 보라.

▶ 그림 6-109

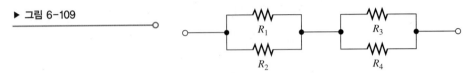

2. R_1과 R_2는 R_3와 R_4의 병렬결합에 직렬로 연결되어 있다.

3. 모든 저항은 병렬이다.

4. R_1과 R_2는 병렬이다. R_3와 R_4는 병렬이다.

5. 그렇다. 2개의 병렬결합은 서로 직렬이다.

6-2 직렬-병렬 저항회로의 해석

1. $R_T = R_1 + R_4 + R_2 \| R_3 = 599\ \Omega$

2. $I_3 = 11.2\ \text{mA}$

3. $V_{R2} = I_2 R_2 = 3.7\ \text{V}$

4. $R_T = 89\ \Omega,\ I_T = 11.2\ \text{mA}$

6-3 저항성 부하와 전압 분배기

1. 부하저항은 출력전압을 감소한다.

2. 참

3. $V_{\text{OUT(unloaded)}} = 19.23\ \text{V},\ V_{\text{OUT(loaded)}} = 19.16\ \text{V}$

6-4 전압계의 부하효과

1. 전압계는 계측기의 내부 저항이 그것과 연결된 회로저항과 병렬이 되어 두 점 사이의 저항이 감소하고, 회로로부터 전류가 유입되기 때문에 회로의 부하가 된다.

2. 아니다, 전압계의 저항은 1.0 kΩ보다 훨씬 크기 때문이다.

3. 예

4. 계측기 저항 R_M = (눈금 범위 최댓값)(눈금 범위 민감도) = (200 V)(20,000 Ω/V) = 4.0 MΩ

6-5 휘트스톤 브리지

1. 그림 6-110을 보라.

▶ 그림 6-110

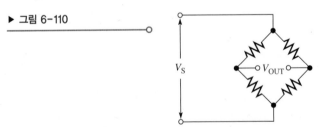

2. 브리지는 출력전압이 0일 때 평형이 된다.

3. $R_X = 15\ \text{k}\Omega$

4. 불평형 브리지는 트랜스듀서 감지 양을 측정하는 데 사용된다.

5. 부하 셀은 변형 게이지를 이용하여 기계적 힘을 전기신호로 변환시켜주는 트랜스듀서이다.

6-6 테브난의 정리

1. 테브난 등가회로는 V_{TH}와 R_{TH}로 이루어진다.

2. 그림 6–111을 보라.

▶ 그림 6–111

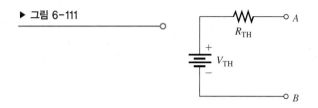

3. V_{TH}는 회로 두 점 사이의 개방전압이다.

4. R_{TH}는 모든 전원을 내부 저항으로 바꾸고, 두 단자 사이에서 본 저항이다.

5. 그림 6–112를 보라.

▶ 그림 6–112

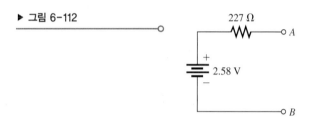

6-7 최대 전력전달의 정리

1 최대 전력전달의 정리는 최대 전력이 부하저항과 내부 전원저항이 같을 때, 전원으로부터 부하에 전달된다는 것을 말한다.

2. 최대 전력은 $R_L = R_S$일 때 부하에 전달된다.

3. $R_L = R_S = 50\ \Omega$

6-8 중첩의 원리

1. 여러 개의 전원을 가진 선형회로의 가지에서 전체 전류는 다른 전원들은 그 내부저항으로 대치하고, 하나의 전원 작동에 의해 발생하는 전류의 대수 합이다.

2. 중첩의 원리에서는 각각의 전원을 독립적으로 다룬다.

3. 이상적인 전압원의 내부 저항을 0으로 간주한다.

4. 전체 전류는 큰 전류의 방향과 같다.

6-9 고장진단

1. 개방과 단락은 흔히 발생하는 두 가지 고장 원인이다.

2. (a) 6.28 V (b) 6.28 V (c) 6.2 V (d) 10.0 V (e) 0 V

3. 10 kΩ 저항이 개방되었다.

예제 관련 문제

6-1 추가저항은 병렬연결된 R_2와 R_3에 직렬로 연결된 R_4와 병렬로 연결된다.

6-2 추가로 연결된 저항은 R_5와 병렬이다.

6-3 A에서 접지: $R_T = R_3 \parallel (R_1 + R_2) + R_4$

B에서 접지: $R_T = R_2 \parallel (R_1 + R_3) + R_4$

C에서 접지: $R_T = R_4$

6-4 아무 영향도 미치지 않는다. 새로이 연결된 저항은 다른 그룹의 저항들과 병렬이기 때문에 영향이 없다.

6-5 R_1과 R_4를 제거해도 회로에 영향을 주지 않는다.

6-6 55.1 Ω

6-7 128.3 Ω

6-8 I_1 = 8.93 mA, I_3 = 5.85 mA, I_T = 18.2 mA

6-9 1.65 kΩ, V_{BC}는 3.93 V로 감소할 것이다.

6-10 I_1 = 1.42 mA, P_1 = 6.67 mW, I_2 = 756 μA, P_2 = 3.55 mW

I_3 = 2.18 mA, P_3 = 4.75 mW, I_4 = 1.13 mA, P_4 = 1.28 mW

I_5 = 1.06 mA, P_5 = 758 μW, I_6 = 1.06 mA, P_6 = 435 μW

6-11 3.39 V

6-12 회로에 부하효과는 적으므로 전류는 증가한다. R_{L2}에 흐르는 전류는 59 μA이다.

6-13 2.34 V

6-14 3.3 kΩ

6-15 0.49 V

6-16 2.36 V, 124 Ω

6-17 $V_{TH(AB)}$ = 3.46 V, $R_{TH(AB)}$ = 3.08 kΩ

6-18 1.17 mA

6-19 41.7 mW

6-20 22.0 mA

6-21 5.0 mA

6-22 5.73 V, 0 V

6-23 9.46 V

6-24 V_A = 12 V, V_B = 13.8 V

참/거짓 퀴즈

1. T 2. F 3. F 4. T 5. T 6. T 7. F 8. F 9. T 10. F

자습 문제

1. (e) 2. (c) 3. (c) 4. (c) 5. (b) 6. (a) 7. (b) 8. (b) 9. (d) 10. (b)

11. (b) 12. (c) 13. (d) 14. (a) 15. (c) 16. (d)

고장진단: 증상과 원인

1. (c) 2. (b) 3. (c) 4. (b) 5. (a)

자기와 전자기

7

학습목표

▶ 자계의 원리를 이해한다.
▶ 전자기의 원리를 이해한다.
▶ 전자기 장치의 동작원리를 논의한다.
▶ 자기 이력 현상을 이해한다.
▶ 전자기유도 원리를 논의한다.
▶ 직류발전기 동작원리를 이해한다.
▶ 직류전동기 동작원리를 이해한다.

응용과제 미리보기

응용과제에서는 이 장에서 다루는 계전기와 다른 장치들을 간단한 도난경보시스템에 적용한다. 독자는 완벽한 시스템이 되도록 부품을 어떻게 연결하고, 시스템이 완벽하게 동작하는지 확인할 수 있는 성능 시험 절차를 결정해야 한다. 이 장을 공부하고 나면 응용과제를 해결할 수 있을 것이다.

핵심용어

▶ 가우스
▶ 기자력(mmf)
▶ 보자성
▶ 스피커
▶ 역선
▶ 유도전류(i_{ind})
▶ 자계
▶ 자기 이력
▶ 자속
▶ 전자기유도
▶ 테슬라(T)
▶ 패러데이의 법칙
▶ 홀효과

▶ 계전기
▶ 렌즈의 법칙
▶ 솔레노이드
▶ 암페어 턴(At)
▶ 웨버(Wb)
▶ 유도전압(v_{ind})
▶ 자계의 세기
▶ 자기 저항($\mathfrak{R}$)
▶ 전자계
▶ 전자기
▶ 투자율
▶ 페라이트

서론

1~6장의 내용에서 조금 벗어나 이 장에서는 두 가지 새로운 개념인 자기와 전자기를 소개한다. 많은 종류의 전기 장치가 부분적으로 자기나 전자기 원리를 기반으로 동작한다. 11장에서 다룰 전기부품인 인덕터나 코일에서는 전자기유도가 중요하다.

자석에는 영구자석과 전자석 두 종류가 있다. 영구자석은 외부자극이 없어도 두 극 사이에 일정한 자기를 유지한다. 전자석은 전류가 흐를 때만 자계가 형성된다. 전자석은 기본적으로 자기철심 재료를 전선으로 감은 것이다. 이 장에서는 직류발전기와 직류전동기를 설명한다. 이것은 자기와 전자기가 적용되는 중요한 장치이다.

7-1 자계

영구자석의 주변에는 **자계**(magnetic field)가 존재한다. 자계는 N극(N)에서 S극(S)으로 향하고 자성체 내에서는 북극으로 되돌아가는 **역선**(lines of force)으로 나타낸다.

이 절의 학습목표

◆ **자계의 원리를 이해한다.**

　　◆ 자속의 정의

　　◆ 자속밀도의 정의

　　◆ 재료가 자화되는 원리 이해

　　◆ 자기 스위치가 작동되는 원리 이해

그림 7-1에서 보인 막대자석과 같이 영구자석은 그 주변에 자계를 갖는다. 모든 자계는 움직이는 전하로부터 나오며, 고체 내에서 움직이는 전하는 전자이다. 철 같은 특정 재료에서는 전자의 움직임이 강화되도록 정렬하여 3차원으로 확장되는 자계가 형성된다. 어떤 전기 절연체에서도 이러한 현상이 관찰되며 절연체인 세라믹은 좋은 자석 재료이다.

▶ **그림 7-1**

막대자석 주위의 자력선

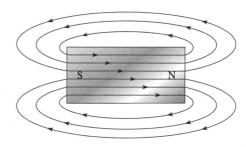

화살표 선은 자계 내의 많은 자력선 중 일부만을 보여준다.

눈에 보이지 않는 자계를 묘사하고 설명하기 위해 마이클 패러데이는 역선 또는 속선의 개념을 도입했다. 자속선은 자계의 크기와 방향을 보여주어 자계를 나타내기 위해 널리 사용된다. 자속선은 절대로 교차하지 않는다. 자속선 사이의 간격이 가까우면 자계가 센 것이고 간격이 멀면 자계가 약한 것이다. 자속선은 항상 자석의 N극(N)에서 나와서 S극(S)으로 들어간다. 작은 자석에서도 수학적인 정의로부터 구한 자속선의 수는 굉장히 많지만 자계를 나타내기 위해서는 몇 개의 선만을 그린다.

그림 7-2(a)에서와 같이 서로 다른 종류의 자극을 가진 두 자석이 가까이 놓이면 자기장은 서로 당기는 인력을 발생시킨다. 같은 종류의 자극이 가까이 놓이면 그림 7-2(b)에서와 같이 서로 반발하는 척력이 작용한다.

종이나 유리, 나무, 플라스틱 등과 같은 비자성 물질이 자계 내에 놓이면 그림 7-3(a)와 같이 역선에 변화가 없다. 그러나 철과 같은 자성 물질이 자계 내에 놓이면, 역선이 방향을 바꾸는 경향이 있어서 주위의 공기보다는 철을 통과해서 지나가려고 한다. 이것은 철이 공기보다는 더 쉽게 자계가 형성되는 경로를 제공하기 때문이다. 그림 7-3(b)에 이 현상을 나타냈다. 자력선이 철이나 다른 재료를 관통하는 성질을 이용하여 외부 자계로부터 민감한 회로를 보호하기 위한 자기 차폐 설계를 할 수 있다.

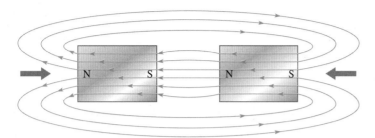

◀ 그림 7-2

자석의 인력과 척력

(a) 서로 다른 자극은 끌어당긴다.

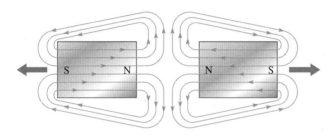

(b) 서로 같은 자극은 반발한다.

◀ 그림 7-3

자계에 대한 (a) 비자성체, (b) 자성체의 영향

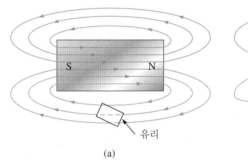

유리

(a)

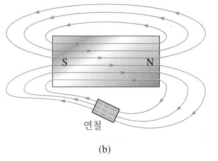

연철

(b)

자속(φ)

자석의 북극에서 남극으로 향하는 역선의 무리를 자속(magnetic flux)이라고 부르며, 기호는 φ(그리스 소문자 phi)로 나타낸다. 더 강한 자계는 더 많은 수의 자력선으로 나타낸다. 자석 재료, 자석의 모양, 자석으로부터의 거리 등이 자기의 세기를 결정한다. 자력선은 자극에서 좀 더 밀집된다.

자속의 단위는 웨버(weber, Wb)이다. 1 Wb는 10^8개의 선을 나타낸다. 웨버는 매우 큰 단위이므로 실제로는 마이크로웨버(μWb)가 쓰인다. 1마이크로웨버는 100개의 자력선과 같다.

자속밀도(B)

자속밀도(B)는 자계에 수직한 단위면적당 자속의 양이다. 이것의 기호는 B이며, 단위는 테슬라(tesla, T)이다. 1테슬라는 제곱미터당 1웨버(Wb/m²)와 같다. 다음 식은 자속밀도를 나타낸다.

$$B = \frac{\phi}{A} \tag{7-1}$$

여기서 φ는 단위가 웨버인 자속이고, A는 단위가 평방미터(m²)인 자계의 단면적을 나타낸다.

HISTORY NOTE

Nikola Tesla
1856~1943

테슬라는 크로아티아(당시 오스트리아 헝가리)에서 태어났다. 그는 교류 유도 전동기, 다위상 교류시스템, 테슬라 코일 변압기, 무선통신, 형광 등을 발명한 전기 엔지니어였다. 그는 1884년 미국에 처음 왔을 때 에디슨과 일을 했으며, 후에 웨스팅 하우스에서 근무했다. 자속밀도의 SI 단위는 그의 이름을 기려 사용하고 있다.

(사진 제공: Library of Congress Prints and Photographs Division[LC-DIG ggbain-0485/Bain News Service])

예제 7-1

그림 7-4의 2개의 자기 철심에서의 자속과 자속밀도를 비교하라. 그림은 자석의 단면을 나타낸다. 1개의 점이 100개의 속선 또는 1 μWb를 나타낸다고 가정하라.

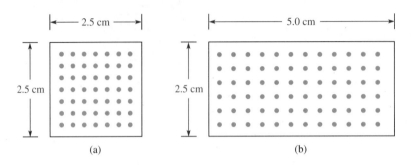

▲ 그림 7-4

풀이

자속은 속선의 수로 구한다. 그림 7-4(a)에서 49개의 점이 있고, 각 점은 1.0 μWb이므로 자속은 49 μWb이다. 그림 7-4(b)에는 72개의 점이 있으므로 자속은 72 μWb이다.

자속밀도를 계산하기 위해는 먼저 면적을 m^2 단위로 계산해야 한다. 그림 7-4(a)에서의 면적은

$$A = l \times w = 0.025\,m \times 0.025\,m = 6.25 \times 10^{-4}\,m^2$$

그림 7-4(b)에서의 면적은

$$A = l \times w = 0.025\,m \times 0.050\,m = 1.25 \times 10^{-3}\,m^2$$

식 (7-1)을 사용하여 자속밀도를 계산한다. 그림 7-4(a)에서 자속밀도는

$$B = \frac{\phi}{A} = \frac{49\,\mu Wb}{6.25 \times 10^{-4}\,m^2} = 78.4 \times 10^{-3}\,Wb/m^2 = 78.4 \times 10^{-3}\,T$$

그림 7-4(b)에서 자속밀도는

$$B = \frac{\phi}{A} = \frac{72\,\mu Wb}{1.25 \times 10^{-3}\,m^2} = 57.6 \times 10^{-3}\,Wb/m^2 = 57.6 \times 10^{-3}\,T$$

표 7-1의 데이터는 두 자석을 비교한다. 자속이 크다고 해서 자속밀도도 큰 것은 아니다.

▶ 표 7-1

	자속(Wb)	면적(m^2)	자속밀도(T)
그림 7-4(a):	49 μWb	$6.25 \times 10^{-4}\,m^2$	$78.4 \times 10^{-3}\,T$
그림 7-4(b):	72 μWb	$1.25 \times 10^{-3}\,m^2$	$57.6 \times 10^{-3}\,T$

관련 문제* 그림 7-4(a)에서와 같은 자속이 5.0 cm × 5.0 cm의 단면에 있다면 자속밀도는 얼마인가? 공학용 계산기 소개의 예제 7-1에 있는 변환 예를 살펴보라.

* 해답은 이 장의 끝에 있다.

예제 7-2

어떤 자석 내에서 자속밀도가 0.23 T이고 면적이 0.38 in²이라면 자석을 통과하는 자속은 얼마인가?

풀이 먼저 0.38 in²을 m²로 환산해야 한다. 39.37 in는 1.0 m이므로

$$A = 0.38 \text{ in}^2 \,[1.0 \text{ m}^2/(39.37 \text{ in})^2] = 245 \times 10^{-6} \text{ m}^2$$

자석을 통과하는 자속은

$$\phi = BA = (0.23 \text{ T})\,(245 \times 10^{-6} \text{ m}^2) = \textbf{56.4 } \boldsymbol{\mu}\textbf{Wb}$$

관련 문제 $A = 0.05$ in²이고 $\phi = 10$ μWb일 때 B를 계산하라.

공학용 계산기 소개의 예제 7-2에 있는 변환 예를 살펴보라.

가우스 테슬라(T)는 자속밀도의 SI 단위이지만, CGS(centimeter-gram-second) 단위체계인 가우스(gauss, G)도 자주 사용된다(10^4 G = 1.0 T). 자속밀도를 측정하는 데 이용하는 계기가 가우스미터이다. 그림 7-5는 일반적인 가우스미터이다. 이 가우스미터는 지구 자계(위치에 따라 다르지만 약 0.5 G)와 같은 약한 자계부터 MRI(magnetic resonance imaging) 장치(약 10,000 G)에서와 같은 강한 자계까지 측정할 수 있는 휴대용 기구이다. 가우스 단위는 널리 쓰이므로 테슬라 단위만큼 친숙하게 쓸 수 있어야 한다.

HISTORY NOTE

Karl Friedrich
Gauss
1777~1855

가우스는 18세기에 많은 수학이론을 증명한 위대한 독일의 수학자였다. 후에 그는 지구의 자기 작용을 체계적으로 관측하기 위해 세계적인 관측소 계통에서 웨버와 함께 일을 했다. 전자기 이론에서 그들이 이룬 가장 중요한 업적은 후에 전신기의 발명이었다. 자속밀도의 CGS 단위는 그의 업적을 기려 그의 이름을 딴 것이다.

(사진 제공: Cci/Shutterstock)

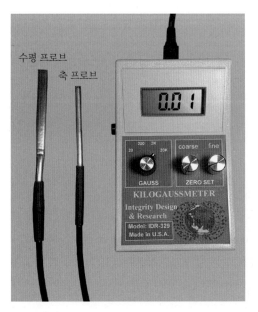

◀ 그림 7-5

직류 가우스미터(Integrity Design and Research Corp.에서 제작한 집적모델 IDR-329)

일반적으로 계전기, 솔레노이드, 전자석 등의 자기장을 측정하기 위해 그림 7-5와 같은 가우스미터가 사용된다. 이를 사용하기 위해 사용자는 먼저 Zero Set coarse와 미세한 노브를 사용하여 베이스 판독값을 0으로 조정하고, 이 과정에서 프로브가 자기장과 물질로부터 멀리 떨어져 있도록 한다. 그런 다음 프로브를 알 수 없는 자기장에 놓고 측정 범위를 선택한다. 수평 프로브는 평평한 면이 자기장에 수직이 되도록 방향을 잡아야 한다. 축 프로브는 그 축이 자기장과 평행한 코일에 삽입될 수 있으며, 이 방향에서 팁에 있는 작은 홀효과 센서는 필드에 수직이어야 한다.

물질은 어떻게 자화되는가

철, 니켈, 코발트와 같은 강자성체를 자석의 자계 내에 놓으면 자화된다. 영구자석이 클립, 못, 쇳가루 등을 들어 올리는 것을 자주 보았다. 이러한 경우, 물체는 영구자석의 자계의 영향으로 자화되며(즉 그 자신이 자석이 되어), 자석에 끌리게 된다. 자계를 제거하면 그 물체들은 그 자성을 잃는다.

자성체는 자극에서의 자속밀도에 영향을 미칠 뿐만 아니라 자극으로부터 거리가 멀어짐에 따라 자속밀도가 얼마나 빨리 감소하는지에도 영향을 미친다. 자성체의 크기도 자속밀도에 영향을 미친다. 예를 들어 같은 재료(알니코 소결)로 만들어진 2개의 원판형 자석이 자극 근처에서 자속밀도가 비슷하더라도 그림 7-6과 같이 자극에서 멀어짐에 따라 더 큰 자석에 의한 자속밀도가 더 크다. 그림에서 보듯이 자극으로부터 멀리 떨어진 곳에서의 자속밀도는 급격히 감소한다. 이 그림은 어떤 용도를 위해 사용되는 자석이 특정한 거리에서도 영향을 미칠 수 있는지 알려준다.

▶ 그림 7-6

거리에 따른 2개의 원판형 자석의 자석밀도의 예. 직경 150 mm, 두께 100 mm의 곡선(색상)이 더 큰 자석을 나타낸다.

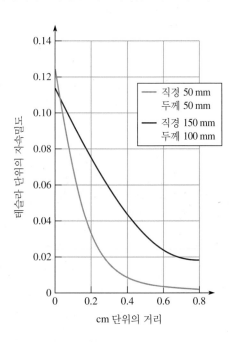

강자성체는 원자구조 내의 전자의 궤도운동과 스핀에 의해 형성된 미세한 자구(또는 자기 영역)를 갖는다. 이러한 자구는 N극과 S극을 갖는 아주 작은 막대자석으로 볼 수 있다. 그 물질이 외부자계에 노출되지 않을 때, 자구는 그림 7-7(a)와 같이 무질서하게 배열되어 있다. 물질이 자계 내에 놓이면 그 영역은 그림 7-7(b)에서 보듯이 같은 방향으로 정렬한다. 결과적으로 그 물체는 자석이 된다.

▶ 그림 7-7

강자성체의 자구. (a) 자화되지 않은 재료, (b) 자화된 재료

(a) 자화되지 않은 자구는 무질서하게 배열되어 있다.

(b) 자화된 자구는 한 방향으로 정렬한다.

자석이 어떤 종류의 재료로 만들어졌는가는 자석밀도를 결정하는 중요한 변수이다. 표 7-2는 테슬라로 나타낸 일반적인 자계의 자속밀도이다. 주어진 숫자는 영구자석의 자극에서 가까운 곳의 자속밀도이다. 앞에서 말했듯이 자극에서부터의 거리가 멀어짐에 따라 이 값들은 상당히 감소한다. 대부분이 경험하는 가장 강한 자계는 MRI 검사를 받을 때의 1.5 T (=15,000 G) 정도이

자계의 소스	테슬라 단위의 자속밀도
지구의 자계	4×10^{-5} (위치에 따라 다름)
냉장고 작은 자석	0.08에서 0.1
세라믹 자석	0.2에서 0.3
Alnico 5 리드 스위치 자석	0.1에서 0.2
네오디뮴 자석	0.3에서 0.52
자기공명영상장치(MRI)	1.5
실험실에서 만들 수 있는 가장 강한 자계	45.5

◀ 표 7-2

여러 자계의 자속밀도

SAFETY NOTE

강한 자석은 대부분 깨지기가 쉬워서 충격을 받으면 산산조각이 난다. 강한 자석을 다룰 때에는 반드시 눈 보호장비를 착용해야 한다. 강한 자석을 아이들이 갖고 놀게 해서는 안 된다. 맥박조정기를 착용한 사람은 강한 자계로부터 멀리 떨어져 있어야 한다.

다. 일반적으로 구입 가능한 가장 강한 영구자석은 컴퓨터 하드드라이브에 사용되는 것과 같은 네오디뮴-철-보론(NdFeB) 합금이다. 표에서 자속밀도를 가우스로 나타내려면 테슬라로 나타낸 값에 $10^4 (=10{,}000)$을 곱하면 된다.

응용

영구자석은 7-7절에서 다룰 브러시리스 전동기와 자기분리기, 스피커, 마이크로폰, 자동차 및 전자 제조, 물리학 연구 및 특정 의료 기기에서 이온 빔을 사용하는 장치에 널리 사용된다. 그림 7-8에서와 같은 평상시-닫힌(normally closed) 스위치에서도 일반적으로 사용된다. 그림 7-8(a)에서와 같이 자석이 스위치에 가깝게 있으면 스위치는 닫힌다. 그림 7-8(b)에서와 같이 자석이 스위치에서 멀리 움직이면 스프링이 스위치 암을 끌어당겨 접촉이 끊어진다. 자기 스위치는 보안시스템에 널리 사용된다.

영구자석의 또 다른 중요한 응용 예는 **홀효과**(Hall effect)를 이용하는 센서 분야이다. 홀효과는 자계 내에 전류가 흐르는 얇은 도체나 반도체(홀소자)를 놓았을 때 그 재료의 양편에 작은 전압차가(수 μV) 발생하는 현상이다. 그림 7-9는 홀소자에 나타나는 홀전압을 보여준다. 홀전압은 자계와 수직으로 지나가는 전자가 자계로부터 힘을 받아서 홀소자의 한편에 과잉전하가 몰리게 되어 발생한다. 이 현상은 처음에 도체에서 발견되었지만 반도체에서 더 잘 발생하고 홀효과 센서로 제작된다. 자계와 전류, 홀전압은 서로 수직 방향을 이룬다. 이 전압은 증폭되어 자계의 유무를 탐지하는 데에 사용될 수 있다. 자계 탐지는 센서 응용에 유용하다.

홀효과 센서는 작고 값이 싸며 움직이는 부품이 없어서 널리 이용된다. 또한 홀효과 센서는 비접촉식 센서이기 때문에 수없이 많은 동작 후에도 전혀 손상이 없어 동작이 반복될수록 마모되는 접촉식 센서에 비해 장점을 가지고 있다. 홀효과 센서는 자계를 감지할 수 있어 자석의 존재를

HISTORY NOTE

Edwin
Herbert Hall
1855~1938

홀은 존스홉킨스대학에서 물리학 박사학위 논문을 쓰던 1879년에 홀효과를 발견했다. 그는 유리판 위에 얇은 금박을 놓고 자계를 가하여 움직이는 금박의 길이에 따라 탭 포인트에 접근하는 것으로 구성했다. 금박을 통해 전류를 인가한 후, 그는 탭 포인트들에 걸쳐 작은 전압을 관찰했다. 자기장 안에서 도체나 반도체를 통과하는 전류에 의해 이 전압이 생성되는 것을 그를 기리기 위해 **홀효과**라고 한다.

(사진 제공: Signal Photos/Alamy Stock Photo)

◀ 그림 7-8

자기 스위치의 동작

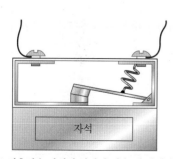

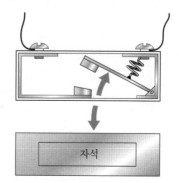

(a) 접촉점은 자석이 가까이 있을 때 닫힌다. (b) 접촉점은 자석이 멀리 떨어질 때 열린다.

▶ 그림 7-9

▶ 그림 7-9

홀효과. 홀소자 양단에 홀전압이 유기
된다.

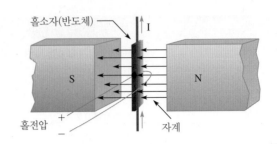

탐지할 수 있으며, 이는 자기장의 세기가 자석에 가까울수록 증가하고 홀전압은 자기장의 세기
에 비례하기 때문이다. 다른 센서와 같이 사용하면 전류, 온도, 압력을 측정할 수도 있다.

　홀효과 센서를 사용하는 응용 분야에는 모터 제어(10-7절에서 설명한 바와 같이), 스위치 모
드 전원공급장치, 부하 제어 등이 있다. 홀효과 센서를 사용하여 전류를 측정하는 장치의 예로는
Allegro© MicroSystems ACS723이 있다. 이 장치는 기준 전압에 비례하는 출력 전압을 생성하는
홀효과 센서와 회로가 단일 IC 패키지 내에 통합되어 있다. 그림 7-10의 그래프는 양방향 dc 또
는 전류 범위 ±5.0 A, 공급 전압 V_{CC} +5.0 V인 선형 ACS723LLC-5AB 센서의 곡선을 보여준
다. 그래프에서 보듯이 출력 전압의 범위는 공급 전압의 10~90%이며, 무전류 전압은 공급 전압
의 절반과 같다. 10 A의 풀 스케일 입력 범위에 대해 풀 스케일 출력 범위가 4.0 V이므로 센서의
감도(또는 입력 변화에 대한 출력 변화)는 0.4 V/A이다. 다른 버전의 ACS723은 단방향 dc 전류
만 측정하며 최대 ±40.0 A까지 전류를 측정할 수 있다. 이 홀효과 센서의 장점은 입력 전류와 출
력 전압 사이에 420 V의 전기적 절연을 제공한다는 것이다.

▶ 그림 7-10

ACS723LLC-5AB 전류 대 전압 변
환 특성

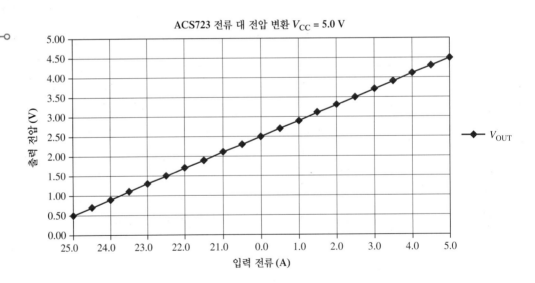

예제 7-3

V_{CC} = 5.0 V인 ACS723LLC-5AB 센서의 입력 전류 I_{IN}은 1.0 A이다. 출력 전압은 얼마인가?

풀이　센서 감도 0.4 V/A와 그림 7-10의 그래프에서 I_{IN} = 1.0 A의 출력 전압은 2.5 V + (0.4 V/A)
(1.0 A) = 2.9 V이다.

관련 문제　센서측 입력 전류 I_{IN}이 −2.0 A일 경우 출력 전압은 얼마인가?
공학용 계산기 소개의 예제 7-3에 있는 변환 예를 살펴보라.

예제 7-4	$V_{CC} = 5.0$ V인 ACS723LLC-5AB의 입력 전류 I_{IN}는 -1.5 A에서 $+1.5$ A까지 변동한다. 출력 전압은 어떻게 변동하는가? 센서 감도 0.4 V/A를 사용하여 정답을 찾아라. 그리고 그림 7-10의 그래프를 사용하여 답을 확인하라.

풀이 센서 감도 0.4 V/A와 그림 7-10의 그래프에서 $I_{IN} = -1.5$ A의 출력 전압은 2.5 V + (0.4 V/A)(−1.5 A) = 1.9 V이고, $I_{IN} = +1.5$ V의 출력 전압은 2.5 V + (0.4 V/A)(+1.5 V) = 3.1 V이다. 따라서 출력 전압은 1.9 V에서 3.1 V까지 변한다.

이를 확인하기 위해 그림 7-10의 그래프에서 I_{IN}이 −1.5 A에서 +1.5 A까지 변화할 때 출력 전압 V_{OUT}이 1.9 V에서 3.1 V까지 변화하는 것을 확인한다.

관련 문제 만약 측정장비에 센서의 출력 전압이 2.7 V에서 3.7 V로 변동하는 것으로 나타났을 경우 입력 전류의 변동은 얼마인가?

공학용 계산기 소개의 예제 7-4에 있는 변환 예를 살펴보라.

홀효과 센서는 그림 7-5에 표시된 가우스미터 외에도 많은 분야에서 사용될 수 있다. 자동차에서 홀효과 센서는 스로틀 각도, 크랭크축과 캠축 위치, 분배기 위치, 속도계, 전동시트와 후사경 위치 등의 다양한 변수를 측정하는 데 사용된다. 홀효과 센서는 드릴이나 팬, 유량계, 디스크 회전속도 탐지와 같은 회전하는 장치의 변수를 측정하는 데에도 사용된다. 7-7절에서 설명할 직류전동기에서도 사용된다.

7-1절 복습
해답은 이 장의 끝에 있다.

1. 2개의 자석을 N극끼리 서로 가까이 놓으면 미는가? 혹은 당기는가?
2. 자속과 자속밀도의 차이는 무엇인가?
3. 자속밀도의 단위 두 가지는 무엇인가?
4. $\phi = 4.5$ μWb이고 $A = 5.0 \times 10^{-3}$ m²일 때 자속밀도는 얼마인가?
5. 홀효과를 사용하여 근접을 어떻게 감지할 수 있는가?

7-2 전자기

전자기(electromagnetism)는 도체에 흐르는 전류에 의해 자계가 형성되는 것을 말한다.

이 절의 학습목표

◆ 전자기의 원리를 이해한다.
  ◆ 자력선의 방향 결정
  ◆ 투자율의 정의
  ◆ 자기 저항의 정의
  ◆ 기자력의 정의
  ◆ 기본적인 전자석의 이해

전류는 그림 7-11에서와 같이 도체 주변에 전자계(electromagnetic field)라고 불리는 자계를 만든다. 도체 주위에 눈에 보이지는 않는 자력선이 동심원 형태로 형성되고, 그 자력선은 폐경로를

▶ 그림 7-11
전류가 흐르는 도체 주변의 자계. 도체 안의 화살표는 전자의 흐름(−에서 +)을 나타낸다.

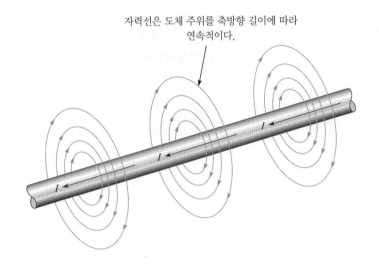

자력선은 도체 주위를 축방향 길이에 따라 연속적이다.

형성하고 코일의 축방향 길이를 따라 연속적이다. 주어진 전류 방향에 대해 도체 주위의 자력선의 방향은 그림과 같다. 자력선의 방향은 시계 방향이며, 전류의 방향이 바뀌면 자력선의 방향은 반시계 방향이 된다.

자계는 볼 수가 없지만 그 자계에 의한 영향은 볼 수 있다. 예를 들어 종이에 전류가 흐르는 도선을 수직으로 끼워 넣으면 종이 위에 놓인 철가루들이 그림 7-12(a)와 같이 자력선을 따라 동심원 형태로 정렬된다. 그림 7-12(b)는 전자계 내에 놓인 나침반의 바늘이 역선의 방향으로 향하는 것을 나타내고 있다. 자계는 도체에 가까울수록 더 강해지고, 도체로부터 멀어질수록 약해진다.

▶ 그림 7-12
전자계의 가시효과

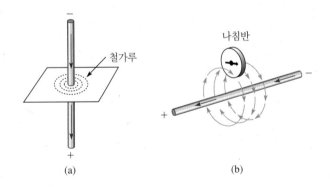

철가루

나침반

(a)   (b)

왼손 법칙   역선의 방향을 기억하기 쉬운 방법을 그림 7-13에 나타냈다. 자신의 엄지손가락이 전류의 방향이 되도록 도체를 왼손으로 잡았다고 상상을 하자. 자신의 엄지를 제외한 손가락은 자력선의 방향을 가리킨다.

▶ 그림 7-13
왼손 법칙의 설명. 전자의 흐름(−에서 +로)은 왼손 법칙을 따른다.

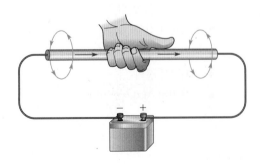

전자기 성질

전자계에 관련된 몇 가지 중요한 성질을 살펴보자.

투자율(μ) 자계가 물질 내에서 형성되기 쉬운 정도는 그 물질의 투자율(permeability, μ)에 의해 결정된다. 투자율이 클수록 자계가 형성되기가 더욱 쉬워진다. 투자율의 기호는 μ (그리스 문자 mu)이다.

물질의 투자율은 그 종류에 따라 다르다. 진공의 투자율(μ_0)은 $4\pi \times 10^{-7}$ Wb/At·m (weber/ampere-turn·meter)이고, 투자율의 기준값으로 사용된다. 강자성 물질은 일반적으로 진공보다 수백 배 큰 투자율을 가지고 있으며, 이는 상대적으로 쉽게 자기장을 설정할 수 있음을 나타낸다. 강자성체로는 철, 강철, 니켈, 코발트, 그 합금이 있다.

어떤 재료의 **비투자율(μ_r)**은 식 (7-2)와 같이 진공의 투자율(μ_0)에 대한 그 재료의 절대투자율 (μ)의 비율이다.

$$\mu_r = \frac{\mu}{\mu_0} \tag{7-2}$$

μ_r은 비율이므로 단위가 없다. 철과 같은 자성재료는 수백 정도의 비투자율을 갖는다. 비투자율이 100,000인 퍼말로이와 같은 재료도 있다.

자기 저항($\mathfrak{R}$) 물질 내에서 자계의 형성을 방해하는 성질을 **자기 저항**(reluctance, $\mathfrak{R}$)이라고 한다. 자기 저항의 값은 자계 경로의 길이(l)에 비례하고 재료의 투자율(μ)과 물질의 단면적(A)에 반비례하며, 다음 식으로 나타낸다.

$$\mathfrak{R} = \frac{l}{\mu A} \tag{7-3}$$

자기 회로의 자기 저항은 전기회로의 저항과 흡사하다. 자기 저항의 단위는 l에 미터를, A에는 제곱미터를, μ에는 Wb/At·m을 대입해서 구할 수 있다.

$$\mathfrak{R} = \frac{l}{\mu A} = \frac{m}{\left(\dfrac{Wb}{At \cdot m}\right)(m^2)} = \frac{At}{Wb}$$

At/Wb는 암페어 턴/웨버이다.

식 (7-3)은 전선의 저항을 구하는 식 (2-6)과 유사하다. 식 (2-6)은 다음과 같다.

$$R = \frac{\rho l}{A}$$

저항율(ρ)의 역수는 전기전도도(σ)이다. ρ 대신 $1/\sigma$를 대입하면 식 (2-6)은 다음과 같다.

$$R = \frac{l}{\sigma A}$$

전선의 저항을 나타내는 이 식과 식 (7-3)을 비교하면 길이(l)와 면적(A)은 두 식에서 같은 뜻을 갖는다. 전기회로의 전기전도도(σ)는 자기회로의 투자율(μ)과 유사하다. 전기회로의 저항(R)은 자기 회로의 자기 저항($\mathfrak{R}$)과 유사하다. 일반적으로 자기 회로의 자기 저항은 50,000 At/Wb 정도나 그 이상이고 재료의 크기와 종류에 따라 달라진다.

예제 7-5

저탄소강으로 만든 토러스(도넛 모양으로 생긴 철심)의 자기 저항을 계산하라. 토러스의 내부 반지름이 1.75 cm이고 외부 반지름이 2.25 cm이다. 저탄소강의 투자율은 2.0×10^{-4} Wb/At·m이다.

풀이 먼저 길이와 면적의 단위를 cm에서 m로 바꾸어야 한다. 두께(직경)는 0.5 cm = 0.005 m이다. 단면적은

$$A = \pi r^2 = \pi(0.0025)^2 = 1.96 \times 10^{-5} \text{ m}^2$$

길이는 2.0 cm 또는 0.020 m인 평균 반지름으로 계산한 토러스의 원둘레이다.

$$l = C = 2\pi r = 2\pi(0.020 \text{ m}) = 0.126 \text{ m}$$

식 (7-3)에 이 값들을 대입하면

$$\Re = \frac{l}{\mu A} = \frac{0.126 \text{ m}}{\left(2.0 \times 10^{-4} \dfrac{\text{Wb}}{\text{At·m}}\right)(1.96 \times 10^{-5} \text{m}^2)} = \mathbf{32.0 \times 10^6 \dfrac{\text{At}}{\text{Wb}}}$$

관련 문제 재료가 주조철 대신에 투자율이 5.0×10^{-4} Wb/At·m인 주철강으로 바뀌면 자기 저항은 얼마인가?

공학용 계산기 소개의 예제 7-5에 있는 변환 예를 살펴보라.

예제 7-6

연강의 비투자율은 800이다. 길이가 10 cm이고 단면적이 1.0 cm × 1.2 cm인 연강의 자기 저항을 계산하라.

풀이 먼저 연강의 투자율을 계산한다.

$$\mu = \mu_0\mu_r = (4\pi \times 10^{-7} \text{ Wb/A·m})(800) = 1.005 \times 10^{-3} \text{ Wb/At·m}$$

길이를 미터로, 면적을 제곱미터로 바꾼다.

$$l = 10 \text{ cm} = 0.10 \text{ m}$$

$$A = 0.010 \text{ m} \times 0.012 \text{ m} = 1.2 \times 10^{-4} \text{ m}^2$$

이 값들을 식 (7-3)에 대입하면

$$\Re = \frac{l}{\mu A} = \frac{0.10 \text{ m}}{\left(1.005 \times 10^{-3} \dfrac{\text{Wb}}{\text{At·m}}\right)(1.2 \times 10^{-4} \text{ m}^2)} = \mathbf{8.29 \times 10^5 \text{ At/Wb}}$$

관련 문제 재료가 비투자율이 4000인 78퍼말로이로 바뀌면 자기 저항은 얼마인가?

공학용 계산기 소개의 예제 7-6에 있는 변환 예를 살펴보라.

기자력(mmf) 앞에서 공부했듯이 도체에 흐르는 전류는 자계를 만든다. 자계를 만드는 동인을 기자력(magnetomotive force, mmf)이라 한다. 기자력은 물리적인 의미에서 실제로 힘이 아니라 전하의 이동(전류)의 직접적인 결과이므로 잘못된 명칭이다. 기자력의 단위, 암페어 턴(ampere-turn, At)는 감겨진 도선에서 하나의 코일에 흐르는 전류를 기준하여 계산한다. 기자력의 공식은

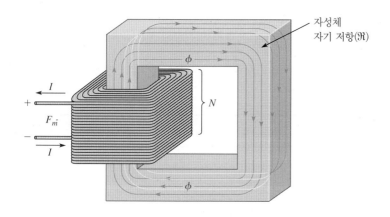

자성체
자기 저항(ℜ)

◀ 그림 7-14

기본적인 자기 회로

다음과 같다.

$$F_m = NI \tag{7-4}$$

여기서 F_m은 기자력을 나타내며 N은 권선 수, I는 단위가 암페어인 전류이다.

그림 7-14는 자성재료 주위를 여러 번 감은 도선에 흐르는 전류가 자기 경로를 따라 자속선을 형성하는 것을 보여준다. 자속량은 기자력의 크기와 재료의 자기 저항에 따라 달라지며, 다음 식 (7-5)로 나타낸다.

$$\phi = \frac{F_m}{\Re} \tag{7-5}$$

이 식은 자속(ϕ)이 전류와, 기자력(F_m)이 전압과, 또한 자기 저항(ℜ)이 저항과 유사하므로 **전자기 회로의 옴의 법칙**으로 알려져 있다. 자속은 결과를, 기자력은 원인을, 자기 저항은 반발하는 정도를 나타낸다.

전기회로와 자기 회로의 중요한 차이점은 자기 회로에서 식 (7-5)가 자성체가 포화되기(자속이 최대가 되는) 전까지만 성립한다는 것이다. 7-4절에서 설명하는 자화 곡선을 이해하면 이 뜻을 알 수 있다. 다른 차이점은 영구자석에서는 기자력이 없어도 자속이 발생한다는 것이다. 영구자석에서 자속은 외부 전류에 의한 것이 아니라 내부의 전자의 운동으로 인해 발생한다. 이와 같은 효과가 전기회로에는 없다.

| 예제 7-7 | 그림 7-15에서 재료의 자기 저항이 2.8×10^5 At/Wb일 때 자기 경로에 형성되는 자속은 얼마인가? |

▶ 그림 7-15

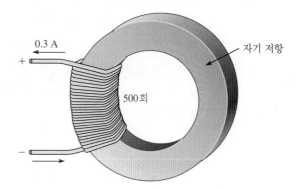

0.3 A

자기 저항

500회

풀이 $\phi = \dfrac{F_m}{\Re} = \dfrac{NI}{\Re} = \dfrac{(500\ t)(0.3\ A)}{2.8 \times 10^5\ At/Wb} = 5.36 \times 10^{-4}\ Wb = \textbf{536 μWb}$

관련 문제 그림 7-15에서 자기 저항이 7.5×10^3 At/Wb이고, 권선 수가 300, 전류는 0.18 A이면 자기 경로에 형성되는 자속은 얼마인가?

예제 7-8

400번 감은 도선에 0.1 A의 전류가 흐른다.

(a) 기자력은 얼마인가?

(b) 자속이 250 μWb이면, 회로의 자기 저항은 얼마인가?

풀이 **(a)** $N = 400$이고 $I = 0.1$ A

$F_m = NI = (400\ t)(0.1\ A) = \textbf{40 At}$

(b) $\Re = \dfrac{F_m}{\phi} = \dfrac{40\ At}{250\ μWb} = \textbf{1.60} \times \textbf{10}^\textbf{5}\ \textbf{At/Wb}$

관련 문제 위의 예제에서 $I = 85$ mA, $N = 500$, $\phi = 500$ μWb일 때 기자력과 자기 저항을 계산하라.

공학용 계산기 소개의 예제 7–8에 있는 변환 예를 살펴보라.

많은 자기 회로에서 철심은 연결되어 있지 않고 끊어져 있다. 예를 들면 철심이 잘려져 있어 그 사이에 공극이 있다면 자기 회로의 자기 저항이 증가할 것이다. 이 경우에는 공극이 자속을 형성하기 더 어렵게 만들기 때문에 같은 자속을 형성하기 위해 더 많은 전류가 필요하다. 이 경우는 자기 회로의 총 자기 저항이 철심의 자기 저항과 공극의 자기 저항을 합친 것과 같으므로 직렬 전기회로와 유사하다.

널리 쓰이는 철심의 종류는 페라이트이다. **페라이트**(ferrite) 물질은 철 산화물 및 기타 물질로 구성된 결정성 화합물로, 원하는 특정 특성을 위해 선택될 수 있다. 단단한 페라이트는 영구자석을 만드는 데 널리 사용된다. 또 다른 페라이트 종류는 인덕터, 고주파 변압기, 안테나, 기타 전자 부품에 유용한 특성을 가진 소프트 페라이트이다. 인덕터는 11장에서, 변압기는 14장에서 다루게 된다.

전자석

전자석은 앞에서 학습한 성질을 기초로 하고 있다. 기본적인 전자석은 쉽게 자화되는 코어 주위를 도선으로 감은 것이다.

전자석의 모양은 여러 가지 응용에 따라 바뀔 수 있다. 예를 들면 그림 7-16은 U 모양의 자기 코어를 보여주고 있다. 도선이 배터리에 연결되어 전류가 흐르면 그림 7-16(a)에 표시된 것과 같이 자계가 형성된다. 그림 7-16(b)와 같이 전류의 방향이 바뀌면 자계의 방향도 바뀐다. 북극과 남극이 가까워져서 그 극 사이의 공기간극이 작아질수록 자기 저항이 줄어들어 자계가 형성되기 더 쉬워진다.

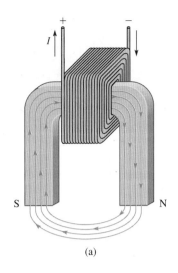
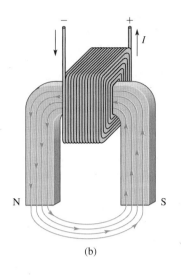

(a)   (b)

◀ 그림 7–16

코일에 전류를 역으로 흘리면 전자계도 역으로 형성된다.

7-2절 복습

해답은 이 장의 끝에 있다.

1. 자기와 전자기의 차이를 설명하라.
2. 전자석의 코일에 흐르는 전류의 방향을 바꾸면 자계가 어떻게 되는가?
3. 전자기회로에 대한 옴의 법칙을 기술하라.
4. 3번 문제의 식에서 각 양을 전기회로의 양과 비교하라.

7-3 전자기 장치

컴퓨터 저장 장치(하드 드라이브 및 테이프 백업 드라이브), 전기 모터, 스피커, 솔레노이드, 릴레이와 같은 다양한 유형의 유용한 장치가 전자기 현상을 기반으로 한다. 변압기는 또 다른 중요한 예이며 14장에서 다룰 것이다.

이 절의 학습목표

◆ **몇 종류의 전자기 장치의 동작원리를 이해한다.**
  ◆ 솔레노이드와 솔레노이드 밸브의 작동원리를 논의한다.
  ◆ 계전기의 작동원리를 논의한다.
  ◆ 스피커의 작동원리를 논의한다.
  ◆ 기본적인 아날로그 미터기의 구동 장치 작동원리를 논의한다.
  ◆ 자기 디스크와 테이프 읽기/쓰기 작동원리를 이해한다.
  ◆ 광자기 디스크의 원리를 이해한다.

솔레노이드

솔레노이드(solenoid)는 플런저(plunger)라고 하는 움직일 수 있는 철심이 있는 전자기 장치이다. 철심은 전자계와 스프링의 기계적인 힘에 의해 움직인다. 솔레노이드의 기본적인 구조를 그림 7–17에 나타냈다. 솔레노이드는 속이 비어 있는 비자성체 주변을 감은 원통형 코일로 구성된다. 고정철심은 축의 한끝에 고정되어 있고, 이동철심은 고정철심에 스프링으로 연결되어 있다.

정지상태(활성화되지 않은 상태)에서는 그림 7–18(a)에서와 같이 플런저가 밖으로 나와 있다.

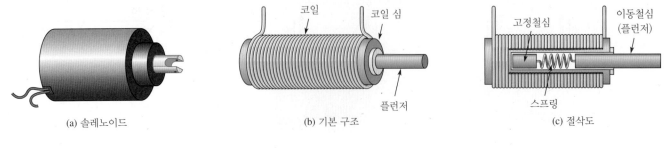

(a) 솔레노이드   (b) 기본 구조   (c) 절삭도

▲ 그림 7-17

기본적인 솔레노이드 구조

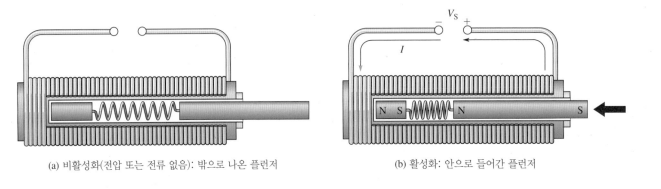

(a) 비활성화(전압 또는 전류 없음): 밖으로 나온 플런저   (b) 활성화: 안으로 들어간 플런저

▲ 그림 7-18

기본적인 솔레노이드 동작

그림 7-18(b)와 같이 솔레노이드는 코일에 흐르는 전류에 의해 활성화된다. 전류가 2개의 철심을 자화시키는 전자계를 형성한다. 고정철심의 S극은 이동철심의 N극을 잡아당겨서 이동철심을 안쪽으로 들어가게 하고 스프링은 압축된다. 코일에 전류가 흐르는 동안은 자계의 인력에 의해 플런저가 들어간 상태로 유지된다. 전류가 끊기면 자계가 사라지고, 스프링의 압축된 힘은 플런저를 바깥쪽으로 밀어낸다. 솔레노이드는 열고 잠그는 밸브나 자동차문 잠금장치 등에 응용되어 사용된다.

솔레노이드 밸브   솔레노이드 밸브는 공기의 흐름이나 물, 증기, 오일, 냉각제, 다른 유체 등을 조절하기 위해 산업체에서 널리 사용된다. 솔레노이드 밸브는 기압식이나 유압식 시스템에서 사용될 수 있다. 또한 항공우주 분야와 의학 분야에서도 사용된다. 솔레노이드 밸브는 플런저를 움직여서 포트를 열거나 닫을 수 있고 밸브의 칸막이를 일정한 정도로 회전시킬 수 있다.

솔레노이드 밸브는 2개의 기능부로 구성된다. 하나는 밸브를 열거나 닫는 동작을 할 수 있도록 자계를 형성하는 솔레노이드 코일이고, 다른 하나는 파이프와 버터플라이 밸브로 구성되어 있고 누설방지 차단막으로 코일부와 격리되어 있는 밸브몸체이다. 그림 7-19는 한 종류의 솔레노이드 밸브의 절삭도이다. 솔레노이드가 활성화되면 버터플라이 밸브를 회전시켜서 평상시 닫힌(NC) 밸브를 열게 하거나 평상시 열린(NO) 밸브를 닫게 한다.

솔레노이드 밸브는 평상시 열린 밸브나 평상시 닫힌 밸브를 포함하여 다양한 형태로 만들어진다. 솔레노이드 밸브는 다른 형태의 유체(예: 가스나 액체) 압력, 경로의 수, 크기 등에 의해 구분된다. 같은 밸브가 하나 이상의 라인을 조절할 수도 있고 하나 이상의 솔레노이드를 포함할 수도 있다.

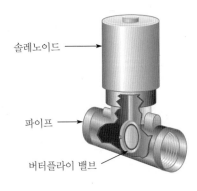

▲ 그림 7-19

기본적인 솔레노이드 밸브 구조

계전기

계전기(relay)는 전자기 작용이 기계적인 동작을 유발하지 않고 전기적인 접촉을 열거나 닫는 데 응용된다는 점이 솔레노이드와 다르다. 계전기는 전기적(또는 갈바닉) 절연을 제공하여 회로의 안전에 위험을 초래할 수 있는 직접적인 경로를 제공하지 않고도 고전압 또는 전류를 제어할 수 있다. 그림 7-20은 상시 개방(NO) 접점 1개와 상시 폐쇄(NC) 접점 1개가 있는 접극자 타입 SPDT 릴레이의 기본 작동을 보여준다. 코일에 전류가 흐르지 않을 때, 그림 7-20(a)와 같이 접극자가 스프링에 의해 위쪽 단자에 붙어 단자 1과 단자 2가 전기적으로 연결된다. 코일에 전류가 흘러 활성화되면, 그림 7-20(b)와 같이 접극자가 전자장의 인력에 의해 아래쪽으로 끌어당겨지고, 결과적으로 단자 1과 단자 3이 연결된다. 이렇게 하면 NO 접점이 닫히고 NC 접점이 열리게 된다.

　릴레이, 특히 유도 부하에서 발생할 수 있는 문제 중 하나는 아크 문제이다. 아크는 부하의 전류를 차단하여 생성된 유도전압이 전기자와 접점 사이의 연결된 간격에서 전기 스파크를 일으킬 만큼 충분히 클 때 발생한다. 시간이 지남에 따라 이 아크는 접점 표면에 흠집을 내고 품질을 저하시켜 결국 릴레이 접점이 안정적으로 닫히지 못하게 한다. 또 다른 문제는 처음에 부하의 정전용량이 DC 단락처럼 나타나기 때문에 릴레이 접점이 처음 닫힐 때 과도한 전류가 소모된다는 것이다. 이러한 과도한 전류는 전기자와 릴레이의 접점을 용접하여 릴레이가 열리지 않는 고장을 유발할 수 있다.

　전형적인 접극자 계전기와 회로 기호를 그림 7-21에 나타낸다.

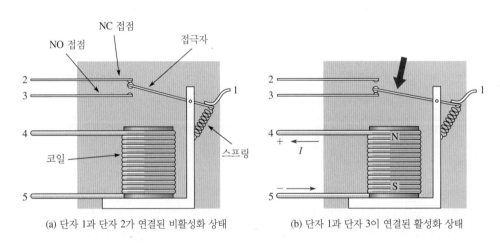

(a) 단자 1과 단자 2가 연결된 비활성화 상태　　(b) 단자 1과 단자 3이 연결된 활성화 상태

◀ 그림 7-20

단극 이접점 계전기의 기본 구조

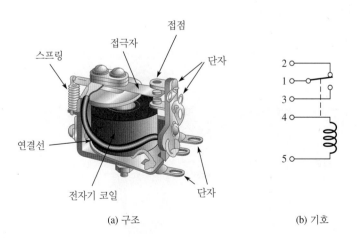

(a) 구조　　(b) 기호

◀ 그림 7-21

일반적인 접극자 계전기

리드 계전기의 기본 구조

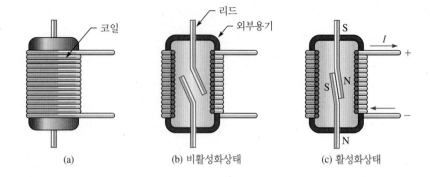

(a)   (b) 비활성화상태   (c) 활성화상태

계전기와 밀접하게 관련 있는 접촉기는 계전기와 유사한 기능을 하지만 더 높은 전류(15 A 이상)를 부하로 전환하도록 설계된 전기적 제어 스위치이다. 접촉기를 사용하면 부하가 접점에 직접 연결되므로 아크 문제를 최소화하도록 접점을 설계해야 한다. 일반적으로 접촉기는 릴레이보다 접점이 더 크고 아크가 접점을 가열하는 시간을 최소화하기 위해 빠르게 열리고 닫히도록 설계되어 있다. 고전압 애플리케이션에서는 접점 간 아크를 방지하기 위해 접점 간 절연기술이 사용된다. 접촉기는 대형 모터 또는 가열 요소와 같은 부하에 연결되는 산업 응용 분야에서 사용된다.

또 다른 형의 대표적인 계전기에는 그림 7-22와 같은 리드 계전기(reed relay)가 있다. 접극자 계전기와 마찬가지로 리드 계전기도 전자기 코일을 사용한다. 접점은 자성체로 된 얇은 리드이고, 보통 코일 내에 위치한다. 코일에 전류가 흐르지 않을 때, 그림 7-22(b)와 같이 리드는 열린 위치에 있다. 코일에 전류가 흐르면 그림 7-22(c)와 같이 리드가 자화되고 서로 잡아당겨 접촉된다.

리드 계전기는 속도가 빠르고, 안정성이 높으며, 접극자 계전기보다 접촉 시 아크 발생이 적게 나타난다. 그러나 리드 계전기는 접극자 계전기보다 전류 용량이 작고, 기계적인 충격에 약한 것이 단점이다. 응용 분야로는 펄스 카운팅, 위치 센서, 경보 시스템, 과부하 보호 등이 있다.

스피커

스피커(speaker)는 전기신호를 음향으로 바꾸는 전자기 장치이다. 기본적으로 전자석을 도넛자석이라 부르는 영구자석으로 끌어당기거나 밀어내는 선형 전동기이다. 그림 7-23은 스피커의 중요 부품을 보여준다. 음향신호는 매우 부드러운 전선을 통해 음성 코일이라고 부르는 원통형 코일에 연결된다. 음성 코일과 움직일 수 있는 철심이 전자석을 구성하며 스파이더라고 하는 아코

스피커의 중요 부품

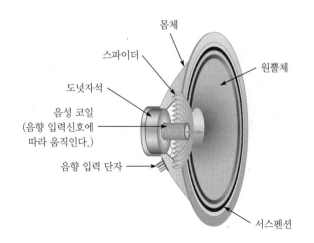

몸체

스파이더

원뿔체

도넛자석

음성 코일
(음향 입력신호에
따라 움직인다.)

음향 입력 단자

서스펜션

디언같이 생긴 구조에 걸려 있다. 스파이더는 아코디언 스프링 같은 역할을 하여 음성 코일을 중앙에 유지해주며 입력신호가 없을 때는 음성 코일을 중립 위치에 복원시킨다.

음향 입력단자로부터의 전류가 앞뒤로 방향이 바뀌며 전자석에 전력을 공급한다. 더 많은 전류가 흐르면 인력이나 척력도 커진다. 입력전류의 방향이 바뀌면 전자석의 극성 방향도 바뀌어 입력신호를 따르게 된다. 음성 코일과 움직이는 자석은 원뿔체에 단단히 부착되어 있다. 원뿔체는 부드러운 진동판이고 진동하며 소리를 만들어낸다.

계측기 구동 장치

d'Arsonval 계측기의 구동 장치는 아날로그 멀티미터에서 가장 일반적으로 이용되는 방식이다. 이 방식의 계측기 구동 장치에서는 바늘이 코일에 흐르는 전류의 양에 비례하여 편향한다. 그림 7-24는 기본적인 d'Arsonval 계측기 구동 장치이다. 이것은 영구자석의 극 사이에 있는 베어링에 탑재된 동체에 감긴 코일로 구성된다. 바늘은 회전하는 동체에 부착되어 있다. 코일에 전류가 흐르지 않으면 바늘은 스프링에 의해 가장 왼쪽(영)에 위치한다. 코일에 전류가 흐르면 전자기력이 코일을 오른쪽으로 회전하게 한다. 회전하는 정도는 전류의 양에 따라 달라진다.

그림 7-25는 자계의 상호작용이 코일 동체를 어떻게 회전하게 만드는지 보여준다. 전류는 '십자(cross)'에서 지면에 수직으로 들어가고, '점(dot)'에서 수직으로 나온다. 지면에 수직으로 들어가는 전류는 반시계 방향의 전자계를 만들어 코일 아래쪽에서 영구자석의 자계를 강화한다. 결과적으로 코일의 왼쪽은 위쪽으로 향하는 힘을 받는다. 전류가 지면에서 수직으로 나오는 코일

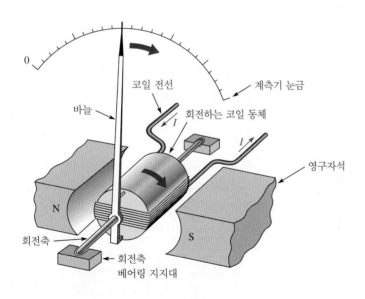

◀ **그림 7-24**

기본적인 d'Arsonval 계측기의 동작

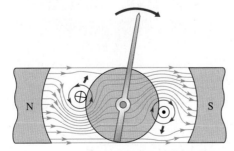

◀ **그림 7-25**

전자계가 영구자석의 자계와 상호작용하면 힘이 코일 동체를 시계 방향으로 회전시킴으로써 바늘이 편향된다.

의 오른쪽에서는 아래쪽으로 향하는 힘이 형성된다. 이 힘은 스프링 장치와 반대 방향으로 작용하며, 코일 동체를 시계 방향으로 회전시킨다. 이 힘과 스프링에 의한 힘은 코일에 흐르는 전류량에서 균형이 유지된다. 전류가 더 이상 흐르지 않으면 바늘이 스프링 힘에 의해 영의 위치로 돌아간다.

자기 디스크와 자기 테이프 읽기/쓰기 헤드

그림 7-26은 자기 디스크나 테이프 표면에서의 읽기/쓰기 동작을 보여준다. 자성체 표면이 움직일 때 쓰기 헤드에 의해 자성체 표면의 아주 작은 부분이 자화됨으로써 데이터 비트(1 또는 0)가 그 자성체 표면에 쓰인다. 자속선의 방향은 양의 펄스를 인가한 그림 7-26(a)와 같이 권선에 흐르는 전류 펄스의 극성으로 제어된다. 쓰기 헤드의 공극에서 자속은 저장장치의 표면을 따라 경로를 형성한다. 이 자속은 자성체 표면의 작은 지점을 자계의 방향으로 자화시킨다. 한 극성으로 자화된 지점은 2진수 1을 나타내고, 그와 반대 극성으로 자화된 지점은 2진수 0을 나타낸다. 일단 표면상의 한 지점이 자화되면, 반대 방향을 갖는 자계로 다시 덮어씌울 때까지 앞서 자화된 상태를 유지한다.

구형의 읽기 헤드는 그림 7-26(b)에 표시된 것처럼 자화된 스폿이 읽기 헤드 아래를 통과하고 읽기 헤드를 통해 낮은 자기 저항 경로를 따르는 자속을 유도한다. 유도 전류의 방향은 자화된 지점의 극성에 따라 달라진다. 일부 오래된 읽기/쓰기 헤드는 읽기와 쓰기를 동일한 헤드에 결합했지만 일반적으로 읽기와 쓰기 기능은 별도의 헤드에서 수행된다. 최신 하드디스크 읽기 헤드는 코일에 전류를 생성하는 기존 유형보다 더 민감한 자기 저항 헤드를 사용한다. 자기 저항 읽기 헤드는 자기장이 있을 때 저항을 변경하는 특수 소재를 사용한다. 저항은 필드의 방향에 따라 달라지며 특수 센서는 저항을 미디어에 기록된 데이터 비트로 다시 변환할 수 있다. 그림 7-27은 하드 드라이브와 함께 사용되는 자기 저항성 읽기 헤드를 보여준다. 이러한 유형의 헤드(거대한 자기 저항 헤드 또는 GMR이라고 함)는 자성 물질에서 훨씬 더 높은 데이터 밀도를 가능하게 한다. GMR 헤드는 스핀 밸브라고 불리는 장치를 사용하는데, 스핀 밸브는 저항이 두 내부 층 사이의 자화의 상대적 정렬에 따라 달라진다.

자기 저항 랜덤 액세스 메모리(MRAM)는 실리콘 회로와 통합된 강자성 물질에 이진 상태(0 또는 1)를 저장하는 신기술이다. 자기적이기 때문에 전원을 제거해도 데이터가 유지된다. 비트는

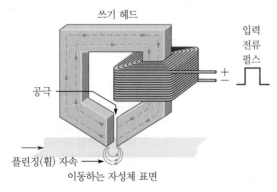

(a) 쓰기 헤드에서 나오는 자속은 움직이는 자성체 표면상의 낮은 자기저항 경로를 따른다.

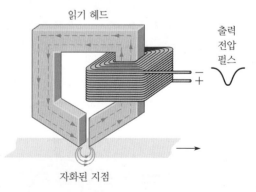

(b) 읽기 헤드가 자화된 지점 위를 지나면 출력단자에 유도전압이 발생한다.

▲ 그림 7-26

자성체 표면에 쓰기/읽기 기능

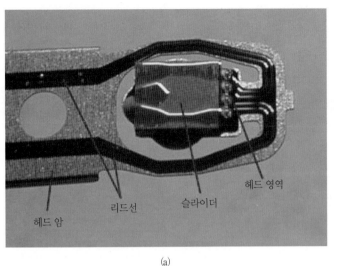

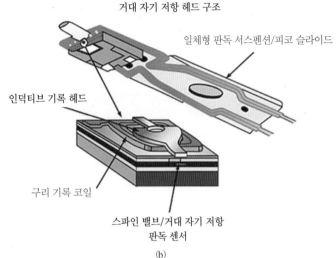

거대 자기 저항 헤드 구조

일체형 판독 서스펜션/피코 슬라이드

인덕티브 기록 헤드

구리 기록 코일

스파인 밸브/거대 자기 저항
판독 센서

헤드 영역

리드선   슬라이더

헤드 암

(a)   (b)

▲ 그림 7-27

자기 저항 랜덤 액세스 메모리(MRAM)

자기터널접합 셀을 저장소로 갖는 어레이에 저장된다. 자기터널접합(MTJ)은 그림 7-28(a)와 같이 **터널장벽**이라 불리는 매우 얇은 절연막에 의해 분리된 2개의 자성층으로 구성되어 '샌드위치' 구조를 형성한다. 맨 아래층은 제조 시 설정되는 고정 영구 자성층이며 맨 위층은 자유 자성층이다. 자유층에 있는 자극의 극성에 따라 셀의 저항(고저항 또는 저저항)이 변하며, 이는 1 또는 0이 저장되어 있는지 여부를 결정한다. 이 저항은 전원이 제거되어도 변하지 않으므로 데이터가 비휘발성임을 의미한다.

이는 이러한 유형의 메모리에 중요한 이점이 된다. 현재 각 자기 저장 셀의 극성을 기록하는 두 가지 기술이 있다. 그림 7-28(b)에 표시된 '토글' MRAM에서 쓰기는 수직선의 교차점에서 전류의 방향에 의해 제어될 수 있다. 주어진 셀에 쓰려면 두 라인 모두 활성화되어야 한다. 이는 1950년대의 오래된 자기 코어 메모리에 뿌리를 둔 기술이다.

2개의 기록 라인 각각의 기록 전류와 연관된 자기장이 극성을 결정하고 이에 따라 MTJ의 저항이 결정된다. 이 방법을 사용하면 한 셀의 자성이 인접한 셀과 서로 너무 가까울 경우 다른 셀과 간섭될 수 있어서 비트 밀도에 제한이 있다. 토글 MRAM은 2003년부터 생산되었다.

스핀 토크(ST)라고 하는 2세대 기술은 전자의 스핀 상태를 사용하여 셀을 읽거나 쓰며 MRAM을 전환하는 데 있어 몇 가지 단점을 극복했다. 스핀은 전자(또는 기타 전하 운반체)가 작은 팽이처럼 행동하여 각운동량을 전달하는 특성이 있다. 정상 전류에는 스핀업 또는 스핀다운 전자가 50-50으로 혼합되어 있다. 분극화된 스핀 전류에서는 대부분의 전하 캐리어가 동일한 스핀을 갖

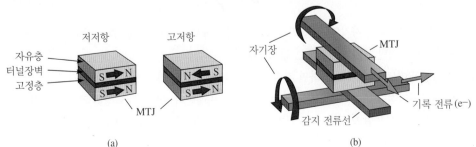

저저항   고저항

자유층
터널장벽
고정층

MTJ

(a)

자기장   MTJ

감지 전류선   기록 전류(e−)

(b)

◀ 그림 7-28

MRAM 구조

는다. 분극화된 스핀 전류는 셀의 자기 상태를 뒤집는 능력을 갖추고 있다. 이 기술은 자기적 간섭이 크게 줄어들기 때문에 토글 MRAM보다 더 높은 밀도를 허용한다.

　MRAM 셀에 저장된 데이터를 읽으려면 셀의 일부인 트랜지스터가 활성화되어야 한다. 셀의 저항은 자유층의 자극 극성에 따라 달라진다. 극성이 고정층의 극성과 일치하면 저항이 낮고 그렇지 않으면 높다. MRAM에는 많은 장점이 있다. 비휘발성일 뿐만 아니라 빠르고 안정적이며 저전력이며 움직이는 부품이 없으므로 마모되지 않는다.

　그 특성으로 인해 ST-MRAM은 결국 이상적인 메모리가 될 수 있다. 2018년 Everspin Technologies는 최초의 상용 ST-MRAM 생산 장치인 DDR 메모리 EMD3D256M 제품군을 출시했다. 그 이후 Avalanche Technology 및 Cobham과 같은 다른 제조업체에서도 이러한 메모리를 생산하기 시작했다.

7-3절 복습

해답은 이 장의 끝에 있다.

1. 솔레노이드와 계전기의 차이점을 기술하라.
2. 솔레노이드에서 움직이는 부분의 이름은 무엇인가?
3. 계전기에서 움직이는 부분의 이름은 무엇인가?
4. d'Arsonval 계기의 구동 장치의 원리는 무엇인가?
5. 스피커에서 스파이더의 기능은 무엇인가?
6. MRAM의 기본 저장 셀에 대해 기술하라.

7-4 자기 이력

자화력이 어떤 물질에 적용될 때, 그 물질 내의 자속밀도가 변화한다.

이 절의 학습목표

◆ **자기 이력 현상을 이해한다.**
　◆ 자기의 세기에 관한 공식을 이해한다.
　◆ 자기 이력 곡선을 논의한다.
　◆ 보자성을 정의한다.

자기의 세기(*H*)

어떤 물질에서 **자기의 세기**(magnetic field intensity, 자화력이라고도 함)는 재료의 단위길이(*l*)당 기자력(*F_m*)으로 정의되고, 다음 식 (7-6)으로 나타낸다. 자기의 세기의 단위는 At/m이다.

$$H = \frac{F_m}{l} \tag{7-6}$$

여기서 $F_m = NI$이다. 자기의 세기(H)는 코일의 권선 수(N), 코일에 흐르는 전류(I), 재료의 길이(l)에 따라 변하지만 재료의 종류에는 관계가 없다.

　$\phi = F_m/\mathfrak{R}$이므로 F_m이 증가하면 자속이 증가한다. 또한 자기의 세기(H)도 증가한다. 자속밀도(B)는 단위면적당 자속이므로($B = \phi /A$) B는 H에 비례한다. 이 두 가지 양(B 그리고 H)의 관계를 보여주는 곡선을 *B-H* 곡선 또는 자기 이력 곡선이라고 부른다. B와 H에 영향을 미치는 변수들이 그림 7-29에 표시되어 있다.

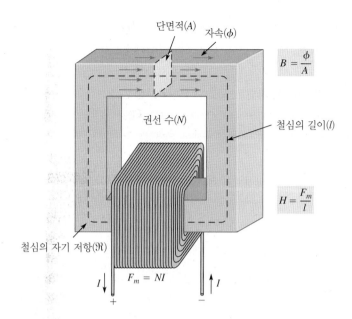

자기의 세기(H)와 자속밀도(B)를 결정하는 변수

단면적(A) 자속(ϕ)

$$B = \frac{\phi}{A}$$

권선 수(N)

철심의 길이(l)

$$H = \frac{F_m}{l}$$

철심의 자기 저항($\mathfrak{R}$)

$$F_m = NI$$

I I

+   −

자기 이력 곡선과 보자성

자기 이력(magnetic hysteresis)은 외부에서 가해지는 자계보다 자화의 변화가 지연되는 자성재료의 특성을 말한다. 자기의 세기(H)는 권선에 흐르는 전류를 변화시키면 증가하거나 감소하며, 또한 코일에 걸리는 전압의 극성을 바꾸어 방향을 반대로 할 수도 있다.

그림 7-30은 자기 이력 곡선이 형성되는 과정을 보여준다. 처음에 자기 코어가 자화된 적이 없어 $B = 0$으로 가정하고 시작하자. 자기의 세기(H)는 0부터 증가하며, 자속밀도(B)는 그림 7-30(a)의 곡선에 나타난 것과 같이 비례적으로 증가한다. H가 어떤 값에 도달하면 B의 곡선의

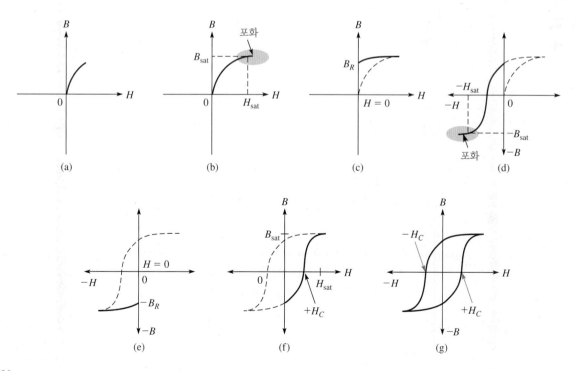

▲ 그림 7-30

자기 이력 곡선의 형성 과정

기울기가 감소하기 시작한다. 그림 7-30(b)와 같이 H가 계속 증가함에 따라 H가 어떤 값(H_{sat})에 도달하면 B는 포화값(B_{sat})에 도달한다. 일단 포화상태가 되면, H가 증가하더라도 B는 더 이상 증가하지 않는다.

이제 H가 0으로 감소하면, 그림 7-30(c)와 같이 B는 다른 경로를 따라 잔류값 B_R로 떨어진다. 이것은 외부 자계가 제거되어도($H = 0$) 그 재료는 여전히 자화되어 있다는 것을 의미한다. 일단 자화된 재료가 외부 자계 없이도 자화된 상태를 유지하는 능력을 보자성(retentivity)이라고 한다. 물질의 보자성은 B_{sat}에 대한 B_R의 비율로 나타낸다.

권선에 흐르는 전류가 반대 방향으로 흐르면 자계의 극성이 반대로 되며 이것은 곡선 상에서 H의 음의 값으로 나타난다. 음의 방향으로 H를 증가하면 그림 7-30(d)와 같이 H는 어떤 값($-H_{sat}$)에서 포화가 되며, 자속밀도는 음의 최댓값이 된다.

자계를 제거하면($H = 0$), 그림 7-30(e)에서와 같이 자속밀도는 음의 잔류값($-B_R$)이 된다. $-B_R$값에서부터 그림 7-30(f)와 같이 자계가 양의 방향으로 증가하여 H_{sat}와 같을 때, 자속밀도는 양의 최댓값에 도달한다.

완성된 B-H 곡선은 그림 7-30(g)와 같으며, 이것을 자기 이력 곡선이라고 한다. 자속밀도를 영으로 만들기 위해 요구되는 자기의 세기를 보자력(coercive force, H_C)이라고 부른다.

보자성이 낮은 재료는 자계가 잘 유지되지 않는 반면에 보자성이 높은 재료는 자속밀도의 B의 포화값에 근접하는 B_R값을 갖는다. 어떻게 응용하느냐에 따라서 자성체의 보자성은 이로울 수도 있고 불리할 수도 있다. 예를 들어 영구자석이나 기억 장치는 보자성이 높은 재료가 요구된다. 교류전동기에서는 전류의 방향이 바뀔 때마다 잔류 자계를 제거하기 위해 추가적인 에너지가 필요하므로 바람직하지 못한 현상이다.

7-4절 복습	1. 권선 철심에서 코일의 전류가 증가하면 자속밀도는 어떻게 영향을 받는가?
해답은 이 장의 끝에 있다.	2. 보자성을 정의하라.

7-5 전자기유도

이 절에서는 전자기유도에 대해 설명한다. 전자기유도 현상은 변압기, 발전기, 전동기, 그밖의 다양한 전기 장치를 동작하게 한다.

이 절의 학습목표

◆ **전자기유도 원리를 논의한다.**
  ◆ 자계 내에 있는 도체에 전압이 유도되는 원리를 설명한다.
  ◆ 유도전압 극성을 결정한다.
  ◆ 자계 내에서 도체가 받는 힘을 이해한다.
  ◆ 패러데이의 법칙을 기술한다.
  ◆ 렌츠의 법칙을 기술한다.
  ◆ 크랭크축 위치 센서 동작원리를 설명한다.

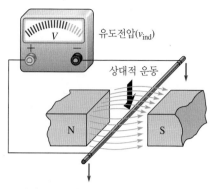
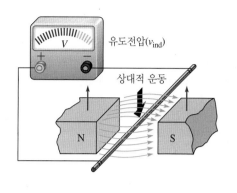

(a) 자계는 고정되어 있고 도체는 아래쪽으로 이동　　(b) 도체는 멈춰 있고 자계는 위쪽으로 이동

◀ 그림 7-31

직선 도체와 자계의 상대적 운동

상대적 운동

직선 도체가 자계에 수직 방향으로 움직일 때, 도체와 자계 사이에는 상대적인 운동이 있다. 마찬가지로 정지해 있는 도선을 지나쳐서 자계가 움직여도, 역시 상대적인 운동이 있게 된다. 이 두 가지 경우에 상대적인 운동은 그림 7-31과 같이 도선에 유도전압(induced voltage, v_{ind})을 발생한다. 이 현상을 전자기유도(electromagnetic induction)라고 한다. 소문자 v는 순시전압을 나타낸다. 유도전압의 크기는 도선과 자계가 서로 상대적으로 움직이는 비율에 의존한다. 상대적인 운동이 빠를수록 유도전압은 커진다.

유도전압의 극성

그림 7-31에서 도체가 자계 내에서 한쪽 방향으로 움직이다가 반대 방향으로 움직이면, 유도전압의 극성이 바뀌는 것을 관찰할 수 있다. 도선이 아래쪽으로 움직이면, 도선에는 그림 7-32(a)에 표시된 극성의 전압이 유도된다. 도선이 위쪽으로 움직이면, 그림 7-32(b)와 같은 극성이 나타난다.

직선 도체가 일정한 자계에 수직으로 움직일 때의 유도전압은 다음 식 (7-7)과 같다.

$$v_{ind} = B_{\perp} lv \tag{7-7}$$

v_{ind}는 단위가 볼트(volt)인 유도전압이고, $B_{\perp}$는 움직이는 도체에 수직 방향인 자속밀도의 성분이며 단위는 테슬라(tesla)이다. l은 자계에 노출된 도체의 길이이며 v는 단위가 m/s인 도체의 속도이다.

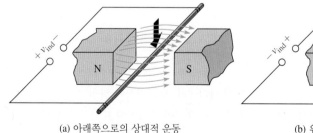

(a) 아래쪽으로의 상대적 운동　　　　(b) 위쪽으로의 상대적 운동

◀ 그림 7-32

유도전압의 극성은 자계에 대한 도체의 상대적 운동 방향에 의해 결정된다.

예제 7-9	그림 7-32에서 도체의 길이는 10 cm이고 자극의 폭은 5.0 cm이다. 자속밀도는 0.5 T, 도체는 0.8 m/s의 속도로 위로 움직인다. 도체에 유도되는 전압은 얼마인가?

풀이　도체의 길이가 10 cm이지만 5.0 cm (0.05 m)만이 자계에 노출되어 있다. 따라서

$$v_{ind} = B_\perp lv = (0.5 \text{ T})(0.05 \text{ m})(0.8 \text{ m/s}) = \mathbf{20 \text{ mV}}$$

관련 문제 속도가 두 배가 되면 유도전압은 얼마인가?

공학용 계산기 소개의 예제 7-9에 있는 변환 예를 살펴보라.

유도전류

부하저항을 그림 7-32의 도체에 연결하면, 도체와 자계의 상대적인 운동으로 유도된 전압으로 인해 부하에 전류가 흐르게 된다(그림 7-33). 이 전류를 **유도전류**(induced current, i_{ind})라 한다. 소문자 i는 순시전류를 나타낸다.

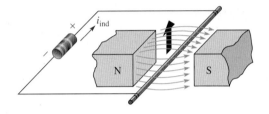

▶ **그림 7-33**

도선이 자계를 관통해 움직일 때 부하에 유도전류(i_{ind})가 흐른다.

자계를 가로질러서 움직이는 도체에 의해 부하에 전압 및 전류가 나타나는 현상은 발전기의 작동원리이다. 도체가 하나만 있으면 유도전류가 작으므로 발전기에서는 권선 수가 많은 코일을 사용한다. 이는 자기장에 노출되는 도체의 길이를 효과적으로 증가시킨다. 도체와 자기장 사이에 상대적 운동이 있을 때 EMF를 생성하는 전기 도체의 특성은 전기회로 인덕턴스 개념의 기본이 된다.

패러데이의 법칙

패러데이는 1831년에 전자기유도의 원리를 발견했다. 패러데이 법칙의 가장 중요한 아이디어는 변화하는 자계가 도체 내에 전압을 유도한다는 것이다. 패러데이 법칙은 패러데이의 유도 법칙이라고도 한다. 그는 코일로 실험을 했으며 그의 법칙은 앞에서 설명한 직선 도선에 대한 전자기유도 법칙이 확대된 것이다.

도체가 여러 번 감기면 더 많은 부분의 도체가 자계에 노출되어 유도전압이 증가한다. 자속이 어떤 방법으로도 변화하면 유도전압이 발생한다. 자계의 변화는 자계와 코일의 상대적인 운동으로 야기될 수 있다. 패러데이가 관측한 두 가지 사항은 다음과 같다.

1. 코일에 유도되는 전압의 크기는 코일과 쇄교하는 자계의 변화율에 직접적으로 비례한다.
2. 코일에 유도되는 전압의 크기는 코일의 권선 수에 직접적으로 비례한다.

패러데이가 관측한 첫 번째 결과를 그림 7-34에 나타냈다. 막대자석이 코일 안으로 움직이면 자계가 변화한다. 그림 7-34(a)에서 자석이 일정 속도로 움직이면 그림에 표시된 것과 같이 일정한 유도전압이 발생한다. 그림 7-34(b)에서 자석이 더 빠른 속도로 움직이면 더 큰 유도전압이 발생한다.

패러데이가 관측한 두 번째 결과를 그림 7-35에 나타냈다. 그림 7-35(a)에서 자석이 코일 안을 움직이면 전압은 그림과 같이 유도된다. 그림 7-35(b)에서 자석이 똑같은 속도로 권선 수가 더 많은 코일 안을 움직인다. 권선 수가 많으면 많을수록 유도전압이 더 커진다.

패러데이의 법칙(Faraday's law)은 다음과 같이 기술된다.

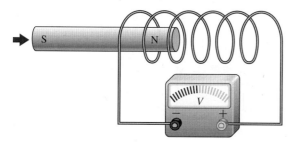

(a) 자석이 코일 사이를 천천히 움직임에 따라 코일과 쇄교하는 자계가 변하고 전압이 유도된다.

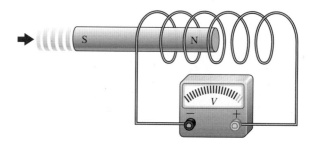

(b) 자석이 더 빠르게 오른쪽으로 움직이면 자계는 코일에 대해 더욱 빠르게 변하고, 따라서 더 큰 전압이 유도된다.

▲ 그림 7-34

패러데이의 첫 번째 관찰: 유도전압의 크기는 코일과 쇄교하는 자계의 변화율에 직접적으로 비례한다.

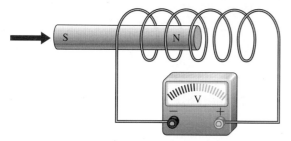

(a) 자석이 코일 안으로 움직이면 전압이 유도된다.

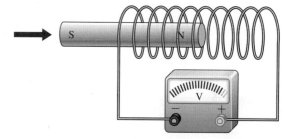

(b) 자석이 권선 수가 증가한 코일 사이를 같은 속도로 움직이면 더 큰 전압이 유도된다.

▲ 그림 7-35

패러데이의 두 번째 관찰: 유도전압의 크기는 코일의 권선 수에 직접적으로 비례한다.

코일에 유도되는 전압은 코일의 권선 수와 자속 변화율의 곱과 같다.

코일과 자석의 상대적 운동으로 인해 자계의 변화가 발생하고 코일에 전압이 유도된다. 전자석에 교류를 인가하면 움직이는 경우와 마찬가지로 자계가 변화하는 효과를 볼 수 있다. 이렇게 변화하는 자계를 인가하는 경우는 14장에서 다룰 교류회로에서의 변압기 작용에서 볼 것이다.

렌츠의 법칙

변화하는 자계가 자계의 변화율과 코일의 권선 수에 직접적으로 비례하는 전압을 코일에 유도한다는 것을 설명했다. **렌츠의 법칙**(Lenz's law)은 유도전압의 방향 또는 극성을 정의한다.

코일에 흐르는 전류가 변화할 때, 변화하는 자계에 의해 형성된 유도전압의 극성은 항상 전류의 변화를 방해하는 방향이다.

전자기유도의 응용

자동차에서 점화 순간을 조절하거나 때로는 연료혼합을 조정하기 위해 크랭크축의 위치를 알아야 한다. 전에 설명했듯이 홀효과 센서를 사용하여 크랭크축이나 캠축의 위치를 알 수 있다. 널리 쓰이는 또 다른 방법은 금속 탭이 자계 동체에 있는 공극을 지나갈 때 자계의 변화를 탐지하는 것이다(그림 7-36). 튀어나온 탭이 있는 강철 디스크가 크랭크축의 끝에 연결되어 있다. 크랭크축이 회전하면 탭들이 자계 사이를 움직인다. 강철은 공기보다 자기 저항이 훨씬 작기 때문에 탭이

▶ 그림 7-36

탭이 자석의 공극을 통과할 때 전압을 발생시키는 크랭크축 위치 센서

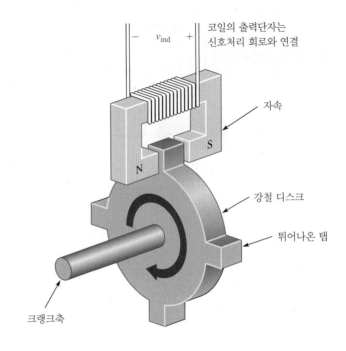

코일의 출력단자는 신호처리 회로와 연결

자속

강철 디스크

튀어나온 탭

크랭크축

공극에 있으면 자속이 증가한다. 자속이 변화하면 코일에 유도전압이 발생하여 크랭크축의 위치를 알 수 있다.

자계 내에서 전류가 흐르는 도체가 받는 힘(전동기 동작)

2개의 막대자석을 나란히 배치하여 한 자석의 N극과 S극이 다른 자석의 같은 극 옆에 나란히 놓이게 하면 인접한 자석의 자속은 동일한 극성(즉 동일한 방향을 가리킴)을 갖게 되며 자석은 반발한다. 한 자석의 N극과 S극이 다른 자석의 반대극 옆에 있도록 자석을 서로 옆에 배치하면 인접한 자석의 자속은 반대극성(즉 서로 다른 방향을 가리킴)을 갖게 되며 자석은 당길 것이다. 모터에서 전류가 도체를 통해 흐를 때 그림 7-37(a)와 (b)에 표시된 것처럼 왼손 법칙에 의해 극성이 결정되는 원형 필드가 생성된다.

그림 7-37(a)에서 자계 내의 도선에 흐르는 전류는 지면 안쪽을 향하고 있다. 전류에 의해 발생한 전자계는 영구자석의 자계와 상호작용하게 된다. 결과적으로 도선 위쪽의 영구자석의 자력선은 전자기 자력선의 방향과 반대이므로 도선 밑쪽으로 편향된다. 따라서 도선 위쪽에서는 자속밀도가 감소하고, 자계는 약해진다. 도체 아래쪽에서는 자속밀도가 증가하고, 자계는 강해진다. 결과적으로 도체는 위로 향하는 힘을 받게 되고, 도체는 약한 자계 쪽으로 움직인다. 그림 7-37(b)에서 지면을 뚫고 나오는 전류는 도체를 아래쪽으로 움직이게 한다. 이렇게 도체에 위나 아래 방향으로 작용하는 힘을 이용하는 것이 전동기이다.

▶ 그림 7-37

자계 내에서 전류가 흐르는 도체가 받는 힘

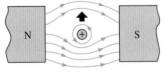

(a) 위로 향하는 힘: 위쪽은 약한 자계, 아래쪽은 강한 자계

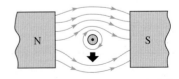

(b) 아래로 향하는 힘: 위쪽은 강한 자계, 아래쪽은 약한 자계

⊕ 지면을 뚫고 들어가는 전류
⊙ 지면으로부터 뚫고 나오는 전류

전류가 흐르는 도체에 작용하는 힘은 다음 식 (7-8)과 같다.

$$F = BIl \qquad (7-8)$$

여기서 F는 단위가 뉴턴인 힘이고, B는 테슬라 단위의 자속밀도, I는 암페어 단위의 전류, l은 단위가 미터인 자계에 노출된 도체의 길이이다.

예제 7-10

자극면이 한 변의 길이가 3.0 cm인 정사각형이다. 자속밀도가 0.35 T이고 도체가 자계에 수직으로 놓여 있고 2.0 A의 전류가 흐른다면 도체에 작용하는 힘은 얼마인가?

풀이 자속에 노출된 도체의 길이는 3.0 cm (0.030 m)다. 따라서

$$F = BIl = (0.35 \text{ T})(2.0 \text{ A})(0.03 \text{ m}) = \mathbf{0.021 \text{ N}}$$

관련 문제 자계가 위쪽(y축 방향)으로 향하고 전류(전자 흐름 방향)가 지면 안쪽으로 향하면(z축 방향) 힘은 어느 방향으로 향하는가?

7-5절 복습

해답은 이 장의 끝에 있다.

1. 변하지 않는 자계 내에서 정지해 있는 도체에 유도되는 전압은 얼마인가?
2. 자계 내를 움직이는 도체의 속도가 증가할 때, 유도전압은 증가하는가, 감소하는가, 변화가 없는가?
3. 자계 내의 도체에 전류가 흐르면 어떻게 되는가?
4. 만약 크랭크축 위치 센서의 강철 디스크의 탭이 영구자석 공극 사이에 정지했다면, 유도전압은 어떻게 되는가?

7-6 직류발전기

직류발전기는 자속과 전기자의 회전 속도에 비례하는 전압을 형성한다.

이 절의 학습목표

◆ **직류발전기 동작원리를 이해한다.**
  ◆ 자여자 분권 직류발전기의 등가회로를 이해한다.
  ◆ 직류발전기의 부품을 설명한다.

그림 7-38은 자계 내에서 회전하는 한 번 감은 도선으로 이루어진 간단한 **직류발전기**를 나타내고 있다. 루프의 양 끝에 분리되어 있는 링 장치가 연결되어 있는 것에 주목하라. 이 전도성이 있는 금속링은 **정류자**(commutator)라고 한다. 도선 루프가 자계 내에서 회전함에 따라, 이 정류자 금속링 역시 회전을 한다. 분리되어 있는 링의 각 반쪽 금속은 **브러시**(brush)라고 부르는 고정접점과 접촉을 한 상태에서 회전하며 외부 회로로 도선을 연결한다.

외부의 기계적 힘에 의해 도선 루프가 자계 내에서 회전을 하고 그림 7-39와 같이 자속선과 여러 각도로 쇄교하며 지나간다. 회전체가 A 지점에서 루프는 자계와 평행하게 움직인다. 결과적으로 이 순간에 루프와 자속선이 쇄교하는 비율은 영이다. 루프가 A 지점에서 B 지점으로 움직임에 따라 자속선과 쇄교하며 지나가는 비율이 증가한다. B 지점에서 루프는 자계와 수직으로 움직이고 가장 많은 속선과 쇄교한다. 루프가 B 지점에서 C 지점으로 회전하면, 속선과 쇄교하는 비율

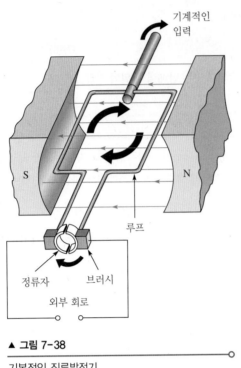

기계적인
입력

S

N

루프

정류자   브러시

외부 회로

▲ 그림 7-38

기본적인 직류발전기

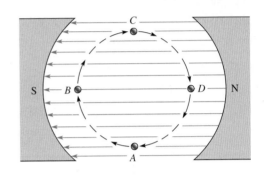

C

S   B   D   N

A

▲ 그림 7-39

자계와 쇄교하는 루프의 절삭도

이 감소하여 *C* 지점에서 최솟값인 영이 된다. *C* 지점에서 *D* 지점으로 움직임에 따라 루프가 속
선과 쇄교하는 비율이 지속적으로 증가하여 *D* 지점에서 최댓값이 되었다가 *A* 지점에서 다시 최
솟값으로 감소한다.

앞에서 설명했듯이 도선이 자계를 통과하며 움직일 때 전압이 유도되고, 패러데이의 법칙에
의해 유도전압의 크기는 도선의 권선 수와 도선이 자계에 대해 움직이는 속도에 비례한다. 도선
이 속선과 쇄교하는 비율은 움직이는 각도에 따라 달라지므로, 도선이 자속선에 대해 움직이는
각도가 유도전압의 세기를 결정한다는 것을 알 수 있다.

그림 7-40은 한 번 감은 루프가 자계 내에서 회전함에 따라 전압이 외부회로에 어떻게 유도되
는가 보여준다. 어느 순간에 루프가 수평 위치에 있어서 유도전압이 영이라고 가정하자. 루프가
계속 회전함에 따라 그림 7-40(a)에서와 같이 유도전압이 증가하여 *B* 지점에서 최대가 된다. 루
프가 *B*에서 *C*로 회전하면 그림 7-40(b)와 같이 전압이 *C*에서 영으로 감소한다.

그림 7-40(c)와 (d)에 보이는 것과 같이 회전의 반주기 동안 브러시는 다른 반쪽의 정류자 부분
과 접촉하게 되고, 출력단자에서 전압의 극성은 똑같이 유지된다. 결과적으로 루프가 *C* 지점에
서부터 *D*를 거쳐 *A*로 복귀하는 회전함에 따라 전압은 *C* 지점에서 영이 되고 *D*에서 최대로 증가
했다가 다시 *A*에서 영으로 되돌아간다.

그림 7-41은 직류발전기의 루프가 여러 번 회전(이 경우는 세 번)하는 동안 유도전압이 어떻게
변화하는지를 보여준다. 이때의 전압은 극성이 바뀌지 않으므로 직류전압이다. 그러나 전압은
영과 최댓값 사이를 맥동한다.

실제의 발전기에서는 강자성체로 된 코어 동체의 홈에 많은 코일을 끼워 넣는다. **회전자**라고
부르는 동체는 베어링에 연결되어 자계 내를 회전한다. 그림 7-42는 루프가 감기지 않은 회전자
코어이다. 정류자는 여러 쪽으로 나누어져 있고 그 조각의 각 쌍들은 코일의 끝에 연결된다. 코일
이 많을수록 브러시는 한 번에 더 많은 정류자 조각과 접촉하게 되므로 여러 코일에서 나오는 전

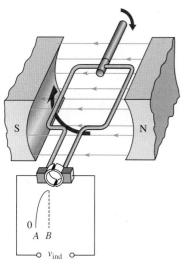

(a) B 지점: 루프는 속선에 대해 수직으로 움직이고,
전압은 최대이다.

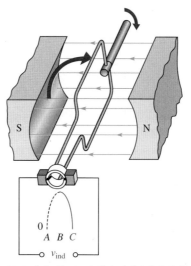

(b) C 지점: 루프는 속선과 평행하게 움직이고,
전압은 영이다.

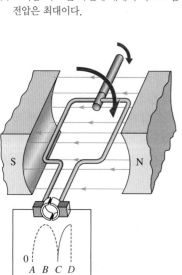

(c) D 지점: 루프는 속선에 수직으로 움직이고,
전압은 최대이다.

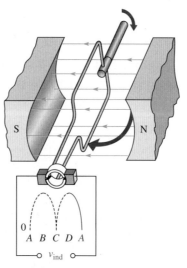

(d) A 지점: 루프는 속선과 평행하게 움직이고,
전압은 영이다.

◀ 그림 7-41

직류발전기에서 하나의 루프가 세 번 회전하는 동안 유도되는 전압

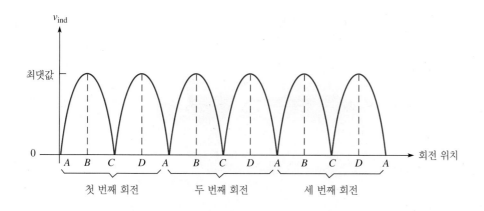

▶ 그림 7-42

간략화한 회전자 코어. 코일은 홈에 끼워져서 정류자에 연결된다.

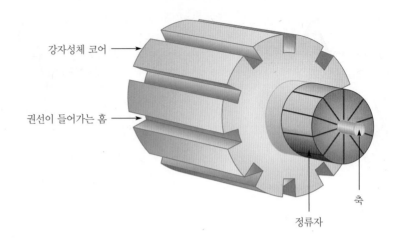

강자성체 코어

권선이 들어가는 홈

축

정류자

압들이 합쳐진다. 루프들은 동시에 전압이 최댓값이 되지는 않지만 맥동하는 출력전압은 앞에서 설명한 코일(또는 루프)이 하나인 경우보다 훨씬 평탄하게 된다. 맥동하는 전압은 필터를 사용하면 더 평탄해져서 거의 일정한 직류 출력을 얻을 수 있게 된다(필터는 13장 참조).

대부분의 발전기는 원하는 자계를 얻기 위해 영구자석 대신에 전자석을 사용한다. 이 방법의 장점 중의 하나는 자속밀도를 조절할 수 있어서 발전기의 출력전압을 조절할 수 있다는 것이다. 전자석의 권선은 계자권선이라고 한다. 계자권선에 전류를 흐르게 하여 자계를 얻는다.

계자권선에 흐르는 전류는 여러 개의 전압원에서 공급될 수도 있지만, 이것은 별로 좋은 방법이 아니다. 더 좋은 방법은 발전기 자체에서 나오는 전류를 전자석에 공급하는 것이다. 이러한 발전기를 **자여자 발전기**라고 한다. 계자자석에는 자기 이력 현상 때문에 충분한 잔류자기가 남아있어 작은 자계로도 발전기를 돌리기 시작하면 전압이 발생하게 된다. 발전기를 오랫동안 사용하지 않은 경우에는 발전기에 시동을 걸기 위해 계좌권선에 외부 전압원을 연결해야 하는 경우도 있다.

발전기나 전동기의 움직이지 않는 부분을 **고정자**라고 한다. 그림 7-43은 2극 직류발전기이고 그림에 자기 경로를 표시했다(덮개, 베어링, 정류자는 나타내지 않았음). 그림에서 보면 프레임도 계자자석의 자기 경로의 일부이다. 발전기의 효율이 높기 위해서는 공극이 가능한 한 작아야 한다. **전기자**는 전력을 생산하는 부품이고 회전자에 속할 수도 있고 고정자에 속할 수도 있다. 전에 설명한 직류발전기에서는 전력이 움직이는 도체에서 만들어지고, 그 전력이 회전자로부터 정류자를 통해 얻어지므로 전기자는 회전자이다.

▶ 그림 7-43

발전기(또는 전동기)의 자기 구조. 이 경우 전력을 만드는 회전자가 전기자이다.

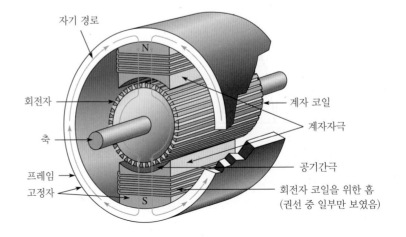

자기 경로

N

회전자

축

프레임

고정자

S

계자 코일

계자자극

공기간극

회전자 코일을 위한 홈
(권선 중 일부만 보였음)

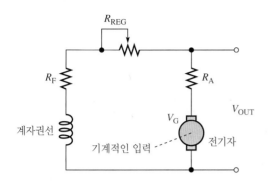

◀ 그림 7-44

자여자 분권 발전기의 등가회로

직류발전기의 등가회로

자여자 발전기는 그림 7-44와 같이 자계를 만들기 위한 코일과 기계적으로 구동되는 발전기로 구성된 기본 직렬회로로 나타낼 수 있다. 직류발전기를 다른 방식으로 나타낼 수도 있지만, 이 방법이 일반적이다. 이 경우에 계자권선은 전원과 병렬이며 이러한 구성을 분권 발전기라고 한다. 계자권선의 저항은 R_F이다. 등가회로에서 이 저항은 계자권선과 직렬 연결되어 있다. 전기자는 기계적인 입력에 의해 구동되어 회전한다. 전기자는 발전기 전압원 V_G이다. 전기자 저항은 직렬 저항 R_A이다. 가감저항기 R_{REG}는 계자권선 저항과 직렬연결이고 계자권선으로 가는 전류를 조절하여 자속밀도를 조절한다.

　부하가 출력단자에 연결되면 전기자에 흐르는 전류는 부하와 계자권선으로 나누어진다. 발전기의 효율은 총전력(P_T)에 대한 부하에 전달된 전력(P_L)으로 계산되며, 전기자와 계자회로의 저항에서의 손실을 포함한다.

자기유체역학 발전기

자기유체역학(MHD) 발전기는 전도성 유체(매우 뜨거운 이온화 가스, 플라즈마, 액체 금속, 염수일 수 있음)에서 전압을 생성한다. 가스는 가스 내의 원자를 이온화할 만큼 뜨겁다. 이는 가스가 좋은 전기 전도체가 된다는 것을 의미한다. 개념은 그림 7-45에 설명되어 있다. 뜨거운 가스는 매우 강한 전자석(몇몇 테슬라 강도)의 가로장을 통과한다. 이는 그림 7-45와 같이 자기장에 수직인 전극에서 가져온 출력에서 dc를 생성한다. 현재까지 이 공정은 흐름 제어 및 금속 가공에서 MHD 현상을 응용하고 있으나, 대규모 발전에 채택하기에는 비용적으로 효율적이지 않다. 비용 효율적인 MHD 발전기를 개발하는 데 정부, 학계, 연구실에서는 상당한 관심을 가지고 있다. 왜냐하면 MHD 발전기는 오염을 줄이면서 매우 효율적일 수 있는 잠재력을 갖고 있고 움직이는 부품이 없어 높은 신뢰성을 가질 수 있기 때문이다.

　MHD 발전기의 잠재적인 응용 분야 중 하나는 집중 태양열 발전(CSP)과 결합하는 것이다. 집중 태양열 발전 시스템은 태양에너지를 수신기에 집중시켜 MHD 발전기에 필요한 이온화를 위

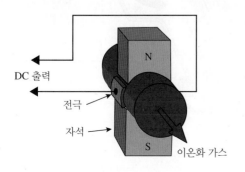

◀ 그림 7-45

자기유체역학 발전기

해 매우 높은 온도를 생성함으로써 작동한다. MHD 발전기는 통합 CSP를 사용하여 현재 표준 발전 방법으로 실현되는 것보다 더 높은 효율성을 얻을 수 있다.

1. 발전기의 움직이는 부품은 무엇이라고 하는가?
2. 정류자의 사용목적은 무엇인가?
3. 발전기의 계자권선의 저항이 더 크면 출력전압에 어떤 영향을 미치는가?
4. 자여자 발전기는 무엇인가?

7-7 직류전동기

전동기는 전류가 흐르는 도체가 자계 내에서 받는 힘을 이용하여 전기에너지를 기계적 운동으로 바꾼다. 직류전동기는 직류 전원으로 동작하며 자계를 공급하기 위해는 전자석이나 영구자석을 사용한다.

이 절의 학습목표

◆ **직류전동기 동작원리를 이해한다.**
   ◆ 직권과 분권 직류전동기의 등가회로를 이해한다.
   ◆ 역기전력과 그것이 어떻게 전기자 전류를 감소시키는지 이해한다.
   ◆ 전동기의 전력 등급을 설명한다.

기본 작동

발전기에서와 같이 전동기 작용은 자계의 상호작용의 결과이다. 직류전동기에서 회전자 자계는 고정자 권선에 흐르는 전류에 의해 발생한 자계와 상호작용한다. 모든 직류전동기의 회전자는 자계를 형성하는 전기자 권선을 포함한다. 회전자는 그림 7-46과 같이 다른 극끼리는 끌어당기고 같은 극끼리는 반발하는 힘 때문에 움직이게 된다. 회전자의 N극이 고정자의 S극에 당겨져서

▶ 그림 7-46

직류전동기

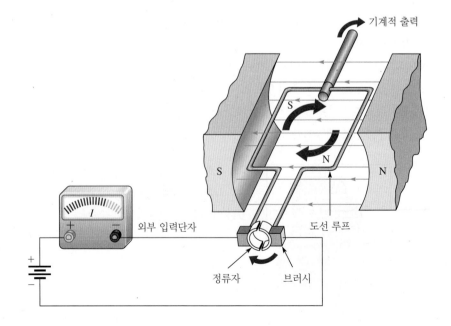

(그 반대의 경우도 마찬가지로) 회전자가 움직인다. 2개의 극이 가까워짐에 따라 정류자에 의해 회전자 전류의 극성이 갑자기 바뀌고 회전자의 자극이 바뀐다. 서로 다른 극이 가까워질 때 정류자는 전기자에 흐르는 전류의 방향을 바꾸는 기계적인 스위치 역할을 하여 회전자가 계속 회전할 수 있게 한다.

브러시리스 직류전동기

많은 직류전동기에는 전류의 방향을 바꾸기 위해 정류자를 사용하지 않는다. 움직이는 전기자에 전류를 공급하는 대신에 전력제어기를 사용해서 자계가 고정자 권선에서 회전하게 한다. 제어기로 직류입력을 교류파형(또는 변경된 교류파형)으로 만들어서 자계 코일에 흐르는 전류의 방향을 주기적으로 바꾼다. 이렇게 고정자의 자계가 회전하게 하고 영구자석 회전자는 같은 방향으로 움직여서 회전하는 자계를 따라가게 한다. 회전하는 자석의 위치를 감지하는 일반적인 방법은 홀 센서를 사용하여 자석이 지나갈 때마다 펄스를 보내서 조절기가 위치정보를 알게 하는 것이다. 브러시리스 전동기는 브러시를 주기적으로 교체해야 하는 브러시가 있는 전동기보다 신뢰성이 높은 반면에 전력제어기가 필요하므로 장비가 더 복잡해진다. 그림 7-47은 펄스폭 조절기와 축의 위치를 나타내는 광학부호기를 포함하는 브러시리스 직류전동기를 보여준다.

역기전력

직류전동기가 처음 돌기 시작할 때 계자권선에 자계가 존재한다. 전기자 전류는 계자권선에 있는 자계와 상호작용하는 또 다른 자계를 발생시키고 전동기가 돌게 한다. 전기자 권선은 자계가 있는 상태에서 돌고 있으므로 발전기 작용이 발생한다. 회전하는 전기자에는 렌츠의 법칙에 따라 원래의 인가전압과는 반대의 전압이 발생한다. 이 자기형성적 전압을 **역기전력**이라고 한다. 기전력이라는 단어는 전압을 나타내기 위해 일반적으로 쓰이지만 물리적인 의미에서 전압은 '힘'이 아니므로 적절한 용어는 아니다. 그러나 역기전력이라는 단어가 전동기에서의 자기형성 전압을 나타내기 위해 또다시 사용되고 있다. 역기전력은 전동기가 일정한 속도로 돌고 있을 때 전기자 전류를 상당히 감소하는 역할을 한다.

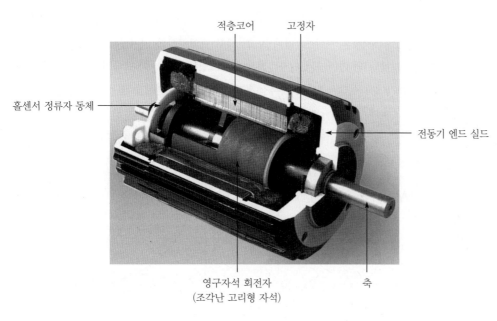

적층코어   고정자

홀센서 정류자 동체

전동기 엔드 실드

영구자석 회전자
(조각난 고리형 자석)   축

◀ 그림 7-47

브러시리스 직류전동기(Bodine Electric Compan 제품)

Focal point/Shutterstock

직류전동기의 한 가지 특징은 부하가 연결되지 않은 채 작동하면 제작자 기준을 훨씬 초과하는 속도까지 증가하게 된다는 것이다. 그러므로 자기파괴를 막으려면 항상 부하에 연결된 상태에서 직류전동기를 작동해야 한다.

전동기 등급

어떤 전동기는 토크로 등급이 정해지고 어떤 전동기들은 전력으로 등급이 정해진다. 토크와 전력은 전동기의 중요한 변수이다. 토크와 전력은 서로 다른 물리적인 변수이지만 하나를 알면 다른 하나도 알 수 있다.

토크는 물체를 회전하게 한다. 직류전동기에서 토크는 자속의 크기와 전기자 전류에 비례한다. 직류전동기에서 토크 T는 다음 식 (7-9)로 계산한다.

$$T = K\phi I_A \tag{7-9}$$

여기서 T는 단위가 뉴턴-미터(N-m)인 토크이고, K는 전동기의 물리적인 변수에 비례하는 상수이다. ϕ는 단위가 웨버(Wb)인 자속이고, I_A는 단위가 암페어(A)인 전기자 전류이다.

전력은 하는 일의 비율로 정의된다. 전력을 토크로부터 계산하기 위해서는 측정하고자 하는 토크에 대한 전동기의 분당 회전수(rpm)를 알아야 한다. 특정 속도에서 토크를 안다면 전력을 계산하기 위한 식은

$$P = 0.105Ts \tag{7-10}$$

여기서 P는 단위가 W인 전력이고, T는 N-m 단위의 토크, s는 rpm 단위인 전동기의 속도이다.

예제 7-11	토크가 3.6 N-m일 때 회전수가 350 rpm인 전동기의 전력은 얼마인가?
풀이	식 (7-10)에 대입하면

$$P = 0.105Ts = 0.105(3.6 \text{ N-m})(350 \text{ rpm}) = \textbf{132 W}$$

관련 문제	1마력은 746 W이다. 위 조건의 전동기는 몇 마력인가?
	공학용 계산기 소개의 예제 7-11에 있는 변환 예를 살펴보라.

직권 직류전동기

직권 직류전동기에서 계자 코일권선은 전기자 코일권선과 직렬로 연결된다. 그림 7-48(a)은 이 회로를 보여준다. 내부저항은 보통 그 값이 작고, 계자 코일저항과 전기자 권선저항, 브러시 저항의 합이다. 발전기에서와 마찬가지로 직류전동기는 그림에서와 같이 보극권선을 가질 수도 있다. 직권 직류전동기에서 전기자전류와 계자전류, 전선에 흐르는 전류는 모두 같다.

자속밀도는 코일에 흐르는 전류에 비례한다. 계자권선이 만든 자속밀도는 직렬로 연결된 전기자전류에 비례한다. 그러므로 전동기에 부하가 연결되면 전기자전류가 증가하고 자속밀도도 증

▶ 그림 7-48

직권 직류전동기 개략도와 토크-속도 특성

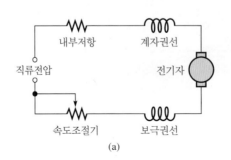

(a)

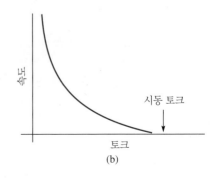

(b)

가한다. 식 (7-9)를 보면 직류전동기에서의 토크는 전기자전류와 자속밀도에 비례한다. 그러므로 직렬로 감긴 전동기는 자속과 전기자전류가 높으므로 전류가 클 때 매우 높은 시동 토크를 갖는다. 이러한 이유로 직권 직류전동기는 자동차의 시동전동기와 같이 높은 시동 토크가 필요할 때 사용된다.

직권 직류전동기의 토크와 전동기 속도에 대한 그래프가 그림 7-48(b)와 같다. 시동 토크가 최댓값에 있다. 낮은 속도에서 토크는 여전히 높지만 속도가 증가함에 따라 현저하게 떨어진다. 그래프에서 알 수 있듯이 토크가 낮으면 속도가 대단히 높으므로 직렬로 감긴 직류전동기는 부하에 연결하고 작동해야 한다.

분권 직류전동기

분권 직류전동기는 그림 7-49(a)의 등가회로에서와 같이 계자 코일이 전기자와 병렬로 연결된다. 분권 전동기에서 계자 코일에는 일정한 전압이 공급되고 따라서 계자 코일에 의해 형성되는 자계는 일정하다. 전기자에서의 발전기 작용에 의해 형성된 역기전력과 전기자저항이 전기자전류를 결정한다.

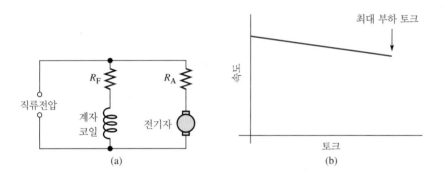

◀ 그림 7-49

분권 직류전동기의 개략도와 토크-속도 특성

분권 직류전동기의 토크-속도 특성은 직권 직류전동기의 특성과는 완전히 다르다. 부하가 연결되면 분권 전동기는 속도가 감소하고 따라서 역기전력이 감소하고 전기자 전류가 증가한다. 전기자전류의 증가는 전동기의 토크가 증가함으로써 더해진 부하를 보정한다. 전동기가 추가적인 부하 때문에 속도가 줄어들지만, 분권 직류전동기의 토크-속도 특성은 그림 7-49(b)와 같이 거의 직선이다. 최대 부하에서도 분권 직류전동기는 여전히 높은 토크를 갖는다.

7-7절 복습 해답은 이 장의 끝에 있다.	1. 무엇이 역기전력이 발생하게 하는가? 2. 일정 속도에 도달하면 역기전력은 회전하는 전기자의 전류에 어떤 영향을 미치는가? 3. 어떤 종류의 직류전동기가 가장 높은 시동 토크를 갖는가? 4. 브러시가 있는 전동기에 비해 브러시리스 전동기의 주된 장점은 무엇인가?

응용과제 Application Assignment

계전기는 많은 종류의 제어기에 일반적으로 사용되는 전자기 소자이다. 계전기를 사용하여 배터리와 같이 낮은 전압으로 교류 콘센트의 120 V와 같은 높은 전압의 스위치로 이용할 수 있다. 이 응용 예에서 계전기가 기본적인 도난경보기에서 어떻게 이용될 수 있는지를 배울 것이다.

그림 7-50의 회로도는 계전기를 이용해서 경보음과 경보등을 작동시키는 간단한 무단침입경보 장치를 나타내고 있다. 이 장치는 정전 시에도 경보음이 작동하도록 9 V 축전지로 동작한다.

문과 창문에 설치한 자기감지 스위치는 병렬로 연결되어 있으며, 평상시는 열려 있는(NO) 스위치이다. 계전기는 코일에 9 V

직류전압과 약 50 mA의 전류가 흐르는 3전극 2동작 소자(pole-double-throw, 3PDT)이다. 누군가가 무단으로 침입하면, 스위치 중 하나가 닫히고 전류가 배터리로부터 계전기 코일을 통해 흐르면 계전기는 활성화 상태가 되어 평상시 열려 있던 세 접점은 동시에 닫힌다. 닫힌 접점 A로 인해 경보음이 작동하고, 배터리에서 2.0 A의 전류가 흐른다. 닫힌 접점 C로 인해 집에 있는 등이 모두 켜진다. 닫힌 접점 B로 인해 침입자가 침입한 후에 다시 문이나 창문을 닫더라도 접점 B는 계전기를 래치(latch, 별도 조치 없이는 계전기는 계속 작동)시켜 활성화 상태를 유지한다. 만약 접점 B가 감지 스위치와 병렬로 연결되어 있지 않다면, 침입자가 침입 후에 문이나 창문을 닫는 순간 경보음과 경보등이 곧 꺼진다.

▶ 그림 7-50

간단한 도난경보시스템

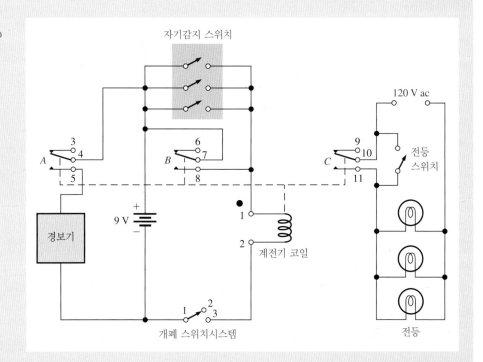

▶ 그림 7-51

3전극 2동작 계전기

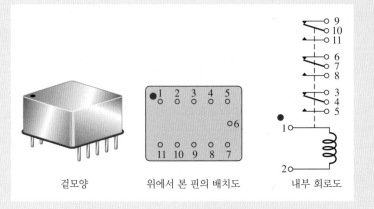

겉모양　　　　위에서 본 핀의 배치도　　　　내부 회로도

계전기의 접점들은 회로도에서와 같이 실제로 코일과 멀리 떨어져 있지 않다. 이 그림은 기능을 명확하게 보여주기 위해 그렇게 그린 것이다. 그림 7-51에서와 같이 3전극 2동작 계전기가 하나의 패키지로 만들어져 있다. 핀의 배치도와 계전기의 내부 회로도도 그림 7-51에 나타냈다.

1단계: 회로 선택하기

그림 7-52와 같이 경보시스템 회로 제작을 위해 그림 7-50 부품을 이용하여 부품 간에 서로 연결을 위한 단자 간 연결목록 및 배선회로도를 작성하라. 부품들의 연결단자는 문자로 표시되어 있다.

2단계: 재료 목록 개발하기

완전히 연결된 도난경보시스템의 점검을 위한 단계별 절차서를 개발하라.

응용과제 복습

1. 그림 7-50에서 시스템 동작을 위해 몇 개의 자기감지 스위치가 닫혀야 하는가?
2. 3개의 계전기 접점이 쓰이는 각각의 목적은 무엇인가?

◀ 그림 7-52
도난경보 부품의 배열

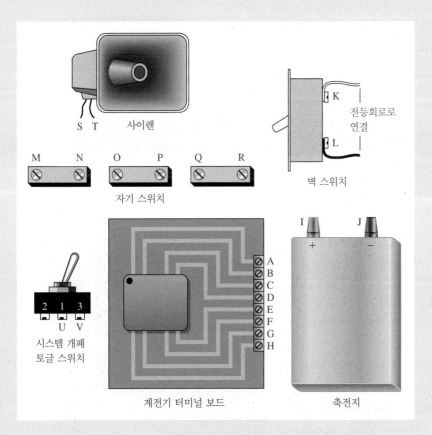

요약

- 자극의 극성이 다르면 서로 끌어당기고, 같으면 서로 반발한다.
- 자화될 수 있는 재료를 강자성체라고 한다.
- 전류가 도체를 통해 흐를 때, 도체 주위에 전자계가 형성된다.
- 왼손 법칙을 이용해서 도체 주위에 형성된 전자력선의 방향을 알 수 있다.
- 전자석은 기본적으로 자기 코어 주위에 도선을 감은 것이다.
- 도체가 자계 내에서 움직일 때 또는 자계가 도체에 대해 상대적으로 움직일 때, 도체에 전압이 유도된다.
- 도체와 자계 사이의 상대적인 운동이 빠르면 빠를수록 더 큰 전압이 유도된다.
- 표 7-3에서 자계에 대한 양과 이 장에서 사용한 SI 단위들을 요약했다.

▶ 표 7-3

기호	양	SI 단위
B	자속밀도	테슬라(T)
ϕ	자속	웨버(Wb)
μ	투자율	웨버/암페어 턴·미터(Wb/At·m)
$\Re$	자기 저항	암페어 턴/웨버(At/Wb)
F_m	기자력(mmf)	암페어 턴(At)
H	자기의 세기	암페어 턴/미터(At/m)
F	힘	뉴턴(N)
T	토크	뉴턴-미터(N-m)

- 홀효과 센서들은 자계의 유무를 탐지하기 위해 전류를 사용한다.
- 직류발전기는 기계적인 동력을 직류전력으로 변환한다.
- 발전기나 전동기의 움직이는 부품을 회전자라고 하고 고정되어 있는 부품을 고정자라고 한다.
- 직류전동기는 전력을 기계적인 동력으로 변환한다.
- 브러시리스 직류전동기의 회전자는 영구자석이고 고정자는 전기자다.

핵심용어

가우스 자속밀도의 CGS 단위

갈바닉 절연 전류가 서로 전달되는 것을 방지하지만 신호가 서로 전달되는 것을 허용하는 전기 회로 분리 또는 전기 절연이라고도 한다.

계전기 전기접점이 자화전류에 의해 열리거나 닫히는 전자기적으로 조절되는 기계적 소자

기자력(mmf) 단위가 At인 자계의 동인

렌츠의 법칙 코일을 통하는 전류가 변화할 때 그로 인한 자계의 변화는 유도전압을 형성하는 데 그 유도전압의 극성은 전류의 변화를 방해하는 방향으로 발생한다. 전류는 순간적으로 변할 수 없다.

보자성 외부의 자계가 없어도 자화된 상태를 유지할 수 있는 능력

솔레노이드 축 또는 플런저를 자화전류에 의해 동작시키는 전자기적인 제어 소자

스피커 전기신호를 음파로 변환하는 전자기 소자

암페어 턴(At) 기자력(mmf)의 SI 단위

역선 북극에서 남극으로 발산되는 자계 내의 자속선

웨버(Wb) 자속의 SI 단위이며 10^8개의 자속선을 나타낸다.

유도전류(i_{ind}) 변하는 자계로 인해 도체에 유도된 전류

유도전압(v_{ind}) 변하는 자계로 인해 도체에 유도된 전압

자계 자석의 북극에서 남극으로 발산되는 장 또는 계

자계의 세기 자기물질의 단위길이당 기자력의 크기

자기 이력 자화의 변화가 자계의 변화보다 지연되는 자성재료의 특성

자기 저항($\Re$) 물질 내에서 자계가 형성되기 어려운 정도

자속 영구자석 또는 전자석의 북극과 남극 사이의 역선

전자계 도체에 흐른 전류에 의해 도체 둘레에 형성된 자력선 집단

전자기 도체 내에 흐르는 전류에 의한 자계의 형성

전자기유도 도체와 자기 또는 전자계 간에 상대적 운동이 있을 때, 전압이 도체에 나타나는 현상 또는 작용

테슬라(T) 자속밀도의 SI 단위

투자율 자계가 어떤 물질에서 형성되기 쉬운 정도

패러데이의 법칙 코일에 유도된 전압은 코일의 권선 수를 자속의 변화율과 곱한 것과 같다는 법칙

페라이트 특정 자기적 특성을 지닌 산화철과 기타 물질로 구성된 결정성 화합물의 일종이다. 페라이트는 인덕터 및 변압기 코어 제조에 주로 사용된다.

홀효과 도체나 반도체 내에서 전류가 자계와 수직 방향으로 흐를 때 그 재료의 전류밀도에 변화가 발생하는 현상. 그 재료에서 전류밀도의 변화는 수직 방향으로 홀전압이라고 부르는 작은 전위차를 발생한다.

수식

7–1	$B = \dfrac{\phi}{A}$	자속밀도
7–2	$\mu_r = \dfrac{\mu}{\mu_0}$	비투자율
7–3	$\Re = \dfrac{l}{\mu A}$	자기 저항
7–4	$F_m = NI$	기자력
7–5	$\phi = \dfrac{F_m}{\Re}$	자속
7–6	$H = \dfrac{F_m}{l}$	자기의 세기
7–7	$v_{\text{ind}} = B_\perp lv$	유도전압
7–8	$F = BIl$	전류가 흐르는 도선에 작용하는 힘
7–9	$T = k\phi I_A$	직류전동기의 토크
7–10	$P = 0.105Ts$	토크를 전력으로 변환

참/거짓 퀴즈 해답은 이 장의 끝에 있다.

1. 테슬라(T)와 가우스(G)는 모두 자속밀도의 단위이다.
2. 홀전압은 자기장 강도 H의 강도에 비례한다.
3. 기자력(mmf)의 단위는 볼트이다.
4. 자기 회로의 옴의 법칙은 자속밀도와 기자력, 자기 저항의 관계식이다.
5. 솔레노이드는 기계적인 접점을 열고 닫는 전자기 스위치이다.
6. 자기 이력 곡선은 자기의 세기(H)에 대한 자속밀도(B)의 그래프다.
7. 코일에서 유도전압이 발생하기 위해는 코일 주위의 자계가 바뀌어야 한다.
8. MRAM은 비트를 저장하는 기본 방법으로 저항 차이를 사용한다.
9. 발전기의 속도는 계자권선의 가감저항기로 조절될 수 있다.
10. 자여자 직류발전기는 발전기를 시동걸 때 계자자석에 충분한 잔류자기가 있어 처음 작동될 때 출력에 전압을 형성한다.
11. 전동기가 형성한 전력은 토크에 비례한다.
12. 브러시리스 전동기에서 자계는 영구자석이 공급한다.
13. 브러시리스 직류전동기는 철심에 감긴 코일을 사용하여 회전자에 자기장을 생성한다.

1. 두 막대자석의 남극을 서로 가까이 놓으면 어떻게 되는가?

   (a) 끌어당긴다   (b) 반발한다

   (c) 힘이 위로 작용한다   (d) 아무 힘도 작용하지 않는다

2. 자계는 다음 중 무엇으로 구성되는가?

   (a) 양전하와 음전하   (b) 자구   (c) 자속선   (d) 자극

3. 다음 중 자계의 방향은?

   (a) 북극에서 남극으로 향한다   (b) 남극에서 북극으로 향한다

   (c) 자석의 내부에서 외부로 향한다   (d) 앞에서 뒤로 향한다

4. 자기 회로의 자기 저항은 다음 중 어느 것과 유사한가?

   (a) 전기회로의 전압   (b) 전기회로의 전류

   (c) 전기회로의 전력   (d) 전기회로의 저항

5. 자속의 SI단위는?

   (a) 테슬라   (b) 웨버   (c) 가우스   (d) 암페어 턴

6. 기자력의 SI단위는?

   (a) 테슬라   (b) 웨버   (c) 암페어 턴   (d) 전자 볼트

7. 자속밀도의 단위는?

   (a) 테슬라   (b) 웨버   (c) 암페어 턴   (d) 암페어 턴/미터

8. 축을 전자기식으로 이동시키는 소자는?

   (a) 계전기   (b) 회로차단기   (c) 자기 스위치   (d) 솔레노이드

9. 자계 내에 놓인 도선에 전류가 흐른다면 어떻게 되는가?

   (a) 도선이 과열된다   (b) 도선이 자화된다

   (c) 힘이 도선에 작용한다   (d) 자계가 없어진다

10. 변화하는 자계 내에 놓인 코일의 권선 수를 늘리면 코일에 유도되는 전압은 어떻게 되는가?

    (a) 변하지 않는다   (b) 감소한다

    (c) 증가한다   (d) 과도한 전압이 유도된다

11. 일정한 자계 내에서 도체가 일정한 비율로 앞뒤로 움직이면 도체 내에 유도된 전압은?

    (a) 일정하다   (b) 극성이 바뀐다

    (c) 감소한다   (d) 증가한다

12. 그림 7–36의 크랭크축 위치 센서에서 코일에 전압이 어떻게 유도되는가?

    (a) 코일의 전류에 의해   (b) 원판의 회전에 의해

    (c) 자계를 탭이 통과하며   (d) 원판의 회전 속도의 가속으로 인해

13. 발전기나 전동기에서 정류자의 용도는 무엇인가?

    (a) 회전자가 회전할 때 회전자에 가는 전류의 방향을 바꾼다.

    (b) 고정자 권선에 가는 전류의 방향을 바꾼다.

    (c) 전동기나 발전기의 축을 지지한다.

    (d) 전동기나 발전기에 자계를 공급한다.

14. 전동기에서 역기전력은 어떤 역할을 하는가?

    (a) 전동기에서 오는 전력을 증가한다.   (b) 자속을 감소한다.

    (c) 계자권선의 전류를 증가한다.   (d) 전기자의 전류를 증가한다.

15. 전동기의 토크는 무엇에 비례하는가?

    (a) 자속량   (b) 전기자 전류   (c) (a)와 (b) 모두   (d) 답이 없음

연습 문제

홀수 번호 연습 문제의 해답은 이 책의 끝에 있다.

기초 문제

7-1 자계

1. 자계의 단면적이 증가하지만, 자속은 변하지 않는다. 자속밀도는 증가하는가? 또는 감소하는가?

2. 어떤 자계의 단면적이 0.5 m^2이고, 자속은 1500 μWb이다. 자속밀도는 얼마인가?

3. 자속밀도가 $2500 \times 10^{-6} \text{ T}$이고, 단면적이 150 cm^2이면, 자기 물질 내의 자속은 얼마인가?

4. 어떤 위치에서 지구의 자계가 0.6 G이라면 자속밀도를 테슬라 단위로 구하라.

5. 어떤 매우 강한 영구자석의 자계가 $100,000 \text{ μT}$이다. 자속밀도를 가우스로 구하라.

7-2 전자기

6. 그림 7-12에서 도체에 흐르는 전류의 방향이 바뀌면 나침반의 바늘은 어떻게 되는가?

7. 절대 투자율이 $750 \times 10^{-6} \text{ Wb/At·m}$인 강자성체의 비투자율은 얼마인가?

8. 길이가 0.28 m이고, 단면적이 0.08 m^2인 재료의 절대투자율이 $150 \times 10^{-7} \text{ Wb/At·m}$이면 자기 항은?

9. 500회 감은 코일에 3.0 A의 전류가 흐르면 기자력은 얼마인가?

7-3 전자기 장치

10. 통상적으로 솔레노이드가 작동하면 플런저는 밖으로 나가는가? 안으로 들어가는가?

11. ⓐ 솔레노이드가 작동될 때 어떤 힘이 플런저를 움직이게 하는가?

   ⓑ 어떤 힘이 플런저를 원래의 위치로 돌아오게 하는가?

12. 그림 7-53의 회로에서 스위치 1(SW1)이 닫히면 어떤 단계로 작동하는지 절차를 설명하라.

▶ 그림 7-53

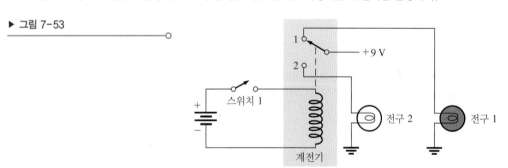

13. d'Arsonval 계측기에서 코일에 전류가 흐를 때 무엇이 바늘을 움직이게 하는가?

7-4 자기 이력

14. 9번 문제에서 철심의 길이가 0.2 m라면 자화력은 얼마인가?

15. 그림 7-54에서 철심의 물리적인 특성을 바꾸지 않고 어떻게 자속밀도를 바꿀 수 있는가?

▶ 그림 7-54

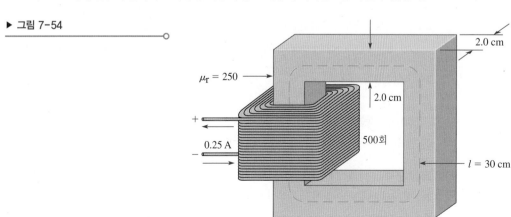

16. 그림 7-54에서 권선 수가 100일 때 다음을 구하라.
    (a) H (b) ϕ (c) B

17. 그림 7-55의 자기 이력 곡선에서 어느 재료의 보자력이 가장 높은가?

▶ 그림 7-55

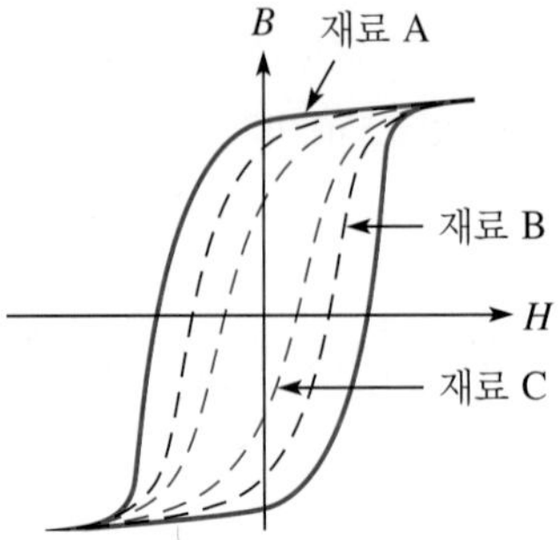

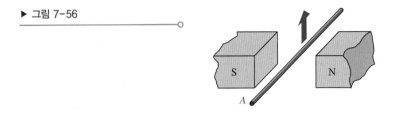

7-5 전자기유도

18. 패러데이의 법칙에 따르면, 자속의 변화율이 두 배가 되는 경우 코일에 유도되는 전압은 어떻게 되는가?

19. 코일에 유도된 전압이 100 mV이고, 이 코일에 100 Ω의 저항이 연결되었다면 유도전류는 얼마인가?

20. 그림 7-36에서 강철 디스크가 돌지 않을 때 전압이 유도되지 않는 이유는 무엇인가?

21. 자계 내 도체의 속도 v는 $v = \dfrac{v_{ind}}{Bl \sin \theta}$이며 v_{ind}는 도체 형성된 유도전압이며, B는 자속밀도, l은 도체의 길이이며, θ는 자속 방향과 도체의 움직이는 방향의 사이각이다. 그림 7-56에서 20 cm 길이의 도선이 자극 사이를 위로 움직인다. 자극은 각 변의 길이가 8.5 cm이고 자속은 1.24 mWb이다. 이때 도체에 유도된 전압이 44 mV라면, 도체가 자속에 수직으로 이동할 때 도체의 속력은 얼마인가($\theta = 90°$)?

▶ 그림 7-56

22. (a) 그림 7-56에서 도체의 한쪽 끝 A에서의 전압의 극성은 무엇인가?
    (b) 도선이 폐회로를 구성하고 (a)에서의 전압 극성대로 전류가 흐른다면 도선에 작용하는 힘은 어느 방향인가?

7-6 직류발전기

23. 발전기의 효율이 80%이고 부하에 45 W의 전력을 공급한다면 입력전력은 얼마인가?

24. 그림 7-44의 자여자 분권 직류발전기가 부하에 12 A의 전류를 공급한다. 계자권선에 흐르는 전류가 1.0 A라면 전기자 전류는 얼마인가?

25. (a) 24번 문제에서 출력전압이 14 V이라면 부하에 전달되는 전력은 얼마인가?
    (b) 자계저항에서 소비되는 전력은 얼마인가?

7-7 직류전동기

26. (a) 회전수가 1200 rpm이고 토크가 3.0 N-m인 전동기의 전력은 얼마인가?
    (b) 이 전동기의 마력은 얼마인가(746 W = 1마력)?

27. 전동기가 부하에 50 W를 전달할 때 내부에서 12 W를 소비한다면 효율은 얼마인가?

고급 문제

28. 하나의 루프로 이루어진 직류발전기가 초당 60회전(60 rps)을 한다. 직류 출력전압은 초당 몇 번 최댓값에 도달하

느가?

29. 28번 문제의 직류발전기에 원래의 루프와 90° 각도로 또 다른 루프를 설치했다. 최대 전압이 10 V라고 할 때, 시간에 따른 출력전압의 그래프를 그려라.

고장진단 문제

30. Multisim 파일 P07-30을 열고 그 회로에 고장이 있는지 확인하라. 만약 그렇다면, 고장의 원인을 밝혀라.

31. Multisim 파일 P07-31을 열고 회로에 고장이 있는지 확인하라. 만약 그렇다면, 고장의 원인을 밝혀라.

해답

각 절의 복습

7-1 자계

1. 북극은 서로 반발한다.

2. 자속은 자계를 형성하는 역선의 집합이다. 자속밀도는 단위면적당 자속이다.

3. 가우스와 테슬라

4. $B = \phi/A = 900 \ \mu T$

5. 홀요소에 유도된 전압은 자석으로부터의 거리에 반비례한다.

7-2 전자기

1. 전자기는 도체에 흐르는 전류에 의해 형성된다. 전자계는 전류가 흐를 때만 형성된다. 자계는 전류와 무관하게 존재한다.

2. 전류의 방향이 바뀌면 자계의 방향도 역시 바뀐다.

3. 자속은 기자력을 자기 저항으로 나눈 값이다.

4. 자속은 전류와, 기자력은 전압과, 자기 저항은 저항과 유사하다.

7-3 전자기 장치

1. 솔레노이드는 축을 기계적으로 이동시킨다. 계전기는 접점을 열고 닫는다.

2. 솔레노이드에서 움직이는 부분은 플런저이다.

3. 계전기에서 움직이는 부분은 전기자이다.

4. d'Arsonval 계측기는 자계의 상호작용으로 동작한다.

5. 스피커에 있는 스파이더의 기능은 보이스 코일을 지지하여 중앙에 유지하고 입력신호가 없을 때 나머지 위치로 복원하는 것이다.

6. MRAM의 기본 저장 셀은 얇은 절연터널 접합층에 의해 상단자유 자성층과 분리된 하단 고정영구 자성층으로 구성된다.

7-4 자기 이력

1. 도선이 감긴 철심에서 전류가 증가하면 자속밀도가 증가한다.

2. 보자성은 자화력을 제거한 후에도 자화된 상태를 유지하는 재료의 능력이다.

7-5 전자기유도

1. 유도전압은 영이다.

2. 유도전압이 증가한다.

3. 자계 내에서 전류가 흐르는 도선에 힘이 작용한다.

4. 유도전압은 영이다.

7-6 직류발전기

1. 회전자

2. 정류자는 회전하는 코일의 전류 방향을 바꾼다.

3. 저항이 크면 자속이 감소하고 따라서 출력전압이 감소한다.

4. 전류가 출력단자에서 계자권선으로 오는 발전기

7-7 직류전동기

1. 역기전력은 회전자가 회전할 때 발전기 작용에 의해 전동기에 형성되는 전압이다. 원래 공급되는 전압과는 극성이 반대이다.

2. 역기전력은 전기자 전류를 감소시킨다.

3. 직렬로 감긴 전동기

4. 마모되는 브러시가 없으므로 신뢰성이 더 높다.

예제 관련 문제

7-1 19.6×10^{-3} T

7-2 0.31 T

7-3 $V_{OUT} = 1.7$ V

7-4 I_{IN}는 0.5 A에서 3.0 A까지 변한다.

7-5 자기 저항이 12.8×10^6 At/Wb로 감소한다.

7-6 자기 저항은 165.7×10^3 At/Wb

7-7 7.2 mWb

7-8 $F_m = 42.5$ At, R $= 8.5 \times 10^4$ At/Wb

7-9 40 mV

7-10 음의 x축 방향이다.

7-11 0.18 hp

참/거짓 퀴즈

1. T   2. T   3. F   4. T   5. T   6. T   7. T   8. T   9. F   10. T

11. T   12. F   13. F

자습 문제

1. (b)   2. (c)   3. (a)   4. (d)   5. (b)   6. (c)   7. (a)   8. (d)   9. (c)   10. (c)

11. (b)   12. (c)   13. (a)   14. (d)   15. (c)

PART 2

AC 회로

교류전류와 전압의 기초

8

이 장의 구성

학습목표

▶ 정현파의 규정과 특성을 측정한다.
▶ 정현파의 전압값과 전류값을 계산한다.
▶ 정현파의 각도 관계를 기술한다.
▶ 정현파를 수학적으로 분석한다.
▶ 기본적인 회로 법칙을 저항성 교류회로에 적용한다.
▶ 교류발전기가 전기를 만들어내는 방법을 설명한다.
▶ 전기에너지를 회전운동으로 변환하는 교류 모터에 대해 설명한다.
▶ 기본적인 비정현파의 특성을 규정한다.
▶ 오실로스코프를 이용한 파형을 측정한다.

응용과제 미리보기

실험실 계측기를 설계하고 제작하는 회사에서 시간에 따라 변화하는 여러 가지 종류의 전압을 발생시킬 수 있는 새로운 함수 발생기를 시험하는 과제를 맡았다고 하자. 과제의 책임자가 독자에게 그 시제품의 작동한계를 측정하고 기록하는 일을 맡겼다고 하자. 이 장을 공부하고 나면 응용과제를 해결할 수 있을 것이다.

핵심용어

▶ 고조파
▶ 나이퀴스트 속도
▶ 도
▶ 듀티 사이클
▶ 램프
▶ 사이클
▶ 순시값
▶ 실횻값
▶ 오실로스코프
▶ 유도 모터
▶ 주기(T)
▶ 주파수(f)
▶ 첨두-첨둣값
▶ 파형
▶ 펄스폭(t_W)
▶ 함수 발생기

▶ 기본 주파수
▶ 다람쥐 집
▶ 동기 모터
▶ 라디안
▶ 발진기
▶ 상승시간(t_r)
▶ 슬립
▶ 앨리어싱
▶ 위상
▶ 정현파
▶ 주기적
▶ 진폭
▶ 최댓값
▶ 펄스
▶ 하강시간(t_f)
▶ 헤르츠(Hz)

서론

이 장에서는 기초적인 교류회로에 대해 설명한다. 교류전압과 교류전류는 시간에 따라 변동하고 파형이라고 하는 주어진 형식에 따라 극성과 방향이 주기적으로 바뀐다. 특히 교류회로에서 기본적으로 중요한 정현파(사인파)에 대해 자세히 설명할 것이다. 사인파는 그래프로 표시할 때 삼각 사인 함수와 동일한 모양을 갖는다. 사인파를 생성하는 교류발전기와 교류 모터를 소개한다. 펄스파, 삼각파, 톱니파 등 다른 형태의 파형에 대해서도 알아본다. 파형을 나타내고 측정하는 오실로스코프의 사용법도 논의한다.

8-1 정현파형

정현파(sine wave 혹은 sinusoidal waveform)는 교류전류와 교류전압의 기본적인 형태이다. 정현파는 사인파 또는 단순하게 사인곡선이라고도 한다. 전력회사가 공급하는 전기는 정현파전압과 전류이다. 다른 종류의 반복되는 파형(waveforms)은 여러 개의 정현파의 합성으로 만들 수 있으며, 이러한 여러 정현파의 합성으로 이루어진 파를 고조파라고 한다.

이 절의 학습목표

◆ **정현파의 규정과 특성을 측정한다.**
   ◆ 주기의 정의를 설명한다.
   ◆ 주파수의 정의를 설명한다.
   ◆ 주기와 주파수의 관계를 설명한다.
   ◆ 전기적인 신호를 발생하는 두 가지 형태를 설명한다.

▲ 그림 8-1

정현파 전압원의 기호

정현파는 두 가지 방법으로 만들 수 있다. 첫째는 교류발전기를 이용하는 것이고, 둘째는 전자 신호 발생기에 있는 전자 발전기회로를 이용하는 것이다. 전기적인 신호 발생기는 이 절에 걸쳐 있다. 즉 전기 기계적인 수단에 의해 교류를 발행하는 교류발전기는 8-6절에 걸쳐 있다. 그림 8-1은 정현파 전압원의 기호를 나타낸다.

그림 8-2는 일반적인 형태의 정현파 교류전압이나 교류전류를 보여준다. 수직축은 전압 또는 전류를 나타내고 수평축은 시간을 나타낸다. 전압과 전류가 시간에 따라 어떻게 변화하는지 살펴보자. 전압 또는 전류가 0에서 시작하여 양의 최댓값(첨둣값)까지 증가했다가 0으로 돌아오고, 음의 최댓값까지 증가했다가 0으로 다시 돌아와 하나의 완전한 사이클을 이룬다.

▶ 그림 8-2

한 사이클의 정현파

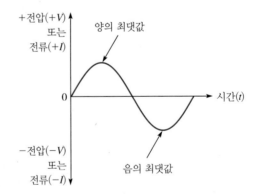

정현파의 극성

정현파는 0에서 극성이 바뀐다. 즉 양의 값과 음의 값 사이에서 변화한다. 그림 8-3과 같이 정현파 전압원(V_s)이 저항성 회로에 가해지면 정현파전류가 흐른다. 전압의 극성이 바뀌면, 전류는 따라서 방향이 바뀐다.

인가전압 V_s가 양의 값에서 변화하는 동안에는 전류가 그림 8-3(a)에 표시된 방향으로 흐른다. 인가전압이 음의 값에서 변화하는 동안에 전류는 그림 8-3(b)와 같이 반대 방향으로 흐른다. 양의 값과 음의 값에서의 변화가 정형파의 한 사이클(cycle)을 이룬다.

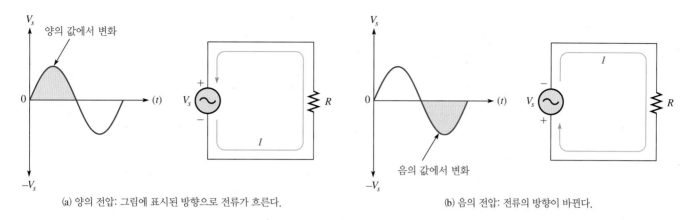

(a) 양의 전압: 그림에 표시된 방향으로 전류가 흐른다.

(b) 음의 전압: 전류의 방향이 바뀐다.

▲ 그림 8-3

교류전류와 교류전압

정현파의 주기

정현파는 정의된 방법으로 시간(t)에 따라 변한다.

정현파에서 하나의 완전한 사이클을 이루는 데 필요한 시간을 주기(period, T)라고 한다.

그림 8-4(a)는 정현파의 주기를 나타낸다. 정현파는 그림 8-4(b)에서와 같이 똑같은 사이클을 계속 반복한다. 반복되는 모든 사이클의 정현파는 같으므로 정현파의 주기는 항상 하나의 고정된 값을 갖는다. 정현파의 주기는 그림 8-4(a)에서와 같이 0을 지나는 점부터 다음 사이클의 0을 지나는 점까지로 구할 수 있다. 주기 역시 주어진 사이클의 한 최고점으로부터 다음 사이클의 최고점까지로 구할 수 있다.

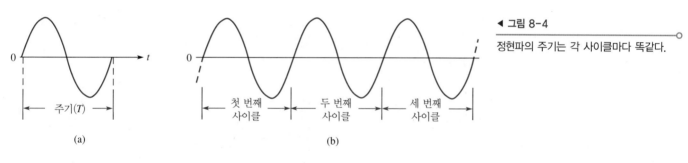

◀ 그림 8-4

정현파의 주기는 각 사이클마다 똑같다.

| 예제 8-1 | 그림 8-5에 보이는 바와 같이 3사이클이 12초 안에 일어난다. 이 정현파 주기는 얼마인가? |

▶ 그림 8-5

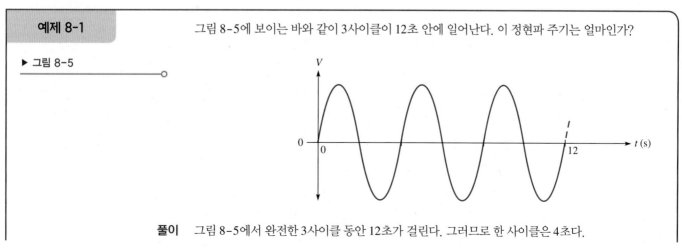

풀이   그림 8-5에서 완전한 3사이클 동안 12초가 걸린다. 그러므로 한 사이클은 4초다.

$$T = 4.0 \text{ s}$$

관련 문제* 어느 정현파가 12초 동안 5사이클을 이룬다면 주기는 얼마인가?

공학용 계산기 소개의 예제 8-1에 있는 변환 예를 살펴보라.

---

* 해답은 이 장의 끝에 있다.

| 예제 8-2 | 그림 8-6에서 정현파의 주기를 측정하는 세 가지 방법을 설명하라. 그리고 나타난 사이클 수는 얼마인가? |

▶ 그림 8-6

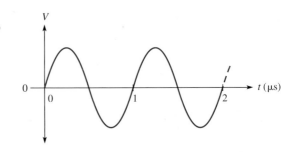

풀이 **방법 1:** 주기는 0을 지나는 점부터 다음 사이클의 대응하는 0을 지나는 점까지로 구할 수 있다.

방법 2: 주기는 한 사이클의 양의 첨둣값으로부터 다음 사이클의 양의 첨둣값까지로 구할 수 있다.

방법 3: 주기는 한 사이클의 음의 첨둣값으로부터 다음 사이클의 음의 첨둣값까지로 구할 수 있다.

정현파의 2사이클을 표시한 그림 8-7에서 이 방법들을 표시했다. 정현파의 최고점이나 0점의 어떤 점들을 사용하는지에 관계없이 똑같은 주기를 얻는다.

▶ 그림 8-7

정현파의 주기 측정

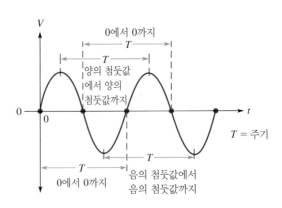

관련 문제 양의 첨둣값이 1.0 ms에서 발생하고 다음에 양의 첨둣값이 2.5 ms에서 발생한다면 주기는 얼마인가?

공학용 계산기 소개의 예제 8-2에 있는 변환 예를 살펴보라.

정현파의 주파수

주파수(frequency, f)는 정현파가 1초 동안에 이루는 사이클의 수이다.

1초 동안 더 많은 사이클을 이룬다면 주파수가 더 높아진다. 주파수(f)는 Hz로 표시되는 헤르츠(hertz, Hz)의 단위를 사용한다. 1헤르츠는 초당 1사이클과 같고, 60헤르츠는 초당 60사이클과 같다. 그림 8-8은 2개의 정현파를 보여준다. 그림 8-8(a)의 정현파는 1초 동안 2개의 완전한 사이클을 이룬다. 그림 8-8(b)의 정현파는 1초 동안 4개의 완전한 사이클을 이룬다. 그러므로 그림 8-8(b)의 정현파 주파수는 그림 8-8(a)의 정현파 주파수의 두 배이다.

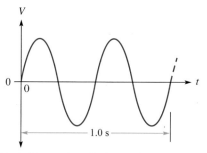

(a) 더 낮은 주파수: 초당 더 적은 사이클을 만든다.

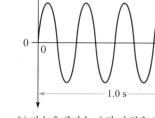

(b) 더 높은 주파수: 초당 더 많은 사이클을 만든다.

◀ **그림 8-8**

주파수의 예

주파수와 주기와의 관계

주파수와 주기 사이의 관계에 대한 공식은 다음과 같다.

$$f = \frac{1}{T} \tag{8-1}$$

$$T = \frac{1}{f} \tag{8-2}$$

f와 T는 역수의 관계에 있다. 계산기에 x^{-1} 혹은 $1/x$을 갖는 키를 사용하여 계산할 수 있다(일부 계산기의 역수 키는 2차 함수이다). 주기가 더 긴 정현파는 주기가 짧은 정현파보다 단위시간당 이루는 사이클의 수가 적으므로 역수 관계를 나타낸다.

예제 8-3	그림 8-9에서 어느 정현파가 더 높은 주파수를 갖는가? 2개 파형의 주기와 주파수를 구하라.

▶ **그림 8-9**

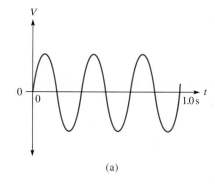

(a)

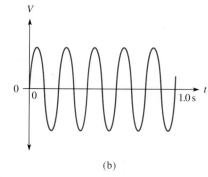

(b)

풀이 그림 8-9(b)의 정현파는 그림 8-9(a)의 정현파보다 1초당 더 많은 사이클을 이루므로 더 높은 주파수를 갖는다.

그림 8-9(a)에서 3사이클을 이루는 데 1초가 걸린다. 그러므로

$$f = \textbf{3.0 Hz}$$

1사이클은 0.333초이며, 이것이 주기이다.

$$T = 0.333 \text{ s} = \textbf{333 ms}$$

그림 8-9(b)에서 5사이클은 1초가 걸린다. 그리므로

$$f = \textbf{5.0 Hz}$$

한 사이클은 0.2초이고, 이것이 주기이다.

$$T = 0.2 \text{ s} = \textbf{200 ms}$$

관련 문제 어떤 정현파에 연속해서 있는 음의 최고점 사이의 시간 간격이 50 μs라면, 주파수는 얼마인가?
공학용 계산기 소개의 예제 8-3에 있는 변환 예를 살펴보라.

예제 8-4

어떤 정현파의 주기가 10 ms라면 주파수는 얼마인가?

풀이 식 (8-1)을 사용한다.

$$f = \frac{1}{T} = \frac{1}{10 \text{ ms}} = \frac{1}{10 \times 10^{-3} \text{ s}} = \textbf{100 Hz}$$

관련 문제 어느 정현파가 20 ms 동안 4개의 사이클을 이룬다. 이때 주파수는 얼마인가?
공학용 계산기 소개의 예제 8-4에 있는 변환 예를 살펴보라.

예제 8-5

어떤 정현파의 주기가 60 Hz라면 주파수는 얼마인가?

풀이 식 (8-2)를 사용한다.

$$T = \frac{1}{f} = \frac{1}{60 \text{ Hz}} = \textbf{16.7 ms}$$

관련 문제 $f = 1.0$ kHz이면, T는 얼마인가?
공학용 계산기 소개의 예제 8-5에 있는 변환 예를 살펴보라.

전자신호 발생기

신호 발생기는 실험 혹은 제어하는 전기회로나 시스템에 사용하기 위한 정현파형을 전기적으로 만들어내는 기구이다. 신호 발생기는 제한된 주파수 범위에 있는 한 가지 형태의 파형만을 만들어내는 특수한 목적의 기구에서 폭넓은 범위의 주파수와 다양한 파형을 만들어내는 것이 가능한 범위까지 다양하다. 모든 신호 발생기는 기본적으로 진폭과 주파수를 조정할 수 있는 정현파전압 혹은 다른 형태의 파형을 만들어내는 전기적인 회로인 **발진기**(oscillator)로 구성되어 있다.

함수 발생기와 임의 함수 발생기 함수 발생기(function generator)는 두 가지 이상의 파형을 생

성하는 장비이다. 일반적으로 정현파, 사각파, 삼각파와 펄스를 생성할 수 있다. 임의 함수 발생기(AFG)는 기존 함수 발생기보다 더 많은 파형과 추가 기능을 제공한다. 여기에는 다중 출력과 특정 공통 신호의 반복, 버스트, 시뮬레이션과 같은 다양한 출력모드를 포함한다. 일반적인 임의 함수 발생기를 그림 8-10(a)에 나타냈다. 이러한 발생기는 단일 또는 이중 채널 출력을 가질 수 있으며 사용자는 광범위한 주파수의 내장 파형을 선택할 수 있다. 임의 함수 발생기를 사용하면 사용자는 수학적 혹은 도식적인 입력으로 정의된 파형을 사용하여 시험을 위한 다양한 조건을 모사할 수 있다. 일부 발생기는 호환되는 디지털 오실로스코프에서 얻은 이미지 파형을 저장하고 재현할 수 있으므로 엔지니어와 기술자는 실제 신호를 입력으로 사용하여 제품을 시험할 수 있다.

임의 파형 발생기 임의 파형 발생기(AWG)는 임의 함수 발생기보다 더 많은 기능을 제공한다. 모든 표준 출력 외에 여러 개의 독립 채널을 동기화할 수 있다. 이 기능은 복잡한 시스템을 시험하는 데 유용하다. 출력은 수학 함수, 사용자의 도식적 입력 혹은 디지털 오실로스코프로부터 얻은 이미지 파형으로 정의될 수 있다. 그림 8-10(b)는 Tektronix 다중 채널 임의 파형 발생기의 예를 나타낸다.

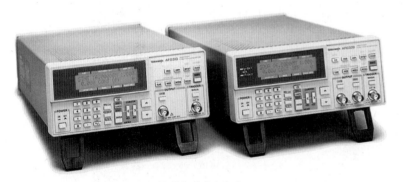

(a) 함수 발생기의 예

(b) 전형적인 임의 파형 발생기

▲ 그림 8-10

전형적인 신호 발생기(Copyright© Tektronix, Inc. Reproduced by permission)

8-1절 복습 해답은 이 장의 끝에 있다.	1. 정현파의 한 사이클을 설명하라. 2. 정현파는 어느 점에서 극성을 바꾸는가? 3. 정현파는 한 사이클 동안 최댓값을 몇 번 갖는가? 4. 정현파의 주기는 어떻게 측정되는가? 5. 주파수를 정의하고, 그 단위를 써라. 6. $T = 5.0\ \mu s$일 때 f는 얼마인가? 7. $f = 120\ Hz$일 때 T는 얼마인가?

8-2 정현파의 전압과 전류값

정현파의 값을 전압 혹은 전류의 크기로 나타내는 5가지 방법에는 순시값, 최댓값, 첨두-첨둣값, 실횻값, 평균값이 있다.

이 절의 학습목표

◆ **정현파의 전압과 전류값을 결정한다.**

- ◆ 어느 점에서의 순시값을 계산한다.
- ◆ 최댓값을 계산한다.
- ◆ 첨두-첨둣값을 계산한다.
- ◆ rms의 정의와 실횻값을 계산한다.
- ◆ 한 주기 동안의 평균값이 항상 0인 교류 정현파를 설명한다.
- ◆ 반 주기 동안의 평균값을 계산한다.

순시값

그림 8-11은 어느 순간에 정현파의 전압 또는 전류가 어떤 순시값(instantaneous value)을 갖는다는 것을 보여준다. 순시값은 곡선을 따라 서로 다른 점에서 다른 값을 갖는다. 순시값은 정현파가 양의 값에서 변할 때는 양의 값을 갖고 음의 값에서 변하는 동안에는 음의 값을 갖는다. 전압과 전류의 순시값은 그림 8-11(a)에서와 같이 각각 소문자 v와 i로 나타낸다. 그림 8-11(a)의 곡선은 단지 전압만을 보여주지만, v를 i로 바꾸면 전류에 대해서도 똑같이 적용된다. 그림 8-11(b)에서 순시값의 한 예를 보여준다. 순시값이 1.0 μs에서 3.1 V이고, 2.5 μs에서 7.07 V, 5.0 μs에서 10 V, 10 μs에서 0 V, 11 μs에서 −3.1 V이다.

▶ 그림 8-11

정현파전압의 순시값의 예

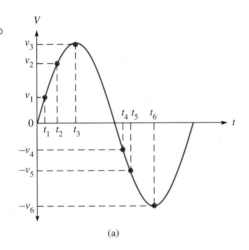 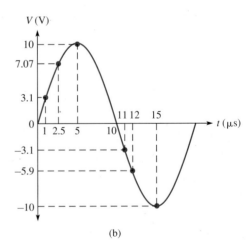

(a)   (b)

최댓값

정현파의 최댓값(peak value)은 0에 대한 양이나 음의 최대 전압 또는 전류의 값을 나타낸다. 정현파에서 최댓값들은 크기가 같으므로 정현파는 그림 8-12에서와 같이 하나의 최댓값으로 나타낼 수 있다. 어떤 정현파에 대해 최댓값은 일정하고 V_p 또는 I_p로 나타낸다. 정현파의 최대 혹은 첨둣값을 그것의 진폭(amplitude)이라 한다. 진폭은 0 V 선에서부터 최대까지 측정된다. 그림에서 최대 전압은 그것의 진폭이고 8 V이다.

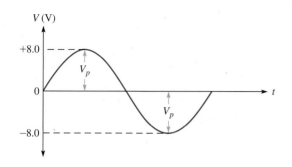

◀ 그림 8-12

정현파전압의 최댓값

첨두-첨둣값

그림 8-13에서 나타낸 것처럼 정현파의 첨두-첨둣값(peak to peak value)은 전압 또는 전류의 양의 최댓값에서부터 음의 최댓값까지이다. 첨두-첨둣값은 항상 최댓값의 두 배이고 다음과 같은 식으로 나타낼 수 있다. 첨두-첨둣값의 기호는 V_{pp}나 I_{pp}로 나타낸다.

$$V_{pp} = 2V_p \tag{8-3}$$

$$I_{pp} = 2V_p \tag{8-4}$$

그림 8-13에서 첨두-첨둣값은 16 V이다.

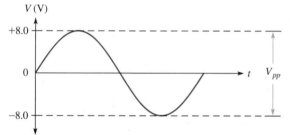

◀ 그림 8-13

정현파전압의 첨두-첨둣값

실횻값

rms는 "root mean square"의 약자로 평균 제곱근을 의미한다. 이 명칭은 그 값이 구해지는 수학적인 과정을 의미하며, 실횻값(effective value)이라고 한다. 대부분의 교류전압계는 전압의 실횻값을 나타낸다. 전기 콘센트의 120 V는 실횻값이다. 정현파전압의 실횻값은 그 정현파의 발열 효과와 관련되어 있는 실제 측정되는 값이다. 예를 들어 저항이 그림 8-14(a)에서와 같이 교류정현파의 전압원에 연결되어 있으면 저항에서의 전력에 의해 열이 발생한다. 그림 8-14(b)는 직류전압원에 연결된 같은 저항을 보여준다. 교류전압의 값은 저항이 직류전압원에 연결되었을 때와 같은 양의 열이 발생하도록 조정될 수 있다.

정현파의 실횻값은 저항이 정현파전압에 연결된 경우와 똑같은 양의 열이 발생하는 직류전압과 같다.

전압이나 전류에 대한 다음의 관계식들을 사용하여 정현파의 최댓값으로부터 그에 상응하는 실횻값을 구할 수 있다.

$$V_{\mathrm{rms}} = 0.707V_p \tag{8-5}$$

$$I_{\mathrm{rms}} = 0.707I_p \tag{8-6}$$

▶ 그림 8-14

직류와 교류의 경우에 같은 양의 열이 발생될 때 정현파전압은 직류전압과 같은 실횻값을 갖는다.

(그림 색깔은 책 뒷부분의 컬러 페이지 참조)

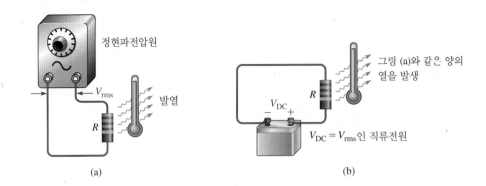

정현파전압원

V_{rms}

발열

R

(a)

그림 (a)와 같은 양의 열을 발생

R

V_{DC}

$V_{DC} = V_{rms}$인 직류전원

(b)

이 식들을 사용하여 실횻값으로부터 최댓값을 다음과 같이 구할 수 있다.

$$V_p = \frac{V_{rms}}{0.707}$$

$$V_p = 1.414 V_{rms} \tag{8-7}$$

마찬가지로,

$$I_p = 1.414 I_{rms} \tag{8-8}$$

첨두-첨둣값은 최댓값을 두 배로 하면 구할 수 있다.

$$V_{pp} = 2.828 V_{rms} \tag{8-9}$$

$$V_{pp} = 2.828 I_{rms} \tag{8-10}$$

평균값

하나의 완전한 사이클을 고려했을 때 정현파의 **평균값**은 양의 값을 갖는 부분과 음의 값을 갖는 부분이 상쇄되므로 항상 0이다.

전원공급 장치에서와 같은 정류된 전압의 평균값을 구하거나 비교를 하기 위해 정현파의 평균값은 하나의 완전한 사이클에 대해가 아닌 반 사이클에서 구한다. 전압이나 전류 정현파의 평균값은 다음과 같이 최댓값으로부터 구할 수 있다.

$$V_{avg} = 0.637 V_p \tag{8-11}$$

$$I_{avg} = 0.637 I_p \tag{8-12}$$

그림 8-15에 정현파의 반 사이클 평균값을 나타냈다.

▶ 그림 8-15

반 사이클 평균값

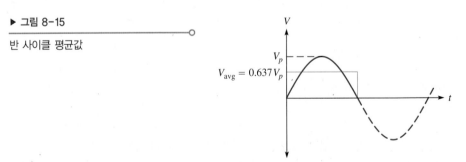

V

V_p

$V_{avg} = 0.637 V_p$

t

예제 8-6

그림 8-16에서 정현파의 V_p, V_{pp}, V_{rms}, 반 사이클 V_{avg}를 구하라.

풀이 그래프에서 $V_p = 4.5$ V이다. 이 값으로부터 다음 값들을 구한다.

▶ 그림 8-16

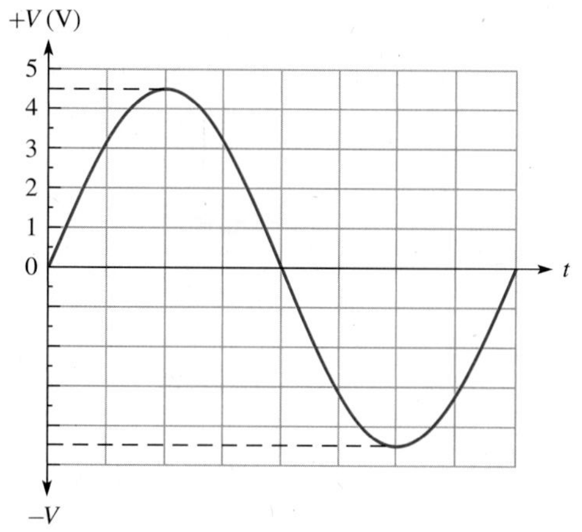

$$V_{pp} = 2V_p = 2(4.5\text{ V}) = \textbf{9.0 V}$$

$$V_{\text{rms}} = 0.707V_p = 0.707(4.5\text{ V}) = \textbf{3.18 V}$$

$$V_{\text{avg}} = 0.637V_p = 0.637(4.5\text{ V}) = \textbf{2.87 V}$$

관련 문제 정현파에서 $V_p = 25$ V일 때 V_{pp}, V_{rms}, V_{avg}를 구하라.

공학용 계산기 소개의 예제 8–6에 있는 변환 예를 살펴보라.

8-2절 복습

해답은 이 장의 끝에 있다.

1. 다음의 각 경우에 V_{pp}를 구하라.
   (a) $V_p = 1.0$ V (b) $V_{\text{rms}} = 1.414$ V (c) $V_{\text{avg}} = 3.0$ V
2. 다음의 각 경우에 V_{rms}를 구하라.
   (a) $V_p = 2.5$ V (b) $V_{pp} = 10$ V (c) $V_{\text{avg}} = 1.5$ V
3. 다음의 각 경우에 반 사이클 V_{avg}를 구하라.
   (a) $V_p = 10$ V (b) $V_{\text{rms}} = 2.3$ V (c) $V_{pp} = 60$ V

8-3 정현파의 각도 측정

앞절에서 보았듯이 정현파는 시간을 나타내는 수평축을 따라 측정될 수 있다. 그러나 한 사이클이나 한 사이클의 일부분을 완성하는 데 필요한 시간은 주파수에 따라 달라지므로, 도(degree)나 라디안으로 나타내는 각도로 정현파의 특정한 지점을 표시하는 것이 유용한 경우도 있다. 각도 측정은 주파수와 무관하다.

이 절의 학습목표

◆ **정현파의 각도 관계를 설명한다.**
   ◆ 정현파를 각도로 측정하는 방법을 설명한다.
   ◆ 라디안을 정의한다.
   ◆ 라디안을 도(degree)로 변환한다.
   ◆ 정현파의 위상을 결정한다.

정현파전압은 교류를 발전기에 의해 만들어질 수 있다. 교류발전기에 있는 회전자의 회전과 정현파 출력 사이에 직접적인 관계가 있다. 그리하여 회전자 위치의 각도 측정은 정현파로 표현된 각도와 직접적으로 관련되어 있다.

각도 측정

1도(degree)는 한 번의 완전한 회전 또는 원의 1/360에 해당하는 각도이다. 1라디안(radian, rad)은 원의 반지름과 같은 길이의 원주상의 곡선 거리이다. 1라디안은 그림 8-17에서 표시한 것처럼 57.3°와 같다. 1회전인 360°는 2π라디안과 같다.

그리스 문자 π는 원의 지름에 대한 원 둘레의 비율을 나타내며, 대략 3.1416의 값을 갖는다.

공학용 계산기에는 수치를 입력할 필요가 없도록 π 키가 있다. 또한 각도를 도 혹은 라디안으로 입력하고 표시할 수 있으며 각도를 라디안 혹은 그 반대로 변환할 수 있다.

표 8-1에 도와 그에 대응하는 라디안 값들을 적어 놓았다. 이 각 측정을 그림 8-18에 나타냈다.

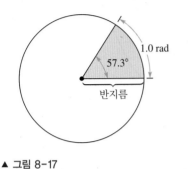

▲ 그림 8-17

라디안과 각도의 관계를 보여주는 각 측정

각도(°)	라디안(RAD)
0	0
45	π/4
90	π/2
135	3π/4
180	π
225	5π/4
270	3π/2
315	7π/4
360	2π

▲ 표 8-1

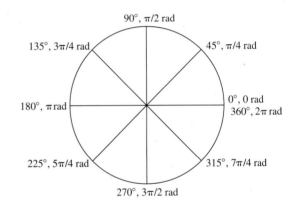

▲ 그림 8-18

0°에서 시작하여 반시계 방향으로 진행되는 각 측정

라디안/각도 변환

라디안은 식 (8-13)을 사용하여 도로 변환할 수 있다.

$$\text{rad} = \left(\frac{\pi \text{ rad}}{180°}\right) \times \text{degrees} \tag{8-13}$$

마찬가지로 도는 식 (8-14)를 사용하여 라디안으로 변환할 수 있다.

$$\text{degrees} = \left(\frac{180°}{\pi \text{ rad}}\right) \times \text{rad} \tag{8-14}$$

예제 8-7

(a) 60°를 라디안으로 변환하라.　　(b) π/6라디안을 도로 변환하라.

풀이　(a) 라디안 $= \left(\frac{\pi \text{ rad}}{180°}\right)60° = \dfrac{\pi}{3}$ **rad**

(b) 도 $= \left(\frac{180°}{\pi \text{ rad}}\right)\left(\frac{\pi}{6} \text{ rad}\right) = $ **30°**

관련 문제   (a) 15°를 라디안으로 변환하라.   (b) 5π/8라디안을 도로 변환하라.
공학용 계산기 소개의 예제 8-7에 있는 변환 예를 살펴보라.

정현파 각도

정현파의 측정 각도는 한 사이클이 360° 또는 2π라디안이다. 반 사이클은 180° 또는 π라디안이고, 1/4사이클은 90° 또는 π/2라디안이다. 그림 8-19(a)에서는 한 사이클의 정현파에 대해 도(°)의 각도로 표시되었고, 그림 8-19(b)는 라디안으로 표시된 동일한 위치들을 보인 것이다.

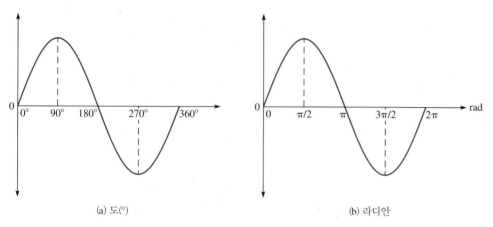

◀ 그림 8-19

정현파 각도

정현파의 위상

정현파의 위상(phase)은 어느 기준에 대한 정현파의 위치를 명시하는 각도 측정이다. 그림 8-20은 기준으로 사용될 한 사이클의 정현파를 보여준다. 수평축의 첫 번째 양의 값에서 만나는(0에서 만나는) 곳은 0° (0 rad)이고, 양의 최댓값은 90° (π/2 rad)이다. 음의 값으로 진행되는 그래프는 수평축과 180° (π rad)에서 만나고 음의 최댓값이 발생하는 곳은 270° (3π/2 rad)이다. 한 사이클은 360° (2π rad)에서 끝난다. 정현파가 이 기준 정현파에 대해 왼쪽이나 오른쪽으로 이동한 경우 위상천이가 되었다고 한다.

그림 8-21은 정현파의 위상천이를 보여준다. 그림 8-21(a)에서 정현파 B는 90° (π/2 rad)만큼 오른쪽으로 이동했다. 그러므로 정현파 A와 B 사이에는 90°의 위상 차이가 존재한다. 시간으로 나타내면 그래프의 수평축 오른쪽으로 시간이 증가하므로 정현파 B의 양의 최댓값은 정현파 A의 양의 최댓값보다 나중에 발생한다. 이 경우에 정현파 B는 정현파 A보다 90° 또는 π/2만큼 위상

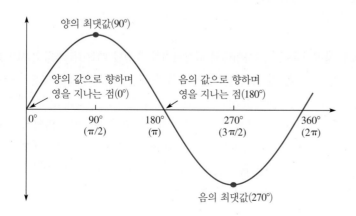

◀ 그림 8-20

기준 위상

▶ 그림 8-21

위상천이의 표시

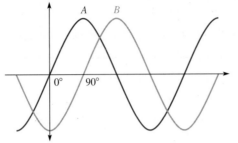

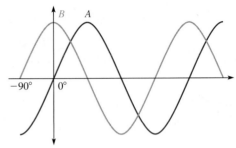

(a) A는 B보다 90° 앞서고 B는 A보다 90° 뒤진다.   (b) B는 A보다 90° 앞서고 A는 B보다 90° 뒤진다.

이 **뒤진다**고 한다. 다르게 표현하면 정현파 A는 정현파 B보다 위상이 90° 앞선다.

그림 8-21(b)에서 정현파 B는 90°만큼 왼쪽으로 이동했다. 따라서 정현파 A와 B 사이에는 90°의 위상각이 존재한다. 이 경우에 정현파 B의 양의 최댓값은 정현파 A보다 먼저 발생한다. 그러므로 정현파 B는 위상이 90° **앞선다**. 두 경우 모두 두 파형 사이에는 90° 위상각이 존재한다.

예제 8-8

그림 8-22(a)와 (b)에서 두 정현파 사이의 위상각은 얼마인가?

▶ 그림 8-22

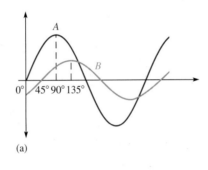
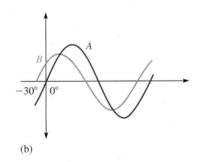

(a)   (b)

풀이 그림 8-22(a)에서 정현파 A는 0°에서 0을 지나고, 정현파 B가 0을 지나는 곳은 **45°**이다. 두 파형 사이에는 45°의 위상각이 존재하고 정현파 A가 위상이 앞선다.

그림 8-22(b)에서 정현파 B는 −30°에서 0을 지나고, 정현파 A가 0을 지나는 곳은 0°이다. 두 파형 사이에는 **30°**의 위상각이 존재하고 정현파 B가 위상이 앞선다.

관련 문제 어떤 정현파의 양의 값으로 진행하며 영을 지나는 곳이 0° 기준점에 대해 15°에서 발생하고, 두 번째 정현파의 양의 값으로 진행하며 영을 지나는 곳이 0° 기준점에 대해 23°에서 발생한다면 이 두 정현파 사이의 위상각은 얼마인가?

공학용 계산기 소개의 예제 8-8에 있는 변환 예를 살펴보라.

오실로스코프 상에서 두 파형 사이에서 위상천이를 측정할 때는 두 파형의 사이클에서 해당 지점 사이를 측정해야 한다. 한 가지 방법은 파형을 수직으로 정렬하고 두 신호가 동일한 진폭을 갖도록 신호를 조정하는 것이다. 이렇게 하려면 채널 중 하나를 수직 교정에서 제외하고 겉보기 진폭이 다른 파형의 진폭과 같아질 때까지 수직 스케일을 조정해야 한다. 이렇게 하면 한 파형의 각 위치가 다른 파형의 해당 위치와 동일한 수직 위치를 갖게 된다. 또 다른 방법은 파형의 최댓값 혹은 최솟값 간의 차이를 측정하는 것이다. dc 편차나 진폭의 차이에도 불구하고 각 파형의 양 및 음의 최댓값은 항상 파형 사이클의 동일한 지점에 해당하기 때문이다.

다상의 동력

위상이 천이된 정현파의 중요한 응용은 전기적인 동력 시스템에 있다. 전기적인 이용은 그림 8-23에 나타낸 것과 같이 120°로 분리된 3상을 갖는 교류를 만들어내는 것이다. 일반적으로 3상 동력은 4개의 전선(3개의 동력전선과 1개의 중립전선)으로 전달된다. 교류 모터를 위한 3상 동력은 중요한 장점을 가지고 있다. 3상 모터는 같은 단상 모터보다도 간단하고 효율적이다.

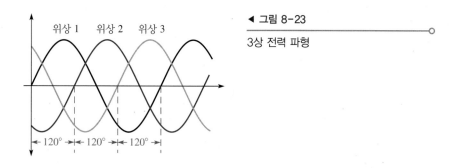

◀ 그림 8-23

3상 전력 파형

3상은 3개로 분리된 단상 시스템을 공급하는 회사 설비에 의해 분리될 수 있다. 만약 3상 양 (+)의 단자 중 하나에 공급되었다면, 그 결과는 단상 동력인 120 V이다. 단상 동력은 주거지나 작은 상업적인 건물에서 분리된다. 통용문에 접지된 단자와 각 위상이 180°로 분리된 2개의 120 V 전선으로 구성되어 있다. 2개의 전선은 높은 동력 전기기구(드라이어, 에어컨)를 위해 240 V로 연결하는 것을 가능하게 한다.

8-3절 복습

해답은 이 장의 끝에 있다.

1. 어떤 정현파의 양의 값으로 진행하며 영을 지나는 점이 0°에서 발생할 때, 다음의 각 점들은 어떤 각에서 발생하는가?
   (a) 양의 최댓값
   (b) 음의 값으로 진행하며 영을 지나는 곳
   (c) 음의 최댓값
   (d) 한 사이클이 끝나는 곳

2. 반 사이클은 _____ 도, 또는 _____ 라디안에서 끝난다.

3. 한 사이클은 _____ 도, 또는 _____라디안에서 끝난다.

4. 그림 8-24의 B와 C 두 정현파의 위상각을 구하라.

▶ 그림 8-24

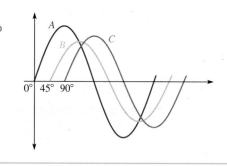

8-4 정현파 공식

정현파는 수직축에 전압이나 전류의 값을 표시하고 수평축에 각도 측정(도 또는 라디안)을 표시하여 그래프로 나타낼 수 있다. 이 그래프는 수학적으로 나타낼 수 있다.

이 절의 학습목표

◆ **정현파형의 수학적인 분석을 한다.**

    ◆ 정현파형의 공식을 설명한다.

    ◆ 공식으로 순시값을 계산한다.

일반적인 한 사이클의 정현파 그래프를 그림 8-25에 나타냈다. 정현파 진폭 A는 수직축의 전압이나 전류의 최댓값이고 각도는 수평축에 표시된다. 변수 y는 주어진 각도 θ에서 전압이나 전류를 나타내는 순시값이다. 기호는 θ 그리스어로 세타(theta)이다.

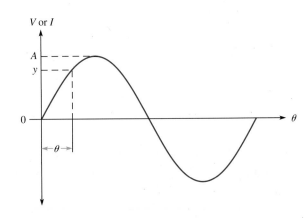

▶ 그림 8-25

진폭과 위상을 나타내는 일반적인 정현파의 한 사이클

모든 정현파의 파형은 특정 수학 공식에 따라 변한다. 그림 8-25의 정현파에 대한 일반적인 수학 공식은 다음과 같다.

$$y = A \sin \theta \qquad (8-15)$$

이 일반식으로부터 정현파의 어느 점에서의 순시값 y는 최댓값 A에 그 점의 각도 θ에 sin을 취한 값을 곱한 값과 같다는 것을 알 수 있다. 예를 들어 어느 정현파전압이 10 V의 최댓값을 갖는다면 수평축 상의 60° 되는 점에서 순시값은 다음과 같이 계산한다.

$$v = V_p \sin \theta = (10 \text{ V}) \sin 60° = (10 \text{ V}) 0.866 = 8.66 \text{ V}$$

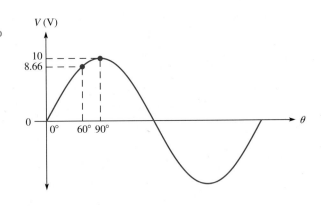

▶ 그림 8-26

$\theta = 60°$에서 정현파전압의 순시값 표시

여기서 v와 V_p는 일반식에서의 y와 A 대신 사용되었다. 그림 8-26은 곡선상의 순시값을 나타낸다. TI-84 및 HP Prime과 같은 일부 제품의 경우 SIN 키를 먼저 누른 다음 각도 값과 ENTER 키를 누르지만, 대부분의 계산기에서는 SIN 키를 누르고 각의 값을 입력함으로써 필요로 하는 사인값을 구할 수 있다. 각도 값은 도($°$) 단위로 제공되므로 계산기는 도 모드에 있어야 한다.

정현파 공식의 유도

정현파의 수평축을 따라 이동하면 각은 증가하고, 크기(y축에 따른 높이)는 변한다. 어떤 주어진 순간에 정현파의 크기는 위상각과 진폭(최대 높이)으로 나타낼 수 있고, 이를 **페이저**(phasor) 양으로 표현할 수 있다. 페이저는 크기와 방향(위상각)을 갖고 있다. 페이저는 고정점의 둘레를 회전하는 화살표로써 도식적으로 표현된다. 정현파 페이저의 길이는 최댓값(진폭)이고, 회전에 따른 위치는 위상각이다. 정현파의 한 사이클은 페이저의 360° 회전으로 나타낼 수 있다.

그림 8-27은 페이저를 반시계 방향으로 360° 회전시킬 때 이에 대응하는 정현파를 보인 것이다. 수평축을 따라 위상각이 표시된 그래프 상에 페이저의 팁을 투사하면 그림에서와 같이 정현파가 묘사된다. 각각의 페이저 각의 위치에 대응하는 크기(진폭)가 존재한다. 그림에서 보는 바와 같이 90°와 270°에서 정현파의 진폭은 최대가 되며, 페이저의 길이와 같다. 0°와 180°에서 페이저는 수평 방향이 되므로 정현파는 0이 된다.

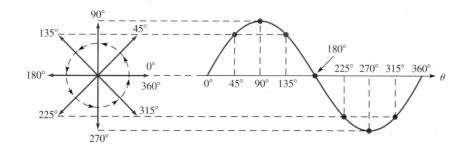

◀ 그림 8-27

회전하는 페이저로 표현된 정현파

특정한 각에서 페이저로 나타내는 방법을 살펴보자. 그림 8-28은 45°의 각도에서 전압 페이저와 그에 대응하는 정현파 상의 점을 보여준다. 이 점에서 정현파의 순시값 v는 페이저의 위치와 길이에 의해 결정된다. 페이저의 끝에서부터 수평축까지의 수직 거리는 그 점에서의 정현파의 순시값을 나타낸다.

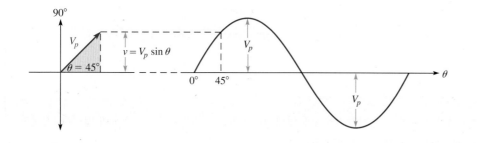

◀ 그림 8-28

직각삼각형으로 유도하는 정현파의 식
$v = V_p \sin \theta$

페이저의 끝에서부터 수평축까지 수직선을 그리면 그림 8-28에서와 같이 **직각삼각형**이 만들어진다. 페이저의 길이는 직각삼각형의 **빗변**이 되고 수직으로 투사된 반대편이 직각삼각형의 높이가 된다. 삼각형의 공식에서 **직각삼각형의 높이**는 빗변에 각도 θ에 사인을 취한 값을 곱한 것과 같다. 이 경우에 페이저의 길이는 정현파전압의 최댓값 V_p이다. 그러므로 순시값을 나타내는 삼각형의 높이는 다음과 같이 나타낼 수 있다.

$$v = V_p \sin \theta \tag{8-16}$$

이 식은 전류 정현파에도 적용할 수 있다.

$$i = I_p \sin \theta \tag{8-17}$$

위상천이된 정현파의 표시

정현파가 그림 8-29(a)에서와 같이 기준 정현파의 오른쪽으로 각도 ϕ만큼 이동했을 때(지상, lagging), 일반식은 다음과 같이 표현한다.

$$y = A \sin(\theta - \phi) \tag{8-18}$$

여기서 y는 전류나 전압의 순시값을 나타내고 A는 최댓값(진폭)을 나타낸다. 정현파가 그림 8-29(b)에서와 같이 기준 정현파의 왼쪽으로 각도 ϕ만큼 이동했을 때(진상, leading), 일반식은 다음과 같이 표현된다.

$$y = A \sin(\theta + \phi) \tag{8-19}$$

▶ 그림 8-29

위상이 천이된 정현파

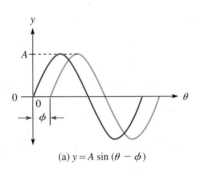 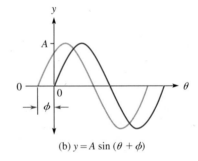

(a) $y = A \sin(\theta - \phi)$ (b) $y = A \sin(\theta + \phi)$

예제 8-9

그림 8-30에서 각각의 정현파전압에 대해 수평축 상의 90° 기준점에서의 순시값을 구하라.

▶ 그림 8-30

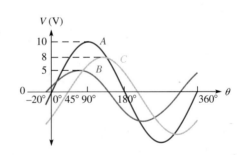

풀이 정현파 A가 기준이다. 정현파 B가 A에 대해 20° 왼쪽으로 변화되어 B의 위상이 앞선다. 정현파 C는 A에 대해 45°오른쪽으로 변화되어 C의 위상이 뒤진다.

$$v_A = V_p \sin \theta = (10 \text{ V}) \sin 90° = \textbf{10 V}$$

$$v_B = V_p \sin(\theta + \phi_B) = (5.0 \text{ V}) \sin(90° + 20°) = (5.0 \text{ V}) \sin 110° = \textbf{4.70 V}$$

$$v_C = V_p \sin(\theta - \phi_C) = (8.0 \text{ V}) \sin(90° - 45°) = (8.0 \text{ V}) \sin 45° = \textbf{5.66 V}$$

관련 문제 어떤 정현파의 최댓값이 20 V이다. 0° 기준점에서 +65° 떨어진 곳에서의 순시값은 얼마인가?
공학용 계산기 소개의 예제 8-9에 있는 변환 예를 살펴보라.

8-4절 복습

해답은 이 장의 끝에 있다.

1. 다음 각도의 사인값을 구하라.
   (a) 30° (b) 60° (c) 90°
2. 그림 8-26의 정현파에서 120°에서의 순시값을 계산하라.
3. 영인 기준점에서 왼쪽으로 10° 변화된 정현파의 기준축 상의 45° 지점에서의 순시값을 구하라(V_p = 10 V).

8-5 교류회로의 해석

정현파전압, 즉 시간에 따라 변화하는 교류전압이 회로에 가해질 때에는 앞에서 배운 회로 법칙들이 적용된다. 옴의 법칙과 키르히호프의 법칙은 직류회로에 적용될 때와 똑같이 교류회로에도 적용된다.

이 절의 학습목표

◆ **저항성 교류회로에 대한 기본적인 회로 법칙들을 적용한다.**
   ◆ 교류 전원을 갖는 저항성 회로에 옴의 법칙을 적용한다.
   ◆ 교류 전원을 갖는 저항성 회로에 키르히호프의 전압과 전류 법칙을 적용한다.
   ◆ 저항성 교류회로에서 동력을 결정한다.
   ◆ 교류와 직류 성분을 갖는 전체 전압을 결정한다.

그림 8-31과 같이 정현파전압이 저항에 인가되면 정현파전류가 흐른다. 전압이 0일 때 전류가 0이고 전압이 최대일 때 전류도 최대가 된다. 전압의 극성이 바뀌면 전류의 방향이 반대로 된다. 결과적으로 전압과 전류는 서로 위상이 같다.

교류회로에서 옴의 법칙을 사용할 때 전압과 전류를 둘 다 최댓값으로 나타내거나 둘 다 실횻값이나 평균값으로 일관되게 나타내어야 한다.

키르히호프의 전압 법칙과 전류 법칙은 직류회로에서와 같이 교류회로에도 적용된다. 예제

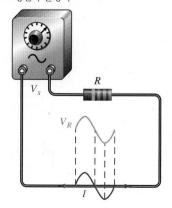

정현파 발생기

◀ **그림 8-31**

정현파전압은 정현파전류를 만든다.

(그림 색깔은 책 뒷부분의 컬러 페이지 참조)

8-10은 정현파 전압원을 갖는 저항성 회로에서의 키르히호프의 전압 법칙을 보여준다. 직류회로에서와 마찬가지로 전원의 전압은 각 저항에서의 전압강하의 총합이다.

예제 8-10

그림 8-32에서의 모든 값은 실횻값으로 주어졌다.

(a) 그림 8-32(a)에서 R_3의 전압 최댓값을 구하라.

(b) 그림 8-32(b)에서 총 전류를 실횻값으로 구하라.

(c) 그림 8-32(b)에서 전체 동력을 구하라.

▶ 그림 8-32

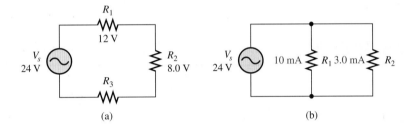

(a)   (b)

풀이 (a) 키르히호프의 전압 법칙을 사용하여 V_3를 구하라.

$$V_s = V_1 + V_2 + V_3$$

$$V_{3(\text{rms})} = V_{s(\text{rms})} - V_{1(\text{rms})} - V_{2(\text{rms})} = 24\,\text{V} - 12\,\text{V} - 8.0\,\text{V} = 4.0\,\text{V}$$

실횻값을 최댓값으로 바꾼다.

$$V_{3(p)} = 1.414\,V_{3(\text{rms})} = 1.414(4.0\,\text{V}) = \textbf{5.66 V}$$

(b) 키르히호프의 전류 법칙을 사용하여 I_{tot}를 구하라.

$$I_{tot(\text{rms})} = I_{1(\text{rms})} + I_{2(\text{rms})} = 10\,\text{mA} + 3.0\,\text{mA} = \textbf{13 mA}$$

(c) $P_{tot} = V_{\text{rms}}I_{\text{rms}} = (24\,\text{V})(13\,\text{mA}) = \textbf{312 mW}$

관련 문제 직렬회로에 $V_{1(\text{rms})} = 3.50\,\text{V}$, $V_{2(p)} = 4.25\,\text{V}$, $V_{3(\text{avg})} = 1.70\,\text{V}$와 같은 전압강하가 있다. 전원전압의 첨두-첨둣값을 구하라.

공학용 계산기 소개의 예제 8-10에 있는 변환 예를 살펴보라.

저항성 교류회로에서 동력은 전류와 전압의 실횻값을 사용한다는 것을 제외하고 직류회로와 같은 방법으로 결정된다. 소위 정현파전압의 실횻값은 가열 효과와 같은 형태의 같은 값의 직류 전압과 같다. 일반적인 동력 공식은 다음과 같은 저항성 교류회로로 다시 나타냈다.

$$P = V_{\text{rms}}I_{\text{rms}}$$

$$P = \frac{V_{\text{rms}}^2}{R}$$

$$P = I_{\text{rms}}^2 R$$

예제 8-11

그림 8-33에서 각 저항 양단에 걸리는 실효전압과 실효전류를 구하라. 전원의 전압은 실횻값이다.

▶ 그림 8-33

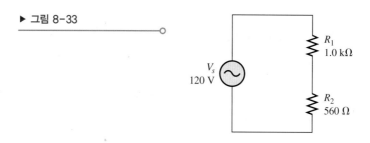

풀이 이 회로의 총 저항은 다음과 같다.

$$R_{tot} = R_1 + R_2 = 1.0 \text{ k}\Omega + 560 \text{ }\Omega = 1.56 \text{ k}\Omega$$

옴의 법칙을 사용하여 전류의 실횻값을 구한다.

$$I_{\text{rms}} = \frac{V_{s(\text{rms})}}{R_{tot}} = \frac{120 \text{ V}}{1.56 \text{ k}\Omega} = \textbf{76.9 mA}$$

각각의 저항에 걸리는 전압의 실횻값은 다음과 같다.

$$V_{1(\text{rms})} = I_{\text{rms}}R_1 = (76.9 \text{ mA})(1.0 \text{ k}\Omega) = \textbf{76.9 V}$$

$$V_{2(\text{rms})} = I_{\text{rms}}R_2 = (76.9 \text{ mA})(560 \text{ }\Omega) = \textbf{43.1 V}$$

전체 전력은 다음과 같다.

$$P_{tot} = I_{\text{rms}}^2R_{tot} = (76.9 \text{ mA})^2(1.56 \text{ k}\Omega) = \textbf{9.23 W}$$

관련 문제 10 V의 최댓값을 갖는 전원전압에 대해 이 예제를 다시 구하라.

공학용 계산기 소개의 예제 8-11에 있는 변환 예를 살펴보라.

Multisim 또는 LTspice 파일 E08-11을 열어라. 각 저항 양단의 실효전압을 측정하고 계산된 값과 비교하라. 전원전압을 10 V의 최댓값으로 교체하여 각 저항 양단의 전압을 측정하고 계산된 값과 비교하라.

중첩된 직류와 교류전압

실제로 사용되는 많은 회로에서는 직류와 교류전압이 결합되어 사용된다. 교류신호전압이 직류 동작전압에 중첩되어 사용되는 증폭기 회로가 그 예다. 그림 8-34에서 직류전압과 교류전원이 직렬로 연결되어 있다. 저항 양단에서 측정되듯이, 이 두 전압은 대수적으로 합해져서 직류전압

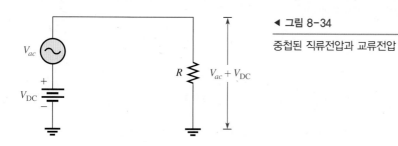

◀ 그림 8-34

중첩된 직류전압과 교류전압

에 교류전압이 합해진 형태가 된다. 주기적인 파형의 한 주기에 대한 실제 평균값은 파형의 직류 구성 요소를 구성한다는 점에 유의하자.

V_{DC}가 정현파의 최댓값보다 크다면 합해진 전압은 극성이 바뀌지 않아 교류가 아닌 정현파가 된다. 그림 8-35(a)에서와 같이 그 결과는 직류전압에 포개어진 정현파다. 만약 V_{DC}가 정현파의 최댓값보다 작다면 그림 8-35(b)에서와 같이 하단 반주기 동안에 정현파가 음의 값을 갖는 부분이 있게 되어 교류가 된다. 어느 경우든지 정현파의 최대 전압은 $V_{DC} + V_p$가 되고 최소 전압은 $V_{DC} - V_p$가 된다.

▶ 그림 8-35

직류전압에 더해진 정현파

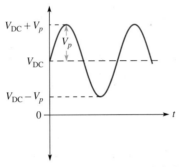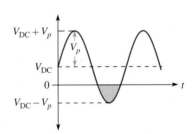

(a) $V_{DC} > V_p$ 정현파는 음의 값을 갖지 않는다.

(b) $V_{DC} < V_p$ 정현파는 한 사이클의 일부분에서 극성이 바뀐다.

예제 8-12

그림 8-36의 각 회로에서 저항 양단에 걸리는 최대와 최소 전압을 구하고 합성 파형을 그려라.

▶ 그림 8-36

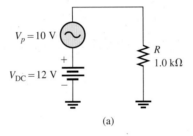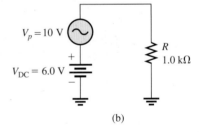

(a)　　　　　　　　　　(b)

풀이　　그림 8-36(a)에서 R에 걸리는 최대 전압은

$$V_{max} = V_{DC} + V_p = 12\,V + 10\,V = \mathbf{22\,V}$$

R에 걸리는 최소 전압은

$$V_{min} = V_{DC} - V_p = 12\,V - 10\,V = \mathbf{2.0\,V}$$

그러므로 $V_{R(tot)}$는 그림 8-37(a)에서와 같이 +22 V에서 +2 V까지 변화하는 교류가 아닌 정현파다.

그림 8-36(b)에서 R에 걸리는 최대 전압은

$$V_{max} = V_{DC} + V_p = 6.0\,V + 10\,V = \mathbf{16\,V}$$

R에 걸리는 최소 전압은

$$V_{min} = V_{DC} - V_p = \mathbf{-4.0\,V}$$

그러므로 $V_{R(tot)}$는 그림 8-37(b)에서와 같이 +16 V에서 −4 V까지 변화하는 교류 정현파다.

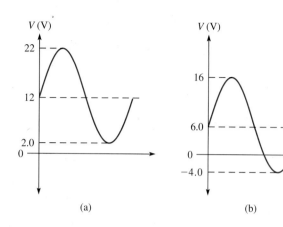

▶ 그림 8-37

(a)

(b)

관련 문제 그림 8-37(a)의 파형은 교류가 아니지만 그림 그림 8-37(b)의 파형은 교류인 것으로 간주할 수 있는 이유를 설명하라.

공학용 계산기 소개의 예제 8-12에 있는 변환 예를 살펴보라.

Multisim 또는 LTspice 파일 E08-12를 열어라. 각 회로에 대해 최소 및 최대 전압을 측정하라.

8-5절 복습

해답은 이 장의 끝에 있다.

1. 반 사이클 평균값이 12.5 V인 정현파전압이 330 Ω의 저항이 있는 회로에 가해졌다. 그 회로에서 전류의 최댓값은 얼마인가?
2. 직렬저항성 회로에서 전압강하의 최댓값은 6.2 V, 11.3 V, 7.8 V이다. 전원전압의 실횻값은 얼마인가?
3. V_p = 5.0 V인 정현파가 +2.5 V의 직류전압에 더해졌을 때 총 전압에서 양의 최댓값은 얼마인가?
4. 3번 문제에서 합성전압은 극성이 바뀌는가?
5. 3번 문제에서 직류전압이 −2.5 V라면 합해진 총 전압에서 양의 최댓값은 얼마인가?

8-6 교류발전기(AC 발전기)

교류발전기는 운동에너지를 전기적인 에너지로 변환하는 것이다. 그것은 직류발전기와 유사하지만 교류발전기는 직류발전기보다 좀 더 효율적이다. 교류발전기는 자동차, 보트, 심지어 최종 출력이 직류인 응용에도 폭넓게 사용된다.

이 절의 학습목표

◆ **교류발전기가 전기를 만들어내는 방법을 설명한다.**
  ◆ 회전자, 고정자, 슬립 링을 포함한 교류발전기의 주요 부분을 구분한다.
  ◆ 회전장 교류발전기의 출력을 왜 고정자에서 얻는지에 대해 설명한다.
  ◆ 슬립 링의 목적을 설명한다.
  ◆ 교류발전기가 어떻게 직류를 만들어 사용될 수 있는지에 대해 설명한다.

단순한 교류발전기

직류전압을 만들어내는 직류발전기와 교류발전기 모두 자기장과 도체 사이에서 상대 운동이 있을 때 전압을 만들어내는 전자석의 유도 원리에 기초를 두고 있다. 단순한 교류발전기를 위해 하나의 회전 고리가 영구자극을 통과한다. 회전 고리에 의해 만들어진 자연계의 전압은 교류전압이다. 교류발전기에 있어서 직류발전기에 사용된 분리된 링 대신에 슬립 링이라고 하는 일체 링은 회전자와 연결하는 데 사용되고, 출력은 교류이다. 교류발전기의 가장 간단한 형상은 그림 8-38에 나타낸 것과 같이 슬립 링을 제외한 직류발전기(그림 7-38 참조)와 같게 보인다.

▶ 그림 8-38

단순한 교류발전기

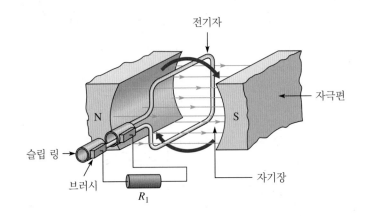

주파수

그림 8-38에 단순한 교류발전기에서 고리의 각 회전은 정현파의 한 사이클을 만든다. 양(+)과 음(−)의 최댓값은 고리가 유동선의 최대 수를 자를 때 발생한다. 고리 회전 비율은 완전한 사이클과 주파수를 위한 시간을 결정한다. 예를 들어 도체가 초당 60회전을 하면 정현파의 주기는 1/60초이며 주파수는 60 Hz가 된다. 그러므로 고리가 빨리 회전할수록 유도전압의 주파수가 높아진다.

　더 높은 주파수를 얻는 또 다른 방법은 자극의 수를 늘리는 것이다. 그림 8-39에서와 같이 4개의 자극이 사용되면 1/2 회전하는 동안 한 사이클이 만들어져서 같은 회전률에 대해 주파수가 두 배가 된다. 교류발전기는 요구에 따라 100개 정도 많은 자극이나 더 많은 자극을 가질 수 있다. 자극의 수와 회전자의 속도는 다음의 방정식에 따라 주파수를 결정한다.

$$f = \frac{Ns}{120} \tag{8-20}$$

여기서 f는 헤르츠인 주파수, N는 자극의 수, s는 분당 회전속도이다.

▶ 그림 8-39

4개의 자극은 똑같은 회전수에 대해 2개의 자극보다 두 배의 주파수를 만든다.

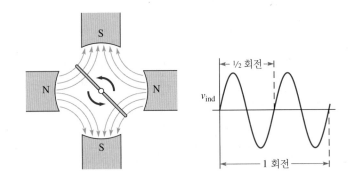

예제 8-13	거대한 교류발전기가 24개의 자극을 가지고 있고, 300 rpm으로 터빈에 의해 회전하고 있다고 가정했을 때, 출력 주파수는 얼마인가?

풀이 $f = \dfrac{Ns}{120} = \dfrac{(24)(300\text{ rpm})}{120} = \textbf{60 Hz}$

관련 문제   같은 극 수에서 얼마의 속도로 회전시켜야 50 Hz를 얻을 수 있겠는가?

공학용 계산기 소개의 예제 8-13에 있는 변환 예를 살펴보라.

실제 교류발전기

단순한 교류발전기에 있는 하나의 고리는 단지 아주 작은 전압을 만들어낸다. 실제 교류발전기에 있어서 수백 개의 고리는 회전자 형상인 자심에 감겨 있다. 실제적인 교류발전기는 일반적으로 영구자석 대신에 회전자 주위에 환상으로 고정되어 있다. 교류발전기의 형상에 따르면 이런 장자석 코일은 자기장(자기장 코일이라고 불리는 경우)을 제공하거나 출력(전기자권선이라고 불리는 경우)을 만들어내는 고정 도체로서 작용한다.

회전 전기자 교류발전기   회전 전기자 교류발전기에 있어서 자기장은 고정되고 직류로 작동되는 영구자석과 전자석에 의해 공급된다. 전자석과 함께 전기자권선은 영구자석 대신에 사용되고 회전자 코일과 상호작용하는 고정 자기장을 제공한다. 동력은 회전하는 조립체에서 발생되고 슬립 링을 통해 장하(裝荷)가 공급된다.

회전 전기자 교류발전기에 있어서 회전자는 동력을 얻는 부품이다. 수백 개의 환상뿐만 아니라 실제적인 회전 전기자 교류발전기는 일반적으로 출력 주파수를 증가시키는 것으로 작용하는 N극, S극으로 번갈아 나타나는 고정자에서 많은 극성 짝을 가지고 있다.

회전장 교류발전기   회전 전기자 교류발전기는 일반적으로 모든 출력전류가 슬립 링이나 브러시를 통해 통과되기 때문에 저동력의 응용에 제한되어 있다. 이러한 문제를 피하려고 회전장 교류발전기는 고정자 코일로부터 얻거나 회전자석을 사용한다. 소형 교류발전기는 회전자를 영구자석으로 하지만, 대부분은 감은 회전자로 구성된 전자석을 사용한다. 상대적으로 작은 양의 교류는 전자석 동력을 회전자(슬립 링을 통해)에 공급된다. 회전 자기장은 고정자 권선에 의해 제거되기 때문에 동력은 회전자에서 만들어진다. 그리하여 회전자는 이런 경우에는 전기자이다.

그림 8-40은 회전장 교류발전기가 3상 정현파를 만들어낼 수 있는 방법을 나타냈다(단순하게 영구자석은 회전자로 나타냈다). 교류는 고정자 권선에 의해 교대로 제거되는 회전자의 N극, S극으로 각 환상 내에서 만들어졌다. 만약 N극이 정현파의 양(+)의 위치에서 만들어졌다면 S극은 음의 위치에서 만들어질 것이다. 그리하여 1회전은 완전한 정현파를 만든다. 각 환상은 정현파 출력을 갖고 있다. 그러나 환상은 120°로 분리되어 있기 때문에 3개의 정현파 또한 120° 변화되어 있다. 이것은 그림에 나타낸 것과 같이 3상 출력을 만든다. 대부분의 교류발전기는 좀 더 효율적이고 산업에서 폭넓게 사용되고 있기 때문에 3상 전압을 만든다. 만약 최종 출력이 직류라고 하면 3상은 쉽게 직류로 변환된다.

회전자 전류

환형 회전자는 교류발전기를 제어하는 데 중요한 장점을 제공한다. 환형 회전자는 회전자 전류

▶ 그림 8-40

나타낸 회전자는 강한 자기장을 만들어내는 영구자석이다. 그것은 각 고정자 권선에 의해 제거되기 때문에 정현파는 환상을 가로질러 만들어진다. 중립은 기준이다.

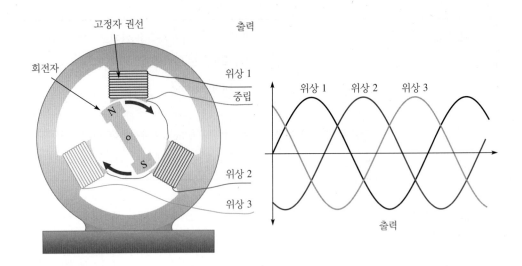

와 다음에 출력전압을 제어함으로써 자기장의 강도 이상으로 제어할 수 있다. 환형 회전자를 위해 직류는 회전자로 공급되어야만 한다. 이 전류는 일반적으로 브러시와 연속하는 고리 재료(정류자와 같지 않고, 분리)로 만들어진 슬립 링을 통해 공급된다. 브러시는 자계화 회전자 전류만 통과시키는 것이 요구되기 때문에 보다 긴 것에 충족하고 출력전류 전부를 통과시키는 같은 직류발전기 브러시보다 작다.

환형 회전자 발전기에 있어서 단지 브러시와 슬립 링을 통과하는 전류는 자기장을 유지하는 데 사용된 직류이다. 직류는 일반적으로 고정자에서 얻거나 직류와 변환된 출력전류의 작은 부분으로 전달된다. 동력이 있는 곳에 장치된 거대한 교류발전기는 장자석 코일로 전류를 공급하는 것으로 **가진기**(exciter)라 불리는 분리 직류발전기를 가지고 있을 것이다. 가진기는 고출력 교류발전기에서 가장 중요하게 고려하는 교류발전기의 출력상수를 유지하는 데 있어서 출력전압의 변화에 매우 빠르게 대응할 수 있다. 일부 가진기는 회전 주축에 전기자과 함께 고정된 곳에 설치되어 있다. 따라서 가진기 출력은 회전하는 축 상에 있기 때문에 브러시리스 시스템이다. 브러시리스 시스템은 청소, 수리, 브러시 교체에 있어서 거대한 교류발전기가 가지고 있는 주요한 보수관리 문제가 해결된다.

응용

교류발전기는 요즈음의 모든 자동차, 트럭, 트랙터와 다른 차량에 사용된다. 차량에 있어서 출력은 일반적으로 고정자 권선에서 얻은 3상 교류이고 다음에 교류발전기 용기 내부 공간에 장착된 다이오드로 직류로 변환된다(다이오드는 단지 한 방향으로만 전류를 흘러가도록 하는 고체 상태 장치이다). 회전자의 전류는 교류발전기의 내부에 있는 전압 조정기에 의해 제어된다. 전압 조정기는 기관의 속도 변화나 하중의 변화에 대해 상대적으로 출력전압을 일정하게 유지한다. 교류발전기는 좀 더 효율적이고 신뢰성이 있기 때문에 자동차와 다른 응용에서 직류발전기를 대체해 왔다.

자동차에서 찾아볼 수 있을 것 같은 소형 교류발전기의 중요한 부분을 그림 8-41에 나타냈다. 7-6절에서 토의되었던 자체 가진된 발전기와 같은 회전자는 시작과 함께 작은 잔류 자기를 가지고 있고, 그리하여 교류전압은 회전자가 회전하는 순간 고정자에서 만들어진다. 이런 교류는 다이오드 장치에 의해 직류로 바뀌게 된다. 직류 부분은 회전자에 전류를 공급하는 데 사용되고, 나머지는 하중으로 이용할 수 있다. 전류의 양은 교류발전기에서 얻은 전체 전류보다도 작은 양만

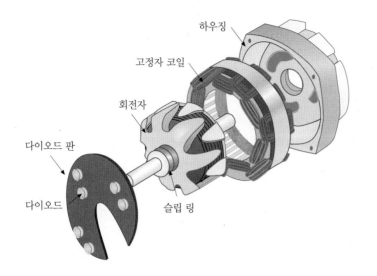

◀ 그림 8-41
직류를 발생하는 소형 교류발전기에 대한 회전자, 고정자, 다이오드 판의 간략화된 그림

큼이 회전자에 요구된다. 그리하여 하중에 대해 전류가 요구되면 쉽게 제공할 수 있다.

　3상 전압이 좀 더 효율적으로 만들어낸다는 사실에 부가하여 각 권선에 2개의 다이오드를 사용함으로써 직류 출력을 쉽게 안정시킬 수 있다. 차량은 충전과 하중에 대해 직류가 요구되기 때문에 교류발전기의 출력은 다이오드 판에 장착되어 있는 다이오드 배열을 사용하여 내부적으로 직류로 변환된다. 그리하여 표준 3상 자동차 교류발전기는 일반적으로 직류로 출력을 변환하기 위해 내부에 6개의 다이오드를 갖고 있을 것이다(일부 교류발전기는 6개의 독립 고정자 코일과 12개의 다이오드를 갖는다).

8-6절 복습	1. 교류발전기에서 주파수에 영향을 미치는 2개의 인자는 무엇인가?
해답은 이 장의 끝에 있다.	2. 회전장 교류발전기에서 고정자로부터 출력을 얻는 장점은 무엇인가?
	3. 가진기는 무엇인가?
	4. 자동차용 교류발전기에 있는 다이오드의 목적은 무엇인가?

8-7 교류 모터

모터는 교류전력 응용에서 가장 잘 알려진 부하를 나타내는 전자기 장치이다. 교류 모터는 열펌프, 냉장고, 세탁기, 진공청소기와 같은 가정용 전기기구를 동작시키는 데 사용된다. 산업에 있어서 교류 모터는 재료를 이동하거나 처리하는 것뿐만 아니라 냉동과 가열장치, 기계작동, 펌프, 더욱더 많은 곳에 사용된다. 이 절에서 교류 모터의 2가지 주요한 형태인 유도 모터와 동기 모터를 소개한다.

이 절의 학습목표

◆ **교류 모터에서 전기적인 에너지가 회전운동으로 변환되는 방법을 설명한다.**

　◆ 유도와 동기 모터 사이의 주요한 차이에 대해 설명한다.

　◆ 교류 모터에서 자기장이 어떻게 회전하는지 설명한다.

　◆ 유도 모터가 어떻게 토크를 만들어내는지 설명한다.

교류 모터의 분류

교류 모터의 2가지 주요한 분류는 유도 모터와 동기 모터이다. 이러한 형태의 몇 가지 고려 사항이 결정되는 것은 어떠한 주어진 것을 응용하는 것이 최선이다. 이러한 고려들은 속도와 요구 동력, 전압 비율, 하중 특성(요구되는 구동 토크와 같은), 요구 효율, 요구되는 유지관리, 작동 환경(수중에서 작동 혹은 온도와 같은)을 포함한다.

유도 모터(induction motor)는 고정자장과 상호작용하여 자기장을 만드는 회전자에서 자기장이 전류를 유도하기 때문에 이름이 붙여졌다. 일반적으로 회전자 1과 전기적으로 연결하는 것이 없다.[1] 그리하여 마모되는 경향이 있는 슬립 링과 브러시가 필요 없다. 회전자 전류는 변압기(14장 참조)에서 발생하는 전자기유도에 의해 발생된다. 따라서 유도 모터는 변압기 작용에 의해 동작한다고 말할 수 있다.

동기 모터(synchronous motor)에 있어서 회전자는 고정자의 회전 영역으로 동기(같은 비율로)되어 움직인다. 동기 모터는 일정한 속도를 유지하는 것이 중요한 곳에 적용되어 왔다. 동기 모터는 자체 구동되지 않고 외부 동력 또는 시작권선이 설치된 것으로 구동 토크를 받아야 한다. 교류 발전기와 같이 동기 모터는 회전자에 전류를 공급하는 슬립 링과 브러시를 사용한다.

회전 고정자장

두 가지 동기와 유도 교류 모터는 회전에 대해 고정자의 자기장을 가능하게 하는 고정자 권선과 유사하게 정렬되어 있다. 회전 고정자장은 움직이는 부분이 없이 전기적으로 만들어진 회전장을 제외한 원내에서 자석이 움직이는 것과 같다.

고정자 자체가 움직이지 않는다면 고정자에 있는 자장이 어떻게 회전하겠는가? 회전장은 교류자체를 변화시킴으로 만들어진다. 그림 8-42에 나타낸 것과 같이 3상 고정자를 바라보자. 3개 위상 중에서 하나가 다른 시간에 '우세하다.' 위상 1이 90°에 있을 때 위상 1 권선에 있는 전류는 최대이고 다른 권선에 있는 전류는 보다 작다. 그리하여 고정자 자기장은 위상 1 권선을 향하여 회전하게 될 것이다. 위상 1 전류가 하락하게 되면 위상 2 전류는 증가하고 위상 2 권선을 향하여 회전하게 된다. 자기장은 그 전류가 최대가 되었을 때 위상 2 권선을 향하여 회전하게 될 것이다. 위상 2 전류가 감소하기 때문에 위상 3 전류는 증가하고 위상 3 권선을 향하여 회전하게 된다. 과정은 위상 1 권선으로 되돌아가는 가는 것이 반복된다. 그리하여 적용된 전압의 주파수에 의해 결정된 비율에 의해 회전하게 된다. 좀 더 자세한 분석과 함께 크기는 변화되지 않고 단지 방향만 변화된다는 것을 나타낼 수 있다. 3상 모터의 회전 자기장으로 인해 외부 시동기나 추가 시동 권선이 필요하지 않지만, 대형 3상 모터에는 일반적으로 모터를 주 전원으로부터 분리하는 장치인 외부 **모터 시동기**가 있다. 단락 및 과부하를 방지하고 점진적인 시동을 가능하게 하여 시동시 고전류를 방지한다. 고정자 자기장이 움직이면 회전자가 이에 맞춰 움직인다.

고정자장이 움직이기 때문에 회전자는 동기 모터에 있는 것과 동기되어 회전하지만 유도 모터에서는 뒤쳐져 지상된다. 고정자장 이동 비율을 모터의 **동기 속도**라 불린다.

유도 모터

작동 원리는 본질적으로 단상과 3상 유도 모터가 같다. 두 가지 형태는 앞서 설명한 회전장을 사

---

1 예외는 일반적으로 제한된 곳에 적용하는 대형 유도 모터인 환형 회전자 모터이다. 대형 유도 모터인 환형 회전자 모터이다.

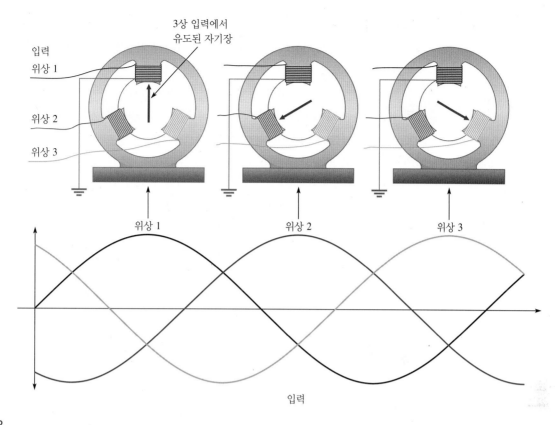

▲ **그림 8-42**

고정자에 대한 3상의 적용은 ➙에 의해 나타낸 것과 같이 순수 자기장을 만든다. 회전자(보이지 않음)는 이것에 대응하여 움직인다.

용하지만 단상 모터는 출발권선 혹은 모터가 기동하는 데 토크를 만들어내는 또 다른 방법이 요구된다. 반면에 3상 모터는 자체 기동한다. 기동 권선이 단상 모터에 도입되었을 때 모터 속도가 상승함으로 기계적인 원심력 스위치에 의해 회로에서 제거된다.

유도 모터의 회전자 중심은 회전자 내에서 순환하는 전류에 대한 도체 형상인 알루미늄 구조로 구성되어 있다(일부 대형 유도 모터는 구리봉을 사용한다). 알루미늄 구조는 애완용 다람쥐 (20세기 초기에 흔함)를 훈련하는 바퀴와 외관이 유사하다. 그래서 그것은 적절하게 **다람쥐 집** (squirrel cage)이라 불렀고, 그림 8-43에 도해되어 있다. 알루미늄 다람쥐 집 자체는 전기적인 통로이고 회전자를 통과하는 낮은 자기저항 자석의 통로를 제공하는 강자성체 재료로 둘러싸여 있다. 게다가 회전자는 다람쥐 집과 같은 알루미늄 조각으로 만든 냉각 팬을 가지고 있다. 완전한 조립품은 진동이 없고 회전이 쉽도록 평형이 되어야 한다.

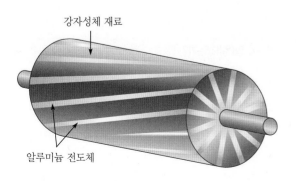

강자성체 재료

알루미늄 전도체

◀ **그림 8-43**

다람쥐 집 회전자의 도해

유도 모터의 작동   고정자로부터 자기장이 유도회로의 다람쥐 집을 가로질러 움직일 때 전류는 다람쥐 집 내부에서 만들어진다. 이 전류는 고정자의 이동장과 반작용하는 자기장을 발생하고 회전자가 회전하도록 기동한다. 회전자는 이동장에서 '격차를 해소'할 것이지만 미끄럼으로 알고 있는 조건에서는 할 수 없다. 슬립(slip)은 고정자의 동기 속도와 회전자 속도와의 차이로 정의된다. 회전자는 회전자장의 동기 속도에 결코 도달할 수 없다. 만약 그렇게 되었다면 그것은 어떠한 공간 선을 자를 수 없어서 토크는 0으로 떨어질 것이다. 토크가 없다면 회전자는 자체적으로 회전할 수 없다.

초기에 회전자가 움직임을 시작하기 전에는 후진 기전력은 없다. 그리하여 고정자 전류는 높다. 회전자 속도가 올라가면 고정자 전류에 저항하는 후진 기전력을 만든다. 모터 속도가 증가하게 되면 토크는 하중에 평형하도록 만들어내고 전류는 회전자가 회전을 유지하는 데 충분하다. 작동전류는 후진 기전력 때문에 현격하게 초기 시작 전류보다 낮아진다. 만일 모터에 하중이 증가된다면 모터는 속도는 떨어지고 후진 기전력을 보다 적게 만들 것이다. 하중이 모터에 적용될 수 있다면 모터의 전류는 올라가고 토크는 감소한다. 그리하여 유도 모터는 속도와 토크의 범위 이상에서 작동할 수 있다. 최대 토크는 회전자 동기 속도의 약 75%에서 회전할 때 발생한다.

동기 모터

유도 모터는 동기 속도로 작동된다면 토크는 발생되지 않는다는 것을 상기하라. 그리하여 하중에 따라서 동기 속도보다도 천천히 구동되어야 한다. 동기 모터는 동기 속도로 구동될 것이고 다른 하중에 대해 요구되는 토크로 서서히 발전한다. 동기 모터의 속도를 변화하는 유일한 방법은 주파수를 변화하는 것이다.

모든 하중조건에 대해 일정한 속도를 유지하는 동기 모터는 어떤 산업적인 작동과 시계 혹은 시간을 요구하는 장소(접이식 구동 모터 혹은 도표 기록계와 같은)에 적용하는 데 주요한 장점이 있다는 사실이 포함되었다. 사실 동기 모터의 첫 번째 응용은 전기 시계(1917년)였다.

대형 동기 모터의 다른 중요한 장점은 효율이다. 비록 기본적인 가격은 비교할 수 있는 유도 모터보다 비싸지만 동력 절약은 흔히 일 년 내에 가격 차이를 보상할 것이다.

동기 모터의 작동   본질적으로 동기 모터의 회전 고정자장은 유도 모터의 것과 동일하다. 두 모터에 있는 주요한 차이는 회전자에 있다. 유도 모터는 전기적으로 절연된 형태로 공급하는 회전자를 가지고 있고, 동기 모터는 회전 고정자장을 추종하는 자석을 사용한다. 소형 동기 모터는 회전자로 영구자석을 사용하고 대형 모터는 전자석을 사용한다. 전자석이 사용되었을 때 직류는 교류발전기의 경우와 같이 슬립 링을 통해 외부 전원으로 공급된다.

8-7절 복습	1. 유도 모터와 동기 모터 사이의 주요한 차이는 무엇인가?
해답은 이 장의 끝에 있다.	2. 회전 고정자장이 움직인다면 그것의 크기는 어떤 변화가 일어나겠는가?
	3. 다람쥐 집의 목적은 무엇인가?
	4. 모터의 기준이 되는 슬립이란 용어의 의미는 무엇인가?

8-8 비정현파형

정현파는 전자공학에서 중요하기는 하지만 교류 또는 시간에 따라 변하는 유일한 파형은 아니다. 그 밖의 중요한 파형인 펄스파형과 삼각파형에 대해 논의하자.

이 절의 학습목표

◆ **기본적인 비정현파형의 특성을 이해한다.**
  ◆ 펄스파형의 성질을 논의한다.
  ◆ 듀티 사이클을 정의한다.
  ◆ 삼각파형과 톱니파형의 성질을 논의한다.
  ◆ 파형의 고조파 성분을 논의한다.

펄스파형

기본적으로 펄스(pulse)는 어떤 전압이나 전류의 레벨(**기준선**)로부터 다른 레벨로 급속히 전이하고(**선단부**), 잠시 뒤에 원래의 크기로 급속히 전이하는(**후단부**) 파형을 말한다. 이러한 레벨의 전이를 스텝이라고 한다. 이상적인 펄스는 같은 크기를 갖고 반대 방향으로 크기가 변화하는 스텝들로 구성된다. 선단부나 후단부가 양의 방향으로 변화하면 **상승구간**이라고 한다. 선단부나 후단부가 음의 방향으로 변화하면 **하강구간**이라고 한다.

그림 8-44(a)는 펄스폭이라고 하는 시간 간격으로 나누어지며, 크기가 같고 반대 방향으로 순간적으로 변화하는 스텝들로 이루어지며 양의 값으로 변화하는 펄스를 보여준다. 그림 8-44(b)는 이상적인 음의 값으로 변화하는 펄스를 보여준다. 기준선으로부터 측정되는 펄스의 높이는 그 전압 또는 전류의 진폭이라고 한다. 펄스를 다룰 때는 흔히 즉시 그 값이 변화하는 스텝들로 이루어져 있고 직사각형 모양을 갖는 이상적인 펄스로 가정한다.

그러나 실제로 이상적인 펄스는 없다. 따라서 모든 펄스들은 이상적인 펄스와는 다른 특성을 갖는다. 실제로 펄스는 그림 8-45(a)에서와 같이 어떤 크기에서 다른 크기로 한순간에 전이될 수 없으므로 항상 시간이 필요하다. 펄스가 낮은 준위에서 높은 준위로 전이하는 동안에는 시간이 필요하다. 이때 필요한 시간을 상승시간이라고 한다.

상승시간(rise time, t_r)은 펄스가 최대 진폭의 10%에서 최대 진폭의 90%로 증가하는 동안의 시간이다.

펄스가 높은 준위에서 낮은 준위로 전이하기 위해는 시간이 필요하며, 이 시간을 하강시간이라고 한다.

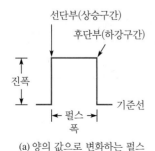

(a) 양의 값으로 변화하는 펄스

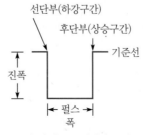

(b) 음의 값으로 변화하는 펄스

◀ **그림 8-44**

이상적인 펄스

하강시간(fall time, t_f)은 펄스가 최대 진폭의 90%에서 최대 진폭의 10%로 감소하는 동안의 시간이다.

펄스의 상승구간과 하강구간이 수직이 아니므로, 이상적인 펄스와는 다르게 펄스폭에 대한 정확한 정의가 필요하다.

펄스폭(Pulse width, t_w)은 상승구간에서 최대 진폭의 50%인 점과 하강구간에서 최대 진폭의 50%인 점 사이의 시간이다.

펄스폭을 그림 8-45(b)에 나타냈다.

▶ 그림 8-45

실제의 펄스

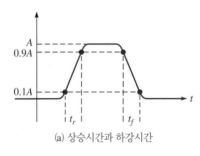
(a) 상승시간과 하강시간

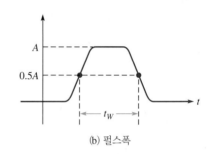
(b) 펄스폭

반복되는 펄스 일정한 시간을 두고 반복되는 파를 주기적(periodic)이라고 한다. 그림 8-46은 주기적인 파의 몇 가지 예를 보여준다. 각 경우에 펄스는 일정한 시간을 두고 반복된다. 펄스가 반복되는 비율을 **펄스 반복주파수**라고 하며, 이것이 그 파형의 기본 주파수다. 주파수는 헤르츠나 매초당 펄스로 나타낸다. 한 펄스에서 다음 펄스의 대응하는 점까지 걸리는 시간을 주기(T)라고 한다. 주파수와 주기의 관계는 정현파와 마찬가지로 $f = 1/T$이다.

주기적인 펄스파형의 중요한 특성은 듀티 사이클이다.

듀티 사이클(duty cycle)은 펄스폭(t_w)의 주기(T)에 대한 비율이며 보통 백분율로 표시된다.

$$듀티 사이클 = \left(\frac{t_W}{T}\right)100\% \tag{8-21}$$

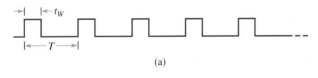
(a)

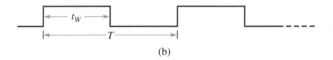
(b)

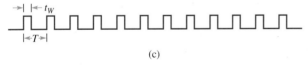
(c)

▲ 그림 8-46

반복되는 펄스파형

예제 8-14	그림 8-47에서 펄스파형의 주기, 주파수, 듀티 사이클을 구하라.

풀이 그림 8-47에 나타냈듯이 주기는

$$T = 10 \text{ μs}$$

▶ 그림 8-47

식 (8–1)과 (8–21)을 사용하여 주파수와 듀티 사이클을 구한다.

$$f = \frac{1}{T} = \frac{1}{10 \ \mu s} = \mathbf{100 \ kHz}$$

$$\% \ 듀티 \ 사이클 \ = \left(\frac{t_W}{T}\right)100\% = \left(\frac{1.0 \ \mu s}{10 \ \mu s}\right)100\% = \mathbf{10\%}$$

관련 문제 어떤 펄스가 주파수가 200 kHz이고 펄스폭이 0.25 μs인 경우, 듀티 사이클을 백분율로 구하라.
공학용 계산기 소개의 예제 8–14에 있는 변환 예를 살펴보라.

구형파 구형파는 듀티 사이클이 50%인 펄스파형이다. 따라서 펄스폭이 주기의 1/2과 같다. 그림 8–48에 구형파를 보였다.

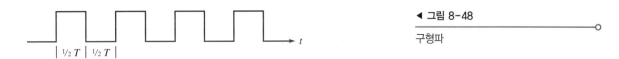

◀ 그림 8-48

구형파

펄스파형의 평균값 펄스파형의 평균값(V_{avg})은 듀티 사이클과 진폭을 곱한 값에 기준선 값을 합한 것과 같다. 양의 방향으로 변화하는 파형은 낮은 준위의 값을 기준선 값으로 정하고, 음의 방향으로 변화하는 파형은 높은 준위의 값을 기준선 값으로 정한다. 식으로 나타내면 다음과 같다.

$$V_{avg} = 기준선 \ 값 + (듀티 \ 사이클)(진폭) \tag{8-22}$$

다음 예제는 펄스파형의 평균값을 계산하는 과정을 보여준다.

예제 8-15

그림 8–49에서 각 파형의 평균값을 구하라.

▶ 그림 8-49

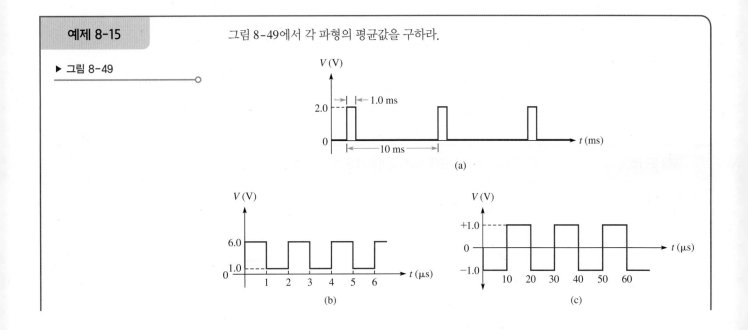

풀이 그림 8-49(a)에서 기준선 값은 0 V이고, 진폭은 2.0 V, 듀티 사이클은 10%이다. 평균 전압은

$$V_{avg} = 기준선\ 값 + (듀티\ 사이클)(진폭)$$
$$= 0\ V + (0.1)(2.0\ V) = \mathbf{0.2\ V}$$

그림 8-49(b)의 파형은 기준선 값이 +1.0 V이고, 진폭이 5.0 V, 듀티 사이클이 50%이다. 평균 전압은

$$V_{avg} = 기준선\ 값 + (듀티\ 사이클)(진폭)$$
$$= 1.0\ V + (0.5)(5.0\ V) = 1.0\ V + 2.5\ V = \mathbf{3.5\ V}$$

그림 8-49(c)의 파형은 구형파이며, 기준선 값이 −1.0 V이고, 진폭이 2.0 V, 듀티 사이클은 50%이다. 평균 전압은 다음과 같다.

$$V_{avg} = 기준선\ 값 + (듀티\ 사이클)(진폭)$$
$$= -1.0\ V + (0.5)(2.0\ V) = -1.0\ V + 1.0\ V = \mathbf{0\ V}$$

이 파형은 교대로 변화하는 구형파이며, 정현파와 같이 하나의 완전한 사이클 동안 0의 평균값을 갖는다.

관련 문제 그림 8-49(a)에 보이는 파형의 기준선 값이 +1.0 V로 바뀐다면 평균값은 얼마인가?
공학용 계산기 소개의 예제 8-15에 있는 변환 예를 살펴보라.

삼각파형과 톱니파형

삼각파형과 톱니파형은 전압이나 전류 램프로 형성된다. 램프(ramp)는 전압이나 전류의 선형적인 증가 또는 감소를 말한다. 그림 8-50은 증가하거나 감소하는 램프를 보여준다. 그림 8-50(a)의 램프는 양의 기울기를 갖고, 그림 8-50(b) 램프는 음의 기울기를 갖는다. 전압 램프의 기울기는 ±V/t이다.

▶ 그림 8-50

전압 램프

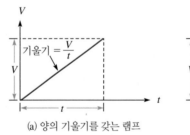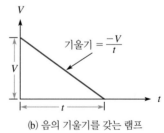

(a) 양의 기울기를 갖는 램프   (b) 음의 기울기를 갖는 램프

예제 8-16 그림 8-51에서 전압 램프의 기울기는 얼마인가?

▶ 그림 8-51

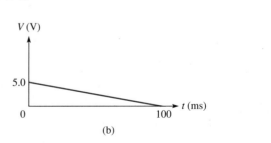

(a)   (b)

풀이 그림 8-51(a)에서 전압은 5.0 ms 동안에 0 V에서 +10 V로 증가한다. 따라서 $V = 10$ V이고 $t = 5.0$ ms이다. 기울기를 구하면

$$\frac{V}{t} = \frac{10\ V}{5.0\ ms} = \textbf{2.0 V/ms}$$

그림 8-51(b)에서 전압은 100 ms 동안에 +5.0 V에서 0 V로 감소한다. 따라서 $V = -5.0$ V이고 $t = 100$ ms이다. 기울기는 다음과 같다.

$$\frac{V}{t} = \frac{-5.0\ V}{100\ ms} = \textbf{-0.05 V/ms}$$

관련 문제 +12 V/μs의 기울기를 갖는 어떤 전압 램프가 0에서 시작한다면, 0.01 ms 후에 전압은 얼마인가?

공학용 계산기 소개의 예제 8-16에 있는 변환 예를 살펴보라.

삼각파형 그림 8-52는 **삼각파형**을 보인 것이다. 삼각파형은 양의 기울기를 갖는 램프가 음의 기울기를 갖고 기울기가 같은 램프와 합해져서 만들어진다. 이 파형의 주기는 그림에서와 같이 한 점의 최댓값에서 다음 최댓값까지의 시간을 나타낸다. 그림에 나타낸 삼각파형은 양과 음의 값으로 교대로 변화하며 그 평균값은 0이다.

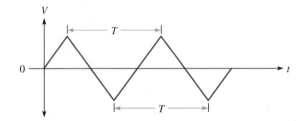

◀ **그림 8-52**

교번하는 삼각파형

그림 8-53는 0이 아닌 평균값을 갖는 삼각파형을 보인 것이다. 삼각파의 주파수는 정현파와 똑같이 정의된다. 즉 $f = 1/T$이다.

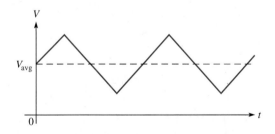

◀ **그림 8-53**

교번하지 않는 삼각파형

톱니파형 톱니파형은 삼각파의 두 램프 중 하나가 다른 것보다 오래 지속되는 특수한 경우이다. 톱니파형은 오실로스코프에서 흔히 볼 수 있듯이 전자시스템에서 많이 사용된다. 예를 들어 톱니파형은 자동적인 실험 장치, 제어시스템, 아날로그 오실로스코프를 포함하여 표현의 확실한 형태에 사용되었다.

그림 8-54는 톱니파의 한 예이다. 이 파는 상대적으로 오래 지속되는 양의 기울기를 갖는 램프와 짧은 기간 동안 지속되는 음의 기울기를 갖는 램프가 반복된다.

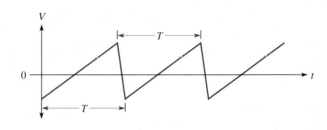

▶ 그림 8-54

양과 음의 값으로 교번하는 톱니 파형

Focal point/Shutterstock

HANDS ON TIP

오실로스코프의 주파수응답은 파형을 정확하게 나타낼 수 있는 정밀도를 제한한다. 펄스파형을 관찰하기 위해 주파수응답은 파형이 가지고 있는 모든 고조파 성분의 주파수보다 높아야 한다. 예를 들어 100 MHz 오실로스코프에서 100 MHz 펄스파형은 왜곡이 발생하며, 이는 세 번째, 다섯 번째, 그 이상의 고조파 성분들이 매우 많이 감쇠되기 때문이다.

고조파

반복되는 비정현파형은 기본 주파수와 고조파의 주파수로 이루어진다. 기본 주파수(fundamental frequency)는 파형의 반복률을 나타내며, 고조파(harmonic frequency)는 기본 주파수의 배수인 높은 주파수를 갖는 정현파이다.

홀수 고조파 홀수 고조파는 파형의 기본 주파수의 홀수 배인 주파수를 갖는다. 예를 들어 1 kHz의 구형파는 1.0 kHz의 기본 주파수와 3.0 kHz, 5.0 kHz, 7.0 kHz 등의 홀수 고조파로 이루어진다. 이 경우에 3.0 kHz는 세 번째 고조파, 5.0 kHz는 다섯 번째 고조파 등이 된다.

짝수 고조파 짝수 고조파는 파형의 기본 주파수의 짝수 배인 주파수를 갖는다. 예를 들어 어떤 파의 기본 주파수가 200 Hz라면, 두 번째 고조파는 400 Hz, 네 번째 고조파는 800 Hz, 여섯 번째 고조파는 1200 Hz 등이 된다.

복합파형 순수한 정현파로부터 변형되면 고조파를 생성한다. 비정현파는 기본파와 고조파가 합쳐진 것이다. 어떤 형태의 파는 홀수 고조파만을 갖고 있고, 어떤 파는 짝수 고조파만을 가지며, 또한 어떤 파는 둘 다 갖고 있을 수도 있다. 파의 모양은 고조파가 어느 정도 포함되느냐에 따라 달라진다. 일반적으로 기본파와 처음 몇 개의 고조파만이 파형을 결정하는 데 중요한 역할을 한다.

구형파는 기본파와 홀수 고조파만으로 이루어진 파형의 한 예이다. 그림 8-55에서와 같이 기본파와 각 홀수 고조파의 순시값이 각 점에서 대수적으로 합해지면 구형파가 된다. 그림 8-55(a)에서 기본파와 세 번째 고조파를 합한 결과 구형파의 모양을 갖기 시작하는 파형이 된다. 그림 8-55(b)에서 기본파와 세 번째, 다섯 번째 고조파는 구형파와 더 가까운 모양의 파를 만든다. 그림 8-55(c)에서 일곱 번째 고조파가 더해지면 파형은 더욱더 구형파와 가까워진다. 더 많은 고조

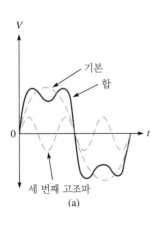

(a)

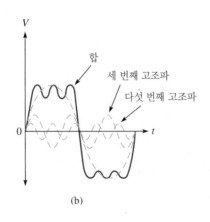

(b)

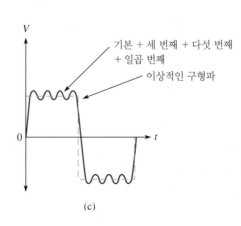

(c)

▲ 그림 8-55

홀수 고조파가 합해져서 구형파를 이룬다.

파가 더해질수록 구형파에 가까워진다.

그림 8-55에 제시된 정보는 시간이 독립변수일 때의 그래프이다. 동일한 정보를 보는 또 다른 방법은 구성 **주파수** 관점에서 구형파를 설명하는 것이다. 구형파를 구성하는 정현파의 진폭, 위상, 주파수만 명시해도 동일한 정보가 전달된다. 신호를 시간에 대해 표현하면 **시간 영역** 신호라고 한다. 마찬가지로 주파수 측면에서 설명하면 **주파수 영역** 신호라고 한다. 한 영역에서 회로를 분석하는게 용이할 때 엔지니어가 각 영역 간 전환하는 데 사용하는 수학적 도구가 있다. 이후 장에서 볼 수 있듯이 시간 영역에서는 디지털 회로와 같은 회로를 다루는 것이 쉬운 반면, 주파수 영역에서는 필터와 같은 회로를 다루는 것이 보다 용이하다. 그림 8-56은 이 두 영역을 시각적으로 나타낸다. 구형파가 시간 그리고 주파수 영역 모두에서 그림 8-55와 같이 표시된다. 실험실에서는 오실로스코프(8~9장에서 설명)를 사용하여 시간 영역의 신호를 볼 수 있고, 스펙트럼 분석기라는 장비를 사용하여 주파수 영역의 신호를 볼 수 있다.

그림 8-55에서 다소 유의할 점은 홀수 고조파가 펄스의 모양에 어떻게 영향을 미치는 가이다. 더 높은 차수의 홀수 고조파가 기본에 추가되면 펄스의 끝단이 보다 가파르게 되어 상승 및 하강 시간이 감소하고 펄스의 에지율(즉 시간당 전압변화)이 더 빨라진다. 즉 상승 및 하강 시간이 매우 짧고 에지율이 매우 빠른 펄스에는 매우 높은 주파수 성분이 포함되어 있다. 이는 전압이나 전류의 급격한 변화가 매우 높은 주파수 잡음을 생성하고 전자 회로 및 시스템에 EMC(전자파 적합성) 문제를 일으킬 수 있음을 의미한다. 많은 설계자들은 방사 및 전도성 EMI(전자파 간섭)를 줄이기 위해 신호의 주파수를 제한하려고 시도하지만 실제로 많은 EMC 문제는 신호의 반복 속도보다는 빠른 에지율로 인해 발생한다.

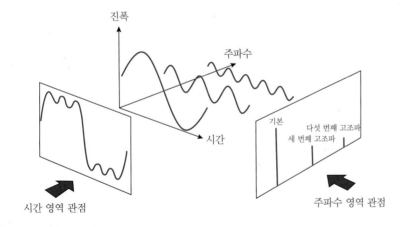

◀ 그림 8-56

구형파의 시간 영역과 주파수 영역 간 비교

8-8절 복습

해답은 이 장의 끝에 있다.

1. 다음 변수들을 정의하라.

   (a) 상승시간   (b) 하강시간   (c) 펄스폭

2. 양의 방향으로 반복되는 어떤 펄스에서 1.0 ms마다 펄스파형의 폭이 200 μs이면, 이 파형의 주파수는 얼마인가?

3. 그림 8-57(a)에서 파형의 듀티 사이클, 진폭, 평균값은 얼마인가?

4. 그림 8-57(b)에서 삼각파의 주기는 얼마인가?

5. 그림 8-57(c)에서 톱니파의 주파수는 얼마인가?

6. 기본 주파수를 정의하라.

7. 기본 주파수가 1.0 kHz일 때 두 번째 고조파는 얼마인가?

8. 주기가 10 μs인 구형파의 기본 주파수는 얼마인가?

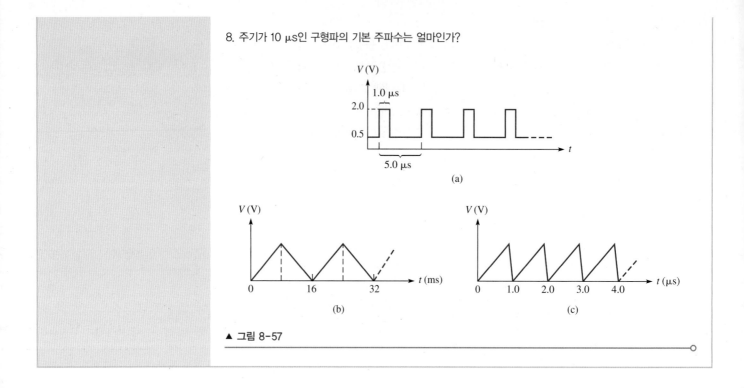

▲ 그림 8-57

8-9 오실로스코프

오실로스코프(간단히 스코프)는 파형을 관찰하고 측정하기 위한 다목적 측정기구이고 가장 널리 쓰이고 있다.

이 절의 학습목표

◆ **오실로스코프를 이용한 파형을 측정한다.**

 ◆ 기본적인 오실로스코프 조절장치를 확인한다.

 ◆ 파형의 진폭을 측정한다.

 ◆ 파형의 주기와 주파수를 측정한다.

오실로스코프(oscilloscope)는 기본적으로 화면 상에 측정된 전기적인 신호의 궤적 그래프를 도식적으로 나타내는 장치이다. 이런 대부분의 응용에 있어서 그래프는 시간 외의 신호를 변경하는 방법을 나타낸다. 화면의 수직축은 전압을, 수평축은 시간을 나타낸다. 오실로스코프를 사용하여 신호의 진폭, 주기, 주파수를 측정할 수 있다. 또한 진동파형의 펄스폭, 듀티 사이클, 상승시간, 하강시간을 결정할 수 있다. 대부분의 스코프는 동시에 화면상에 최소한 2개의 신호를 나타낼 수 있고, 그것들의 시간 관계를 관찰할 수 있다. 혼합신호 오실로스코프(MSOs)라고 하는 일부 디지털 스코프는 아날로그 신호 외에도 로직 분석기와 같은 디지털 신호를 표시할 수 있다. 그림 8-58은 8채널 혼합신호 디지털 오실로스코프인 Tektronix MSO58을 보여준다.

디지털과 아날로그 오실로스코프의 기본적인 2가지 유형은 디지털파형을 보는 데 사용될 수 있다. 아날로그 스코프는 화면을 가로질러 휙 지나가는 것과 같이 브라운관(CRT) 내에 전자빔이 올라가거나 내려가는 운동을 제어하여 직접적으로 측정된 파형이 적용되는 일을 한다. 결과적으로 빔의 흔적은 화면상에 파형의 형태로 나타난다. 디지털 스코프는 A/D 변환기(ADC) 내에서

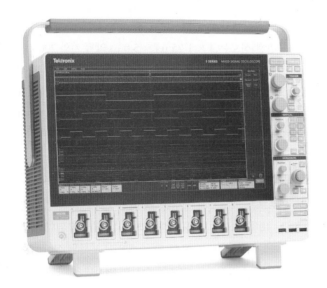

◀ 그림 8-58

혼합신호 디지털 오실로스코프
(Copyright© Tektronix, Reproduced
by permission)

샘플링 과정으로 디지털 정보로 측정된 파형으로 변환된다. 디지털 정보는 화면상의 파형을 재구성하는 데 사용된다.

디지털 스코프는 아날로그 스코프보다 좀 더 폭넓게 사용되고 있다. 하지만 어떤 특성을 좀 더 적당하게 만드는 특성을 가지고 있는 많은 응용에 다른 형태가 사용될 수 있다. 아날로그 스코프는 '실시간'에 발생하는 파형을 나타낸다. 디지털 스코프는 간헐적 또는 한 번 발생할 수 있는 천이진동을 측정하는 데 유용하게 사용된다. 또한 측정된 파형에 관한 정보는 디지털 스코프에 저장될 수 있기 때문에 나중에 보거나 출력을 하거나 컴퓨터나 다른 장치에 의해 완전히 해석될 수 있다.

디지털 스코프는 데이터 포인트를 얻기 위해 파형을 샘플링해야 하기 때문에 표시되는 파형은 매우 **빠른** 신호에 대해 정확하지 않을 수 있다. 이는 아날로그 스코프에서는 문제가 되지 않는 **앨리어싱**(aliasing)이라는 현상 때문이다. 앨리어싱은 스코프 설정으로 인해 오실로스코프가 신호를 적절하게 재구성할 만큼 빠르게 데이터를 샘플링하는 것을 허용하지 않을 때 발생한다. 결과적으로 관찰된 신호 주파수는 실제 주파수와 다르게 나타난다. 그림 8-59는 디지털 오실로스코프에서 어떻게 앨리어싱이 발생할 수 있는지 보여준다.

검은색 파형은 주기가 $1.0~\mu s$인 실제 $1.0~MHz$ 신호를 나타낸다. 그러나 디지털 스코프의 샘

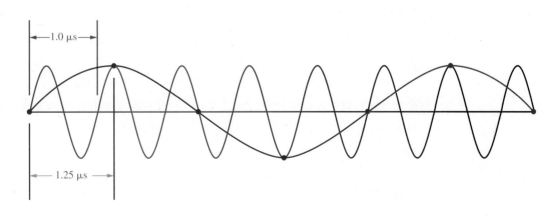

▲ 그림 8-59

신호 앨리어싱의 예

플링 속도가 800 kS/s (초당 800,000 샘플)인 경우 스코프는 1.25 μs마다 점으로 표시된 데이터를 수집한다. 그러면 재구성된 신호는 4 × 1.25 μs = 5.0 μs의 주기와 200 kHz의 주파수를 갖는 색상 파형으로 나타난다. 신호의 앨리어싱을 방지하려면 스코프의 최소 샘플링 속도가 측정되는 신호 주파수의 두 배 이상이어야 한다. 이 최소 속도를 **나이퀴스트 속도**(Nyquist rate) 라고 한다. 알 수 없는 신호를 측정할 때 앨리어싱을 방지하려면, 처음에는 수평 시간축 또는 Sec/Div 컨트롤을 가장 작도록 설정한 다음 안정적인 파형을 얻기 위해 필요에 따라 설정을 늘리면 된다.

아날로그 오실로스코프의 기본적인 작동

전압을 측정하기 위해 **프로브**는 스코프와 전압을 나타내는 회로 내의 점과 연결되어야만 한다. 일반적으로 ×10 프로브는 10배로 신호 진폭을 줄이(작게)는 데 사용된다. 신호는 실제의 진폭과 스코프의 수직 제어를 설정하는 장소에 따라 더 감소 혹은 증폭하는 곳에 수직회로 내부로 프로브를 통과하여 흐른다. 다음에 수직회로는 CRT의 수직의 편향판을 구동하고, 또한 신호는 톱니 파형을 사용하여 화면을 가로지르는 전자빔이 초기에 수평으로 반복하여 획 지나가는 트리거는 트리거 회로를 지나간다. 파형의 형상 내부에 화면을 가로지르는 고상선의 빔이 나타나고 초당 매우 많이 지나간다. 이런 기본적인 작동은 그림 8-60에 설명되었다.

▶ 그림 8-60

아날로그 오실로스코프의 블록 도식도

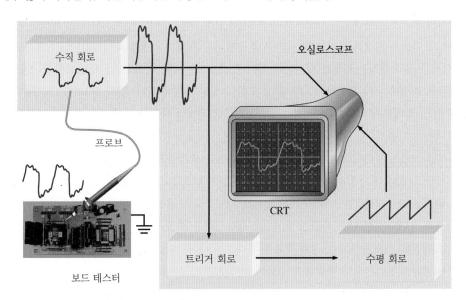

디지털 오실로스코프의 기본적인 작동

디지털 스코프의 일부분은 아날로그 스코프와 유사하다. 하지만 디지털 스코프는 아날로그 스코프보다 좀 더 복잡하고 전형적으로 CRT보다도 LCD 화면을 이용한다. 디지털 스코프는 파형을 나타내기보다는 처음에 아날로그 파형으로 측정된 것을 획득하고 ADC를 사용하여 디지털 형태로 변환한다. 디지털 데이터는 저장되고 처리된다. 그 다음에 데이터는 원래 아날로그 형태로 나타내기 위해 회로를 재구성하거나 나타낸다. 그림 8-61은 디지털 오실로스코프의 블록 도식도를 나타냈다.

오실로스코프 조정

전형적인 이중채널 오실로스코프의 앞쪽에서 보이는 것을 그림 8-62에 나타냈다. 기기는 모델과 제작자에 따라 다양하지만 대부분은 확실한 일반적인 특징을 가지고 있다. 예를 들면 2개의

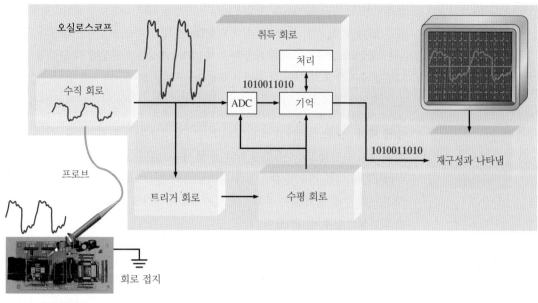

▲ 그림 8-61

디지털 오실로스코프의 블록 도식도

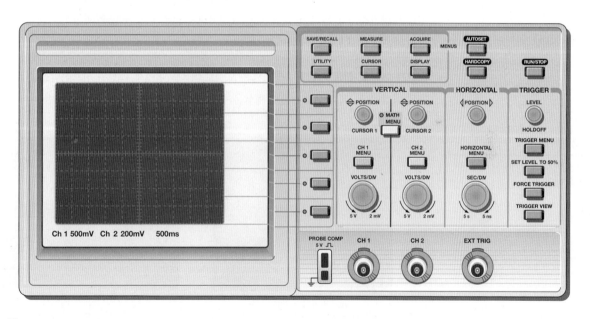

▲ 그림 8-62

전형적인 이중채널 오실로스코프 화면. 아래쪽의 숫자는 수직(전압)과 수평(시간)값에 대한 각각의 분할된 값을 나타내고 스코프에 수직과 수평 조정기를 사용함으로써 변화될 수 있다. 파형을 안정되게 한다.

수직 부분은 위치 조정, 채널 메뉴 버튼, Volt/Div 조정을 포함한다. 수평 영역은 Sec/Div 조정을 포함한다.

　주요 조정기의 일부는 설명했고 특별한 스코프의 완전하고 세부적인 사항은 사용자 지침서를 참조한다.

수직 제어　그림 8-62에 스코프의 수직 영역에 있어서 각각의 2개 채널(CH1과 CH2)은 동일한 조정기이다. 위치 제어는 화면 상에 나타낸 파형을 위와 아래로 수직으로 이동하게 한다. 메뉴 버튼은 연결 형태(교류, 직류, 접지)와 Volt/Div에 대한 대충과 정밀한 조정과 같이 화면상에 나타나는 몇 가지 항복의 선택을 제공한다. Volt/Div 조정은 화면상에 각 수직 분할에 의해 전압으로 나타낸 숫자를 조정한다. 각 채널당 Volt/Div 조정은 화면상의 버튼에 나타냈다. 수학 메뉴 버튼은 신호의 가감과 같이 입력파형으로 이루어질 수 있는 작동 영역을 제공한다.

수평 제어 수평 영역에서 조정기는 각 채널에 적용한다. 위치 제어는 화면상에 나타낸 파형을 좌와 우로 수평적으로 이동하게 한다. 수평 메뉴 버튼은 시간을 기초로 파형의 일부분을 확대해 나타내거나 다른 변수와 같은 것을 화면상에 나타나는 몇 가지 항목 선택을 제공한다. Sec/Div 조정은 각 수평 영역 혹은 주요 시간에 기초하여 시간을 나타내는 것을 조정한다. Sec/Div 설정은 화면상의 단추에 나타냈다.

트리거 제어 트리거 영역에서 기준은 트리거가 입력파형을 나타내는 것이 초기에 휙 지나가는 곳에 트리거 파형이 있는 점을 결정하도록 조정한다. 트리거 메뉴 버튼은 가장자리 혹은 경사 트리거, 트리거 근원, 트리거 형태, 다른 변수를 포함하여 화면상에 나타나는 몇 가지 항목을 제공한다. 또한 외부 트리거 신호를 위한 입력도 있다.

 트리거는 화면상의 파형과 단지 한 번 혹은 간헐적으로 발생하는 것에 부가하여 적절히 트리거를 안정시킨다. 또한 2개 파형 사이에 시간지상을 관찰하게 한다. 그림 8-63에서는 트리거한 것과 트리거하지 않은 것을 비교했다. 트리거하지 않은 신호는 많은 파형이 나타나게 만드는 화면을 가로질러 표류하는 경향이 있다.

스코프 내부로 신축 커플링 커플링은 오실로스코프 내에서 측정된 신호전압을 연결하는 데 사용된 방법이다. DC와 AC 커플링 형상은 수직 메뉴에서 선택한다. DC 커플링은 나타낸 것이 DC

▶ 그림 8-63

오실로스코프상에서 트리거하지 않은 것과 트리거한 파형의 비교

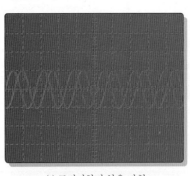

(a) 트리거하지 않은 파형

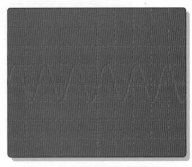

(b) 트리거한 파형

▶ 그림 8-64

교류 성분을 갖는 같은 파형의 표현

0 V

(a) DC로 커플된 파형

0 V

(b) AC로 커플된 파형

성분을 포함하는 파형만 가능하게 한다. AC 커플링은 신호의 직류 성분을 방해한다. 그리하여 0 V가 중심이 된 파형을 볼 수 있다. 접지 형상은 0 V 기준이 화면상에 있는 곳에서 보는 접지에 대해 입력 채널과 연결하는 것을 가능하게 한다. 그림 8-64는 직류성분을 정현파형을 사용하여 DC와 AC 커플링한 결과를 도시한 것이다.

그림 8-65에 나타낸 전압 프로브는 스코프와 신호를 연결하는 데 사용된다. 모든 기기는 하중 때문에 측정된 회로에 영향을 미치는 경향이 있으므로 대부분의 스코프 프로브는 하중 효과를 최소화하는 감쇠 회로를 제공한다. 프로브는 ×10 (곱하기 10)이라고 하는 10의 변수에 의해 측정된 신호를 감쇠한다. 감쇠가 없는 프로브는 ×1 (곱하기 1) 프로브라 한다. 대부분의 오실로스코프는 자동적으로 사용되는 프로브의 형상에 대한 감쇠를 위해 교정을 한다. 대부분의 측정을 위해 ×10 프로브가 사용된다. 하지만 매우 작은 신호를 측정한다면 ×1이 최선의 선택일 것이다.

◀ 그림 8-65

오실로스코프 전압 프로브(Copyright© Tektronix, Inc. Reproduced by permission)

프로브는 프로브의 입력 전기 용량에 대해 보상하는 조정기능을 가지고 있다. 대부분의 프로브는 프로브 보상을 위한 교정된 사각파를 제공하는 출력 보상 프로브를 가지고 있다. 측정하기 전에 프로브는 적절히 알고 있는 어떤 왜곡을 제거하도록 보상을 확실하게 해야 한다. 전형적으로 프로브를 조정하는 보상의 수단은 나사 혹은 다른 수단이 있다. 그림 8-66은 3가지 프로브 조건(적절히 보상된, 보상이 덜 된, 과다 보상된 것)에 대한 스코프 파형을 나타냈다. 만약 파형이 과다 혹은 미흡하게 보상되어 나타난다면 적절히 보상된 사각파가 얻어질 때까지 프로브를 조정하여 프로브가 고주파수를 적절하게 전도하는지를 확인해야 한다.

프로브 자체가 측정된 신호를 왜곡하지 않도록 하는 것 외에도 보상은 또 다른 목적으로도 사용된다. 이를 통해 운영자는 프로브가 연결된 스코프 채널이 올바르게 작동하는지 확인할 수 있다.

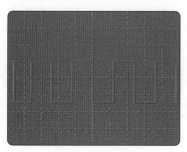
적절히 보상됨

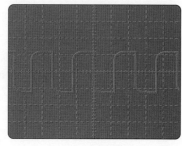
보상이 미흡함

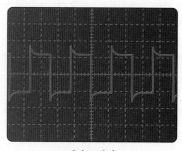
과다 보상됨

▲ 그림 8-66

프로브 보상 조건

예제 8-17

화면에 나타낸 Volt/Div와 Sec/Div 설정과 화면에 나타낸 디지털 스코프에서 그림 8-67에 있는 각 정현파의 첨두-첨둣값과 주기를 구하라. 정현파는 화면에 수직으로 집중되어 있다.

▶ 그림 8-67

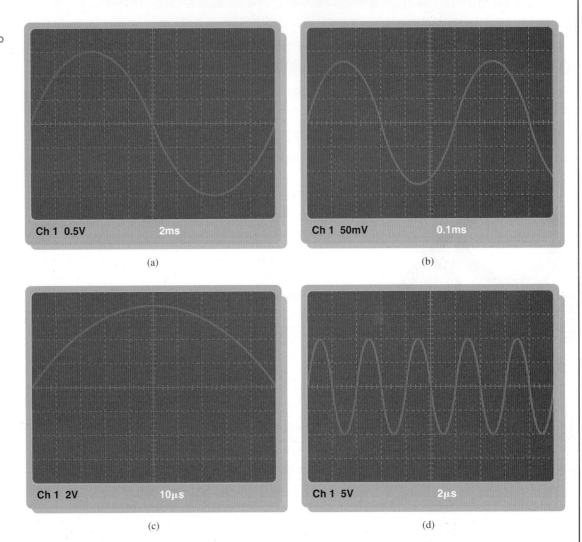

(a)   Ch 1 0.5V   2ms

(b)   Ch 1 50mV   0.1ms

(c)   Ch 1 2V   10μs

(d)   Ch 1 5V   2μs

풀이 그림 8-67(a)에서 수직 방향으로 눈금을 세면,

$$V_{pp} = 6.0 \text{ 분할} \times 0.5 \text{ V/분할} = \textbf{3.0 V}$$

수평 방향 눈금으로는(한 사이클이 10개의 분할에 걸쳐 있다)

$$T = 10 \text{ 분할} \times 2 \text{ ms/분할} = \textbf{20 ms}$$

그림 8-67(b)에서 수직 방향으로 눈금을 세면,

$$V_{pp} = 5.0 \text{ 분할} \times 50 \text{ mV/분할} = \textbf{250 mV}$$

수평 방향 눈금으로는(한 사이클이 6개의 분할에 걸쳐 있다)

$$T = 6.0 \text{ 분할} \times 0.1 \text{ ms/분할} = 0.6 \text{ ms} = \textbf{660 μs}$$

그림 8-67(c)에서 수직 방향으로 눈금을 세면, 정현파는 중앙의 수직선에 맞춰져 있으므로

$$V_{pp} = 6.8 \text{ 분할} \times 2 \text{ V/분할} = \textbf{13.6 V}$$

수평 방향 눈금으로는(한 사이클이 10개의 분할구역에 걸쳐 있다)

$$T = 20\ 분할 \times 10\ \mu s/분할 = \mathbf{200\ \mu s}$$

그림 8-67(d)에서 수직 방향으로 눈금을 세면,

$$V_{pp} = 4.0\ 분할 \times 5\ V/분할 = \mathbf{20\ V}$$

수평 방향 눈금으로는(한 사이클이 2개의 분할에 걸쳐 있다)

$$T = 2.0\ 분할 \times 2\ \mu s/분할 = \mathbf{4.0\ \mu s}$$

관련 문제 그림 8-67에 보이는 각 파형들의 실횻값과 주파수를 구하라.

공학용 계산기 소개의 예제 8-17에 있는 변환 예를 살펴보라.

8-9절 복습

해답은 이 장의 끝에 있다.

1. 디지털 오실로스코프와 아날로그 오실로스코프의 주된 차이점은 무엇인가?
2. 디지털 스코프는 파형을 재구성하기 위해 신호 데이터를 샘플링해야 하기 때문에 아날로그 스코프에서는 발생하지 않는 어떤 문제가 발생할 수 있는가?
3. 오실로스코프가 50 MHz 파형을 올바르게 표시하는 데 필요한 최소 샘플링 속도는 얼마인가?
4. 전압은 스코프 화면에서 수평적으로 혹은 수직으로 읽는가?
5. 오실로스코프에서 작동하는 것으로 Volt/Div 조정은 무엇인가?
6. 오실로스코프에서 작동하는 것으로 Sec/Div 조정은 무엇인가?
7. 전압 측정을 위한 수단으로 ×10 프로브는 언제 사용해야 하는가?

응용과제

정현파, 삼각파, 펄스를 출력신호로 만드는 특별한 함수 발생기를 점검하는 과제를 맡았다고 가정하자. 각각의 파형에 대해 최소 주파수, 최대 주파수, 최소 진폭, 최대 진폭, 음과 양의 최대 dc 편차(offsets), 펄스 파형 듀티 사이클의 최솟값과 최댓값을 오실로스코프로 측정하고, 논리적인 형태로 측정결과를 기록할 것이다.

1단계: 함수 발생기의 기능 숙지

그림 8-68에 보인 함수 발생기의 각각의 제어는 동그라미가 쳐진 숫자로 표시되어 있고 설명서는 다음과 같다.

1. *power on/off switch* 이 버튼을 누르면 전원이 들어온다. 다시 한번 이 버튼을 누르면 전원이 꺼진다.
2. *Function switch* 이 단추 중 원하는 단추를 눌러 정현파, 삼각파, 펄스 출력을 선택한다.
3. *Frequency/amplitude range switch* 이 스위치들은 (4)번의 주파수 조정기와 함께 사용된다.
4. *Frequency adjustment control* 선택한 주파수대의 특정 주파수

를 이 다이얼을 돌려서 맞춘다.

5. *DC offset/duty cycle control* 이 조절기는 교류출력의 직류 레벨을 조정한다. 이 조절기로 어떤 파형에 양이나 음의 직류 레벨을 더하거나 진동파 출력의 듀티 사이클을 조절할 수 있다. 정현파, 삼각파 출력은 이 조정기에 의해 영향을 받지 않는다.

2단계: 정현파 출력의 측정

함수 발생기의 출력을 스코프의 채널 1(CH1) 입력단자에 연결하고 정현파 출력 스위치를 누른다. 스코프의 결합 스위치를 dc에 맞춘다.

그림 8-69(a)에서 함수 발생기의 진폭과 주파수를 최솟값으로 맞추었다고 가정한다. 이 값들을 측정하고 기록한다. 진폭을 최댓값과 실횻값으로 표현한다.

그림 8-69(b)에서는 진폭과 주파수를 최댓값으로 맞추어졌다고 가정한다. 이 값들을 측정하고 기록한다. 진폭을 최댓값과 실횻값으로 표현한다.

▶ 그림 8-68

함수 발생기

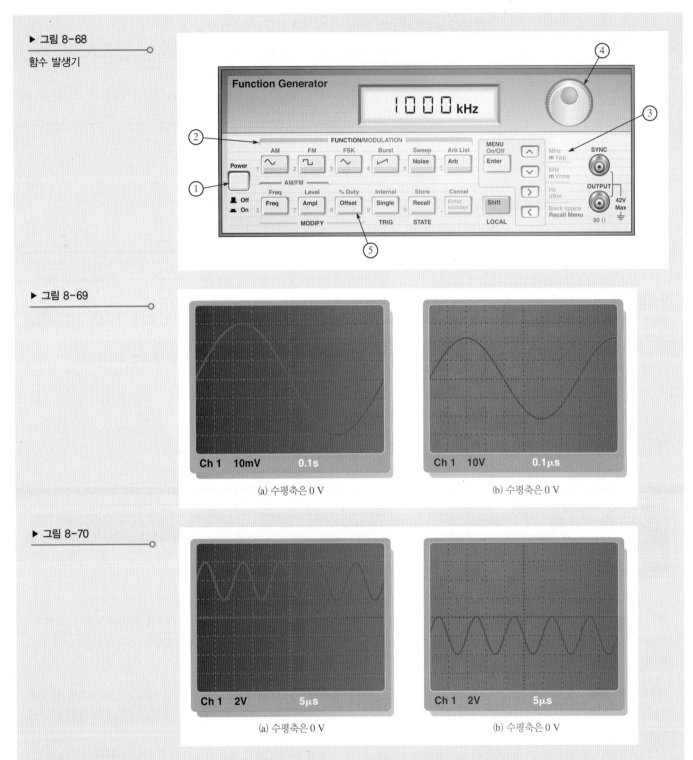

▶ 그림 8-69

(a) 수평축은 0 V

(b) 수평축은 0 V

▶ 그림 8-70

(a) 수평축은 0 V

(b) 수평축은 0 V

3단계: DC 오차의 측정

함수 발생기의 정현파 진폭과 주파수를 임의의 값에 맞추어 놓고 dc 편차를 측정한다. 스코프의 결합 스위치는 dc에 맞춘다.

그림 8-70(a)에서 함수 발생기의 직류오차는 양의 최댓값으로 조절한다. 이 값을 측정하고 기록한다.

그림 8-70(b)에서 직류오차는 음의 최댓값으로 조절한다. 이 값을 측정하고 기록한다.

4단계: 삼각파 출력의 측정

함수 발생기에서 삼각파 출력을 선택한다. 스코프의 결합 스위치는 ac에 맞추어 놓는다.

그림 8-71(a)에서 함수 발생기의 진폭과 주파수는 최솟값으로 맞춘다. 이 값을 측정하고 기록한다.

그림 8-71(b)에서 함수 발생기의 진폭과 주파수는 최댓값으로 맞춘다. 이 값을 측정하고 기록한다.

▶ 그림 8-71

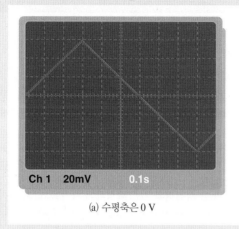

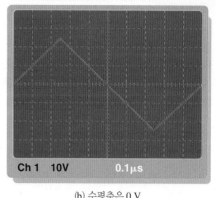

(a) 수평축은 0 V

(b) 수평축은 0 V

▶ 그림 8-72

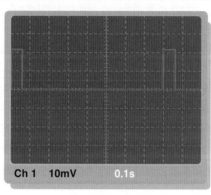

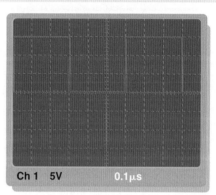

(a) 수평축은 0 V

(b) 수평축은 0 V

5단계: 펄스 출력의 측정

함수 발생기에서 펄스 출력을 선택한다. 스코프의 결합 스위치는 dc에 맞춘다.

그림 8-72(a)에서 함수 발생기의 진폭과 주파수는 최솟값으로 맞춘다. 듀티 사이클은 최소로 조절한다. 이 값을 측정하고 기록한다. 듀티 사이클을 백분율로 나타내라.

그림 8-72(b)에서 함수 발생기의 진폭과 주파수는 최댓값으로 맞춘다. 듀티 사이클은 최대로 조절한다. 이 값을 측정하고 기록한다. 듀티 사이클을 백분율로 나타내라.

Multisim 분석

Multisim 파일을 열어라. 화면에 오실로스코프와 함수 발생기를 그림 8-73에 나타낸 것과 같이 확대 보기에 있는 세부 조절기를 보고 각 기기를 2번 클릭하라. 정현파 함수를 선택하라, 100 mV$_{PP}$로 진폭, 1.0 kHz로 주파수를 설정한다. 오실로스코프 측정값을 변화시켜라. 1.0 V와 50 kHz, 10 V와 1.0 MHz로 반복한다.

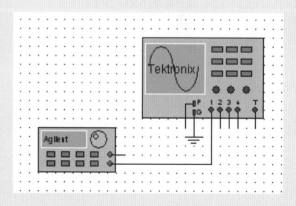

▲ 그림 8-73

응용과제 복습

1. 일반적으로 주파수를 정확하게 측정하려면 스코프에서 Sec/Div 조절기를 어디에 맞추어야 하는가?

2. 일반적으로 진폭을 정확하게 측정하려면 스코프에서 Volts/Div 조정기를 어디에 맞추어야 하는가?

3. 스코프의 각 채널에 있는 AC, GND, DC 스위치에서 각 위치가 쓰이는 목적은 무엇인가?

요약

- 정현파는 시간에 따라 변화하는 주기적인 파형이다.
- 정현파는 교류전류(ac)와 교류전압의 일반적인 형태이다.
- 교류전류는 전원전압의 극성이 변함에 따라 방향이 바뀐다.
- 교류 정현파의 한 사이클은 하나의 양의 교번과 부의 교번으로 이루어진다.
- 1/2사이클에서 결정된 정현파의 평균값은 최댓값의 0.637배이다. 완전한 사이클에서 결정된 정현파의 평균값은 영(0)이다
- 정현파의 한 사이클은 360° 또는 2π라디안이다. 반 사이클은 180° 또는 π라디안이다. 1/4주기는 90° 또는 π/2라디안이다.
- 위상 각도는 두 정현파 사이의 차이 또는 정현파와 기준 파형과의 차이를 도(또는 라디안)로 나타낸 것이다.
- 페이저의 각도는 정현파의 각도를 나타내고 페이저의 길이는 진폭을 나타낸다.
- 옴의 법칙이나 키르히호프의 법칙을 교류회로에 적용할 때 같은 방식으로 나타낸 전압과 전류를 사용해야 한다.
- 저항성 교류회로에서 전력은 실횻값 전압과 전류 실횻값을 사용하여 계산한다.
- 교류발전기는 자기장과 도체 사이에서 상대 운동을 할 때 전력을 생산한다.
- 대부분의 교류발전기는 고정자에서 출력을 얻는다. 회전자는 이동 자계성을 제공한다.
- 교류 모터의 주요 유형은 유도 모터와 동기 모터이다.
- 유도 모터는 고정자에서 회전장에 반응하여 회전하는 회전자를 가지고 있다.
- 동기 모터는 고정자장과 동기하여 일정한 속도로 움직인다.
- 펄스는 기준선 수준에서 진폭 수준까지 변화하는 것으로 구성되어 있고, 다시 기준선 수준으로 변화하는 파형이다.
- 삼각파와 톱니파는 양의 기울기를 갖는 램프와 음의 기울기를 갖는 램프로 이루어진다.
- 고조파 주파수는 비정현파형의 반복률(또는 기본 주파수)의 홀수 또는 짝수의 배수이다.
- 표 8-2에 정현파 값의 변환을 요약했다.
- 디지털 오실로스코프에는 앨리어싱 문제가 발생할 수 있다. 앨리어싱을 방지하려면 샘플링 속도가 측정되는 신호 주파수의 두 배보다 커야 한다.

▶ 표 8-2

수정할 값	수정된 값	곱하는 값
최댓값	실횻값	0.707
최댓값	첨두-첨둣값	2
최댓값	평균값	0.637
실횻값	최댓값	1.414
첨두-첨둣값	최댓값	0.5
평균값	최댓값	1.57

핵심용어

고조파 기본 주파수의 정수 배인 주파수가 포함된 합성 파형에서의 주파수들

기본 주파수 파형의 반복 비율

나이퀴스트 속도 신호의 앨리어싱을 방지하는 데 필요한 최소 샘플링 속도는 측정된 신호주파수의 두 배보다 크다.

다람쥐 집 회전전류를 위한 전기적인 도체 형태인 유도 모터의 회전자 내부의 알루미늄 구조

도 한 회전의 1/360에 해당되는 각을 측정하는 단위

동기 모터   고정자의 회전자장과 같은 비율로 회전자가 움직이는 교류 모터

듀티 사이클   한 사이클 동안 펄스가 존재하는 시간의 퍼센트 값을 나타내는 펄스파형의 특성. 분수 또는 퍼센트로 표시되는 펄스폭의 비율

라디안   각도 측정의 단위. 완전한 360° 회전에서 2π 라디안을 가진다. 1라디안은 57.3°와 같다.

램프   전압이나 전류의 선형적인 증가 또는 감소적인 특징을 가지는 파형

발진기   양의 피드백을 사용하여 외부 입력신호 없이 시간에 따라 변화하는 신호를 생성하는 전자회로

사이클   주기적인 파형의 한 반복

상승시간(t_r)   펄스가 낮은 준위에서 높은 준위로 전이하는 동안에 필요한 시간

순시값   주어진 순간에서 파형의 전압 또는 전류값

슬립   유도 모터에서 고정자장과 회전자 속도 사이의 동기 속도 사이의 차이

실횻값   제곱근을 의미하며 실횻값이라고 한다. 대부분의 교류전압계는 전압의 실횻값을 나타낸다.

앨리어싱   부적절한 샘플링으로 인해 관측된 신호의 주파수가 실제 주파수와 다르게 나타나는 현상

오실로스코프   신호 파형을 스크린에 나타내는 측정기기

위상   시간에 따라 변화하는 파형의 기준에서의 상대적인 측정 각도

유도 모터   교류 모터는 변압기 작용에 의해 회전자를 가진시켜 얻는다.

정현파   교류전류와 교류전압의 기본적인 형태로 사인파 또는 사인 곡선이라고도 한다.

주기(T)   주기적인 파형의 완전한 한 사이클의 시간 간격

주기적   고정된 시간 간격에서 반복에 의한 특성

주파수(f)   정현파가 1초 동안에 이루는 사이클의 수. 단위는 헤르츠

진폭   전압 또는 전류의 최대치

첨두-첨둣값   최대 양 또는 음의 지점에서의 전압 또는 전류값

최댓값   파형의 양(+)과 음(−)의 최고점에서의 전류 혹은 전압값

파형   전압이나 전류가 시간에 따라 어떻게 변하는지를 나타내는 변동의 패턴

펄스   전압 또는 전류에서 시간 간격으로 분리되어 2개의 서로 마주보고 있는 스텝으로 구성된 파형의 한 종류

펄스폭(t_w)   시간 간격에 의해 나누어지는 크기가 같고 반대 방향으로 순간적으로 변화하는 스텝 사이의 경과시간. 비이상적인 펄스의 경우 선단부와 후단부의 50% 되는 지점의 시간

하강시간(t_f)   펄스의 진폭 변화가 90%에서 10%로 이르기까지의 시간

함수 발생기   1가지 이상의 파형을 만드는 기기

헤르츠(Hz)   주파수의 단위. 1헤르츠는 초당 한 주기와 같다.

수식

8-1	$f = \dfrac{1}{T}$	주파수
8-2	$T = \dfrac{1}{f}$	주기
8-3	$V_{pp} = 2V_p$	첨두-첨둣값 전압(정현파)
8-4	$I_{pp} = 2I_p$	첨두-첨둣값 전류(정현파)
8-5	$V_{rms} = 0.707V_p$	실횻값 전압(정현파)
8-6	$I_{rms} = 0.707I_p$	실횻값 전류(정현파)
8-7	$V_p = 1.414V_{rms}$	최대 전압(정현파)
8-8	$I_p = 1.414I_{rms}$	최대 전류(정현파)
8-9	$V_{pp} = 2.828V_{rms}$	첨두-첨둣값 전압(정현파)

8-10	$I_{pp} = 2.828\,I_{rms}$		첨두–첨둣값 전류(정현파)
8-11	$V_{avg} = 0.637V_p$		반 사이클 평균 전압(정현파)
8-12	$I_{avg} = 0.637\,I_p$		반 사이클 평균 전압(정현파)
8-13	$rad = \left(\dfrac{\pi\,rad}{180°}\right) \times degrees$		도를 라디안으로 변환
8-14	$degrees = \left(\dfrac{180°}{\pi\,rad}\right) \times rad$		라디안을 도로 변환
8-15	$y = A\sin\theta$		정현파의 일반식
8-16	$v = V_p\sin\theta$		정현파전압
8-17	$i = I_p\sin\theta$		정현파전류
8-18	$y = A\sin(\theta - \phi)$		위상이 뒤지는 정현파
8-19	$y = A\sin(\theta + \phi)$		위상이 앞서는 정현파
8-20	$f = \dfrac{Ns}{120}$		교류발전기의 출력 주파수
8-21	% 듀티 사이클 $= \left(\dfrac{t_W}{T}\right)100\%$		듀티 사이클
8-22	$V_{avg} =$ 기준선 값 + (듀티 사이클)(진폭)		펄스파형의 평균값

참/거짓 퀴즈   해답은 이 장의 끝에 있다.

1. 60 Hz 정현파의 주기는 16.7 ms이다.

2. 정현파의 실횻값과 평균값은 같다.

3. 10 V의 최댓값을 갖는 정현파는 10 V 직류전원과 같은 가열 효과를 가지고 있다.

4. 정현파의 최댓값은 그것의 진폭과 같다.

5. 360°의 라디안의 수는 2π이다.

6. 3상 전기시스템에서 위상은 60°로 나누었다.

7. 가진기의 목적은 교류발전기에 대해 직류 회전자 전류를 공급하는 것이다.

8. 자동차용 교류발전기에 있어서 출력전류는 슬립 링을 통해 회전자에서 얻는다.

9. 유도 모터에서 유지관리 문제는 브러시를 교환하는 것이다.

10. 동기 모터는 일정한 속도가 요구될 때 사용할 수 있다.

자습 문제   해답은 이 장의 끝에 있다.

1. 다음 중 교류와 직류의 차이점은?

    (a) 교류는 값이 변하지만 직류는 변하지 않는다　　(b) 교류는 방향이 바뀌지만 직류는 바뀌지 않는다

    (c) (a)와 (b) 모두　　　　　　　　　　　　　　(d) (a)와 (b) 모두 아니다

2. 각 주기 동안에 정현파는 몇 번 첨둣값에 도달하는가?

    (a) 한 번　　　　　　　　　　　　　　　　　　(b) 두 번

    (c) 네 번　　　　　　　　　　　　　　　　　　(d) 주파수에 따라 달라진다

3. 주파수가 12 kHz인 정현파는 다음 어느 주파수를 갖는 정현파보다 빨리 변화하는가?

    (a) 20 kHz　　　　　(b) 15,000 Hz　　　　　(c) 10,000 Hz　　　　　(d) 1.25 MHz

4. 주기가 2.0 ms인 정현파는 다음 어느 주파수를 갖는 정현파보다 빨리 변화하는가?

    (a) 1.0 ms　　　　　(b) 0.0025 s　　　　　(c) 1.5 ms　　　　　(d) 1000 μs

5. 60 Hz 주파수의 정현파는 10초 후에 몇 주기를 마치는가?

(a) 6.0 사이클   (b) 10 사이클   (c) 1/16 사이클   (d) 600 사이클

6. 정현파의 최댓값이 10 V라면 첨두–첨둣값은 얼마인가?

(a) 20 V   (b) 5.0 V   (c) 100 V   (d) 어느 것도 아니다

7. 정현파의 최댓값이 20 V라면 실횻값은 얼마인가?

(a) 14.14 V   (b) 6.37 V   (c) 7.07 V   (d) 0.707 V

8. 최댓값이 10 V인 정현파의 한 사이클에 대한 평균값은?

(a) 0 V   (b) 6.37 V   (c) 7.07 V   (d) 5.0 V

9. 최댓값이 20 V인 정현파의 반 사이클에 대한 평균값은?

(a) 0 V   (b) 6.37 V   (c) 12.74 V   (d) 14.14 V

10. 어떤 정현파가 10°에서 기울기가 양의 값을 가지며 0을 지나고 다른 정현파는 45°에서 기울기가 양의 값을 가지며 0을 지난다. 두 파형의 위상각은?

(a) 55°   (b) 35°   (c) 0°   (d) 어느 것도 아니다

11. 최댓값 15 A의 정현파가 있다. 양의 값으로 향하며 0을 지나는 곳에서 32° 떨어진 점에서 순시값을 구하라.

(a) 7.95 A   (b) 7.5 A   (c) 2.13 A   (d) 7.95 V

12. 10 kΩ 저항을 5.0 mA의 실효전류가 흐르면 이 저항의 양단에 걸리는 실효전압은?

(a) 70.7 V   (b) 7.07 V   (c) 5.0 V   (d) 50 V

13. 2개의 저항이 전원에 연결되어 있다. 한 저항에 실효전압 6.5 V, 다른 저항에 실효전압 3.2 V가 걸린다면 전원전압의 최댓값은?

(a) 9.7 V   (b) 9.19 V   (c) 13.72 V   (d) 4.53 V

14. 3상 유도 모터의 장점은 무엇인가?

(a) 어떠한 하중에도 일정한 속도 유지   (b) 구동 권선이 필요 없다

(c) 환형 회전자를 가지고 있다   (d) 위의 내용 모두

15. 고정자장의 동기 속도와 모터의 회전자 속도와의 차이를 무엇이라 부르는가?

(a) 차이 속도   (b) 하중   (c) 지상   (d) 미끄러짐

16. 펄스폭이 10 μs인 10 kHz 펄스의 듀티 사이클은?

(a) 100%   (b) 10%   (c) 1%   (d) 알 수 없다

17. 구형파의 듀티 사이클은 얼마인가?

(a) 주파수에 따라 달라진다   (b) 펄스폭에 따라 달라진다

(c) (a)와 (b)   (d) 50%

고장진단: 증상과 원인

이를 연습하는 목적은 고장진단에 필수적인 사고력 개발에 도움을 주기 위한 것이다. 해답은 이 장의 끝에 있다.

그림 8-74를 참조하여 각각 여러 가지로 일어날 수 있는 경우를 예상한다.

▶ 그림 8-74

회로에서 교류전압계들이 정확하게 지시된다.

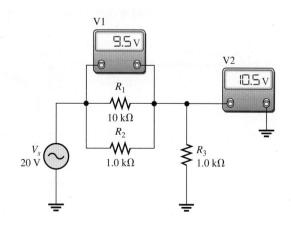

1. 증상: 전압계 1의 눈금이 0 V이고 전압계 2의 눈금이 20 V인 경우
   원인:
   (a) R_1이 열림　　　　　　　　　　(b) R_2가 열림　　　　　　　　　　(c) R_3가 열림

2. 증상: 전압계 1의 눈금이 20 V이고 전압계 2의 눈금이 0 V인 경우
   원인:
   (a) R_1이 열림　　　　　　　　　　(b) R_2가 닫힘　　　　　　　　　　(c) R_3가 닫힘

3. 증상: 전압계 1의 눈금이 18.2 V이고 전압계 2의 눈금이 1.8 V인 경우
   원인:
   (a) R_1이 열림　　　　　　　　　　(b) R_2가 열림　　　　　　　　　　(c) R_1이 닫힘

4. 증상: 두 전압계 눈금 모두 10 V인 경우
   원인:
   (a) R_1이 열림　　　　　　　　　　(b) R_1이 닫힘　　　　　　　　　　(c) R_2가 열림

5. 증상: 전압계 1의 눈금이 16.7 V이고 전압계 2의 눈금이 3.3 V인 경우
   원인:
   (a) R_1이 닫힘　　　　　　　　　　(b) R_2가 10 kΩ 대신 1.0 kΩ　　　　　(c) R_3가 10 kΩ 대신 1.0 kΩ

연습 문제

홀수 번호 연습 문제의 해답은 이 책의 끝에 있다.

기초 문제

8-1 정현파형

1. 다음의 각 주기에 대한 주파수는 얼마인가?
   (a) 1.0 s　　　(b) 0.2 s　　　(c) 50 ms　　　(d) 1.0 ms　　　(e) 500 μs　　　(f) 10 μs

2. 다음 주파수에 대한 주기를 각각 구하라.
   (a) 1.0 Hz　　　(b) 60 Hz　　　(c) 500 Hz　　　(d) 1.0 kHz　　　(e) 200 kHz　　　(f) 5.0 MHz

3. 어떤 정현파가 10 ms 동안에 5.0사이클을 이룬다. 주기는 얼마인가?

4. 주파수가 50 kHz인 정현파는 10 ms 동안에 몇 사이클을 이루는가?

5. 완전한 100사이클에 대해 10 kHz 정현파를 얻는 데 걸리는 시간은?

8-2 정현파의 전압과 전류값

6. 어떤 정현파의 최댓값이 12 V이다. 다음 전압값을 구하라.
   (a) 실횻값　　　　　　(b) 첨두-첨둣값　　　　　　(c) 반 사이클 평균값

7. 정현파전류의 실횻값이 5.0 mA일 때 다음 전류값을 구하라.
   (a) 최댓값　　　　　　(b) 반 사이클 평균값　　　　(c) 첨두-첨둣값

8. 그림 8-75의 정현파에 대한 최댓값, 첨두-첨둣값, 실횻값, 평균값을 구하라.

▶ 그림 8-75

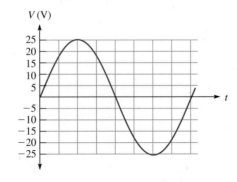

9. 그림 8-75에서 각 수평 영역이 1.0 ms라고 한다면 다음에서 순간 전압값을 결정하라.

  (a) 1.0 ms   (b) 2.0 ms   (c) 4.0 ms   (d) 7.0 ms

8-3 정현파의 각도 측정

10. 그림 8-75에서 순간 전압은 어느 위치인가?

  (a) 45°   (b) 90°   (c) 180°

11. 양의 기울기를 갖고 0을 지나는 점이 정현파 A는 30°, 정현파 B는 45°이다. 두 정현파 사이의 위상각을 구하라. 어느 정현파의 위상이 앞서는가?

12. 두 정현파가 각각 75°와 100°에서 최댓값을 갖는다. 각 정현파는 0° 기준점에 대해 위상이 얼마나 바뀌었나? 두 정현파 간의 위상각은 얼마인가?

13. 다음과 같은 두 정현파를 그려라. 정현파 A를 기준으로 정현파 B는 A보다 위상이 90° 늦다. 진폭은 서로 같다.

14. 다음 각도를 라디안으로 바꾸어라.

  (a) 30°   (b) 45°   (c) 78°   (d) 135°   (e) 200°   (f) 300°

15. 다음의 각도를 라디안에서 도로 바꾸어라.

  (a) $\pi/8$ (b) $\pi/3$ (c) $\pi/2$ (d) $3\pi/5$ (e) $6\pi/5$ (f) 1.8π

8-4 정현파 공식

16. 어떤 정현파가 0°에서 양의 기울기를 가지며 0을 지나고 실횻값은 20 V이다. 다음 각도에서 순시값이 각각 얼마인가?

  (a) 15°   (b) 33°   (c) 50°   (d) 110°
  (e) 70°   (f) 145°   (g) 250°   (h) 325°

17. 0° 기준점에서 사인과 전류의 최댓값이 100 mA이다. 다음 각 점에서 순시값을 구하라.

  (a) 35°   (b) 95°   (c) 190°   (d) 215°   (e) 275°   (f) 360°

18. 0° 기준점에서 정현파의 실횻값이 6.37 V이다. 다음 각 점에서 순시값을 구하라.

  (a) $\pi/8$ rad   (b) $\pi/4$ rad   (c) $\pi/2$ rad   (d) $3\pi/4$ rad
  (e) π rad   (f) $3\pi/2$ rad   (g) 2π rad

19. 정현파 A가 정현파 B보다 위상이 30° 뒤진다. 두 정현파의 최댓값은 모두 15 V이다. 정현파 A가 0°에서 양의 기울기로 0을 지난다. 30°, 45°, 90°, 180°, 200°, 300°에서 정현파 B의 순시값을 구하라.

20. 19번 문제에서 정현파 A가 B보다 위상이 30° 앞서는 경우에 정현파 B의 순시값을 구하라.

8-5 교류회로의 해석

21. 정현파전압이 그림 8-76의 저항성 회로에 인가되었다. 다음을 구하라.

  (a) I_{rms} (b) I_{avg} (c) I_p (d) I_{pp} (e) 양의 최댓값에서 i

22. 그림 8-77에서 R_1과 R_2에 걸리는 전압의 반 사이클 평균값을 구하라. 그림에서 주어진 값들은 실횻값이다.

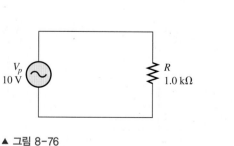

▲ 그림 8-76

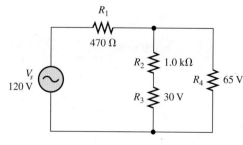

▲ 그림 8-77

23. 그림 8-78에서 R_3에 걸리는 실효전압을 구하라.

▶ 그림 8-78

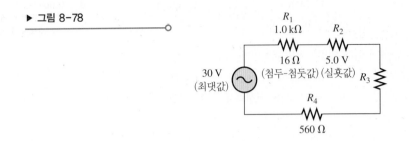

24. 실횻값이 10.6 V인 정현파가 24 V의 직류전압에 인가되었다. 이 중첩된 파형의 최댓값과 최솟값은 얼마인가?

25. 실효전압이 3.0 V인 정현파가 모든 점에서 0이 아닌 양의 값을 가지려면 몇 V의 직류전압을 더해야 하는가?

26. 최댓값이 6.0 V인 정현파가 8 V의 직류전압에 인가되었다. 직류전압이 5.0 V로 낮아진다면 정현파가 갖는 음의 최댓값은?

8-6 교류발전기(AC 발전기)

27. 단순한 이극의 회전자 전도선회로이고, 단상 발전기가 250 rps로 회전한다. 유도된 출력전압의 주파수는 얼마인가?

28. 어떤 4극 발전기는 3600 rpm의 회전속도를 가지고 있다. 이 발전기에 의해 만들어진 전압의 주파수는 얼마인가?

29. 400 Hz 정현파전압을 만들어내도록 작동되는 4극 발전기의 회전속도는 얼마인가?

30. 항공기에 교류발전기를 위한 공통 주파수는 400 Hz이다. 만일 3000 rpm의 회전속도를 갖는 400 Hz 교류발전기는 얼마만큼의 극수이어야 하는가?

8-7 교류 모터

31. 단상 유도 모터와 3상 유도 모터 사이의 주요한 차이점은 무엇인가?

32. 이동하는 영역 부분에 코일이 없다면 유도 모터에 있는 영역은 어떻게 회전하는지 설명하라.

8-8 비정현파형

33. 그림 8-79의 그래프에서 t_r, t_f, t_w, 진폭을 구하라.

▶ 그림 8-79

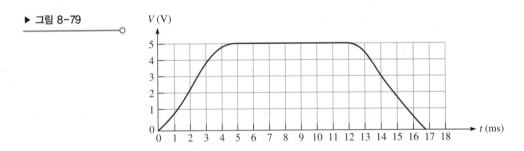

34. 그림 8-80에서 각 펄스파형의 듀티 사이클을 계산하라.

▶ 그림 8-80

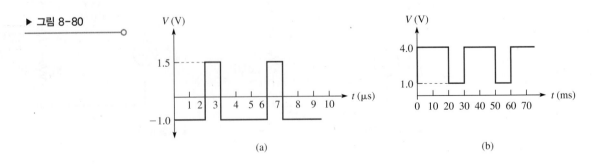

(a)   (b)

35. 그림 8-80에서 각 펄스파형의 평균값을 구하라.

36. 그림 8-80에서 각 파형의 주파수는 얼마인가?

37. 그림 8-81에서 각 톱니파형의 주파수는 얼마인가?

▶ 그림 8-81

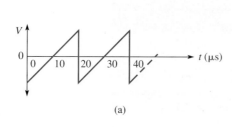 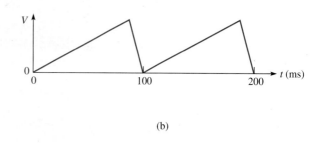

(a)   (b)

38. 주기가 40 μs인 구형파의 여섯 번째까지의 홀수 고조파를 적어라.

39. 38번 문제에서 구형파의 기본 주파수는 얼마인가?

8-9 오실로스코프

40. 그림 8-82의 스코프 화면에 나타난 정현파의 최댓값과 주기를 구하라. 수평축은 0 V이다.

41. 그림 8-82의 스코프 화면에 나타난 정현파의 실횻값과 주파수를 구하라.

▶ 그림 8-82

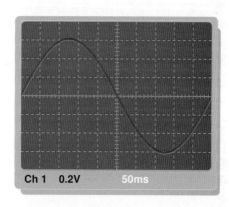

42. 그림 8-83의 아날로그 스코프 화면에 나타난 정현파의 실횻값과 주파수를 구하라. 수평축은 0 V이다.

▶ 그림 8-83

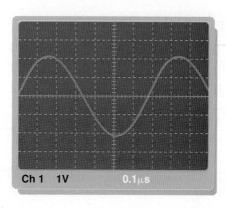

43. 그림 8-84의 스코프 화면에 나타난 펄스파형의 진폭, 펄스폭, 듀티 사이클을 구하라. 수평축은 0 V이다.

▶ 그림 8-84

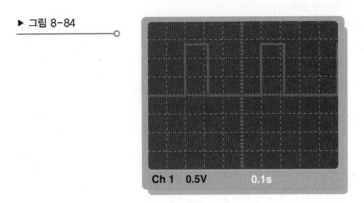

Ch 1 0.5V   0.1s

고급 문제

44. 어떤 정현파의 주파수가 2.2 kHz이고 실횻값이 25 V이다. $t = 0$ s일 때 이 정현파가 0을 지나면 0.12 ms와 0.2 ms 사이에서 전압이 얼마가 변하는가?

45. 그림 8-85에서 직류전원에 정현파 전압원이 직렬로 연결되어 두 전압이 중첩된다. R_L에 인가되는 전압을 그려라. 그리고 R_L에 흐르는 최대 전류와 R_L에 걸리는 평균 전압을 구하라.

▶ 그림 8-85

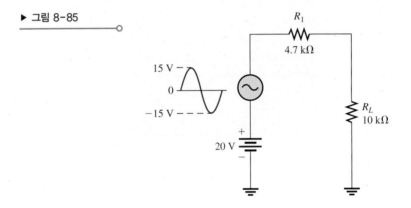

46. 그림 8-86의 계단형 비정현파형의 평균값을 구하라.

▶ 그림 8-86

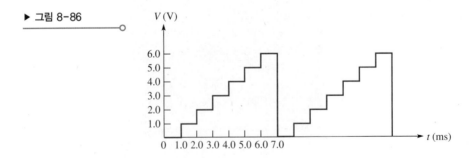

47. 그림 8-87의 오실로스코프를 참조하라.

(a) 몇 사이클이 화면에 보이는가?

(b) 정현파의 실횻값은 얼마인가?

(c) 정현파의 주파수는 얼마인가?

48. Volts/Div 조정기를 5.0 V/Div에 맞추면 정현파가 화면에 어떻게 나타나는지를 눈금표시가 되어 있는 그림 8-87의 스코프 화면상에 정확히 그려라.

49. Sec/Div 조정기를 10 μs/Div에 맞추면 정현파가 화면에 어떻게 나타나는지를 눈금표시가 되어 있는 그림 8-87의
스코프 화면상에 정확히 그려라.

▶ 그림 8-87

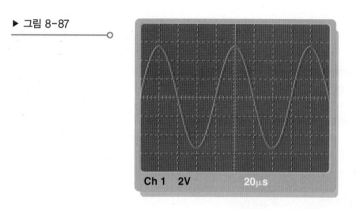

50. 그림 8-88에 보인 계측기 설정과 스코프 화면의 검사, 그리고 회로판을 근거로 하여 입력신호와 출력신호의 주파수

▶ 그림 8-88

(그림 색깔은 책 뒷부분
의 컬러 페이지 참조)

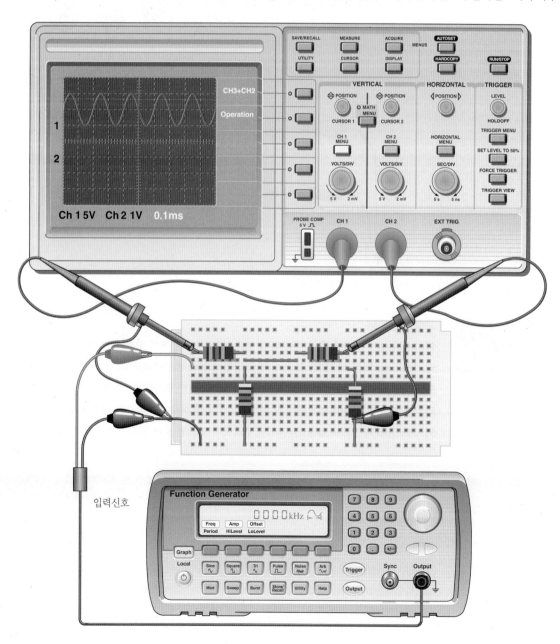

와 최댓값을 구하라. 파형은 채널 1에 보인다. 지시된 설정에 따라 스코프의 채널 2에 나타나게 될 파형을 그려라.

51. 그림 8-89의 회로판과 오실로스코프 화면이 되도록 구성하고 미지의 입력신호의 주파수와 최댓값을 구하라.

▶ **그림 8-89**

(그림 색깔은 책 뒷부분
의 컬러 페이지 참조)

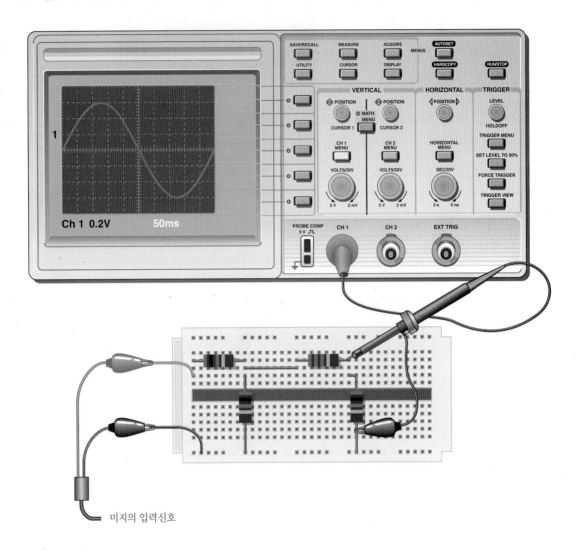

미지의 입력신호

고장진단 문제

52. Multisim 파일 P08-52를 열어라. 오실로스코프를 사용하여 정현파전압의 최댓값과 주기를 측정하라.

53. Multisim 파일 P08-53을 열어라. 만약 잘못이 있다면 찾아내고, 그것에 대해 설명하라.

54. Multisim 파일 P08-54를 열어라. 만약 잘못이 있다면 찾아내고, 그것에 대해 설명하라.

55. Multisim 파일 P08-55를 열어라. 오실로스코프를 사용하여 펄스파형의 진폭과 주기를 측정하라.

56. Multisim 파일 P08-56을 열어라. 만약 잘못이 있다면 찾아내고, 그것에 대해 설명하라.

해답

각 절의 복습

8-1 정현파형

1. 한 사이클은 영을 지나고 양의 최댓값에 도달하고 다시 0을 지나 음의 최댓값을 거쳐서 다시 0으로 온다.

2. 정현파는 0을 지나면 극성이 바뀐다.

3. 정현파에는 한 사이클에서 최댓값이 두 번 있다.

4. 주기는 0을 지나는 점에서 그에 대응하는 0을 지나는 다음 점까지로 측정되거나, 최대점에서 그에 대응하는 다음 최대점까지로 측정된다.

5. 주파수는 1초 동안 이루는 사이클의 수이며 단위는 헤르츠이다.

6. $f = 1/5\ \mu s = 200\ \text{kHz}$

7. $T = 1/120\ \text{Hz} = 8.33\ \text{ms}$

8-2 정현파의 전압과 전류값

1. (a) $V_{pp} = 2(1.0\ \text{V}) = 2.0\ \text{V}$

  (b) $V_{pp} = 2(1.414)(1.414\ \text{V}) = 4.0\ \text{V}$

  (c) $V_{pp} = 2(1.57)(3.0\ \text{V}) = 9.42\ \text{V}$

2. (a) $V_{\text{rms}} = (0.707)(2.5\ \text{V}) = 1.77\ \text{V}$

  (b) $V_{\text{rms}} = (0.5)(0.707\ \text{V})(10\ \text{V}) = 3.54\ \text{V}$

  (c) $V_{\text{rms}} = (0.707)(1.57)(1.5\ \text{V}) = 1.66\ \text{V}$

3. (a) $V_{\text{avg}} = (0.637)(10\ \text{V}) = 6.37\ \text{V}$

  (b) $V_{\text{avg}} = (0.637)(1.414)(2.3\ \text{V}) = 2.07\ \text{V}$

  (c) $V_{\text{avg}} = (0.637)(0.5)(60\ \text{V}) = 19.1\ \text{V}$

8-3 정현파의 각도 측정

1. (a) 양의 최댓값은 90°에서 발생한다.

  (b) 음의 기울기로 0을 지나는 곳은 180°이다.

  (c) 음의 최댓값은 270°에서 발생한다.

  (d) 사이클은 360°에서 끝난다.

2. 반 사이클은 180° 또는 π 라디안에서 끝난다.

3. 한 사이클은 360° 또는 2π 라디안에서 끝난다.

4. $\phi = 90° - 45° = 45°$

8-4 정현파 공식

1. (a) $\sin 30° = 0.5$

  (b) $\sin 60° = 0.866$

  (c) $\sin 90° = 1.0$

2. $v = 10 \sin 120° = 8.66\ \text{V}$

3. $v = 10 \sin(45° + 10°) = 8.19\ \text{V}$

8-5 교류회로의 해석

1. $I_p = V_p/R = (1.57)(12.5\ \text{V})/330\ \Omega = 59.5\ \text{mA}$

2. $V_{\text{s(rms)}} = (0.707)(25.3\ \text{V}) = 17.9\ \text{V}$

3. $+V_{max} = 5.0\ \text{V} + 2.5\ \text{V} = 7.5\ \text{V}$

4. 변동한다.

5. $+V_{max} = 5.0\ \text{V} - 2.5\ \text{V} = 2.5\ \text{V}$

8-6 교류발전기(AC 발전기)

1. 극의 수와 회전자의 속도

2. 브러시는 출력전류를 다루지 않는다.

3. 직류발전기는 커다란 교류발전기에서 회전자 전류를 공급한다.

4. 다이오드는 최종 출력을 위해 고정자로부터 직류로 변환한다.

8-7 교류 모터

1. 유도 모터에서 회전자는 변압기로 작용하여 전류를 얻고, 동기 모터에 있어서 회전자는 영구자석 혹은 슬립 링이나 브러시를 통한 외부 전원으로 전류를 공급받는 전자석으로 차이는 회전자이다.
2. 크기는 일정하다.
3. 다람쥐 집은 회전자에서 전류를 만들어내는 전기적인 전도체로 구성되어 있다.
4. 슬립은 회전자 속도와 고정자장의 동기 속도 사이의 차이이다.

8-8 비정현파형

1. (a) 상승시간은 진폭의 10%에서부터 90%까지 도달하는 데 걸리는 시간이다.
   (b) 하강시간은 진폭의 90%에서부터 10%까지 도달하는 데 걸리는 시간이다.
   (c) 펄스폭은 선단부의 50%에서부터 후단부의 50%까지 도달하는 데 걸리는 시간이다.
2. $f = 1/1 \text{ ms} = 1.0 \text{ kHz}$
3. 듀티 사이클 $= (1/5)100\% = 20\%$, 진폭 $= 1.5 \text{ V}$, $V_{avg} = 0.5 \text{ V} + 0.2(1.5 \text{ V}) = 0.8 \text{ V}$
4. $T = 16 \text{ ms}$
5. $f = 1/T = 1/1.0 \text{ μs} = 1.0 \text{ MHz}$
6. 기본 주파수는 파형의 반복률이다.
7. 두 번째 고조파: 2.0 kHz
8. $f = 1/10 \text{ μs} = 100 \text{ kHz}$

8-9 오실로스코프

1. 디지털: 신호는 처리과정을 거쳐 디지털로 변환되며, 표시를 위해 재구성된다.
   아날로그: 신호는 직접 보내져 표시된다.
2. 앨리어싱은 디지털 스코프에서는 발생할 수 있지만 아날로그 스코프에서는 발생할 수 없는 문제이다.
3. 오실로스코프가 50 MHz 파형을 적절하게 관찰하는 데 필요한 최소 샘플링 속도는 100 MS/s (초당 > 100,000,000 샘플 혹은 > 100 MS/s) 이상이다.
4. 전압은 수직으로 측정한다.
5. Volt/Div 제어는 수직 크기로 각각 영역으로 표현된 전압의 양을 조정한다.
6. Sec/Div 제어는 수평 크기로 각각 영역으로 표현된 시간의 양을 조정한다.
7. 매우 작은 전압을 측정할 때를 제외하고 대부분의 경우는 ×10 프로브를 사용한다.

예제 관련 문제

8-1 2.4 s

8-2 15 ms

8-3 20 kHz

8-4 200 Hz

8-5 1.0 ms

8-6 $V_{pp} = 50 \text{ V}$, $V_{rms} = 17.7 \text{ V}$, $V_{avg} = 15.9 \text{ V}$

8-7 (a) $\pi/12$ rad
     (b) $112.5°$

8-8 $8.0°$

8-9 8.1 V

8-10 $I_{rms} = 4.53 \text{ mA}$, $V_{1(rms)} = 4.53 \text{ V}$, $V_{2(rms)} = 2.54 \text{ V}$, $P_{tot} = 32 \text{ mV}$

8-11 23.7 V

8-12 그림 8-37(a)의 파형은 음의 값을 가지지 않는다. 그림 8-37(b)의 파형은 음의 값을 갖는다.

8-13 250 rpm

8-14 5%

8-15 1.2 V

8-16 120 V

8-17 (a) $V_{rms} = 1.06$ V, $f = 50$ Hz

(b) $V_{rms} = 88.4$ mV, $f = 1.67$ kHz

(c) $V_{rms} = 4.81$ V, $f = 5.0$ kHz

(d) $V_{rms} = 7.07$ V, $f = 250$ kHz

참/거짓 퀴즈

1. T   **2.** F   **3.** F   **4.** T   **5.** T   **6.** F   **7.** T   **8.** F   **9.** F   **10.** T

자습 문제

1. (b)   **2.** (b)   **3.** (c)   **4.** (b)   **5.** (d)   **6.** (a)   **7.** (a)   **8.** (a)   **9.** (c)

10. (b)   **11.** (a)   **12.** (d)   **13.** (c)   **14.** (b)   **15.** (d)   **16.** (b)   **17.** (d)

고장진단: 증상과 원인

1. (c)   **2.** (c)   **3.** (b)   **4.** (a)   **5.** (b)

커패시터

9

학습목표

▶ 커패시터의 기본 구조와 특성을 설명한다.
▶ 여러 종류의 커패시터를 논의한다.
▶ 직렬 커패시터를 분석한다.
▶ 병렬 커패시터를 분석한다.
▶ 직류 스위칭회로에서 커패시터의 동작을 설명한다.
▶ 교류회로에서 커패시터의 동작을 설명한다.
▶ 커패시터의 응용 예를 설명한다.

응용과제 미리보기

커패시터는 많은 응용 분야에서 사용된다. 이 장에서의 응용과제는 증폭기회로에서 직류전압을 차단하면서 한 점에서 다른 점으로 교류 전압을 전달하기 위해 커패시터를 사용하는 것이다. 증폭기회로에서 오실로스코프로 측정한 전압이 정확한지 결정하고, 정확하지 않으면 문제점을 찾아내야 한다. 이 장을 공부하고 나면 응용과제를 해결할 수 있을 것이다.

핵심용어

▶ 결합
▶ 맥동전압
▶ 볼트-암페어 리액티브(VAR)
▶ 순간전력
▶ 용량성 리액턴스
▶ 유전강도
▶ 유전체
▶ 정전용량
▶ 충전
▶ 패럿(F)
▶ RC 시정수

▶ 과도시간
▶ 무효전력
▶ 분리
▶ 온도계수
▶ 우회
▶ 유전상수
▶ 유효전력
▶ 지수
▶ 커패시터
▶ 필터

서론

커패시터는 전하를 저장할 수 있는 소자이고, 그것에 의하여 전기장을 만들고 차례로 에너지를 저장한다. 커패시터의 전하저장 능력척도가 정전용량이다.

이 장에서는 기본적인 커패시터를 소개하고 그 특성을 공부한다. 여러 종류의 커패시터에 대한 물리적인 구성과 전기적인 특성들을 논의한다. 직렬 및 병렬 결합을 분석하고, 직류와 교류회로에서 사용되는 커패시터의 기본적인 동작을 공부한다. 대표적인 응용 또한 논의한다.

9-1 기본적인 커패시터

커패시터(capacitor)는 전하를 저장하고 정전용량 특성을 갖는 수동 전기 소자이다.

이 절의 학습목표

◆ **커패시터의 기본 구조와 특성을 설명한다.**

  ◆ 커패시터가 전하를 저장하는 원리를 설명한다.

  ◆ 정전용량을 정의하고 단위를 명시한다.

  ◆ 커패시터가 에너지를 저장하는 원리를 설명한다.

  ◆ 전압 정격과 온도계수를 논의한다.

  ◆ 커패시터의 누설전류를 설명한다.

  ◆ 물리적인 특성들이 정전용량에 영향을 미치는 원리를 상술한다.

기본 구조

가장 간단한 구조에서 커패시터는 중간에 유전체(dielectric)라는 절연물질을 두고 그 양쪽에 2개의 평행한 도체판을 설치하여 구성한 전기 소자이다. 연결선들은 평행한 도체판에 각각 부착된다. 기본적인 커패시터를 그림 9-1(a)에, 그 도식기호를 그림 9-1(b)에 표시했다.

▶ 그림 9-1

기본적인 커패시터

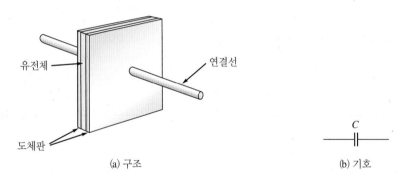

유전체 연결선

도체판

(a) 구조   (b) 기호

커패시터가 전하를 저장하는 원리

중성 상태에서 커패시터의 두 도체판은 그림 9-2(a)에서 표시된 것과 같이 같은 수의 자유전자를 갖는다. 커패시터를 그림 9-2(b)와 같이 저항을 통해 직류전압원에 연결하면 전자(음전하)들이 도체판 A에서 제거되고 같은 수의 전자들이 도체판 B에 모인다. 도체판 A가 전자를 잃고 도체판 B가 전자를 얻으면 도체판 A는 도체판 B에 대해 양전하를 띠게 된다. 이러한 충전 과정에서 전자들은 연결된 전선과 전원을 통해서만 흐른다. 커패시터의 유전체는 절연체이므로 전자가 통과할 수 없다. 그림 9-2(c)에 표시된 것과 같이 커패시터 양단에 형성된 전압이 전원의 전압과 같아질 때 전자의 이동이 멈추게 된다. 커패시터가 전원과 분리되면 그림 9-2(d)와 같이 커패시터는 오랜 시간(그 시간은 커패시터의 종류에 따라 다르다) 전하를 저장하고 양단에 전압이 유지된다. 충전된 커패시터는 짧은 시간 동안 부하에 전류를 공급할 수 있다는 점에서 일시적인 전지로 동작할 수 있다.

정전용량

커패시터가 두 도체판 사이에 저장할 수 있는 단위전압당 전하의 양을 **정전용량**(capacitance)이라

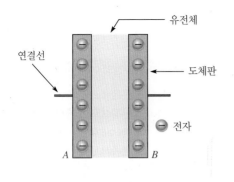

유전체

연결선

도체판

전자

A   B

(a) 중성(충전되지 않은) 커패시터(양쪽 도체판에 같은
전하가 충전됨)

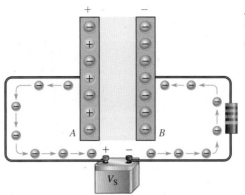

V_S

A   B

(b) 전원에 연결될 때, 커패시터가 충전하면서 전자가
도체판 A에서 도체판 B로 이동한다.

◀ 그림 9-2

커패시터의 전하 저장 설명
(그림 색깔은 책 뒷부분의 컬러 페이지 참조)

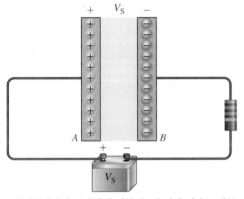

V_S

A   B

(c) 커패시터가 V_S까지 충전된 후 더 이상 전자는 이동
하지 않는다.

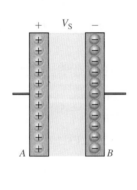

V_S

A   B

(d) 전원에서 분리될 때 이상적으로 커패시터는 전하를
보유하고 있다.

하고 기호 C로 표시한다. 즉 정전용량은 커패시터가 전하를 저장하는 능력을 나타내는 척도이
다. 커패시터가 저장할 수 있는 단위전압당 전하가 많으면 많을수록 정전용량은 커지며 다음 식
(9-1)과 같이 표현된다.

$$C = \frac{Q}{V}$$
(9-1)

여기서 C는 정전용량이고, Q는 전하량, V는 전압이다.

식 (9-1)을 다시 정리하면 식 (9-2)와 (9-3)과 같이 다른 두 식을 얻을 수 있다.

$$Q = CV$$
(9-2)

$$V = \frac{Q}{C}$$
(9-3)

정전용량의 단위(F) 패럿(farad, F)은 정전용량의 기본 단위이다. 쿨롱(C)은 전하량의 단위이다.

1 F은 두 도체판 사이에 1 V 전압으로 1 C의 전하가 저장되는 정전용량의 양이다.

전기전자공학 분야에서 사용되는 대부분의 커패시터는 마이크로패럿(μF)과 피코패럿(pF) 단
위의 정전용량 값을 갖는다. 마이크로패럿은 백만분의 일 패럿이다($1.0\ \mu$F $= 1.0 \times 10^{-6}$ F)이다.
그리고 피코패럿은 일조분의 일 패럿이다(1.0 pF $= 1.0 \times 10^{-9}$ F). 패럿, 마이크로패럿, 피코패

럿 간의 변환을 표 9–1에 표시했다.

▶ 표 9–1

패럿, 마이크로패럿, 피코패럿 간의 변환

변환 전	변환 후	소수점의 이동
패럿	마이크로패럿	오른쪽으로 6자리($\times 10^6$)
패럿	피코패럿	오른쪽으로 12자리($\times 10^{12}$)
마이크로패럿	패럿	왼쪽으로 6자리($\times 10^{-6}$)
마이크로패럿	피코패럿	오른쪽으로 6자리($\times 10^6$)
피코패럿	패럿	왼쪽으로 12자리($\times 10^{-12}$)
피코패럿	마이크로패럿	왼쪽으로 6자리($\times 10^{-6}$)

예제 9–1

(a) 어떤 커패시터의 도체판 사이에 10 V를 공급하면 50 μC을 저장한다. 정전용량은 얼마인가?

(b) 정전용량 2.2 μF인 커패시터의 도체판 사이에 100 V를 공급했다. 커패시터가 저장하는 전하는 얼마인가?

(c) 20 μC의 전하를 저장하는 정전용량 0.068 μF인 커패시터 양단에 공급되는 전압은 얼마인가?

풀이

(a) $C = \dfrac{Q}{V} = \dfrac{50 \ \mu C}{10 \ V} = \mathbf{5.0 \ \mu F}$

(b) $Q = CV = (2.2 \ \mu F)(100 \ V) = \mathbf{220 \ \mu C}$

(c) $V = \dfrac{Q}{C} = \dfrac{20 \ \mu C}{0.068 \ \mu F} = \mathbf{294 \ V}$

관련 문제 * $C = 5000$ pF이고, $Q = 1.0 \ \mu C$이면 V는 얼마인가?

공학용 계산기 소개의 예제 9–1에 있는 변환 예를 살펴보라.

———————————

* 해답은 이 장의 끝에 있다.

예제 9–2

다음 값들을 μF 단위로 변환하라.

(a) 0.00001 F   (b) 0.0047 F   (c) 1000 pF   (d) 200 pF

풀이

(a) 0.00001 F $\times 10^6 \ \mu F/F = \mathbf{10 \ \mu F}$

(b) 0.0047 F $\times 10^6 \ \mu F/F = \mathbf{4700 \ \mu F}$

(c) 1000 pF $\times 10^{-6} \ \mu F/pF = \mathbf{0.001 \ \mu F}$

(d) 220 pF $\times 10^{-6} \ \mu F/pF = \mathbf{0.00022 \ \mu F}$

관련 문제 47,000 pF을 μF 단위로 변환하라.

공학용 계산기 소개의 예제 9–2에 있는 변환 예를 살펴보라.

예제 9–3

다음 값들을 pF 단위로 변환하라.

(a) 0.1×10^{-8} F   (b) 0.000027 F   (c) 0.01 μF   (d) 0.0047 μF

풀이

(a) 0.1×10^{-8} F $\times 10^{12} \ pF/F = \mathbf{1000 \ pF}$

(b) $0.000027 \text{ F} \times 10^{12} \text{ pF/F} = \textbf{27} \times \textbf{10}^{\textbf{6}} \textbf{ pF}$

(c) $0.01 \text{ } \mu\text{F} \times 10^{6} \text{ pF/}\mu\text{F} = \textbf{10,000 pF}$

(d) $0.0047 \text{ } \mu\text{F} \times 10^{6} \text{ pF/}\mu\text{F} = \textbf{4700 pF}$

관련 문제 100 μF을 pF 단위로 변환하라.

공학용 계산기 소개의 예제 9-3에 있는 변환 예를 살펴보라.

커패시터가 에너지를 저장하는 원리

커패시터는 두 도체판에 저장된 반대 극성을 갖는 전하에 의해 형성되는 전기장에 에너지를 저장한다. 그림 9-3에서 보는 것과 같이 전기장은 양전하와 음전하 사이의 전기력선으로 나타내며 유전체 내에서 집중된다.

그림 9-3에 있는 도체판은 배터리와 연결되기 때문에 전하를 얻는다. 이것은 도체판 사이에 에너지를 저장하는 전기장을 형성한다. 전기장에 저장된 에너지는 식 (9-4)에 주어진 것과 같이 커패시터의 크기와 전압의 제곱에 정비례한다.

$$W = \frac{1}{2}CV^2 \qquad (9\text{-}4)$$

정전용량(C)의 단위가 F이고 전압(V)의 단위가 V이면, 저장된 에너지(W)의 단위는 J이다.

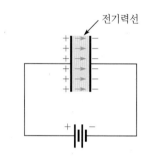

▲ 그림 9-3

커패시터에서 전기장은 에너지를 저장한다. 음영색 부분은 유전체를 나타낸다.

전기력선

모든 커패시터는 도체판 사이에서 견딜 수 있는 전압의 양에 한계를 갖는다. 정격전압은 소자에 손상을 주지 않고 공급할 수 있는 최대 직류(dc)전압을 명시한다. 파괴전압 또는 **동작전압**이라고 부르는 이 최대 전압을 초과하면 커패시터는 영구적인 손상을 받을 수 있다.

커패시터를 회로에서 실제로 사용하기 전에 정전용량과 정격전압을 고려해야 한다. 정전용량 값은 개별 회로의 요구조건에 따라 선택한다. 커패시터의 정격전압은 그 커패시터가 사용될 개별 회로에서 예상되는 최대 전압보다 항상 커야 한다.

유전강도 커패시터의 파괴전압은 사용되는 유전체 재료의 유전강도(dielectric strength)에 의해 결정된다. 유전강도의 단위는 V/mil이다. 여기서 1.0 mil = 0.001 in = 25.4×10^{-6} m = 25.4×10^{-3} mm = 25.4 μm이다. 표 9-2는 몇 가지 재료의 유전강도의 값을 보여준다. 정확한 값은 재료의 구성비에 따라 변한다.

커패시터의 유전강도는 예를 들어 설명하는 것이 보다 이해하기 쉽다. 어떤 커패시터의 도체

재료	유전강도(V/mil)
공기	80
오일	375
세라믹	1000
종이(파라핀을 입힌)	1200
테프론™	1500
운모	1500
유리	2000

◀ 표 9-2

일반적인 유전체 재료와 유전강도 값

판 사이 거리가 1.0 mil이고 유전체 재료는 세라믹이라 가정하라. 세라믹의 유전강도가 1000 V/mil이므로 이 커패시터는 최대 전압 1000 V까지 견딜 수 있다. 만약 최대 전압을 초과하면 유전체가 파괴되고 전류가 흘러 커패시터는 영구적인 손상을 받을 수 있다. 세라믹 커패시터의 도체판 사이 거리가 2.0 mil이라면 이 커패시터의 파괴전압은 2000 V이다. 그러나 아는 것과 같이 커패시터의 파괴전압을 증가하기 위해 도체판 사이 거리를 늘리면 정전용량 값이 감소한다.

온도계수

온도계수(temperature coefficient)는 온도에 따라 정전용량이 변화하는 정도와 방향을 나타낸다. 양의 온도계수는 온도가 증가하면 정전용량이 증가하고 온도가 감소하면 정전용량이 감소하는 것을 뜻한다. 음의 온도계수는 온도가 증가하면 정전용량이 감소하고 온도가 감소하면 정전용량이 증가하는 것을 뜻한다.

온도계수는 통상 ppm/°C(=10^{-6}/°C)로 나타낸다. 예를 들어 정전용량 1.0 μF인 커패시터에서 음의 온도계수가 150 ppm/°C이면, 온도가 1°C 오를 때마다 정전용량이 150 pF만큼 감소한다. 여기서 1 μF은 백만 pF이다.

누설

완전한 절연물질은 없다. 어떤 커패시터의 유전체라도 아주 적은 양의 전류를 흐르게 한다. 따라서 커패시터에 축적된 전하는 결국 누설된다. 어떤 종류의 커패시터는 다른 종류보다 누설이 더크다. 그림 9-4는 비이상적인 커패시터의 등가회로를 보여준다. 병렬로 연결된 저항 R_{leak}는 유전체 재료가 갖는 매우 높은 저항(수백 kΩ 또는 그 이상)을 나타내며 이 유전체 재료를 통해 누설전류가 흐른다.

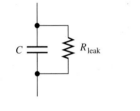

▲ 그림 9-4

비이상적인 커패시터의 등가회로

커패시터의 물리적 특성

도체판의 면적, 도체판 사이 거리, 유전상수 등은 커패시터의 정전용량과 정격전압을 결정하는 중요한 변수이다.

도체판의 면적   정전용량은 도체판의 면적에 의해 결정되는 도체판의 물리적인 크기에 비례한다. 도체판이 크면 정전용량은 커지며, 도체판이 작으면 정전용량은 작아진다. 그림 9-5(a)는 평판 커패시터의 두 도체판의 크기가 같은 경우를 보여준다. 이 커패시터의 도체판 중의 하나가 그림 9-5(b)와 같이 이동하면 겹치는 부분의 면적이 도체판의 유효 면적이 된다. 이와 같은 도체판의 유효 면적을 변화시키는 것이 어떤 종류의 가변 커패시터를 만드는 기초가 된다.

▶ 그림 9-5

정전용량은 도체판의 면적(A)에 비례한다.

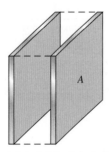 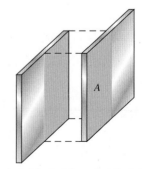

(a) 판 사이가 가깝다: 보다 큰 정전용량   (b) 판 사이가 더 멀다: 보다 작은 정전용량

도체판 사이 거리   정전용량은 도체판 사이 거리에 반비례한다. 도체판 사이 거리는 그림 9-6에서 설명했다. 그림에서 설명한 것과 같이 도체판 사이 거리가 클수록 정전용량은 작아진다. 파괴전압은 도체판 사이 거리에 비례한다. 도체판 사이 거리가 클수록 파괴전압이 커진다.

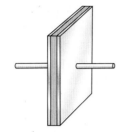 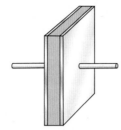

(a) 더 가까운 도체판 사이 거리: 보다 큰 정전용량

(b) 더 먼 도체판 사이 거리: 보다 작은 정전용량

◀ 그림 9-6

정전용량은 도체판 사이 거리에 반비례한다.

유전상수   커패시터의 도체판 사이에 있는 절연물질를 유전체라고 한다. 모든 유전체 재료는 커패시터에서 서로 반대되는 전하로 충전된 도체판 사이에 존재하는 전기력선을 집중하게 하여 에너지 저장용량을 증가시킨다. 재료가 전기장을 형성하는 능력의 척도를 유전상수(dielectric constant) 또는 비유전율이라 하며, ε_r (그리스 문자 epsilon)을 기호로 사용한다.

정전용량은 유전상수에 정비례한다. 진공의 유전상수는 1.0으로 정의하고 공기의 유전상수는 1.0에 매우 가깝다. 이 값이 기준으로 사용되며 다른 재료들은 진공이나 공기의 유전상수에 비례하여 정해지는 ε_r 값을 갖는다. 예를 들어 ε_r이 5.0인 재료는 다른 모든 조건들이 같다면, 공기의 정전용량보다 5배가 크다.

표 9-3은 몇 가지 일반적인 유전체 재료와 유전상수를 보여준다. ε_r은 재료의 특정한 구성비에 따라 다를 수 있으므로 유전상수 값은 변할 수 있다.

유전상수(또는 비유전율)는 상대적인 값이므로 차원(또는 단위)이 없다. 유전상수는 어떤 재료의 유전율 ε과 진공의 유전율 ε_0의 비율로서 식 (9-5)와 같이 표현된다.

$$\varepsilon_r = \frac{\varepsilon}{\varepsilon_0} \qquad (9-5)$$

ε_0의 값은 8.85×10^{12} F/m(farads per meter)이다.

정전용량의 공식   정전용량은 도체판의 면적 A와 유전상수 ε_r에 비례하고 도체판 사이 거리 d에 반비례한다. 식 (9-6)은 이 세 변수로 표현하는 정전용량의 정확한 수식을 나타낸다.

$$C = \frac{A\varepsilon_r(8.85 \times 10^{-12}\ \text{F/m})}{d} \qquad (9-6)$$

재료	대표적인 ε_r의 값
공기(진공)	1.0
테프론™	2.0
종이(파라핀을 입힌)	2.5
오일	4.0
운모	5.0
유리	7.5
세라믹	1200

◀ 표 9-3

일반적인 유전체 재료 몇 가지와 유전상수

여기서 A의 단위는 m^2, d의 단위는 m, C의 단위는 F이다.

예제 9-4

도체판의 면적이 0.01 m^2이고 도체판 사이 거리가 0.5 mil(=1.27×10^{-5} m)인 평판 커패시터에 대한 정전용량을 μF 단위로 구하라. 유전체는 유전상수 5.0인 운모이다.

풀이 식 (9-6)을 사용한다.

$$C = \frac{A\varepsilon_r(8.85 \times 10^{-12} \text{ F/m})}{d} = \frac{(0.01 \text{ m}^2)(5.0)(8.85 \times 10^{-12} \text{ F/m})}{1.27 \times 10^{-5} \text{ m}} = \mathbf{0.035\ \mu F}$$

관련 문제 $A = 3.6 \times 10^{-5}$ m^2이고 $d = 1.0$ mil (=2.54×10^{-5} m)인 세라믹 유전체에 대한 C를 μF 단위로 구하라.

공학용 계산기 소개의 예제 9-4에 있는 변환 예를 살펴보라.

9-1절 복습

해답은 이 장의 끝에 있다.

1. 정전용량을 정의하라.
2. (a) 1 F은 몇 μF인가?
   (b) 1 F은 몇 pF인가?
   (c) 1 μF은 몇 pF인가?
3. 0.0015 μF을 pF과 F으로 바꾸시오.
4. 도체판 사이에 15 V가 연결된 정전용량 0.01 μF인 커패시터에 저장된 에너지는 J 단위로 얼마인가?
5. (a) 커패시터의 도체판의 크기가 증가하면 정전용량은 증가하는가, 감소하는가?
   (b) 커패시터의 도체판 사이 거리가 증가하면 정전용량은 증가하는가, 감소하는가?
6. 세라믹 커패시터의 도체판 사이 거리가 2.0 mil이다. 전형적인 파괴전압은 얼마인가?
7. 파괴전압이 500 V까지 증가하기 위해 250 V, 0.1 μF인 커패시터의 도체판 사이 거리가 2배로 증가했다. 새롭게 바뀐 정전용량은 얼마인가? 정전용량을 동일하게 유지하려면 도체판의 면적을 어떻게 바꾸어야 하는가?

9-2 커패시터의 종류

커패시터는 보통 유전체 재료의 종류에 따라 분류한다. 가장 일반적인 유전체 재료에는 운모, 세라믹, 플라스틱 필름, 전해질(알루미늄산화물, 탄탈산화물), 고분자 전해질 등이 있다. 고분자 전해 커패시터는 다른 전해 커패시터와 유사하나 더 낮은 등가 직렬저항을 갖는다. 이는 스위칭 전원공급장치, 우회와 같은 특정 응용 분야에서 장점이다.

이 절의 학습목표

◆ **여러 가지 종류의 커패시터를 논의한다.**
  ◆ 운모, 세라믹, 플라스틱 필름, 전해, 고분자 전해 커패시터의 특성을 설명한다.
  ◆ 가변 커패시터의 종류를 설명한다.
  ◆ 커패시터 표시를 식별한다.
  ◆ 정전용량 측정을 논의한다.

고정 커패시터

운모 커패시터 두 가지 종류의 운모 커패시터에는 층층이 쌓은 막과 은-운모가 있다. 그림 9-7
은 층층이 쌓은 막 형태를 갖는 운모 커패시터의 기본적인 구조를 보여준다. 금속막과 얇은 운모
판을 교대로 쌓은 층들로 구성된다. 금속막이 도체판을 형성하며 도체판은 한 층 건너 하나씩 서
로 연결된다. 더 많은 층이 연결되면 도체판의 면적이 증가하며 따라서 정전용량도 증가한다. 운
모/금속막 층을 그림 9-7(b)에서와 같이 베이클라이트(Bakelite®) 등의 절연물질로 둘러싼다. 유
사한 방법으로 은-운모 커패시터는 운모판과 은으로 된 전극 물질을 쌓아서 제작한다.

(a) 층층이 쌓은 배열

(b) 층들을 함께 눌러서 절연체로 둘러쌈

◀ **그림 9-7**

연결도선이 측면으로 나온 대표적인 운
모 커패시터의 구조

운모 커패시터는 일반적으로 1.0 pF에서 0.1 μF 범위의 정전용량 값과 직류 100 V에서 2500
V 또는 그 이상의 정격전압을 갖는다. 운모의 대표적인 유전상수는 5이다.

세라믹 커패시터 세라믹 유전체의 유전상수는 매우 높다(전형적인 값이 1200이다). 따라서 세
라믹 커패시터는 작은 크기라도 상당히 높은 정전용량 값을 갖는다. 세라믹 커패시터에는 일반
적으로 그림 9-8에서와 같은 세라믹 원판의 모양, 그림 9-9에서와 같은 두 연결 도선이 한쪽으
로 나온 다층 구조, 그림 9-10에서와 같은 연결도선이 없는 세라믹 칩이 있다. 세라믹 칩 커패시
터는 소형이고 분극이 없기 때문에 1.0 pF에서 수백 μF까지 정전용량 값이 필요한 설계에서 많
이 쓰인다. 매우 큰 커패시터에서는 매우 제한된 정격전압을 가지나 더 작은 커패시터에서는 수
천 V의 정격전압을 갖는다.

세라믹 칩 콘덴서의 알려진 문제점은 인쇄회로기판(PCB)에 장착될 때 또는 더 일반적으로 열
이나 기계적인 응력에 노출될 때 세라믹 유전체에 균열이 생길 수 있다는 것이다. 균열이 내부 전

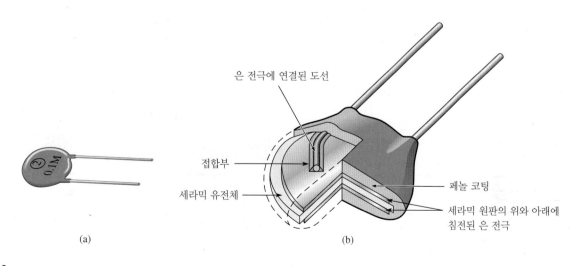

(a)

(b)

은 전극에 연결된 도선

접합부

세라믹 유전체

페놀 코팅

세라믹 원판의 위와 아래에
침전된 은 전극

▲ **그림 9-8**

원판 모양의 세라믹 커패시터의 기본적인 구조

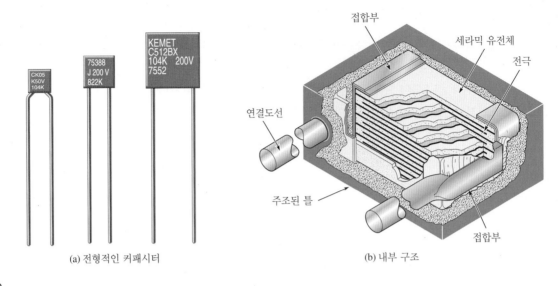

(a) 전형적인 커패시터   (b) 내부 구조

▲ 그림 9-9

세라믹 커패시터의 예

▶ 그림 9-10

인쇄회로기판(PCB) 표면실장용 세라믹
칩 커패시터의 내부 구조도

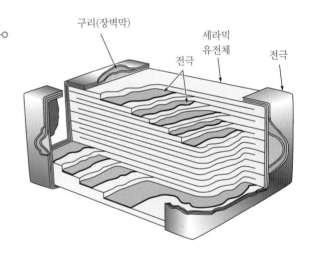

칩 커패시터는 PCB 표면실장용으로 사용
되며, 양 끝에 도금된 전도성 단자를 갖는
다. 이 커패시터는 자동화된 회로기판 조
립에 사용되는 리플로우(reflow) 및 웨이
브(wave) 납땜공정에서 직면하는 용해된
납땜 온도를 견딜 수 있다. 칩 커패시터는
소형화하는 지속적인 추세 때문에 수요가
많다.

극층을 통과하면 전극이 즉시 또는 시간이 지남에 따라 서로 단락될 수 있다. 이러한 현상이 발
생하면 커패시터가 DC를 차단하는 것이 아니라 통과시킨다. 그림 9-11은 커패시터를 인쇄회로
기판에 납땜하고 열 팽창 또는 기계적인 처리가 부품 아래의 기판을 휘게 한 후에 발생할 수 있는
매우 일반적인 유형의 균열을 보여준다. 이러한 유형의 고장은 납땜 패드의 가장자리로부터 45°
각도로 연장되기 때문에 매우 독특한 경우이다.

▶ 그림 9-11

균열이 생긴 세라믹 칩 커패시터 예

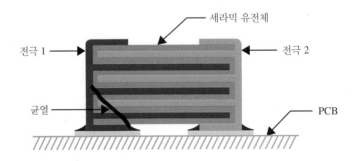

플라스틱 필름 커패시터 플라스틱 필름 커패시터에 사용되는 일반적인 유전체 재료로는 폴리

카보네이트, 프로필렌, 폴리에스테르, 폴리스티렌, 폴리프로필렌, 마일러(Mylar) 등이 있다. 이 종류들 중 일부는 100 μF까지 정전용량 값을 가지나, 대부분은 1.0 μF 미만이다.

그림 9-12는 많은 플라스틱 필름 커패시터에서 사용하는 기본적인 구조를 보여준다. 도체판으로 쓰이는 2개의 얇은 금속 박막 사이에 얇은 플라스틱 필름 유전체가 끼워져 있다. 연결도선 중 하나는 안쪽 금속판에 연결되고 다른 하나는 바깥쪽 금속판에 연결된다. 이것을 둥글게 말아서 나선 형태로 만들고 원통 틀 안에 넣어 포장한다. 이런 방법으로 도체판의 면적이 넓으면서도 크기는 작고 정전용량 값이 큰 커패시터를 만들 수 있다. 도체판을 만들기 위해 필름 유전체에 직접 금속을 증착하는 방법도 있다.

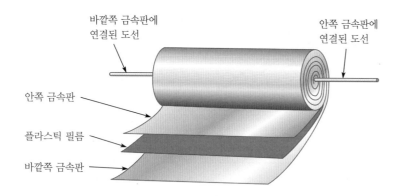

◀ 그림 9-12

연결도선이 양쪽으로 나온 원통형 플라스틱 필름 커패시터의 기본적인 구조

그림 9-13(a)는 전형적인 플라스틱 필름 커패시터를 보여준다. 그림 9-13(b)는 연결도선이 양쪽으로 나온 플라스틱 필름 커패시터 중 한 종류의 구조를 보여준다.

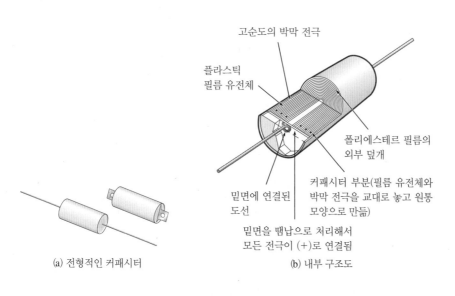

◀ 그림 9-13

플라스틱 필름 커패시터의 예

(a) 전형적인 커패시터   (b) 내부 구조도

전해 커패시터　전해 커패시터는 극성이 있어서 한쪽 도체판은 양으로, 다른 도체판은 음으로 연결된다. 이러한 커패시터는 일반적으로 1.0 μF부터 F을 넘는 높은 정전용량 값을 갖는 장점이 있으나, 정정용량이 매우 큰 커패시터는 상대적으로 낮은 파괴전압과 높은 누설전류를 갖는 단점이 있다. 극성이 있는 커패시터를 잘못 설치하면 높은 전류가 흘러 부품이 과열되고 잠재적인 안전 위험을 초래한다. 결과적으로 전해 커패시터는 항상 커패시터의 극성뿐만 아니라 정전용량 및 일반적으로 최대 동작전압을 보여준다(지정된 WV 또는 WVDC).

알루미늄 전해 커패시터　일반적인 유형의 전해 커패시터는 알루미늄 박막을 한쪽 도체판으로

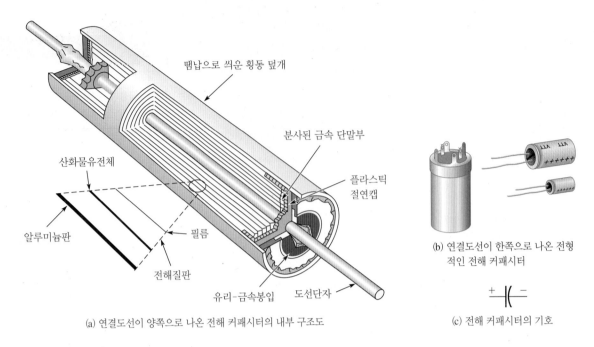

땜납으로 씌운 횡동 덮개

분사된 금속 단말부

플라스틱 절연캡

산화물유전체

알루미늄판

필름

전해질판

유리-금속봉입

도선단자

(a) 연결도선이 양쪽으로 나온 전해 커패시터의 내부 구조도

(b) 연결도선이 한쪽으로 나온 전형 적인 전해 커패시터

(c) 전해 커패시터의 기호

▲ 그림 9-14

알루미늄 전해 커패시터의 예

사용한다. 산화알루미늄의 매우 얇은 절연층은 유전체로 동작한다. 다른 재료들이 두 번째 '도체 판'의 역할을 할 수 있다. 가장 일반적인 유형의 알루미늄 전해 커패시터는 플라스틱 필름과 같은 재료에 붙인 젤 같은 전해질을 사용한다. 그림 9-14(a)는 연결도선이 양쪽으로 나온 전형적인 알 루미늄 전해 커패시터의 기본적인 구조를 보여준다. 그림 9-14(b)는 연결도선이 한쪽으로 나온 전해 커패시터를 보여준다. 전해 커패시터의 기호는 그림 9-14(c)에 나타냈다.

탄탈 전해 커패시터 표면실장용 탄탈 커패시터는 소형에서 높은 정전용량을 제공하는 또 다른 일반적인 유형의 전해 커패시터이다. 탄탈 커패시터의 한 가지 특별한 문제는 매우 짧은 시간 동 안이라도 최대 정격전압을 초과하면 영구적으로 손상될 수 있다는 것이다. 이런 일이 발생하면 커패시터는 과도한 전류를 끌어들이고 과열되며 폭발하거나 불이 날 수 있다.

탄탈 전해 커패시터는 그림 9-14와 유사한 원통 구조이거나 그림 9-15와 같은 '물방울' 모양 이다. 물방울 구조에서 양극 도체판은 실제로 얇은 금속판이 아닌 탄탈륨 가루로 만든 알갱이다.

▶ 그림 9-15

물방울 모양의 탄탈 전해 탄탈 알갱이 (양극) 커패시터의 구조도

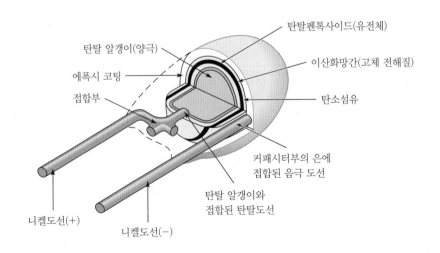

탄탈펜톡사이드(유전체)

탄탈 알갱이(양극)

이산화망간(고체 전해질)

에폭시 코팅

탄소섬유

접합부

커패시터부의 은에 접합된 음극 도선

탄탈 알갱이와 접합된 탄탈도선

니켈도선(+)

니켈도선(−)

탄탈륨 오산화물이 유전체를 형성하고 이산화망간이 음극 도체판을 형성한다.

고분자 전해 커패시터 고분자 전해 커패시터는 다른 전해 커패시터와 유사하다. 고분자 전해 커패시터는 극성이 있어서 양극 도체판과 음극 도체판이 하나씩 있으며, 최대 수백 μF의 정전용량 값을 얻을 수 있으나, 알루미늄 및 탄탈 전해 커패시터보다 파괴전압이 낮다. 고분자 전해 커패시터는 다른 종류의 전해 커패시터에 사용되는 액체 또는 젤 전해질이 아닌 고체 전도성 고분자라는 점에서 표준 전해 커패시터와 다르다. 고체 전해질은 시간이 지나도 마르지 않으므로 다른 종류의 전해 커패시터보다 정전용량 값이 시간이 지나도 더 안정되고 커패시터의 동작 온도가 더 높다. 또한 폴리머 전해질은 더 큰 안전성을 제공한다. 젤 또는 액체 전해질을 사용하는 전해 커패시터가 과열되면, 전해질이 가스로 변하여 부품 내부에 매우 높은 압력을 생성한다. 이것은 전해 커패시터에서 가스를 안전하게 배출(방출)하고 압력을 완화하도록 설계하지 않는 한 커패시터를 폭발시킬 수 있다. 고분자 전해 커패시터의 고체 폴리머는 기화하지 않아서 과열되거나 공급된 전압의 극성이 커패시터의 극성과 반대가 될 때 부품이 폭발하지 않을 것이다.

최근 몇 년 동안 제조업체들은 훨씬 더 큰 정전용량 값을 갖는 새로운 전해 커패시터를 개발했다. 그러나 이 새로운 커패시터는 작은 정전용량의 커패시터보다 정전용량이 훨씬 더 작고 값이 비싼 경향이 있다. 수백 F 정전용량을 갖는 슈퍼 커패시터를 확보할 수 있다. 이 커패시터들은 배터리 예비품, 매우 큰 정전용량을 필요로 하는 소형 모터 시동기와 같은 용도에 유용하다.

가변 커패시터

가변 커패시터는 정전용량 값을 수동이나 자동으로 조정할 필요가 있는 회로에서 사용된다. 이런 커패시터는 일반적으로 300 pF보다 작다. 그러나 특별한 응용을 위해 보다 큰 값을 이용할 수 있다. 가변 커패시터에 대한 도식적인 기호를 보여주는 것이 그림 9-16(a)이며, 가변 커패시터 중 하나의 구조를 보여주는 예가 그림 9-16(b)이다.

연구원들은 재충전 가능한 배터리와 울트라 커패시터에서 전하 저장을 개선하는 데 사용할 수 있는 탄소 기반 소재인 그래핀을 연구하고 있다. 많은 양의 전하를 저장하는 능력은 사무용 복사기부터 전기 및 하이브리드 차량의 효율 향상에 이르기까지 다양한 응용 분야에서 중요하다. 새로운 기술은 많은 양의 에너지를 저장할 수 있어야 하는 풍력 및 태양광 발전과 같은 신재생에너지 개발을 가속할 수 있다.

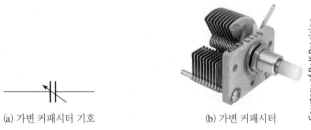

(a) 가변 커패시터 기호   (b) 가변 커패시터

Courtesy of B+K Precision.

◀ **그림 9-16**

가변 커패시터

보통 나사형 조정 홈이 있고 회로에서 미세조정에 사용되는 조정 가능한 커패시터를 **트리머**라고 부른다. 이런 종류의 커패시터에서 사용되는 일반적인 유전체는 세라믹 또는 운모이고, 보통 도체판 사이 거리를 조정함으로써 정전용량을 바꿀 수 있다. 일반적으로 트리머 커패시터는 100 pF보다도 작은 값을 갖는다. 그림 9-17은 트리머 커패시터의 몇 가지 예를 보여준다.

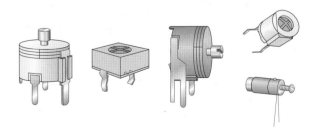

◀ **그림 9-17**

트리머 커패시터

버랙터는 단자 사이에 걸리는 전압을 바꾸면 정전용량 특성이 변화하는 반도체 소자다. 이 소자는 보통 전자소자를 다루는 과정에서 상세히 다루며, 15장에서 논의한다.

커패시터 표기

정전용량은 커패시터의 겉면에 숫자 또는 문자와 숫자 조합으로 표시하고, 때로는 컬러 코드로 나타낸다. 커패시터의 표기는 정전용량, 정격전압, 공차 등 여러 변수를 나타낸다.

어떤 커패시터에는 정전용량 단위가 지정되지 않는데 이 경우 단위는 표기된 숫자에 포함되며 경험에 의해 인식된다. 예를 들어 .001 또는 .01로 표기된 세라믹 커패시터는 pF 단위가 너무 작아 사용되지 않으므로 μF 단위를 갖는다. 다른 예로써 50 또는 330으로 표기된 세라믹 커패시터는 pF 단위를 갖는다. 어떤 경우에는 세 자리 숫자가 사용된다. 앞의 숫자 2개는 정전용량 값의 처음 두 숫자를 나타내고 세 번째 숫자는 두 번째 숫자 다음에 오는 영의 개수 또는 곱해지는 10의 승수를 나타낸다. 예를 들어 103은 10,000 pF을 의미한다. 때로는 pF 또는 μF 단위를 표기한다. 어떤 경우에는 μF 단위를 MF 또는 MFD로 표기한다.

정격전압은 어떤 경우 커패시터 겉면에 WV 또는 WVDC로 표기하기도 하나, 때로는 생략되기도 한다. 생략된 경우에는 제조업체에서 제공하는 자료에서 정격전압을 알 수 있다. 커패시터의 공차는 보통 ±10%와 같이 백분율로 표기한다. 온도계수는 ppm(parts per million)으로 나타낸다. 이 경우에는 숫자 앞에 P나 N이 표기하는데, 온도계수가 양수 또는 음수임을 표시한다. 예를 들어 N750은 음의 온도계수 750 ppm/°C를 나타내고 P30은 양의 온도계수 30 ppm/°C를 나타낸다. NP0 표기(종종 '비극성'을 나타내는 NPO로 잘못 읽히기도 함)는 양과 음의 온도계수가 영이고, 정전용량이 온도에 따라 변하지 않음을 의미한다. 어떤 종류의 커패시터는 컬러 코드로 표기한다. 추가적인 커패시터 표기와 컬러 코드에 대한 것은 부록 B를 참조하라.

정전용량 측정

그림 9-18에 나타낸 것과 같은 정전용량 측정기는 커패시터 값을 점검하는 데 사용할 수 있다. 또한 많은 DMM(디지털 멀티미터)는 정전용량 측정 기능을 제공한다. 모든 캐패시터는 일정 기간에 걸쳐 그 값이 변하며, 일부는 다른 커패시터보다 더 많게 변한다. 예를 들어 세라믹 커패시터는 첫 일 년 동안 그 값이 종종 10%에서 15%까지 변한다. 전해 커패시터는 전해액이 마르기 때문에 특히 값이 변하기 쉽다. 다른 경우에 커패시터는 부정확하게 표시되거나 잘못된 값을 갖는 커패시터가 회로에 장착될 수 있다. 비록 값의 변화가 결함이 있는 커패시터의 25%보다 작게 나타나더라도, 회로 고장을 수리할 때 고장의 원인이 되는 이것을 빠르게 제거하기 위해 값을 반드시 점검해야 한다. 200 pF에서 50,000 μF까지의 값은 커패시터를 단순하게 연결하고 적절하게 설정하며, 측정기 화면 상의 값을 읽음으로써 측정할 수 있다.

또한 일부 정전용량 측정기는 커패시터의 누설전류를 점검하는 데 사용될 수 있다. 누설전류를 점검할 때는 동작 조건을 시뮬레이션하는 데 필요한 충분한 전압을 커패시터 양단에 공급해야 한다. 이것은 측정기에서 자동적으로 수행된다. 결점이 있는 모든 커패시터의 40% 이상은 과도한 누설전류가 있으며 전해 커패시터는 특히 이런 문제에 취약하다.

▲ 그림 9-18

전형적인 정전용량 측정기(Courtesy of B+K Precision)

1. 커패시터는 보통 등급을 어떻게 분류하는가?
2. 고정 커패시터와 가변 커패시터의 차이는 무엇인가?
3. 보통 어떤 종류의 커패시터에서 극성이 나타나는가?
4. 극성이 있는 커패시터를 회로에 설치할 때 주의해야 할 점은 무엇인가?
5. 전해 커패시터가 전원전압의 음의 단자와 접지 사이에 연결되었다. 커패시터의 어떤 단자가 접지와 연결되어야 하는가?

9-3 직렬 커패시터

직렬연결된 커패시터의 전체 정전용량은 어떤 커패시터의 개개의 정전용량보다 작다. 직렬로 연결된 커패시터들은 이들의 정전용량에 반비례하여 전체에 걸리는 전압을 분배한다.

이 절의 학습목표

◆ **직렬 커패시터를 해석한다.**

　　◆ 전체 정전용량을 계산한다.

　　◆ 커패시터에 걸리는 전압을 계산한다.

커패시터가 직렬로 연결되면 전체 정전용량은 도체판 사이의 유효 거리가 증가하므로 가장 작은 정전용량 값보다 작아진다. 직렬로 연결된 전체 정전용량의 계산은 병렬로 연결된 저항의 전체 저항값 계산과 유사하다(5장 참조).

전체 정전용량을 어떻게 결정하는지 보여주기 위해 직렬로 연결된 2개의 캐패시터를 살펴보자. 그림 9-19는 초기에 충전되지 않은 2개의 캐패시터가 직렬로 직류전압원에 연결된 것을 보여준다. 그림 9-19(a)에서 보는 것과 같이 스위치를 닫으면 전류가 흐르기 시작한다.

직렬회로의 모든 지점에서 흐르는 전류가 동일하고 그 전류는 전하가 흐르는 속도($I = Q/t$)로 정의된다는 점을 기억하자. 일정 시간 동안 고정된 양의 전하가 회로에 흐른다. 그림 9-19(a)의 회로에서 어디에서나 흐르는 전류가 같기 때문에 동일한 양의 전하가 전압원의 음극에서 커패시

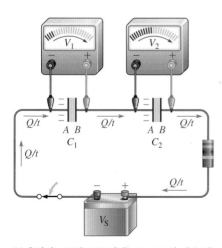

(a) 충전되는 동안 모든 점에는 $I = Q/t$와 같은 전류가 흐르고, 커패시터 전압은 증가한다.

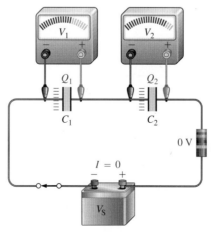

(b) 두 커패시터는 같은 양의 전하($Q_T = Q_1 = Q_2$)를 저장한다. .

▲ **그림 9-19**

직렬로 연결된 커패시터의 전체 정전용량은 가장 작은 정전용량 값보다 작다.

(그림 색깔은 책 뒷부분의 컬러 페이지 참조)

터 C_1의 도체판 A로, C_1의 도체판 B에서 커패시터 C_2의 도체판 A로, C_2의 도체판 B에서 전압원의 양극으로 이동한다. 결과적으로 주어진 시간 동안 동일한 양의 전하가 두 캐패시터의 도체판에 축적되고, 해당 시간 동안 회로를 통해 이동한 선체 선하(Q_T)는 C_1에 서장된 전하와 같으며, C_2에 저장된 전하와도 같다.

$$Q_T = Q_1 = Q_2$$

커패시터가 충전하는 동안 2개의 커패시터에 걸리는 전압은 그림 9-19(a)에 표시된 것과 같이 증가한다.

그림 9-19(b)는 커패시터가 완전히 충전되고 전류 흐름이 중단된 것을 보여준다. 두 커패시터 모두 동일한 양의 전하(Q)를 저장하나 각 커패시터에 걸리는 전압은 커패시터의 정전용량 값 ($V = Q/C$)에 따라 달라진다. 저항성 회로뿐만 아니라 용량성 회로에도 적용되는 키르히호프의 전압 법칙에 의해 커패시터 전압의 합은 전압원의 전압과 같다.

$$V_S = V_1 + V_2$$

$V = Q/C$를 키르히호프의 법칙 공식에 대입하여 다음과 관계식을 얻을 수 있다(여기서 $Q = Q_T = Q_1 = Q_2$).

$$\frac{Q}{C_T} = \frac{Q}{C_1} + \frac{Q}{C_2}$$

위의 수식의 좌변과 우변에서 Q를 인수로 나누어 양변의 Q를 상쇄하면 다음과 같다.

$$\cancel{Q}\left(\frac{1}{C_T}\right) = \cancel{Q}\left(\frac{1}{C_1} + \frac{1}{C_2}\right)$$

따라서 직렬로 연결된 2개의 커패시터에 대해 다음과 같은 관계식을 얻을 수 있다.

$$\frac{1}{C_T} = \frac{1}{C_1} + \frac{1}{C_2}$$

위 수식에서 양변의 역수를 취하면 직렬로 연결된 2개의 캐패시터에 대한 전체 정전용량을 구할 수 있다.

$$C_T = \frac{1}{\frac{1}{C_1} + \frac{1}{C_2}}$$

이 수식은 또한 식 (9-7)과 같이 나타낼 수 있다.

$$C_T = \frac{C_1 C_2}{C_1 + C_2} \tag{9-7}$$

직렬로 연결된 2개의 커패시터에 대한 곱 나누기 합 법칙은 병렬로 연결된 2개의 저항에 대한 곱 나누기 합 법칙과 유사하다.

| 예제 9-5 | 그림 9-20의 회로에서 전체 정전용량 C_T를 구하라. |

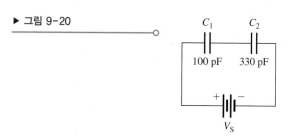

▶ 그림 9-20

풀이

$$C_T = \frac{C_1 C_2}{C_1 + C_2} = \frac{(100 \text{ pF})(330 \text{ pF})}{100 \text{ pF} + 330 \text{ pF}} = \textbf{76.7 pF}$$

관련 문제   그림 9-20에서 $C_1 = 470 \text{ pF}$이고 $C_2 = 680 \text{ pF}$인 경우 전체 정전용량 C_T를 구하라.

공학용 계산기 소개의 예제 9-5에 있는 변환 예를 살펴보라.

일반 공식   직렬연결된 2개의 커패시터에 대한 전체 정전용량 유도식은 그림 9-21과 같이 임의
의 수로 직렬연결된 커패시터로 확장할 수 있다.

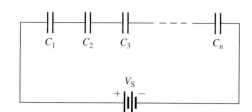

◀ 그림 9-21

n개의 커패시터를 직렬로 연결한 일반
적인 회로

임의의 수로 직렬연결된 커패시터에 대한 전체 정전용량에 대한 식 (9-8)은 다음와 같이 전개
된다. 여기서 첨자 n은 임의의 정수이다.

$$\frac{1}{C_T} = \frac{1}{C_1} + \frac{1}{C_2} + \frac{1}{C_3} + \cdots + \frac{1}{C_n}$$

$$C_T = \frac{1}{\dfrac{1}{C_1} + \dfrac{1}{C_2} + \dfrac{1}{C_3} + \cdots + \dfrac{1}{C_n}} \qquad (9-8)$$

다음을 기억하자.

직렬로 연결된 전체 정전용량은 항상 가장 작은 정전용량보다 작다.

| 예제 9-6 | 그림 9-22의 회로에서 전체 정전용량을 구하라. |

풀이

$$C_T = \frac{1}{\dfrac{1}{C_1} + \dfrac{1}{C_2} + \dfrac{1}{C_3}} = \frac{1}{\dfrac{1}{10 \text{ }\mu\text{F}} + \dfrac{1}{4.7 \text{ }\mu\text{F}} + \dfrac{1}{8.2 \text{ }\mu\text{F}}} = \textbf{2.3 }\mu\text{F}$$

관련 문제   그림 9-22에서 기존 3개의 커패시터에 또 다른 4.7 μF인 커패시터를 직렬로 연결한다면 C_T의

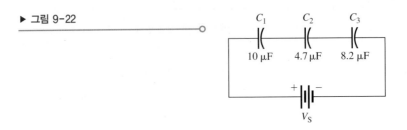

▶ 그림 9-22

값은 얼마인가?

공학용 계산기 소개의 예제 9-6에 있는 변환 예를 살펴보라.

커패시터 전압

직렬로 연결된 각각의 커패시터 양단에 걸리는 전압은 식 $V = Q/C$에 의한 정전용량 값에 따라 달라진다. Q는 각 커패시터마다 같기 때문에 직렬 커패시터 전체에 걸린 전압은 각각의 전기용량에 반비례한다. 직렬연결된 개별 커패시터 양단에 걸린 전압은 식 (9-9)에 따라 구할 수 있다.

$$V_x = \left(\frac{C_T}{C_x}\right)V_S \tag{9-9}$$

여기서 C_x는 C_1, C_2, C_3 등이 직렬로 연결된 임의의 커패시터를 나타내고, V_x는 C_x 양단에 걸리는 전압이다.

직렬 커패시터에서 정전용량이 가장 큰 커패시터에 걸리는 전압이 가장 작다.
직렬 커패시터에서 정전용량이 가장 작은 커패시터에 걸리는 전압이 가장 크다.

예제 9-7

그림 9-23에서 각각의 커패시터에 걸리는 전압을 구하라.

▶ 그림 9-23

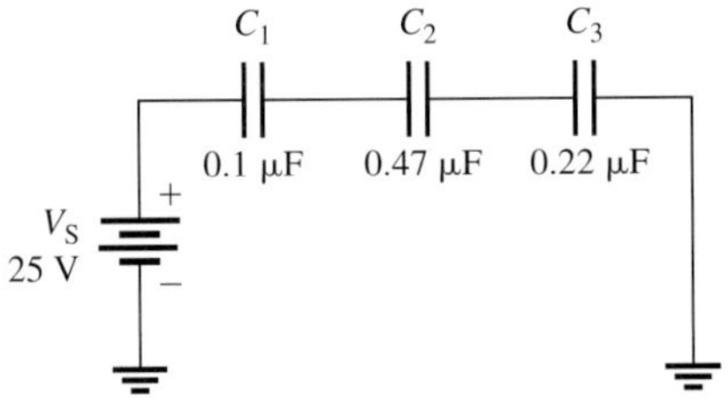

풀이 전체 정전용량을 계산한다.

$$C_T = \frac{1}{\left(\dfrac{1}{C_1} + \dfrac{1}{C_2} + \dfrac{1}{C_3}\right)} = \frac{1}{\left(\dfrac{1}{0.10\,\mu F} + \dfrac{1}{0.47\,\mu F} + \dfrac{1}{0.22\,\mu F}\right)} = 0.060\,\mu F = 60\,nF$$

전압은 다음과 같이 계산한다.

$$V_1 = \left(\frac{C_T}{C_1}\right)V_S = \left(\frac{0.06\,\mu F}{0.10\,\mu F}\right)25\,V = \mathbf{15.0\,V}$$

$$V_2 = \left(\frac{C_T}{C_2}\right)V_S = \left(\frac{0.06\,\mu F}{0.47\,\mu F}\right)25\,V = \mathbf{3.19\,V}$$

$$V_3 = \left(\frac{C_T}{C_3}\right)V_S = \left(\frac{0.06\ \mu F}{0.22\ \mu F}\right)25\ V = \mathbf{6.82\ V}$$

관련 문제 그림 9-23에서 기존 커패시터에 또 다른 0.47 μF인 커패시터를 직렬로 연결했다. 모든 커패시터가 초기에 충전되어 있지 않다고 가정할 때 새로운 커패시터에 걸리는 전압을 구하라.

공학용 계산기 소개의 예제 9-7에 있는 변환 예를 살펴보라.

Multisim 파일 E09-07을 열어라. 각각의 커패시터 양단에 걸리는 전압을 측정하고 계산된 결과 값과 비교하라. 또 다른 0.47 μF인 커패시터를 다른 3개의 커패시터와 직렬연결하고 새로운 커패시터 양단에 걸리는 전압을 측정하라. 또한 C_1, C_2, C_3 각각에 걸리는 전압을 측정하고 이전의 전압과 비교하라. 네 번째 커패시터가 더해진 후 전압이 증가하는가 감소하는가? 그 이유는 무엇인가?

9-3절 복습

해답은 이 장의 끝에 있다.

1. 직렬연결된 커패시터의 전체 정전용량은 가장 작은 커패시터의 값보다 큰가, 작은가?
2. 100 pF, 220 pF, 560 pF인 커패시터들이 직렬로 연결되어 있다. 전체 정전용량은 얼마인가?
3. 0.01 μF과 0.015 μF인 커패시터가 직렬로 연결되어 있다. 전체 정전용량을 구하라.
4. 3번 문제에서 직렬로 연결된 2개의 커패시터 양단에 10 V 전원이 연결되면 0.01 μF인 커패시터 양단에 걸리는 전압을 구하라.

9-4 병렬 커패시터

커패시터가 병렬로 연결될 때 정전용량을 더해준다.

이 절의 학습목표

◆ **병렬로 연결된 커패시터를 해석한다.**

  ◆ 전체 정전용량을 계산한다.

커패시터를 병렬로 연결할 때는 전체 도체판 면적이 개별 도체판 면적의 합과 같으므로 전체 정전용량은 개별 정전용량의 합이다. 병렬로 연결된 전체 정전용량 계산은 직렬로 연결된 전체 저항 계산(4장)과 유사하다.

그림 9-24는 직류(dc) 전압원에 병렬로 연결된 2개의 커패시터를 보여준다. 그림 9-24(a)에서 보는 것과 같이 스위치를 닫으면 전류가 흐른다. 일정 시간 전체 전하량(Q_T)이 회로를 통해 이동한다. 전체 전하의 일부는 커패시터 C_1에, 일부는 C_2에 저장된다. 각각의 커패시터에 저장되는 전하의 비율은 관계식 $Q = CV$에 따른 정전용량 값에 따라 다르다.

그림 9-24(b)는 커패시터가 완전히 충전되고 전류가 멈춘 후의 커패시터를 보여준다. 두 커패시터에 걸리는 전압이 같기 때문에, 더 큰 커패시터일수록 더 많은 전하를 저장한다. 커패시터의 값이 같으면, 두 커패시터는 같은 양의 전하를 저장한다. 두 커패시터가 함께 저장한 전하는 전압원으로부터 공급된 전체 전하와 같다.

$$Q_T = Q_1 + Q_2$$

식 (9-2)에서 $Q = CV$이므로 위 식에 대입하면 다음 관계식을 얻을 수 있다.

$$C_T V_S = C_1 V_S + C_2 V_S$$

양변의 V_S가 모두 같으므로 상쇄될 수 있다. 따라서 식 (9-10)이 병렬로 연결된 2개의 커패시터에 대한 전체 정전용량을 나타낸다.

$$C_T = C_1 + C_2 \qquad (9-10)$$

▶ 그림 9-24

병렬로 연결된 커패시터는 개별 정전용량을 더한 전체 정전용량을 제공한다.

(그림 색깔은 책 뒷부분의 컬러 페이지 참조)

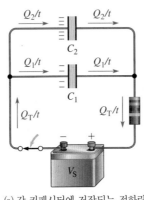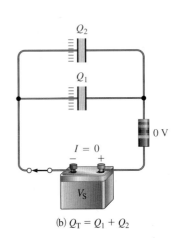

(a) 각 커패시터에 저장되는 전하량은 커패시턴스 값에 비례한다.

(b) $Q_T = Q_1 + Q_2$

예제 9-8

그림 9-25에서 전체 정전용량은 얼마인가? 개별 커패시터에 걸리는 전압은 얼마인가?

▶ 그림 9-25

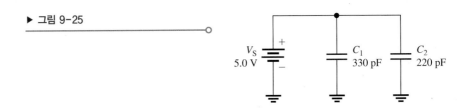

풀이 전체 정전용량은

$$C_T = C_1 + C_2 = 330\,\text{pF} + 220\,\text{pF} = \mathbf{550\,pF}$$

병렬로 연결된 개별 커패시터에 걸리는 전압은 전압원의 전압과 같다.

$$V_S = V_1 = V_2 = \mathbf{5.0\,V}$$

관련 문제 그림 9-25에서 C_1과 C_2에 100 pF인 커패시터를 병렬로 연결하면 C_T는 얼마인가?

공학용 계산기 소개의 예제 9-8에 있는 변환 예를 살펴보라.

일반 공식 식 (9-10)에 대한 유도 과정은 그림 9-26과 같이 임의의 수로 병렬연결된 커패시터로 확장할 수 있다. 확장된 공식은 다음 식 (9-11)과 같다. 여기서 첨자 n은 임의의 정수이다.

$$C_T = C_1 + C_2 + C_3 + \cdots + C_n \qquad (9-11)$$

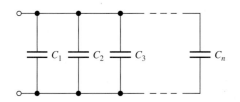

◀ 그림 9-26

n개의 커패시터를 병렬로 연결한 일반적인 회로

예제 9-9	그림 9-27에서 C_T를 구하라.

▶ 그림 9-27

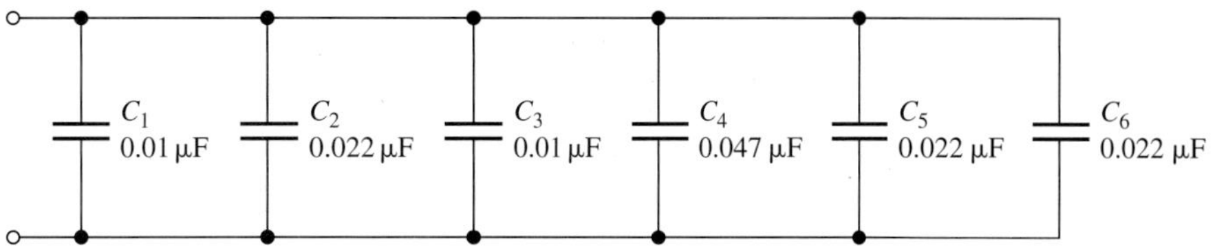

| | C_1 0.01 μF | C_2 0.022 μF | C_3 0.01 μF | C_4 0.047 μF | C_5 0.022 μF | C_6 0.022 μF |

풀이

$$C_T = C_1 + C_2 + C_3 + C_4 + C_5 + C_6$$
$$= 0.01\,\mu F + 0.022\,\mu F + 0.01\,\mu F + 0.047\,\mu F + 0.022\,\mu F + 0.022\,\mu F$$
$$= \mathbf{0.133\,\mu F}$$

관련 문제 그림 9-27에서 3개의 0.01 μF인 커패시터를 병렬로 연결하면 C_T는 얼마인가?

공학용 계산기 소개의 예제 9-9에 있는 변환 예를 살펴보라.

9-4절 복습

해답은 이 장의 끝에 있다.

1. 전체 병렬 정전용량은 어떻게 구하는가?
2. 어떤 응용에서 0.05 μF이 필요하다. 사용 가능한 유일한 커패시터 값은 0.01 μF이고 많은 수량을 가지고 있다. 필요한 전체 정전용량을 어떻게 얻을 수 있는가?
3. 10 pF, 56 pF, 33 pF, 68 pF인 커패시터들을 병렬로 연결되어 있다. C_T는 얼마인가?

9-5 직류회로에서의 커패시터

커패시터를 직류전압원에 연결하면 충전된다. 회로의 정전용량과 저항을 알면 커패시터의 도체판 양단에 축적된 전하량은 예측 가능하다.

이 절의 학습목표

◆ **직류 스위칭회로에서 커패시터 동작을 설명한다.**

   ◆ 커패시터의 충전과 방전을 설명한다.
   ◆ RC 시정수를 정의한다.
   ◆ 시정수와 충전 또는 방전을 연관시킨다.
   ◆ 충전 또는 방전 곡선의 식을 기술한다.
   ◆ 커패시터가 일정한 직류를 차단하는 이유를 설명한다.

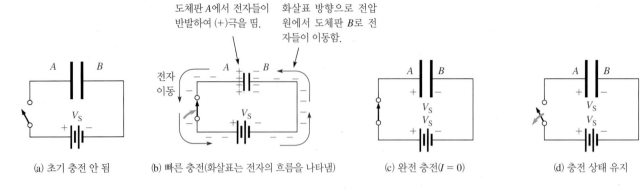

(a) 초기 충전 안 됨   (b) 빠른 충전(화살표는 전자의 흐름을 나타냄)   (c) 완전 충전($I = 0$)   (d) 충전 상태 유지

▲ 그림 9-28

커패시터 충전

커패시터 충전

그림 9-28과 같이 직류(dc) 전압원에 커패시터를 연결하면 충전된다. 그림 9-28(a)의 커패시터는 충전되지 않은 상태로 도체판 A와 B에는 같은 수의 자유전자가 있다. 그림 9-28(b)에서와 같이 스위치를 닫을 때 화살표 방향으로 전압원은 도체의 낮은 저항을 통해 도체판 A로부터는 전자를 밀어내고 도체판 B로는 전자를 이동시킨다. 도체판 A가 전자를 잃고 도체판 B가 전자를 얻음에 따라 도체판 A는 도체판 B에 대해 (+)극을 띠게 된다. 그림 9-28(c)와 같이 **충전**(charging)이 계속되는 동안 도체판 양단의 전압은 거의 순간적으로 증가하여 전원전압 V_S와 크기가 같아지고 극성은 반대가 된다. 커패시터가 완전히 충전되면 전류는 흐르지 않는다.

일정한 직류전류는 커패시터를 통과하여 흐르지 못한다.

그림 9-28(d)에서와 같이 충전된 커패시터를 전압원에서 분리하면 커패시터는 오랜 시간 충전된 상태를 유지하며, 커패시터가 충전을 유지하는 시간은 누설저항에 따라 달라진다. 일반적으로 전해 커패시터가 다른 종류의 커패시터보다 빨리 방전된다.

커패시터 방전

그림 9-29에서와 같이 전하가 충전된 커패시터 양단에 도체를 연결하면 커패시터는 방전된다. 이 특수한 경우에는 커패시터 양단에 스위치를 도체로 연결하여 매우 낮은 저항을 갖는 경로를 만든다. 스위치가 닫히기 전에 커패시터는 그림 9-29(a)에 나타난 것처럼 35 V로 충전되어 있다. 스위치가 닫히면 그림 9-29(b)에서 보이는 것처럼 도체판 B에 있는 과잉전자들은 회로를 통해 도체판 A로 이동한다(화살표로 표시됨). 낮은 저항의 도체를 통해 전류가 흐르기 때문에 커패시터에 저장된 에너지는 도체의 저항에 의해 소모된다. 두 도체판에 있는 자유전자의 수가 다시 같

▶ 그림 9-29

커패시터 방전

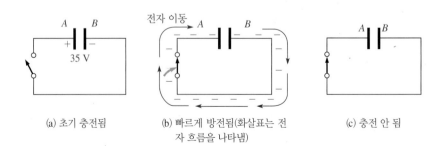

(a) 초기 충전됨   (b) 빠르게 방전됨(화살표는 전자 흐름을 나타냄)   (c) 충전 안 됨

아질 때 전하 중성이 된다. 이때 커패시터 양단에 걸린 전압은 0이고 커패시터는 그림 9-29(c)에서 보이는 것처럼 완전히 방전된다.

커패시터 충전과 방전 동안의 전류와 전압

그림 9-28과 그림 9-29에서 방전 중 전자의 이동 방향이 충전 중 전자의 이동 방향과 반대임에 주의해야 한다. 이상적으로는 유전체는 절연물질이므로 충전 또는 방전 중에는 유전체를 통해 전류가 흐르지 않는다는 점을 이해하는 것이 중요하다. 두 도체판 사이에서 전류는 외부 회로를 통해서만 흐른다.

그림 9-30(a)에서 커패시터는 저항과 스위치와 함께 직류전압원에 직렬로 연결되어 있다. 처음에 스위치는 열려 있으며 커패시터는 방전되어 전하가 없고 전압은 0 V이다. 스위치가 닫히는 순간에 전류는 최대로 흐르고 커패시터는 충전을 시작한다. 초기에 전류가 최대인 이유는 커패시터의 도체판 사이 전압이 0 V이고 그래서 사실상 단락으로 동작하기 때문이다. 따라서 전류는 저항에 의해서만 제한된다. 시간이 경과하고 커패시터가 충전되면서 전류는 감소하고 커패시터에 걸린 전압(V_C)은 증가한다. 이 충전 시간 동안 저항에 걸리는 전압은 전류와 비례한다.

시간이 어느 정도 지난 후에 커패시터는 최대 충전 상태에 도달한다. 그림 9-30(b)에서 보는 것과 같이 이 시점에서 전류는 0 A이며 커패시터에 걸린 전압은 직류전원의 전압과 같다. 이제 스위치가 열리면 커패시터는 최대 충전량을 유지할 것이다(전류 누설 경로는 무시됨).

그림 9-30(c)에서는 전압원을 제거했다. 스위치를 닫으면 커패시터는 방전을 시작한다. 처음에 전류는 최대로 흐르지만 충전 중의 전류 방향과는 반대가 된다. 시간이 지남에 따라 전류와 커패시터에 걸린 전압이 모두 감소하고, 저항에 걸리는 전압은 항상 전류에 비례한다. 커패시터가 완전히 방전되면 전류와 커패시터 전압은 모두 0이 된다.

◀ 그림 9-30

커패시터를 충전되거나 방전할 때 전류와 전압

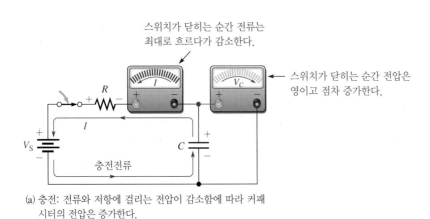

(a) 충전: 전류와 저항에 걸리는 전압이 감소함에 따라 커패시터의 전압은 증가한다.

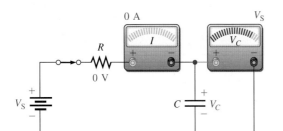

(b) 완전 충전: 커패시터의 전압은 전원전압과 같고 전류는 영이다.

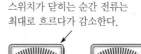
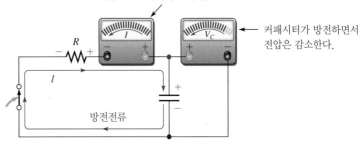

(c) 방전: 커패시터 전압과 저항전압과 전류는 초기의 최댓값으로부터 감소한다. 방전전류와 충전전류는 그 방향이 반대임에 주의하라.

직류 회로에서 커패시터에 대한 다음 두 가지 규칙을 기억하자.

1. 커패시터는 일정한 전압에 대해 개방된 단자로 취급한다.
2. 커패시터는 순간적인 전압 변화에 대해 단락된 단자로 취급한다.

이제 용량성 회로에서 시간에 따라 전압과 전류가 어떻게 변화하는지를 더 자세히 살펴보자.

RC 시정수

실제 상황에서는 회로 내에서 조금의 저항도 없는 정전용량은 존재할 수 없다. 이것은 간단히 전선의 작은 저항일 수도 있고 의도적으로 설계된 저항일 수도 있다. 따라서 커패시터의 충전 및 방전 특성은 항상 이러한 직렬저항을 포함하여 고려해야 한다. 저항은 커패시터를 충전 및 방전할 때 시간 성분을 도입한다.

커패시터가 저항을 통해 충전되거나 방전될 때, 커패시터가 완전히 충전되거나 완전히 방전되기 위해 다소 시간이 필요하다. 전하를 한 점에서 다른 점으로 이동시키는 데 제한한 시간이 필요하기 때문에 커패시터 양단에 걸리는 전압은 순간적으로 변할 수 없다. 직렬 RC 회로의 시정수는 커패시터를 충전 또는 방전하는 속도를 결정한다.

> **직렬 RC 회로에서 RC 시정수(RC time constant)는 고정된 시간 간격으로 저항과 정전용량의 곱과 같다.**

저항이 Ω 단위이고 정전용량이 F 단위일 때 시정수는 s 단위로 표현된다. 이 단위들은 식 (9-1)에서 $C = Q/V$ 및 옴의 법칙에서 $R = V/I$을 사용하여 증명할 수 있다. 이 식들을 시정수 τ (그리스 문자 tau)에 대한 식 (9-12)에 대입하면

$$\tau = RC \qquad\qquad (9\text{-}12)$$

이고, 다음과 같다.

$$\tau = (V/I)(Q/V)$$
$$\tau = Q/I$$

전하 Q의 단위가 C(쿨롱)이고, 전류 I의 단위가 C/s(쿨롱/초)이므로, 시정수의 단위는 다음과 같다.

$$[\tau\text{의 단위}] = C/(C/s) = s$$

$I = Q/t$를 기억하자. 전류는 주어진 시간 동안 이동한 전하량에 의존한다. 저항이 증가하면 충전전류는 감소하고, 따라서 커패시터의 충전시간이 증가한다. 정전용량이 증가하면 주어진 충전전압에 대해 전하량이 증가한다. 그러므로 같은 전류가 흐르면 커패시터를 충전하는 데 더 많은 시간이 필요하다.

예제 9-10	직렬 RC 회로에 1.0 MΩ 저항과 4.7 μF 커패시터가 있다. 시정수는 얼마인가?
풀이	$\tau = RC = (1.0 \times 10^6\ \Omega)(4.7 \times 10^{-6}\ F) = \mathbf{4.7\ s}$
관련 문제	직렬 RC 회로에 270 kΩ 저항과 3300 pF 커패시터가 있다. 시정수는 μs 단위로 얼마인가? 공학용 계산기 소개의 예제 9-10에 있는 변환 예를 살펴보라.

커패시터가 두 전압 수준 사이에서 충전 또는 방전될 때 커패시터의 전하는 한 시정수 내에서 수준 간 차이의 약 63%만큼 변한다. 충전되지 않은 커패시터는 1 시정수 내에서 전압의 약 63%까지 충전된다. 완전히 충전된 커패시터가 방전될 때 1 시정수 내에서 전압은 초기 전압의 약 37% = 100% − 63%까지 감소한다. 이 변화도 또한 63% 변화에 해당한다.

충전 및 방전 곡선

커패시터는 그림 9-31에 보이는 것과 같이 비선형 곡선을 따라 충전하고 방전한다. 이 그래프에서는 완전한 충전 전압에 대한 백분율 근사값을 각 시정수 구간마다 표시했다. 이 유형의 곡선은 정확한 수학 공식을 따르며 **지수**(exponential) 곡선이라고 한다. 충전 곡선은 상승하는 지수 곡선이며, 방전 곡선은 하강하는 지수 곡선이다. 최종 전압의 99%(100%로 간주)에 도달하려면 시정수 5배의 시간이 걸린다. 이 시정수 5배의 시간이 지나면 일반적으로 커패시터가 완전히 충전되거나 방전된 것으로 간주하고 **과도시간**(transient time)이라 부른다. 이 과도시간 동안 회로는 변화 상태이거나 **과도** 상태이다. 과도시간이 지난 다음 회로의 최종 상태를 **정상** 상태라고 부른다.

일반 공식 상승하거나 하강하는 지수 곡선을 표현하는 일반적인 공식은 순간전압과 순간전류에 대한 다음 식 (9-13)과 (9-14)와 같다.

$$v = V_F + (V_i - V_F)e^{-t/\tau} \tag{9-13}$$

$$i = I_F + (I_i - I_F)e^{-t/\tau} \tag{9-14}$$

여기서 V_F와 I_F는 각각 전압과 전류의 최종값이고 V_i와 I_i는 각각 전압과 전류의 초깃값이다. 소문자 v와 i는 시간 t에서 커패시터 전압과 전류의 순간값을 나타내고, e는 자연로그의 밑수이다. 계산기에 있는 e^x 키는 이 지수 항의 계산을 쉽게 한다.

완전 방전된 상태(0)에서 충전 그림 9-31(a)와 같이 지수 전압 곡선이 $0(V_i = 0)$ V에서 시작하여 증가하는 특수한 경우에 대한 공식은 식 (9-15)와 같다. 이 식은 일반 공식 (9-13)으로부터 다음과 같이 유도된다.

$$v = V_F + (V_i - V_F)e^{-t/\tau} = V_F + (0 - V_F)e^{-t/RC} = V_F - V_F e^{-t/RC}$$

양변을 V_F로 나누면 식 (9-15)와 같이 시간 t에서의 전압을 얻을 수 있다.

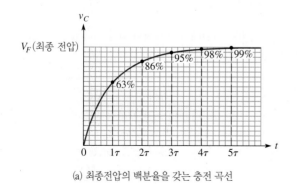

(a) 최종전압의 백분율을 갖는 충전 곡선

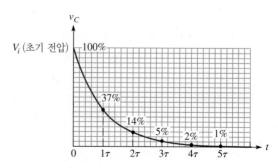

(b) 초기전압의 백분율을 갖는 방전 곡선

▲ 그림 9-31

RC 회로에서 커패시터의 충전과 방전에 대한 지수 전압 곡선

$$v = V_F(1 - e^{-t/RC}) \qquad (9-15)$$

커패시터가 초기에 충전되지 않았다면, 식 (9-15)를 이용하여 어느 순간에서 커패시터의 충전 전압값을 계산할 수 있다. 식 (9-15)에서 v를 i로, V_F를 I_F로 대입함으로써 증가하는 전류에 대한 식을 계산할 수 있다.

예제 9-11

그림 9-32에서 커패시터가 초기에 충전되지 않았다면, 스위치가 닫힌 후 50 μs가 지난 시점에서 커패시터 전압을 결정하라. 충전 곡선을 그려라.

▶ 그림 9-32

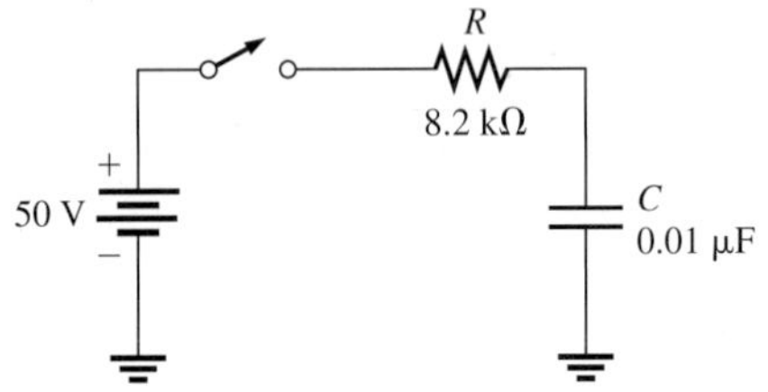

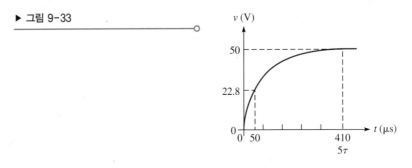

풀이 시정수는

$$\tau = RC = (8.2 \text{ k}\Omega)(0.01 \text{ μF}) = 82 \text{ μs}$$

커패시터가 최대로 충전되는 전압은 50 V(이것이 V_F)이다. 초기 전압은 0이다. 50 μs는 1시정수보다 작고, 따라서 그 시간에서 커패시터는 최대 전압의 63%보다 적게 충전되는 것에 주의하자.

$$v_C = V_F(1 - e^{-t/RC}) = (50 \text{ V})(1 - e^{-50 \text{ μs}/82 \text{ μs}}) = \textbf{22.8 V}$$

커패시터의 충전 곡선은 그림 9-33에 나타냈다.

▶ 그림 9-33

관련 문제 그림 9-32에서 스위치가 닫힌 후 15 μs가 지난 시점에서 커패시터 전압을 결정하라.

공학용 계산기 소개의 예제 9-11에 있는 변환 예를 살펴보라.

완전 방전 그림 9-30(b)와 같이 지수 전압 곡선이 0($V_F = 0$) V까지 감소하는 특수한 경우에 대한 공식은 일반 공식으로부터 다음과 같이 유도된다.

$$v = V_F + (V_i - V_F)e^{-t/\tau} = 0 + (V_i - 0)e^{-t/RC}$$

이 수식은 식 (9-16)과 같이 정리된다.

$$v = V_i e^{-t/RC} \qquad (9-16)$$

여기에서 V_i는 방전이 시작되는 순간의 전압이다. 이 식을 이용하여 어느 순간에서의 방전전압을 계산할 수 있다. 지수 $-t/RC$는 $-t/\tau$로 쓸 수 있다.

예제 9-12

그림 9-34에서 스위치가 닫힌 후 6.0 ms가 지난 시점에서 커패시터 전압을 결정하라. 충전 곡선을 그려라.

▶ 그림 9-34

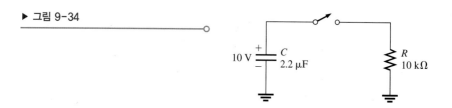

풀이 방전 시정수는

$$\tau = RC = (10\,\text{k}\Omega)(2.2\,\mu\text{F}) = 22\,\text{ms}$$

초기 커패시터 전압이 10 V이다. 6.0 ms는 1시정수보다 작고 따라서 그 시간에서 커패시터는 63%보다 적게 방전될 것에 주의하자. 따라서 6.0 ms에서 초기 전압의 37%보다 큰 전압을 갖는다.

$$v_C = V_i e^{-t/RC} = (10\,\text{V})e^{-6.0\,\text{ms}/22\,\text{ms}} = \mathbf{7.61\,V}$$

커패시터의 방전 곡선은 그림 9-35에 나타냈다.

▶ 그림 9-35

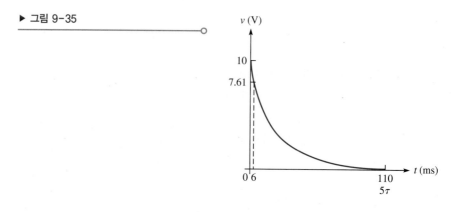

관련 문제 그림 9-34에서 저항 R을 2.2 kΩ으로 바꾼 후 스위치를 닫고 1.0 ms가 지난 시점에 커패시터 전압을 결정하라.

공학용 계산기 소개의 예제 9-12에 있는 변환 예를 살펴보라.

보편적인 지수 곡선을 이용하는 그래픽 방법 그림 9-36의 보편적인 곡선을 이용하여 커패시터 충전이나 방전 시의 그래픽 해를 구할 수 있다. 예제 9-13은 이 그래픽 방법을 보여준다.

▶ 그림 9-36

정규화된 보편적인 지수 곡선

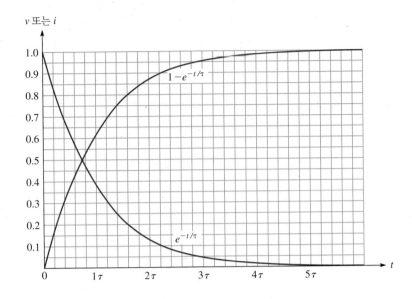

예제 9-13

그림 9-37의 커패시터를 75 V로 충전되는 데 걸리는 시간은 얼마인가? 스위치가 닫힌 후 2.0 ms 가 지난 시점에 커패시터 전압은 얼마인가? 그림 9-36의 정규화된 보편적인 곡선을 사용하여 답을 결정하라.

▶ 그림 9-37

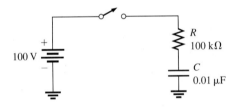

풀이 최종 전압은 100 V이며, 이 값은 그래프에서 100% 수준(1.0)이다. 전압 75 V는 최댓값의 75%에 해당하며, 그래프에서 0.75이다. 이 값은 1.4시정수가 되는 시점에 나타난다. 이 회로에서 시정수는 RC = (100 kΩ)(0.01 μF) = 1.0 ms이다. 따라서 커패시터 전압은 스위치가 닫힌 후 1.4 ms 가 지난 시점에 75 V에 도달한다.

▶ 그림 9-38

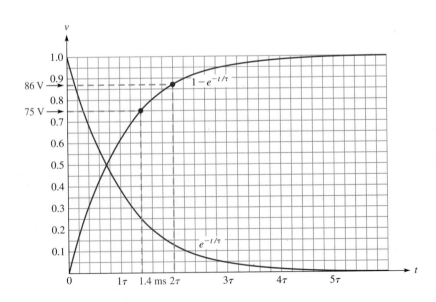

스위치가 닫힌 후 2.0 ms가 지난 시점에 커패시터 전압은 약 86 V(수직축에서 0.86)이다. 이러한 그래픽을 이용한 풀이를 그림 9-38에 나타냈다.

관련 문제 정규화된 보편적인 지수 곡선을 사용하여 그림 9-37의 커패시터가 0 V에서 50 V까지 충전하는 데 걸리는 시간을 결정하라. 스위치가 닫힌 후 3.0 ms가 지난 시점에 커패시터 전압은 얼마인가?

공학용 계산기 소개의 예제 9-12에 있는 변환 예를 살펴보라.

구형파에 대한 응답

상승하고 하강하는 지수 곡선을 설명하는 많은 사례는 시정수에 비해 긴 사이클을 갖는 구형파로 RC 회로를 구동할 때 나타난다. 이 구형파는 켜지고 꺼지는 동작을 제공하나, 단일 스위치와는 다르게 구형파가 0으로 돌아갈 때 발전기를 통해 방전 경로를 제공한다.

구형파가 상승할 때 커패시터에 걸리는 전압은 시정수에 따르는 시간 동안 구형파의 최댓값을 향하여 지수함수로 증가한다. 구형파가 0으로 하강할 때 다시 시정수에 따라 커패시터 전압은 지수함수로 감소한다. 구형파 발생기의 내부 저항은 RC 시정수의 일부분이다. 하지만 R에 비해 작다면 무시할 수 있다. 다음 예제에서는 사이클이 시정수에 비해 긴 경우에 대한 파형을 보여준다.

예제 9-14 그림 9-39(a)의 회로에서 그림 9-39(b)에 나타낸 입력 파형의 완전한 한 사이클 동안 0.1 ms마다 커패시터에 걸리는 전압을 계산하라. 그리고 커패시터 전압 파형을 그려라. 발전기의 내부 저항은 무시할 수 있다고 가정한다.

▶ 그림 9-39

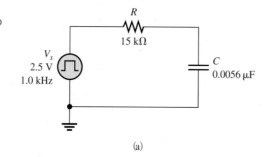

(a)

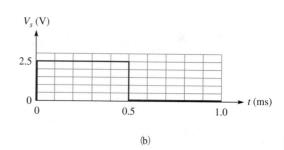

(b)

풀이
$$\tau = RC = (15\ \text{k}\Omega)(0.0056\ \mu\text{F}) = 0.084\ \text{ms}$$

구형파의 사이클은 1.0 ms이고 약 12τ이다. 이것은 6τ가 경과할 때마다 펄스가 변하고, 커패시터가 완전히 충전되고 완전히 방전될 수 있음을 의미한다.

상승하는 지수함수에 대해,

$$v = V_F(1 - e^{-t/RC}) = V_F(1 - e^{-t/\tau})$$

0.1 ms에서 $v = 2.5\ \text{V}(1 - e^{-0.1\ \text{ms}/0.084\ \text{ms}}) = 1.74\ \text{V}$

0.2 ms에서 $v = 2.5\ \text{V}(1 - e^{-0.2\ \text{ms}/0.084\ \text{ms}}) = 2.27\ \text{V}$

0.3 ms에서 $v = 2.5\ \text{V}(1 - e^{-0.3\ \text{ms}/0.084\ \text{ms}}) = 2.43\ \text{V}$

0.4 ms에서 $v = 2.5\ \text{V}(1 - e^{-0.4\ \text{ms}/0.084\ \text{ms}}) = 2.48\ \text{V}$

$$0.5\text{ ms에서 } v = 2.5\text{ V}(1 - e^{-0.5\text{ ms}/0.084\text{ ms}}) = 2.49\text{ V}$$

하강하는 지수함수에 대해,

$$v = V_i(e^{-t/RC}) = V_i(e^{-t/\tau})$$

이 수식에서는 변화가 발생한 순간부터의 시간을 나타낸다(실제 시간에서 0.5 ms를 뺀 값). 예를 들어 0.6 ms에서 $t = 0.6$ ms $- 0.5$ ms $= 0.1$ ms이다.

$$0.6\text{ ms에서 } v = 2.5\text{ V}(e^{-0.1\text{ ms}/0.084\text{ ms}}) = 0.760\text{ V}$$

$$0.7\text{ ms에서 } v = 2.5\text{ V}(e^{-0.2\text{ ms}/0.084\text{ ms}}) = 0.231\text{ V}$$

$$0.8\text{ ms에서 } v = 2.5\text{ V}(e^{-0.3\text{ ms}/0.084\text{ ms}}) = 0.070\text{ V}$$

$$0.9\text{ ms에서 } v = 2.5\text{ V}(e^{-0.4\text{ ms}/0.084\text{ ms}}) = 0.021\text{ V}$$

$$1.0\text{ ms에서 } v = 2.5\text{ V}(e^{-0.5\text{ ms}/0.084\text{ ms}}) = 0.006\text{ V}$$

그림 9-40은 이 결과들에 대한 그래프이다.

▶ 그림 9-40

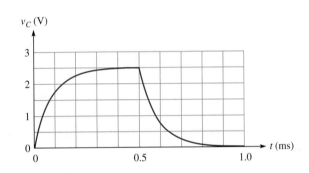

관련 문제 0.65 ms가 지난 시점에서 커패시터 전압은 얼마인가?

공학용 계산기 소개의 예제 9-14에 있는 변환 예를 살펴보라.

9-5절 복습

해답은 이 장의 끝에 있다.

1. R = 1.2 kΩ이고 C = 1000 pF일 때 시정수를 구하라.
2. 1번 문제의 회로가 5.0 V 전원으로 충전되면, 초기에 방전되지 않은 커패시터가 완전한 충전에 도달하는 데 걸리는 시간은 얼마인가? 완전히 충전되는 시점에서 커패시터 전압은 얼마인가?
3. 어떤 회로의 시정수가 1.0 ms이다. 10 V 배터리로 충전되면 2.0 ms, 3.0 ms, 4.0 ms, 5.0 ms 시점에서 커패시터 전압은 각각 얼마인가? 커패시터는 초기에 방전되지 않았다.
4. 커패시터가 100 V로 충전된다. 이 커패시터가 저항을 통해 방전될 때 1시정수인 시점에서 커패시터 전압은 얼마인가?

9-6 교류회로에서의 커패시터

알다시피 커패시터는 일정한 직류전류를 차단한다. 커패시터는 교류를 통과시키는데, 교류의 주파수에 따라 달라지는 용량성 리액턴스라고 하는 전류 흐름을 방해하는 양을 갖는다.

이 절의 학습목표

◆ **교류회로에서 커패시터가 어떻게 동작하는가를 설명한다.**
  - ◆ 용량성 리액턴스를 정의한다.
  - ◆ 주어진 회로에서 용량성 리액턴스 값을 결정한다.
  - ◆ 직렬 및 병렬로 연결된 캐패시터의 정전용량을 계산한다.
  - ◆ 커패시터가 전압과 전류 사이에 위상 변화를 일으키는 이유를 설명한다.
  - ◆ 커패시터에서 순간전력, 유효전력, 무효전력에 대해 설명한다.

용량성 리액턴스 X_C

그림 9-41에서 커패시터는 정현파 전압원에 연결된다. 전원전압이 일정한 진폭을 유지하고 주파수가 증가할 때, 전류 진폭은 증가한다. 또한 전원 주파수가 감소할 때 전류 진폭도 감소한다.

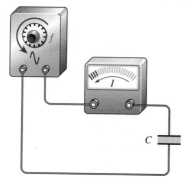

크기가 일정한
교류전압원

(a) 주파수가 증가하면 전류가 증가한다.   (b) 주파수가 감소하면 전류가 감소한다.

◀ 그림 9-41

용량성 회로에서 전류는 전원전압의 주파수에 따라 직접적으로 변한다.

전압 주파수가 증가하면 변화율도 증가한다. 이 관계를 설명한 것이 그림 9-42이고 여기서 주파수는 증가한다. 이제 전압이 변하는 비율이 증가하면, 주어진 시간 내에 회로를 따라 이동하는 전하량도 증가한다. 일정한 시간 동안 더 많은 전하가 이동하면 더 많은 전류가 흐른다는 것을 의미한다. 예를 들어 주파수가 10배로 증가하면 주어진 시간 간격 동안 커패시터가 충전과 방전하는 횟수가 10배 증가한다는 것을 의미한다. 전하 이동 속도도 10배 증가한다. 이것은 $I = Q/t$이기 때문에 전류가 10배 증가했다는 것을 의미한다.

고정된 전압에서 전류가 증가한다는 것은 전류 흐름을 방해하는 정도가 감소했다는 것을 나타

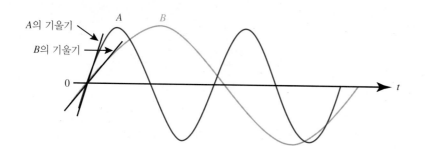

A의 기울기

B의 기울기

◀ 그림 9-42

더 높은 주파수를 갖는 파형 A는 진폭이 0인 지점에서 파형 B보다 더 큰 기울기를 가지며, 이것은 더 큰 변화율을 의미한다.

낸다. 따라서 커패시터는 전류 흐름을 방해하고 그 방해하는 정도는 주파수에 반비례한다.

커패시터에서 정현파 전류 흐름을 방해하는 성분을 용량성 리액턴스(capacitive reactance)라고 한다.

용량성 리액턴스의 기호는 X_C이고, 단위는 Ω이다.

커패시터에서 주파수가 전류 흐름을 방해하는 성분(용량성 리액턴스)에 어떤 영향을 미치는지 살펴보았다. 이제 정전용량(C) 자체가 리액턴스에 어떤 영향을 미치는지 살펴보자. 그림 9-43(a)는 고정된 진폭과 주파수를 갖는 정현파 전압이 1.0 μF 커패시터에 공급될 때 일정한 양의 교류 전류가 흐르는 것을 보여준다. 정전용량 값이 2.0 μF으로 증가하면, 그림 9-43(b)에서 보는 것과 같이 전류가 증가한다. 이렇게 정전용량이 증가하면 전류 흐름을 방해하는 성분(용량성 리액턴스)은 감소한다. 따라서 용량성 리액턴스가 주파수에 반비례할 뿐만 아니라, 정전용량에도 반비례한다. 이 관계는 다음 식과 같이 표현할 수 있다:

$$X_C 는 \frac{1}{fC} 에 비례한다.$$

▶ 그림 9-43

고정된 전압과 주파수에 대해 전류는 정전용량 값에 따라 직접적으로 변한다.

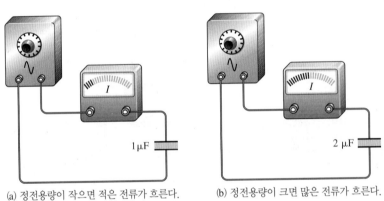

(a) 정전용량이 작으면 적은 전류가 흐른다. (b) 정전용량이 크면 많은 전류가 흐른다.

X_C와 $1/fC$ 사이의 비례상수가 $1/2\pi$이다. 따라서 용량성 리액턴스(X_C)를 구하는 공식은 식 (9-17)과 같다.

$$X_C = \frac{1}{2\pi fC} \tag{9-17}$$

f의 단위가 Hz이고 C의 단위가 F이면, X_C의 단위는 Ω이다. 8장에서 다루었듯이 정현파는 회전운동으로 설명하고 1회전은 2π rad이므로 비례상수 $1/2\pi$이 된다.

예제 9-15

그림 9-44에서 보는 것과 같이 정현파 전압이 커패시터에 공급된다. 정현파의 주파수가 1.0 kHz이다. 용량성 리액턴스 값을 구하라.

▶ 그림 9-44

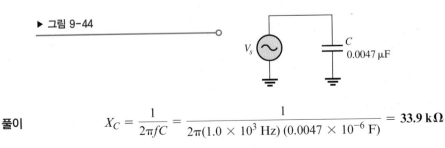

풀이 $$X_C = \frac{1}{2\pi fC} = \frac{1}{2\pi(1.0 \times 10^3\ \text{Hz})(0.0047 \times 10^{-6}\ \text{F})} = \textbf{33.9 k}\boldsymbol{\Omega}$$

관련 문제 그림 9-44에서 용량성 리액턴스가 10 kΩ이 되는 주파수를 구하라.

공학용 계산기 소개의 예제 9-15에 있는 변환 예를 살펴보라.

Multisim 또는 LTspice 파일 E09-15를 열어라. 이 예제의 계산 결과를 증명하고 관련 문제의 계산 과정을 확정하라.

직렬 커패시터에 대한 리액턴스

교류회로에서 커패시터들이 직렬로 연결될 때, 전체 정전용량은 가장 작은 개별 정전용량보다 작다. 전체 정전용량이 더 작기 때문에 전체 용량성 리액턴스(전류 흐름을 방해하는 저항)는 어떤 개별 정전용량보다도 커야 한다. 직렬로 연결된 커패시터에서 전체 용량성 리액턴스[$X_{C(tot)}$]는 개별 리액턴스의 합이며 식 (9-18)과 같다.

$$X_{C(tot)} = X_{C1} + X_{C2} + X_{C3} + \cdots + X_{Cn} \qquad (9\text{-}18)$$

이 식을 직렬저항의 전체 저항을 찾는 데 사용되는 식 (4-1)과 비교해보자. 두 경우 모두 전류 흐름을 방해하는 개별 성분을 단순히 더하는 것이다.

병렬 커패시터에 대한 리액턴스

교류회로에서 커패시터들이 병렬로 연결될 때, 전체 정전용량은 정전용량들의 합이다. 용량성 리액턴스가 정전용량에 반비례한다는 것을 상기하자. 전체 병렬 정전용량은 어떤 개별 정전용량보다 크기 때문에, 전체 용량성 리액턴스는 어떤 개별 커패시터의 리액턴스보다 작다. 병렬로 연결된 커패시터에서 전체 용량성 리액턴스[$X_{C(tot)}$]는 식 (9-19)와 같다.

$$X_{C(tot)} = \frac{1}{\dfrac{1}{X_{C1}} + \dfrac{1}{X_{C2}} + \dfrac{1}{X_{C3}} + \cdots + \dfrac{1}{X_{Cn}}} \qquad (9\text{-}19)$$

이 식을 병렬저항의 전체 저항에 대한 식 (5-1)과 비교해보자. 병렬저항의 경우처럼 전체 전류 흐름을 방해하는 성분(저항 또는 리액턴스) 값은 개별 저항 성분의 역수를 더하여 다시 역수를 취하는 것이다.

병렬로 연결된 2개의 커패시터에 대해 식 (9-19)는 곱 나누기 합의 형태로 줄어든다. 대부분의 실제 회로에서 2개 이상의 커패시터를 병렬로 연결하지 않으므로 이 식은 유용하다.

$$X_{C(tot)} = \frac{X_{C1}X_{C2}}{X_{C1} + X_{C2}}$$

예제 9-16

그림 9-45에서 두 회로의 전체 용량성 리액턴스는 각각 얼마인가?

풀이 두 회로에서 개별 커패시터의 리액턴스는 모두 같다.

$$X_{C1} = \frac{1}{2\pi fC_1} = \frac{1}{2\pi(5.0\text{ kHz})(0.01\ \mu\text{F})} = 3.18\text{ k}\Omega$$

$$X_{C2} = \frac{1}{2\pi fC_2} = \frac{1}{2\pi(5.0\text{ kHz})(0.068\ \mu\text{F})} = 468\ \Omega$$

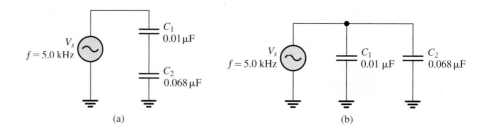

(a)   (b)

직렬회로: 그림 9-45(a)의 직렬로 연결된 커패시터에 대한 전체 리액턴스는 식 (9-18)에서 주어진 것처럼 X_{C1}과 X_{C2}의 합이다.

$$X_{C(tot)} = X_{C1} + X_{C2} = 3.18\ k\Omega + 468\ \Omega = \mathbf{3.65\ k\Omega}$$

다른 방법으로 앞의 식 (9-7)을 사용하여 전체 정전용량을 먼저 구한 다음 전체 직렬 리액턴스를 구할 수 있다. 전체 정전용량 값을 식 (9-17)에 대입하여 전체 리액턴스를 구한다.

$$C_{tot} = \frac{C_1 C_2}{C_1 + C_2} = \frac{(0.01\ \mu F)(0.068\ \mu F)}{0.01\ \mu F + 0.068\ \mu F} = 0.0087\ \mu F$$

$$X_{C(tot)} = \frac{1}{2\pi f C_{tot}} = \frac{1}{2\pi(5.0\ kHz)(0.0087\ \mu F)} = \mathbf{3.65\ k\Omega}$$

병렬회로: 그림 9-45(b)의 병렬로 연결된 커패시터에 대한 전체 리액턴스는 X_{C1}과 X_{C2}를 이용한 곱 나누기 합 법칙으로부터 계산한다.

$$X_{C(tot)} = \frac{X_{C1} X_{C2}}{X_{C1} + X_{C2}} = \frac{(3.18\ k\Omega)(468\ \Omega)}{3.18\ k\Omega + 468\ \Omega} = \mathbf{408\ \Omega}$$

관련 문제   전체 정전용량을 먼저 구한 다음 전체 병렬 용량성 리액턴스를 결정하라.

공학용 계산기 소개의 예제 9-16에 있는 변환 예를 살펴보라.

옴의 법칙   커패시터의 리액턴스는 저항의 저항값과 유사하다. 실제로 둘 다 Ω(옴)의 단위로 표현된다. R과 X_C 모두 전류 흐름을 방해하는 형태이기 때문에, 옴의 법칙은 저항성 회로뿐만 아니라 용량성 회로에도 적용된다. 식 (9-20)은 용량성 리액턴스에 대한 수식을 보여준다.

$$I = \frac{V}{X_C} \tag{9-20}$$

옴의 법칙을 교류 회로에 적용할 때 전류와 전압 모두를 동일한 형태, 즉 모두 rms(평균거듭제곱근)의 형태, 모두 최댓값의 형태 등으로 표현해야 한다.

| 예제 9-17 | 그림 9-46에서 rms 전류를 구하라. |

▶ 그림 9-46

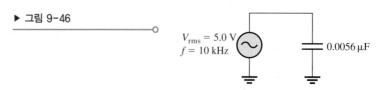

풀이   먼저 X_C를 구한다.

$$X_C = \frac{1}{2\pi f C} = \frac{1}{2\pi (10 \times 10^3 \text{ Hz}) (0.0056 \times 10^{-6} \text{ F})} = 2.84 \text{ k}\Omega$$

다음으로 옴의 법칙에 적용한다.

$$I_{\text{rms}} = \frac{V_{\text{rms}}}{X_C} = \frac{5.0 \text{ V}}{2.84 \text{ k}\Omega} = \textbf{1.76 mA}$$

관련 문제 그림 9-46에서 주파수를 25 kHz로 바꾸고 전류를 rms 값으로 구하라.

공학용 계산기 소개의 예제 9-17에 있는 변환 예를 살펴보라.

Multisim 또는 LTspice 파일 E09-17을 열어라. rms 전류를 측정하고 계산 값과 비교하라. 전압 전원의 주파수를 25 kHz로 바꾸고 전류를 측정하라.

용량성 전압 분배기

교류회로에서 커패시터는 전압 분배기를 필요로 하는 곳에 적용될 수 있다. (일부 발진기 회로는 이 방법을 사용하여 출력의 일부를 분기한다.) 직렬 커패시터에 걸리는 전압은 식 (9-9)와 같은데, 여기서 다시 반복한다($V_T = V_s$).

$$V_x = \left(\frac{C_{tot}}{C_x}\right) V_s$$

저항 전압 분배기는 전류 흐름을 방해하는 성분의 비율인 저항의 비율로 표현된다. 저항성 분배기의 아이디어를 적용하여 용량성 전압 분배기를 생각해볼 수 있다. 다만 저항 대신 리액턴스를 사용한다. 용량성 전압 분배기에서 하나의 커패시터에 걸리는 전압에 대한 식은 다음과 같이 쓸 수 있다.

$$V_x = \left(\frac{X_{Cx}}{X_{C(tot)}}\right) V_s \qquad (9-21)$$

여기서 X_{Cx}는 커패시터 C_x의 리액턴스이고, $X_{C(tot)}$은 전체 용량성 리액턴스이며, V_x는 커패시터 C_x에 걸리는 전압이다. 이 식을 식 (4-5)와 비교하자. 식 (9-9) 또는 (9-21)은 다음 예제에서 설명한 것과 같이 분배기의 전압을 구하는 데 사용될 수 있다.

예제 9-18 그림 9-47의 회로에서 커패시터 C_2에 걸리는 전압은 얼마인가?

▶ 그림 9-47

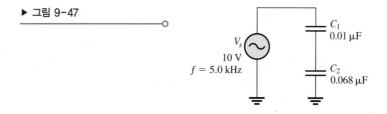

풀이 개별 커패시터의 리액턴스와 전체 리액턴스는 예제 9-16에서 계산했다. 이것을 식 (9-21)에 대입하면,

$$V_2 = \left(\frac{X_{C2}}{X_{C(tot)}}\right) V_s = \left(\frac{468 \text{ }\Omega}{3.65 \text{ k}\Omega}\right) 10 \text{ V} = \textbf{1.28 V}$$

정전용량이 더 큰 커패시터에 걸리는 전압은 전체 비율의 더 작은 비율임에 주의하자. 식 (9-9)로부터 동일한 결과를 얻을 수 있다.

$$V_2 = \left(\frac{C_{tot}}{C_2}\right)V_s = \left(\frac{0.0087\ \mu\text{F}}{0.068\ \mu\text{F}}\right)10\ \text{V} = \textbf{1.28 V}$$

관련 문제 식 (9-21)을 사용하여 커패시터 C_1에 걸리는 전압을 구하라.

공학용 계산기 소개의 예제 9-18에 있는 변환 예를 살펴보라.

커패시터 전류는 전압보다 90° 앞선다

그림 9-48은 정현파 전압 곡선이다. 곡선에 '가파름'으로 표시된 것과 같이 전압이 변하는 변화율은 사인 곡선을 따라 변한다는 것에 주의하자. 사인 곡선은 0을 지나는 점에서 곡선의 다른 점에서보다 빠른 비율로 변화한다.

▶ 그림 9-48

정현파의 변화율

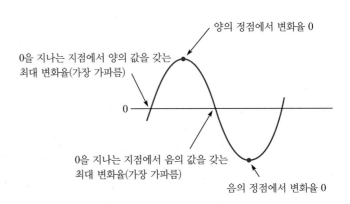

정점부에서는 전압이 최댓값에 도달하고 변화 방향이 바뀌므로 곡선의 변화율은 0이 된다.

커패시터에 저장되는 전하량에 따라 커패시터에 걸리는 전압이 결정된다. 따라서 전하가 한 도체판에서 다른 도체판으로 이동하는 속도($Q/t = I$)가 커패시터 전압이 변하는 속도를 결정한다. 전류가 0을 지나는 곳에서 최대 비율로 변할 때 전압은 최댓값(첨두)이 된다. 전류가 최소 비율, 즉 첨두에서 0으로 변할 때 전압은 최솟값(0)이 된다. 이 위상 관계를 그림 9-49에 나타냈다. 그림에서 알 수 있듯이 전류는 전압이 최댓값에 도달하기 1/4사이클 전에 최댓값에 도달한다. 그

▶ 그림 9-49

전류는 커패시터 전압보다 항상 위상이 90° 앞선다.

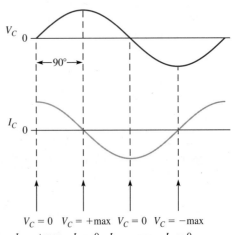

러므로 전류는 전압보다 위상이 90° 앞선다.

커패시터의 전력

9-1절에 다루었듯이 충전된 커패시터는 유전체 내에 존재하는 전기장에 에너지를 저장한다. 이상적인 커패시터는 에너지를 소비하지 않는다. 대신에 일시적으로 에너지를 저장할 뿐이다. 커패시터에 교류전압을 공급하면 전압사이클의 1/4 동안 에너지가 커패시터에 저장된다. 이어서 다음 1/4사이클 동안 저장된 에너지가 전원으로 되돌아간다. 이상적으로 총에너지 손실은 없다. 그림 9-50은 커패시터 전압과 전류의 한 사이클에 대한 전력 곡선을 보여준다.

순간전력(p) 순간전압 v와 순간전류 i를 곱한 값이 순간전력(instantaneous power) p이다. v 또는 i가 0인 지점에서 p 또한 0이다. v와 i가 모두 양(+)이면 p 또한 양(+)이다. v 또는 i 중 하나가 음(−)이고 다른 하나가 양(+)이면 p는 음(−)이다. v와 i가 모두 음(−)이면 p는 양(+)이다. 그림 9-50에서 보듯이 전력은 사인 형태의 곡선을 따른다. 양의 전력은 에너지가 커패시터에 저당되는 것을 나타내고 음의 전력은 에너지가 커패시터로부터 전원으로 되돌아가는 것을 나타낸다. 에너지는 번갈아서 저장되거나 전원으로 되돌아가기 때문에, 전력은 전압 또는 전류가 갖는 주파수의 두 배 주파수로 변동하는 것에 주의하자.

유효전력(P_{true}) 이상적으로 전력 사이클의 양(+)의 부분 동안 커패시터 저장된 에너지는 모두 음(−)의 부분 동안 전원으로 되돌아간다. 커패시터에서 열로 변환되는 총에너지 손실이 없으므로 유효전력(true power, P_{true})은 0이다. 그러나 실제로 실용적인 커패시터에서는 누설전류와 도체판 저항 때문에 전체 전력 중 적은 비율이 유효전력의 형태로 소비된다.

무효전력(P_r) 커패시터가 에너지를 저장하거나 돌려보내는 비율을 무효전력(reactive power, P_r)이라 한다. 어느 순간이든 커패시터는 에너지를 전원으로부터 받거나 전원으로 되돌려보내고 있으므로 무효전력은 0이 아닌 값이다. 무효전력은 에너지 손실을 나타내는 것이 아니다. 다음 식 (9-22)에서 식 (9-24)의 공식이 적용된다.

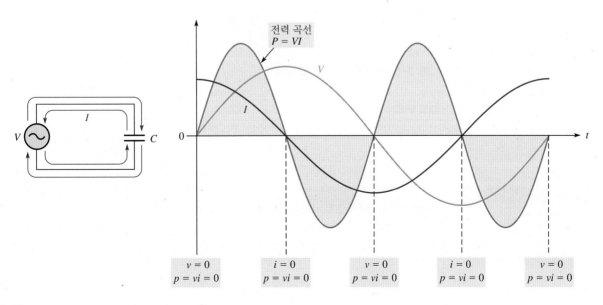

▲ 그림 9-50

커패시터의 전력 곡선

$$P_r = V_{\text{rms}}I_{\text{rms}} \qquad (9\text{-}22)$$

$$P_r = \frac{V_{\text{rms}}^2}{X_C} \qquad (9\text{-}23)$$

$$P_r = I_{\text{rms}}^2 X_C \qquad (9\text{-}24)$$

이 식들은 3장에서 다루었던 저항에 대한 유효전력과 같은 형태로 되어 있다. 전압과 전류는 실 횻값으로 나타낸다. 무효전력의 단위는 볼트-암페어 리액티브(volt ampere reactive, VAR)이다.

예제 9-19

그림 9-51에서 유효전력과 무효전력을 구하라.

▶ 그림 9-51

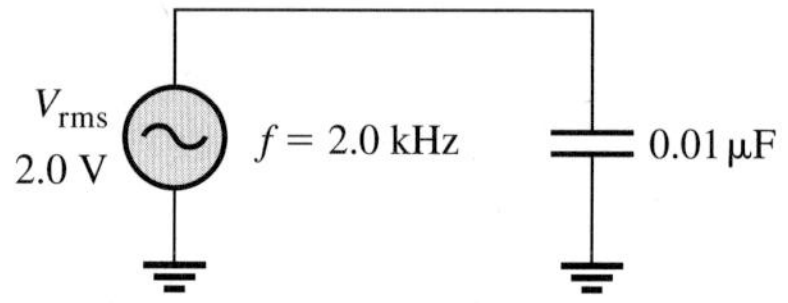

V_{rms}
2.0 V
$f = 2.0 \text{ kHz}$
0.01 μF

풀이 유효전력 P_r은 이상적인 커패시터에서 항상 0이다. 먼저 커패시터 리액턴스 값을 찾고 식 (9-23) 을 이용하여 무효전력을 계산한다.

$$X_C = \frac{1}{2\pi f C} = \frac{1}{2\pi(2.0 \times 10^3 \text{ Hz})(0.01 \times 10^{-6} \text{ F})} = 7.96 \text{ k}\Omega$$

$$P_r = V_{\text{rms}}^2/X_C = \frac{(2.0 \text{ V})^2}{7.96 \text{ k}\Omega} = 503 \times 10^{-6} \text{ VAR} = \textbf{503 μVAR}$$

관련 문제 그림 9-51의 주파수가 두 배가 되면 유효전력과 무효전력은 얼마인가?

공학용 계산기 소개의 예제 9-19에 있는 변환 예를 살펴보라.

9-6절 복습

해답은 이 장의 끝에 있다.

1. $f = 5.0$ kHz이고 $C = 47$ pF일 때 X_C를 계산하라.
2. 0.1 μF인 커패시터의 리액턴스가 2.0 kΩ이 되는 주파수는 얼마인가?
3. 그림 9-52에서 실효 전류를 계산하라.

▶ 그림 9-52

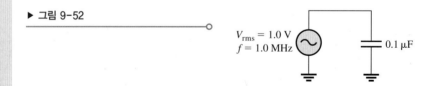

$V_{\text{rms}} = 1.0$ V
$f = 1.0$ MHz
0.1 μF

4. 커패시터에서 전류와 전압 사이의 위상 관계를 설명하라.
5. 1.0 μF인 커패시터가 실효 전압 12 V인 전압원에 연결되어 있다. 유효전력은 얼마인가?
6. 5번 문제에서 500 Hz 주파수의 무효전력을 결정하라.

9-7 커패시터의 응용

커패시터는 전기 및 전자 응용 분야에서 널리 이용된다.

이 절의 학습목표

◆ **커패시터 응용 예를 논의한다.**
  ◆ 전원공급장치 필터를 설명한다.
  ◆ 결합 커패시터와 우회 커패시터의 사용 목적을 설명한다.
  ◆ 튜닝된 회로와 타이밍 회로, 컴퓨터 메모리에 사용되는 커패시터의 기본적인 사항을 논의한다.

어떤 회로기판이나 전력공급장치 또는 전자 장비의 일부를 들여다보면 한 가지 종류 이상의 커패시터가 사용된 것을 볼 수 있다. 커패시터는 직류와 교류의 응용 분야에서 여러 목적으로 사용된다.

축전

커패시터가 사용되는 가장 기본적인 응용의 하나는 컴퓨터의 반도체 메모리와 같이 적은 전력을 소모하는 회로의 보조 전압원이다. 이 목적으로 사용되는 커패시터는 정전용량이 대단히 커야 하고 누설전류가 무시할 수 있을 정도로 적어야 한다.

축전 커패시터는 회로의 직류 전원공급장치 입력단자와 접지 사이에 연결된다. 회로가 정상 상태의 전원공급에 의해 동작될 때, 커패시터는 직류 전원전압까지 완전히 충전된다. 정상 상태의 전원공급이 중단되어 회로에서 전원이 제거되면 축전 커패시터가 회로의 임시 전력원이 된다.

충분한 전하가 있는 동안은 커패시터가 회로에 전압과 전류를 제공한다. 커패시터에서 회로로 전류가 흐르면 커패시터의 전하가 감소하고 전압 또한 감소한다. 이러한 이유로 축전 커패시터는 임시 전력원으로 쓰일 수 있을 뿐이다. 커패시터가 충분한 전력을 공급할 수 있는 시간은 정전용량과 회로에 흐르는 전류량에 의해 결정된다. 전류가 적고 정전용량이 클수록 커패시터가 회로에 전력을 제공하는 시간은 길어진다.

전원공급장치 필터

15장에서 더 깊이 공부할 기본적인 직류 전원공급장치는 **정류기**와 필터로 구성된다. 정류기는 표준 콘센트에서 나오는 120 V, 60 Hz의 정현파 전압을 정류회로 종류에 따라 반파 정류된 전압이나 전파 정류된 전압이 되는 맥동 직류전압으로 변환한다. 그림 9-53(a)에서 보는 바와 같이 반파 정류기는 정현파 전압의 (−)쪽 반 사이클을 제거한다. 그림 9-53(b)에서 보는 바와 같이 전파 정류기는 각 사이클에서 (−)쪽 부분의 극성을 (+)로 바꾼다. 반파 및 전파 정류전압은 그 크기가 변하지만 극성이 바뀌지 않으므로 모두 직류이다.

모든 회로는 일정한 전력을 필요로 하므로 전자회로에 전력을 공급하기 위해는 정류된 전압을 일정한 직류전압으로 바꾸어야 한다. 정류기 출력에 연결된 **필터**(filter)는 정류된 전압에서 변동을 거의 제거하고, 그림 9-54에서 보는 바와 같이 전자회로에 평탄하고 일정한 직류전압을 공급한다.

전력공급장치 필터로 쓰이는 커패시터 커패시터는 전하를 저장할 수 있어 직류 전원공급장치

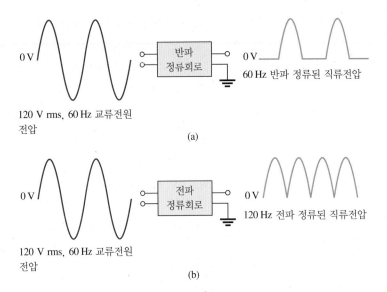

▲ 그림 9-53

반파 정류기와 전파 정류기의 동작

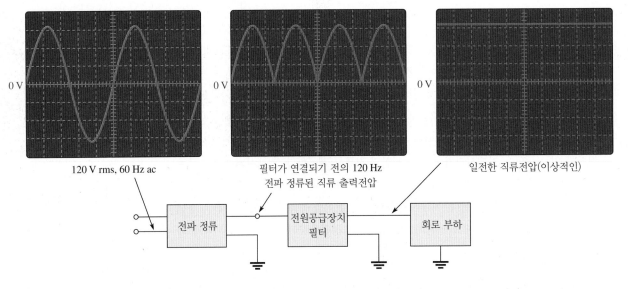

▲ 그림 9-54

직류 전원공급장치의 기본적인 개념도와 동작

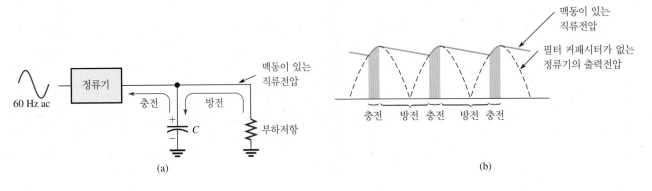

▲ 그림 9-55

전원공급장치 필터 커패시터의 기본 동작

에서 필터로 사용된다. 그림 9-55(a)는 전파 정류기와 커패시터 필터를 갖는 직류 전원공급장치를 보여준다. 다음과 같이 충전과 방전의 관점에서 그 동작 원리를 설명할 수 있다. 커패시터가 처음에는 충전되지 않았다고 가정하자. 전원공급장치를 켠 후 정류된 전압의 첫 번째 사이클 동안 커패시터는 정류기의 낮은 저항을 통해 충전된다. 커패시터 전압은 정류전압 곡선을 따라 정류전압의 최댓값까지 증가한다. 정류전압이 최댓값을 지나 감소하면 커패시터는 그림 9-55(b)에 나타난 것과 같이 부하회로의 높은 저항을 통해 천천히 방전된다. 그림에서는 설명을 위해 과장하여 표현하였으나, 방전되는 양은 대체로 아주 적다. 정류전압의 다음 사이클에서 방전된 적은 양의 전하가 커패시터에 다시 채워진다. 아주 적은 양의 전하가 충전되고 방전되는 과정이 전원이 켜져 있는 동안 계속된다.

정류기는 전류가 커패시터를 충전하는 방향으로만 흐르도록 설계한다. 커패시터는 정류기 쪽으로 방전하지 않고 부하의 상대적으로 큰 저항을 통해 적은 양의 전하만을 방전한다. 커패시터의 충전과 방전으로 인한 전압의 작은 변동을 **맥동전압**(ripple voltage)이라고 한다. 좋은 직류 전원공급장치는 직류출력에서 맥동전압이 아주 작다. 전원공급장치 필터 커패시터의 방전 시정수는 정전용량과 부하의 저항으로 결정된다. 결론적으로 정전용량이 클수록 방전시간이 길고 따라서 맥동전압이 작다.

직류차단과 교류결합

커패시터는 일반적으로 일정한 직류전압이 회로의 한 부분에서 다른 부분으로 가해지는 것을 차단하기 위해 사용된다. 그 예로는 그림 9-56에서와 같이 커패시터가 두 증폭단 사이에 연결되어 첫 번째 증폭단 출력의 직류전압이 두 번째 증폭단 입력의 직류전압에 영향을 미치지 못하도록 한다. 이 회로가 정상적으로 동작하기 위해는 첫 번째 증폭단의 직류출력이 0 V이고 두 번째 증폭단의 입력이 직류 3.0 V라고 가정하자. 커패시터는 두 번째 증폭단의 3.0 V가 첫 번째 증폭단 출력으로 들어가고 영향을 주는 것을 방지하며 그 반대도 성립한다.

그림 9-55에서 보는 바와 같이 정현파 신호전압이 첫 번째 증폭단 입력에 공급되면 신호전압은 증가(증폭)하고 첫 번째 증폭단 출력에 나타난다. 그러면 증폭된 신호전압은 커패시터를 통과하여 두 번째 증폭단 입력에 결합되어 3.0 V 직류전압과 중첩되고 다시 두 번째 증폭단에 의해 증폭된다. 신호전압이 감소하지 않으면서 커패시터를 통과하기 위해는 커패시터의 정전용량이

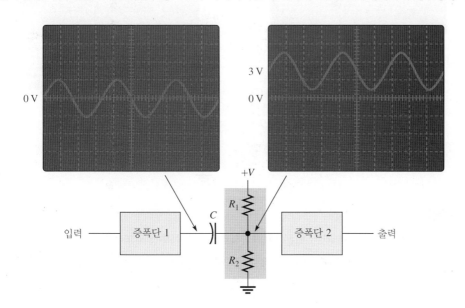

◀ 그림 9-56

증폭기에서 직류를 차단하고 교류를 결합하는 커패시터 응용

충분히 커서 신호전압의 주파수에서 리액턴스는 무시할 수 있을 정도로 작아야 한다. 이러한 종류의 응용에서 사용되는 커패시터를 **결합**(coupling) 커패시터라고 하며, 이상적으로는 직류에는 개방회로로 작용하고 교류에는 단락회로로 작용한다. 신호의 주파수가 감소함에 따라 용량성 리액턴스는 증가하며 어느 점 이상에서는 용량성 리액턴스가 너무 커져서 첫 번째와 두 번째 증폭단 사이에서 교류전압이 상당히 감소한다.

전력선의 분리

직류전원전압선과 접지에 연결된 커패시터는 디지털 회로의 빠른 전환으로 인해 직류전원전압에 발생하는 원하지 않는 과도전압과 스파이크를 분리하기 위해 사용된다. 과도전압은 더 높은 주파수를 가져서 회로의 정상 동작에 영향을 미칠 수도 있다. 이 과도전압은 리액턴스가 매우 낮은 **분리**(decoupling) 커패시터를 통해 접지에 단락된다. 특히 집적회로(IC) 근처의 회로에서 전원전압선의 몇 군데에서 분리 커패시터를 흔히 사용한다.

우회

우회(bypass) 커패시터는 회로 상의 어떤 저항 양단의 직류전압에 영향을 주지 않고 교류전압을 우회하기 위해 사용된다. 예를 들어 증폭기회로에서 바이어스 전압이라고 하는 직류전압은 여러 점에서 필요하다. 증폭기가 정상적으로 동작하려면 바이어스 전압은 일정하게 유지되어야 하고 그에 따라 교류전압은 제거되어야 한다. 바이어스 점에서 접지로 연결된 정전용량이 충분히 큰 커패시터는 주어진 점에서 직류바이어스 전압을 일정하게 유지하면서 교류전압에 대해 접지로의 경로를 제공한다. 이러한 우회 커패시터 응용을 설명한 것이 그림 9–57이다. 주파수가 감소할수록 우회 커패시터의 리액턴스는 증가하여 그 효과가 감소한다.

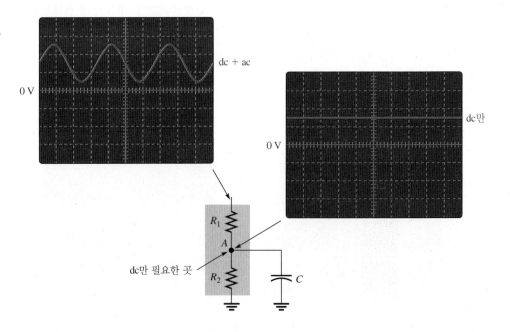

▶ 그림 9–57

우회 커패시터 동작 예

신호필터

필터는 많은 다른 주파수를 갖는 넓은 범위의 신호들로부터 특정 주파수를 갖는 하나의 교류신호를 고르거나, 특정 주파수대역만을 통과시키고 다른 주파수는 모두 제거하기 위해 사용된다. 이러한 응용 예는 한 방송국에서 보내는 신호만을 선택하고 다른 방송국에서 보내는 신호를 제거해야 하는 라디오나 TV 수신기이다.

라디오나 TV의 방송국을 선택하기 위해 다이얼을 돌리면, 필터의 일종인 동조회로의 정전용량이 변화하여 원하는 방송국의 신호만이 수신기 회로를 통과하게 된다. 이런 종류의 필터에서 커패시터는 저항, 인덕터(11장 참조), 그 밖의 다른 부품들과 함께 사용된다.

필터의 주요 특징은 주파수를 선택할 수 있다는 데에 있으며, 이것은 커패시터의 리액턴스가 주파수에 의존한다는($X_C = 1/2\pi fC$) 사실에 근거한다.

타이밍회로

커패시터가 사용되는 다른 중요한 분야는 특정한 시간 지연을 발생하거나 특정한 성질을 갖는 파형을 생성하는 타이밍회로이다. 저항과 정전용량을 갖는 회로의 시정수가 적절한 R과 C의 값을 선택함으로써 제어할 수 있다는 것을 상기하자. 커패시터의 충전시간은 다양한 종류의 회로에서 기본적인 시간 지연으로 사용될 수 있다. 그러나 커패시터는 다른 부품보다 더 큰 공차 변동을 가지고 있어서 타이밍이 결정적일 때는 RC 타이밍회로를 사용하지 않는다는 것에 주의하자. 적절한 RC 타이밍 적용 예로는 자동차에서 방향지시등과 전면유리의 와이퍼 속도의 타이밍을 조절하는 회로이다.

컴퓨터 메모리

컴퓨터 D램에는 1과 0으로 구성된 이진법 정보를 저장하는 기본 소자로서 커패시터가 사용된다. 충전된 커패시터는 저장된 1을 나타내고 방전된 커패시터는 저장된 0을 나타낸다. 이진법 데이터를 구성하는 1과 0의 패턴은 회로와 관련된 커패시터 배열로 이루어진 메모리에 저장된다. 이러한 주제는 컴퓨터 또는 디지털 기초 과정에서 배우게 된다.

9-7절 복습

해답은 이 장의 끝에 있다.

1. 반파 또는 전파 정류된 직류전압이 필터 커패시터에 의해 어떻게 평탄하게 되는지 설명하라.
2. 결합 커패시터가 쓰이는 목적을 설명하라.
3. 결합 커패시터의 정전용량은 얼마나 커야 하는가?
4. 분리 커패시터가 쓰이는 목적을 설명하라.
5. 신호필터와 같은 특정 주파수를 선택하는 회로에서 주파수와 용량성 리액턴스의 관계가 왜 중요한지 논의하라.

응용과제

Application Assignment

이 장에서 배웠듯이 커패시터는 어떤 증폭기에서 교류신호를 결합하거나 직류전압을 차단하기 위해 사용된다. 이 과제에서는 증폭기회로가 2개의 결합 커패시터를 포함한다. 이 커패시터들이 제대로 동작하는지 결정하기 위해 3개의 같은 증폭기회로의 전압을 측정하라. 이 과제를 해결하기 위해 증폭기회로에 대한 지식이 반드시 필요한 것은 아니다.

모든 증폭기회로는 교류신호를 증폭하기 위한 적절한 조건을 설정하기 위해 직류전압을 필요로 하는 트랜지스터를 포함한다. 이러한 직류전압을 바이어스 전압이라고 한다. 그림 9-58(a)에 나타난 것과 같이 증폭기에서 일반적인 직류바이어스 회로는 R_1과 R_2로 구성된 전압 분배기이며, 증폭기의 입력단자에 적절한 직류전압을 설정한다.

교류신호전압이 증폭기에 공급되면 입력 결합 커패시터 C_1은 교

▶ 그림 9-58

커패시터로 결합된 증폭기

(그림 색깔은 책 뒷부분의 컬러 페이지 참조)

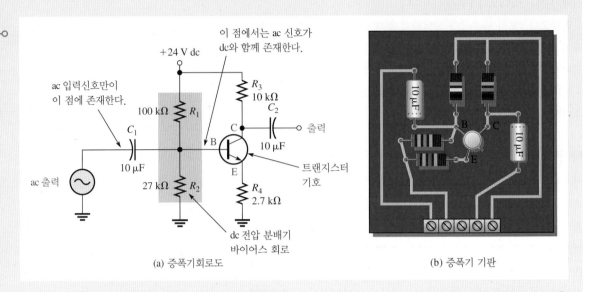

(a) 증폭기회로도

(b) 증폭기 기판

▶ 그림 9-59

기판 1의 점검

(그림 색깔은 책 뒷부분의 컬러 페이지 참조)

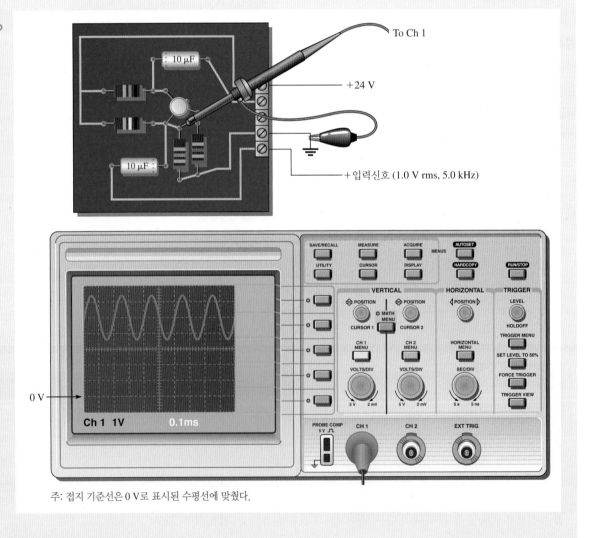

주: 접지 기준선은 0 V로 표시된 수평선에 맞췄다.

류전원의 내부 저항이 직류바이어스 전압에 영향을 미치는 것을 막아준다. 이 커패시터가 없으면 전원의 내부 저항이 R_2와 병렬로 연결되어 직류전압이 상당히 바뀐다.

교류신호의 주파수에서 결합 정전용량의 리액턴스(X_C)는 바이어스 저항값에 비해 아주 작아야 한다. 따라서 결합 커패시터의 정전용량은 교류신호를 전원으로부터 증폭기 입력에 효과적으로 결합한다. 그림 9-58(a)에 나타난 것과 같이 입력 결합 커패시터의 전원 쪽에는 교류성분만이 존재하고, 증폭기 쪽에는 교류와 직류가 함께 존재한다(신호전압이 전압 분배기에서 공급되는 직류바이어스 전압과 결합되어 있다). 커패시터 C_2는 출력 결합 커패시터로써 증폭된 교류신호를 출력에 연결되는 다음 증폭단에 결합한다.

그림 9-58(b)와 유사한 3개의 증폭기회로의 입력전압이 적절한지 오실로스코프로 검사하라. 전압이 적절치 않다면 잘못된 곳을 찾아라. 모든 측정에서 증폭기에 전압 분배기회로를 연결한 영향은 무시할 수 있다고 가정하라.

1단계: 인쇄회로기판을 회로도와 비교

그림 9-58(b)의 인쇄회로기판이 그림 9-58(a)의 증폭기회로도와 일치하는지 확인하라.

2단계: 기판 1의 점검

오실로스코프의 프로브가 그림 9-59와 같이 채널 1과 기판에 연결된다.

정현파 전압원에서 나오는 신호를 기판에 연결하고, 신호의 주파수를 5.0 kHz, 실효 전압 크기를 1.0 V로 설정했다. 그림 9-59의 스코프에 나타나는 전압과 주파수가 맞는지 확인하라. 스코프의 측정 결과가 틀렸다면 회로에서 잘못된 곳을 찾아라.

3단계: 기판 2의 점검

오실로스코프 프로브를 그림 9-59에서 기판 1에 연결한 것과 마찬가지로 채널 1과 기판 2를 연결한다.

정현파 전압원에서 나오는 입력신호는 2단계와 똑같다. 그림 9-61에 보이는 스코프의 그래프가 맞는지 확인하라. 스코프의 측정결과가 틀렸다면 회로에서 잘못된 곳을 찾아라.

4단계: 기판 3의 점검

오실로스코프 프로브를 그림 9-59에서 기판 1에 연결한 것과 마찬가지로 채널 1과 기판 3을 연결한다.

정현파 전압원에서 나오는 입력신호는 3단계와 똑같다. 그림 9-61에 보이는 스코프의 그래프가 맞는지 확인하라. 스코프의 측정결과가 틀렸다면 회로에서 잘못된 곳을 찾아라.

응용과제 복습

1. 증폭기에 교류전원이 연결될 때 입력결합 커패시터가 필요한 이유를 설명하라.
2. 그림 9-58에서 커패시터 C_2는 출력결합 커패시터이다. 일반적으로 입력신호가 증폭기로 공급될 때, 회로에 C로 표시된 지점과 회로 출력에서 측정되는 것은 무엇인가?

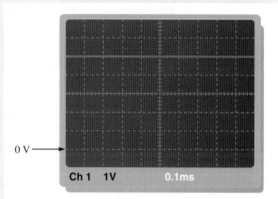

0 V →

Ch 1   1V   0.1ms

주: 접지 기준선은 0 V로 표시된 수평선에 맞췄다.

▲ 그림 9-60

기판 2의 점검

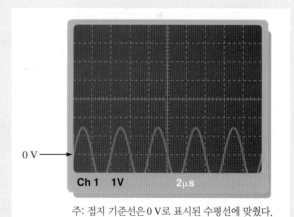

0 V →

Ch 1   1V   2μs

주: 접지 기준선은 0 V로 표시된 수평선에 맞췄다.

▲ 그림 9-61

기판 3의 점검

요약

- 커패시터는 유전체라 불리는 절연물질에 의해 분리된 2개의 도체판으로 구성된다.
- 커패시터는 도체판에 전하를 저장한다.
- 커패시터는 충전된 도체판 사이의 유전체 내에 형성되는 전기장에 에너지를 저장한다.
- 정전용량은 패럿(F)의 단위로 측정된다.
- 정전용량은 도체판의 면적과 유전상수에 비례하고 도체판 사이의 거리(유전체의 두께)에 반비례한다.
- 유전상수는 어떤 재료가 전기장을 형성하는 능력을 나타낸다.
- 유전강도는 커패시터의 절연 파괴전압을 결정하는 요소이다.
- 커패시터는 일반적으로 유전체 재료의 종류에 따라 분류된다. 전형적인 재료로는 운모, 세라믹, 플라스틱막, 전해질 (알루미늄산화물과 탄탈산화물) 등이 있다.
- 직렬 커패시터의 전체 정전용량은 가장 작은 정전용량보다 작다.
- 병렬 커패시터의 전체 정전용량는 정전용량을 합한 것이다.
- 커패시터는 일정한 직류를 차단한다.
- 시정수는 저항과 직렬로 연결된 커패시터의 충전시간과 방전시간을 결정한다.
- *RC* 회로에서 충전 또는 방전 동안 전압과 전류는 한 시정수만큼의 시간 동안 63%가 변한다.
- 커패시터가 완전히 충전되거나 방전되기 위해는 시정수의 5배만큼의 시간이 필요하며 이를 과도시간이라 부른다.
- 충전 시 각 시정수 배수의 간격별로 커패시터에 저장되는 전하량을 완전 충전 시의 전하량에 대한 백분율 근사값으로 나타낸 것이 표 9-4이다.

▶ 표 9-4

시정수의 배수	최종 전하량의 백분율
1	63
2	86
3	95
4	98
5	99(100%로 간주함)

- 방전 시 각 시정수 배수의 간격별로 커패시터에 저장되는 전하량을 완전 충전 시의 전하량에 대한 백분율 근사값으로 나타낸 것이 표 9-5이다.

▶ 표 9-5

시정수의 배수	최종 전하량의 백분율
1	37
2	14
3	5
4	2
5	1(0%로 간주함)

- 커패시터에서 교류전류는 전압보다 위상이 90° 앞선다.
- 교류가 커패시터를 통하는 정도는 리액턴스와 회로에 있는 나머지 저항에 의해 결정된다.
- 용량성 리액턴스는 교류의 흐름을 방해하며, Ω으로 나타낸다.
- 용량성 리액턴스(X_C)는 주파수와 정전용량 값 모두에 반비례한다.
- 직렬 커패시터의 전체 용량성 리액턴스는 각 리액턴스의 합이다.
- 병렬 커패시터의 전체 용량성 리액턴스는 각 리액턴스의 역수 합의 역수이다.
- 이상적으로는 커패시터에서 에너지 손실이 없고 따라서 유효전력(W)은 0이다. 그러나 대부분의 커패시터는 누설저항으로 인한 약간의 에너지 손실이 있다.

핵심용어

결합　한 지점에서 다른 지점으로 직류성분을 막으면서도 교류성분을 통과시키기 위해 회로에서 커패시터를 연결하는 방법

과도시간　시상수 약 다섯 배와 동등한 시간 간격

맥동전압　필터 커패시터의 미세한 충전과 방전 동작에 의해 발생하는 전압에서의 작은 변동

무효전력(P_r)　커패시터에 의해 에너지가 번갈아서 저장되고 전원으로 되돌아가는 비율. 단위는 VAR이다.

볼트-암페어 리액티브(VAR)　무효전력의 단위

분리　일반적으로 직류전원선의 한 지점으로부터 접지까지 직류전압에 영향을 주지 않고 교류성분을 단락시키기 위해 커패시터를 연결하는 방법

순간전력(p)　어떤 주어진 순간에 회로에서의 전력값

온도계수　주어진 온도 변화에 대한 양의 변화를 정의하는 상수

용량성 리액턴스(X_C)　정현파 전류의 흐름을 방해하는 커패시터 성분. 단위는 Ω이다.

우회　직류전압에 영향을 주지 않고 교류신호만 제거하기 위해 한 지점과 접지에 연결된 커패시터에서 분리한 특수한 경우

유전강도　유전체 재료가 파괴되지 않고 전압을 유지하는 능력의 척도

유전상수　유전체 재료가 진공 대비 전기장을 형성하는 능력의 척도

유전체　커패시터의 도체판 사이에 있는 절연물질

유효전력(P_{true})　통상 열의 형태로 회로에서 소비되는 저항성 전력

정전용량(C)　커패시터가 전하를 저장할 수 있는 능력

지수　자연로그(밑수)에 의해 정의되는 수학적인 함수. 지수함수를 이용하여 커패시터의 충전과 방전을 설명한다.

충전　커패시터에서 전류가 하나의 도체판에서 전하를 제거하여 다른 도체판에 전하를 축적하여 한 도체판이 다른 도체판보다 양(+)으로 만드는 과정

커패시터　절연물질에 의해 분리된 2개의 도체판으로 구성되고 정전용량의 성질을 갖는 소자

패럿(F)　정전용량의 단위

필터　특정 주파수만 통과시키고 다른 성분은 차단하는 회로의 일종

RC 시정수(τ)　RC 직렬회로의 시간 응답을 결정하는 R과 C 값에 의해 설정되는 고정된 시간 간격. 저항과 정전용량의 곱과 같고 s(초) 단위를 갖는다.

수식

9-1	$C = \dfrac{Q}{V}$		전하량 전압으로 나타낸 정전용량
9-2	$Q = CV$		정전용량과 전압으로 나타낸 전하량
9-3	$V = \dfrac{Q}{C}$		전하량과 정전용량으로 나타낸 전압
9-4	$W = \dfrac{1}{2}CV^2$		커패시터에 저장된 에너지
9-5	$\varepsilon_r = \dfrac{\varepsilon}{\varepsilon_0}$		유전상수(비유전율)
9-6	$C = \dfrac{A\varepsilon_r(8.85 \times 10^{-12}\ \mathrm{F/m})}{d}$		물리적인 변수로 나타낸 커패시터

9-7 $\quad C_T = \dfrac{C_1 C_2}{C_1 + C_2}$ $\qquad$ 전체 직렬 정전용량(2개의 커패시터)

9-8 $\quad C_T = \dfrac{1}{\dfrac{1}{C_1} + \dfrac{1}{C_2} + \dfrac{1}{C_3} + \cdots + \dfrac{1}{C_n}}$ $\qquad$ 전체 직렬 정전용량(일반식)

9-9 $\quad V_x = \left(\dfrac{C_T}{C_x}\right)V_S$ $\qquad$ 직렬 커패시터에 걸리는 전압

9-10 $\quad C_T = C_1 + C_2$ $\qquad$ 2개의 병렬 커패시터

9-11 $\quad C_T = C_1 + C_2 + C_3 + \cdots + C_n$ $\qquad$ n개의 병렬 커패시터

9-12 $\quad \tau = RC$ $\qquad$ RC 시정수

9-13 $\quad v = V_F + (V_i - V_F)e^{-t/\tau}$ $\qquad$ 지수함수로 나타낸 전압(일반식)

9-14 $\quad i = I_F + (I_i - I_F)e^{-t/\tau}$ $\qquad$ 지수함수로 나타낸 전류(일반식)

9-15 $\quad v = V_F(1 - e^{-t/RC})$ $\qquad$ 0 V에서 시작하여 지수 함수로 증가하는 전압

9-16 $\quad v = V_i e^{-t/RC}$ $\qquad$ 지수함수로 0 V까지 감소하는 전압

9-17 $\quad X_C = \dfrac{1}{2\pi f C}$ $\qquad$ 용량성 리액턴스

9-18 $\quad X_{C(tot)} = X_{C1} + X_{C2} + X_{C3} + \cdots + X_{Cn}$ $\qquad$ 직렬 커패시터에 대한 용량성 리액턴스

9-19 $\quad X_{C(tot)} = \dfrac{1}{\dfrac{1}{X_{C1}} + \dfrac{1}{X_{C2}} + \dfrac{1}{X_{C3}} + \cdots + \dfrac{1}{X_{Cn}}}$ $\qquad$ 병렬 커패시터에 대한 용량성 리액턴스

9-20 $\quad I = \dfrac{V}{X_C}$ $\qquad$ 커패시터에 대한 옴의 법칙

9-21 $\quad V_x = \left(\dfrac{X_{Cx}}{X_{C(tot)}}\right)V_s$ $\qquad$ 용량성 전압 분배기

9-22 $\quad P_r = V_{rms}I_{rms}$ $\qquad$ 커패시터에서 리액턴스를 갖는 전력

9-23 $\quad P_r = \dfrac{V_{rms}{}^2}{X_C}$ $\qquad$ 커패시터에서 리액턴스를 갖는 전력

9-24 $\quad P_r = I_{rms}{}^2 X_C$ $\qquad$ 커패시터에서 리액턴스를 갖는 전력

참/거짓 퀴즈 해답은 이 장의 끝에 있다.

1. 커패시터의 도체판 면적은 정전용량에 비례한다.

2. 1200 pF의 정전용량은 1.2 μF과 같다.

3. 2개의 커패시터가 전압원과 직렬로 연결될 때, 보다 작은 커패시터가 보다 큰 전압을 갖는다.

4. 2개의 커패시터가 전압원과 병렬로 연결될 때, 보다 작은 커패시터가 보다 큰 전압을 갖는다.

5. 2개의 커패시터가 직렬로 연결될 때, 전체 정전용량은 보다 작은 커패시터 값보다 작다.

6. 커패시터는 일정한 직류성분에 대해 개방회로로 취급한다.

7. 커패시터는 전압의 순간적인 변화에 대해 단락회로로 취급한다.

8. 커패시터가 2수준 사이에서 충전 또는 방전할 때 커패시터의 전하는 1시정수 차이 동안에 63%가 변한다.

9. 용량성 리액턴스는 공급된 주파수에 비례한다.

10. 직렬 커패시터의 전체 리액턴스는 개별 리액턴스의 곱 나누기 합이다.

11. 커패시터에서 전압은 전류에 앞선다.

12. 무효전력의 단위는 VAR이다.

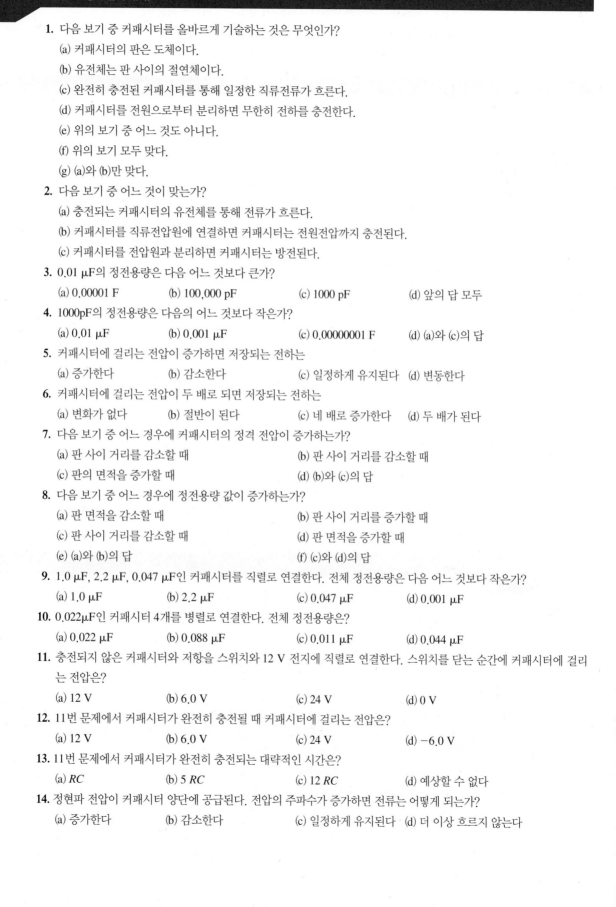

자습 문제 해답은 이 장의 끝에 있다.

1. 다음 보기 중 커패시터를 올바르게 기술하는 것은 무엇인가?

   (a) 커패시터의 판은 도체이다.

   (b) 유전체는 판 사이의 절연체이다.

   (c) 완전히 충전된 커패시터를 통해 일정한 직류전류가 흐른다.

   (d) 커패시터를 전원으로부터 분리하면 무한히 전하를 충전한다.

   (e) 위의 보기 중 어느 것도 아니다.

   (f) 위의 보기 모두 맞다.

   (g) (a)와 (b)만 맞다.

2. 다음 보기 중 어느 것이 맞는가?

   (a) 충전되는 커패시터의 유전체를 통해 전류가 흐른다.

   (b) 커패시터를 직류전압원에 연결하면 커패시터는 전원전압까지 충전된다.

   (c) 커패시터를 전압원과 분리하면 커패시터는 방전된다.

3. 0.01 μF의 정전용량은 다음 어느 것보다 큰가?

   (a) 0.00001 F   (b) 100,000 pF   (c) 1000 pF   (d) 앞의 답 모두

4. 1000pF의 정전용량은 다음의 어느 것보다 작은가?

   (a) 0.01 μF   (b) 0.001 μF   (c) 0.00000001 F   (d) (a)와 (c)의 답

5. 커패시터에 걸리는 전압이 증가하면 저장되는 전하는

   (a) 증가한다   (b) 감소한다   (c) 일정하게 유지된다   (d) 변동한다

6. 커패시터에 걸리는 전압이 두 배로 되면 저장되는 전하는

   (a) 변화가 없다   (b) 절반이 된다   (c) 네 배로 증가한다   (d) 두 배가 된다

7. 다음 보기 중 어느 경우에 커패시터의 정격 전압이 증가하는가?

   (a) 판 사이 거리를 감소할 때   (b) 판 사이 거리를 감소할 때

   (c) 판의 면적을 증가할 때   (d) (b)와 (c)의 답

8. 다음 보기 중 어느 경우에 정전용량 값이 증가하는가?

   (a) 판 면적을 감소할 때   (b) 판 사이 거리를 증가할 때

   (c) 판 사이 거리를 감소할 때   (d) 판 면적을 증가할 때

   (e) (a)와 (b)의 답   (f) (c)와 (d)의 답

9. 1.0 μF, 2.2 μF, 0.047 μF인 커패시터를 직렬로 연결한다. 전체 정전용량은 다음 어느 것보다 작은가?

   (a) 1.0 μF   (b) 2.2 μF   (c) 0.047 μF   (d) 0.001 μF

10. 0.022μF인 커패시터 4개를 병렬로 연결한다. 전체 정전용량은?

    (a) 0.022 μF   (b) 0.088 μF   (c) 0.011 μF   (d) 0.044 μF

11. 충전되지 않은 커패시터와 저항을 스위치와 12 V 전지에 직렬로 연결한다. 스위치를 닫는 순간에 커패시터에 걸리는 전압은?

    (a) 12 V   (b) 6.0 V   (c) 24 V   (d) 0 V

12. 11번 문제에서 커패시터가 완전히 충전될 때 커패시터에 걸리는 전압은?

    (a) 12 V   (b) 6.0 V   (c) 24 V   (d) −6.0 V

13. 11번 문제에서 커패시터가 완전히 충전되는 대략적인 시간은?

    (a) *RC*   (b) 5 *RC*   (c) 12 *RC*   (d) 예상할 수 없다

14. 정현파 전압이 커패시터 양단에 공급된다. 전압의 주파수가 증가하면 전류는 어떻게 되는가?

    (a) 증가한다   (b) 감소한다   (c) 일정하게 유지된다   (d) 더 이상 흐르지 않는다

15. 커패시터와 저항이 정현파 발생기에 직렬로 연결된다. 용량성 리액턴스가 저항과 같아서 각 소자에 같은 크기의 전압이 걸리도록 주파수를 맞춘다. 주파수가 감소하면 어떻게 되는가?

    (a) $V_R > V_C$ (b) $V_C > V_R$ (c) $V_R = V_C$ (d) $V_C \approx V_S$

고장진단: 증상과 원인

이를 연습하는 목적은 고장진단에 필수적인 사고력 개발에 도움을 주기 위한 것이다. 해답은 이 장의 끝에 있다.

각 증상에 해당하는 원인을 결정하라. 그림 9-62를 참고하라.

▶ 그림 9-62

교류 측정기는 이 회로에 대한 정확한 표시값을 나타낸다.

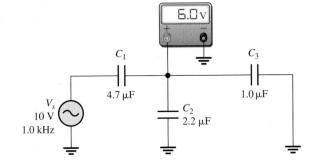

1. 증상: 전압측정기 표시값이 0 V이다.
   원인: (a) C_1이 단락이다.   (b) C_2가 단락이다.   (c) C_3이 개방이다.
2. 증상: 전압측정기 표시값이 10 V이다.
   원인: (a) C_1이 단락이다.   (b) C_2가 개방이다.   (c) C_3이 개방이다.
3. 증상: 전압측정기 표시값이 6.86 V이다.
   원인: (a) C_1이 개방이다.   (b) C_2가 개방이다.   (c) C_3이 개방이다.
4. 증상: 전압측정기 표시값이 0 V이다.
   원인: (a) C_1이 개방이다.   (b) C_2가 개방이다.   (c) C_3이 개방이다.
5. 증상: 전압측정기 표시값이 8.28 V이다.
   원인: (a) C_1이 단락이다.   (b) C_2가 개방이다.   (c) C_3이 개방이다.

연습 문제

홀수 번호 연습 문제의 해답은 이 책의 끝에 있다.

기초 문제

9-1 기본적인 커패시터

1. (a) $Q = 50\ \mu C$이고 $V = 10\ V$일 때, 정전용량을 구하라.
   (b) $C = 0.001\ \mu F$이고 $V = 100\ V$일 때, 전하량을 구하라.
   (c) $Q = 2.0\ mC$이고 $C = 200\ \mu F$일 때, 전압을 구하라.
2. 다음 값들을 μF 단위에서 pF 단위로 변환하라.
       (a) $0.1\ \mu F$ (b) $0.0025\ \mu F$ (c) $5.0\ \mu F$
3. 다음 값들을 pF 단위에서 μF 단위로 변환하라.
       (a) 1000 pF   (b) 3500 pF   (c) 250 pF
4. 다음 값들을 F 단위에서 μF 단위로 변환하라.
       (a) 0.0000001 F   (b) 0.0022 F   (c) 0.0000000015 F
5. 커패시터에 100 V 전압이 걸릴 때 10 mJ의 에너지를 저장할 수 있는 커패시터의 용량은 얼마인가?
6. 운모 커패시터의 판 면적이 20 cm²이고 유전체 두께가 2.5 mil이다. 정전용량은 얼마인가?

7. 공기 커패시터의 판 면적이 $0.1\ \mathrm{m^2}$이고 판 사이 거리가 $0.01\ \mathrm{m}$이다. 정전용량을 계산하라.

8. 한 학생이 과학박람회 프로젝트를 위해 2개의 정사각판으로 1.0 F 커패시터를 제작하고자 한다. $8.0 \times 10^{-5}\ \mathrm{m}$ 두께인 종이 유전체($\varepsilon_r = 2.5$)를 사용할 계획이다. 이 과학박람회는 아스트로돔(天測窓)에서 열린다. 커패시터를 아스트로돔에 맞출 수 있겠는가? 만약 커패시터를 만들 수 있다면 판의 크기는 얼마인가?

9. 한 학생이 한쪽 면이 30 cm인 2개의 도체판을 사용하여 커패시터를 제작하기로 결정했다. $8.0 \times 10^{-5}\ \mathrm{m}$ 두께인 종이 유전체($\varepsilon_r = 2.5$)를 사용하여 판을 분리했다. 커패시터의 정전용량은 얼마인가?

10. 대기온도(25°C)에서 어떤 커패시터의 정전용량이 1000 pF이다. 이 커패시터는 200 ppm/°C인 음의 온도계수를 갖는다. 75°C에서 정전용량은 얼마인가?

11. 0.001 μF인 커패시터가 500 ppm/°C인 양의 온도계수를 갖는다. 온도가 25°C만큼 증가하면 정전용량은 얼마나 변화하는가?

9-2 커패시터의 종류

12. 층층이 쌓은 운모 커패시터 제작에서 판 면적은 어떻게 증가하는가?

13. 운모 커패시터와 세라믹 커패시터 중 유전상수가 더 큰 것은?

14. 그림 9-63에서 전해 커패시터를 R_2에 병렬로 연결하는 법을 보여라.

▶ 그림 9-63

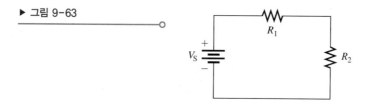

15. 그림 9-64에서 활자로 인쇄된 세라믹 디스크 커패시터 값을 결정하라.

▶ 그림 9-64

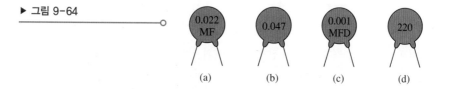

16. 전해 커패시터 두 종류를 써라. 전해 커패시터는 다른 커패시터와 무엇이 다른가?

17. 그림 9-8(b)와 비교하여 그림 9-65의 단면도에 보이는 세라믹 디스크 커패시터 부분의 명칭을 써라.

▶ 그림 9-65

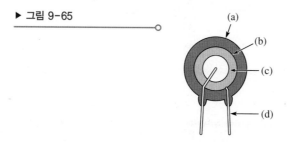

9-3 직렬 커패시터

18. 1000 pF 커패시터 5개를 직렬로 연결한다. 전체 정전용량은 얼마인가?

19. 그림 9-66의 각 회로에 대한 전체 정전용량을 구하라.

20. 그림 9-66의 각 회로에서 각 커패시터에 걸리는 전압을 구하라.

▶ 그림 9-66

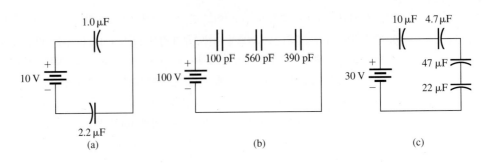

(a)　　　　　　　　(b)　　　　　　　　(c)

21. 그림 9-67에서 직렬 커패시터에 저장된 전체 전하량이 10 μC이다. 각 커패시터 양단에 걸리는 전압을 구하라.

▶ 그림 9-67

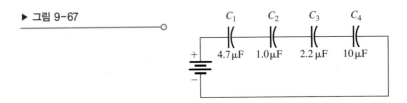

9-4 병렬 커패시터

22. 그림 9-68의 각 회로에서 C_T를 구하라.

▶ 그림 9-68

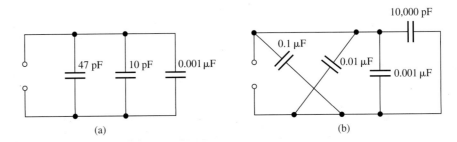

(a)　　　　　　　　　　　(b)

23. 그림 9-69에 있는 커패시터에서 전체 정전용량과 전체 전하량을 결정하라.

▶ 그림 9-69

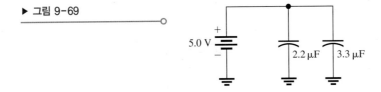

24. 어떤 타이밍 회로 응용에서 2.1 μF의 전체 정전용량이 필요하나 확보 가능한 큰 용량의 커패시터는 0.22 μF과 0.47 μF뿐이라고 가정하자. 필요로 하는 전체 정전용량을 어떻게 얻을 수 있겠는가?

9-5 직류회로에서의 커패시터

25. 다음 직렬 RC 조합에 대해 각각의 시정수를 구하라.

　(a) $R = 100\ \Omega$, $C = 1.0\ \mu F$　　　　　(b) $R = 10\ M\Omega$, $C = 56\ pF$

　(c) $R = 4.7\ k\Omega$, $C = 0.0047\ \mu F$　　　(d) $R = 1.5\ M\Omega$, $C = 0.01\ \mu F$

26. 다음 RC 조합에서 커패시터가 완전히 충전되는 데에 걸리는 시간을 결정하라.

　(a) $R = 47\ \Omega$, $C = 47\ \mu F$　　　　　(b) $R = 3300\ \Omega$, $C = 0.015\ \mu F$

　(c) $R = 22\ k\Omega$, $C = 100\ pF$　　　　(d) $R = 4.7\ M\Omega$, $C = 10\ pF$

27. 그림 9-70의 회로에서 커패시터는 처음에 충전되지 않았다. 스위치를 닫고 다음의 시간이 경과한 후의 커패시터 전압을 구하라.

(a) 10 µs   (b) 20 µs   (c) 30 µs   (d) 40 µs   (e) 50 µs

▶ 그림 9-70

28. 그림 9-71에서 커패시터가 25 V로 충전되었다. 스위치를 닫고 다음 시간이 경과한 후의 커패시터 전압을 구하라.

(a) 1.5 ms   (b) 4.5 ms   (c) 6.0 ms   (d) 7.5 ms

▶ 그림 9-71

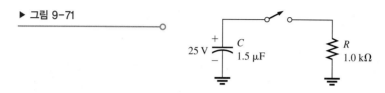

29. 27번 문제에서 다음 시간이 경과한 후의 커패시터 전압을 구하라.

(a) 2.0 µs   (b) 5.0 µs   (c) 15 µs

30. 28번 문제에서 다음 시간이 경과한 후의 커패시터 전압을 구하라.

(a) 0.5 ms   (b) 1.0 ms   (c) 2.0 ms

9-6 교류회로에서의 커패시터

31. 다음 각각의 주파수에서 0.047 µF 커패시터의 X_C를 구하라.

(a) 10 Hz   (b) 250 Hz   (c) 5.0 kHz   (d) 100 kHz

32. 그림 9-72의 각 회로에서 전체 용량성 리액턴스는 얼마인가?

▶ 그림 9-72

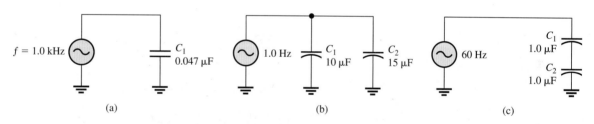

(a)   (b)   (c)

33. 그림 9-73에 있는 회로에서 각 커패시터의 리액턴스, 전체 리액턴스, 각 커패시터에 걸리는 전압을 구하라.

▶ 그림 9-73

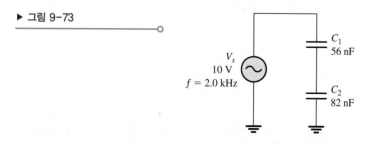

34. 그림 9-72의 각 회로에서 $X_{C(tot)}$가 100 Ω이 되는 주파수는 얼마인가? 또한 $X_{C(tot)}$가 1.0 kΩ이 되는 주파수는 얼마인가?

35. 어떤 커패시터에 실횻값 20 V인 정현파 전압을 연결하여 실횻값 100 mA인 전류가 흐른다. 리액턴스는 얼마인가?

36. 10 kHz 전압을 0.0047 µF인 커패시터에 공급하여 실횻값 1 mA인 전류를 측정하였다. 실횻값 전압은 얼마인가?

37. 36번 문제에서 유효전력과 무효전력을 구하라.

9-7 커패시터의 응용

38. 그림 9-55에서 전원공급장치 필터의 커패시터에 병렬로 다른 커패시터를 연결하면 맥동전압은 어떻게 되는가?

39. 증폭기회로의 어떤 점에서 10 kHz 교류전압을 제거하려면 이상적으로 우회 커패시터의 리액턴스는 얼마가 되어야 하는가?

고급 문제

40. 1.0 μF 커패시터 1개와 용량을 모르는 커패시터를 직렬로 연결하여 12 V 전원으로 충전한다. 1.0 μF 커패시터는 8.0 V로 충전되고 다른 하나는 4.0 V로 충전된다. 용량을 모르는 커패시터의 정전용량은 얼마인가?

41. 그림 9-71에서 C가 3.0 V까지 방전되는 데 걸리는 시간은 얼마인가?

42. 그림 9-70에서 C가 8.0 V까지 충전되는 데 걸리는 시간은 얼마인가?

43. 그림 9-74에서 회로의 시정수를 구하라.

▶ 그림 9-74

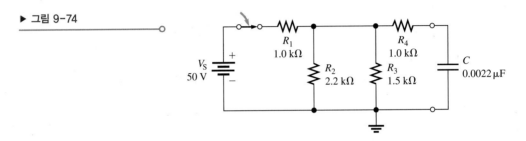

44. 그림 9-75에서 커패시터는 처음에 충전되지 않았다. 스위치를 닫고 $t = 10\ \mu s$가 지난 후 커패시터의 순간전압이 7.2 V이다. R 값을 구하라.

▶ 그림 9-75

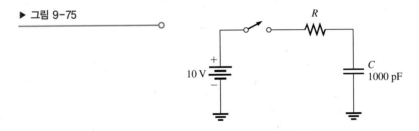

45. (a) 그림 9-76에서 스위치가 위치 1로 올 때 커패시터는 방전된다. 스위치가 위치 1에 10 ms 동안 머무른 뒤 위치 2로 옮겨져 무한히 유지된다. 커패시터 전압의 완전한 파형을 그려라.

(b) 위치 2에서 5 ms 지난 후에 스위치를 위치 1로 변경하고, 그 다음에 위치 1로 바뀌었다. 파형은 어떻게 나타나겠는가?

▶ 그림 9-76

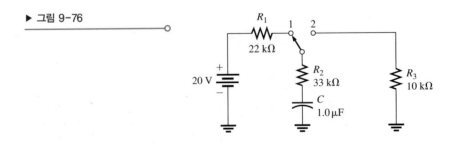

46. 그림 9-77의 회로에서 각 커패시터에 걸리는 교류전압과 각 분기에 흐르는 전류를 구하라.

▶ 그림 9-77

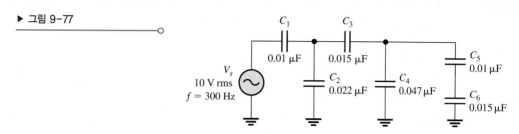

47. 그림 9-78에서 C_1 값을 구하라.

▶ 그림 9-78

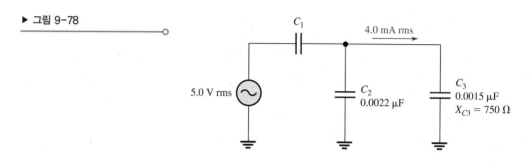

48. 그림 9-79에서 연동 스위치가 위치 1에서 위치 2로 바뀔 때 C_5와 C_6에 걸리는 전압은 얼마나 변하는가?

▶ 그림 9-79

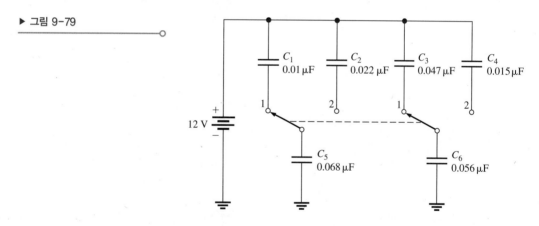

49. 그림 9-77에서 C_4가 개방되면 다른 커패시터들에 걸리는 전압을 구하라.

고장진단 문제

50. Multisim 파일 P09-50을 열고 결점이 있는지 결정하라. 만약 결점이 있다면 문제점을 찾아라.

51. Multisim 파일 P09-51을 열고 결점이 있는지 결정하라. 만약 결점이 있다면 문제점을 찾아라.

52. Multisim 파일 P09-52를 열고 결점이 있는지 결정하라. 만약 결점이 있다면 문제점을 찾아라.

53. Multisim 파일 P09-53을 열고 결점이 있는지 결정하라. 만약 결점이 있다면 문제점을 찾아라.

54. Multisim 파일 P09-54를 열고 결점이 있는지 결정하라. 만약 결점이 있다면 문제점을 찾아라.

해답

각 절의 복습

9-1 기본적인 커패시터

1. 정전용량는 전하를 저장하는 능력(용량)이다.

2. (a) 1 F은 1,000,000 μF이다.

   (b) 1 F은 1.0×10^{12} pF이다.

   (c) 1 μF은 1,000,000 pF이다.

3. $0.0015~\mu F \times 10^6~pF/\mu F = 1500~pF$, $0.0015~\mu F \times 10^{-6}~F/\mu F = 0.0000000015~F$

4. $W = \frac{1}{2}~CV^2 = \frac{1}{2}~(0.01~\mu F)(15~V)^2 = 1.125~\mu J$

5. (a) 판 면적이 증가하면 정전용량이 증가한다.

   (b) 판 사이 거리가 증가하면 정전용량이 감소한다.

6. $(1000~V/mil)(2.0~mils) = 2.0~kV$

7. 커패시터 판 사이 거리가 두 배가 되면 정전용량은 0.1 μF에서 0.05 μF으로 절반이 된다. 정전용량을 0.1 μF에 변하지 않도록 유지하기 위한 보상으로 판 면적이 두 배가 되어야 한다.

9-2 커패시터의 종류

1. 커패시터는 일반적으로 유전체 재료에 의하여 분류된다.

2. 고정 정전용량은 바꿀 수가 없고 가변 정전용량는 바꿀 수 있다.

3. 전해 커패시터는 분극이 있다.

4. 정격전압이 충분한지 확인하고 분극이 있는 커패시터를 연결할 때 회로의 (+)측을 커패시터의 (+)극에 연결한다.

5. (+)선을 접지에 연결해야 한다.

9-3 직렬 커패시터

1. 직렬 커패시터의 C_T는 가장 작은 값보다 작다.

2. $C_T = 61.2~pF$

3. $C_T = 0.006~\mu F$

4. $V = (0.006~\mu F/0.01~\mu F) \times 10~V = 6.0~V$

9-4 병렬 커패시터

1. 각 병렬 커패시터의 정전용량을 더하면 C_T가 된다.

2. 5개의 0.01 μF 커패시터를 병렬로 연결하면 0.05 μF이 된다.

3. $C_T = 167~pF$

9-5 직류회로에서의 커패시터

1. $\tau = RC = 1.2~\mu s$

2. $5\tau = 6.0~\mu s$, $v_c \approx 5.0~V$

3. $v_{2~ms} = (0.86)10~V = 8.6~V$, $v_{3~ms} = (0.95)10~V = 9.5~V$

   $v_{4~ms} = (0.98)10~V = 9.8~V$, $v_{5~ms} = (0.99)10~V = 9.9~V$

4. $v_C = (0.37)(100~V) = 37~V$

9-6 교류회로에서의 커패시터

1. $X_C = 1/(2\pi fC) = 677~k\Omega$

2. $f = 1/(2\pi CX_C) = 796~Hz$

3. $I_{rms} = 1.0 \text{ V}/1.59 \ \Omega = 629 \text{ mA}$

4. 전류가 전압보다 90° 앞선다.

5. $P_{true} = 0 \text{ W}$

6. $P_r = (12 \text{ V})^2/318 \ \Omega = 0.453 \text{ VAR}$

9-7 커패시터의 응용

1. 커패시터에 최대 전압으로 충전하면, 다음 최대가 되기 전까지는 서서히 방전하므로 정류된 전압의 파형이 평활하게 된다.

2. 결합 커패시터는 교류성분만 한 지점에서 다른 지점까지 통과시키나, 일정한 직류성분은 차단한다.

3. 결합 커패시터는 방해하는 성분없이 통과할 수 있는 주파수에서 리액턴스를 무시할 정도로 충분히 커야 한다.

4. 분리 커패시터는 전력선의 과도전압을 접지시킨다.

5. 리액턴스 X_C는 주파수에 반비례하므로 필터에서 교류신호를 통과시킨다.

예제 관련 문제

9-1   200 kV

9-2   0.047 μF

9-3   100,000,000 pF

9-4   62.7 pF

9-5   278 pF

9-6   1.54 μF

9-7   2.83 V

9-8   650 pF

9-9   0.163 μF

9-10   891 μs

9-11   8.36 V

9-12   8.13 V

9-13   0.7 ms, 95 V

9-14   0.419 V

9-15   3.39 kHz

9-16   (a) 1.83 kΩ, (b) 408 Ω

9-17   4.40 mA

9-18   8.72 V

9-19   0 W, 1.01 mVAR

참/거짓 퀴즈

1. T   2. F   3. T   4. F   5. T   6. T   7. F   8. T   9. F   10. F
11. F   12. T

자습 문제

1. (g)   2. (b)   3. (c)   4. (d)   5. (a)   6. (d)   7. (a)   8. (f)   9. (c)   10. (b)
11. (d)   12. (a)   13. (b)   14. (a)   15. (b)

고장진단: 증상과 원인

1. (b)   2. (a)   3. (c)   4. (a)   5. (b)

RC 회로

10

학습목표

▶ 직렬 *RC* 회로에서 전류와 전압의 관계를 설명한다.
▶ 직렬 *RC* 회로에서 임피던스와 위상각을 결정한다.
▶ 직렬 *RC* 회로를 해석한다.
▶ 병렬 *RC* 회로에서 임피던스와 위상각을 결정한다.
▶ 병렬 *RC* 회로를 해석한다.
▶ 직렬-병렬 *RC* 회로를 해석한다.
▶ *RC* 회로의 전력을 결정한다.
▶ 몇 가지 기본 *RC* 응용을 논의한다.
▶ *RC* 회로를 고장진단한다.

응용과제 미리보기

응용과제는 통신시스템에 사용되는 용량적으로 결합된 증폭기의 주파수응답을 측정하는 것이다. 증폭기의 RC 입력회로와 함께 주파수가 변화할 때 이 회로가 어떻게 응답하는가에 대해 집중적으로 공부할 것이다. 측정결과는 주파수응답 곡선의 형태로 제시될 것이다. 이 장을 공부하고 나면 응용과제를 해결할 수 있을 것이다.

핵심용어

▶ 대역폭
▶ 어드미턴스(Y)
▶ 역률
▶ 용량성 서셉턴스(B_C)
▶ 위상각
▶ 임피던스(Z)
▶ 주파수응답
▶ 차단주파수
▶ 피상전력(P_a)
▶ *RC* 지상회로
▶ *RC* 진상회로

서론

저항과 커패시턴스 모두를 포함하는 *RC* 회로는 리액티브 회로의 기본 유형 중의 하나이다. 이 장에서는 기본적인 직렬 및 병렬 *RC* 회로와 정현파에 대한 응답을 다루게 된다. 직렬-병렬의 조합회로에 대해서도 검토한다. *RC* 회로에서의 전력 개념을 도입하고, 실질적인 전력 정격을 다룬다. 저항과 커패시터의 간단한 조합이 응용될 수 있는 방법에 대한 개념을 제공하기 위해 두 가지의 *RC* 회로 응용이 제시된다. *RC* 회로에서 일반적인 고장진단 또한 포함되어 있다.

리액티브 회로 해석방법은 직류회로에서 공부했던 것과 유사하다. 리액티브 회로에 관한 문제는 한 번에 단일 주파수에 대해 풀 수 있고, 페이저 수학을 사용해야 한다.

10-1 직렬 *RC* 회로의 정현응답

직렬 *RC* 회로에 정현파 전압이 인가될 때, 회로에서 각각의 결과로 나타나는 전압강하와 전류도 정현파이고, 전원전압과 같은 주파수를 갖는다. 커패시턴스는 전압과 전류 사이에 위상천이를 일으키며, 이는 저항과 용량성 리액턴스의 상대적인 값에 의존한다.

이 절의 학습목표

◆ **직렬 *RC* 회로에서 전류와 전압 사이의 관계를 설명한다.**

  ◆ 전압과 전류파형을 논의한다.

  ◆ 위상천이에 대해 논의한다.

그림 10-1에서 보는 바와 같이 저항전압(V_R), 커패시터 전압(V_C), 전류(*I*) 모두 전원과 같은 주파수의 정현파이다. 커패시터에 의해 위상천이가 발생한다. 앞으로 배우겠지만, 저항전압과 전류는 서로 같은 위상이, 저항전압은 전원전압보다 위상이 앞선다. 커패시터 전압은 전원전압보다 뒤진다. 전류와 커패시터 전압 사이의 위상각은 항상 90°이다. 이런 일반적인 위상 관계를 그림 10-1에 나타냈다.

▶ 그림 10-1

전원전압에 대한 V_R, V_C, *I*의 위상 관계에 관한 정현응답에 대한 그림. V_R과 *I*는 동위상, V_R은 V_s에 앞선다. V_C는 V_s보다 뒤진다. V_R과 V_C는 90° 위상차이다.

(그림 색깔은 책 뒷부분의 컬러 페이지 참조)

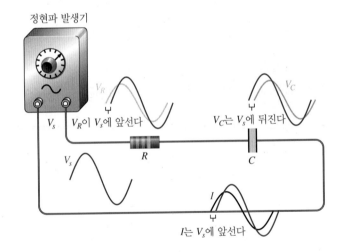

전압과 전류의 진폭과 위상 관계는 저항과 용량성 리액턴스의 값에 의존한다. 회로가 순수한 저항성일 때 전원전압과 전체 전류 사이의 위상각은 0이다. 회로가 순수한 용량성일 때 전원전압과 전체 전류 사이의 위상각은 90°이고, 전류가 전압에 앞선다. 회로에 저항과 용량성 리액턴스가 결합되어 있을 때 전원전압과 전체 전류 사이의 위상각은 0과 90° 사이의 값을 가지며, 저항과 용량성 리액턴스의 상대적인 값에 의존한다.

10-1절 복습

해답은 이 장의 끝에 있다.

1. *RC* 회로에 60 Hz의 정현전압이 공급된다. 커패시터 전압의 주파수는 얼마인가? 전류의 주파수는 얼마인가?

2. 직렬 *RC* 회로에서 V_s와 *I* 사이의 위상천이를 발생시키는 원인은?

3. *RC* 회로에서 저항이 용량성 리액턴스보다 클 때, 전원전압과 전체 전류 사이의 위상각은 0°와 90° 중 어디에 가까운가?

10-2 직렬 *RC* 회로의 임피던스와 위상각

리액턴스가 없는 회로에서 전류를 방해하고 있는 것은 엄격히 말해 저항이다. 저항과 리액턴스를 포함하는 회로에 있어 전류의 방해는 리액턴스와 위상천이로 인해 좀 더 복잡하다. 전체적으로 교류를 방해하고 위상천이를 포함하는 임피던스를 이 절에서 소개한다.

이 절의 학습목표

◆ **직렬 *RC* 회로에서 임피던스와 위상각을 결정한다.**

   ◆ 임피던스를 정의한다.

   ◆ 위상각을 정의한다.

   ◆ 임피던스 삼각도를 그린다.

   ◆ 전체 임피던스의 크기를 계산한다.

   ◆ 위상각도를 계산한다.

저항과 용량성 리액턴스로 구성된 직렬 *RC* 회로의 임피던스(impedance)는 정현전류의 흐름을 방해하며, 그 단위는 Ω이다. 위상각(phase angle)은 전체 전류와 전원전압 사이의 위상차이다.

순수한 저항성 회로에서 임피던스는 단순히 전체 저항과 같다. 순수한 용량성 회로에서 임피던스는 전체 용량성 리액턴스이다. 직렬 *RC* 회로의 임피던스는 저항(R)과 용량성 리액턴스(X_C)에 의해 정해진다. 그림 10-2에 이를 나타냈다. 임피던스의 크기는 Z로 나타냈다.

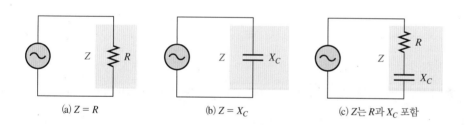

(a) $Z = R$　　　　(b) $Z = X_C$　　　　(c) Z는 R과 X_C 포함

◀ **그림 10-2**

임피던스의 세 가지 경우

교류해석에서 R과 X_C는 그림 10-3(a)의 페이저도에서 보는 바와 같이 **페이저** 양으로 다루어지며, X_C는 R에 대해 $-90°$의 차이를 보인다. 이 관계는 직렬 *RC* 회로에서 커패시터 전압이 전류와 저항전압에 대해 90° 뒤진다는 사실에서 온 것이다. Z는 R과 X_C의 페이저 합이므로 이의 페이저 표현은 그림 10-3(b)에서 보는 바와 같다. 페이저의 위치를 다시 정리하면 그림 10-3(c)에서와 같이 임피던스 삼각도라고 부르는 **직각삼각형**을 구성할 수 있다. 각 페이저의 길이는 옴의 단위를 갖는 크기를 나타내며, 각도 θ (그리스 문자 theta)는 *RC* 회로의 위상각으로 이는 전원전압과 전류 사이의 위상차를 나타내는 것이다.

직각삼각형의 법칙(피타고라스의 정리)으로부터 임피던스의 크기는 저항과 용량성 리액턴스의 항으로 표시된다.

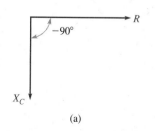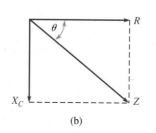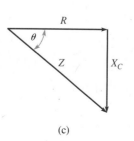

(a)　　　　(b)　　　　(c)

◀ **그림 10-3**

직렬 *RC* 회로에 대한 임피던스 삼각도

▶ 그림 10-4

직렬 *RC* 회로의 임피던스

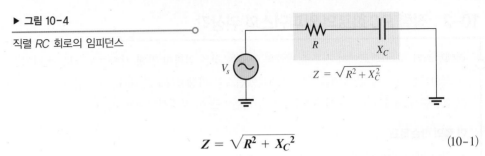

$$Z = \sqrt{R^2 + X_C^2} \tag{10-1}$$

그림 10-4의 *RC* 회로에서 나타낸 바와 같이 임피던스(Z)의 크기는 옴으로 나타낸다.

위상각도의 값 θ는 다음과 같이 표현된다.

$$\theta = \tan^{-1}\left(\frac{X_C}{R}\right) \tag{10-2}$$

기호 $\tan^{-1}$는 역탄젠트를 나타내고 대부분의 계산기에서는 2nd와 TAN^{-1} 키를 누름으로써 찾을 수 있다. 역탄젠트에 대한 또 다른 용어는 아크탄젠트이다.

예제 10-1

그림 10-5의 *RC* 회로에서 임피던스와 위상각을 구하라. 임피던스 삼각도를 그려라.

▶ 그림 10-5

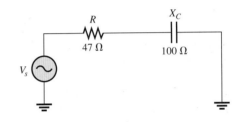

풀이 임피던스는

$$Z = \sqrt{R^2 + X_C^2} = \sqrt{(47\ \Omega)^2 + (100\ \Omega)^2} = \mathbf{110\ \Omega}$$

위상각은

$$\theta = \tan^{-1}\left(\frac{X_C}{R}\right) = \tan^{-1}\left(\frac{100\ \Omega}{47\ \Omega}\right) = \tan^{-1}(2.13) = \mathbf{64.8°}$$

전원전압은 전류에 비하여 64.8° 뒤진다.

임피던스 삼각도는 그림 10-6과 같다.

▶ 그림 10-6

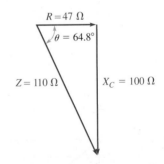

관련 문제* 그림 10-5에서 $R = 1.0\ \text{k}\Omega$이고 $X_C = 2.2\ \text{k}\Omega$일 때, Z와 θ를 구하라.

공학용 계산기 소개의 예제 10-1에 있는 변환 예를 살펴보라.

---

* 해답은 이 장의 끝에 있다.

10-3 직렬 *RC* 회로의 해석

옴의 법칙과 키르히호프의 전압 법칙은 전압, 전류, 임피던스를 결정하고 직렬 *RC* 회로를 해석하는 데 사용된다. 또한 이 절에서 *RC* 진상과 지상회로가 검토된다.

이 절의 학습목표

◆ **직렬 *RC* 회로를 해석한다.**

  ◆ 직렬 *RC* 회로에 옴의 법칙과 키르히호프의 전압 법칙을 적용한다.
  ◆ 전압과 전류의 위상 관계를 결정한다.
  ◆ 주파수에 따른 임피던스와 위상의 변화를 제시한다.
  ◆ *RC* 지상회로를 해석한다.
  ◆ *RC* 진상회로를 해석한다.

옴의 법칙

직렬 *RC* 회로에 대한 옴의 법칙의 적용에는 Z, V, I의 양이 포함된다. 옴의 법칙의 세 가지 등가 형태는 다음과 같다.

$$V = IZ \qquad (10-3)$$

$$I = \frac{V}{Z} \qquad (10-4)$$

$$Z = \frac{V}{I} \qquad (10-5)$$

다음의 두 예제는 옴의 법칙의 사용에 대해 설명한 것이다.

예제 10-2	그림 10-7에서 전류가 0.2 mA일 때 전원전압과 위상각을 구하라. 임피던스 삼각도를 그려라.

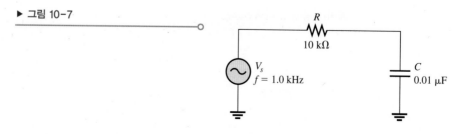

▶ 그림 10-7

풀이 용량성 리액턴스는

$$X_C = \frac{1}{2\pi f C} = \frac{1}{2\pi (1000 \text{ Hz})(0.01 \text{ } \mu\text{F})} = 15.9 \text{ k}\Omega$$

임피던스는

$$Z = \sqrt{R^2 + X_C^2} = \sqrt{(10 \text{ k}\Omega)^2 + (15.9 \text{ k}\Omega)^2} = 18.8 \text{ k}\Omega$$

옴의 법칙을 적용하면

$$V_s = IZ = (0.2 \text{ mA})(18.8 \text{ k}\Omega) = \textbf{3.76 V}$$

위상각은

$$\theta = \tan^{-1}\left(\frac{X_C}{R}\right) = \tan^{-1}\left(\frac{15.9 \text{ k}\Omega}{10 \text{ k}\Omega}\right) = \textbf{57.9°}$$

전원전압의 크기는 3.76 V이고, 전류보다 57.8° 뒤진다. 임피던스 삼각도는 그림 10-8과 같다.

▶ 그림 10-8

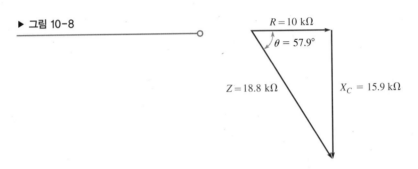

관련 문제 그림 10-7에서 $f = 2.0$ kHz이고 $I = 200$ µA일 때, V_s을 구하라.

공학용 계산기 소개의 예제 10-2에 있는 변환 예를 살펴보라.

예제 10-3

그림 10-9의 RC 회로에서 전류를 구하라.

▶ 그림 10-9

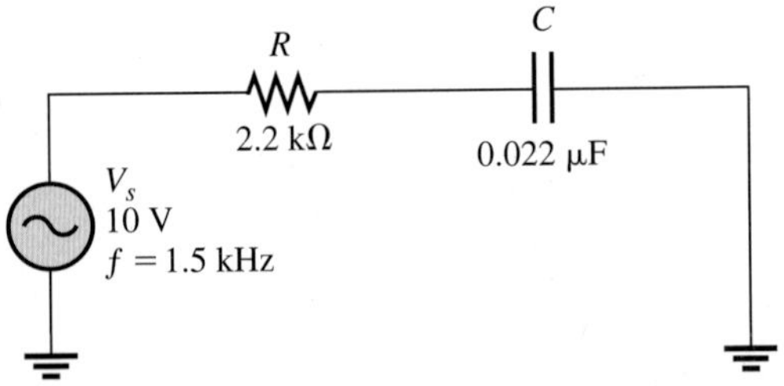

R
2.2 kΩ

C
0.022 µF

V_s
10 V
$f = 1.5$ kHz

풀이 용량성 리액턴스는

$$X_C = \frac{1}{2\pi f C} = \frac{1}{2\pi (1.5 \text{ kHz})(0.022 \text{ } \mu\text{F})} = 4.82 \text{ k}\Omega$$

임피던스는

$$Z = \sqrt{R^2 + X_C^2} = \sqrt{(2.2 \text{ k}\Omega)^2 + (4.82 \text{ k}\Omega)^2} = 5.30 \text{ k}\Omega$$

옴의 법칙을 적용하면

$$I = \frac{V}{Z} = \frac{10 \text{ V}}{5.30 \text{ k}\Omega} = 1.89 \text{ mA}$$

관련 문제 그림 10-9에서 V_s와 I 사이의 위상차를 구하라.

공학용 계산기 소개의 예제 10-3에 있는 변환 예를 살펴보라.

Multisim 또는 LTspice 파일 E10-03을 열어라. 저항과 커패시터 양단의 전압과 전류를 측정하라.

전류와 전압의 위상 관계

직렬 *RC* 회로에서 저항과 커패시터 전체에 걸쳐서 전류의 위상은 같다. 따라서 저항전압은 전류와 동위상이고, 커패시터 전압은 전류보다 90° 뒤진다. 그러므로 그림 10-10의 파형에서 보는 바와 같이 저항전압 V_R과 커패시터 전압 V_C는 90°의 위상차를 나타낸다.

키르히호프의 전압 법칙에서 전압강하의 합은 전원전압과 같아야 한다. 그러나 V_R과 V_C는 그림 10-11(a)에서와 같이 V_C가 V_R에 뒤지는 형태로 90°의 위상차를 가지므로 페이저 양으로 합해야 한다. 그림 10-11(b)에서 보는 바와 같이 V_s는 식 (10-6)을 사용하여 V_R과 V_C의 페이저 합으로 구한다.

$$V_s = \sqrt{V_R{}^2 + V_C{}^2} \tag{10-6}$$

저항전압과 전원전압 사이의 위상각은 다음과 같다.

$$\theta = \tan^{-1}\left(\frac{V_C}{V_R}\right) \tag{10-7}$$

저항전압과 전류는 동위상이므로 식 (10-7)의 θ 역시 전원전압과 전류 사이의 위상차를 나타내며 $\tan^{-1}(X_C/R)$와 같다.

그림 10-12는 그림 10-10의 파형에 대한 전압과 전류 페이저도를 나타낸 것이다.

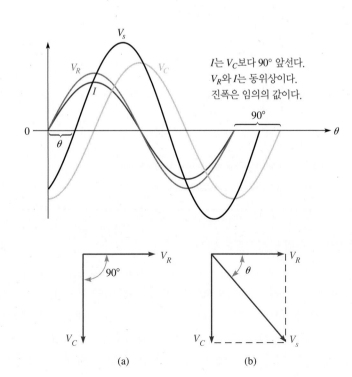

◀ **그림 10-10**

직렬 *RC* 회로에서 전압과 전류의 위상 관계

◀ **그림 10-11**

그림 10-10의 파형에 대한 전압 페이저도

▶ 그림 10-12

그림 10-10의 파형에 대한 전압과 전류의 페이저도

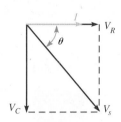

예제 10-4

그림 10-13의 전원전압과 위상각을 구하라. 전압 페이저도를 그려라.

▶ 그림 10-13

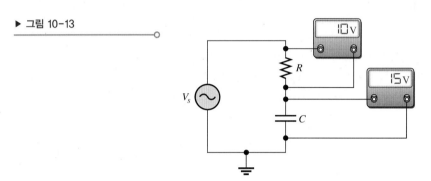

풀이 V_R과 V_C는 90° 위상차가 나므로 바로 더할 수 없다. 전원전압은 V_R과 V_C의 페이저 합이다.

$$V_s = \sqrt{V_R^2 + V_C^2} = \sqrt{(10 \text{ V})^2 + (15 \text{ V})^2} = \mathbf{18 \text{ V}}$$

전류와 전원전압 사이의 위상차는

$$\theta = \tan^{-1}\left(\frac{V_C}{V_R}\right) = \tan^{-1}\left(\frac{15 \text{ V}}{10 \text{ V}}\right) = \mathbf{56.3°}$$

전압 페이저도는 그림 10-14와 같다.

▶ 그림 10-14

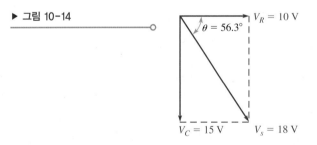

관련 문제 어떤 직렬 *RC* 회로에서 $V_s = 10$ V, $V_R = 7.0$ V이다. V_C를 구하라.

공학용 계산기 소개의 예제 10-4에 있는 변환 예를 살펴보라.

주파수에 따른 임피던스와 위상각도의 변화

용량성 리액턴스는 주파수에 반비례하여 변한다. $Z = \sqrt{R^2 + X_C^2}$이므로 X_C가 증가하면 제곱근 기호 안의 전체 항이 증가하고, 전체 임피던스 역시 증가함을 알 수 있다. 그리고 X_C가 감소하면 전체 임피던스 역시 감소한다. 그러므로 *RC* 회로에서 Z는 주파수에 반비례한다.

그림 10-15은 직렬 *RC* 회로에서 전원전압이 일정할 때 주파수가 증가 또는 감소함에 따라 전압과 전류가 어떻게 변하는지를 보인 것이다. 그림 10-15(a)에서 주파수가 증가할 때 X_C는 감소

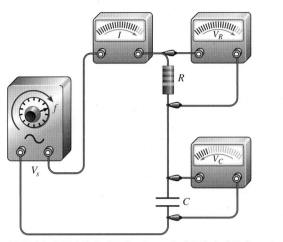
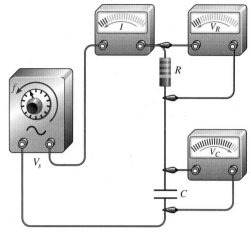

(a) 주파수가 증가했기 때문에, *Z*는 X_C가 감소하기 때문에 감소하고 *I*와 V_R는 증가하고 V_C는 감소한다.

(b) 주파수가 감소했기 때문에, *Z*는 X_C가 증가하기 때문에 증가하고 *I*와 V_R는 감소하고 V_C는 증가한다.

▲ 그림 10-15

전원 주파수의 변화에 따라 임피던스의 변화가 전압과 전류에 미치는 영향을 설명한다. 전원전압은 일정한 진폭을 유지한다.
(그림 색깔은 책 뒷부분의 컬러 페이지 참조)

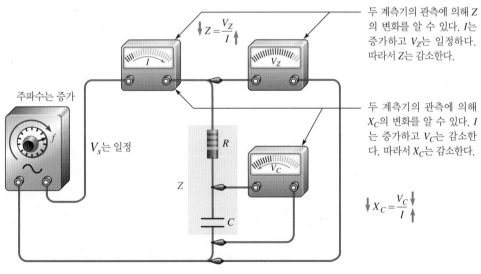

두 계측기의 관측에 의해 *Z*의 변화를 알 수 있다. *I*는 증가하고 V_Z는 일정하다. 따라서 *Z*는 감소한다.

$$\downarrow Z = \frac{V_Z}{I} \uparrow$$

◀ 그림 10-16

주파수에 따른 *Z*와 X_C의 변화
(그림 색깔은 책 뒷부분의 컬러 페이지 참조)

두 계측기의 관측에 의해 X_C의 변화를 알 수 있다. *I*는 증가하고 V_C는 감소한다. 따라서 X_C는 감소한다.

$$\downarrow X_C = \frac{V_C}{I} \updownarrow$$

한다. 그래서 커패시터 양단에서 더욱 작은 전압강하가 나타난다. 또한 X_C가 감소하면 *Z*도 감소하고, 따라서 전류는 증가한다. 전류가 증가하면 *R* 양단의 전압은 더 커진다.

그림 10-15(b)에서 주파수가 감소할 때, X_C는 증가한다. 따라서 커패시터 양단의 전압은 더 증가한다. 또한 X_C가 증가하면 *Z*도 증가하며, 이에 따라 전류는 감소한다. 전류가 감소하면 *R* 양단의 전압은 더 작아진다.

*Z*와 X_C의 변화를 그림 10-16에서 관찰할 수 있다. 주파수가 증가하더라도 V_s가 일정하므로 *Z* 양단의 전압은 일정한 값을 유지한다($V_s = V_Z$). 또한 *C* 양단의 전압은 감소한다. 전류의 증가는 *Z*의 감소를 의미한다. 이는 옴의 법칙에서 설명된 반비례 관계 때문이다($Z = V_Z/I$). 전류의 증가는 X_C의 감소를 의미한다($X_C = V_C/I$). V_C의 감소는 X_C의 감소와 일치한다.

X_C는 직렬 *RC* 회로에서 위상각을 도입하게 된 요인이므로, X_C의 변화는 위상각의 변화를 가져온다. 주파수가 증가하면 X_C는 작아지며, 따라서 위상각이 감소한다. 또한 주파수가 감소하면

X_C는 커지고, 따라서 위상각은 증가한다. *I*가 V_R과 동위상이므로 V_s와 V_R 사이의 각이 회로의 위상각이 된다.

그림 10-17은 주파수의 변화에 따른 X_C, *Z*, *θ*의 변화를 나타내기 위해 임피던스 삼각도를 사용한 것이다. 물론 *R*은 일정한 값을 유지한다. 중요한 점은 X_C가 주파수에 반비례하여 변하기 때문에 전체 임피던스와 위상각의 크기 역시 변한다는 것이다. 이것을 예제 10-5에서 다루었다.

▶ 그림 10-17

주파수가 증가하면 X_C, *Z*, *θ* 모두 감소한다. 주파수 각각의 값은 서로 다른 임피던스 삼각도를 구성한다.

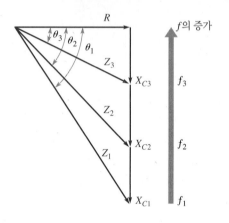

예제 10-5

그림 10-18의 직렬 *RC* 회로에서 다음 주파수에 대한 임피던스와 위상각을 구하라.

(a) 10 kHz   (b) 20 kHz   (c) 30 kHz

▶ 그림 10-18

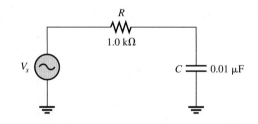

풀이 (a) *f* = 10 kHz에 대한 임피던스는 다음과 같이 계산한다.

$$X_C = \frac{1}{2\pi f C} = \frac{1}{2\pi (10 \text{ kHz})(0.01 \text{ } \mu\text{F})} = 1.59 \text{ k}\Omega$$

$$Z = \sqrt{R^2 + X_C^2} = \sqrt{(1.0 \text{ k}\Omega)^2 + (1.59 \text{ k}\Omega)^2} = \textbf{1.88 k}\boldsymbol{\Omega}$$

위상각은

$$\theta = \tan^{-1}\left(\frac{X_C}{R}\right) = \tan^{-1}\left(\frac{1.59 \text{ k}\Omega}{1.0 \text{ k}\Omega}\right) = \textbf{57.8°}$$

(b) *f* = 20 kHz에 대해

$$X_C = \frac{1}{2\pi (20 \text{ kHz})(0.01 \text{ } \mu\text{F})} = 796 \text{ } \Omega$$

$$Z = \sqrt{(1.0 \text{ k}\Omega)^2 + (796 \text{ } \Omega)^2} = \textbf{1.28 k}\boldsymbol{\Omega}$$

$$\theta = \tan^{-1}\left(\frac{796 \text{ } \Omega}{1.0 \text{ k}\Omega}\right) = \textbf{38.5°}$$

(c) f = 30 kHz에 대해

$$X_C = \frac{1}{2\pi(30 \text{ kHz})(0.01 \text{ }\mu\text{F})} = 531 \text{ }\Omega$$

$$Z = \sqrt{(1.0 \text{ k}\Omega)^2 + (531 \text{ }\Omega)^2} = \textbf{1.13 k}\boldsymbol{\Omega}$$

$$\theta = \tan^{-1}\left(\frac{531 \text{ }\Omega}{1.0 \text{ k}\Omega}\right) = \textbf{28.0°}$$

주파수가 증가하면 X_C, Z, θ가 감소함을 주목하라.

관련 문제 f = 1.0 kHz일 때 그림 10-18에 대한 전체 임피던스와 위상각을 구하라.

공학용 계산기 소개의 예제 10-5에 있는 변환 예를 살펴보라.

RC 지상회로

RC 지상회로(*RC* lag circuit)는 출력전압이 일정한 각도 ϕ만큼 입력전압에 뒤지는 위상천이회로이다. 위상천이회로는 흔히 전기적인 전달시스템과 다른 응용에 사용된다.

기본적인 직렬 *RC* 지상회로를 그림 10-19(a)에 나타냈다. 위상각 θ는 전원(입력)전압과 전류 사이에서 측정된다는 것을 명심하자. 전압의 항으로 이것은 전류와 전압이 저항에 있어서 위상이기 때문에 V_{in}과 V_R 사이에서 측정된 위상각도라고 말하는 것과 같은 것이다. 출력은 커패시터를 가로질러 고려한다. V_{in}과 V_C 사이의 위상지상은 $90° - \theta$이다. 이 각도는 그림 10-19(b)에 나타낸 것과 같이 입력(V_{in})과 출력(V_{out}) 사이의 위상차이로 나타내고, ϕ로 표시한다.

$\theta = \tan^{-1}(X_C/R)$이기 때문에 위상지상의 값 ϕ는 다음과 같이 표현된다.

$$\phi = 90° - \tan^{-1}\left(\frac{X_C}{R}\right) \tag{10-8}$$

지상회로의 입력과 출력전압파형을 그림 10-19(c)에 나타냈다. 입력과 출력 사이의 정확한 양은 저항과 용량성 리액턴스에 따른다. 출력전압의 크기 또한 이러한 값에 따른다.

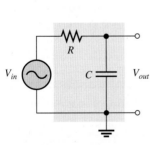

(a) 기본적인 *RC* 지상회로

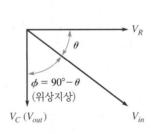

(b) V_{in}과 V_{out} 사이 위상지상을 나타내는 페이저 전압 도표

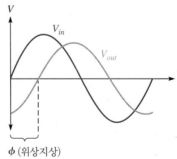

(c) 입력과 출력전압파형

▲ 그림 10-19

RC 지상회로($V_{out} = V_C$)

| 예제 10-6 | 그림 10-20에 나타낸 지상회로에서 입력에서 출력까지의 위상지상의 크기를 구하라. |

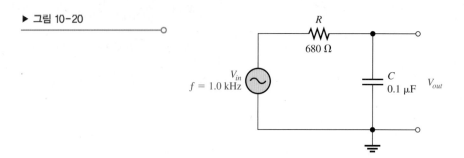

▶ 그림 10-20

풀이 먼저 용량성 리액턴스를 결정한다.

$$X_C = \frac{1}{2\pi f C} = \frac{1}{2\pi(1.0 \text{ kHz})(0.1\mu\text{F})} = 1.59 \text{ k}\Omega$$

입력전압과 출력전압 사이의 위상 지상은 다음과 같다.

$$\phi = 90° - \tan^{-1}\left(\frac{X_C}{R}\right) = 90° - \tan^{-1}\left(\frac{1.59 \text{ k}\Omega}{680 \text{ }\Omega}\right) = \mathbf{23.1°}$$

출력전압은 23.1°만큼 입력전압에 지상된다.

관련 문제 지상회로에서 주파수가 증가되었다면 위상지상은 어떤 일이 일어나는가?

공학용 계산기 소개의 예제 10-6에 있는 변환 예를 살펴보라.

위상지상회로는 입력전압 강하를 가로지르는 R과 C를 가로지르는 부분으로 전압 분배기로 고려될 수 있다. 출력전압은 다음 공식으로 결정될 수 있다.

$$V_{out} = \left(\frac{X_C}{\sqrt{R^2 + X_C{}^2}}\right) V_{in} \tag{10-9}$$

X_C는 직류와 저주파에서는 개방, 고주파에서는 단락의 특징을 가지기 때문에 위상지상회로는 직류와 저주파는 통과시키면서 고주파는 접지에 단락시키는 **저역통과필터**의 역할도 한다. 18장에서는 저항과 커패시터와 같은 수동소자만을 사용하는 수동형 필터보다 주파수응답이 훨씬 우수한 능동형 저역통과필터에 대해 공부하자.

| 예제 10-7 | 예제 10-6의 그림 10-20에 지상회로에 대해 입력전압이 10 V의 실훗값을 가질 때 출력전압을 결정하라. 입력과 출력파형을 나타내는 적절한 관계를 그려라. $X_C(1.59$ k$\Omega)$과 $\phi(23.1°)$의 값은 예제 10-6에 있다. |

풀이 그림 10-20에서 지상회로에 대한 출력전압을 결정하기 위해 식 (10-9)를 사용한다.

$$V_{out} = \left(\frac{X_C}{\sqrt{R^2 + X_C{}^2}}\right) V_{in} = \left(\frac{1.59 \text{ k}\Omega}{\sqrt{(680 \text{ }\Omega)^2 + (1.59 \text{ k}\Omega)^2}}\right) 10 \text{ V} = \mathbf{9.19 \text{ V rms}}$$

파형은 그림 10-21에 나타나 있다.

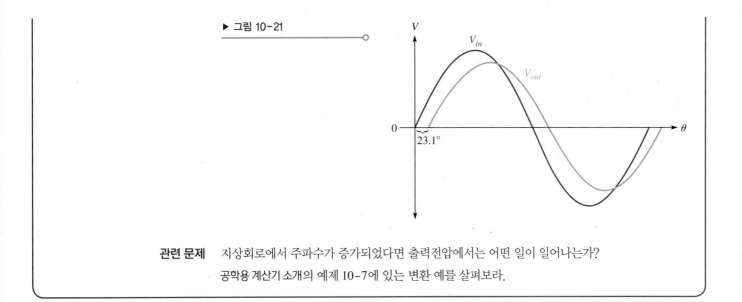

▶ 그림 10-21

관련 문제　지상회로에서 주파수가 증가되었다면 출력전압에서는 어떤 일이 일어나는가?

공학용 계산기 소개의 예제 10-7에 있는 변환 예를 살펴보라.

지상회로에서 주파수 효과　회로 위상각 θ는 주파수가 증가하면 감소하기 때문에, 입력과 출력 전압 사이의 위상지상 ϕ는 증가한다. 식 (10-8)을 점검함으로써 이런 관계를 볼 수 있다. 또한 V_{out}의 크기는 X_C가 커패시터가 강하되어 전체 입력전압보다도 작거나 적어지기 때문에 주파수가 증가하게 되면 감소한다.

RC 진상회로

RC 진상회로(*RC* lead circuit)는 출력전압이 일정한 각도 ϕ만큼 앞서는 위상천이회로이다. 기본적인 *RC* 진상회로를 그림 10-22(a)에 나타냈다. 지상회로와 어떻게 다른지가 중요하다. 여기서 출력전압은 전체 저항을 고려한다. 전압의 관계는 그림 10-22(b)에 페이저도로 나타냈다. 출력 전압 V_{out}은 V_R과 I가 각각 다른 위상에 있기 때문에 회로 위상각과 같은 각도로 인해 V_{in}을 앞선다.

입력과 출력파형을 오실로스코프 상에 나타냈을 때 그림 10-22(c)에 있는 것과 관련성이 유사한 것이 관찰되었다. 물론 위상진상의 정확한 양과 출력전압의 크기는 R과 X_C의 값에 의존한다. 위상진상의 값 ϕ는 식 (10-10)과 같이 표현된다.

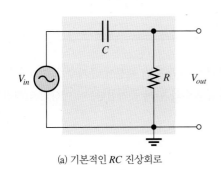
(a) 기본적인 *RC* 진상회로

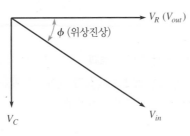
(b) V_{in}과 V_{out} 사이 위상진상을 나타내는 페이저 전압도

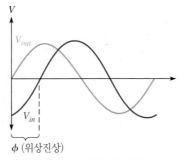
(c) 입력과 출력전압파형

▲ 그림 10-22

RC 진상회로($V_{out} = V_R$)

$$\phi = \tan^{-1}\left(\frac{X_C}{R}\right) \tag{10-10}$$

출력진입은 다음과 같이 표현된다.

$$V_{out} = \left(\frac{R}{\sqrt{R^2 + X_C^2}}\right)V_{in} \tag{10-11}$$

X_C는 직류에서 개방으로 동작하고 주파수 증가에 따라 그 값이 감소하기 때문에 위상진상회로는 고주파를 통과시키면서 직류와 저주파는 차단하는 **고역통과필터** 역할도 한다. 18장에서는 저항과 커패시터와 같은 수동 소자만을 사용하는 수동형 필터보다 주파수응답이 훨씬 우수한 능동형 고역통과필터에 대해 공부하자.

예제 10-8

그림 10-23에 있는 회로에서 위상진상과 출력전압을 계산하라.

▶ 그림 10-23

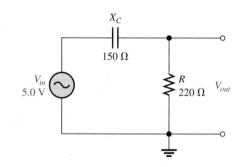

풀이   위상진상은

$$\phi = \tan^{-1}\left(\frac{X_C}{R}\right) = \tan^{-1}\left(\frac{150\ \Omega}{220\ \Omega}\right) = \textbf{34.3°}$$

출력은 34.3°만큼 입력에 앞선다.

출력전압을 결정하는 데 식 (10-11)을 사용한다.

$$V_{out} = \left(\frac{R}{\sqrt{R^2 + X_C^2}}\right)V_{in} = \left(\frac{220\ \Omega}{\sqrt{(220\ \Omega)^2 + (150\ \Omega)^2}}\right)5.0\ \text{V} = \textbf{4.13 V}$$

관련 문제   그림 10-23에서 *R*의 증가는 위상진상과 출력전압에 어떤 영향을 미치겠는가?

공학용 계산기 소개의 예제 10-8에 있는 변환 예를 살펴보라.

진상회로에서 주파수 효과   위상진상은 회로 위상각 θ와 같기 때문에 주파수가 증가하게 되면 감소한다. 출력전압은 X_C보다 작아지기 때문에 주파수와 함께 증가한다. 더 이상의 입력전압은 저항 장치를 가로질러 떨어지게 된다.

10-3절 복습

해답은 이 장의 끝에 있다.

1. 어떤 직렬 *RC* 회로에서 $V_R = 4.0$ V, $V_C = 6.0$ V이다. 전원전압의 크기는 얼마인가?
2. 1번 문제에서 위상각은 얼마인가?
3. 직렬 *RC* 회로에서 커패시터 전압과 저항전압의 위상차는 얼마인가?

4. 직렬 *RC* 회로에서 전원전압의 주파수가 증가할 때, 다음 값들에서는 어떤 변화가 일어나는가?

   (a) 용량성 리액턴스   (b) 임피던스   (c) 위상각

5. 어떤 *RC* 지상회로는 4.7 kΩ 저항과 0.022 μF 커패시터로 구성되어 있다. 3.0 kHz에서 입력과 출력전압 사이의 위상지상을 결정하라.

6. 3.0 kHz에서의 *RC* 진상회로는 5번 문제에 있는 지상회로와 같은 부품값을 가지고 있다. 입력이 10 V rms일 때 출력전압의 크기는 얼마나 되는가?

10-4 병렬 *RC* 회로의 임피던스와 위상각

이 절에서는 병렬 *RC* 회로의 임피던스와 위상각을 구하는 방법을 배울 것이다. 또한 병렬회로 해석에 유용하기 때문에 컨덕턴스(G), 용량성 서셉턴스(B_C), 전체 어드미턴스(Y_{tot})를 논의하게 된다.

이 절의 학습목표

◆ **병렬 *RC* 회로의 임피던스와 위상각을 결정한다.**

   ◆ 전체 임피던스를 곱에 대한 합의 크기로 표현한다.

   ◆ 위상각을 R과 X_C로 표현한다.

   ◆ 컨덕턴스, 용량성 서셉턴스, 어드미턴스를 결정한다.

   ◆ 어드미턴스를 임피던스로 변환한다.

그림 10-24는 기본적인 병렬 *RC* 회로를 나타낸 것이다.

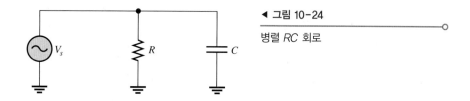

◀ **그림 10-24**

병렬 *RC* 회로

식 (10-12)의 임피던스에 대한 표현은 두 저항의 병렬연결일 때의 표현과 유사하게 곱에 대한 합의 크기의 비율 형태로 주어진다. 이 경우 분모는 R과 X_C의 페이저 합이다.

$$Z = \frac{RX_C}{\sqrt{R^2 + X_C^2}} \qquad (10\text{-}12)$$

인가전압과 전체 전류 사이의 위상차는 식 (10-13)과 같이 R과 X_C의 항으로 표현된다.

$$\theta = \tan^{-1}\left(\frac{R}{X_C}\right) \qquad (10\text{-}13)$$

이 공식은 10-5절에서 소개되는 가지전류를 사용한 등가 공식 (10-22)으로부터 유도된다.

예제 10-9

▶ 그림 10-25

그림 10-25의 각 회로에 대해 임피던스와 위상각을 구하라.

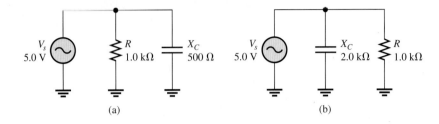

(a)　　　　　　　　(b)

풀이　그림 10-25(a)에서 임피던스와 위상각은

$$Z = \frac{RX_c}{\sqrt{R^2 + X_C^2}} = \frac{(1.0\ \text{k}\Omega)(500\ \Omega)}{\sqrt{(1.0\ \text{k}\Omega)^2 + (500\ \Omega)^2}} = \mathbf{447\ \Omega}$$

$$\theta = \tan^{-1}\left(\frac{R}{X_C}\right) = \tan^{-1}\left(\frac{1.0\ \text{k}\Omega}{500}\right) = \mathbf{63.4°}$$

그림 10-25(b)에서는

$$Z = \frac{(1.0\ \text{k}\Omega)(2.0\ \text{k}\Omega)}{\sqrt{(1.0\ \text{k}\Omega)^2 + (2.0\ \text{k}\Omega)^2}} = \mathbf{894\ \Omega}$$

$$\theta = \tan^{-1}\left(\frac{1.0\ \text{k}\Omega}{2.0\ \text{k}\Omega}\right) = \mathbf{26.6°}$$

관련 문제　주파수가 두 배일 때 그림 10-25(a)에서 *Z*를 구하라.

공학용 계산기 소개의 예제 10-9에 있는 변환 예를 살펴보라.

컨덕턴스, 용량성 서셉턴스, 어드미턴스

컨덕턴스(*G*)는 저항의 역수이고, 다음과 같이 표현된다.

$$G = \frac{1}{R} \tag{10-14}$$

병렬 *RC* 회로에서 사용하게 되는 두 가지 새로운 용어를 소개한다. 서셉턴스는 리액턴스의 역수이다. 그러므로 용량성 서셉턴스(capacitive susceptance, B_C)는 용량성 리액턴스의 역수이며, 다음과 같다.

$$B_C = \frac{1}{X_C} \tag{10-15}$$

어드미턴스(admittance, *Y*)는 임피던스의 역수이고 다음과 같다.

$$Y = \frac{1}{Z} \tag{10-16}$$

이들 양의 각 단위는 지멘스(S)이고, Ω의 역수이다.

병렬회로를 다룰 때 저항(*R*), 용량성 리액턴스(X_C), 임피던스(*Z*)보다 컨덕턴스(*G*), 용량성 서셉턴스(B_C), 어드미턴스(*Y*)를 사용하는 것이 더 쉽다는 것을 자주 느낄 것이다. 그림 10-26(a)에 나타낸 것과 같은 병렬 *RC* 회로에 있어서 전체 어드미턴스는 그림 10-26(b)에 나타낸 것과 같이 컨덕턴스와 용량성 서셉턴스의 페이저 합이다. 식 (10-17)은 이런 관계를 나타낸다.

$$Y_{tot} = \sqrt{G^2 + B_C^2} \qquad (10-17)$$

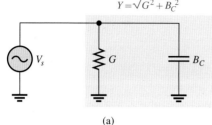
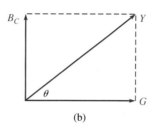

(a)   (b)

◀ 그림 10-26

병렬 *RC* 회로에서 어드미턴스

예제 10-10

그림 10-27에서 전체 어드미턴스를 구하고, 이를 임피던스로 변환하라.

▶ 그림 10-27

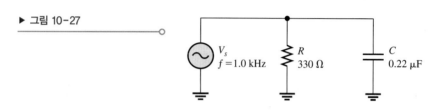

풀이 Y를 결정하기 위해 먼저 G와 B_C 값을 계산한다. $R = 330\ \Omega$이므로

$$G = \frac{1}{R} = \frac{1}{330\ \Omega} = 3.03\ \text{mS}$$

용량성 리액턴스는

$$X_C = \frac{1}{2\pi fC} = \frac{1}{2\pi(1.0\ \text{kHz})(0.22\ \mu\text{F})} = 723\ \Omega$$

용량성 서셉턴스는

$$B_C = \frac{1}{X_C} = \frac{1}{723\ \Omega} = 1.38\ \text{mS}$$

그러므로 전체 어드미턴스는

$$Y_{tot} = \sqrt{G^2 + B_C^2} = \sqrt{(3.03\ \text{mS})^2 + (1.38\ \text{mS})^2} = \mathbf{3.33\ mS}$$

임피던스로 변환하면

$$Z = \frac{1}{Y_{tot}} = \frac{1}{3.33\ \text{mS}} = \mathbf{300\ \Omega}$$

관련 문제 그림 10-27에서 주파수가 2.5 kHz로 증가할 때 어드미턴스를 구하라.

공학용 계산기 소개의 예제 10-10에 있는 변환 예를 살펴보라.

10-4절 복습

해답은 이 장의 끝에 있다.

1. 1.0 kΩ 저항이 650 Ω의 용량성 리액턴스와 병렬로 연결되어 있을 때 Z를 구하라.
2. 컨덕턴스, 용량성 서셉턴스, 어드미턴스를 정의하라.
3. $Z = 100\ \Omega$일 때, Y의 값은 얼마인가?
4. 병렬 *RC* 회로에서 $R = 510\ \Omega$, $X_C = 750\ \Omega$이다. Y를 구하라.

10-5 병렬 *RC* 회로의 해석

옴의 법칙과 키르히호프의 전류 법칙은 *RC* 회로 해석에 사용되었다. 병렬 *RC* 회로에서 전류와 전압 관계를 고찰하게 된다.

이 절의 학습목표

◆ **병렬 *RC* 회로를 해석한다.**
  ◆ 병렬 *RC* 회로에 옴의 법칙과 키르히호프의 전류 법칙을 적용한다.
  ◆ 주파수에 따른 임피던스와 위상각의 변화를 본다.
  ◆ 병렬회로를 등가 직렬회로로 변환한다.

병렬회로의 해석을 쉽게 하기 위해 임피던스를 사용한 옴의 법칙 공식[식 (10-3), (10-4), (10-5)]은 $Y = 1/Z$인 관계를 이용한 어드미턴스로 다시 쓸 수 있다.

$$V = \frac{I}{Y} \tag{10-18}$$

$$I = VY \tag{10-19}$$

$$Y = \frac{I}{V} \tag{10-20}$$

| 예제 10-11 | 그림 10-28에서 전체 전류와 위상각을 구하라. |

▶ **그림 10-28**

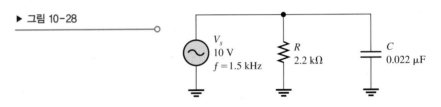

풀이 먼저 전체 어드미턴스를 구한다. 용량성 리액턴스는

$$X_C = \frac{1}{2\pi fC} = \frac{1}{2\pi(1.5\ \text{kHz})(0.022\ \mu\text{F})} = 4.82\ \text{k}\Omega$$

컨덕턴스는

$$G = \frac{1}{R} = \frac{1}{2.2\ \text{k}\Omega} = 455\ \mu\text{S}$$

용량성 서셉턴스는

$$B_C = \frac{1}{X_C} = \frac{1}{4.82\ \text{k}\Omega} = 207\ \mu\text{S}$$

그러므로 전체 어드미턴스는

$$Y_{tot} = \sqrt{G^2 + B_C^2} = \sqrt{(455\ \mu\text{S})^2 + (207\ \mu\text{S})^2} = 500\ \mu\text{S}$$

옴의 법칙을 이용하여 전체 전류를 구하면

$$I_{tot} = VY_{tot} = (10 \text{ V})(500 \text{ μS}) = \textbf{5.00 mA}$$

위상각은

$$\theta = \tan^{-1}\left(\frac{R}{X_C}\right) = \tan^{-1}\left(\frac{2.2 \text{ kΩ}}{4.82 \text{ kΩ}}\right) = \textbf{24.5°}$$

전체 전류는 5.00 mA이고, 전원전압보다 24.5° 앞선다.

관련 문제 주파수가 두 배일 때, 전체 전류는 얼마인가?

공학용 계산기 소개의 예제 10-11에 있는 변환 예를 살펴보라.

Multisim 또는 LTspice 파일 E10-11을 열어라. 계산된 전체 전류의 값을 검증하라. 다음에 각 지점의 전류를 측정하라. 3.0 kHz의 주파수를 2배로 할 때 전체 전류를 측정하라.

전류와 전압의 위상 관계

기본적인 병렬 *RC* 회로의 모든 전류와 전압을 그림 10-29(a)에 나타냈다. 전원전압 V_s는 저항성 및 용량성 가지 양단 모두에 나타나므로 V_s, V_R, V_C는 모두 동위상이며 같은 크기를 갖는다. 전체 전류 I_{tot}는 2개의 가지전류 I_R과 I_C로 나뉜다.

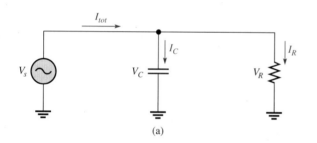

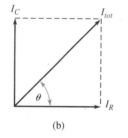

◀ **그림 10-29**

병렬 *RC* 회로의 전류와 전압. (a)에서 전류 방향은 순간적인 것이고, 전원전압의 극성이 반대로 되면 방향도 반대로 바뀐다. (b)의 전류 페이저는 한 사이클당 한 번 회전한다.

저항을 통해 흐르는 전류는 전압과 동위상이다. 커패시터 전류는 전압보다 위상이 앞서며, 따라서 저항성 전류에 90° 앞선다. 키르히호프의 전류 법칙에 의해 전체 전류는 그림 10-29(b)의 페이저도에서와 같이 두 가지 전류의 페이저 합이 된다. 전체 전류는 다음과 같다.

$$\boldsymbol{I_{tot}} = \sqrt{I_R{}^2 + I_C{}^2} \tag{10-21}$$

저항기 전류와 전체 전류 사이의 위상각은

$$\boldsymbol{\theta} = \boldsymbol{\tan^{-1}\left(\frac{I_C}{I_R}\right)} \tag{10-22}$$

식 (10-22)는 식 (10-13)의 $\theta = \tan^{-1}(R/X_C)$와 같다.

그림 10-30은 완전한 형태의 전류와 전압 페이저도이다. I_C는 I_R 위상이 90° 앞서며, I_R은 전압

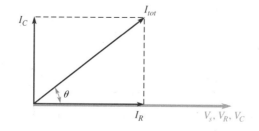

◀ **그림 10-30**

병렬 *RC* 회로에 대한 전류와 전압 페이저도(진폭은 특별한 회로에 따른다)

과 동위상임에 유의한다($V_s = I_R = V_C$).

예제 10-12

그림 10-31에서 각 전류값을 구하고, 각 전류와 전원전압 사이의 위상각을 구하라. 전류 페이저도를 그려라.

▶ 그림 10-31

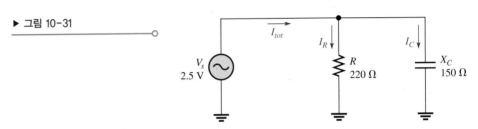

풀이 저항전류, 커패시터 전류, 전체 전류는 다음과 같다.

$$I_R = \frac{V_s}{R} = \frac{2.5\ V}{220\ \Omega} = \textbf{11.4 mA}$$

$$I_C = \frac{V_s}{X_C} = \frac{2.5\ V}{150\ \Omega} = \textbf{16.7 mA}$$

$$I_{tot} = \sqrt{I_R^2 + I_C^2} = \sqrt{(11.4\ mA)^2 + (16.7\ mA)^2} = \textbf{20.2 mA}$$

위상각은

$$\theta = \tan^{-1}\left(\frac{I_C}{I_R}\right) = \tan^{-1}\left(\frac{16.7\ mA}{11.4\ mA}\right) = \textbf{55.7°}$$

I_R은 전원전압과 동위상이고, I_C는 전원전압에 90° 앞서며, I_{tot}는 전원전압에 55.7° 앞선다. 전류 페이저도는 그림 10-32와 같다.

▶ 그림 10-32

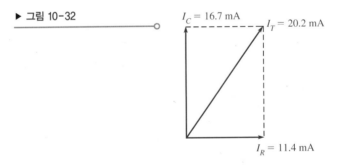

관련 문제 어떤 병렬회로에서 $I_R = 10.0$ mA, $I_C = 6.0$ mA이다. 전체 전류와 위상각을 구하라.

공학용 계산기 소개의 예제 10-12에 있는 변환 예를 살펴보라.

병렬에서 직렬로의 변환

모든 병렬회로에 대해 주어진 주파수에 대한 등가의 직렬 *RC* 회로가 있다. 임피던스와 위상각이 같을 때 두 회로는 등가이다.

어떤 병렬 *RC* 회로에 대한 등가 직렬회로를 구하기 위해 먼저 병렬회로의 임피던스와 위상각을 구한다. 다음에 Z와 θ값을 이용하여 그림 10-33과 같은 임피던스 삼각도를 구성한다. 삼각형의 세로변과 가로변은 각각 등가 직렬저항과 용량성 리액턴스를 나타낸다. 이 값들은 다음과 같이 구할 수 있다.

$$R_{eq} = Z \cos \theta \qquad (10-23)$$

$$X_{C(eq)} = Z \sin \theta \qquad (10-24)$$

코사인함수와 사인함수는 과학적인 계산기를 이용하여 계산할 수 있다.

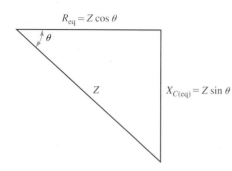

◀ 그림 10-33

병렬 *RC* 회로의 직렬 등가회로에 대한 임피던스 삼각도. Z와 θ는 병렬회로에서 알 수 있는 값이다. R_{eq}와 $X_{C(eq)}$는 직렬 등가값이다.

예제 10-13

그림 10-34의 병렬회로를 등가 직렬회로로 변환하라.

▶ 그림 10-34

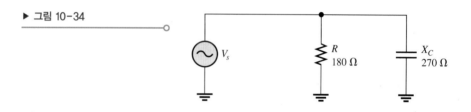

풀이 먼저 다음과 같이 병렬회로의 전체 어드미턴스를 구한다.

$$G = \frac{1}{R} = \frac{1}{180 \ \Omega} = 5.56 \ \text{mS}$$

$$B_C = \frac{1}{X_C} = \frac{1}{270 \ \Omega} = 3.70 \ \text{mS}$$

$$Y_{tot} = \sqrt{G^2 + B_C^2} = \sqrt{(5.56 \ \text{mS})^2 + (3.70 \ \text{mS})^2} = 6.68 \ \text{mS}$$

그러면 전체 임피던스는

$$Z_{tot} = \frac{1}{Y_{tot}} = \frac{1}{6.68 \ \text{mS}} = 150 \ \Omega$$

위상각은

$$\theta = \tan^{-1}\left(\frac{R}{X_C}\right) = \tan^{-1}\left(\frac{180 \ \Omega}{270 \ \Omega}\right) = 33.7°$$

등가 직렬 소자값은

$$R_{eq} = Z \cos \theta = (150 \ \Omega)\cos(33.7°) = \mathbf{125 \ \Omega}$$

$$X_{C(eq)} = Z \sin \theta = (150 \ \Omega)\sin(33.7°) = \mathbf{83.1 \ \Omega}$$

직렬 등가회로를 그림 10-35에 나타냈다. *C*의 값은 주파수가 주어질 때만 구할 수 있다.

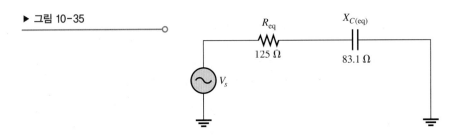

▶ 그림 10-35

R_{eq} 125 Ω

$X_{C(eq)}$ 83.1 Ω

V_s

관련 문제 병렬 RC 회로의 임피던스가 10 kΩ이고 위상각은 26°이다. 등가 직렬회로로 변환하라.

공학용 계산기 소개의 예제 10-13에 있는 변환 예를 살펴보라.

병렬 RC 회로에서는 X_C가 증가하면 리액티브 성분이 줄어드는 것에 유의하자. 이는 회로의 위상각이 더 작아지게 되는 것이다. 이러한 효과는 R에 비해 X_C가 증가하면 용량성 가지로 흐르는 전류가 작게 되기 때문이며, 비록 동위상이거나 저항성 전류가 증가하지 않더라도 전체 전류에서의 비율이 증가하기 때문이다.

10-5절 복습

해답은 이 장의 끝에 있다.

1. RC 회로의 어드미턴스가 3.5 mS이고, 전원전압은 6.0 V이다. 전체 전류는?
2. 병렬 RC 회로에서 저항 전류는 10 mA, 커패시터 전류는 15 mA이다. 위상각과 전체 전류를 구하라.
3. 병렬 RC 회로에서 커패시터 전류와 전원전압 사이의 위상각은 얼마인가?

10-6 직렬-병렬 RC 회로의 해석

앞절에서 학습한 개념은 직렬과 병렬로 결합된 R과 C 소자들이 회로의 해석에 이용되었다.

이 절의 학습목표

◆ **직렬-병렬 RC 회로를 해석한다.**
  ◆ 전체 임피던스를 결정한다.
  ◆ 전류와 전압을 계산한다.
  ◆ 임피던스와 위상각을 측정한다.

직렬회로의 경우에 있어서 복합적인 교류회로는 그에 상당하는 회로인 직렬 혹은 병렬 요소로 결합하여 해결될 수 있다. 다음 예제는 직렬-병렬 유도성 회로의 해석에 이용하는 과정을 제시한 것이다.

예제 10-14

그림 10-36의 회로에서 다음을 구하라.

(a) 전체 임피던스   (b) 전체 전류   (c) I_{tot}가 V_s에 앞서는 위상각

풀이 (a) 먼저 용량성 리액턴스의 크기를 계산한다.

$$X_{C1} = \frac{1}{2\pi(5.0 \text{ kHz})(0.1 \text{ μF})} = 318 \text{ Ω}$$

▶ 그림 10-36

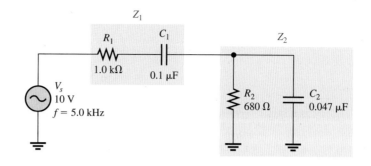

$$X_{C2} = \frac{1}{2\pi(5.0\ \text{kHz})(0.047\ \mu\text{F})} = 677\ \Omega$$

한 가지 접근 방법은 회로의 병렬부분에 대한 직렬 등가저항과 용량성 리액턴스를 구하는 것이다. 그리고 전체 저항을 구하기 위해 저항을 더하고($R_1 + R_{\text{eq}}$), 전체 리액턴스를 구하기 위해 리액턴스를 구한다[$X_{C1} + X_{C(\text{eq})}$]. 이로부터 전체 임피던스를 구할 수 있다.

먼저 어드미턴스를 구해 병렬부분(Z_2)의 임피던스를 구한다.

$$G_2 = \frac{1}{R_2} = \frac{1}{680\ \Omega} = 1.47\ \text{mS}$$

$$B_{C2} = \frac{1}{X_{C2}} = \frac{1}{677\ \Omega} = 1.48\ \text{mS}$$

$$Y_2 = \sqrt{G_2^2 + B_{C2}^2} = \sqrt{(1.47\ \text{mS})^2 + (1.48\ \text{mS})^2} = 2.09\ \text{mS}$$

$$Z_2 = \frac{1}{Y_2} = \frac{1}{2.09\ \text{mS}} = 480\ \Omega$$

회로의 병렬부분에 관련된 위상각은

$$\theta_p = \tan^{-1}\left(\frac{R_2}{X_{C2}}\right) = \tan^{-1}\left(\frac{680\ \Omega}{677\ \Omega}\right) = 45.1°$$

병렬부분에 대한 직렬 등가값은

$$R_{\text{eq}} = Z_2 \cos\theta_p = (480\ \Omega)\cos(45.1°) = 339\ \Omega$$

$$X_{C(\text{eq})} = Z_2 \sin\theta_p = (480\ \Omega)\sin(45.1°) = 340\ \Omega$$

전체 저항은

$$R_{tot} = R_1 + R_{\text{eq}} = 1000\ \Omega + 339\ \Omega = 1.34\ \text{k}\Omega$$

전체 리액턴스는

$$X_{C(tot)} = X_{C1} + X_{C(\text{eq})} = 318\ \Omega + 340\ \Omega = 658\ \Omega$$

전체 임피던스는

$$Z_{tot} = \sqrt{R_{tot}^2 + X_{C(tot)}^2} = \sqrt{(1.34\ \text{k}\Omega)^2 + (657\ \Omega)^2} = \mathbf{1.49\ k\Omega}$$

(b) 옴의 법칙을 이용하여 전체 전류를 구한다.

$$I_{tot} = \frac{V_s}{Z_{tot}} = \frac{10\ \text{V}}{1.49\ \text{k}\Omega} = \mathbf{6.70\ mA}$$

(c) 위상각을 구하기 위해 회로를 R_{tot}와 $X_{C(tot)}$의 직렬결합과 같이 본다. I_{tot}가 V_s에 앞서는 위상각은

$$\theta = \tan^{-1}\left(\frac{X_{C(tot)}}{R_{tot}}\right) = \tan^{-1}\left(\frac{657\ \Omega}{1.34\ \text{k}\Omega}\right) = \mathbf{26.2°}$$

관련 문제 그림 10-36에서 Z_1과 Z_2 양단의 전압을 구하라.

공학용 계산기 소개의 예제 10-14에 있는 변환 예를 살펴보라.

Multisim 또는 LTspice 파일 E10-14를 열어라. 전체 전류의 계산된 값을 검증하라. R_2와 C_2를 통해 흐르는 전류를 측정하라. Z_1과 Z_2 양단의 전압을 측정하라.

회로 측정

전체 임피던스(Z_{tot})의 결정 이제 예제 10-14의 회로에서 Z_{tot} 값을 측정에 의해 구하는 방법을 보자. 먼저 그림 10-37에 보인 바와 같이 아래와 같은 단계를 거쳐 전체 임피던스(Z_{tot})를 측정한다(다른 방법도 가능하다).

1단계: 정현파 발생기를 사용하여 전원전압은 10 V로 주파수는 5.0 kHz로 고정한다. 발생기의 조정단자에 표시되어 있는 값을 읽기보다는 교류전압계를 사용하여 전압을, 주파수계로 주파수를 측정하기를 권한다.

2단계: 그림 10-37과 같이 교류전류계를 연결하여 전체 전류를 측정한다.

3단계: 옴의 법칙을 이용하여 전체 임피던스를 계산한다.

위상각(θ)의 결정 위상각(θ)을 측정하기 위해는 전원전압과 전체 전류를 적절한 시간 관계 속에서 스크린 상에 나타내야 한다. 오실로스코프에서는 이러한 양을 측정하는 데 이용할 수 있는 두 가지의 기본적인 스코프의 프로브, 즉 전압 프로브와 전류 프로브가 있다. 전류 프로브도 편리하지만 전압 프로브만큼 편리하게 사용되지 않는다. 이런 이유로 위상 측정에 전압 프로브를 오실로스코프에 연결하여 사용할 것이다. 전형적인 오실로스코프의 전압 프로브는 회로와 연결되는 두 지점, 즉 프로브 팁과 접지선이 있다. 그러므로 모든 전압 측정시에는 접지를 기준으로 해야 한다.

▶ 그림 10-37

V_s와 I_{tot}의 측정에 의한 Z_{tot} 결정

(그림 색깔은 책 뒷부분의 컬러 페이지 참조)

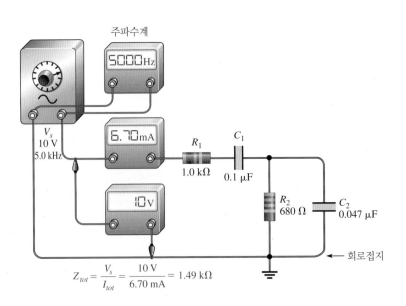

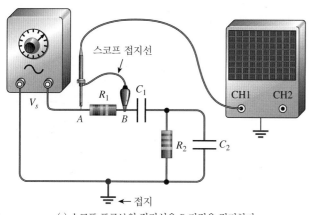

(a) 스코프 프로브의 접지선은 B 지점을 접지한다.

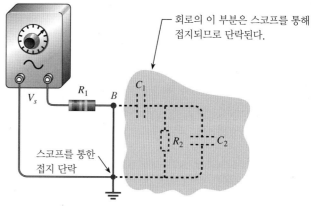

(b) B 지점의 접지 영향은 회로의 나머지 부분을 단락하는 것과 같다.

▲ 그림 10-38

계기와 회로가 접지되었을 때 소자 양단에서의 직접적인 측정 효과 (그림 색깔은 책 뒷부분의 컬러 페이지 참조)

전압 프로브만 사용하므로 전체 전류는 바로 측정될 수 없다. 그러나 위상 측정에서는 R_1 양단의 전압은 전체 전류와 동위상이므로 전류의 위상각을 설정하는 데 사용될 수 있다.

실제로 위상 측정을 하기 위한 V_{R1} 측정에는 문제가 있다. 그림 10-38(a)에 보인 것처럼 스코프의 프로브를 저항 양단에 연결하면 스코프의 접지선은 접지를 위해 B에 연결되고 이로 인해 그림 10-38(b)와 같이 나머지 소자들을 우회하게 되어 실질적으로 이들을 회로로부터 전기적으로 제거한 것처럼 된다(스코프는 전력선 접지로부터 분리되어 있지 않다고 가정).

이러한 문제를 피하기 위해 그림 10-39(a)에서와 같이 출력단자를 바꾸어 R_1의 한쪽 끝이 접지 단자에 연결되도록 한다. 이제 그림 10-39(b)와 같이 V_{R1}을 나타내기 위해 스코프를 저항 양단에 연결할 수 있다. 다른 프로브는 V_s를 나타내기 위해 전압원 양단에 연결한다. 이제 스코프의 채널 1에는 V_{R1}이, 채널 2에는 V_s가 입력된다. 스코프는 전원전압으로부터 트리거될 것이다(이 경우 채널 2).

프로브를 회로에 연결하기 전에 화면의 중심에 하나의 선이 교차하는 것처럼 보이도록 2개의 수평선을 정렬해야 한다. 그러기 위해 프로브 팁을 접지하고, 서로 중첩될 때까지 화면의 중심선을 향해 이 선들을 이동하기 위한 수직 위치 조정단자를 조정한다. 이러한 과정으로 두 파형이 모

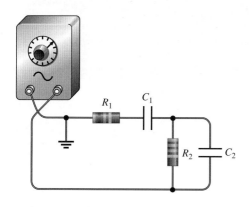

(a) R_1의 한쪽 끝이 접지되도록 접지 위치를 교체한다.

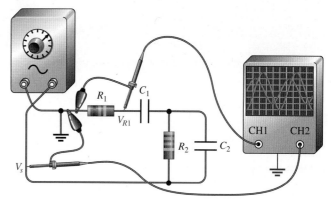

(b) 스코프에는 V_{R1}과 V_s를 표시한다. V_{R1}은 전체 전류의 위상을 표시한다.

▲ 그림 10-39

단락되는 부분 없이 접지점에 대한 전압을 바로 측정할 수 있도록 바뀐 접지 (그림 색깔은 책 뒷부분의 컬러 페이지 참조)

두 0점을 교차하게 되면 정확한 위상 측정이 이루어진다.

일단 스코프 화면상에서 파형을 안정시키면 전원전압의 주기를 측정할 수 있다. 그 다음에 Volts/Div 조절단사를 사용하여 두 파형이 같은 진폭이 될 때까지 파형의 진폭을 맞춘다. 그리고 이들 사이의 거리를 확장하기 위해 Sec/Div 조절단자를 사용하여 수평 방향으로 넓힌다. 이 수평 방향 거리가 두 파형 사이의 시간을 나타낸다. 수평축을 따라 나타나는 파형 사이의 분할구역 수에 Sec/Div 설정값을 곱한 것이 두 파형 사이의 시간 Δt와 같다. 또한 사용하는 오실로스코프가 이런 특징을 갖는다면 Δt를 구하기 위해 커서를 사용할 수 있다.

일단 주기 T와 파형 사이의 시간 Δt가 결정되면, 식 (10-25)를 사용하여 위상각을 계산할 수 있다.

$$\theta = \left(\frac{\Delta t}{T}\right)360° \tag{10-25}$$

이러한 결과로 화면상에 나타나는 예를 그림 10-40에 나타냈다. 그림 10-40(a)에서 파형은 Volts/Div 제어를 잘 조정함으로써 같은 선명한 진폭으로 정렬되고 조정되었다. 이런 파형의 주기는 200 μs이다. Sec/Div 제어는 좀 더 정확하게 Δt를 읽도록 파형을 넓게 조정했다. 그림 10-40(b)에 나타낸 것과 같이 중심선을 가로질러서 차이가 3.0 분할이다. 제어는 조정되었고 파형 사이는 3.0 분할이다.

$$\Delta t = 3.0 분할구역 \times 50 \ \mu s/분할구역 = 15 \ \mu s$$

위상각은

$$\theta = \left(\frac{\Delta t}{T}\right)360° = \left(\frac{15 \ \mu s}{200 \ \mu s}\right)360° = 27°$$

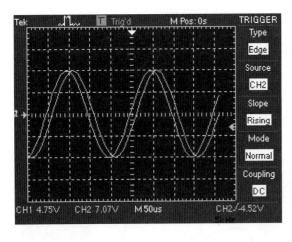
(a)

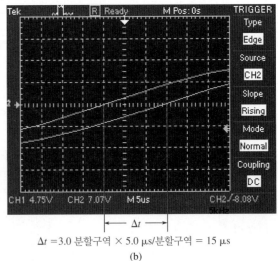

$$\Delta t = 3.0 \ 분할구역 \times 5.0 \ \mu s/분할구역 = 15 \ \mu s$$
(b)

▲ 그림 10-40

자기저항 랜덤 액세스 메모리(MRAM)

10-6절 복습
해답은 이 장의 끝에 있다.

1. 그림 10-36의 직렬-병렬회로에 대한 직렬 등가회로를 구하라.
2. 그림 10-36에서 R_1 양단의 전압은 얼마인가?

10-7 *RC*회로의 전력

순수 저항성 교류회로에서 전원에 의해 전달되는 모든 에너지는 저항에서 열의 형태로 소비된다. 순수 용량성 교류회로에서 전원에 의해 전달되는 모든 에너지는 전압파형의 반 사이클 동안 커패시터에 저장되고, 다음 반 사이클 동안 전원으로 되돌아가므로 열의 형태로의 순 에너지변환은 없다. 저항과 정전용량이 모두 있는 경우는 에너지의 저항에 의해 소비된다. 열로 변환되는 에너지의 양은 저항과 용량성 리액턴스의 상대적인 값에 의해 정해진다.

이 절의 학습목표

◆ *RC* 회로에서의 전력을 결정한다.
 ◆ 유효전력과 무효전력을 설명한다.
 ◆ 전력 삼각도를 그린다.
 ◆ 역률을 정의한다.
 ◆ 피상전력을 설명한다.
 ◆ *RC* 회로에서의 전력을 계산한다.

저항이 용량성 리액턴스보다 클 때 전원에 의해 전달되는 전체 에너지 중에서 커패시터에 저장되는 에너지보다 저항에 의해 소비되는 에너지가 더 크다. 마찬가지로 리액턴스가 저항보다 클 때, 전원에 의해 전달되는 전체 에너지 중에서 열로 변환되는 에너지보다 저장되고 방전되는 에너지가 더 크다.

유효전력(P_{true})이라고 부르기도 하는 저항에서의 전력, 무효전력(P_r)이라고 부르는 커패시터에서의 전력에 관한 공식을 다시 나타냈다. 유효전력의 단위는 와트(W)이고, 무효전력의 단위는 볼트-암페어 리액티브(VAR)이다.

$$P_{\text{true}} = I_{tot}^2 R \qquad (10\text{-}26)$$

$$P_r = I_{tot}^2 X_C \qquad (10\text{-}27)$$

*RC*회로의 전력 삼각도

일반화된 임피던스 페이저도를 그림 10-41(a)에 보였다. 그림 10-41(b)에서와 같이 전력의 페이저 관계는 각각의 전력 P_{true}와 P_r의 크기와 R과 X_C에 각각 I_{tot}^2를 곱한 것으로 서로 다르므로 유사한 그림으로 나타낼 수 있다.

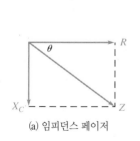

(a) 임피던스 페이저

(b) 임피던스 페이저에 I_{tot}^2을 곱하여 구한 전력 페이저

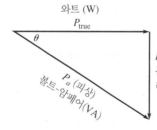

(c) 전력 삼각도

▲ 그림 10-41

RC 회로의 전력 삼각도

전력 페이저의 결과에서 $I_{tot}^2 Z$는 **피상전력**(apparent power, P_a)을 나타낸다. P_a는 어떤 순간에 전원과 *RC* 회로 사이에서 전달되는 전체 전력이다.

피상전력의 일부는 유효전력이고, 나머지는 무효전력이다. 피상전력의 단위는 볼트-암페어 (VA)이다. 피상전력의 표현식은

$$P_a = I_{tot}^2 Z \tag{10-28}$$

그림 10-41(b)의 전력 페이저도는 그림 10-41(c)처럼 직각삼각형으로 바꿀 수 있으며, 이를 전력 삼각도라고 한다. 삼각공식을 이용하면 P_{true}는 다음과 같다.

$$P_{\text{true}} = P_a \cos \theta$$

P_a는 $I_{tot}^2 Z$ 또는 $V_s I_{tor}$와 같으므로 유효전력은 다음과 같이 쓸 수 있다.

$$P_{\text{true}} = V_s I_{tot} \cos \theta \tag{10-29}$$

여기서 V_s는 전원전압이고, I_{tot}는 전체 전류이다.

순수 저항회로의 경우 $\theta = 0°$이고 $\cos 0° = 1$이므로, P_{true}는 $V_s I_{tot}$와 같다. 순수 용량성 회로에서 $\theta = 90°$이고 $\cos 90° = 0$이므로, P_{true}는 0이다. 이상적인 커패시터에서는 전력 손실이 없다.

역률

$\cos \theta$항을 **역률**(power factor)이라고 부르며, 다음과 같이 나타낸다.

$$PF = \cos \theta \tag{10-30}$$

전원전압과 전체 전류 사이의 위상각이 증가하면 역률은 감소하는데, 이는 좀 더 리액티브 회로임을 나타내는 것이다. 역률이 작을수록 전력소모가 작아진다.

역률은 순수 리액티브 회로에서 0으로부터 순수 저항성 회로에서의 1까지 변한다. *RC* 회로에서 전류가 전압에 앞서므로 역률을 진상 역률이라고도 한다.

예제 10-15

그림 10-42의 회로에서 역률과 유효전력을 구하라.

▶ **그림 10-42**

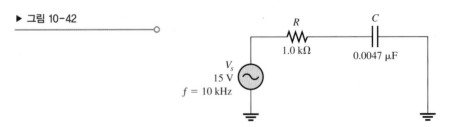

풀이 다음과 같이 용량성 리액턴스와 위상각을 계산한다.

$$X_C = \frac{1}{2\pi f C} = \frac{1}{2\pi (10 \text{ kHz})(0.0047 \text{ μF})} = 3.39 \text{ kΩ}$$

$$\theta = \tan^{-1}\left(\frac{X_C}{R}\right) = \tan^{-1}\left(\frac{3.39 \text{ kΩ}}{1.0 \text{ kΩ}}\right) = 73.5°$$

역률은

$$PF = \cos \theta = \cos(73.5°) = \mathbf{0.283}$$

임피던스는

$$Z = \sqrt{R^2 + X_C^2} = \sqrt{(1.0 \text{ k}\Omega)^2 + (3.39 \text{ k}\Omega)^2} = 3.53 \text{ k}\Omega$$

따라서 전류는

$$I = \frac{V_s}{Z} = \frac{15 \text{ V}}{3.53 \text{ k}\Omega} = 4.25 \text{ mA}$$

유효전력은

$$P_{\text{true}} = V_s I \cos\theta = (15 \text{ V})(4.25 \text{ mA})(0.283) = \textbf{18.0 mW}$$

관련 문제 그림 10-42에서 주파수가 반으로 줄어들면 역률은 얼마가 되는가?

공학용 계산기 소개의 예제 10-15에 있는 변환 예를 살펴보라.

Multisim 또는 LTspice 파일 E10-15를 열어라. 전류를 측정하고 계산값과 비교하라. 10 kHz, 5.0 kHz, 20 kHz에서 *R*과 *C* 양단의 전압을 측정하라. 관찰한 것을 설명하라.

피상전력의 중요성

피상전력은 전원과 부하 사이에서 전달되는 것처럼 보이는 전력이며, 유효전력과 무효전력 두 성분으로 구성된다.

모든 전기전자시스템에서 일을 하는 것은 유효전력이다. 무효전력은 단순히 전원과 부하 사이를 왕복한다. 이상적으로는 유용한 일을 수행하는 항으로서 부하로 전달되는 모든 전력이 유효전력이어야 하며, 무효전력은 없어야 한다. 그러나 대부분 실제 상황에서 부하에는 약간의 리액턴스가 존재하므로 두 전력 모두를 다루어야 한다.

모든 리액티브 부하의 전체 전류에는 저항성 성분과 리액티브 성분이 있다. 만약 부하에서 유효전력(와트)만을 고려한다면 부하가 공급원으로부터 요구하는 전체 전류의 일부만을 다루어야 한다. 리액티브 전류가 열로 소멸되지 않고 축전기에 의해 번갈아 저장되었다가 되돌아오지만, 공급원은 여전히 전력을 부하에 제공해야 한다. 회로에서 소멸되는 실제 전력이나 측정된 와트에 기여하지 않더라도 회로의 위상각에 따라 리액티브 전류는 매우 클 수 있다. 부하가 끌어낼 실제 전류를 사실적으로 나타내려면 피상전력(VA)을 고려해야 한다.

교류발전기와 같은 전원은 최댓값까지 전류를 부하에 공급할 수 있다. 만약 부하에서 최댓값을 초과하여 끌어간다면 전원이 손상을 입을 수 있다. 그림 10-43(a)는 부하에 최대 전류 5.0 A

◀ **그림 10-43**

부하가 유도용량성일 때 전원의 유효전력 정격은 부적절하다. 정격은 W보다는 VA가 되어야 한다.

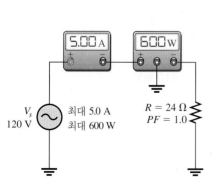

(a) 저항성 부하를 가지고 극한값에서 발전기가 동작한다.

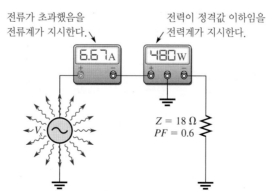

(b) 전력계가 최대 유효전력 정격 이하임을 지시하지만 과잉전류에 의해 발전기가 내부 손상을 입을 수 있다.

를 공급할 수 있는 120 V 발전기를 보인 것이다. 이 발전기는 600 W 정격이고, 24 Ω의 순 저항성 부하(역률 = 1.0)와 연결되었다고 가정한다. 전류계는 5.0 A, 전력계는 600 W를 지시한다. 비록 최대 선류와 선력에서 동작하지만 이러한 소선에서 발선기는 아무 문제가 없다.

이제 그림 10-43(b)에서와 같이 임피던스 18 Ω, 역률 0.6인 유도성 부하로 바뀌었을 때 어떤 일이 발생하는지 고려해보자. 전류는 120 V/18 Ω = 6.67 A로 최댓값을 초과한다. 비록 전력계가 480 W를 지시하여 발전기의 전력 정격보다 작지만, 아마도 과잉전류가 손상을 유발할 것이다. 이 예는 유효전력 정격비가 교류 전원에서는 부적절함을 보여준다. 이러한 특별한 교류발전기는 600 W보다는 600 VA로 규격을 나타내야 한다.

예제 10-16

그림 10-44의 회로에서 유효전력, 무효전력, 피상전력을 구하라. X_C는 2.0 kΩ으로 주어졌다.

▶ **그림 10-44**

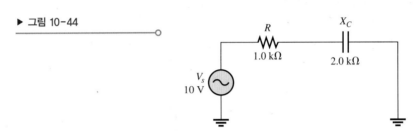

풀이 먼저 전체 임피던스를 구하여 전류를 계산한다.

$$Z_{tot} = \sqrt{R^2 + X_C^2} = \sqrt{(1.0 \text{ k}\Omega)^2 + (2.0 \text{ k}\Omega)^2} = 2.24 \text{ k}\Omega$$

$$I = \frac{V_s}{Z} = \frac{10 \text{ V}}{2.24 \text{ k}\Omega} = 4.47 \text{ mA}$$

위상각 θ는

$$\theta = \tan^{-1}\left(\frac{X_C}{R}\right) = \tan^{-1}\left(\frac{2.0 \text{ k}\Omega}{1.0 \text{ k}\Omega}\right) = 63.4°$$

유효전력은

$$P_{\text{true}} = V_s I \cos\theta = (10 \text{ V})(4.47 \text{ mA}) \cos(63.4°) = \mathbf{20 \text{ mW}}$$

공식 $P_{\text{true}} = I^2 R$을 사용하여 같은 결과를 얻을 수 있음을 유의하자.

무효전력은

$$P_r = I^2 X_C = (4.46 \text{ mA})^2 (2.0 \text{ k}\Omega) = \mathbf{40.0 \text{ mVAR}}$$

피상전력은

$$P_a = I^2 Z = (4.46 \text{ mA})^2 (2.24 \text{ k}\Omega) = \mathbf{44.7 \text{ mVA}}$$

피상전력은 P_{true}와 P_r의 페이저 합으로도 구할 수 있다.

$$P_a = \sqrt{P_{\text{true}}^2 + P_r^2} = 44.7 \text{ mVA}$$

관련 문제 그림 10-44에서 X_C = 10 kΩ이면 유효전력은 얼마인가?

공학용 계산기 소개의 예제 10-16에 있는 변환 예를 살펴보라.

10-7절 복습

해답은 이 장의 끝에 있다.

1. RC 회로에서 전력소비는 어느 성분에서 일어나는가?
2. 위상각 θ가 45°이면 역률은 얼마인가?
3. 어떤 직렬 RC 회로가 $R = 330\ \Omega$, $X_C = 460\ \Omega$, $I = 2.0\ A$와 같은 값을 갖는다. 유효전력, 무효전력, 피상전력을 구하라.

10-8 기본 응용

RC 회로는 보다 복잡한 회로의 일부로써 다양하게 응용된다. 세 가지 응용은 발진기에 적용된 위상천이회로와 주파수 선택회로(필터), 교류 커플링이다.

이 절의 학습목표

◆ **몇 가지 기본적인 RC 응용을 논의한다.**

 ◆ 발진기에 사용된 RC 회로가 어떻게 되는지 논의한다.
 ◆ RC 회로가 필터로 어떻게 작동되는지 논의한다.
 ◆ 교류 커플링에 대해 논의한다.

위상천이 발진기

알고 있다시피 직렬 RC 회로는 R과 C의 값과 신호의 주파수에 의존하는 양으로 인해 출력전압의 위상을 변화시킬 것이다. 주파수에 의존하는 위상천이에 대한 이런 능력은 어떤 피드백 발진기회로에서 중요한 부분이다. 발진기는 주기적인 파형을 만들어내는 회로이고, 많은 전기시스템을 위한 중요한 회로이다. 장치 과정에서 발진기를 공부할 수 있지만 여기서 초점은 위상천이를 위한 RC 회로의 응용에 있다. 요건은 강화된 입력과 진동을 유지하는 적절한 위상에서 입력으로 되돌리는 것(피드백이라 불리는) 발진기 출력전압의 일부분이다. 일반적으로 요건은 위상천이의 180° 전체로 신호를 뒤로 되돌리는 것이다.

하나의 RC 회로는 90°보다 작게 위상천이가 제한되어 있다. 10-3절에서 토의되었던 기본적인 RC 지상회로는 위상천이 발진기라고 불리는 특별한 회로를 나타낸 것으로 그림 10-45에 나타낸 것과 같이 복잡한 RC 계통으로부터 '겹쳐진' 것이 될 수 있다.

위상천이 발진기는 전형적으로 발진기로 작동하는 주파수일 것이라는 어떤 주파수에서 요구된 180° 위상천이를 만들어내는 3개가 같은 성분인 RC 회로를 사용한다. 증폭기의 출력은 RC 네

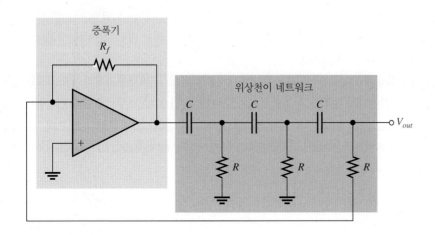

◀ **그림 10-45**

위상천이 발진기

트워크에 의해 변화된 것과 진동을 유지하도록 충분한 이득을 만들어내는 증폭기의 입력에 대해 되돌려진 위상이다.

몇 가지 RC 회로를 함께 두는 과정은 하중 효과로 나타나며, 그리하여 전체 위상천이는 단순하게 각 RC 회로의 위상천이를 합하는 것이 아니다. 이러한 회로의 세부적인 계산은 장황한 페이저 수학의 다수를 포함하지만 결과는 간단하다. 같은 성분을 갖는 180° 위상천이에서의 주파수는 다음의 주어진 식에서 일어난다.

$$f_r = \frac{1}{2\pi\sqrt{6}RC}$$

RC 네트워크는 29의 인수로 증폭기에서의 신호를 감쇠(감소)하는 출력을 낸다. 증폭기는 −29의 이득을 가짐으로 이런 감쇠를 형성하도록 해야 한다[마이너스(−) 기호는 위상천이를 계산에 넣었다].

예제 10-17

그림 10-46에서 출력 주파수를 계산하라.

▶ 그림 10-46

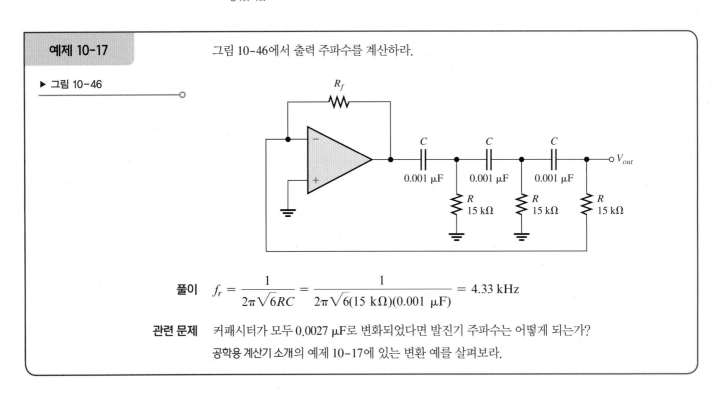

풀이 $f_r = \frac{1}{2\pi\sqrt{6}RC} = \frac{1}{2\pi\sqrt{6}(15\ \text{k}\Omega)(0.001\ \mu\text{F})} = 4.33\ \text{kHz}$

관련 문제 커패시터가 모두 0.0027 μF로 변화되었다면 발진기 주파수는 어떻게 되는가?

공학용 계산기 소개의 예제 10-17에 있는 변환 예를 살펴보라.

필터로써 RC 회로

주파수를 선택할 수 있는 회로는 다른 모든 신호를 차단하는 동시에 입력에서 출력으로 통과되는 어떤 특정 주파수의 신호만 통과한다. 모든 주파수에 대해는 이상적인 경우이고 선택된 주파수는 필터되어 출력으로 나온다.

직렬 RC 회로는 주파수 선택 특성을 가지며 2종류가 있다. **저역통과필터**라고 부르는 첫 번째 것은 커패시터 양단을 출력으로 취함으로써 구현할 수 있으며, 지상회로망과 일치한다. **고역통과필터**라고 부르는 두 번째 것은 저항 양단을 출력으로 취함으로써 얻을 수 있으며, 진상회로망과 같다. 실용적으로 RC 회로는 능동필터를 만들기 위해 OP(operational amplifiers)에 접속하여 사용된다. 능동필터는 수동필터보다 더 효과적이다.

저역통과필터 지상회로망에서 위상각과 출력전압에 어떤 현상이 일어나는지 확인했다. 필터로

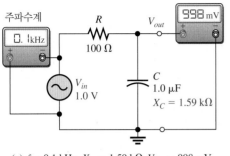

(a) $f = 0.1$ kHz, $X_C = 1.59$ kΩ, $V_{out} = 998$ mV

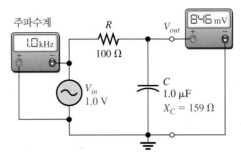

(b) $f = 1.0$ kHz, $X_C = 159$ Ω, $V_{out} = 846$ mV

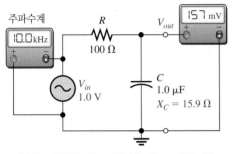

(c) $f = 10$ kHz, $X_C = 15.9$ Ω, $V_{out} = 157$ mV

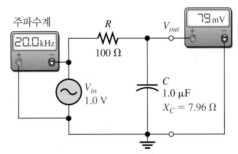

(d) $f = 20$ kHz, $X_C = 7.96$ Ω, $V_{out} = 79$ mV

◀ 그림 10-47

저역통과필터의 동작 예. 주파수가 증가하면 V_{out}은 감소한다.

동작한다는 점에서 주파수 변화에 대해 출력전압의 크기가 어떻게 변하는가는 대단히 중요하다.

직렬 RC 회로의 필터로써의 동작을 설명하기 위해 그림 10-47에서 주파수를 100 Hz에서 20 kHz까지 증가하면서 행하는 일련의 측정을 보였다. 각각의 주파수에 대해 출력전압을 측정한다. 보는 바와 같이 주파수가 증가함에 따라 용량성 리액턴스 값이 감소하여 각 단계마다 입력전압을 10 V로 일정하게 유지해도 커패시터 양단의 전압은 감소한다. 표 10-1은 주파수에 따른 회로 파라미터들의 변화를 요약한 것이다.

◀ 표 10-1

f (kHz)	X_C (Ω)	Z_{tot} (Ω)	I (mA)	V_{out} (mV)
0.1	1,590	$\approx 1,590$	≈ 0.629	998
1.0	159	188	5.32	846
10	15.9	101	9.90	157
20	7.96	≈ 100	≈ 10.0	79

그림 10-47의 저역통과필터에 대한 **주파수응답**(frequency response)을 그림 10-48에 나타냈으며, 여기서 측정값을 V_{out} 대 주파수의 그래프에 표시했고, 곡선은 이 점들을 연결하여 그린 것이다. 응답 곡선이라고 부르는 이 그래프는 낮은 주파수에서 출력전압이 보다 크며, 주파수가 증가함에 따라 감소함을 보여준다. 주파수 눈금은 대수 눈금이다.

고역통과필터 고역통과필터를 설명하기 위해 일련의 측정 과정을 그림 10-49에 나타냈다. 주파수를 10 Hz에서 10 kHz까지 단계적으로 변화했다. 보는 바와 같이 주파수가 증가함에 따라 용량성 리액턴스 값이 감소하여 저항 양단의 전압은 증가한다. 표 10-2는 주파수에 따른 회로 파라미터들의 변화를 요약한 것이다.

그림 10-49의 고역통과필터에서 측정한 값들을 표시하여 만든 이 회로에 대한 응답 곡선을 그림 10-50에 나타냈다. 보는 바와 같이 주파수가 높아짐에 따라 출력전압은 증가하며, 주파수가

▶ 그림 10-48

그림 10-47의 저역통과필터에 대한 주파수응답 곡선

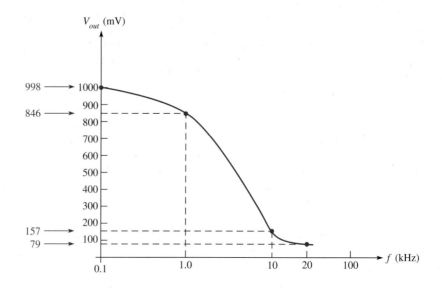

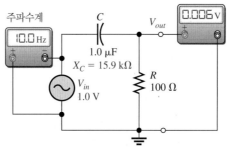

(a) f = 10 Hz, X_C = 15.9 kΩ, V_{out} = 0.006 V

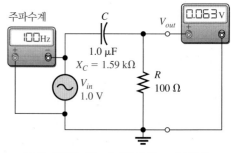

(b) f = 100 Hz, X_C = 1.59 kΩ, V_{out} = 0.063 V

▶ 그림 10-49

고역통과필터의 동작 예. 주파수가 증가하면 V_{out}이 증가한다.

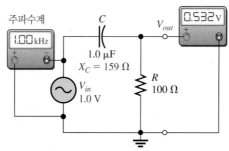

(c) f = 1.0 kHz, X_C = 159 Ω, V_{out} = 0.532 V

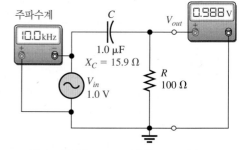

(d) f = 10 kHz, X_C = 15.9 Ω, V_{out} = 0.988 V

▶ 표 10-2

f (kHz)	X_C (Ω)	Z_{tot} (Ω)	I (mA)	V_{out} (mV)
0.01	15,900	≈ 15,900	0.063	0.006
0.1	1590	1593	0.628	0.063
1.0	159	188	5.32	0.532
10	15.9	101	9.88	0.988

낮아짐에 따라 출력전압이 감소한다. 주파수 눈금은 대수눈금이다.

RC 회로에서 차단주파수와 대역폭 저역통과 또는 고역통과 RC 필터에서 용량성 리액턴스와 저항이 같을 때의 주파수를 **차단주파수**(cutoff frequency)라고 부르며, f_c로 표현한다. 이 조건은 $1/(2\pi f_c C) = R$로 나타낼 수 있다. f_c를 구하면 다음 공식으로 된다.

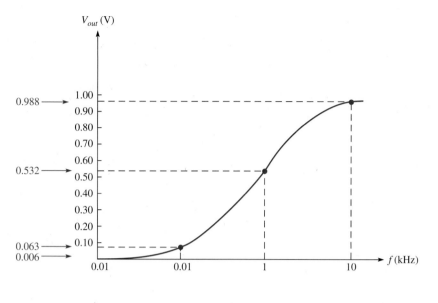

◀ **그림 10-50**

그림 10-49의 고역통과필터에 대한 주파수응답 곡선

$$f_c = \frac{1}{2\pi RC} \tag{10-31}$$

f_c일 때 필터의 *RC* 회로의 출력전압은 최댓값의 70.7%이다. 차단주파수는 통과 또는 저지하는 주파수의 항으로 필터의 기능을 구분하는 실질적인 근거로 간주된다. 예를 들어 고역통과필터에서는 f_c 이상의 모든 주파수는 필터에 의해 통과되는 것으로 간주하고, f_c 이하의 모든 주파수는 저지되는 것으로 간주한다. 저역통과필터에 대해는 그 반대가 된다.

필터에 대해 통과되는 것으로 간주되는 주파수 범위를 **대역폭**(bandwidth, *BW*)이라고 부른다. 그림 10-51은 저역통과필터의 대역폭과 차단주파수를 나타낸 것이다.

펄스의 경우 8-8절에서 상승시간이라는 용어를 소개했음을 기억해야 한다. 상승시간은 펄스가 진폭의 10%에서 90%까지 도달하는 시간으로 정의되어 있다. 펄스의 상승시간과 사인파의 대역폭 사이에는 중요한 관계가 있다. 식 (10-32)는 회로의 대역폭과 회로가 왜곡되지 않는 인가된 신호의 최소 상승시간 사이의 일반적인 관계를 보여준다.

$$BW \times t_r = 0.35 \tag{10-32}$$

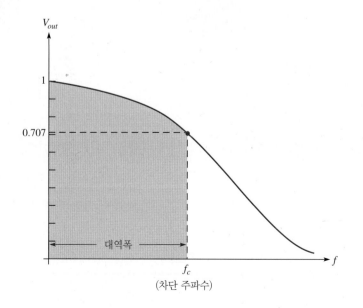

◀ **그림 10-51**

정규화시킨 저역통과필터의 응답 곡선에서 차단주파수와 대역폭이 관계식은 오실로스코프가 특정신호를 정확하게 측정할 수 있는지 여부를 결정하는 데 유용하다. 예를 들어 오실로스코프의 대역폭이 100 MHz인 경우 정확하게 측정할 수 있는 가장 빠른 상승시간은 (0.35)/(100 MHz) = 3.5 ns이다. 상승시간이 3.5 ns보다 짧은 신호는 더 큰 대역폭을 가진 오실로스코프가 요구된다. 일부 최신 디지털 오실로스코프의 경우 관계는 $BW \times t_r = 0.45$를 적용하며, 식 (10-32)이 좀 더 보수적이지만 일반적으로 이용된다.

직류 바이어스 회로에 교류신호 결합

그림 10-52는 직류전압에 교류전압을 중첩하는 데 이용하는 *RC* 회로를 보인 것이다. 이런 종류의 회로는 보통 증폭기에서 사용되는데, 증폭기가 적절한 동작점을 가지도록 **바이어스**를 걸고 증폭시킬 교류신호를 커패시터를 통해 결합하며, 증폭기가 동작하기 위해 직류전압이 요구되기 때문이다. 커패시터는 신호원의 작은 내부 저항이 직류 바이어스 전압에 영향을 미치는 것을 막아준다.

▶ 그림 10-52

증폭기의 바이어스와 신호결합회로

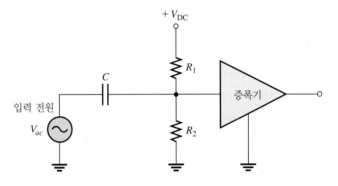

이런 종류의 응용에서는 증폭을 위해 상대적으로 큰 값의 정전용량을 선택하여 리액턴스가 바이어스 회로의 저항에 비해 매우 작게 한다. 리액턴스가 아주 작을 때(이상적으로는 0) 실질적으로 위상천이나 커패시터 양단에서의 전압강하가 발생하지 않는다. 따라서 전원으로부터 보내진

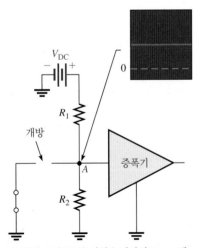

(a) 직류 등가: 교류 전원은 단락회로로 교체. *C*는 직류에 대해 개방. R_1과 R_2는 직류전압 분배기로 동작

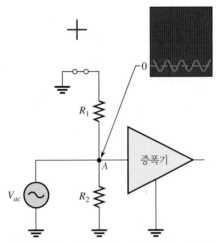

(b) 교류 등가: 직류 전원은 단락회로로 교체. *C*는 교류에 대해 단락. V_{ac}는 모두 점 *A*에 인가

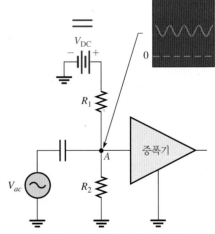

(c) 직류 + 교류: 전압은 점 *A*에서 중첩

▲ 그림 10-53

RC 바이어스와 결합회로에서의 직류전압과 교류전압의 중첩

모든 신호전압이 증폭기의 입력으로 전달된다.

　그림 10-52의 회로에 중첩의 원리를 적용하여 그림 10-53에 나타냈다. 그림 10-53(a)에서 교류전원이 효과적으로 제거되고, 이상적인 내부 저항을 나타내는 단락회로로 대치되었다. C는 직류에 대해 개방된 상태로 보이므로 점 A에서의 전압은 R_1과 R_2의 전압 분배 동작과 직류전압원에 의해 결정된다.

　그림 10-53(b)에서 직류 전원이 회로로부터 효과적으로 제거되고, 이상적인 내부 저항을 나타내는 단락회로로 대치되었다. 교류에 대해 C는 단락된 상태로 보이므로 신호전압은 점 A에 직접 결합되며, R_1과 R_2의 병렬결합 양단에서 나타난다. 그림 10-53(c)는 교류전압과 직류전압의 중첩 효과를 결합한 결과로서 교류전압이 직류 레벨 위에 '얹혀 있는 모양'을 보인 것이다.

10-8절 복습	1. 위상천이 발진기에서 RC 회로는 어떻게 많은 각도의 전체 위상천이를 만들어야 하는가?
해답은 이 장의 끝에 있다.	2. 직렬 RC 회로가 저역통과필터로 사용될 경우, 출력으로 다루어지는 소자는 무엇인가?

10-9 고장진단

기본적인 RC 회로 응답에서의 소자의 파손이나 기능 저하가 미치는 영향에 대해 논한다. APM(분석, 계획, 측정) 방식을 사용한 고장진단의 예를 소개한다.

이 절의 학습목표

◆ RC 회로를 고장진단한다.
　◆ 개방된 저항을 찾는다.
　◆ 개방된 커패시터를 찾는다.
　◆ 단락된 커패시터를 찾는다.
　◆ 누설 커패시터를 찾는다.

개방된 저항의 효과　개방된 저항의 기본적인 직렬 RC 회로의 동작에 어떤 영향을 미치는가를 쉽게 알 수 있도록 그림 10-54에 보였다. 분명히 전류가 흐를 수 없으므로 커패시터 전압은 0이 되고, 따라서 전체 전압 V_s는 개방된 저항 양단에 나타난다.

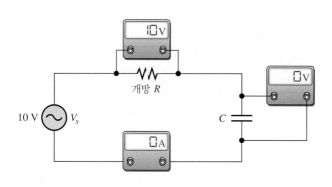

▲ 그림 10-54

개방된 저항의 효과

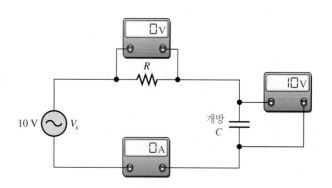

▲ 그림 10-55

개방된 커패시터의 효과

개방된 커패시터의 효과 커패시터가 개방되면 전류가 흐르지 않는다. 따라서 저항 양단의 전압은 0이 된다. 그림 10-55에서와 같이 개방된 커패시터 양단에 전체 전원전압이 걸린다.

단락된 커패시터의 효과 커패시터가 단락되면 전압은 0이 되고 전류는 V_s/R와 같으며, 그림 10-56에서와 같이 전체 전압은 저항 양단에 나타난다.

▶ 그림 10-56

단락된 커패시터의 효과

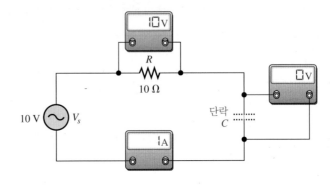

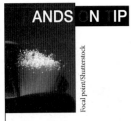

어떤 계측기들은 1.0 kHz 이하의 낮은 주파수응답을 가지는 계측기가 있는 반면, 약 2.0 MHz 이상의 주파수에서도 전압 또는 전류를 측정할 수 있는 계측기도 있다. 계측기가 측정하고자 하는 작업의 주파수에서 정밀하게 측정할 수 있는지를 항상 살펴봐야 한다.

누설 커패시터의 효과 커패시터의 많은 누설전류가 발생하면, 그림 10-57(a)와 같이 커패시터와 병렬로 누설저항이 실질적으로 존재하는 것처럼 보인다. 누설저항이 회로저항 R과 비슷해지면 회로의 응답은 심각한 영향을 받는다. 커패시터에서 전원 쪽으로 보면 그림 10-57(b)와 같이 테브난 회로로 만들 수 있다. 테브난 등가 저항은 R과 R_{leak}의 병렬저항(전원이 단락된 것으로 본다)이며 테브난 등가 전압은 R과 R_{leak}에 의한 전압분배회로 동작으로부터 구할 수 있다.

$$R_{th} = R \| R_{leak} = \frac{R R_{leak}}{R + R_{leak}}$$

$$V_{th} = \left(\frac{R_{leak}}{R + R_{leak}}\right) V_{in}$$

아는 바와 같이 $V_{th} < V_{in}$이므로 커패시터는 충전될 것이기 때문에 전압은 감소한다. 또한 R_{leak}가

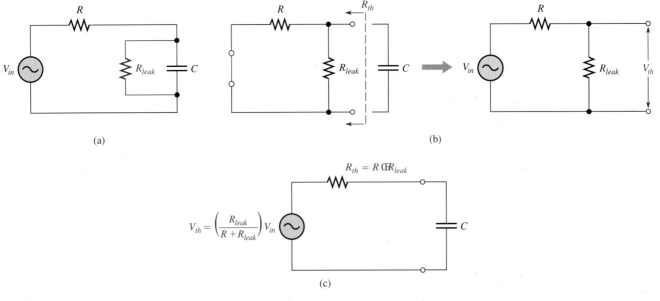

(a)

(b)

(c)

▲ 그림 10-57

누설 커패시터의 효과

전류와 $R_{th} < R$에 대해 병렬 경로를 생성하기 때문에 전류는 증가한다. 그림 10-57(c)는 테브난의 등가회로를 보인 것이다.

| 예제 10-18 | 그림 10-58에서 커패시터는 누설저항이 10 kΩ이 되면 기능이 저하된다고 가정한다. 이러한 조건에서 입력과 출력 사이의 위상천이 정도와 출력전압을 구하라. |

▶ 그림 10-58

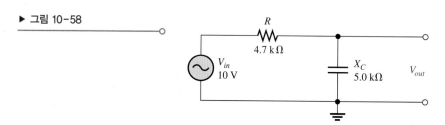

풀이 회로의 실효저항은

$$R_{th} = \frac{R R_{leak}}{R + R_{leak}} = \frac{(4.7 \text{ k}\Omega)(10 \text{ k}\Omega)}{14.7 \text{ k}\Omega} = 3.2 \text{ k}\Omega$$

지상각은

$$\phi = 90° - \tan^{-1}\left(\frac{X_C}{R_{th}}\right) = 90° - \tan^{-1}\left(\frac{5.0 \text{ k}\Omega}{3.2 \text{ k}\Omega}\right) = \mathbf{32.6°}$$

출력전압을 구하기 위해 먼저 테브난의 등가전압을 계산하면

$$V_{th} = \left(\frac{R_{leak}}{R + R_{leak}}\right)V_{in} = \left(\frac{10 \text{ k}\Omega}{14.7 \text{ k}\Omega}\right)10 \text{ V} = 6.80 \text{ V}$$

$$V_{out} = \left(\frac{X_C}{\sqrt{R_{th}^2 + X_C^2}}\right)V_{th} = \left(\frac{5.0 \text{ k}\Omega}{\sqrt{(3.2 \text{ k}\Omega)^2 + (5.0 \text{ k}\Omega)^2}}\right)6.8 \text{ V} = \mathbf{5.73 \text{ V}}$$

관련 문제 커패시터의 누설 현상이 없다면 출력전압은 어떻게 되는가?

공학용 계산기 소개의 예제 10-18에 있는 변환 예를 살펴보라.

그 밖의 고장진단에 대한 고찰

앞에서는 특정 형태의 소자 파손과 이와 관련된 전압 측정에 대해 공부했다. 하지만 많은 경우 회로가 적절하게 동작하지 못하는 원인은 소자 파손의 결과로 발생하는 것만이 아니다. 느슨한 결선, 불량점검, 조잡한 납땜 등이 회로 개방의 원인이 될 수 있다. 단락은 도선의 절단이나 땜납의 번짐 등에 의해 발생할 수 있다. 단순하지만 전원공급장치나 함수 발생기에 플러그를 연결하지 않는 일들이 생각보다 자주 발생한다. 저항값이 부정확하거나 함수 발생기가 잘못된 주파수로 설정되어 있거나 회로에 출력이 잘못 연결되어 있는 경우에 따라 부적절한 동작의 원인이 될 수 있다.

회로에 문제가 있다면 계측기가 회로에 정확히 연결되어 있는가, 전원이 연결되어 있는가를 항상 점검해야 한다. 또한 파손되거나 느슨해진 접점, 불안전하게 연결된 커넥터 또는 단락을 일으킬 수 있는 도선 조각이나 땜납의 번짐 등과 같은 명백한 사항들을 발견해야 한다.

회로가 적절하게 동작하지 않을 때에는 소자의 파손뿐만 아니라 모든 가능성을 고려해야 하는

HANDS ON TIP

포토보드의 회로기판에 연결할 때 신호 발생기, 전압공급장치, 접지 등과 마찬가지로 표준색깔을 사용하여 연결되었는지를 항상 확인해야 한다. 예로 신호전선은 녹색으로, 전원공급선은 적색으로, 접지는 흑색의 전선으로 사용할 수 있다. 이것은 결선과 고장진단을 하는 동안에 전선의 확인은 독자에게 도움이 된다.

것이 요점이다. 다음 예는 간단한 회로에 APM(분석, 계획, 측정) 방식을 사용한 이러한 접근방법을 설명한 것이다.

예제 10-19

그림 10-59에 나타낸 회로에서 커패시터 양단의 전압인 출력전압이 나타나지 않았다. 출력에서 7.4 V를 예상한다. 회로는 포토보드에 구성했다. 고장진단 기술을 사용하여 문제점을 밝혀라.

▶ 그림 10-59

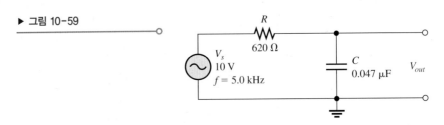

풀이 고장진단 문제에 APM 방식을 적용한다.

분석: 우선 회로에서 출력전압이 나타나지 않을 경우의 가능한 원인을 생각한다.

1. 전원전압이 인가되지 않았거나 주파수가 매우 높아 커패시터의 리액턴스가 거의 0이 되어 커패시터가 단락된 것처럼 보인다.
2. 출력단자가 단락되었다. 커패시터가 단락되거나 어떤 물리적인 단락 현상 발생한다.
3. 전원과 출력 사이에 개방 현상 발생한다. 이는 전류의 흐름을 막고, 따라서 출력전압이 0이 되는 원인이 된다. 저항이 개방되거나 연결도선이 파손되거나 느슨해지거나 포토보드의 접점이 불량이어서 회로가 개방될 수 있다.
4. 부정확한 소자값이 있다. 저항이 매우 클 수 있으며, 이러한 경우 전류 그리고 출력전압이 무시된다. 커패시터가 매우 클 수 있으며, 이 경우 입력 주파수에서 커패시턴스가 거의 0이 된다.

계획: 함수 발생기의 전력공급선이 연결되어 있지 않거나 주파수가 잘못 설정되어 있는 문제 등 눈으로 점검할 수 있는 몇 가지 사항들을 결정한다. 또한 부정확한 저항기의 컬러 밴드나 커패시터의 값 또는 도선이 끊겼거나 단락된 것은 자주 눈으로 확인할 수 있다. 눈으로 점검한 결과 아무런 문제점도 발견되지 않는다면, 문제의 원인을 추적하기 위해 전압 측정을 해야 한다. 측정을 위해 디지털 오실로스코프와 회로 시험기의 사용을 결정한다.

측정: 함수 발생기의 연결과 주파수 설정이 올바르게 되어 있음을 확인했다고 가정하자. 또한 눈으로 점검하는 동안 개방 또는 단락된 부분이 발견되지 않았고, 소자값이 정확하다는 것을 확인했다.

측정 과정의 첫 번째 단계는 스코프를 이용해 전원으로부터 전압을 점검하는 것이다. 그림 10-60(a)에서와 같이 회로의 입력에서 주파수 5.0 kHz인 10 V rms의 정현파가 관측되었다고 가정하자. 정확한 전압이 공급되었으며, 따라서 첫 번째 가능한 원인은 제거되었다.

다음에 전원을 연결하지 않고 커패시터 양단에 회로 시험기(저항계 기능에 설정)를 설치하여 커패시터의 단락 여부를 검사한다. 커패시터가 양호하다면 짧은 충전시간 후에 시험기의 표시화면에 개방 상태가 OL(overload)로 나타날 것이다. 그림 10-60(b)에서와 같이 커패시터의 검사가 끝났다고 가정하자. 두 번째 가능한 원인이 제거되었다.

입력과 출력 사이의 어느 곳에서 전압이 '실종'되었으므로 이제 전압을 찾아야 한다. 전원을 다시 연결하고 회로 시험기(전압계 기능에 설정)를 이용하여 저항 양단의 전압을 측정한다. 저항 양

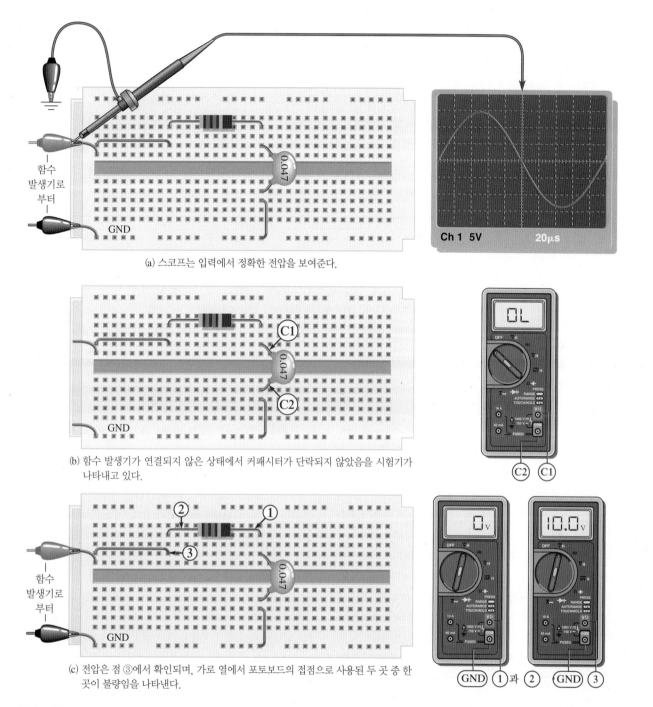

(a) 스코프는 입력에서 정확한 전압을 보여준다.

(b) 함수 발생기가 연결되지 않은 상태에서 커패시터가 단락되지 않았음을 시험기가 나타내고 있다.

(c) 전압은 점 ③에서 확인되며, 가로 열에서 포토보드의 접점으로 사용된 두 곳 중 한 곳이 불량임을 나타낸다.

▲ 그림 10-60

(그림 색깔은 책 뒷부분의 컬러 페이지 참조)

단의 전압이 0이다. 이는 전류가 흐르지 않음을 의미하며, 회로의 어느 부분이 개방되었음을 나타내는 것이다.

이제 전원을 향해 역방향으로 회로를 따라가며 전압을 구한다(전원으로부터 시작하여 순 방향으로 작업을 해도 된다). 스코프나 회로 시험기를 사용할 수 있으나, 회로 시험기를 사용하기 위해 회로 시험기의 한쪽 선은 접지에 연결하고, 다른 한쪽은 회로에 프로브로 사용해야 한다. 그림 10-60(c)에서 보는 바와 같이 점 ①로 표시된 저항기의 오른쪽 도선상에서의 전압은 0으로 읽힌다. 이미 저항 양단의 전압이 0 V로 측정되었으므로 점 ②로 표시된 저항기의 왼쪽 도선상에서의 전압도 시험기에 나타난 것처럼 0이 되어야 한다. 다음에 시험기의 프로브를 점 ③에서는 10 V이 므로 도선이 삽입된 포토보드 구멍의 두 접점 중 한 곳이 불량이다. 작은 접촉부에 너무 멀게 밀 어 넣으면 구부러지거나 파손이 되어 회로도선이 접촉이 되지 않을 수 있다.

저항기 도선 중 한쪽 또는 양쪽 모두와 전선을 같은 열의 다른 구멍으로 옮긴다. 저항기 도선을 바로 위쪽 구멍으로 옮겼을 때 회로의 출력(커패시터 양단)에서 전압을 구했다고 가정한다.

관련 문제 커패시터를 검사하기 전에 저항 양단의 전압을 측정했더니 10 V였다고 가정한다. 이는 무엇을 의미하는 것인가?

10-9절 복습

해답은 이 장의 끝에 있다.

1. *RC* 회로의 dc 응답에서 누설 커패시터의 효과에 대해 설명하라.
2. 직렬 *RC* 회로에서 인가전압 모두가 커패시터에 나타난다면 어떤 문제가 있는가?
3. 직렬 *RC* 회로에서 어떤 문제 때문에 커패시터 양단의 전압이 0 V가 되는가?

응용과제

9장에서 전압 분배 바이어스 회로를 갖는 증폭기의 입력에 용량적으로 결합된 형태를 살펴보았다. 응용과제에서는 입력 주파수가 변함에 따라 증폭기 입력회로의 전압이 어떻게 변하는지 점검할 것이다. 커패시터에 너무 많은 전압이 걸리면, 증폭기의 전체 성능에 나쁜 영향을 미친다. 과제를 해결하기 위해는 증폭기 회로의 상세한 부분들에 익숙하지는 않지만, 먼저 9장을 복습해야 할 것이다.

9장에서 공부한 바와 같이 그림 10-61의 결합 커패시터(C_1)는 저항성 전압 분배회로(R_1과 R_2)에 의해 생기는 점 B의 직류전압에 영향을 주지 않고 입력신호전압을 증폭기의 입력으로(점 A에서 점 B로) 통과한다. 만약 입력 주파수가 충분히 높아서 커패시터의 리액턴스가 무시할 만큼 작다면, 커패시터 양단에서 교류신호전압의

전압강하는 절대로 일어나지 않는다. 신호 주파수가 감소하면 용량성 리액턴스는 증가하고, 신호전압의 더 큰 값이 커패시터 양단에 나타난다. 이는 증폭기의 출력전압을 낮추게 된다.

입력전원(점 A)으로부터 증폭기 입력(점 B)으로 결합되는 신호전압의 크기는 그림 10-61에서와 같이 커패시터의 값과 직류 바이어스 저항에 의해 결정된다(증폭기에 부하의 영향은 없다고 가정한다). 그림 10-62에서처럼 이 소자들은 실질적으로 고역통과 *RC* 필터의 형태를 갖는다. 교류전원을 고려한다면 전압 분배회로 바이어스 저항은 실질적으로 서로 병렬로 연결되어 있는 것과 같다. 그림 10-62(a)에서 보는 바와 같이 R_1의 아래쪽 끝부분은 접지되어 있고, R_2의 위쪽 끝부분은 직류공급전압에 연결되어 있다.

+18 V dc 단자에는 교류전압이 없으므로 R_1의 위쪽 끝부분은

▶ 그림 10-61

커패시터로 결합된 증폭기

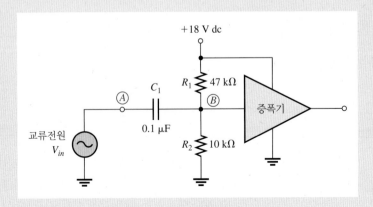

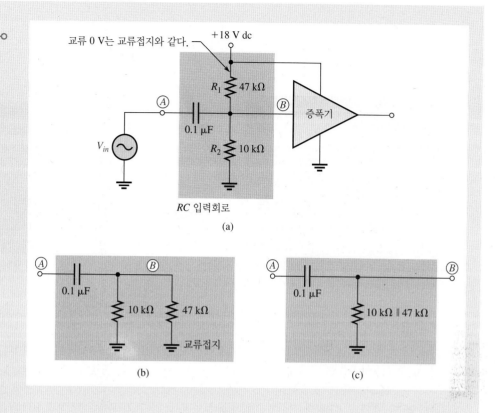

▶ 그림 10-62

실질적으로 고역통과필터로 동작하는 *RC* 입력회로

교류 0 V는 교류접지와 같다.

+18 V dc

R_1 47 kΩ

증폭기

ⓐ

0.1 μF

V_{in}

R_2 10 kΩ

ⓑ

RC 입력회로

(a)

ⓐ 0.1 μF ⓑ 10 kΩ 47 kΩ 교류접지

(b)

ⓐ 0.1 μF ⓑ 10 kΩ ∥ 47 kΩ

(c)

교류 0 V이며, 이를 **교류접지**라고 부른다. 실질적인 고역통과 *RC* 필터의 형태로 회로를 전개시킨 모양을 그림 10-62(b)와 (c)에 보였다.

1단계: 증폭기 입력회로의 소자값 계산

입력회로의 등가저항의 값을 결정한다. 증폭기(그림 10-63의 흰색 점선 내부)는 입력회로 상에 부하 효과는 없는 것으로 가정한다.

2단계: 주파수 f_1에서의 응답 측정

그림 10-63을 참고하라. 입력신호전압이 증폭기 회로보드에 인가되었고, 오실로스코프의 채널 1에 나타나 있으며 채널 2는 회로보드상의 한 점에 연결되어 있다. 채널 2의 프로브가 연결된 회로상의 지점에서의 주파수와 전압을 구한다.

3단계: 주파수 f_2에서의 응답 측정

그림 10-63의 회로보드와 그림 10-64를 참고하라. 오실로스코프의 채널 1에 나타난 입력신호전압이 증폭기 회로보드에 인가되었다. 채널 2에 나타나게 되는 신호의 주파수와 전압을 구한다.

2단계와 3단계에서 구한 채널 2의 파형의 차이점을 밝혀라. 차이점이 생기는 이유를 설명하라.

4단계: 주파수 f_3에서의 응답 측정

그림 10-63의 회로보드와 그림 10-65를 참고하라. 오실로스코프의 채널 1에 나타난 입력신호전압이 증폭기 회로보드에 인가되

었다.

채널 2에 나타나게 되는 신호의 주파수와 전압을 구한다. 3단계과 4단계에서 채널 2의 파형의 차이점이 생기는 이유를 설명하라.

5단계: 증폭기 입력회로의 응답 곡선 그리기

그림 10-61의 점 *B*에서 신호전압이 최댓값의 70.7%가 되는 곳의 주파수를 결정한다. 이 전압값과 f_1, f_2, f_3에서의 값을 이용하여 응답 곡선을 그린다. 이 곡선은 입력회로가 고역통과필터로서 동작함을 보이는가? 직류 바이어스 전압에 아무 영향 없이 전압이 최댓값의 70.7%가 되는 더 낮은 차단주파수를 가지려면 어떻게 하면 되는가?

Multisim 분석

Multisim을 사용하여 그림 10-62(b)의 등가회로를 연결하라.

1. 그림 10-63에서처럼 같은 주파수와 진폭의 크기로 입력신호전압을 인가하라. 오실로스코프로 점 *B*의 전압을 측정하고 2단계로부터 얻어진 결과와 비교하라.

2. 그림 10-64에서처럼 같은 주파수와 진폭의 크기로 입력신호전압을 인가하라. 오실로스코프로 점 *B*의 전압을 측정하고 3단계로부터 얻어진 결과와 비교하라.

3. 그림 10-65에서처럼 같은 주파수와 진폭의 크기로 입력신호전압을 인가하라. 오실로스코프로 점 *B*의 전압을 측정하고 4단계

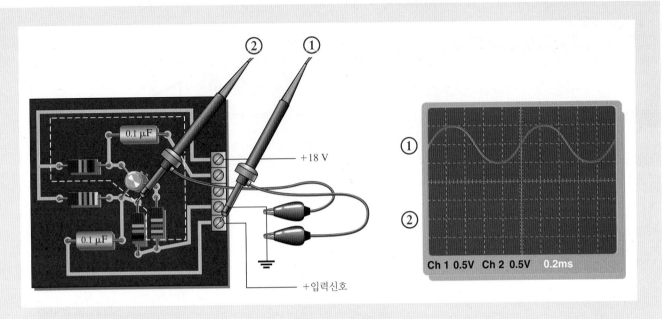

▲ 그림 10-63

주파수 f_1에서의 입력회로 응답 측정, 원 안의 숫자는 프로브와 연결된 스코프의 입력을 나타낸다. 채널 1의 파형을 나타냈다.
(그림 색깔은 책 뒷부분의 컬러 페이지 참조)

로부터 얻어진 결과와 비교하라.

응용과제 복습

1. 결합 커패시터의 값을 감소시키면 증폭기 입력회로의 응답에 어떤 영향을 미치는지 설명하라.

2. 교류입력신호가 10 mV rms일 때 커패시터가 개방되면, 그림 10-61의 점 *B*의 전압은 어떻게 되는가?

3. 교류입력신호가 10 mV rms일 때 저항 R_1이 개방되면, 그림 10-61의 점 *B*의 전압은 어떻게 되는가?

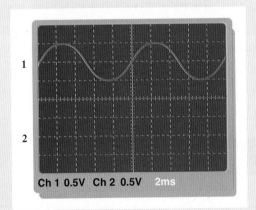

▲ 그림 10-64

주파수 f_2에서의 입력회로 응답 측정. 채널 1의 파형을 나타냈다.

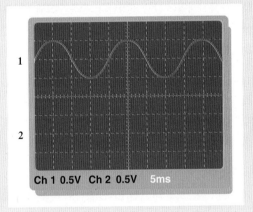

▲ 그림 10-65

주파수 f_3에서의 입력회로 응답 측정. 채널 1의 파형을 나타냈다.

요약

- 정현파 전압이 RC 회로에 인가될 때 전류와 모든 전압 역시 정현파이다.
- 직렬 또는 병렬 RC 회로에서 전체 전류는 항상 전원전압에 앞선다.
- 저항전압은 항상 전류와 동위상이다.
- 커패시터 전압은 전류에 대해 90° 뒤진다.
- RC 회로에서 임피던스는 저항과 용량성 리액턴스가 함께 결합되어 정해진다.
- 임피던스는 옴의 단위로 표현된다.
- 회로의 위상각은 전체 전류와 전원전압 사이의 각도이다.
- 직렬 RC 회로의 임피던스는 주파수에 반비례하여 변한다.
- 직렬 RC 회로의 위상각(θ)은 주파수에 반비례하여 변한다.
- RC 지상회로에서 출력전압은 입력전압에 위상이 뒤진다.
- RC 진상회로에서 출력전압은 입력전압에 위상이 앞선다.
- 각각의 병렬 RC 회로에 대해 임의의 주어진 주파수에 대한 등가 직렬회로가 존재한다.
- 회로의 임피던스는 인가전압과 전체 전류를 측정하고 옴의 법칙을 적용하여 구할 수 있다.
- RC 회로에서 전력은 저항성 부분과 유도용량성 부분으로 되어 있다.
- 저항성 전력(유효전력)과 무효전력의 페이저 결합을 피상전력이라고 부른다.
- 피상전력은 볼트-암페어(VA)의 단위로 표현된다.
- 역률(PF)은 피상전력에서 유효전력이 어느 정도인지를 나타낸다.
- 역률 1은 순수한 저항성 회로를 나타내며, 역률이 0이라는 것은 순수한 유도용량성 회로를 나타내는 것이다.
- 선택된 주파수가 존재하는 회로에서 어떤 주파수는 통과하고, 그 밖의 주파수는 차단한다.

핵심용어

대역폭 회로의 입력으로부터 출력으로 통과되는 주파수 범위

어드미턴스(Y) 유도성 회로에서 전류를 수용할 수 있는 정도를 나타내는 양. 임피던스의 역수. 단위는 지멘스(S)

역률 볼트-암페어(VA)와 유효전력 또는 와트와의 관계. 볼트-암페어와 역률의 곱은 유효전력과 동등하다.

용량성 서셉턴스(B_C) 커패시터의 전류를 수용할 수 있는 정도를 나타내는 양. 용량성 리액턴스의 역수. 단위는 지멘스(S)

위상각 유도성 회로에서 입력전압과 전류 사이의 각

임피던스(Z) 정현파 전류에서 옴으로 표시되는 전체 항

주파수응답 전기회로에서 특정 주파수 영역에 대한 출력전압(또는 전류)의 변동

차단주파수 필터의 출력전압이 최대 출력전압의 70.7%가 되는 주파수

피상전력(P_a) 유효전력(소비전력)과 무효전력의 복소 조합

RC 지상회로 커패시터 전체를 고려한 출력전압에서 있어서 위상천이회로는 규정된 각도만큼 입력전압에 뒤진다.

RC 진상회로 커패시터 전체를 고려한 출력전압에서 있어서 위상천이회로는 규정된 각도만큼 입력전압을 앞선다.

수식

10-1	$Z = \sqrt{R^2 + X_C^2}$	직렬 RC 임피던스
10-2	$\theta = \tan^{-1}\left(\dfrac{X_C}{R}\right)$	직렬 RC 위상각
10-3	$V = IZ$	옴의 법칙

10-4	$I = \dfrac{V}{Z}$	옴의 법칙
10-5	$Z = \dfrac{V}{I}$	옴의 법칙
10-6	$V_s = \sqrt{V_R^2 + V_C^2}$	직렬 *RC* 회로에서 전체 전압
10-7	$\theta = \tan^{-1}\left(\dfrac{V_C}{V_R}\right)$	직렬 *RC* 위상각
10-8	$\phi = 90° - \tan^{-1}\left(\dfrac{X_C}{R}\right)$	지상회로의 위상각
10-9	$V_{out} = \left(\dfrac{X_C}{\sqrt{R^2 + X_C^2}}\right)V_{in}$	지상회로의 출력전압
10-10	$\phi = \tan^{-1}\left(\dfrac{X_C}{R}\right)$	진상회로의 위상각
10-11	$V_{out} = \left(\dfrac{R}{\sqrt{R^2 + X_C^2}}\right)V_{in}$	진상회로의 출력전압
10-12	$Z = \dfrac{RX_C}{\sqrt{R^2 + X_C^2}}$	병렬 *RC* 어드미턴스
10-13	$\theta = \tan^{-1}\left(\dfrac{R}{X_C}\right)$	병렬 *RC* 위상각
10-14	$G = \dfrac{1}{R}$	컨덕턴스
10-15	$B_C = \dfrac{1}{X_C}$	용량성 서셉턴스
10-16	$Y = \dfrac{1}{Z}$	어드미턴스
10-17	$Y_{tot} = \sqrt{G^2 + B_C^2}$	병렬 *RC* 회로에서 전체 어드미턴스
10-18	$V = \dfrac{I}{Y}$	옴의 법칙
10-19	$I = VY$	옴의 법칙
10-20	$Y = \dfrac{I}{V}$	옴의 법칙
10-21	$I_{tot} = \sqrt{I_R^2 + I_C^2}$	병렬 *RC* 회로에서 전체 전류
10-22	$\theta = \tan^{-1}\left(\dfrac{I_C}{I_R}\right)$	병렬 *RC* 위상각
10-23	$R_{eq} = Z\cos\theta$	등가 직렬저항
10-24	$X_{C(eq)} = Z\sin\theta$	등가 직렬저항
10-25	$\theta = \left(\dfrac{\Delta t}{T}\right)360°$	시간 측정을 위한 위상각
10-26	$P_{true} = I_{tot}^2 R$	유효전력(W)
10-27	$P_r = I_{tot}^2 X_C$	무효전력(VAR)
10-28	$P_a = I_{tot}^2 Z$	피상전력(VA)
10-29	$P_{true} = V_s I_{tot} \cos\theta$	유효전력
10-30	$PF = \cos\theta$	역률
10-31	$f_c = \dfrac{1}{2\pi RC}$	*RC* 회로의 차단주파수
10-32	$BW \times t_r = 0.35$	회로의 대역폭과 최소 신호 상승시간과의 관계

참/거짓 퀴즈 해답은 이 장의 끝에 있다.

1. 직렬 RC 회로에 있어서 임피던스는 주파수가 증가할 때 증가한다.
2. 직렬 RC 지상회로에서 출력전압은 저항을 곱하여 얻는다.
3. 어드미턴스는 서셉턴스와 상호적이다.
4. 병렬 RC 회로에서 주파수가 증가되어도 컨덕턴스는 변하지 않는다.
5. RC 회로의 위상각은 전압원과 전류 사이에서 측정된다.
6. 병렬 RC 회로의 임피던스는 곱과 합의 법칙으로 페이저 산술을 적용함으로써 구할 수 있다.
7. 만일 $X_C = R$이면 직렬 RC 회로에서 위상천이는 진상전압이 전류와 45°이다.
8. 역률은 위상각의 접선과 같다.
9. 순수 저항성 회로는 0의 역률을 갖는다.
10. 피상전력은 와트를 측정한다.

자습 문제 해답은 이 장의 끝에 있다.

1. 직렬 RC 회로에서 저항 양단의 전압은?
   (a) 전원전압과 동위상 (b) 전원전압에 90° 뒤진다
   (c) 전류와 동위상 (d) 전류에 90° 뒤진다

2. 직렬 RC 회로에서 커패시터 양단의 전압은?
   (a) 전원전압과 동위상 (b) 저항전압에 90° 뒤진다
   (c) 전류와 동위상 (d) 전원전압에 90° 뒤진다

3. 직렬 RC 회로에 인가된 전압의 주파수가 증가하면 임피던스는?
   (a) 증가 (b) 감소 (c) 변화 없음 (d) 두 배

4. 직렬 RC 회로에 인가된 전압의 주파수가 감소하면 위상각은?
   (a) 증가 (b) 감소 (c) 변화 없음 (d) 일정치 않다

5. 직렬 RC 회로에서 주파수와 저항이 두 배가 되면 임피던스는?
   (a) 두 배 (b) 1/2 (c) 1/4 (d) 알 수 없다

6. 직렬 RC 회로에서 저항과 커패시터 양단의 전압 모두가 10 V이다. 실효 전원전압은?
   (a) 20 V (b) 14.14 V (c) 28.28 V (d) 10 V

7. 어떤 주파수에서 6번 문제의 전압이 측정되었다. 저항 양단의 전압을 커패시터 양단의 전압보다 크게 하려면 주파수는?
   (a) 증가해야 한다 (b) 감소해야 한다
   (c) 일정하게 유지 (d) 아무 영향이 없다

8. $R = X_C$일 때 위상각은?
   (a) 0° (b) +90° (c) −90° (d) 45°

9. 위상각이 45° 이하가 되기 위한 조건은?
   (a) $R = X_C$ (b) $R < X_C$ (c) $R > X_C$ (d) $R = 10X_C$

10. 전원전압의 주파수가 증가하면 병렬 RC 회로의 임피던스는?
    (a) 증가 (b) 감소 (c) 변화 없음

11. 병렬 RC 회로에서 저항성 가지에 1.0 A rms, 용량성 가지에 1.0 A rms 전류가 흐른다. 전체 실효전류는?
    (a) 1.0 A (b) 2.0 A (c) 2.28 A (d) 1.414 A

12. 역률이 1.0이면 위상각은?
    (a) 90° (b) 45° (c) 180° (d) 0°

13. 어떤 부하에서 유효전력이 100 W, 무효전력이 100 VAR이다. 피상전력은?

    (a) 200 VA   (b) 100 VA   (c) 141.4 VA   (d) 141.4 W

14. 에너지원의 정격은 보통 어떻게 표현하는가?

    (a) W   (b) VA   (c) VAR   (d) 이 중에 없음

15. 저역통과필터의 대역폭이 1.0 kHz이면 차단주파수는?

    (a) 0 Hz   (b) 500 Hz   (c) 2.0 kHz   (d) 1000 Hz

고장진단: 증상과 원인

이를 연습하는 목적은 고장진단에 필수적인 사고력 개발에 도움을 주기 위한 것이다. 해답은 이 장의 끝에 있다.

그림 10-66을 참조하여 각각 여러 가지 일어날 수 있는 경우를 예상한다.

▶ 그림 10-66

회로에서 교류전압계들이 정확하게 지시된다.

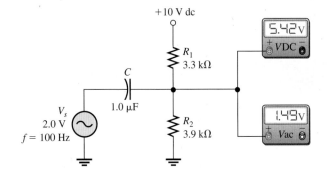

1. **증상**: 직류전압계의 눈금이 0 V이고 교류전압계는 1.85 V를 가리킨다.

    원인:

    (a) C는 단락   (b) R_1이 개방   (c) R_2가 개방

2. **증상**: 직류전압계의 눈금이 5.42 V이고 교류전압계는 0 V를 가리킨다.

    원인:

    (a) C는 단락   (b) C는 개방   (c) 저항은 개방

3. **증상**: 직류전압계의 눈금이 0 V이고 교류전압계는 2.0 V를 가리킨다.

    원인:

    (a) C는 단락   (b) C는 개방   (c) R_1은 단락

4. **증상**: 직류전압계의 눈금이 10 V이고 교류전압계는 0 V를 가리킨다.

    원인:

    (a) C는 개방   (b) C는 단락   (c) R_1이 단락

5. **증상**: 직류전압계의 눈금이 10 V이고 교류전압계는 1.8 V를 가리킨다.

    원인:

    (a) R_1이 단락   (b) R_2이 개방   (c) C는 단락

연습 문제

홀수 번호 연습문제의 해답은 이 책의 끝에 있다.

기초문제

10-1 직렬 RC 회로의 정현응답

1. 직렬 RC 회로에 8.0 kHz 정현파가 인가되었다. 저항과 커패시터 양단의 전압의 주파수는?

2. 1번 문제의 회로에서 전류의 파형의 모양은?

10-2 직렬 RC 회로의 임피던스와 위상각

3. 그림 10-67의 각각의 회로에서 임피던스를 구하라.

▶ 그림 10-67

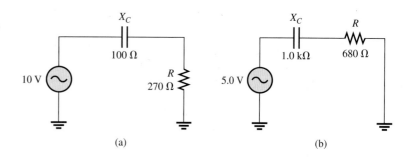

(a)   (b)

4. 그림 10-68의 각각의 회로에서 임피던스와 위상을 구하라.

▶ 그림 10-68

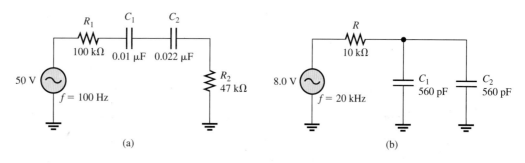

(a)   (b)

5. 그림 10-69에서 다음 주파수들에 대해 임피던스를 구하라.

(a) 100 Hz   (b) 500 Hz   (c) 1.0 kHz   (d) 2.5 kHz

▶ 그림 10-69

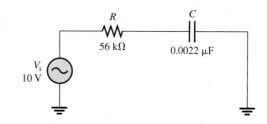

6. $C = 0.0047\ \mu F$에 대해 5번 문제를 반복하라.

10-3 직렬 RC 회로의 해석

7. 그림 10-67의 각각의 회로에서 전체 전류를 구하라.

8. 그림 10-68의 회로에서 7번 문제를 반복하라.

9. 그림 10-70의 회로에서 모든 전압과 전체 전류의 페이저도를 그리고 위상각을 표시하라.

10. 그림 10-71의 회로에서 다음을 결정하라.

(a) Z (b) I (c) V_R (d) V_C

▶ 그림 10-70

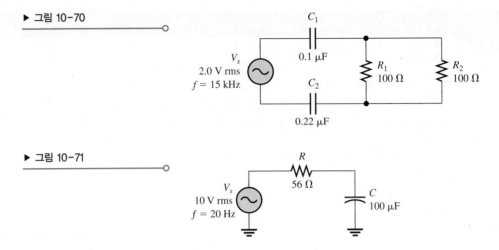

▶ 그림 10-71

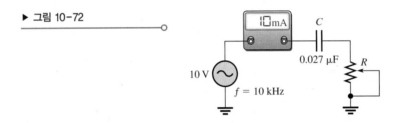

11. 그림 10-72에서 전체 전류가 10 mA로 되려면 가감저항기를 얼마의 값으로 놓아야 하는가? 그러면 위상각은 얼마나 되는가?

▶ 그림 10-72

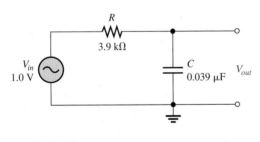

12. 그림 10-73의 지상회로에서 다음 각각의 주파수에 대해 입력전압과 출력전압 사이의 위상을 구하라.

   (a) 1.0 Hz   (b) 100 Hz   (c) 1.0 kHz   (d) 10 KHz

13. 그림 10-74에 있는 진상회로에 대해 12번 문제를 반복하라.

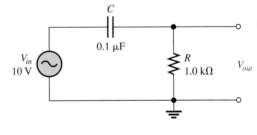

▲ 그림 10-73

▲ 그림 10-74

10-4 병렬 *RC* 회로의 임피던스와 위상각

14. 그림 10-75에서 회로를 위한 임피던스를 구하라.

15. 그림 10-76에서 임피던스와 위상각을 구하라.

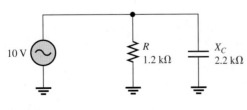

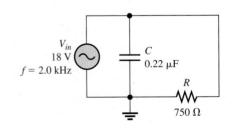

▲ 그림 10-75

▲ 그림 10-76

16. 다음의 주파수로 15번 문제를 반복하라.

    (a) 1.5 kHz   (b) 3.0 kHz   (c) 5.0 kHz   (d) 10 kHz

17. 그림 10-77의 병렬회로에서 각각의 가지 전류와 전체 전류를 구하라. 전원전압과 전체 전류 사이의 위상각은?

▶ 그림 10-77

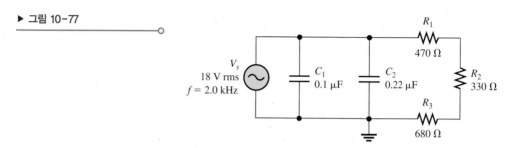

10-5 병렬 *RC* 회로의 해석

18. 그림 10-78의 회로에서 모든 전류와 전압을 구하라.

19. 그림 10-79에 있는 병렬회로를 위해 가지 전류와 전체 전류를 찾아라. 전원전압과 전체 전류 사이의 위상각은 얼마인가?

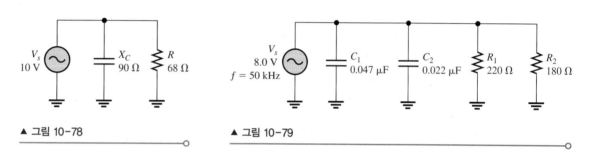

▲ 그림 10-78   ▲ 그림 10-79

20. 그림 10-80에 있는 회로에 대해 다음을 결정하라.

    (a) Z (b) I_R (c) I_C (d) I_{tot} (e) θ

21. $R = 4.7\ k\Omega$, $C = 0.047\ \mu F$, $f = 500\ Hz$일 때, 20번 문제를 반복하라.

22. 그림 10-81의 회로를 등가직렬 형태로 변경하라.

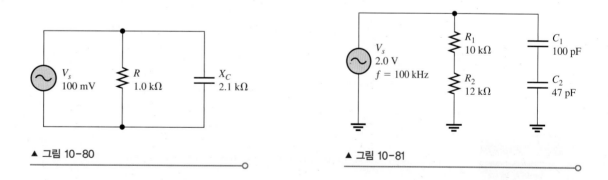

▲ 그림 10-80   ▲ 그림 10-81

10-6 직렬-병렬 *RC* 회로의 해석

23. 그림 10-82에서 각각의 가지전압을 구하고 전류 페이저 각도를 구하라.

24. 그림 10-82에 있는 회로에서 저항성과 용량성 중 어떤 것이 우세한가?

25. 그림 10-82에서 각각의 가지전류와 전체 전류를 구하라.

26. 그림 10-83의 회로에서 다음을 구하라.

    (a) I_{tot} (b) θ (c) V_{R1} (d) V_{R2} (e) V_{R3} (f) V_C

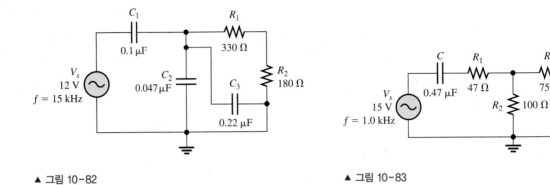

▲ 그림 10-82

▲ 그림 10-83

10-7 *RC* 회로의 전력

27. *RC* 직렬회로에서 유효전력이 2.0 W, 무효전력이 3.5 VAR이다. 피상전력을 구하라.

28. 그림 10-71에서 유효전력과 무효전력은?

29. 그림 10-81의 회로에서 역률은 얼마인가?

30. 그림 10-83의 회로에서 유효전력, 무효전력, 피상전력, 역률은 얼마인가? 그리고 전력 삼각도를 그려라.

10-8 기본 응용

31. 그림 10-73에 있는 지상회로 또한 저역통과필터와 같이 동작한다. 0 Hz에서 10 kHz까지 1.0 kHz 단위로 출력전압 대 주파수의 관계를 작성하여 회로의 응답 곡선을 그려라.

32. 그림 10-74에 있는 회로에서 0 Hz에서 10 kHz까지 1.0 kHz로 증가하는 주파수 범위에 대해 주파수응답 곡선을 그려라.

33. V_{in} = 1.0 Vrms인 5.0 kHz의 주파수에서 그림 10-73과 10-74의 각 회로에 대한 전압 페이저도를 그려라.

34. 그림 10-84의 증폭기 A의 신호전압출력의 실횻값은 50 mV이다. 증폭기 B의 입력저항이 10 kΩ이면, 주파수가 3.0 kHz일 때 결합 커패시터(C_c)에 의해 손실되는 신호의 크기는 얼마인가?

▶ 그림 10-84

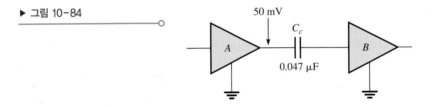

35. 그림 10-73과 10-74에서 차단주파수는?

36. 그림 10-73의 회로에서 대역폭은?

10-9 고장진단

37. 그림 10-85의 커패시터가 과도하게 누설된다고 가정한다. 누설저항이 5.0 kΩ이고, 주파수가 10 Hz라고 할 때, 이러한 성능저하가 출력전압과 위상각에 어떤 영향을 미치는지 보여라.

▶ 그림 10-85

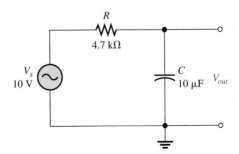

38. 그림 10-86에서 각각의 커패시터 누설저항이 2.0 kΩ이다. 이러한 조건에서 각 회로의 출력전압을 구하라.

39. 그림 10-86(a)의 회로가 같은 손상 형태를 나타낼 때 출력전압을 구하고, 정상일 때의 출력전압과 비교하라.

(a) R_1 개방   (b) R_2 개방   (c) C 개방   (d) C 단락

40. 그림 10-86(b)의 회로가 아래와 같은 손상 형태를 나타낼 때 출력전압을 구하고 정상일 때의 출력전압과 비교하라.

(a) C 개방   (b) C 단락   (c) R_1 개방   (d) R_2 개방   (e) R_3 개방

▶ 그림 10-86

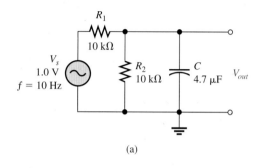 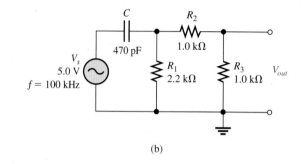

(a)   (b)

고급 문제

41. 240 V, 60 Hz 단일전원으로 2개의 부하를 구동한다. 부하 A의 임피던스는 50 Ω, 역률은 0.85이다. 부하 B는 임피던스 72 Ω, 역률은 0.95이다.

(a) 각 부하로 흐르는 전류는?   (b) 각 부하에서의 무효전력은?

(c) 각 부하에서의 유효전력은?   (d) 각 부하에서의 피상전력은?

42. 그림 10-87에서 주파수가 20 Hz일 때 증폭기 2의 입력전압이 증폭기 1의 출력의 최소 70.7%가 되려면 결합 커패시터의 값은 얼마여야 하는가? 증폭기의 입력저항은 무시한다.

▶ 그림 10-87

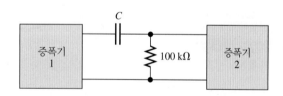

43. 그림 10-88에서 전원전압과 전체 전류 사이의 위상각이 30°가 되도록 R_1을 결정하라.

▶ 그림 10-88

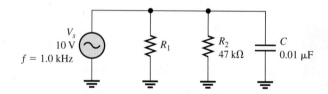

44. 그림 10-89에 대해 전압과 전류의 페이저도를 그려라.

▶ 그림 10-89

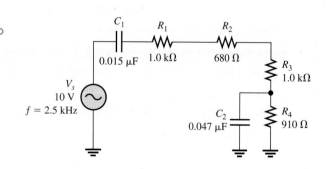

45. 임피던스 12 Ω, 역률 0.75인 어떤 부하가 1.5 kW의 전력을 소비한다. 무효전력과 피상전력은 얼마인가?

46. 아래와 같은 회로의 요구조건을 충족할 수 있도록 그림 10-90의 블록 안에 들어갈 직렬 소자들을 결정하라.

   (a) P_{true} = 400 W   (b) 진상역률(전류 I_{tot}는 전압 V_s보다 앞선다)

47. 그림 10-91에서 $V_A = V_B$일 때 C_2를 구하라.

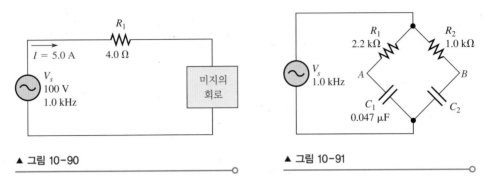

▲ 그림 10-90   ▲ 그림 10-91

48. 그림 10-92의 회로를 그려라. 스코프의 파형이 맞는지 검토하라. 회로에서 잘못된 부분이 있는지 확인하라.

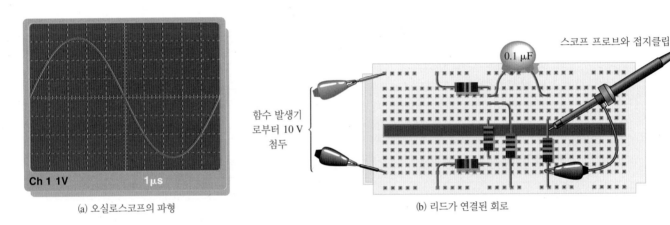

(a) 오실로스코프의 파형   (b) 리드가 연결된 회로

▲ 그림 10-92

(그림 색깔은 책 뒷부분의 컬러 페이지 참조)

고장진단 문제

49. Multisim 파일 P10-49를 열어라. 만약 여기에 고장 부분이 있다면 찾아내고 확인하라.

50. Multisim 파일 P10-50을 열어라. 만약 여기에 고장 부분이 있다면 찾아내고 확인하라.

51. Multisim 파일 P10-51을 열어라. 만약 여기에 고장 부분이 있다면 찾아내고 확인하라.

52. Multisim 파일 P10-52를 열어라. 만약 여기에 고장 부분이 있다면 찾아내고 확인하라.

53. Multisim 파일 P10-53을 열어라. 만약 여기에 고장 부분이 있다면 찾아내고 확인하라.

54. Multisim 파일 P10-54를 열어라. 만약 여기에 고장 부분이 있다면 찾아내고 확인하라.

55. Multisim 파일 E10-55를 열어라. 회로를 수정하고 다음에 그림 10-40에 나타낸 것과 같은 Tektronix 해석 스코프를 사용하거나 그라운드를 이동함으로써 그림 10-39에 나타낸 것과 같은 위상천이를 측정할 수 있을 것이다. 일반적인 형태로 트리거링하는 트리거스코프가 요구될 것이다. 위상천이를 측정하도록 그림 10-40에 나타낸 것과 같이 화면을 설정할 수 있어야 한다. 그 다음에 단락된 커패시터 C_1을 해석하고 위상천이에 대한 효과를 결정한다(정확하게 점검하려면 증폭을 재설정해야 할 것이다).

해답

각 절의 복습

10-1 직렬 *RC* 회로의 정현응답

1. V_C 주파수는 60 Hz이고, I 주파수는 60 Hz이다.

2. 용량성 리액턴스와 저항

3. $R > X_C$일 때 θ는 0°에서 닫힌다.

10-2 직렬 *RC* 회로의 임피던스와 위상각

1. 임피던스는 정현파 전류를 방해한다.

2. V_s가 I보다 뒤진다.

3. 용량성 리액턴스는 위상각을 만든다.

4. $Z = \sqrt{R^2 + X_C^2} = 59.9$ kΩ, $\theta = \tan^{-1}(X_C/R) = 56.6°$

10-3 직렬 *RC* 회로의 해석

1. $V_s = \sqrt{V_R^2 + V_C^2} = 7.2$ V

2. $\theta = \tan^{-1}(V_C/V_R) = 56.3°$

3. $\theta = 90°$

4. (a) f가 증가할 때 X_C는 감소한다.

   (b) f가 증가할 때 Z는 감소한다.

   (c) f가 증가할 때 θ는 감소한다.

5. $\phi = 90° - \tan^{-1}(X_C/R) = 62.8°$

6. $V_{out} = (R/\sqrt{R^2 + X_C^2})V_{in} = 8.9$ V rms

10-4 병렬 *RC* 회로의 임피던스와 위상각

1. $Z = RX_C/\sqrt{R^2 + X_C^2} = 545$ Ω

2. 컨덕턴스는 저항의 역수 관계에 있다, 용량성 서셉턴스는 용량성 리액턴스의 역수이다. 어드미턴스는 임피던스에 역수 관계이다.

3. $Y = 1/Z = 10$ mS

4. $Y = \sqrt{G^2 + B_C^2} = 2.37$ mS

10-5 병렬 *RC* 회로의 해석

1. $I_{tot} = V_s Y = 21$ mA

2. $\theta = \tan^{-1}(I_C/I_R) = 56.3°$, $I_{tot} = \sqrt{I_R^2 + I_C^2} = 18$ mA

3. $\theta = 90°$

10-6 직렬-병렬 *RC* 회로의 해석

1. 그림 10-93 참조

2. $V_1 = I_{tot}R_1 = 6.71$ V

▶ 그림 10-93

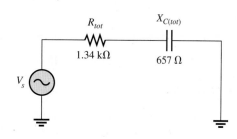

10-7 *RC* 회로의 전력

1. 전력 소비는 저항 때문이다.
2. $PF = \cos 45° = 0.707$
3. $P_{\text{true}} = I_{tot}^2 R = 1.32\,\text{kW}$, $P_r = I_{tot}^2 X_C = 1.84\,\text{kVAR}$, $P_a = I_{tot}^2 Z = 2.26\,\text{kVA}$

10-8 기본 응용

1. $180°$
2. 출력은 커패시터 양단이다.

10-9 고장진단

1. 누설저항은 C에 병렬로 동작하며 회로의 시정수를 변화시킨다.
2. 커패시터는 개방이다.
3. 커패시터의 단락, 저항의 개방, 전원전압이 연결되지 않았거나, 접점의 개방 등은 커패시터 양단의 전압이 0이 되는 원인이다.

예제 관련 문제

10-1 2.42 k, 65.6°
10-2 2.56 V
10-3 65.5°
10-4 7.14 V
10-5 15.9 kΩ, 86.4°
10-6 위상지상 ϕ는 증가
10-7 출력전압은 감소
10-8 위상진상 ϕ는 감소, 출력전압은 증가
10-9 244 Ω
10-10 4.60 mS
10-11 6.16 mA
10-12 11.7 mA, 31.0°
10-13 $R_{eq} = 8.99\,\text{kΩ}$, $X_{C(eq)} = 4.38\,\text{kΩ}$
10-14 $V_1 = 7.04\,\text{V}$, $V_2 = 3.22\,\text{V}$
10-15 0.146
10-16 990 μW
10-17 1.60 kHz
10-18 7.29 V
10-19 저항 개방

참/거짓 퀴즈

1. F 2. F 3. F 4. T 5. T 6. T 7. T 8. F 9. F 10. F

자습 문제

1. (c) 2. (b) 3. (b) 4. (a) 5. (d) 6. (b) 7. (a) 8. (d) 9. (c) 10. (b)
11. (d) 12. (d) 13. (c) 14. (b) 15. (d)

고장진단: 증상과 원인

1. (b) 2. (b) 3. (a) 4. (c) 5. (b)

인덕터

이 장의 구성

학습목표

▶ 인덕터의 기본 구조와 특성을 기술한다.
▶ 여러 종류의 인덕터에 대해 논의한다.
▶ 직렬 및 병렬 인덕터를 해석한다.
▶ 유도성 직류 스위칭 회로를 해석한다.
▶ 유도성 교류회로를 해석한다.
▶ 인덕터 응용에 대해 논의한다.

응용과제 미리보기

결함이 있는 통신장비를 작업하는 동안 시스템에서 제거된 표시되지 않은 코일을 확인하라는 요청을 받았고, 시정수를 측정하여 인덕턴스의 근삿값을 구한다고 가정한다. 이 장을 공부하고 나면 응용과제를 해결할 수 있을 것이다.

핵심용어

▶ 권선
▶ 양호도(Q)
▶ 유도전압
▶ 인덕턴스(L)
▶ 헨리(H)
▶ 권선저항
▶ 유도성 리액턴스
▶ 인덕터
▶ 코일
▶ RL 시정수(τ)

서론

인덕턴스는 전류의 변화에 대해 감겨진 전선의 특성이다. 인덕턴스는 전류가 흐르는 도체 주위에 형성되는 전자계에 의해 발생한다. 인덕턴스의 특성을 갖도록 만들어진 전기 소자를 인덕터, 코일 또는 특정 어플리케이션에서는 초크라고 한다. 이 용어들은 모두 같은 종류의 소자를 일컫는다. 초크라는 용어는 일반적으로 고주파수를 차단하는 데 사용되는 인덕터와 관련된다. 인덕터와 관련된 수동 부품을 페라이트 비드 또는 페라이트 초크라고 한다. 페라이트 비드는 고주파 노이즈를 차단하는 데 사용되는 특수 부품이다. 고주파 차단에 사용되는 인덕터와 페라이트 비드의 주요 차이점은 에너지에 어떤 영향을 미치는가로 구분한다. 인덕터는 고주파를 차단할 때 자기장에 에너지를 교대로 저장하고 방출한다. 페라이트 비드가 고주파수를 차단하면 등가 임피던스에 저항이 포함되므로 많은 에너지가 열로 소산된다.

이 장에서의 기본적인 인덕터와 그 특징이 소개된다. 여러 종류의 인덕터들이 그들의 물리적 구조와 전기적 특성들에 따라 다뤄진다. 직류와 교류회로에서 인덕터의 기본적인 동작을 다루고 직렬과 병렬 조합을 분석한다.

11-1 기본적인 인덕터

인덕터(inductor)는 전선을 감은 형태로 형성되어, 인덕턴스의 특성이 나타나는 전기적인 수동 소자이다.

이 절의 학습목표

◆ **인덕터의 기본 구조와 특성을 기술한다.**

   ◆ 인덕턴스의 정의와 단위를 설명한다.

   ◆ 유도전압에 대해 논의한다.

   ◆ 인덕터가 어떻게 에너지를 저장하는지 설명한다.

   ◆ 물리적인 특성이 어떻게 인덕턴스에 영향을 미치는지 논의한다.

   ◆ 권선저항과 커패시턴스에 대해 논의한다.

   ◆ 패러데이의 법칙을 기술한다.

   ◆ 렌츠의 법칙을 기술한다.

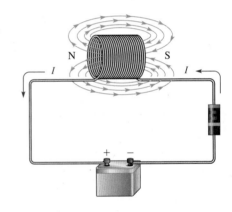

▶ 그림 11-1

도선을 감은 코일이 인덕터가 된다. 여기에 전류가 흐를 때 코일 주위에 3차원의 자계가 형성된다.

(그림 색깔은 책 뒷부분의 컬러 페이지 참조)

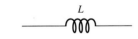

▲ 그림 11-2

인덕터 기호

그림 11-1과 같이 도선을 감아서 코일로 만들면 기본적인 인덕터가 된다. 코일에 흐르는 전류는 전자계를 형성한다. 코일의 각 권선(winding) 주위의 자력선이 더해져서 코일 내부와 주위에 강한 자계를 형성한다. 총 자계의 방향이 N극과 S극을 만든다. 그림 11-2은 전도성 코일을 나타내는 인덕터의 도식적 기호이다. 그림 11-2의 기호는 공심 인덕터를 나타내지만, 회로도에서는 실제 코어 재료에 관계없이 인덕터에 이 기호를 사용하는 경우가 많다.

인덕턴스

인덕터에 전류가 흐를 때 전자계가 형성된다. 전류가 변하면 전자계도 변화한다. 전류가 증가하면 전자계가 확장되고, 전류가 감소하면 전자계는 축소된다. 그러므로 변화하는 전류는 코일(coil 또는 choke) 주위의 전자계를 변화시킨다. 또한 전자계가 변화하면 전류의 변화를 방해하는 방향으로 코일에 유도전압(induced voltage)이 발생한다. 이러한 성질을 자기 인덕턴스라 하고 간단히 인덕턴스(inductance)라고도 하며, L로 나타낸다.

인덕턴스는 코일에 흐르는 전류의 변화에 따라 어느 정도의 유도전압이 발생하는가를 나타내는 척도이며, 전류의 변화를 억제하는 방향으로 유도전압이 발생한다.

인덕턴스의 단위 헨리(henry, H)는 인덕턴스의 기본 단위이다. 코일에 흐르는 전류가 1초당

1암페어의 비율로 변화하면 1볼트의 전압이 유도되는 인덕턴스가 1헨리이다. 헨리는 큰 단위이므로 보통은 밀리헨리(mH)나 마이크로헨리(μH)가 더 많이 사용된다.

에너지 저장 인덕터는 전류에 의해 형성된 자계 내에 에너지를 저장한다. 저장되는 에너지는 다음 식과 같다.

$$W = \frac{1}{2}LI^2 \qquad (11-1)$$

저장되는 에너지는 인덕턴스와 전류의 제곱에 비례한다. 전류(I)가 암페어이고 인덕턴스(L)가 헨리일 때, 에너지(W)는 줄의 단위를 갖는다.

인덕터의 물리적인 특징

코일에서 코어 재료의 투자율, 권선 수, 코어의 길이, 코어의 단면적 등과 같은 특징들은 인덕턴스 값에 영향을 미치는 중요한 요소들이다.

코어 재료 인덕터는 기본적으로 도선을 감아서 코일로 만든 것이다. 코일로 둘러싸인 재료를 코어라고 한다. 코일은 비자성 재료나 자성 재료에 감을 수 있다. 비자성 재료의 예로는 공기, 나무, 구리, 플라스틱, 유리 등이 있다. 이 재료들의 투자율은 진공의 투자율과 같다. 이러한 코어는 인덕턴스에 영향을 주지 않지만, 코일을 감고 기계적 지지를 제공하는 구조로 사용된다. 일부 인덕터에는 코어가 없으며 진정한 공심 인덕터이다. 자성 재료의 예로는 철, 니켈, 강철, 코발트 또는 합금 등이 있다. 이 재료들은 투자율이 진공보다 수백에서 수천 배 더 크며 **강자성체**로 분류된다. 일반적인 강자성 코어는 산화철과 기타 물질로 구성된 결정질 화합물인 **페라이트**로 만들어진다. 코어에 사용되는 모든 자성 재료와 마찬가지로 페라이트는 자기장 선을 집중시켜 더 강한 자기장과 더 큰 인덕턴스를 만든다.

7장에서 공부했듯이 코어 재료의 투자율(μ)은 자계가 형성되기 쉬운 정도를 나타낸다. 인덕턴스는 코어 재료의 투자율에 비례한다.

물리적인 변수 그림 11-3에서와 같이 권선 수, 코어의 길이, 단면적이 인덕턴스 값을 결정하는 요소들이다. 인덕턴스는 코어의 길이에 반비례하고 단면적에 비례한다. 또한 인덕턴스는 권선 수의 제곱에 비례한다. 이를 식으로 나타내면

$$L = \frac{N^2\mu A}{l} \qquad (11-2)$$

여기서 L은 단위가 헨리(H)인 인덕턴스이고, N은 권선 수, μ는 투자율(H/m), A는 단위가 m²인 단면적, l은 단위가 m인 길이이다.

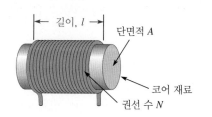

◀ **그림 11-3**
코일의 인덕턴스를 결정하는 요소

길이, l
단면적 A
코어 재료
권선 수 N

HISTORY NOTE

Joseph Henry
1797~1878

헨리의 경력은 뉴욕의 알바니에 있는 작은 학교의 교수로 시작했으며, 그 후 스미스소니언 협회의 초대 소장이 되었다. 그는 프랭클린 이후로 독창적인 과학실험을 시도한 최초의 미국 사람이었다. 그는 최초로 철로 된 코어 위에 도선을 겹쳐 감은 코일을 만들었으며, 패러데이보다 1년 앞선 1830년에 처음으로 전자기유도 효과를 관찰했으나, 자신의 발견 내용을 발표하지 않았다. 그러나 헨리는 자기유도현상의 발견으로 명성을 얻었다. 그의 업적을 기려 인덕턴스의 단위를 헨리로 사용하고 있다.

(사진 제공: Courtesy of the Smithsonian Institution. Photo number: 52,054)

예제 11-1

그림 11-4에서 코일의 인덕턴스를 구하라. 코어의 투자율은 0.25×10^{-3} H/m이다.

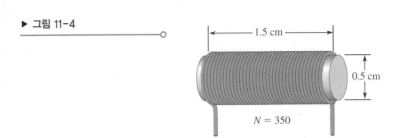

▶ 그림 11-4

$N = 350$

풀이   1.0 cm = 0.01 m, 1.5 cm = 0.015 m, 0.5 cm = 0.005 m

$$A = \pi r^2 = \pi(0.25 \times 10^{-2}\,\text{m})^2 = 1.96 \times 10^{-5}\,\text{m}^2$$

$$L = \frac{N^2 \mu A}{l} = \frac{(350)^2(0.25 \times 10^{-3}\,\text{H/m})(1.96 \times 10^{-5}\,\text{m}^2)}{0.015\,\text{m}} = \mathbf{40\,mH}$$

관련 문제*   길이가 2.0 cm, 직경이 1.0 cm인 코어에 400회의 권선 수를 갖는 코일의 인덕턴스를 구하라. 코어의 투자율은 0.25×10^{-3} H/m이다.

공학용 계산기 소개의 예제 11-1에 있는 변환 예를 살펴보라.

_____

* 해답은 이 장의 끝에 있다.

권선저항

코일을 절연된 구리선으로 만들면 그 도선은 단위길이당 어떤 저항을 갖는다. 도선을 여러 번 감아서 코일을 만들면 총 저항이 클 수도 있다. 이 저항을 **직류저항** 또는 **권선저항**(winding resistance, R_W)이라고 한다.

이 저항은 그림 11-5(a)에서와 같이 도선의 전 길이에 걸쳐 분포되어 있지만 회로도에서는 그림 11-5(b)에서와 같이 코일의 인덕턴스와 직렬로 연결된 저항으로 나타내기도 한다. 일반적으로 권선저항은 무시되어 코일은 이상적인 인덕터로 간주한다. 하지만 저항이 고려되어야 할 때도 있다.

▶ 그림 11-5

코일의 권선저항

(a) 도선은 전 길이에 걸쳐 분포된 저항을 갖는다.

(b) 등가회로

SAFETY NOTE

급격하게 변화하는 자계로 인해 높은 유도전압이 발생할 수 있으므로 인덕터를 다룰 때 조심해야 한다. 이런 현상은 전류의 흐름이 중단되거나 그 값이 갑자기 변할 때 발생한다.

권선 커패시턴스

2개의 도체가 나란히 놓이면 그 사이에는 커패시턴스의 성분이 존재한다. 많은 권선이 가까이 모여 코일을 이루면 권선 커패시턴스(C_W)라고 하는 표류 커패시턴스가 어느 정도 있게 된다. 대부분이 권선 커패시턴스는 매우 작아서 영향을 별로 미치지 않는다. 그러나 높은 주파수의 경우에는 그 크기가 대단히 커질 수도 있다.

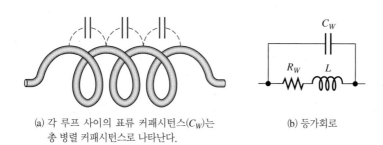

(a) 각 루프 사이의 표류 커패시턴스(C_W)는   (b) 등가회로
총 병렬 커패시턴스로 나타난다.

그림 11-6은 권선저항(R_W)과 권선 커패시턴스(C_W)를 함께 나타낸 등가회로이다. 커패시턴스는 실질적으로 병렬로 작용한다. 권선의 각 루프 사이의 표류 커패시턴스는 그림 11-6(b)에서와 같이 코일의 인덕턴스 및 권선저항에 대해 병렬로 연결된 것으로 본다.

인덕터 측정

인덕터의 값은 여러 가지 방법으로 결정될 수 있다. 한 가지 방법은 알려진 저항과 직렬로 연결하고 구형파를 관찰하는 것이다. 이 보다 직접적인 방법은 그림 11-7에 표시된 Maxwell 브리지라는 특수회로를 사용하는 것이다. Maxwell 브리지는 6장에서 연구한 휘트스톤 브리지 회로를 변형한 것이다. 고정 브리지 저항 R_1 및 R_2의 값은 알고 있으며 R_{VAR} 및 C_{VAR}의 값은 조정가능하다. L_X 및 R_X로 표시되는 측정할 인덕터는 그림과 같이 브리지에 배치된다. 일반적으로 보정된 다이얼에서 값을 읽을 수 있는 R_{VAR} 및 C_{VAR}은 미터를 0으로 조정한다. 미터가 0이 되면 브리지는 균형을 이루고 인덕터 값은 다음 방정식을 통해 계산할 수 있다.

$$R_X = \frac{R_1 R_2}{R_{VAR}}$$
$$L_X = R_1 R_2 C_{VAR}$$

인덕턴스(L), 커패시턴스(C), 저항(R)을 측정할 수 있는 LCR 미터라는 특수 미터를 사용하여 인덕터를 측정할 수도 있다. 인덕턴스를 측정하기 위해 일부 미터는 선택한 테스트 주파수에서 임피던스를 표시할 수도 있다. 이 측정을 통해 인덕턴스가 결정되고 표시된다.

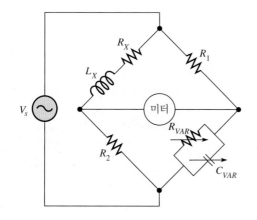

패러데이의 법칙 복습

패러데이의 법칙은 두 부분으로 구성되어 있다는 7-5절을 상기해보자. 첫 번째 부분은 다음과 같이 명시되어 있다.

유도전압의 전체 크기는 코일에 대한 자계의 변화율에 비례한다.

이는 그림 7-33에서 볼 수 있듯이 자석이 코일에 대해 더 빨리 움직일수록 유도전압이 더 커진다는 것을 의미한다.

렌츠의 법칙

렌츠의 법칙은 7-5절에서도 소개되었다. 이는 유도전압의 방향을 정의해 패러데이의 법칙을 확

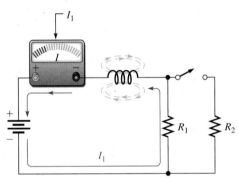

(a) 스위치를 계속 개방한 상태, 일정한 전류와 일정한 자계가 유지되며, 유도전압은 없다.

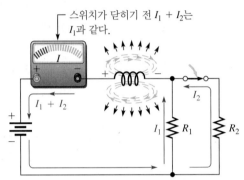

(b) 스위치를 닫는 순간, 확장하는 자계는 총 전류의 증가를 방해하는 방향으로 전압을 유도한다. 총 전류는 이 순간 같은 값으로 남아 있다.

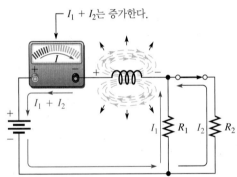

(c) 스위치를 닫은 직후, 자계가 확장되는 비율이 감소하고 유도전압이 감소함에 따라 전류가 지수함수적으로 증가한다.

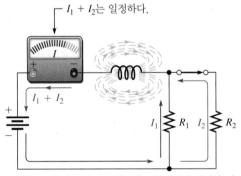

(d) 스위치가 계속 닫힌 상태, 전류와 자계가 일정한 값을 유지한다.

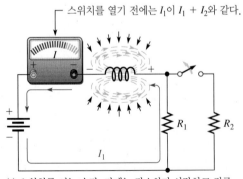

(e) 스위치를 여는 순간, 자계는 감소하기 시작하고 전류의 감소를 방해하는 방향으로 전압이 유도된다.

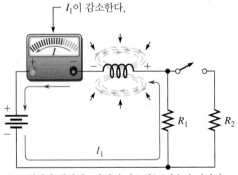

(f) 스위치가 열린 후, 자계의 감소하는 비율이 적어지고, 전류가 지수함수적으로 감소하여 원래의 값이 된다.

▲ 그림 11-8

렌츠의 법칙의 실례: 전류가 갑자기 변화하려고 하면 전자계가 변화하고 전류의 변화를 방해하는 방향으로 전압이 유도된다.

장한다. 렌츠의 법칙은 다음과 같다.

코일에 흐르는 전류가 변화하고, 변화하는 자계로 인해 전압이 유도될 때 유도전압은 항상 전류의 변화를 방해하는 방향으로 발생한다.

그림 11-8은 렌츠의 법칙을 보여준다. 그림 11-8(a)에서 전류는 R_1을 통해 일정하게 흐른다. 자계가 변하지 않으므로 전압은 유도되지 않는다. 그림 11-8(b)에서 스위치를 갑자기 닫으면 R_2가 R_1에 병렬로 연결되어 저항이 감소한다. 따라서 전류는 증가하고 자계가 확장되려고 하지만, 이 순간에 유도되는 전압은 전류가 증가하는 것을 방해한다.

그림 11-8(c)에서 유도전압은 점차적으로 감소하고 따라서 전류는 증가한다. 그림 11-8(d)에서 전류는 병렬저항에 의해 정해지는 일정한 값에 도달하고, 유도전압은 0이 된다. 그림 11-8(e)에서 스위치를 갑자기 열면 그 순간에 유도전압은 전류가 감소하는 것을 방해한다. 그림 11-8(f)에서 유도전압은 점차적으로 감소하고 전류는 R_1에 의해 정해지는 값까지 감소한다. 유도전압의 극성은 전류 증가를 위한 배터리 전압과 반대 방향으로 전류 감소를 위해 배터리 전압에 작용한다.

실제 응용 분야에서 유도성 소자 회로의 스위치를 갑자기 닫거나 열면 원하지 않고 잠재적으로 위험한 유도 전압인 '스파이크'가 발생할 수 있다. 이 문제에 대한 해결책은 인덕터에 저장된 에너지를 인덕터가 안전하게 소산할 수 있는 전도성 경로를 제공하는 것이다. 다이오드 애플리케이션을 논의하는 15-5절에서는 이 문제를 더 자세히 설명한다.

11-1절 복습

해답은 이 장의 끝에 있다.

1. 코일의 인덕턴스 값에 영향을 미치는 변수를 적어라.
2. 다음 경우에 L이 어떻게 되는가?
   (a) N이 증가한다.
   (b) 코어의 길이가 증가한다.
   (c) 코어의 단면적이 감소한다.
   (d) 코어를 공기에서 강자성체로 바꾼다.
3. 인덕터가 권선저항을 갖는 이유를 설명하라.
4. 인덕터가 권선 커패시턴스를 갖는 이유를 설명하라.

11-2 인덕터의 종류

인덕터는 보통 코어 재료의 종류에 따라 분류한다. 이 절에서는 기본적인 종류의 인덕터들을 살펴본다.

이 절의 학습목표

◆ **여러 종류의 인덕터에 대해 논의한다.**
   ◆ 기본적인 종류의 고정 인덕터에 대해 논의한다.
   ◆ 고정 인덕터와 가변 인덕터의 차이를 기술한다.

인덕터는 여러 가지 모양과 크기로 만들어진다. 기본적으로는 고정형과 가변형의 일반적인 부류에 속한다. 표준형의 기호를 그림 11-9에 나타냈다.

고정 인덕터와 가변 인덕터 모두 코어 재료의 종류에 따라 분류될 수 있다. 일반적으로 쓰이는

방송용 회로의 소형 인덕터는 구조적인 강도 때문에 캡슐 내에 삽입된 인덕터가 가장 많이 사용된다. 일반적으로 훨씬 더 큰 크기의 리드선에 연결되는 아주 미세한 코일선을 가지고 있다. 캡슐화되지 않은 인덕터의 이러한 접점은 인덕터가 회로기판에 자주 삽입되거나 제거될 경우 파손될 위험이 매우 높다.

(a) 고정형   (b) 가변형

▲ 그림 11-9
고정형과 가변형 인덕터의 기호

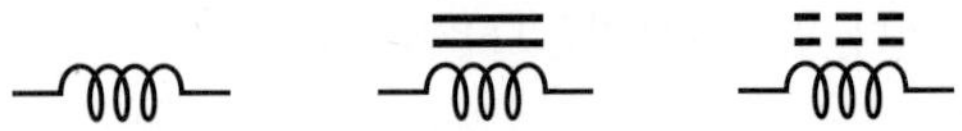

(a) 공기 코어   (b) 철 코어   (c)페라이트 코어

▲ 그림 11-10
인덕터의 기호

세 가지는 공기, 철, 페라이트이다. 각각의 기호를 그림 11-10에 보였다.

일반적으로 공심 및 페라이트 코어 인덕터는 소형 인덕터(<150 mH)에 사용 가능하며 철 기반 코어는 주로 대형 인덕터에 사용된다.

가변 인덕터는 보통 슬라이딩 코어를 내외로 움직여서 인덕턴스를 변화시킬 수 있는 나사형 조정 부분을 가지고 있다. 다양한 종류의 인덕터가 있으며, 그중 일부를 그림 11-11에 나타냈다. 소형의 고정 인덕터들은 코일의 가는 도선들을 보호하기 위해 보통 절연재료와 함께 작은 용기 내에 삽입되어 있다. 작은 용기로 만들어진 인덕터는 소형 저항기와 비슷하게 보인다.

그림 11-11에 표시된 스루홀 인덕터 외에도 제품의 소형 설계에 사용하기 위한 표면 부착형 인덕터를 부품으로도 사용할 수 있다. 콤팩트한 설계에 사용되는 또 다른 유형의 인덕터는 평면 인덕터가 있다. 평면 인덕터는 인덕터 코어 주위에 감겨 있는 와이어를 인쇄회로기판의 에칭된 나선형 트레이스 또는 서로 리벳으로 고정된 얇은 구리 시트 스택으로 대체한 것이다. 평면 인덕

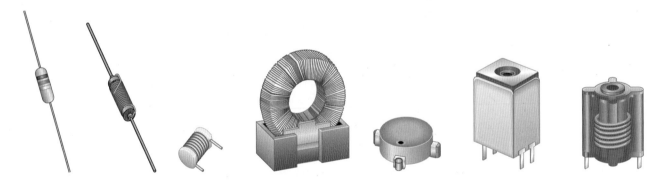

▲ 그림 11-11
대표적인 인덕터

▶ 그림 11-12
한 가지 유형의 평면 인덕터의 기본 구성. 평면 인덕터는 PCB에 에칭된 나선형 트레이스를 사용하여 PCB에 삽입되는 인덕터 코어를 감싸는 와이어를 대체함

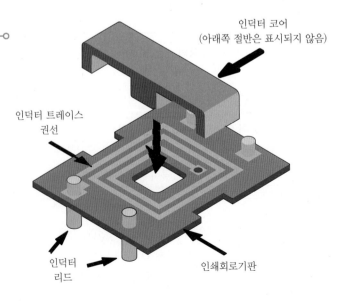

인덕터 코어 (아래쪽 절반은 표시되지 않음)
인덕터 트레이스 권선
인덕터 리드
인쇄회로기판

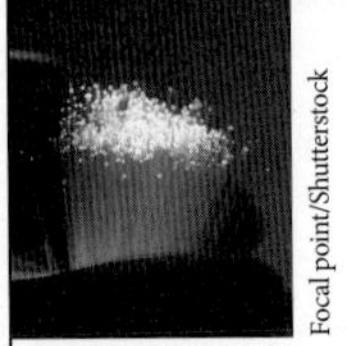

슬라이딩 코어 인덕터를 조정할 때는 비자성 재질로 된 조정 장치를 사용하여 장치의 유전율이 인덕턴스 값에 영향을 주지 않도록 해야 한다.

터는 일반적으로 기존 인덕터보다 프로파일이 낮기 때문에 소형 모듈식 어셈블리에 사용할 수
있다. 그림 11-12는 평면 인덕터의 기본 구성을 보여준다.

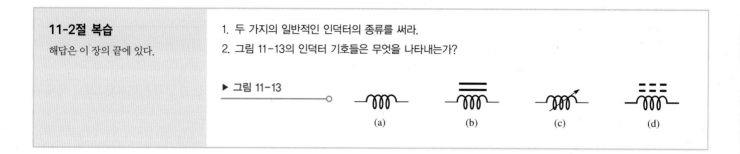

11-2절 복습

해답은 이 장의 끝에 있다.

1. 두 가지의 일반적인 인덕터의 종류를 써라.
2. 그림 11-13의 인덕터 기호들은 무엇을 나타내는가?

▶ 그림 11-13

(a)   (b)   (c)   (d)

11-3   직렬 및 병렬 인덕터

인덕터를 직렬로 연결하면 총 인덕턴스가 증가한다. 그리고 인덕터를 병렬로 연결하면 총 인덕
턴스가 감소한다는 것을 배울 것이다.

이 절의 학습목표

◆ **직렬 및 병렬 인덕터를 해석한다.**
   ◆ 총 직렬 인덕턴스를 계산한다.
   ◆ 총 병렬 인덕턴스를 계산한다.

직렬 인덕턴스

그림 11-14에서와 같이 인덕터를 직렬로 연결하면 총 인덕턴스 L_T는 각각의 인덕턴스의 합이 된
다. n개의 인덕터가 직렬로 연결되면 총 인덕턴스 L_T는

$$L_T = L_1 + L_2 + L_3 + \cdots + L_n \qquad (11-3)$$

직렬 인덕터의 총 인덕턴스를 구하는 식은 직렬저항의 총 저항을 구하는 식(4장 참조) 및 병렬 커
패시터의 총 커패시턴스를 구하는 식(9장 참조)과 유사함에 주목하자.

◀ 그림 11-14

직렬 인덕터

예제 11-2	그림 11-15에서 직렬 연결된 인덕터의 총 인덕턴스를 구하라.

▶ 그림 11-15

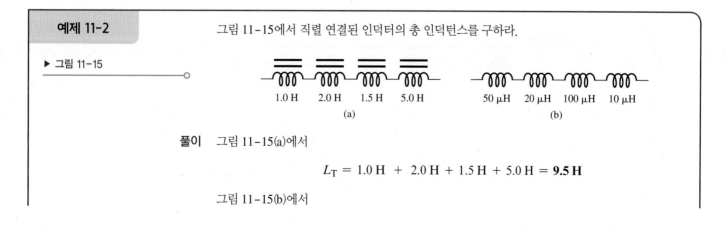

1.0 H   2.0 H   1.5 H   5.0 H   50 μH   20 μH   100 μH   10 μH
(a)   (b)

풀이   그림 11-15(a)에서

$$L_T = 1.0\,\text{H} + 2.0\,\text{H} + 1.5\,\text{H} + 5.0\,\text{H} = \mathbf{9.5\,H}$$

그림 11-15(b)에서

$$L_T = 50\,\mu H + 20\,\mu H + 100\,\mu H + 10\,\mu H = \mathbf{180\,\mu H}$$

관련 문제 3개의 50 μH 인덕터가 직렬로 연결되면 총 인덕턴스는 얼마인가?

공학용 계산기 소개의 예제 11-2에 있는 변환 예를 살펴보라.

병렬 인덕턴스

그림 11-16에서와 같이 인덕터를 병렬 연결하면 총 인덕턴스는 가장 작은 인덕턴스보다 작게 된다. 총 인덕턴스의 역수는 각 인덕턴스의 역수의 합과 같다.

$$\frac{1}{L_T} = \frac{1}{L_1} + \frac{1}{L_2} + \frac{1}{L_3} + \cdots + \frac{1}{L_n}$$

총 인덕턴스 L_T는 양변의 역수를 취해 식 (11-4)와 같다.

$$L_T = \cfrac{1}{\cfrac{1}{L_1} + \cfrac{1}{L_2} + \cfrac{1}{L_3} + \cdots + \cfrac{1}{L_n}} \tag{11-4}$$

병렬 인덕터의 총 인덕턴스를 구하는 식은 병렬저항의 총 저항을 구하는 식(5장) 및 직렬 커패시터의 총 커패시턴스를 구하는 식(9장)과 유사함에 주목하라. 그리고 인덕턴스 직렬-병렬 조합회로의 총 인덕턴스를 구하는 식은 직렬-병렬 저항회로의 총 저항을 구하는 식(6장)과 유사하다.

▶ **그림 11-16**

병렬 인덕터

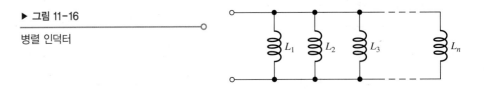

예제 11-3	그림 11-17에서 L_T를 구하라.

▶ **그림 11-17**

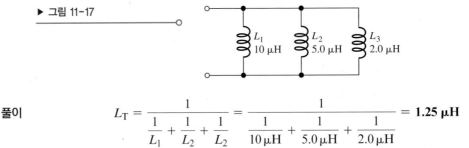

풀이

$$L_T = \cfrac{1}{\cfrac{1}{L_1} + \cfrac{1}{L_2} + \cfrac{1}{L_2}} = \cfrac{1}{\cfrac{1}{10\,\mu H} + \cfrac{1}{5.0\,\mu H} + \cfrac{1}{2.0\,\mu H}} = \mathbf{1.25\,\mu H}$$

관련 문제 50 μH, 80 μH, 100 μH, 150 μH의 인덕터가 병렬로 연결되면 L_T는?

공학용 계산기 소개의 예제 11-3에 있는 변환 예를 살펴보라.

11-3절 복습	1. 인덕터를 직렬로 연결하면 인덕턴스는 어떻게 되는가?
해답은 이 장의 끝에 있다.	2. 100 μH, 500 μH, 2.0 mH를 직렬 연결하면 L_T는 얼마인가?
	3. 5개의 100 mH 코일이 직렬로 연결되면 L_T는?

4. 병렬 연결된 인덕터의 총 인덕턴스와 개별 인덕터 중 가장 작은 값을 비교하라.
5. 총 병렬 인덕턴스와 총 병렬저항의 계산은 유사한가? (참/거짓)
6. 다음 각 병렬 연결의 L_T를 구하라.
   (a) 100 mH, 50 mH, 10 mH
   (b) 40 μH, 60 μH
   (c) 10개의 500 mH 코일

11-4 직류회로에서의 인덕터

인덕터에 직류전압을 연결했을 때 전자기장에서 에너지는 저장되고, 인덕터를 통한 전류의 흐름은 회로의 시정수에 의해 예측할 수 있다. 시정수는 회로의 인덕턴스와 저항값으로 결정된다.

이 절의 학습목표

◆ **유도성 직류 스위칭 회로를 분석한다.**

  ◆ *RL* 시정수를 정의한다.

  ◆ 인덕터에 전류가 증가하고 감소하는 것에 대해 기술한다.

  ◆ 인덕터의 에너지 저장 및 방출과 시정수와의 관계를 설명한다.

  ◆ 인덕터의 유도전압에 대해 기술한다.

  ◆ 인덕터에서의 전류에 대한 지수 방정식을 쓴다.

인덕터에 일정한 교류전류가 흐를 때는 전압이 유도되지 않는다. 그러나 코일의 권선저항으로 인한 전압강하는 발생한다. 인덕턴스는 직류에 대해는 단락회로로 작용한다. 인덕터에서 에너지는 식 (11-1)에 따라 자계 내에 저장된다. 유일한 에너지 손실은 권선저항에서 발생한다 ($P = I^2R_W$). 이 조건을 그림 11-18에 보였다.

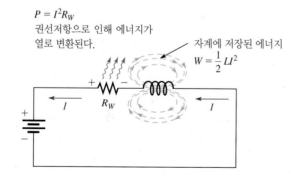

$P = I^2R_W$
권선저항으로 인해 에너지가
열로 변환된다.

자계에 저장된 에너지
$W = \frac{1}{2}LI^2$

R_W

I

I

◀ **그림 11-18**

인덕터에서 에너지 저장과 열로 변환

RL 시정수

전류의 변화를 방해하는 전압이 발생하는 인덕터의 기본동작 때문에 전류는 인덕터에서 순간적으로 바뀔 수 없다. 전류가 다른 값으로 바뀌려면 시간이 필요하다. 전류가 변화하는 비율은 *RL* 시정수(*RL* time constant)에 의해 결정된다.

***RL* 시정수는 고정된 시간 간격으로 인덕턴스를 저항으로 나눈 값과 같다.**

방정식은 식 (11-5)와 같다.

$$\tau = \frac{L}{R} \tag{11-5}$$

여기서 인덕턴스(L)가 헨리이고 저항(R)이 옴일 때, τ는 초 단위이다. RC 시정수와 마찬가지로 시상수의 단위는 식 (11-1)의 $W = \frac{1}{2}LI^2$과 옴의 법칙($R = V/I$)을 통해 확인할 수 있다. 식 (11-1)에서 $L = 2W/I^2$이므로 식 (11-5)에서 L과 R을 대체한다.

$$\tau = \frac{\dfrac{2W}{I^2}}{\dfrac{V}{I}}$$

$$\tau = \frac{2W}{I^2} \times \frac{I}{V}$$

$$\tau = \frac{2W}{VI}$$

$$\tau = \frac{2W}{P}$$

에너지 W의 단위는 줄이고, 전력 P의 단위는 초당 줄이므로, τ의 단위는 다음과 같다.

$$\tau\text{의 단위} = \text{줄(joule)}/(\text{줄/초(joule/second)})$$
$$\tau\text{의 단위} = \text{초(second)}$$

예제 11-4	RL 회로에서 1.0 kΩ의 저항과 2.0 mH의 인덕터가 직렬로 연결되었다. 시정수는 얼마인가?
풀이	$\tau = \dfrac{L}{R} = \dfrac{2.0 \text{ mH}}{1.0 \text{ k}\Omega} = \dfrac{2.0 \times 10^{-3}}{1.0 \times 10^3} = 2.0 \times 10^{-6} \text{ s} = \mathbf{2.0\,\mu s}$
관련 문제	$R = 2.2$ kΩ이고 $L = 500$ μH일 때 시정수를 구하라. 공학용 계산기 소개의 예제 11-4에 있는 변환 예를 살펴보라.

인덕터에서의 전류

인덕터에서의 전류 증가 직렬 RL 회로에서 스위치를 닫은 후 1 시정수의 시간이 흐르면 전류는 최댓값의 63%까지 증가한다. 전류의 증가는(RC 회로에서 전하가 축적되는 동안 커패시터 전압이 증가하는 것과 유사하다) 지수 곡선을 따르며 표 11-1과 그림 11-19에서 보이는 바와 같이 최종값에 대한 백분율로 표시된다.

▶ 표 11-1

전류가 증가하는 동안 각 시정수 후의 최종 전류에 대한 백분율

시정수에 대한 배수	최종 전류에 대한 근사 백분율
1	63
2	86
3	95
4	98
5	99 (100%로 간주함)

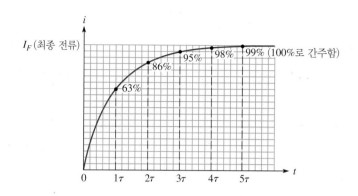

시정수의 5배 되는 시간 동안 전류의 변화를 그림 11-19에 보였다. 전류는 대략 5τ 후에 최종
값에 도달하여 더 이상 변화하지 않는다. 이때 인덕터는 일정한 전류에 대해 단락회로(권선저항
제외)로 작용한다. 전류의 최종값은 다음과 같다.

$$I_F = \frac{V_S}{R}$$

예제 11-5

그림 11-20의 RL 시정수를 구하라. 또한 스위치를 닫은 순간부터 5τ까지 측정된 각 시정수 간격
에서 전류와 시간을 구하라. 각 시정수 후의 시간과 전류를 구하라.

▶ 그림 11-20

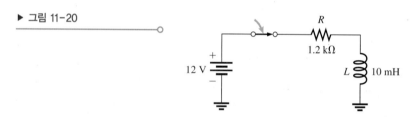

풀이 RL 시정수는

$$\tau = \frac{L}{R} = \frac{10 \text{ mH}}{1.2 \text{ k}\Omega} = \textbf{8.33 μs}$$

최종 전류는

$$I_F = \frac{V_S}{R} = \frac{12 \text{ V}}{1.2 \text{ k}\Omega} = 10 \text{ mA}$$

표 11-1에 주어진 각 시정수는 후의 백분율 값을 사용하면

1τ에서 $i = 0.63 \,(10 \text{ mA}) = \textbf{6.3 mA}$, $t = \textbf{8.33 μs}$

2τ에서 $i = 0.86 \,(10 \text{ mA}) = \textbf{8.6 mA}$, $t = \textbf{16.7 μs}$

3τ에서 $i = 0.95 \,(10 \text{ mA}) = \textbf{9.5 mA}$, $t = \textbf{25.0 μs}$

4τ에서 $i = 0.98 \,(10 \text{ mA}) = \textbf{9.8 mA}$, $t = \textbf{33.3 μs}$

5τ에서 $i = 0.99 \,(10 \text{ mA}) = \textbf{9.9 mA} \approx \textbf{10 mA}$, $t = \textbf{41.7 μs}$

관련 문제 $R = 680 \,\Omega$이고 $L = 100 \,\mu\text{H}$인 경우 위의 문제를 풀어라.

공학용 계산기 소개의 예제 11-5에 있는 변환 예를 살펴보라.

▼ 표 11-2

전류가 감소하는 동안 각 시정수 후의 최종 전류에 대한 백분율

시정수에 대한 배수	최종 전하량에 대한 근사 백분율
1	37
2	14
3	5
4	2
5	~1 (0으로 간주함)

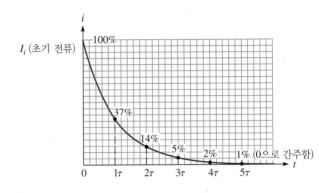

▲ 그림 11-21

인덕터에서 전류의 감소

HANDS ON TIP

직렬 *RL* 회로에서 전류 파형을 측정하려면 저항기 양단의 전압을 측정하고 옴의 법칙을 적용할 수 있다. 저항기 접지가 해제된 경우에는 차분 측정을 사용하여 저항기 전압을 측정할 수 있다. 이러한 방식으로 측정할 경우에는 저항기의 각 끝에 하나의 오실로스코프 프로브를 연결하고 오실로스코프의 디스플레이 모드는 ADD 및 Invert 채널 2를 선택한다. 오실로스코프의 두 채널은 동일한 VOLTS/DIV 설정으로 설정해야 한다. 또한 구성 요소의 순서를 반대로 할 수도 있다(예제 11-6의 MULTISIM 문제 참조)

인덕터에서 전류의 감소 인덕터에서 전류는 표 11-2와 그림 11-21에 주어진 백분율 값까지 지수적으로 감소한다. 5개의 시정수에 따른 전류 변화는 그림 11-21의 도표로 설명된다. 전류가 최종값인 약 0 A에 도달하면 변화가 중단된다. 이는 전류 경로가 제공되는 경우에만 해당된다(예제 11-5의 직렬 경우와는 다름).

구형파의 응답

RL 회로에서 입력으로 구형파 전압을 사용하는 것은 증가되거나 감소되는 전류를 설명하는 좋은 방법이다. 구형파는 스위치의 on/off 동작과 유사하므로 회로의 직류 응답에서 일반적으로 사용되는 신호이다. 구형파에서 낮은 레벨에서 높은 레벨로 갈 때, 그 회로에서 전류는 최종값까지 지수적으로 증가한다. 구형파가 0 레벨이 될 때, 회로의 전류는 0의 값까지 지수적으로 감소한다. 그림 11-22는 입력전압과 전류의 파형을 보여준다.

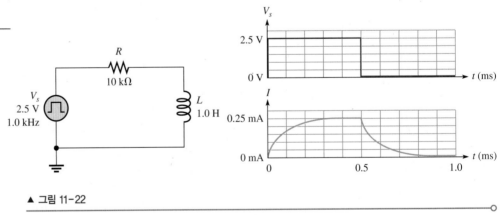

▲ 그림 11-22

예제 11-6

그림 11-22에서 0.1 ms와 0.6 ms에서 전류를 구하라.

풀이 회로의 *RL* 시정수는

$$\tau = \frac{L}{R} = \frac{1.0\ \text{H}}{10\ \text{k}\Omega} = 0.1\ \text{ms}$$

구형파 발생기간이 전류의 최댓값 5τ에 도달하는 기간보다 충분히 길다면, 전류는 지수적으로 증가하고, 표 11-1에서 주어진 각 시정수에서 주어진 최종 전류의 퍼센트 값과 같다. 최종 전류는

$$I_F = \frac{V_s}{R} = \frac{2.5 \text{ V}}{10 \text{ k}\Omega} = 0.25 \text{ mA}$$

0.1 ms에서 전류는

$$i = 0.63 (0.25 \text{ mA}) = \mathbf{0.158 \text{ mA}}$$

0.6 ms에서 구형파 입력은 0.1 ms (1τ) 동안 0 V 레벨이다. 그리고 전류는 최댓값으로부터 감소하며, 0 mA의 최종값 쪽으로 63% 감소한다.

$$i = 0.25 \text{ mA} - 0.63 (0.25 \text{ mA}) = \mathbf{0.092 \text{ mA}}$$

관련 문제 0.2 ms와 0.8 ms에서 전류는 얼마인가?
공학용 계산기 소개의 예제 11-6에 있는 변환 예를 살펴보라.

Multisim 또는 LTspice 파일 E11-06을 열어라. 인덕터와 저항을 바꾸어 저항의 한쪽을 접지에 접속하고 저항전압을 측정하라. 회로의 전류 곡선은 저항전압의 곡선과 같으며, 옴의 법칙을 적용한 저항전압으로 회로에서 실시간으로 전류를 구할 수 있다. 0.1 ms에서 스위치를 닫았을 때, 전류를 확인하라.

직렬 *RL* 회로에서의 유도전압

인덕터에서 전류가 변할 때 전압은 유도된다. 그림 11-23에서 직렬회로에 구형파 입력을 한 사이클 입력 시, 인덕터에 유도되는 양단 전압은 어떻게 되는지 살펴보자. 직류 전원을 on으로 스위칭하면 전압이 발생되어 임의의 레벨값이 나타나 유지하게 된 후, 전원이 0 레벨로 되었을 때 '자동 장치'에 의해 전원은 낮은 저항(이상적으로 0인 레벨상태) 양단을 통해 흐르게 된다.

전압계로 V_L 파형은 인덕터 양단의 전압을 볼 수 있도록 하고, 회로의 전류를 즉시 볼 수 있도록 회로에 전류계를 위치한다. 그림 11-23(a)에서 구형파가 0 V에서 2.5 V로 공급되면, 렌츠의 법칙에 따라 임의의 전압은 인덕터 주위에 형성된 자기장 변화의 반대 방향으로 유도된다.

이때 크기는 동일하지만 방향이 반대되는 유도전압으로 인해 회로에 전류가 흐르지 않는다. 자기장이 형성되면 인덕터 양단의 유도전압이 감소하고 회로에 전류가 흐른다. 1τ에서 인덕터에 흐르는 전류는 0.158 mA로 63% 증가하고, 유도된 전압은 63%로 감소하여 나타난다. 인덕터의 유도전압은 지수함수적으로 감소하여 0이 되며, 이때 흐르는 전류는 저항에 의해 제한된다. 그림 11-23(b)는 첫 번째 시정수에서 $\tau = 0.1$ ms일 때를 나타낸다.

그림 11-23(c)에서 구형파가 $\tau = 0.5$ ms일 때 0이 되면 입력전압의 변화로 인덕터의 전압은 반대로 유도되고, 이때의 인덕터 전압의 극성은 자기장 형성이 붕괴되면서 반대가 된다. 그림 11-23(d)에서 보듯이 소스 전압이 0 V임에도 불구하고 붕괴된 자기장으로 인해 전류는 0으로 감소할 때까지 같은 방향으로 유지된다.

그림 11-23(d)에서 저항 양단의 전압(V_R)은 키르히호프의 전압 법칙에 따라 전원전압 V_S로 부터 V_L 전압을 감산한 값으로 나타나게 되고, V_R의 모양은 그림 11-22의 전류파형과 같다.

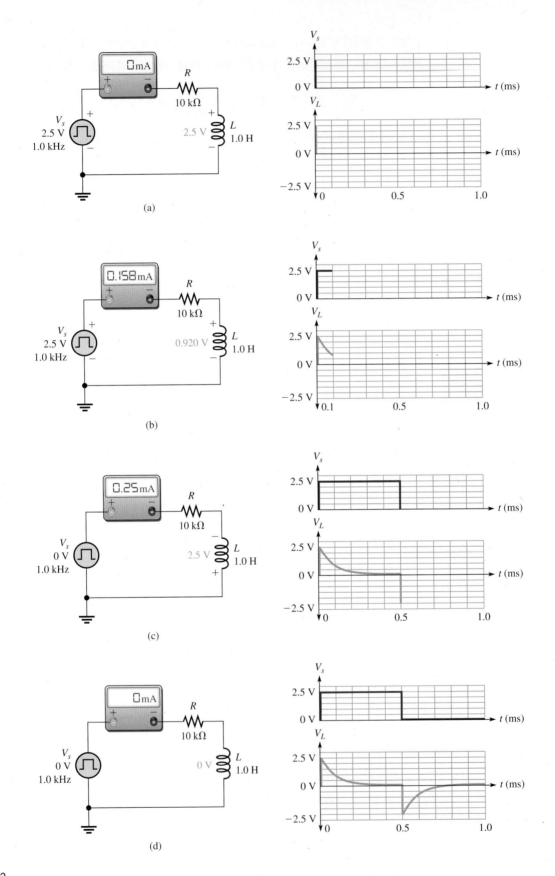

(a)

(b)

(c)

(d)

▲ 그림 11-23

예제 11-7

(a) 그림 11-24의 회로는 구형파 입력이다(이때 소스 저항이 0 Ω이라고 가정한다). 인덕터 전체의 전체 파형을 관찰하는 데 사용할 수 있는 가장 높은 주파수는 얼마인가?

(b) (a)의 최대 주파수를 사용할 때 저항에 흐르는 전압파형을 기술하라.

▶ 그림 11-24

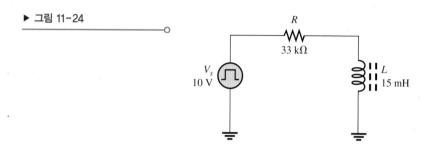

풀이 (a)

$$\tau = \frac{L}{R} = \frac{15 \text{ mH}}{33 \text{ k}\Omega} = 0.454 \text{ μs}$$

완벽한 파형을 관찰하는 것은 시정수(τ)보다 10배 긴 시간이 필요하다.

$$T = 10\tau = 4.54 \text{ μs}$$

$$f = \frac{1}{T} = \frac{1}{4.54 \text{ μs}} = \textbf{220 kHz}$$

(b) 저항 양단의 전압은 전류와 같은 형상의 파형이다. 그림 11-22에서 일반적인 파형을 나타내며, 10 V의 최댓값을 가진다(저항을 연결하지 않은 V_S와 같다).

관련 문제 $f = 220$ kHz에서, 저항 양단의 최대 전압은 얼마인가?

공학용 계산기 소개의 예제 11-7에 있는 변환 예를 살펴보라.

Multisim 또는 LTspice 파일 E11-07을 열어라. 계산값을 적용한 주파수를 주었을 때, 인덕터 양단의 전압파형을 관찰하라.

지수 공식

RL 회로에서 지수함수적으로 변하는 전압과 전류에 대한 식은 9장에서 다루었던 *RC* 회로의 경우와 유사하다. 그림 9-36의 일반지수 곡선은 커패시터뿐만 아니라 인덕터에도 적용된다. 지수함수로 시간 *t*를 용량성 시정수(*RC*)로 나눈 용량성 회로의 경우와 마찬가지로, 유도성 회로도 지수함수로 시간 *t*를 유도성 시정수(*L/R*)로 나눈 값이다. *RL* 회로의 일반적인 공식은 식 (11-6)과 (11-7)에서 설명된다.

$$v = V_F + (V_i - V_F)\,e^{-t/(L/R)} \tag{11-6}$$

$$i = I_F + (I_i - I_F)\,e^{-t/(L/R)} \tag{11-7}$$

여기서 V_F와 I_F는 최종값이고, V_i과 I_i는 초깃값, v와 i는 시간 t에서 인덕터 전압이나 전류의 순시값이다.

증가하는 전류 0 ($I_i = 0$)에서부터 전류가 지수적으로 증가하는 경우의 식은

$$i = I_F(1 - e^{-t/(L/R)}) \tag{11-8}$$

식 (11-8)을 사용하여 증가하는 인덕터 전류의 어느 순간의 값을 계산할 수 있다. 식 (11-8)에서 i를 v로, I_F를 V_F로 대체하여 저항기 전압을 계산할 수 있다.

예제 11-8

그림 11-25에서 스위치를 닫고 30 μs 후의 인덕터 전류를 구하라.

▶ 그림 11-25

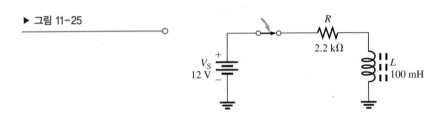

풀이 시정수는

$$\tau = \frac{L}{R} = \frac{100 \text{ mH}}{2.2 \text{ k}\Omega} = 45.5 \text{ μs}$$

RL 최종 전류는

$$I_F = \frac{V_S}{R} = \frac{12 \text{ V}}{2.2 \text{ k}\Omega} = 5.45 \text{ mA}$$

초기 전류는 영이다. 30 μs는 1시정수보다 짧으므로 이때의 전류는 최종값의 63%보다 작다.

$$i_L = I_F(1 - e^{-t/(L/R)}) = 5.45 \text{ mA}(1 - e^{-0.66}) = \mathbf{2.64 \text{ mA}}$$

관련 문제 그림 11-25에서 스위치를 닫고 55 μs 후의 인덕터 전류를 구하라.

공학용 계산기 소개의 예제 11-8에 있는 변환 예를 살펴보라.

감소하는 전류 지수적으로 감소하여 최종값이 영이 되는 전류에 대한 식은 다음과 같다.

$$i = I_i e^{-t/(L/R)} \tag{11-9}$$

이 식은 다음 예제에서 보는 바와 같이 감소하는 전류의 어느 순간의 값을 계산하는 데에 사용된다.

예제 11-9

그림 11-26에서 입력 구형파의 완전한 한 주기에 대해 1.0 μs 시간 간격에서 전류를 구하라. 그리고 계산된 전류값으로 전류파형을 그려라.

▶ 그림 11-26

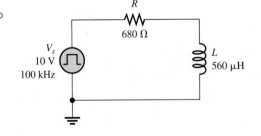
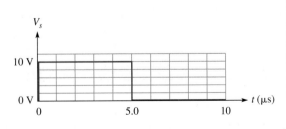

풀이 RL 시정수는

$$\tau = \frac{L}{R} = \frac{560 \ \mu\text{H}}{680 \ \Omega} = 0.824 \ \mu\text{s}$$

$t = 0$일 때, 펄스가 0 V에서 10 V가 되면 전류는 지수적으로 증가한다. 최종 전류는

$$I_F = \frac{V_s}{R} = \frac{10 \ \text{V}}{680 \ \Omega} = 14.7 \ \text{mA}$$

전류가 증가하는 동안 $i = I_F(1 - e^{-t/(L/R)}) = I_F(1 - e^{-t/\tau})$

$$1.0 \ \mu\text{s에서} \ i = 14.7 \ \text{mA}(1 - e^{-1.0 \ \mu\text{s}/0.824 \ \mu\text{s}}) = \textbf{10.3 mA}$$
$$2.0 \ \mu\text{s에서} \ i = 14.7 \ \text{mA}(1 - e^{-2.0 \ \mu\text{s}/0.824 \ \mu\text{s}}) = \textbf{13.4 mA}$$
$$3.0 \ \mu\text{s에서} \ i = 14.7 \ \text{mA}(1 - e^{-3.0 \ \mu\text{s}/0.824 \ \mu\text{s}}) = \textbf{14.3 mA}$$
$$4.0 \ \mu\text{s에서} \ i = 14.7 \ \text{mA}(1 - e^{-4.0 \ \mu\text{s}/0.824 \ \mu\text{s}}) = \textbf{14.6 mA}$$
$$5.0 \ \mu\text{s에서} \ i = 14.7 \ \text{mA}(1 - e^{-5.0 \ \mu\text{s}/0.824 \ \mu\text{s}}) = \textbf{14.7 mA}$$

$t = 5.0 \ \mu\text{s}$일 때 펄스가 10 V에서 0 V가 되면 전류는 지수적으로 감소한다. 전류가 감소하는 동안

$$i = I_i(e^{-t/(L/R)}) = I_i(e^{-t/\tau})$$

$5.0 \ \mu\text{s}$에서 초기 전류는 14.7 mA이다.

$$6.0 \ \mu\text{s에서} \ i = 14.7 \ \text{mA}(e^{-1.0 \ \mu\text{s}/0.824 \ \mu\text{s}}) = \textbf{4.37 mA}$$
$$7.0 \ \mu\text{s에서} \ i = 14.7 \ \text{mA}(e^{-2.0 \ \mu\text{s}/0.824 \ \mu\text{s}}) = \textbf{1.30 mA}$$
$$8.0 \ \mu\text{s에서} \ i = 14.7 \ \text{mA}(e^{-3.0 \ \mu\text{s}/0.824 \ \mu\text{s}}) = \textbf{0.38 mA}$$
$$9.0 \ \mu\text{s에서} \ i = 14.7 \ \text{mA}(e^{-4.0 \ \mu\text{s}/0.824 \ \mu\text{s}}) = \textbf{0.11 mA}$$
$$10.0 \ \mu\text{s에서} \ i = 14.7 \ \text{mA}(e^{-5.0 \ \mu\text{s}/0.824 \ \mu\text{s}}) = \textbf{0.03 mA}$$

그림 11-27은 결과 그래프이다.

▶ 그림 11-27

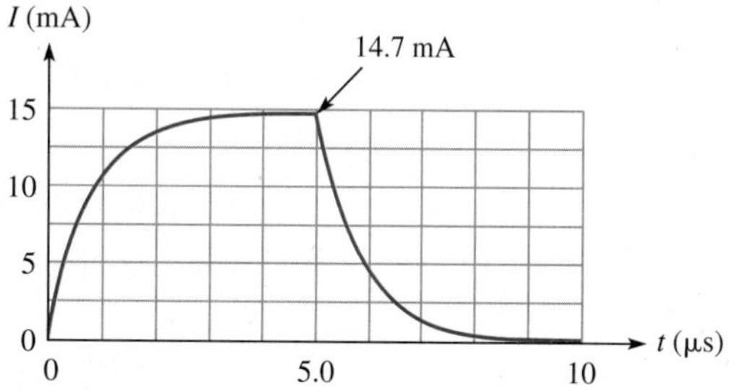

I (mA)

14.7 mA

t (μs)

관련 문제 0.5 μs일 때, 전류는 어떻게 되는가?

공학용 계산기 소개의 예제 11-9에 있는 변환 예를 살펴보라.

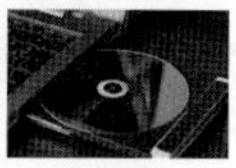

Multisim 또는 LTspice 파일 E11-09를 열어라. 매우 작은 값의 직렬저항과 인덕터로 흐르는 전류를 측정하라. 그리고 저항과 인덕터 양단의 전압을 측정하라.

1. 권선저항이 10 Ω인 15 mH의 인덕터에 일정한 직류전류 10 mA가 흐른다. 인덕터 양단의 전압은 얼마인가?
2. 20 V의 직류전원이 직렬 RL 회로에 스위치와 함께 연결되었다. 스위치를 닫는 순간 i와 v_L은 얼마가 되는가?
3. 2번 문제의 회로에서 스위치를 닫은 5τ 후에 v_L은 얼마가 되는가?
4. $R = 1.0$ kΩ이고 $L = 500$ μH인 직렬 RL 회로에서 시정수는 얼마인가? 스위치를 닫아 10 V의 전원이 연결되었다면 0.25 μs 후의 전류를 구하라.

11-5 교류회로에서의 인덕터

이 절에서는 교류가 인덕터를 통과할 때 전류의 흐름을 방해하는 정도가 교류 주파수에 따라 달라진다는 것을 알아보자.

이 절의 학습목표

◆ **유도성 교류회로를 해석한다.**
  ◆ 유도성 리액턴스를 정의한다.
  ◆ 주어진 회로에서 유도성 리액턴스를 계산한다.
  ◆ 인덕터에서의 순시전력, 유효전력, 무효전력을 논의한다.

유도성 리액턴스 X_L

그림 11-28에서 인덕터가 정현파 전압원에 연결되었다. 전원전압의 진폭이 일정하게 유지되면서 주파수가 증가하면 전류의 크기가 감소한다. 또한 전원의 주파수가 감소하면 전류의 크기는 증가한다.

전원전압의 주파수가 증가하면 변화율 역시 증가한다. 전원전압의 주파수가 증가하면 전류의 주파수 역시 증가한다. 이 높은 주파수는 전류가 더 빠르게 변화하고 있음을 의미한다. 패러데이의 법칙과 렌츠의 법칙에 따르면 주파수가 증가함에 따라 전류를 방해하는 방향으로 인덕터에 더 큰 전압을 유도하여 전류의 크기가 감소한다. 마찬가지로 주파수가 감소하면 전류가 증가한다.

일정한 전압에서 주파수가 증가하면 전류가 감소하는 것은 전류의 증가를 방해하는 정도가 커졌다는 것을 의미한다. 따라서 인덕터는 전류 흐름에 대한 방해작용을 하며 그 방해는 주파수에

▶ 그림 11-28

유도성 회로에서 전류는 전원전압의 주파수에 반비례한다.

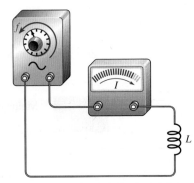

일정한 진폭을 갖는 교류전압원

(a) 주파수가 증가하면 전류가 감소한다.　　(b) 주파수가 감소하면 전류가 증가한다.

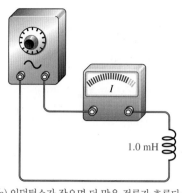 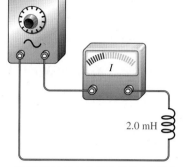

(a) 인덕턴스가 작으면 더 많은 전류가 흐른다.　(b) 인덕턴스가 크면 적은 전류가 흐른다.

◀ 그림 11-29

전압과 주파수가 일정하면 전류는 인덕턴스 값에 반비례한다.

따라 직접적으로 달라진다. 이러한 방해를 유도성 리액턴스(inductive reactance)라고 한다.

인덕터에서 정현파 전류의 흐름에 대한 저항을 유도성 리액턴스라고 한다.

유도성 리액턴스의 기호는 X_L이고 단위는 옴(Ω)이다.

주파수가 어떻게 유도성 리액턴스에 영향을 미치는지 살펴보았다. 이번에는 인덕턴스 L이 어떻게 리액턴스에 영향을 미치는지 살펴보자. 그림 11-29(a)는 진폭과 주파수가 일정한 정현파 전압이 1.0 mH의 인덕터에 인가될 때 어느 정도의 교류전류가 흐르는지를 보여준다. 인덕턴스 값이 2.0 mH로 증가하면 그림 11-29(b)에서와 같이 전류가 감소한다. 그러므로 인덕턴스가 증가하면 전류를 방해하는 유도성 리액턴스가 증가한다. 유도성 리액턴스는 주파수뿐만 아니라 인덕턴스에도 비례한다. 이 관계는 다음과 같이 나타낼 수 있다.

X_L은 fL에 비례한다.

비례상수는 2π가 되어 유도성 리액턴스(X_L)의 식은 (11-10)과 같다.

$$X_L = 2\pi fL \qquad (11-10)$$

여기서 f가 헤르츠(Hz), L이 헨리(H)일 때, X_L의 단위는 옴(Ω)이다. 용량성 리액턴스에서와 같이 2π는 회전운동에 대한 정현파의 관계에서부터 유도될 수 있다.

예제 11-10

10 kHz의 정현파 전압이 그림 11-30의 회로에 인가되었다. 유도성 리액턴스를 구하라.

▶ 그림 11-30

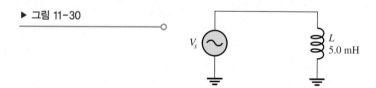

풀이　10 kHz을 10×10^3 Hz로, 5.0 mH을 5.0×10^{-3} H로 변환하면, 유도성 리액턴스는

$$X_L = 2\pi fL = 2\pi(10 \times 10^3 \text{ Hz})(5.0 \times 10^{-3}\text{ H}) = \textbf{314 } \boldsymbol{\Omega}$$

관련 문제　그림 11-30에서 주파수가 35 kHz로 증가했다면 X_L은 얼마인가?

공학용 계산기 소개의 예제 11-10에 있는 변환 예를 살펴보라.

직렬 인덕터의 리액턴스

직렬 인덕터의 총 인덕턴스는 각 인덕턴스의 합으로 식 (11-3)과 같고, 리액턴스는 인덕턴스에 비례하므로 직렬 인덕터의 총 리액턴스는 각 리액턴스의 합과 같다.

$$X_{L(tot)} = X_{L1} + X_{L2} + X_{L3} + \cdots + X_{Ln} \tag{11-11}$$

앞의 식 (11-3)으로부터 식 (11-11)과 같이 표현된다. 그뿐만 아니라 전체 직렬저항 또는 전체 직렬 커패시터의 리액턴스로 흐르는 전류에 대입하는 형식으로 표현된다. 저항 또는 리액턴스의 결합에서 동일한 종류의 직렬(저항, 인덕터, 커패시터) 구성은 개별값의 합으로 전체값을 구할 수 있다.

병렬 인덕터의 리액턴스

병렬 인덕터의 회로에서 총 인덕턴스는 식 (11-4)와 같다. 인덕터의 역수의 합을 역수로 취한 것이 총 인덕턴스와 같다. 마찬가지로 전체 용량성 리액턴스는 개별 리액턴스 역수의 합의 역수와 같다.

$$X_{L(tot)} = \cfrac{1}{\cfrac{1}{X_{L1}} + \cfrac{1}{X_{L2}} + \cfrac{1}{X_{L3}} + \cdots + \cfrac{1}{X_{Ln}}} \tag{11-12}$$

앞의 식 (11-4)로부터 식 (11-12)와 같이 표현된다. 그뿐만 아니라 병렬저항의 전체 저항 또는 병렬 커패시터의 전체 리액턴스를 구하는 공식으로 표현된다. 동일한 종류의 병렬(저항, 인덕터, 커패시터) 구성에서 저항 및 리액턴스 결합일 때 역수의 합의 역수로 전체값을 얻을 수 있다.

2개의 인덕터의 병렬회로에서 식 (11-12)는 리액턴스의 합을 리액턴스 곱으로 나누어 표현할 수 있다.

$$X_{L(tot)} = \frac{X_{L1}X_{L2}}{X_{L1} + X_{L2}}$$

예제 11-11

그림 11-31의 각 회로의 총 용량성 리액턴스를 구하라.

▶ 그림 11-31

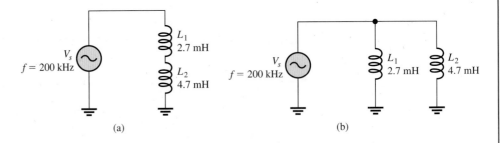

(a)   (b)

풀이 각 회로의 개별 인덕터의 리액턴스 값은 다음과 같다.

$$X_{L1} = 2\pi f L_1 = 2\pi(200\text{ kHz})(2.7\text{ mH}) = 3.39\text{ k}\Omega$$
$$X_{L2} = 2\pi f L_2 = 2\pi(200\text{ kHz})(4.7\text{ mH}) = 5.91\text{ k}\Omega$$

그림 11-31(a)의 직렬 인덕터에서 총 리액턴스는 X_{L1}과 X_{L2}의 합은 식 (11-11)에서 다음과 같다.

$$X_{L(tot)} = X_{L1} + X_{L2} = 3.39\text{ k}\Omega + 5.91\text{ k}\Omega = \mathbf{9.30\text{ k}\Omega}$$

그림 11-31(b)의 병렬 인덕터에서 총 리액턴스는 X_{L1}과 X_{L2}을 사용하여 곱/합으로 결정된다.

$$X_{L(tot)} = \frac{X_{L1}X_{L2}}{X_{L1} + X_{L2}} = \frac{(3.39 \text{ k}\Omega)(5.91 \text{ k}\Omega)}{3.39 \text{ k}\Omega + 5.91 \text{ k}\Omega} = \mathbf{2.16 \text{ k}\Omega}$$

각각의 직렬 및 병렬 인덕터는 총 인덕턴스로 나타나고 총 리액턴스로 구할 수 있다. 총 인덕턴스를 식 (11-10)에 대입하여 총 리액턴스를 구한다.

직렬 인덕터는

$$L_T = L_1 + L_2 = 2.7 \text{ mH} + 4.7 \text{ mH} = 7.4 \text{ mH}$$
$$X_{L(tot)} = 2\pi f L_T = 2\pi(200 \text{ kHz})(7.4 \text{ mH}) = \mathbf{9.30 \text{ k}\Omega}$$

병렬 인덕터는

$$L_T = \frac{L_1 L_2}{L_1 + L_2} = \frac{(2.7 \text{ mH})(4.7 \text{ mH})}{2.7 \text{ mH} + 4.7 \text{ mH}} = 1.71 \text{ mH}$$
$$X_{L(tot)} = 2\pi f L_T = 2\pi(200 \text{ kHz})(1.71 \text{ mH}) = \mathbf{2.16 \text{ k}\Omega}$$

관련 문제 그림 11-31 회로에서 $L_1 = 1.0$ mH이고 L_2는 값을 바꾸지 않았을 때 총 용량성 리액턴스를 구하라.

공학용 계산기 소개의 예제 11-11에 있는 변환 예를 살펴보라.

옴의 법칙 인덕터의 리액턴스는 아날로그에서 저항기의 저항과 유사하다. X_C나 R과 마찬가지로 X_L의 단위는 옴(Ω)이다. 유도성 리액턴스는 전류를 방해하는 성질을 가지므로 옴의 법칙은 저항성 회로나 용량성 회로뿐만 아니라 유도성 회로에도 적용되며, 다음 식으로 표시된다.

$$I = \frac{V}{X_L} \tag{11-13}$$

교류회로에 옴의 법칙을 이용하면 전류와 전압은 둘 다 실횻값, 첨둣값 등의 같은 방식으로 나타내야 한다.

예제 11-12

그림 11-32에서 실효전류를 구하라.

▶ 그림 11-32

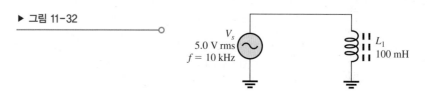

풀이 10 kHz를 10×10^3 Hz와 100 mH를 100×10^{-3} H로 바꾸어 X_L을 계산하면

$$X_L = 2\pi f L = 2\pi(10 \times 10^3 \text{ Hz})(100 \times 10^{-3} \text{ H}) = 6283 \,\Omega$$

옴의 법칙을 적용하면

$$I_{rms} = \frac{V_{rms}}{X_L} = \frac{5.0 \text{ V}}{6283 \,\Omega} = \mathbf{796 \,\mu A}$$

관련 문제 그림 11-32에서 $V_{rms} = 12$ V, $f = 4.9$ kHz, $L = 680$ μH에 대한 전류의 실횻값을 구하라.

공학용 계산기 소개의 예제 11-12에 있는 변환 예를 살펴보라.

Multisim 또는 LTspice 파일 E11-12을 열어라. 실효전류를 측정하고 계산값과 비교하라. 관련된 문제에서 회로에서 주어진 값들을 바꿔서 실효전류를 측정하라.

인덕터에서 전류는 전압보다 위상이 90° 뒤진다

정현파 전압은 0을 지날 때 최대 변화율을 가지며, 정점부에서 0의 변화율을 갖는다. 7장에서 설명한 패러데이의 법칙으로부터 코일에 유도되는 전압의 크기는 전류가 변화하는 비율에 비례한다. 그러므로 전류가 영을 지나는 점에서 전류의 변화율이 최대가 되며 코일전압이 최대가 된다. 또한 전류가 첨둣값에 도달한 점에서 전류의 변화율이 0이 되고 전압의 크기도 0이 된다. 이 위상 관계를 그림 11-33에 나타냈다. 전류의 최댓값은 전압의 최댓값보다 1/4사이클 늦게 발생한다. 그러므로 전류는 전압보다 위상이 90° 뒤진다. 커패시터에서는 전류가 전압보다 90° 앞서는 것을 기억한다.

▶ 그림 11-33

전류는 항상 인덕터 전압보다 위상이 90° 뒤진다.

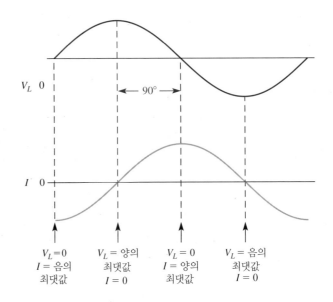

인덕터에서의 전력

인덕터에 전류가 흐르면 자계 내에 에너지가 저장된다. 권선저항이 없는 이상적인 인덕터는 에너지를 소비하지 않고 저장한다. 교류전압이 인덕터에 가해지면 에너지가 사이클의 일부분 동안 인덕터에 저장된다. 저장된 에너지는 사이클의 다른 부분 동안에 전원으로 돌아간다. 따라서 이상적인 인덕터에서는 열의 형태로 변환에 따른 에너지의 손실이 없다. 그림 11-34는 한 사이클의 전압과 전류에 의한 전력 곡선을 보여준다. 그림 9-50의 커패시터를 인덕터에 대한 전력 곡선과 비교한다. 주된 차이점으로 전압과 전류가 번갈아 나타남을 알 수 있다.

순시전력(p) 순시전압 v와 순시전류 i를 곱하면 순시전력 p가 된다. v나 i가 영인 곳에서 p는 영이다. v와 i가 모두 양의 값을 가지면 p도 양의 값을 가진다. v와 i가 하나는 양이고 다른 하나는 음이라면 p는 음이 된다. v와 i가 모두 음이면 p는 양이 된다. 그림 11-34에서 알 수 있듯이 전력은 정현파형의 곡선을 따라서 변화한다. 양의 전력은 에너지가 인덕터에 저장되는 것을 나타낸다. 음의 전력은 에너지가 인덕터에서 전원으로 돌아가는 것을 나타낸다. 전력은 전압이나 전류 주파수의 두 배로 변동한다. 에너지는 이 주파수로 인덕터에 저장되거나 전원으로 돌아간다.

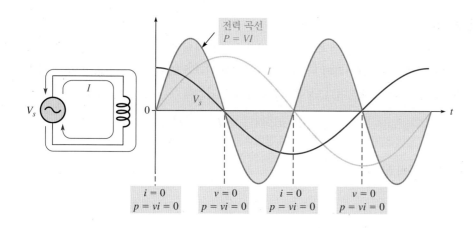

인덕터의 전력 곡선

유효전력(P_true)   이상적으로 전력 사이클이 양의 값을 갖는 동안은 인덕터에 에너지를 저장한다. 모든 에너지는 음의 값을 갖는 동안 전원으로 되돌려진다. 에너지는 인덕턴스에서 소모되지 않으며 전력은 영이다. 실제 인덕터에서는 권선저항(R_W) 때문에 약간의 전력이 항상 소비되며 아주 적은 양의 유효전력(P_{true})이 존재한다. 그러나 이 유효전력은 대부분의 경우 무시된다.

$$P_{true} = I_{rms}^2 R_W \qquad (11-14)$$

무효전력(P_r)   인덕터가 에너지를 저장하거나 돌려보내는 정도를 무효전력 P_r이라고 하며, 단위는 볼트-암페어 리액티브(VAR)이다. 인덕터는 항상 에너지를 전원으로부터 가져오거나 전원으로 돌려보내므로 무효전력은 영이 아니다. 무효전력은 에너지 손실을 의미하지 않는다. 무효전력을 구하는 식은

$$P_r = V_{rms} I_{rms} \qquad (11-15)$$

$$P_r = \frac{V_{rms}^2}{X_L} \qquad (11-16)$$

$$P_r = I_{rms}^2 X_L \qquad (11-17)$$

예제 11-13

주파수가 10 kHz이고 실횻값이 10 V인 신호는 권선저항이 5.0 Ω인 10 mH 코일에 인가되었다. 유효전력(P_{true})과 무효전력(R_W)을 계산하라.

풀이   먼저 유도성 리액턴스와 전류를 구한다.

$$X_L = 2\pi f L = 2\pi (10\ \text{kHz})(10\ \text{mH}) = 628\ \Omega$$

$$I = \frac{V_s}{X_L} = \frac{10\ \text{V}}{628\ \Omega} = 15.9\ \text{mA}$$

식 (11-17)을 사용하면

$$P_r = I^2 X_L = (15.9\,\text{mA})^2 (628\,\Omega) = \textbf{159 mVAR}$$

유효전력은

$$P_{true} = I^2 R_W = (15.9\,\text{mA})^2 (5.0\,\Omega) = \textbf{1.27 mW}$$

관련 문제   주파수가 증가하면 무효전력은 어떻게 되는가?
공학용 계산기 소개의 예제 11-13에 있는 변환 예를 살펴보라.

양호도(*Q*)

양호도(quality factor, *Q*)는 인덕터의 무효전력과 코일 자체의 권선저항이나 코일과 직렬연결된 저항에서 발생되는 유효전력의 비이다. 즉 *L*에서의 전력과 R_W에서의 전력의 비이다. 양호도는 공진회로에서 매우 중요하며, 13장에서 공부하게 된다. *Q*에 대한 식은 다음과 같다.

$$Q = \frac{무효전력}{유효전력} = \frac{P_r}{P_{true}} = \frac{I^2 X_L}{I^2 R_W}$$

I^2으로 약분하면

$$Q = \frac{X_L}{R_W} \tag{11-18}$$

*Q*는 단위와 같은 비를 나타내고, 그러므로 그것에 대한 단위는 없다. 양호도는 코일 전체에 부하가 없는 상태로 정의되므로 무부하 *Q*라고도 한다. X_L이 주파수에 의존하므로 *Q*도 주파수에 의존한다.

11-5절 복습

해답은 이 장의 끝에 있다.

1. 인덕터에서 전류와 전압 사이의 위상 관계를 밝혀라.
2. *f* = 5.0 kHz이고 *L* = 100 mH일 때 X_L을 계산하라.
3. 50 μH 인덕터의 리액턴스가 800 Ω이 되는 주파수는?
4. 그림 11-35에서 실효전류값을 계산하라.
5. 50 mH의 이상적인 인덕터가 실효전압값이 12 V인 전원에 연결되었다. 유효전력은 얼마인가? 1.0 kHz의 주파수에서 무효전력은 얼마인가?

▶ 그림 11-35

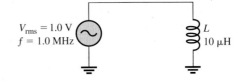

V_{rms} = 1.0 V
f = 1.0 MHz

L
10 μH

11-6 인덕터의 응용

인덕터는 그 크기와 제작비용 및 비이상적인 동작(내부 저항 등) 때문에 실제 응용에 제한을 받게 되므로 커패시터만큼 다양하게 사용되지는 않는다. 인덕터의 일반적인 애플리케이션에는 노이즈 감소, 동조 회로, 스위칭 전원공급장치가 포함된다.

이 절의 학습목표

◆ **인덕터를 사용하는 몇 가지 예에 대해 논의한다.**

  ◆ 회로 노이즈에 대해 논의한다.
  ◆ 전자파 차폐 EMI를 기술한다.
  ◆ 페라이트 비드 사용을 설명한다.
  ◆ 동조회로의 기본적인 사항들에 대해 논의한다.

노이즈 억제

인덕터의 가장 중요한 응용의 하나는 원하지 않는 전기적 노이즈를 제거하는 것이다. 이러한 애플리케이션에 사용되는 인덕터는 일반적으로 인덕터 자체가 방사 잡음의 원인이 되는 것을 방지하기 위해 폐쇄형 코어에 감겨 있다. 노이즈에는 전도 노이즈(신호 및 전원 케이블을 통해 결합된 노이즈)와 방사 노이즈(전자파로 전파되는 노이즈)의 두 가지 유형이 있다. 전자기 호환성(EMC)에 대한 표준은 국제전기기술위원회(IEC)에서 규정한다. 이러한 표준은 전도 및 방사 노이즈 뿐만 아니라 다른 시스템의 노이즈에 대한 시스템의 민감성과 시스템 자체에서 생성되는 노이즈의 양을 다룬다.

전도성 노이즈 많은 시스템은 다른 시스템의 접속에 의한 공통적인 전도성 경로를 가진다. 이때 한쪽에서 다른 쪽의 시스템으로 높은 주파수가 전도될 수 있다. 그림 11-36(a)에서는 두 회로에 공통으로 접지한 것을 보여준다. 이 경로는 높은 주파수 노이즈가 공통접지를 통해 존재하는 경우이고, 새로운 조건의 **접지루프**로 잘 알려져 있다. 접지루프는 장치의 시스템에 문제를 발생시킨다. 기록시스템의 변환기가 먼 곳에 위치할 때 접지의 전류 노이즈는 신호에 악영향을 준다.

　중요한 신호가 늦게 변할 때 특별한 인덕터(**경도 초크** 또는 **공통모드 초크**)를 그림 11-36(b)에 보인 것처럼 신호선에 설치할 수 있다. 경도 초크는 변압기의 형태(14장에서 설명)로 각 신호 라인에서 인덕터 역할을 한다. 접지 루프는 높은 임피던스 경로를 확인해 잡음을 줄이는 반면, 저주파 신호는 초크의 낮은 임피던스를 통해 연결된다. 이러한 초크는 고주파 에너지를 저장하고 반환하는 것이 아니라 소멸시키는 페라이트인 경우가 많다.

　현대의 높은 주파수 구성품들의 발달로 인해 스위칭 회로는 높은 주파수 노이즈(10 MHz 이상)를 발생하는 경향이 있다. 이러한 구성 요소 중 일부는 시스템이 작동하는 주파수로 인해 발생하지만 다른 구성 요소는 전압 레벨 간의 빠른 전환으로 생성된 고주파로 인해 발생한다(8-5절 참조. 빠른 주파수는 많은 고조파를 발생함을 상기하자). 전원공급의 중요한 장치는 높은 속도의 스위칭 회로에 사용되며, 이것은 직류를 전송할 때 주파수에 대한 인덕터의 임피던스 증가, 인덕터의 전기적 노이즈 차단에 성능 등의 이유로, 전원에 전도성과 방사성 노이즈가 포함된다. 전원공급선의 전도성 노이즈를 제거하고, 임의의 회로에서 다른 쪽 회로의 역방향으로 영향을 주지 않기 위해 인덕터는 빈번하게 설치되며 하나 이상의 커패시터를 인덕터와 접속하여 필터역할을 향상한다.

복사성 노이즈 노이즈는 자기장을 타고 회로에 들어갈 수 있으며, 인접한 회로나 근처의 전원이 노이즈원이 될 수 있다. 몇몇 복사성 노이즈를 줄여주는 방법은 일반적으로 첫 번째로 노이즈의 원인을 결정하고 실드 또는 필터를 통해 절연시키는 것이다. 인덕터는 RF 노이즈를 제거하기

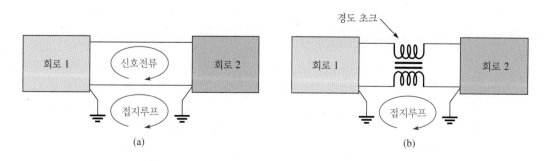

▲ 그림 11-36

위해 사용하는 필터에 폭넓게 사용되고, 복사성 주파수 노이즈가 되지 않도록 주의하며 선택해야 한다. 높은 주파수(>20 MHz)에 대해 인덕터는 토로이달 코어가 폭넓게 사용되며, 자속을 코어 내부로만 형성하도록 자기장의 흐름을 제한한다.

RF 초크

고주파 차단의 목적으로 사용되는 인덕터는 **무선주파수(RF) 초크**라 부른다. RF 초크는 용량성 및 방사된 노이즈에 대해 사용된다. 이는 고주파에 대한 높은 임피던스 경로를 제공하여 고주파가 시스템의 일부로 들어가거나 나가는 것을 차단하도록 설계된 특수 인덕터이다. 일반적으로 초크는 무선주파수(RF) 억제에 대해 요구된 선로에 직렬로 설치된다. 간섭주파수에 따라 다른 종류의 초크가 요구된다. 전자기 간섭(EMI) 필터의 공통 형태는 토로이달(도넛형) 코어로 신호선을 감싼다. 토로이달(도넛형) 코어의 구성은 자기장이 포함되기 때문에 자체 노이즈원이 되지 않게 하여야 한다.

RF 초크의 또 다른 공통형태는 페라이트 비드이다(그림 11-37 참조). 모든 전선은 인덕턴스를 가지고 있고 페라이트 비드는 인덕턴스를 높이기 위해 와이어에 묶인 작은 강자성 물질이다. 비드에 의해 나타난 임피던스는, 비드의 크기와 마찬가지로 주파수나 물질의 함수로 표현되고, 고주파에 대해 효과적이고 값싼 '초크'이다. 페라이트 비드는 고주파 통신시스템에서 흔히 사용되며 방사 잡음을 최소화하기 위해 고속 디지털 케이블에 통합되는 경우가 많다. 인덕턴스 효과를 증가하기 위해 몇 개를 직렬로 함께 감는다.

동조회로

인덕터는 커패시터와 함께 통신시스템에서 주파수를 선택하는 데에 사용된다. 동조회로는 좁은 주파수 대역만을 선택하고 그밖의 모든 주파수를 차단하기 위해 사용된다. TV나 라디오 수신기 튜너는 이러한 원리를 기초로 하고 있으며, 많은 채널이나 방송국 중에서 원하는 채널이나 방송국만을 선택할 수 있게 한다.

주파수 선택도는 커패시터와 인덕터 모두 주파수에 의존하며 두 소자가 직렬 또는 병렬로 연결되었을 때, 이들 두 소자의 상호작용에 기초를 두고 있다. 커패시터와 인덕터는 정반대의 위상 천이를 만들므로 선택된 주파수에서 원하는 응답을 얻도록 할 수 있다. 동조(공진) RLC 회로는 13장에서 자세히 다룰 것이다.

스위칭 전원공급장치

스위칭 전원공급장치는 내부 트랜지스터 스위치를 사용하여 공급장치의 부하에 따라 나머지 레귤레이터 회로의 입력을 신속하게 연결하고 연결 해제한다. 레귤레이터 회로는 출력을 일정하게 유지하기 위한 핵심 부품으로 인덕터를 사용한다. 전원공급장치는 필요할 때만 입력 소스에서 에너지를 끌어오므로 효율성은 선형조정 전원공급장치의 약 60%에 비해 일반적으로 약 90%로 매우 높다. 이러한 이유로 스위칭 전원공급장치는 대부분의 컴퓨터 및 TV 수신기를 포함한 다양한 애플리케이션에 사용한다. 스위칭 조정기에 대해는 12-8절에서 자세히 설명한다.

11-6절 복습

해답은 이 장의 끝에 있다.

1. 원하지 않는 노이즈 두 종류를 말하라.
2. EMI는 무엇을 의미하는가?
3. 페라이트 비드는 어떻게 사용되는가?

응용과제

Application Assignment

규격표시가 안 된 2개의 코일이 주어지고 이들의 인덕턴스를 구하고자 한다. 인덕턴스를 직접 측정할 수 있는 인덕턴스 브리지가 없다고 한다면, 미지의 인덕턴스를 구하기 위해 유도성 회로의 시정수 특성을 이용해야 한다. 구형파 발생기와 오실로스코프로 구성된 검사 장치가 측정을 위해 사용된다.

저항값을 미리 알고 있는 저항을 코일과 직렬로 연결한다. 회로에 구형파를 인가하고 오실로스코프로 저항에 걸리는 전압을 측정하여 시정수를 구한다. 시정수와 저항값을 알면 인덕턴스 L을 계산할 수 있다.

구형파 입력전압이 높아질 때마다 인덕터에 전류가 흐르고 구형파 전압이 0으로 돌아가면 인덕터에 전류가 흐르지 않는다.

지수함수적으로 증가하는 저항전압이 대략 최종값까지 도달하는 시간이 시정수의 5배가 되는 시간이다. 이 측정법을 그림 11-38에 보였다. 코일의 권선저항이 무시해도 될 만큼 작은지 미리 확인해야 하며, 회로에 사용되는 저항값은 권선저항값보다 훨씬 커야 한다.

1단계: 코일저항 측정과 직렬저항의 선택

권선저항이 저항계로 85 Ω으로 측정되었다고 가정하자. 권선저항

▶ 그림 11-38

시정수를 측정하는 회로

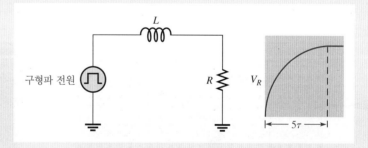

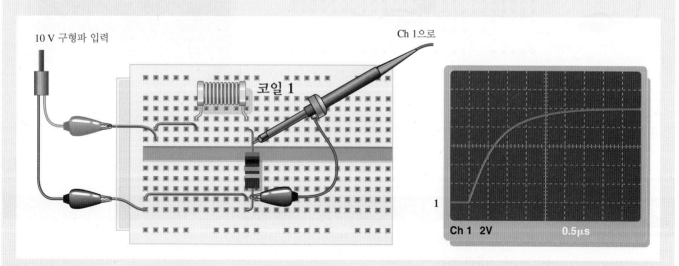

▲ 그림 11-39

코일 1의 검사 (그림 색깔은 책 뒷부분의 컬러 페이지 참조)

을 무시하기 위해 회로에 10 kΩ의 직렬저항이 사용된다.

2단계: 코일 1의 인덕턴스 측정

그림 11-39에서와 같이 인덕턴스를 구하기 위해 10 V의 구형파를 회로에 인가한다. 각 구형의 펄스가 가해지는 동안 충분히 높은 인덕터 전류에 도달한 시간을 갖도록 구형파의 주파수를 조정한다. 그림과 같이 완전한 전류 곡선을 볼 수 있도록 스코프를 조정한다. 스코프의 화면에 나타난 곡선으로부터 회로 시정수의 근삿값을 구하여 코일 1의 인덕턴스를 계산한다.

3단계: 코일 2의 인덕턴스 측정

그림 11-40에서와 같이 인덕턴스를 구하기 위해 10 V의 구형파를 회로에 인가한다. 각 구형파 펄스가 가해지는 동안 충분히 높은 인덕터 전류에 도달할 시간을 갖도록 구형파의 주파수를 조정한다. 그림과 같이 완전한 전류 곡선을 볼 수 있도록 스코프를 조정한다. 스코프의 화면에 나타난 곡선으로부터 회로 시정수의 근삿값을 구하기 위해 코일 2의 인덕턴스를 계산한다. 이 방법에서 발견되는 어려움에 대해 토론하라.

4단계: 미지의 인덕턴스를 측정하는 다른 방법

시정수의 측정이 미지의 인덕턴스를 구하는 유일한 방법은 아니다. 구형파 대신에 정현파 입력전압을 사용하는 방법을 찾아라.

Multisim 분석

Multisim 소프트웨어를 열어라. 2단계의 결정된 인덕턴스와 저항의 값을 사용하여 RL 회로에 접속하라. 시정수에 맞게 측정될 수 있도록 한다. 그리고 3단계에서의 인덕턴스를 정의하라.

응용과제 복습

1. 그림 11-39에서 사용할 수 있는 구형파 주파수의 최댓값은 얼마인가?
2. 그림 11-40에서 사용될 수 있는 구형파 주파수의 최댓값은 얼마인가?
3. 주파수가 1번 문제와 2번 문제에서 구한 최댓값보다 크다면 어떻게 되는가? 측정값이 어떻게 영향을 받는지 기술하라.

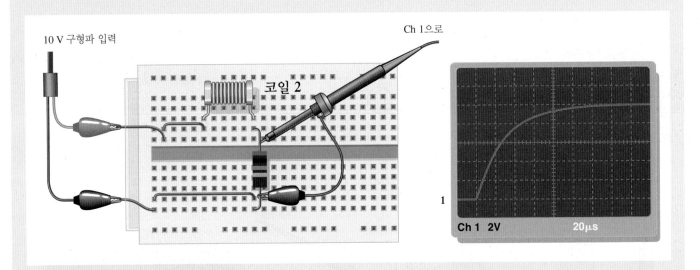

▲ 그림 11-40

코일 2의 검사 (그림 색깔은 책 뒷부분의 컬러 페이지 참조)

요약

- 인덕턴스는 전류의 변화에 따른 코일의 유도전압 형성 능력을 나타낸다.
- 인덕터는 전류의 변화를 방해한다.
- 패러데이의 법칙에 따르면 자계와 코일의 상대적인 움직임이 코일에 전압을 유도한다.
- 렌츠의 법칙에 따르면 자계의 변화를 방해하는 방향으로 유도전류가 흐르도록 유도전압의 극성이 결정된다.
- 에너지는 인덕터 내에 자기장으로 저장된다.

- 1헨리는 1초당 1암페어의 비율로 변화하는 전류가 인덕터에 1볼트의 전압을 유도할 때의 인덕턴스 값이다.
- 인덕턴스는 권선 수의 제곱과 투자율, 코어의 단면적에 비례한다. 코어의 길이에는 반비례한다.
- 코어 재료의 투자율은 재료 내의 자계의 형성능력을 나타낸다.
- 직렬로 연결된 인덕터는 그 값을 더한다.
- 총 병렬 인덕턴스는 병렬로 연결된 인덕터 중에서 가장 작은 인덕턴스보다 작다.
- 직렬 *RL* 회로의 시정수는 인덕턴스를 저항으로 나눈 값이다.
- *RL* 회로의 인덕터에서 증가하거나 감소하는 전류와 전압은 각 시정수 동안 63%만큼씩 변화한다.
- 증가하거나 감소하는 전류와 전압은 *RL* 회로의 지수 곡선을 따라 변화한다.
- 인덕터에서 전압은 전류보다 위상이 90° 앞선다.
- 유도성 리액턴스(X_L)는 주파수와 인덕턴스에 비례한다.
- 인덕터에서 유효전력은 0이다. 즉 이상적인 인덕터에서는 에너지 손실이 없다.

핵심용어

권선 인덕터에서 도선의 권선 수

권선저항 코일을 이루는 도선의 저항

양호도(*Q*) 인덕터 또는 공진회로에서 유효전력에 대한 무효전력의 비

유도성 리액턴스 정현파 전류에서 인덕터 항목. 단위는 옴

유도전압 자기장의 변화에 의해 생성된 전압

인덕터 유도 성분을 가지며 도선으로 감겨진 코어로 구성된 전기 소자로 알려져 있음

인덕턴스(*L*) 전류의 변화에 저항하는 기전력을 발생하는 인덕터의 속성

코일 인덕터의 일반적인 용어

헨리(H) 인덕턴스의 단위

***RL* 시정수(*τ*)** 회로의 시간적인 응답을 결정하는 *L*과 *R*에 의해 정해지는 고정된 시간 간격. *L*/*R*과 동일하며 단위는 초(*s*)

수식

11-1	$W = \dfrac{1}{2}LI^2$	인덕터에 저장되는 에너지
11-2	$L = \dfrac{N^2 \mu A}{l}$	물리적인 변수로 나타낸 인덕턴스
11-3	$L_T = L_1 + L_2 + L_3 + \cdots + L_n$	직렬 인덕턴스
11-4	$L_T = \dfrac{1}{\dfrac{1}{L_1} + \dfrac{1}{L_2} + \dfrac{1}{L_3} + \cdots + \dfrac{1}{L_n}}$	총 병렬 인덕턴스
11-5	$\tau = \dfrac{L}{R}$	*RL* 시정수
11-6	$v = V_F + (V_i - V_F)\, e^{-Rt/L}$	지수적으로 감소하는 전압(일반식)
11-7	$i = I_F + (I_i - I_F)\, e^{-Rt/L}$	지수적으로 감소하는 전류(일반식)
11-8	$i = I_F(1 - e^{-Rt/L})$	0에서부터 지수적으로 증가하는 전류
11-9	$i = I_i\, e^{-Rt/L}$	지수적으로 0까지 감소하는 전류

11-10	$X_L = 2\pi f L$	유도성 리액턴스
11-11	$X_{L(tot)} = X_{L1} + X_{L2} + X_{L3} + \cdots + X_{Ln}$	직렬 인덕터의 리액턴스
11-12	$X_{L(tot)} = \dfrac{1}{\dfrac{1}{X_{L1}} + \dfrac{1}{X_{L2}} + \dfrac{1}{X_{L3}} + \cdots + \dfrac{1}{X_{Ln}}}$	병렬 인덕터의 리액턴스
11-13	$I = \dfrac{V}{X_L}$	옴의 법칙
11-14	$P_{true} = I_{rms}^2 R_W$	유효전력
11-15	$P_r = V_{rms} I_{rms}$	무효전력
11-16	$P_r = \dfrac{V_{rms}^2}{X_L}$	무효전력
11-17	$P_r = I_{rms}^2 X_L$	무효전력
11-18	$Q = \dfrac{X_L}{R_W}$	양호도

참/거짓 퀴즈
해답은 이 장의 끝에 있다.

1. 렌츠의 법칙에서 코일에 유도되는 전압의 양은 자기장의 변화에 비례적이다.
2. 이상적인 인덕터는 권선 저항이 없다.
3. 2개 병렬 인덕터의 총 인덕턴스는 개별 인덕터의 곱/합과 같다.
4. 총 병렬 인덕턴스는 가장 작은 인덕터의 값보다 작다.
5. RL 회로의 시정수는 $\tau = R/L$ 공식으로 주어진다.
6. 직류전원의 접속된 RL 직렬회로에서, 최대 전류는 총 인덕턴스에 의해 제한된다.
7. 키르히호프의 전압 법칙은 유도성 회로에 적용되지 않는다.
8. 유도성 리액턴스는 주파수에 직접적으로 비례적이다.
9. 유도성 회로의 인덕터에서 전류는 전압보다 지상이다.
10. 유도성 회로에 대한 전원 주파수는 적용되어진 전압의 주파수와 같다.

자습 문제
해답은 이 장의 끝에 있다.

1. 0.050 μH의 인덕턴스는 다음 어느 것보다 큰가?
   (a) 0.00000050 H   (b) 0.0000050 H   (c) 0.0000000080 H   (d) 0.000050 mH
2. 0.33 mH의 인덕턴스는 다음 어느 것보다 작은가?
   (a) 33 μH   (b) 330 μH   (c) 0.050 mH   (d) 0.00050 H
3. 인덕터에 흐르는 전류가 증가하면 전자계 내에 저장된 에너지는 어떻게 되는가?
   (a) 감소한다   (b) 일정하게 유지된다
   (c) 증가한다   (d) 두 배로 된다
4. 인덕터에 흐르는 전류가 두 배가 되면 저장된 에너지는 어떻게 되는가?
   (a) 두 배가 된다   (b) 네 배가 된다
   (c) 반으로 된다   (d) 변화하지 않는다
5. 다음 중 어떻게 하면 권선저항을 줄일 수 있는가?
   (a) 권선 수를 줄인다   (b) 더 굵은 도선을 사용한다
   (c) 코어 재료를 바꾼다   (d) (a) 또는 (b)

6. 철심 코일의 인덕턴스를 어떻게 증가할 수 있는가?

    (a) 권선 수를 늘린다   (b) 철심을 제거한다

    (c) 코어의 길이를 늘린다   (d) 더 굵은 도선을 사용한다.

7. 10 mH 인덕터 4개를 직렬로 연결하면 총 인덕턴스는?

    (a) 40 mH   (b) 2.5 mH   (c) 40,000 μH   (d) (a)와 (c)

8. 1.0 mH, 3.3 mH, 0.1 mH의 인덕터를 병렬로 연결하면 총 인덕턴스는?

    (a) 4.4 mH   (b) 3.3 mH보다 크다.

    (c) 0.1 mH보다 작다.   (d) (a)와 (b)

9. 인덕터, 저항, 스위치를 12 V의 전지에 직렬로 연결했다. 스위치를 닫는 순간 인덕터 전압은?

    (a) 0 V   (b) 12 V   (c) 6.0 V   (d) 4.0 V

10. 정현파 전압이 인덕터에 인가되었다. 전압의 주파수가 증가하면 전류는?

    (a) 감소한다   (b) 증가한다

    (c) 변하지 않는다   (d) 일시적으로 0이 된다

11. 인덕터와 저항이 정현파 전압원에 직렬로 연결되었다. 유도성 리액턴스가 저항과 같도록 주파수가 맞추어졌다. 주파수가 증가하면 어떻게 되는가?

    (a) $V_R > V_L$ (b) $V_R \approx 0$ (c) $V_L = V_R$ (d) $V_L > V_R$

고장진단: 증상과 원인

이를 연습하는 목적은 고장진단에 필수적인 사고력 개발에 도움을 주기 위한 것이다. 해답은 이 장의 끝에 있다.

그림 11-41을 참조하여 각각 여러 가지 일어날 수 있는 경우를 예상한다.

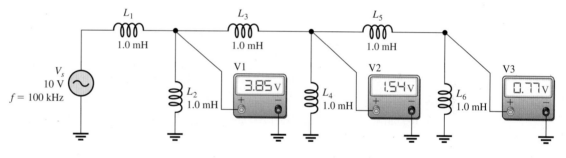

▲ 그림 11-41

회로에서 교류전압계들이 정확하게 지시된다.

1. 증상: 모든 전압계의 눈금이 0 V이다.

    원인:

    (a) 전원은 없거나 불안정

    (b) L_1은 개방

    (c) (a) 또는 (b)

2. 증상: 모든 전압계의 눈금이 0 V이다.

    원인:

    (a) L_4가 완전하게 단락

    (b) L_5가 완전하게 단락

    (c) L_6가 완전하게 단락

3. 증상: 전압계 1의 눈금이 5.0 V이고, 전압계 2와 3은 0 V이다.

    원인:

    (a) L_4는 개방

(b) L_2는 개방

(c) L_5는 단락

4. 증상: 전압계 1의 눈금이 4.0 V이고, 전압계 2는 2.0 V, 전압계 3은 0 V를 가리킨다.

원인:

(a) L_3는 개방

(b) L_6는 단락

(c) (a) 또는 (b)

5. 증상: 전압계 1의 눈금이 4.0 V이고, 전압계 2는 2.0 V, 전압계 3은 2.0 V를 가리킨다.

원인:

(a) L_3는 단락

(b) L_6는 개방

(c) (a) 또는 (b)

연습 문제

홀수 번호 연습 문제의 해답은 이 책의 끝에 있다.

기초 문제

11-1 기본적인 인덕터

1. 다음을 밀리헨리(mH)로 바꾸어라.

   (a) 1.0 H   (b) 250 μH   (c) 10 μH   (d) 0.00050 H

2. 다음을 마이크로헨리(μH)로 바꾸어라.

   (a) 300 mH   (b) 0.080 H   (c) 5.0 mH   (d) 0.00045 mH

3. 단면적이 10×10^{-5} m^{2}이고 길이가 0.05 m인 원통형 코어에 도선을 몇 번 감아야 30 mH가 되는가? 진공상태에서 재료의 투자율은 1.26×10^{-6} H/m이다.

4. 12 V의 전지를 권선저항이 120 Ω인 코일에 연결했다. 코일에 얼마의 전류가 흐르는가?

5. 25 mH의 인덕터에 15 mA의 전류가 흐르면 얼마의 에너지가 저장되는가?

6. 100 mH의 코일에 흐르는 전류가 200 mA/s의 비율로 변화하면 코일에 유도되는 전압은 얼마인가?

11-3 직렬 및 병렬 인덕터

7. 5개의 인덕터가 직렬로 연결되었다. 가장 작은 인덕턴스 값이 5.0 μH이다. 각 인덕터의 값이 바로 앞의 값의 두 배이고 값이 증가하는 순서로 연결되었다면, 총 인덕턴스는 얼마인가?

8. 50 mH의 총 인덕턴스가 필요하다. 10 mH 코일 1개와 22 mH 코일 1개가 있다면 얼마의 인덕턴스가 더 필요한가?

9. 75 μH, 50 μH, 25 μH, 15 μH인 인덕터가 병렬로 연결되었다면 총 인덕턴스는?

10. 12 mH 인덕터 1개와 그보다 더 큰 값의 인덕터들이 있다고 하자. 8.0 mH로 만들려면 어떤 값의 인덕터를 12 mH 인덕터와 병렬로 연결해야 하는가?

11. 그림 11-42에 보이는 각 회로의 총 인덕턴스를 구하라.

▶ 그림 11-42

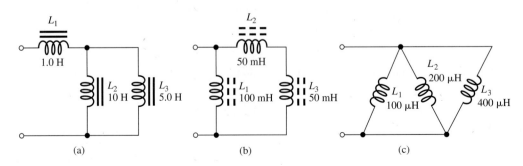

(a)   (b)   (c)

12. 그림 11-43에 보이는 각 회로의 총 인덕턴스를 구하라.

▶ 그림 11-43

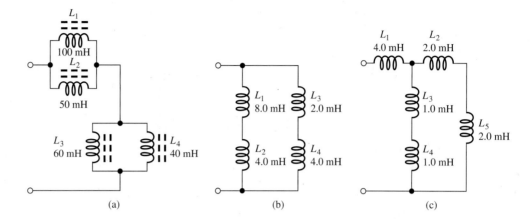

(a)　　　　　(b)　　　　　(c)

11-4 직류회로에서의 인덕터

13. 다음 각 직렬 RL 회로의 시정수를 구하라.

    (a) $R = 100\ \Omega$, $L = 100\ \mu H$　　　　　　　　　(b) $R = 4.7\ k\Omega$, $L = 10\ mH$

    (c) $R = 1.5\ M\Omega$, $L = 3.0\ H$

14. 다음 직렬 RL 회로에서 전류가 최종값까지 도달하는 데에 걸리는 시간을 각각 구하라.

    (a) $R = 56\ \Omega$, $L = 50\ \mu H$　　　　　　　　　(b) $R = 3300\ \Omega$, $L = 15\ mH$

    (c) $R = 22\ k\Omega$, $L = 100\ mH$

15. 그림 11-44의 회로에서 처음엔 전류가 흐르지 않았다. 스위치를 닫은 다음 아래와 같은 각각의 시간에서 인덕터 전압을 계산하라.

    (a) 10 μs　　　　(b) 20 μs　　　　(c) 30 μs　　　　(d) 40 μs　　　　(e) 50 μs

▶ 그림 11-44

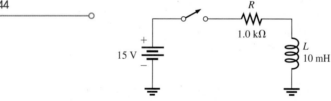

16. 그림 11-45의 이상적인 인덕터에서 다음 시간이 경과한 후의 전류를 계산하라.

    (a) 10 μs　　　　　(b) 20 μs　　　　　(c) 30 μs

▶ 그림 11-45

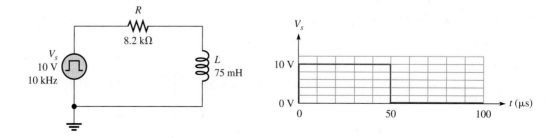

11-6 교류회로에서의 인덕터

17. 주파수가 5.0 kHz인 전압을 그림 11-42의 회로에 인가할 때 총 리액턴스는?

18. 400 Hz의 전압을 그림 11-43의 각 회로에 인가할 때 총 리액턴스는?

19. 그림 11-46에서 총 전류를 실횻값으로 구하라. L_2와 L_3에 흐르는 전류는 얼마인가?

▶ 그림 11-46

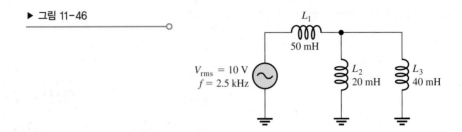

20. 그림 11-43의 각 회로에 10 V의 실효전압을 인가할 때 500 mA의 총 실효전류가 흐르기 위해는 주파수가 얼마여야 하는가?

21. 그림 11-46에서 권선저항을 무시하고 무효전력을 구하라.

고급 문제

22. 그림 11-47에 보이는 회로의 시정수를 구하라.

▶ 그림 11-47

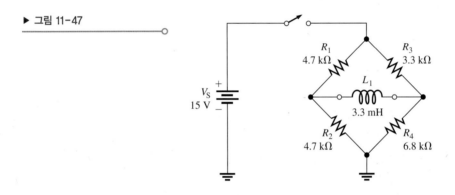

23. 그림 11-45에서 다음 시간이 경과한 후의 인덕터 양단의 전압은 얼마인가?

  (a) 60 μs　　　　　　(b) 70 μs　　　　　　(c) 80 μs

24. 그림 11-45의 60 μs에서 저항 양단의 전압은 얼마인가?

25. (a) 그림 11-47에서 스위치가 닫히고 1.0 μs 후에 인덕터에 흐르는 전류는 얼마인가?

  (b) 5τ가 지난 후의 전류는 얼마인가?

26. 그림 11-47에서 스위치가 5τ 이상 닫혀 있었다가 다시 열린다고 가정하면, 스위치가 열리고 1.0 μs 후에 인덕터에 흐르는 전류는 얼마인가?

27. 그림 11-48에서 I_{L_2}의 값을 구하라.

▶ 그림 11-48

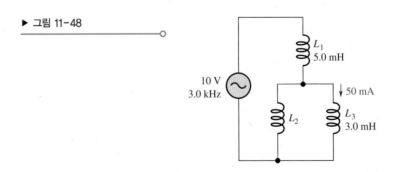

28. 그림 11-49에서 스위치의 각 위치에 대한 점 A와 B 사이의 총 인덕턴스를 구하라.

▶ 그림 11-49

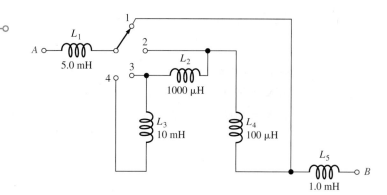

고장진단 문제

29. Multisim 파일 P11-29를 열어라. 회로를 테스트하라. 만약 여기에 고장 부분이 있다면 찾고 확인하라.

30. Multisim 파일 P11-30을 열어라. 회로를 테스트하라. 만약 여기에 고장 부분이 있다면 찾고 확인하라.

31. Multisim 파일 P11-31을 열어라. 회로에 고장 부분이 있다면 찾고 확인하라.

32. Multisim 파일 P11-32를 열어라. 회로에서 어떤 고장 소자를 찾아서 상세하게 기술하라.

33. Multisim 파일 P11-33을 열어라. 회로에서 단락이나 개방이 있는가? 만약 그렇다면, 잘못된 소자를 찾고 확인하라.

해답

11-1 기본적인 인덕터

1. 인덕턴스를 결정하는 변수들은 권선 수, 투자율, 단면적, 코어의 길이이다.

2. (a) N이 증가하면 L이 증가한다.

   (b) 코어의 길이가 증가하면 L이 감소한다.

   (c) 단면적이 감소하면 L이 감소한다.

   (d) 공기 코어인 경우 L이 감소한다.

3. 모든 도선은 약간의 저항성분을 갖고, 인덕터는 도선을 감은 것이므로 항상 권선에는 저항성분이 있다.

4. 코일에서 인접한 권선들이 커패시터의 극판과 같은 역할을 하여 작은 크기의 커패시턴스 성분이 존재한다.

11-2 인덕터의 종류

1. 인덕터의 두 종류는 고정형과 가변형이다.

2. (a) 공기 코어　　　　(b) 철 코어　　　　(c) 가변형　　　　(d) 페라이트 코어

11-3 직렬 및 병렬 인덕터

1. 직렬 연결된 인덕턴스는 그 값을 합한다.

2. $L_T = 2600\ \mu H$

3. $L_T = 5 \times 100\ mH = 500\ mH$

4. 총 병렬 인덕턴스는 병렬 연결된 개별 인덕터 중 가장 작은 인덕턴스보다 작다.

5. 참

6. (a) $L_T = 7.69\ mH$　　　(b) $L_T = 24\ \mu H$　　　(c) $L_T = 5.0\ mH$

11-4 직류회로에서의 인덕터

1. $V_L = (10\ mA)(10\ \Omega) = 100\ mV$

2. 초기에 $i = 0\ V$, $v_L = 20\ V$

3. 5τ 후, $v_L = 0$ V

4. $\tau = 500\ \mu H/1.0\ k\Omega = 500$ ns, $i_L = 3.93$ mA

11-5 교류회로에서의 인덕터

1. 인덕터에서 전압은 전류보다 위상이 90° 앞선다.

2. $X_L = 2\pi fL = 3.14\ k\Omega$

3. $f = X_L/2\pi L = 2.55$ MHz

4. $I_{rms} = 15.9$ mA

5. $P_{true} = 0$ W, $P_r = 458$ mVAR

11-6 인덕터의 응용

1. 전도성과 복사성

2. 전자파 방해

3. 인덕턴스를 증가하기 위해 도선에 설치하여 RF 초크를 만든다.

예제 관련 문제

11-1 157 mH

11-2 150 μH

11-3 20.3 μH

11-4 227 ns

11-5 $I_F = 17.6$ mA, $\tau = 147$ ns

1τ에서 $i = 11.1$ mA, $\tau = 147$ ns

2τ에서 $i = 15.1$ mA, $\tau = 294$ ns

3τ에서 $i = 16.7$ mA, $\tau = 441$ ns

4τ에서 $i = 17.2$ mA, $\tau = 588$ ns

5τ에서 $i = 17.4$ mA, $\tau = 735$ ns

11-6 0.2 ms에서 $i = 0.216$ mA

0.8 ms에서 $i = 0.0124$ mA

11-7 R_W를 무시하면 10 V이다.

11-8 3.83 mA

11-9 6.7 mA

11-10 1100 Ω

11-11 (a) 7.17 kΩ, (b) 1.04 kΩ

11-12 573 mA

11-13 P_r 감소

참/거짓 퀴즈

1. F   2. T   3. T   4. T   5. F   6. F   7. F   8. F   9. T   10. F

자습문제

1. (c)   2. (d)   3. (c)   4. (b)   5. (d)   6. (a)   7. (d)   8. (c)   9. (b)   10. (a)

11. (d)

고장진단: 증상과 원인

1. (c)   2. (a)   3. (b)   4. (a)   5. (b)

RL 회로

12

학습목표

▶ *RL* 회로에서 전류와 전압의 관계를 설명한다.
▶ 직렬 *RL* 회로에서 임피던스와 위상각을 결정한다.
▶ 직렬 *RL* 회로를 해석한다.
▶ 병렬 *RL* 회로에서 임피던스와 위상각을 결정한다.
▶ 병렬 *RL* 회로를 해석한다.
▶ 직렬-병렬 *RL* 회로를 해석한다.
▶ *RL* 회로의 전력을 결정한다.
▶ 몇 가지 기본 *RL* 회로 응용을 논의한다.
▶ *RL* 회로를 고장진단한다.

응용과제 미리 보기

과제는 통신시스템으로부터 제거된 2개의 봉인된 모듈에 포함된 *RL* 회로들의 유형을 확인하는 것이다. 회로의 배열과 소자의값을 결정하기 위하여 *RL* 회로에 대한 지식과 기본적인 측정과 정을 이용하게 될 것이다. 이 장을 공부하고 나면 응용과제를 해결할 수 있을 것이다.

핵심용어

▶ 유도성 서셉턴스(B_L)
▶ *RL* 지상회로
▶ *RL* 진상회로

서론

RL 회로에는 저항과 인덕턴스가 모두 포함된다. 이 장에서는 기본적인 직렬 및 병렬 *RL* 회로와 정현파 전압에 대한 응답을 다룬다. 또한 직렬과 병렬의 조합회로도 검토한다. *RL* 회로에서의 전력개념을 도입하고 역률에 대해 논의한다. 역률을 개선하는 방법이 설명되고, 두 가지의 기본적인 *RL* 회로의 응용이 다뤄진다. *RL* 회로에서의 일반적인 결함에 대한 고장진단 역시 다뤄진다.

유도성 회로에 대한 해석 방법은 직류회로에서 공부했던 것과 유사하다. 유도성 회로에 관한 문제는 오직 어떤 시간에서의 주파수에 대해 풀 수 있으며, 페이저 수학을 사용해야 한다.

이 장을 공부함에 있어 *RC* 회로와 비교하여 *RL* 회로 응답의 차이점과 유사점에 대해 유의해야 한다.

12-1 *RL* 회로의 정현응답

RC 회로에서와 같이 입력전압이 정현파이면 모든 형태의 *RL* 회로에서 모든 전류와 전압은 정현파이다. 인덕턴스는 저항과 유도성 리액턴스의 상대적인 값에 의존하는 전압과 전류 사이의 위상천이의 요인이 된다. 권선저항 때문에 인덕터는 일반적으로 저항이나 커패시터처럼 '이상적'이라고 할 수는 없다. 그러나 설명을 위해 보통 이상적이라고 간주한다.

이 절의 학습목표

◆ **RL 회로에서 전류와 전압의 관계를 설명한다.**

　　◆ 전압과 전류파형을 논의한다.

　　◆ 위상천이에 대해 논의한다.

　　RL 회로에서 저항전압과 전류는 전원전압보다 위상이 뒤진다. 인덕터의 전압은 전원전압보다 앞선다. 이상적으로 전류와 인덕터 전압 사이의 위상각은 항상 90°이다. 이러한 일반화된 위상 관계들을 그림 12-1에 나타냈다. 이들은 10장에서 논의된 *RC* 회로와 반대임을 유의하라.

　　전압과 전류의 진폭과 위상 관계는 저항과 용량성 리액턴스의 값에 의존한다. 회로가 순수한 용량성일 때, 전원전압과 총 전류 사이의 위상각은 90°이고 전류가 전압에 앞선다. 회로에 저항과 용량성 리액턴스가 결합되어 있을 때 전원전압과 총 전류 사이의 위상각은 0과 90° 사이의 값을 가지며, 저항과 용량성 리액턴스의 상대적인 값에 의존한다. 왜냐하면 모든 인덕터는 코일의 저항값을 가지고 이상적인 조건은 저항을 가지지 않는 조건이지만, 실제적으로 도달할 수 없으므로 저항을 가지지 않는 조건에 접근되도록 한다.

▶ **그림 12-1**

전원전압에 대한 V_R, V_L, I의 일반적인 위상 관계에 대한 정현파 응답의 예. V_R과 I의 위상 관계, V_R과 V_L은 서로 90°의 위상차를 갖는다.

(그림 색깔은 책 뒷부분의 컬러 페이지 참조)

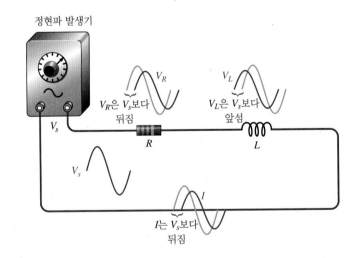

정현파 발생기

V_R

V_L

V_R은 V_s보다 뒤짐

V_L은 V_s보다 앞섬

V_s

R

L

V_s

I

I는 V_s보다 뒤짐

12-1절 복습

해답은 이 장의 끝에 있다.

1. 1.0 kHz의 정현파 전압이 *RL* 회로에 인가되었다. 이에 따른 전류의 주파수는 얼마인가?
2. *RL* 회로에서 저항이 유도성 리액턴스보다 클 때, 전원전압과 총 전류 사이의 위상각은 0°에 가까운가? 아니면 90°에 가까운가?

12-2 직렬 *RL* 회로의 임피던스와 위상각

임피던스는 *RC* 회로에 대해 10-2절에 소개되었고 정현파 전류에 전체적인 대응으로 표시된다. *RC* 회로의 경우처럼 위상으로 나타낼 수 있는 저항과 유도량의 결합이다. 위상차 때문에 총 임피던스는 위상량으로 취급된다.

이 절의 학습목표

◆ 직렬 *RL* 회로에서 임피던스와 위상각을 결정한다.
   ◆ 임피던스 삼각도를 그린다.
   ◆ 전체 임피던스의 크기를 계산한다.
   ◆ 위상각을 계산한다.

RL 회로의 **임피던스**는 정현파 전류에 대해 전체적으로 역수이며, 단위는 옴(Ω)이다. **위상각**은 총 전류와 전원전압 사이의 위상차이다. 직렬 *RL* 회로의 임피던스(Z)는 그림 12-2에서와 같이 저항(R)과 유도성 리액턴스(X_L)에 의해 결정된다.

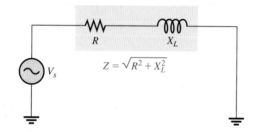

◀ 그림 12-2

직렬 *RL* 회로의 임피던스

교류해석에서 R과 X_L 모두 그림 12-3(a)의 페이저도에서와 같이 페이저 양으로 다루며, X_L은 R에 대해 +90°만큼 떨어져 있다. 이러한 관계는 인덕터 전압이 전류에 앞선다는 사실로부터 유추되며 저항전압과도 90° 차이가 난다. Z는 R과 X_L의 페이저 합이므로 그림 12-3(b)와 같이 페이저도로 나타낼 수 있다. 페이저들을 다시 배치하면 그림 12-3(c)와 같이 직각삼각형의 형태가 된다. 앞에서 배운 것처럼 이러한 형식을 임피던스 삼각도라고 부른다. 각 페이저의 길이는 페이저 양의 크기를 나타내며, θ는 *RL* 회로의 전원전압과 총 전류 사이의 위상각을 나타낸다.

직렬 *RL* 회로의 임피던스 Z의 크기는 저항과 리액턴스의 항으로 표현할 수 있다.

$$Z = \sqrt{R^2 + X_L^2} \tag{12-1}$$

여기서 Z는 옴(Ω)으로 표현된다.

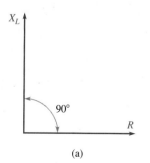
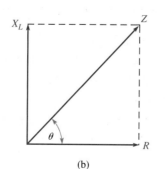
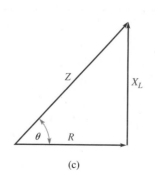

(a)　　　　　(b)　　　　　(c)

◀ 그림 12-3

직렬 *RL* 회로에 대한 임피던스 삼각도의 전개

위상각 θ는 다음과 같이 표현된다.

$$\theta = \tan^{-1}\left(\frac{X_L}{R}\right) \qquad\qquad (12\text{--}2)$$

예제 12-1

그림 12-4의 회로에서 임피던스와 위상각을 결정하라. 그리고 임피던스 삼각도를 그려라.

▶ 그림 12-4

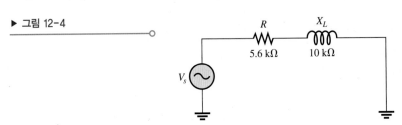

풀이 임피던스는

$$Z = \sqrt{R^2 + X_L^2} = \sqrt{(5.6 \text{ k}\Omega)^2 + (10 \text{ k}\Omega)^2} = \mathbf{11.5 \text{ k}\Omega}$$

위상각은

$$\theta = \tan^{-1}\left(\frac{X_L}{R}\right) = \tan^{-1}\left(\frac{10 \text{ k}\Omega}{5.6 \text{ k}\Omega}\right) = \mathbf{60.8°}$$

전원전압은 전류보다 60.8° 앞선다. 임피던스 삼각도를 그림 12-5에 나타냈다.

▶ 그림 12-5

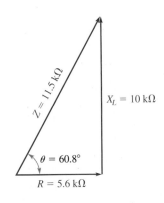

관련 문제* 직렬 RL 회로에서 R = 1.8 kΩ, X_L = 950 Ω이다. 임피던스와 위상각을 결정하라.

공학용 계산기 소개의 예제 12-1에 있는 변환 예를 살펴보라.

---

* 해답은 이 장의 끝에 있다.

12-2절 복습

해답은 이 장의 끝에 있다.

1. 직렬 RL 회로에서 전원전압이 전류보다 위상이 앞서는가? 아니면 뒤지는가?
2. 위상각이 45° 차이일 때, R과 X_L의 관계는 무엇인가?
3. RL 회로의 위상각은 RC 회로와 어떻게 다른가?
4. 직렬 RL 회로에서 저항이 33 kΩ, 유도성 리액턴스가 50 kΩ이다. Z와 θ를 결정하라.

12-3 직렬 *RL* 회로 해석

옴의 법칙과 키르히호프의 전압 법칙은 전압을 결정하기 위해 직렬 *RC* 회로의 전압, 전류, 임피던스 해석에 사용된다. 또한 12-3절에서는 *RL* 지상회로와 진상회로를 다루었다.

이 절의 학습목표

◆ **직렬 *RL* 회로를 해석한다.**

 ◆ *RL* 회로에 옴의 법칙과 키르히호프의 전압 법칙을 적용한다.
 ◆ 전압과 전류의 위상 관계를 결정한다.
 ◆ 주파수에 따른 임피던스와 위상각의 변화를 보인다.
 ◆ *RL* 지상회로를 해석하고 논의한다.
 ◆ *RL* 진상회로를 해석하고 논의한다.

옴의 법칙

직렬 *RL* 회로에 대한 옴의 법칙 적용에는 *Z*, *V*, *I*의 사용이 포함된다. 옴의 법칙의 세 가지 등가적인 식은 *RC* 회로에 대해 설명한 10장에서 언급되었다. 이들은 *RL* 회로에도 적용되며 다시 언급하면

$$V = IZ, \quad I = \frac{V}{Z}, \quad Z = \frac{V}{I}$$

다음 예제는 옴의 법칙의 사용을 나타낸 것이다.

예제 12-2

그림 12-6에서 전류는 200 μA이다. 전원전압을 결정하라.

▶ 그림 12-6

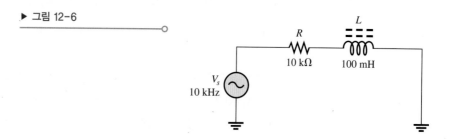

풀이 식 (11-10)으로부터 유도성 리액턴스는

$$X_L = 2\pi f L = 2\pi(10 \text{ kHz})(100 \text{ mH}) = 6.28 \text{ k}\Omega$$

임피던스는

$$Z = \sqrt{R^2 + X_L^2} = \sqrt{(10 \text{ k}\Omega)^2 + (6.28 \text{ k}\Omega)^2} = 11.8 \text{ k}\Omega$$

옴의 법칙을 적용하면

$$V_s = IZ = (200 \text{ μA})(11.8 \text{ k}\Omega) = \textbf{2.36 V}$$

관련 문제 그림 12-6에서 전압이 5.0 V일 때, 전류를 구하라.

공학용 계산기 소개의 예제 12-2에 있는 변환 예를 살펴보라.

Multisim 또는 LTspice 파일 E12-02을 열어라. 10 kHz, 5.0 kHz, 20 kHz에서 전류를 측정하고, 측정된 결과를 설명하라.

전류와 전압의 위상 관계

직렬 *RL* 회로에서 전류는 저항과 인덕터 모두를 통해 똑같이 흐른다. 따라서 저항전압은 전류와 동위상이며, 인덕터 전압은 전류에 90° 앞선다. 그러므로 그림 12-7의 파형도에서 보는 바와 같이 저항전압 V_R과 인덕터 전압 V_L 사이에는 90°의 위상차가 생긴다.

▶ 그림 12-7

직렬 *RL* 회로에서 전류와 전압의 위상 관계

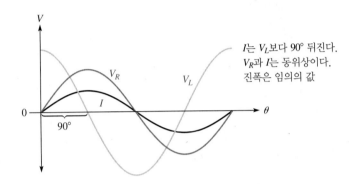

I는 V_L보다 90° 뒤진다.
V_R과 I는 동위상이다.
진폭은 임의의 값

키르히호프의 전압 법칙으로부터 전압강하의 합은 인가전압과 반드시 같아야 한다. 그러나 V_R과 V_L은 서로 동위상이 아니므로 그림 12-8(a)에서 보인 것과 같이 V_L이 V_R에 90° 앞서 있는 형태의 페이저 양으로 합해야 한다. 그림 12-8(b)에서와 같이 V_s는 V_R과 V_L의 페이저 합이다. 이 식은 다음과 같이 표현된다.

$$V_s = \sqrt{V_R^2 + V_L^2} \tag{12-3}$$

저항전압과 전원전압 사이의 위상각은 다음과 같이 표현된다.

$$\theta = \tan^{-1}\left(\frac{V_L}{V_R}\right) \tag{12-4}$$

저항전압과 전류는 동위상이므로 식 (12-4)의 θ 역시 전원전압과 전류 사이의 위상각을 나타내며, $\tan^{-1}(X_L/R)$과 같다.

그림 12-9는 그림 12-7의 파형도에 대한 전압과 전류의 페이저도를 보인 것이다.

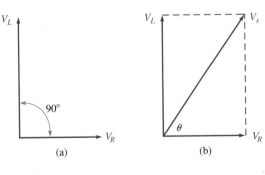

▲ 그림 12-8

그림 12-7의 파형에 대한 전압 페이저도

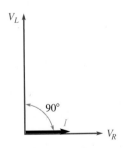

▲ 그림 12-9

그림 12-7의 파형에 대한 전류와 전압 페이저도

예제 12-3

그림 12-10에서 전원전압과 위상각을 결정하라. 전압 페이저도를 그려라.

▶ 그림 12-10

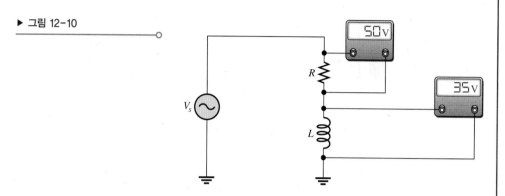

풀이 V_R과 V_L은 90°의 위상차가 나므로 직접 더할 수 없으며, 페이저양으로 더해져야 한다. 전원전압은

$$V_s = \sqrt{V_R^2 + V_L^2} = \sqrt{(50 \text{ V})^2 + (35 \text{ V})^2} = \mathbf{61 \text{ V}}$$

전류와 전원전압 사이의 위상각은

$$\theta = \tan^{-1}\left(\frac{V_L}{V_R}\right) = \tan^{-1}\left(\frac{35 \text{ V}}{50 \text{ V}}\right) = \mathbf{35°}$$

전압 페이저도를 그림 12-11에 나타냈다.

▶ 그림 12-11

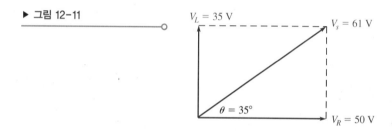

관련 문제 주어진 정보에 의해 그림 12-10에서 전류를 결정할 수 있는가?

공학용 계산기 소개의 예제 12-3에 있는 변환 예를 살펴보라.

주파수에 따른 임피던스 및 위상각의 변화

잘 알고 있듯이 유도성 리액턴스는 주파수에 따라 변한다. X_L이 증가할 때 전체 임피던스 역시 증가하며, X_L이 감소할 때 전체 임피던스 역시 감소한다. 따라서 *RL* 회로에서 *Z*는 직접적으로 주파수에 의존한다.

그림 12-12는 전원전압이 일정한 값을 유지할 때 주파수의 증감에 따라 *RL* 회로의 전압과 전류가 어떻게 변하는지를 보인 것이다. 그림 12-12(a)에서 주파수가 증가하면 X_L이 증가하고, 따라서 총 전압의 더 많은 부분이 인덕터 양단에 나타난다. 회로 양단의 동일한 총 전압에 대해 총 전류는 감소하며, 이는 *Z*가 크다는 것을 의미한다. 총 전류가 감소하기 때문에 저항 양단에 걸리는 전압 또한 감소한다.

그림 12-12(b)는 X_L 감소에 의해 주파수 및 인덕터 양단의 전압이 감소됨을 보여준다. 또한 임피던스 *Z*의 감소로 전류는 증가하며, 전류의 증가로 저항 양단 전압은 증가한다.

X_L이 직렬 *RL* 회로에 위상각을 도입하게 되는 요소이므로, X_L의 변화는 위상각의 변화를 만들

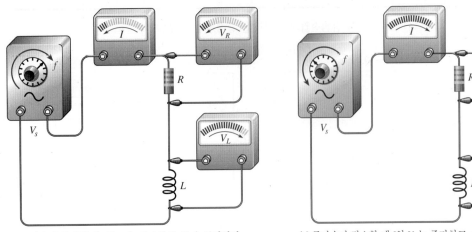

(a) 주파수가 증가할 때 *I*와 V_R는 감소하고, V_L은 증가한다.

(b) 주파수가 감소할 때 *I*와 V_R는 증가하고, V_L은 감소한다.

▲ 그림 12-12

전원주파수 변화에 따른 임피던스의 변화가 전압과 전류에 어떻게 영향을 미치는지 보여준다. 전원전압은 일정한 크기를 유지한다.
(그림 색깔은 책 뒷부분의 컬러 페이지 참조)

HANDS ON TIP

Focal point/Shutterstock

이미 알고 있듯이 일부 멀티미터들은 비교적 낮은 주파수 응답 특성을 갖고 있다. 알고 있어야 할 또 다른 사항들이 있다. 하나는 대부분의 교류 계측기가 측정하는 파형은 단지 정현파일 때만 정확하다는 것이고, 다른 하나는 작은 교류전압을 측정할 때의 정확도가 직류일 때보다 일반적으로 낮다는 것이다. 결과적으로 부하연결이 계측기 측정의 정확도에 영향을 미칠 수 있다.

어낸다. 주파수가 증가함에 따라 X_L은 더 커지게 되고, 따라서 위상각이 증가한다. 주파수가 감소하면 X_L은 더 작아지고, 따라서 위상각은 감소한다. *I*는 V_R과 동위상이므로 V_s와 V_R 사이의 각이 회로의 위상각이 된다. 주파수에 대한 위상각의 변화를 그림 12-13에서와 같이 임피던스 삼각도로 나타냈다.

▶ 그림 12-13

주파수의 증가에 따라 위상각 θ가 증가

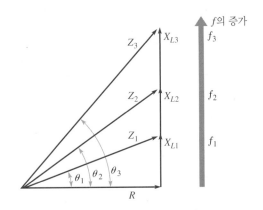

| 예제 12-4 |

그림 12-14의 직렬 *RL* 회로에 대해 다음의 각 주파수들에 대한 임피던스와 위상각을 결정하라.

(a) 10 kHz   (b) 20 kHz   (c) 30 kHz

▶ 그림 12-14

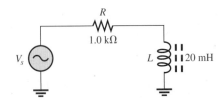

풀이 (a) *f* = 10 kHz일 때, 임피던스는 다음과 같이

$$X_L = 2\pi f L = 2\pi(10 \text{ kHz})(20 \text{ mH}) = 1.26 \text{ k}\Omega$$

$$Z = \sqrt{R^2 + X_L^2} = \sqrt{(1.0 \text{ k}\Omega)^2 + (1.26 \text{ k}\Omega)^2} = \mathbf{1.61 \text{ k}\Omega}$$

위상각은

$$\theta = \tan^{-1}\left(\frac{X_L}{R}\right) = \tan^{-1}\left(\frac{1.26 \text{ k}\Omega}{1.0 \text{ k}\Omega}\right) = \textbf{68.3°}$$

(b) f = 20 kHz일 때

$$X_L = 2\pi (20 \text{ kHz})(20 \text{ mH}) = 2.51 \text{ k}\Omega$$
$$Z = \sqrt{(1.0 \text{ k}\Omega)^2 + (2.51 \text{ k}\Omega)^2} = \textbf{2.70 k}\Omega$$
$$\theta = \tan^{-1}\left(\frac{2.51 \text{ k}\Omega}{1.0 \text{ k}\Omega}\right) = \textbf{75.1°}$$

(c) f = 30 kHz일 때

$$X_L = 2\pi (30 \text{ kHz})(20 \text{ mH}) = 3.77 \text{ k}\Omega$$
$$Z = \sqrt{(1.0 \text{ k}\Omega)^2 + (3.77 \text{ k}\Omega)^2} = \textbf{3.90 k}\Omega$$
$$\theta = \tan^{-1}\left(\frac{3.77 \text{ k}\Omega}{1.0 \text{ k}\Omega}\right) = \textbf{51.5°}$$

주파수가 증가함에 따라 X_L, Z, θ가 증가함에 유의하라.

관련 문제   그림 12-14에서 f = 100 kHz일 때, Z와 θ를 결정하라.

공학용 계산기 소개의 예제 12-4에 있는 변환 예를 살펴보라.

RL 지상회로

RL 지상회로(*RL* lag circuit)는 출력전압이 입력전압보다 어떤 정해진 위상각 ϕ만큼 뒤지도록 하는 위상천이회로이다. 기본적인 *RL* 지상회로는 그림 12-15(a)에 보여준다. 회로에 적용된 전체 입력전압과 저항 양단의 출력전압은 그림 12-15(b) 페이저도에서 전압의 관계를 나타내고, 12-15(c)은 회로의 입력-출력 파형을 나타낸다. 출력전압 V_{out}과 지연된 V_{in}은 회로의 위상각 ϕ와 같다. 이때의 위상각은 V_R과 I 상호 간의 위상차와 동일하다.

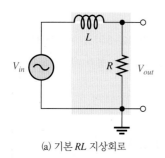

(a) 기본 *RL* 지상회로

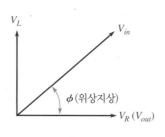

(b) 위상지상을 나타내는 전압 페이저도(V_{in}과 V_{out})

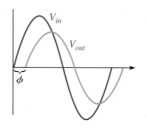

(c) 입력전압과 출력전압의 파형

◀ 그림 12-15

RL 지상회로($V_{out} = V_R$)

위상지상 ϕ는 다음과 같다.

$$\phi = \tan^{-1}\left(\frac{X_L}{R}\right) \tag{12-5}$$

| 예제 12-5 | 그림 12-16의 각 회로에 대해 위상지상을 구하라. |

▶ 그림 12-16

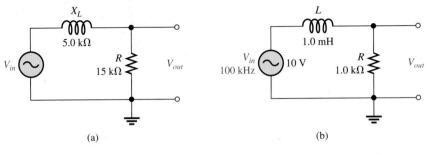

(a)

(b)

풀이   그림 12-16(a)의 지상회로에서

$$\phi = \tan^{-1}\left(\frac{X_L}{R}\right) = \tan^{-1}\left(\frac{5.0 \text{ k}\Omega}{15 \text{ k}\Omega}\right) = \mathbf{18.4°}$$

따라서 출력은 입력보다 18.4° 뒤진다.

그림 12-16(b)의 지상회로에서는 먼저 유도성 리액턴스를 구한다.

$$X_L = 2\pi f L = 2\pi(100 \text{ kHz})(1.0 \text{ mH}) = 628 \text{ }\Omega$$

위상지상은

$$\phi = \tan^{-1}\left(\frac{X_L}{R}\right) = \tan^{-1}\left(\frac{628 \text{ }\Omega}{1.0 \text{ k}\Omega}\right) = \mathbf{32.1°}$$

관련 문제   지상회로에서 $R = 5.6$ kΩ, $X_L = 3.5$ kΩ의 입력과 출력의 위상지상을 구하라.

공학용 계산기 소개의 예제 12-5에 있는 변환 예를 살펴보라.

위상지상회로는 *L*과 *R* 양단의 전압강하를 전압 분배로 나타나며, 그 출력전압은 다음과 같다.

$$V_{out} = \left(\frac{R}{\sqrt{R^2 + X_L^2}}\right)V_{in} \tag{12-6}$$

| 예제 12-6 | 예제 12-5의 그림 12-16(b)에서 입력전압의 실훗값이 10 V이다. 예제 12-5의 $X_L = 628$ Ω, $\phi = 32.1°$에서 지상회로의 출력전압을 결정하고, 입력과 출력전압의 주파수 파형과 페이저도를 그려라. |

풀이   식 (12-6)을 사용하여 출력전압을 구하면

$$V_{out} = \left(\frac{R}{\sqrt{R^2 + X_L^2}}\right)V_{in} = \left(\frac{1.0 \text{ k}\Omega}{1.18 \text{ k}\Omega}\right)10 \text{ V} = \mathbf{8.47 \text{ V rms}}$$

▶ 그림 12-17

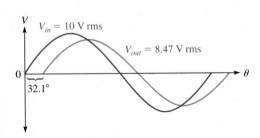

그림 12-17에서 파형을 나타낸다.

전압 페이저도는 그림 12-18과 같다.

▶ 그림 12-18

페이저도

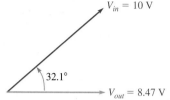

관련 문제 $R = 4.7 \text{ k}\Omega$, $X_L = 6.0 \text{ k}\Omega$인 지상회로에서 입력전압으로 20 V를 주었을 때 출력전압을 구하라.

공학용 계산기 소개의 예제 12-6에 있는 변환 예를 살펴보라.

Multisim 또는 LTspice 파일 E12-06을 열어라. 출력전압을 측정하고 계산값을 비교하라.

지상회로에서 주파수의 영향 회로 위상각과 위상지상이 동일할 때, 주파수의 증가는 위상지상 증가의 원인이 된다. 또한 주파수 증가는 X_L이 커지고, 전체 전압에서 인덕터 양단의 전압이 저항보다 더 적게 감소한다.

X_L은 이상적으로 직류 및 낮은 주파수에서는 단락이고 높은 주파수에서는 무한하기 때문에 위상지상회로는 높은 주파수를 차단하면서 직류 및 낮은 주파수를 통과시키는 저역통과필터 역할 또한 수행한다. 19장에서는 저항 및 인덕터와 같은 수동 소자만 사용하는 수동필터보다 훨씬 더 훌륭한 주파수 응답을 갖는 능동필터에 대해 공부한다.

RL 진상회로

RL 진상회로(*RL* lead circuit)는 위상천이회로로써 출력전압이 입력전압보다 위상각 ϕ만큼 앞서도록 하는 역할을 한다. 기본적인 직렬 *RL* 진상회로는 그림 12-19(a)에 보여준다. *RL* 직렬진상회로에서 인덕터 양단의 전압을 출력으로 한다. 그림 12-19(b)에서 인덕터 전압과 입력전압의 위상차를 나타내고, 그림 12-19(c)는 파형을 나타낸다. 출력전압 V_{out}과 진상전압 V_{in}의 각도는 회로 위상각 θ와 90° 사이의 값이 된다.

$\theta = \tan^{-1}(X_L/R)$이므로 입력전압과 출력전압 사이의 위상진상 ϕ는 다음과 같이 나타낼 수 있다.

$$\boldsymbol{\phi = 90° - \tan^{-1}\left(\frac{X_L}{R}\right)} \tag{12-7}$$

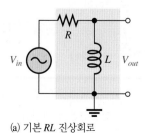

(a) 기본 *RL* 진상회로

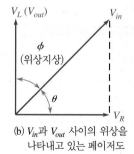

(b) V_{in}과 V_{out} 사이의 위상을 나타내고 있는 페이저도

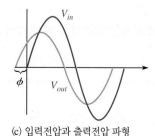

(c) 입력전압과 출력전압 파형

◀ 그림 12-19

기본 *RL* 진상회로($V_{out} = V_L$)

식 (12-7)은 나음과 같이 간단히 쓸 수 있다.

$$\phi = \tan^{-1}\left(\frac{R}{X_L}\right)$$

위상진상회로는 L의 전압 분배에 관계되며, 출력전압은 다음과 같이 표시할 수 있다.

$$V_{out} = \left(\frac{X_L}{\sqrt{R^2 + X_L^2}}\right)V_{in} \tag{12-8}$$

이상적으로 X_L은 직류 및 저주파에서는 사실상 단락되고 고주파에서는 무한대이다. 따라서 위상지상회로는 고역통과필터 역할도 하여 직류 및 저주파를 차단하고 고주파를 통과시킨다. 18장에서는 저항 및 인덕터와 같은 수동 소자만 사용하는 수동필터보다 훨씬 더 훌륭한 주파수응답을 갖는 능동필터에 대해 공부한다.

예제 12-7

그림 12-20의 진상회로의 위상진상과 출력전압의 양을 구하라.

▶ 그림 12-20

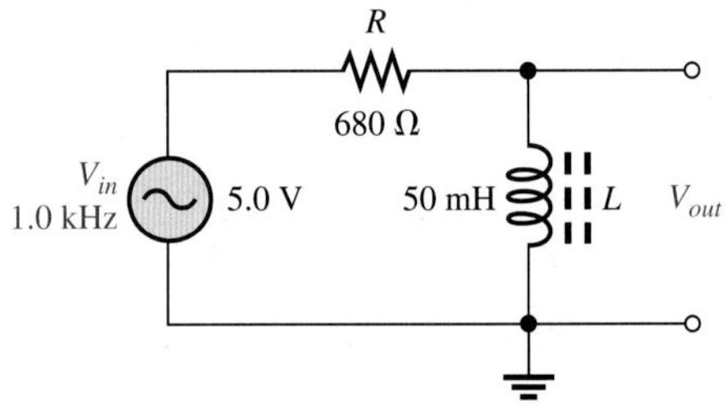

R
680 Ω

V_{in}
1.0 kHz 5.0 V   50 mH L V_{out}

풀이 유도성 리액턴스를 구하면,

$$X_L = 2\pi fL = 2\pi(1.0\ \text{kHz})(50\ \text{mH}) = 314\ \Omega$$

위상진상은

$$\phi = 90° - \tan^{-1}\left(\frac{X_L}{R}\right) = 90° - \tan^{-1}\left(\frac{314\ \Omega}{680\ \Omega}\right) = \mathbf{65.2°}$$

따라서 출력은 입력에 대해 65.2° 앞선다.
출력전압은 다음과 같다.

$$V_{out} = \left(\frac{X_L}{\sqrt{R^2 + X_L^2}}\right)V_{in} = \left(\frac{314\ \Omega}{\sqrt{(680\ \Omega)^2 + (314\ \Omega)^2}}\right)5.0\ \text{V} = \mathbf{2.10\ V}$$

관련 문제 진상회로에서 $R = 2.2\ \text{k}\Omega$, $X_L = 1.0\ \text{k}\Omega$일 때 입력과 출력 사이의 위상진상을 구하라.

공학용 계산기 소개의 예제 12-7에 있는 변환 예를 살펴보라.

Multisim 또는 LTspice 파일 E12-07을 열어라. 출력전압을 측정하고 계산값을 비교하라.

진상회로의 주파수 영향 회로에서 주파수의 증가로 위상각 θ가 커지고, 위상진상은 입력전압과 출력전압의 차로 감소한다. 즉 주파수 증가로 출력전압의 진폭이 증가하고 X_L이 커지므로, 전체 입력전압은 인덕터 양단에서 더 많이 감소된다.

1. 어떤 직렬 *RL* 회로에서 V_R = 2.0 V이고, V_L = 3.0 V이다. 총 전압의 크기는 얼마인가?

2. 1번 문제에서 전체 전압과 전류 사이의 위상각은 얼마인가?

3. 직렬 *RL* 회로에서 전원전압의 주파수가 증가할 때, 유도성 리액턴스는 어떻게 되는가? 또한 임피던스와 위상각은 어떻게 되는가?

4. *R* = 3.3 kΩ, *L* = 15 mH인 *RL* 진상회로에서 입력신호의 주파수가 *f* = 5.0 kHz일 때, 입력과 출력 사이의 위상진상을 구하라.

5. 위의 4번 문제와 부품의 값이 같은 *RL* 지상회로에서 입력전압의 크기가 10 V rms, 주파수 5.0 KHz일 때, 출력전압의 크기를 구하라.

12-4 병렬 *RL* 회로의 임피던스와 위상각

이 절에서 병렬 *RL* 회로의 임피던스와 위상각을 결정하는 방법에 대해 배우게 될 것이다. 또한 병렬 *RL* 회로의 유도성 서셉턴스와 어드미턴스도 소개된다.

이 절의 학습목표

◆ **병렬 *RL* 회로의 임피던스와 위상각을 결정한다.**

  ◆ 전체 임피던스를 곱에 대한 합의 크기로 표현한다.

  ◆ *R*과 X_L의 항으로 위상각을 표현한다.

  ◆ 유도성 서셉턴스와 어드미턴스를 결정한다.

  ◆ 어드미턴스를 임피던스로 변환한다.

그림 12-21은 기본적인 병렬 *RL* 회로이다. 임피던스에 대해 합 분의 곱의 규칙으로 표현하면,

$$Z = \frac{RX_L}{\sqrt{R^2 + X_L^2}} \qquad (12\text{-}9)$$

전원전압과 총 전류 사이의 위상각은 *R*과 X_L의 항으로 표현할 수 있다.

$$\theta = \tan^{-1}\left(\frac{R}{X_L}\right) \qquad (12\text{-}10)$$

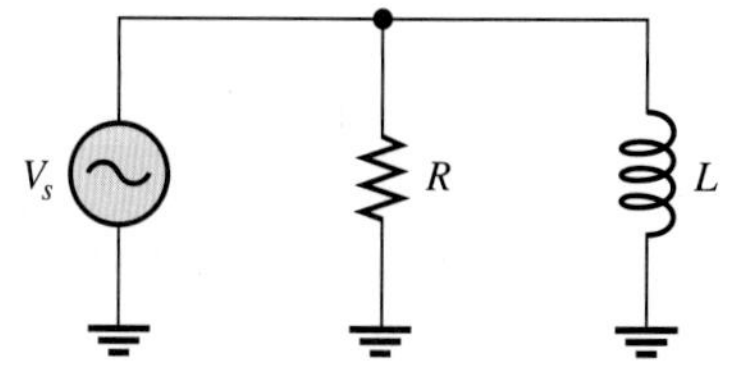

▲ 그림 12-21

병렬 *RL* 회로

예제 12-8

그림 12-22의 각 회로에 대해 임피던스의 위상각을 결정하라.

▶ 그림 12-22

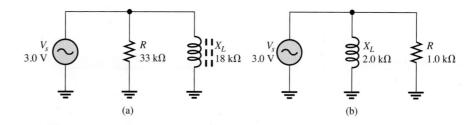

(a)　　　　　　　　(b)

풀이　그림 12-22(a)의 회로에서 임피던스의 위상각은

$$Z = \frac{RX_L}{\sqrt{R^2 + X_L^2}} = \frac{(33 \text{ k}\Omega)(18 \text{ k}\Omega)}{\sqrt{(33 \text{ k}\Omega)^2 + (18 \text{ k}\Omega)^2}} = \mathbf{15.8 \text{ k}\Omega}$$

$$\theta = \tan^{-1}\left(\frac{R}{X_L}\right) = \tan^{-1}\left(\frac{33 \text{ k}\Omega}{18 \text{ k}\Omega}\right) = \mathbf{61.4°}$$

그림 12-22(b) 회로에서는

$$Z = \frac{(1.0 \text{ k}\Omega)(2.0 \text{ k}\Omega)}{\sqrt{(1.0 \text{ k}\Omega)^2 + (2.0 \text{ k}\Omega)^2}} = \mathbf{894 \ \Omega}$$

$$\theta = \tan^{-1}\left(\frac{1.0 \text{ k}\Omega}{2.0 \text{ k}\Omega}\right) = \mathbf{26.6°}$$

전압이 전류보다 뒤지는 병렬 *RC* 회로와는 반대로 전압이 전류보다 앞선다.

관련 문제 $R = 10 \text{ k}\Omega$, $X_L = 14 \text{ k}\Omega$인 *RL* 병렬회로에서 Z와 θ를 구하라.

공학용 계산기 소개의 예제 12-8에 있는 변환 예를 살펴보라.

컨덕턴스, 서셉턴스, 어드미턴스

10-4절에서 배운 바와 같이 컨덕턴스(G)는 저항의 역수이며, 서셉턴스(B)는 리액턴스의 역수이며, 어드미턴스(Y)는 임피던스의 역수이다.

병렬 *RL* 회로에 대해 **컨덕턴스**(G)는 다음과 같이 표현된다.

$$G = \frac{1}{R} \tag{12-11}$$

유도성 서셉턴스(inductive susceptance, B_L)는 다음과 같다.

$$B_L = \frac{1}{X_L} \tag{12-12}$$

어드미턴스(Y)는 다음과 같다.

$$Y = \frac{1}{Z} \tag{12-13}$$

RC 회로에서와 같이 G, B_L, Y의 단위는 지멘스(S)이다.

그림 12-23(a)의 기본적인 병렬 *RL* 회로에서 전체 어드미턴스는 컨덕턴스와 유도성 서셉턴스의 페이저 합이며, 그림 12-23(b)와 같다.

$$Y_{tot} = \sqrt{G^2 + B_L^2} \tag{12-14}$$

▶ 그림 12-23

병렬 *RL* 회로에서 어드미턴스

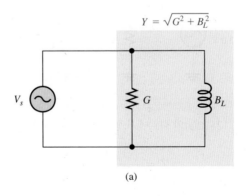 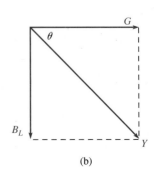

(a)   (b)

| 예제 12-9 | 그림 12-24에서 전체 어드미턴스를 결정하라. 그리고 이 값을 임피던스로 변환하라. |

▶ 그림 12-24

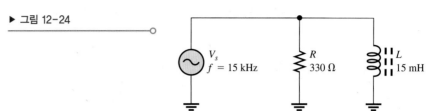

풀이 Y를 구하기 위해 먼저 G와 B_L을 계산한다. $R = 330\,\Omega$이므로

$$G = \frac{1}{R} = \frac{1}{330\,\Omega} = 3.03\,\text{mS}$$

유도성 리액턴스는

$$X_L = 2\pi f L = 2\pi (15\,\text{kHz})(15\,\text{mH}) = 1.41\,\text{k}\Omega$$

유도성 서셉턴스는

$$B_L = \frac{1}{X_L} = \frac{1}{1.41\ \text{k}\Omega} = 0.707\,\text{mS}$$

그러므로 총 어드미턴스는

$$Y_{tot} = \sqrt{G^2 + B_L^2} = \sqrt{(3.03\ \text{mS})^2 + (0.707\ \text{mS})^2} = \mathbf{3.11\ mS}$$

임피던스로 변환하면

$$Z = \frac{1}{Y_{tot}} = \frac{1}{3.11\ \text{mS}} = \mathbf{321\ \Omega}$$

관련 문제   만약 f가 5.0 kHz로 증가한다면 그림 12-24의 회로에서 총 어드미턴스는 얼마인가?
공학용 계산기 소개의 예제 12-9에 있는 변환 예를 살펴보라.

12-4절 복습

해답은 이 장의 끝에 있다.

1. $Y = 50\,\text{mS}$이면 Z의 값은 얼마인가?
2. 어떤 병렬 RL 회로에서 $R = 470\,\Omega$, $X_L = 750\,\Omega$이다. 어드미턴스를 결정하라.
3. 2번 문제의 회로에서 총 전류는 전원전압보다 앞서는가? 뒤지는가? 그리고 그 위상각은 얼마인가?

12-5 병렬 RL 회로 해석

이제 RL 회로의 해석에 옴의 법칙과 키르히호프의 전류 법칙이 사용된다. 병렬 RL 회로에서 전류와 전압 관계를 다룬다.

이 절의 학습목표

◆ **병렬 RL 회로를 해석한다.**

  ◆ 병렬 RL 회로에 옴의 법칙과 키르히호프의 전류 법칙을 적용한다.

  ◆ 총 전류와 위상각을 결정한다.

다음 예제는 병렬 *RL* 회로의 해석에 옴의 법칙을 적용한 것이다.

예제 12-10

그림 12-25의 회로에서 총 전류와 위상각을 결정하라.

▶ **그림 12-25**

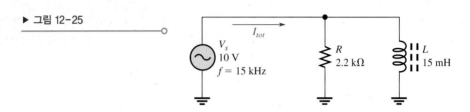

풀이 먼저 총 어드미턴스를 결정한다. 유도성 리액턴스는

$$X_L = 2\pi fL = 2\pi(15\,\text{kHz})(15\,\text{mH}) = 1.41\ \text{k}\Omega$$

컨덕턴스는

$$G = \frac{1}{R} = \frac{1}{2.2\ \text{k}\Omega} = 455\ \mu\text{S}$$

유도성 서셉턴스는

$$B_L = \frac{1}{X_L} = \frac{1}{1.41\ \text{k}\Omega} = 707\ \mu\text{S}$$

그러므로 총 어드미턴스는

$$Y_{tot} = \sqrt{G^2 + B_L^2} = \sqrt{(455\ \mu\text{S})^2 + (707\ \mu\text{S})^2} = 841\ \mu\text{S}$$

총 전류를 구하기 위해 옴의 법칙을 사용하면

$$I_{tot} = V Y_{tot} = (10\,\text{V})(841\,\mu\text{S}) = \textbf{8.41 mA}$$

위상각은

$$\theta = \tan^{-1}\left(\frac{R}{X_L}\right) = \tan^{-1}\left(\frac{2.2\ \text{k}\Omega}{1.41\ \text{k}\Omega}\right) = \textbf{57.3°}$$

총 전류는 8.41 mA이며, 전원전압에 대해 57.3° 뒤진다.

관련 문제 그림 12-25에서 주파수가 8.0 kHz로 감소될 때 총 전류의 위상각을 결정하라.
공학용 계산기 소개의 예제 12-10에 있는 변환 예를 살펴보라.

Multisim 또는 LTspice 파일 E12-10을 열어라. 총 전류와 각 가지전류를 측정하라. 그리고 주파수를 8.0 kHz로 변화시켜 I_{tot}를 측정하라.

전류와 전압의 위상 관계

그림 12-26(a)는 기본적인 병렬 *RL* 회로의 모든 전류와 전압성분을 나타낸 것이다. 아는 바와 같이 전원전압 V_s는 저항과 유도성 가지 양단 모두에서 나타나며, 따라서 V_s, V_R, V_L은 모두 동위상이고 크기도 같다. 총 전류 I_{tot}는 분기점에서 2개의 가지전류 I_R과 I_L로 나눠진다. 전류와 전압 페이저도는 그림 12-26(b)에 나타냈다.

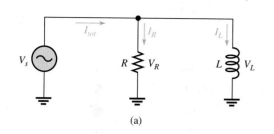
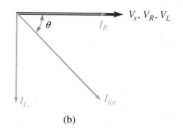

병렬 *RL* 회로의 전류와 전압 (a)에서 전류의 방향은 한 순간의 것이며, 전원전압이 역으로 될 때 전류 방향도 역으로 된다.

저항을 통한 전류는 전압과상이다. 인덕터를 동한 전류는 전압과 저항보다 90° 뒤진다. 키르히호프의 전류 법칙에 의해 총 전류는 2개의 가지전류 페이저 합이다. 총 전류는 식 (12-15)로 표시된다.

$$I_{tot} = \sqrt{I_R^2 + I_L^2} \tag{12-15}$$

저항전류와 총 전류 사이의 위상각은

$$\theta = \tan^{-1}\left(\frac{I_L}{I_R}\right) \tag{12-16}$$

예제 12-11

그림 12-25에 대해 전류와 전원전압 사이의 위상 관계를 전류 페이저도로 나타내라.

풀이 예제 12-10에서 컨덕턴스(*G*), 서셉턴스(*B_L*), 어드미턴스(*Y*), 총 전류, 위상각의 계산값은 다음과 같다.

$$G = 455 \ \mu S$$
$$B_L = 707 \ \mu S$$
$$Y_{tot} = 841 \ \mu S$$
$$I_{tot} = 8.41 \ \mu A$$
$$\theta = 57.3°$$

가지전류를 구하면

$$I_R = GV = (455 \ \mu S)(10 \ V) = 4.55 \ mA \ (V_s와 \ 동위상)$$

$$I_L = B_L V = (707 \ \mu S)(10 \ V) = 7.07 \ mA \ (V_s에 \ 대해 \ 90° \ 지상)$$

그림 12-27은 전류 페이저도이다. 굵은 색 화살표의 페이저는 회로에서 전압을 나타낸다.

▶ 그림 12-27

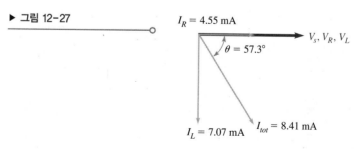

관련 문제 그림 12-25에서 *L* = 15 mH일 때 *I_tot*를 구하라.

공학용 계산기 소개의 예제 12-11에 있는 변환 예를 살펴보라.

병렬 형태에서 직렬 형태로의 변환

10-5절에서는 *RC* 회로를 동일한 임피던스를 갖는 병렬 형태에서 직렬 형태로 변환하는 방법을 논의했다. 유사한 절차를 사용하여 병렬 *RL* 회로를 등가의 식렬 *RL* 회로로 변환할 수 있다.

주어진 병렬 *RL* 회로에 대한 등가 직렬회로를 얻기 위해는 병렬회로의 임피던스와 위상각을 먼저 찾아야 한다. 이후 그림 12-28에 표시된 것처럼 Z와 θ의 값을 사용하여 임피던스 삼각형을 구성한다. 삼각형의 수직 및 수평 변은 표시된 등가 직렬저항과 유도 리액턴스를 나타낸다. 삼각함수 관계를 사용하여 다음의 값을 얻을 수 있다.

$$R_{eq} = Z \cos \theta \qquad (12\text{-}17)$$

$$X_{L(eq)} = Z \sin \theta \qquad (12\text{-}18)$$

▶ 그림 12-28

병렬 *RL*회로와 동등한 직렬의 임피던스 삼각형. Z와 θ는 병렬회로에 대해 알려진 값이다. R_{eq}와 $X_{L(eq)}$는 등가 직렬 값이다.

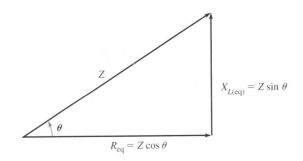

$$X_{L(eq)} = Z \sin \theta$$
$$R_{eq} = Z \cos \theta$$

예제 12-12

그림 12-29의 병렬회로를 등가 직렬회로 형태로 변환하라.

▶ 그림 12-29

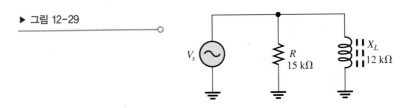

풀이 우선 병렬회로의 총 어드미턴스를 다음과 같이 구한다.

$$G = \frac{1}{R} = \frac{1}{15\,\text{k}\Omega} = 66.7\,\mu\text{S}$$

$$B_L = \frac{1}{X_L} = \frac{1}{12\,\text{k}\Omega} = 83.3\,\mu\text{S}$$

$$Y_{tot} = \sqrt{G^2 + B_L^2} = \sqrt{(66.7\,\mu\text{S})^2 + (83.3\,\mu\text{S})^2} = 107\,\mu\text{S}$$

다음으로 총 임피던스는

$$Z_{tot} = \frac{1}{Y_{tot}} = \frac{1}{107\,\mu\text{S}} = 9.37\,\text{k}\Omega$$

위상각은

$$\theta = \tan^{-1}\left(\frac{R}{X_L}\right) = \tan^{-1}\left(\frac{15\,\text{k}\Omega}{12\,\text{k}\Omega}\right) = 51.3°$$

등가 직렬값은

$$R_{eq} = Z\cos\theta = (9.37\,\text{k}\Omega)\cos(51.3°) = \textbf{5.85 k}\boldsymbol{\Omega}$$

$$X_{L(eq)} = Z\sin\theta = (9.37\,\text{k}\Omega)\sin(51.3°) = \textbf{7.32 k}\boldsymbol{\Omega}$$

직렬 등가회로는 그림 12-30에 나와 있다. *L*의 값은 주파수를 알고 있을 때 결정될 수 있다.

▶ 그림 12-30

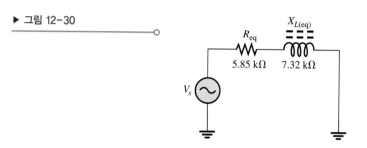

관련 문제   병렬 *RL* 회로의 임피던스가 22 kΩ이고 위상각이 30°이다. 등가 직렬회로로 변환하라.

공학용 계산기 소개의 예제 12-12에 있는 변환 예를 살펴보라.

12-5절 복습

해답은 이 장의 끝에 있다.

1. 병렬 *RL* 회로의 어드미턴스는 4.0 mS, 전원전압은 8.0 V이다. 총 전류는 얼마인가?
2. 어떤 병렬 *RL* 회로에서 저항전류가 12 mA, 인덕터 전류가 20 mA이다. 위상각과 총 전류를 구하라.
3. 병렬 *RL* 회로에서 전원전압과 인덕터 전류 사이의 위상각은 얼마인가?

12-6 직렬-병렬 *RL* 회로 해석

이 절에서는 *R*과 *L* 소자의 직렬과 병렬 모두가 결합된 회로에 대해 앞절에서 익힌 개념을 이용하여 해석한다.

이 절의 학습목표

◆ **직렬-병렬 *RL* 회로를 해석한다.**

   ◆ 총 임피던스와 위상각을 결정한다.

   ◆ 전류와 전압을 계산한다.

다음 두 가지 예제는 직렬-병렬 유도성 회로를 해석하는 데 사용되는 과정을 나타낸 것이다.

예제 12-13

그림 12-31의 회로에서 다음 값을 결정하라.

(a) Z_{tot} (b) I_{tot} (c) θ

▶ 그림 12-31

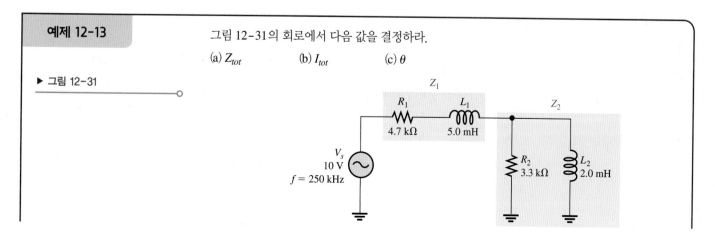

풀이 (a) 먼저 유도성 리액턴스를 계산하면

$$X_{L1} = 2\pi f L_1 = 2\pi(250\text{ kHz})(5.0\text{ mH}) = 7.85\text{ k}\Omega$$
$$X_{L2} = 2\pi f L_2 = 2\pi(250\text{ kHz})(2.0\text{ mH}) = 3.14\text{ k}\Omega$$

한 가지 접근방법은 회로의 병렬부분에 대한 직렬 등가저항 및 유도성 리액턴스를 구하는 것이다. 그러면 총 저항을 구하기 위해 저항을 더할 수 있고($R_1 + R_{eq}$), 전체 리액턴스를 구하기 위해 리액턴스를 더할 수 있다($X_{L1} + X_{L(eq)}$). 이들 값으로부터 총 임피던스를 구할 수 있다.

다음과 같이 병렬부분(Z_2)의 임피던스를 결정한다.

$$G_2 = \frac{1}{R_2} = \frac{1}{3.3\text{ k}\Omega} = 303\text{ }\mu\text{S}$$

$$B_{L2} = \frac{1}{X_{L2}} = \frac{1}{3.14\text{ k}\Omega} = 318\text{ }\mu\text{S}$$

$$Y_2 = \sqrt{G_2^2 + B_L^2} = \sqrt{(303\text{ }\mu\text{S})^2 + (318\text{ }\mu\text{S})^2} = 439\text{ }\mu\text{S}$$

그러므로

$$Z_2 = \frac{1}{Y_2} = \frac{1}{439\text{ }\mu\text{S}} = 2.28\text{ k}\Omega$$

회로의 병렬부분과 관련된 위상각은

$$\theta_p = \tan^{-1}\left(\frac{R_2}{X_{L2}}\right) = \tan^{-1}\left(\frac{3.3\text{ k}\Omega}{3.14\text{ k}\Omega}\right) = 46.4°$$

병렬부분에 대한 직렬 등가 소자값은 병렬 *RL* 회로에 적용되는 식 (10-23)과 (10-24)를 사용하여 구했으며, 다음과 같다.

$$R_{eq} = Z_2\cos\theta_p = (2.28\text{ k}\Omega)\cos(46.4°) = 1.57\text{ k}\Omega$$
$$X_{L(eq)} = Z_2\sin\theta_p = (2.28\text{ k}\Omega)\sin(46.4°) = 1.65\text{ k}\Omega$$

회로의 총 저항은

$$R_{tot} = R_1 + R_{eq} = 4.7\text{ k}\Omega + 1.57\text{ k}\Omega = 6.27\text{ k}\Omega$$

회로의 총 리액턴스는

$$X_{L(tot)} = X_{L1} + X_{L(eq)} = 7.85\text{ k}\Omega + 1.65\text{ k}\Omega = 9.50\text{ k}\Omega$$

회로의 총 임피던스는

$$Z_{tot} = \sqrt{R_{tot}^2 + X_{L(tot)}^2} = \sqrt{(6.27\text{ k}\Omega)^2 + (9.50\text{ k}\Omega)^2} = \mathbf{11.4\text{ k}\Omega}$$

(b) 총 전류를 구하기 위해 옴의 법칙을 사용하면

$$I_{tot} = \frac{V_s}{Z_{tot}} = \frac{10\text{ V}}{11.4\text{ k}\Omega} = \mathbf{878\text{ }\mu A}$$

(c) 위상각을 구하기 위해 회로를 R_{tot}와 $X_{L(tot)}$의 직렬조합으로 본다. I_{tot}가 V_s 뒤지므로

$$\theta = \tan^{-1}\left(\frac{X_{L(tot)}}{R_{tot}}\right) = \tan^{-1}\left(\frac{9.50\text{ k}\Omega}{6.27\text{ k}\Omega}\right) = \mathbf{56.6°}$$

관련 문제 (a) 그림 12-31에서 회로의 직렬부분 양단의 전압을 결정하라.

(b) 그림 12-31에서 회로의 병렬부분 양단의 전압을 결정하라.

공학용 계산기 소개의 예제 12-13에 있는 변환 예를 살펴보라.

Multisim 또는 LTspice 파일 E12-13을 열어라. 각 소자를 통해 흐르는 전류를 측정하라. 그리고 Z_1과 Z_2 양단의 전압을 측정하라.

예제 12-14

그림 12-32의 각 소자 양단의 전압을 결정하라. 전압 페이저도를 그려라.

▶ **그림 12-32**

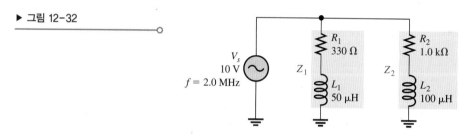

풀이 먼저 X_{L1}과 X_{L2}를 계산한다.

$$X_{L1} = 2\pi f L_1 = 2\pi(2.0 \text{ MHz})(50 \text{ }\mu\text{H}) = 628 \text{ }\Omega$$
$$X_{L2} = 2\pi f L_2 = 2\pi(2.0 \text{ MHz})(100 \text{ }\mu\text{H}) = 1.26 \text{ k}\Omega$$

이제 각 가지의 임피던스를 결정한다.

$$Z_1 = \sqrt{R_1^2 + X_{L1}^2} = \sqrt{(330 \text{ }\Omega)^2 + (628 \text{ }\Omega)^2} = 710 \text{ }\Omega$$
$$Z_2 = \sqrt{R_2^2 + X_{L2}^2} = \sqrt{(1.0 \text{ k}\Omega)^2 + (1.26 \text{ k}\Omega)^2} = 1.61 \text{ k}\Omega$$

각 가지전류를 계산하면

$$I_1 = \frac{V_s}{Z_1} = \frac{10 \text{ V}}{709 \text{ }\Omega} = 14.1 \text{ mA}$$
$$I_2 = \frac{V_s}{Z_2} = \frac{10 \text{ V}}{1.61 \text{ k}\Omega} = 6.23 \text{ mA}$$

이제 각 소자 양단의 전압을 구하기 위해 옴의 법칙을 사용한다.

$$V_{R1} = I_1 R_1 = (14.1 \text{ mA})(330 \text{ }\Omega) = \mathbf{4.65 \text{ V}}$$
$$V_{L1} = I_1 X_{L1} = (14.1 \text{ mA})(628 \text{ }\Omega) = \mathbf{8.85 \text{ V}}$$
$$V_{R2} = I_2 R_2 = (6.23 \text{ mA})(1.0 \text{ k}\Omega) = \mathbf{6.23 \text{ V}}$$
$$V_{L2} = I_2 X_{L2} = (6.23 \text{ mA})(1.26 \text{ k}\Omega) = \mathbf{7.82 \text{ V}}$$

이제 각 병렬가지에 관련된 각도를 결정한다.

$$\theta_1 = \tan^{-1}\left(\frac{X_{L1}}{R_1}\right) = \tan^{-1}\left(\frac{628 \text{ }\Omega}{330 \text{ }\Omega}\right) = 62.3°$$
$$\theta_2 = \tan^{-1}\left(\frac{X_{L2}}{R_2}\right) = \tan^{-1}\left(\frac{1.26 \text{ k}\Omega}{1.0 \text{ k}\Omega}\right) = 51.5°$$

따라서 그림 12-33(a)에 나타낸 것처럼 I_1은 V_s보다 62.3° 뒤지며, I_2는 V_s보다 51.5° 뒤진다.

▶ 그림 12-33

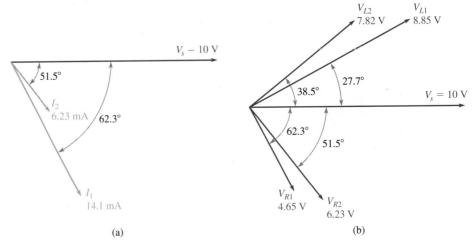

(a)   (b)

전압들의 위상 관계는 다음과 같다.

◆ V_{R1}은 I_1과 동위상이므로 V_s보다 62.3° 뒤진다.

◆ V_{L1}은 I_1보다 90° 앞서므로 위상각은 90° − 62.3° = 27.7°

◆ V_{R2}는 I_2와 동위상이므로 V_s에 51.5° 뒤진다.

◆ V_{L2}는 I_2보다 90° 앞서므로 위상각은 90° − 51.5° = 38.5°

그림 12-33(b)에 이들 위상 관계를 나타냈다.

관련 문제   그림 12-33에서 주파수가 증가하면 총 전류에 어떤 영향을 미치는가?

공학용 계산기 소개의 예제 12-14에 있는 변환 예를 살펴보라.

Multisim 또는 LTspice 파일 E12-14를 열어라. 각 소자 양단의 전압을 측정하고 계산된 값과 비교하라.

Sattahipbeach/
Shutterstock

12-6절 복습

해답은 이 장의 끝에 있다.

1. 그림 12-32의 회로에 대한 총 전류를 구하라. 힌트: I_1과 I_2의 수평성분 합과 I_1과 I_2의 수직성분 합을 구하라. 그리고 I_{tot}를 구하기 위해 피타고라스 정리를 적용하라.
2. 그림 12-32 회로의 총 임피던스는 얼마인가?

12-7 *RL* 회로 전력

순수 저항성 교류회로에서는 전원에서 전달되는 모든 에너지는 저항에서 열의 형태로 소비된다. 순수 유도성 교류회로에서는 전원에서 전달되는 모든 에너지는 전압주기의 한 부분 동안 인덕터에 의해 자계 내에 저장되고, 주기의 나머지 부분 동안 전원으로 되돌아가기 때문에 열로 변환되는 순수한 에너지는 없다. 저항과 인덕턴스가 모두 존재하면 일부의 에너지는 인덕턴스에 의해 저장과 반환을 교대로 반복하며, 나머지는 저항에서 소비된다. 열로 변환되는 에너지의 양은 저항과 유도성 리액턴스의 상대적인 값에 의해 결정된다.

이 절의 학습목표

◆ *RL* 회로의 전력을 결정한다.

◆ 유효전력과 무효전력을 설명한다.

- ◆ 전력 삼각도를 작성한다.
- ◆ **역률**을 정의한다.
- ◆ 역률 개선을 설명한다.

직렬 *RL* 회로에서 저항이 유도성 리액턴스보다 더 크면 전원에서 전달되는 총 에너지 중 인덕터에 의해 저장 및 반환되는 양보다 더 큰 양의 에너지가 저항에서 소비된다. 저항보다 유도성 리액턴스가 클 때는 열로 변환되는 것보다는 총 에너지 중 보다 많은 양이 저장되고 반환된다.

아는 바와 같이 저항에서 소비되는 전력을 유효전력이라고 부른다. 인덕터의 전력은 무효전력이며, 다음과 같이 표현된다.

$$P_r = I^2 X_L \tag{12-19}$$

직렬 *RL* 회로에 대한 일반적인 전력 삼각도를 그림 12-34에 보였다. 피상전력 P_a는 유효전력 P_{true}와 무효전력 P_r의 결과에 의해 생긴 것이다.

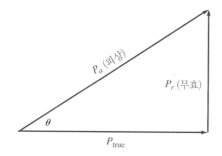

◀ 그림 12-34

RL 회로에 대한 일반적인 전력 삼각도

예제 12-15

그림 12-35에서 역률, 유효전력, 무효전력, 피상전력을 구하라.

▶ 그림 12-35

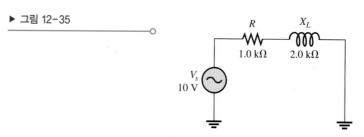

풀이 회로의 임피던스는

$$Z = \sqrt{R^2 + X_L^2} = \sqrt{(1.0 \text{ k}\Omega)^2 + (2.0 \text{ k}\Omega)^2} = 2.24 \text{ k}\Omega$$

전류는

$$\theta = \frac{V_s}{Z} = \frac{10 \text{ V}}{2.24 \text{ k}\Omega} = 4.47 \text{ mA}$$

위상각은

$$\theta = \tan^{-1}\left(\frac{X_L}{R}\right) = \tan^{-1}\left(\frac{2.0 \text{ k}\Omega}{1.0 \text{ k}\Omega}\right) = \textbf{63.4°}$$

피상전력은

$$P_a = V_s I = (10 \text{ V})(4.47 \text{ mA}) = \textbf{44.7 mVA}$$

유효전력은

$$P_{\text{true}} = V_s I \cos\theta = P_a \cos\theta = (44.7 \text{ mVA})(0.447) = \textbf{20.0 mW}$$

무효전력은

$$P_r = V_s I \sin\theta = P_a \sin\theta = (44.7 \text{ mVA})(0.894) = \textbf{40.0 mVAR}$$

회로의 다양한 전력을 결정하는 데 역률이 필요하지는 않지만 $PF = \cos(63.4°) = 0.447$이다. 예제 이후에는 *RL* 회로에서 역률의 중요성에 대해 설명한다.

관련 문제   그림 12-35에서 주파수가 증가하면 P_{true}, P_r, P_a는 어떤 현상이 일어나는가?

공학용 계산기 소개의 예제 12-15에 있는 변환 예를 살펴보라.

역률의 중요성

역률은 θ($PF = \cos\theta$)에 코사인을 취한 것과 같음을 상기하라. 전원전압과 총 전류 사이의 위상각이 증가하면 역률은 감소하여 점점 더 유도성 회로를 나타낸다. 역률이 작을수록 무효전력에 비하여 유효전력이 더 작아진다. 유도성 부하의 역률은 전류가 전원전압보다 뒤지므로 **지상역률**이라고 부른다.

10장에서 공부한 바와 같이 역률(PF)은 유용한 전력(유효전력)을 부하에 얼마나 많이 전달하는가를 결정하므로 매우 중요하다. 역률의 최댓값은 1이며, 이는 부하로 흐르는 모든 전류가 전압과 동위상임을 의미한다(저항성). 역률이 0이면 부하로 흐르는 전류와 전압이 90°의 위상차를 가짐을 의미한다(유도성).

일반적으로 역률은 가능한 한 1에 가까운 것이 바람직한데, 이 경우는 전원에서 부하로 전달되는 전력의 대부분이 유용한 또는 유효전력이기 때문이다. 유효전력은 오직 한 방향으로(전원에서 부하로) 전달되며, 부하에서 에너지를 소비한다는 개념으로 일을 수행한다. 무효전력은 전원과 부하 사이에서 단순히 왕복만 하므로 하는 일은 전혀 없다. 에너지는 일을 하기 위해 사용되어야 한다.

실제 많은 부하는 그들의 독특한 기능으로 인해 인덕턴스를 가지며, 적절한 동작을 위해는 필수적이다. 변압기, 전동기, 스피커 등을 예로 들 수 있다. 그러므로 유도성(또는 용량성) 부하들은 중요하게 고려된다.

시스템의 요구사항에서 역률의 영향을 알아보기 위해 그림 12-36을 참고하자. 이 그림은 효과적으로 인덕턴스와 저항이 병렬로 구성되어 있는 대표적인 유도성 부하를 나타낸 것이다. 그림 12-36(a)는 비교적 낮은 역률(0.75)을, 그림 12-36(b)는 비교적 높은 역률(0.95)을 갖는 부하를 보인 것이다. 양쪽 부하 모두 전력계가 지시하는 바와 같이 같은 양의 전력을 소비한다. 그러므로 양쪽 부하 모두 같은 양의 일을 하게 된다. 비록 두 부하 모두 하는 일의 양(유효전력)은 같지만, 그림의 양쪽 전류계가 지시하는 바와 같이 그림 12-33(b)의 역률이 높은 부하보다 그림 12-36(a)의 역률이 낮은 부하로 전원으로부터 전류를 더 많이 흘려주어야 한다. 그러므로 그림 12-36(b)보다 그림 12-36(a)의 전원이 더 높은 VA 정격을 가져야 한다. 또한 전원과 부하를 연결해주는 선로의 전선규격 역시 그림 12-36(b)보다 더 커야 하는데, 이런 조건은 전력의 송배전에서와 같이 매우 긴 전송선로가 요구될 때 더욱 중요시된다.

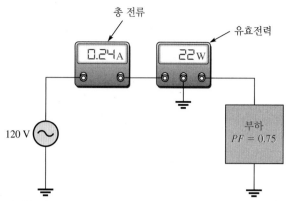

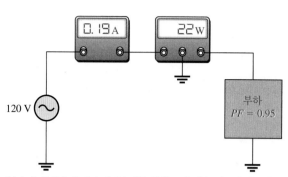

(a) 낮은 역률은 주어진 전력소비(W)를 위해 더 많은 전류가 필요함을 의미한다. 따라서 유효전력(W)을 전달하기 위해 더 큰 전원이 요구된다.

(b) 높은 역률은 주어진 전력소비를 위해 보다 적은 전류가 필요함을 의미한다. 따라서 보다 작은 전원으로 같은 유효전력(W)을 전달할 수 있다.

▲ 그림 12-36

전원정격(VA)과 도체의 크기 등과 같은 시스템의 요구사항에 역률이 미치는 영향에 대한 설명

그림 12-36은 부하로의 보다 효율적인 전송이라는 면에서 더 높은 역률이 유리함을 보여준 것이다. 또한 피상전력에 대한 전력회사의 비용 때문에 높은 역률을 취하는 것이 보다 저렴하다.

역률 개선 유도성 부하의 역률은 그림 12-37에서와 같이 커패시터를 병렬로 부가하여 높일 수 있다. 용량성 부품은 유도성 부품에 대해 180°의 위상출력이 나타나므로, 전체 전류의 위상지상에 대해 커패시터로 보상한다. 이는 상쇄효과를 가지며, 그림에서 보는 바와 같이 위상각과 총 전류를 감소한다. 이로 인해 역률이 증가한다. 그러나 다음 장에서 배우겠지만, 인덕터와 병렬로 연결된 커패시터는 잠재적으로 문제를 일으킬 수 있는 공진이라는 현상을 발생한다.

유도성의 환경에서 3상 모터, 아크 용접기, 유사한 부하들은 유도성 부하와 같이 위상에서 전압을 기준으로 지상전류가 나타난다. 발생된 전력 삼각도는 그림 12-34에서 표현되며 위상에서 고려된 유효전력과 피상전력의 삼각 페이저도로 적용할 수 있다. 이상적으로 전류주파수는 위상($PF = 1$을 적용)에 대해 전압주파수 궤도와 같게 되고, 전력은 동일(부하균형)하게 그려진다. 균형화된 부하에서 용량 보정방법은 단일 페이저 경우에 대해 각 라인의 양쪽에 보정 커패시터를 접속하여 사용된다.

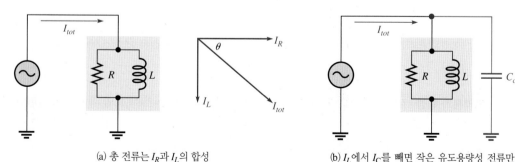

(a) 총 전류는 I_R과 I_L의 합성

(b) I_L에서 I_C를 빼면 작은 유도용량성 전류만 남으며, 따라서 I_{tot}와 위상각이 줄어든다.

▲ 그림 12-37

보상 커패시터(C_C)를 부가하여 역률을 증가하는 방법의 예. θ가 감소하면 역률(PF)은 증가한다.

간혹 각 위상에서 부하는 불균일화 된다. 이런 부하들은 전류 주파수의 왜곡에 기인된다. 왜곡은 비선형 부하의 경우로 스위치 방식의 전원공급기 등이 있으며 다음 장에서 다룬다. 역률보정이 요구되어 억률을 전환할 수 있는 간헐적인 부하(아크 용접기 등) 등이 있으며, 이러한 경우는 보정 커패시터를 연결하는 것보다 해결방법이 복잡하게 된다. 능동회로는 다양한 위상각을 조절할 수 있다.

12-7절 복습 해답은 이 장의 끝에 있다.	1. *RL* 회로에서 전력은 어떤 소자에서 소비되는가? 2. $\theta = 50°$일 때 역률을 계산하라. 3. 어떤 동작주파수에서 직렬 *RL* 회로가 470 Ω의 저항과 620 Ω의 유도성 리액턴스로 구성되어 있다. $I = 100$ mA일 때 P_{true}, P_r, P_a를 구하라.

12-8 기본 응용

RL 회로의 두 가지 응용은 여기에서 다룬다. 첫 번째 응용은 기본주파수 선택(필터)회로이다. 두 번째 응용은 스위칭 전압 조정기이고 높은 효율을 가지므로 전력공급기에 널리 사용되는 회로이다. 스위칭 조정기는 다른 구성으로 사용되지만 *RL* 회로를 강조한다.

이 절의 학습목표

◆ **두 가지 *RL* 회로 응용을 설명한다.**

   ◆ *RL* 회로의 필터로서의 동작방법에 대해 논의한다.

   ◆ 스위칭 전압 조정기에서 인덕터의 적용에 관해 논의한다.

필터로서의 *RL* 회로

RC 회로와 마찬가지로 직렬 *RL* 회로 역시 주파수 선택 특성을 보인다.

저역통과 특성 지상회로망에서 위상각과 출력전압에 어떤 현상이 일어나는지 확인했다. 필터 동작의 관점에서 보면 주파수에 따른 출력전압 크기의 변화가 중요하다.

직렬 *RL* 회로의 필터 동작을 설명하기 위해 주파수를 100 Hz에서 20 kHz까지 단계적으로 증가하면서 행하는 일련의 측정과정을 그림 12-38에 보였다. 각각의 주파수 값에서 출력전압을 측정했다. 알고 있는 바와 같이 주파수가 증가하면 유도성 리액턴스가 증가하므로 입력전압을 10 V로 유지시켰을 때 저항 양단의 전압은 감소한다. 이들 특정값에 대한 주파수응답 곡선을 그리면 저역통과 *RC* 회로에 대한 그림 10-48의 응답 곡선과 비슷함을 알 수 있다.

고역통과 특성 *RL* 고역통과필터의 동작을 설명하기 위해 그림 12-39에 보인 바와 같이 일련의 측정을 했다. 주파수는 10 Hz에서 시작하여 10 kHz까지 단계적으로 증가한다. 주파수가 증가함에 따라 유도성 리액턴스가 증가하며, 따라서 인덕터 양단에 더 큰 전압이 걸리는 원인이 된다. 이들 특정값들을 사용하여 응답 곡선을 그리면 그림 10-50의 *RC* 고역통과필터의 응답 곡선과 비슷함을 알 수 있다.

_RL_ 회로의 차단주파수 저역통과 또는 고역통과 *RL* 회로에서 유도성 리액턴스가 저항과 같을

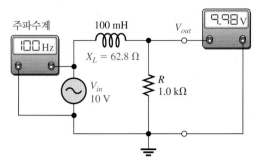

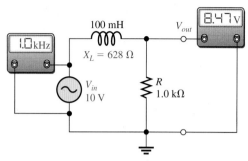

(a) $f = 100$ Hz, $X_L = 62.8$ Ω, $V_{out} = 9.98$ V

(b) $f = 1.0$ kHz, $X_L = 628$ Ω, $V_{out} = 8.47$ V

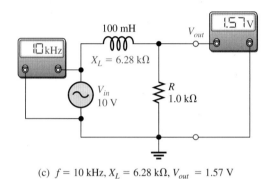

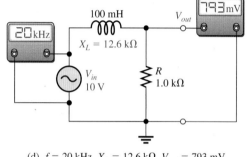

(c) $f = 10$ kHz, $X_L = 6.28$ kΩ, $V_{out} = 1.57$ V

(d) $f = 20$ kHz, $X_L = 12.6$ kΩ, $V_{out} = 793$ mV

▲ 그림 12-38

저역통과필터 동작의 예. 권선저항은 무시. 입력주파수가 증가하면 출력전압은 감소

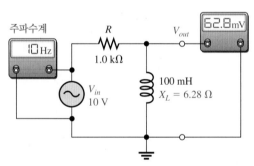

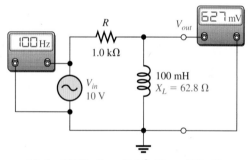

(a) $f = 10$ Hz, $X_L = 6.28$ Ω, $V_{out} = 62.8$ mV

(b) $f = 100$ Hz, $X_L = 62.8$ Ω, $V_{out} = 627$ mV

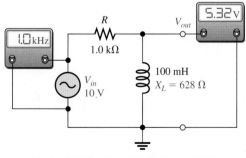

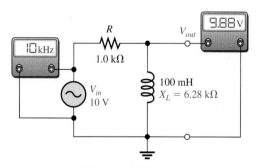

(c) $f = 1.0$ kHz, $X_L = 628$ Ω, $V_{out} = 5.32$ V

(d) $f = 10$ kHz, $X_L = 6.28$ kΩ, $V_{out} = 9.88$ V

▲ 그림 12-39

고역통과필터 동작의 예. 권선저항은 무시. 입력주파수가 증가하면 출력전압은 증가

때의 주파수를 **차단주파수**라고 부르며, f_c로 표시한다. 이 조건은 $2\pi f_c L = R$로 표현된다. f_c에 대해 풀면 다음 식과 같다.

$$f_c = \frac{R}{2\pi L} \tag{12-20}$$

RC 회로에서와 같이 출력전압은 차단주파수 f_c에서의 최댓값의 70.7%이다. 고역통과회로에서 f_c 이상의 모든 주파수는 통과되며, f_c 이하의 모든 주파수는 차단되는 것으로 간주된다. 물론 저역통과회로에서는 이와 반대가 된다. 10장에서 정의된 **대역폭**은 *RC*와 *RL* 회로 모두 적용된다.

스위칭 전압 조정기

스위칭 전압공급장치는 11-7절에서 간략하게 소개되었다. 이 전원공급장치는 고주파 스위칭 트랜지스터와 소형 인덕터를 필터부에서 주요 부품으로 사용한다. 스위칭 전원공급장치는 조정기가 부하에 대한 전압을 일정하게 유지하는 데 필요한 만큼만 전류를 끌어오기 때문에 교류를 직류로 효율적으로 변환한다. 그림 12-40은 스위치 조정기의 한 유형을 나타낸다. 이 구성은 '벅(buck)' 모드 스위칭 조정기에 대한 것으로 트랜지스터를 이용한 전자스위치가 닫힐 때 인덕터 전압은 입력 전압과 반대이기 때문에 부하에 전달되는 출력전압 V_{OUT}은 입력전압보다 낮아진다. 부하에 조정된 전압을 제공하기 위해 스위칭 조정기는 먼저 트랜지스터를 이용한 전자스위치를 사용하여 조정되지 않은 직류전압을 높은 주파수로 변환한다. 이때의 변환된 전압의 주파수에 의한 출력은 펄스의 평균값으로 나타난다. 펄스폭 변조기는 트랜지스터 스위치를 빠른 속도로 on/off하여 펄스폭 및 스위칭 주파수를 제어하며, 필터의 출력전압이 정해진 값보다 낮아지면 펄스폭을 증가하고, 출력전압이 정해진 값보다 높아지면 펄스폭을 감소하여 출력전압이 정해진 일정값을 유지하도록 한다.

그림 12-41에 필터부분의 동작을 설명했다. 필터는 다이오드, 인덕터, 커패시터로 구성되어 있다. 다이오드는 16장에서 배우게 될 다이오드는 한쪽 방향으로만 전류가 흐르도록 하는 on/off 스위치의 기능을 하고 있다.

필터에서 중요한 부품은 인덕터로, 인덕터를 사용한 전압 조정기에는 언제나 인덕터에 전류가 흐르게 된다(**연속 전도 모드**). 회로에 흐르는 전류의 크기는 평균 전압과 부하저항의 값에 의해 결정된다. 조정기의 부하가 낮아 부하가 조정기에서 전류를 거의 끌어오지 않으면 인덕터 전류가 0으로 떨어지고 조정기가 **불연속 전도 모드**로 전환된다.

▶ 그림 12-40

스위칭 전압 조정기에서의 인덕터 동작

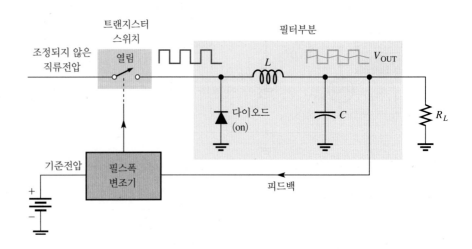

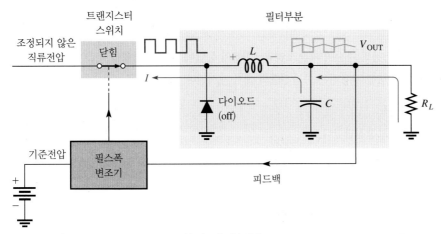

(a) 펄스 '높은' 상태

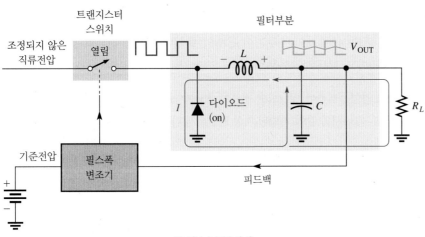

(b) 펄스 '낮은' 상태

  앞서 배운 렌츠의 법칙에 따라 인덕터의 코일에 전류 흐름의 변화가 생기면 이 변화를 방해하는 유도전압이 코일의 양단에 발생하게 된다. 그림 12-41(a)와 같이 트랜지스터 스위치가 닫히면 (on) 펄스는 '높은 상태'가 되어 전류는 인덕터를 지나 부하로 흐르게 되고 다이오드는 off 상태가 된다. 인덕터는 전류 변화에 대응하는 전압이 유기됨을 알 수 있다. 그리고 그림 12-41(b)에서처럼 트랜지스터 스위치가 열리면(off) 펄스는 '낮은 상태'가 되고, 이때 그림 12-41(a)의 경우와는 반대 극성으로 인덕터에 유도전압이 발생되어 다이오드는 턴온되어 전류가 흐르게 된다. 회로의 트랜지스터 스위치가 on/off 상태에서 부하에는 항상 일정한 전류가 흐르게 된다. 이 과정에서 커패시터는 충전과 방전을 되풀이하면서 출력전압이 일정하게 유지되도록 한다.

12-8절 복습

해답은 이 장의 끝에 있다.

1. RL 회로를 저역통과필터로 사용하려면, 어떤 부품 양단의 전압을 출력으로 취해야 하는가?
2. 스위칭 전압 조정기의 가장 큰 장점은 무엇인가?
3. 스위칭 전압 조정기에서 출력전압이 낮아지면 펄스폭은 어떻게 되는가?

12-9 고장진단

이 절에서는 소자의 파손이 기본적인 *RL* 회로의 응답에 미치는 영향을 다룬다. 또한 APM(분석, 계획, 측정) 방식을 사용하는 고장진단의 예가 제시된다.

이 절의 학습목표

◆ *RL* 회로를 고장진단한다.
  ◆ 개방된 인덕터를 고장진단한다.
  ◆ 개방된 저항을 고장진단한다.
  ◆ 병렬회로의 개방된 부품을 고장진단한다.

개방된 인덕터의 영향 인덕터에서 가장 흔한 파손 형태는 과다한 전류나 기계적 접촉불량의 결과로 권선이 개방될 때 발생한다. 기본적인 직렬 *RL* 회로의 동작에 개방된 코일이 어떤 영향을 미치는가는 그림 12-42에 보인 바와 같이 쉽게 알 수 있다. 분명히 전류의 통로가 없으므로 저항 양단의 전압은 0이고, 모든 전원전압은 인덕터 양단에서 나타난다.

개방된 저항의 영향 저항이 개방되면 전류가 흐르지 않으며, 인덕터 전압은 0이 된다. 총 입력 전압은 그림 12-43에서와 같이 개방된 저항 양단에서 나타난다.

병렬회로에서 소자의 개방 병렬 *RL* 회로에서 저항이나 인덕터가 개방되면 전체 임피던스가 증가하게 되므로 총 전류의 감소를 야기시킨다. 분명히 개방 소자가 포함된 가지의 전류는 0이 될 것이다. 그림 12-44는 이들 조건을 나타낸 것이다.

단락된 권선을 갖는 인덕터의 영향 절연의 손상 때문에 코일의 권선들이 서로 단락될 수 있다. 이러한 파손 형태는 코일이 개방되는 경우보다 훨씬 드물게 일어난다. 권선이 단락되면 인덕턴스가 감소하는데, 이는 코일의 인덕턴스가 권선 수의 제곱에 비례하기 때문이다.

고장진단 시 그 밖의 고려사항

회로가 적절히 동작하지 못하는 원인이 항상 소자 파손의 결과로 발생하는 것만은 아니다. 느슨한 결선, 불량접점, 조잡한 납땜 등이 회로 개방의 원인이 될 수 있다. 단락은 도선의 절단이나 땜

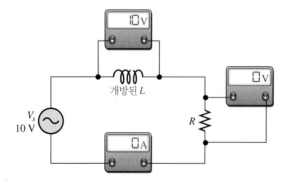

▲ 그림 12-42

개방된 코일의 영향

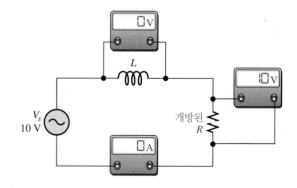

▲ 그림 12-43

개방된 저항의 영향

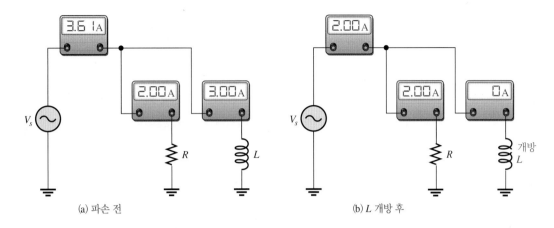

(a) 파손 전   (b) L 개방 후

▲ 그림 12-44

V_s가 일정한 병렬회로에서 개방된 소자의 영향

납의 번짐 등에 의해 발생할 수 있다. 저항값이 부정확하거나, 함수 발생기가 잘못된 주파수로 설정되어 있거나, 회로에 출력이 잘못 연결되어 있는 경우들이 부적절한 동작의 원인이 될 수 있다. *LCR* 미터는 인덕터를 포함한 구성요소의 잘못된 값을 확인하는 빠른 방법이다. 그림 12-45는 자동 범위 소스 측정이 가능한 미터기의 예이다. 미터기는 시험 중인 구성요소 전반에 걸쳐 교류 신호를 생성하고 전압과 전류를 측정한다. 임피던스는 전압 및 전류 측정으로부터 간접적으로 계산되며 디스플레이에 표시되거나 디스플레이의 인덕턴스 값으로 변환될 수 있다. 인덕터를 측정하려면 사용자는 회로에서 부품을 분리하고 정상 작동주파수에 최대한 가까운 시험주파수를 선택해야 한다. 또한 사용자는 인덕터 저항에 대해 등가 직렬회로 또는 병렬회로를 선택한다. 이를 통해 *LCR* 미터는 시험주파수에서 인덕터의 *Q*와 기타 정보를 결정하고 표시할 수 있다.

회로에 문제가 있다면 계측기가 회로에 정확히 연결되어 있는가, 전원이 제대로 연결되어 있는가를 항상 점검해야 한다. 또한 파손되거나 느슨해진 접점, 불완전하게 연결된 커넥터, 단락을 일으킬 수 있는 도선 조각이나 땜납의 번짐 등과 같은 명백한 사항들을 발견할 수 있어야 한다.

◀ 그림 12-45

휴대용 *LCR* 미터(BK Precision 제공)

다음 예제는 인덕터와 저항으로 구성된 회로에 APM(분석, 계획, 측정) 방식과 반분할법을 사용한 고장진단의 접근 방법을 설명한 것이다.

| **예제 12-16** | 이론적으로 RL 위상천이 발전기는 10-8절에서 설명한 RC 위상천이 발진기와 유사하게 작동한다. 실제 RL 위상천이 발진기는 이상적이지 않은 구성요소(부유 용량, 권선저항, 연산 증폭기에 의한 부하 효과)로 인해 예측하기가 어렵다. 부품 가격이 더 비싸기 때문에 RL 위상천이 발진기에 대한 적용은 흔하지 않지만, 여기서는 고장진단 예로 제시된다. 이 회로는 발전기에서 사용되는 사례로 귀중한 고장진단 방법을 제공할 수 있다. |

그림 12-46은 RL 위상천이 발진기를 보여준다. 회로는 다음과 같이 작동한다. 임의의 노이즈가 증폭되어 과정이 시작된다. (컴퓨터 시뮬레이션에서는 수동 스위치를 추가하여 진동을 시작하는 노이즈를 도입할 수 있다.) RL 회로망에서 발진에 필요한 180°의 위상천이를 생성하는 주파수는 단 하나이다. 연산 증폭기(U1)는 이 신호를 증폭하고 반전시켜 전체 위상천이를 360°(정귀환)로 만든다. 동일한 값을 갖는 구성요소에 대해 RL 회로망은 신호를 29배로 감쇄한다. 이러한 이유로 연산 증폭기는 감소를 보충하고 진동을 유지하기 위해 −29의 이득을 가져야 한다.

3단계 RC 또는 RL 위상천이 회로망을 통한 위상천이는 리액턴스가 $\sqrt{6}R$일 때 180°가 된다. 이는 RC 회로망에 대해 $\frac{1}{2\pi f_r C} = \sqrt{6}R$임을 의미한다. 즉 RL 회로망에 대해 $2\pi f_r L = \sqrt{6}R$이어야 한다. f_r에 대해 정리하면

$$RC\ \text{위상천이 회로망에 대해}\ f_r = \frac{1}{2\pi\sqrt{6}RC}$$

그리고

$$RL\ \text{위상천이 회로망에 대해}\ f_r = \frac{\sqrt{6}R}{2\pi L} = \frac{\sqrt{6}}{2\pi\left(\frac{L}{R}\right)}$$

RL 위상천이 회로망에 대한 최종 표현은 RC 및 RL 회로망 모두에 대해 $2\pi\tau$의 형태로 분모가 표현되도록 주어진다. 여기서 RC 회로의 경우 $\tau = RC$이고, RL 회로의 경우 $\tau = L/R$이다.

그림 12-46에 보이는 회로에 대해 계산된 발진주파수는 다음과 같다.

$$f_r = \frac{\sqrt{6}R}{2\pi L} = \frac{\sqrt{6}\,(270\ \Omega)}{2\pi(10\ \text{mH})} = 10.5\ \text{kHz}$$

발진기는 피드백을 사용하여 출력 샘플이 입력으로 다시 전송되는 루프를 형성한다. 문제는 피

▶ 그림 12-46

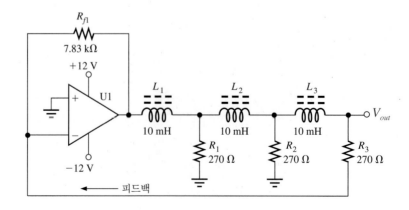

드백 루프의 어느 곳에나 있을 수 있으므로 피드백 회로는 문제해결에 있어 흥미로운 과제를 제시한다. 명백한 오류(잘못된 배선, 잘못된 부품값, 잘못된 공급전압 등)를 찾은 후 회로 문제를 해결하는 좋은 방법은 피드백 루프를 끊고 시험 신호를 삽입하는 것이다.

기판보드에 회로를 구성했는데, 진동하지 않는 것을 발견했다고 가정하고 고장진단 문제에 APM 방식을 적용해보자.

풀이 **분석:** 우선 회로에서 출력전압이 나타나지 않을 가능성이 있는 원인을 생각한다.

1. 회로가 새로 구성되어 작동한 적이 없으므로 배선이 잘못될 수 있다. 주의 깊게 육안으로 확인하면 문제가 드러날 수 있다.
2. 잘못된 회로 구성요소가 사용되었을 수 있다. 이 또한 육안 검사를 통해 문제가 드러날 수 있다.
3. 전원공급장치가 올바르게 설정되지 않았거나 연결되지 않았을 수 있다.
4. 개방현상이나 접지 단락이 있을 수 있다.
5. 연산 증폭기에 결함이 있을 수 있다.

계획: 새로 배선된 기판보드회로의 가장 가능성 있는 원인은 잘못된 배선 또는 잘못된 구성요소이다. 이는 쉽게 발견할 수 있으므로 이것이 계획의 출발점이다. 전원공급장치가 올바르게 설정되었는지 육안으로 확인한 후 시험을 수행해야 한다. 피드백 루프 내의 문제를 별도로 구별해서 고려하기 어렵기 때문에 피드백이 있다는 사실은 문제해결이 어려울 수 있다. 피드백 회로 문제를 해결하기 위한 좋은 계획은 피드백 루프를 끊고 시험신호를 삽입한 후 회로의 해당 부분을 추적하는 것이다. 그림 12-47은 RL 피드백 회로망에 대한 시험회로를 보여준다. 시험신호는 예상 발진기 주파수(10.5 kHz)로 설정된 함수 발생기에 의해 주입된다. 이것이 계획의 두 번째 부분이다. 전압을 측정한 후에는 문제를 연산 증폭기 부분이나 피드백 부분으로 분리해야 한다.

측정: 기본 측정 과정은 매우 간단하지만, 피드백 회로의 각 시험 지점(A, B, C)에서 확인해야 하는 전압을 알고 있는가? 숙련된 문제 해결사가 사용하는 또 다른 방법을 고려하자. 결함이 있는 회로와 비교할 수 있는 양호한 회로가 있으면 지루한 계산을 줄일 수 있다. 또는 측정된 값을 컴퓨터 시뮬레이션(Multisim 또는 LTspice)과 비교할 수 있다. 우리의 초점은 RL 회로이므로 이 부분의 시뮬레이션은 예상 측정값을 나타낸다. 그림 12-48은 Multisim의 시험회로를 보여준다. 함수 발생기는 10.5 kHz에서 1.0 V_{rms} 신호로 설정된다. 예상한 대로 출력은 오실로스코프에서 볼 수 있듯이 180° 위상천이가 있는 입력의 1/29이다.

각 시험 지점에 대해 멀티미터를 사용하여 빠르게 점검하면 각 시험 지점에 대한 예상전압이 표시된다. (Multisim을 사용하면 원하는 만큼 멀티미터를 가질 수 있으므로 시뮬레이션에는 4개가 표시된다.) 4개의 DMM에 대한 결과는 그림 12-49에 나와 있다.

이제 예상되는 판독값을 알았으므로 실제 회로를 검사하면 표 12-1에 표시된 전압이 드러난다. 이러한 판독값을 통해 발생할 수 있는 문제를 추론할 수 있는가?

▶ 그림 12-47

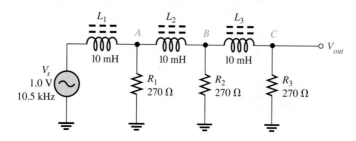

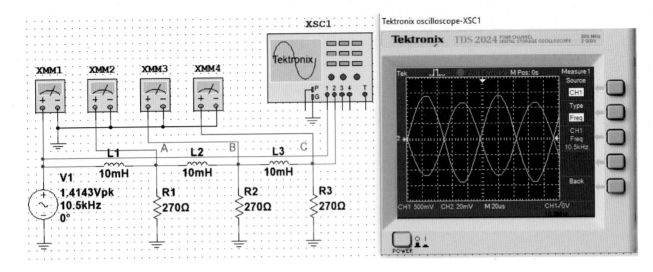

▲ 그림 12-48

피드백 네트워크의 Multisim 시뮬레이션

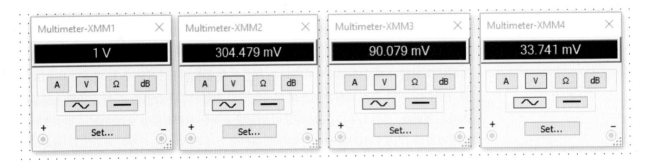

▲ 그림 12-49

작동 중인 테스트 회로의 DMM 판독값

▶ 표 12-1

시험 지점	V_{rms} 표시값
A	299 mV
B	112 mV
C	112 mV

　　　마지막 두 판독값이 동일하다는 사실은 L_3 또는 R_3을 통한 전류가 없음을 나타내며, 이는 단락된 인덕터 L_3 또는 개방된 저항기 R_3을 나타낸다. L_3가 단락되면 R_2와 R_3은 병렬이 되고 감소된 저항은 표 12-1에 표시된 것보다 더 많은 전압이 시험 지점 B와 C에 가해지게 된다. 이 분석을 통해 R_3가 개방되었다는 결론을 내릴 수 있다. 이는 함수 발생기를 끄고 회로를 다시 면밀히 검사한 후 저항계로 R_3를 측정하여 확인할 수 있다.

관련 문제　모든 저항이 1.0 kΩ이면 회로망을 통한 전체 위상천이는 어떻게 되는가?

공학용 계산기 소개의 예제 12-16에 있는 변환 예를 살펴보라.

Sattahipbeach/
Shutterstock

Multisim 또는 LTspice 파일 E12-16을 열고 입력을 기준으로 *RL* 회로망의 지점 B와 C에서 위상천이를 결정하라.

12-9절 복습

해답은 이 장의 끝에 있다.

1. 인덕터에서 권선의 단락이 직렬 *RL* 회로의 응답에 어떤 영향을 미치는가에 대해 설명하라.
2. 그림 12-50의 회로에서 *L*이 개방되었을 때 I_{tot}, V_{R1}, V_{R2}가 증가했는지 감소하는지 나타내라.

▶ 그림 12-50

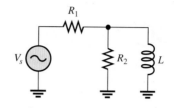

응용과제

일부 변경을 위해 통신시스템으로부터 제거된 2개의 봉인된 모듈이 있다. 각 모듈에는 단자가 3개씩 있으며 *RL* 회로라고 표시되어 있지만, 사양이 주어지지는 않았다. 과제는 이 모듈을 검사해서 어떤 종류의 회로인지 알아내고 소자값을 구하는 것이다.

봉인된 모듈들에는 그림 12-51에서와 같이 IN, GND, OUT이라고 표시된 3개의 단자가 있다. 내부 회로의 배열과 소자값을 구하기 위해 직렬 *RL* 회로에 관한 지식을 적용하고, 내부 회로 구성과 소자값을 결정하기 위해 몇 가지 기본적인 측정을 해야 할 것이다.

1단계: 모듈 1의 저항 측정

그림 12-51의 계기에 지시된 값으로 모듈 1에 대한 두 소자의 배열 상태와 저항기와 권선저항의 값을 결정하라.

2단계: 모듈 1의 교류 측정

그림 12-52의 검사 장비에 의해 지시된 모듈 1에 대한 인덕턴스를 결정한다.

3단계: 모듈 2의 저항 측정

그림 12-53의 계측기에 지시된 값으로 모듈 2에 대한 두 소자의 배열 상태와 저항기와 권선저항의 값을 결정하라.

4단계: 모듈 2의 교류 측정

그림 12-54의 검사 장비에 의해 지시된 모듈 2에 대한 인덕턴스를 결정하라.

응용과제 복습

1. 모듈 1의 인덕터가 개방되면 그림 12-52의 검사 장비의 출력에서 어떤 값이 측정되겠는가?
2. 모듈 2의 인덕터가 개방되면 그림 12-54의 검사 장비의 출력에서 어떤 값이 측정되겠는가?

▶ 그림 12-51

모듈 1의 저항 측정

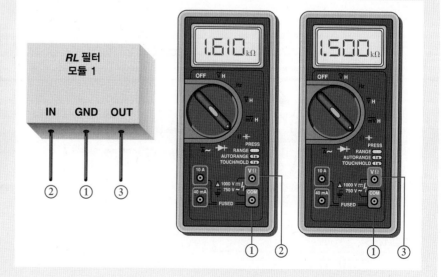

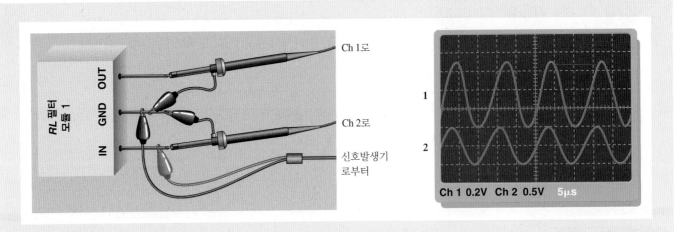

▲ 그림 12-52

모듈 1에 대한 교류 측정

▶ 그림 12-53

모듈 2의 저항 측정

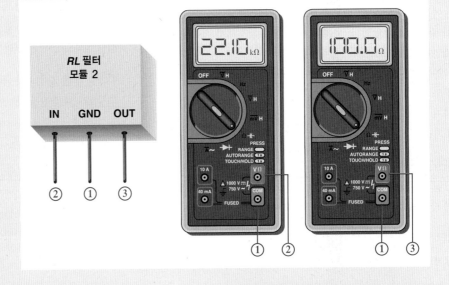

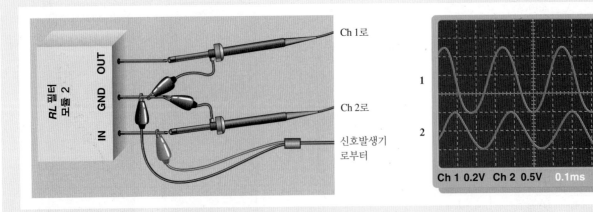

▲ 그림 12-54

모듈 2에 대한 교류 측정

- *RL* 회로에 정현파 교류전압이 인가될 때, 전류와 모든 전압강하 역시 정현파이다.
- *RL* 회로에서 총 전류는 전원전압에 항상 뒤진다.
- 저항전압은 항상 전류와 동위상이다.
- 이상적인 인덕터에서 전압은 항상 전류에 90° 앞선다.
- *RL* 지상회로에서 페이저의 입력전압에 대해 출력전압은 지상이다.
- *RL* 진상회로에서 페이저의 입력전압에 대해 출력전압은 진상이다.
- *RL* 회로에서 임피던스는 저항과 유도성 리액턴스의 결합으로 결정된다.
- 임피던스는 Ω의 단위로 표현된다.
- *RL* 회로의 임피던스는 주파수에 따라 직접 변한다.
- 직렬 *RL* 회로의 위상각(θ)은 주파수에 따라 직접 변한다.
- 회로의 임피던스는 전원전압과 총 전류를 측정하고, 옴의 법칙을 적용해서 구한다.
- *RL* 회로에서 전력은 저항성분과 리액티브 성분으로 이루어져 있다.
- 저항성 전력(유효전력)과 리액티브 전력의 위상조합은 피상전력이라 한다.
- 역률로 피상전력 중에서 유효전력이 차지하는 비율을 알 수 있다.
- 역률 1은 순수한 저항성 회로를 의미하며, 역률 0은 순수한 리액티브 회로를 의미한다.
- 제시된 주파수 선택도 회로는 어떤 주파수를 통과시키고 나머지를 차단한다.

핵심용어

유도성 서셉턴스(B_L) 유도성 리액턴스의 역수. 단위는 지멘스(S)

***RL* 지상회로** 출력전압이 입력전압보다 어떤 정해진 각도만큼 뒤지도록 하는 위상천이회로이다.

***RL* 진상회로** 출력전압이 입력전압보다 어떤 정해진 각도만큼 앞서도록 하는 위상천이회로이다.

수식

12-1 $$Z = \sqrt{R^2 + X_L^2}$$ 직렬 *RL* 임피던스

12-2 $$\theta = \tan^{-1}\left(\frac{X_L}{R}\right)$$ 직렬 *RL* 위상각

12-3 $$V_s = \sqrt{V_R^2 + V_L^2}$$ 직렬 *RL* 회로의 총 전압

12-4 $$\theta = \tan^{-1}\left(\frac{V_L}{V_R}\right)$$ 직렬 *RL* 위상각

12-5 $$\phi = \tan^{-1}\left(\frac{X_L}{R}\right)$$ *RL* 지상회로의 위상각

12-6 $$V_{out} = \left(\frac{R}{\sqrt{R^2 + X_L^2}}\right)V_{in}$$ 지상회로의 출력전압

12-7 $$\phi = 90° - \tan^{-1}\left(\frac{X_L}{R}\right)$$ *RL* 진상회로의 위상각

12-8 $$V_{out} = \left(\frac{X_L}{\sqrt{R^2 + X_L^2}}\right)V_{in}$$ *RL* 진상회로의 출력전압

12-9 $$Z = \frac{RX_L}{\sqrt{R^2 + X_L^2}}$$ 병렬 *RL* 임피던스

12-10	$\theta = \tan^{-1}\left(\dfrac{R}{X_L}\right)$	병렬 *RL* 위상각
12-11	$G = \dfrac{1}{R}$	컨덕턴스
12-12	$B_L = \dfrac{1}{X_L}$	유도성 서셉턴스
12-13	$Y = \dfrac{1}{Z}$	어드미턴스
12-14	$Y_{tot} = \sqrt{G^2 + B_L{}^2}$	총 어드미턴스
12-15	$I_{tot} = \sqrt{I_R{}^2 + I_L{}^2}$	병렬 *RL* 회로의 총 전류
12-16	$\theta = \tan^{-1}\left(\dfrac{I_L}{I_R}\right)$	병렬 *RL* 위상각
12-17	$P_r = I^2 X_L$	무효전력
12-18	$f_c = \dfrac{R}{2\pi L}$	*RL* 회로의 차단주파수

참/거짓 퀴즈

해답은 이 장의 끝에 있다.

1. 교류에서 $R = X_L$이면 위상각은 45°이다.
2. 교류 *RL* 직렬회로에서 전원전압이 5.0 V일 때, 저항의 양단 전압은 3.0 V이고 인덕터 양단의 전압은 4.0 V이다.
3. 교류 *RL* 직렬회로에서 전류와 전압은 인덕터에 대한 위상이다.
4. 교류 *RL* 병렬회로에서 유도성 서셉턴스는 항상 어드미턴스보다 작다.
5. 교류 *RL* 병렬회로에서 인덕터 양단의 전압은 저항 양단의 전압에 대한 위상출력이다.
6. 지멘스 단위는 서셉턴스와 어드미턴스 양쪽의 측정에 사용된다.
7. 상호 임피던스는 서셉턴스이다.
8. 회로의 역률이 0.5일 때, 무효전력과 유효전력은 동일하다.
9. 순수한 저항성 회로는 역률이 0이다.
10. 직렬 *RL*의 고역통과필터는 저항 양단에서 출력을 가진다.

자습 문제

해답은 이 장의 끝에 있다.

1. 직렬 *RL* 회로에서 저항전압은?
   (a) 전원전압보다 앞선다
   (b) 전원전압보다 뒤진다
   (c) 전원전압과 동위상이다
   (d) 전류와 동위상이다
   (e) (a), (d) 둘다 맞다
   (f) (b), (d) 둘다 맞다
2. 직렬 *RL* 회로에 인가되는 전압의 주파수가 증가하면 임피던스는?
   (a) 감소한다
   (b) 증가한다
   (c) 변함없다
3. 직렬 *RL* 회로에 인가되는 전압의 주파수가 감소하면 위상각은?
   (a) 감소한다
   (b) 증가한다
   (c) 변함없다
4. 주파수가 두 배가 되고, 저항이 1/2이 되면 직렬 *RL* 회로의 임피던스는?
   (a) 2배
   (b) 1/2배
   (c) 변함없다
   (d) 모른다

5. 직렬 *RL* 회로의 전류를 줄이기 위해 주파수는 어떻게 해야 하는가?

(a) 증가한다　　　　　(b) 감소한다　　　　　(c) 일정하게 한다

6. 직렬 *RL* 회로에서 저항과 인덕터 양단에서 각각 10 V rms가 측정되었다. 전원전압의 최댓값은?

(a) 14.1 V　　　(b) 28.23 V　　　(c) 10 V　　　(d) 20 V

7. 6번 문제의 전압이 어떤 주파수에서 측정되었다. 인덕터 전압보다 저항전압을 더 크게 하기 위해 주파수는?

(a) 증가한다　　(b) 감소한다　　(c) 2배로 한다　　(d) 필요없다

8. 직렬 *RL* 회로에서 인덕터 전압보다 저항전압이 더 크게 되었을 때 위상각은?

(a) 증가한다　　　　(b) 감소한다　　　　(c) 영향받지 않는다

9. 주파수가 증가할 때 병렬 *RL* 회로의 임피던스는?

(a) 증가한다　　　　(b) 감소한다　　　　(c) 변함없다

10. 병렬 *RL* 회로에서 저항성 가지와 유도성 가지에 흐르는 전류가 각각 2.0 A rms였다. 총 실효전류는?

(a) 4.0 A　　　(b) 5.66 A　　　(c) 2.0 A　　　(d) 2.88 A

11. 오실로스코프에서 두 가지 전압파형을 관찰하고 있다. 스코프의 시간간격 조절단자(sec/div)가 10 μs에 설정되어 있다. 파형의 반 사이클이 10칸의 수평분할 눈금에 걸쳐 있다. 한 파형은 2 값에서 1 값으로 바뀌는 점이 제일 왼쪽의 분할 눈금에 있고, 다른 한 파형은 2 값에서 1 값으로 바뀌는 점이 오른쪽에서 세 번째 분할 눈금에 있다. 두 파형 사이의 위상각은?

(a) 18°　　　(b) 36°　　　(c) 54°　　　(d) 180°

12. 다음 역률 중 *RL* 회로에서 가장 작게 열로의 에너지 변환이 이루어지는 것은?

(a) 1.0　　　(b) 0.9　　　(c) 0.5　　　(d) 0.1

13. 순수한 유도성 부하이며, 무효전력은 10 VAR이다. 피상전력은?

(a) 0 VA　　　(b) 10 VA　　　(c) 14.1 VA　　　(d) 3.16 VA

14. 순수한 유도성 부하이며, 유효전력은 10 W, 무효전력은 10 VAR이다. 피상전력은?

(a) 5.0 VA　　　(b) 20 VA　　　(c) 14.1 VA　　　(d) 100 VA

15. 어떤 저역통과 *RL* 회로의 차단 주파수가 20 kHz이다. 회로의 대역폭은?

(a) 20 kHz　　　(b) 40 kHz　　　(c) 0 kHz　　　(d) 모른다

고장진단: 증상과 원인

이를 연습하는 목적은 고장진단에 필수적인 사고력 개발에 도움을 주기 위한 것이다. 해답은 이 장의 끝에 있다.

그림 12-55를 참조하여 각각 여러 가지 일어날 수 있는 경우를 예상한다.

▶ 그림 12-55

회로에서 교류전압계들이 정확하게 지시된다.

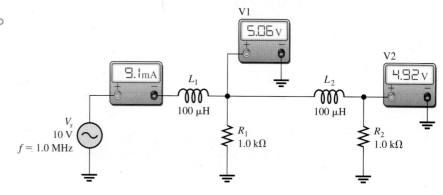

1. 증상: 교류전류계 눈금이 15.9 mA이고, 전압계 1과 전압계 2는 0 V이다.

원인:

(a) L_1이 개방

(b) L_2이 개방

(c) R_1이 단락

2. 증상: 교류전류계 눈금이 8.47 mA이고, 전압계 1은 8.47 V이며, 전압계 2는 0 V이다.

원인:

(a) L_2이 개방

(b) R_2이 개방

(c) R_2이 단락

3. 증상: 교류전류계 눈금이 20 mA이고, 두 전압계는 거의 10 V이다.

원인:

(a) L_1이 단락

(b) R_1이 개방

(c) 전원주파수가 맞지 않은 대단히 높은 값으로 되어 있다.

4. 증상: 교류전류계 눈금이 4.55 mA이고, 전압계 1은 2.53 V이고, 전압계 2 1.5 V이다.

원인:

(a) 전원주파수가 500 kHz에서 맞지 않은 값이다.

(b) 전원전압이 5.0 V로 맞지 않은 값이다.

(c) 전원주파수가 2.0 MHz로 맞지 않은 값이다.

5. 증상: 모든 계기가 0 V이다.

원인:

(a) 전압원이 없다.

(b) L_1이 개방

(c) (a) 또는 (b) 모두

연습 문제

홀수 번호 연습 문제의 해답은 이 책의 끝에 있다.

기초 문제

12-1 RL 회로의 정현응답

1. 직렬 RL 회로에 15 kHz의 정현파 전압이 인가되었다. I, V_R, V_L의 주파수를 구하라.

2. 1번 문제에서 I, V_R, V_L의 파형은 어떤 모양인가?

12-2 직렬 RL 회로의 임피던스와 위상각

3. 그림 12-56의 각 회로에서 임피던스를 구하라.

▶ 그림 12-56

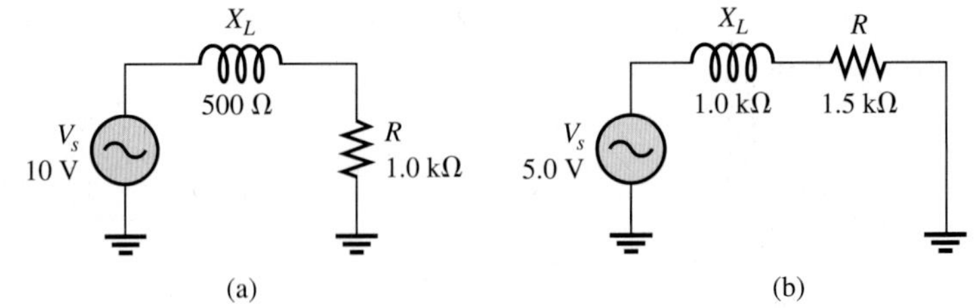

4. 그림 12-57의 각 회로에서 임피던스와 위상각을 구하라.

▶ 그림 12-57

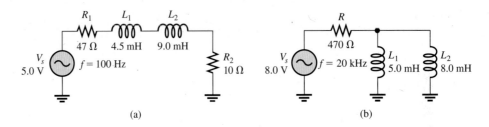

5. 그림 12-58에 대해 다음에 주어진 각각의 주파수에서의 임피던스를 구하라.

   (a) 500 Hz   (b) 1.0 kHz   (c) 2.0 kHz   (d) 5.0 kHz

▶ 그림 12-58

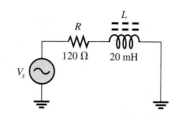

6. 직렬 RL 회로에서 다음에 주어진 임피던스와 위상각에 대한 R, X_L 값을 결정하라.

   (a) $Z = 200\ \Omega,\ \theta = 45°$ (b) $Z = 500\ \Omega,\ \theta = 35°$

   (c) $Z = 2.5\ \text{k}\Omega,\ \theta = 72.5°$ (d) $Z = 998\ \Omega,\ \theta = 60°$

12-3 직렬 RL 회로 해석

7. 그림 12-57(a)의 회로에서 전원주파수가 10 kHz로 증가했을 때, 총 저항의 양단 간의 전압을 구하라.

8. 그림 12-57(b)의 회로에서 총 저항의 양단과 총 인덕턴스의 양단의 전압을 구하라.

9. 그림 12-56의 각 회로에 대한 전류를 구하라.

10. 그림 12-57에서 각 회로의 총 전류를 계산하라.

11. 그림 12-59에서 회로의 위상각 θ를 결정하라.

12. 그림 12-59에서 인덕턴스가 2배가 되면 θ는 증가하는가, 아니면 감소하는가? 그리고 그때의 각도도 구하라.

13. 그림 12-59에서 V_s, V_R, V_L의 파형을 그려라. 그리고 적절한 위상 관계를 말하라.

14. 그림 12-60의 회로에서 다음에 주어진 각각의 주파수에 대해 V_R, V_L을 구하라.

   (a) 60 Hz   (b) 200 Hz   (c) 500 Hz   (d) 1.0 kHz

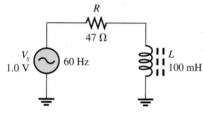

▲ 그림 12-59

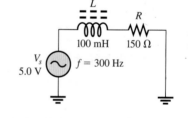

▲ 그림 12-60

15. 그림 12-61의 지상회로에 대해, 다음의 입력주파수로 위상지상 출력전압을 구하라.

   (a) 10 Hz   (b) 1.0 Hz   (c) 10 kHz   (d) 100 kHz

16. 그림 12-62의 진상회로에 대해 15번 문제를 반복하여 구하라.

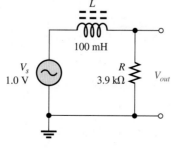

▲ 그림 12-61

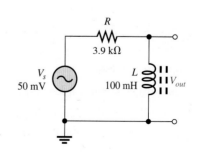

▲ 그림 12-62

12-4 병렬 RL 회로의 임피던스와 위상각

17. 그림 12-63의 회로에서 임피던스는 얼마인가?

18. 다음의 주파수에 대해 17번 문제를 반복하라.

   (a) 1.5 MHz   (b) 3.0 MHz   (c) 5.0 MHz   (d) 10 MHz

19. 그림 12-63에서 X_L과 R이 같아지는 주파수는?

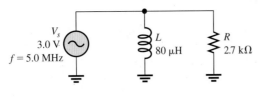 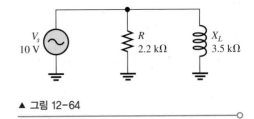

▲ 그림 12-63   ▲ 그림 12-64

12-5 병렬 RL 회로 해석

20. 그림 12-64에서 총 전류와 각 가지전류를 구하라.

21. 그림 12-65에서 다음 값들을 결정하라.

   (a) Z (b) I_R (c) I_L (d) I_{tot} (e) θ

22. 그림 12-66의 회로를 등가 직렬회로로 변환하라.

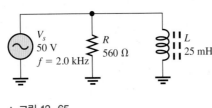 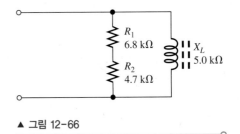

▲ 그림 12-65   ▲ 그림 12-66

12-6 직렬-병렬 RL 회로 해석

23. 그림 12-67에서 각 소자 양단의 전압을 구하라.

24. 그림 12-67의 회로는 저항성이 우세한지, 유도성이 우세한지 밝혀라.

25. 그림 12-67에서 각 가지에 흐르는 전류와 총 전류를 계산하라.

▶ 그림 12-67

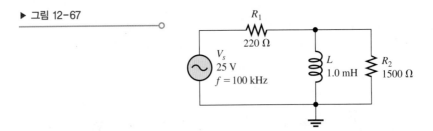

12-7 RL 회로 전력

26. 어떤 RL 회로에서 유효전력이 100 mW, 무효전력은 340 mVAR이다. 피상전력은 얼마인가?

27. 그림 12-59에서 유효전력과 무효전력을 구하라.

28. 그림 12-64에서 역률은 얼마인가?

29. 그림 12-67의 회로에서 P_{true}, P_r, P_a, PF를 구하라. 그리고 전력 삼각도를 그려라.

12-8 기본 응용

30. 그림 12-61의 회로에서 출력전압이 0 Hz에서 5.0 kHz로 주파수가 1.0 kHz 단위로 증가될 때의 응답 곡선을 그려라.

31. 30번 문제와 같은 방법을 사용하여 그림 12-62에 대한 응답 곡선을 그려라.

32. 그림 12-61와 12-62의 각 회로에서 주파수 8.0 kHz에 대한 전압 페이저도를 그려라.

12-9 고장진단

33. 그림 12-68에서 L_1이 개방되었다고 할 때 각 소자 양단의 전압을 구하라.

34. 다음과 같은 파손 형태 각각에 대해 그림 12-69의 출력전압을 구하라.

    (a) L_1 개방   (b) L_2 개방   (c) R_1 개방   (d) R_2 양단 단락

▶ 그림 12-68

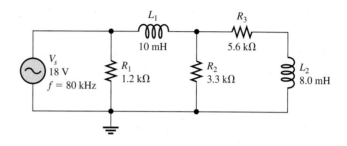

▶ 그림 12-69

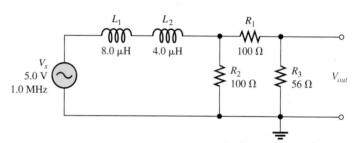

고급 문제

35. 그림 12-70에서 인덕터 양단의 전압을 구하라.

▶ 그림 12-70

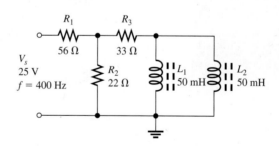

36. 그림 12-70의 회로는 저항성이 우세한지, 유도성이 우세한지 밝혀라.

37. 그림 12-70에서 총 전류를 구하라.

38. 그림 12-71에서 다음을 구하라.

    (a) Z_{tot} (b) I_{tot} (c) θ (d) V_L (e) V_{R3}

39. 그림 12-72의 회로에서 다음을 구하라.

    (a) I_{R1} (b) I_{L1} (c) I_{L2} (d) I_{R2}

40. 그림 12-73의 회로에서 입력과 출력 사이에서 위상천이와 감쇄의 정도(V_{in}에 대한 V_{out}의 비)를 구하라.

41. 그림 12-74의 회로에 대해 입력 대 출력의 감쇄를 구하라.

42. 스위치가 한 지점에서 다른 지점으로 순간적으로 이어질 때 12 V 직류전원으로부터 2.5 kV의 순시전압을 제공하는

이상적인 유도성 스위칭 회로를 설계하라. 단, 전원에서 나오는 전류는 1.0 A를 초과하지 못한다.

43. 그림 12-75의 회로를 그리고, 스코프상의 파형이 맞는지 결정하라. 만약 회로에 이상이 있다면 확인하라.

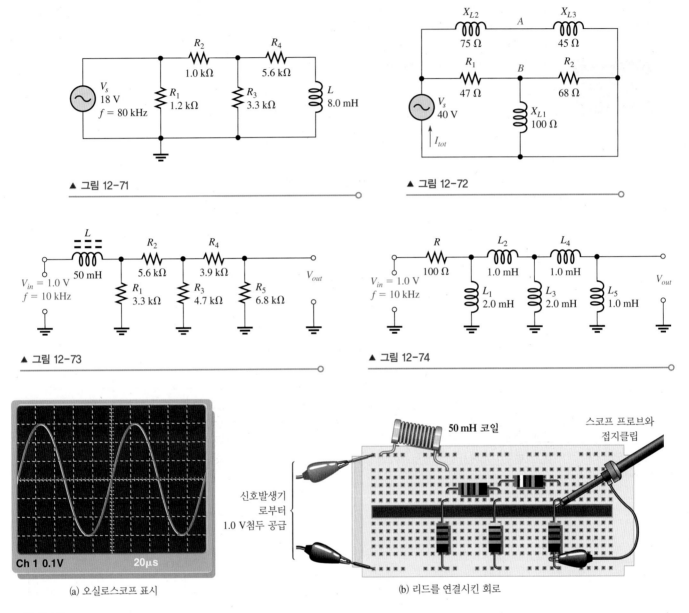

▲ 그림 12-71

▲ 그림 12-72

▲ 그림 12-73

▲ 그림 12-74

(a) 오실로스코프 표시

(b) 리드를 연결시킨 회로

▲ 그림 12-75

(그림 색깔은 책 뒷부분의 컬러 페이지 참조)

고장진단 문제

44. Multisim 파일 P12-44를 열어라. 고장이 있다면 고장을 찾아서 확인하라.

45. Multisim 파일 P12-45를 열어라. 고장이 있다면 고장을 찾아서 확인하라.

46. Multisim 파일 P12-46을 열어라. 고장이 있다면 고장을 찾아서 확인하라.

47. Multisim 파일 P12-47을 열어라. 고장이 있다면 고장을 찾아서 확인하라.

48. Multisim 파일 P12-48을 열어라. 고장이 있다면 고장을 찾아서 확인하라.

49. Multisim 파일 P12-49를 열어라. 고장이 있다면 고장을 찾아서 확인하라.

해답

각 절의 복습

12-1 *RL* 회로의 정현응답

1. 전류의 주파수는 1.0 kHz이다.

2. $R > X_L$일 때 θ는 0°에 가깝다.

12-2 직렬 *RL* 회로의 임피던스와 위상각

1. V_s가 I에 앞선다.

2. $X_L = R$

3. *RL* 회로에서 전류는 전압보다 지연된다. *RL* 회로에서 전류는 전압보다 앞선다.

4. $Z = \sqrt{R^2 + X_L^2} = 59.9 \text{ k}\Omega$, $\theta = \tan^{-1}(X_L/R) = 56.6°$

12-3 직렬 *RL* 회로 해석

1. $V_s = \sqrt{V_R^2 + V_L^2} = 3.61 \text{ V}$

2. $\theta = \tan^{-1}(X_L/V_R) = 56.3°$

3. f가 증가하면 X_L은 증가, Z는 증가, θ도 증가한다.

4. $\phi = 90° - \tan^{-1}(X_L/R) = 81.9°$

5. $V_{out} = \left(\dfrac{R}{\sqrt{R^2 + X_L^2}} \right) V_{in} = 9.90 \text{ V}$

12-4 병렬 *RL* 회로의 임피던스와 위상각

1. $Z = 1/Y = 20 \ \Omega$

2. $Y = \sqrt{G^2 + B_L^2} = 2.5 \text{ mS}$

3. I_{tot}는 V_s보다 32.1° 뒤진다.

12-5 병렬 *RL* 회로 해석

1. $I_{tot} = V_s Y = 32 \text{ mA}$

2. $\theta = \tan^{-1}(I_L/I_R) = 59.0°$, $I_{tot} = \sqrt{I_R^2 + I_L^2} = 23.3 \text{ mA}$

3. $\theta = 90°$

12-6 직렬-병렬 *RL* 회로 해석

1. $I_{tot} = \sqrt{(I_1\cos\theta_1 + I_2\cos\theta_2)^2 + (I_1\sin\theta_1 + I_2\sin\theta_2)^2} = 20.2 \text{ mA}$

2. $Z = V_s/I_{tot} = 494 \ \Omega$

12-7 *RL* 회로 전력

1. 전력은 저항에서 소비

2. $PF = \cos 50° = 0.643$

3. $P_{\text{true}} = I^2 R = 4.7 \text{ W}$, $P_r = I^2 X_L = 6.2 \text{ VAR}$, $P_a = \sqrt{P_{\text{true}}^2 + P_r^2} = 7.78 \text{ VA}$

12-8 기본 응용

1. 출력은 저항 양단에서 얻는다.

2. 스위칭 전압 조정기가 다른 종류보다 더 효율적이다.

3. 펄스폭이 증가한다.

12-9 고장진단

1. 권선의 단락은 L을 줄이므로 주어진 주파수에서 X_L은 감소한다.

2. L이 개방되면 I_{tot}는 감소, V_{R1}은 감소, V_{R2}는 증가한다.

예제 관련 문제

12-1 2.04 kΩ, 27.8°

12-2 423 μA

12-3 아니오

12-4 12.6 kΩ, 85.5°

12-5 32°

12-6 12.3 V rms

12-7 65.6°

12-8 8.14 kΩ, 35.5°

12-9 3.70 mS

12-10 14.0 mA, 71.1°

12-11 14.9 mA

12-12 $R_S = 19.1$ kΩ, $X_{LS} = 11.0$ kΩ

12-13 (a) 8.04 V

(b) 2.00 V

12-14 전류 감소

12-15 P_{true}, P_r, P_a 감소

참/거짓 퀴즈

1. T   2. T   3. F   4. T   5. F   6. T   7. F   8. T   9. F   10. F

자습 문제

1. (f)   2. (b)   3. (a)   4. (d)   5. (a)   6. (d)   7. (b)   8. (b)   9. (a)   10. (d)

11. (c)   12. (d)   13. (b)   14. (c)   15. (a)

고장진단: 증상과 원인

1. (c)   2. (a)   3. (c)   4. (b)   5. (c)

RLC 회로와 공진

13

핵심용어

▶ 공진주파수
▶ 대역차단필터
▶ 대역통과필터
▶ 데시벨(dB)
▶ 반전력주파수
▶ 병렬공진
▶ 선택도
▶ 직렬공진

학습목표

▶ 직렬 *RLC* 회로의 임피던스와 위상각을 결정한다.
▶ 직렬 *RLC* 회로를 해석한다.
▶ 직렬공진회로를 해석한다.
▶ 직렬공진필터를 해석한다.
▶ 병렬 *RLC* 회로를 해석한다.
▶ 병렬공진회로를 해석한다.
▶ 병렬공진필터 동작을 해석한다.
▶ 공진회로 응용분야를 논의한다.

서론

이 장에서는 저항, 정전용량, 인덕턴스로 이루어진 *RLC* 회로의 주파수응답에 대해 공부할 것이다. 직렬과 병렬공진의 개념을 포함하여 직렬 및 병렬 *RLC* 회로에 대해 논의할 것이다.

공진이 주파수 선택도에 대한 기초이기 때문에 전기회로에서 공진은 특히 통신분야 등 많은 형태의 전자시스템의 동작에 중요하다. 예를 들어 어떤 방송국에서 전송되는 특정 주파수를 선택하고 다른 방송국에서 전송되는 주파수를 차단하는 라디오 또는 TV 수신기의 기능은 바로 공진의 원리에 기초를 두고 있다.

대역통과필터와 대역차단필터의 동작은 인덕턴스와 정전용량을 포함하는 회로의 공진에 기초를 두고 있으며, 이런 필터들을 이 장에서 논의하고 시스템 응용 또한 제시한다.

응용과제 미리보기

이 장에서 응용과제는 알려지지 않은 특성을 가진 공진필터에 대한 주파수응답 곡선을 그리는 것이다. 주파수응답 측정으로부터 필터 형태를 식별하고, 공진주파수와 대역폭을 결정한다. 이 장을 공부하고 나면 응용과제를 해결할 수 있을 것이다.

13-1 직렬 *RLC* 회로의 임피던스와 위상각

직렬 *RLC* 회로는 저항, 인덕턴스, 정전용량을 포함한다. 유도성 리액턴스와 용량성 리액턴스는 회로의 위상각에 서로 반대로 영향을 미치기 때문에 전체 리액턴스는 개별 리액턴스보다 더 작다.

이 절의 학습목표

◆ 직렬 *RLC* 회로의 임피던스와 위상각을 결정한다.
  ◆ 전체 리액턴스를 계산한다.
  ◆ 회로가 주로 유도성인지 용량성인지 결정한다.

저항, 인덕턴스, 정전용량을 포함하는 직렬 *RLC* 회로를 보여주는 것이 그림 13-1이다.

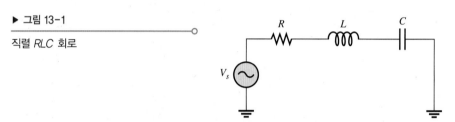

▶ 그림 13-1

직렬 *RLC* 회로

유도성 리액턴스(X_L)는 전체 전류가 전원전압보다 뒤서게 한다. 용량성 리액턴스(X_C)는 반대로 전류가 전압보다 앞서게 한다. 이렇게 X_L과 X_C는 서로 상쇄하는 경향이 있다. 그것들이 서로 같을 때, 그것들은 상쇄되며 전체 리액턴스는 0이 된다. 어떤 경우에도 직렬회로의 전체 리액턴스는 식 (13-1)을 통해 구할 수 있다.

$$X_{tot} = |X_L - X_C| \qquad (13-1)$$

$|X_L - X_C|$ 항은 두 리액턴스 차이의 절댓값을 의미한다. 즉 결과의 부호는 어떤 리액턴스가 더 크더라도 양수로 간주한다. 예를 들어 3 − 7 = −4이나 그 절댓값은 +4이다.

$$|3 - 7| = 4$$

$X_L > X_C$일 때 직렬회로는 주로 유도성이고, $X_C > X_L$일 때 직렬회로는 주로 용량성이다.
직렬 *RLC* 회로의 전체 임피던스는 식 (13-2)로 주어진다.

$$Z_{tot} = \sqrt{R^2 + X_{tot}{}^2} \qquad (13-2)$$

그리고 V_s와 I 사이의 위상각 값은 식 (13-3)으로 주어진다.

$$\theta = \tan^{-1}\left(\frac{X_{tot}}{R}\right) \qquad (13-3)$$

회로가 유도성일 때 임피던스의 위상각은 양수(전류가 전압에 뒤섬)이고, 회로가 용량성일 때 임피던스의 위상각은 음수(전류가 전압에 앞섬)이다. 식 (13-3)의 X_{tot}이 절댓값이므로, 전류 또는 전압이 앞서는 것을 표시하거나 위상각의 올바른 부호를 나타내야 한다. 또는 위상각 θ의 올바른 부호($X_L > X_C$일 때 양수이고, $X_L < X_C$일 때 음수)를 자동 제공하는 다음 식을 사용할 수 있다.

$$\theta = \tan^{-1}\left(\frac{X_L - X_C}{R}\right)$$

예제 13-1

그림 13-2의 직렬 *RLC* 회로에 대한 전체 임피던스와 위상각을 결정하라.

▶ 그림 13-2

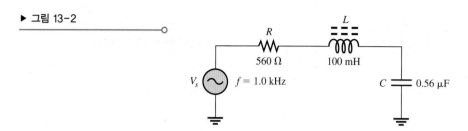

풀이   먼저 X_C와 X_L을 구하면

$$X_C = \frac{1}{2\pi f C} = \frac{1}{2\pi(1.0 \text{ kHz})(0.56 \text{ μF})} = 284 \text{ Ω}$$

$$X_L = 2\pi f L = 2\pi(1.0 \text{ kHz})(100 \text{ mH}) = 628 \text{ Ω}$$

이 경우 X_L은 X_C보다 더 크고, 따라서 회로는 용량성이라기보다 유도성이다. 전체 리액턴스의 크기는

$$X_{tot} = |X_L - X_C| = |628 \text{ Ω} - 284 \text{ Ω}| = 344 \text{ Ω} \text{ (유도성)}$$

전체 회로 임피던스는

$$Z_{tot} = \sqrt{R^2 + X_{tot}^2} = \sqrt{(560 \text{ Ω})^2 + (344 \text{ Ω})^2} = \mathbf{657 \text{ Ω}}$$

(*I*와 V_s 사이의) 위상각은

$$\theta = \tan^{-1}\left(\frac{X_{tot}}{R}\right) = \tan^{-1}\left(\frac{344 \text{ Ω}}{560 \text{ Ω}}\right) = \mathbf{31.6°} \text{ (전류가 } V_s \text{에 뒤섬)}$$

관련 문제*   그림 13-2의 주파수를 2000 Hz까지 증가하고 *Z*와 *θ*를 결정하라.

공학용 계산기 소개의 예제 13-1에 있는 변환 예를 살펴보라.

* 해답은 이 장의 끝에 있다.

앞에서 본 바와 같이 유도성 리액턴스가 용량성 리액턴스보다 클 때, 회로는 유도성인 것처럼 보이고 전류가 전원전압에 뒤선다. 용량성 리액턴스가 더 클 때, 회로는 용량성인 것처럼 보이고 전류가 전원전압에 앞선다.

13-1절 복습

해답은 이 장의 끝에 있다.

1. 직렬 *RLC* 회로가 유도성인지, 용량성인지 어떻게 결정하는지 설명하라.
2. 주어진 직렬 *RLC* 회로에서 X_C가 150 Ω이고 X_L이 80 Ω이다. 전체 리액턴스는 몇 Ω인가? 이 회로는 유도성인가, 아니면 용량성인가?
3. 2번 문제의 회로에서 *R* = 45 Ω일 때, 임피던스를 결정하라. 위상각은 얼마인가? 전류가 전원전압을 앞서는가, 아니면 뒤서는가?

13-2 직렬 *RLC* 회로 해석

용량성 리액턴스는 주파수에 반비례하여 변하고 유도성 리액턴스는 주파수에 비례하여 변하는 것을 기억하자. 이 절에서는 주파수 함수에 따른 리액턴스의 결합 효과를 조사한다.

이 절의 학습목표

◆ **직렬 *RLC* 회로를 해석한다.**

   ◆ 직렬 *RLC* 회로에서 전류를 결정한다.

   ◆ 직렬 *RLC* 회로에서 전압을 결정한다.

   ◆ 위상각을 결정한다.

그림 13-3은 특정한 직렬 *RLC* 회로에 대해 X_L과 X_C의 크기를 그린 것이다. 전체 리액턴스는 다음과 같이 동작한다. 아주 낮은 주파수에서 시작하면 X_C의 크기는 크고 X_L의 크기는 작아서 회로는 주로 용량성이다. 앞서 식 (13-1)에서 본 것과 같이 X_L과 X_C의 크기는 서로 반대 부호가 되어 전체 리액턴스의 크기는 X_L과 X_C의 차이가 된다. 주파수가 증가함에 따라 $X_C = X_L$이 되고 두 리액턴스가 상쇄되어 회로가 순수 저항성이 되는 값에 도달할 때까지, X_C는 감소하고 X_L은 증가한다. 이 조건이 직렬공진(series resonance)이고 13-3절에서 다룰 예정이다. 주파수가 더 증가함에 따라 X_L이 X_C보다 더 커져서 회로는 주로 유도성이 된다.

▶ **그림 13-3**

주파수에 따른 X_C와 X_L의 변화

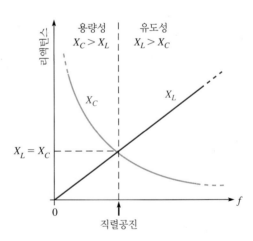

그림 13-3에서 X_L은 직선이고 X_C는 곡선이다. 직선에 대한 일반식은 $y = mx + b$이며, 여기서 m은 직선의 기울기이고, b는 y축과 직선이 만나는 점이다. 식 $X_L = 2\pi fL$을 직선의 일반식 $y = mx + b$과 일치하려면 $y = X_L$(변수), $m = 2\pi L$(상수), $x = f$(변수), $b = 0$이 되어 다음 식 $X_L = (2\pi L)f + 0$이 된다.

X_C의 곡선을 쌍곡선이라 부르며, 쌍곡선의 일반식은 $xy = k$이다. 용량성 리액턴스에 대한 식 $X_C = 1/2\pi fC$를 $xy = k$의 형태에 맞추어 다시 쓰면 $X_C f = 1/2\pi C$이며, 여기서 $x = X_C$(변수), $y = f$(변수), $k = 1/2\pi C$(상수)이다.

예제 13-2는 임피던스와 위상각이 전원 주파수에 따라 어떻게 변하는가 설명한다.

예제 13-2

다음 각각의 전원전압 주파수에 대해 그림 13-4의 회로에서 임피던스와 위상각을 찾아라.

(a) $f = 1.0$ kHz (b) $f = 3.5$ kHz (c) $f = 5.0$ kHz

▶ 그림 13-4

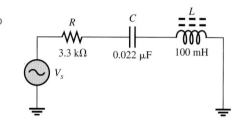

풀이 (a) 주파수 $f = 1.0$ kHz에서

$$X_C = \frac{1}{2\pi f C} = \frac{1}{2\pi(1.0\text{ kHz})(0.022\ \mu\text{F})} = 7.23\text{ k}\Omega$$
$$X_L = 2\pi f L = 2\pi(1.0\text{ kHz})(100\text{ mH}) = 628\ \Omega$$

X_C가 X_L보다 더 크기 때문에 회로는 높은 용량성이다. 전체 리액턴스의 크기는

$$X_{tot} = |X_L - X_C| = |628\ \Omega - 7.23\text{ k}\Omega| = 6.6\text{ k}\Omega$$

임피던스는

$$Z = \sqrt{R^2 + X_{tot}^2} = \sqrt{(3.3\text{ k}\Omega)^2 + (6.6\text{ k}\Omega)^2} = \textbf{7.38 k}\boldsymbol{\Omega}$$

위상각은

$$\theta = \tan^{-1}\left(\frac{X_{tot}}{R}\right) = \tan^{-1}\left(\frac{6.60\text{ k}\Omega}{3.3\text{ k}\Omega}\right) = \textbf{63.4°}$$

I가 V_s에 63.4°만큼 앞선다.

(b) 주파수 $f = 3.5$ kHz에서

$$X_C = \frac{1}{2\pi(3.5\text{ kHz})(0.022\ \mu\text{F})} = 2.07\text{ k}\Omega$$
$$X_L = 2\pi(3.5\text{ kHz})(100\text{ mH}) = 2.20\text{ k}\Omega$$

X_L이 X_C보다 약간 더 크기 때문에 회로는 순수 저항성에 매우 가까우나 약간 유도성이다. 전체 리액턴스, 임피던스, 위상각은

$$X_{tot} = |2.20\text{ k}\Omega - 2.07\text{ k}\Omega| = 132\ \Omega$$
$$Z = \sqrt{(3.3\text{ k}\Omega)^2 + (132\ \Omega)^2} = \textbf{3.30 k}\boldsymbol{\Omega}$$
$$\theta = \tan^{-1}\left(\frac{130\ \Omega}{3.3\text{ k}\Omega}\right) = \textbf{2.29°}$$

I가 V_s에 2.29°만큼 뒤진다.

(c) 주파수 $f = 5.0$ kHz에서

$$X_C = \frac{1}{2\pi f C} = \frac{1}{2\pi(5.0\text{ kHz})(0.022\ \mu\text{F})} = 1.45\text{ k}\Omega$$
$$X_L = 2\pi f L = 2\pi(5.0\text{ kHz})(100\text{ mH}) = 3.14\text{ k}\Omega$$

X_L이 X_C보다 약간 더 크기 때문에 회로는 순수 저항성에 매우 가까우나 약간 유도성이다. 전

체 리액턴스, 임피던스, 위상각은

$$X_{tot} = |3.14 \text{ k}\Omega - 1.45 \text{ k}\Omega| = 1.69 \text{ k}\Omega$$

$$Z = \sqrt{(3.3 \text{ k}\Omega)^2 + (1.69 \text{ k}\Omega)^2} = \mathbf{3.71 \text{ k}\Omega}$$

$$\theta = \tan^{-1}\left(\frac{1.69 \text{ k}\Omega}{3.3 \text{ k}\Omega}\right) = \mathbf{27.2°}$$

I가 V_s에 27.2°만큼 뒤진다.

주파수가 증가함에 따라 회로가 어떻게 용량성에서 유도성으로 변하는지 주의하자. 위상 조건이 전류 앞섬에서 전류 뒤짐으로 변한다. 주파수가 증가함에 따라 임피던스와 위상각은 모두 최소로 감소했다가 다시 증가하기 시작했다는 것에 유의하는 것이 중요하다.

관련 문제* 그림 13-4에서 $f = 7.0$ kHz에 대해 Z를 결정하라.

공학용 계산기 소개의 예제 13-2에 있는 변환 예를 살펴보라.

직렬 *RLC* 회로에서 커패시터 전압과 인덕터 전압은 항상 서로에 대해 180° 위상차가 있다. 이러한 이유 때문에 V_C와 V_L은 서로 뺄셈을 하고, 따라서 L과 C 결합에 걸리는 전압은 항상 각 소자에 걸리는 개별 전압보다 더 작다. 그러한 것을 설명한 것이 그림 13-5이고, 파형을 나타낸 것이 그림 13-6이다.

다음 예제에서 직렬 *RLC* 회로의 전류와 전압을 구하는 데 옴의 법칙을 이용한다.

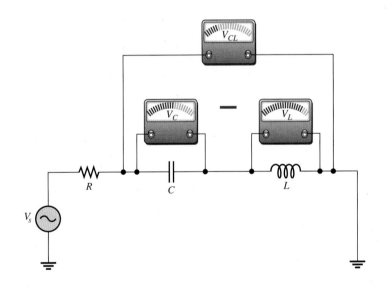

▲ 그림 13-5

*L*과 *C* 직렬결합회로 양단에 걸린 전압은 *C* 또는 *L* 각각에 걸린 전압 중 더 큰 개별 전압보다 항상 작다.

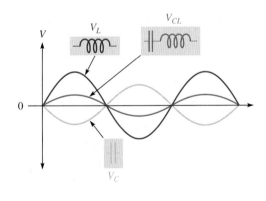

▲ 그림 13-6

인덕터와 커패시터는 서로 위상이 어긋나기 때문에 인덕터 전압과 커패시터 전압은 실질적으로 뺀다.

예제 13-3

그림 13-7에서 각 소자에 걸리는 전압을 구하고 완전한 전압위상도를 그려라. 또한 L과 C 결합 회로에 걸리는 전압을 구하라.

풀이 먼저 전체 리액턴스를 구한다.

$$X_{tot} = |X_L - X_C| = |25 \text{ k}\Omega - 60 \text{ k}\Omega| = 35 \text{ k}\Omega$$

▶ 그림 13-7

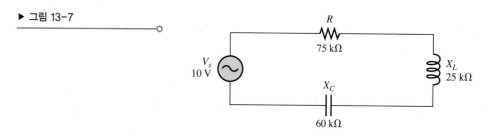

전체 임피던스는

$$Z_{tot} = \sqrt{R^2 + X_{tot}^2} = \sqrt{(75 \text{ k}\Omega)^2 + (35 \text{ k}\Omega)^2} = 82.8 \text{ k}\Omega$$

전류를 찾는 데 옴의 법칙을 적용한다.

$$I = \frac{V_s}{Z_{tot}} = \frac{10 \text{ V}}{82.8 \text{ k}\Omega} = 121 \text{ μA}$$

이제 *R*, *L*, *C*에 걸리는 전압을 찾는 데 옴의 법칙을 적용한다.

$$V_R = IR = (121 \text{ μA})(75 \text{ k}\Omega) = \textbf{9.08 V}$$
$$V_L = IX_L = (121 \text{ μA})(25 \text{ k}\Omega) = \textbf{3.03 V}$$
$$V_C = IX_C = (121 \text{ μA})(60 \text{ k}\Omega) = \textbf{7.26 V}$$

*L*과 *C* 결합에 걸리는 전압은

$$V_{CL} = V_C - V_L = 7.26 \text{ V} - 3.03 \text{ V} = \textbf{4.23 V}$$

위상각은

$$\theta = \tan^{-1}\left(\frac{X_{tot}}{R}\right) = \tan^{-1}\left(\frac{35 \text{ k}\Omega}{75 \text{ k}\Omega}\right) = \textbf{25.0°}$$

회로가 용량성이기 때문에($X_C > X_L$) 전류가 전원전압에 25.0°만큼 앞선다.

전압위상도는 그림 13-8에 나타냈다. V_L이 V_R에 90°만큼 앞서고, V_C이 V_R에 90°만큼 뒤서는 것에 주의하라. 이것은 V_L과 V_C 사이에 위상차 180°가 있음을 명확히 보여준다. 전류위상을 보여준다면, V_R과 같은 위상각이 된다(저항은 전압과 전류의 위상이 같다는 것을 기억하자).

▶ 그림 13-8

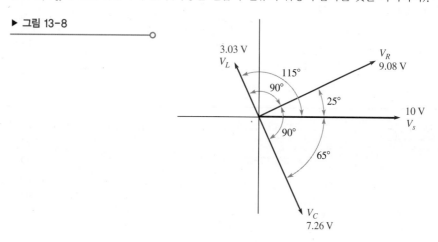

관련 문제 그림 13-7에서 전원전압 주파수가 증가하면 전류에는 어떤 일이 일어나는가?

공학용 계산기 소개의 예제 13-3에 있는 변환 예를 살펴보라.

13-2절 복습

해답은 이 장의 끝에 있다.

1. 어떤 직렬 *RLC* 회로에서 V_R = 24 V, V_L = 15 V, V_C = 45 V와 같은 전압이 발생했다. 전원전압을 결정하라.
2. 직렬 *RLC* 회로에서 R = 10 kΩ, X_C = 18 kΩ, X_L = 12 kΩ일 때, 전류는 전원전압에 앞서는가, 아니면 뒤서는가? 그 이유는 무엇인가?
3. 2번 문제에서 전체 리액턴스를 구하라.

13-3 직렬공진

직렬 *RLC* 회로에서 $X_L = X_C$일 때 직렬공진이 발생한다. 공진이 발생하는 주파수를 공진주파수(resonant frequency)라 하고, f_r을 기호로 사용한다.

이 절의 학습목표

◆ **직렬공진에 대한 회로를 해석한다.**

  ◆ 공진주파수를 정의한다.

  ◆ 공진에서 리액턴스가 상쇄되는 이유를 설명한다.

  ◆ 직렬공진주파수를 결정한다.

  ◆ 공진에서 전압과 전류를 계산한다.

  ◆ 공진에서 임피던스를 결정한다.

그림 13-9는 직렬공진의 조건을 설명한다. 리액턴스가 같고 실질적으로 상쇄되어 임피던스는 순수하게 저항성이다. 이 공진 조건은 다음 식과 같이 나타난다.

$$X_L = X_C$$
$$Z_r = R$$

▶ 그림 13-9

공진주파수(f_r)에서 리액턴스는 크기가 같고 실질적으로 상쇄되어, $Z_r = R$이 된다.

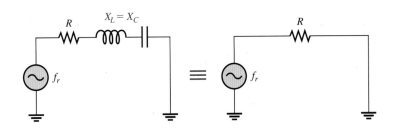

▶ 예제 13-4

그림 13-10의 직렬 *RLC* 회로가 공진 상태이다. X_C와 Z_r을 결정하라.

▶ 그림 13-10

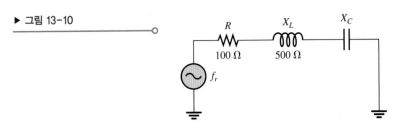

풀이 공진에서 X_L은 X_C와 같다. 따라서

$$X_C = X_L = 500 \ \Omega$$

리액턴스는 서로 상쇄하고 임피던스는 저항과 같다.

$$Z_r = R = 100 \ \Omega$$

관련 문제 공진주파수 바로 아래에서 회로는 유도성인가, 아니면 용량성인가?

공학용 계산기 소개의 예제 13-4에 있는 변환 예를 살펴보라.

직렬공진주파수에서 리액턴스가 같으므로 C와 L에 걸리는 전압은 같다. C와 L이 직렬로 연결되어 있으므로 두 소자에는 같은 전류가 흐른다($I_{X_C} = I_{X_L}$). 또한 V_L과 V_C는 항상 서로 180° 위상차가 있다.

그림 13-11(a)와 (b)에서 보는 바와 같이 입력전압의 어떤 주기에 대해도 C와 L에 걸리는 전압의 극성은 반대이다. 크기가 같고 극성이 반대인 전압은 상쇄되어 그림에서 보는 것과 같이 A지점부터 B지점까지 0 V가 된다. A지점부터 B지점까지 전압강하는 없으나 여전히 전류가 흐르기 때문에 그림 13-11(c)에 나타난 것과 같이 전체 리액턴스는 0이 되어야 한다. 또한 그림 그림 13-11(d)의 전압위상도는 V_C와 V_L이 크기는 같고 서로 180° 위상차가 있음을 보여준다.

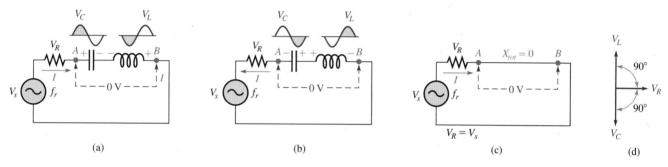

▲ **그림 13-11**

공진주파수 f_r에서 C와 L에 걸리는 전압은 크기가 같다. 이들은 서로 180° 위상차가 있으므로 서로 상쇄되어 CL결합회로(A지점부터 B지점까지)에 걸리는 전압은 0 V가 된다. 공진에서(권선저항을 무시하면) A지점부터 B지점까지 회로구간은 실질적으로 단락된 것처럼 보인다.

직렬공진주파수

주어진 직렬 RLC 회로에서 공진은 단지 하나의 특정한 주파수에서만 발생한다. 이 공진주파수에 대한 식은 다음과 같다.

$$X_L = X_C$$

리액턴스 공식을 대입하고 공진주파수(f_r)에 대해 풀이하면

$$2\pi f_r L = \frac{1}{2\pi f_r C}$$

$$(2\pi f_r L)(2\pi f_r C) = 4\pi^2 f_r^2 LC = 1$$

$$f_r^2 = \frac{1}{4\pi^2 LC}$$

마지막으로 양변에 제곱근을 취하면 공진주파수 f_r에 대한 식 (13-4)를 얻을 수 있다.

$$f_r = \frac{1}{2\pi\sqrt{LC}} \tag{13-4}$$

예제 13-5

그림 13-12의 회로에 대해 직렬공진주파수를 구하라.

▶ 그림 13-12

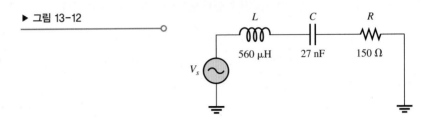

풀이 공진주파수는

$$f_r = \frac{1}{2\pi \sqrt{LC}} = \frac{1}{2\pi \sqrt{(560\ \mu H)(27\ nF)}} = \textbf{40.9 kHz}$$

관련 문제 그림 13-12에서 $C = 0.01\ \mu F$이면 공진주파수는 얼마인가?

공학용 계산기 소개의 예제 13-5에 있는 변환 예를 살펴보라.

Multisim 또는 LTspice 파일 E13-05를 열어라. 측정을 통해 직렬공진주파수를 구하라.

직렬 *RLC* 회로에서 전압과 전류 진폭

직렬 *RLC* 회로에서 주파수를 공진주파수 이하로부터 공진주파수를 거쳐 공진주파수 이상까지 증가함에 따라 전류와 전압의 진폭은 변한다. 회로의 *Q*(품질지수)는 응답에 영향을 주지 않도록 충분히 높다고 가정한다. *Q*는 유효전력에 대한 무효전력의 비이며, 13-4절에서 보다 상세하게 논의할 것이다.

공진주파수 이하에서 $f = 0\ Hz$(직류)에서 커패시터는 개방회로로 보이므로 전체 회로 임피던스 Z_T는 무한하다. 따라서 전체 전류는 0이고, *R*과 *L*에 걸리는 전압은 0이며, 전원전압 전부가 *C*에 걸리는 것처럼 보인다. 공진주파수가 f_r을 향해 증가함에 따라 X_C는 주파수에 반비례하여 감소하고 X_L은 선형적으로 증가하므로, 전체 리액턴스의 크기 $X_T = |X_L - X_C|$는 감소하게 된다. 결과적으로 전체 임피던스는 감소하고 전체 전류는 증가한다. 전류가 증가함에 따라 옴에 법칙에 의해 V_R과 V_L은 모두 증가한다. 회로의 *Q*가 충분히 높다면 커패시터 전압도 함께 증가할 것이다. 그러나 X_C의 감소가 이 증가를 상쇄하는 경향이 있기 때문에 항상 그렇게 되지는 않는다는 것에 주의하자. X_T가 감소함에 따라 I_T에 의해 발생하는 전압 또한 감소하기 때문에, *C*와 *L*에 걸리는 결합된 전압은 최댓값 V_s로부터 감소한다.

공진주파수에서 주파수가 공진주파수 f_r에 도달할 때 V_C와 V_L은 크기가 같으나 위상이 반대가 되어 상쇄됨으로써 *C*와 *L* 결합에 걸리는 전압은 0 V가 된다. 이 지점에서 전체 리액턴스가 0이 되기 때문에 전체 임피던스는 *R*과 같고 최솟값이 된다. 따라서 V_R은 전원전압과 같은 크기의 최댓값이 되고 전체 전류는 최댓값 V_s/R이 된다. 그러나 *C*와 *L* 모두에 걸리는 전체 전압은 0 V가 되더라도 *Q*가 높으면 *C*와 *L*에 걸리는 개별 전압은 전원전압보다 훨씬 클 수 있다. 전원이 제거되더라도 커패시터는 최대 전압을 유지할 수 있기 때문에 감전 위험을 초래할 수 있다는 것에 주의하자.

공진주파수 이상에서 주파수가 공진주파수 이상으로 커지면 X_L은 계속 증가하고 X_C는 계속 감

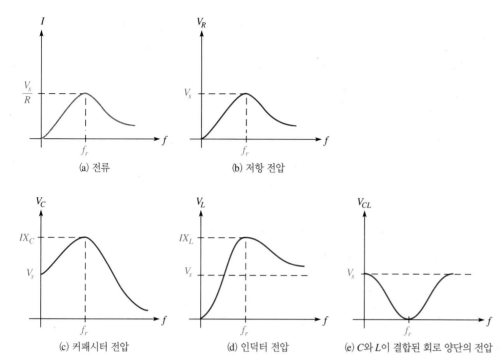

직렬 *RLC* 회로에서 주파수의 함수에 따른 전압과 전류의 크기. V_C와 V_L은 전원전압보다 훨씬 클 수 있다. 곡선의 모양은 특정 회로의 소자값에 의존한다.

(a) 전류

(b) 저항 전압

(c) 커패시터 전압

(d) 인덕터 전압

(e) C와 L이 결합된 회로 양단의 전압

소한다. (그림 13-3이 나타내는 것처럼) 주파수가 증가함에 따라 X_C는 느린 속도로 감소하기 때문에 전체 리액턴스의 크기 $X_L - X_C$는 증가한다. 결과적으로 임피던스는 증가하고 전체 전류는 감소한다. 주파수가 매우 크게 되면 X_L은 매우 크게 되고 전류는 0에 가까워지고, V_R과 V_C 모두 0에, V_L은 V_s에 접근한다.

그림 13-13(a)와 (b)는 주파수 증가에 따른 전류와 전압의 응답을 각각 설명한다. 주파수가 증가함에 따라 전류는 공진 아래까지 증가하고, 공진주파수에서 최대에 도달하며, 공진 이상에서는 감소한다. 저항 전압은 전류와 같은 방법으로 반응한다.

V_C와 V_L 곡선의 일반적인 기울기를 나타낸 것이 그림 13-13(c)와 (d)이다. 전압은 공진에서 최대가 되고 f_r 이상과 이하에서는 급감한다. 공진에서 L과 C에 걸리는 전압은 정확히 크기는 같고 180° 위상차가 있어 상쇄된다. 따라서 공진에서 L과 C 전체에 걸리는 전압은 0 V이고 $V_R = V_s$이다. 개별적으로는 V_L과 V_C는 전원전압보다 훨씬 더 클 수 있다. V_L과 V_C는 주파수에 상관없이 항상 극성이 반대이나 공진에서만 크기가 같음을 명심하자. 공진 아래에서는 주파수가 증가함에 따라 C와 L 결합에 걸리는 전압은 감소하고 공진주파수에서 최솟값 0 V에 도달한다. 그림 13-13(e)에서 보는 것과 같이 공진 이상에서는 증가한다.

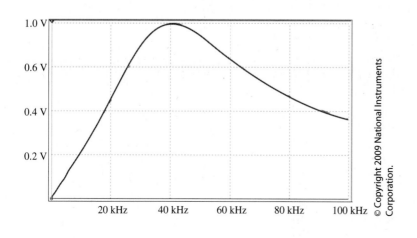

Multism을 사용한 예제 13-5의 저항응답

그림 13-13의 곡선들은 일반화된 것으로서 회로의 특정 소자에 따라 달라진다. 곡선의 모양은 *Q*에 크게 의존한다. Multisim에서 회로를 구성하고 **보드플로터**(Bode plotter)를 이용하여 회로에 대한 이들 곡선을 그릴 수 있다. Multisim의 보드플로터는 프로브 위치에 기반하여 주파수응답을 그리는 가상의 도구이다. 예제 13-5에서의 저항 응답은 그림 13-14에 나타나 있다.

예제 13-6

그림 13-15에서 공진 시 *I*, V_R, V_L, V_C를 구하라.

▶ 그림 13-15

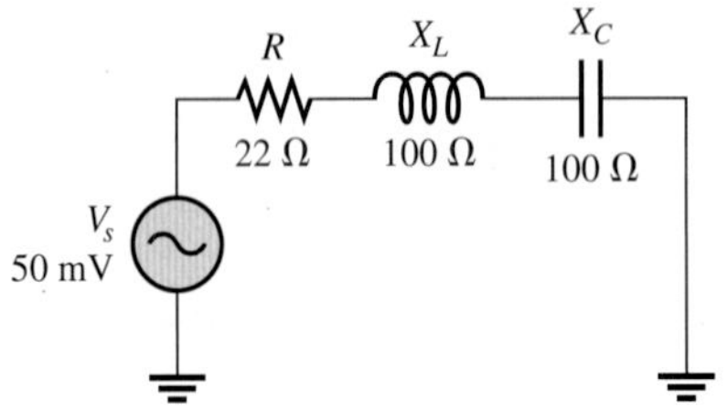

풀이   공진에서 *I*는 최대이고 V_s/R과 같다.

$$I = \frac{V_s}{R} = \frac{50\text{ mV}}{22\ \Omega} = \textbf{2.27 mA}$$

옴의 법칙을 적용하여 전압을 구한다.

$$V_R = IR\ \ = (2.27\text{ mA})(22\ \Omega)\ \ = \textbf{50 mV}$$
$$V_L = IX_L = (2.27\text{ mA})(100\ \Omega) = \textbf{227 mV}$$
$$V_C = IX_C = (2.27\text{ mA})(100\ \Omega) = \textbf{227 mV}$$

전원전압은 모두 저항에서 소모된다는 것에 주의하자. 또한 당연히 V_L과 V_C는 크기는 같으나 위상은 반대이다. 이것이 V_s보다 큰 전압이 상쇄되어 무효전력이 0 V가 되게 한다.

관련 문제 $X_L = X_C = 1.0$ kΩ이면 그림 13-15에서 공진 시 전류는 얼마인가?
공학용 계산기 소개의 예제 13-6에 있는 변환 예를 살펴보라.

직렬 *RLC* 회로의 임피던스

그림 13-16은 X_C와 X_L에 대한 곡선을 중첩시킨 임피던스 대 주파수의 일반적인 그래프를 보인다. 주파수 0 Hz(직류)에서 커패시터는 개방회로처럼, 인덕터는 단락회로처럼 보이므로 0 Hz

▶ 그림 13-16
주파수 함수에 따른 직렬 *RLC* 임피던스

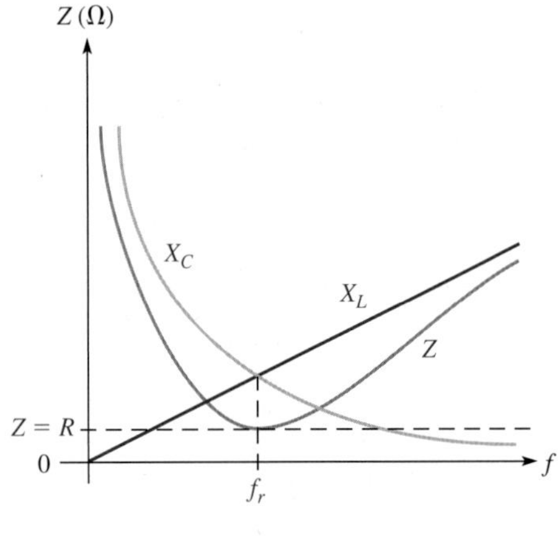

에서 X_C와 Z는 무한히 크고 X_L은 0이다. 주파수가 증가함에 따라 X_C는 감소하고 X_L은 증가한다. f_r 이하의 주파수에서 X_C가 X_L보다 크기 때문에 Z는 X_C와 함께 감소한다. f_r에서 $X_C = X_L$이고 $Z = R$이다. f_r 이상의 주파수에서 X_L이 X_C보다 더 크게 되어 Z가 증가하여 X_L 값에 접근하게 한다.

예제 13-7

그림 13-17의 회로에서 다음 주파수에 대한 임피던스를 결정하라.

(a) f_r (b) f_r의 1.0 kHz 이하 (c) f_r의 1.0 kHz 이상

▶ 그림 13-17

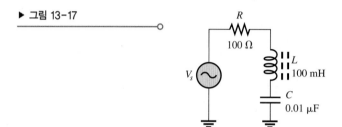

풀이 (a) f_r에서 임피던스는 R과 같다.

$$Z = R = \textbf{100 } \boldsymbol{\Omega}$$

f_r 이상과 이하에서 임피던스를 결정하기 위해 먼저 공진주파수를 계산한다.

$$f_r = \frac{1}{2\pi\sqrt{LC}} = \frac{1}{2\pi\sqrt{(100 \text{ mH})(0.01 \text{ μF})}} = 5.03 \text{ kHz}$$

(b) f_r의 1.0 kHz 이하에서 주파수와 리액턴스는 다음과 같다.

$$f = f_r - 1.0 \text{ kHz} = 5.03 \text{ kHz} - 1.0 \text{ kHz} = 4.03 \text{ kHz}$$

$$X_C = \frac{1}{2\pi fC} = \frac{1}{2\pi(4.03 \text{ kHz})(0.01 \text{ μF})} = 3.95 \text{ kΩ}$$

$$X_L = 2\pi fL = 2\pi(4.03 \text{ kHz})(100 \text{ mH}) = 2.53 \text{ kΩ}$$

따라서 $f = f_r - 1.0 \text{ kHz}$에서 전체 리액턴스와 임피던스는

$$X_{tot} = |2.53 \text{ kΩ} - 3.95 \text{ kΩ}| = 1.41 \text{ kΩ}$$
$$Z = \sqrt{R^2 + X_{tot}^2} = \sqrt{(100 \text{ Ω})^2 + (1.41 \text{ kΩ})^2} = \textbf{1.42 kΩ}$$

(c) f_r의 1.0 kHz 이상에서

$$f = 5.03 \text{ kHz} + 1.0 \text{ kHz} = 6.03 \text{ kHz}$$

$$X_C = \frac{1}{2\pi(6.03 \text{ kHz})(0.01 \text{ μF})} = 2.64 \text{ kΩ}$$

$$X_L = 2\pi(6.03 \text{ kHz})(100 \text{ mH}) = 3.79 \text{ kΩ}$$

따라서 $f = f_r + 1.0 \text{ kHz}$에서 전체 리액턴스와 임피던스는

$$X_{tot} = |3.79 \text{ kΩ} - 2.64 \text{ kΩ}| = 1.15 \text{ kΩ}$$
$$Z = \sqrt{R^2 + X_{tot}^2} = \sqrt{(100 \text{ Ω})^2 + (1.15 \text{ kΩ})^2} = \textbf{1.16 kΩ}$$

(b)에서 Z는 용량성이고, (c)에서 Z는 유도성이다.

관련 문제 *f*가 4.03 kHz 이하로 감소하면 임피던스는 어떻게 되는가? 6.03 kHz 이상에서는?
공학용 계산기 소개의 예제 13-7에 있는 변환 예를 살펴보라.

Multisim 또는 LTspice 파일 E13-07을 열어라. 공진주파수 1.0 kHz에서 그리고 공진 1.0 kHz 이상에서 각 소자에 흐르는 전류와 걸리는 전압을 측정하라. 측정을 통해 직렬공진주파수를 구하라.

직렬 *RLC* 회로의 위상각

공진 이하의 주파수에서 그림 13-18(a)에 나타난 것과 같이 $X_C > X_L$이고 전류는 전원전압에 앞선다. 그림 13-18(b)에 나타난 것과 같이 주파수가 공진값에 접근할수록 위상각의 크기는 감소하고 공진에서는 0°이다. 그림 13-18(c)에 나타난 것과 같이 공진 이상의 주파수에서 $X_L > X_C$이고 전류가 전원전압에 뒤선다. 주파수가 더 커질수록 위상각은 90°에 근접한다. 위상각 대 주파수를 그린 것이 그림 13-18(d)이다.

▶ 그림 13-18
직렬 *RLC* 회로에서 주파수에 따른 위상각

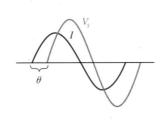
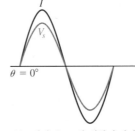
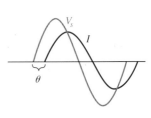

(a) f_r 이하에서 I는 V_s보다 앞선다.   (b) f_r에서 I는 V_s와 위상이 같다.   (c) f_r 이상에서 I는 V_s보다 뒤진다.

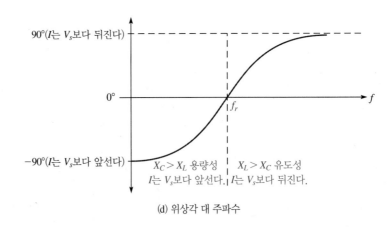

(d) 위상각 대 주파수

13-3절 복습	1. 직렬공진에 대한 조건은 무엇인가?
해답은 이 장의 끝에 있다.	2. 공진주파수에서 최대 전류가 되는 이유는 무엇인가?
	3. $C = 2700$ pF과 $L = 820$ μH에 대한 공진주파수를 계산하라.
	4. 3번 문제의 회로는 50 kHz에서 유도성인가, 용량성인가, 저항성인가?

13-4 직렬공진필터

직렬 *RLC* 회로의 일반적인 용도 중 하나는 필터 응용이다. 이 절에서는 수동 대역통과 및 대역차단필터의 기본 구성과 몇 가지 중요한 필터 특성을 배울 것이다.

이 절의 학습목표

◆ **직렬공진필터를 해석한다.**

    ◆ 기본적인 직렬공진 대역통과필터를 식별한다.

    ◆ 대역폭을 정의하고 결정한다.

    ◆ 반전력주파수를 정의한다.

    ◆ dB 측정에 대해 논의한다.

    ◆ 선택도를 정의한다.

    ◆ 필터 품질지수(Q)에 대해 논의한다.

    ◆ 직렬공진 대역차단필터를 식별한다.

대역통과필터

기본적인 **직렬공진 대역통과필터**를 나타낸 것이 그림 13-19이다. 직렬 *LC* 부분이 입력과 출력 사이에 배치되고 저항 양단을 출력으로 한다는 것에 주의하자.

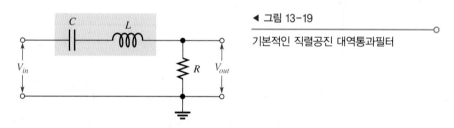

◀ 그림 13-19

기본적인 직렬공진 대역통과필터

대역통과필터(band-pass filter)는 공진주파수와 공진주파수를 중심으로 그 위쪽과 아래쪽으로 확장시킨 어떤 대역(또는 범위) 내에 포함되는 주파수의 신호들을 입력으로부터 진폭의 현저한 감소없이 출력 쪽으로 통과시킨다. 이 특정 대역(**통과대역**) 밖의 주파수 신호들은 진폭이 어떤 수준 이하로 감소하게 되어 필터에 의해 제거되는 것으로 간주된다.

필터 동작은 필터의 임피던스 특성에 기인한다. 13-3절에서 배운 것과 같이 임피던스는 공진에서 최소가 되며, 공진주파수 이상이나 이하에서 점점 더 큰 값을 갖는다. 매우 낮은 주파수에서 임피던스가 매우 높아서 전류를 차단한다. 주파수 증가하면 임피던스가 낮아서 더 많은 전류가 흐르고 결과적으로 출력저항 양단에 걸리는 전압도 증가하게 된다. 공진주파수에서는 임피던스가 매우 낮고 회로의 전체 저항(권선저항과 *R*의 합)과 같다. 이때 최대 전류가 흐르고 결과적으로 출력전압도 최댓값이 된다. 주파수가 공진주파수보다 커지면 임피던스는 다시 증가하여 전류와 출력전압을 감소시킨다. 그림 13-20은 직렬공진 대역통과필터의 일반적인 주파수응답을 나타낸 것이다.

통과대역의 대역폭

대역통과필터의 대역폭(BW)은 전류(또는 출력전압)가 공진주파수에서의 값의 70.7%가 되거나 그 이상이 되는 주파수 범위이다. 그림 13-21은 대역통과필터의 응답 곡선에서 대역폭을 보인다.

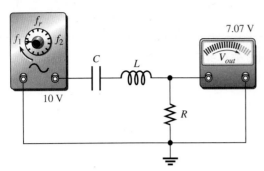

(a) 주파수가 f_1으로 증가하면 V_{out}은 7.07 V로 증가한다.

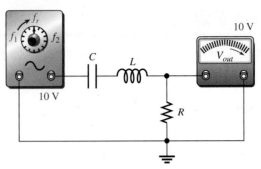

(b) 주파수가 f_1에서 f_r로 증가하면 V_{out}은 7.07 V에서 10 V로 증가한다.

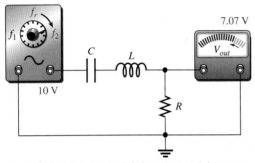

(c) 주파수가 f_r에서 f_2로 증가하면 V_{out}은 10 V에서 7.07 V로 감소한다.

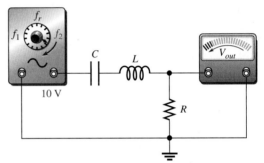

(d) 주파수가 f_2 이상으로 증가하면 V_{out}은 7.07 V 이하로 감소한다.

▲ 그림 13-20

일정한 유효(rms) 입력전압 10 V에 대한 직렬공진 대역통과필터의 주파수응답의 예. 코일의 권선저항은 무시한다.

필터 출력이 최댓값의 70.7%가 되는 주파수를 **차단주파수**라고 한다. 그림 13-21에서 f_r보다 작은 주파수 f_1은 I(또는 V_{out})가 공진값(I_{max})의 70.7%가 되는 주파수이고, 일반적으로 하한 **차단주파수**라고 한다. f_r보다 큰 주파수 f_2는 I(또는 V_{out})가 다시 최댓값(I_{max})의 70.7%가 되는 주파수이고, 일반적으로 상한 **차단주파수**라고 한다. f_1과 f_2에 대한 다른 이름으로는 −3 dB 주파수, 임계주파수, 대역주파수, 반전력주파수가 있다(약어로 dB라는 데시벨 용어는 이후 절에서 정의된다).

대역폭을 계산하는 공식은 식 (13-5)와 같다.

$$BW = f_2 - f_1 \tag{13-5}$$

▶ 그림 13-21

직렬공진 대역통과필터의 일반적인 응답 곡선

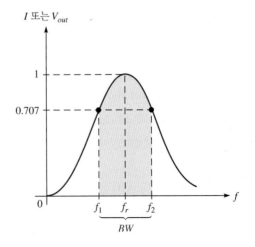

대역폭의 단위는 Hz이고 주파수의 단위와 같다.

예제 13-8

어떤 직렬공진 대역통과필터가 공진주파수에서 최대전류 100 mA를 갖는다. 차단주파수에서 전류값은 얼마인가?

풀이 차단주파수에서 전류는 최댓값의 70.7%이다.

$$I_{f1} = I_{f2} = 0.707 I_{max} = 0.707 (100 \text{ mA}) = \mathbf{70.7 \text{ mA}}$$

관련 문제 만약 최대 전류를 100 mA에 유지하면 차단주파수의 변화가 새로운 차단주파수에서의 전류에 영향을 미치겠는가?

공학용 계산기 소개의 예제 13-8에 있는 변환 예를 살펴보라.

예제 13-9

공진회로에서 하한 차단주파수가 8.0 kHz이고 상한 차단주파수가 12.0 kHz이다. 대역폭을 결정하라.

풀이 $$BW = f_2 - f_1 = 12.0 \text{ kHz} - 8.0 \text{ kHz} = \mathbf{4.0 \text{ kHz}}$$

관련 문제 $f_1 = 1.0$ MHz이고 $f_2 = 1.2$ MHz일 때 대역폭은 얼마인가?

공학용 계산기 소개의 예제 13-9에 있는 변환 예를 살펴보라.

필터응답의 반전력점

앞에서 언급한 대로 상한 및 하한 차단주파수를 때때로 **반전력주파수(half-power frequencies)**라고도 부른다. 이 용어는 이들 주파수에 대해 소스에서 나오는 실제 전력이 공진주파수에서 전달되는 전력의 반이 된다는 사실에서 유래되었다. 다음 단계들은 직렬공진회로에 대해 이러한 관계가 사실임을 보여준다.

공진에서

$$P_{max} = I_{max}{}^2 R$$

주파수 f_1(또는 f_2)에서의 전력은

$$P_{f1} = I_{f1}^2 R = (0.707 I_{max})^2 R = (0.707)^2 I_{max}{}^2 R = 0.5 I_{max}{}^2 R = 0.5 P_{max}$$

데시벨(dB) 측정

상한 및 하한 차단주파수에 대한 다른 일반 용어가 −3 dB 주파수이다. 데시벨(decibel, dB)은 어떤 필터의 입력과 출력의 비로 표현할 수 있는 두 출력의 비에 대한 대수(log)를 10배한 것이다. 식 (13-6)은 전력비를 데시벨로 표현한 것이다.

$$\mathbf{dB = 10 \log \left(\frac{P_{out}}{P_{in}} \right)} \tag{13-6}$$

식 (13-7)과 같은 전압의 비를 사용하여 데시벨 공식은 같은 크기의 저항 양단에서 측정한 전압으로 산출한 전력의 비에 대한 앞의 공식을 기초로 한다.

$$dB = 20 \log\left(\frac{V_{out}}{V_{in}}\right) \qquad (13-7)$$

예제 13-10

어떤 주파수에서 필터의 출력전력이 5.0 W이고 입력전력이 10 W이다. 전력의 비를 데시벨로 표현하라.

풀이
$$10 \log\left(\frac{P_{out}}{P_{in}}\right) = 10 \log\left(\frac{5.0\ \text{W}}{10\ \text{W}}\right) = 10 \log(0.5)\ dB = \mathbf{-3.01\ dB}$$

관련 문제 $V_{out}/V_{in} = 0.2$의 비를 데시벨로 표현하라.

공학용 계산기 소개의 예제 13-10에 있는 변환 예를 살펴보라.

−3 dB 주파수 차단주파수에서 필터 출력이 3 dB 떨어진다고 한다. 이 주파수는 공진에서 출력전압이 최대 전압의 70.7%가 되는 점이다. 식 (13-7)을 이용하여 70.7%가 되는 점은 최댓값보다 3.0 dB 떨어지는 점(−3.0 dB)과 같다는 것을 보여준다. 최대전압은 0 dB 기준이다.

$$20 \log\left(\frac{0.707\ V_{max}}{V_{max}}\right) = 20 \log(0.707)\ dB = -3.0\ dB$$

대역통과필터의 선택도

그림 13-21의 응답 곡선을 선택도 곡선이라고 한다. 선택도(selectivity)는 공진회로가 어떤 주파수에 대해 얼마나 잘 응답하고 그 밖의 다른 모든 주파수를 얼마나 잘 구별하는가를 정의한다. 대역폭이 좁을수록 선택도는 더 좋다.

이상적인 응답에서는 공진회로가 대역폭 내의 주파수는 허용하고 대역폭 밖의 주파수는 완전히 제거한다고 가정한다. 그러나 대역폭 밖의 주파수는 완전하게 제거되지 않기 때문에 실제로는 그렇지 않다. 그럼에도 불구하고 크기는 매우 감소하거나 감쇄한다. 그림 13-22(a)에서 설명한 것과 같이 차단주파수로부터 멀어지면 멀어질수록 더욱 크게 감소한다. 이상적인 선택도 곡선을 그림 13-22(b)에 나타냈다.

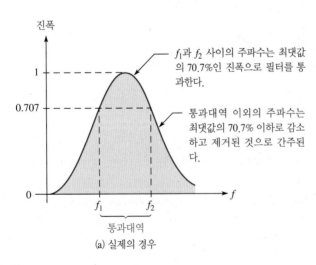

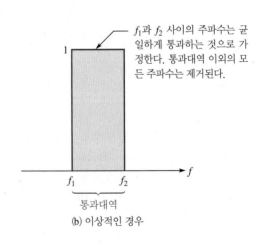

▲ 그림 13-22

대역통과필터의 일반적인 선택도 곡선

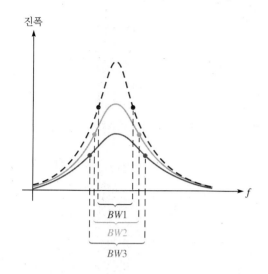

그림 13-23에서 나타낸 것과 같이 실제 대역통과필터에서 선택도를 결정하는 요소는 응답 곡
선의 가파름이다. 선택도가 큰 필터는 선택도가 낮은 필터보다 통과대역 이외의 주파수들을 더
빠르게 감쇄한다. 통신시스템에서 선택도가 높은 필터는 요구신호(라디오 신호와 같은)와 주변
신호를 구분한다.

공진회로의 품질지수(Q)

코일의 품질지수(Q)는 11-5절에서 무효전력(특정 주파수에서)과 코일의 권선저항에서 소비되는
유효전력의 비율로 정의된 것을 기억하자. 직렬공진회로에서 코일과 직렬로 연결된 다른 저항을
포함하므로 회로의 Q는 코일 자체의 Q보다 낮을 수 있다. 왜냐하면 R은 코일저항보다 더 크기
때문이다. 직렬공진회로의 Q는 R에서의 유효전력에 대한 L에서의 무효전력의 비이다. 품질지수
는 공진회로에서 중요하다. Q에 대한 식은 다음과 같이 유도한다.

$$Q = \frac{무효전력}{유효전력} = \frac{I^2 X_L}{I^2 R}$$

I^2을 약분하면 Q는 식 (13-8)과 같이 표현된다.

$$Q = \frac{X_L}{R} \tag{13-8}$$

주파수에 대해 X_L이 변해 Q 값이 변하므로 공진에서 Q를 주로 보고자 한다. Q는 동일한 단위
(Ω)의 비율이고 약분되어 Q 자체는 단위가 없다. 품질지수는 코일 양단에 부하가 없는 것으로 정
의되므로 무부하일 때의 Q로 알려져 있다.

예제 13-11   그림 13-24의 회로에 대해 공진주파수(16.4 kHz)에서 Q를 결정하라. $R_W = 0\ \Omega$으로 가정하라.

▶ 그림 13-24

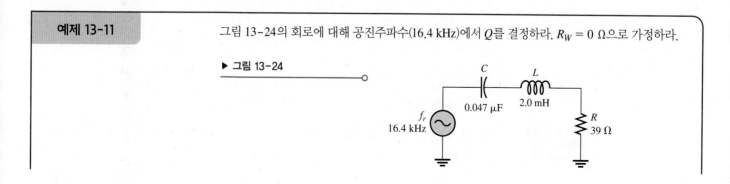

풀이 유도성 리액턴스를 계산한다.

$$X_L = 2\pi f_r L = 2\pi (16.4 \text{ kHz})(2.0 \text{ mH}) = 206 \ \Omega$$

품질지수는

$$Q = \frac{X_L}{R} = \frac{206 \ \Omega}{39 \ \Omega} = \mathbf{5.28}$$

관련 문제 그림 13-24에서 *C*가 절반으로 줄어들 때 공진에서 *Q*를 계산하라. 공진주파수는 증가한다.

공학용 계산기 소개의 예제 13-11에 있는 변환 예를 살펴보라.

Q가 대역폭에 미치는 영향 회로의 *Q* 값이 더 클수록 대역폭이 더 작아진다. *Q* 값이 더 작을수록 대역폭이 더 커지는 원인이 된다. *Q*에 따른 공진회로의 대역폭에 대한 공식을 나타낸 것이 식 (13-9)이다.

$$BW = \frac{f_r}{Q} \tag{13-9}$$

예제 13-12

그림 13-25의 필터의 대역폭은 얼마인가?

▶ **그림 13-25**

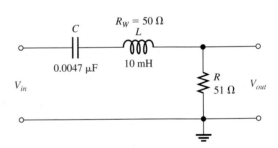

풀이 전체 저항은

$$R_{tot} = R + R_W = 51 \ \Omega + 50 \ \Omega = 101 \ \Omega$$

대역폭은 다음과 같이 계산한다.

$$f_r = \frac{1}{2\pi\sqrt{LC}} = \frac{1}{2\pi\sqrt{(10 \text{ mH})(0.0047 \ \mu\text{F})}} = 23.2 \text{ kHz}$$

$$X_L = 2\pi f_r L = 2\pi(23.2 \text{ kHz})(10 \text{ mH}) = 1.46 \text{ k}\Omega$$

$$Q = \frac{X_L}{R_{tot}} = \frac{1.46 \text{ k}\Omega}{101 \ \Omega} = 14.4$$

$$BW = \frac{f_r}{Q} = \frac{23.2 \text{ kHz}}{14.4} = \mathbf{1.61} \text{ \textbf{kHz}}$$

관련 문제 그림 13-26에서 동일한 권선저항에 대해 *L*이 50 mH로 바뀔 때 대역폭을 구하라.

공학용 계산기 소개의 예제 13-12에 있는 변환 예를 살펴보라.

Multisim 또는 LTspice 파일 E13-12를 열어라. 측정을 통해 대역폭을 구하라. 계산된 값과 비교할 때 측정값이 얼마나 근접하는가?

대역차단필터

기본적인 **직렬공진 대역차단필터**를 나타낸 것이 그림 13-26이다. 회로의 LC 부분 양단에서 출력전압이 나타나는 것에 주목하자. 이 대역차단필터는 대역통과필터와 마찬가지로 직렬 RLC 회로이다. 이 경우의 차이점은 출력전압이 저항이 아닌 L과 C 결합회로 양단에서 나타난다는 점에 있다.

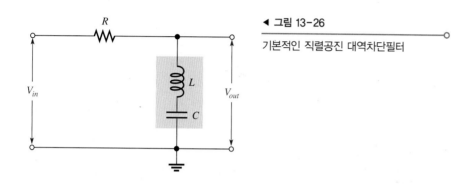

◀ 그림 13-26

기본적인 직렬공진 대역차단필터

대역차단필터(band-stop filter)는 그림 13-27의 응답 곡선에서 보이는 것과 같이 상한과 하한 차단주파수 사이의 주파수를 갖는 신호를 차단하고, 차단주파수보다 낮거나 높은 주파수를 갖는 신호는 통과시킨다. 이때 상한과 하한 차단주파수 사이의 주파수 범위를 **차단대역**이라고 부른다. 이 형태의 필터를 대역제거필터, 대역저지필터, 노치필터라고도 한다.

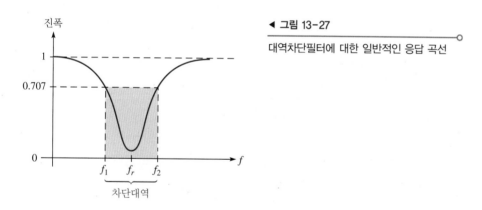

◀ 그림 13-27

대역차단필터에 대한 일반적인 응답 곡선

대역통과필터와 관련하여 논의했던 모든 특성은 출력전압의 응답 곡선이 반대로 나타나는 것을 제외하고는, 대역차단필터에서도 똑같이 적용된다. 대역통과필터에서 공진 시 V_{out}은 최대가된다. 대역차단필터에서 공진 시 V_{out}은 최소가 된다.

매우 낮은 주파수에서 LC 결합회로는 X_C가 크기 때문에 거의 개방된 것처럼 보이므로, 입력전압 대부분이 통과하여 출력에 나타난다. 주파수가 증가함에 따라 LC 결합회로의 임피던스는 계속 감소하여 공진 시(이상적으로) 0이 된다. 따라서 입력신호는 접지에 단락되어 출력전압은 거의 나타나지 않는다. 주파수가 공진값 이상이 되면 LC 임피던스는 증가하고 LC 양단에 걸린 전압 증가량은 감소하게 된다. 직렬공진 대역차단필터에 대한 일반적인 주파수응답을 설명한 것이 그림 13-28이다.

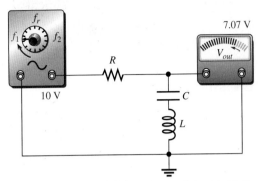

(a) 주파수가 f_1으로 증가하면 V_{out}은 10 V에서 7.07 V로 감소한다.

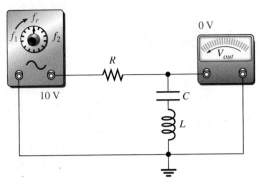

(b) 주파수가 f_1에서 f_r로 증가하면 V_{out}은 7.07 V에서 0 V로 감소한다.

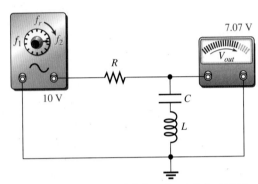

(c) 주파수가 f_r에서 f_2로 증가하면 V_{out}은 0 V에서 7.07 V로 증가한다.

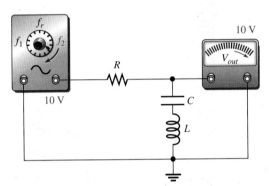

(d) 주파수가 f_2 이상으로 증가하면 V_{out}은 10 V까지 증가한다.

▲ 그림 13-28

유효(rms) 전원전압 V_{in}이 10 V로 일정할 때 직렬공진 대역차단필터에 대한 주파수응답의 예. 권선저항은 무시한다.

예제 13-13

그림 13-29에서 f_r에서 출력전압과 대역폭을 구하라.

▶ 그림 13-29

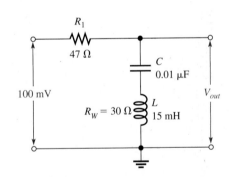

풀이 공진에서 $X_L = X_C$이므로, V_{out}을 구하기 위해 전압분류기에 대한 공식을 적용할 수 있다.

$$V_{out} = \left(\frac{R_W}{R_1 + R_W}\right)V_{in} = \left(\frac{30\ \Omega}{77\ \Omega}\right)100\ \text{mV} = \mathbf{39.0\ mV}$$

대역폭은 다음과 같이 계산한다.

$$f_r = \frac{1}{2\pi\sqrt{LC}} = \frac{1}{2\pi\sqrt{(15\ \text{mH})(0.01\ \mu\text{F})}} = 13.0\ \text{kHz}$$

$$X_L = 2\pi f_r L = 2\pi(13.0\ \text{kHz})(15\ \text{mH}) = 1.22\ \text{k}\Omega$$

$$Q = \frac{X_L}{R} = \frac{X_L}{R_1 + R_W} = \frac{1.22 \text{ k}\Omega}{77 \,\Omega} = 15.9$$

$$BW = \frac{f_r}{Q} = \frac{13.0 \text{ kHz}}{15.9} = \textbf{817 Hz}$$

관련 문제 주파수가 공진주파수 이상으로 증가하면 V_{out}은 어떻게 되는가? 공진주파수 이하로 감소하면? 공학용 계산기 소개의 예제 13–13에 있는 변환 예를 살펴보라.

Multisim 또는 LTspice 파일 E13-13을 열어라. 계산된 공진주파수 값을 증명하고 공진에서 출력 전압을 측정하라. 측정을 통해 대역폭을 구하라.

13-4절 복습

해답은 이 장의 끝에 있다.

1. 공진주파수에서 어떤 대역통과필터의 출력전압이 15 V이다. 차단주파수에서 출력전압은 얼마인가?
2. 어떤 대역통과필터에 대해 f_r = 120 kHz이고 Q = 120이다. 이 필터의 대역폭은 얼마인가?
3. 대역차단필터에서 공진 시 전류는 최소인가, 최대인가? 공진 시 출력전압은 최소인가, 최대인가?

13-5 병렬 *RLC* 회로

이 절에서는 병렬 *RLC* 회로의 임피던스와 위상각을 구하는 방법을 배울 것이다. 또한 전류 관계 와 직렬-병렬회로에서 병렬회로로의 변환을 논의할 것이다.

이 절의 학습목표

◆ **병렬 *RLC* 회로를 해석한다.**

  ◆ 임피던스를 계산한다.
  ◆ 위상각을 계산한다.
  ◆ 모든 전류를 구한다.
  ◆ 직렬-병렬 *RLC* 회로를 병렬등가회로 형태로 변환한다.

임피던스와 위상각

그림 13-30의 회로는 *R*, *L*, *C* 병렬결합으로 구성된다. 어드미턴스를 구하기 위해 페이저 양인 컨덕턴스(*G*)와 전체 서셉턴스(B_{tot})를 더한다. B_{tot}는 유도성 서셉턴스와 용량성 서셉턴스의 차이 가 된다.

$$B_{tot} = |B_L - B_C|$$

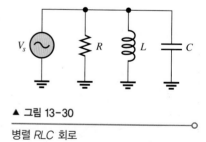

▲ 그림 13-30

병렬 *RLC* 회로

그러므로 어드미턴스에 대한 공식은 식 (13–10)과 같다.

$$Y = \sqrt{G^2 + B_{tot}{}^2} \qquad\qquad (13-10)$$

전체 임피던스는 어드미턴스의 역수이다.

$$Z_{tot} = \frac{1}{Y}$$

회로의 위상각은 식 (13–11)로 주어진다.

$$\theta = \tan^{-1}\left(\frac{B_{tot}}{G}\right) \qquad (13-11)$$

주파수가 공진주파수보다 클 때($X_C < X_L$), 용량성 전류가 크기 때문에 그림 13-30에서 회로의 임피던스는 용량성이 우세하고, 임피던스 위상각은 음수이며, 전체 전류는 전원전압보다 앞서게 된다. 주파수가 공진주파수보다 작을 때($X_L < X_C$) 회로의 임피던스는 유도성이 우세하고, 전체 전류는 전원전압보다 뒤서게 된다.

예제 13-14

(a) 그림 13-31의 병렬 *RLC* 회로에서 컨덕턴스, 서셉턴스, 어드미턴스 페이저에 대한 페이저도를 그려라.

(b) V_s = 5.0 V일 때, 어디미턴스 페이저를 이용하여 전류 페이저를 구하고 그림으로 그려라.

▶ 그림 13-31

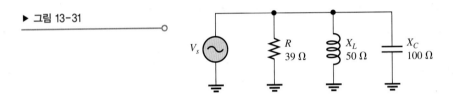

풀이 (a) 먼저 다음과 같이 어드미턴스를 구한다.

$$G = \frac{1}{R} = \frac{1}{39\ \Omega} = \textbf{25.6 mS}$$

$$B_C = \frac{1}{X_C} = \frac{1}{100\ \Omega} = \textbf{10 mS}$$

$$B_L = \frac{1}{X_L} = \frac{1}{50\ \Omega} = \textbf{20 mS}$$

$$B_{tot} = |B_L - B_C| = \textbf{10 mS}$$

$$Y = \sqrt{G^2 + B_{tot}{}^2} = \sqrt{(25.6\ \text{mS})^2 + (10\ \text{mS})^2} = \textbf{27.5 mS}$$

용량성 서셉턴스 페이저는 컨덕턴스 페이저를 90°만큼 앞서고 유도성 서셉턴스 페이저는 컨덕턴스보다 90°만큼 뒤선다. 어드미턴스 페이저는 서셉턴스와 컨덕턴스 페이저의 합이다. 그림 13-32(a)는 어드미턴스 페이저도를 나타낸다.

(b) 어떤 부품을 통과하는 전류는 그 양단에 걸리는 전압에 컨덕턴스 또는 서셉턴스를 곱한 것과 같고, 전체 전류는 전압에 어드미턴스를 곱한 것이다. 부품들이 병렬로 연결되어 있으므로 각 부품에 걸리는 전압은 전원전압 V_s와 같다.

$$I_R = V_s G = (5.0\ \text{V})(25.6\ \text{mS}) = \textbf{128 mA}$$

$$I_C = V_s B_C = (5.0\ \text{V})(10\ \text{mS}) = \textbf{50 mA}$$

$$I_L = V_s B_L = (5.0\ \text{V})(20\ \text{mS}) = \textbf{100 mA}$$

$$I_{reac} = V_s B_{tot} = (5.0\ \text{V})(10\ \text{mS}) = \textbf{50 mA}$$

$$I_{tot} = V_s Y = (5.0\ \text{V})(27.5\ \text{mS}) = \textbf{138 mA}$$

전류는 각각의 컨덕턴스, 서셉턴스, 어드미턴스 페이저와 위상이 같으며, 그림 13-32(b)에 나타냈다.

▶ 그림 13-32

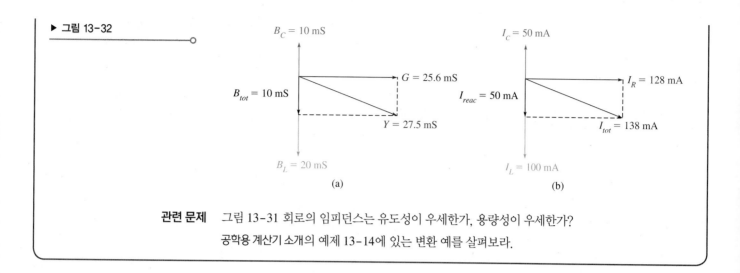

(a)

(b)

관련 문제   그림 13-31 회로의 임피던스는 유도성이 우세한가, 용량성이 우세한가?
공학용 계산기 소개의 예제 13-14에 있는 변환 예를 살펴보라.

전류와의 관계

병렬 RLC 회로에서 용량성 분기의 전류와 유도성 분기의 전류는 항상 서로 180° 위상차를 갖는
다(코일 자체의 저항은 무시). 이러한 이유 때문에 I_C와 I_L은 서로 뺄셈하며, 따라서 L과 C의 병렬
분기로 흐르는 전체 전류는 그림 13-33과 그림 13-34의 파형도에 나타낸 것과 같이 각각의 분기
전류보다 항상 작다. 물론 그림 13-35의 전류 페이저도에서 나타난 것과 같이 저항성 분기에 흐
르는 전류는 항상 리액턴스 전류 모두와 90° 위상차가 난다. I_C는 양의 축에 그려지고, I_L은 음의

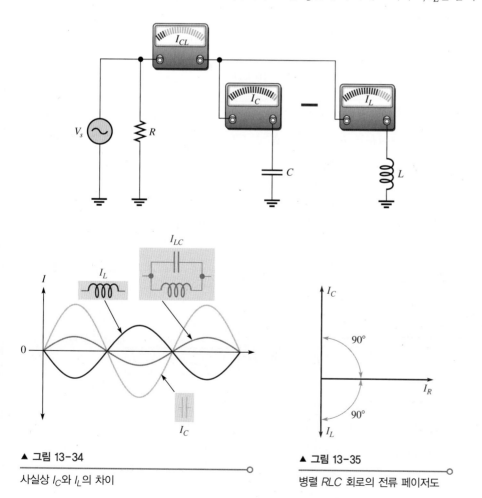

◀ 그림 13-33

C와 L 병렬 결합에 흐르는 전체 전류는
두 분기 전류의 차이다($I_{LC} = |I_C - I_L|$).

▲ 그림 13-34

사실상 I_C와 I_L의 차이

▲ 그림 13-35

병렬 RLC 회로의 전류 페이저도

y축에 그려지는 것에 주목하자. 전체 전류는 식 (13-12)와 같이 표현될 수 있다.

$$I_{tot} = \sqrt{I_R^2 + I_{LC}^2} \tag{13-12}$$

여기서 I_{LC}는 두 전류 차이의 절댓값 $|I_C - I_L|$이고, L과 C의 분기로 흐르는 전체 전류이다.

위상각은 식 (13-13)과 같이 분기 전류로 표현할 수 있다.

$$\theta = \tan^{-1}\left(\frac{I_{LC}}{I_R}\right) \tag{13-13}$$

예제 13-15

그림 13-36에서 각 분기 전류와 전체 전류를 구하라. 이들 전류의 관계를 페이저도로 그려라.

▶ 그림 13-36

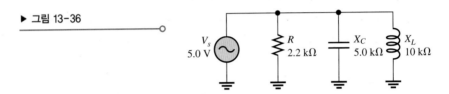

풀이 각 분기 전류를 구하기 위해 옴의 법칙을 적용한다.

$$I_R = \frac{V_s}{R} = \frac{5.0 \text{ V}}{2.2 \text{ k}\Omega} = \textbf{2.27 mA}$$

$$I_C = \frac{V_s}{X_C} = \frac{5.0 \text{ V}}{5.0 \text{ k}\Omega} = \textbf{1.0 mA}$$

$$I_L = \frac{V_s}{X_L} = \frac{5.0 \text{ V}}{10 \text{ k}\Omega} = \textbf{0.5 mA}$$

전체 전류는 분기 전류의 페이저 합이다.

$$I_{LC} = |I_C - I_L| = 0.5 \text{ mA}$$
$$I_{tot} = \sqrt{I_R^2 + I_{LC}^2} = \sqrt{(2.27 \text{ mA})^2 + (0.5 \text{ mA})^2} = \textbf{2.33 mA}$$

위상각은

$$\theta = \tan^{-1}\left(\frac{I_{LC}}{I_R}\right) = \tan^{-1}\left(\frac{0.5 \text{ mA}}{2.27 \text{ mA}}\right) = 12.4°$$

전체 전류는 2.33 mA이고 V_s에 12.4°만큼 앞선다. 그림 13-37은 회로에 대한 전류 페이저도이다.

▶ 그림 13-37

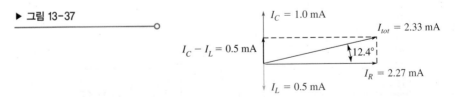

관련 문제 그림 13-36에서 전류가 증가하면 전체 전류는 증가하는가, 감소하는가? 그 이유는?
공학용 계산기 소개의 예제 13-15에 있는 변환 예를 살펴보라.

직렬-병렬에서 병렬로 전환

그림 13-38의 특정한 직렬-병렬 회로 구성은 *L* 분기의 직렬저항으로 간주되는 코일의 권선저항이 있는 병렬 *L*과 *C* 분기를 갖는 회로를 나타내기 때문에 중요하다.

그림 13-38의 직렬-병렬 회로는 그림 13-39에 나타낸 것과 같이 순수한 병렬 형태의 등가회로로 볼 수 있다. 이 등가 형태는 13-6절에서 논의될 병렬공진 특성에 대한 해석을 단순화한다.

등가 인덕턴스 L_{eq}와 병렬등가저항 $R_{p(eq)}$는 식 (13-14)와 (13-15)로 각각 주어진다.

$$L_{eq} = L\left(\frac{Q^2 + 1}{Q^2}\right) \tag{13-14}$$

$$R_{p(eq)} = R_W(Q^2 + 1) \tag{13-15}$$

여기서 *Q*는 코일의 품질지수 X_L/R_W이다. 이 공식들을 유도하는 것은 상당히 복잡하므로 여기서 다루지는 않는다. $Q \geq 10$에 대한 공식에서 L_{eq}의 값은 *L* 원래의 값과 거의 같다는 것에 주의하자. 예를 들어 *L* = 10 mH이고 *Q* = 10이면

$$L_{eq} = 10 \text{ mH}\left(\frac{10^2 + 1}{10^2}\right) = 10 \text{ mH}(1.01) = 10.1 \text{ mH}$$

두 회로가 등가라는 것은 주어진 주파수에서 두 회로 모두에 같은 값의 전압이 공급될 때, 두 회로에 같은 전체 전류가 흐르고 위상각도 같다는 것을 의미한다. 기본적으로 등가회로는 회로 해석을 더 편리하게 한다.

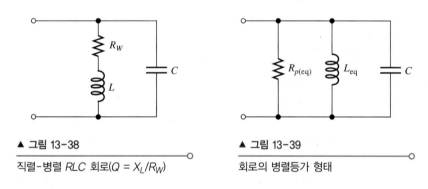

▲ 그림 13-38

직렬-병렬 *RLC* 회로($Q = X_L/R_W$)

▲ 그림 13-39

회로의 병렬등가 형태

예제 13-16

그림 13-40의 직렬-병렬 회로를 주어진 주파수에서 등가 병렬 형태로 변환하라.

▶ 그림 13-40

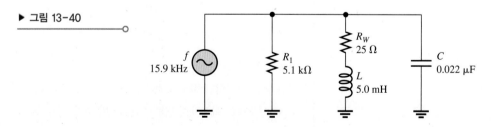

풀이 리액턴스를 구한다.

$$X_L = 2\pi f L = 2\pi(15.9 \text{ kHz})(5.0 \text{ mH}) = 500 \text{ }\Omega$$

코일의 *Q*는

$$Q = \frac{X_L}{R_W} = \frac{500 \text{ }\Omega}{25 \text{ }\Omega} = 20$$

$Q > 10$이므로 $L_{eq} \approx L = 5.0\,\text{mH}$이다.

병렬등가저항은

$$R_{p(\text{eq})} = R_W(Q^2 + 1) = (25\,\Omega)(20^2 + 1) = 10.0\,\text{k}\Omega$$

그림 13-41(a)에서 나타난 것과 같이 이 등가저항($R_{p(\text{eq})}$)은 R_1과 병렬로 연결된 것처럼 보인다. 이 저항들을 결합하면 그림 13-41(b)에 나타난 것과 같이 3.38 kΩ의 전체 병렬저항($R_{p(tot)}$)이 된다.

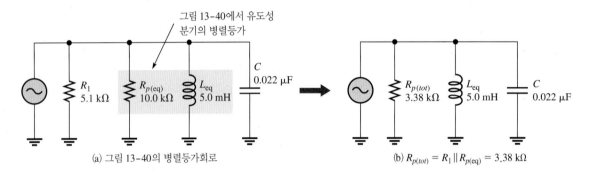

(a) 그림 13-40의 병렬등가회로

(b) $R_{p(tot)} = R_1 \| R_{p(\text{eq})} = 3.38\,\text{k}\Omega$

▲ 그림 13-41

관련 문제 그림 13-40에서 $R_W = 10\,\Omega$일 때 병렬등가회로를 구하라.

공학용 계산기 소개의 예제 13-16에 있는 변환 예를 살펴보라.

13-5절 복습

해답은 이 장의 끝에 있다.

1. 3개의 분기로 이루어진 병렬회로에서 어떤 주파수에 대해 $R = 1500\,\Omega$, $X_C = 1000\,\Omega$, $X_L = 500\,\Omega$이다. $V_s = 12\,\text{V}$일 때 각 분기에 흐르는 전류를 구하라.

2. 1번 문제의 회로는 용량성인가, 유도성인가? 그 이유는?

3. 1.0 kHz 주파수에서 권선저항이 10 Ω인 20 mH 코일에 대한 등가 병렬 인덕턴스와 저항을 구하라.

13-6 병렬공진

이 절에서는 이상적인 병렬 *LC* 회로에서 공진 조건을 살펴볼 것이다. 그런 다음에 코일의 저항과 정전용량을 고려한 보다 실질적인 경우를 검토할 것이다.

이 절의 학습목표

◆ **병렬공진에 대한 회로를 해석한다.**

  ◆ 이상적인 회로에서 병렬공진을 설명한다.

  ◆ 비이상적인 회로에서 병렬공진을 설명한다.

  ◆ 주파수에 따라 임피던스가 어떻게 변하는가를 설명한다.

  ◆ 공진에서 전류와 위상각을 구한다.

  ◆ 병렬공진주파수를 구한다.

  ◆ 병렬공진회로에 부하를 연결할 때의 효과를 논의한다.

이상적인 병렬공진을 위한 조건

이상적으로 $X_L = X_C$일 때 **병렬공진**(parallel resonance)이 발생한다. 직렬공진회로의 경우와 마찬가지로 공진이 발생하는 주파수를 공진주파수라고 한다. $X_L = X_C$일 때 두 분기 전류 I_C와 I_L은 크기가 같고, 서로 180° 위상차를 나타낸다. 따라서 그림 13-42에서 나타낸 것과 같이 두 전류는 상쇄되고, 전체 전류는 0이 된다. 이상적인 경우 코일의 권선저항은 0으로 가정한다.

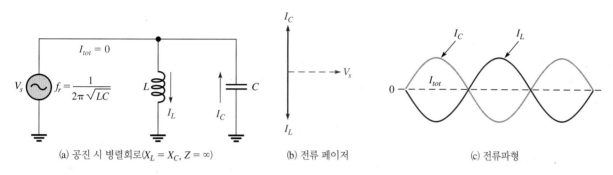

(a) 공진 시 병렬회로($X_L = X_C$, $Z = \infty$) (b) 전류 페이저 (c) 전류파형

▲ 그림 13-42

공진 시 이상적인 병렬 LC 회로

전체 전류가 0이기 때문에 병렬 LC 회로의 임피던스는 무한히 크다(∞). 이상적인 공진 조건들을 설명한 식은 다음과 같다.

$$X_L = X_C$$
$$Z_r = \infty$$

병렬공진주파수

이상적인 병렬공진회로에서 공진이 발생하는 주파수는 직렬공진회로에서와 같은 식 (13-16)으로 구할 수 있다.

$$f_r = \frac{1}{2\pi\sqrt{LC}} \tag{13-16}$$

병렬공진회로에서의 전류

병렬 LC 회로에서 주파수를 공진주파수 이하로부터 공진주파수를 거쳐 공진주파수 이상까지 증가함에 따라 전류는 변한다.

공진주파수 이하에서 매우 작은 주파수에서 X_C는 매우 크고 X_L은 매우 작으므로 대부분의 전류는 L을 통해 흐른다. 주파수가 증가함에 따라 L을 통해 흐르는 전류는 감소하고 C를 통해 흐르는 전류는 증가하며 전체 전류는 감소한다. 모든 시간에서 I_L과 I_C는 서로 180° 위상차를 나타내며 그에 따라 전체 전류는 두 분기에 흐르는 전류의 차이가 된다. 그동안에 임피던스는 증가하고 따라서 전체 전류는 감소한다.

공진주파수에서 주파수가 공진주파수 f_r에 도달하면 X_C와 X_L은 같아진다. 결과적으로 I_C와 I_L은 크기가 같고 위상이 반대가 되기 때문에 서로 상쇄한다. I_{tot}이 0이 되므로 Z는 무한대가 된다. 따라서 이상적인 병렬 LC 회로는 f_r에서 개방된 것처럼 보인다.

HANDS ON TIP

함수 발생기를 사용하여 LC 회로의 공진주파수를 점검할 때 함수 발생기의 테브난 저항은 회로의 Q 값을 감소한다. 내부저항이 600 Ω인 함수 발생기는 공진회로의 대역폭을 크게 증가시킬 수 있다. Q를 증가하고 더 좁은 대역폭을 얻기 위해 (함수 발생기의 전류한계를 넘지 않는 조건에서) 함수 발생기의 출력에 병렬저항을 연결하면 된다. 이 방법의 문제점은 함수 발생기로부터의 신호 진폭이 감소한다는 것이다.

공진주파수 이상에서 공진주파수보다 주파수가 증가하면 X_C는 계속해서 감소하고 X_L은 증가한다. 이것은 분기 전류를 다시 비대칭으로 만들어서 I_C가 I_L보다 커진다. 분기 전류가 더 이상 서로 상쇄되지 않기 때문에 전체 전류는 증가하고 임피던스는 감소한다. 주파수가 매우 커지면 매우 큰 X_L에 병렬로 연결된 매우 작은 X_C가 우세해져서 임피던스는 매우 작아진다.

요약하면 병렬공진에서 임피던스가 최대가 되어 전류는 최소가 된다. L과 C 분기에 흐르는 전체 전류를 표현한 것이 식 (13-17)이다.

$$I_{LC} = |I_L - I_C| \qquad (13-17)$$

예제 13-17

통신 수신기의 공진회로는 그림 13-43에 나타난 것과 같이 680 μH 인덕터와 180 pF 커패시터가 병렬로 구성된다.

(a) 공진주파수는 얼마인가?

(b) 공진 시 병렬회로에 걸리는 전압이 2.0 V이면 각 부품에 흐르는 전류와 전체 전류는 얼마인가?

▶ 그림 13-43

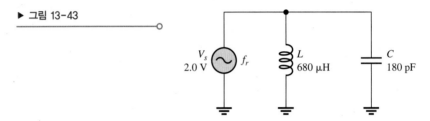

풀이 (a) 공진주파수는

$$f_r = \frac{1}{2\pi\sqrt{LC}} = \frac{1}{2\pi\sqrt{(680\ \mu H)(180\ pF)}} = \textbf{455 kHz}\ (\text{AM 라디오 표준 주파수})$$

(b) $X_L = 2\pi f L = 2\pi(455\ kHz)(680\ \mu H) = 1.94\ k\Omega$

$X_C = X_L = 1.94\ k\Omega$

$I_L = \dfrac{V_s}{X_L} = \dfrac{2.0\ V}{1.94\ k\Omega} = \textbf{1.03 mA}$

$I_C = I_L = \textbf{1.03 mA}$

공진 시 전체 전류는

$$I_{LC} = |I_L - I_C| = \textbf{0 A}$$

관련 문제 주파수가 470 kHz로 바뀔 때 인덕터와 커패시터에 흐르는 전류를 구하라.

공학용 계산기 소개의 예제 13-17에 있는 변환 예를 살펴보라.

Multisim 또는 LTspice 파일 E13-17을 열어라. 측정을 통해 공진주파수를 구하라. 공진주파수에서 L과 C를 통해 흐르는 전류를 구하라.

탱크회로

병렬공진 *LC* 회로를 흔히 **탱크회로**라고 부른다. 탱크회로라는 용어는 병렬공진회로가 코일의 자기장과 커패시터의 전기장 내에 에너지를 저장한다는 사실을 말한다. 인덕터가 에너지를 방출하

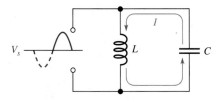 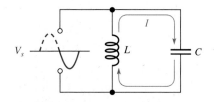

(a) 커패시터가 충전하는 만큼 코일에서 에너지 방출   (b) 코일에 에너지가 유입되는 만큼 커패시터에서 방전

◀ 그림 13-44

이상적인 병렬공진 탱크회로에서의 에너지 저장

고 커패시터가 충전될 때 또는 반대의 경우도 마찬가지로 전류가 처음에 어느 한 방향으로 흐르고 그 다음에 반대 방향으로 흐르면서 반주기마다 교대로 저장된 에너지는 커패시터와 코일 사이를 왕복하며 전달된다. 이러한 개념을 설명한 것이 그림 13-44이다.

실제회로에서 병렬공진 조건

지금까지 이상적인 병렬 LC 회로에서의 공진을 다루었다. 지금부터는 코일의 권선저항을 고려한 탱크회로에서의 공진에 대해 살펴보자. 그림 13-45는 비이상적인 탱크회로와 병렬 RLC 등가회로를 보인다.

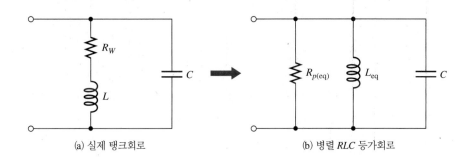

(a) 실제 탱크회로   (b) 병렬 RLC 등가회로

◀ 그림 13-45

병렬공진회로를 실제 취급하는 데에서는 코일의 권선저항을 포함한다.

코일의 저항이 회로에서 유일한 저항이면 공진 시 회로의 품질지수 Q는 간단히 코일의 Q로 한다.

$$Q = \frac{X_L}{R_W}$$

회로부품 값으로 Q를 표현하면 다음과 같다.

$$Q = \frac{1}{R_W}\sqrt{\frac{L}{C}}$$

Q에 대한 이러한 식들은 코일의 권선저항 R_W만 포함하고 전원저항 또는 부하저항에 의한 부하효과는 무시한다. 회로에서 부가적인 저항은 Q 값을 낮추지만, 이 효과는 직렬 '센서' 저항 양단에서 출력을 측정하는 것으로 완화할 수 있다. 예제 13-23은 센서저항을 사용하지 않는 경우 부하효과를 설명하는 방법을 보여준다.

등가 인덕턴스와 병렬등가저항에 대한 표현식을 식 (13-14)와 식 (13-15)로 주었다.

$$L_{eq} = L\left(\frac{Q^2 + 1}{Q^2}\right)$$

$$R_{p(eq)} = R_W(Q^2 + 1)$$

$Q \geq 10$이면 $L_{eq} \approx L$임을 상기하자.

병렬공진에서

$$X_{L(\text{eq})} = X_C$$

병렬등가회로에서 $R_{p(\text{eq})}$은 이상적인 코일과 커패시터와 병렬로 연결되어, L과 C 분기가 그림 13-46에서 보는 것과 같이 공진 시 무한대의 임피던스를 갖는 이상적인 탱크회로로 동작한다. 따라서 공진 시 비이상적인 탱크회로의 전체 임피던스는 단순히 등가병렬저항으로 표현할 수 있다.

$$Z_r = R_W(Q^2 + 1)$$

▶ 그림 13-46

공진 시 병렬 LC 부분은 개방회로처럼 보이고, 전원에서는 단지 $R_W(Q^2 + 1)$과 같은 $R_{p(\text{eq})}$만 보인다.

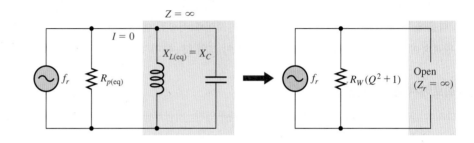

예제 13-18

공진주파수($f_r \approx 17.8$ kHz)에서 그림 13-47 회로의 임피던스를 구하라.

▶ 그림 13-47

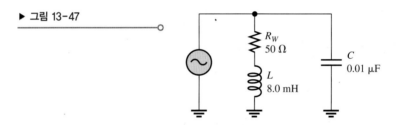

풀이 임피던스를 계산하기 전에 품질지수 Q부터 찾아야 한다. Q를 얻기 위해 먼저 유도성 리액턴스를 구한다.

$$X_L = 2\pi f_r L = 2\pi(17.8 \text{ kHz})(8.0 \text{ mH}) = 895 \ \Omega$$

$$Q = \frac{X_L}{R_W} = \frac{894 \ \Omega}{50 \ \Omega} = 17.9$$

$$Z_r = R_W(Q^2 + 1) = 50 \ \Omega(17.9^2 + 1) = \textbf{16.1 k}\boldsymbol{\Omega}$$

관련 문제 그림 13-47에서 권선저항이 10 Ω일 때 Z_r을 구하라.

공학용 계산기 소개의 예제 13-18에 있는 변환 예를 살펴보라.

주파수에 따른 임피던스 변화

그림 13-48의 곡선에서 나타낸 것과 같이 병렬공진회로의 임피던스는 공진주파수에서 최대가 되고 공진주파수 이하 또는 이상의 주파수에서는 감소한다.

그림 13-48의 매우 낮은 주파수에서 X_L은 매우 작고 X_C는 매우 크며, 그 결과 전체 임피던스는 근본적으로 유도성 분기의 임피던스와 같아진다. 주파수가 커짐에 따라 임피던스 역시 증가하고 공진주파수에 도달하기까지는 유도성 리액턴스가 우세하다(왜냐하면 X_L이 X_C보다 작아서 더 많은 전류를 전도하기 때문이다). 이 공진점에서는 물론 $X_L \approx X_C$($Q > 10$에서)이고 임피던스

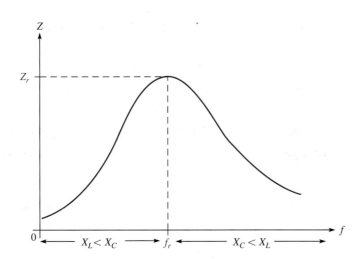

◀ 그림 13-48

병렬공진회로에 대한 일반적인 임피던스 곡선. 회로는 f_r 이하에서 유도성, f_r에서 저항성, f_r 이상에서 용량성이다.

는 최대가 된다. 공진주파수 이상으로 주파수가 커지면 용량성 리액턴스가 우세하고(왜냐하면 X_C가 X_C보다 작아서 더 많은 전류를 전도하기 때문이다), 임피던스는 감소한다.

공진에서 전류와 위상각

이상적인 탱크회로에서 공진 시 임피던스가 무한대이기 때문에 전원으로부터 흐르는 전체 전류는 0이다. 비이상적인 경우에는 공진주파수에서 전체 전류는 약간 존재하고, 식 (13-18)에서 보는 바와 같이 공진 시의 임피던스에 의해 결정된다. ㅎ

$$I_{tot} = \frac{V_s}{Z_r} \qquad (13\text{-}18)$$

공진주파수에서 임피던스는 순수한 저항성이기 때문에 병렬공진회로의 위상각은 0°이다.

비이상적인 회로에서 병렬공진주파수

이미 알고 있는 바와 같이 코일의 권선저항을 고려할 때 공진 조건은

$$X_{L(eq)} = X_C$$

이것을 다시 표현하면

$$2\pi f_r L\left(\frac{Q^2 + 1}{Q^2}\right) = \frac{1}{2\pi f_r C}$$

f_r을 Q에 대해 풀면 다음과 같다.

$$f_r = \frac{1}{2\pi\sqrt{LC}}\sqrt{\frac{Q^2}{Q^2 + 1}}$$

$Q \geq 10$일 때 Q 인자로 이루어진 항은 1에 근사한다.

$$\sqrt{\frac{Q^2}{Q^2 + 1}} = \sqrt{\frac{100}{101}} = 0.995 \approx 1$$

따라서 Q가 10보다 크거나 같으면 병렬공진주파수는 근사적으로 직렬공진주파수와 같다.

$$f_r \approx \frac{1}{2\pi\sqrt{LC}} \quad (Q \geq 10)$$

코일의 권선저항 R_W가 회로에서 유일한 저항인 경우에는 회로부품 값으로 f_r을 정확하게 표현하면 식 (13-19)와 같다.

$$f_r = \frac{\sqrt{1 - (R_W^2 C/L)}}{2\pi\sqrt{LC}} \qquad (13-19)$$

이와 같은 정확한 공식은 대부분의 실제상황에서는 좀처럼 필요하지 않으며, 더 간단한 식 $f_r = 1/(2\pi\sqrt{LC})$이면 충분하다. 그러나 다음 예제는 식 (13-19)를 사용하는 방법을 설명한다.

예제 13-19

식 (13-19)를 사용하여 그림 13-49의 회로에 대해 공진 시 주파수, 임피던스, 전체 전류를 구하라.

▶ 그림 13-49

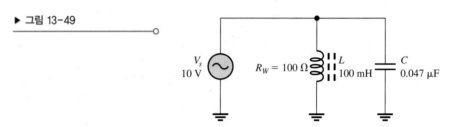

풀이 정확한 공진주파수는

$$f_r = \frac{\sqrt{1 - (R_W^2 C/L)}}{2\pi\sqrt{LC}} = \frac{\sqrt{1 - [(100\ \Omega)^2(0.047\ \mu F)/100\ mH]}}{2\pi\sqrt{(0.047\ \mu F)(100\ mH)}} = \textbf{2.32 kHz}$$

임피던스는 다음과 같이 계산한다.

$$X_L = 2\pi f_r L = 2\pi(2.32\ kHz)(100\ mH) = 1.46\ k\Omega$$

$$Q = \frac{X_L}{R_W} = \frac{1.46\ k\Omega}{100\ \Omega} = 14.6$$

$$Z_r = R_W(Q^2 + 1) = 100\ \Omega(14.6^2 + 1) = \textbf{21.3 k}\Omega$$

따라서 전체 전류는

$$I_{tot} = \frac{V_s}{Z_r} = \frac{10\ V}{21.3\ k\Omega} = \textbf{470 }\mu\textbf{A}$$

관련 문제 $f_r = 1/(2\pi\sqrt{LC})$을 이용하여 이 예제를 반복하고 그 결과를 비교하라.

공학용 계산기 소개의 예제 13-19에 있는 변환 예를 살펴보라.

Multisim 또는 LTspice 파일 E13-19를 열어라. 측정을 통해 공진주파수를 구하라. 공진주파수에서 전체 전류와 L과 C를 통해 흐르는 전류를 구하라. 이 값들은 계산된 값과 비교하여 어떤가?

권선저항 외에도 실제 인덕터 또한 기생 정전용량을 가지고 있다. 이것은 인덕터의 코일 사이에 존재하거나 인덕터 권선과 PCB의 기저 접지면 사이에 존재하고 인덕턴스에 병렬로 나타난다. 이 병렬 커패시턴스가 생성하는 원하지 않는 특성이 자가공진주파수이다. 자가공진주파수(SRF)에서 병렬 LC 결합은 인덕터를 인덕터가 아닌 개방회로처럼 보이게 한다. 기생 정전용량이 작기 때문에 범용 인덕터의 SRF는 전형적으로 수십 메가헤르츠이다. 고주파 응용 분야에서는 수백 메가헤르츠에서 기가헤르츠 사이의 매우 큰 SRF 값을 갖도록 설계된 특수 RF 인덕터를 사용한다.

외부 부하저항이 탱크회로에 주는 영향

부하저항이 없는 기본적인 병렬공진회로에서 회로의 Q는 코일의 Q와 전원저항에 의한 약간의 부하에 의해만 결정된다. 그러나 전원 부하효과는 주파수 의존성에 의해 복잡하다. 공진 시 전원 저항에는 작은 전류가 흐르며, 이것은 탱크회로의 비이상적인 특성에 기인한다. 회로가 공진주 파수로부터 멀어지면 위상이동 때문에 전류가 증가한다. 논의를 간단하게 하기 위해 전원 부하 효과는 무시할 것이다.

그림 13-50(a)에서 보는 것과 같이 대부분의 실제 회로에서 외부 부하(R_L)는 전원에서 공급하는 전력의 대부분을 소모한다. 이 경우에 부하저항은 회로의 Q를 낮춘다. 부하저항이 더 작을수록 Q는 더 작아진다. 부하저항 R_L은 코일의 등가병렬저항 $R_{p(eq)}$와 등가병렬 인덕턴스 L_{eq}에 효과적으로 병렬로 연결된다. 그림 13-50(b)에 나타난 것과 같이 두 저항 R_L과 $R_{p(eq)}$가 결합하여 전체 병렬저항 $R_{p(tot)}$를 결정한다. $R_{p(tot)}$ 값은 식 (13-20)과 같이 주어진다.

$$R_{p(tot)} = R_L \| R_{p(eq)} \qquad (13-20)$$

무부하 탱크회로(R_L이 무한대)인 경우에 $R_{p(tot)}$는 $R_{p(eq)}$로 감소한다는 것에 주의하자.

Q_O로 표기되는 전체 Q에 대한 근사값은 식 (13-21)로 주어진다.

$$Q_O \approx \frac{R_{p(tot)}}{X_L} \qquad (13-21)$$

Q_O에 대한 이 식은 직렬회로의 Q 또는 단일 인덕터의 Q에 대해 역수이다. 그러나 병렬회로에서 무부하인 경우 단일 인덕터의 Q와 같은 결과를 제공한다. 따라서 무부하에 대해서는 두 식 중 하나를 사용할 수 있다.

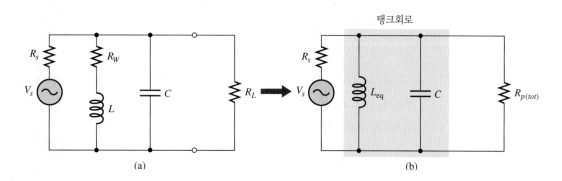

▲ 그림 13-50

부하저항을 갖는 탱크회로와 그 등가회로

13-6절 복습 해답은 이 장의 끝에 있다.	1. 병렬공진 시 임피던스는 최소인가, 최대인가? 2. 병렬공진 시 전류는 최소인가, 최대인가? 3. 이상적인 병렬공진에서 X_L = 1.5 kΩ이다. X_C는? 4. 탱크회로가 R_W = 5.0 Ω , L = 220 μH, C = 0.10 μF 값을 갖는다. f_r과 Z_r을 계산하라. 5. 만약 Q = 25, L = 50 mH, C = 1000 pF이면 f_r은 얼마인가? 6. 5번 문제에서 탱크회로의 부하가 커서 Q = 2.5이면 f_r은 얼마인가? 7. 어떤 탱크회로에서 코일저항이 20 Ω이다. Q = 20이면 공진 시 전체 임피던스는 얼마인가? 8. 인덕터의 자가공진주파수는 얼마인가, 원인은 무엇인가?

13-7 병렬공진필터

병렬공진필터는 일반적으로 대역통과필터나 대역차단필터에 적용된다. 이 절에서는 이러한 적용 분야를 살펴본다.

이 절의 학습목표

◆ **병렬공진필터의 동작은 해석한다.**

   ◆ 대역통과필터가 어떻게 구현되는지 보여준다.

   ◆ 대역폭을 정의한다.

   ◆ 부하 효과가 선택도에 미치는 영향을 설명한다.

   ◆ 대역차단필터가 어떻게 구현되는지 보여준다.

   ◆ 공진주파수, 대역, 대역통과 및 대역차단 병렬공진필터의 출력전압을 구한다.

대역통과필터

기본적인 병렬공진 대역통과필터를 나타낸 것이 그림 13–51이다. 이 응용에서 탱크회로에 걸리는 출력을 측정한다는 것에 주의하자.

▶ 그림 13–51

기본적인 병렬공진 대역통과필터

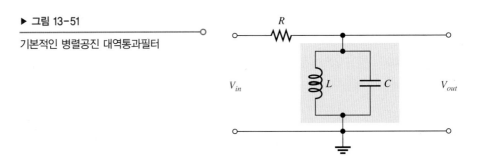

병렬공진 대역통과필터에 대한 대역폭과 차단주파수는 직렬공진회로에서와 동일한 방법으로 정의하고 13–4절에 제시한 공식들을 적용한다. 주파수에 따른 V_{out}과 I_{tot}를 보여주는 일반적인 대역통과 주파수응답 곡선을 나타낸 것이 각각 그림 13–52(a)와 (b)이다.

필터의 동작은 다음과 같다. 매우 낮은 주파수에서 탱크회로의 임피던스는 매우 낮다. 따라서 탱크회로 양단에는 작은 양의 입력전압에 대한 전압강하가 나타나고, 나머지는 *R* 양단에서 나타

▶ 그림 13–52

병렬공진 대역통과필터에 대한 일반적인 주파수응답 곡선

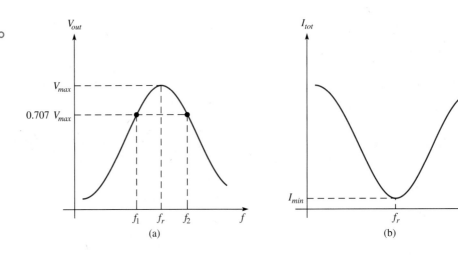

난다. 주파수가 증가하면 탱크회로의 임피던스도 증가하고, 그 결과 출력전압도 증가하게 된다. 주파수가 공진값에 도달할 때 임피던스는 최대가 되고, 대부분의 입력전압이 탱크회로 양단에 나타난다. 주파수 공진주파수를 초과하면 임피던스는 다시 감소하고, 그 결과 출력전압도 감소한다.

예제 13-20

어떤 병렬공진 대역통과필터는 f_r에서 4.0 V의 최대 출력전압을 갖는다. 차단주파수에서 V_{out} 값은 얼마인가?

풀이 차단주파수에서 V_{out}은 최댓값의 70.7%이다.

$$V_{out(1)} = V_{out(2)} = 0.707V_{out(max)} = 0.707\,(4.0\text{ V}) = \textbf{2.83 V}$$

관련 문제 공진주파수에서 V_{out}이 10 V이면, 차단주파수에서 V_{out}은 얼마인가?

공학용 계산기 소개의 예제 13-20에 있는 변환 예를 살펴보라.

예제 13-21

어떤 병렬공진회로의 하한 차단주파수가 3.75 kHz이고, 상한 차단주파수가 4.25 kHz이다. 대역폭은 얼마인가?

풀이 $$BW = f_2 - f_1 = 4.25\text{ kHz} - 3.75\text{ kHz} = \textbf{500 Hz}$$

관련 문제 어떤 필터의 하한 차단주파수가 520 kHz이고 대역폭이 10 kHz이다. 상한 차단주파수는 얼마인가?

공학용 계산기 소개의 예제 13-21에 있는 변환 예를 살펴보라.

예제 13-22

어떤 병렬공진 대역통과필터의 공진주파수가 12 kHz이고, Q가 10이다. 대역폭은 얼마인가?

풀이 $$BW = \frac{f_r}{Q} = \frac{12\text{ kHz}}{10} = \textbf{1.2 kHz}$$

관련 문제 어떤 병렬공진 대역통과필터의 공진주파수가 100 MHz이고 대역폭이 4.0 MHz이다. Q는 얼마인가?

공학용 계산기 소개의 예제 13-22에 있는 변환 예를 살펴보라.

부하효과 그림 13-53(a)에서 보는 것과 같이 필터의 출력에 저항성 부하를 연결할 때 필터의 Q는 감소한다. $B_W = f_r/Q$이므로 대역폭은 증가하고 따라서 선택도는 감소한다. 또한 R_L 실질적으로 $R_{p(eq)}$와 병렬로 연결된 것처럼 보이기 때문에 공진에서 필터의 임피던스는 감소한다. 그러므로 그림 13-53(b)에 설명된 것과 같이 $R_{p(tot)}$와 내부 전원저항 R_s에 의한 전압분배 효과로 인해 최대 출력전압은 감소한다. 그림 13-53(c)는 예제 13-23에서 설명하는 특정한 공진회로에 대한 부하효과를 보인다. 그림에서 보이는 것과 같이 부하효과는 최댓값을 낮추고 대역폭을 증가한다.

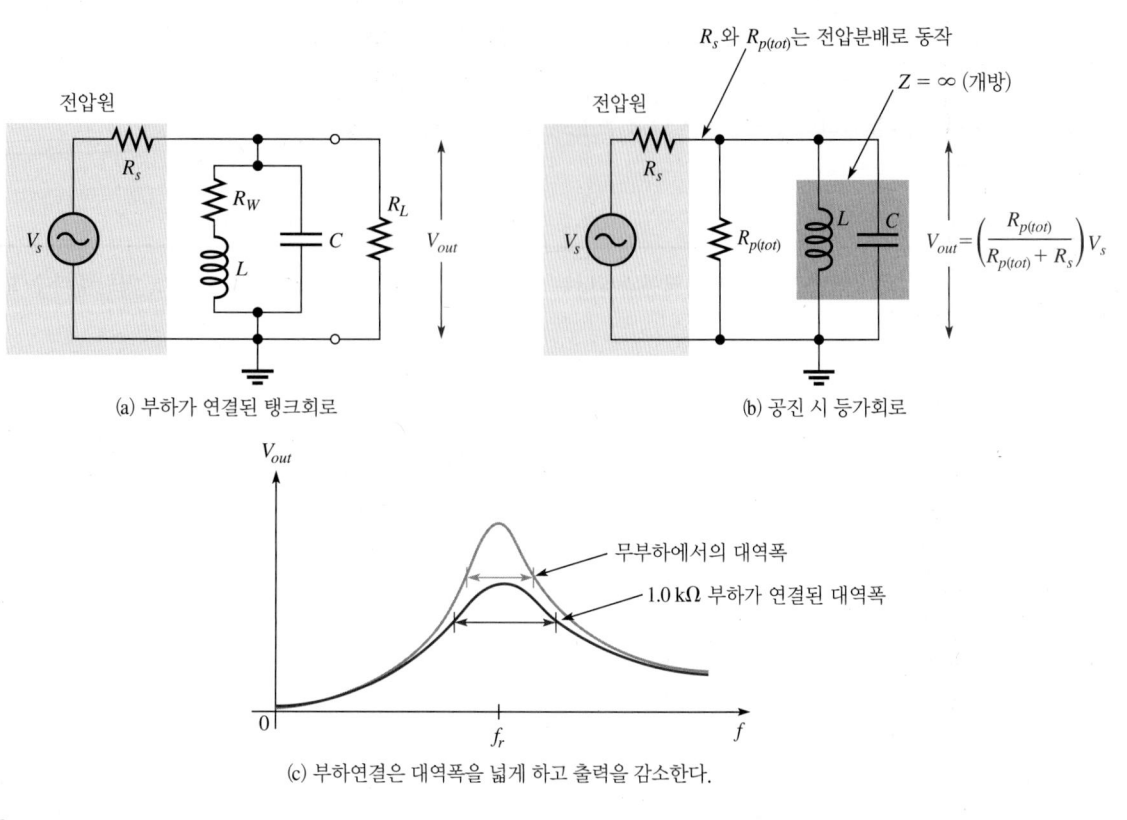

(a) 부하가 연결된 탱크회로

$$V_{out} = \left(\frac{R_{p(tot)}}{R_{p(tot)} + R_s} \right) V_s$$

(b) 공진 시 등가회로

R_s와 $R_{p(tot)}$는 전압분배로 동작

$Z = \infty$ (개방)

(c) 부하연결은 대역폭을 넓게 하고 출력을 감소한다.

무부하에서의 대역폭

1.0 kΩ 부하가 연결된 대역폭

▲ 그림 13-53

병렬공진 대역통과필터에서 부하효과. 그림 13-51에서 저항, *R*은 여기서 내부 전원저항 R_s로 표현된다.

예제 13-23

(a) 그림 13-54(a)의 필터에 대해 공진에서 f_r, V_{out}, *BW*를 구하라. 인덕터의 권선저항 R_W는 10.5 Ω, 전원저항은 50 Ω이다.

(b) 이 필터에 1.0 kΩ 저항을 부하로 연결할 때 (a)를 반복하고 결과를 비교하라.

▶ 그림 13-54

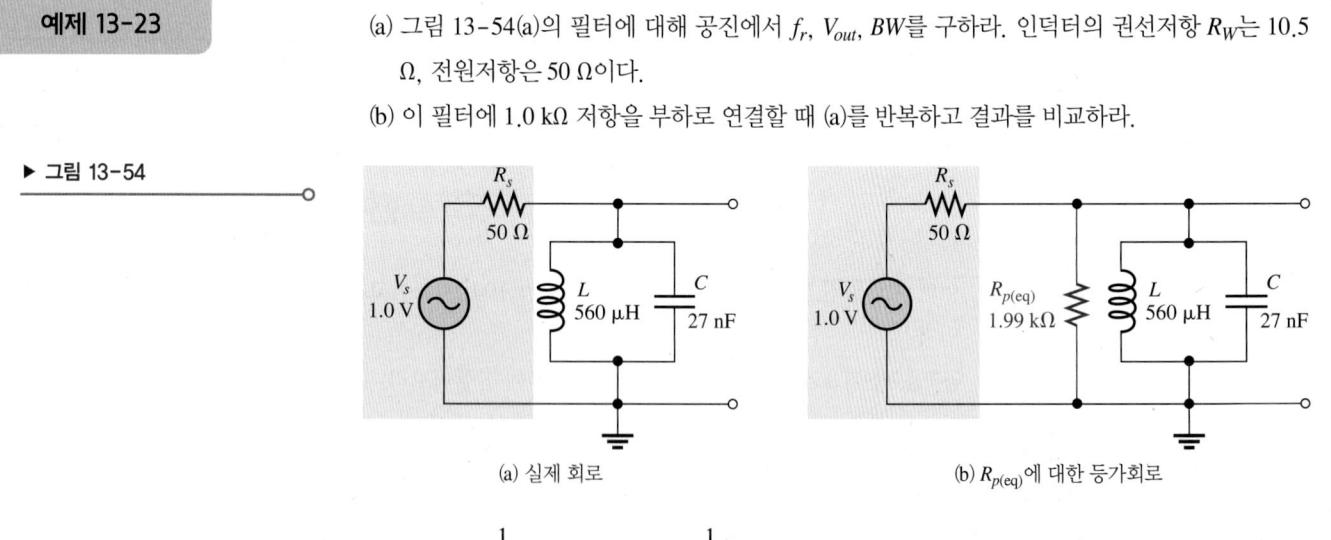

(a) 실제 회로

(b) $R_{p(eq)}$에 대한 등가회로

풀이 (a) $f_r = \dfrac{1}{2\pi\sqrt{LC}} = \dfrac{1}{2\pi\sqrt{(560 \ \mu H)(27 \ nF)}} = \textbf{40.9 kHz}$

회로는 무부하이다. 출력전압을 계산하기 위해 먼저 코일의 *Q*와 $R_{p(eq)}$를 찾는다.

$$X_L = 2\pi f L = 2\pi (40.9 \ kHz)(560 \ \mu H) = 144 \ \Omega$$

$$Q = \frac{X_L}{R_W} = \frac{144 \ \Omega}{10.5 \ \Omega} = 13.7$$

식 (13-15)를 적용하여 $R_{p(eq)}$(코일의 병렬등가저항)을 계산한다.

$$R_{p(eq)} = R_W(Q^2 + 1) = 10.5 \ \Omega \, (13.7^2 + 1) = 1.99 \ \text{k}\Omega$$

회로가 무부하이기 때문에, 그림 13-54(b)에서 보는 것과 같이 $R_{p(tot)} = R_{p(eq)} = 1.99 \ \text{k}\Omega$이다. 공진에서 탱크회로는 개방회로처럼 보이므로 전압분배 공식을 $R_{p(tot)}$와 R_s에 적용하여 V_{out}을 구한다.

$$V_{out} = \left(\frac{R_{p(tot)}}{R_{p(tot)} + R_s} \right) V_s = \left(\frac{1.99 \ \text{k}\Omega}{1.99 \ \text{k}\Omega + 50 \ \Omega} \right) 1.0 \ \text{V} = \textbf{975 mV}$$

BW을 구하기 위해 식 (13-21)을 적용한다.

$$Q_O \approx \frac{R_{p(tot)}}{X_L} \approx \frac{1.99 \ \text{k}\Omega}{144 \ \Omega} = 13.8$$

회로가 무부하이기 때문에 이 값이 단일 인덕터의 Q와 거의 같다는 것에 주목하자.

$$BW = \frac{f_r}{Q_O} = \frac{40.9 \ \text{kHz}}{13.8} = \textbf{2.97 kHz}$$

(b) 공진주파수는 부하에 크게 영향을 받지 않으며 다음과 같다.

$$f_r = \textbf{40.9 kHz}$$

$R_{p(eq)}$와 병렬로 연결된 것처럼 보이기 때문에 부하는 출력전압을 낮춘다. 식 (13-20)을 적용한다.

$$R_{p(tot)} = R_L \, \| \, R_{p(eq)} = 1.0 \ \text{k}\Omega \, \| \, 1.99 \ \text{k}\Omega = 665 \ \Omega$$

전압분배 공식을 적용하면

$$V_{out} = \left(\frac{R_{p(tot)}}{R_{p(tot)} + R_s} \right) V_s = \left(\frac{665 \ \Omega}{665 \ \Omega + 50 \ \Omega} \right) 1.0 \ \text{V} = \textbf{930 mV}$$

BW을 구하기 위해 식 (13-21)을 적용한다.

$$Q_O = \frac{R_{p(tot)}}{X_L} = \frac{665 \ \Omega}{144 \ \Omega} = 4.62$$

$$BW = \frac{f_r}{Q_O} = \frac{40.9 \ \text{kHz}}{4.62} = \textbf{8.86 kHz}$$

부하는 출력전압을 감소하고 대역폭을 크게 증가한다.

관련 문제 더 큰 부하저항에 의해 Q_O는 어떤 영향을 받는가?

공학용 계산기 소개의 예제 13-23에 있는 변환 예를 살펴보라.

Multisim 또는 LTspice 파일 E13-23을 열어라. 응답을 보기 위해 전류-전압 변환기로 동작하는 '센서 저항'에 걸리는 전압을 측정하라. 이 예제의 시뮬레이션 결과와 계산 결과를 비교하라. 보데 플롯 응답(Bode plot response)을 살펴보라. 공진회로에 1.0 kΩ 저항을 연결하고 응답을 측정하라.

대역차단필터

기본적인 병렬공진 대역차단필터를 나타낸 것이 그림 13-55이다. 출력은 탱크회로와 직렬로 연결된 부하저항에서 측정한다. 이 구성에서 부하저항은 Q에 작은 영향만 주고, 일반적으로 이 영

▶ 그림 13-55

기본적인 병렬공진 대역차단필터

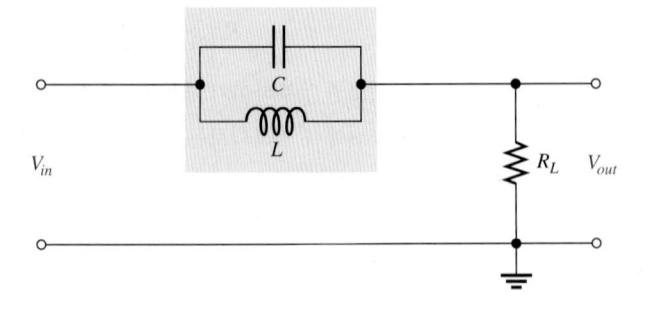

향은 무시할 수 있다.

주파수에 따른 탱크회로의 임피던스 변화는 앞에서 논의되었던 전류응답과 유사하게 나타난다. 즉 전류는 공진 시 최소가 되고 공진주파수의 양쪽에서는 증가한다. 출력전압은 직렬부하저항 양단에서 나타나므로 전류에 따르며, 따라서 그림 13-56에 표현된 것과 같은 대역차단응답 특성을 생성한다.

▶ 그림 13-56

대역차단필터의 응답

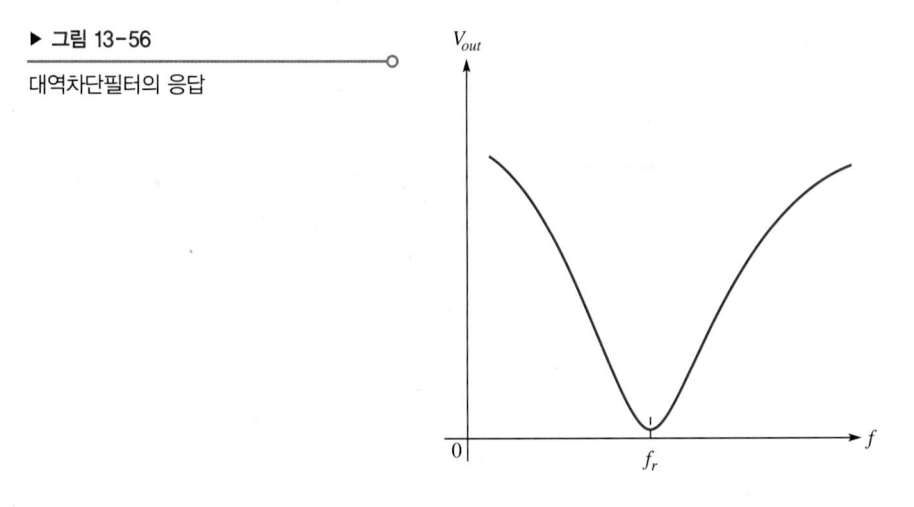

실질적으로 그림 13-55의 대역차단필터는 탱크회로의 임피던스와 부하저항에 의해 형성된 전압 분배기로 볼 수 있다. 따라서 f_r에서 출력전압은

$$V_{out} = \left(\frac{R_L}{R_L + Z_r} \right) V_{in}$$

예제 13-24

그림 13-57은 대역차단필터로 사용되는 예제 13-23의 탱크회로를 보여준다. 공진에서 f_r과 V_{out} 을 구하라. 코일의 권선저항은 10.5 Ω이다.

▶ 그림 13-57

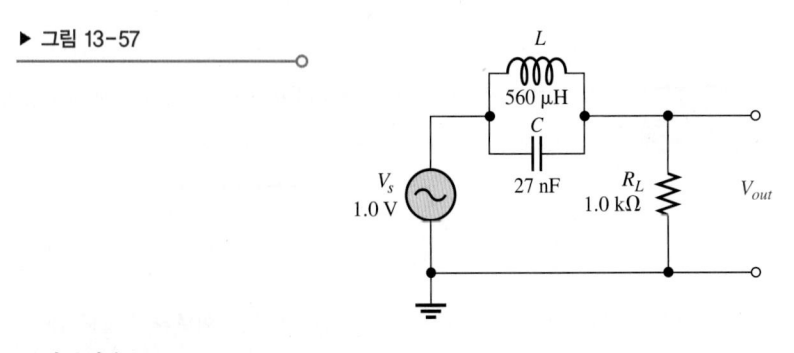

풀이 공진주파수는

$$f_r = \frac{1}{2\pi\sqrt{LC}} = \frac{1}{2\pi\sqrt{(560 \ \mu H)(27 \ nF)}} = \mathbf{40.9 \ kHz}$$

V_{out}은 다음과 같이 구한다.

$$X_L = 2\pi fL = 2\pi(40.9 \ kHz)(560 \ \mu H) = 144 \ \Omega$$

$$Q = \frac{X_L}{R_W} = \frac{144 \ \Omega}{10.5 \ \Omega} = 13.7$$

식 (13-15)를 적용하면

$$R_{p(eq)} = R_W(Q^2 + 1) = 10.5 \ \Omega(13.7^2 + 1) = 1.99 \ k\Omega$$

공진에서

$$V_{out} = \left(\frac{R_L}{R_L + R_{p(eq)}}\right)V_s = \left(\frac{1.0 \ k\Omega}{1.0 \ k\Omega + 1.99 \ k\Omega}\right)1.0 \ V = \mathbf{335 \ mV}$$

관련 문제 부하저항이 470 Ω이면 공진주파수에서 출력은 얼마인가?

공학용 계산기 소개의 예제 13-24에 있는 변환 예를 살펴보라.

Multisim 또는 LTspice 파일 E13-24를 열어라. 시뮬레이션 결과와 계산 결과를 비교하라. 보데 플롯(Bode plot)에서 공진주파수와 출력전압을 판독할 수 있다.

13-7절 복습

해답은 이 장의 끝에 있다.

1. 병렬공진필터의 대역폭을 어떻게 증가할 수 있는가?
2. 큰 Q 값(Q > 10)을 갖는 어떤 필터의 공진주파수가 5.0 kHz이다. 만약 Q가 5로 낮아지면 f_r은 변하는가? 만약 변한다면 어떤 값으로 변하는가?
3. 만약 R_W = 75 Ω이고 Q = 25이면 이 공진주파수에서 탱크회로의 임피던스는 얼마인가?

13-8 응용 분야

공진회로는 특히 통신시스템 등 폭넓은 응용 분야에서 사용된다. 이 절에서는 전자통신 분야에서 공진회로의 중요성을 설명하기 위해 몇 가지 일반적인 통신시스템 응용에 대해 간단하게 살펴볼 것이다.

이 절의 학습목표

◆ 공진회로의 몇 가지 응용에 대해 논의한다.
  ◆ 동조증폭기 응용을 설명한다.
  ◆ 안테나 결합을 설명한다.
  ◆ 동조증폭기를 설명한다.
  ◆ AM 라디오 수신기를 설명한다.

동조증폭기

동조증폭기는 특정 대역 내의 신호를 증폭하는 회로이다. 대표적으로 병렬공진회로는 동조증폭

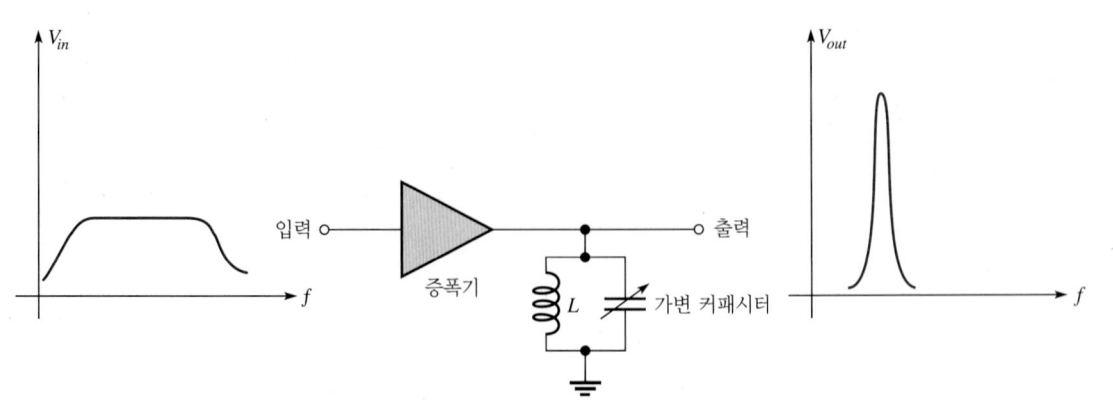

▲ 그림 13-58

기본적인 대역통과 동조증폭기

기와 결합하여 선택도를 확보하기 위해 사용한다. 일반적인 동작은 넓은 대역에 걸친 주파수의 신호들을 증폭기 입력으로 받아들여서 증폭한다. 공진회로는 이 주파수대역 중 비교적 좁은 대역만 통과하도록 허용한다. 가변 커패시터는 그림 13-60에서 보는 것과 같이 원하는 주파수를 선택하기 위해 입력주파수 범위 전체에 걸쳐서 동조할 수 있도록 한다.

안테나 입력을 수신기로

라디오 신호가 대기를 통해 전파되는 전자기파를 매개로 송신기로부터 전송될 때, 회로가 용량성에서 유도성으로 어떻게 바뀌는가 확인하자. 전자기파가 수신 안테나에 도달하면 작은 전압이 유도된다. 넓은 범위의 전자파 주파수 중에서 단지 하나의 주파수 또는 제한된 대역의 주파수만이 추출되어야 한다. 그림 13-59는 변압기(14장에서 다룰 것임)를 통해 수신기 입력에 결합되는 안테나의 전형적인 배열을 보여준다. 가변 커패시터는 병렬공진회로를 구성하기 위해 변압기의 2차측에 병렬로 연결된다.

▶ 그림 13-59

안테나로부터의 공진결합

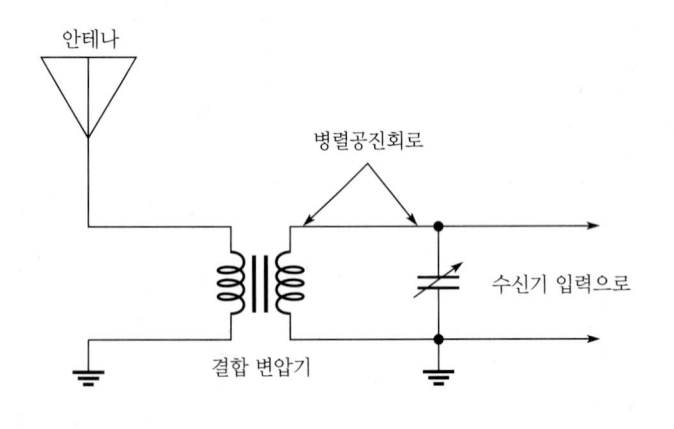

수신기에 결합된 이중 동조변압기

통신시스템 수신기의 몇 가지 형태에서 동조증폭기는 증폭 정도를 증가하기 위해 변압기에 함께 결합한 형태를 갖는다. 커패시터를 변압기의 1차 및 2차 권선과 병렬로 연결할 수 있으며, 함께 결합된 2개의 병렬공진 대역통과필터로 효과적으로 형성한다. 그림 13-60에 나타낸 것과 같이 이 기술은 응답 곡선상에서 더 넓은 대역폭과 더 가파른 경사도를 제공하고, 이를 통해 원하는 주파수대역에 대한 선택도를 증가할 수 있다.

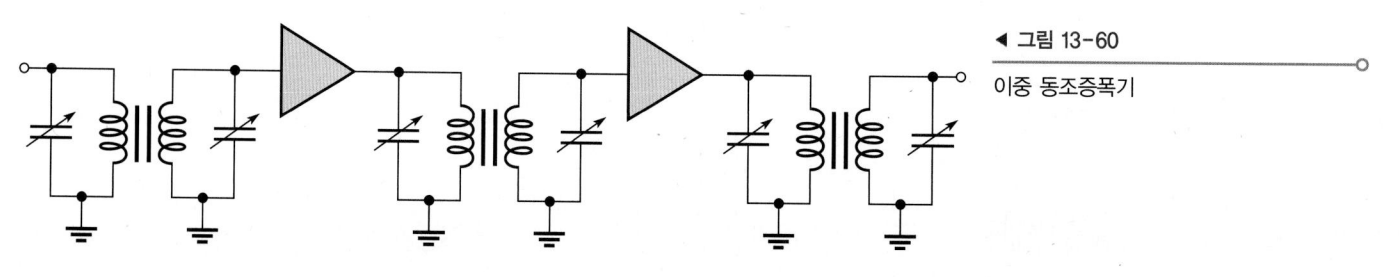

오디오 교차 회로망

대부분의 질 좋은 스테레오 시스템은 특정한 오디오 주파수 스펙트럼 부분을 사용하도록 설계된 스피커를 갖는다. 오디오 교차 회로망은 오디오신호를 스피커를 위한 다른 주파수대역들로 분리하면서도 전체적으로 평탄한 응답을 유지하는 필터 회로망이다. 교차 회로망은 수동(인덕터, 커페시터, 저항만을 사용한다는 의미)이거나 능동(트랜지스터와 연산증폭기를 사용한다는 의미)일 수 있다.

세 경로 수동 회로망은 기본적으로 넓은 평탄 응답을 갖도록 설계된 낮은 Q 값의 공진필터인 대역통과필터를 포함한다. 전체 응답에 영향을 주는 많은 요인(주파수에 따른 스피커의 임피던스 변화 등) 때문에 수동교차 회로망의 설계는 복잡하나 기본적인 개념은 간단하다. 그림 13-61에 나타낸 것과 같이 회로망은 오디오 스펙트럼을 세 부분으로 분리하고 각 부분을 적절한 스피커로 전달한다. 회로망은 고주파 대역을 트위터(또는 높은 주파수 스피커)에 전달하는 고주파통과필터, 중간대역 주파수를 중음역 스피커에 전달하는 대역통과필터, 저주파대역을 우퍼(또는 저주파 스피커)에 전달하는 저주파통과필터인 세 가지로 구성된다.

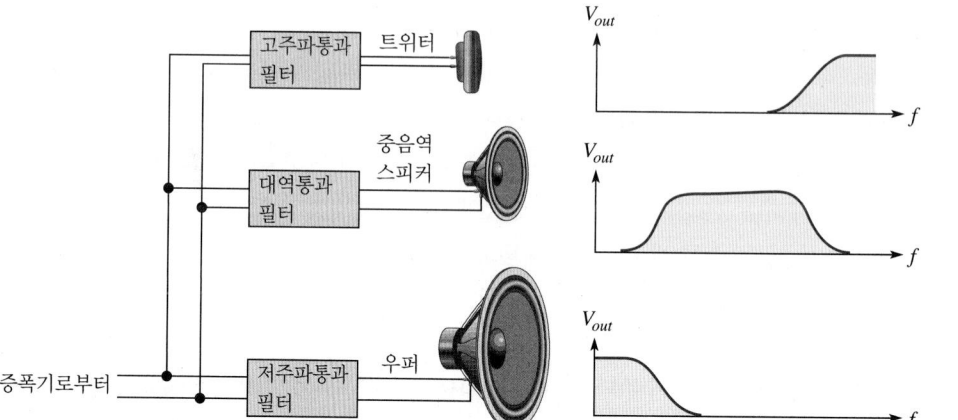

슈퍼헤테로다인 수신기

공진회로 응용의 예는 일반적인 AM(진폭변조) 수신기이다. AM 방송대역은 535~1605 kHz이다. 각 AM 방송국은 이 범위 사이에서 10 kHz 대역폭을 할당받는다. 동조회로는 원하는 라디오 방송국으로부터 나오는 신호만 통과하기 위해 설계되고 다른 모든 신호는 제거한다. 동조된 방송국 이외의 신호를 제거하기 위해 동조회로는 선택적이어야 하며 원하는 10 kHz 신호만 통과시키고 다른 모든 신호는 제거해야 한다. 그러나 너무 큰 선택도를 택하는 것은 바람직하지 않다. 만약 대역폭이 너무 좁다면 높은 주파수로 변조된 신호 일부가 제거될 것이고, 충실도에 손실을 할 것이다. 이상적으로 공진회로는 원하는 통과대역이 아닌 신호를 제거해야 한다. 슈퍼헤테로다인 AM 수신기의 간략한 블록도를 그림 13-62에 나타냈다.

이 수신기의 앞 끝단에는 3개의 병렬공진회로가 있다. 각각의 공진회로는 커패시터들에 의해

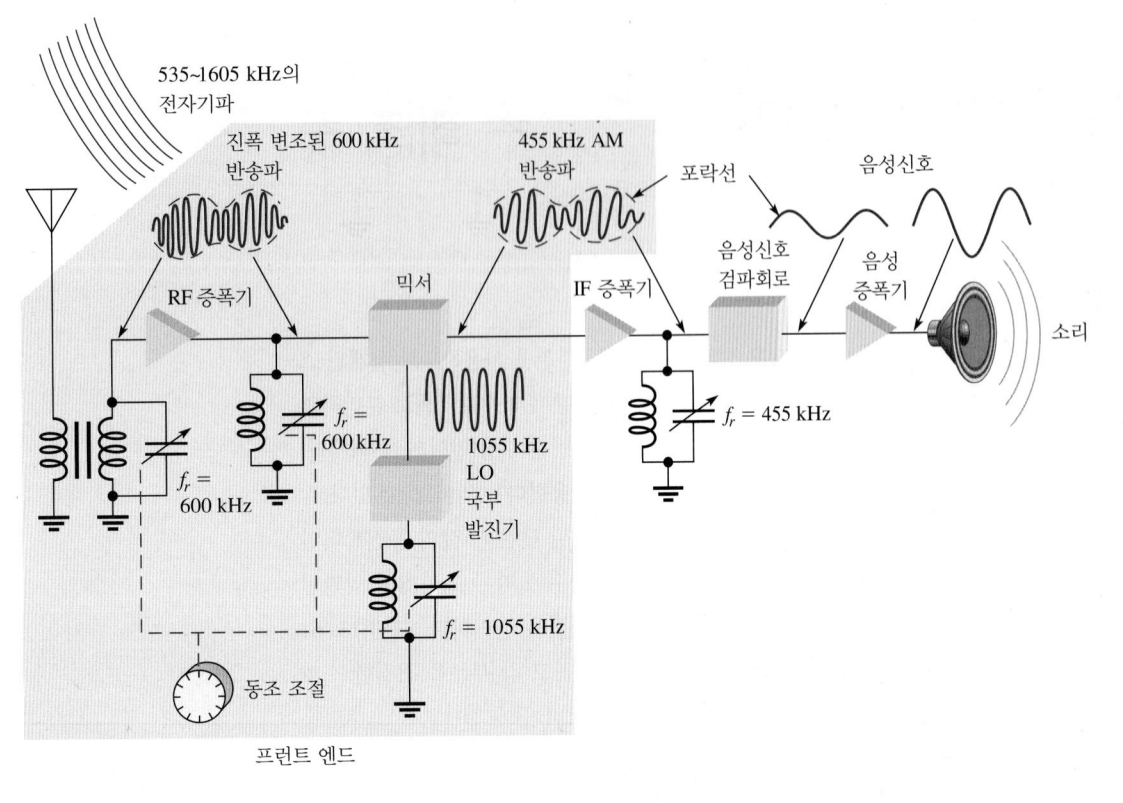

▲ 그림 13-62

동조 공진회로의 응용을 보여주는 슈퍼헤테로라인 AM 라디오 방송수신기의 간략한 블록도

결합 동조된다. 즉 이 커패시터들은 기계적 또는 전자적으로 함께 연결되어 어떤 방송국을 선택할 때 함께 변하게 된다. 예를 들어 600 kHz로 송신하는 어떤 방송국을 선택하기 위해 앞 끝단을 동조한다. 안테나에 연결된 입력 공진회로와 RF(라디오 주파수) 증폭기 공진회로는 안테나를 통과하는 모든 주파수 중에서 단지 600 kHz만 선택한다.

음성신호를 따라가도록 반송파를 진폭 변조함으로써 실제 오디오(음성)신호는 600 kHz 반송 주파수에 의해 전달된다. 음성신호와 일치하는 반송파 진폭의 변화를 **포락선**이라 한다. 따라서 600 kHz의 반송파는 믹서라 불리는 회로에 공급된다.

국부 발진기(LO)는 선택된 주파수보다 455 kHz 더 높은 주파수(이 경우 1055 kHz)로 맞춘다. 헤테로다이닝(heterodyning) 또는 맥놀이(beating)라고 불리는 과정을 통해 AM 신호와 국부 발전기 신호가 함께 혼합되고, 600 kHz AM 신호는 455 kHz AM 신호(1055 kHz − 600 kHz = 455 kHz)로 변환된다.

이 455 kHz는 표준 AM 수신기들을 위한 중간주파수(IF)이다. 방송대역 내의 어떤 방송국이 선택되더라도 그 주파수는 항상 455 kHz로 변환되며, 이것은 새로운 방송국이 선택되더라도 IF 증폭기는 변할 필요가 없다는 것을 의미한다. IF 증폭기의 출력이 음성 검출기로 공급되어 IF가 제거되고, 음성신호인 포락선만 남게 된다. 그 후에 음성신호는 증폭되어 스피커로 전달된다.

13-8절 복습

해답은 이 장의 끝에 있다.

1. 일반적으로 신호가 안테나로부터 수신기 입력으로 결합될 때 동조필터가 필요한 이유는 무엇인가?
2. AM 라디오에서 중간주파수를 사용하는 장점은 무엇인가?
3. '결합 동조'는 무엇을 의미하는가?

응용과제

앞장의 응용과제에서 밀봉된 형태의 두 종류의 필터를 확인했다. 이번 응용과제에서는 규격이 제공되지 않는 또 다른 종류의 공진필터들을 평가할 것이다. 이 과제는 주파수응답 곡선을 그리고, 공진주파수와 대역폭을 결정하는 것이다.

필터의 주파수응답 특성을 결정하기 위해 오실로스코프 측정을 이용해보자. 이 경우 내부 회로와 부품값들은 고려하지 않는다.

1단계: 주파수응답 측정

그림 13-63의 일련의 다섯 가지 오실로스코프 측정을 바탕으로

필터에 대한 주파수응답 곡선(출력전압 대 주파수의 그림)을 작성한다.

2단계: 응답 곡선 해석

필터 형태를 규정하고 공진주파수와 대역폭을 결정한다.

응용과제 복습

1. 이번 응용과제에서 필터의 반전력주파수는 얼마인가?
2. 그림 13-63의 측정으로부터 회로 구성이나 부품값들을 결정할 수 있는가?

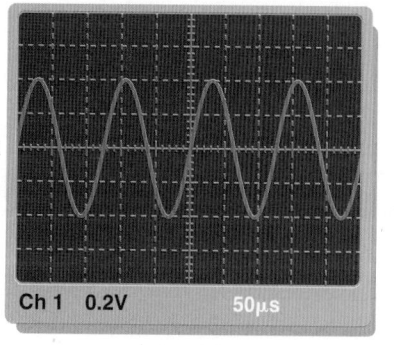

Ch 1 0.2V   50μs

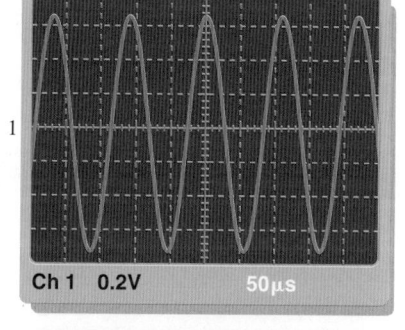

Ch 1 0.2V   50μs

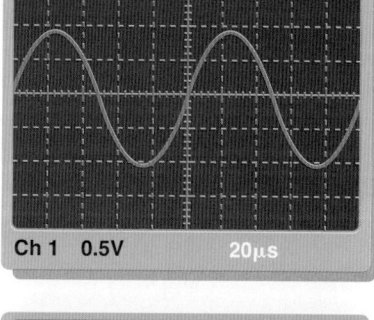

Ch 1 0.5V   20μs

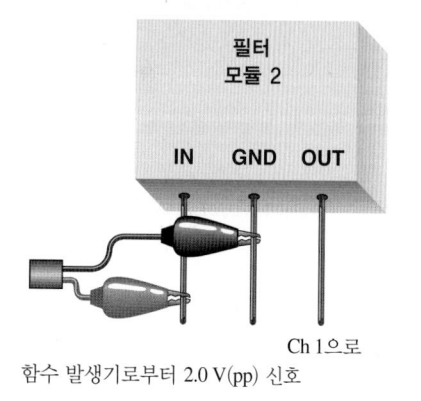

필터
모듈 2

IN GND OUT

Ch 1으로

함수 발생기로부터 2.0 V(pp) 신호

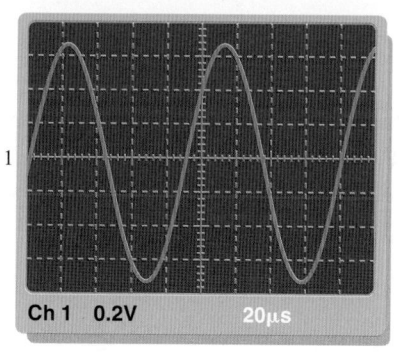

Ch 1 0.2V   20μs

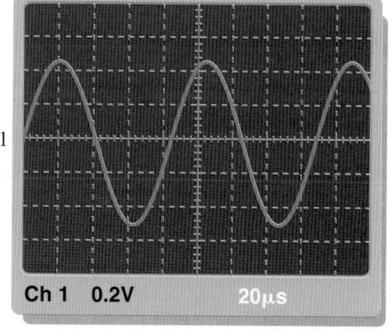

Ch 1 0.2V   20μs

▲ 그림 13-63

주파수응답 측정

요약

- *RLC* 회로에서 X_L과 X_C는 반대의 효과를 나타낸다.
- 직렬 *RLC* 회로에서 보다 큰 리액턴스가 회로의 총 리액턴스를 결정한다.
- 병렬 *RLC* 회로에서 보다 작은 리액턴스가 회로의 총 리액턴스를 결정한다.

직렬공진

● 리액턴스는 같다.

● 임피던스는 최소이고 저항값과 같다.

● 전류는 최대이다.

● 위상각은 0°이다.

● *L*과 *C* 양단 전압은 크기가 같고 위상각은 항상 180° 차이가 나므로 서로 상쇄된다.

병렬공진

● $Q \geq 10$인 경우 리액턴스는 거의 같다.

● 임피던스는 최대이다.

● 전류는 최소이고 이상적으로 0이다.

● 위상각은 0°이다.

● *L*과 *C* 가지의 전류는 크기가 같고 위상각은 항상 180° 차이가 나므로 서로 상쇄된다.

● 대역통과필터는 하한과 상한 차단주파수 사이의 주파수는 통과시키고, 나머지는 차단한다.

● 대역차단필터는 하한과 상한 차단주파수 사이의 주파수는 차단하고, 나머지는 통과시킨다.

● 공진필터의 대역폭은 회로의 품질지수(Q)와 공진주파수에 의해 결정된다.

● 차단주파수를 -3 dB 주파수 또는 임계주파수라고 부르기도 한다.

● 출력전압은 차단주파수에서 최댓값의 70.7%가 된다.

핵심용어

공진주파수 직렬 또는 병렬 *RLC* 회로에서 공진조건($X_C = X_L$)이 발생하는 주파수

대역차단필터 2개의 차단주파수 사이에 존재하는 주파수대역은 차단하고 이 대역을 벗어나는 주파수는 통과시키는 필터

대역통과필터 2개의 차단주파수 사이에 존재하는 주파수대역은 통과시키고 이 대역을 벗어나는 주파수는 차단하는 필터

데시벨(dB) 두 전력의 비율을 대수로 표현하여 10배[$10 \log(P_1/P_2)$]하거나 동일한 저항에 걸린 두 전압의 비율을 대수로 표현하여 20배[$20 \log(V_1/V_2)$]와 같은 대수 단위

반전력주파수 필터의 출력전력이 최댓값의 50%가 되는 주파수(출력전압은 최댓값의 70.7%가 된다), 임계주파수 또는 차단주파수의 다른 이름

병렬공진 병렬 RLC 회로에서 임피던스가 최대이고 리액턴스는 같아지는 조건

선택도 공진회로가 얼마나 효과적으로 특정 주파수는 통과시키고 그 외의 주파수는 차단하는가를 측정하는 척도. 대역폭이 좁을수록 선택도는 더 크다.

직렬공진 직렬 RLC 회로에서 임피던스가 최소이고 리액턴스는 같아지는 조건

수식

13-1	$X_{tot} = \|X_L - X_C\|$	전체 직렬 리액턴스(절댓값)
13-2	$Z_{tot} = \sqrt{R^2 + X_{tot}^2}$	전체 직렬 *RLC* 임피던스
13-3	$\theta = \tan^{-1}\left(\dfrac{X_{tot}}{R}\right)$	직렬 *RLC* 위상각
13-4	$f_r = \dfrac{1}{2\pi\sqrt{LC}}$	직렬공진주파수

13-5	$BW = f_2 - f_1$	대역폭
13-6	$dB = 10 \log\left(\dfrac{P_{out}}{P_{in}}\right)$	전력비에 대한 데시벨 공식
13-7	$dB = 20 \log\left(\dfrac{V_{out}}{V_{in}}\right)$	전압비에 대한 데시벨 공식
13-8	$Q = \dfrac{X_L}{R}$	직렬공진 품질지수
13-9	$BW = \dfrac{f_r}{Q}$	대역폭
13-10	$Y = \sqrt{G^2 + {B_{tot}}^2}$	병렬 RLC 어드미턴스
13-11	$\theta = \tan^{-1}\left(\dfrac{B_{tot}}{G}\right)$	병렬 RLC 위상각
13-12	$I_{tot} = \sqrt{{I_R}^2 + {I_{LC}}^2}$	전체 병렬 RLC 전류
13-13	$\theta = \tan^{-1}\left(\dfrac{I_{LC}}{I_R}\right)$	병렬 RLC 위상각
13-14	$L_{eq} = L\left(\dfrac{Q^2 + 1}{Q^2}\right)$	등가병렬 인덕턴스
13-15	$R_{p(eq)} = R_W(Q^2 + 1)$	등가병렬저항
13-16	$f_r = \dfrac{1}{2\pi\sqrt{LC}}$	이상적인 직류 및 병렬 공진주파수
13-17	$I_{LC} = |I_L - I_C|$	전체 병렬 LC 전류(절댓값)
13-18	$I_{tot} = \dfrac{V_s}{Z_r}$	병렬공진에서 전체 전류
13-19	$f_r = \dfrac{\sqrt{1 - (R_W^2\, C/L)}}{2\pi\sqrt{LC}}$	병렬공진주파수(정확)
13-20	$R_{p(tot)} = R_L \| R_{p(eq)}$	전체 병렬저항
13-21	$Q_O \approx \dfrac{R_{p(tot)}}{X_{L(eq)}}$	병렬 RLC 회로의 전체 Q

참/거짓 퀴즈 해답은 이 장의 끝에 있다.

1. 직렬 RLC 회로는 저항 양단의 전압보다 높은 전압을 가질 수 있다.
2. 직렬 RLC 회로의 임피던스는 전원전압에 의존된다.
3. 공진주파수보다 높은 주파수에서 직렬공진회로는 유도성이고 전류가 전압에 뒤진다.
4. 대역통과필터는 RLC 회로로 구성할 수 있다.
5. 병렬공진 대역차단필터는 공진주파수에서 최소 임피던스를 갖는다.
6. 대역차단필터에서 상한 및 하한 차단주파수가 대역폭을 결정한다.
7. 인덕터의 Q는 측정되는 주파수에 의존된다.
8. 대역통과필터의 Q는 대역폭에 영향을 주지 않는다
9. 병렬 RLC 회로에서 전체 임피던스는 항상 저항보다 크다.
10. 공진일 때 병렬공진회로의 전류는 모든 부품에서 같다.

자습 문제

해답은 이 장의 끝에 있다.

1. 공진에서 직렬 *RLC* 회로의 전체 리액턴스는?
   (a) 0
   (b) 저항과 같다
   (c) 무한대
   (d) 용량성

2. 공진에서 직렬 *RLC* 회로의 위상각은?
   (a) $-90°$
   (b) $+90°$
   (c) $0°$
   (d) 리액턴스에 의존

3. $L = 15$ mH, $C = 0.015$ μF, $R_W = 80$ Ω인 직렬 *RLC* 회로의 공진주파수에서 임피던스는?
   (a) 15 kΩ
   (b) 80 Ω
   (c) 30 Ω
   (d) 0 Ω

4. 공진주파수 이하에서 동작하는 직렬 *RLC* 회로에서 전류는?
   (a) 전원전압과 같은 위상이다
   (b) 전원전압에 뒤선다
   (c) 전원전압에 앞선다

5. 만일 직렬 *RLC* 회로에서 *C* 값이 증가하면 공진주파수는?
   (a) 영향을 받지 않는다
   (b) 증가한다
   (c) 그대로이다
   (d) 감소한다

6. 어떤 직렬공진회로에서 $V_C = 150$ V, $V_L = 150$ V, $V_R = 50$ V이다. 전원전압의 값은?
   (a) 150 V
   (b) 300 V
   (c) 50 V
   (d) 350 V

7. 어떤 직렬공진 대역통과필터가 1.0 kHz의 대역폭을 갖는다. 만약 코일을 낮은 *Q* 값을 갖는 것으로 대체한다면 대역폭은?
   (a) 증가할 것이다
   (b) 감소할 것이다
   (c) 그대로이다
   (d) 선택도가 더 좋아진다

8. 병렬 *RLC* 회로에서 공진주파수보다 낮은 주파수에서 전류는?
   (a) 전원전압보다 앞선다
   (b) 전원전압보다 뒤선다
   (c) 전원전압과 위상이 같다.

9. 공진에서 병렬회로의 *L*과 *C*로 흐르는 전체 전류는 이상적으로?
   (a) 최대이다
   (b) 낮다
   (c) 높다
   (d) 0이다

10. 병렬공진회로를 더 낮은 주파수로 동조하려면 정전용량은?
    (a) 증가해야 한다
    (b) 감소해야 한다
    (c) 그대로 둔다
    (d) 인덕턴스로 대체되어야 한다

11. 같은 부품을 사용할 때 병렬회로의 공진주파수는 언제 직렬회로와 같아지는가?
    (a) *Q*가 매우 낮을 때
    (b) *Q*가 매우 높을 때
    (c) 저항이 없을 때

12. 만일 병렬공진필터와 병렬로 연결된 저항이 감소하면?
    (a) *Q*와 *BW* 둘 다 감소한다
    (b) *Q*와 *BW* 둘 다 증가한다
    (c) *Q*는 증가하고 *BW*는 감소한다
    (d) *Q*는 감소하고 *BW*는 증가한다

연습 문제

홀수 번호 연습 문제의 해답은 이 책의 끝에 있다.

기초 문제

13-1 직렬 *RLC* 회로의 임피던스와 위상각

1. 어떤 직렬 *RLC* 회로가 5.0 kHz의 주파수에 동작하며 $R = 10$ Ω, $C = 0.047$ μF, $L = 5.0$ mH과 같은 값을 갖는다. 임피던스와 위상각을 구하라. 그리고 전체 리액턴스는 얼마인가?

2. 그림 13-64에서 임피던스를 구하라.

3. 그림 13-64에서 만일 전원전압의 주파수가 그림에 나타낸 리액턴스를 생기게 한 주파수의 두 배가 된다면 임피던스는 어떻게 변하는가?

▶ 그림 13-64

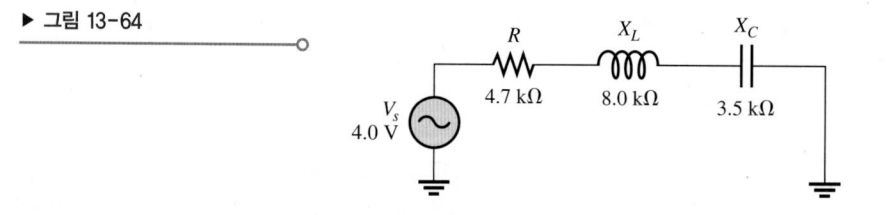

13-2 직렬 *RLC* 회로 해석

4. 그림 13-64의 회로에 대해 I_{tot}, V_R, V_L, V_C를 구하라.

5. 그림 13-64의 회로에 대한 전압 페이저도를 그려라.

6. 다음의 값에 대해 그림 13-65의 회로를 해석하라(f_r = 25 kHz).

(a) I_{tot} (b) P_{true} (c) P_r (d) P_a

▶ 그림 13-65

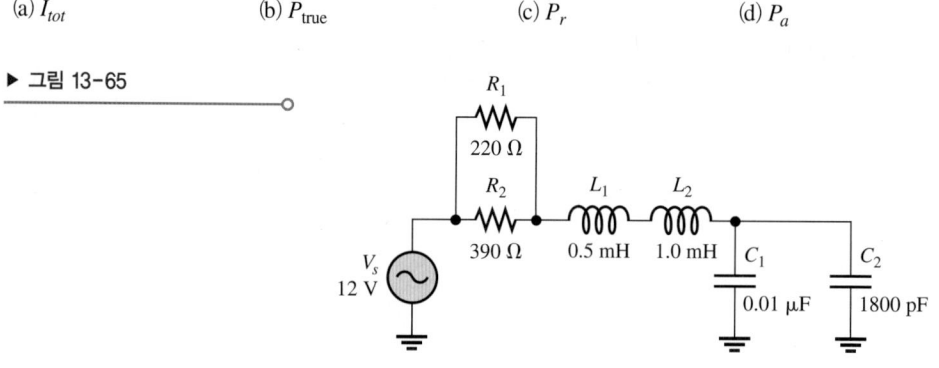

13-3 직렬공진

7. 그림 13-64의 회로에서 공진주파수는 리액턴스에 의해 나타나는 값보다 더 큰가, 아니면 더 작은가?

8. 그림 13-66의 회로에서 공진 시 *R* 양단에 걸리는 전압을 구하라.

9. 그림 13-66에서 공진주파수에 대한 X_L, X_C, Z, I를 구하라.

▶ 그림 13-66

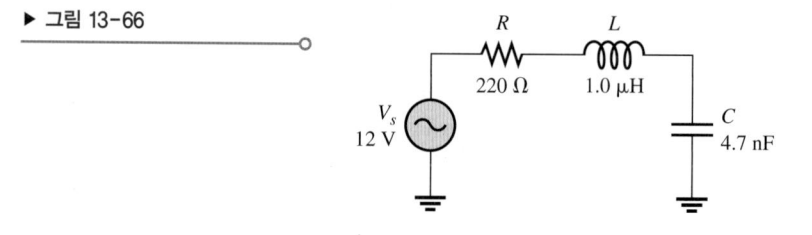

10. 어떤 직렬공진회로가 50 mA의 최대 전류와 100 V의 V_L을 갖는다. 전원전압이 10 V이다. *Z*는 얼마인가? X_L과 X_C는 얼마인가?

11. 그림 13-67의 RLC 회로에 대해 공진주파수와 차단주파수를 구하라.

12. 그림 13-67에서 반전력점에서의 전류값은 얼마인가?

▶ 그림 13-67

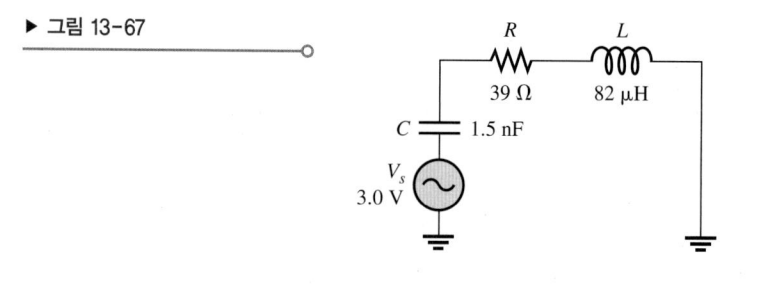

13-4 직렬공진필터

13. 그림 13-68의 각 필터에 대한 공진주파수를 구하라. 이 필터는 대역통과필터인가, 아니면 대역차단필터인가?

14. 그림 13-68의 코일이 10 Ω의 권선저항을 갖는다고 가정할 때, 각 필터에 대한 대역폭을 구하라.

15. 그림 13-69의 각 필터에 대한 f_r과 *BW*를 구하라.

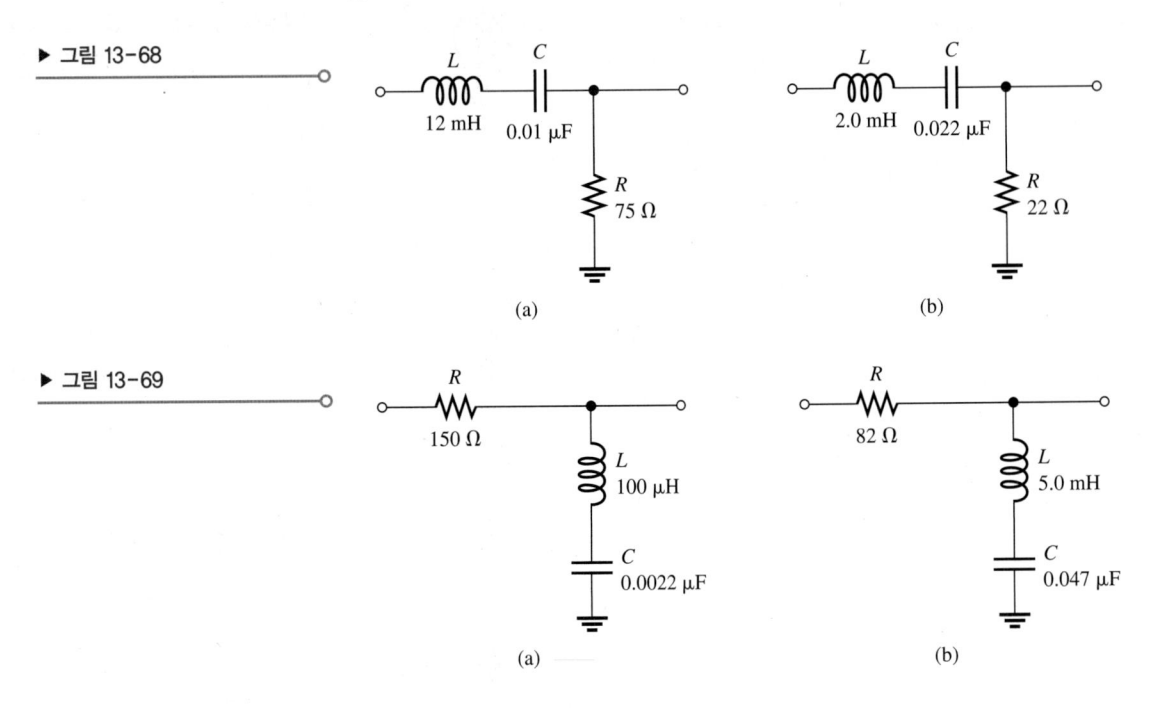

▶ 그림 13-68

(a) (b)

▶ 그림 13-69

(a) (b)

13-5 병렬 *RLC* 회로

16. 그림 13-70의 회로에서 전체 임피던스를 구하라.

17. 그림 13-70의 회로는 용량성인가, 아니면 유도성인가? 그 이유를 설명하라.

18. 그림 13-70의 회로에 대해 모든 전류와 전압을 구하라.

19. 그림 13-71의 회로에 대한 전체 임피던스를 구하라.

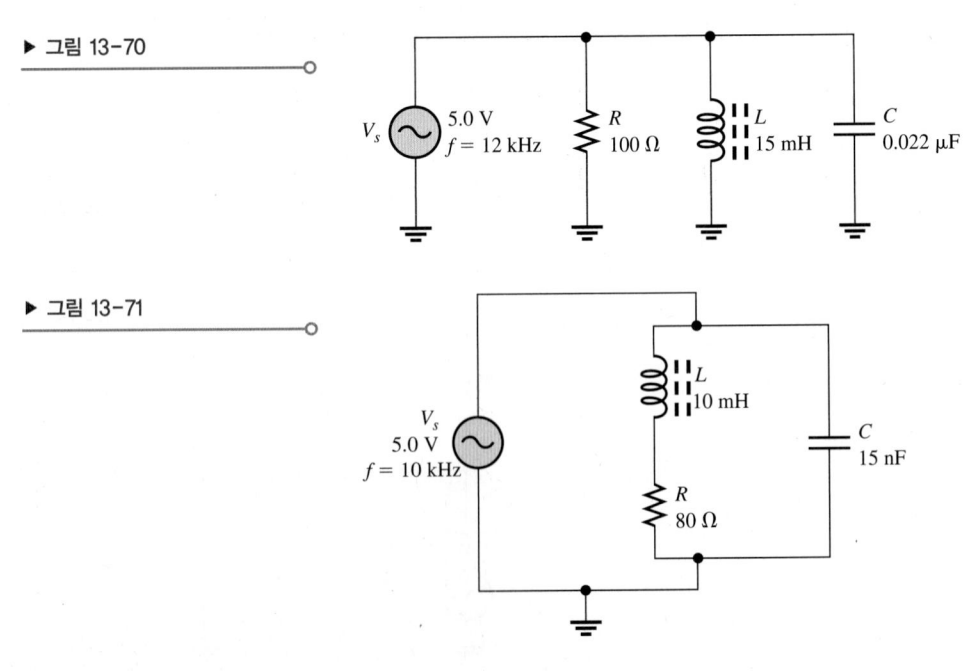

▶ 그림 13-70

▶ 그림 13-71

13-6 병렬공진

20. 이상적인 병렬공진회로(어떤 가지에도 저항이 없음)의 임피던스는 얼마인가?

21. 그림 13-72의 탱크회로에 대해 공진에서 Z와 f_r을 구하라.

22. 그림 13-72에서 공진 시 전원으로부터 얼마나 많은 전류가 흐르는가? 공진주파수에서 유도성 전류와 용량성 전류는 얼마인가?

▶ 그림 13-72

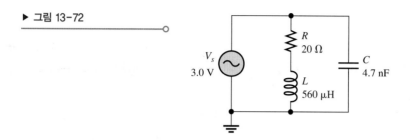

13-7 병렬공진필터

23. 공진 시 병렬공진 대역통과필터에서 X_L = 2.0 kΩ, R_W = 25 Ω이고 공진주파수는 5.0 kHz이다. 대역폭을 구하라.

24. 하한 차단주파수가 2400 Hz이고 상한 차단주파수가 2800 Hz이면, 대역폭은 얼마인가?

25. 어떤 공진회로에서 공진 시 전력이 2.75 W이다. 하한 차단주파수와 상한 차단주파수에서의 전력은 얼마인가?

26. 8.0 kHz의 병렬공진주파수를 얻기 위해 2.0 mH 인덕터와 함께 사용하는 커패시터의 정전용량은 얼마인가? 코일의 권선저항 R_W가 10 Ω이면 탱크회로의 대역폭과 Q는 얼마인가?

27. 병렬공진회로의 Q가 50이고 B_W가 400 Hz이다. 만약 Q가 두 배가 되면 동일한 f_r에서 대역폭은 얼마나 되는가?

28. 병렬공진 대역차단필터로 60 Hz의 전원선 잡음을 제거하려고 한다. 커패시터가 200 μF이면 인덕터는 얼마가 되어야 하는가?

29. 220 Ω 저항 양단에서 출력을 측정하려고 할 때 28번 문제에서 설명된 회로를 그려라.

고급 문제

30. 다음의 각 경우에 대해 전압비를 데시벨로 표현하라.

(a) V_{in} = 1.0 V, V_{out} = 1.0 V

(b) V_{in} = 5.0 V, V_{out} = 3.0 V

(c) V_{in} = 10 V, V_{out} = 7.07 V

(d) V_{in} = 25 V, V_{out} = 5.0 V

31. 그림 13-73의 각 부품을 통해 흐르는 전류를 구하라. 각 부품 양단에 걸린 전압을 구하라.

▶ 그림 13-73

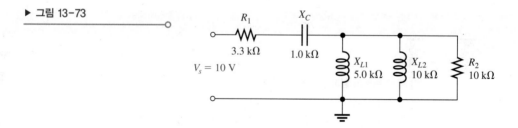

32. 그림 13-74에서 V_{ab} = 0 V로 만드는 C의 값이 존재하는지 알아보아라. 만약 없다면 그 이유를 설명하라.

33. 만약 C 값이 0.22 μF이면 그림 13-74의 각 가지를 통해 얼마의 전류가 흐르는가? 전체 전류는 얼마인가?

▶ 그림 13-74

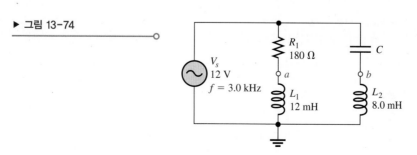

34. 그림 13-75에서 공진주파수를 결정하고, 공진주파수에서 V_{out}을 구하라.

▶ 그림 13-75

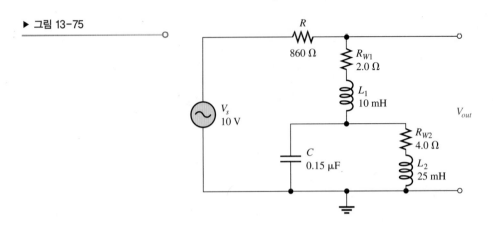

35. $BW = 500$ Hz, $Q = 40$, $I_{C(max)} = 20$ mA, $V_{C(max)} = 2.5$ V의 규격을 만족하기 위해 병렬공진회로를 이용한 대역통과필터를 설계하라.

36. 500 kHz, 1.0 MHz, 1.5 MHz, 2.0 MkHz의 직렬공진주파수를 스위치로 선택할 수 있도록 회로를 설계하라.

37. 8.0 MHz, 9.0 MHz, 10 MHz, 11 MHz 공진주파수를 만들기 위해 단일 코일과 스위치로 선택 가능한 커패시터를 이용한 병렬공진 회로망을 설계하라. 권선저항 5.0 Ω인 10 μH 코일을 가정한다.

고장진단 문제

38. Multisim 파일 P13-38을 열고 결점이 있는지 결정하라. 만약 결점이 있다면 문제점을 찾아라.
39. Multisim 파일 P13-39를 열고 결점이 있는지 결정하라. 만약 결점이 있다면 문제점을 찾아라.
40. Multisim 파일 P13-40을 열고 결점이 있는지 결정하라. 만약 결점이 있다면 문제점을 찾아라.
41. Multisim 파일 P13-41을 열고 결점이 있는지 결정하라. 만약 결점이 있다면 문제점을 찾아라.
42. Multisim 파일 P13-42를 열고 결점이 있는지 결정하라. 만약 결점이 있다면 문제점을 찾아라.
43. Multisim 파일 P13-43을 열고 결점이 있는지 결정하라. 만약 결점이 있다면 문제점을 찾아라.

해답

각 절의 복습

13-1 직렬 *RLC* 회로의 임피던스와 위상각
1. $X_L > X_C$이면 회로는 유도성이고, $X_C > X_L$이면 회로는 용량성이다.
2. $X_{tot} = |X_L - X_C| = 70$ Ω, 회로가 용량성이다.
3. $Z = \sqrt{R^2 + X_{tot}^2} = 83.2$ Ω, $\theta = \tan^{-1}(X_{tot}/R) = 57.3°$, 전류는 V_s에 앞선다.

13-2 직렬 *RLC* 회로 해석
1. $V_s = \sqrt{V_R^2 + (V_C - V_L)^2} = 38.4$ V
2. 회로가 용량성이므로 전류는 V_s에 앞선다.
3. $X_{tot} = |X_L - X_C| = 6.0$ kΩ

13-3 직렬공진
1. $X_L = X_C$일 때 직렬공진이 발생한다.
2. 임피던스가 최소이므로 전류가 최대이다.
3. $f_r = \dfrac{1}{2\pi\sqrt{LC}} = \dfrac{1}{2\pi\sqrt{(2700\ \text{pF})(820\ \mu\text{H})}} = \mathbf{107\ kHz}$

4. $X_C > X_L$이므로 회로는 용량성이다.

13-4 직렬공진필터

1. $V_{out} = 0.707(15 \text{ V}) = 10.6 \text{ V}$

2. $BW = f_r/Q = 10 \text{ kHz}$

3. 전류는 최대이고 전압은 최대이다.

13-5 병렬 *RLC* 회로

1. $I_R = V_s/R = 8.0 \text{ mA}, I_C = V_s/X_C = 12.0 \text{ mA}, I_L = V_s/X_L = 24.0 \text{ mA}$

2. 회로는 유도성이다($X_L < X_C$).

3. $L_{eq} = L[(Q^2 + 1)/Q^2] = 20.1 \text{ mH}, R_{p(eq)} = R_W(Q^2 + 1) = 1589 \text{ Ω}$

13-6 병렬공진

1. 임피던스는 최대이다.

2. 전류는 최소이다.

3. 이상적인 병렬공진에서 $X_C = X_L = 1.5 \text{ kΩ}$

4. $f_r = \sqrt{1 - (R_W^2 C/L)}/2\pi\sqrt{LC} = 33.7 \text{ kHz}, Z_r = R_W(Q^2 + 1) = 440 \text{ Ω}$

5. $f_r = 1/(2\pi\sqrt{LC}) = 22.5 \text{ kHz}$

6. $f_r = \sqrt{Q^2/(Q^2 + 1)}/2\pi\sqrt{LC} = 20.9 \text{ kHz}$

7. $Z_r = R_W(Q^2 + 1) = 8.02 \text{ kΩ}$

8. 자가공진은 외부 부품이 없는 단일 인덕터의 공진주파수이다. 자가공진은 인덕터의 인덕턴스와 상호작용하는 기생 정전용량에 의해 발생한다.

13-7 병렬공진필터

1. 병렬공진주파수를 감소함으로써 대역폭을 증가할 수 있다.

2. f_r은 4.9 kHz까지 변한다.

3. $Z_r = R_W(Q^2 + 1) = 47.0 \text{ Ω}$

13-8 응용 분야

1. 동조공진회로는 좁은 주파수대역을 선택하기 위해 사용된다.

2. 어떤 방송국이 선택되더라도 같은 동조회로를 사용할 수 있다.

3. 공통 조절과 동시에 값을 가변할 수 있는 몇몇 가변 커패시터(또는 인덕터)는 결합 동조의 한 예이다.

예제 관련 문제

13-1 1.25 kΩ, 63.4°

13-2 4.71 kΩ

13-3 전류가 증가하고 공진에서 최대에 도달한 후에 감소한다.

13-4 보다 용량성이다.

13-5 67.3 kHz

13-6 2.27 mA

13-7 Z는 증가한다, Z는 증가한다

13-8 아니다

13-9 200 kHz

13-10 −14 dB

13-11 7.48

13-12 322 Hz

13-13 V_{out}은 증가한다, V_{out}은 증가한다

13-14 유도성

13-15 증가한다. X_C는 감소하고 0에 접근한다.

13-16 $R_{p(eq)} = 25$ kΩ , $L_{eq} = 5.0$ mH, $C = 0.022$ μF, $R_{p(tot)} = 4.24$ kΩ ≈ 4.2 kΩ

13-17 $I_L = 0.996$ mA ≈ 1.0 mA, $I_C = 1.06$ mA ≈ 1.1 mA

13-18 80.0 kΩ

13-19 차이는 무시할 수 있다.

13-20 7.07 V

13-21 530 kHz

13-22 25

13-23 더 큰 부하저항은 Q_O에 대한 영향이 더 적다.

13-24 185 mA ≈ 190 mA

참/거짓 퀴즈

1. T   2. F   3. T   4. T   5. F   6. T   7. T   8. F   9. F   10. F

자습 문제

1. (a)   2. (c)   3. (b)   4. (c)   5. (d)   6. (c)   7. (a)   8. (b)   9. (d)

10. (a)   11. (b)   12. (d)

변압기

14

학습목표

▶ 상호인덕턴스를 설명한다.
▶ 변압기의 승압과 강압 방법에 대해 논의한다.
▶ 강압 변압기의 동작에 대해 설명한다.
▶ 2차 권선에 연결된 저항성 부하의 영향에 대해 논의한다.
▶ 변압기에서 반사된 부하의 개념에 대해 논의한다.
▶ 변압기를 사용한 임피던스 정합에 대해 논의한다.
▶ 실제 변압기에 대해 설명한다.
▶ 몇 가지 종류의 변압기에 대해 설명한다.
▶ 변압기를 고장진단한다.

응용과제 미리 보기

과제는 교류전압에 연결하기 위해 변압기를 사용한 직류전원 장치의 고장진단을 하는 것이다. 여러 지점에서 전압을 측정함으로써 전원 장치에 문제가 있을 경우 이를 규명할 수 있을 것이다. 이 장을 공부하고 나면 응용과제를 해결할 수 있을 것이다.

핵심용어

▶ 권선비(n)
▶ 반사저항
▶ 변압기
▶ 상호인덕턴스(L_M)
▶ 임피던스 정합
▶ 자기적 결합량
▶ 전기적 절연
▶ 중간 탭
▶ 코어 포화
▶ 피상정격전력
▶ 1차 권선
▶ 2차 권선

서론

11장에서는 자기인덕턴스에 대해 공부했는데, 이 장에서는 변압기 동작의 기초가 되는 상호인덕턴스에 대해 공부할 것이다. 변압기는 전원공급장치, 전력 분배기, 통신시스템에서의 신호결합 등과 같이 모든 종류의 응용에 사용된다.

변압기의 동작은 2개 또는 그 이상의 코일이 매우 근접해 있을 때 발생하는 상호인덕턴스의 원리에 기초를 두고 있다. 간단한 변압기는 실제로 상호인덕턴스에 의해 전자기적으로 결합된 2개의 코일로 되어 있다. 자기적으로 결합된 2개의 코일 사이는 전기적인 접촉이 이루어져 있지 않으므로 한 코일에서 다른 코일로의 에너지 전달은 완전히 전기적으로 분리된 상황에서 이루어진다. 변압기와 관련한 1차 또는 2차를 설명하기 위해 권선 또는 코일이라는 용어가 사용된다.

14-1 상호인덕턴스

두 코일이 가까이 있을 때, 한쪽 코일에 흐르는 전류에 의해 발생된 전자계의 변화는 상호인덕턴스로 인해 2차측 코일에 유도전압을 발생한다.

이 절의 학습목표

◆ **상호인덕턴스에 대해 설명한다.**

　◆ 자기결합에 대해 논의한다.

　◆ 전기적인 절연에 대해 논의한다.

　◆ 결합계수를 정의한다.

　◆ 상호인덕턴스의 영향에 미치는 요인의 확인 및 관련 공식에 대해 설명한다.

코일에 흐르는 전류가 증가, 감소, 방향이 바뀌면 코일 주변의 전자계는 확장되거나 축소되거나 반대로 됨을 상기하자. 2차 코일이 1차 코일에 매우 가까이 위치하면 변화하는 자속선들은 2차 코일과 쇄교하게 된다. 따라서 그림 14-1에 보인 것처럼 자기적으로 결합되어 전압이 유도된다.

▶ **그림 14-1**

2차 코일에 유도되는 전압은 1차 코일에 흐르는 전류의 변화에 따라 2차 코일과 쇄교된 자속의 변화에 의해 발생한다.

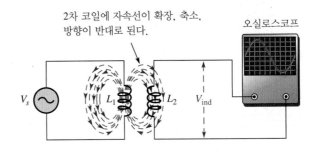

2차 코일에 자속선이 확장, 축소, 방향이 반대로 된다.

오실로스코프

두 코일이 자기적 결합을 이룰 때, 두 코일 사이에는 자기적 결합 이외에 어떠한 전기적 연결도 없기 때문에 전기적 절연(electrical isolation)된 상태이다. 만약 1차 코일의 전류가 정현파이면 2차 코일에 유도된 전압 역시 정현파이다. 1차 코일의 전류에 의해 2차 코일에 유도된 전압의 크기는 두 코일 사이의 **상호인덕턴스**(mutual inductance, L_M)에 의존한다.

상호인덕턴스는 두 코일의 인덕턴스(L_1과 L_2)와 두 코일 결합계수(k)에 의해 결정된다. 결합을 최대로 하기 위해 공통의 코어에 감는다. 상호인덕턴스에 미치는 세 가지 요소(k, L_1, L_2)를 그림 14-2에 나타냈다. 상호인덕턴스는

$$L_M = k\sqrt{L_1 L_2} \tag{14-1}$$

▶ **그림 14-2**

두 코일의 상호인덕턴스

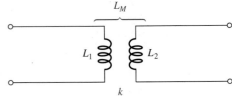

결합계수

두 코일 사이의 **결합계수** k는 1차 코일에 의해 2차 코일에 쇄교된 자속($\phi_{1\text{-}2}$)과 1차 코일에서 발생된 총 자속(ϕ_1)의 비로 표현된다.

$$k = \frac{\phi_{1\text{-}2}}{\phi_1} \qquad (14\text{-}2)$$

예를 들어 1차 코일에 발생된 총 자속의 반이 2차 코일과 쇄교되었다면 결합계수 $k = 0.5$가 된다. k가 보다 큰 값을 갖는다는 것은 1차 코일의 전류 변화에 대해 2차 코일에 유도된 전압이 더 커짐을 의미한다. k는 단위가 없다. 자력선(자속)의 단위는 weber 또는 간단히 Wb로 나타냄을 상기하자.

결합계수 k는 코일들이 물리적으로 얼마나 가까이 있는지와 도선이 감긴 코어 재료의 종류에 따라 달라진다. 또한 코어의 구조와 형태 역시 요인이 된다.

예제 14-1

2개의 코일이 같은 코어에 감겨 있다. 결합계수는 0.3이고, 1차 코일의 인덕턴스는 10 μH, 2차 코일의 인덕턴스는 15 μH이다. L_M은 얼마인가?

풀이
$$L_M = k\sqrt{L_1 L_2} = 0.3\sqrt{(10\,\mu H)(15\,\mu H)} = \textbf{3.67 μH}$$

관련 문제* $k = 0.5$, $L_1 = 1.0$ mH, $L_2 = 600$ μH일 때 상호인덕턴스를 구하라.
공학용 계산기 소개의 예제 14-1에 있는 변환 예를 살펴보라.

* 해답은 이 장의 끝에 있다.

예제 14-2

어떤 코일의 총 자속이 50 μWb이고, 2차 코일과 쇄교된 자속이 20 μWb이다. 결합계수 k는 얼마인가?

풀이
$$k = \frac{\phi_{1\text{-}2}}{\phi_1} = \frac{20\,\mu Wb}{50\,\mu Wb} = \textbf{0.4}$$

관련 문제 $\phi_1 = 500$ μWb, $\phi_{1\text{-}2} = 375$ μWb일 때 결합계수 k를 구하라.
공학용 계산기 소개의 예제 14-2에 있는 변환 예를 살펴보라.

14-1절 복습

해답은 이 장의 끝에 있다.

1. 전기적 절연을 정의하라.
2. 상호인덕턴스를 정의하라.
3. 50 mH인 두 코일의 결합계수 $k = 0.9$이다. L_M은 얼마인가?
4. k가 증가한다면, 한 코일의 전류 변화에 따라 다른 코일에 유도되는 전압은 어떤 현상이 발생하는가?

14-2 기본적인 변압기

변압기(transformer)는 전기적인 장치로 전자기학적으로 서로 다른 2개 및 더 많은 코일을 전자기학적으로 결합한다. 다르게 감겨진 코일 중 한쪽으로 전력을 공급한 것에 대한 상호인덕턴스 변압기는 전기적인 장치로 서로 다른 2개 및 더 많은 코일로 구성되고, 전자기학적으로 결합되어 서로 다르게 감은 코일 중 한쪽으로 전력을 공급할 때 상호인덕턴스가 존재한다. 많은 변압기가 2개 이상의 결선이 있을지라도, 이 장에서는 기본적인 2개의 코일로 결선된 변압기를 다룰 것이다. 뒤에 더 복잡한 변압기들은 소개될 것이다.

이 절의 학습목표

◆ **변압기의 구성과 동작에 대해 설명한다.**

- ◆ 기본적인 변압기의 구성요소를 확인한다.
- ◆ 코어 재료의 중요성에 대해 논의한다.
- ◆ 1차 권선과 2차 권선에 대해 정의한다.
- ◆ 권선비를 정의한다.
- ◆ 권선의 감는 방향이 전압의 극성에 미치는 영향에 대해 논의한다.

그림 14-3(a)는 변압기의 도식적 기호이다. 그림에 나타낸 바와 같이 한쪽 코일은 **1차 권선**(primary winding), 다른 코일은 **2차 권선**(secondary winding)이라고 부른다. 기본적으로 그림 14-3(b)와 같이 1차 권선에 전압원이 인가되고, 2차 권선에 부하가 연결된다. 1차 권선은 입력권선, 2차 권선은 출력권선이다. 전압원이 있는 회로 쪽을 1차, 유도전압이 발생하는 쪽을 2차로 규정하는 것이 보통이다.

▶ 그림 14-3

기본적인 변압기

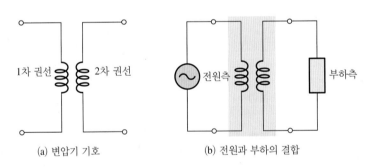

(a) 변압기 기호　　　　　　(b) 전원과 부하의 결합

변압기의 권선은 코어의 둘레에 감는다. 코어는 권선의 배치를 위한 물리적 구조와 자속선이 코일 가까이에 집중될 수 있도록 자기 통로를 만든다. 코어의 재료는 공기, 페라이트, 철의 세 가지 종류로 나눌 수 있다. 각 종류의 도식적 기호를 그림 14-4에 나타냈다.

철 코어 변압기는 보통 오디어 주파수와 전력응용에 사용된다. 이들 변압기는 그림 14-5에 보

▶ 그림 14-4

코어의 종류에 따른 변압기의 도식적 기호

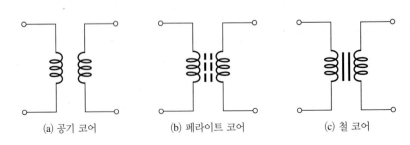

(a) 공기 코어　　　　　(b) 페라이트 코어　　　　　(c) 철 코어

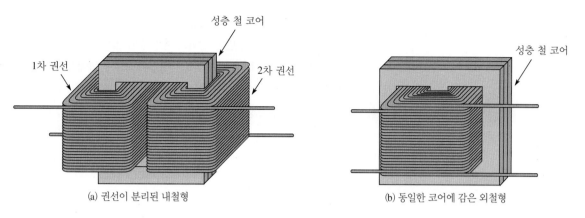

(a) 권선이 분리된 내철형   (b) 동일한 코어에 감은 외철형

▲ 그림 14-5

다층 권선의 철 코어 변압기 구조

인 바와 같이 서로 절연된 강자성체의 얇은 판으로 성층시킨 구조의 코어 위에 권선을 한 형태로 이루어져 있다. 이러한 구조는 자속선의 통로(자로)를 쉽게 만들고, 권선 사이의 결합 정도를 증가시킨다. 또한 그림에서는 철 코어 변압기의 두 가지의 주요 형태에 관한 기본 구조를 보여주고 있다. 코어-종류의 구성에서 그림 14-5(a)의 내철형 구조에 서는 성층 철심에 감긴 권선이 서로 분리되어 있다. 그림 14-5(b)의 외철형 구조에서는 한 철심에 두 권선이 감겨진다. 각각의 종류들은 확실한 장점들을 가지고 있다. 일반적으로 내 철형은 절연을 위한 공간을 더 확보하고 있으며, 보다 높은 전압에서 사용할 수 있다. 외철형은 보다 더 큰 코어 자속을 만들 수 있으므로 보다 적은 권선 수를 필요로 한다.

공기-코어 및 페라이트-코어 변압기는 일반적으로 고주파 용도로 사용되며, 그림 14-6과 같이 속이 비어 있거나(공기) 페라이트로 채워져 절연 외피 위에 권선이 위치한 구조로 되어 있다. 도선은 보통 권선들이 함께 단락되는 것을 방지하기 위해 표면이 바니쉬 타입의 코팅으로 덮여 있다. 1차 권선과 2차 권선 사이의 **자기적 결합량**(magnetic coupling)은 코어의 종류와 권선의 상대적인 위치에 의해 결정된다. 그림 14-6(a)에서는 권선들은 분리되어 느슨하게 결합되어 있으며, 그림 14-6(b)에서는 중첩되어 있기 때문에 강하게 결합되어 있다. 결합이 강할수록 1차측 전류에 대한 2차측 유도전압이 증가한다. 하지만 이것은 코어가 포화되지 않은 경우에만 해당된다. 변압기 권선의 전류는 자기장을 형성하고, 이는 결국 변압기 코어에 자속을 생성한다. **코어 포화** (core saturation)는 자기장의 증가가 코어 내 자속의 양을 증가할 수 없을 때 발생한다. 변압기 설

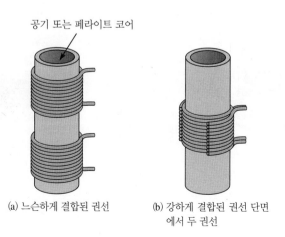

공기 또는 페라이트 코어

(a) 느슨하게 결합된 권선   (b) 강하게 결합된 권선 단면
에서 두 권선

◀ 그림 14-6

원통형 코어 변압기

계는 일반적으로 변압기를 사용하는 용도에 사용하기 위해 코어가 포화되지 않도록 보장한다.

포화를 피할 수 있는 한 가지 주목할 만한 예외는 피킹 변압기의 활용이다. 피킹 변압기의 설계는 코어가 빠르게 포화되는 것을 보장한다. 이것은 정현파 교류입력에서 내부분의 사이클 동안 코어의 플럭스가 일정하고, 2차 권선의 출력이 0이라는 것을 의미한다. 그림 14-7과 같이 (1차 전압의 양과 음의 피크) 자속이 극성을 바꿀 때에만 전자기 '펄스' 커플이 2차로 들어간다. 피킹 변압기는 전기적 절연이 필요할 때 사이라트론이라 불리는 특수한 고출력 진공관과 스위칭 트랜지스터를 트리거하기 위해 사용된다. 피킹 변압기는 14-8절에서 설명할 펄스 변압기와 다르다는 것을 알아야 한다.

▶ 그림 14-7

피킹변압기의 파형

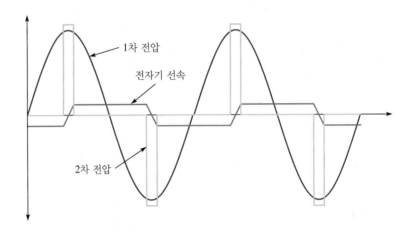

그림 14-8은 여러 종류의 소형 변압기를 보여준다. 그림 14-8(a)는 평면형 변압기로, 현재 일반적으로 사용하는 고주파 변압기이다. 그림 14-8(b)는 전원 장치에 일반적으로 사용되는 저전압 변압기를 보여준다. 14-8(c)와 (d)는 다른 일반적인 소형 변압기 유형을 보여준다.

평면형 변압기와 같은 고주파 변압기는 전력 변압기보다 권선 수가 적고 인덕턴스가 작은 경향이 있다. 평면형 변압기는 추가 권선이 있는 평면형 인덕터와 유사하다. 평면형 변압기의 기본 구조는 그림 14-9와 같다. 그림에서 볼 수 있듯이 인쇄회로기판(PCB)에는 1차 권선과 2차 권선에 대한 2개의 식각된 권선 흔적이 있고, 코어는 PCB의 양쪽 권선을 통과하여 둘 사이의 자속을 결합한다. 평면형 변압기는 (와이어 권선이 아닌) 인쇄회로기판 조립 방식으로 구성되기 때문에 높은 정밀도와 낮은 비용으로 생산할 수 있다. 평면형 변압기의 권선 흔적은 양면 또는 적층형 PC 보드와 다양한 크기와 와트 등급의 평면형 변압기를 생산하기 위해 선택된 코어 재료에 배치될 수 있다. 평면형 변압기의 낮은 프로파일(일반적으로 0.5인치 미만)은 공간이 중요한 용도에

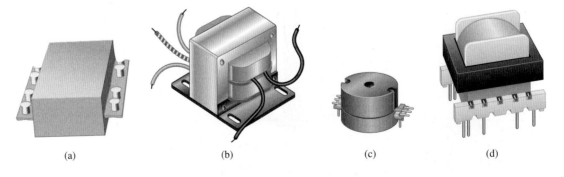

(a)   (b)   (c)   (d)

▲ 그림 14-8

일반적인 형태의 변압기

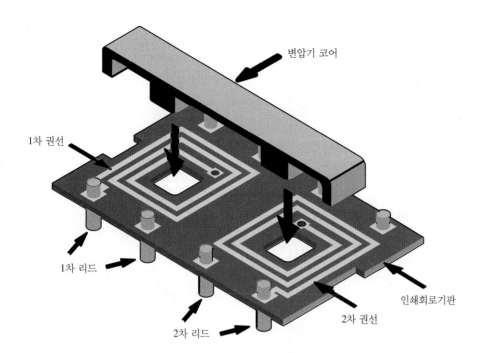

변압기 코어

1차 권선

1차 리드

2차 리드

2차 권선

인쇄회로기판

◀ 그림 14-9

평면형 변압기의 기본 구조

특히 적합하다. 이들은 변환 과정에서 고주파를 사용하는 dc-dc 컨버터에 널리 사용된다.

권선비

변압기의 동작을 이해하는 데 매우 유용한 파라미터는 권선비(turns ratio, n)이다. 이 책에서 권선비(n)은 1차 권선(N_{pri})의 권선 수에 대한 2차 권선(N_{sec})의 권선 수의 비로 정의된다.

$$n = \frac{N_{sec}}{N_{pri}} \qquad (14-3)$$

권선비의 정의는 전자공학의 전력 변압기에 대해 IEEE 표준에서 다루어지는 것으로 보편적이다. 다른 종류의 변압기는 다른 정의를 가질 것이고, 그래서 어떤 전원에 대해 N_{pri}/N_{sec}의 권선비로 정의된다. 각각의 정의는 명확한 상태와 일치되게 사용되는 것으로 만족된다. 변압기의 권선비는 변압기명세서처럼 드물게 사용하지는 않는다. 일반적으로 입력과 출력전압 그리고 정격전력이 변압기의 핵심규격이다. 변압기의 동작 원리를 공부하는 데는 권선비가 유용하다.

예제 14-3	어떤 레이더 시스템에 사용된 변압기의 1차 권선이 100회, 2차 권선이 400회이다. 권선비는 얼마인가?
풀이	$N_{sec} = 400$, $N_{pri} = 100$이므로 권선비는 $$n = \frac{N_{sec}}{N_{pri}} = \frac{400}{100} = 4$$ 권선비 4는 도식적으로 1:4로 나타낼 수 있다.
관련 문제	어떤 변압기의 권선비가 10이다. $N_{pri} = 500$이면, N_{sec}는 얼마인가? 공학용 계산기 소개의 예제 14-3에 있는 변환 예를 살펴보라.

권선의 방향

변압기에서 또 하나의 중요한 파라미터는 코어 주위의 권선 방향이다. 그림 14-10에서 설명한 것과 같이 권선의 방향은 1차측 전압에 대한 2차측 전압의 극성을 결정한다. 그림 14-11에 보인 것과 같이 극성을 표시하기 위해 극성점을 사용한다.

▶ 그림 14-10

전압의 상대적인 극성은 권선의 방향으로 결정된다.

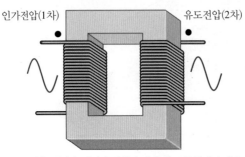
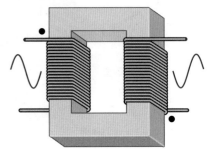

(a) 1, 2차측 전압은 권선의 방향이 자기 통로 주위에서 같으면 동위상이다.

(b) 1, 2차측 전압은 권선의 방향이 반대이면 180°의 위상차를 나타낸다.

▶ 그림 14-11

극성점은 1, 2차측 전압과 일치하는 극성을 나타낸다.

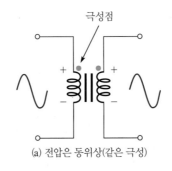
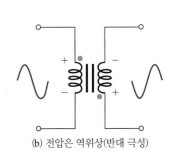

(a) 전압은 동위상(같은 극성)

(b) 전압은 역위상(반대 극성)

14-2절 복습

해답은 이 장의 끝에 있다.

1. 변압기의 동작은 기본적으로 무슨 원리인가?
2. 권선비를 정의하라.
3. 변압기의 권선 방향이 중요한 이유는 무엇인가?
4. 어떤 변압기의 1차 권선이 500회, 2차 권선이 250회이다. 권선비는 얼마인가?
5. 다른 변압기와 다른 평면 변압기의 결선은 어떻게 하는가?

14-3 승압 및 강압 변압기

기본적인 변압기는 두 코일이 아주 접근해 있는 구조로 되어 있어서 상호인덕턴스가 존재하는 전기 장치이다. 승압 변압기는 1차 권선보다 2차 권선을 더 많이 감으며, 교류전압을 높이는 데 사용한다. 강압 변압기는 2차 권선보다 1차 권선을 더 많이 감으며, 교류전압을 낮추는 데 사용된다.

이 절의 학습목표

◆ **변압기의 승압 및 강압 방법에 대해 설명한다.**

   ◆ 승압 변압기의 동작에 대해 설명한다.
   ◆ 권선비로 승압 변압기를 확인한다.

◆ 1, 2차 전압과 권선비 사이의 관계에 대해 설명한다.

◆ 강압 변압기의 동작에 대해 설명한다.

◆ 권선비로 강압 변압기를 설명한다.

◆ 교류전압 조정 목적을 설명한다.

승압 변압기

2차측 전압이 1차측 전압보다 높은 변압기를 **승압 변압기**라고 부른다. 전압의 증가 정도는 권선비에 의존한다. 모든 변압기에서는

1차측 전압(V_{pri})에 대한 2차측 전압(V_{sec})의 비는 1차 권선의 권선 수(N_{pri})에 대한 2차 권선의 권선 수(N_{sec})의 비와 같다.

식 (14-4)는 1차 권선과 2차 권선에 대한 전압과 권선비의 관계를 보여준다.

$$\frac{V_{sec}}{V_{pri}} = \frac{N_{sec}}{N_{pri}} \tag{14-4}$$

권선비 n은 N_{sec}/N_{pri}로 정의됨을 상기하라. 그러므로 식 (14-5)의 관계로부터 V_{sec}은 다음과 같이 쓸 수 있다.

$$V_{sec} = nV_{pri} \tag{14-5}$$

식 (14-5)는 2차측 전압이 1차측 전압에 권선비를 곱한 것과 같음을 보여준다. 이 조건은 결합계수가 1.0이라고 가정한 것이고, 양질의 철 코어 변압기가 이 값에 근접한다.

승압 변압기의 권선비는 2차 권선의 권선 수(N_{sec})가 1차 권선의 권선 수(N_{pri})보다 크기 때문에 항상 1보다 크다.

| 예제 14-4 | 그림 14-12에서 권선비가 3이다. 2차측 양단의 전압은 얼마인가? 전압은 다른 상태를 제외한 실횻값이다. |

▶ 그림 14-12

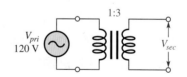

풀이　2차측 전압은

$$V_{sec} = nV_{pri} = 3\,(120\ \text{V}) = \mathbf{360\ V}$$

권선비 3은 그림에서 1:3으로 표시되었으며, 2차 권선의 3배임을 의미한다.

관련 문제　그림 14-12의 변압기에서 권선비가 4로 바뀌었다. V_{sec}를 구하라.

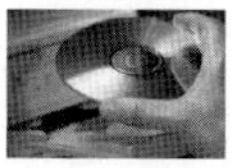

공학용 계산기 소개의 예제 14-4에 있는 변환 예를 살펴보라.

Multisim 또는 LTspice 파일 E14-04를 열어라. 2차 전압을 측정하라.

강압 변압기

2차측 전압이 1차측 전압보다 낮은 변압기를 **강압 변압기**라고 부른다. 2차측 전압이 낮아지는 정도는 권선비에 따른다. 식 (14-5)는 강압 변압기에도 적용된다.

강압 변압기에서는 2차 권선의 권선 수(N_{sec})가 1차 권선의 권선 수(N_{pri})보다 작기 때문에 권선비는 항상 1보다 작다.

예제 14-5

그림 14-13의 변압기는 실험실 전원 장치의 일부이며, 권선비는 0.2이다. 2차측 전압은 얼마인가?

▶ 그림 14-13

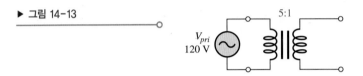

풀이 2차측 전압은

$$V_{sec} = nV_{pri} = 0.2\,(120\,\text{V}) = \mathbf{24\,V}$$

관련 문제 그림 14-13의 변압기에서 권선비가 0.48로 바뀌었다. 2차측 전압을 구하라.

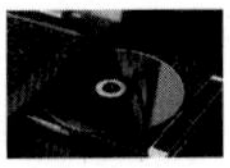

공학용 계산기 소개의 예제 14-5에 있는 변환 예를 살펴보라.

Multisim 또는 LTspice 파일 E14-05을 열어라. 2차 전압을 측정하라.

직류 절연

변압기의 1차측 회로에 변화가 없는 직류가 흐르고 있다면, 그림 14-14(a)에 나타낸 바와 같이 2차측 회로에는 아무 일도 일어나지 않는다. 그 이유는 자계의 변화를 일으키기 위해서는 1차측 회로의 전류가 반드시 변해야 하기 때문이다. 이 경우 그림 14-14(b)에 보인 것처럼 2차측 회로에 전압이 유도된다. 따라서 변압기는 1차측 회로의 모든 직류전압에 대해 2차측 회로를 분리한다. 변압기는 권선비가 1일 때, 절연에 대해 엄격하게 적용된다.

절연 변압기는 종종 통합 교류 라인-조절 장치의 일부에 포함된다. 절연 변압기 외에 라인 조절에는 서지 보호, 간섭을 제거하기 위한 필터 그리고 때로는 자동 전압조절이 포함된다. 라인 조절은 마이크로프로세서 기반 컨트롤러와 같은 민감한 장비를 절연하는 데 유용하다. 환자 모니터링 장비를 위한 병원용으로 특화된 라인 조절 장치는 높은 수준의 전기적 절연과 충격으로부터 보호한다.

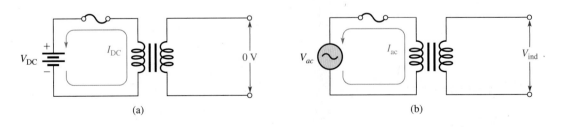

(a)   (b)

▲ 그림 14-14

직류의 절연과 교류의 결합

증폭기의 한 단에서 다음 단으로 직류 바이어스를 절연하는 데 사용하는 소형 변압기는 교류 신호를 통과('결합')하지만 직류 신호를 차단하기 때문에 결합 변압기라고 부른다. 결합 변압기는 1차 및 2차 코일을 병렬공진회로의 일부로 만들어 고주파에서 선택된 주파수대역만을 통과시키는 목적으로 널리 사용된다(공진회로는 13장에서 논의되었다). 전형적인 결합 변압기 배열은 그림 14-15와 같으며, 여기서 변압기는 입력 및 출력의 공진회로의 일부이다. 결합 변압기의 코어를 조절하여 주파수응답을 미세하게 조정하는 방법이 자주 활용된다. 또한 결합 변압기는 가청주파수에서 사용되지만 주로 증폭기에서 스피커로 신호를 결합하는 데 사용한다. 이 응용은 14-6절에서 더 자세히 설명된다.

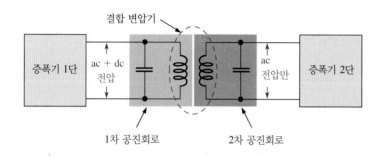

◀ 그림 14-15

공진회로에 의해 결정된 대역의 고주파를 통과시키기 위해 사용하는 결합 변압기. 직류는 2차측으로 전달되지 않는다.

14-3절 복습 해답은 이 장의 끝에 있다.	1. 승압 변압기는 어떤 역할을 하는가? 2. 권선비가 5일 때, 2차측 전압은 1차측 전압보다 얼마나 높은가? 3. 240 V 교류전압이 권선비 10인 변압기에 인가되었을 때, 2차측 전압은 얼마인가? 4. 강압 변압기는 어떤 역할을 하는가? 5. 120 V의 교류전압이 권선비 0.5인 변압기의 1차 권선에 인가되었다. 2차측 전압은 얼마인가? 6. 1차측 전압 120 V가 12 V로 줄었다. 권선비는? 7. 교류입력 조건에서 변압기의 전형적인 특징은 무엇인가?

14-4 2차에 부하의 연결

변압기의 2차 권선에 저항성 부하가 연결될 때, 부하(2차측)전류와 1차측 전류의 관계는 권선비에 의해 결정된다.

이 절의 학습목표

◆ **2차 권선에 연결된 저항성 부하의 영향에 대해 논의한다.**

   ◆ 변압기 전력에 대해 논의한다.

   ◆ 승압 변압기에 부하가 결합될 때 2차 권선의 전류를 결정한다.

   ◆ 강압 변압기에 부하가 결합될 때 2차 권선의 전류를 결정한다.

변압기가 무부하에서 운전될 때, 1차는 인덕터처럼 동작한다. 이상적인 인덕터는 전압에 90° 뒤진 전류와 역률 0을 가진다. 저항부하일 때 변압기의 2차에 접속하고, 전력은 1차에서 공급하여 2차로 전달된다. 부하로 인해 1차 전류와 1차 전압의 위상각 차는 작아지게 된다. 이상적인 것은 위상각이 0°이고, 역률이 1인 상태이다. 이 경우에 전류와 전압이 같은 위상이기 때문에 1차 권선은 저항과 같게 된다. 실제적인 변압기는 부하가 접속되었을 때 이상적인 변압기 조건에 접근할 수 있고, 이 장에서는 이상적인 변압기로 가정하여 논의한다.

부하로 전달되는 전력은 1차 권선의 전력에 비하여 결코 클 수 없다. 이상적인 변압기에서는 2차 권선의 전력(P_{sec})은 1차 권선에 의해 전달된 전력(P_{pri})과 같다. 손실을 고려할 때 2차측 전력은 항상 작다.

전력은 전압과 전류에 의존하며 변압기에서 전력의 증가는 생길 수 없다. 그러므로 전압이 증가하면 전류는 감소하고, 전압이 감소하면 전류는 증가한다. 이상적인 변압기에서는 2차측에 의해 부하에 전달되는 전력은 권선비와 상관없이 1차측에 의해 전달되는 전력과 같다.

1차측에 의해 전달되는 전력은

$$P_{pri} = V_{pri}I_{pri}$$

2차측에 의해 전달되는 전력은

$$P_{sec} = V_{sec}I_{sec}$$

이상적으로는 $P_{pri} = P_{sec}$이므로

$$V_{pri}I_{pri} = V_{sec}I_{sec}$$

정리하면

$$\frac{I_{pri}}{I_{sec}} = \frac{V_{sec}}{V_{pri}}$$

V_{sec}/V_{pri}는 권선비 n과 같으므로, 1차측과 2차측 전류의 관계는 다음과 같다.

$$\frac{I_{pri}}{I_{sec}} = n \tag{14-6}$$

식 (14-6)의 양변에 역수를 취하고 I_{sec}에 대해 풀면

$$I_{sec} = \left(\frac{1}{n}\right)I_{pri} \tag{14-7}$$

예제 14-6

그림 14-16에 보인 2개의 변압기의 2차측에 부하가 연결되어 있다. 각각의 경우에 1차측 전류가 100 mA일 때 부하를 통해 흐르는 전류는 얼마인가?

▶ 그림 14-16

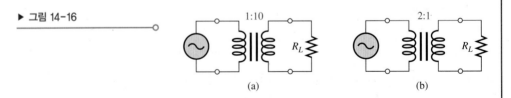

(a)   (b)

풀이 (a)에서 권선비는 10이다. 그러므로 2차측 부하전류는

$$I_L = I_{sec} = \left(\frac{1}{n}\right)I_{pri} = \left(\frac{1}{10}\right)I_{pri} = 0.1(100 \text{ mA}) = \textbf{10 mA}$$

(b)에서 권선비는 0.5이다. 그러므로 2차측 부하전류는

$$I_L = I_{sec} = \left(\frac{1}{n}\right)I_{pri} = \left(\frac{1}{0.5}\right)I_{pri} = 2(100 \text{ mA}) = \textbf{200 mA}$$

관련 문제 그림 14-16(a)에서 권선비가 2배가 되면 2차측 전류는 얼마가 되는가? 그림 14-16(b)에서 권선비가 1/2배가 되면 2차측 전류는 얼마가 되는가? 두 경우 모두 I_{pri} = 100 mA라고 가정한다.

공학용 계산기 소개의 예제 14-6에 있는 변환 예를 살펴보라.

14-4절 복습

해답은 이 장의 끝에 있다.

1. 변압기의 권선비가 2라고 할 때 2차측 전류가 1차측 전류보다 큰지 또는 작은지 밝혀라. 어느 정도 되는가?
2. 변압기의 1차 권선이 1000회, 2차 권선이 250회이며, I_{pri} = 0.5 A이다. 권선비는 얼마인가? I_{sec}는 얼마인가?
3. 2번 문제에서 2차측의 부하에 10 A의 전류가 흐르게 하려면 1차측에 얼마의 전류가 필요한가?

14-5 부하의 반사

1차측 회로에서 보면 변압기의 2차 권선에 연결된 부하는 저항을 갖고 있는 것처럼 보이는데, 이 저항이 부하의 실제 저항과 같을 필요는 없다. 실제의 부하는 권선비에 의해 바뀌어 본질적으로 1차측 회로로 반사된다. 이 **반사부하**는 1차 전원에서 실질적으로 보이는 것이며, 1차측 전류의 크기를 결정한다.

이 절의 학습목표

◆ 변압기에서 반사된 부하의 개념에 대해 논의한다.
  ◆ 반사된 저항을 정의한다.
  ◆ 권선비가 반사저항에 미치는 영향에 대해 설명한다.
  ◆ 반사저항을 계산한다.

반사부하의 개념을 그림 14-17에 나타냈다. 변압기의 2차측 회로에 있는 부하(R_L)는 변압기 동작에 의해 1차측 회로로 반사된다. 1차측 전원에서 부하는 권선비와 실제값으로 결정되는 값을 갖는 저항(R_{pri})으로 보여진다. 저항 R_{pri}를 **반사저항**(reflected resistance)이라고 부른다.

그림 14-17의 1차측에서 저항은 $R_{pri} = V_{pri}/I_{pri}$이다. 그림 14-16의 2차측에서 저항은 $R_L = V_{sec}/I_{sec}$이다. 식 (14-4)와 (14-6)으로부터 $V_{sec}/V_{pri} = n$이고, $I_{pri}/I_{sec} = n$임을 알 수 있다. 이들 관계를 이용하여 R_L의 항으로 표시되는 R_{pri}를 다음과 같이 결정할 수 있다.

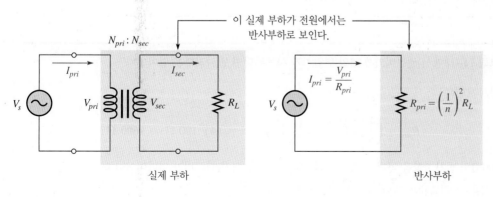

◀ 그림 14-17

변압기 회로의 반사부하

$$\frac{R_{pri}}{R_L} = \frac{V_{pri}/I_{pri}}{V_{sec}/I_{sec}} = \left(\frac{V_{pri}}{V_{sec}}\right)\left(\frac{I_{sec}}{I_{pri}}\right) = \left(\frac{1}{n}\right)\left(\frac{1}{n}\right) = \left(\frac{1}{n}\right)^2$$

R_{pri}에 대해 풀면

$$R_{pri} = \left(\frac{1}{n}\right)^2 R_L \tag{14-8}$$

식 (14-8)에 보인 바와 같이 1차측 회로로 반사된 저항은 부하저항에 권선비 역수의 제곱을 곱한 값이 된다.

예제 14-7은 승압 변압기($n > 1$)에서 반사저항이 실제의 부하저항보다 작은 것을 보여준다. 예제 14-8은 강압 변압기($n < 1$)에서 반사저항이 부하저항보다 큰 값임을 보여준다.

예제 14-7

그림 14-18는 100 Ω의 부하가 결합된 변압기 전원을 보인 것이다. 변압기의 권선비는 4이다. 전원에서 본 반사저항은 얼마인가?

▶ **그림 14-18**

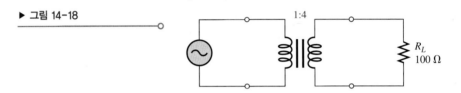

풀이 반사저항은 다음과 같이 구해진다.

$$R_{pri} = \left(\frac{1}{n}\right)^2 R_L = \left(\frac{1}{4}\right)^2 100\ \Omega = \left(\frac{1}{16}\right) 100\ \Omega = \mathbf{6.25\ \Omega}$$

그림 14-19의 등가회로에 보인 바와 같이 전원에 6.25 Ω의 저항이 직접연결된 것처럼 볼 수 있다.

▶ **그림 14-19**

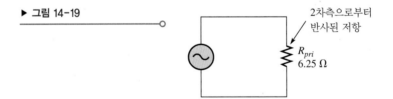

2차측으로부터 반사된 저항

관련 문제 그림 14-18에서 권선비가 10이고, $R_L = 600\ \Omega$이면 반사저항은 얼마인가?

공학용 계산기 소개의 예제 14-7에 있는 변환 예를 살펴보라.

예제 14-8

그림 14-18에서 권선비가 0.25인 변압기가 사용된다면 반사저항은 얼마인가?

풀이 반사저항은

$$R_{pri} = \left(\frac{1}{n}\right)^2 R_L = \left(\frac{1}{0.25}\right)^2 100\ \Omega = (4)^2 100\ \Omega = \mathbf{1600\ \Omega}$$

관련 문제 800 Ω의 반사저항을 얻기 위해는 그림 14-18의 회로에서 권선비가 얼마이어야 하는가?

공학용 계산기 소개의 예제 14-8에 있는 변환 예를 살펴보라.

14-6 임피던스 정합

변압기의 한 응용으로 최대 전력전달을 이루기 위해 부하 임피던스와 전원 임피던스를 정합시킨다. 이 기술을 **임피던스 정합**이라고 부른다. 음향기기에서 증폭기로부터 스피커로 최대의 전력을 전달하기 위해 권선비를 적절히 선택한 특수한 광대역 변압기가 사용된다. 변압기는 보통 입력과 출력 임피던스가 정합되도록 설계된 것처럼 보이도록 임피던스 정합을 위해 특별하게 설계한다.

이 절의 학습목표

◆ **변압기를 사용한 임피던스 정합에 대해 논의한다.**
  ◆ 최대 전력전달 이론에 대해 논의한다.
  ◆ 임피던스 정합에 대해 정의한다.
  ◆ 임피던스 정합의 목적에 대해 설명한다.
  ◆ 밸런 변압기를 기술한다.

전원저항이 부하저항과 같은 부하에서 전원으로부터 전송된 최대 전력을 최대 전력전달의 정리(6-7절 참조)라고 한다. 교류회로에서 전체 역전류는 임피던스와 전원 및 부하 임피던스가 같을 때 **임피던스 정합**(impedance matching)에 사용되는 것을 보여준다. 이 절에서는 저항을 사용하는 것만 나타낸다.

그림 14-20(a)는 교류전원의 내부 저항을 보여준다. 내부 저항은 모든 전원 안에 본래 고정된 것이고, 내부적인 회로이다. 그림 14-20(b)는 부하가 전원에 접속된 것을 보여주며 그 목적은 전원의 전력을 가능한 한 최대로 부하에 전달하는 것이다.

실제로 대부분의 경우 다양한 형태의 전원에서 내부 저항은 고정되어 있다. 또한 대부분의 경우 부하로서 동작하는 장치의 저항은 고정되어 있고 바뀔 수도 없다. 주어진 전원과 부하를 연결할 필요가 있다면 이 저항들은 정합되어야 함을 상기하자. 이러한 상황에는 특별한 형식의 광대

◀ **그림 14-20**

실제 전압원으로부터 부하로 전력 전달

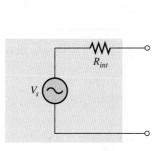

(a) 내부 저항이 R_{int}인 전압원

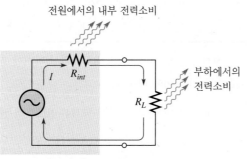

전원에서의 내부 전력소비

(b) 전체 전력 중 일부가 R_{int}

역 변압기가 적합하다. 부하저항이 전원저항과 같은 값으로 보이게 만들기 위해 변압기의 반사 저항 특성을 이용할 수 있으며, 이에 따라 정합을 이룰 수 있다. 이러한 기술을 **임피던스 정합**이라 고 부르며, 이런 변압기를 **임피던스 정합 변압기**라고 한다.

그림 14-21과 같이 임피던스 정합 변압기의 예를 나타내고, 이 예에서 전원저항은 300 Ω 부하 로 운전된다. 이 임피던스 정합 변압기는 전원의 75 Ω과 같이 부하저항도 같게 할 필요가 있고, 따라서 부하에 최대 전력으로 전달된다. 우측 변압기의 선택에서 임피던스에 권선비의 영향이 얼 마나 주는지 알 필요성이 있다. R_L과 R_{pri}를 알 때 권선비 n은 식 (14-8)을 사용하여 구할 수 있다.

$$R_{pri} = \left(\frac{1}{n}\right)^2 R_L$$

▶ **그림 14-21**

최대 전력 전달을 위해 변압기를 사용해 서 부하와 전원을 정합시키는 예

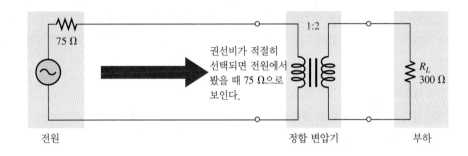

양변을 바꾸고 R_L로 양변을 나누면

$$\left(\frac{1}{n}\right)^2 = \frac{R_{pri}}{R_L}$$

그리고 양변에 제곱근을 취하면

$$\frac{1}{n} = \sqrt{\frac{R_{pri}}{R_L}}$$

양변에 역을 취하면 다음 공식에 의해 권선비를 구할 수 있다.

$$\boldsymbol{n = \sqrt{\frac{R_L}{R_{pri}}}} \tag{14-9}$$

마지막으로 부하측 300 Ω과 전원측 75 Ω을 정합시키기 위한 권선비를 구하면

$$n = \sqrt{\frac{300\ \Omega}{75\ \Omega}} = \sqrt{4} = 2$$

그러므로 이 응용에서는 권선비가 2인 정합 변압기가 사용되어야 한다.

예제 14-9

내부 저항이 800 Ω인 증폭기가 있다. 8.0 Ω의 스피커에 최대 전력을 공급하기 위한 결합 변압기 의 권선비는 얼마가 되어야 하는가?

풀이 반사저항이 800 Ω이어야 한다. 따라서 식 (14-9)로부터 권선비가 결정될 수 있다.

$$n = \sqrt{\frac{R_L}{R_{pri}}} = \sqrt{\frac{8.0\ \Omega}{800\ \Omega}} = \sqrt{0.01} = \textbf{0.1}$$

도형과 등가반사회로를 그림 14-22에 나타냈다.

▶ 그림 14-22

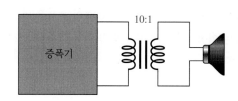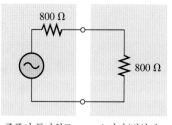

증폭기 등가회로   스피커/변압기 등가회로

관련 문제   병렬로 된 8.0 Ω 스피커 2개에 최대 전력을 공급하기 위해 그림 14-22의 권선비는 얼마가 되어야 하는가?

공학용 계산기 소개의 예제 14-9에 있는 변환 예를 살펴보라.

밸런 변압기   임피던스 정합에 대한 응용으로 높은 주파수 안테나에 사용된다. 임피던스 정합, 많은 송신하는 안테나뿐만 아니라 송신기로부터 불균형 신호를 균형적인 신호 변환할 때에도 사용된다. 이때 **균형적인 신호**는 2개의 동일한 진폭의 신호로 구성되고, 각각의 신호에 대한 180°의 위상차를 가진다. **불균형적인 신호**는 1개이며 접지를 기준으로 한다. 특별한 종류의 변압기라 불리는 **밸런**은 균형과 불균형의 축약적인 말이며, 그림 14-23에서 송신기로부터 불균형적인 신호를 안테나에서 균형적인 신호로 변환하는 것을 보여준다.

송신기는 일반적으로 동축케이블로 밸런에 접속한다. 동축케이블은 기본적으로 실드와 절연된 구간의 도선으로 구성되며, 그림 14-23에서 동축케이블의 실드는 접지로 접속하고 전도성 노이즈를 걸러서 최소로 한다.

동축케이블의 중요한 특성 임피던스는 밸런 변압기에 결합되고, 밸런의 권선비는 동축케이블의 임피던스와 안테나의 임피던스를 정합시킨다. 예를 들어 송신 안테나 임피던스를 300 Ω으로 하고 동축케이블의 임피던스를 75 Ω으로 하면, 밸런은 임피던스를 2의 권선비에 대해 정합할 수 있다. 또한 밸런은 균형적인 신호를 불균형적인 신호로 변환하여 사용할 수 있다.

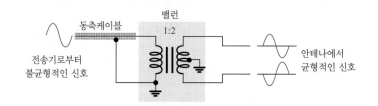

◀ 그림 14-23

불균형적인 신호를 균형적인 신호로 변환하는 밸런 변압기의 설명

14-6절 복습

해답은 이 장의 끝에 있다.

1. 임피던스 정합은 무엇을 의미하는가?
2. 부하저항을 전원의 내부 저항에 정합시키는 것의 장점은 무엇인가?
3. 권선비가 0.5인 변압기가 있다. 2차측의 100 Ω 저항에 대한 반사저항은 얼마인가?
4. 밸런 변압기의 목적은 무엇인가?

14-7 변압기 정격 및 특성

변압기 운전은 이상적인 것으로 다룬다. 그것은 권선 저항, 권선 콘덴서, 비이상적인 코어 특성은 모두 무시되어지고 변압기는 100%의 효율을 가진 것으로 다룬다. 기본개념과 많은 응용의 학습에서는 이상적인 모델이 효과적이다. 그러나 실제 변압기에서 몇몇 비이상적 특성들을 알게 될 것이다.

이 절의 학습목표

◆ **변압기 정격에 대해 설명한다.**
   ◆ 비이상적인 변압기를 설명한다.
   ◆ 변압기의 정격전력에 대해 설명한다.
   ◆ 변압기 효율을 정의한다.

변압기 정격전력

정격전력　변압기는 대표적으로 볼트-암페어(VA), 1차/2차측 전압 및 동작 주파수로 규격이 정해진다. 예를 들어 주어진 변압기의 정격이 2.0 kVA 값은 **피상정격전력**(apparent power rating)이다. 500과 50은 1차 또는 2차측 전압이다. 60 Hz는 동작주파수이다.

변압기의 정격은 주어진 응용에 적합한 변압기를 선택하는 데 도움이 될 수 있다. 예를 들어 50 V가 2차측 전압이라고 가정하자, 이 경우 부하전류는

$$I_L = \frac{P_{sec}}{V_{sec}} = \frac{2.0 \text{ kVA}}{50 \text{ V}} = 40 \text{ A}$$

반면에 500 V가 2차측 전압이라면

$$I_L = \frac{P_{sec}}{V_{sec}} = \frac{2.0 \text{ kVA}}{500 \text{ V}} = 4.0 \text{ A}$$

이는 각 경우에 2차측에서 운용될 수 있는 최대 전류이다.

피상정격전력을 와트(유효전력)보다는 볼트-암페어(VA)로 나타내는 이유는 다음과 같다. 만약에 변압기의 부하가 순용량성 또는 순유도성이라면 부하에 전달되는 유효전력(와트)은 이상적으로 0이다. 그러나 예를 들어 60 Hz에서 V_{sec} = 500 V이고, X_C = 100일 때 전류는 5.0 A이다. 이는 2.0 kVA의 2차측에서 운용될 수 있는 4.0 A의 최댓값을 초과하는 것이며, 비록 유효전력은 0이지만 변압기가 파손될 수 있다. 그러므로 변압기에서 전력을 watt로 규정하는 것은 의미가 없다.

전압과 주파수 정격　피상전력의 전압과 주파수 정격은 대부분 전력 변압기에서 전압과 주파수 정격이 변압기에 정해진다. 전압 정격은 일차 전압이 설계된 것에 포함되고 2차 전압은 2차에 접속된 부하 정격과 1차에 접속된 정격 입력전압에 의해 설계된다. 이것은 주로 회로를 그려서 각 권선에 대한 전압 정격으로 나타낸다. 변압기에서 주파수 정격은 설계되고 사용 조건이 지정된다. 변압기가 틀린 주파수에서 운전된다면 고장이 발생할 수 있으므로 사용주파수를 아는 것은 중요하다. 회로 응용에 대한 전력용 변압기의 설정은 변압기에 대한 최소한의 명세서는 알 필요가 있다.

특징

권선저항 실제의 변압기는 1차 및 2차 권선 모두 권선저항을 가지고 있다(인덕터의 권선저항은 11장 참조). 실제의 변압기는 그림 14-24와 같이 권선저항이 권선과 직렬로 되어 있다.

실제의 변압기에서 권선저항은 2차측 부하 양단의 전압감소를 초래한다. 권선저항에 기인한 전압강하는 실질적으로 1차측과 2차측 전압을 감소하고, 결국 $V_{sec} = nV_{pri}$에 의해 예상되는 전압보다 낮은 부하전압이 발생한다. 대부분의 경우 그 영향은 비교적 작아서 무시할 수 있다.

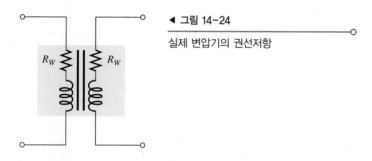

◀ **그림 14-24**

실제 변압기의 권선저항

코어에서의 손실 실제의 변압기에서는 항상 코어 재료에서의 에너지 손실이 약간 있다. 이러한 손실은 페라이트 코어와 철 코어에서 열로 나타나며, 공기 코어에서는 발생하지 않는다. 이 에너지의 일부는 1차측 전류의 방향 변화에 기인하는 자계의 지속적인 반전 현상이 일어나는 중에 소모된다. 이를 히스테리시스 손실이라고 한다. 나머지 손실은 자속의 변화에 의해 패러데이의 법칙에 따라 코어 재료에 유도되는 와전류에 의해 생긴다. 와전류는 코어 저항에 원의 형태로 발생하며, 따라서 에너지 손실을 유발한다. 이는 철 코어의 적층 구조를 사용하여 상당히 줄일 수 있다. 얇은 강자성체층을 서로 절연시켜 좁은 영역으로 제한시킴으로써 와전류의 형성을 최소화하고, 코어에서의 손상을 최소로 유지한다.

누설자속 이상적인 변압기에서 1차측 전류에 의해 발생되는 모든 자속은 코어를 통해 2차 권선으로 가고, 그 반대로도 마찬가지이다. 실제의 변압기에서는 그림 14-25와 같이 1차측 전류에 의해 발생된 자속의 일부가 코어에서 빠져나와 주변의 공기를 통해 권선의 다른 쪽 끝으로 되돌아간다. 누설자속은 결과적으로 2차측 전압을 감소한다.

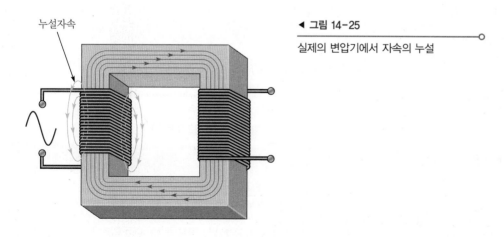

누설자속

◀ **그림 14-25**

실제의 변압기에서 자속의 누설

2차 권선에 실제로 도달하는 자속의 비율이 변압기의 결합계수를 결정한다. 예를 들어 10개의 자속선 중 9개가 코어에 남아 있으면 결합계수는 0.90 또는 90%이다. 대부분의 철 코어 변압기는 매우 높은 결합계수(0.99 이상)를 가지며, 반면에 페라이트 코어나 공심 변압기는 낮은 값을

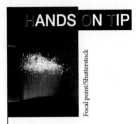

HANDS ON TIP

표시가 안 된 미지의 소형 변압기가 있다면 비교적 낮은 전압을 갖는 신호 발생기를 사용하여 전압비와 함께 입력(1차)과 출력(2차) 사이의 권선비를 확인할 수 있다. 이 방법은 교류 120 V를 사용하는 것보다 더 안전하다. 전형적으로 1차 권선은 흑색, 2차측의 낮은 전압은 녹색, 2차측의 높은 전압은 붉은색으로 되어 있다. 줄무늬가 있는 도선은 보통 중간 탭을 가리킨다. 그러나 모든 변압기가 색깔이 있는 도선으로 되어 있지 않으며, 도선이 항상 표준 색깔로 되어 있지는 않다.

갖는다.

권선용량 11장에서 배운 바와 같이 인접한 권선들 사이에는 표류용량이 존재한다. 그림 14-26에 보인 바와 같이 이들 표류용량은 각 권선과 병렬로 된 변압기에서의 실효용량이 된다.

▶ 그림 14-26
실제의 변압기에서 권선용량

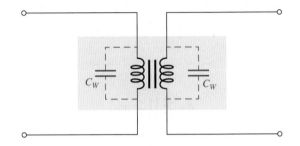

표류용량은 낮은 주파수에서 리액턴스(X_C)가 매우 크기 때문에 변압기의 동작에 미치는 영향은 매우 작다. 그러나 높은 주파수에서는 리액턴스가 감소하고, 1차 권선과 2차측 부하를 가로지르는 바이패스 효과를 만든다. 그 결과 매우 적은 양의 1차측 전류가 1차 권선을 통해 흐르며, 매우 적은 양의 2차측 전류가 부하를 통해 흐른다. 이러한 효과는 주파수가 증가함에 따라 부하전압을 감소하게 한다.

변압기 효율 이상적인 변압기에서 2차측 전력은 1차측 전력과 같음을 상기하자. 그러나 변압기에서는 앞에서 설명한 비이상적 특성들이 전력손실을 유발하기 때문에, 2차측(출력) 전력은 항상 1차측(입력) 전력보다 작다. 변압기의 효율(η)은 출력에 전달되는 입력의 비율이다.

$$\eta = \left(\frac{P_{out}}{P_{in}}\right)100\% \tag{14-10}$$

대부분의 전력 변압기의 효율은 95%를 초과한다.

| 예제 14-10 | 어떤 변압기의 1차측 전류가 5.0 A, 1차측 전압이 4800 V이며, 2차측 전류는 95 A, 2차측 전압은 240 V이다. 변압기의 효율을 구하라. |

풀이 입력전력은

$$P_{in} = V_{pri}I_{pri} = (4800\ \text{V})(5.0\ \text{A}) = 24\ \text{kVA}$$

출력전력은

$$P_{out} = V_{sec}I_{sec} = (240\ \text{V})(95\ \text{A}) = 22.8\ \text{kVA}$$

효율은

$$\eta = \left(\frac{P_{out}}{P_{in}}\right)100\% = \left(\frac{22.8\ \text{kVA}}{24\ \text{kVA}}\right)100\% = \mathbf{95\%}$$

관련 문제 변압기의 1차측 전압과 전류가 각각 440 V, 9.0 A이다. 2차측 전류가 30 A, 2차측 전압이 120 V라면 효율은 얼마인가?

공학용 계산기 소개의 예제 14-10에 있는 변환 예를 살펴보라.

14-8 탭, 다중권선, 펄스 변압기

기본 변압기에서 몇 가지의 중요한 형태의 변화가 있을 수 있다. 탭 변압기, 다중권선 변압기, 단권 변압기 등이 이에 포함된다. 삼상 변압기와 다중권선 변압기는 이 절에서 다루어진다.

이 절의 학습목표

◆ **몇 가지 종류의 변압기에 대해 설명한다.**
 ◆ 중간 탭 변압기를 설명한다.
 ◆ 다중권선 변압기를 설명한다.
 ◆ 단권 변압기를 설명한다.
 ◆ 3상 변압기의 결선방법에 대해 설명한다.
 ◆ 펄스 변압기의 특성을 논의한다.

탭 변압기

2차측에 중간 탭이 있는 변압기를 그림 14-27(a)에 나타냈다. 중간 탭(center tap, CT)을 중심으로 2개의 2차 권선 양단의 전압은 총 전압의 1/2로서 같다.

그림 14-27(b)와 같이 임의의 순간에 중간 탭과 2차 권선의 양쪽 사이의 전압 크기는 같고 극성은 반대이다. 예를 들어 어떤 순간에 정현파 전압은 2차 권선 양단에서 극성이 위쪽은 +, 아래쪽은 −이다. 중간 탭에서 전압은 위쪽 끝단의 전압보다 작은 양의 값을 나타내지만, 아래쪽 끝단의 전압보다는 더 큰 양의 값을 나타낸다. 그러므로 중간 탭에 대한 전압을 측정하면 2차측의 위쪽 끝단은 +, 아래쪽 끝단은 −가 된다. 이 중간 탭 특성은 그림 14-28과 같이 교류전압을 직류로 변환시키는 전원정류회로에, 임피던스 정합 변압기에 사용된다.

어떤 탭 변압기는 2차 권선의 전기적 중심에서 벗어난 곳에 탭이 설치되어 있다. 또한 1차 또는 2차 측에 다중 탭이 있는 변압기가 사용되기도 한다. 이런 종류의 변압기에 대한 예를 그림 14-29에 나타냈다.

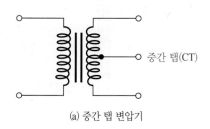

(a) 중간 탭 변압기

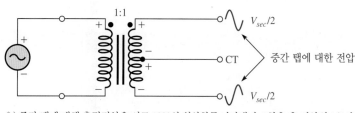

(b) 중간 탭에 대해 출력전압은 서로 180°의 위상차를 나타내며, 2차측 총 전압의 1/2이 된다.

▲ 그림 14-27

중간 탭 변압기의 동작

▶ 그림 14-28

교류-직류 변환에 중간 탭 변압기의 응용

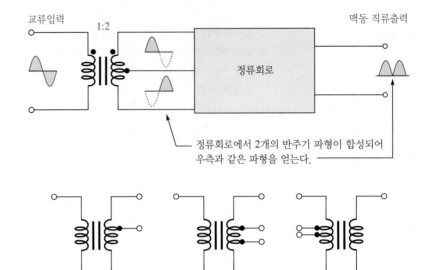

▶ 그림 14-29

탭 변압기

공공사업의 회사들은 많은 탭 변압기를 분배시스템에서 사용한다. 일반적으로 전력은 3상 전력으로 발생 및 전송된다. 임의의 목적에서 3상 전력은 주거에 사용하기 위해 단상 전력으로 변환된다. 예로 실용적인 주상 변압기에서 그림 14-30에 높은 전압과 3상 위상전력은 단상 전력(3상의 탭 조정에 의함)으로 변환됨을 보여준다. 여전히 주거용 고객에 대해 120 V/240 V로 변환이 필요하게 되어 단상 탭 변압기가 사용된다. 1차의 탭이 선택되는 것으로 충당하고 회사는 고객에게 전송되는 전압을 최소 조정을 할 수 있다. 2차의 중간 탭은 중성선(일반적으로 비절연됨)이다.

다중권선 변압기

어떤 변압기는 교류 120 V 또는 240 V에서 동작하도록 설계되어 있다. 그림 14-31(a)와 같이

▶ 그림 14-30

대표적인 전력분배 시스템에서 전신주의 변압기

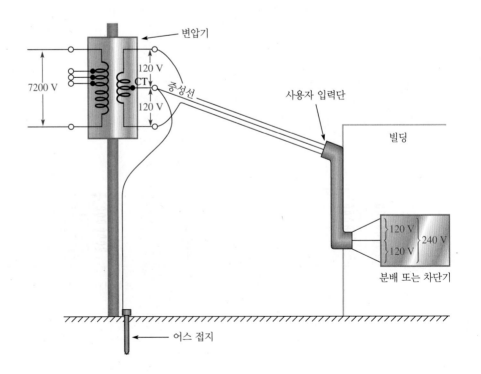

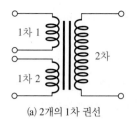

(a) 2개의 1차 권선

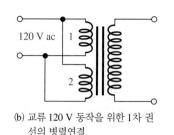

(b) 교류 120 V 동작을 위한 1차 권선의 병렬연결

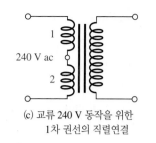

(c) 교류 240 V 동작을 위한 1차 권선의 직렬연결

◀ 그림 14-31

다중 1차 변압기

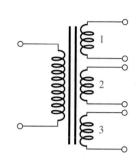

▲ 그림 14-32

다중 2차 변압기

이들 변압기는 보통 교류 120 V용으로 설계된 2개의 1차 권선을 가지고 있다. 그림 14-31(b)와 같이 2개의 권선이 병렬로 연결되면 교류 120 V에서 동작하는 변압기로 사용될 수 있다. 그림 14-31(c)와 같이 2개의 권선이 직렬로 연결되면 교류 240 V에서 동작하는 변압기로 사용될 수 있다.

1개 이상의 2차 권선이 공통 코어에 감길 수 있다. 1차측 전압을 각각 승압 또는 강압시켜 여러 가지 값의 전압을 얻기 위해 몇 개의 2차 권선을 갖는 변압기가 자주 사용된다. 이들 종류는 전자 장치의 동작에 필요한 여러 값의 전압을 제공하는 전원 장치 응용에 보통 사용된다.

다중 2차 권선을 가진 변압기의 대표적인 형태를 그림 14-32에 나타냈다. 이 변압기는 3개의 2차 권선을 가지고 있다. 때때로 다중 1차 권선, 다중 2차 권선, 탭 변압기가 하나의 장치에 모두 결합된 변압기를 볼 수 있을 것이다.

예제 14-11

그림 14-33의 변압기는 그림과 같이 1차측에 대한 2차측의 권선비를 가진다. 2차 권선 중 하나는 중간 탭을 가지고 있다. 1차 권선에 교류 120 V가 연결되었다고 할 때, 각각의 2차측 전압과 가운데 있는 2차 권선의 중간 탭에 대한 전압을 구하라.

▶ 그림 14-33

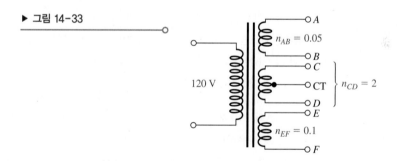

풀이

$$V_{AB} = n_{AB}V_{pri} = (0.05)\,120\,\text{V} = \textbf{6.0 V}$$

$$V_{CD} = n_{CD}V_{pri} = (2)\,120\,\text{V} = \textbf{240 V}$$

$$V_{(CT)C} = V_{(CT)D} = \frac{240\,\text{V}}{2} = \textbf{120 V}$$

$$V_{EF} = n_{EF}V_{pri} = (0.1)\,120\,\text{V} = \textbf{12 V}$$

관련 문제 1차 권선이 1/2로 되었다고 할 때 위의 계산을 반복하라.

공학용 계산기 소개의 예제 14-11에 있는 변환 예를 살펴보라.

단권 변압기

단권 변압기의 응용은 산업용의 인덕션 모터와 송전선 전압을 조정하는 것으로 다루어진다. **단**

권 변압기에서는 1개의 권선이 1차측과 2차측 권선 모두에 제공된다. 전압을 승압 또는 강압시키기 위해 권선의 적당한 지점에 탭이 설치되어 있다.

단권 변압기는 1차측과 2차측의 모두 하나의 권선상에 있는 다른 형태의 변압기이므로, 1차측과 2차측 회로 사이에 전기적인 분리가 되어 있지 않다는 것이 일반 변압기와 다른 점이다. 일반적으로 단권 변압기는 주어진 부하에 대해 훨씬 낮은 kVA 정격을 가지기 때문에 동급의 통상적인 변압기에 비하여 더 작고 가볍다. 많은 단권 변압기가 가동접점 구조를 사용하여 조정이 가능한 탭을 가지고 있어서 출력전압을 변화시킬 수 있다(이를 흔히 **전압조정기**라고 부른다). 그림 14-34는 여러 형태의 단권 변압기에 대한 도식적 기호를 나타낸 것이다.

▶ 그림 14-34

가변 단권 변압기

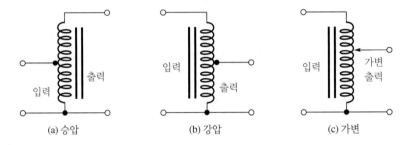

(a) 승압 (b) 강압 (c) 가변

3상 변압기

3상 전력은 발전기와 전동기의 관계에 대해 8장에서 다루었다. 3상 변압기는 전력 분배시스템에 폭넓게 사용된다. 3상은 전력발생, 송전, 사용에 있어서 가장 일반적인 방식이며 가정용에는 사용되지 않는다.

3상 변압기 1차와 2차 결선에서 3개의 배치로 이루어진다. 각 배치에서 철 코어 조립에서 1개의 자로(통로)에 각각 1개씩 사용된다. 즉 그림 14-35에서처럼 기본적으로 3개의 단상 변압기들로 나누어지며 공통된 코어를 사용한다. 이것은 3개의 단상 변압기를 접속하면 같은 결과로 사용된다. 3상 변압기에서 동일한 결선방법으로 1차와 2차를 접속하면 각각 두 가지 방법이 있다. 그림 14-36에서와 같이 Δ(델타)와 Y(와이) 결선방법이다.

3상 변압기에서 Δ(델타)와 Y(와이) 배치의 가능한 조합은 다음과 같다.

1. Δ와 Y: 1차 결선은 Δ이고 2차 결선은 Y이다. 가장 일반화된 방식으로 공업용과 산업용으로 사용한다.
2. Δ와 Δ: 1차와 2차 결선은 Δ 방식이다. 산업 응용에 사용된다.
3. Y와 Δ: 1차는 Y 결선이고 2차는 Δ 결선으로 한다. 높은 전압 전송에 사용된다.
4. Y와 Y: 1차와 2차 결선 Y 방식이다. 높은 전압과 낮은 피상전력의 이용에 사용된다.

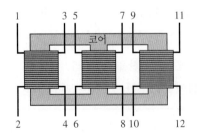

▲ 그림 14-35

3상 변압기

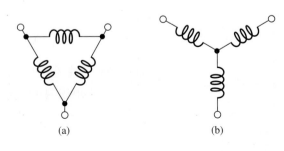

(a) (b)

▲ 그림 14-36

Δ 및 Y 변압기 결선

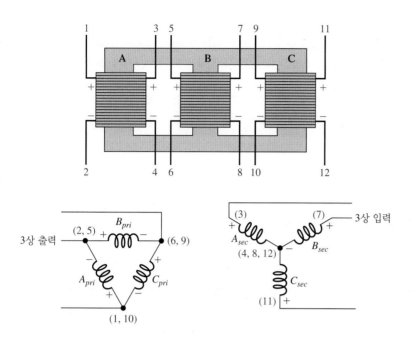

Δ-Y 변압기에 대한 접속. 1차 결선은 A_{pri}, B_{pri}, C_{pri}에 설계된다. 2차 결선은 A_{sec}, B_{sec}, C_{sec}로 설계된다. 괄호 안의 수는 변압기 선의 번호이다.

그림 14-37은 Δ와 Y 접속을 나타내며, 변압기를 접속할 때 결선 위상을 지켜야 한다. Δ결선의 결선에서 +와 -를 해야 한다. Y 결선에서는 중심점에 같은 -로 접속해야 한다.

Y의 배치에서 만들어진 중심점은 중성선으로 적용되며, Δ배치에서는 중성선을 가지지 않는다. 3상 전송선 전압을 단상 주택용 전력으로 바뀌는 특수한 경우는 제외되며, 그림 14-38에서 Y-Δ 변압기에 대해 중간 탭 Δ 배치로 사용된다. 이 배치는 4선 Δ 방식으로 이용되며, 단상으로 이용할 수 없는 경우에 사용한다.

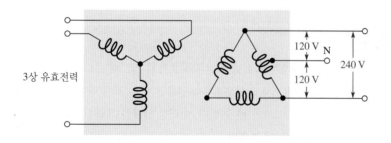

Y-Δ 탭 변압기는 3상 전압을 가정용 단상 전압으로 사용할 수 있다.

펄스 변압기

대부분의 변압기는 정현파 전압으로 동작하도록 설계한다. 이름에서 알 수 있듯이 펄스 변압기는 신호 전이 사이에 매우 빠른 상승 및 하강 시간과 상당히 일정한 전압 레벨을 갖는 신호를 전달하도록 최적화되어 있다. 양전압과 음전압을 번갈아 가며 교류신호를 연결할 수 있는 다른 변압기와 달리 펄스 변압기는 단극성으로 전압의 극성이 0일 수 있음에도 불구하고 교류하지 않는다는 것을 의미한다. 저전력 펄스 변압기는 IC 패키지에 통합될 수 있다. 저전력 펄스 변압기의 대표적인 응용 분야는 디지털시스템에서 디지털 논리 및 통신신호를 전기적으로 고립시키거나 디지털 드라이버와 전송선 사이의 임피던스 정합을 제공하는 것이다. 또한 전력회사에서 저전력 반도체로부터 저전압 제어회로를 고립시키는 것에 사용한다. 고전력 펄스 변압기는 전력공급 장치를 스위칭하고 레이더 및 기타 송신기에 사용되는 마그네트론 및 클라이스트론과 같은 마이크로파 장치의 전압 변환에도 사용할 수 있다.

14-8절 복습	1. 어떤 변압기가 2개의 권선을 갖고 있다. 1차 권선에 대한 첫 번째 2차 권선의 권선비는 10 V이다. 1차 권선에 대한 다른 하나의 2차 권선의 권선비는 0.2이다. 만일 교류 240 V가 1차 권선에 공급된다면 2차측 전압은 얼마인가?
해답은 이 장이 끝에 있다.	2. 통상적인 변압기에 대한 단권 변압기의 장점 한 가지와 단점 한 가지를 들어라.
	3. 3상 변압기에 대해 가장 일반적인 배치방법은?

14-9 고장진단

변압기는 규정된 범위 내에서 동작할 때에는 매우 간단하고 신뢰성 있는 장치이다. 변압기에서 일반적인 고장은 1차 권선이나 2차 권선의 개방이다. 개방의 한 원인은 이들의 정격을 초과하는 조건하에서 장치를 동작시키기 때문이다. 권선의 단락 또는 부분적인 단락도 가능하지만 이런 경우는 매우 드물다. 이 절에서는 변압기의 고장과 이와 관련된 형태를 다룬다.

이 절의 학습목표

◆ **변압기를 고장진단한다.**

◆ 1차 또는 2차 권선의 개방 여부를 찾는다.

◆ 1차 또는 2차 권선의 단락 또는 부분 단락 여부를 찾는다.

1차 권선의 개방

1차 권선이 개방되어 있으면 1차측에 전류가 흐르지 않으므로, 2차측에 유도되는 전압이나 전류는 없다.

2차 권선의 개방

2차 권선이 개방되어 있으면 2차측 회로에 전류가 흐르지 않으며, 그 결과 부하 양단의 전압이 나타나지 않는다. 또한 개방된 2차 권선은 1차측 전류를 매우 작게 만든다(단지 작은 자화 전류만 흐른다). 1차측 전류는 실제로 0이 될 수 있다. 이러한 상태를 그림 14-39(a)에 나타냈고, 저항계에 의한 검사를 그림 14-39(b)에 보였다.

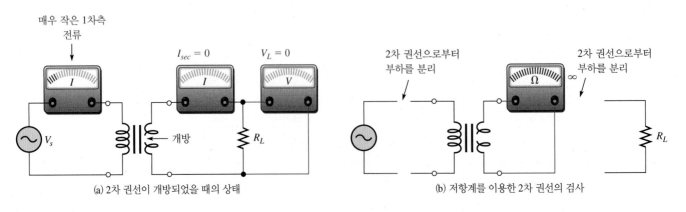

(a) 2차 권선이 개방되었을 때의 상태   (b) 저항계를 이용한 2차 권선의 검사

▲ 그림 14-39

개방된 2차 권선

권선의 단락 또는 부분적인 단락

단락 권선은 매우 드물며, 만약 발생한 경우 육안으로 표시되거나 많은 수의 권선이 단락되지 않는 한 찾기가 어렵다. 완전히 단락된 1차 권선은 공급원으로부터 과도한 전류를 끌어 들이고, 1차 회로에 차단기나 퓨즈가 없는 한 공급원, 변압기 또는 양쪽이 모두 소실된다. 1차 권선의 부분적인 단락은 정상 전류보다 높거나 심지어 과도한 1차 전류를 유발할 수 있다.

완전히 단락되거나 부분적으로 단락된 2차 권선의 경우, 단락으로 인한 낮은 반사저항 때문에 과도한 1차 전류가 존재한다. 종종 이러한 과도한 전류는 1차 권선을 소실시키고 개방회로로 이어지게 된다. 2차 권선의 단락 전류는 부하전류를 0(전체 단락) 또는 정상(부분 단락)보다 작다. 단락되거나 부분적으로 단락된 권선은 일반적으로 권선 저항이 양호한 변압기 또는 데이터시트 사양과의 비교를 통해 알 수 있다.

14-9절 복습 해답은 이 장의 끝에 있다.	1. 변압기에서 발생 가능한 두 가지 고장을 들어라. 2. 변압기 고장의 주요 원인은 무엇인가?

응용과제

변압기의 일반적인 응용으로 직류전원공급장치가 있다. 변압기는 직류전압으로 변환시키는 전원공급회로에 교류선 전압을 결합시키는 데 사용된다. 과제는 동일한 4개의 변압기 결합 직류전원공급장치에 대한 고장진단이며, 각각에 대한 일련의 측정을 근거로 하여 문제점으로 결정하는 것이다.

그림 14-40의 전원공급장치에서 변압기(T_1)는 교류 120 V rms를 10 V rms 수준으로 낮추며 다이오드 브리지 정류기, 필터, 전압 조정기 등에 의해 변환되어 6.0 V의 직류출력전압을 얻게 된다. 다이오드 정류기는 교류를 규칙적으로 맥동하는 전파 직류전압으로 바꾸는데, 이는 커패시터 필터 C_1에 의해 부가적인 여파 과정이 이루어진다. 전압 조정기는 과부하값과 선로전압의 변화에서 필터링된 전압과 공급된 일정한 6.0 V 직류전압을 제공하는 회로이다. 추가적인 필터링은 콘덴서 C_2에 의해 제공된다. 15장에서 이들 회로에 대해 배울 것이다. 그림 14-40에서 번호는 전원공급장치상에서 측정지점을 나타낸 것이다.

1단계: 전원공급장치 익히기

고장진단을 위해 그림 14-41과 같이 동일한 전원공급장치 4개를 준비한다. 전력선과 변압기(T_1)의 1차 권선 사이에 퓨즈가 있다. 2차 권선은 정류기, 필터, 전압 조정기가 포함된 회로에 연결된다. 측정지점은 번호로 나타냈다.

2단계: 전원공급장치 1에서 전압 측정

전원공급장치를 외부 전원에 연결한 후, 자동범위 측정기인 휴대용 멀티미터로 전압을 측정한다. 자동범위 측정기에서는 표준 멀티미터처럼 수동으로 측정범위를 선택하는 대신 적절한 측정범위가 자동으로 선택된다.

그림 14-42의 계기 측정값으로부터 전원공급장치의 적절한 동

▶ 그림 14-40

기본적인 변압기결합 직류전원공급장치

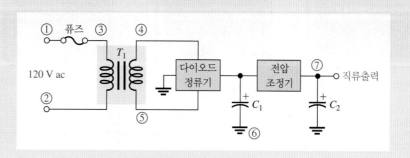

작 여부를 결정하라. 만약 아니라면 다음 중 하나에서 문제를 찾아내라. 징류기, 필터, 진압조정기를 포힘하는 회로, 변압기, 퓨즈 또는 전원. 계기 입력단의 번호는 그림 14-41의 전원공급장치에 나타낸 번호와 일치한다.

3단계: 전원공급장치 2, 3, 4에서 전압 측정

그림 14-43의 장치 2, 3, 4에 대한 계기 측정값으로부터 전원공급 장치의 적절한 동작 여부를 결정하라. 만약 아니라면, 다음 중 하

나로부터 문제를 찾아내라. 정류기, 필터, 전압 조정기를 포함하는 회로, 변압기, 퓨즈 또는 전원. 계기의 표시 상대와 이에 일치하는 측정 지점만 나타냈다.

응용과제 복습

1. 변압기의 고장이 발견된 경우 특정 부분에 대한 고장 여부를 어떻게 결정할 수 있는가? (권선의 개방 또는 단락)
2. 변압기에서 퓨즈의 소실은 어떤 종류의 고장에 기인하는가?

◀ 그림 14-41

전원공급장치(위에서 본 모양)

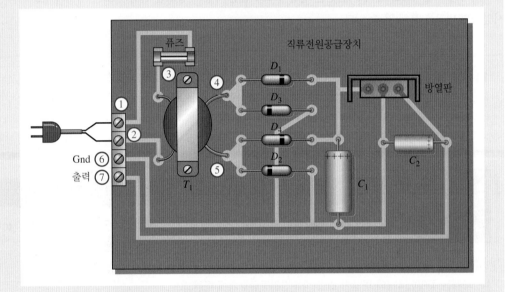

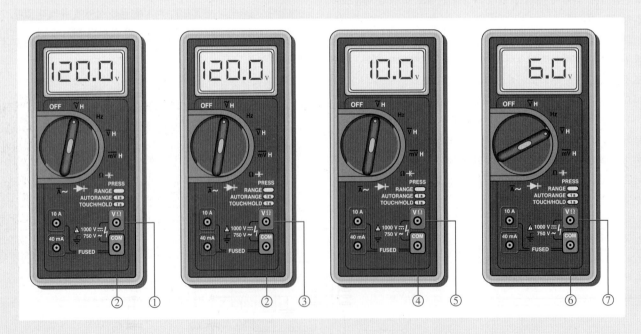

▲ 그림 14-42

전원공급장치 1에서 전압 측정

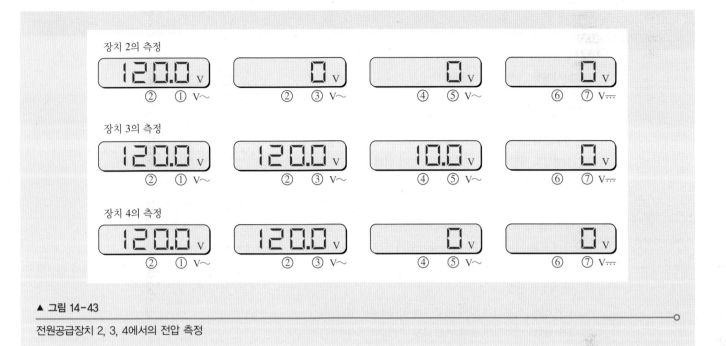

▲ 그림 14-43

전원공급장치 2, 3, 4에서의 전압 측정

요약

- 변압기는 일반적으로 공통 코어에 자기적으로 결합된 2개 이상의 코일로 구성된다.
- 자기적으로 결합된 2개의 코일 사이에는 상호인덕턴스가 존재한다.
- 전류가 한쪽 코일에서 변하면 다른 코일에 전압이 유도된다.
- 1차측은 전원과 연결된 권선이고, 2차측은 부하와 연결된 권선이다.
- 1차 권선의 권선 수와 2차 권선의 권선 수로 권선비를 결정한다.
- 1차측과 2차측 전압의 상대적인 극성은 코어 둘레에 감긴 권선의 방향에 의해 결정된다.
- 승압 변압기의 권선비는 1보다 크다.
- 강압 변압기의 권선비는 1보다 작다.
- 변압기는 전력을 증가할 수 없다.
- 이상적인 변압기에서 전원으로부터의 전력(입력)은 부하에 전달되는 전력(출력)과 같다.
- 전압이 증가하면 전류는 감소하고, 그 반대의 경우도 성립한다.
- 변압기의 2차 권선 양단에 연결된 부하는 권선 수의 제곱에 반비례하는 값을 갖는 반사된 부하처럼 전원에서 보인다.
- 임피턴스 정합 변압기는 적당한 권선비를 선택하여 부하에 최대 전력을 전달할 수 있도록 부하저항을 내부 전원저항에 정합할 수 있다.
- 밸런은 불균형적인 신호를 균형적인 신호로 변화하여 사용하는 변압기이고, 그 반대의 경우도 성립한다.
- 변압기는 직류에는 응답하지 않는다.
- 실제의 변압기에서 에너지 손실을 권선저항, 코어에서의 히스테리시스 손실, 코어에서의 와전류, 누설자속에 의해 발생한다.
- 3상 변압기는 전력 분배 응용에 사용된다.

핵심용어

권선비(*n*) 1차 권선 수에 대한 2차 권선 수의 비

반사저항 1차 회로로 반사되는 2차 회로의 저항

변압기 2개 이상의 권선으로 자기적으로 서로 연결되어 구성되었으며 하나의 권선으로부터 다른 권선으로 전자기적으로 전력 전송을 제공하는 장치

상호인덕턴스(L_M) 변압기와 같은 2개의 분리된 코일 사이의 인덕턴스

임피던스 정합 최대 전력을 전송하기 위해 전원 임피던스에 부하 임피던스를 정합시키기 위한 기술

자기적 결합량 1차 코일의 자속선이 2차 코일과 분리되도록 하는 두 코일 사이의 자기적인 연결

전기적 절연 두 회로에서의 조건은 각각의 회로에 대한 공통적인 전도성이 없을 때의 조건

중간 탭 2개의 코일이 자기적으로 연결되었으나 이들 사이에 전기적인 연결 없이 존재하는 조건

코어 포화 유도된 외부 자기장이 인덕터 또는 변압기 코어의 자속을 증가시킬 수 없는 조건

피상정격전력 변압기의 전력 전송 능력의 정도를 나타내는 양으로 볼트–암페어(VA)로 표시됨. 변압기에서 권선의 중앙 지점을 연결

1차 권선 변압기의 입력 권선. 1차측이라고도 함

2차 권선 변압기의 출력 권선. 2차 측이라고도 함

수식

14–1	$L_M = k\sqrt{L_1 L_2}$	상호인덕턴스
14–2	$k = \dfrac{\phi_{1\text{-}2}}{\phi_1}$	결합계수
14–3	$n = \dfrac{N_{sec}}{N_{pri}}$	권선비
14–4	$\dfrac{V_{sec}}{V_{pri}} = \dfrac{N_{sec}}{N_{pri}}$	전압비
14–5	$V_{sec} = n V_{pri}$	2차측 전압
14–6	$\dfrac{I_{pri}}{I_{sec}} = n$	전류비
14–7	$I_{sec} = \left(\dfrac{1}{n}\right) I_{pri}$	2차측 전류
14–8	$R_{pri} = \left(\dfrac{1}{n}\right)^2 R_L$	반사저항
14–9	$n = \sqrt{\dfrac{R_L}{R_{pri}}}$	임피던스 정합에 대한 권선비
14–10	$\eta = \left(\dfrac{P_{out}}{p_{in}}\right) 100\%$	변압기 효율

참/거짓 퀴즈

해답은 이 장의 끝에 있다.

1. 이상적인 변압기는 1차 결선에 의해 부하로 같은 전력을 공급한다.
2. 변압기의 회로 기호에서 점은 입력과 출력의 위상 관계를 나타낸다.

3. 강압 변압기는 권선 수가 1차 권선이 2차 권선보다 많다.

4. 변압기의 1차 전류는 항상 2차 전류보다 크다.

5. 변압기가 무부하일 때 역률은 1이다.

6. 임피던스 정합 변압기는 전원에서 부하로 흐르는 전압이 큰 것을 허용한다.

7. 반사된 저항은 권선저항과 같다.

8. 밸런은 임피던스 정합 변압기 형식이다.

9. 전력 변압기는 전형적으로 W보다 VA로 평가한다.

10. 변압기 효율은 입력전압을 출력전압으로 나누는 비율이다.

자습 문제   해답은 이 장의 끝에 있다.

1. 변압기는 다음에 사용된다.

   (a) 직류전압   (b) 교류전압   (c) 직류와 교류전압

2. 다음 중 변압기의 권선비에 의해 영향을 받는 것은?

   (a) 1차측 전압   (b) 직류전압   (c) 2차측 전압   (d) 이 중에 답 없음

3. 만일 권선비가 1인 변압기의 권선이 코어 주위에 반대 방향으로 감겨 있다면 2차측 전압은?

   (a) 1차측 전압과 동위상   (b) 1차측 전압보다 작다

   (c) 1차측 전압보다 크다   (d) 1차측 전압과 역위상

4. 변압기의 권선비가 10이고, 1차측 교류전압이 6.0 V일 때 2차측 전압은?

   (a) 60 V   (b) 0.6 V   (c) 6.0 V   (d) 36 V

5. 변압기의 권선비가 0.5이고, 1차측 교류전압이 100 V일 때 2차측 전압은?

   (a) 200 V   (b) 50 V   (c) 10 V   (d) 100 V

6. 어떤 변압기의 1차측 권선 수가 500회이고, 2차측이 2500회이다. 권선비는?

   (a) 0.2   (b) 2.5   (c) 5.0   (d) 0.5

7. 권선비가 5인 이상적인 변압기의 1차 권선에 10 W의 전력이 공급된다면, 2차측 부하에 전달되는 전력은?

   (a) 50 W   (b) 0.5 W   (c) 0 W   (d) 10 W

8. 부하가 연결된 어떤 변압기에서 2차측 전압이 1차측의 1/3이다. 2차측 전류는?

   (a) 1차측 전류의 1/3   (b) 1차측 전류의 3배

   (c) 1차측 전류와 같다   (d) 1차측 전류보다 작다

9. 권선비가 2인 변압기의 2차 권선에 1.0 kΩ의 부하저항이 연결되어 있을 때 전원에서 바라본 반사저항은?

   (a) 250 Ω   (b) 2.0 kΩ   (c) 4.0 kΩ   (d) 1.0 kΩ

10. 9번 문제에서 권선비가 0.5이면, 전원에서 바라본 반사저항은?

    (a) 1.0 kΩ   (b) 2.0 kΩ   (c) 4.0 k   (d) 500 Ω

11. 50 Ω 전원을 200 Ω 부하에 정합하는 데 필요한 권선비는?

    (a) 0.25   (b) 0.5   (c) 4.0   (d) 2.0

12. 전원으로부터 부하에 최대 전력이 전달되는 것은?

    (a) $R_L > R_{int}$ (b) $R_L < R_{int}$ (c) $R_L = R_{int}$ (d) $R_L = nR_{int}$

13. 12 V 전지가 권선비 4인 변압기의 1차 권선 양단에 연결되어 있을 때, 2차측 전압은?

    (a) 0 V   (b) 12 V   (c) 48 V   (d) 3.0 V

14. 어떤 변압기의 권선비가 1이고, 결합계수는 0.95이다. 1차측에 교류 1.0 V가 공급될 때, 2차측 전압은?

    (a) 1.0 V   (b) 1.95 V   (c) 0.95 V

연습 문제

홀수 번호 연습 문제의 해답은 이 책의 끝에 있다.

기초 문제

14-1 상호인덕턴스

1. $k = 0.75$, $L_1 = 1.0 \, \mu H$, $L_2 = 4.0 \, \mu H$일 때 상호인덕턴스는?

2. $L_M = 1.0 \, \mu H$, $L_1 = 8.0 \, \mu H$, $L_2 = 2.0 \, \mu H$일 때 결합계수를 구하라.

14-2 기본적인 변압기

3. 1차 권선이 120회, 2차 권선이 360회인 변압기의 권선비는?

4. (a) 1차 권선이 250회, 2차 권선이 1000회인 변압기의 권선비는?

　(b) 1차 권선이 400회, 2차 권선이 100회인 변압기의 권선비는?

5. 그림 14-44의 각 변압기에서 1차측 전압에 대한 2차측 전압의 위상을 구하라.

▶ 그림 14-44

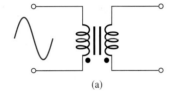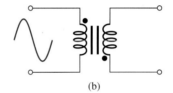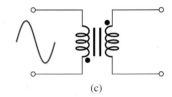

(a)　　　　　　　　　(b)　　　　　　　　　(c)

14-3 승압 및 강압 변압기

6. 권선비가 1.5인 변압기의 1차측에 교류 120 V가 연결되어 있을 때 2차측 전압은?

7. 어떤 변압기의 1차 권선의 권선 수가 250회이다. 2배의 전압을 얻으려면 2차 권선의 권선 수는 얼마이어야 하는가?

8. 권선비가 10인 변압기에서 교류 60 V의 2차측 전압을 얻기 위해 1차측에 공급되어야 하는 전압은?

9. 그림 14-45의 각 변압기에 대해 1차측 전압에 대한 2차측 전압을 그려라. 또한 진폭을 나타내라.

▶ 그림 14-45

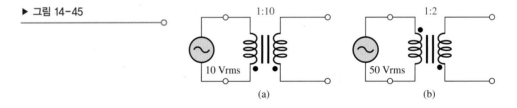

(a)　　　　　　　　　　　　　(b)

10. 120 V를 30 V로 낮추기 위해 필요한 권선비는?

11. 변압기의 1차 권선 양단의 전압이 1200 V이다. 권선비가 0.2일 때 2차측 전압은?

12. 권선비가 0.1인 변압기에서 교류 6.0 V의 2차측 전압을 얻기 위해 1차측에 공급되어야 하는 전압은?

13. 그림 14-46의 각 회로의 부하 양단의 전압은?

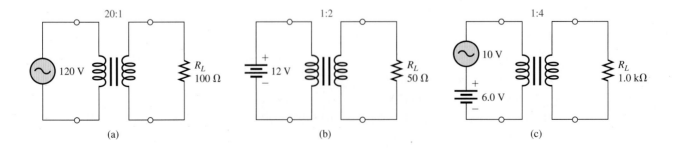

(a)　　　　　　　　　　　　(b)　　　　　　　　　　　　(c)

▲ 그림 14-46

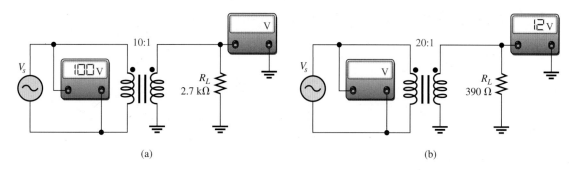

▲ 그림 14-47

14. 그림 14-46에서 각 2차 권선의 아래쪽이 접지되어 있다면 부하전압의 값은 변하는가?

15. 그림 14-47에서 규정되지 않은 계기값을 구하라.

16. 그림 14-47(a)에서 R_L이 두 배로 되었다면, 2차 계측기 측정값은?

14-4 2차에 부하의 연결

17. 그림 14-48에서 I_{sec}를 구하라.

18. 그림 14-49에서 다음을 구하라.

　　(a) 2차측 전압　　(b) 2차측 전류　　　　　(c) 1차측 전류　　　(d) 부하에서의 전력

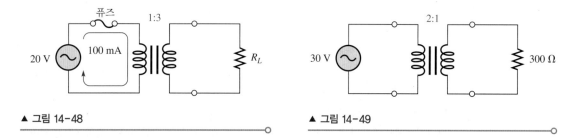

▲ 그림 14-48　　　　　　　　　　　　　　　　　　▲ 그림 14-49

14-5 부하의 반사

19. 그림 14-50에서 전원에서 보이는 부하저항은?

20. 그림 14-51에서 1차측 회로로 반사되는 저항은?

21. 그림 14-51에서 전원 전압의 실횻값이 120 V일 때 1차측 전류(실횻값)는?

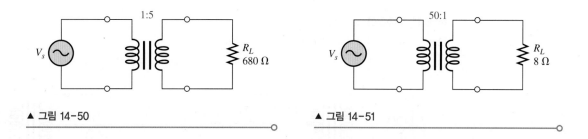

▲ 그림 14-50　　　　　　　　　　　　　　　　　　▲ 그림 14-51

22. 그림 14-52에서 1차측 회로로 300 Ω을 반사하기 위한 권선비는?

▶ 그림 14-52

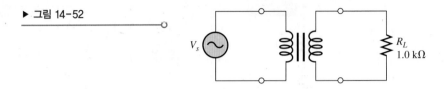

14-6 임피던스 정합

23. 그림 14-53에서 4.0 Ω 스피커에 최대 전력을 전달하기 위한 권선비는?

24. 그림 14-53에서 스피커에 전달되는 최대 전력은 몇 W인가?

25. 그림 14-54에서 최대 전력 전달을 위한 R_L의 값을 구하라. 전원의 내부 저항은 50 Ω이다.

26. 그림 14-54에서 R_L은 1.0 kΩ에서 10 kΩ의 범위에서 1.0 kΩ이 증가할 때에 대한 전력곡선을 그려라($V_s = 10$ V이고 $R_L = 50$ Ω이다).

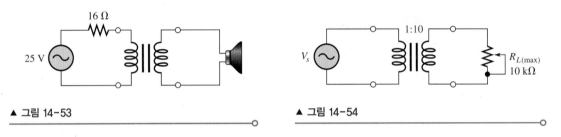

▲ 그림 14-53   ▲ 그림 14-54

14-7 변압기 정격 및 특징

27. 어떤 변압기에서 1차측의 입력이 100 W이다. 권선저항에서 5.5 W의 손실이 발생했다면, 다른 손실은 무시할 때 부하에서의 출력은?

28. 27번 문제에서 변압기의 효율은?

29. 1차측에서 발생된 총 자속의 2%가 2차측을 통과하지 않는 변압기에서 결합계수는 얼마인가?

30. 어떤 변압기의 정격이 1.0 kVA이며, 60 Hz, 교류 120 V에서 동작한다. 2차측 전압은 600 V이다.

    (a) 최대 부하전류는?

    (b) 동작 가능한 최소 R_L은?

    (c) 부하로서 연결될 수 있는 최대 커패시터는?

31. 2.5 kV의 2차측 전압과 10 A의 최대 부하전류를 다루어야 하는 변압기에 필요한 kVA 정격은?

14-8 탭, 다중권선, 펄스 변압기

32. 그림 14-55에서 각각 미지의 전압들을 구하라.

33. 그림 14-56에 표시된 2차측 전압을 사용하여 탭이 설치된 각 구간과 1차 권선 사이의 권선비를 구하라.

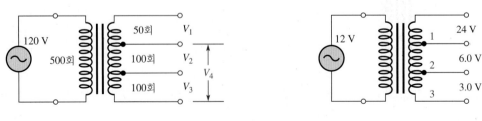

▲ 그림 14-55   ▲ 그림 14-56

34. 그림 14-57에서 1차측의 각 권선은 교류 120 V로 동작한다. 교류 240 V 동작을 위해 1차측을 어떻게 연결해야 하는지 보여라. 2차측의 각 전압을 구하라.

35. 그림 14-57에서 1차측에 대한 2차측의 권선비를 구하라.

▶ 그림 14-57

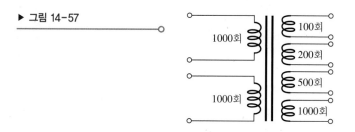

36. 펄스 변압기가 단극이라는 것은 무엇을 의미하는지 설명하라.

37. 펄스 변압기를 위한 응용 프로그램 세 가지를 예로 작성하라.

14-9 고장진단

38. 변압기의 1차 권선에 교류 120 V가 공급될 때 2차 권선 양단의 전압을 검사하니 0 V였다. 또한 1차측이나 2차측 전류도 없었다. 발생 가능한 고장의 종류를 나열하라. 문제점을 찾는 과정에서 다음 단계는?

39. 변압기의 1차 권선이 단락되었다면 일어날 수 있는 현상은?

40. 변압기 회로를 검사할 때 2차측 전압이 0은 아니지만 예상보다 작았다. 가장 가능성이 큰 고장은?

고급 문제

41. 그림 14-58과 같이 부하가 연결되어 있고, 2차측에 탭이 설치된 변압기에서 다음을 구하라.

    (a) 모든 부하전압과 전류   (b) 1차측에서 보이는 저항

▶ 그림 14-58

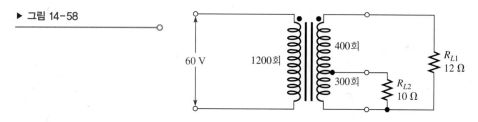

42. 어떤 변압기의 정격이 5.0 kVA, 60 Hz에서 2400/120 V이다.

    (a) 2차측 전압이 120 V일 때 권선비는?

    (b) 1차측 전압이 2400 V일 때 2차측의 전류 정격은?

    (c) 1차측 전압이 2400 V일 때 1차측의 전류 정격은?

43. 그림 14-59에서 각 전압계에서 측정되는 전압을 구하라. 벤치형 계기는 그림과 같이 한쪽 단자가 접지되어 있다.

▶ 그림 14-59

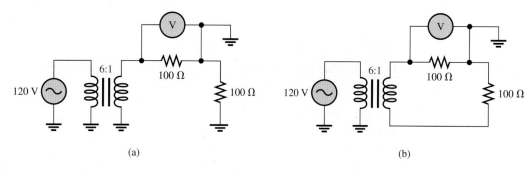

                                 (a)   (b)

44. 전원의 내부 저항이 10 Ω일 때, 각각의 부하에 최대 전력을 전달하기 위해 그림 14-60의 각 스위치의 위치에 대한 적당한 권선비를 구하라. 1차 권선이 100회일 때 2차 권선의 권선 수를 정하라.

▶ 그림 14-60

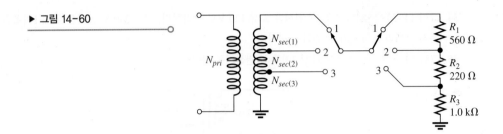

45. 그림 14-51에서 120 V의 전원전압과 함께 1차측 전류를 3.0 mA로 제한하기 위해는 권선비가 얼마이어야 하는가? 변압기와 전원은 이상적이라고 가정한다.

46. 10 VA의 VA 정격을 갖는 변압기의 1차측에 120 V가 공급되었다고 가정한다. 출력전압은 12.6 V이다. 2차측 양단에 연결할 수 있는 최소 저항은 얼마인가?

47. 강압 변압기를 1차측 120 V, 2차측 10 V에 사용한다. 2차측의 최대 1.0 A의 정격이라면 1차측에 어떤 정격의 퓨즈를 선택해야 하는가?

고장진단 문제

48. Multisim 파일 P14-48을 열어라. 회로를 검사하라. 만약 고장이 있다면 고장을 찾아라.

49. Multisim 파일 P14-49를 열어라. 회로를 검사하라. 만약 고장이 있다면 고장을 찾아라.

50. Multisim 파일 P14-50을 열어라. 회로에서 고장을 찾아라. 만약 있다면 고장을 찾아라.

51. Multisim 파일 P14-51을 열어라. 회로에서 고장 소자를 찾아내고 구체적으로 설명하라.

해답

각 절의 복습

14-1 상호인덕턴스

1. 상호인덕턴스는 두 코일 간의 인덕턴스이고, 코일 사이의 결합 정도에 의해 정해진다.

2. $L_M = k\sqrt{L_1 L_2} = 45$ mH

3. k가 증가할 때 유도전압은 증가한다.

14-2 기본적인 변압기

1. 변압기의 동작은 상호인덕턴스의 원리를 기초로 한다.

2. 권선비는 1차측의 권선 수에 대한 2차측의 권선 수의 비이다.

3. 권선의 방향은 전압의 상대적인 극성을 결정한다.

4. $n = N_{sec}/N_{pri} = 0.5$

5. 인쇄회로기판 위에 권선은 형성된다.

14-3 승압 및 강압 변압기

1. 승압 변압기는 전압을 증가한다.

2. 2차측 전압은 5배 증가한다.

3. $V_{sec} = nV_{pri} = 2400$ V

4. 강압 변압기는 전압을 감소한다.

5. $V_{sec} = nV_{pri} = 60$ V

6. $n = 12$ V/120 V $= 0.1$

7. 전기절연, 서지보호, 감쇠필터

14-4 2차에 부하의 연결

1. 2차측 전류는 1차측 전류의 반이다.

2. $n = 0.25$, $I_{sec} = (1/n) I_{pri} = 2.0$ A

3. $I_{pri} = nI_{sec} = 2.5$ A

14-5 부하의 반사

1. 반사저항은 1차측 회로에서 본 2차측 회로의 저항이며, 권선비의 함수이다.

2. 권선비의 역수는 반사저항을 결정한다.

3. $R_{pri} = (1/n)^2 R_L = 0.5$ Ω

4. $n = \sqrt{R_L/R_{pri}} = 0.1$

14-6 임피던스 정합

1. 임피던스 정합은 부하저항을 전원저항과 같게 만드는 것이다.

2. $R_L = R_{int}$일 때 부하에 최대 전력이 전달된다.

3. $R_{pri} = (1/n)^2 R_L = 400$ Ω

4. 불균형적인 신호를 균형적인 신호로 임피던스 정합을 제공하며, 그 반대의 경우도 성립한다.

14-7 변압기 정격 및 특성

1. 실제의 변압기에서 에너지 손실은 효율을 감소한다. 이상적인 변압기는 효율이 100%이다.

2. 결합계수가 0.85이면, 1차 권선에서 발생된 자속의 85%가 2차 권선을 통과한다.

3. $I_L = 10$ kVA/250 V = 40 A

14-8 탭, 다중권선, 펄스 변압기

1. $V_{sec} = 10(240 \text{V}) = 2400$ V, $V_{sec} = 10(240 \text{V}) = 2400$ V

2. 단권 변압기는 같은 정격의 다른 변압기에 비하여 소형이고 경량이다. 단권 변압기에서는 전기적인 분리가 이루어져 있지 않다.

3. Δ−Y 배치

14-9 고장진단

1. 대부분의 가능한 고장은 권선의 개방이다.

2. 정격 이상에서 동작하면 변압기 고장의 원인이 된다.

예제 관련 문제

14-1 387 μH

14-2 0.75

14-3 5000회

14-4 480 V

14-5 57.6 V

14-6 5.0 mA, 400 mA

14-7 6.0 Ω

14-8 0.354

14-9 0.0707 또는 14.14:1

14-10 91%

14-11 $V_{AB} = 12$ V, $V_{CD} = 480$ V, $V_{(CT)C} = V_{(CT)D} = 240$ V, $V_{EF} = 24$ V

참/거짓 퀴즈

1. T   2. T   3. T   4. F   5. F   6. F   7. F   8. T   9. T   10. F

자습 문제

1. (b)   2. (c)   3. (d)   4. (a)   5. (b)   6. (c)   7. (d)   8. (b)   9. (a)   10. (c)

11. (d)   12. (c)   13. (a)   14. (c)

PART 3

소자

GIPhotoStock/Science Source

다이오드와 응용

15

학습목표

▶ 반도체의 기본 구조와 전류 흐름에 대해 논의한다.
▶ 다이오드의 특성과 바이어스에 대해 설명한다.
▶ 기본 다이오드 특성을 설명한다.
▶ 반파와 전파 정류기의 동작을 분석한다.
▶ 전원공급장치의 동작을 설명한다.
▶ 특수 목적 다이오드의 기본 동작 이해와 응용을 설명한다.
▶ APM 접근법을 이용한 전원공급기 및 다이오드 회로를
  고장진단한다.

응용과제 미리보기

공장의 기술자는 자동으로 생산되는 모든 제품의 유지 관리와 고장
진단 능력을 갖춰야 한다. 제품 관리를 위해 컨베이어에 있는 생산품
의 개수를 세는 시스템이 있다고 가정하자. 이러한 제어시스템을 유
지·보수하기 위해 이에 사용되는 전원공급장치, 제너 다이오드, 발
광 다이오드(LED) 등의 지식이 요구된다. 이 장을 공부하고 나면 응
용과제를 해결할 수 있을 것이다.

핵심용어

▶ 광결합기
▶ 광전다이오드
▶ 다이오드
▶ 반파 정류기
▶ 버랙터
▶ 브릿지 정류기
▶ 쇼트키 다이오드
▶ 실리콘
▶ 역방향 파괴
▶ 전위장벽
▶ 정공
▶ 제너 다이오드
▶ 직류전원공급기
▶ 집적회로(IC)
▶ 커패시터 입력필터
▶ pn 접합

▶ 광억제기
▶ 다수 캐리어
▶ 도핑
▶ 발광 다이오드(LED)
▶ 부하 변동률
▶ 소수 캐리어
▶ 순방향 바이어스
▶ 역방향 바이어스
▶ 입력전압 변동률
▶ 전파 정류기
▶ 정류 다이오드
▶ 조정기
▶ 진성 반도체
▶ 첨두 역전압(PIV)
▶ 플라이백 다이오드

서론

이 장에서는 다이오드나 트랜지스터와 같이 집적회로 제조에 이용되
는 반도체 재료에 대해 설명한다. 이 장에서 소개되는 중요한 개념
은 두 개의 서로 다른 반도체를 붙여서 만드는 pn 접합이라는 것이
다. pn 접합은 다이오드나 트랜지스터와 같은 부품 동작의 기초가 된
다. pn 접합의 기능은 전자회로들의 동작을 이해하는 데 핵심적인 내
용이 된다. 이러한 기초적인 개념을 바탕으로 다이오드의 동작 특성
을 배우고 회로에 다이오드를 어떻게 사용할 것인지에 대해 공부하게
된다.

15-1 반도체 소개

이 절에서는 2-1절에서 소개한 원자 이론을 다이오드, 트랜지스터 등의 소지에 이용되는 반도체
까지 확장하여 논의한다.

이 절의 학습목표

◆ **반도체의 기본 구조와 전류 흐름에 대해 논의한다.**

  ◆ 실리콘과 게르마늄의 원자 구조에 대해 논의한다.
  ◆ 실리콘에서의 공유결합을 설명한다.
  ◆ 반도체에서 전자와 정공의 생성 방법을 설명한다.
  ◆ n형과 p형 반도체의 특성에 대해 논의한다.

실리콘과 게르마늄 원자

실리콘(silicon, Si)과 **게르마늄**(germanium, Ge)이 대표적인 반도체 물질이다. 이 두 반도체 원자
는 각각 4개의 가전자와 유사한 물리적 특성을 갖는다. 이들 원자의 차이점은 Si은 14개, Ge은 32
개의 양자로 핵이 구성되어 있다는 것이다. 그림 15-1은 두 반도체의 원자 구조를 나타낸다.

▶ 그림 15-1

Si과 Ge의 원자

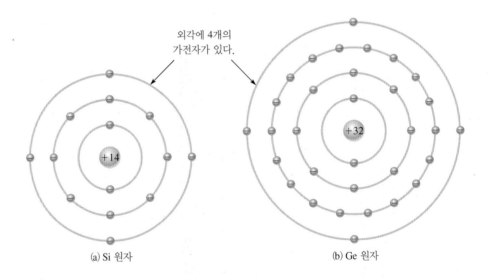

외각에 4개의
가전자가 있다.

(a) Si 원자　　　　　　　(b) Ge 원자

　　Ge의 가전자들은 네 번째 각에 있는 반면, Si의 가전자들은 핵에서 가까운 세 번째 각에 있다.
이는 Ge의 가전자들이 Si의 가전자들보다 높은 에너지 준위에 있음을 의미하며, 원자에서 이탈
하기 위해 더 적은 양의 추가 에너지가 필요하다. 이 특성으로 Ge은 고온에서 Si보다 더 불안정
하게 되는데, 이것이 두 재료 중에서 실리콘이 더 널리 사용되는 중요한 이유이다.
　　사실상 Si가 모든 집적회로에 사용되나 제한적으로 Ge도 활용된다. 최근 기술에 의해 주어진
소재의 양에 비해 매우 큰 표면적을 가질 수 있도록 나노 크기의 Ge 원자를 벌집형 격자로 배열
한 '다공성 Ge'가 개발되었다. 이로써 게르마늄의 민감한 감지기나 태양 전지 응용 분야에 흥미
로운 가능성을 제시한다. 그러나 Ge은 응용 분야가 제한되어 있기 때문에, 전자 장치에서 논의되
는 모든 반도체에 Si이 사용되었다고 가정한다.

원자결합

어느 원자가 고체 형태의 분자로 결합할 때 그들 스스로 정렬된 형태인 **결정**이 형성된다. 이 결정체 구조 내에서 원자들은 각각의 가전자들 사이의 상호작용에 의해 발생하는 **공유결합**에 의해 형태가 유지된다. 이러한 Si의 고체 덩어리를 결정체라고 부른다.

그림 15-2는 Si 원자가 주변의 4개의 원자와 결합하여 Si 결정을 형성하는 모습이다. 4개의 가전자를 갖는 Si 원자는 주위에 있는 다른 4개의 원자와 전자를 공유한다. 결국 실질적으로는 8개의 가전자들로 구성되어 화학적으로 안정되게 하는 결합을 공유결합이라 하고, 공유되는 각각의 전자들은 이웃하는 2개의 원자들에 의해 똑같이 구심력이 작용한다. 그림 15-2는 진성 Si 결정의 공유결합이다. **진성** 결정체란 불순물이 없다는 것을 말한다.

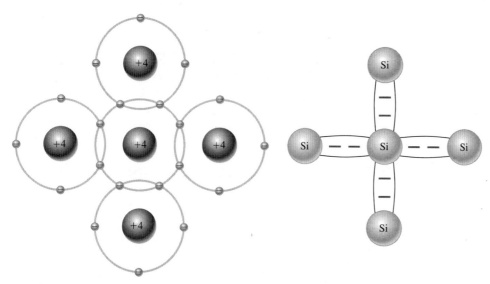

◀ 그림 15-2

3차원 Si 결정에서 공유결합

(a) 중앙의 원자는 이웃 4개의 원자와 전자를 공유결합한다. 이들 이웃 4개의 원자는 또다시 이웃 4개의 원자와 공유결합을 형성한다.

(b) 결합도. 마이너스(−) 부호는 가전자들을 나타낸다.

전자와 정공의 전도

외부 에너지(열과 같은)가 없는 Si 원자의 에너지대를 표현한 그림을 15-3에 보였다. 이러한 조건은 온도가 절대온도 0 K에서만 발생한다.

상온에서 진성 Si 결정 내의 가전자들은 주위로부터 충분한 열에너지를 얻어 가전자대로부터 금지대역을 지나 자유전자가 되는 전도대로 이동하게 된다. 이러한 현상은 그림 15-4(a)의 에너지 분포와 그림 15-4(b)의 원자 결합도로 나타낸다.

전자 1개가 전도대로 이동하게 되면 가전자대에는 하나의 빈자리가 생기게 된다. 이러한 공백을 정공(hole)이라 부른다. 외부 에너지를 얻어 전도대로 자리 변환을 한 모든 가전자대의 전자의 자리에는 빈자리가 생기게 되므로 **전자 정공쌍**을 만든다. 이와 반대로 전도대에 있는 전자가 에너지를 잃어 가전자대의 빈자리로 다시 오게 되는 현상을 **재결합**이라 부른다.

요약하면 상온에서 다른 물질이 없는 순수한 Si 원자들은 어떤 순간에도 임의의 원자에 부착되지 않고 무작위로 표류하는 다수의 전도대의 (자유)전자를 가지고 있다. 그림 15-5와 같이 전도대로 이동한 전자 수만큼의 정공이 발생한다.

▶ 그림 15-3

외부 에너지가 없는 순수한 Si 원자의
에너지내역. 전도대에는 전자들이 없다.

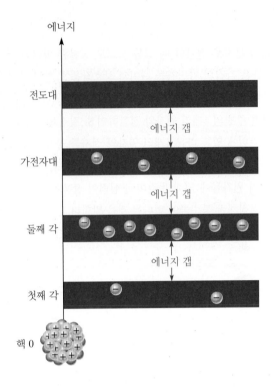

▶ 그림 15-4

Si 결정에서 전자 정공쌍의 생성. 전도
대의 전자는 자유전자이다.

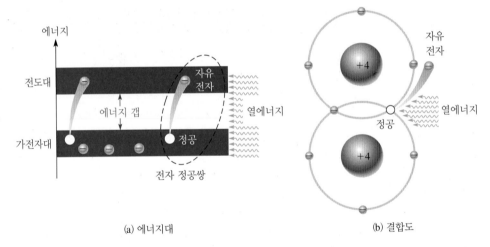

(a) 에너지대   (b) 결합도

▶ 그림 15-5

결정에서의 전자 정공쌍. 자유전자는 정
공과 재결합하는 동안에도 연속적으로
생성된다.

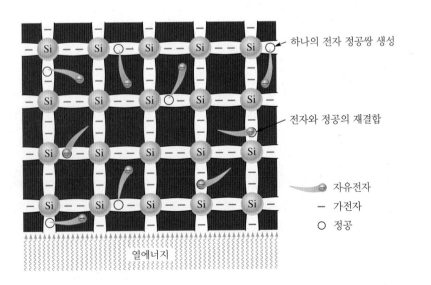

전자와 정공 전류

그림 15-6과 같이 Si 단면에 전압이 인가되면 전도대에서 열에 의해 생성된 자유전자들은 쉽게 (+) 쪽으로 움직인다. 이러한 자유전자의 이동은 반도체 전류의 한 가지 종류이며 전자 전류라 부른다.

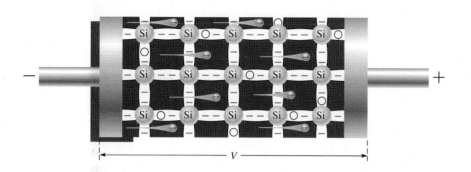

◀ 그림 15-6

진성 Si 반도체에서 자유전자 전류는 전도대역에서 열에 의해 발생된 자유전자의 이동 때문에 생성된다.

다른 한 종류의 전류는 자유전자로 인해 생성된 정공이 존재하는 가전자대에서 발생한다. 가전자대에 남아 있는 전자들은 아직 원자에 구속되어 있기 때문에 결정 구조 속에서 불규칙적으로 움직이나 자유롭지 못하다. 그러나 가전자들은 조금의 에너지를 얻어도 옆에 존재하는 빈자리로 쉽게 이동하게 되어 또 다른 빈자리(정공)를 만들게 된다. 그림 15-7과 같이 빈자리(정공)는 물리적이지는 않지만, 결정 구조 내에서 한 곳에서 다른 곳으로 이동하는 효과를 갖는다. 이러한 전류를 정공 전류라 부른다.

⑤ 가전자는 네 번째 정공 자리로 움직이며 다섯 번째 정공을 만든다. ③ 가전자는 두 번째 정공 자리로 움직이며 세 번째 정공을 만든다. ① 자유전자는 떠나면서 가전자각에 정공을 만든다.

◀ 그림 15-7

진성 Si에서의 정공 전류

⑥ 가전자는 다섯 번째 정공 자리로 움직이며 여섯 번째 정공을 만든다. ④ 가전자는 세 번째 정공 자리로 움직이며 네 번째 정공을 만든다. ② 가전자는 처음의 정공 자리로 움직이며 두 번째 정공을 만든다.

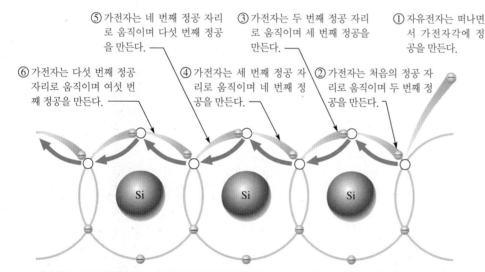

가전자는 다른 정공을 뒤로 남기면서 왼쪽에서 오른쪽으로 움직인다. 이 경우 정공은 실질적으로 오른쪽에서 왼쪽으로 움직이는 것과 같다. 회색 화살표는 정공의 움직임을 나타낸다.

도체 및 절연체에 대한 반도체의 비교

진성 반도체(intrinsic semiconductor)에서 자유전자는 거의 없으므로, Si 및 Ge은 순수한 상태로는 유용하지 못하다. 물질 내 전류가 자유전자의 수에 직접적으로 관련 있기 때문에 순수 반도체는 절연체나 도체가 되지 못한다.

절연체, 반도체, 도체에 대한 에너지대역 그림 15-8은 전도 특성과 관련하여 근본적인 차이점을 보여주고 있다. 절연체의 에너지 갭은 너무 넓어서 전자들이 외부에서 에너지를 쉽게 얻어도

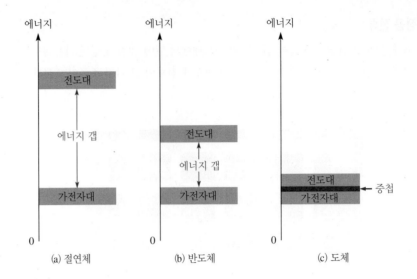

(a) 절연체   (b) 반도체   (c) 도체

전도대로 이동할 수 없다. 반면에 구리와 같은 도체의 가전자대와 전도대는 중복이 되어 외부 에너지가 없어도 항상 많은 자유전자들이 존재한다. 그림 15-8(b)는 반도체의 에너지대역으로 반도체의 에너지 갭이 절연체의 에너지 갭보다 좁음을 나타낸다.

n형과 p형 반도체

반도체 자체는 전류를 잘 흐르게 하지 못하므로 순수한 상태의 반도체는 가치가 별로 없다. 전도대의 자유전자수와 가전자대에 존재하는 정공의 수가 제한되기 때문이다. 따라서 전도성을 높이고 전자 소자에 유용하게 사용하기 위해 진성 Si를 가공하여 자유전자와 정공을 증가해야 한다. 이렇게 하기 위해 이 절에서 배운 불순물을 첨가해야 한다.

도핑 Si과 같은 반도체의 전도도를 현격히 증가시킬 수 있는데, 이는 진성 반도체에 불순물을 첨가하는 것이다. 이러한 과정을 **도핑**(doping)이라 하며, 이는 전기를 전도하는 캐리어(전자 또는 정공)의 수를 증가한다. 불순물에는 n형과 p형이 있으며, 이 두 유형은 많은 종류의 전자 소자의 핵심 구성요소이다.

n형 반도체 진성 Si 반도체의 전도대에 있는 전자수를 증가하기 위해 **5가** 원자인 불순물을 첨가한다. 이 원자들은 5개의 가전자를 갖고 있는 비소(arsenic, As), 인(phosphorus, P), 안티몬(antimony, Sb) 등이며, 여분의 전자를 반도체의 결정 구조에 제공하기 때문에 도너(donor) 원자로 알려져 있다.

그림 15-9(a)와 같이 5가의 원자는(안티몬의 경우) 이웃하는 4개의 Si 원자들과 공유결합을 형성하는데, 4개의 가전자만이 이용되고 1개의 전자가 남게 된다. 이 여분의 전자는 어느 원자와도 결합하지 못하므로 전기전도 역할을 하는 전자가 된다. 이러한 전자들의 수는 불순물의 양에 비례하게 된다.

다수 캐리어와 소수 캐리어 전류를 형성하는 대부분의 입자(캐리어)가 전자인 경우에는 도핑된 Si(또는 Ge)은 n형 반도체를 이룬다(n형이란 음전하를 가진 전자를 의미한다). n형 반도체에서 전자들은 **다수 캐리어**(majority carrier)라 부른다. 비록 n형에서 전류입자의 대부분이 전자이지만, 열에 의해 발생하는 정공도 존재하게 마련이다. 여기서 정공은 5가 불순물을 첨가한 것에 의해 만들어진 것은 아니다. n형 반도체에서 정공을 **소수 캐리어**(minority carrier)라 한다.

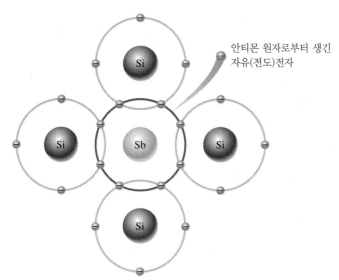

(a) Si 결정체 내의 5가 불순물 안티몬(Sb). 중앙에 있는 안티몬 원자의 여분의 전자가 그림과 같이 자유전자가 된다.

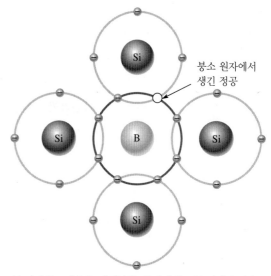

(b) 결정 구조에서의 3가 불순물. 중앙에 붕소(B) 원자가 있다.

안티몬 원자로부터 생긴 자유(전도)전자

붕소 원자에서 생긴 정공

▲ 그림 15-9

불순물 원자

p형 반도체 진성 Si에서 정공 수를 증가하기 위해 **3가** 불순물 원자를 첨가한다. 이러한 원자들은 3개의 가전자를 갖는 알루미늄(aluminum, Al), 붕소(boron, B), 갈륨(gallium, Ga) 등으로 반도체 결정 내에서 정공을 남긴다.

그림 15-9(b)와 같이 Si이 3가의 붕소 원자를 둘러싼 구조에서 3개의 모든 붕소 가전자들은 공유결합에 사용되고 4번째 전자가 모자라게 되어 빈자리인 정공을 형성하게 된다. 이러한 정공의 수는 실리콘에 첨가된 3가 불순물의 수에 비례하게 된다.

여기서 전류를 형성하는 대부분의 캐리어는 정공이므로 3가 원자가 도핑된 Si은 p형 반도체이다. 이때 정공은 양전하로 간주된다. p형 반도체에서 다수 캐리어는 정공이다. 비록 p형에서 대부분의 전류 캐리어는 정공이라 하여도 전자 또한 존재하게 되는데, 이 전자는 전자 정공쌍이 열에너지를 받아 발생될 때 생성된다. p형 반도체에서 이러한 전자들을 소수 캐리어라 한다. 단, 이 소수 캐리어는 도핑된 3가 불순물에 의해 만들어진 것은 아니다.

15-1절 복습

해답은 이 장의 끝에 있다.

1. 공유결합은 어떻게 형성되는가?
2. 진성의 의미는 무엇인가?
3. 결정이란 무엇인가?
4. Si 결정에서 각 원자에는 실질적으로 몇 개의 전자가 있는 것과 같은가?
5. 반도체의 원자 구조에서 어느 에너지대역에 전자가 존재하며, 가전자들은 어디에 존재하는가?
6. 진성 반도체에서 정공은 어떻게 생성되는가?
7. 절연체보다 반도체에서 쉽게 전류가 만들어지는 이유는?
8. 어떻게 n형 반도체를 만드는가?
9. 어떻게 p형 반도체를 만드는가?
10. 다수 캐리어란 무엇인가?

15-2 다이오드

만약 Si 블록을 가져와서 그 중 절반은 3가 불순물로, 다른 절반은 5가 불순물로 도핑한다면, 반도체 다이오드의 p형과 n형 사이에 **pn 접합**(pn junction)이 형성된다.

이 절의 학습목표

◆ **pn 접합 다이오드의 바이어스와 특성에 대해 논의한다.**

  ◆ pn 접합을 정의한다.

  ◆ pn 접합 다이오드에서 공핍층에 대해 논의한다.

  ◆ 전위장벽을 정의한다.

  ◆ 순방향 바이어스를 정의한다.

  ◆ 역방향 바이어스를 정의한다.

  ◆ 역방향 파괴를 정의한다.

평형에서 pn 접합 다이오드를 통한 전자의 이동은 없다. 다이오드의 가장 큰 특징은 바이어스에 따라 한쪽 방향으로만 전류가 흐르고 반대방향으로는 흐르지 않는다는 것이다. 전자회로에서 바이어스는 전자 소자가 특정한 동작 조건을 만족하는 직류전압을 의미한다. 다이오드는 순방향과 역방향의 두 가지 바이어스가 있다. 이 두 조건은 pn 접합 양단에 적절한 극성과 충분한 외부 전압을 인가함으로써 형성된다.

다이오드에서 공핍층의 형성

그림 15-10을 보면 pn 접합에 의해 n, p 영역으로 구성된 **다이오드**(diode)가 있다. n 영역에는 많은 전자가 있고, p 영역에는 반대로 많은 수의 정공이 존재한다. 전압을 인가하지 않은 경우 n 영역의 전도전자들은 일정한 방향 없이 표류하게 된다. 접합이 형성되는 순간에 접합면 근처에 있는 전자들은 p 영역으로 이동하게 되고 그림 15-10(a)에서 보인 바와 같이 접합 근처에서 정공과

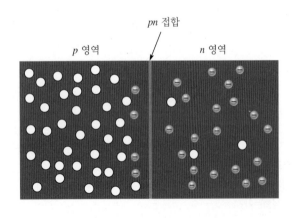

(a) 접합이 형성되는 순간, 접합 근처의 n 영역의 자유전자는 확산에 의해 접합을 건너 p 영역의 정공과 만나게 된다.

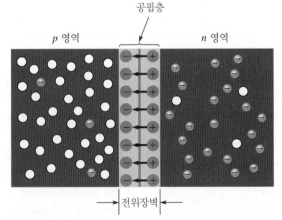

(b) 접합을 지나 정공과 재결합한 모든 전자는 n 영역에 양전하를, p 영역에 음전하를 만들어 접합을 경계로 전위장벽을 형성한다. 이러한 동작은 전위장벽이 높아 전자가 더 이상 확산될 수 없을 때까지 계속된다.

▲ 그림 15-10

pn 접합 다이오드에서 공핍층의 형성

재결합을 하게 된다.

접합을 지나 정공과 재결합하는 전자들은 n 영역의 5가 원자가 양전하를 갖게 함으로써 양이온이 되게 한다. p 영역에서는 전자가 정공과 재결합하므로 3가 원자는 음전하를 얻게 되어 음이온이 된다.

이러한 재결합의 결과로 많은 수의 음이온과 양이온이 pn 접합 근처에 생기므로, n 영역의 전자들이 p 영역으로 이동하기 위해 양이온의 당기는 힘과 음이온의 미는 힘을 극복해야 한다. 결국 이온층이 형성됨에 따라 접합 양쪽에서는 전자와 정공이 존재하지 않은 **공핍층**이 발생하게 된다. 그림 15-10(b)는 이러한 조건을 묘사한 것이다. 평형 상태에 이르게 되는 것은 전자가 더 이상 pn 접합을 지날 수 없을 정도로 공핍층의 폭이 넓어질 때이다.

접합에서 서로 반대쪽으로 형성되는 음이온과 양이온들은 공핍층을 사이에 두고 그림 15-10(b)와 같이 **전위장벽**(barrier potential)을 만든다. 전위장벽 V_B는 전자가 공핍층을 건너가기 위해 전위장벽에 의해 발생되는 전계의 힘을 극복해야 하는 전압이다. 상온인 섭씨 25°C에서 이 전위장벽은 Si의 경우 약 0.7 V이고, Ge의 경우 약 0.3 V 정도이다. 접합의 온도가 상승함에 따라 전도대의 전자수가 증가하면 이 전위장벽은 감소하게 된다. 온도가 내려가면 이와 반대현상이 나타난다.

다이오드의 바이어스

순방향 바이어스   순방향 바이어스(forward bias)란 다이오드를 지나 전류를 흐르게 하는 것이다. 그림 15-11은 순방향 바이어스를 위한 직류전압의 방향을 나타내는 그림이다. 여기서 V_{BIAS} 전원의 (−)단자는 n 영역에 연결하고 (+)단자는 p 영역에 연결한다.

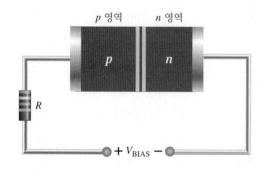

◀ **그림 15-11**

순방향 바이어스. 저항 R은 반도체에 과도한 전류가 흘러 파괴되는 것을 방지한다.

(그림 색깔은 책 뒷부분의 컬러 페이지 참조)

순방향 바이어스의 기본 동작원리는 다음과 같다. 전원의 (−)단자는 n 영역에 있는 전도대에 전자들을 pn 접합 쪽으로 밀어내는 반면에 (+)단자는 p 영역의 정공을 pn 접합쪽으로 밀어낸다. (같은 전하끼리는 서로 밀어낸다는 것을 상기하자.)

V_{BIAS}가 전위장벽(V_B)를 극복할 때, 외부 전압원은 n 영역의 전자들을 공핍층을 통과하여 접합부를 이동할 수 있도록 충분한 에너지를 제공한다. n 영역을 떠날 때 더 많은 전자가 전원의 (−)단자에서 흘러 들어온다. 따라서 pn 접합부로 향하는 전도전자(다수 캐리어)들의 움직임에 의해 n 영역을 통하는 전류가 흐르게 된다.

일단 전자들이 p 영역으로 들어오게 되면 정공과 재결합하게 되고 가전자가 된다. 이후에 가전자들은 한 정공에서 다른 정공으로 자리바꿈을 하며 전원의 (+)단자 쪽으로 이동하게 된다. 이러한 가전자들의 이동은 정공의 이동과 반대 방향으로 이루어진다. 결국 p 영역의 전류는 접합부로 향하는 정공(다수 캐리어)들의 움직임에 의해 형성된다. 그림 15-12는 이와 같은 순방향 바이어

▶ 그림 15-12

순방향으로 바이어스된 다이오드에서
전류

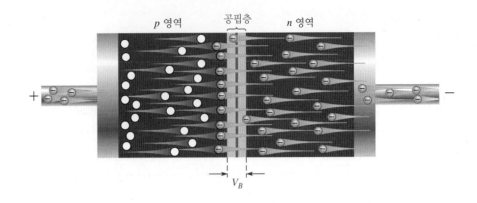

스의 전류 흐름을 보여준다.

공핍층에서 전위장벽은 순방향 바이어스와 반대방향이다. 이와 같은 이유는 p 영역의 접합 근처에 있는 음이온들이 접합을 지나 p 영역 쪽으로 들어오는 전자들의 흐름을 방해하기 때문이다. 따라서 전위장벽을 그림 15-13과 같이 순방향 바이어스와 반대로 조그만 전원을 연결한 회로로 생각하면 된다. 저항 R_p와 R_n은 조건에 따라 변화하는 p와 n 물질의 동적저항을 각각 나타낸다.

▶ 그림 15-13

pn 접합에 등가인 전위장벽과 동적저항
(그림 색깔은 책 뒷부분의 컬러 페이지 참조)

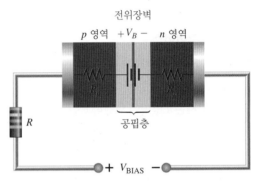

다이오드 접합에 전류가 흐르기 위해 외부 바이어스 전압의 크기는 그림 15-14와 같이 전위장벽을 넘어야 한다. 전기전도는 Si의 경우 대략 0.7 V 정도에서 이루어지기 시작한다. 일단 다이오드가 순방향으로 동작되기 시작하면 장벽을 통한 전압 하강은 약 0.7 V로 유지되며, 전방향 전류(I_F)가 증가함에 따라 약간 증가한다.

역방향 바이어스 역방향 바이어스(reverse bias)는 다이오드에 전류가 흐르지 못하도록 한다. 그림 15-14(a)는 다이오드의 역방향 바이어스에 연결된 직류전압원을 보여준다. 여기서 V_{BIAS} 전원의 (−)단자가 p 영역 쪽으로, (+)단자가 n 영역으로 연결되어 있는 점에 유의하자.

역방향 바이어스의 동작원리는 다음과 같다. 전원의 (−)단자는 p 영역에 있는 정공을 끌어들이고 (+)단자는 n 영역의 전자들을 끌어들여 *pn* 접합으로부터 전자와 정공들이 더욱 멀어지게 만든다. 이렇게 전자와 정공들이 접합면으로부터 멀어짐에 따라 공핍층의 폭은 더욱 넓어지고, 더 많은 양이온과 음이온이 각각 n과 p 영역에 그림 15-14(b)와 같이 발생하게 된다. *pn* 접합으로부터 멀어지는 다수 캐리어의 초기 흐름을 과도 전류라고 하는데, 이는 역방향 바이어스를 걸었을 경우 매우 짧은 시간 동안 지속된다.

공핍층의 폭은 공핍층의 전위차가 외부 전압 크기와 같을 때까지 증가한다. 이때에 정공과 전자들은 *pn* 접합면으로부터 멀어지는 움직임을 멈추게 되고, 그림 15-14(c)와 같이 각 영역의 다수 캐리어에 의한 전류흐름이 없어지게 된다.

HANDS ON TIP

Focal point/Shutterstock

다이오드가 역방향으로 편향되면 공핍층은 반대로 대전된 이온층 사이의 절연체 역할을 하여 커패시턴스(정전용량)를 만든다. 역방향 바이어스 전압이 증가할수록 반도체 다이오드의 공핍층은 더욱 확장되어, 결과적으로 커패시턴스는 감소한다. 이러한 내부 커패시턴스 공핍층 커패시턴스라고 한다. 공핍층 커패시턴스를 이용하는 특별한 종류의 다이오드가 있는데, 이를 버랙터라고 한다. 역방향 바이어스의 양에 따라 커패시턴스 조절되는 가변 커패시터로 사용된다.

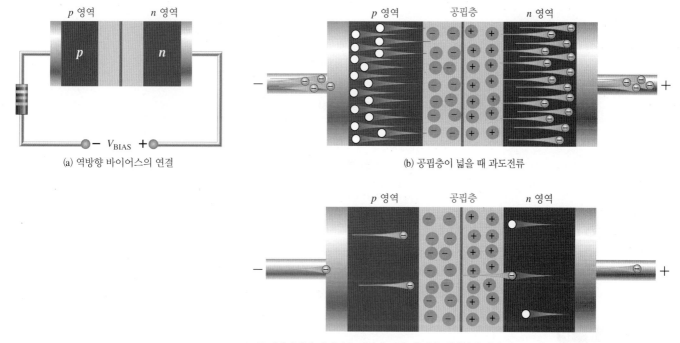

(a) 역방향 바이어스의 연결

(b) 공핍층이 넓을 때 과도전류

(c) 전위장벽이 바이어스 전압과 같을 때 다수 캐리어에 의한 전류는 없고 소수 캐리어에 의한 매우 적은 역전류만 존재한다.

▲ 그림 15-14

역방향 바이어스 (그림 색깔은 책 뒷부분의 컬러 페이지 참조)

앞에서 배운 바와 같이 역방향 바이어스일 때 다수 캐리어에 의한 전류는 곧바로 없어지게 된다. 그러나 소수 캐리어에 의한 매우 적은 양의 역전류가 존재한다. 이 전류량은 μA나 nA 단위이다. 상대적으로 적은 양의 전자 정공쌍들이 열에 의해 공핍층 내에 생성된다. 외부 전압에 의해 어떤 전자들은 재결합하기 전에 pn 접합을 지나 확산운동을 한다. 이 과정은 반도체 전체에서 적은 양의 소수 캐리어를 형성한다.

이 소수 캐리어에 의한 역전류는 주로 접합의 온도에 의존하고 역방향 바이어스 전압의 크기와는 무관하다. 따라서 온도가 증가하면 역전류도 증가한다.

역방향 파괴 만약 외부 역방향 바이어스 전압이 충분히 커지면 **역방향 파괴**(reverse breakdown) 현상이 발생한다. 이와 같은 현상은 다음과 같다. 전도대에 있는 소수 캐리어인 전자가 외부전원에 의해 충분한 에너지를 얻어 다이오드의 p 영역 끝쪽으로 가속하여 운동한다고 가정하자. 이 전자는 이동 중에 원자와 충돌하며 가전자를 전도대로 끌어올릴 정도의 충분한 에너지를 갖게 된다. 이렇게 되면 전도대에 2개의 전자들이 존재하게 되고, 각각의 전자들이 또 한 원자와 충돌하여 2개의 가전자를 전도대로 자리바꿈하게 함으로써 4개가 된다. 이러한 연속적인 곱의 과정을 **사태 효과**라 하며 급격한 역전류를 만들게 된다.

대부분의 다이오드들은 역방향 파괴전압에서 사용하지 않는다. 이 영역에서 사용할 경우 다이오드는 파괴된다. 그러나 15-6절에서 언급되는 제너 다이오드와 같은 특수한 유형은 역방향 파괴전압에서 동작하도록 설계되었다.

1. pn 접합은 무엇인가?
2. p와 n 영역이 결합해 공핍층이 형성된다. 공핍층의 특성을 기술하라.
3. Si의 전위장벽은 Ge보다 크다. (참/거짓)
4. 25°C에서 Si의 전위장벽은?
5. 2개의 바이어스 조건의 이름을 열거하라.
6. 어떤 바이어스가 다수 캐리어 전류를 생성하는가?
7. 어떤 바이어스가 공핍층을 더 두껍게 만드는가?
8. 소수 캐리어는 역방향 파괴에서 전류를 발생하는가? (참/거짓)

15-3 다이오드 특성

앞절에서 배운 바와 같이 다이오드는 단일 pn 접합으로 구성된 반도체 소자이다. 순방향 바이어스의 크기가 전위장벽보다 클 경우에 다이오드에는 전류가 흐른다. 역방향 바이어스 전압이 파괴전압보다 작을 때에는 다이오드에서 전류흐름을 막는다.

이 절의 학습목표

◆ 기본 다이오드의 특성을 기술한다.

   ◆ 다이오드의 $V\text{-}I$ 특성 곡선에 대해 설명한다.
   ◆ 표준 다이오드의 기호를 인지한다.
   ◆ 저항계로 다이오드를 검사한다.
   ◆ 다이오드의 세 가지 근사화를 설명한다.

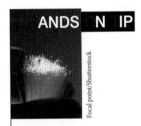

HANDS ON IP

Focal point/Shutterstock

다이오드의 순방향 $V\text{-}I$ 특성 곡선은 다음과 같이 회로를 구성하여 오실로스코프에 나타낼 수 있다. 채널 1(채널 X)은 다이오드 양단의 전압을, 채널 2(채널 Y)는 전류에 비례하는 신호를 측정하면 된다. 이때에 스코프의 X-Y 모드를 이용하며, 신호 발생기는 5.0 Vpp 크기의 50 Hz 톱니파나 삼각파를, 접지는 스코프의 접지와는 다르게 연결되어야 한다. 채널 2의 극성은 반전을 시켜야 원하는 파형을 볼 수가 있다.

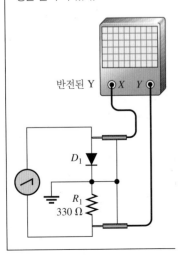

반전된 Y

D_1

R_1
330 Ω

다이오드의 특성 곡선

그림 15-15는 다이오드의 전압 대 전류 그래프, 즉 $V\text{-}I$ 특성 곡선으로 알려져 있다. 오른편 윗부분의 그래프는 순방향 바이어스의 경우이다. 이 그림에서 보듯이 순방향 바이어스 전압(V_F)이 전위장벽보다 작을 때 매우 적은 양의 순방향 전류(I_F)가 흐른다. 이 순방향 바이어스 전압이 전위장벽 값과 거의 같을 경우(Si = 0.7 V) 전류는 증가하기 시작한다. 전위장벽 값과 같아지면 전류는 급격히 증가하므로, 직렬로 연결된 외부 저항에 의해 제한해야 한다. 이때 다이오드 양단에 나

▶ **그림 15-15**

일반 다이오드의 $V\text{-}I$ 특성 곡선

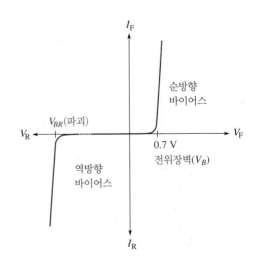

타나는 전압강하는 전위장벽 값과 거의 일치한다.

역방향 바이어스의 경우는 왼편 아랫부분의 그래프에 해당된다. 역전압(V_R)이 왼편으로 증가하면 파괴 전압(V_{BR})에 이를 때까지 전류는 거의 0에 머문다. 파괴점에 이르면 큰 역방향 전류가 흐르게 되어 외부에서 이를 제한하지 않으면 다이오드는 파괴된다. 일반적으로 이 파괴전압은 정류 다이오드의 경우 50 V보다 크며, 대부분의 다이오드는 이와 같은 역전압에서는 사용하지 않는다.

다이오드 기호

그림 15-16(a)는 기본적인 다이오드의 구조와 다이오드의 기호이다. 화살표 방향은 실제 전자가 이동하는 방향과 반대이다. 다이오드의 두 단자는 각각 양극과 음극이라 부르며, 각각 A와 K로 표시한다. 이때 양극은 p 영역이고 음극은 n 영역이다.

양극이 음극에 비해 상대적으로 전압이 높을 때 다이오드는 순방향 바이어스가 되고 전류(I_F)가 그림 15-16(b)와 같이 양극에서 음극으로 흐르게 된다. 순방향 바이어스의 경우 전위장벽 V_B는 항상 양극과 음극 사이에 나타나게 된다. 양극이 음극에 비해 전위가 낮으면 역방향 바이어스라 하며, 그림 15-16(c)와 같이 전류의 흐름이 없다. 저항은 역방향 바이어스 경우에는 필요하지 않지만 일관성을 유지하기 위해 표시된다.

그림 15-17은 여러 가지 다이오드의 물리적 구조의 차이에 따른 외형과 단자 구별법을 보여준다.

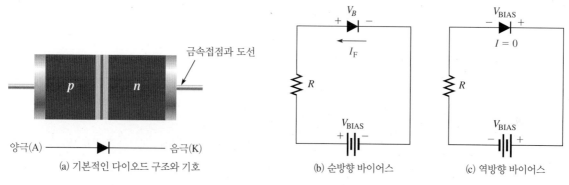

▲ 그림 15-16

다이오드 구조, 기호, 바이어스 회로. V_{BIAS}는 바이어스 전압이며, V_B는 전위장벽 값이다.

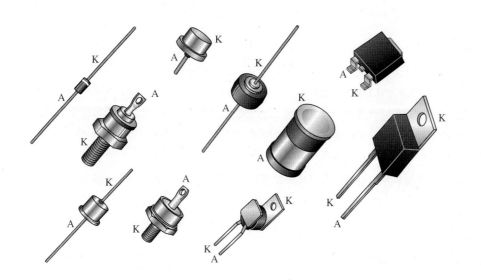

◀ 그림 15-17

전형적인 다이오드 형태의 단자 구분. A는 양극이며, K는 음극을 나타낸다.

다이오드의 단순화 다이오드 특성

이상적인 다이오드 모델   다이오드의 동작을 나타내는 가장 간단한 방법은 다이오드를 하나의 스위치로 생각하는 것이다. 이상적인 다이오드는 순방향일 때 스위치가 닫힌 상태로, 역방향일 때는 열린 상태로 그림 15-18과 같이 동작한다. 이것의 V-I 특성 곡선은 그림 15-18(c)와 같고, 이상적인 경우에 순방향 전압 V_F와 역방향 전류 I_R은 항상 0이다.

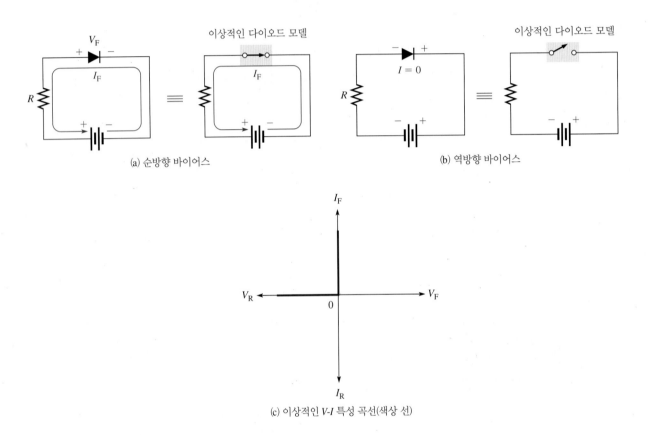

(a) 순방향 바이어스   (b) 역방향 바이어스

(c) 이상적인 V-I 특성 곡선(색상 선)

▲ 그림 15-18

스위치로서 이상적인 다이오드 모델

물론 이러한 이상적인 다이오드 모델은 전위장벽과 내부 저항과 다른 요인들을 무시한 것이다. 하지만 대부분의 경우에 이와 같은 단순화한 모델로 충분한 다이오드의 동작을 설명할 수 있다.

실제 다이오드 모델   다음 단계로 조금 더 정확한 모델은 다이오드 모델에 전위장벽을 포함하여 고려하는 것이다. 이 근사법은 순방향 바이어스된 다이오드를 스위치와 함께 전위장벽 V_B와 같은 전압 크기(Si = 0.7 V)에 해당하는 조그마한 건전지가 직렬로 연결된 모델로 나타낸 것이다. 그림 15-19(a)에 나와 있듯이 건전지의 양극단은 양극을 향한다. 여기서 주의해야 할 점은 다이오드가 전류를 흘려보내려면 순방향 바이어스 전압(V_{BIAS})가 전위장벽을 극복해야 하기 때문에 전위장벽은 순방향 바이어스가 적용될 때만 배터리의 효과를 갖는다는 것을 명심하자. 역방향 바이어스의 경우는 이상적인 다이오드 모델과 같이 그림 15-19(b)의 개회로로 표시하면 되는데, 이때 전위장벽은 아무런 역할을 하지 못하기 때문에 이상적으로 개방 스위치로 표시된다. 이와 같은 모델의 그림이 V-I 특성 곡선으로 그림 15-19(c)에 표시되어 있다.

복잡한 다이오드 모델   더욱 정확한 다이오드 모델을 고려해보자. 그림 15-20(a)는 앞의 모델

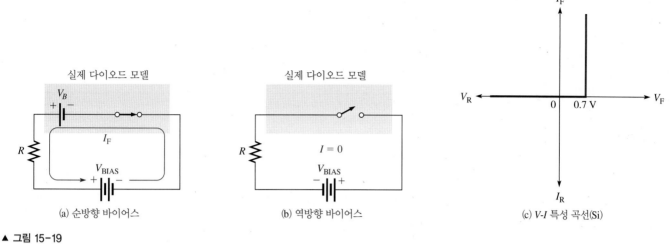

▲ 그림 15-19

실제 다이오드 모델

보다 정확한 것으로 전위장벽과 전체 저항을 고려한 순방향 바이어스 모델이다. 그림 15-20(b)
는 큰 내부 역방향 저항이 역방향 바이어스 모델에 어떻게 영향을 미치는지 나타낸 것이고, 그림
15-20(c)는 특성 곡선을 나타낸 것이다.

공핍층 커패시턴스와 파괴전압과 같은 다른 변수들은 동작조건에 따라 달라지므로 필요한 경
우에만 살펴보기로 한다.

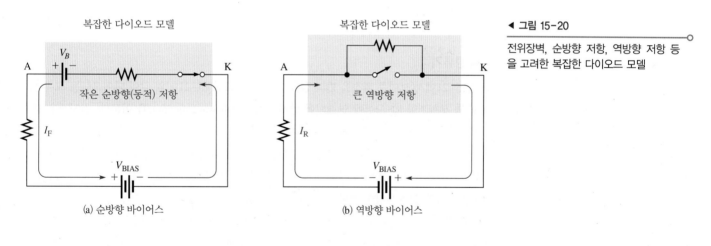

◀ 그림 15-20

전위장벽, 순방향 저항, 역방향 저항 등
을 고려한 복잡한 다이오드 모델

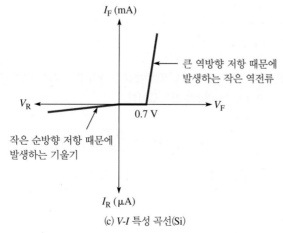

(c) V-I 특성 곡선(Si)

1. 정류 다이오드의 기호와 단자 이름을 표기하라.
2. 일반 다이오드에서 순방향 저항은 매우 작고 역방향 저항은 매우 크다. (참/거짓)
3. 개방 스위치는 이상적 다이오드의 _____ 바이어스이고, 단락 스위치는 _____ 바이어스이다.
4. 실제적인 다이오드 모델이 이상적인 다이오드 모델과 어떻게 다른가?

15-4 다이오드 정류기

다이오드의 한쪽 방향으로만 전류를 흘릴 수 있는 기능 때문에, 교류를 직류로 바꾸는 **정류 다이오드**(rectifier diode)가 이용되어 교류전압을 직류전압으로 바꾸어 준다. 교류를 직류로 변환하는 모든 전원공급 장치에는 정류기가 있다.

이 절의 학습목표

◆ **반파 정류기와 전파 정류기의 동작을 분석한다.**

    ◆ 기초적 직류전원공급기에 대해 설명한다.

    ◆ 반파, 전파 정류 과정을 설명한다.

    ◆ 정류기에서 다이오드의 기능을 설명한다.

    ◆ 반파 전압의 평균값을 정의한다.

    ◆ 전파 전압의 평균값을 정의한다.

    ◆ 첨두 역전압(PIV)을 정의한다.

반파 정류기

그림 15-21에서 보여준 과정을 반파 정류라고 한다. 그림 15-21(a)와 같이 다이오드는 교류전압원 V_{in}과 부하저항 R_L 사이에 연결되어 **반파 정류기**(half-wave rectifier)를 이룬다. 접지점은 모두 동일하다. 이상적인 다이오드를 사용하여 입력전압의 한 주기 동안 어떤 일이 발생하는지 살펴보자. 그림 15-21(b)와 같이 정현파 입력전압이 (+)일 때, 다이오드는 순방향 바이어스가 되어 전류가 부하저항으로 흐르게 된다. 전류가 흐르면 부하저항에서 전압강하가 생기며, 입력전압의 (+) 반 주기와 같은 모양이 된다.

    입력전압이 (−)인 나머지 반 주기 동안에는 다이오드가 역방향 바이어스가 되어 전류의 흐름이 없으므로 저항에는 그림 15-21(c)와 같이 아무런 전압이 발생하지 않는다. 따라서 전체 1주기 동안에 오직 교류입력전압의 (+)의 반 주기만 부하저항에 나타나므로 출력전압은 그림 15-21(d)와 같은 펄스 모양의 직류전압이 된다.

반파 출력전압의 평균값 반파 출력전압의 평균값은 직류전압계가 나타내는 값이다. 계산은 다음과 같으며 $V_{P(out)}$는 반파 출력전압의 첨둣값이다.

$$V_{AVG} = \frac{V_{p(out)}}{\pi}$$ (15-1)

그림 15-22는 반파 정류전압의 평균값을 점선으로 표시한 것이다.

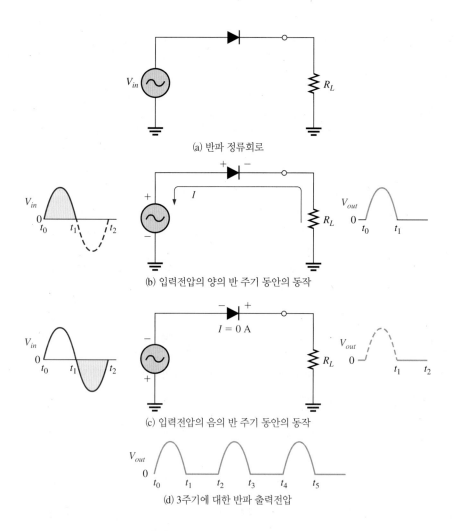

◀ 그림 15-21

반파 정류기의 동작

(a) 반파 정류회로

(b) 입력전압의 양의 반 주기 동안의 동작

(c) 입력전압의 음의 반 주기 동안의 동작

(d) 3주기에 대한 반파 출력전압

◀ 그림 15-22

반파 정류신호의 평균값

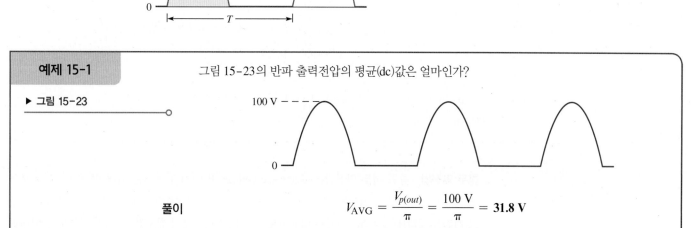

예제 15-1

그림 15-23의 반파 출력전압의 평균(dc)값은 얼마인가?

▶ 그림 15-23

풀이

$$V_{AVG} = \frac{V_{p(out)}}{\pi} = \frac{100\ V}{\pi} = \mathbf{31.8\ V}$$

관련 문제* 반파 정류전압의 첨둣값이 12 V일 때 평균값을 구하라.

공학용 계산기 소개의 예제 16-1에 있는 변환 예를 살펴보라.

─────────

* 해답은 이 장의 끝에 있다.

반파 정류전압에서 전위장벽의 효과 지금까지 논의한 정류회로에서는 이상적인 다이오드로 가정했다. 15-3절에서 배운 다이오드의 전위장벽을 고려할 때, 어떤 영향을 미칠 것인지 살펴보자. (+)의 반 주기 동안에 입력전압은 전위장벽보다 높아야 다이오드의 순방향 바이어스 조건이 만족된다. 따라서 그림 15-24에 보인 바와 같이 Si 다이오드의 경우 반파 출력전압값은 입력전압값에 비해 0.7 V만큼 감소하게 된다. 출력전압의 첨둣값은 식 (15-2)와 같다.

$$V_{p(out)} = V_{p(in)} - 0.7 \text{ V} \tag{15-2}$$

▶ 그림 15-24

전위장벽을 고려한 반파 정류기의 출력 전압(Si 다이오드)

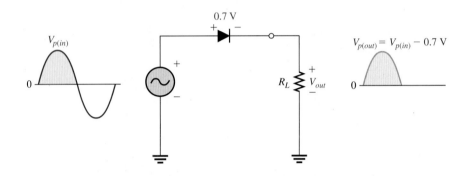

실제 다이오드 회로를 해석함에 있어 입력전압의 첨둣값이 전위장벽보다 매우 크다면(적어도 10배 이상) 이로 인한 영향을 무시할 수 있을 것이다.

예제 15-2

입력전압이 다음과 같을 때 그림 15-25과 같은 Si 정류회로에서 첨두 및 평균 출력전압을 구하라.

▶ 그림 15-25

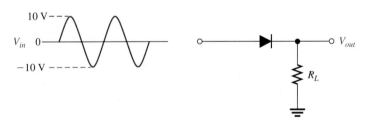

풀이

$$V_{p(out)} = V_{p(in)} - 0.7 \text{ V} = 10 \text{ V} - 0.7 \text{ V} = \textbf{9.3 V}$$

$$V_{\text{AVG}} \approx \frac{V_{p(out)}}{\pi} = \frac{9.3 \text{ V}}{\pi} = \textbf{2.96 V}$$

관련 문제 그림 15-25에서 입력전압의 첨둣값이 3.0 V일 경우 첨두 출력전압을 구하라.

공학용 계산기 소개의 예제 16-2에 있는 변환 예를 살펴보라.

첨두 역전압 종종 첨두 역전압(peak inverse voltage, PIV)이라 불리는 최대 역전압은 다이오드에 역방향 바이어스가 걸리게 되는 (−)주기 중 첨둣값이 되는 시점에서 발생한다. 그림 15-26은 그 시점을 나타낸 것이다. 이 첨두 역전압의 크기는 입력전압의 첨둣값과 같고, 반복되는 이러한 역전압값을 다이오드가 견딜 수 있어야 한다. 15-6절에서 논의한대로 전원공급장치에서 첨두 역전압은 높은 값으로 설정되어야 한다.

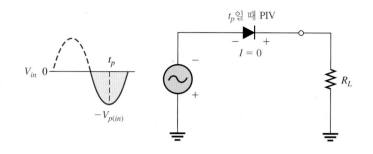

◀ 그림 15-26

첨두 역전압은 다이오드가 역방향 바이어스가 되는 반 주기에서 발생한다. 이 회로에서 첨두 역전압은 음(−)의 반 주기의 첨둣값이 나타나는 시간(t_p)에서 일어난다.

전파 정류기

전파와 반파 정류기의 차이는 부하에 흐르는 전류의 주기가 다르다는 점이다. 전파 정류기(full-wave rectification)에서는 입력전압의 전 주기 동안 부하에 전류가 흐르게 되고, 반파 정류기에서는 입력전압 한 주기의 동안에만 부하에 전류가 흐르게 된다. 따라서 전파 정류기는 그림 15-27과 같이 전 주기 동안에 직류전압을 공급한다. 특히 V_{out}의 주파수가 V_{in}의 두 배인 점에 주목하자.

◀ 그림 15-27

전파 정류

$V_p \gg V_D$일 때 전파 정류된 출력전압의 평균값은 다음 식과 같이 반파 정류기의 2배가 된다.

$$V_{AVG} \approx \frac{2\,V_{p(out)}}{\pi} \tag{15-3}$$

$2/\pi = 0.637$이므로 V_{AVG}는 $0.637\,V_{P(out)}$가 된다.

예제 15-3

그림 15-28에서 전파 정류된 출력전압의 평균값을 구하라.

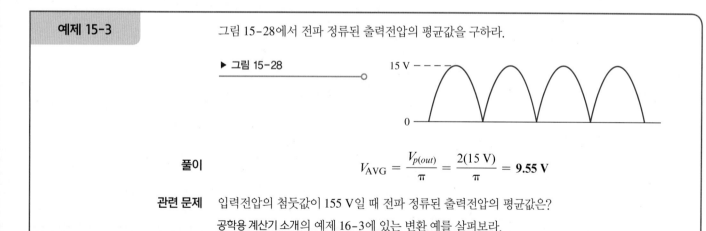

▶ 그림 15-28

풀이

$$V_{AVG} = \frac{V_{p(out)}}{\pi} = \frac{2(15\ V)}{\pi} = \mathbf{9.55\ V}$$

관련 문제 입력전압의 첨둣값이 155 V일 때 전파 정류된 출력전압의 평균값은?

공학용 계산기 소개의 예제 16-3에 있는 변환 예를 살펴보라.

중간 탭 전파 정류기

중간 탭(CT) 전파 정류기는 그림 15-29와 같이 2개의 다이오드를 연결하여 구성한다. 입력신호는 변압기를 통해 2차 권선에서 얻고 중간 탭에서 보면 양쪽 단자들의 전압은 그림과 같이 반이 된다.

입력전압의 양(+)의 반 주기 동안 2차 전압의 극성은 그림 15-30(a)와 같다. 이 반 주기 동안에

▶ 그림 15-29

중간 탭 전파 정류기

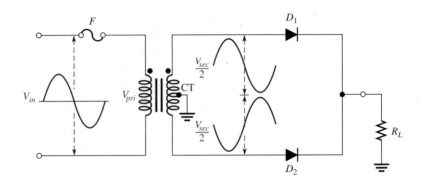

HANDS ON TIP

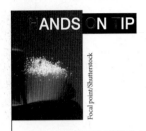

다이오드는 2개의 전원을 서로 분리하는 역할을 한다. 이는 컴퓨터시스템의 백업과 같은 고장진단하거나 역전류에 의한 손상을 방지해주는 작업을 수행될 수 있다. 15-5절에서는 이러한 응용 사례에 대해 더 자세히 다룬다.

위쪽의 다이오드 D_1은 순방향 바이어스가 되고 아래의 다이오드 D_2는 역방향 바이어스가 되어 부하저항에 흐르는 전류는 그림과 같이 D_1과 R_L을 통과한다. 입력전압의 음 (−)의 반 주기 동안 2차 전압의 극성은 그림 15-30(b)와 같다. 이 반 주기 동안에 위쪽의 다이오드 D_1은 역방향 바이어스가 되고 아래의 다이오드 D_2는 순방향 바이어스가 되어 부하저항에 흐르는 전류는 위의 전류 방향과 같다. 이와 같이 완전한 한 주기 동안에 부하로 흐르는 전류의 방향이 같기 때문에 부하에 나타나는 출력전압은 전파 정류된 직류전압이 된다.

▶ 그림 15-30

중간 탭을 이용한 전파 정류기의 동작원리. 전체 입력주기 동안 부하에 흐르는 전류는 항상 같은 방향이다.

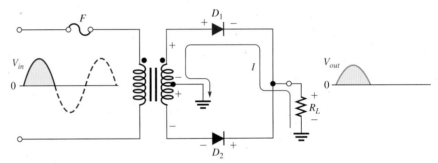

(a) 양의 반 주기 동안에 D_1은 순방향, D_2는 역방향 바이어스가 된다.

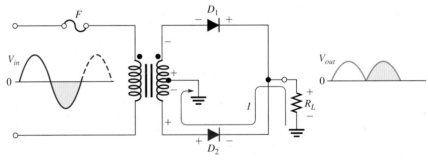

(b) 음의 반 주기 동안에 D_2는 순방향, D_1은 역방향 바이어스가 된다.

전파 출력전압에서 권선비의 효과 출력전압은 변압기의 권선비 n에 의해 결정된다. 대부분의 변압기에는 출력전압이 적혀 있다. 그러나 중간 탭이 전파 정류기의 기준점이고 따라서 출력전압의 첨둣값은 2차 전압의 첨둣값의 반임을 기억하라. 전압은 모르지만 변압기의 권선비를 알고 있다면 식 (15-4)로 전파 정류기에 대한 출력전압의 첨둣값을 계산할 수 있다.

$$V_{p(out)} = \frac{nV_{p(in)}}{2} \tag{15-4}$$

퓨즈가 끊어져 출력전압이 나오지 않을 경우 1차 전압은 입력전압과 같다. 입력전압의 크기와

같은 출력전압을 얻으려면, 권선비가 1:2인 승압 변압기를 이용해야 한다. 이 경우 2차측의 전압
은 1차 전압의 2배이므로 2차측 권선의 반에 걸리는 전압은 입력전압과 같다.

예제 15-4

종종 평균 입력전압과 출력전압의 첨둣값으로 변압기를 나타낼 필요가 있다. 만약 입력전압이
120 V rms이고 요구되는 출력전압의 첨둣값이 17 V일 때 전파 정류 권선비와 변압기의 종류를
결정하라.

풀이 입력전압의 첨둣값은

$$V_{p(in)} = \frac{V_{rms(in)}}{0.707} = \frac{120 \text{ V}}{0.707} = 170 \text{ V}$$

식 (15-4)를 정리하고 치환하면

$$n = \frac{2V_{p(out)}}{V_{p(in)}} = \frac{2(17 \text{ V})}{170 \text{ V}} = \mathbf{0.200}$$

따라서 권선비가 0.2인 **중간 탭형 강압** 변압기가 필요하다.

관련 문제 권선비가 0.15이면 출력의 첨둣값은 얼마인가?

공학용 계산기 소개의 예제 16-4에 있는 변환 예를 살펴보라.

첨두 역전압 문제를 단순화하기 위해 전파 정류회로의 다이오드를 이상적인 것으로 가정하자.
전파 정류기에서 각 다이오드들은 교대로 순방향과 역방향 바이어스가 바뀐다. 이때 각 다이오
드들은 그림 15-31과 같이 2차 권선에 걸리는 총 2차 전압 $V_{P(sec)}$의 최댓값에도 동작할 수 있어
야 한다. 2차 전압의 극성이 그림과 같을 때 D_1의 양극은 $+V_{P(sec)}/2$이고, D_2의 양극은 $V_{P(sec)}/2$
이다. D_1의 순방향 바이어스가 되어 음극의 전압은 양극의 $V_{P(sec)}/2$와 같고, D_2의 음극 전압도 동
일하다. 결국 D_2에 걸리는 총 역전압은

$$V_{D2} = \frac{V_{p(sec)}}{2} - \frac{-V_{p(sec)}}{2} = V_{p(sec)}$$

$V_{P(out)} = V_{P(sec)}/2$이므로

$$V_{p(sec)} = 2V_{p(out)}$$

각 다이오드에 대해 첨두 역전압을 2차 측의 첨둣값으로 표시하면,

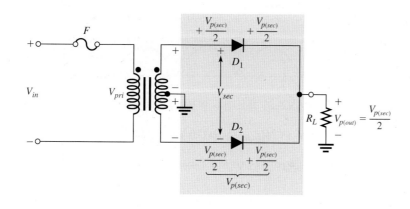

◀ **그림 15-31**

다이오드 D_1의 순방향, D_2의 역방향으
로 첨두 역전압이 걸린다. 각 다이오드
에 걸리는 첨두 역전압은 출력전압의 첨
둣값의 2배이다.

$$\text{PIV} = V_{p(sec)}$$

따라서 이 두 식을 결합하면 각 다이오드의 첨두 역전압은

$$\text{PIV} = 2V_{p(out)} \qquad (15\text{--}5)$$

예제 15-5

(a) 그림 15-32의 회로에서 1차 권선에 120 V 첨두전압의 정현파가 인가될 때, 2차 권선과 부하 저항 R_L에 걸리는 전압 파형을 그려라. 이상적인 다이오드로 가정한다.

(b) 이 다이오드의 최소 첨두 역전압 정격은 얼마이어야 하는가?

▶ 그림 15-32

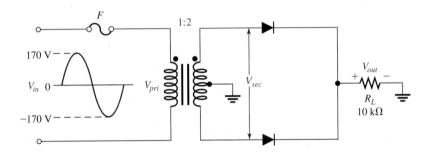

풀이 (a) 입력전압의 첨둣값은 다음과 같다.

$$V_{in} = V_{p(pri)} = \frac{120 \text{ V}}{0.707} = 170 \text{ V}$$

식 (14-5)를 사용하여 2차 전압의 첨둣값을 계산한다. 이 식은 양측의 전압이 동일한 유형일 때 적용된다. 이점을 강조하기 위해 첨둣값을 나타내는 p를 아래첨자로 사용했다.

$$V_{p(sec)} = nV_{p(pri)} = 2(170 \text{ V}) = 340 \text{ V}$$

출력전압의 첨둣값을 구하기 위해 식 (15-4)를 사용하면

$$V_{p(out)} = \frac{nV_{p(in)}}{2} = \frac{2(170 \text{ V})}{2} = 170 \text{ V}$$

$V_{(p)out}$은 접지를 기준으로 측정된 값이나 $V_{(p)sec}$는 그렇지 않음을 기억하자. 출력 파형은 그림 15-33과 같다.

▶ 그림 15-33

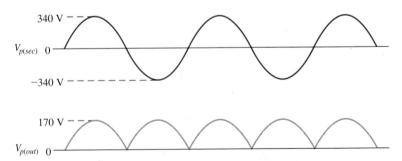

(b) 식 (15-5)를 적용하여 각 다이오드의 최소 첨두 역전압을 계산한다.

$$\text{PIV} = 2V_{p(out)} = 2(170 \text{ V}) = \mathbf{340 \text{ V}}$$

관련 문제 그림 15-33에서 입력전압의 첨둣값이 185 V일 때 다이오드의 첨두 역전압 정격은 얼마가 요구되는가?

공학용 계산기 소개의 예제 16-5에 있는 변환 예를 살펴보라.

Multisim 또는 LTspice 파일 E16-05를 열어라. 그림 15-33의 출력 파형과 오실로스코프를 사용한 출력 파형을 비교하라.

전파 브릿지 정류기

그림 15-34는 4개의 다이오드를 이용한 전파 브릿지 정류기(bridge rectifier)이다. 그림 15-34(a)와 같이 입력전압 주기가 (+)일 때 다이오드 D_1과 D_2는 순방향 바이어스가 되므로 회로의 전류가 그림과 같이 흐르게 된다. 따라서 부하저항 R_L에 전압이 걸리게 되고, 이때 다이오드 D_3와 D_4는 역방향 바이어스가 된다.

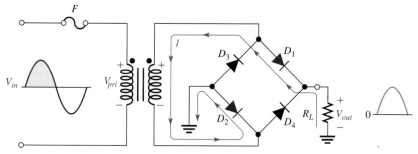

(a) 양의 반 주기 동안에 D_1과 D_2는 순방향, D_3와 D_4는 역방향 바이어스가 된다.

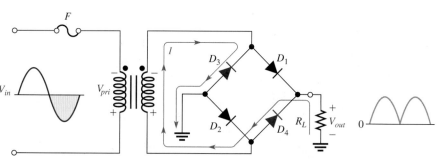

(b) 음의 반 주기 동안에 D_3와 D_4는 순방향, D_1과 D_2는 역방향 바이어스가 된다.

◀ 그림 15-34

전파 브릿지 정류기의 동작

그림 15-34(b)에서 입력주기가 (−)일 때 다이오드 D_3와 D_4는 순방향 바이어스가 되며, 양(+)의 반 주기에서와 마찬가지로 R_L을 통해 같은 방향으로 전류가 흐른다. 음(−)의 반 주기 동안 D_1과 D_2는 역방향 바이어스가 된다. 이러한 동작의 결과로 R_L 양단에서 전파 정류된 출력전압이 나타난다.

브릿지 출력전압 변압기 이론으로부터 2차 전압은 식 (14-5)에 주어진 것처럼 1차 전압에 권선비를 곱한 값과 같다.

$$V_{sec} = nV_{pri}$$

이 식은 V_{sec}와 V_{pri}가 모두 첨둣값일 때 적용된다. V_{in}이 1차 전압이므로 2차 권선의 첨두전압은 $V_{P(sec)} = nV_{p(in)}$로 주어진다.

그림 15-34와 같이 양의 반 주기와 음의 반 주기 동안 2개의 다이오드는 항상 직렬로 부하저항과 연결되어 있다. 2개 다이오드의 전위장벽을 무시하면 출력전압은 변압기 2차 권선의 첨두전

압과 같은 첨둣값을 갖는 전파 정류된 전압이다.

$$V_{p(out)} = V_{p(sec)} \tag{15-6}$$

첨두 역전압 입력이 (+) 반 주기 동안, 즉 D_1과 D_2가 순방향 바이어스일 때 D_3와 D_4에 걸리는 역전압을 알아보자. 그림 15-35에서 D_3와 D_4에 걸리는 역전압은 2차 권선 첨두전압 $V_{P(sec)}$와 같다.

$$PIV = V_{p(out)} \tag{15-7}$$

따라서 브릿지 다이오드의 첨두 역전압 정격은 중간 탭을 이용한 경우의 반이 된다.

▶ 그림 15-35

브릿지 정류기에서 입력전압의 (+) 반 주기 동안의 D_3와 D_4의 PIV

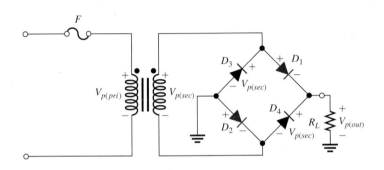

예제 15-6	(a) 그림 15-36의 브릿지 정류기에서 첨두 출력전압을 구하라.
	(b) 다이오드의 최저 첨두 역전압의 정격은 얼마인가?

▶ 그림 15-36

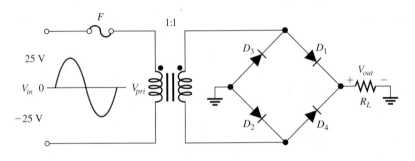

풀이 (a) 첨두 출력전압은

$$V_{p(out)} = V_{p(sec)} = nV_{p(in)} = (1)25\ V = \mathbf{25\ V}$$

(b) 각 다이오드의 첨두 역전압은

$$PIV = V_{p(out)} = \mathbf{25\ V}$$

관련 문제 그림 15-36 회로에서 1차 측의 첨두 입력전압이 160 V일 때 브릿지 정류기의 첨두 출력전압은 얼마인가? 그리고 다이오드의 첨부 역전압의 정격은 얼마인가?

공학용 계산기 소개의 예제 16-6에 있는 변환 예를 살펴보라.

Multisim 또는 LTspice 파일 E16-06을 열어라. 최대 출력전압을 오실로스코프로 측정한 값과 계산값을 비교하라.

15-4절 복습

해답은 이 장의 끝에 있다.

1. 반파 정류기에서 언제 첨두 역전압이 발생하는가?
2. 반파 정류기에서 입력주기의 몇 % 정도가 부하에 전류를 공급하는가?
3. 그림 15-37에서 출력전압의 평균값은?

▶ **그림 15-37**

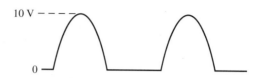

4. 첨둣값이 60 V인 전파 정류기의 평균 출력전압은?
5. 같은 입력전압과 권선비인 경우보다 큰 출력전압을 제공하는 전파 정류기는 어느 형태의 것인가?
6. 브릿지 정류 다이오드의 첨두 역전압은 중간 탭의 경우보다 작다. (참/거짓)

15-5 회로 보호 다이오드

알고 있듯이 에너지는 자기장에 저장된다. 만약 저장된 이 에너지가 제어되지 않는 방식으로 방출되면 회로나 사람에게 심각한 위험이 발생할 수 있다. 다이오드는 자기장에 저장된 급격한 에너지 방출로 인한 과도전압 및 스파크로부터 회로를 보호하는 데 사용될 수 있다. 또한 실수로 역전된 공급 리드로부터 다이오드는 회로를 보호할 수 있다.

이 절의 학습목표

◆ 다이오드가 과도 및 실수로 발생한 공급 역전 현상으로부터 보호 가능한 방법을 설명한다.
   ◆ 플라이백 다이오드를 정의한다.
   ◆ 플라이백 다이오드를 연결하여 과도전류로부터 보호하는 방법을 제시한다.
   ◆ 배터리 보호회로가 어떻게 작동하는지 설명한다.

플라이백 다이오드

플라이백 다이오드(flyback diode)는 다이오드의 특수한 활용 중 하나이다. 유도회로 상에서 전류가 차단되면 인덕터는 전압을 통해 매우 크고 위험한 스파이크를 발생한다. 이 유도전압은 렌츠의 법칙에 의해 인덕터를 통과하는 전류 변화에 따라 발생한다. 이 현상을 **인덕티브 킥백**이라고 하며, 유발된 전압을 킥백 또는 플라이백 전압이라고 한다. 이러한 전압 스파이크는 회로를 손상시키거나 아크를 발생해 안전성에 위험성을 초래할 수 있다. 이를 방지하기 위해 유도회로에 플라이백 다이오드가 붕괴되는 자기장으로 인해 발생한 유도전류에 낮은 임피던스 경로를 제공하고 큰 플라이백 전압을 방지한다. 플라이백 다이오드는 킥백 다이오드, 프리-휠링 다이오드, 클램프 다이오드, 캐치 다이오드, 억제 다이오드, 스너버 다이오드, 커뮤팅 다이오드 등 다른 이름으로 불리기도 한다.

그림 15-38은 플라이백 다이오드의 기본 작동원리를 나타낸다. 그림에 나타난 스위치는 기계식 또는 트랜지스터 스위치가 될 수 있고, 인덕터는 릴레이 코일과 같은 어떠한 유도체이다.

그림 15-38(a)와 같이 스위치가 닫혔을 때 인덕터를 통과하는 전류가 전압원 V_s 값과 회로저항 R에 의해 결정되는 정상 상태 값에 도달한다. 이때 플라이백 다이오드 D는 역방향 바이어스이며 기본적으로 열려 있는 상태로 스위치가 닫힌 동안 회로에 영향을 미치지 않음을 주목하자.

▶ 그림 15-38

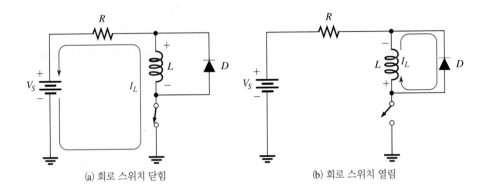

(a) 회로 스위치 닫힘　　　　　(b) 회로 스위치 열림

　　그림 15-38(b)를 참고하면 스위치가 열리면 인덕터는 즉시 전류를 유지하기 위해 극성을 가진 전압을 발생한다. 이 전압의 극성은 다이오드를 순방향 바이어스로 만들고 인덕터의 붕괴 자기장으로부터 전류가 다이오드를 통과하고 인덕터 전압은 다이오드의 정방향 전압강하에 고정된다. 다이오드가 없으면 인덕터의 플라이백 전압은 개방 스위치의 높은 임피던스를 통해 전류를 강제로 흐르게 할 수 있을 정도로 매우 높아져서 기계식 스위치가 아크를 일으키거나 트랜지스터 스위치를 손상킬 수 있다. 플라이백 다이오드는 인덕터 전류의 저 임피던스 경로를 제공하고 인덕터 전압을 순방향 전압으로 고정함으로써 회로의 잠재적인 손상을 방지하고 향상된 전기 안전성을 제공한다. 플라이백 다이오드는 의도된 대로 작동하기 위해 2가지 요구사항을 충족해야 한다. 역방향 전압 정격은 다이오드가 역방향 바이어스된 상태에서 적용된 전압을 견딜 수 있어야 하며, 전력 정격은 인덕터의 붕괴 자기장에 의해 방출된 에너지를 안전하게 소비할 수 있도록 해야 한다.

예제 15-7

그림 15-39의 스위치는 정상 상태 조건에 도달할 정도로 충분히 오랫동안 닫혀 있다. 스위치가 갑자기 열린다면, R_2에 인도되는 최고 전압은 얼마인가? (인덕터가 이상적이라고 가정한다.)

▶ 그림 15-39

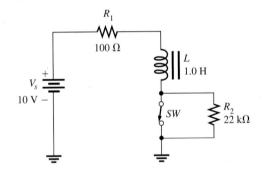

풀이　스위치가 닫힌 상태에서 정상 상태 전류는 옴의 법칙을 따른다.

$$I = \frac{V_S}{R_1} = \frac{10\ \text{V}}{100\ \Omega} = 100\ \text{mA}$$

스위치가 열렸을 때 총 저항은 $R_1 + R_2 = 22.1\ \text{k}\Omega$ 이다. 인덕터에 인도된 순간 유도전압은 전원 전압에 더해져 전류를 100 mA로 유지한다. 이것이 R_2의 전류이다.

$$V_2 = I(R_1 + R_2) \approx (100\ \text{mA})(22\ \text{k}\Omega) = \mathbf{2.2\ kV}$$

이 전압은 아크를 발생해 스위치를 여는 사람에게 충격을 줄 수 있다. 이를 방지하기 위해 그림

15-38과 같은 플라이백 다이오드가 인덕터 양단에 설치된다.

관련 문제 그림 15-39의 회로에서 스위치가 처음 닫히는 순간 인덕터 L에 걸리는 전압은 얼마인가? 공학용 계산기 소개의 예제 16-7에 있는 변환 예를 살펴보라.

역전류 보호

전지 전원회로의 심각한 문제는 사용자가 전지를 거꾸로 설치하는 경우 발생한다. 이로 인해 의도한 방향과 반대로 전류 흐름이 발생할 수 있다. 일반적으로 고전류는 퓨즈가 끊어지기 전에 손상이 있을 수 있으며 때에 따라 퓨즈가 끊어지기 전에 퓨즈가 없을 수도 있다. 과도한 전류는 과열을 일으키거나 극단적일 때 전지나 전해질 커패시터를 폭파할 수도 있다. 이러한 역전된 전지로부터 회로를 보호하는 가장 간단한 방법은 회로 보호용 직렬 다이오드를 사용하는 것이다.

그림 15-40은 전지가 역으로 장착되었을 때 손상을 방지하기 위해 사용하는 직렬 다이오드를 보여준다. 이 방법의 단점은 회로에 인가된 전압에서 다이오드 장벽 전압을 뺀다는 것이다. 이는 조정기로 전압을 낮춤으로써 배터리의 수명에 영향을 줄 수 있다. 또 다른 고려사항은 다이오드가 항상 부하에 대한 최대 전류와 서지 전류를 처리할 수 있어야 한다는 점이다. 다이오드를 사용하지 않고 전지 역전에 대해 보호하는 고도화된 방법들도 있다.

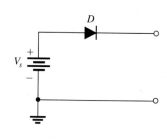

▲ **그림 15-40**
전지 역전으로 인한 손상을 방지할 수 있는 전지와 직렬로 연결된 다이오드

다이오드는 또한 시스템에서 1차 및 백업전원과 같이 여러 전원공급원을 분리하는 데 사용될 수 있다. 그림 15-41에 표시된 1차 및 백업전원의 경우 1차 공급전압(V_{S1})이 2차 공급전압(V_{S2})보다 약간 높기 때문에, 1차 전원이 활성 상태인 경우 다이오드 D_1은 전방향 바이어스가 되고 다이오드 D_2는 역방향 바이어스가 된다. 그러나 1차 전원이 고장나거나 제거되면 다이오드 D_2는 전방향 바이어스가 되어 2차 전원이 계속 전원을 공급할 수 있다. 활성 전원에서 어떠한 전압도 수용할 수 있는 전압 조정기는 활성 전원의 전압을 필요한 전압으로 변환한 뒤 이를 전자시스템에 공급한다. 이와 같은 시스템은 V_{S1}이 태양광 발전원인 경우에 대비하여 백업전원으로 전환할 수도 있다. 태양광 발전원의 전압이 떨어지면 시스템은 자동으로 백업전원으로 전환된다.

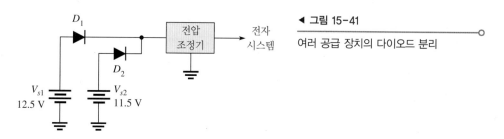

◀ **그림 15-41**
여러 공급 장치의 다이오드 분리

D_1

D_2

전압 조정기 → 전자 시스템

V_{s1} 12.5 V V_{s2} 11.5 V

15-5절 복습

해답은 이 장의 끝에 있다.

1. 플라이백 다이오드는 어떤 유형의 회로에 포함되는가?
2. 그림 15-38(a)의 다이오드는 스위치가 닫힌 상태에서 회로에 아무런 영향을 미치지 않는 이유는 무엇인가?
3. 그림 15-38(b)의 다이오드가 전류를 전도하는 이유는 무엇인가?
4. 그림 15-38의 플라이백 다이오드가 회로를 손상시킬 수 있는 인덕티브 킥백을 방지하는 두 가지 방법은 무엇인가?
5. 회로가 정상적으로 작동하려면 플라이백 다이오드가 충족해야 하는 두 가지 요구사항은 무엇인가?
6. 그림 15-40의 회로에서 전지가 거꾸로 설치하면 어떻게 되는가?
7. 그림 15-41의 회로에서 다이오드가 전방향 바이어스일 때 각각 0.7 V씩 감소한다면, V_{S1}이 활성화될 때 전압 조정기의 입력에 어떤 전압이 인가되는가? 또한 V_{S2}가 활성화 될 경우는 어떤가?

15-6   전원 장치

전원 장치들은 간단한 회로에서는 물론 복잡한 전자시스템에서도 대단히 중요한 역할을 한다. 전원 장치의 필터는 반파 및 전파 정류 출력전압의 떨림 현상을 감소해 일정한 직류전압을 유지하는 기능을 갖는다. 이와 같이 여파시키는 이유는 전자부품들이 원활한 동작을 하기 위해 일정한 바이어스 전압 또는 일정한 전류를 요구하기 때문이다. 여파 과정은 커패시터를 이용한다. **전압 조정**은 보통 집적회로로 만들어진 전압 조정기를 이용한다. 전압 조정기는 부하나 선 전압의 변함에 따라 여파된 직류전압이 변화되는 것을 방지한다.

이 절의 학습목표

◆ **전원공급장치 필터의 동작원리를 설명한다.**

  ◆ 커패시터 입력필터의 동작을 설명한다.

  ◆ 여파된 정류기의 첨두 역전압을 결정한다.

  ◆ 맥동전압의 정의와 이유를 설명한다.

  ◆ 맥동률을 계산한다.

  ◆ 커패시터 입력필터의 서지전류를 설명한다.

  ◆ 전압 조정에 대해 설명한다.

  ◆ 전형적인 IC 조정기에 대해 설명한다.

직류전원공급기

직류전원공급기(dc power supply)는 보통 집에서 사용하는 120 V, 60 Hz 교류를 일정한 직류전압으로 변환하는 흔히 볼 수 있는 회로이다. 이렇게 얻은 직류전압은 TV, VCR, 컴퓨터나 실험실

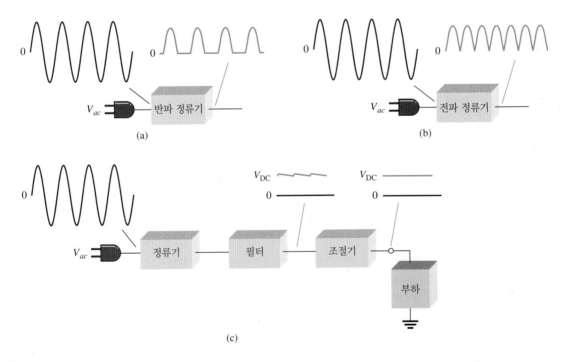

▲ 그림 15-42

정류기와 직류전원공급기의 동작을 보여주는 블록도

장비의 전원으로 이용된다.

정류기에는 반파 정류기와 전파 정류기가 있다. 반파 정류기는 교류의 입력전압을 그림 15-42(a)와 같이 반쪽 파형의 펄스 형태로 변환한다. 전파 정류기의 경우는 그림 15-42(b)에 그려져 있다. 그림 15-42(c)는 전원 장치의 블록도이다. 정류기 다음 단에 연결된 커패시터 필터는 정류기의 출력파동을 제거하여 부드러운 직류전압을 만든다.

마지막 단의 **조정기**(regulator)는 입력전압이나 부하의 변화에도 불구하고 일정한 직류전압을 유지하도록 하는 회로다. 이 전압 조정기는 1개의 소자로 구성되는 경우도 있으나 매우 복잡한 회로로 구성되는 경우도 있다. 일반적으로 부하 그림은 DC 전압과 부하전류를 제공하는 직류전원을 사용하는 회로이다.

커패시터 입력필터

그림 15-43은 커패시터 입력필터(capacitor-input filter)를 갖는 반파 정류기이다. 먼저 반파 정류기에 대해 설명하고 다음에 전파 정류기에 대해 설명한다.

◀ **그림 15-43**

커패시터 입력필터형 반파 정류기

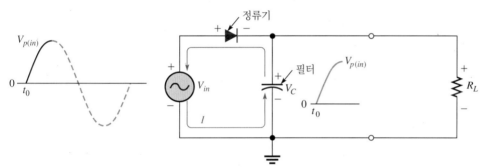

(a) 전원이 켜지면 커패시터가 초기에 충전된다(다이오드가 순방향 바이어스).

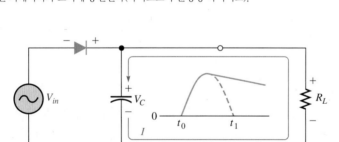

(b) 다이오드는 역방향 바이어스이고 + 첨둣값을 지나면 R_L을 통해 방전한다. 색상 곡선으로 표시된 입력의 일부분에서 방전된다.

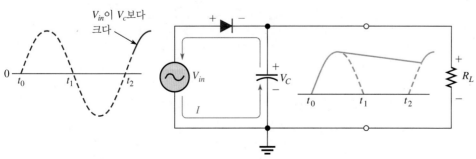

(c) 다이오드는 순방향 바이어스이고 첨두 입력값으로 재충전한다. 색상 곡선으로 표시된 입력의 일부분에서 충전된다.

처음 입력의 +1/4주기 동안 다이오드는 순방향 바이어스가 되어 커패시터는 그림 15-43(a)와 같이 다이오드 전압강하를 뺀 전압만큼 충전한다. 입력전압이 첨둣값 이하로 그림 15-43(b)와 같이 감소하기 시작하면 커패시터는 충전값을 유지하고, 다이오드는 역방향 바이어스가 된다. 나머지 주기 동안에 다이오드는 계속 역 바이어스 상태를 유지하므로 커패시터는 부하저항을 통해 시정수 $R_L C$에 의해 정해지는 비율로 방전하게 된다. 이 시정수가 클수록 커패시터는 천천히 방전한다.

커패시터 충전전압은 $V_{p(in)}$이므로 다이오드의 최대 역전압은

$$\mathbf{PIV} = 2V_{p(in)} \tag{15-8}$$

그림 15-43(c)와 같이 다음 주기의 첫 1/4주기 동안 입력전압이 커패시터 전압보다 크면 다이오드는 다시 순방향 바이어스가 된다.

맥동전압 앞에서 본 커패시터는 입력전압 주기에 곧바로 충전하고 첨두전압 이후에는(즉 다이오드가 역방향 바이어스일 때) 천천히 방전을 하게 된다. 이와 같은 충·방전에 따른 출력전압의 변동을 **맥동전압**이라 부른다. 그림 15-44에 보인 바와 같이 맥동이 적을수록 여파동작이 더 뛰어나다고 할 수 있다.

▶ 그림 15-44

반파 맥동전압(색상 선)

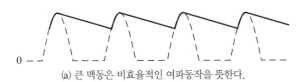

(a) 큰 맥동은 비효율적인 여파동작을 뜻한다.

(b) 작은 맥동은 효율적인 여파동작을 뜻한다.

어떤 입력주파수에 대해 전파 정류기의 출력주파수는 반파 정류기 주파수 값의 2배가 된다. 그 결과 전파 정류기는 여파가 용이하여 같은 부하저항과 커패시터 값에서 반파 정류기보다 맥동이 작아진다. 이렇게 맥동이 작아지는 이유는 그림 15-45에서 보듯이 커패시터가 방전하는 시간 간격이 짧기 때문이다. 효율적인 여파를 위해서는 $R_L C \geq 10T$가 되도록 하는 것이며, 여기서 T는 정류된 전압의 주기이다.

▶ 그림 15-45

동일한 필터와 같은 입력 주파수를 갖는 반파 및 전파신호에 대한 맥동전압의 비교

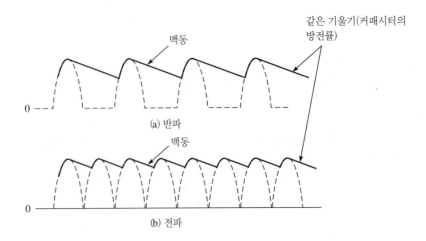

(a) 반파

(b) 전파

맥동률 r은 필터의 효율성을 나타내며 직류 출력전압(V_{DC})에 대한 맥동전압(V_r)의 비율로 정의되며, 그림 15-46과 같다.

$$r = \left(\frac{V_r}{V_{DC}}\right)100\% \qquad\qquad (15-9)$$

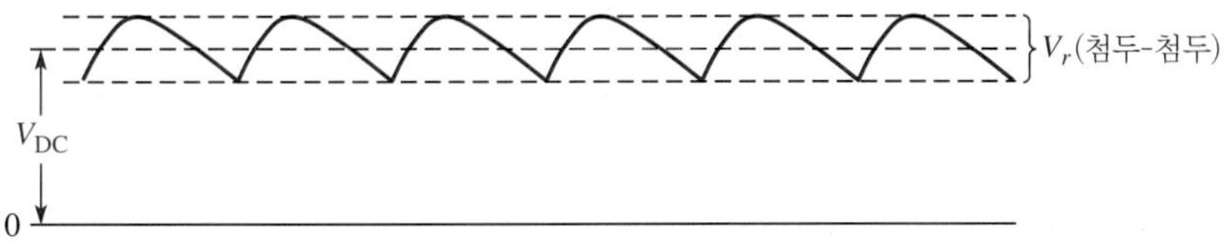

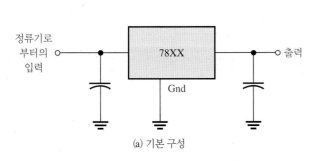

◀ 그림 15-46

V_r과 V_{DC}가 맥동률을 결정한다.

따라서 맥동률이 낮을수록 더 좋은 필터이며, 필터 커패시터 값이 커질수록 맥동률은 줄어든다.

IC 조정기

필터가 비록 맥동전압을 줄일 수 있지만 가장 효율적인 필터는 **집적회로**(integrated circuit, IC)로 구성된 전압 조정기와 커패시터 입력필터를 함께 사용하는 것이다. 집적회로(IC) 전압 조정기는 정류된 출력단에 연결되어 온도, 부하전류 또는 입력이 변화하더라도 일정한 출력전압을 유지한다. 커패시터 입력필터는 전압 조정기가 처리할 수 있을 정도의 크기로 맥동전압을 줄이는 역할을 한다. 큰 용량의 커패시터와 IC 전압 조정기로 조합한 회로를 이용하여 저렴한 비용으로 특성이 매우 좋은 작은 전원 장치를 만들 수 있다.

보통 흔히 이용하는 IC 전압 조정기는 3개의 단자로 구성되어 있다. 각각은 입력, 출력 및 기준(또는 조정) 단자라고 부른다. 먼저 커패시터를 이용하여 맥동이 10% 이내로 되도록 여파한 후, 그 출력을 전압 조정기의 입력단에 연결한다. 전압 조정기는 이러한 맥동을 무시할 수 있을 정도로 감소한 출력전압을 내보낸다. 이외에 대부분의 전압 조정기는 내부적으로 기준 전압, 단락 보호, 열파괴 보호회로 등과 같은 기능을 포함하고 있다. 전압의 크기에 따라 다양한 종류가 있으며, 외부에 가급적 적은 양의 부품을 추가하여 가변전압을 얻도록 함과 동시에 (+) 및 (−) 전압을 공급하기도 한다. 일반적으로 IC 전압 조정기는 맥동전압을 크게 줄이면서도 1 A 혹은 수 A의 일정한 전류를 공급할 수 있으며, 5.0 A가 초과되는 전류를 공급할 수 있는 종류도 있다.

고정된 전압을 제공하는 3단자 조정기는 그림 15-47(a)와 같이 외부에 커패시터를 이용하여 동작시킨다. 필터는 입력과 접지 사이에 큰 용량의 커패시터를 이용하여 처리한다. 때로는 추가로 작은 값의 입력 커패시터를 병렬로 사용하기도 하는데, 이 경우는 필터 커패시터가 IC와 근접해 있지 않을 경우에 발생하는 발진을 방지하기 위한 것이다. 따라서 이러한 작은 용량의 커패시

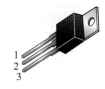

모델명	출력전압
7805	+5.0 V
7806	+6.0 V
7808	+8.0 V
7809	+9.0 V
7812	+12.0 V
7815	+15.0 V
7818	+18.0 V
7824	+24.0 V

(a) 기본 구성   (b) 7800 계열   (c) 일반적인 패키지

▲ 그림 15-47

7800 계열의 전압 조정기

터는 IC에 가깝게 위치하게 만들어야 한다. 마지막으로 출력단의 커패시터는 보통 0.1~1.0 μF이며 과도응답을 개선하기 위해 출력단에 병렬로 연결한다.

3단자 조정기로는 78XX 계열이 있는데, 출력은 방열핀을 이용할 경우에 1 A까지 가능하다. 78XX의 마지막 두 숫자는 출력전압의 크기를 표시한다. 즉 7812는 +12 V 출력의 전압 조정기이다. (−) 전압을 제공하는 경우는 79XX 계열의 제품을 사용하면 되는데, 예를 들어 7912를 이용하면 −12 V의 출력전압을 얻을 수 있다. 여러 종류의 패키지가 있으며 그림 15–47(c)에 가장 일반적으로 쓰이는 TO-220 패키지를 나타냈다. 제조사의 사양서에 다른 패키지들이 나타내있다. 78XX 계열의 TO-220 패키지의 금속 탭은 보통 방열판에 연결되어 있다. 방열판의 크기는 전압 조정기의 전력소비와 허용 가능한 온도 상승에 좌우된다. 이들 전압 조정기 내에는 전류제한, 온도 차단, 안전 동작 범위 보호회로가 내장되어 있다.

7805를 이용한 +5 V 기본 전원 장치를 지금껏 논의되었던 부품들을 포함한 회로도로 그림 15–48에 나타냈다. 비교적 대용량의 전해 커패시터에 의해 브릿지의 출력은 평활화되어 맥동이 줄고 전압 조정기의 dc 입력으로 공급된다. 이 전압은 7805 전압 조정기의 출력전압보다 2.5 V 높아야 한다. 즉 브릿지 출력이 최소한 7.5 V이어야 한다. 회로도에서는 표준 12.6 V 변압기가 사용되었으나 7805에 대해는 낮은 전압이 사용될 수 있으며 이차 전압의 첨둣값이 다이오드의 전압 강하와 전압 조정기의 상부여유를 허용하여 9.0 V보다 크다면 잘 동작할 것이다. 일반적으로 전압 조정기가 과열되지 않으려면 방열판이 필요하다.

다른 종류로는 출력을 변화할 수 있는 3단자 전압 조정기가 있다. 가장 널리 사용되는 가변형 (+) 전압 조정기는 LM117/LM317 계열이고 가변형 (−) 전압 조정기는 LM137/LM337 계열이다. 이들 전압 조정기는 단지 2개의 외부 저항을 사용하여 출력전압을 (+) 전압 조정기의 경우 1.2 V부터 37 V의 범위에 대해 1.5 A 전류를 만들어 낼 수 있도록 설정한다. 이 전압 조정기들은 대부분의 고정전압 조정기보다 높은 성능의 과부하 및 단락회로 보호기를 포함하고 있다.

그림 15–49에 가변저항 R_2를 이용하여 출력을 변화할 수 있는 전원공급장치 회로를 보였다. R_2는 0에서 1.0 kΩ 사이의 값이다. LM317은 조절 단자와 출력 단자 사이에 1.25 V의 전위차를 유도하도록 되어 있다. 따라서 저항 R_1에 흐르는 전류는 일정하게 유지되며 1.25 V/240 Ω = 52 mA가 된다. 중간의 조절 단자로 흐르는 매우 적은 양의 전류를 무시하면 R_2에 흐르는 전류는 R_1에 흐르는 전류와 같다. 결국 R_1과 R_2 양단의 출력은 다음과 같다.

$$V_{out} = 1.25\ \text{V}\left(\frac{R_1 + R_2}{R_1}\right)$$

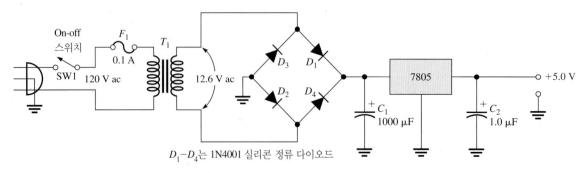

D_1–D_4는 1N4001 실리콘 정류 다이오드

▲ 그림 15-48

기본적인 15 V 전원 장치

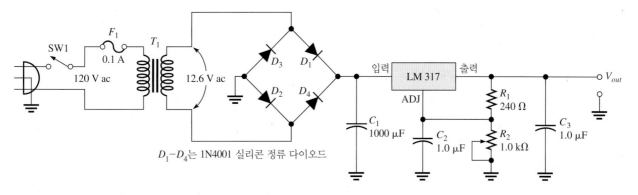

▲ 그림 15-49

1.25 V에서 6.5 V까지의 가변형 전압 조정기

전원공급장치의 출력전압은 조정기 1.25 V에 저항의 비를 곱한 값이다. 그림 15-49에서 R_2가 0 이면 출력은 1.25 V가 되고, R_2가 최대가 되면(1.0 kΩ) 출력은 6.5 V가 된다.

전압 변동률

백분율로 표시되는 전압 변동률을 이용하여 전압 조정기의 성능을 나타낼 수 있는데, 입력전압 변동률과 부하 변동률로 구분한다. **입력전압 변동률**(input regulation) 또는 **선 변동률**이란 입력전압이 변화할 때에 출력에 어느 정도의 영향을 미치는지를 표시하는 것으로 다음과 같은 백분율로 정의한다.

$$입력전압\ 변동률 = \left(\frac{\Delta V_{OUT}}{\Delta V_{IN}}\right)100\% \qquad (15-10)$$

부하 변동률(load regulation)은 부하전류가 변화할 때 출력전압의 변화를 규정하는데, 보통 부하가 없는 경우(no load, NL)에 최소 전류가 흐르고, 전 부하(full load, FL)일 경우 최대 전류가 흐르기 때문에 이 구간을 고려한다. 부하 변동률은 다음과 같이 정의된다.

$$부하\ 변동률 = \left(\frac{V_{NL} - V_{FL}}{V_{FL}}\right)100\% \qquad (15-11)$$

여기서 V_{NL}은 부하가 없을 때의 출력전압이고, V_{FL}은 최대 부하일 때의 출력전압이다.

예제 15-8	7805 조정기에서 출력전압이 부하가 없을 경우에 5.185 V, 최대 부하일 경우에 5.152 V로 측정되었다. 이 회로의 부하 변동률은 얼마인가?
풀이	$부하\ 변동률 = \left(\frac{V_{NL} - V_{FL}}{V_{FL}}\right)100\% = \left(\frac{5.18\ V - 5.15\ V}{5.15\ V}\right)100\% = \mathbf{0.58\%}$
관련 문제	부하가 없을 경우에 24.8 V, 최대 부하에서 23.9 V의 출력전압인 전압 조정기의 부하 변동률은 얼마인가? 공학용 계산기 소개의 예제 16-8에 있는 변환 예를 살펴보라.

해답은 이 장의 끝에 있다.

15-6절 복습	1. 커패시터 입력필터의 출력에 나타나는 맥동전압의 발생 이유는?
	2. 커패시터 필터로 구성된 전파 정류기에서 부하저항이 감소되었을 때 맥동전압에 주는 영향은?
	3. 3개의 단자로 구성된 조정기의 장점은 무엇인가?
	4. 부하 변동률과 입력전압 변동률의 차이점은 무엇인가?

15-7 특수 목적 다이오드

일반적인 정류기로 쓰이는 다이오드 이외의 특수 목적용 다이오드가 있다. 제너 다이오드는 주로 안정된 기준전압을 설정하고, 쇼트키 다이오드는 고주파 및 빠른 스위칭을 응용하고, 버랙터 다이오드는 전압 조절 가변 커패시터에, LED는 발광하는 다이오드에, 포토 다이오드는 광 다이오드에 사용된다.

이 절의 학습목표

◆ 네 가지 특수목적 다이오드의 기본 동작과 응용을 설명한다.
  ◆ 제너 다이오드의 특성과 응용을 논의한다.
  ◆ 쇼트키 다이오드의 구조, 작동원리, 응용을 논의한다.
  ◆ 버랙터 다이오드의 동작을 설명한다.
  ◆ LED의 동작과 응용을 설명한다.
  ◆ 광 다이오드의 동작과 응용을 논의한다.

▲ 그림 15-50

제너 다이오드 기호

제너 다이오드

제너 다이오드는 입력이 변하더라도 출력 기준전압을 안정하게 유지하는 데 주로 이용된다. 이러한 기준전압은 전원공급기, 전압계, 기타 계기들에 사용된다.

그림 15-50은 제너 다이오드의 기호이다. Si pn 접합 소자인 **제너 다이오드**(zener diode)는 보통의 정류 다이오드와는 다르게 역방향 바이어스에서 동작되도록 설계되어 있다. 제너 다이오드의 역파괴 전압은 다이오드 제작 과정에서 도핑을 정밀하게 조절하여 만들어진다. 15-3절의 다

▶ 그림 15-51

일반 다이오드와 제너 다이오드의 전압 전류특성 곡선. 역방향 파괴 영역의 기울기는 이해하기 쉽게 과장되게 그렸다.

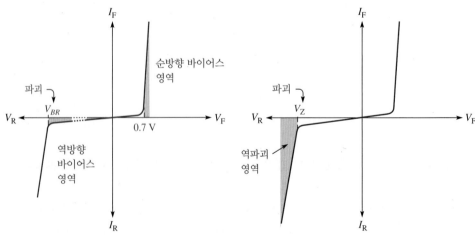

(a) 정류 다이오드의 정상적인 동작 영역을 어두운 부분으로 나타냈다.

(b) 제너 다이오드의 정상적인 동작 영역은 어두운 부분이다.

이오드 특성 곡선에서 역파괴전압에 이르면 역으로 흐르는 전류의 양이 급격히 증가해도 전압은 거의 일정하다. 그림 15-51에 정류용 다이오드와 제너 다이오드의 V-I 특성을 보였는데, 어두운 부분이 정상적인 동작영역이다. 만일 제너 다이오드가 순방향 바이어스되면 정류 다이오드와 같이 동작한다.

제너 파괴 역방향 바이어스가 걸린 제너 다이오드에서 발생하는 파괴 현상에는 사태와 제너의 2종류가 있다. **사태 파괴 현상**은 충분히 큰 역전압이 인가된 정류 다이오드에서도 발생한다. **제너 파괴 현상**은 낮은 역전압에서 발생한다. 제너 다이오드는 도핑이 아주 많이 되어 있으므로 파괴 전압이 낮고 공핍층이 매우 좁다. 따라서 이 좁은 공핍층 폭 때문에 전계의 세기가 강하게 되므로 역전압(V_Z) 근처에서 쉽게 전자들을 가전자대로부터 끌어당겨 전류를 발생한다.

대략 5.0 V보다 작은 전압에서 동작되는 것은 제너 파괴가 주가 된다. 이보다 큰 전압에서 동작되는 것은 사태 파괴이다. 하지만 이들 두 종류 모두를 통상 제너 다이오드라 부른다. 파괴전압이 1.8 V에서 300 V에 이르는 제너 다이오드들을 일반적으로 사용한다.

그림 15-52는 역전압 영역의 제너 다이오드 특성 곡선이다. 역전압 V_R이 증가해도 역전류 IR은 변곡점(곡선의 '변곡')에 이를 때까지 거의 변동이 없다. 그러나 이후부터 제너 임피던스(Z_Z)가 급격히 감소하여 역전류(I_Z)는 증가하고 파괴전압(V_Z)은 일정한 값을 유지한다. 변곡점의 밑에서 파괴전압은 거의 일정하다. 이러한 조정기능이 제너 다이오드의 중요한 특성이다. 즉 어느 역전류 범위 내에서 제너 다이오드 양단의 전압은 거의 일정하다는 것이다.

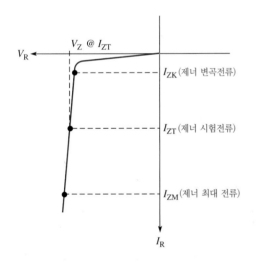

◀ **그림 15-52**

제너 다이오드의 역전압 특성 곡선. V_Z는 제너 시험전류 I_{ZT}에 의해 결정되고, V_{ZT}로 표시한다.

제너 다이오드의 조정기능을 위해는 역전류의 최솟값 I_{ZK}가 유지되어야 한다. 그림에서와 같이 역전류가 최소 역전류 I_{ZK}보다 작은 구간에서는 다이오드의 전압 변화가 커서 일정 전압 유지 기능이 상실되고, 최대 전류 I_{ZM}보다 커도 다이오드의 전기적 정격을 넘어 다이오드가 파괴된다.

따라서 제너 다이오드는 이 양단($I_{ZK} \sim I_{ZM}$)의 전류 사이에서 일정한 전압을 유지하므로 전압 조정기능을 수행한다. 보통 제너 다이오드 시험전압 V_{ZT}는 그림과 같은 제너 시험전류 I_{ZT}에서의 전압값이다.

제너 등가회로 그림 15-53(a)는 역 바이어스된 이상적인 제너 다이오드의 등가회로이다. 이 등가회로는 단순히 제너 다이오드를 제너 전압과 같은 크기의 전지로 대치한 것과 같다. 그림 15-53(b)는 보다 실제적인 등가회로로 제너 임피던스(Z_Z)를 포함하고 있다. 제너 임피던스는 교류전류에 대한 전압의 변화율에 의존하기 때문에, 특성 곡선에서 동작하는 영역에 따라 달라지

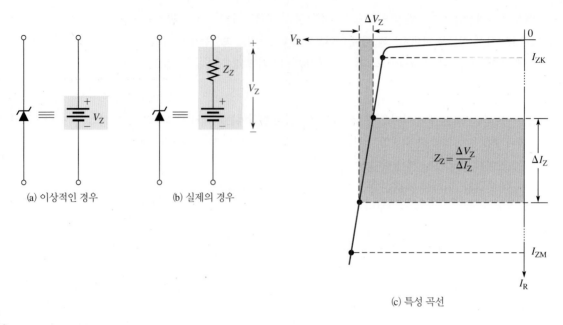

(a) 이상적인 경우   (b) 실제의 경우

$$Z_Z = \frac{\Delta V_Z}{\Delta I_Z}$$

(c) 특성 곡선

▲ 그림 15-53

제너 등가회로. 이 기울기는 Z_Z의 정의를 명확하게 하기 위해 다소 과장된 형상이다.

는 교류 저항값이 된다. 전압 곡선은 이상적인 수직선이 아니므로 제너 전류 변화(ΔI_Z)에 따라 그림 15-53(c)와 같이 작은 제너 전압의 변화(ΔV_Z)를 유발한다.

이 변화율은 제너 임피던스로 다음과 같은 식으로 표시할 수 있다.

$$Z_Z = \frac{\Delta V_Z}{\Delta I_Z} \tag{15-12}$$

보통 Z_Z는 제너 시험전류(I_{ZT})에서의 값이다. 대부분의 경우 Z_Z는 역전류의 전체 범위에 걸쳐 거의 일정하다.

예제 15-9

어떤 제너 다이오드에서 2.0 mA의 전류(I_Z) 변화에 50 mA의 전압(V_Z) 변화가 생겼다. 이 경우 제너저항은 얼마인가?

풀이

$$Z_Z = \frac{\Delta V}{\Delta I_Z} = \frac{50\,\text{mV}}{2.0\,\text{mA}} = 25\,\Omega$$

관련 문제   20 mA의 전류 변화에 100 mV의 전압이 변하는 제너 다이오드의 임피던스를 계산하라.

공학용 계산기 소개의 예제 16-9에 있는 변환 예를 살펴보라.

제너 전압 조정   3단자 IC 전압 조정기가 더 좋은 특성을 보이나 제너 다이오드들은 저전류 응용이나 기준전압을 제공하는 데 널리 이용된다. 기본회로를 그림 15-54에 나타냈다.

입력전압이 제한된 범위 내에서 변화할 때, 제너 다이오드는 출력단자 양단에서 일정한 전압을 유지한다. 그러나 V_{in}이 변할 때 I_Z도 따라서 변화하므로 입력전압 변동의 한계는 제너 다이오드가 안전하게 동작할 수 있는 최대와 최소 전류 범위 및 $V_{IN} > V_Z$ 조건에 의해 정해진다. 저항 R은 전류를 제한하는 역할을 한다.

예를 들어 그림 15-54에서 제너 다이오드에 10 V가 인가되고 4.0~40 mA 범위 내에서 동작한다면, 최소 전류에서 1.0 kΩ에 걸리는 전압은

$$V_R = (4.0 \, \text{mA})(1.0 \, \text{k}\Omega) = 4.0 \, \text{V}$$

이고,

$$V_R = V_{IN} - V_Z$$

이므로

$$V_{IN} = V_R + V_Z = 4.0 \, \text{V} + 10 \, \text{V} = 14 \, \text{V}$$

가 된다. 최대 전류에서 1.0 kΩ 저항에 걸리는 전압은

$$V_R = (40 \, \text{mA})(1.0 \, \text{k}\Omega) = 40 \, \text{V}$$

따라서

$$V_{IN} = 40 \, \text{V} + 10 \, \text{V} = 50 \, \text{V}$$

가 된다. 위의 예에서 알 수 있듯이 14 V에서 50 V의 전압 차이가 발생해도 출력전압은 대략 10 V를 유지하지만, 제너 임피던스 때문에 실제 전압은 다소 변화한다.

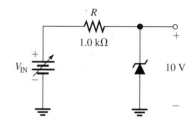

▲ 그림 15-54

SAFETY NOTE

제너 다이오드는 프로판 탱크 주변과 같은 위험환경의 계측회로 및 제어회로에 사용되는 본질적인 안전(IS) 회로에서 매우 중요하다. 제너는 전압을 본질적인 안전레벨, 주로 24 V dc나 그 이하까지 제한한다. 따라서 폭발을 야기할 수 있는 잠재적인 스파크를 피할 수 있다.

쇼트키 다이오드

독일의 물리학자 쇼트키(Walter H. Schottky)의 이름을 딴 **쇼트키 다이오드**(Schottky diode)의 구성은 다른 반도체 다이오드의 구성과 다르다. 이미 학습했듯이 일반 다이오드는 p형과 n형 물질로 구성되며 pn 접합에 의해 형성된 장벽은 전류가 한 방향으로만 흐르게 한다. 쇼트키 다이오드는 도핑된 반도체 물질과 쇼트키 접합을 형성하는 백금, 크롬, 백금 실리사이드와 같은 금속이나 실리사이드로 구성된다. pn 접합과 마찬가지로 쇼트키 접합도 전류가 한 방향으로만 흐를 수 있게 한다. 쇼트키 접합도 pn 접합과 마찬가지로 전류가 오직 방향으로만 흐르게 한다. 반도체 다이오드는 양전하를 띤 정공과 음전하를 띤 전자를 사용하여 작동하는 양극성 소자이다. 금속 영역은 전자만을 전도할 수 있으므로 쇼트키 다이오드는 음성 전하를 가진 전자만을 전도하는 단극성 장치이다. 그림 15-55는 n형 반도체로 구성된 일반 다이오드와 쇼트키 다이오드의 기본 구성과 기호를 보여준다. 쇼트키 접합의 단점은 반도체 최대 역전압 정격이 낮고 역방향 누설 전류 레벨이 pn 접합보다 낮다. 쇼트키 다이오드는 n형 또는 p형 물질을 사용하여 제작할 수 있지만 p형 쇼트키 다이오드는 n형 다이오드보다 순방향 전압 강하가 낮지만 역방향 전류가 높다.

쇼트키 접합은 반도체 pn 접합과 비교해 2가지 중요한 장점이 있다. 첫 번째 장점은 쇼트키 접합이 전압 하강률이 낮다는 것이다(150 mV에서 450 mV). 이 이유로 쇼트키 다이오드는 일반 다이오드보다 빠른 활성화가 가능하다.

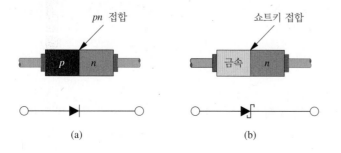

(a)   (b)

◀ 그림 15-55

(a) 일반 반도체 다이오드, (b) 쇼트키 다이오드

pn 접합   쇼트키 접합

두 번째이자 더 중요한 장점은 쇼트키 접합에는 공핍층이 없으므로 공핍층과 관련된 커패시턴스가 없다는 것이다. 일반 다이오드가 차단 전류와 전도전류 사이를 전환할 때 공핍층 커패시턴스가 충전 또는 방전되어야 최종적으로 다이오드가 On/Off 상태에 도달할 수 있다. 그 결과 중 하나는 다이오드가 스위치를 끌 때 짧은 시간 동안 역전류가 발생한다는 것이다. 또 다른 결과는 다이오드가 켜고 끄는 데 필요한 시간, 즉 순방향 복구시간(t_{fr})과 역방향 복구시간(t_{rr})이라 불리는 것으로 이러한 시간은 일반 다이오드가 전환하는 속도를 제한한다. 순방향 복구시간과 역방향 복구시간은 일반적으로 수백 나노초의 범위에 있으므로 일반 다이오드의 전환 주파수는 약 1.0 MHz로 제한된다. 쇼트키 다이오드에는 충전 또는 방전할 수 있는 공핍층 커패시턴스가 없다. 이러한 이유로 다이오드가 꺼질 때 역전류가 훨씬 더 낮다. 이는 스위칭 시간이 수백 피코초이며 수백 메가헤르츠에서 기가헤르츠까지 스위칭 주파수가 있음을 의미한다.

버랙터 다이오드

버랙터 다이오드는 역방향 바이어스의 전압 크기에 따라 접합 커패시턴스 용량이 변화하므로 가변 커패시턴스 다이오드라고 부른다. 버랙터는 가변 커패시턴스의 특성을 이용하여 특별히 제작된 다이오드이다. 역전압을 변화해 커패시턴스를 변화할 수 있다. 이러한 다이오드는 통신시스템에서 사용하는 동조회로에 자주 이용된다.

버랙터(varactor)는 기본적으로 공핍층 때문에 발생된 커패시턴스를 이용하는 역방향 바이어스된 pn 접합 다이오드이다. 역방향 바이어스에 의해 생성된 공핍층은 절연 특성 때문에 커패시터의 유전체와 같은 역할을 한다. 그림 15-56에서 보듯이 p와 n 영역은 각각 도체로 커패시터의 평행판과 같은 역할을 한다.

▶ 그림 15-56

역 바이어스된 버랙터 다이오드는 가변 커패시터로 동작한다.

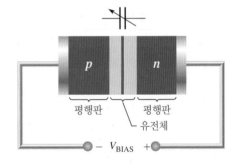

역방향 바이어스 전압이 증가하면, 공핍층의 폭은 넓어지게 되어 유전체의 두께(d)가 증가하는 효과를 가져오므로 커패시턴스가 감소하게 된다. 반대로 역방향 바이어스가 감소하면 공핍층이 줄어들어 커패시턴스가 증가하게 된다. 그림 15-57(a)와 그림 15-57(b)는 이 원리를 설명한 것이다. 전압과 커패시턴스와의 관계를 나타내는 그림 15-57(c)이다. 통상적인 버랙터는 10:1 범위의 커패시턴스 조정이 가능하다. 버랙터는 약 1 pF에서 200 pF까지 가변 커패시턴스를 갖는다.

커패시턴스는 마주보고 있는 판의 면적 A, 유전율 ε, 두께 d에 의해 다음과 같은 식으로 표현된다.

$$C = \frac{A\varepsilon}{d} \tag{15-13}$$

버랙터 다이오드에서는 공핍층의 도핑과 다이오드의 기하학적 구조 및 크기에 따라 커패시턴스가 결정된다.

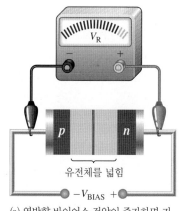

(a) 역방향 바이어스 전압이 증가하면 커패시턴스는 감소

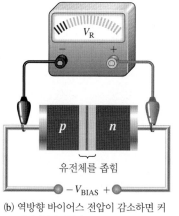

(b) 역방향 바이어스 전압이 감소하면 커패시턴스는 증가

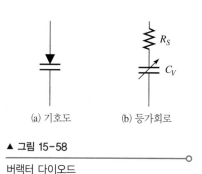

(c) 다이오드의 커패시턴스 대 역전압 그래프

▲ 그림 15-57

버랙터 다이오드의 커패시턴스는 역전압에 따라 변한다.

그림 15-58(a)는 버랙터 다이오드의 기호이며, 그림 15-58(b)는 단순화한 등가회로이다. R_S는 역 바이어스 때문에 생기는 직렬저항, C_V는 가변 커패시턴스이다.

응용 버랙터 다이오드는 이미 언급한 바와 같이 주로 통신 장비의 동조회로에 이용된다. 예로서 FM 변조기가 있으며, 이 변조기의 출력주파수는 버렉터의 변조전압에 의해 조절된다. 주파수변조(FM)는 저주파신호(변조신호)로 고주파신호(반송파)를 변화하는 과정이다. 변조신호가 음으로 갈수록 출력주파수는 낮아진다. 변조신호에 의해 출력주파수를 변화하는 방법은 간단하며 신뢰성 있는 방법의 결과이다.

2차적인 활용은 동조(공진)회로이다. 버렉터는 전압에 의해 제어되는 커패시터처럼 동작하고 원하는 주파수는 버렉터의 바이어스 전압을 변화함으로써 얻을 수 있다. 이는 통신 수신기를 예정된 주파수로 동조시키는 데 유용하다. 관련된 활용으로서는 역 바이어스에 의해 출력주파수를 결정하는 전압 제어 발진기가 있으며 이는 (마이크로웨이브 주파수를 포함하여) 매우 넓은 주파수 범위에 걸쳐 사용된다.

(a) 기호도

(b) 등가회로

▲ 그림 15-58

버랙터 다이오드

발광 다이오드(LED)

발광 다이오드(light emitting diode, LED)의 기본적인 동작은 다음과 같다. 순방향 바이어스일 때 전자들이 n형에서 pn 접합을 지나 p형 영역 내에 있는 정공들과 재결합을 하게 된다. 앞에서 배운 바와 같이 전도대의 전자들은 가전자대의 정공들보다 높은 에너지를 갖고 있으므로 재결합할 때 전자들은 이 에너지를 열이나 빛으로 방출하게 된다. 한쪽 면을 볼 수 있도록 넓게 제작하면 재결합할 때 가시광선을 관측할 수 있다. 그림 15-59는 이 과정을 전기발광이라는 용어를 이용하여 설명한 것이다.

발광 다이오드 반도체 재료 초기 발광 다이오드에는 갈륨아세나이드(GaAs)가 사용되었다. 최초의 가시 적색 발광 다이오드는 갈륨아세나이드 지지층에 갈륨아세나이드포스파이드(GaAsP)를 사용하여 생산되었다. 효율의 증대는 갈륨포스파이드(GaP) 지지층을 사용하여 달성한 더 밝은 적색 발광 다이오드와 오랜지색 발광 다이오드들이 가능해졌다. GaAs 발광 다이오드는 눈에 보이지 않는 적외선을 발생한다. 그림 15-60은 발광 다이오드의 기호이다.

빛에너지

p 영역

n 영역

▲ 그림 15-59

발광 다이오드에서의 전기발광

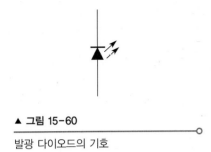

▲ 그림 15-60

발광 다이오드의 기호

후에 엷은 녹색 빛 방출소자로서 GaP가 사용되었다. 적색과 녹색 칩을 사용하여 발광 다이오드로 황색 빛을 만들 수 있었다. 최초의 고휘도의 적색, 황색, 녹색 발광 다이오드들은 갈륨알미늄아세나이드포스파이드(GaAlAsP)를 사용하여 생산되었다. 1990년대 초에 이르러 인듐갈륨알미늄포스파이드(InGaAlP)를 사용하여 적색, 오렌지색, 황색, 녹색의 초고휘도 발광 다이오드들이 가능하게 되었다.

탄화실리콘(SiC)을 사용하는 청색 발광 다이오드와 질화갈륨(GaN)으로 만들어지는 초고 휘도 청색 발광 다이오드 또한 가능해졌다. 녹색과 청색 빛을 만드는 높은 조명도의 발광 다이오드 또한 인듐갈륨나이트라이드(InGaN)를 사용하여 만들어진다. 고조명도 백색 발광 다이오드는 청색 빛은 흡수하고 백색 빛은 다시 방출하도록 형광성 인으로 덧씌운 고휘도 청색 GaN를 사용하여 구성된다.

발광 다이오드가 순방향 바이어스가 되면 그림 15-61(a)와 같이 빛을 발생한다. 빛의 양은 그림 15-61(b)와 같이 전류 크기에 비례한다. 그림 15-61(c)는 여러 가지 형태의 발광 다이오드 모양이다.

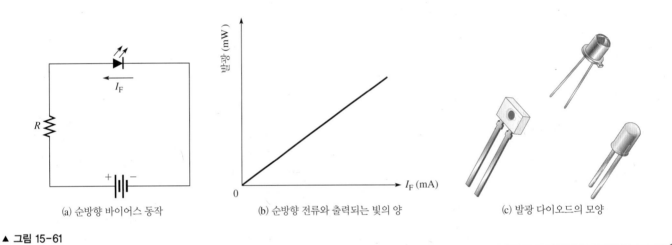

| (a) 순방향 바이어스 동작 | (b) 순방향 전류와 출력되는 빛의 양 | (c) 발광 다이오드의 모양 |

▲ 그림 15-61

발광 다이오드

응용 저전력 발광 다이오드는 주로 표시기 등이나 잘 알려진 것처럼 시계나 유사한 제품에 사용되는 7 세그먼트 발광 다이오드에 사용된다. 최근의 기술발전으로 초고휘도 발광 다이오드의 활용이 교통 신호등, 차량용 등, 신호판, 일반적인 광원에 이르기까지 확대되고 있다. 발광 다이오드는 매우 효율이 높아서 일반 전구에 비하면 열발생이 적고 사용 유지비용이 적게 들 뿐 아니라 사용 수명이 매우 길기도 하다. 백열전구를 발광 다이오드로 바로 교체할 수 있도록 일반적인 120 V 나사형의 결합부를 포함하여 여러 형태의 기반이 밝은 발광 다이오드에 사용된다.

RGB LED 디스플레이 응용 분야에서 널리 사용되는 인기 있는 LED 중 하나는 RGB LED 이다. 그림 15-62에 나온 것처럼 이 유형의 LED의 구성은 빨간색, 녹색, 파란색 LED를 하나의 패키지에 통합한다. Sunrom 3933과 같이 일반 음극 구성에서 모든 LED 음극은 일반 (−) 공급 지점에 연결되며 각 양극은 개별적으로 제어 가능한 양극에 연결된다. 반면 Lumex SML-LX0303SIUPGUSB와 같은 일반 양극 구성에서는 LED의 모든 양극이 일반 (+) 공급 지점에 연결되며 각 음극은 개별적으로 제어 가능한 음극에 연결된다. 일반적으로 일반 음극 구성을 갖는 RGB LED는 스루홀 패키지를 사용하며, 일반 양극 구성은 표준 SMD 패키지를 사용한다.

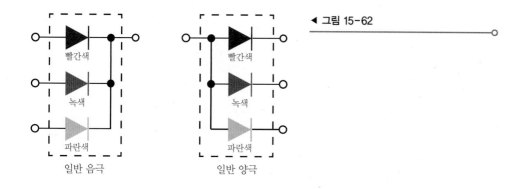

◀ 그림 15-62

제어 소스를 선택적으로 활성화하면 하나 이상의 LED를 통해 전류가 흐른다. 이를 통해 장치는 사실상 흰색을 포함한 거의 모든 색상의 빛을 방출할 수 있다. 예를 들어 빨간색, 녹색 LED를 통한 전류는 노란색이나 호박색을 발생하는 반면 빨간색과 파란색 LED를 통과하는 전류는 흰색을 생성한다. 정확한 색은 각 LED의 상대적인 밝기에 따라 다르며 LED의 밝기는 각 LED를 통과하는 전류의 양에 따라 달라진다. 장치의 외부 소스는 각 LED에 대한 전류량을 설정한다. 텍사스 인스트루먼트 TLC5971과 같은 특수 LED 드라이버 IC는 RGB LED 회로의 설계를 단순한다. TLC5971에는 12개의 LED 드라이브 핀과 **인터페이스**가 있으며 외부 마이크로컨트롤러에 연결되며 마이크로컨트롤러는 드라이브 핀의 전류를 65,536 레벨 중 하나로 설정할 수 있다. 드라이버 IC가 RGB LED의 세 개의 개별 LED를 제어하는 데 사용될 경우, 이론적으로 RGB LED가 $65,536^3 = 281,474,976,710,656$ (280조 이상)의 다양한 색을 표시할 수 있다.

레이저 LED 레이저 LED는 특수한 종류의 LED이며, 물리적으로 이 레이저 LED는 불순물이 없는 순수 반도체 영역으로 p형과 n형 반도체 영역으로 구성되어 있다. 이 영역은 진성(불순물 없는) 반도체 영역으로 분리되어 있으며, 이러한 종류의 장치는 그 구조 때문에 PIN 다이오드로 불린다.

이 레이저 LED는 표준 LED가 빛을 방출하는 방식과 유사하게 진성 영역에서 전자와 정공의 재결합으로 인해 빛을 방출하지만, 레이저에서 나오는 빛은 일관성이 있다. 즉 방출된 모든 빛은 동일한 위상뿐만 아니라 주파수를 가지고 있다. 적외선 레이저 다이오드의 작동은 1962년 General Electric의 Robert N. Hall 박사에 의해 처음으로 시연되었으며, 이는 Hughes Research Laboratories의 Theodore H. Maiman 박사가 최초의 작동 레이저를 개발한 후 2년 만에 이루어진 것이다. 이후의 연구를 통해 빨간색, 녹색, 파란색, 보라색을 포함한 가시광선 주파수를 방출할 수 있는 레이저 LED가 개발되었다. 현재 레이저 LED는 디지털 통신, 타겟팅 시스템, 거리 측정 장치, 레이저 프린터, 광학 저장 장치, 3D 디지털 스캐너, 바코드 리더, 측량 장비, 엔터테인먼트 시스템, 장식적 디스플레이를 포함한 다양한 소비자와 산업 및 군사 응용 분야에서 사용되고 있다.

광전다이오드

광전다이오드(photodiode)는 그림 15-63(a)와 같이 역 바이어스로 작동하는 pn 접합 장치이다. 광전다이오드의 회로 기호에 주목하자. 광전다이오드에는 pn 접합에 빛이 닿을 수 있는 작은 투명한 창이 있으며, 일반적인 광전다이오드는 그림 15-63(b)에 나와 있고 대체 기호는 그림 15-63(c) 부분에 나와 있다.

역 바이어스 상태에서 다이오드 정류기는 매우 작은 역방향 누설전류를 가지고 있다는 점을 기억하자. 이는 광전다이오드에도 같이 적용된다. 역 바이어스 전류는 공핍 영역에서 열적으로

▶ 그림 15-63

광전다이오드

(a) 역 바이어스 동작　　　(b) 일반 장치　　　(c) 대체 기호

생성된 전자 정공쌍에 의해 생성되며, 이러한 전자 정공쌍은 역전압에 의해 생성된 전기장에 의해 접합부를 가로질러 흐른다. 정류기 다이오드의 경우, 전자 정공쌍의 수가 증가하여 역전류가 온도에 따라 증가한다.

　　광전다이오드에서는 노출된 pn 접합에서 빛의 세기에 따라 역전류가 증가한다. 빛이 없을 때 역전류(I_λ)는 무시할 수 있을 정도로 작아 암전류라고 불린다. 그림 15-64의 그래프에서 볼 수 있듯이 방사도(mW/cm^2)로 표현되는 빛의 양이 증가함에 따라 역전류가 증가한다.

▶ 그림 15-64

광전다이오드에 역전류-방사도 그래프

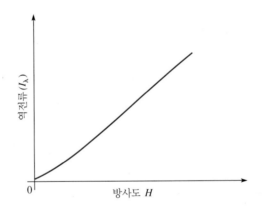

응용　그림 15-65에 표시된 것처럼 광선이 지속해서 컨베이어 벨트를 가로지르고 투명한 창 뒤에 광전다이오드 회로가 있다. 여기서 광선이 컨베이어 벨트를 통과하는 동안 컨베이어 벨트 위를 통과하는 물체에 의해 광선이 차단되면 다이오드 전류가 급격하게 감소하고, 이는 카운터가 하나씩 진행되는 제어회로가 활성화된다. 이곳을 통과한 물체의 총 개수는 카운터에 의해 표시된다. 이 기본 개념은 생산 제어, 배송, 생산 라인에서의 활동 감시를 위해 확장하여 사용할 수 있다.

▶ 그림 15-65

컨베이어 벨트를 통과할 때 물체를 세는 시스템에 사용되는 광전다이오드 회로

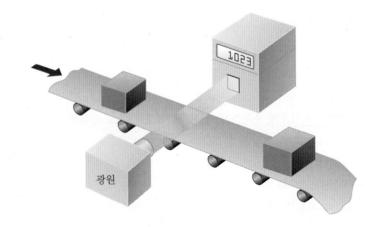

광결합기와 광억제기

LED와 광전다이오드의 자연스러운 확장은 LED가 광전다이오드의 광원 역할을 하도록 결합하는 것이다. LED와 광전다이오드가 이러한 방식으로 함께 사용되면, 이들은 **광결합기**(optocoupler) 또는 **광억제기**(optoisolator)로 불리는 것을 형성한다. 그림 15-66(a)와 같이 광결합기와 광억제기는 개별 부품을 사용하여 구성할 수도 있으며, 그림 15-66(b)와 같이 하나의 단위로 함께 패키징할 수도 있다. 많은 패키지형 광결합기와 광억제기는 고속 디지털 애플리케이션을 위한 ON Semiconductor FOD8343 또는 고정밀 선형 애플리케이션을 위한 Vishay IL300과 같은 특수 애플리케이션에 최적화되어 있다.

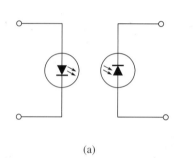 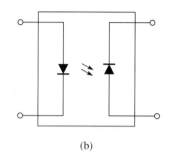

(a) (b)

◀ 그림 15-66

광결합기/광억제기 회로 기호

광결합기와 광억제기라는 용어의 차이는 주로 회로 적용 분야에 있으며 물리적 구조에는 차이가 없다. 일반적으로 광결합기의 목적은 저전압 응용 분야에서 두 전기적/물리적으로 격리된 하위 회로 간에 신호를 전달하거나 결합하는 것이다. 반면 광억제기의 주요 목적은 고전압 또는 본질적으로 안전한 응용 분야와 같이 결합한 두 하위 회로 간에 전기적 절연을 제공하는 것이다. 이때 정보가 광학적으로 전송되기 때문에 두 회로 모두 전자기 간섭에 상대적으로 영향을 받지 않지만, 개별 부품을 사용하는 회로는 정렬 불량, 먼지, 연기, 주변 광원으로 인한 간섭과 잠재적인 물리적 문제가 발생할 수 있다.

LED와 광전다이오드를 함께 묶게 되면, 그 하우징은 그림 15-67(a)와 같이 밀봉될 수 있고, 그림 15-67(b)와 같이 외부 장벽이 빔을 차단할 수 있는 물리적 채널 또는 슬롯을 가질 수 있다. 밀봉된 패키지는 부품의 정렬과 간격이 변하지 않도록 보장하면서 먼지나 주변 빛과 같은 외부 요인이 장치의 작동에 영향을 미치지 않도록 한다. 슬롯형 패키지는 탭이나 유사한 물리적 장벽을 슬롯에 삽입하여 시스템이 LED에 의해 방출되는 빛을 차단할 수 있도록 한다. 슬롯형 광결합기의 한 응용 예는 움직이는 어셈블리가 경로를 따라 특정 지점에 도달했을 때를 감지하는 것이다. 어셈블리에 연결된 탭이 광결합기의 채널을 통과하면 빛 빔이 가로막히고 어셈블리가 그 특정 지점에 도달했음을 신호로 나타내게 된다.

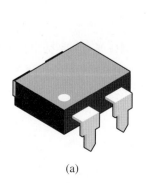 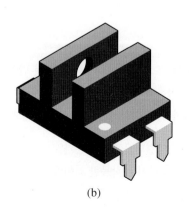

(a) (b)

◀ 그림 15-67

두 기본형 광결합기/광억제기 패키지

15-7절 복습

해답은 이 장의 끝에 있다.

1. 제너 다이오드는 보통 파괴 영역에서 동작한다. (참/거짓)
2. 10 V 제너 다이오드의 저항이 30 mA에서 8.0 Ω일 때, 단자 전압은 얼마인가?
3. 쇼트키 다이오드의 구조는 전통적인 반도체 다이오드와 어떻게 다른가?
4. 쇼트키 접합이 pn 접합에 비해 어떤 장점이 있는가?
5. 버랙터 다이오드의 목적은 무엇인가?
6. 그림 15-57(c)의 일반적인 곡선을 기반으로 역방향 전압이 증가할 때 다이오드 커패시턴스가 어떻게 변화하는지에 대해 무엇이 일어나는가?
7. LED와 광전다이오드는 어떻게 다른가?
8. 레이저 LED의 빛은 표준 LED의 빛과 어떻게 다른가?
9. 빛이 없는 상황에서 광전다이오드에는 아주 작은 역전류가 있다. 이 전류를 무엇이라고 하는가?
10. 광결합기와 광억제기의 차이는 무엇인가?
11. LED와 광전다이오드를 함께 패키징 제작할 때 장점은 무엇인가?

15-8 고장진단

이전의 문제해결 사례에서는 APM(분석, 계획, 측정) 접근 방식의 세 단계를 다소 동등하게 강조했다. 이 절에서는 신중한 분석을 통해 계획 및 측정 단계를 실행하는 데 필요한 시간과 노력을 크게 줄일 수 있는 방법을 제시한다. 이 문제해결 예제는 조정된 전원공급장치의 예를 들어 고장 부품이 초래하는 증상에 대해 설명한다.

이 절의 학습목표

◆ 전원 장치 및 다이오드의 고장진단에 APM을 적용한다.
   ◆ 증상에 따른 문제를 분석한다.
   ◆ 간단한 관측으로 기본적인 문제를 제거한다.
   ◆ 회로 또는 시스템에 발생하는 문제의 종류를 결정하기 위한 접근 과정을 설계한다.
   ◆ 문제를 분리하기 위해 적절한 측정을 만든다.
   ◆ 부품에 따른 고장의 증상을 이해한다.

상식적으로 APM 방법을 사용하여 회로 또는 시스템 결함의 문제해결에 접근할 수 있다. 고장난 회로 또는 시스템은 정상적인 입력이 되어도 출력이 없거나 잘못된 값을 보낸다. 그림 15-48과 같이 5.0 V 전원공급장치의 문제를 해결해야 하는 상황을 가정해보자. 다음 단계는 진행 방법의 예로 제공된다.

분석

불량회로 또는 시스템을 해결하기 위한 첫 번째 단계는 문제를 분석하는 것이다. 여기에서 분석은 증상을 파악하고 가능한 많은 원인을 제거하는 것을 포함한다. 결함이 있는 전원공급장치에 전원을 공급하기 전에 스스로 다음 질문을 해보자.

1. 어떤 조건이 결함을 일으켰는가?
2. 이 전원공급장치는 작동한 적이 있는가?
3. 이 전원공급장치에 불에 탄 저항기, 끊어진 전선, 느슨한 연결, 퓨즈 개방과 같은 명백한 결

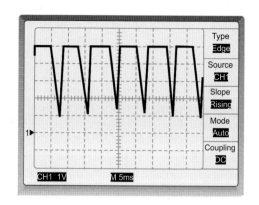

오실로스코프에서 관찰된 전원공급장치 출력

함이 있는가?

초기 육안 점검을 완료한 후 전원을 공급하자. 문제해결을 위해 +5.0 V 전원공급기의 출력을 확인한다. 만약 입력에 교류가 적용될 때 출력은 그림 15-68에 나타난 것과 같다. 오실로스코프는 수직으로 1 V/div 및 수평으로 5 ms/dive로 설정되어 있다. 출력은 5.0 V에서 매 8.3 ms마다 발생하는 평탄한 상단과 스파이크를 보여준다. 이 관측 결과에는 다음 단계를 계획하는 특정 정보가 있다. 분석은 다음과 같을 것이다.

1. 출력에 전압이 있으므로 변압기 입력은 양호하다.
2. 출력에 전압이 있으므로 변압기가 작동 중인 것으로 파악된다.
3. 출력 스파이크는 120 Hz 주파수를 가지며, 이는 입력 주파수의 두 배이다. 이것은 정류기가 작동하고 있을 가능성이 크다는 것을 나타낸다. 그 이유는 정류기로부터 예상되는 맥동 주파수는 적용된 주파수의 두 배이기 때문이다.
4. 과도한 맥동은 필터링이 불충분하거나 없음을 나타낸다.
5. 평탄한 상단은 +5.0 V에 있다. 조정기의 출력이 정상 +5.0 V를 초과하지 못하도록 하여 조정기가 작동하고 있을 가능성이 있다.

이처럼 분석 단계는 진행하기에 충분한 정보를 제공한다.

계획

이 단계에서는 문제해결하는 방법을 고려해야 한다. 대부분의 시스템에서는 3-8절에서 설명한 세 가지 접근 방식 중 하나를 선택한다. (1) 입력에서 시작하여 잘못된 판독값을 찾거나, (2) 출력부터 시작하여 다시 작업하거나, (3) 반쪽씩 나눠서 확인하는 방식이 있다. 이러한 접근 방식 중 어느 하나를 선택하면 결국 결함을 파악할 수 있지만, 가장 **빠른** 방법이라고 보장되지 않는다.

이러한 이유로 단계별 **알고리즘적** 접근과 확률 기반 **휴리스틱** 접근 간의 차이를 강조한다. 일련의 단계 또는 명령어인 알고리즘은 느리지만 원하는 결과를 얻을 수 있도록 보장한다. 자주(항상은 아니지만) 성공하는 전략을 사용하는 휴리스틱은 더 빠를 가능성이 높지만 항상 성공할 수 있는 것은 아니다. 예를 들어 필요한 난해한 방정식을 찾기 위해 책의 각 페이지를 읽는 것은 시간이 걸리지만 그것을 찾을 수 있다(알고리즘적). 반면 색인을 사용하여 그것을 가장 가능성이 큰 부분을 식별하면 작업을 빠르게 진행할 수 있지만 방정식을 반드시 찾지는 않는다(휴리스틱적). 자동화된 테스트 기계는 알고리즘을 사용하지만 경험 있는 기술자와 엔지니어들은 종종 휴리스틱을 사용한다.

불량 전원공급장치의 경우 분석 단계에서 부족한 필터링을 가리켰으므로 먼저 조정기 입력 부분의 필터를 점검하기로 했다.

측정

오실로스코프 탐침을 조정기 입력 부분으로 이동하면 그림 15-69의 파형이 나타난다. 전체 신호를 보여주기 위해 V/div가 5V/div로 변경했다. 이제 조정기 입력이 14 V 직류전압이며 13 V_{pp}의 큰 맥동이 관찰된다. 이것은 열린 필터 커패시터를 나타낸다.

▶ 그림 15-69

최종 점검에서 입력 필터 캐패시터가 열려 있음을 확인함.

모든 문제해결이 이렇게 간단하지는 않을 수 있지만, 문제해결의 일반적인 절차로서 분석, 계획, 측정의 기본 단계가 여기에 설명되어 있음.

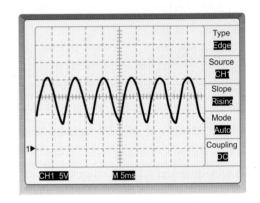

고장진단

이제 다른 전원공급장치에 대한 일반적인 부품 고장과 이것이 일으키는 현상에 대해 논의해보자. 그러나 주의해야 할 점은 시스템은 종종 한 고장이 회로 내에서 다른 고장을 일으킬 수 있는 연쇄 고장의 영향을 받을 수 있다는 것이다. 예를 들어 단락된 구성요소는 회로 내의 다른 구성요소를 손상할 만큼 충분한 전류를 소모할 수 있으며 퓨즈를 개방할 수도 있다. 여러 구성 요소 고장이 발견되면 먼저 어떤 고장이 먼저 발생했는지(루트 원인)를 파악하고 그다음으로 다른 고장이 어떻게 발생했는지와 어떻게 발생했는지를 논리적으로 결정하려고 시도해야 한다.

반파 정류기에서 개방된 다이오드의 영향 그림 15-70(a)는 반파 정류기를 사용한 기본적인 비조정 전원공급장치를 나타낸다. 만약 다이오드가 그림 15-70(b)와 같이 개방 상태라면, 다이오드의 음극 측에 전압이 없으며 양극은 변압기에서 나온 교류 전압이 있을 것이다. 다른 고장으로는 퓨즈 개방 또는 입력전압 없음과 같은 상황에 의해 출력이 없을 수 있다. 이러한 이유로 개방 다이오드를 확인하기 위해 음극 쪽에서 측정을 수행할 필요가 있다.

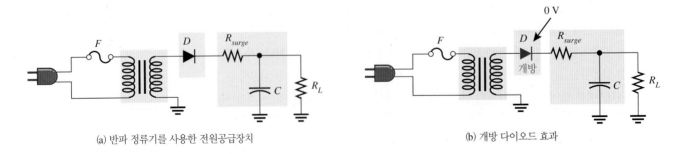

(a) 반파 정류기를 사용한 전원공급장치   (b) 개방 다이오드 효과

▲ 그림 15-70

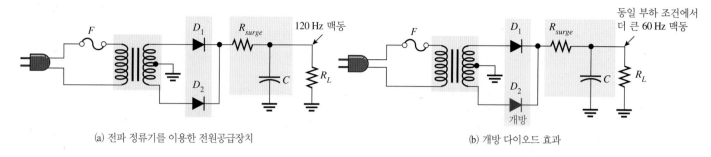

▲ 그림 15-71

중간 탭 정류기의 개방 다이오드의 영향은 반파 정류기 및 120 Hz가 아닌 60 Hz에서 더 큰 맥동 진폭이다.

전파 정류기에서 개방된 다이오드의 영향   그림 15-71은 같이 중간 탭으로 만들어진 필터링된 전파 정류기를 보여준다. 전파 정류기를 사용하는 전원공급장치에서 개방 다이오드를 찾는 핵심은 맥동전압주파수를 찾는 것이다. 2개의 다이오드 중에서 어느 것이라도 개방되면 120 Hz 대신 60 Hz가 될 것이다. 맥동 진폭 또한 2 다이오드와 동일한 부하의 2배가 된다.

개방 다이오드와 같은 현상을 일으킬 수 있는 또 다른 고장은 변압기 2차 권선의 절반 부분에 개방되는 경우이다. 스코프를 사용하여 변압기 양쪽에서 확인해보면 변압기가 작동하는지 빠르게 확인할 수 있다. 이때 좋은 변압기는 양쪽 모두에서 교류를 나타낸다.

120 Hz가 아닌 60 Hz에서 맥동이 증가하는 이유는 개방 다이오드로 인해 회로가 반파 정류기 역할을 하게 되고, 이로 인해 60 Hz 주파수의 맥동전압이 더 커지기 때문이다.

전파 브릿지 정류기에서 개방된 다이오드의 영향   조절된 전파 브릿지 정류기 전원공급장치는 이전 그림 15-48과 15-49에서 설명했다. 이러한 회로 중 하나에서 개방 다이오드가 발생하면 중앙 탭의 전파 정류기회로와 같은 현상이 발생한다. 그 결과 반파 정류가 발생하여 60 Hz에서 맥동전압이 증가한다. 조절된 전원공급장치에서는 가벼운 부하에서 출력이 정상적으로 보일 수 있지만, 스코프를 사용하여 맥동주파수를 측정하고 맥동 진폭의 증가를 확인함으로써 맥동을 알 수 있다.

모든 전원공급장치에서 다이오드 단락의 영향   전원공급장치에서 다이오드가 단락되면 퓨즈가 끊어지거나 2차 전류가 과도하게 흘러 회로가 손상될 수 있다. 이는 정류기가 일반적으로 변압기에서 교류를 직류로 변환하기 때문이다. 다이오드가 단락되면 필터 커패시터는 교류전압을 받게된다. 필터 용량이 커지면 사실상 교류에 대한 접지로 간주하기에 과도한 전류가 퓨즈를 터뜨리거나 다른 손상을 일으킬 수 있다. 이것이 왜 터진 퓨즈를 교체하기 전에 항상 단락이나 다른 문제를 확인해야 하는 하는지의 이유이다. 단락된 부품이 다른 고장을 유발할 수 있으므로 전원을 복구하기 전에 다른 문제가 없는지 주의 깊게 확인해야 한다

필터 커패시터 고장의 영향   필터 커패시터의 3가지 유형의 결함이 발생할 수 있다.

◆ 개방: 3가지 유형의 규제 전원공급장치용 개방형 필터 커패시터의 경우 그림 15-68에 나와 있다. 비규제 전원공급장치의 경우 출력이 맥동형 직류전압이 된다.

◆ 단락: 필터 커패시터가 단락되면 출력은 0 V가 된다. 단락된 커패시터는 회로를 단락하므로 서지저항이 없거나, 퓨즈가 없다면 일부 또는 모든 다이오드가 과열되어 고장나게 된다. 이 경우 출력은 0 V가 된다.

◆ 누설: 필터 커패시터가 누설된다는 것은 누설되는 저항이 커패시터와 병렬로 연결되어 있다는 것과 같다. 이러한 누설 저항은 시정수를 감소시켜 커패시터가 정상보다 빨리 충·방전되어 출력에서 맥동전압이 나소 증가한다. 이런 종류의 고장은 내난히 드물나.

변압기 고장의 영향 변압기의 1차 또는 2차 권선이 개방되면 출력전압은 0 V가 된다.

부분적으로 1차 권선이 단락되면 권선비가 증가하는 것과 동일하여 출력전압이 증가한다. 그러나 권선의 단락은 개방보다 발생하기 어렵다. 부분적으로 2차 측의 도선이 단락되면 권선비가 감소하는 것과 동일하여 출력전압이 줄어든다.

15-8절 복습

해답은 이 장의 끝에 있다.

1. 반파 정류회로기에서 다이오드 1개가 개방되었다면 출력에는 어떤 영향을 미치는가?
2. 전파 정류회로기에서 다이오드 1개가 개방되었다면 출력에는 어떤 영향을 미치는가?
3. 브릿지 정류회로기에서 다이오드 1개가 단락되었다면 예상되는 결과는 무엇인가?
4. 터진 퓨즈를 교체하기 전에 어떤 조치를 취해야하는가?
5. 변압기의 1차 권선이 개방되었다면 정류기 출력에서 무엇을 관찰할 수 있는가?

응용과제 / Application Assignment

Amyairanova/Shutterstock

이 과제에서 살펴볼 광학 계수시스템은 제너 다이오드, LED, 광전다이오드, 다른 소자들로 구성되어 있다. 제너 다이오드와 광전다이오드가 어떻게 쓰였는지 알 수 있을 것이다.

시스템 설명

계수시스템은 움직이는 컨베이어 벨트에 있는 물건 수를 세는 것으로 라인 감시, 운반, 재고 정리, 발송 등의 생산라인에 이용할 수 있다. 이 시스템은 그림 15-72에서와 같이 전원 장치, 적외선 방출, 적외선 검출, 구동회로, 계수/표시 회로 등으로 구성되어 있다.

전원 장치와 적외선 방출기는 한 부분으로 제작되어 컨베이어의 한쪽에 설치되어 있다. 적외선 검출기와 계수기는 반대편에 위치해 있다. 직류원공급장치는 전력을 양쪽 장치에 공급한다. 적외선 방출기는 계속해서 적외선을 방출하며, 검출기가 빛을 받는 동안에는 아무런 변화가 없다. 물체가 이 두 장치 사이를 통과할 때 적외선이 차단되므로 검출기가 동작한다. 이 반응은 신호를 디지털 계수기로 보내는 구동회로에서 감지되므로 물건의 개수가 계속 더해진다. 이 누적된 수는 표시 장치와 중앙컴퓨터에 보내진다.

자세한 구동회로, 디지털 계수기 및 표시 부분은 생략한다. 이러한 자세한 회로는 이 책의 범위를 벗어나며, 이 시점에서의 대상이 아니다. 여기서는 완벽한 시스템을 만들고 필요한 시스템 기능을 수행하기 위해 다른 종류의 회로와 인터페이스해야 함을 보여주기 위해 포함된다. 이 시점에서는 주로 이 장에서 다룬 장치들 중 일부가 시스템 내에서 어떻게 작동되는지 중점으로 거론한다.

물리적으로 직류전원장치와 적외선 방출기는 하나의 인쇄기판에 제작되었다. 적외선 감지기/디지털 계수기 및 디스플레이 회로가 포함된 하나의 인쇄회로기판으로 구성된다. 적외선 검출기를 제외하고 이 과제의 목적을 위해 작동하는 방식에 대한 세부 사항은 이 책의 범위를 벗어나므로 생략한다.

1단계: 부품 구분

전원 장치/적외선 방출기를 그림 15-73에 보였다. 직류전압 조정기는 저항 R_1과 제너 다이오드 D_5로 구성되어 있다. 적외선 방출 회로는 R_2와 적외선 발광 다이오드인 D_6로 구성되었다. 그림 15-74에서 보듯이 적외선 감지기/디지털 계수기의 적외선 감지기 회로는 R_1과 적외선 광전다이오드 D_1로 구성되어 있다. 보다시피 LED와 광전다이오드는 외관이 동일하며, 구분할 수 있는 유일한 방법은 케이스나 패키지에 적힌 부품 번호이다. 디지털 부분은 집적회로인 IC1, IC2, IC3으로 진하게 표시되어 있는데, 이러한 종류의 IC를 SOIC(Small Outline Integrated Circuit) 패키지라 부른다. 다른 교과목에서 디지털회로에 대해 자세히 공부하겠지만, 여기서는 흔히 볼 수 있는 아날로그와 디지털이 결합된 회로를 다루었다.

2단계: 인쇄기판과 회로 그림 관계

부품들이 어떻게 서로 연결되었는지를 알기 위해 조심스럽게 인쇄기판에 연결된 회로를 추적한다. 전원 장치/적외선 방출기 기판의

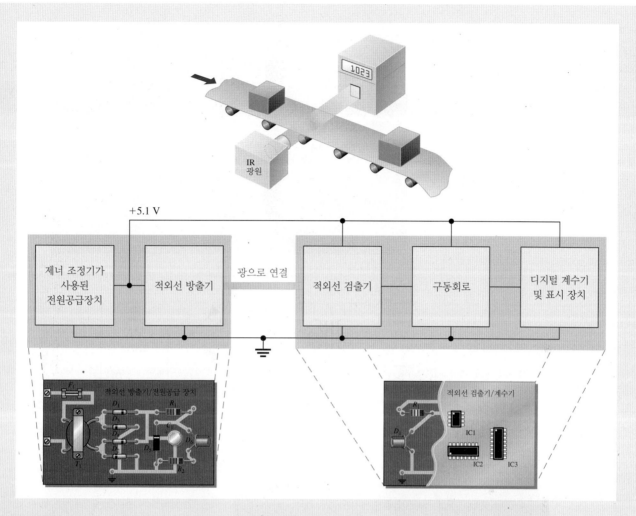

▲ 그림 15-72

광학 계수시스템의 개념도, 블록도, 회로기판 (그림 색깔은 책 뒷부분의 컬러 페이지 참조)

A에서 H까지를 그림 15-73의 회로와 비교하여 대응점들을 찾는다. 그림 15-74의 적외선 검출기와 계수기 기판도 같은 과정을 되풀이한다. 이 과정은 전자 기술자에게는 중요한 과정으로 회로 그림과 실제 기판을 대응시켜 볼 수 있는 과정이다. 이런 과정을 통해 인쇄기판에 대응되는 문자를 회로의 각 지점에 표시한다.

3단계: 전원 장치와 적외선 방출기 분석

전원공급장치와 적외선 방출기 인쇄기판에 전원을 공급하고 직류 전압계로 그림 15-75에 표시된 것과 같이 점 1, 2, 3의 전압을 측정한다. 이들의 동작은 정상이라고 가정하자.

4단계: 적외선 검출기 분석

적외선 검출기와 계수기에 전원을 공급하고 광전다이오드로부터 빛을 차단한 후에 그림 15-75의 점 4의 전압을 측정한다. 암전류

와 구동 회로의 입력전류는 무시한다.

5단계: 전체 시스템 검사

이 두 기판이 광학적으로 동작될 수 있도록 정렬하고 전원을 연결한 후 검출기 회로의 점 4의 전압을 측정한다. 빛이 있을 때 $10~\mu A$의 역전류가 광전다이오드로 흐른다고 가정하자. 전 단계에서와 같이 구동부에 의한 입력전류는 무시한다. 물체가 이 시스템을 통과할 때 점 4에서의 전압은 어떻게 되는가?

6단계: 시스템의 고장진단

다음과 같은 전압들이 측정되었다면, 어떤 부품들의 고장이 그러한 전압 측정을 유발시켰는지 생각하여 본다. 그림 15-75를 참조한다.

1. 점 1에서 전압이 없음

▶ 그림 15-73

(그림 색깔은 색 뒷부분의 컬러 페이시 참조)

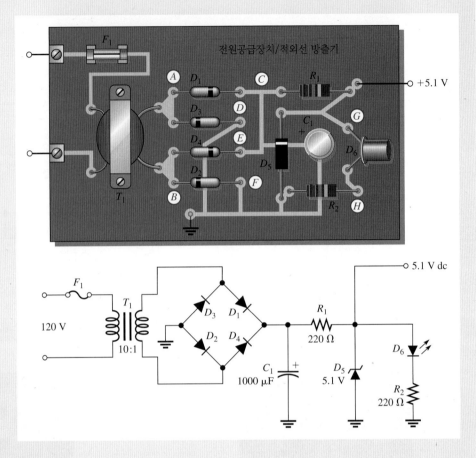

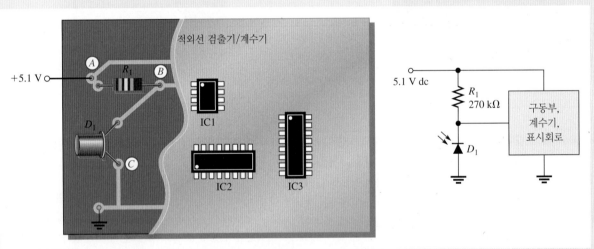

▲ 그림 15-74

(그림 색깔은 책 뒷부분의 컬러 페이지 참조)

2. 점 2에서 전압이 없음

3. 점 2에서 전압이 주파수 120 Hz로 0 V에서 5.0 V로 변함

4. 점 2에서 대략 7.8 V로 일정한 전압

5. 점 2에서 대략 4.3 V로 일정한 전압

6. 점 4에서 전압이 검출 안 됨

7. 방출기와 검출기 사이에 빛 차단이 없을 때 점 4에서 대략 5.1 V

8. 점 4에서 0 V

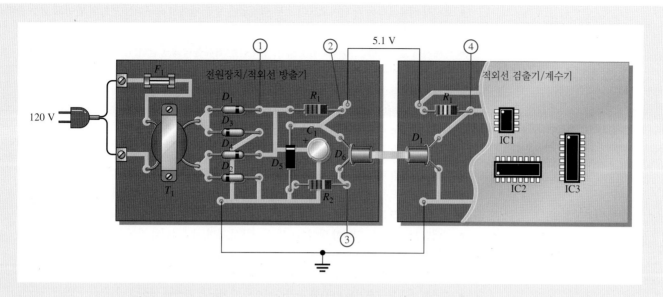

▲ 그림 15-75

(그림 색깔은 책 뒷부분의 컬러 페이지 참조)

응용과제 복습

1. 이 시스템에서 사용된 모든 종류의 다이오드를 열거하라.
2. 전원 장치와 적외선 방출기에서 저항 R_2의 목적은 무엇인가?
3. 이 시스템에서 직류전압을 8.2 V로 바꾸기 위해 무엇을 해야 하

는가?

4. LED가 연속적으로 적외선을 방출하는가, 아니면 물체가 지나 갈 때 켜지고 꺼지는가?
5. 이 시스템에서 광전다이오드의 목적은 무엇인가?

요약

- 순수한 반도체에 불순물을 섞어 전도성을 증가하거나 조절하도록 하는 과정을 도핑이라 한다.
- p형 반도체란 3가 원자들을 도핑한 것이다.
- n형 반도체란 5가 원자들을 도핑한 것이다.
- 공핍층은 pn 접합에 근접한 영역으로 다수 캐리어를 갖고 있지 않다.
- 순방향 바이어스는 다수 캐리어에 의한 전류가 pn 접합을 통과하도록 하는 것이다.
- 역방향 바이어스는 다수 캐리어에 의한 전류가 흐르지 못하도록 한다.
- 반파 정류기에서 단일 다이오드는 입력의 반 주기 동안만 동작한다.
- 반파 정류기의 출력주파수는 입력주파수와 같다.
- 반파 정류된 신호의 직류 평균값은 첨둣값의 0.318(또는 $1/\pi$)배이다.
- 필터링 되지 않은 반파 정류기에서 다이오드의 첨두 역전압은 2차측 총 전압과 같다.
- 커패시터 필터링된 반파 정류기의 다이오드의 첨두 역전압은 2차측 총 전압의 2배와 같다.
- 전파 정류기에서 각 다이오드는 입력의 반 주기 동안만 동작한다.
- 전파 정류기의 출력주파수는 입력주파수의 2배이다.
- 전파 정류기의 기본형은 중간 탭과 브릿지형이다.
- 중간 탭 전파 정류기의 출력은 대략 2차측 총 전압의 반이다.
- 중간 탭 전파 정류기의 첨두 역전압은 출력전압의 2배이다.
- 브릿지 정류기의 출력전압은 2차측 총 전압과 같다.

- 브릿지 정류기에서 각 다이오드의 첨두 역전압은 중간 탭에서 요구되는 전압의 반이고 첨두 출력값 과 거의 같다.
- 커패시터 입력필터는 입력의 첨둣값과 거의 같은 직류출력을 공급한다.
- 맥동전압은 필터 커패시터의 충·방전 때문에 발생한다.
- 입력전압의 범위 내에서 출력전압의 변동률을 입력전압 변동률이라 부른다.
- 부하전류의 범위 내에서 출력전압의 변동률을 부하 변동률이라고 부른다.
- 제너 다이오드는 역방향 파괴전압 근처에서 동작한다.
- $V_Z < 5.0$ V일 때 제너 파괴가 주가 된다.
- $V_Z > 5.0$ V일 때 사태 파괴가 주가 된다.
- 제너 다이오드는 제너 전류의 특정 범위 내에서는 양단의 전압을 일정하게 유지한다.
- 제너 다이오드는 여러 종류의 회로에서 기준 전압을 제공하는 데 사용된다.
- 버랙터 다이오드는 역방향 바이어스된 상태에서 가변 커패시터와 같이 동작한다.
- 버랙터 다이오드의 커패시턴스는 역 바이어스와 반비례한다.
- 다이오드의 기호는 그림 15-76과 같다.
- 광결합기와 광억제기는 LED와 광전다이오드의 기능을 결합한 것이다.

▶ 그림 15-76

다이오드 기호

(a) 정류기   (b) 제너   (c) 쇼트키   (d) 버랙터   (e) LED   (f) 광전다이오드

핵심용어

광결합기   LED와 광전다이오드를 결합하여 서브회로 간에 정보를 광학적으로 전송하는 장치

광억제기   LED와 광전다이오드를 결합하여 서브회로 간에 전기적 격리를 제공하는 장치

광전다이오드   빛 조사에 따라 역방향 저항이 변하는 다이오드

다수 캐리어   도핑된 반도체에서 다수를 차지하는 전하 캐리어

다이오드   한쪽 방향으로만 전류가 흐르게 하는 소자

도핑   진성 반도체가 전도 특성을 갖도록 불순물을 넣는 과정

반파 정류기   입력 정현파의 각 입력의 반 주기만을 직류 성분으로 만드는 회로

발광 다이오드(LED)   순방향일 때 빛을 발산하는 다이오드

버랙터   전압 가변 커패시터로 사용되는 다이오드

부하 변동률   부하전류의 변화에 따른 출력전압의 변화율로, 백분율로 표시함

브릿지 정류기   4개의 다이오드로 구성된 전파 정류기

소수 캐리어   도핑된 반도체에서 소수인 전하 캐리어

쇼트키 다이오드   금속 또는 실리사이드와 반도체 영역으로 이루어진 고속 다이오드의 한 유형으로 정방향 전압 강하 를 감소하는 경계 접합 커패시턴스를 제거함

순방향 바이어스   다이오드에 전류가 흐를 수 있도록 연결한 전압 방향

실리콘   다이오드와 트랜지스터에 사용되는 반도체 물질

역방향 바이어스   다이오드에 전류가 흐르지 못하도록 하는 바이어스 조건

역방향 파괴   과도한 역방향 바이어스에 의해 다이오드의 역방향 전류가 급격히 증가하는 현상

입력전압 변동률   입력전압의 변화에 따른 출력전압의 변화율로, 백분율로 표시함

전위장벽   *pn* 접합 다이오드의 공핍층에 존재하는 전압

전파 정류기   입력 정현파의 각 입력 반 주기를 직류 성분으로 만드는 회로

정공 원자의 가전자대에 전자가 없는 상태

정류 다이오드 교류를 직류로 변환하는 다이오드

제너 다이오드 역방향 파괴 영역에서 사용하는 다이오드로 전압 조정기에 사용

조정기 입력전압이나 부하저항이 바뀌어도 일정한 출력을 유지하기 위한 회로

직류전원공급기 전자 장치들에 전원을 공급할 수 있도록 교류전원 또는 배터리로부터 전압, 전류 등을 직류 형태로 만드는 전자 장치

진성 반도체 순수한 반도체 물질로 자유전자가 거의 없는 반도체

집적회로(IC) 여러 소자로 이루어진 회로를 하나의 Si 칩에 만든 회로

첨두 역전압(PIV) 다이오드가 역방향 바이어스일 때 입력신호의 첨둣값에서 발생하는 출력의 최대 전압

커패시터 입력필터 커패시터를 사용한 전원공급용 필터로 정류기 출력단의 변화를 대부분 제거한다.

플라이백 다이오드 유도 회로에 통합된 다이오드로 유도성 킥백의 영향을 완화. 스너버 다이오드, 클램프 다이오드, 프리휠링 다이오드, 캐치 다이오드로도 불림.

***pn* 접합** 다이오드의 *n*형과 *p*형 반도체 물질 사이의 경계

수식

15-1	$V_{AVG} = \dfrac{V_{p(out)}}{\pi}$		반파 평균 전압값
15-2	$V_{p(out)} = V_{p(in)} - 0.7\,V$		반파 정류기의 최대 출력전압
15-3	$V_{AVG} = \dfrac{2V_{p(out)}}{\pi}$		전파 평균 전압값
15-4	$V_{p(out)} = \dfrac{nV_{p(in)}}{2}$		전파 정류기 출력의 첨둣값
15-5	$PIV = 2V_{p(out)}$		중간 탭 정류기의 다이오드에서의 첨두 역전압
15-6	$V_{p(out)} = V_{p(sec)}$		브릿지 전파 정류기의 출력(다이오드의 전압 강하는 없음)
15-7	$PIV = V_{p(out)}$		브릿지 정류기의 다이오드에서의 첨두 역전압
15-8	$PIV = 2V_{p(in)}$		커패시터 입력필터가 있는 반파 정류기의 첨두 역전압
15-9	$r = \left(\dfrac{V_r}{V_{DC}}\right)100\%$		맥동률
15-10	입력전압 변동률 $= \left(\dfrac{\Delta V_{OUT}}{\Delta V_{IN}}\right)100\%$		입력전압 변동률
15-11	부하 변동률 $= \left(\dfrac{V_{NL} - V_{FL}}{V_{FL}}\right)100\%$		부하 변동률
15-12	$Z_Z = \dfrac{\Delta V_Z}{\Delta I_Z}$		제너 임피던스
15-13	$C = \dfrac{A\varepsilon}{d}$		커패시턴스 공식

1. 실리콘에 알루미늄과 같은 3가 물질을 첨가하여 n형 물질을 만들 수 있다.
2. n형 물질에서 소수 캐리어는 정공이다.
3. 다이오드가 전도체가 되기 전, 전위장벽보다 큰 전압으로 바이어스된다.
4. 공핍층 영역은 순방향 바이어스일 때 적용된다.
5. 전파 정류기의 출력주파수는 입력주파수와 같다.
6. 전파 정류기의 첨두 출력전압은 입력전압의 1/2이다.
7. 브릿지 정류기에서 하나의 다이오드가 열렸다면, 출력은 10으로 된다.
8. 입력전압 부동률은 입력전압이 변화할 때 출력전압이 어느 정도의 변화하는지를 나타낸다.
9. 일반적으로 제너 다이오드, 버랙터 다이오드, 광전다이오드는 역 바이어스에 동작한다.
10. 제너 다이오드의 응용은 전압 제어 발진기의 주파수로 제어한다.

1. 결정체 내의 원자들은 다음 어느 것에 의해 결합되는가?
   (a) 원자접착제　　　　　　　　　　(b) 원자보다 작은 입자들
   (c) 공유결합　　　　　　　　　　　(d) 가전자대
2. 자유전자는 다음 어디에 존재하는가?
   (a) 가전자대　　　　　　　　　　　(b) 전도대
   (c) 제일 낮은 대역　　　　　　　　(d) 재결합대
3. 정공이란?
   (a) 전자가 떠나간 가전자대의 빈자리　(b) 전도대의 빈자리
   (c) 양전하를 가진 전자　　　　　　(d) 전도대의 전자
4. 진성 반도체에 불순물을 첨가하는 과정은?
   (a) 재결합　　　　　　　　　　　　(b) 결정체화
   (c) 결합　　　　　　　　　　　　　(d) 도핑
5. 반도체에서 2가지 종류의 전류는?
   (a) 양과 음전류　　　　　　　　　(b) 전자전류와 대류전류
   (c) 전자전류와 정공전류　　　　　(d) 순방향과 역방향 전류
6. n형 반도체에서 다수 캐리어는?
   (a) 전자　　　　　　　　　　　　　(b) 정공
   (c) 양이온　　　　　　　　　　　　(d) 음이온
7. pn 접합은 다음 어디에서 존재하는가?
   (a) 다이오드　　(b) 실리콘　　(c) 모든 반도체 물질　(d) (a)와 (b) 모두
8. 반도체 다이오드에서 음과 양이온들로 구성되어 있는 pn 접합 근처를 무엇이라 부르는가?
   (a) 중성 영역　　(b) 재결합 지역　　(c) 공핍층　　(d) 확산 지역
9. 반도체 소자를 동작시키는 고정된 직류전압을 무엇이라 하는가?
   (a) 바이어스　　(b) 공핍전압　　(c) 건전지　　(d) 전위장벽
10. 반도체 다이오드에서 2가지 바이어스 조건은?
    (a) 양과 음　　(b) 차단과 통과　　(c) 개방과 폐쇄　　(d) 순방향과 역방향
11. 다이오드가 순방향 바이어스가 되었을 때는?
    (a) 전류 차단　　　　　　　　　　(b) 전류 통과

(c) 개방 스위치와 유사   (d) 단락 스위치와 유사

(e) (a)와 (c) 모두   (f) (b)와 (d) 모두

12. 순방향 바이어스된 Si 다이오드의 전압강하는 대략 얼마인가?

(a) 0.7 V   (b) 0.3 V

(c) 0 V   (d) 바이어스 전압에 비례

13. 교류를 직류로 바꾸는 과정을 무엇이라 하는가?

(a) 클리핑   (b) 충전

(c) 정류   (d) 여파

14. 60 Hz의 정현파 입력을 갖는 반파 정류기의 출력주파수는?

(a) 30 Hz   (b) 60 Hz   (c) 120 Hz   (d) 0 Hz

15. 반파 정류기에서 다이오드의 수는?

(a) 1   (b) 2   (c) 3   (d) 4

16. 75 V의 첨두전압이 반파 정류기에 입력될 때 다이오드에 걸리는 첨두 역전압은?

(a) 75 V   (b) 150 V   (c) 37.5 V   (d) 0.7 V

17. 60 Hz의 정현파 입력을 갖는 전파 정류기의 출력주파수는?

(a) 30 Hz   (b) 60 Hz   (c) 120 Hz   (d) 0 Hz

18. 전파 정류기의 두 가지 종류는?

(a) 1개의 다이오드와 2개의 다이오드   (b) 1차와 2차

(c) 순방향과 역방향 바이어스   (d) 중간 탭과 브릿지

19. 중간 탭 정류기에서 다이오드가 개방될 때 출력은?

(a) 0 V   (b) 반파 정류   (c) 진폭 감소   (d) 아무런 영향 없음

20. 브릿지 정류기에서 입력의 (+) 반 주기 동안에,

(a) 1개의 다이오드가 순방향   (b) 모든 다이오드가 순방향

(c) 모든 다이오드가 역방향   (d) 2개의 다이오드가 순방향

21. 반파나 전파 정류된 전압을 일정한 직류로 바꾸는 과정을 무엇이라 하는가?

(a) 여파   (b) 교류를 직류로 바꿈   (c) 감소   (d) 맥동 억제

22. 직류전원공급기에서 출력전압의 작은 변화를 무엇이라고 부르는가?

(a) 평균 전압   (b) 서지 전압   (c) 잔류 전압   (d) 맥동전압

23. 제너 다이오드는 다음 어느 조건에서 동작하는가?

(a) 제너 파괴   (b) 순방향 바이어스   (c) 포화   (d) 차단

24. 제너 다이오드가 광범위하게 사용되는 것은?

(a) 전류 리미터   (b) 전력 분배기   (c) 기준 전압   (d) 가변저항

25. 기존 다이오드 대비하여 쇼트키 다이오드는

(a) 정방향 전압 강하가 낮고 스위칭 속도가 느리다

(b) 정방향 전압 강하가 낮고 스위칭 속도가 빠르다

(c) 정방향 전압 강하가 높고 스위칭 속도가 느리다

(d) 정방향 전압 강하가 높고 스위칭 속도가 빠르다

26. 버랙터 다이오드가 사용되는 것은?

(a) 저항   (b) 전류원   (c) 인덕터   (d) 커패시터

27. 발광 다이오드의 원리는?

(a) 순방향 바이어스 (b) 전기발광   (c) 광감도   (d) 전자 정공 재결합

28. 광전다이오드에서 빛을 발생하는 것은?

(a) 역방향 전류   (b) 순방향 전류   (c) 전기발광   (d) 암전류

연습 문제 홀수 번호 연습 문제의 해답은 이 책의 끝에 있다.

기초 문제

특별한 언급이 없으면 실제 다이오드 모델을 적용해 문제를 풀어라.

15-1 반도체 소개

1. 두 가지 반도체 물질을 열거하라.

2. 반도체는 몇 개의 가전자를 갖고 있는가?

3. Si 결정에서 몇 개의 공유결합이 1개의 원자를 구성하는가?

4. Si에 열이 가해지면 어떤 현상이 발생되나?

5. Si에서 전류가 생성되는 2가지 에너지 준위는?

6. 도핑 과정 및 도핑이 어떻게 원자 구조를 변경시키는지 설명하라.

7. 안티몬 및 붕소는 어떤 종류의 불순물인가?

8. 정공이 무엇인지 설명하라.

9. 재결합이란?

15-2 다이오드

10. *pn* 접합은 어떻게 전계를 형성하는가?

11. 다이오드의 전위장벽이 전압원으로 이용될 수 있는지 설명하라.

12. 순방향 바이어스에서 다이오드의 어느 부분이 전압원의 (+) 단자에 연결되어야 하는가?

13. 다이오드가 순방향 바이어스 되었을 경우에 왜 직렬저항이 필요한가?

15-3 다이오드 특성

14. 다이오드의 순방향 특성 곡선은 어떻게 얻을 수 있는지 설명하라.

15. 전위장벽의 전압을 0.7 V에서 0.6 V로 낮출 수 있는 것은 무엇인가?

16. 그림 15-77의 다이오드가 순방향인지 또는 역방향인지를 구분하라.

17. 그림 15-77에서 각 다이오드 양단에 걸리는 전압을 구하라.

▶ 그림 15-77

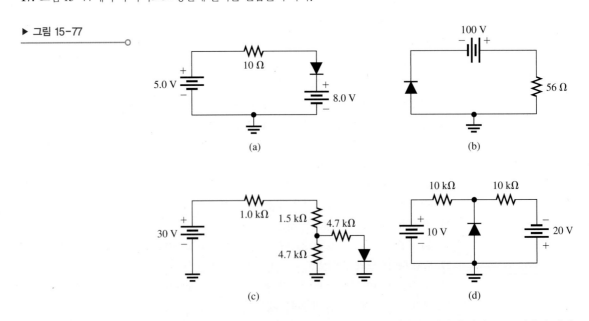

18. 그림 15-78의 회로에서 계측기의 전압을 이용하여 다이오드가 정상동작을 하는지, 아니면 단락 또는 개방이 되었는지 결정하라.

▶ 그림 15-78

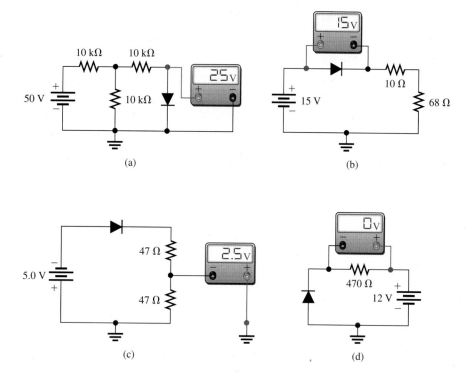

(a)

(b)

(c)

(d)

19. 그림 15-79에서 각 부분의 전압을 구하라(다이오드는 Si).

▶ 그림 15-79

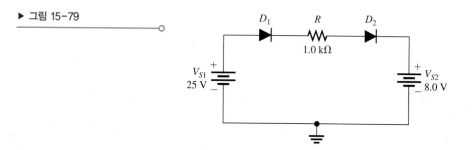

15-4 다이오드 정류기

20. 반파 정류된 전압의 첨둣값이 200 V일 때 평균값을 계산하라.

21. 그림 15-80의 회로에서 부하전류 및 전압의 파형을 그리고 첨둣값도 표시하라.

22. 그림 15-80의 회로에서 첨두 역전압이 50 V인 다이오드가 사용될 수 있는가?

▶ 그림 15-80

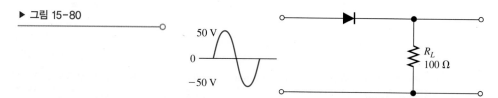

23. 그림 15-81에서 부하저항 R_L에 전달되는 최대 전압을 계산하라.

▶ 그림 15-81

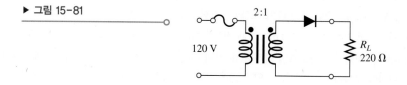

24. 75 V의 첨둣값을 갖는 전파 정류된 전압의 전파 정류기의 평균값을 계산하라.

25. 그림 15-82의 회로를 이용하여 다음 문제를 풀어라.

    (a) 이 회로는 어느 종류의 회로인가?

    (b) 2차 권선의 종 첨두전압은?

    (c) 2차 권선의 중간 탭을 기준으로 한 변압기의 출력전압의 크기는?

    (d) 부하저항 R_L에 걸리는 전압 파형을 그려라.

    (e) 각 다이오드를 통해 흐르는 첨두 전류는?

    (f) 각 다이오드의 첨두 역전압은?

▶ 그림 15-82

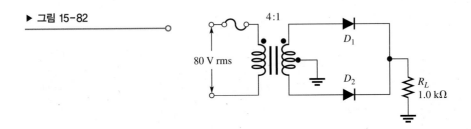

26. 평균 출력전압이 110 V인 중간 탭 전파 정류기에서 2차 권선의 중간 탭이 기준점인 변압기의 첨두 전압 정격을 구하라.

27. 부하저항에 (−)로 전파 정류된 전압을 얻기 위해는 중간 탭 정류기의 다이오드를 어떻게 연결해야 하는가?

28. 평균 출력전압이 50 V인 브릿지 정류기에서 요구되는 다이오드의 첨두 역전압은 얼마인가?

15-5 회로 보호 다이오드

29. 플라이백 다이오드 순방향 바이어스는 언제인가?

30. 플라이백 다이오드를 선택하기 위한 두 가지 요구 사항은 무엇인가?

15-6 전원 장치

31. 커패시터 입력필터의 이상적인 직류출력전압은 정류입력의 (첨두, 평균)값이다.

32. 그림 15-83의 회로를 참조하여 입력 파형에 따른 파형 V_A와 V_B를 그려라.

▶ 그림 15-83

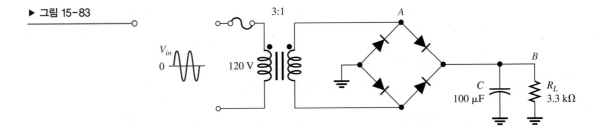

33. 어떤 전압 조정기의 출력전압이 부하가 없는 상태에서 12.6 V이고, 최대 부하에서 12.1 V이다. 부하 변동률을 구하라.

34. 전압 조정기의 입력전압이 9.35 V에서 6.48 V로 변할 때 출력전압은 4.85 V에서 4.65 V로 변한다. 입력전압(선) 변동률을 구하라.

15-7 특수 목적 다이오드

35. $V_Z = 7.5$ V이고 $Z_Z = 5$인 제너 다이오드의 등가회로를 그려라.

36. 제너 다이오드의 전류 변화가 1.0 mA일 때 전압은 38 mV이다. 제너 임피던스(Z_Z)를 구하라.

37. 그림 15-84는 버랙터 다이오드의 역전압 대 커패시턴스의 곡선이다. 역전압 V_R이 5 V에서 20 V로 변할 때 커패시턴스의 변화를 구하라.

38. 그림 15-84에서 25 pF를 제공하는 역전압(V_R)은 얼마인가?

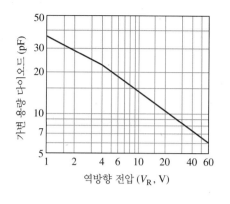

▲ 그림 15-84

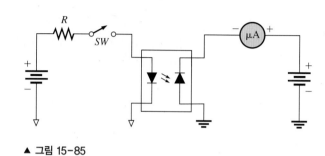

▲ 그림 15-85

39. 그림 15-85 회로에서 스위치가 닫힐 때 전류계의 눈금이 증가하는가, 아니면 감소하는가?

40. 빛이 입사되지 않아도 광전다이오드에는 어느 정도의 역전류가 흐른다. 이 전류를 무엇이라고 부르는가?

41. 광결합기와 광억제기의 차이는 무엇인가?

42. 개별 부품을 사용하는 것과 비교하여 LED와 광전다이오드를 함께 패키징하는 것의 장점은 무엇인가?

15-8 고장진단

43. 그림 15-86의 전파 브릿지 회로에서 다음 각각의 결함에 대해 어떤 현상이 발생하는가?

   (a) 다이오드 중 하나에 양극과 음극 단락이 있다.

   (b) 다이오드 중 하나가 열려 있다.

   (c) 필터 캐패시터가 개방된다.

   (d) 트랜스포머의 보조 장치는 개방된다.

▶ 그림 15-86

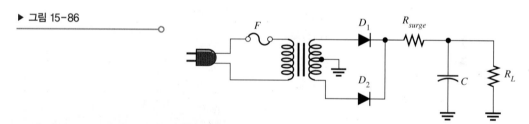

44. 그림 15-87의 각 부분은 정류기 출력전압을 오실로스코프로 측정한 것이다. 각각의 정류기가 정상적으로 동작하는지의 여부 및 고장난 부분이 있다면 부품을 지적하라.

▶ 그림 15-87

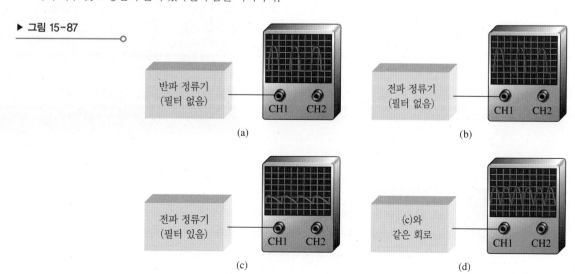

45. 그림 15-88에 표시된 점 1, 2에서 측정한 전압이 다음과 같다면, 이 값들이 올바른 것인지의 여부와 다를 경우 이를 규명하고 해결하는 방법을 기술하라.

(a) $V_{pri} = 120$ V, $V_1 \approx 33$ V dc, $V_2 \approx 12$ V dc

(b) $V_{pri} = 120$ V, $V_1 \approx 33$ V dc, $V_2 \approx 33$ V dc

(c) $V_{pri} = 0$ V, $V_1 = 0$ V, $V_2 = 0$ V

(d) $V_{pri} = 120$ V, 120 Hz에서 전파 정류된 첨두전압 $V_1 \approx 33$ V, 120 Hz에서 펄스 형태의 $V_2 \approx 12$ V

(e) $V_{pri} = 120$ V, $V_1 = 0$ V, $V_2 = 0$ V

▶ 그림 15-88

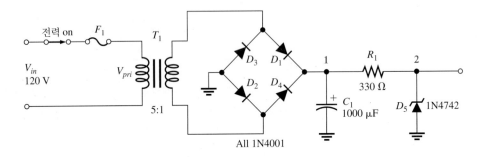

46. 그림 15-89의 인쇄기판에서 증상이 다음과 같을 때 고장난 부품을 지적하고, 각각의 경우에 이들 고장난 부분을 고치는 방법도 기술하라. 변압기의 권선비는 1:1이다.

(a) 1차 권선 양단의 전압이 없음

(b) 접지에 대해 점 2에서 전압이 없고, 점 1에서 120 V rms

(c) 접지에 대해 점 3에서 전압이 없고, 점 1에서 120 V rms

(d) 접지에 대해 점 4에서 전파 정류된 전압의 첨둣값이 170 V

(e) 접지에 대해 점 5에서 120 Hz의 과도한 맥동전압

(f) 접지에 대해 점 4에서 60 Hz의 맥동전압

(g) 접지에 대해 점 6에서 전압이 없음

▶ 그림 15-89

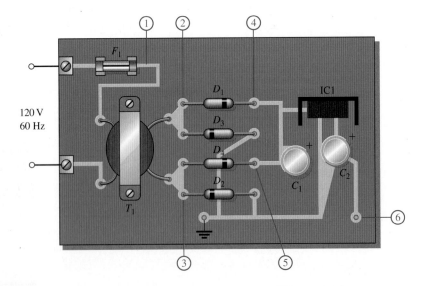

고장진단 문제

47. Multisim 파일 P16-45를 열어라. 만약 고장이라면 고장을 확인하라.

48. Multisim 파일 P16-46을 열어라. 만약 고장이라면 고장을 확인하라.

49. Multisim 파일 P16-47을 열어라. 만약 고장이라면 고장을 확인하라.

50. Multisim 파일 P16-48을 열어라. 만약 고장이라면 고장을 확인하라.

51. Multisim 파일 P16-49를 열어라. 만약 고장이라면 고장을 확인하라.

52. Multisim 파일 P16-50을 열어라. 만약 고장이라면 고장을 확인하라.

53. Multisim 파일 P16-51을 열어라. 만약 고장이라면 고장을 확인하라.

54. Multisim 파일 P16-52를 열어라. 만약 고장이라면 고장을 확인하라.

55. Multisim 파일 P16-53을 열어라. 만약 고장이라면 고장을 확인하라.

56. Multisim 파일 P16-54를 열어라. 만약 고장이라면 고장을 확인하라.

해답

각 절의 복습

15-1 반도체 소개

1. 공유결합이란 이웃하는 원자들과 전자들을 공유하여 이루어진다.

2. 진성반도체란 불순물이 없는 상태이다.

3. 결정이란 일정한 형태로 원자들이 결합된 고체 물질이다.

4. Si 결정에서 각 원자들은 8개의 공유된 가전자를 갖고 있다.

5. 자유전자는 전도대에 존재하고 가전자들은 가전자대에 존재한다.

6. 정공은 전자가 열에너지를 얻어 전도대로 자리바꿈하여 가전자대에 남긴 빈자리이다.

7. 반도체의 가전자대와 전도대 사이의 에너지 간격은 절연체보다 작다.

8. n형 반도체는 5가 원자를 진성 반도체에 첨가하여 만들어진다.

9. p형 반도체는 3가 원자를 진성 반도체에 첨가하여 만들어진다.

10. 다수 캐리어란 보다 많은 수의 캐리어를 의미하며 전자는 n형에, 정공은 p형에서 다수 캐리어이다.

15-2 다이오드

1. pn 접합은 n형과 p형 사이의 경계이다.

2. 공핍층이란 다수 캐리어가 없고 음이온 또는 양이온만 존재한다.

3. 참

4. Si의 전위장벽은 0.7 V이다.

5. 2가지 바이어스란 순방향과 역방향이다.

6. 순방향 바이어스는 다수 캐리어에 의한 전류를 발생한다.

7. 역방향 바이어스는 공핍층을 확대시킨다.

8. 참

15-3 다이오드 특성

1. 그림 15-90 참조

2. 참

3. 역방향, 순방향

4. 전위장벽을 포함하는 실질적인 모델

▶ 그림 15-90

양극   음극

15-4 다이오드 정류기

1. 입력 사이클의 (−) 변화 정점인 270° 첨두 역전압 발생

2. 입력주기의 50% 동안 부하전류

3. $V_{AVG} = V_{P(out)}/\pi = 3.18$ V

4. $V_{AVG} = 2V_{P(out)}/\pi = 38.2$ V

5. 브릿지 정류기가 더 큰 출력전압을 발생

6. 참

15-5 회로 보호 다이오드

1. 유도성 킥백에 의해 유도 회로는 플라이백 다이오드로 통합된다.

2. 그림 15-38(a)의 다이오드는 역방향 바이어스, 열린 상태이며 회로에 영향이 없다.

3. 그림 15-38(b)의 다이오드는 인덕터 전압의 극성이 정방향 바이어스에 의해 전류 인가한다.

4. 그림 15-38의 플라이백 다이오드는 인덕터 전류에 대한 저 임피던스 경로를 제공, 인덕터 전압을 정방향 전압으로 클램핑하여 유도 킥백이 회로를 손상 방지한다.

5. 플라이백 다이오드가 회로에서 올바르게 작동하기 위한 두 가지 요구 사항은 역방향 바이어스 상태에서 적용 전압을 견딜 수 있는 역전압 정격과 정방향 바이어스 상태에서 인덕터 전류의 전력을 안전하게 분산할 수 있는 전력 정격이 필요하다.

6. 그림 15-41의 배터리를 반대로 바꾸면 다이오드가 역방향 바이어스 상태에 의해 다이오드 반대쪽에 전압이 나타나지 않는다.

7. V_{S1}이 활성화된 경우 전압 조정기 입력전압은 12.5 V − 0.7 V = 11.8 V이다. V_{S2}가 활성화된 경우 조정기 입력전압은 11.5 V − 0.7 V = 10.8 V이다.

15-6 전원 장치

1. 커패시터의 충전, 방전에 의해 맥동전압 발생

2. 부하저항을 줄이면 맥동전압 증가

3. 맥동 제거율 향상, 입력전압 및 부하 변동률, 열로부터 보호

4. 입력전압 변동률 : 변화하는 입력전압에 대해 일정한 출력

5. 부하 변동률: 변화하는 부하전류에 대해 일정한 출력

15-7 특수 목적 다이오드

1. 참

2. $V_Z = 10$ V + (30 mA)(8.0 Ω) = 10.2 V

3. 쇼트키 다이오드는 p형 반도체가 아닌 n형 반도체와 인접 금속/실리사이드 영역으로 이루어져 있다.

4. pn접합 대비 쇼트키 접합의 장점은 더 낮은 정방향 전압 강하와 공핍층이 없으므로 더 빠른 스위칭이 가능하다는 점이다.

5. 버랙터는 가변 커패시터 역할을 한다.

6. 다이오드 커패시턴스는 역전압이 증가할 때 감소한다.

7. LED는 정방향 바이어스 시 빛을 발산하며, 광전다이오드는 역방향 바이어스 시 빛에 반응한다.

8. 레이저 LED가 방출하는 빛은 일관성(위상)이 있고, 표준 LED의 빛은 그렇지 않다.

9. 암전류는 빛이 없는 상태에서 작동하는 작은 광전다이오드의 역전류이다.

10. 광결합기와 광억제기의 차이는 장치의 주요 목적이 서브회로 사이에 신호를 광학적으로 커플링하는 것인지 아니면 전기적 절연을 제공하는지의 여부이다.

11. LED와 광전다이오드를 따로 사용하는 대신 함께 결합하는 장점은 먼지나 주변 빛과 같은 환경요소가 장치 작동에 영향을 미치지 않는다는 것이다.

15-8 고장진단

1. 개방된 다이오드는 출력이 없다.
2. 개방된 다이오드는 반파 출력전압을 제공한다.
3. 단락된 다이오드는 타서 개방된다. 변압기가 고장나게 된다. 퓨즈는 타게 된다.
4. 맥동전압의 증가는 필터 커패시터의 누전을 의미한다.
5. 1차 권선이 개방되면 출력전압은 없을 것이다.

예제 관련 문제

15-1 3.82 V

15-2 2.3 V

15-3 98.7 V

15-4 12.8 V

15-5 370 V

15-6 $V_{P(out)} = 170$ V, PIV $= 170$ V

15-7 10 V

15-8 3.8%

15-9 5.0 Ω

참/거짓 퀴즈

1. F   2. T   3. T   4. F   5. F   6. F   7. F   8. T   9. T   10. F

자습 문제

1. (c)   2. (b)   3. (a)   4. (d)   5. (c)   6. (a)   7. (a)   8. (c)   9. (a)   10. (d)

11. (f)   12. (a)   13. (c)   14. (b)   15. (a)   16. (a)   17. (c)   18. (d)   19. (b)   20. (d)

21. (a)   22. (d)   23. (a)   24. (c)   25. (b)   26. (d)   27. (b)   28. (a)

트랜지스터와 응용

16

이 장의 구성

학습목표

▶ 쌍극 접합 트랜지스터의 기본 구조와 동작 원리를 설명한다.
▶ A급 BJT의 동작 원리를 설명한다.
▶ B급 증폭기를 해석한다.
▶ 트랜지스터의 스위칭 회로를 해석한다.
▶ JFET와 MOSFET의 기본 구조와 동작을 설명한다.
▶ 두 가지 FET 증폭기를 해석한다.
▶ 발진기의 종류와 동작을 설명한다.
▶ 증폭기를 고장진단한다.

응용과제 미리보기

탱크 내 물질의 온도에 비례하는 직류출력전압을 발생하기 위해 시스템 내의 특정한 트랜지스터 회로를 해석하고 고장진단하는 임무를 부여받았다고 하자. 이 회로는 바이어스 회로의 일부분으로 가변 저항인 온도센서를 이용했다. 이 온도 감지회로의 출력은 탱크를 가열하는 버너의 정확한 조절을 위해 디지털 형태로 변환된다. 만약 물질의 온도가 어느 값 이상으로 높아지면 회로는 버너에 연료가 덜 들어가게 하여 온도를 낮춘다. 반면에 온도가 낮아지면 회로는 버너에 연료가 더 들어가게 함으로써 온도를 올린다. 이런 형태의 시스템으로 물질의 온도를 거의 일정하게 유지할 수가 있는데, 많은 산업용 프로세스 제어시스템이 이런 형태다. 이 장을 공부하고 나면 응용과제를 해결할 수 있을 것이다.

핵심용어

▶ 게이트
▶ 궤환
▶ 금속산화 반도체 전계 효과 트랜지스터(MOSFET)
▶ 드레인
▶ 바디 다이오드
▶ 베이스
▶ 소스 공통(CS)
▶ 쌍극 접합 트랜지스터(BJT)
▶ 이미터 공통(CE)
▶ 전류이득
▶ 접합 전계 효과 트랜지스터(JFET)
▶ 증진모드
▶ 차단
▶ 컬렉터 공통(CC)
▶ 포화
▶ B급 증폭기

▶ 공핍모드

▶ 드레인 공통(CD)
▶ 배음
▶ 소스
▶ 쌍극
▶ 이미터
▶ 전력이득
▶ 전압이득

▶ 증폭
▶ 컬렉터
▶ 트랜지스터
▶ A급 증폭기
▶ Q-점

서론

이 장에서는 쌍극 접합 트랜지스터(BJT)와 전계 효과 트랜지스터(FET)의 두 가지 기본적인 트랜지스터에 대해 공부한다. 중요한 두 가지 응용 분야는 증폭과 스위치이다.

16-1 쌍극 접합 트랜지스터의 직류동작

트랜지스터(transistor)는 세번째 단자의 전류나 전압을 기준으로 두 단자 사이의 전류를 제어하는 반도체 소자로, 전기신호의 증폭이나 스위칭에 사용된다. 쌍극 접합 트랜지스터(BJT)의 기본 구조는 트랜지스터의 동작 특성을 결정한다. DC 바이어스는 트랜지스터 회로에서 적절한 전류와 전압을 설정한다는 측면에서 트랜지스터 작동에 중요하다. 중요한 트랜지스터 DC 매개변수는 β_{DC}이다.

이 절의 학습목표

◆ **쌍극 접합 트랜지스터의 기본 구조와 동작을 설명한다.**

　◆ *npn* 트랜지스터와 *pnp* 트랜지스터의 차이점에 대해 설명한다.

　◆ 트랜지스터 바이어스를 설명한다.

　◆ 트랜지스터의 전류들과 이들의 관계를 설명한다.

　◆ β_{DC}를 정의한다.

　◆ 트랜지스터 전압을 설명한다.

　◆ 기본 트랜지스터 회로의 dc 바이어스 전류와 전압을 계산한다.

쌍극 접합 트랜지스터(bipolar junction transistor, BJT)는 그림 16-1(a)의 에피택셜 플래너 구조에서 보인 두 *pn* 접합으로 구분된 3개의 도핑된 반도체 영역으로 구성된다. 세 영역은 이미터(emitter), 베이스(base), 컬렉터(collector)라고 부른다. BJT의 두 가지 형태를 그림 16-1(b)와 (c)에 보였다. 한 가지 형태(*npn*)는 *p* 영역에 의해 구분된 2개의 *n* 영역으로 구성되며, 다른 한 가지 형태(*pnp*)는 *n* 영역에 의해 구분된 2개의 *p* 영역으로 구성된다.

베이스 영역과 이미터 영역을 연결하는 *pn* 접합을 베이스-이미터 접합이라 부른다. 그림 16-1(b)에 보인 바와 같이 베이스 영역과 컬렉터 영역을 연결하는 접합은 베이스-컬렉터 접합이라 부른다. 그림에 보인 바와 같이 세 영역 각각은 도선으로 연결되어 있다. 이미터, 베이스, 컬렉터 도선에 차례로 E, B, C라고 부호를 붙인다. 많이 도핑되어 있는 이미터와 컬렉터에 비해 베이스는 가볍게 도핑되어 있으며 매우 좁다.

그림 16-2에는 *npn* 및 *pnp* 쌍극 트랜지스터의 기호를 나타냈다. 이미터 단자는 화살표로 나타낸다. 쌍극(bipolar)이란 말은 트랜지스터에서는 정공과 전자가 모두 캐리어로 이용된다는 것을

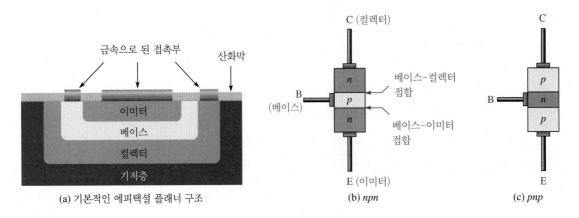

(a) 기본적인 에피택셜 플래너 구조　　　(b) *npn*　　　(c) *pnp*

▲ 그림 16-1

쌍극 접합 트랜지스터의 기본 구조

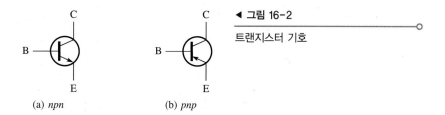

트랜지스터 기호

(a) *npn*   (b) *pnp*

의미한다. *pnp*과 *npn*가 모두 사용되지만 *npn*이 더욱 많이 사용되므로 이 장에서는 *npn*을 중심으로 설명한다.

트랜지스터 바이어스

트랜지스터를 증폭기로 동작시키기 위해 두 *pn* 접합이 외부 직류전압에 의해 정확하게 바이어스되어야 한다. 그림 16-3에서는 *npn*과 *pnp* 트랜지스터의 적절한 바이어스 배열을 나타냈다. 양쪽 모두 베이스-이미터(BE) 접합은 순방향 바이어스이고, 베이스-컬렉터(BC) 접합은 역방향 바이어스이다. 이를 순방향-역방향 바이어스라고 부른다.

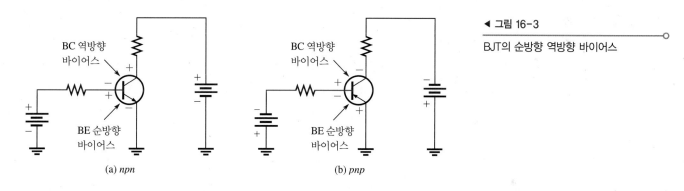

◀ 그림 16-3

BJT의 순방향 역방향 바이어스

(a) *npn*   (b) *pnp*

트랜지스터 전류

*npn*과 *pnp* 트랜지스터에서의 전류 방향을 그림 16-4(a)와 (b)에 차례로 보였다. 이 그림에서 보면 이미터 전류는 컬렉터 전류와 베이스 전류의 합이고 다음과 같이 표현된다.

$$I_E = I_C + I_B \qquad (16-1)$$

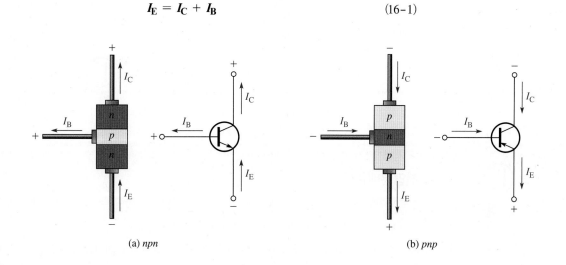

(a) *npn*   (b) *pnp*

▲ 그림 16-4

트랜지스터 전류

앞에서 설명한 바와 같이 I_B는 I_E 혹은 I_C에 비해 매우 작다. 대문자 아래첨자는 직류값을 의미한다.

이 직류전류들(이미터, 베이스, 컬렉터)은 다음 두 파라미터와도 관계가 있다. I_C/I_E 비율인 α_{DC}와 I_C/I_B 비율인 β_{DC}가 그것이다. β_{DC}는 직류전류이득이며 트랜지스터 규격표 상에서는 h_{FE}로 표시된다.

컬렉터 전류는 이미터 전류의 α_{DC}배와 같고 식 (16-2)로 표현된다.

$$I_C = \alpha_{DC}I_E \tag{16-2}$$

여기서 α_{DC}의 일반적인 값은 0.950에서 0.995 사이에 있다. 일반적으로 α_{DC}는 1로 간주할 수 있으므로 $I_C \approx I_E$가 된다.

컬렉터 전류는 베이스 전류에 β_{DC}를 곱한 값과 같으며 식 (16-3)으로 표현된다.

$$I_C = \beta_{DC}I_B \tag{16-3}$$

여기서 β_{DC}는 일반적으로 트랜지스터의 유형에 좌우되며 20에서 300 사이의 값이다. 어떤 특별한 트랜지스터들은 훨씬 큰 값을 갖는다.

트랜지스터 전압

그림 16-5에서 바이어스된 트랜지스터의 세 가지 직류전압은 이미터 전압(V_E), 컬렉터 전압(V_C), 베이스 전압(V_B)이다. (아래첨자에는 문자 하나만 사용되었으므로 이러한 전압은 접지에 대한 것임을 기억하자.) 컬렉터 전압은 직류전원전압 V_{CC}에서 R_C에 걸리는 전압을 뺀 값이다.

$$V_C = V_{CC} - I_C R_C \tag{16-4}$$

베이스 전압은 이미터 전압에 실리콘 트랜지스터에서 약 0.7 V인 베이스-이미터 접합전압(V_{BE})을 더한 것과 같다.

$$V_B = V_E + V_{BE} \tag{16-5}$$

그림 16-5의 결선에서 이미터가 공통 단자이므로 $V_E = 0$ V, $V_B = 0.7$ V이다.

▶ 그림 16-5

바이어스 전압

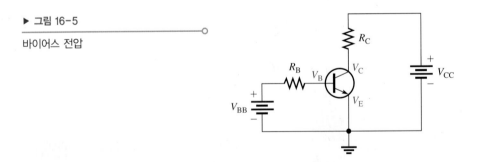

전압 분배 바이어스

2개의 직류전원을 단일 직류전원과 전압 분배저항회로로 바꿀 수 있다. 다른 바이어스 방법들도 있지만, 이 방법이 가장 널리 쓰이는 바이어스 방법이다.

그림 16-6에 보인 바와 같이 전압 분배 바이어스 결선은 트랜지스터에 순방향-역방향 바이어스를 주기 위해 하나의 직류전원만을 사용한다. 저항 R_1과 R_2는 베이스 바이어스 전압을 공급하는 전압 분배기를 구성한다. 저항 R_E는 이미터의 전압을 접지보다 높게 하는 역할을 한다.

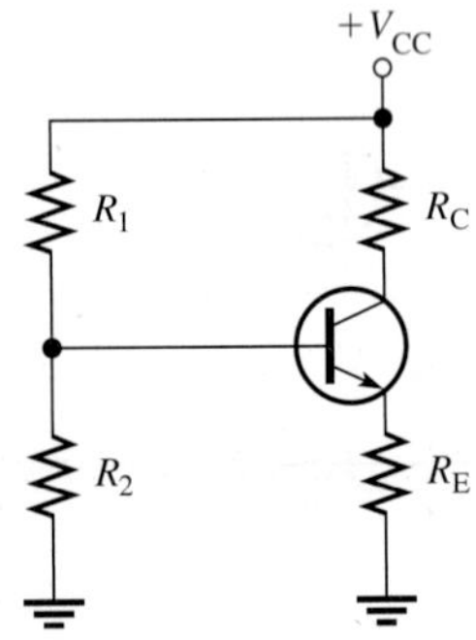

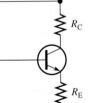

▲ 그림 16-6

전압 분배 바이어스

전압 분배기는 바이어스 전류에 비해 매우 작은 베이스 전류를 제공한다. 어떤 경우에는 부하 효과를 무시할 수 있다.

베이스에서의 입력저항은 β_{DC}에 의해 결정되며 근사적으로 식 (16-6)과 같이 주어진다.

$$R_{IN} \approx \beta_{DC}R_E \qquad (16\text{-}6)$$

베이스 전압

전압 분배기의 공식을 이용하면, 식 (16-7)은 그림 16-6의 회로에 대한 베이스 전압을 나타낸다.

$$V_B \approx \left(\frac{R_2}{R_1 + R_2}\right)V_{CC} \qquad (16\text{-}7)$$

베이스 전압이 결정되면 이미터 전압 V_E (npn 트랜지스터의 경우)를 다음과 같이 구할 수 있다.

$$V_E = V_B - 0.7\,\text{V} \qquad (16\text{-}8)$$

예제 16-1

그림 16-7에서 V_B, V_E, V_C, V_{CE}, I_B, I_E, I_C를 구하라. 2N3904는 일반적으로 $\beta_{DC} = 200$인 범용 트랜지스터이다.

▶ 그림 16-7

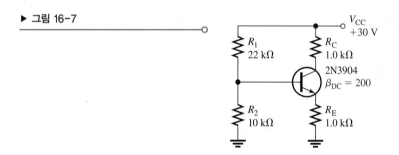

풀이 베이스 전압은 대략 다음과 같다.

$$V_B \approx \left(\frac{R_2}{R_1 + R_2}\right)V_{CC} = \left(\frac{10\ \text{k}\Omega}{32\ \text{k}\Omega}\right)30\ \text{V} = \mathbf{9.38\ V}$$

그러므로

$$V_E = V_B - 0.7\,\text{V} = \mathbf{8.68\ V}$$

V_E를 알고 있으므로 옴의 법칙에 의해 I_E를 구할 수 있다.

$$I_E = \frac{V_E}{R_E} = \frac{8.68\ \text{V}}{1.0\ \text{k}\Omega} = \mathbf{8.68\ mA}$$

대부분의 트랜지스터에서 α_{DC}는 거의 1이므로 $I_C = I_E$라는 가정은 좋은 근사식이라 할 수 있다. 따라서

$$I_C \approx \mathbf{8.68\ mA}$$

$I_C = \beta_{DC}I_B$를 이용하여 I_B에 대해 풀면

$$I_B = \frac{I_C}{\beta_{DC}} = \frac{8.68\ \text{mA}}{200} = \mathbf{43.4\ \mu A}$$

이미 알고 있는 I_C를 이용하면, V_C를 구할 수 있다.

$$V_C = V_{CC} - I_C R_C = 30 \text{ V} - (8.68 \text{ mA})(1.0 \text{ k}\Omega) = 30 \text{ V} - 8.68 \text{ V} = \textbf{21.3 V}$$

V_{CE}는 컬렉터-이미터 전압이므로, 이는 V_C와 V_E의 차이다.

$$V_{CE} = V_C - V_E = 21.3 \text{ V} - 8.68 \text{ V} = \textbf{12.6 V}$$

관련 문제*

그림 16-7에서 V_{CC}를 15 V로 수정하고 V_B, V_E, V_C, V_{CE}, I_B, I_E, I_C를 구하라.

공학용 계산기 소개의 예제 17-1에 있는 변환 예를 살펴보라.

Multisim 또는 LTspice 파일 E17-01을 열어라. 트랜지스터 전류와 단자 전압을 구하라.

---

* 해답은 이 장의 끝에 있다.

16-1절 복습

해답은 이 장의 끝에 있다.

1. 트랜지스터의 세 단자 이름을 말하라.
2. 순방향 역방향 바이어스를 정의하라.
3. β_{DC}는 무엇인가?
4. I_B가 10 μA이고 β_{DC}가 100이라면 컬렉터 전류는 얼마인가?
5. 전압 분배 바이어스에서는 몇 개의 직류전압원이 필요한가?
6. 그림 16-7에서 R_2가 4.7 kΩ이라면 V_B의 값은 얼마인가?

16-2 A급 BJT 증폭기

직류 바이어스의 목적은 트랜지스터가 증폭기로서 동작하도록 하는 데 있다. A급 증폭기(class A amplifier)의 경우 입력의 전 주기(360°)에서 동작한다. 따라서 트랜지스터는 작은 신호를 좀더 큰 신호로 만들기 위해 이용될 수 있다. 이 절에서는 트랜지스터가 어떻게 증폭기로서 동작하는가를 설명할 것이다.

이 절의 학습목표

◆ **A급 BJT 증폭기의 동작을 설명한다.**

- ◆ 컬렉터 특성 곡선을 설명한다.
- ◆ 차단과 포화에 대해 정의한다.
- ◆ 증폭기의 직류 부하선 동작을 해석한다.
- ◆ Q-점의 의미를 설명한다.
- ◆ 증폭기로서의 신호동작을 설명한다.
- ◆ 이미터 공통과 컬렉터 공통 증폭기의 전압, 전류, 전력이득을 계산한다.
- ◆ 결합 커패시터와 바이패스 커패시터를 설명한다.

먼저 **A급 증폭기**의 동작에서 중요한 파라미터를 설명한다. 일반적으로 A급 증폭기는 1.0 W 미만의 낮은 전력에서 사용한다.

컬렉터 특성 곡선

그림 16-8(a)의 회로를 사용하여 특정 값의 베이스 전류 I_B에 대해 컬렉터-이미터 전압 V_{CE}에 대한 I_C의 변화를 보여주는 컬렉터 특성 곡선을 그릴 수 있다. 회로도에서 V_{BB}와 V_{CC} 모두 조절 가능한 전압원이라는 것에 주목하자.

I_B가 어떤 특정한 값이 되도록 V_{BB}를 정하고, V_{CC}는 0이라고 가정하자. 이와 같은 조건에서 이미터와 컬렉터는 0 V이고, 베이스는 대략 0.7 V이기 때문에 베이스-이미터와 베이스-컬렉터 접합은 순방향 바이어스가 된다. 베이스 전류는 경로상 접지까지 임피던스가 낮으므로 베이스-이미터 접합을 통과하게 된다. 모든 접합이 순방향으로 바이어스가 될 때 트랜지스터가 포화(saturation)되었다고 한다.

V_{CC}가 증가함에 따라 콜렉터 전류가 증가하고, V_{CE}도 점차 증가한다. 이는 그림 16-8(b)에서 점 A와 B 사이의 특성 곡선 부분으로 표시된다. 순방향 바이어스된 베이스-컬렉터 접합으로 인해 V_{CE}가 0.7 V 미만으로 유지되므로 V_{CC}가 증가하면 I_C도 증가한다.

이상적으로는 V_{CE}가 0.7 V를 초과할 때 베이스-컬렉터 접합은 역 바이어스가 되며 트랜지스터는 활성 또는 선형이라 부르는 동작 상태로 들어가게 된다. 베이스-컬렉터 접합이 역방향 바이

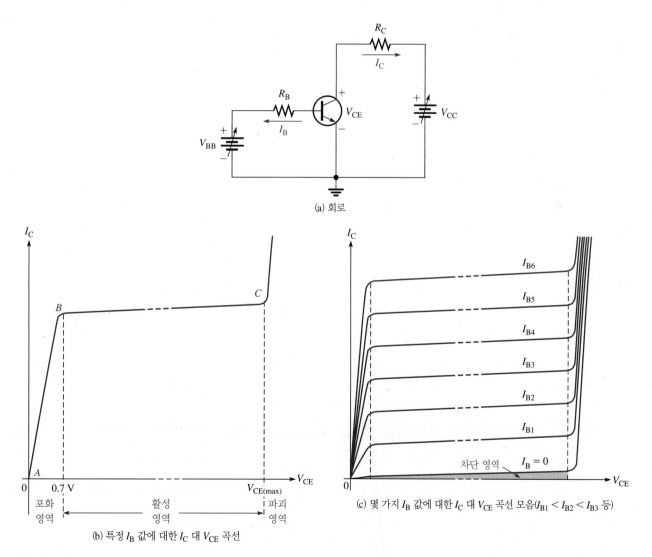

(a) 회로

(b) 특정 I_B 값에 대한 I_C 대 V_{CE} 곡선

(c) 몇 가지 I_B 값에 대한 I_C 대 V_{CE} 곡선 모음($I_{B1} < I_{B2} < I_{B3}$ 등)

▲ 그림 16-8

컬렉터 특성 곡선

어스가 되면, V_{CE}가 계속 증가해도 그림과 같이 I_B에 대해 I_C는 거의 일정하게 유지된다. 실제 I_C는 V_{CE}가 증가하면 조금 증가하는데, 이는 베이스-컬렉터의 공핍모드가 넓어지기 때문이다. 이 현상은 베이스 영역에서 재결합을 하기 위한 정공의 수가 감소하는 결과가 되고, 실질적으로 β_{DC}가 조금 증가하는 효과를 얻는다. 그림 16-8(b)의 점 B와 C 사이에 특성 곡선은 이 부분을 보여준다. 여기서 I_C 값은 오직 $I_C = \beta_{DC}I_B$에 의해 결정된다.

V_{CE}의 값이 충분히 커지면, 베이스-컬렉터 접합은 역 바이어스가 되어 그림 16-8(b)의 점 C 오른편에서 보여준 바와 같이 컬렉터 전류가 갑자기 증가하는 파괴 동작 상태로 바뀐다. 트랜지스터는 이런 파괴 영역에서 사용하면 안 된다.

그림 16-8(c)에 보인 바와 같이 각각 다른 I_B에 따라 더 많은 I_C 대 V_{CE}의 곡선을 얻을 수 있다. $I_B = 0$일 때 트랜지스터는 미소한 컬렉터 전류가 그림과 같이 흐르지만 **차단**(cutoff)되었다고 한다. 그림에서 보여주는 $I_B = 0$에 컬렉터의 미소한 전류는 편의상 크게 확대한 것이다.

예제 16-2

I_B가 5.0 μA에서 25 μA까지 5.0 μA 단위로 증가할 때, 그림 16-9에 보인 회로에 대해 컬렉터 특성 곡선을 그려라. $\beta_{DC} = 100$이라고 가정한다.

▶ 그림 16-9

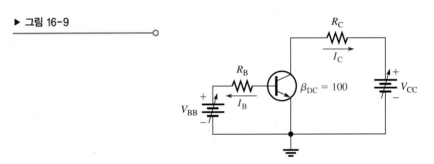

풀이 $I_C = \beta_{DC}I_B$라는 관계식을 이용하여 I_C의 값들을 계산하고 표 16-1처럼 표를 만든다.

▶ 표 16-1

I_B	I_C
5.0 μA	0.5 mA
10 μA	1.0 mA
15 μA	1.5 mA
20 μA	2.0 mA
25 μA	2.5 mA

▶ 그림 16-10

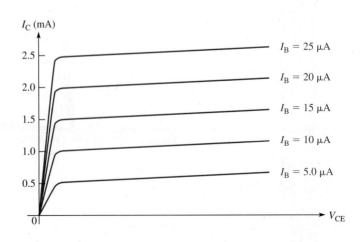

표 결과의 곡선들을 그림 16-10에 I_C는 $V_{CE} = 0$ V에서 약 0.7 V까지 선형적으로 증가하며, 이 시점에 $\beta_{DC}I_B$에서 평준화된다. 일반적으로 특성 곡선은 그림에 보인 바와 같이 다소 위쪽으로 증가하는데, 이와 같은 이유는 주어진 I_B에 대해 V_{CE}를 증가하면 I_C도 다소 증가하기 때문이며, 이는 β_{DC}가 엄밀하게 상수가 아님을 의미한다.

관련 문제 그림 16-10에서 $I_B = 0$에 대한 곡선은 그래프상의 어디에 나타나는가?
공학용 계산기 소개의 예제 17-2에 있는 변환 예를 살펴보라.

차단과 포화 $I_B = 0$일 때 트랜지스터는 차단되었다고 한다. 이 조건하에서 매우 적은 양의 컬렉터 누설전류(I_{CEO})가 흐르는데, 이는 주로 열에 의해 생긴 캐리어에 의한 것이다. 차단 영역에서는 베이스-이미터 접합과 베이스-컬렉터 접합 모두 역방향으로 바이어스된다.

포화라고 알려진 조건은 다음과 같다. 베이스 전류가 증가하면 컬렉터 전류는 따라서 증가하게 되고, R_C에서 좀 더 많은 전압강하가 생기므로 V_{CE}는 감소한다. V_{CE}가 $V_{CE(sat)}$라고 부르는 값에 도달하면 베이스-컬렉터 접합은 순방향으로 바이어스되고, I_B가 계속 증가하더라도 I_C는 더 이상 증가하지 않는다. 포화점에서는 $I_C = \beta_{DC}I_B$라는 관계가 더 이상 성립하지 않는다.

트랜지스터에서 $V_{CE(sat)}$는 컬렉터 곡선이 꺾이는 점 아래 어디에선가 발생하며, 보통 수백 mV 정도이지만, 트랜지스터를 해석할 때에는 종종 0 V라 가정한다. 즉 포화된 트랜지스터는 컬렉터에서 이미터까지를 이상적인 단락으로 본다.

부하선 동작 트랜지스터의 컬렉터 곡선상의 차단점과 포화점을 잇는 직선을 *dc* 부하선이라 한다. 한 번 결정되면 트랜지스터는 이 직선을 따라 동작한다. 따라서 I_C의 어느 값에 해당하는 V_{CE}는 이 직선상에 있다. *dc* 부하선은 컬렉터 회로저항과 V_{CC}에 의해 결정되며, 트랜지스터 자체에 의해 결정되는 것이 아니므로, 트랜지스터 특성의 변화가 영향을 미치지 않는다.

그림 16-11의 회로에 대해 *dc* 부하선을 구하도록 한다. 먼저 부하선의 차단점을 결정한다. 트랜지스터가 차단되면, 컬렉터에는 전류가 흐르지 않는다. 따라서 컬렉터-이미터 전압 V_{CE}는 V_{CC}와 같다. 이 경우 $V_{CE} = 24$ V이다.

다음에는 부하선의 포화점을 결정한다. 트랜지스터가 포화되면 V_{CE}는 거의 0이다(실제로는 보통 수백 mV 정도인데 무시해도 좋다). 그러므로 모든 V_{CC} 전압은 $R_C + R_E$에 걸리게 된다. 이것으로부터 컬렉터 전류의 포화값[$I_{C(sat)}$]을 구할 수 있다. 이 값은 I_C의 최댓값이다. 이 값은 V_{CC}, R_C, R_E를 변화하지 않고는 더 이상 증가할 수 없다. 그림 16-11에서 $I_{C(sat)}$의 값은 $V_{CC}/(R_C + R_E)$이며 34.8 mA이다.

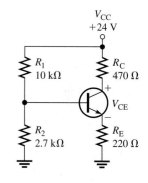

▲ 그림 16-11

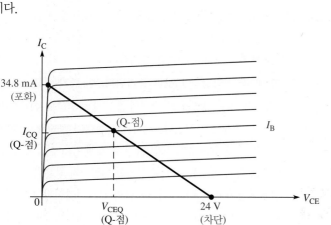

◀ 그림 16-12

그림 16-11의 회로에 대한 DC 부하선 (검은색 선)

마지막으로 그림 16-12의 곡선상에 위에서 구한 차단점 및 포화점을 찾아 두 점을 직선으로 연결하면, 이 직선이 바로 *dc* 부하선이 된다.

Q-점 베이스 전류(I_B)는 베이스 바이어스에 의해 형성된다. 베이스 전류 곡선이 부하선과 만나는 점이 회로의 Q점(quiescent point, Q-point)이라 한다. Q-점의 좌표는 그림 16-12에서 설명한 바와 같이 그 점의 I_C와 V_{CE}의 값이며, 표기된 바와 같이 I_{CQ}와 V_{CEQ}로 부른다.

증폭기의 (교류)신호 동작

그림 16-13에 보인 회로는 입력신호와 같은 모양이지만 진폭이 큰 출력신호를 만들어낸다. 이러한 증가를 증폭(amplification) 또는 **이득**이라 한다. 그림에서 보면 입력신호(V_{in})는 커패시터를 통해 베이스에 들어간다. 그림에서 보인 바와 같이 컬렉터 전압이 출력신호이다. 입력신호전압으로 인해 기저 전류가 Q-점 위와 아래의 부하 라인을 따라 동일한 주파수로 이동하게 된다. 베이스 전류의 이러한 변화는 컬렉터 전류를 같이 변화하도록 한다. 그러나 트랜지스터의 전류이득 때문에, 컬렉터 전류의 변화폭은 베이스 전류의 변화폭에 비해 매우 크다. 교류 베이스 전류(I_b)에 대한 교류 컬렉터 전류(I_c)의 비를 β_{ac} (교류베타) 또는 h_{fe}로 표시한다.

$$\beta_{ac} = \frac{I_c}{I_b} \tag{16-9}$$

▶ 그림 16-13

전압 분배 바이어스이면서 입력신호가 커패시터를 통해 인가되는 증폭기. V_{in} 및 V_{out}은 접지에 대한 값이다.

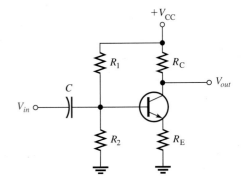

β_{ac}의 값은 주어진 트랜지스터의 β_{DC} 값과 약간의 차이가 있을 뿐이며, 데이터시트에는 항상 이 파라미터가 표시되지 않는다. 소문자 아래첨자는 직류전류 및 전압이 아닌 교류전류 및 전압을 표시하는 데 이용된다는 것을 기억하기 바란다.

증폭기의 신호전압이득 그림 16-13의 증폭기 입력신호에 대한 전압이득을 구한다. 출력전압은 컬렉터 전압이다. 컬렉터 전류의 변화는 R_C에 걸리는 전압의 변화를 가져오고, 그림 16-14에 보인 바와 같이 결과적으로 컬렉터 전압의 변화를 가져온다.

컬렉터 전류가 증가함에 따라 전압강하 I_cR_C는 증가한다. 이 증가는 $V_c = V_{CC} - I_cR_C$이므로 컬렉터 전압의 감소를 가져온다. 같은 방법으로 컬렉터 전류가 감소하면 전압강하 I_cR_C는 감소하고, 결과적으로 컬렉터 전압의 증가를 가져온다. 그러므로 컬렉터 전류와 컬렉터 전압 사이에는 180°의 위상차가 생기게 된다. 그림 16-14에 보인 바와 같이 베이스 전압과 컬렉터 전압도 180°의 위상차가 생긴다. 입력과 출력의 이러한 180° 위상차를 반전이라 부른다.

V_{out}이 컬렉터에서의 신호전압이고 V_{in}이 베이스에서의 신호전압이라고 하면, 증폭기의 전압이득 A_v는 V_{out}/V_{in}이다. 베이스-이미터 접합은 순방향 바이어스이므로 이미터에서의 신호전압은

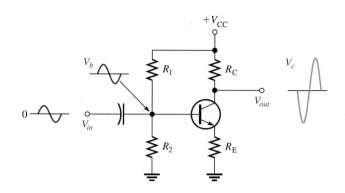

베이스에서의 신호전압과 거의 같다. 따라서 $V_b \approx V_e$이므로 이득은 대략 $V_c/V_e = I_cR_C/I_eR_E$이다. α_{ac}는 거의 1이므로, I_c와 I_e의 값은 거의 같다. 그러므로 서로 소거하면 그림 16-14에서 증폭기의 전압이득의 공식은 다음과 같다.

$$A_v \approx \frac{R_C}{R_E} \qquad (16\text{-}10)$$

A_v에서 음의 부호는 입력과 출력 사이의 반전을 표시하기 위해 종종 사용된다.

예제 16-3

그림 16-15에서 50 mV rms의 신호전압이 베이스에 인가되었다.

(a) 증폭기의 출력전압을 구하라.

(b) 출력신호전압이 더해졌을 경우의 직류 컬렉터 전압을 구하라.

(c) 출력파형을 그려라.

▶ 그림 16-15

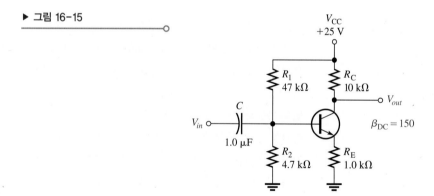

풀이 (a) 신호전압이득은

$$A_v \approx \frac{R_C}{R_E} = \frac{10\text{ k}\Omega}{1.0\text{ k}\Omega} = 10$$

출력신호전압은 입력신호전압에 전압이득을 곱한 값이다.

$$V_{out} = A_v V_{in} = (10)(50\text{ mV rms}) = \textbf{500 mV rms}$$

(b) 다음에 직류 컬렉터 전압을 구한다.

$$V_B \approx \left(\frac{R_2}{R_1+R_2}\right)V_{CC} = \left(\frac{4.7\text{ k}\Omega}{51.7\text{ k}\Omega}\right)25\text{ V} = 2.27\text{ V}$$

$$I_C \approx I_E = \frac{V_E}{R_E} = \frac{V_B - 0.7 \text{ V}}{1.0 \text{ k}\Omega} = 1.57 \text{ mA}$$

$$V_C = V_{CC} - I_C R_C = 25 \text{ V} - (1.57 \text{ mA})(10 \text{ k}\Omega) = \mathbf{9.27 \text{ V}}$$

이 값이 출력의 직류전압값이다. 출력신호의 첨둣값은

$$V_p = 1.414(500 \text{ mV}) = 707 \text{ mV}$$

(c) 신호전압이 9.27 V의 직류전압에 더해진 경우의 출력파형을 그림 16-16에 보였다. 출력파형은 입력과 비교했을 때 반전된 점에 주목하자.

▶ 그림 16-16

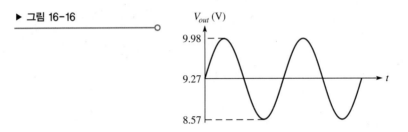

관련 문제 그림 16-15에서 R_C 값이 12 kΩ으로 변했다면 출력파형은 어떤가?
공학용 계산기 소개의 예제 17-3에 있는 변환 예를 살펴보라.

Multisim 또는 LTspice 파일 E17-03을 열어라. 출력신호전압과 직류전압을 구하고 그림 16-16과 비교하라.

이미터 공통 증폭기

그림 16-17에서 보인 회로는 입력신호와 출력신호가 모두 이미터에 공통이기 때문에 불리는 이름으로 전형적인 **이미터 공통**(common-emitter, CE) 증폭기이다. 이미터 공통 증폭기는 우수한 선형성, 높은 입력저항, 높은 전압이득을 갖도록 설계할 수 있기 때문에 일반적으로 전압 증폭기로 사용된다. 그림으로 표시된 것에는 전압 분배기 바이어스가 있지만 다른 유형의 바이어스 방법도 가능하다. 전원 및 부하가 직류 바이어스 전압에 영향을 미치지 않으면서 신호는 증폭기를 통과할 수 있게 결합 커패시터 C_1 및 C_2가 사용된다. C_3는 바이패스 커패시터인데 직류 이미터 전압에 영향을 주지 않으면서 교류인 이미터 신호전압을 접지하는 역할을 한다. 바이패스 커패시터 때문에 이미터는 교류신호에 대해 접지이므로(직류신호에 대해는 접지가 아니지만) 회로는 이미터 공통 증폭기가 된다. 바이패스 커패시터의 목적은 신호전압이득을 증가하기 위함이다(그 이유는 다음에 설명할 것이다). 입력신호는 베이스에 인가되고 출력신호는 컬렉터에서 얻는다.

▶ 그림 16-17

전형적인 이미터 공통(CE) 증폭기

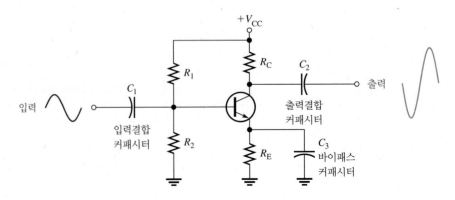

신호주파수에서 모든 커패시터의 리액턴스는 대략 0이라고 가정한다.

바이패스 커패시터는 전압이득을 증가한다 전압이득을 증가하기 위해 신호를 이미터 저항 R_E 를 우회하여 바이패스 커패시터를 통해 접지시킨다. 그 이유를 이해하기 위해 먼저 바이패스 커패시터가 없는 증폭기의 전압이득을 알아보기로 한다. 그림 16-17은 바이패스 커패시터를 떼어낸 CE 증폭기이다.

앞에서와 같이 이탤릭체의 소문자 아래첨자는 신호(교류)전압 또는 신호(교류)전류를 의미한다. 증폭기의 전압이득(voltage gain)은 V_{out}/V_{in}이다. 출력신호전압은 다음과 같다.

$$V_{out} = I_c R_C$$

베이스에서의 신호전압은 대략 다음과 같다.

$$V_b \approx V_{in} \approx I_e(r_e + R_E)$$

여기서 r_e는 그림에 나타내지 않았지만, 트랜지스터의 내부 이미터 저항이다. 전압이득 A_v는 다음과 같이 표현될 수 있다.

$$A_v = \frac{V_{out}}{V_{in}} = \frac{I_c R_C}{I_e(r_e + R_E)}$$

$I_c \approx I_e$이므로 전류는 서로 소거되고, 결과적으로 전압이득은 식 (16-11)과 같이 저항들의 비로 표현된다.

$$A_v = \frac{R_C}{r_e + R_E} \tag{16-11}$$

이 식은 바이패스 커패시터가 없는 경우의 증폭기에 대한 것임을 기억하기 바란다. 만약 R_E가 r_e에 비해 많이 크다면, 식 (16-10)에 보인 바와 같이 $A_v \approx R_C/R_E$가 된다.

바이패스 커패시터가 R_E의 양단에 연결된다면 신호가 접지되는 효과를 가져올 것이고, 결과적으로 이미터에는 r_e만 남을 것이다. 따라서 R_E를 단락하는 바이패스 커패시터가 있는 CE 증폭기의 전압이득은 다음과 같다.

$$\tag{16-12}$$

r_e는 R_C와 함께 CE 증폭기의 전압이득을 결정하므로 매우 중요한 트랜지스터 파라미터이다. 미분을 이용하지 않으면서 r_e를 추정하는 식은 다음과 같다.

$$r_e \approx \frac{25\ mV}{I_E} \tag{16-13}$$

예제 16-4

그림 16-18에 보인 증폭기에 대해 바이패스 커패시터가 있는 경우와 없는 경우의 전압이득을 구하고, 이를 데시벨로 나타내라.

풀이 먼저 r_e를 결정한다. 그러기 위해 I_E를 구할 필요가 있다. 즉

$$V_B \approx \left(\frac{R_2}{R_1 + R_2}\right)V_{CC} = \left(\frac{10\ k\Omega}{47\ k\Omega + 10\ k\Omega}\right)10\ V = 1.75\ V$$

$$V_E = V_B - 0.7\ V = 1.05\ V$$

▶ 그림 16-18

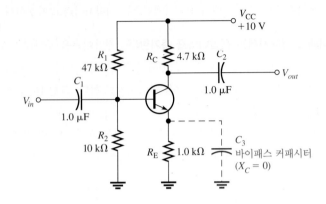

$$I_E = \frac{V_E}{R_E} = \frac{1.05 \text{ V}}{1.0 \text{ k}\Omega} = 1.05 \text{ mA}$$

$$r_e \approx \frac{25 \text{ mV}}{I_E} = \frac{25 \text{ mV}}{1.05 \text{ mA}} = 23.7 \ \Omega$$

바이패스 커패시터가 없는 경우의 전압이득은 다음과 같다.

$$A_v \approx \frac{R_C}{r_e + R_E} = \frac{4.7 \text{ k}\Omega}{1024 \ \Omega} = \textbf{4.59}$$

이를 데시벨로 나타내면 다음과 같다.

$$A_v = 20 \log(4.59) = \textbf{13.2 dB}$$

한편 바이패스 커패시터가 있는 경우의 전압이득은 다음과 같다.

$$A_v \approx \frac{R_C}{r_e} = \frac{4.7 \text{ k}\Omega}{23.7 \ \Omega} = \textbf{198}$$

위에서 볼 수 있는 바와 같이 바이패스 커패시터가 있으면 전압이득이 크게 증가된다. 전압이득을 데시벨(dB)로 표현하면 다음과 같다.

$$A_v = 20 \log(198) = \textbf{45.9 dB}$$

관련 문제 $R_C = 5.6 \text{ k}\Omega$이라면 바이패스 커패시터가 있는 경우의 전압이득은 얼마인가?
공학용 계산기 소개의 예제 17–4에 있는 변환 예를 살펴보라.

Multisim 또는 LTspice 파일 E17-04를 열어라. 바이패스 커패시터가 없을 때의 전압이득을 구하라. 10 μF 바이패스 커패시터를 연결했을 때 전압이득을 구하고 두 값을 비교하라.

위상반전 앞에서 설명한 바와 같이 컬렉터에서의 출력전압은 베이스에서의 입력전압과 180°의 위상차가 난다. 즉 입력과 출력 사이의 위상반전은 CE 증폭기의 특징이다. 앞에서 언급한 바와 같이 위상반전은 때때로 음의 전압이득으로 나타내기도 한다.

교류입력저항 트랜지스터의 베이스에서 바라본 직류입력저항(R_{IN})을 식 (16–6)에 나타냈다. 바이패스 커패시터에 의해 이미터 저항이 접지에 바이패스된 경우에도 베이스에서 신호의 입장에 의해 바라본 입력저항은 다음과 같다.

$$R_{in} = \frac{V_b}{I_b}$$

$$V_b = I_e r_e$$

$$I_e \approx \beta_{ac} I_b$$

$$R_{in} \approx \frac{\beta_{ac} I_b r_e}{I_b}$$

I_b를 소거하면

$$\boldsymbol{R_{in} \approx \beta_{ac} r_e} \tag{16-14}$$

만약 이미터 저항(R_E)을 바이패스하지 않았으면, 이 저항값은 먼저 r_e에 더해져야 한다[즉 $R_{in} = \beta(r_e + R_E)$].

CE 증폭기의 총 입력저항 베이스로부터 바라본 R_{in}은 교류저항이다. 전원에서 바라본 실제 저항은 바이어스 저항들도 포함된다. 총 입력저항을 구해보기로 한다. 교류접지의 개념은 이미 언급한 바 있으나, 이는 총 입력저항 $R_{in(tot)}$의 식을 구하는 데 매우 중요하므로 좀 더 자세히 설명할 필요가 있다.

신호주파수에서 바이패스 커패시터의 리액턴스는 거의 0이므로, 바이패스 커패시터가 있는 CE 증폭기에서 교류신호에 대해 이미터는 접지되어 있는 것과 같은 효과라는 것을 이미 보인 바 있다. 물론 직류신호에 대해 커패시터는 개방된 상태이므로, 바이패스 커패시터는 직류 이미터 전압에는 아무런 영향을 미치지 않는다.

바이패스 커패시터를 통해 접지와 연결되는 것 이외에도 신호는 직류전압원 V_{CC}를 통해 접지와 연결된다. 이는 V_{CC} 단자에서 신호전압이 0이므로 dc 소스 전압이 일정하게 유지되기 때문이다. 그러므로 V_{CC} 단자는 결과적으로 접지의 역할을 한다. 따라서 두 바이어스 저항 R_1 및 R_2는 교류입력에 병렬로 연결된 상태가 되는데, 그 이유는 R_2의 한쪽은 실제의 접지에 연결되고 R_1의 한쪽은 교류접지(V_{CC} 단자)에 연결되기 때문이다. 또한 베이스에서의 R_{in}은 $R_1 \| R_2$와 병렬로 나타난다. 이러한 내용을 그림 16-19에 설명했다.

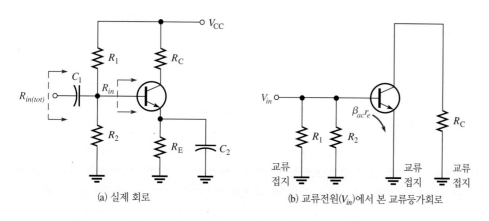

◀ 그림 16-19

총 입력저항

(a) 실제 회로

(b) 교류전원(V_{in})에서 본 교류등가회로

교류전원에서 본 CE 증폭기의 총 입력저항은 다음과 같이 표현된다.

$$\boldsymbol{R_{in(tot)} = R_1 \| R_2 \| R_{in}} \tag{16-15}$$

역방향 바이어스된 베이스-컬렉터 접합이 사실상 개방된 것처럼 보이기 때문에 R_C는 아무런 영향을 미치지 않는다.

예제 16-5

그림 16-20의 CE 증폭기에 대해 전압이득을 구하라. $\beta_{DC} = \beta_{ac} = 100$이다. 또한 전압이득을 데시벨로 나타내라.

▶ 그림 16-20

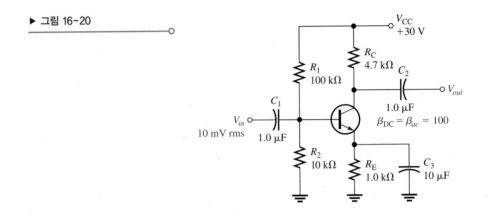

풀이 먼저 r_e를 구한다. 그러기 위해 I_E를 구해야 한다. V_B를 계산하는 것으로부터 시작한다.

$$V_B \approx \left(\frac{R_2}{R_1 + R_2} \right) V_{CC} = \left(\frac{10\,k\Omega}{110\,k\Omega} \right) 30\,V = 2.73\,V$$

$$I_E = \frac{V_E}{R_E} = \frac{V_B - 0.7\,V}{R_E} = \frac{2.03\,V}{1.0\,k\Omega} = 2.03\,mA$$

$$r_e \approx \frac{25\,mV}{I_E} = \frac{25\,mV}{2.03\,mA} = 12.3\,\Omega$$

교류전압이득은 다음과 같다.

$$A_v \approx \frac{R_C}{r_e} = \frac{4.7\,k\Omega}{12.3\,\Omega} = \mathbf{381}$$

$$A_v = 20\log(381) = \mathbf{51.6\,dB}$$

관련 문제 이 예제에서 C_3를 제거하고 A_v를 구하라.

공학용 계산기 소개의 예제 17-5에 있는 변환 예를 살펴보라.

Multisim 또는 LTspice 파일 E17-05를 열어라. 전압이득을 구하고 계산값과 비교하라.

컬렉터 공통 증폭기

보통 **이미터 폴로어**라고 불리는 **컬렉터 공통**(common collector, CC) 증폭기는 BJT 증폭기의 다른 유형이다. 컬렉터 공통 증폭기는 저전력 애플리케이션에서 부하에 대한 신호 전력을 증가하는 데 사용된다. 입력은 베이스에 인가되며, 출력은 이미터에서 얻는다. 컬렉터 저항은 없다. CC 증폭기의 전압이득(A_v)은 1보다 약간 작다. 그러나 **전류이득**(current gain, A_i)은 항상 1보다 크다. 이를 통해 1보다 큰 **전력이득**(power gain, $A_p = A_vA_i$)을 얻을 수 있다.

그림 16-21에 전압 분배 바이어스를 이용한 컬렉터 공통(CC) 회로를 보였다. 입력은 베이스에 인가되고 출력은 이미터에서 얻는다. 그림에서 R_E는 부하를 나타낸다.

전압이득 모든 증폭기에서처럼 CC 증폭기의 전압이득은 $A_v = V_{out}/V_{in}$이다. 이미터 폴로어에서

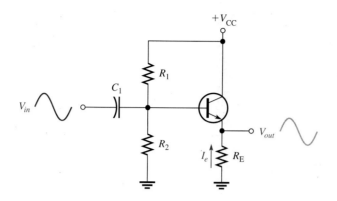

전형적인 이미터 폴로어 또는 컬렉터 공통(CC) 증폭기

V_{out}은 $I_e R_E$이고, V_{in}은 $I_e(r_e + R_E)$이다. 따라서 이득은 $I_e R_E / I_e(r_e + R_E)$이다. 전류의 항을 소거하면, 이득은 다음과 같이 간단히 표현된다.

$$A_v = \frac{R_E}{r_e + R_E} \qquad (16\text{-}16)$$

식 (16-16)에서 보는 바와 같이 항상 1보다 작다는 것은 중요하다. 보통 r_e가 R_E보다 많이 작기 때문에 대략 $A_v = 1$이라고 해도 좋다.

출력전압은 이미터 전압이므로 베이스 전압 또는 입력전압과 동위상이다. 입력과 출력전압이 동위상이고, 전압이득이 거의 1이므로 출력전압은 입력전압을 따라간다. 따라서 이러한 컬렉터 공통 증폭기를 이미터 폴로어라고 부른다.

입력저항 이미터 폴로어의 특징은 높은 입력저항인데, 이는 신호가 더 낮은 저항 부하를 구동해야 하는 경우에 유용한 회로가 된다. 입력저항이 높기 때문에, 이미터 폴로어는 한 회로가 다른 회로에 연결될 때 그 중간에서 부하효과를 최소화하는 버퍼로서 사용될 수 있다.

베이스로부터 바라본 입력저항의 계산 방법은 CE 증폭기의 경우에서와 비슷하다. 다만 이 경우에는 이미터 저항이 바이패스되지 않는다.

$$R_{in} = \frac{V_b}{I_b} = \frac{I_e(r_e + R_E)}{I_b} \approx \frac{\beta_{ac} I_b(r_e + R_E)}{I_b} = \beta_{ac}(r_e + R_E)$$

만약 R_E가 r_e보다 적어도 10배 이상 크다면, 베이스에서의 입력저항은 다음과 같다.

$$R_{in} \approx \beta_{ac} R_E \qquad (16\text{-}17)$$

그림 16-21에서 입력신호의 입장에서 볼 때 바이어스 저항들은 R_{in}과 병렬인데, 이는 전압 분배 바이어스인 CE 증폭기의 경우와 같다. 총 교류입력저항은 다음과 같다.

$$R_{in(tot)} \approx R_1 \| R_2 \| R_{in} \qquad (16\text{-}18)$$

전류이득 이미터 저항(R_E)이 부하($R_E = R_L$)라고 가정하면 이미터 폴로어에 대한 신호전류이득은 I_e / I_s인데, 여기서 I_s는 신호전류이고 $V_s / R_{in(tot)}$의 식으로 계산된다. 만약 바이어스 저항이 무시할 수 있을 정도로 충분히 커져 $I_s = I_b$이라면, 증폭기의 전류이득은 트랜지스터의 전류이득인 β_{ac}와 같다. 물론 이러한 사실은 CE 증폭기의 경우에도 성립한다. β_{ac}는 두 경우의 증폭기에서 얻을 수 있는 최대 전류이득이며 식 (16-19)로 전류이득을 구할 수 있다.

$$A_i = \frac{I_e}{I_s} \qquad (16\text{-}19)$$

$I_e = V_{out}/R_E$이고 $I_s = V_{in}/R_{in(tot)}$이므로 A_i는 예제 16-6에서 보겠지만 $R_{in(tot)}/R_E$로 나타낼 수도 있다. 다른 부하가 R_E에 용량적으로 결합된 경우에는 식 (16-19)를 적용할 수 없다.

전력이득 전력이득은 전압이득과 전류이득의 곱이다. 이미터 폴로어의 경우 전압이득이 대략 1 이므로 전력이득은 전류이득과 대략 같으며, 식 (16-20)으로 표현된다.

$$A_p \approx A_i \qquad\qquad (16\text{-}20)$$

예제 16-6

그림 16-22에서 이미터 폴로어의 입력저항을 구하라. 또한 전압이득, 전류이득, 전력이득을 구하라. R_E는 부하를 나타낸다.

▶ 그림 16-22

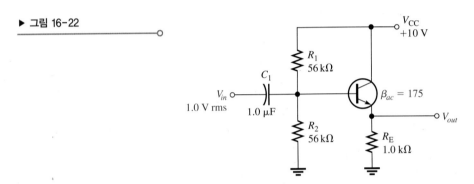

풀이 베이스에서 본 입력저항의 근삿값은

$$R_{in} \approx \beta_{ac}R_E = (175)(1.0\text{ k}\Omega) = 175\text{ k}\Omega$$

총 입력저항은

$$R_{in(tot)} = R_1 \| R_2 \| R_{in} = 56\text{ k}\Omega \| 56\text{ k}\Omega \| 175\text{ k}\Omega = \mathbf{24.1\text{ k}\Omega}$$

r_e를 무시할 경우의 전압이득은

$$A_v \approx \mathbf{1}$$

전류이득은

$$A_i = \frac{I_e}{I_s}$$

$$I_e = \frac{V_{out}}{R_E}$$

$$I_s = \frac{V_{in}}{R_{in(tot)}}$$

$$A_i = \frac{V_{out}/R_E}{V_{in}/R_{in(tot)}} = \left(\frac{V_{out}}{V_{in}}\right)\left(\frac{R_{in(tot)}}{R_E}\right)$$

$V_{in} \approx V_{out}$이므로

$$A_i = \frac{R_{in(tot)}}{R_E} = \frac{24.1\text{ k}\Omega}{1.0\text{ k}\Omega} = \mathbf{24.1}$$

전력이득은

$$A_p \approx A_i = \mathbf{24.1}$$

관련 문제 그림 16-22에서 R_E가 820 Ω으로 작아지면, 전력이득은 얼마인가?

공학용 계산기 소개의 예제 17-6에 있는 변환 예를 살펴보라.

Multisim 또는 LTspice 파일 E17-06을 열어라. 전압이득이 1에 근접함을 증명하라.

이미터 공통, 컬렉터 공통 이외에 **베이스 공통**(CB) 증폭기가 있다. CB는 베이스가 접지이고 이미터 단자에 입력이 연결되고 컬렉터에서 출력을 얻는다. CB 증폭기의 전압이득은 CE처럼 1보다 크고 전류이득은 1보다 작다. CB 증폭기는 차동 증폭기와 같은 특정 애플리케이션에 제한적으로 사용된다.

16-2절 복습 해답은 이 장의 끝에 있다.	1. 증폭의 의미는 무엇인가? 2. Q-점의 의미는 무엇인가? 3. R_C = 47 kΩ, R_E = 2.2 kΩ인 이미터 공통 회로의 개략적인 전압이득은 얼마인가? 4. CE 증폭기에서 바이패스 커패시터를 사용하는 목적은 무엇인가? 5. CE 증폭기의 전압이득을 구하는 방법은? 6. 컬렉터 공통 증폭기를 다른 말로 무엇이라 하는가? 7. CC 증폭기의 이상적인 최대 전압이득은 얼마인가?

16-3 B급 BJT 증폭기

어느 증폭기의 입력신호가 180° 동안은 선형 영역에서 동작하고 다른 180° 동안은 차단되도록 바이어스되어 있을 때, 이를 B급 증폭기(class B amplifier)라고 한다. B급 증폭기는 주로 전력 증폭기로 사용된다. A급 증폭기에 비해 B급 증폭기의 주요 장점은 효율이 높다는 점이다. 즉 주어진 입력전력에 대해 좀더 큰 출력전력을 얻을 수 있다는 점이다. B급 증폭기의 단점은 입력파형으로부터 선형적으로 증폭된 출력파형을 얻기 위한 회로를 구성하기가 좀 더 어렵다는 점이다. **푸시-풀** 증폭기는 입력파형과 대략 같은 모양의 출력파형을 얻기 위한 B급 증폭기의 일반적인 형태라는 것을 이 절에서 알게 될 것이다.

이 절의 학습목표

◆ **B급 증폭기를 해석한다.**

- ◆ B급 증폭기의 동작을 설명한다.
- ◆ 푸시-풀 증폭기 동작의 의미를 설명한다.
- ◆ 교차 왜곡을 정의한다.
- ◆ B급 푸시-풀 증폭기의 바이어스 방법을 설명한다.
- ◆ 최대 출력전력을 계산한다.
- ◆ B급 증폭기의 효율을 계산한다.

컬렉터 공통 B급 증폭기의 입력파형과 출력파형을 그림 16-23에 보였다. B급 증폭기는 차단 영역에서 바이어스된다. 즉 $I_{CQ} = 0$이고 $V_{CEQ} = V_{CE(cutoff)}$이다. 입력신호가 인가되면 차단 영역에서 나와 트랜지스터가 통전하며 트랜지스터는 선형 영역에서 동작한다. 그림 16-23에서 이미터 폴로어 회로를 보였다.

▶ 그림 16-23

컬렉터 공통 B급 증폭기

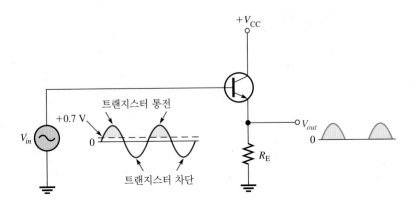

푸시-풀 동작

그림 16-24에는 2개의 이미터 폴로어를 이용한 B급 푸시-풀 증폭기의 한 형태를 보였다. 한 이미터 폴로어는 *npn* 트랜지스터를 이용하고 다른 이미터 폴로어는 *pnp* 트랜지스터를 이용했기 때문에, 각 트랜지스터는 입력신호의 서로 다른 반 주기 동안 각각 동작한다. 이를 보상 증폭기라고 한다. 직류 베이스 바이어스 전압은 없다(즉 $V_B = 0$). 따라서 신호전압만이 각 트랜지스터를 통전시킨다. Q_1은 입력신호의 양의 반 주기 동안 통전하고, Q_2는 입력신호의 음의 반 주기 동안 통전한다.

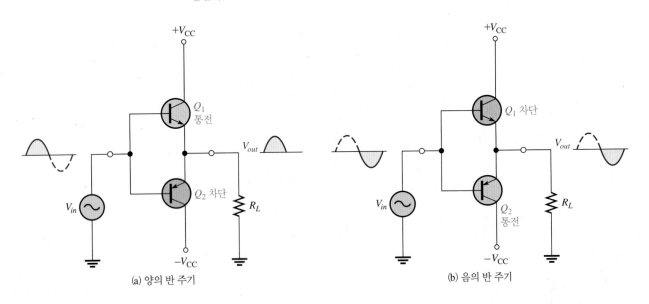

(a) 양의 반 주기   (b) 음의 반 주기

▲ 그림 16-24

B급 푸시-풀 동작

교차왜곡

직류 베이스 전압이 0일 때, 입력신호전압은 트랜지스터가 통전하기 전에 반드시 V_{BE} 이상이어야 한다. 따라서 그림 16-25에 보인 바와 같이 입력신호가 양에서 음으로 혹은 음에서 양으로 변

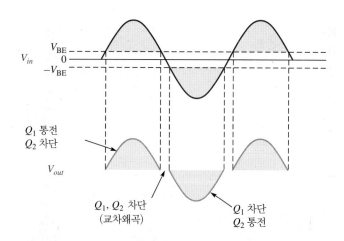

B급 푸시-풀 증폭기의 교차왜곡 설명

화할 때 어느 트랜지스터도 통전하지 않는 시간 구간이 생기게 된다. 그 결과로 생기는 출력파형의 왜곡은 잘 알려진 바와 같이 **교차왜곡**이라 부른다.

푸시-풀 증폭기의 바이어스

교차왜곡을 없애기 위해 입력신호가 없을 때에도 푸시-풀 증폭기의 두 트랜지스터가 차단되지 않도록 약간의 바이어스를 걸어준다. 이는 그림 16-26에 보인 바와 같이 전압 분배 바이어스와 다이오드를 이용하여 할 수 있다. 다이오드 D_1 및 D_2의 특성이 트랜지스터의 베이스-이미터 접합의 특성과 거의 같을 때, 안정된 바이어스를 유지할 수 있다.

R_1과 R_2의 값이 같으므로 두 다이오드 사이의 마디 A에서의 접지에 대한 전압은 $V_{CC}/2$이다. 두 다이오드와 두 트랜지스터의 특성이 서로 같다고 가정하면, D_1에서의 전압강하는 Q_1의 V_{BE}와 같고 D_2에서의 전압강하는 Q_2의 V_{BE}와 같다. 그 결과로 이미터의 전압은 역시 $V_{CC}/2$이며, 따라서 그림에 보인 바와 같이 $V_{CEQ1} = V_{CEQ2} = V_{CC}/2$이다. 두 트랜지스터는 거의 차단되도록 바이어스되었으므로 $I_{CQ} \approx 0$이다.

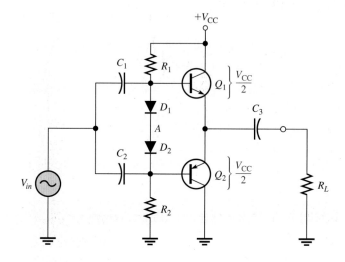

교차왜곡을 없애기 위한 푸시-풀 증폭기의 바이어스

교류동작

최대 조건하에서 트랜지스터 Q_1과 Q_2는 차단 근처로부터 포화 근처까지 교대로 동작한다. 입력신호가 양의 값을 갖는 동안 Q_1의 이미터 전압은 Q-점 전압인 $V_{CC}/2$로부터 V_{CC} 근처까지 움직여서 대략 V_{CEQ}와 같은 양의 첨두전압을 나타낸다. 실제로 최대전압은 항상 V_{CEQ}보다 낮다. 동

▶ 그림 16-27

교류 푸시-풀 동작. 신호주파수에서 커패시터는 단락이라고 가정할 수 있으며, 직류전원은 교류접지이다.

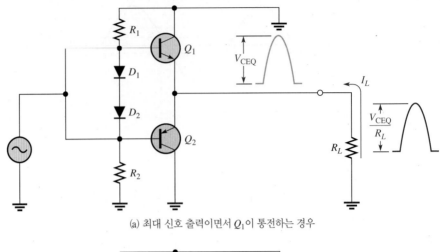

(a) 최대 신호 출력이면서 Q_1이 통전하는 경우

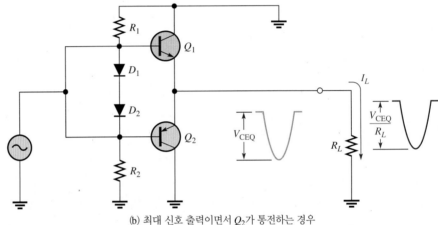

(b) 최대 신호 출력이면서 Q_2가 통전하는 경우

시에 그림 16-27(a)에 보인 바와 같이 Q_1의 전류는 거의 0인 Q-점 전류로부터 거의 포화값까지 스윙한다.

입력신호가 음의 값을 갖는 동안 Q_2의 이미터 전압은 Q-점 전압인 $V_{CC}/2$로부터 0 근처까지 움직여서 대략 V_{CEQ}와 같은 음의 첨두전압을 나타낸다. 또한 그림 16-27(b)에 보인 바와 같이 Q_2의 전류는 거의 0으로부터 거의 포화값까지 스윙한다.

각 트랜지스터에 걸리는 첨두전압은 V_{CEQ}이므로 교류포화전류는 식 (16-21)과 같이 나타낸다.

$$I_{c(sat)} = \frac{V_{CEQ}}{R_L} \qquad (16\text{-}21)$$

$I_e \approx I_c$이고 출력전류가 이미터 전류이므로 첨두 출력전류 또한 V_{CEQ}/R_L이다.

예제 16-7

그림 16-28에서 출력전압 및 출력전류에 대한 최대 첨둣값을 구하라.

풀이 최대 첨두 출력전압은

$$V_{p(out)} = V_{CEQ} = \frac{V_{CC}}{2} = \frac{20\text{ V}}{2} = \mathbf{10\ V}$$

최대 첨두 출력전류는

$$I_{p(out)} = I_{c(sat)} = \frac{V_{CEQ}}{R_L} = \frac{10\text{ V}}{8.0\,\Omega} = \mathbf{1.25\,A}$$

▶ 그림 16-28

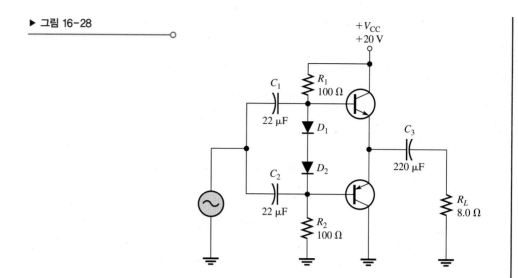

관련 문제 그림 16-28에서 V_{CC}가 15 V로 낮아지고 부하저항이 16 Ω으로 되었을 경우, 출력전압 및 전류의 최대 첨둣값을 구하라.

공학용 계산기 소개의 예제 17-7에 있는 변환 예를 살펴보라.

Multisim 또는 LTspice 파일 E17-07을 열어라. 최대 출력을 관찰하라. R_L을 16 Ω으로 바꾸고 그 결과를 비교하라.

최대 출력전력

최대 첨두 출력전류는 대략 $I_{c(sat)}$이고, 최대 첨두 출력전압은 대략 V_{CEQ}임을 보였다. 그러므로 최대 평균출력은

$$P_{out} = V_{rms(out)}I_{rms(out)}$$

이고

$$V_{rms(out)} = 0.707V_{p(out)} = 0.707V_{CEQ}$$

이고

$$I_{rms(out)} = 0.707I_{p(out)} = 0.707I_{c(sat)}$$

이므로, P_{out}은 다음과 같다.

$$P_{out} = 0.5V_{CEQ}I_{c(sat)}$$

V_{CEQ} 대신 $V_{CC}/2$를 대입하면

$$\boldsymbol{P_{out(max)} = 0.25\ V_{CC}I_{c(sat)}} \qquad (16\text{-}22)$$

식 (16-22)는 이상적인 경우라는 점을 명심하자. 실제 회로는 이보다 적은 출력전력을 갖는다.

입력전력

입력전력은 V_{CC} 전원으로부터 오며, 그 크기는

$$P_{DC} = V_{CC}I_{CC}$$

각 트랜지스터는 반 주기 동안 전류가 흐르므로 전류는 반파신호이며, 그 평균값은

$$I_{CC} = \frac{I_{c(sat)}}{\pi}$$

따라서 DC 전력은 식 (16-23)에 의해 주어진다.

$$P_{DC} = \frac{V_{CC}I_{c(sat)}}{\pi} \qquad (16-23)$$

효율

B급 푸시-풀 증폭기는 A급 증폭기보다 효율이 높아 큰 전력에 적용할 수 있는 장점을 갖고 있다. 이 장점은 B급 푸시-풀 증폭기에서 교차왜곡을 없애기 위한 바이어스의 어려움을 상쇄하고도 남는다.

효율은 직류입력전력에 대한 교류출력전력의 비율로 정의된다.

$$eff = \frac{P_{out}}{P_{DC}}$$

이상적으로 B급 증폭기의 최대 효율(eff_{max})은 식 (16-22)를 식 (16-23)으로 나누어 식 (16-24)로 표시한다.

$$\mathbf{eff_{max} = 0.25\pi = 0.785} \qquad (16-24)$$

그러므로 최대 효율은 이상적인 경우에 78.5%이다. A급 증폭기의 최대 효율은 25%에 불과하다. 실제 효율은 이상적인 경우보다 항상 낮다.

예제 16-8

예제 16-7의 그림 16-28에서 증폭기의 이상적인 최대 교류출력전력과 직류입력전력을 구하라. 바이어스 저항기에 의해 소비되는 전력은 무시하라.

풀이 예제 16-7에서 $I_{c(sat)}$는 1.25 A이었다. 따라서

$$P_{out(max)} = 0.25V_{CC}I_{c(sat)} = 0.25(20\ V)(1.25\ A) = \mathbf{6.25\ W}$$

$$P_{DC} = \frac{V_{CC}I_{c(sat)}}{\pi} = \frac{(20\ V)(1.25\ A)}{\pi} = \mathbf{7.96\ W}$$

관련 문제 그림 16-28에서 $R_L = 4.0\ \Omega$일 때 이상적인 최대 교류출력전력을 구하라.
공학용 계산기 소개의 예제 16-8에 있는 변환 예를 살펴보라.

16-3절 복습

해답은 이 장의 끝에 있다.

1. B급 증폭기에서 Q-점의 위치는 어디인가?
2. 교차왜곡의 원인은 무엇인가?
3. B급 푸시-풀 증폭기에서 이상적인 경우의 최대 효율은 얼마인가?
4. A급 증폭기의 푸시-풀 결선의 이점은 무엇인가?

16-4 스위치로써 BJT

앞절에서 선형 증폭기로써의 트랜지스터를 공부했다. 또 하나의 주요한 응용 분야는 스위칭 회로에의 응용이다. 전자 스위치로 사용될 때, 트랜지스터는 차단 영역과 포화 영역에서 교대로 동작한다.

이 절의 학습목표

◆ **트랜지스터 스위칭 회로를 분석한다.**

    ◆ 차단상태의 조건을 논의한다.

    ◆ 포화상태의 조건을 논의한다.

    ◆ 컬렉터-이미터 차단전압을 계산한다.

    ◆ 컬렉터 포화전류를 계산한다.

    ◆ 포화되기 위한 최소의 베이스 전류를 계산한다.

그림 16-29에 스위치로써 트랜지스터의 기본 동작을 설명한다. 그림 16-29(a)에서는 베이스-이미터 접합이 순방향 바이어스가 아니기 때문에 트랜지스터는 차단된다. 이상적으로 이 조건에서 그림에서 상응하는 스위치 회로처럼 컬렉터와 이미터 사이는 개방된다. 그림 16-29(b)에서는 베이스-이미터 및 베이스-컬렉터 접합이 순방향 바이어스이고, 베이스 전류가 충분히 커서 컬렉터 전류를 포화값에 이르게 하기 때문에 트랜지스터는 포화된다. 이상적으로 이 조건에서 그림에서 상응하는 스위치로 나타낸 것처럼 컬렉터와 이미터 사이는 단락된다. 실제로는 수백 mV의 포화전압[$V_{CE(sat)}$] 강하가 발생한다.

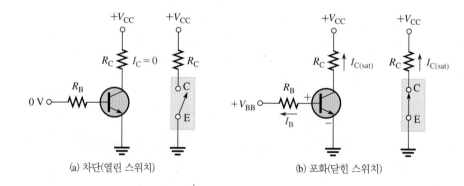

◀ **그림 16-29**

트랜지스터의 이상적인 스위칭 동작

(a) 차단(열린 스위치)

(b) 포화(닫힌 스위치)

차단에서의 조건 앞에서 설명한 바와 같이 베이스-이미터 접합이 순방향 바이어스가 아닐 때, 트랜지스터는 차단된다. 식 (16-25)와 같이 누설전류는 무시되며 모든 전류는 거의 0이고, V_{CE}는 거의 V_{CC}와 같다.

$$V_{CE(cutoff)} \approx V_{CC} \qquad (16-25)$$

포화에서의 조건 베이스-이미터 접합이 순방향 바이어스이고, 베이스 전류가 충분히 커서 컬렉터 전류를 최대로 할 수 있을 때 트랜지스터는 포화된다. $V_{CE(sat)}$는 V_{CC}에 비해서 매우 작으므로 무시할 수 있으며, 따라서 컬렉터 전류는 식 (16-26)과 같이 표현된다.

$$I_{C(sat)} \approx \frac{V_{CC}}{R_C} \qquad (16-26)$$

포화상태에 이르게 하는 데 필요한 베이스 전류의 최솟값은 식 (16-27)과 같다.

$$I_{B(min)} = \frac{I_{C(sat)}}{\beta_{DC}} \tag{16-27}$$

예제 16-9	(a) 그림 16-30의 트랜지스터 스위칭 회로에 대해 $V_{IN} = 0$ V일 때 V_{CE}는 얼마인가?

▶ 그림 16-30

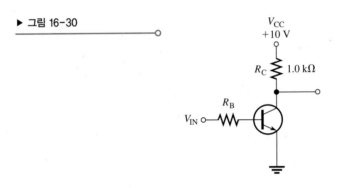

(b) β_{DC}가 200이라면 이 트랜지스터를 포화시키기 위한 I_B의 최솟값은 얼마인가?

(c) $V_{IN} = 5.0$ V일 때 R_B의 최댓값을 계산하라.

풀이 (a) $V_{IN} = 0$일 때 트랜지스터는 차단되고 $V_{CE} = V_{CC} = 10$ V이다.

(b) 트랜지스터가 포화될 때 $V_{CE} \approx 0$ V이다. 그러므로

$$I_{C(sat)} \approx \frac{V_{CC}}{R_C} = \frac{10 \text{ V}}{1.0 \text{ k}\Omega} = 10 \text{ mA}$$

$$I_{B(min)} = \frac{I_{C(sat)}}{\beta_{DC}} = \frac{10 \text{ mA}}{200} = \mathbf{50 \text{ } \mu A}$$

이 I_B 값은 트랜지스터를 포화점에 이르게 하는 데 필요한 값이다. I_B가 더 증가하면 트랜지스터는 더 깊이 포화되지만 I_C가 증가하지는 않는다.

(c) 트랜지스터가 포화될 때 $V_{BE} = 0.7$ V이다. R_B에 걸리는 전압은

$$V_{RB} = V_{IN} - 0.7 \text{ V} = 4.3 \text{ V}$$

최소 I_B를 50 μA가 되도록 하는데 필요한 R_B의 최댓값은 옴의 법칙에 의해 다음과 같이 계산된다. 실제로 사용할 값은 훨씬 적어야 한다.

$$R_{B(max)} = \frac{V_{RB}}{I_B} = \frac{4.3 \text{ V}}{50 \text{ } \mu A} = \mathbf{86 \text{ k}\Omega}$$

관련 문제 그림 16-30에서 β_{DC}가 125이고 $V_{CE(sat)}$가 0.2 V일 때, 트랜지스터를 포화시키는 데 필요한 I_B의 최솟값을 구하라.

공학용 계산기 소개의 예제 17-9에 있는 변환 예를 살펴보라.

트랜지스터의 전력 소모는 트랜지스터를 통과하는 전류에 트랜지스터 양단의 전압을 곱한 것과 동일하므로 $P_{BJT} = I_C V_{CE}$이다. 트랜지스터 스위치가 off 또는 on 상태일 때 전력 소모가 최소화된다. off 상태에서는 $I_C \approx 0$ A이므로 $P_{BJT} \approx 0$ W인 반면, on 상태에서는 V_{CE}가 낮아서(이상적으로는 0 V) P_{BJT}도 낮다(이상적으로는 0 W). 유일한 전력 소비는 스위치가 한 상태에서 다

른 상태로 변경될 때 발생한다. 이런 일이 발생하면 트랜지스터는 선형모드에서 작동하므로 I_C나 V_{CE} 모두 0이 아니며 $P_{BJT} = I_C V_{CE}$가 중요하다. 트랜지스터가 이 선형모드에 오래 머무를수록 (트랜지스터가 상태에서 다른 상태로 느리게 변경될수록) 더 많은 전력이 소비되고, 한 상태에서 다른 상태로 더 자주 변경될수록(스위칭 주파수가 빨라짐) 더 많은 전력이 소모되며 전력은 사라질 것이다. 결과적으로 트랜지스터 스위치의 전력 소비는 스위칭 속도가 느리고 스위칭 주파수가 높을수록 증가한다.

16-4절 복습 해답은 이 장의 끝에 있다.	1. 트랜지스터가 스위칭 소자로 사용될 때, 트랜지스터는 어느 두 상태에서 동작하는가? 2. 컬렉터 전류는 언제 최댓값에 도달하는가? 3. 컬렉터 전류는 언제 거의 0이 되는가? 4. 포화상태에 들어가게 하는 두 가지 조건을 말하라. 5. V_{CE}는 언제 V_{CC}와 같은가? 6. 트랜지스터 스위치의 전력 소모를 결정하는 두 가지 요소는 무엇인가?

16-5 전계 효과 트랜지스터의 직류동작

앞에서 배운 쌍극 접합 트랜지스터(BJT)는 전류제어 소자이다. 즉 베이스 전류가 컬렉터 전류의 양을 제어한다. **전계 효과 트랜지스터**(FET)는 다르다. 이것은 게이트 단자의 전압이 소자를 통해 흐르는 전류의 양을 제어하는 전압제어 소자이다. 또한 BJT와 비교하면 FET는 매우 높은 입력 임피던스를 갖는데, 이 성질은 어느 응용에서는 상당히 좋은 특성이라고 할 수 있다. FET의 두 가지 중요한 형태인 접합 전계 효과 트랜지스터(JFET)와 금속산화 반도체 전계 효과 트랜지스터 (MOSFET)에 대해 설명한다.

이 절의 학습목표

◆ **JFET와 MOSFET의 기본 구조와 동작을 설명한다.**
  ◆ 표준 FET 기호를 확인한다.
  ◆ JFET와 MOSFET의 차이점을 설명한다.
  ◆ FET의 단자를 이름짓는다.
  ◆ FET의 자기 바이어스, 영 바이어스, 전압 분배 바이어스 등 바이어스를 해석한다.

접합 전계 효과 트랜지스터(JFET)

접합 전계 효과 트랜지스터(junction field effect transistor, JFET)는 FET의 한 형태인데, 채널에서 전류를 제어하기 위해 접합을 역방향 바이어스로 하여 동작시킨다. 그 구조에 따라 JFET는 n 채널 또는 p 채널의 두 가지로 구분된다. 그림 16-31(a)에서는 n 채널 JFET의 기본 구조를 보였다. 도선은 n 채널의 양쪽 끝에 각각 연결되는데, 위쪽 끝을 드레인(drain)이라 하고 아래쪽 끝을 소스(source)라고 한다. 두 p형 영역은 채널을 형성하기 위해 n형 반도체 속으로 확산되며, 양쪽 p형 영역은 게이트(gate) 도선으로 연결된다. 실제로는 양쪽 p형 영역은 서로 연결되어 있지만, 구조 그림에서는 단순하게 표현하기 위해 게이트 도선을 한쪽 p형 영역에만 연결된 것으로 표시했다. p 채널 JFET를 그림 16-31(b)에 보였다.

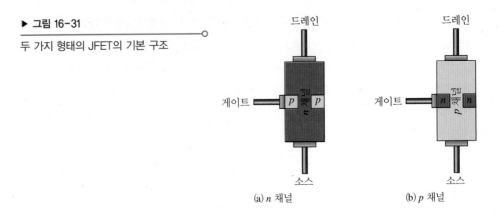

▶ 그림 16-31

두 가지 형태의 JFET의 기본 구조

(a) n 채널

(b) p 채널

기본 동작 JFET의 동작을 설명하기 위해 바이어스 전압이 n 채널 소자에 인가된 것을 그림 16-32(a)에 보였다. V_{DD}는 드레인-소스 사이에 전압을 공급하며 드레인에서 소스로 전류가 흐르도록 한다. V_{GG}는 그림에 보인 바와 같이 게이트와 소스 사이의 역방향 바이어스 전압이다. 게이트의 p 물질 주위의 흰색 영역은 역방향 바이어스에 의해 생긴 공핍 영역을 나타낸다. 게이트와 드레인 사이의 역방향 바이어스 전압은 게이트와 소스 사이의 역방향 바이어스 전압보다 크므로 공핍 영역은 채널의 드레인 끝쪽으로 넓어진다.

JFET는 게이트-소스 pn 접합이 항상 역방향으로 바이어스되어 동작된다. 게이트 전압이 음인 상태에서 게이트-소스 접합이 역방향으로 바이어스되면 n 채널에 공핍 영역이 생기며 그 채널

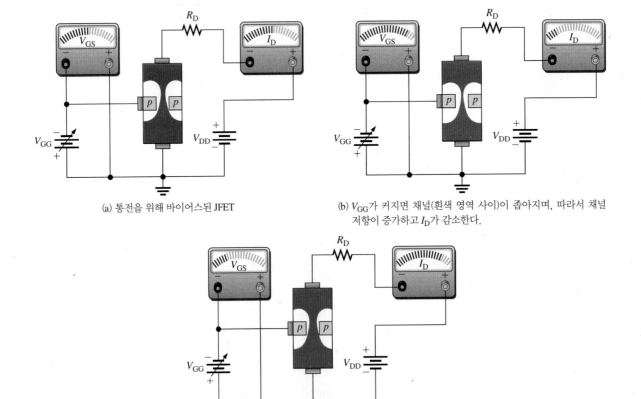

(a) 통전을 위해 바이어스된 JFET

(b) V_{GG}가 커지면 채널(흰색 영역 사이)이 좁아지며, 따라서 채널 저항이 증가하고 I_D가 감소한다.

(c) V_{GG}가 작아지면 채널이 넓어지며, 따라서 채널 저항이 감소하고 I_D가 증가한다.

▲ 그림 16-32

채널 폭과 드레인 전류에 대한 V_{GG}의 영향($V_{GG} = V_{GS}$)

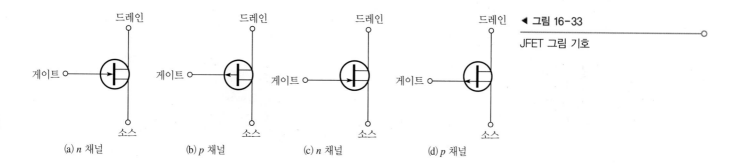

◀ 그림 16-33

JFET 그림 기호

(a) n 채널 (b) p 채널 (c) n 채널 (d) p 채널

저항은 증가한다. 채널 폭은 게이트 전압이 변화함으로써 제어할 수 있으며, 결과적으로 드레인 전류 I_D의 양을 제어할 수 있다. 이러한 개념을 그림 16-32(b)와 (c)에 설명했다.

JFET의 기호 n 채널 및 p 채널 JFET의 기호를 그림 16-33에 보였다. 게이트의 화살표는 n 채널의 경우 안쪽을 향하고 있고, p 채널의 경우 바깥쪽을 향하고 있다. 그림 16-33(a)와 (b)는 n 채널과 p 채널 JFET에 대한 일반적인 기호를 보여준다. 이러한 기호의 한 가지 단점은 대칭으로 인해 회로도에서 드레인 및 소스 리드를 식별하기 어렵다는 것이다. 결과적으로 일부 설계에서는 소스 리드에 더 가까운 게이트 리드를 보여주는 그림 16-33(c)와 (d)를 대신 사용한다.

금속산화 반도체 전계 효과 트랜지스터(MOSFET)

금속산화 반도체 전계 효과 트랜지스터(metal-oxide semiconductor field-effect transistor, MOSFET)는 전계 효과 트랜지스터의 두 번째 종류이다. MOSFET는 JFET와 달리 pn 접합 구조를 갖고 있지 않다. 그 대신, MOSFET의 게이트는 실리콘 이산화물(SiO_2) 층에 의해 채널과 절연되어 있다. MOSFET의 기본적인 두 가지 형태는 공핍모드(D)와 증진모드(E)이다.

공핍모드 MOSFET(D-MOSFET) 그림 16-34에 D-MOSFET의 기본적인 구조를 보였다. 드레인과 소스는 기저층 반도체 속으로 확산되어 절연된 게이트에 인접한 좁은 채널에 의해 연결된다. n 채널 소자와 p 채널 소자를 그림에 모두 나타냈다. 기본 동작을 설명하기 위해 n 채널 소자를 이용한다. p 채널 소자의 동작은 n 채널 소자의 경우와 전압의 극성이 반대라는 것을 제외하고는 모두 같다.

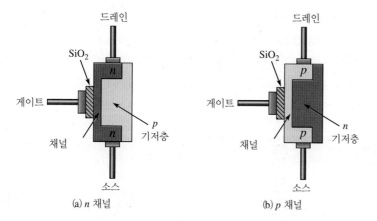

◀ 그림 16-34

D-MOSFET의 기본 구조

(a) n 채널 (b) p 채널

D-MOSFET는 2개의 모드 [공핍모드(depletion mode) 또는 증진모드(enhancement mode)] 중 하나로 동작하므로, 이를 **공핍/증진 MOSFET**라 부르기도 한다. 게이트가 채널에서 절연되어 있으므로 양 또는 음의 모든 게이트 전압을 인가할 수 있다. n 채널 MOSFET에서 음의 게이트-소

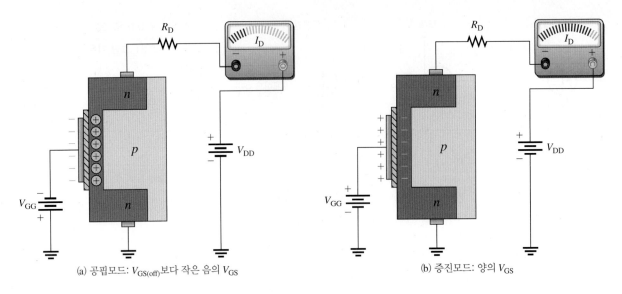

(a) 공핍모드: $V_{GS(off)}$보다 작은 음의 V_{GS} (b) 증진모드: 양의 V_{GS}

▲ 그림 16-35

n 채널 D-MOSFET의 동작

스 전압이 인가되면 MOSFET는 공핍모드에서 동작하고, 양의 게이트-소스 전압이 인가되면 증진모드에서 동작한다.

공핍모드를 그림 16-35(a)에 보였다. 공핍모드 게이트를 평행한 커패시터의 한쪽 판이라 보고 채널을 다른 한쪽 판이라고 본다. 실리콘 이산화 절연층은 유전체이다. 게이트 전압이 음이면 게이트 상의 음(−)전하는 채널 속의 자유전자를 밀어내고, 결과적으로 양이온을 채널 속에 남기게 된다. 이에 의해 n 채널 속의 전자들의 일부가 없어지고 채널의 전도성은 감소한다. 게이트의 음 전압이 커질수록 n 채널 전자는 감소한다. 충분히 큰 음의 게이트-소스 전압$[V_{GS(off)}]$에서 채널은 완전히 비게 되어 드레인 전류는 0이 된다. $V_{GS(off)}$는 게이트-소스 컷오프 전압이라고 한다.

n 채널 JFET에서처럼 n 채널 D-MOSFET에서는 게이트-소스 전압이 $V_{GS(off)}$와 0 V 사이일 때 드레인 전류가 흐른다. 그리고 D-MOSFET는 0 V 이상의 V_{GS} 값에서도 전류가 흐르는데, 이를 증진모드라고 한다.

증진모드의 경우를 그림 16-35(b)에 나타냈다. 증진모드 게이트 전압이 양일 때 많은 전도 전자가 채널로 끌려온다. 따라서 채널의 도전율이 증가(증진)한다.

n 채널과 p 채널 공핍/증진 MOSFET의 기호를 그림 16-36에 보였다. 화살표로 표시한 기저층은 항상 그런 것은 아니지만 보통 내부적으로 소스와 연결되어 있다. 안쪽으로 향한 화살표는 n 채널을 의미하고, 바깥쪽으로 향한 화살표는 p 채널을 의미한다.

그림 16-37(a)와 (b)는 드레인과 소스 사이에 고유 바디 다이오드를 포함하는 기호를 보여준

▶ 그림 16-36

D-MOSFET의 기호

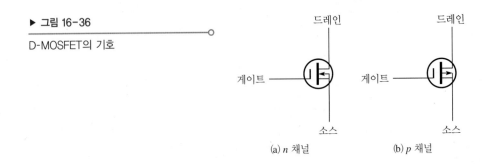

(a) n 채널   (b) p 채널

다. 바디 다이오드(body diode)는 FET의 물리적 구성에 의해 생성된 소스와 바디 영역 사이의 *pn* 접합으로 인해 발생하는 MOSFET 내의 내부 다이오드이다. 바디 다이오드는 그림 16-37(c)에 표시된 것처럼 기판의 바디 터미널이 소스 터미널에 내부적으로 연결될 때 생성된다. 이 다이오드는 의도적으로 FET에 설계되지 않는다. 일부 애플리케이션에서 이 다이오드는 일부 유도회로에 사용되는 보호 플라이백 다이오드처럼 작동한다. 그러나 회로 설계자는 유도성 반동으로부터 보호해야 하는 애플리케이션에서 바디 다이오드가 FET를 보호할 것이라고 가정해서는 안 된다. 이러한 애플리케이션을 위한 설계에는 적절한 전압 및 전력 정격을 갖춘 별도의 다이오드가 포함되어야 한다.

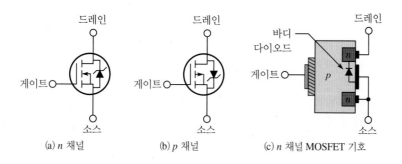

▶ 그림 16-37

고유 바디 다이오드를 보여주는 MOSFET 기호

증진모드 MOSFET(E-MOSFET) 이 형태의 MOSFET는 증진모드에서만 동작하고, 공핍모드는 없다. D-MOSFET와는 그 구조가 다르다. 즉 물리적으로 채널을 갖고 있지 않다. 그림 16-38 (a)에서 보는 바와 같이 기저층이 SiO_2층까지 완전히 확장되어 있다.

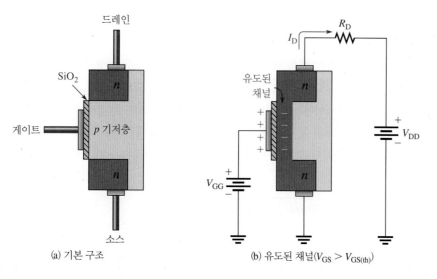

◀ 그림 16-38

E-MOSFET의 구조와 동작

n 채널 소자에 대해 임계값을 넘는 양의 게이트 전압[$V_{GS(th)}$]은 그림 16-38(b)에 보인 바와 같이 SiO_2층 근처의 기저 영역에 음전하의 얇은 층을 형성하여 채널을 만든다. 채널의 도전율은 게

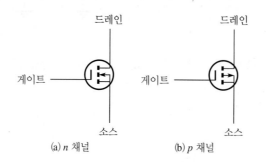

◀ 그림 16-39

E-MOSFET의 기호

이트-소스 전압을 증가함으로써 증진되며, 따라서 좀 더 많은 전자를 채널로 끌어들인다. 임계전압 이하의 전압에서는 채널이 형성되지 않는다.

n 채널과 p 채널 E-MOSFET의 기호를 그림 16-39에 보였다. 점선은 물리적인 채널이 없음을 나타낸다.

취급시 주의할 점 MOSFET의 게이트는 채널로부터 절연되어 있기 때문에 입력저항이 매우 높다(이론적으로는 무한대). 보통 MOSFET의 게이트 누설전류(I_{GSS})는 pA 범위인데 반해 보통 JFET의 게이트 역전류는 nA 범위이다.

물론 입력 커패시턴스는 절연된 게이트 구조에 기인한다. 매우 높은 입력저항과 함께 결합된 입력 커패시턴스 때문에 과도한 정전하가 누적될 수 있는데, 이러한 정전기 방전(electro-static discharge, ESD)의 결과로 소자에 손상을 가져올 수 있다. ESD와 가능한 손상을 피하기 위해 다음과 같이 주의해야 한다.

1. MOS 소자는 전도성 물질에 싸서 보관하거나 옮긴다.
2. 조립 및 시험에 이용되는 모든 기구와 금속 작업대는 땅에 접지해야 한다.
3. 조립하는 사람 또는 취급하는 사람의 손목은 전선과 높은 값의 직렬저항을 이용하여 땅에 접지해야 한다.
4. 전력이 공급되고 있을 때에는 MOS 소자(또는 다른 어떠한 소자)를 회로에서 뽑아내면 안 된다.
5. 직류전원이 차단되어 있는 경우에는 MOS 소자에 신호를 인가하면 안 된다.

JFET의 바이어스

JFET는 게이트-소스 접합이 항상 역방향 바이어스되어야만 동작함을 상기하자. n 채널 JFET에서의 음의 V_{GS}를 필요로 하고, p 채널 JFET에서는 양의 V_{GS}를 필요로 한다. 이러한 전압은 그림 16-40에서와 같이 자기바이어스를 이용하여 얻을 수 있다. 게이트는 접지와 연결된 저항 R_G에 의해 거의 0 V로 바이어스된다. 역방향 누설전류 I_{GSS}에 의해 매우 작은 전압이 R_G에 걸리지만, 대부분의 경우에 이는 무시될 수 있으며, 따라서 R_G에서는 전압강하가 없다고 가정할 수 있다.

▶ 그림 16-40

자기 바이어스된 JFET(모든 FET에서 $I_S = I_D$이다)

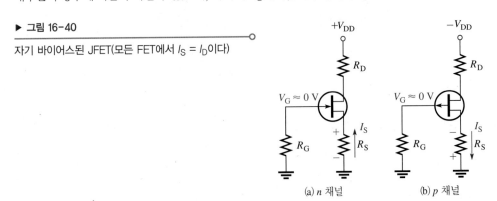

(a) n 채널　　　(b) p 채널

그림 16-40(a)에 보인 n 채널 JFET에서 I_S에 의한 R_S에서의 전압강하는 소스를 접지에 비해 양으로 만든다. $I_S = I_D$이고 $V_G = 0$이므로 $V_S = I_D R_S$이다. 게이트-소스 전압은

$$V_{GS} = V_G - V_S = 0 - I_D R_S$$

따라서

$$V_{GS} = -I_D R_S \qquad (16-28)$$

그림 16-40(b)에 보인 p 채널 JFET에서 R_S에 흐르는 전류는 소스를 음의 전압으로 만들며, 따라서 게이트를 소스에 비해 양의 전압이 되도록 한다. $I_S = I_D$이므로

$$V_{GS} = +I_D R_S \qquad (16-29)$$

아래의 해석에서는 n 채널 JFET를 이용하여 설명한다. p 채널 JFET에서는 전압의 극성이 반대라는 것을 제외하고는 그 해석 방법이 n 채널 JFET의 경우와 같다는 것을 명심하기 바란다.

접지에 대한 드레인 전압은 다음과 같이 구할 수 있다.

$$V_D = V_{DD} - I_D R_D \qquad (16-30)$$

$V_S = I_D R_S$이므로 드레인-소스 전압은

$$V_{DS} = V_D - V_S$$

$$V_{DS} = V_{DD} - I_D(R_D + R_S) \qquad (16-31)$$

예제 16-10

$I_D \approx 5.0$ mA일 때, 그림 16-41에서 V_{DS}와 V_{GS}를 구하라.

▶ 그림 16-41

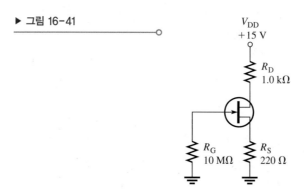

풀이

$$V_S = I_D R_S = (5.0 \text{ mA})(220 \ \Omega) = 1.1 \text{ V}$$

$$V_D = V_{DD} - I_D R_D = 15 \text{ V} - (5.0 \text{ mA})(1.0 \text{ k}\Omega) = 15 \text{ V} - 5.0 \text{ V} = 10 \text{ V}$$

그러므로

$$V_{DS} = V_D - V_S = 10 \text{ V} - 1.1 \text{ V} = \mathbf{8.9 \text{ V}}$$

$V_G = 0$ V이므로

$$V_{GS} = V_G - V_S = 0 \text{ V} - 1.1 \text{ V} = \mathbf{-1.1 \text{ V}}$$

관련 문제 $I_D = 8.0$ mA일 때 그림 16-41에서 V_{DS}와 V_{GS}를 구하라. $R_D = 860 \ \Omega$, $R_S = 390 \ \Omega$, $V_{DD} = 12$ V 라고 가정한다.

공학용 계산기 소개의 예제 17-10에 있는 변환 예를 살펴보라.

Multisim 또는 LTspice 파일 E17-10을 열어라. V_{DS}와 V_{GS}를 측정하라.

D-MOSFET 바이어스

공핍/증진 MOSFET는 V_{GS}의 값이 양이건 음이건 동작할 수 있다. 간단한 바이어스 방법으로는 $V_{GS} = 0$ V로 하고, 게이트에 교류신호를 인가하여 게이트-소스 전압을 바이어스 점 위와 아래로 변화하는 방법이 있다. 영 바이어스인 MOSFET를 그림 16-42에 보였다. $V_{GS} = 0$ V이므로 그림에 보인 바와 같이 $I_D = I_{DSS}$이다. 드레인-소스 전압은 다음과 같이 표시된다.

$$V_{DS} = V_{DD} - I_{DSS}R_D \qquad (16-32)$$

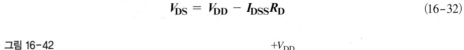

▶ 그림 16-42

영 바이어스된 D-MOSFET

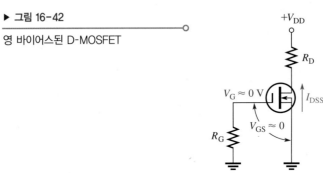

예제 16-11

그림 16-43의 회로에서 드레인-소스 전압을 구하라. MOSFET 규격표에서 $V_{GS(off)} = -8.0$ V이고 $I_{DSS} = 12$ mA이다.

▶ 그림 16-43

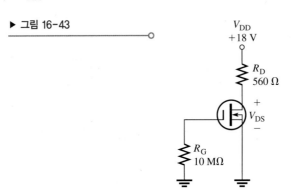

풀이 $I_D = I_{DSS} = 12$ mA이므로 드레인-소스 전압은 다음과 같이 계산된다.

$$V_{DS} = V_{DD} - I_{DSS}R_D = 18\text{ V} - (12\text{ mA})(560\ \Omega) = \textbf{11.3 V}$$

관련 문제 $V_{GS(off)} = -10$ V이고 $I_{DSS} = 20$ mA일 때 그림 16-43에서 V_{DS}를 구하라.

공학용 계산기 소개의 예제 17-11에 있는 변환 예를 살펴보라.

E-MOSFET 바이어스

E-MOSFET에서는 V_{GS}가 임계전압 $V_{GS(th)}$보다 커야 한다. 그림 16-44에서는 설명을 위해 n 채널 소자를 이용하여 E-MOSFET를 바이어스하는 두 가지 방법을 나타냈다. 양쪽 모두에서 그 목적은 $V_{GS(th)}$를 초과하는 값에 의해 게이트 전압을 소스 전압보다 더 양의 전압으로 만드는 것이다.

그림 16-44(a)의 드레인 궤환 바이어스 회로에서 게이트 전류는 무시할 수 있으므로 R_G에서의 전압강하는 없다. 그러므로 $V_{GS} = V_{DS}$이다.

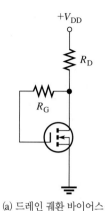

(a) 드레인 궤환 바이어스

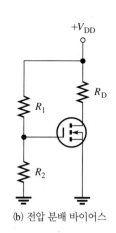

(b) 전압 분배 바이어스

◀ 그림 16-44

E-MOSFET 바이어스 방법

그림 16-44(b)의 전압 분배 바이어스에 대한 식은 다음 식 (16-33)과 식 (16-34)와 같다.

$$V_{GS} = \left(\frac{R_2}{R_1 + R_2} \right) V_{DD} \qquad (16-33)$$

$$V_{DS} = V_{DD} - I_D R_D \qquad (16-34)$$

예제 16-12

그림 16-45에서 드레인 전류를 구하라. MOSFET의 $V_{GS(th)}$는 3.0 V이다.

▶ 그림 16-45

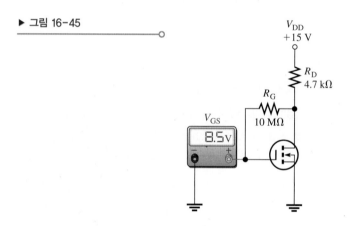

풀이 측정기로부터 $V_{GS} = 8.5$ V임을 알 수 있다. 드레인 궤환 결선이므로 $V_{DS} = V_{GS} = 8.5$ V이다. 전류를 구하기 위해 옴의 법칙을 이용하면

$$I_D = \frac{V_{DD} - V_{DS}}{R_D} = \frac{15 \text{ V} - 8.5 \text{ V}}{4.7 \text{ k}\Omega} = \textbf{1.38 mA}$$

관련 문제 그림 16-45에서 측정기의 지시값이 5.0 V일 때, I_D를 구하라.

공학용 계산기 소개의 예제 17-12에 있는 변환 예를 살펴보라.

16-5절 복습

해답은 이 장의 끝에 있다.

1. FET의 세 단자의 이름은?
2. n 채널 JFET는 (양, 음, 0)의 V_{GS}를 가져야 한다.
3. JFET에서 드레인 전류를 어떻게 제어하는가?
4. 어느 자기바이어스 n 채널 JFET 회로에서 $I_D = 8.0$ mA이고 $R_S = 1.0$ kΩ이다. V_{GS}를 구하라.

6. 공핍/증진 MOSFET의 게이트–소스 전압이 0 V이면 드레인에서 소스로 흐르는 전류는?

7. E-MOSFET의 게이트–소스 전압이 0 V이면 드레인에서 소스로 흐르는 전류는?

8. V_{GS} = 0 V로 바이어스된 D-MOSFET의 경우 드레인 전류는 0 V, I_{GSS}, I_{DSS}와 동일한가?

9. $V_{GS(th)}$ = 2.0 V인 n 채널 E-MOSFET가 통전하기 위해는 V_{GS}의 값이 무슨 값보다 커야 하는가?

16-6 FET 증폭기

전계 효과 트랜지스터(FET)인 JFET와 MOSFET 모두 쌍극 접합 트랜지스터의 경우와 같은 세 가지 결선 방식의 증폭기로 이용할 수 있다. FET 증폭기 결선 방식으로는 소스 공통, 드레인 공통, 게이트 공통이 있는데, 이들은 각각 BJT 결선에서의 이미터 공통, 컬렉터 공통, 베이스 공통과 유사하다. BJT의 베이스 공통회로와 같이 FET의 게이트 공통회로는 사용되지 않기 때문에 자세한 설명은 하지 않는다. BJT와 같이 FET도 A급, B급 동작이 있으며 이 장에서는 A급에 대해서만 설명한다.

이 절의 학습목표

◆ **두 가지 형태의 FET 증폭기를 해석한다.**

  ◆ FET의 트랜스컨덕턴스를 계산한다.

  ◆ 소스 공통 증폭기를 해석한다.

  ◆ 드레인 공통 증폭기를 해석한다.

FET의 트랜스컨덕턴스

BJT의 경우에서는 베이스 전류가 컬렉터 전류를 제어했고, 따라서 두 전류 사이의 관계식은 $I_c = \beta_{ac} I_b$로 표현되었다. FET에서는 게이트 전압이 드레인 전류를 제어한다. 중요한 FET 파라미터는 **트랜스컨덕턴스**(g_m)이며, 다음 식 (16-35)와 같이 정의된다.

$$g_m = \frac{I_d}{V_{gs}} \tag{16-35}$$

트랜스컨덕턴스는 FET 증폭기의 전압이득을 결정하는 한 가지 요소이다. 규격표에 때때로 트랜스컨덕턴스는 순방향 트랜스어드미턴스라고 불리기도 하며, y_{fs}로 표시되고 그 단위는 지멘스(S)이다. 어떤 규격표에서는 y_{fs}의 단위로 S 대신 옛날에 쓰이던 mho라는 단위를 쓰기도 한다.

소스 공통(CS) 증폭기

그림 16-46에 교류신호원과 게이트가 커패시터를 통해 연결된 자기바이어스 n 채널 소스 공통(common source, CS) JFET 증폭기를 보였다. 소스 공통 증폭기는 입력 저항이 매우 높다는 장점이 있지만, 일반적으로 동등한 CE 증폭기보다 이득과 선형성이 낮다. CS 증폭기에서는 저항 R_G는 두 가지 목적으로 사용한다. 첫째, 게이트를 0 V dc로 유지한다(I_{GSS}는 일반적으로 pA 범위에서 매우 작기 때문이다). 둘째, 큰 저항값(보통 수 메가옴)은 교류신호 소스의 로딩을 방지하는데, 이는 통신 수신기의 입력단에 유용하다. I_{GSS}는 FET의 게이트 역전류로 역 바이어스되었을 때 측정된다. 바이어스 전압은 드레인 전류에 의해 R_S 양단에 발생하는 전압강하에 의해 생성된다. 바이패스 커패시터 C_3는 FET의 소스를 효과적인 교류접지로 유지한다.

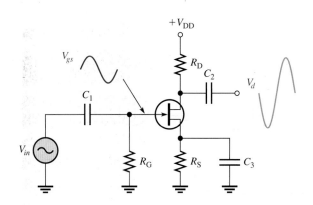

신호전압은 게이트-소스 전압을 Q-점 전압값의 위아래로 변화하게 하는데, 이는 결과적으로 드레인 전류를 위아래로 변화시킨다. 드레인 전류가 증가하면 R_D에 걸리는 전압강하가 증가하고, 접지에 대한 드레인 전압은 감소한다. 마찬가지로 드레인 전류가 감소하면 R_D 양단의 전압강하도 감소하여 드레인 전압이 증가한다.

드레인 전류는 게이트-소스 전압과 동위상으로 Q-점 전류값의 위아래로 변화한다. 그림 16-46에 보인 바와 같이 드레인-소스 전압은 게이트-소스 전압과 180° 위상차를 가지면서 Q-점 전압값의 위아래로 변화한다.

D-MOSFET 그림 16-47에 교류신호원과 게이트가 커패시터를 통해 연결된 영 바이어스 n 채널 D-MOSFET 회로를 보였다. 게이트의 직류전압은 거의 0 V이며, 소스 단자는 접지되어 있다. 즉 $V_{GS} = 0$ V이다.

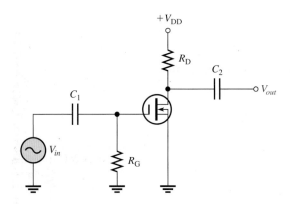

신호전압은 V_{gs}가 0 V를 중심으로 위아래로 변하도록 하고, 이는 결과적으로 I_d의 변화를 가져온다. V_{gs}가 음의 방향으로 변화하면 공핍모드가 되어 I_d는 감소한다. V_{gs}가 양의 방향이면 증진모드가 되어 I_d는 증가한다.

E-MOSFET 그림 16-48에서는 교류신호원과 게이트가 커패시터로 연결된 전압 분배 바이어스 n 채널 E-MOSFET 회로를 보였다. $V_{GS(th)}$를 임계전압이라고 할 때, 게이트는 $V_{GS} > V_{GS(th)}$가 되도록 양(+)전압으로 바이어스되어 있다.

JFET 및 D-MOSFET에서처럼 신호전압은 Q-점의 전압값을 중심으로 V_{gs}가 위아래로 변화하도록 한다. 이 진동은 I_d를 진동시킨다. 동작은 전적으로 증진모드에서 일어난다.

전압이득 증폭기의 전압이득 A_v는 항상 V_{out}/V_{in}과 같다. CS 증폭기의 경우에서 V_{in}은 V_{gs}와 같고 V_{out}은 R_D에 걸리는 신호전압과 같은데, 이는 I_dR_D이다. 따라서

▶ 그림 16-48

전압 분배 바이어스인 소스 공통 E-MOSFET 증폭기

+V_{DD}
R_D
C_2
V_{out}
R_1
C_1
V_{in}
R_2
R_S
C_3

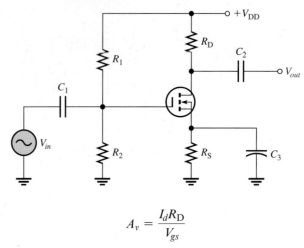

$$A_v = \frac{I_d R_D}{V_{gs}}$$

$g_m = I_d/V_{gs}$이므로 소스 공통 증폭기의 전압이득은 식 (16-36)과 같이

$$\boldsymbol{A_v = g_m R_D} \qquad (16\text{-}36)$$

입력저항 CS 증폭기의 입력단자는 게이트이므로 입력저항은 매우 높다. 이론적으로는 거의 무한대이므로 무시될 수 있다. 이미 알고 있듯이 높은 입력저항은 JFET에서는 역방향 바이어스인 *pn* 접합에 의해 MOSFET에서는 절연된 게이트 구조에 의해 생긴다.

신호원에서 바라본 실제의 입력저항은 게이트와 접지 간의 저항 R_G와 FET의 입력저항 V_{GS}/I_{GSS}와의 병렬저항값이다. 소자의 입력저항값을 계산할 수 있도록 규격집에 특정한 V_{GS}에 대한 역방향 누설전류 I_{GSS}의 값이 주어진다.

예제 16-13

(a) 그림 16-49에서 증폭기의 총 출력전압(직류 + 교류)은 얼마인가? 여기서 g_m은 1800 μS, I_D는 2.0 mA, $V_{GS(off)}$는 −3.5 V, I_{GSS}는 15 nA이다.

(b) 신호원에서 바라본 입력저항은 얼마인가?

▶ 그림 16-49

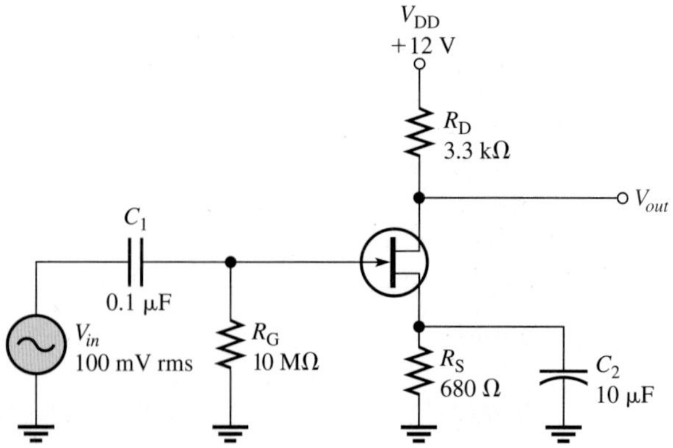

V_{DD}
+12 V
R_D
3.3 kΩ
V_{out}
C_1
0.1 μF
V_{in}
100 mV rms
R_G
10 MΩ
R_S
680 Ω
C_2
10 μF

풀이 (a) 먼저 직류출력전압을 구한다.

$$V_D = V_{DD} - I_D R_D = 12\text{ V} - (2.0\text{ mA})(3.3\text{ k}\Omega) = 5.4\text{ V}$$

다음에 이득 공식을 이용하여 교류출력전압을 구한다.

$$A_v = \frac{V_{out}}{V_{in}} = g_m R_D$$

$$V_{out} = g_m R_D V_{in} = (1800\,\mu\text{S})(3.3\,\text{k}\Omega)(100\,\text{mV}) = 594\,\text{mV}$$

총 출력전압은 교류신호의 첨두–첨둣값은 다음과 같다.

$$V_{out(tot)} = 594\,\text{mV} \times 2.828 = \textbf{1.68 V, 5.4 V 직류에 올라 탐}$$

(b) $V_G = 0\,\text{V}$이므로 입력저항은 다음과 같이 결정된다.

$$V_{GS} = I_D R_S = (2.0\,\text{mA})(680\,\Omega) = 1.36\,\text{V}$$

JFET의 게이트에서의 입력저항은

$$R_{IN(gate)} = \frac{V_{GS}}{I_{GSS}} = \frac{1.36\,\text{V}}{15\,\text{nA}} = 91\,\text{M}\Omega$$

신호원에서 바라본 입력저항은

$$R_{in} = R_G \,\|\, R_{IN(gate)} = 10\,\text{M}\Omega \,\|\, 91\,\text{M}\Omega = \textbf{9.0 M}\Omega$$

관련 문제 그림 16-49의 증폭기에서 V_{DD}가 15 V라면 총 출력전압은 얼마인가? 다른 값들은 같다고 가정한다.

공학용 계산기 소개의 예제 17-13에 있는 변환 예를 살펴보라.

드레인 공통(CD) 증폭기

전압이 표기된 드레인 공통(common-drain, CD) JFET 증폭기 회로를 그림 16-50에 보였다. 이 회로에서는 자기바이어스가 사용되었다. 입력신호는 커패시터 결합을 통해 게이트에 인가되고, 출력은 소스 단자에서 얻는다. 드레인 저항은 없다. 이 회로는 BJT 증폭기 결선 중 이미터 폴로어와 비슷하여 때때로 **소스 폴로어**라고 불리기도 한다.

전압이득 모든 증폭기에서처럼 전압이득은 $A_v = V_{out}/V_{in}$이다. 그림 16-50에 보인 바와 같이 소스 폴로어 회로의 V_{out}은 $I_d R_S$이며 V_{in}은 $V_{gs} + I_d R_S$이다. 따라서 게이트와 소스 간 전압이득은 $I_d R_S / (V_{gs} + I_d R_S)$이다. $I_d = g_m V_{gs}$를 대입하면 다음의 결과 식을 얻을 수 있다.

$$A_v = \frac{g_m V_{gs} R_S}{V_{gs} + g_m V_{gs} R_S}$$

V_{gs}를 소거하면 식 (16-37)과 같이

$$A_v = \frac{g_m R_S}{1 + g_m R_S} \tag{16-37}$$

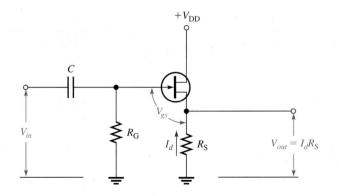

◀ 그림 16-50

JFET 드레인 공통 증폭기(소스 폴로어)

식 (16-37)에서 알 수 있듯이 전압이득은 항상 1보다 약간 작다. 만약 $g_m R_S \gg 1$이라면 $A_v \approx 1$이라고 할 수 있다. 소스에서 출력전압을 얻기 때문에, 출력전압은 게이트(입력) 전압과 동위상이나.

입력저항 입력신호가 게이트에 인가되기 때문에 입력신호 소스에서 나타나는 입력저항이 매우 높다. 게이트를 바라보는 입력저항과 병렬인 게이트 저항 R_G는 총 입력저항이다.

예제 16-14

(a) 그림 16-51(a) 증폭기의 전압이득을 그림 16-51(b)의 규격표를 이용하여 구하라.

(b) 25°C에서 입력저항을 구하라. 필요하다면 규격표에서 얻을 수 있는 값들 중에서 가장 작은 값을 이용하라.

▶ 그림 16-51

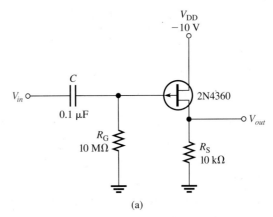

(a)

*ELECTRICAL CHARACTERISTICS ($T_A = 25°C$ unless otherwise noted)

Characteristic	Symbol	Min	Max	Unit
OFF CHARACTERISTICS				
Gate-Source Breakdown Voltage ($I_G = 10\,\mu Adc$, $V_{DS} = 0$)	$V_{(BR)GSS}$	20	–	Vdc
Gate-Source Cutoff Voltage ($V_{DS} = -10$ Vdc, $I_D = 1.0\,\mu Adc$)	$V_{GS(off)}$	0.7	10	Vdc
Gate Reverse Current ($V_{GS} = 15$ Vdc, $V_{DS} = 0$)	I_{GSS}	–	10	nAdc
($V_{GS} = 15$ Vdc, $V_{DS} = 0$, $T_A = 65°C$)		–	0.5	μAdc
ON CHARACTERISTICS				
Zero-Gate Voltage Drain Current (Note 1) ($V_{DS} = -10$ Vdc, $V_{GS} = 0$)	I_{DSS}	3.0	30	mAdc
Gate-Source Breakdown Voltage ($V_{DS} = -10$ Vdc, $I_D = 0.3$ mAdc)	V_{GS}	0.4	9.0	Vdc
SMALL SIGNAL CHARACTERISTICS				
Drain-Source "ON" Resistance ($V_{GS} = 0$, $I_D = 0$, $f = 1.0$ kHz)	$r_{ds(on)}$	–	700	Ohms
Forward Transadmittance (Note 1) ($V_{DS} = -10$ Vdc, $V_{GS} = 0$, $f = 1.0$ kHz)	$|y_{fs}|$	2000	8000	μS
Forward Transconductance ($V_{DS} = -10$ Vdc, $V_{GS} = 0$, $f = 1.0$ MHz)	$Re\,(y_{fs})$	1500	–	μS
Output Admittance ($V_{DS} = -10$ Vdc, $V_{GS} = 0$, $f = 1.0$ kHz)	$|y_{os}|$	–	100	μS
Input Capacitance ($V_{DS} = -10$ Vdc, $V_{GS} = 0$, $f = 1.0$ MHz)	C_{iss}	–	20	pF
Reverse Transfer Capacitance ($V_{DS} = -10$ Vdc, $V_{GS} = 0$, $f = 1.0$ MHz)	C_{rss}	–	5.0	pF
Common-Source Noise Figure ($V_{DS} = -10$ Vdc, $I_D = 1.0$ mAdc, $R_G = 1.0$ Megohm, $f = 100$ Hz)	NF	–	5.0	dB
Equivalent Short-Circuit Input Noise Voltage ($V_{DS} = -10$ Vdc, $I_D = 1.0$ mAdc, $f = 100$ Hz, $BW = 15$ Hz)	E_n	–	0.19	$\mu V/\sqrt{Hz}$

*Indicates JEDEC Registered Data.
Note 1: Pulse Test: Pulse Width ≤ 630 ms, Duty Cycle ≤ 10%.

(b)

풀이 (a) 규격표에서 $g_m = y_{fs} = 2000\,\mu S$가 최솟값이다. 따라서 전압이득은

$$A_v \approx \frac{g_m R_S}{1 + g_m R_S} = \frac{(2000 \ \mu S)(10 \ k\Omega)}{1 + (2000 \ \mu S)(10 \ k\Omega)} = \mathbf{0.952}$$

(b) 규격표에서 $T_A = 25°C$, $V_{GS} = 15$ V일 때 $I_{GSS} = 10$ nA이다. 따라서

$$R_{IN(gate)} = \frac{15 \ V}{10 \ nA} = 1500 \ M\Omega$$

$$R_{IN} = R_G \| R_{IN \ (gate)} = 10 \ M\Omega \| 1500 \ M\Omega = \mathbf{9.93 \ M\Omega}$$

관련 문제 $T_A = 65°C$일 때 (b)를 다시 구하라.

공학용 계산기 소개의 예제 17-14에 있는 변환 예를 살펴보라.

16-6절 복습

해답은 이 장의 끝에 있다.

1. CS FET 증폭기의 전압이득을 결정하는 것은 무엇인가?
2. 어느 CS 증폭기의 R_D가 1.0 kΩ이다. 1.0 kΩ의 부하저항이 드레인에 커패시터로 연결된다면 이득의 변화는 얼마인가?

16-7 궤환 발진기

발진기는 입력으로는 직류전원전압이지만 출력에서는 반복적인 파형이 나타나는 회로를 말한다. 출력전압은 발진기의 종류에 따라 정현파일 수도, 아닐 수도 있다. 일반적으로 **궤환** (feedback) 발진기 동작은 정궤환 이론에 기초하고 있다. 이 절에서는 개념을 알아보고 발진이 일어나는 일반적인 조건을 찾아보며 몇 가지 기본적인 발진회로를 소개한다.

이 절의 학습목표

◆ **여러 종류의 발진기에 대한 이론의 이해 및 동작을 해석한다.**

◆ 발진기에 대해 설명한다.
◆ 정궤환을 설명한다.
◆ 발진 조건을 설명한다.
◆ *RC* 발진기의 기본 동작을 설명한다.
◆ 콜피츠 발진기의 기본 동작을 설명한다.
◆ 하틀리 발진기의 기본 동작을 설명한다.
◆ 수정 발진기의 기본 동작을 설명한다.
◆ 수정 결정의 기초적인 내용을 설명한다.

발진기의 원리

발진기의 기본 개념을 그림 16-52에 설명했다. 발진기는 직류 형태의 전기에너지를 교류 형태의 전기에너지로 변환하는 것이다. 기본 발진기는 그림 16-53과 같이 이득을 위한 증폭기와 위상천

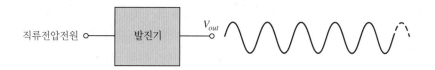

직류전압전원 ○— 발진기 V_{out} ○—

◀ 그림 16-52

기본적인 발진기 개념. 정현파 출력파형을 보였다.

▶ 그림 16-53

발진기의 기본 구성

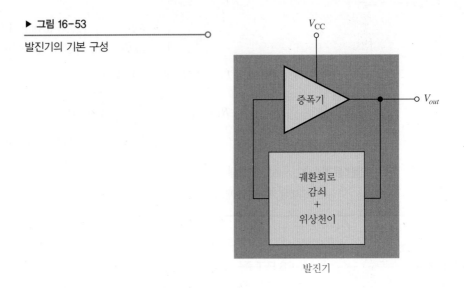

발진기

이를 생성하고 감쇠를 제공하는 정궤환회로로 구성된다.

정궤환 정궤환의 특징은 증폭기의 출력전압의 일부분이 위상천이 없이 입력으로 되돌아가 결과적으로 출력신호를 강화하는 것이다. 기본 개념을 그림 16-54에 나타냈다. 그림에서 보는 바와 같이 동위상의 궤환전압은 증폭되어 증폭기의 출력전압을 만들며, 이 출력전압은 다시 궤환회로의 입력이 된다. 즉 입력신호 없이도 연속적인 정현파 출력을 내는 루프가 형성된다. 이 현상을 발진이라 한다.

▶ 그림 16-54

정궤환이 발진을 일으킨다.

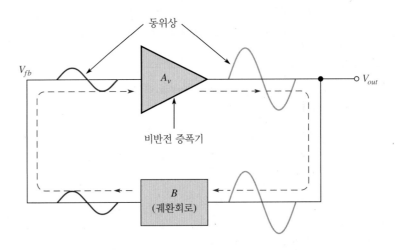

발진의 조건 발진상태가 지속되려면 그림 16-55에 보인 바와 같은 두 가지 조건이 필요하다.

1. 궤환루프 내에서 위상천이가 0°이어야 한다.
2. 폐궤환루프 내의 전압이득 A_{cl}이 적어도 1(단위 이득)이어야 한다.

폐궤환루프 내의 전압이득(A_{cl})은 증폭기의 이득(A_v)에 궤환회로의 감쇠(B)를 곱한 값이다.

$$A_{cl} = A_v B \qquad (16-38)$$

원하는 출력이 정현파인데, 루프이득이 1보다 크다면 출력파형의 양 첨둣값에서 출력을 급격하게 포화시켜서 파형이 심하게 찌그러지므로 정현파를 얻을 수 없을 것이다. 이를 방지하려면 진동이 시작된 후 루프 이득을 정확히 1로 유지하기 위해 일종의 자동이득제어(AGC)

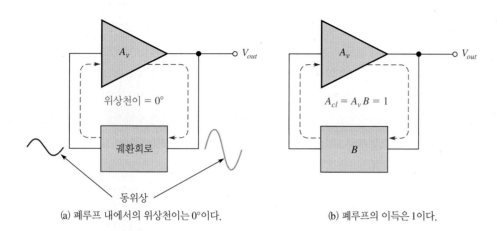

(a) 폐루프 내에서의 위상천이는 0°이다.

(b) 폐루프의 이득은 1이다.

를 사용해야 한다. 예를 들어 궤환회로의 감쇠가 0.01일 때, 이러한 감쇠를 극복하고 받아들일 수 있는 정도의 왜곡이 생기지 않도록 하려면 증폭기의 이득은 정확하게 100이어야 한다 (0.01 × 100 = 1.0). 증폭기 이득이 100보다 크면 발진기가 파형의 두 첨두를 모두 제한한다. 이득이 100보다 작으면 발진이 소멸된다.

발진 개시 조건 지금까지 피드백 발진기가 연속 정현파 출력을 생성하는 데 필요한 것이 무엇인지 배웠다. 이제 dc 공급전압이 켜질 때 발진이 시작되기 위한 요구사항을 살펴보자. 진동이 지속되려면 단위 이득 조건이 충족되어야 한다. 발진이 시작되려면 정궤환루프 주변의 전압이득이 1보다 커야 출력진폭이 원하는 수준까지 높아질 수 있다. 그런 다음 출력이 원하는 레벨로 유지되고 진동이 지속되도록 이득을 1로 줄여야 한다. 진동을 시작하고 유지하는 조건은 그림 16-56에 나와 있다.

따라서 다음과 같은 의문이 생길 것이다. 발진기가 꺼져 있고(즉 직류전압이 없고) 출력전압도 없다면, 정궤환을 일으키는 처음 궤환신호는 어디서 오는 것인가? 처음에 전원을 켰을 때 저항이나 다른 소자에서 발생하는 광대역의 열잡음으로부터 또는 과도현상으로부터 작은 정궤환전압이 발생한다. 궤환회로는 이러한 정궤환전압 중에서 궤환되는 전압의 주파수가 어떤 특정한 선택된 주파수이면서 이 전압이 증폭기의 입력에서 동위상인 그러한 전압 성분만 통과시킨다. 이러한 초기 궤환전압은 증폭된 후 계속 커져서 결과적으로 앞에서 설명한 바와 같은 출력전압을 내게 된다.

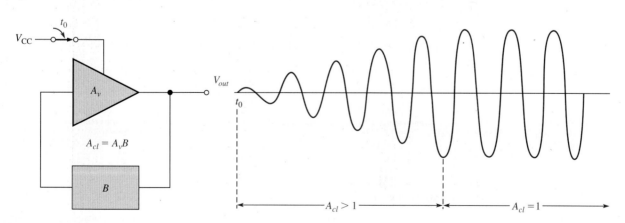

▲ 그림 16-56

t_0에서 발진이 시작될 때 $A_{cl} > 1$이라는 조건에 의해 정현파 출력전압이 원하는 크기까지 커지고, 그 이후 A_{cl}은 1로 감소하여 정현파 출력전압을 원하는 크기로 유지한다.

RC 위상천이 발진기

그림 16-57에 보인 바와 같은 기본적인 RC 위상천이 발진기는 궤환회로로 RC 회로를 이용한다. 이 경우 3개의 RC 지상회로에 의한 총 위상천이는 180°이다. 이미터 공통 트랜지스터도 위상을 180° 천이시킨다. 따라서 증폭기와 궤환회로에 의한 총 위상천이는 360°가 되어 결과적으로 0°가 되는데, 이는 위상천이가 없는 것과 같다. RC 회로에서의 감쇠와 증폭기의 이득은 발진주파수에서 궤환루프의 총 이득이 1이 되도록 해야 한다. 이 회로는 식 (16-39)와 같은 연속적인 정현파 출력을 발생한다.

$$f_r = \frac{1}{2\pi\sqrt{6}RC} \tag{16-39}$$

▶ 그림 16-57

기본 RC 위상천이 발진기

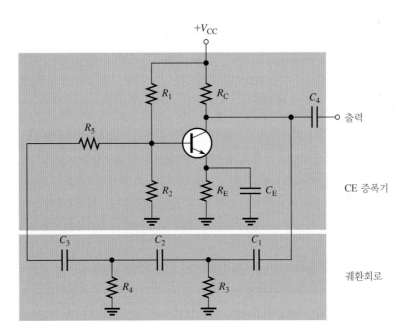

콜피츠 발진기

동조 발진기의 한 가지 기본적인 형태는 콜피츠(Colpitts) 발진기인데, 이는 발명자의 이름을 따른 것이다. 그림 16-58에 보인 바와 같이 이 형식의 발진기는 필요한 만큼의 위상천이를 하기 위해, 특정한 발진주파수 성분만 통과하는 필터로 동작시키기 위해 궤환루프 내에 LC 회로를 이용한다. 대략적인 발진주파수는 C_1, C_2, L 값에 의해 결정되는데, 식 (16-40)을 이용하여 얻을 수 있다.

$$f_r \approx \frac{1}{2\pi\sqrt{LC_T}} \tag{16-40}$$

커패시터는 실질적으로 탱크회로와 직렬이므로 총 커패시턴스는 식 (16-41)과 같다.

$$C_T = \frac{C_1C_2}{C_1 + C_2} \tag{16-41}$$

하틀리 발진기

또 다른 기본적인 형태의 발진기로는 하틀리(Hartley) 발진기가 있는데, 이는 그림 16-59에 보인 바와 같이 궤환회로가 2개의 인덕터와 1개의 커패시터로 구성되어 있다는 점을 제외하고는 콜피츠 발진기와 비슷하다.

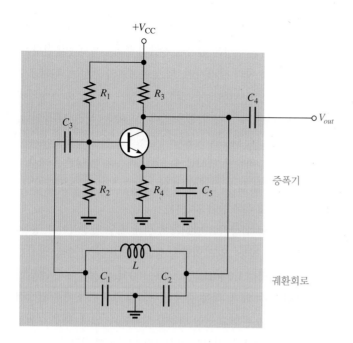

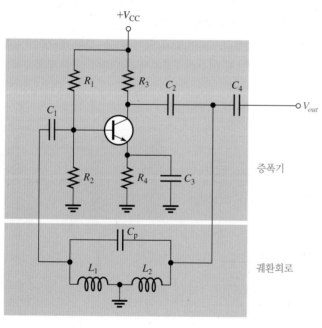

하틀리 발진기의 발진주파수는 식 (16-42)와 같이

$$f_r \approx \frac{1}{2\pi\sqrt{L_T C_P}}$$ (16-42)

총 인덕턴스 L_T는 L_1과 L_2의 직렬연결 값이다.

수정 발진기

수정 발진기는 공진 탱크회로로 수정 결정을 이용하는 동조회로 발진기이다. 다른 종류의 결정이 사용될 수도 있지만 수정이 가장 널리 이용된다. 수정 발진기는 다른 종류의 발진기보다 주파수 안정성이 좋다.

수정은 **압전 효과**라 불리는 성질을 갖는 자연 상태에 존재하는 물질이다. 변화하는 기계적 응력이 수정 전체에 가해져 수정이 진동하게 되면 기계적 진동의 주파수에서 전압이 발생한다. 반대로 수정에 교류전압이 가해지면 수정은 인가된 전압의 주파수에서 진동한다. 수정이 진동하는 주파수는 수정의 물리적 크기에 따라 달라지며, 더 높은 주파수에서는 더 얇고 기계적으로 약한 수정이 필요하다. 기계적 진동으로 인해 얇은 결정이 깨질 수 있으므로 결정의 최대 주파수에는 제한이 있다. 가장 일반적인 수정 발진기의 경우 최대 주파수는 약 30 MHz이다. 발진기는 기본 주파수에서 수정을 진동시키고 LC 회로를 사용하여 발생하는 수정의 배음 중 하나를 선택적으로 분리함으로써 이보다 더 높은 주파수를 생성할 수 있다. 배음은 더 낮은 주파수의 정수배로 인해 발생하는 더 높은 주파수다. 예를 들어 수정이 10 MHz로 진동하는 수정 발진기는 30 MHz의 세 번째 배음, 50 MHz의 다섯 번째 배음 등을 갖는다.

수정 발진기는 동조 발진기와 위상천이 발진기에 비해 매우 안정적이고 정확하지만, 초기 주파수 허용오차 변화는 노후화, 진동, 온도 영향을 받는다. 일반적인 수정 발진기의 초기 허용오차는 10~100 ppm(백만분율) 또는 1.0 MHz당 ± 10~100 Hz이지만 매우 정밀한 수정의 허용오차는 1 ppb(10억분율) 미만일 수 있다. 작동 중에 발진기의 주파수가 매우 안정적이어야 하는 경우 온도 보상 발진기를 사용하여 온도로 인한 변화를 상쇄할 수 있다. 매우 정확한 주파수가 필요한 경우 특수 인클로저의 온도 제어 발진기는 발진기가 주파수에 영향을 미칠 수 있는 온도 변화나 기계적 진동에 노출되지 않도록 보장할 수 있다.

수정의 기호는 그림 16-60(a)에 표시되어 있고, 등가회로는 그림 16-60(b) 부분에 표시되어 있으며, 일반적인 패키지 수정은 그림 16-60(c) 부분에 표시되어 있다. 구성에서는 그림 16-60(d)와 같이 석영 판이 장착된다.

▶ 그림 16-60

수정 발진기

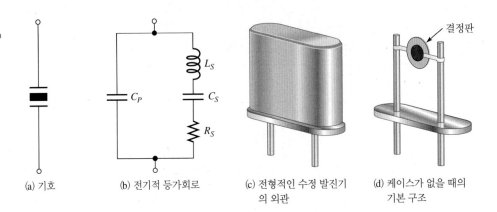

(a) 기호   (b) 전기적 등가회로   (c) 전형적인 수정 발진기의 외관   (d) 케이스가 없을 때의 기본 구조

직렬 부분의 리액턴스가 동일할 때 수정에서 직렬 공진이 발생한다. 병렬 공진은 L_S의 유도 리액턴스가 병렬 커패시터 C_P의 리액턴스와 같을 때 더 높은 주파수에서 발생한다.

직렬 공진 탱크회로로 수정을 사용하는 수정 발진기가 그림 16-61(a)에 나와 있다. 수정의 임피던스는 직렬 공진에서 최소이므로 최대 피드백을 제공한다. 수정 튜닝 커패시터 C_C는 수정의 공진주파수를 약간 위나 아래로 '당겨' 발진기 주파수를 '미세조정'하는 데 사용된다.

그림 16-61(b)에 표시된 수정된 콜피츠 구성은 병렬 공진모드에서 수정을 사용한다. 수정의 임피던스는 병렬 공진에서 최대가 되므로 C_1과 C_2 모두에서 최대 전압이 발생한다. C_1의 전압은 입력으로 피드백된다.

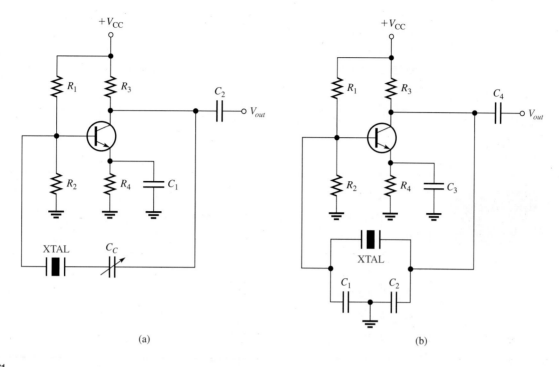

(a)   (b)

▲ 그림 16-61

기본적인 수정 발진기

| 예제 16-15 | 타이밍 회로는 10 MHz 100 ppm 수정 발진기를 사용한다. |

(a) 발진기의 초기 주파수 범위는 얼마인가?

(b) 1년 후에 타이머는 잠재적으로 몇 초를 얻거나 잃을 수 있는가?

풀이 (a) 발진기의 지정된 공차는 100 ppm이므로 초기 변동은 다음과 같다.

$$\pm \frac{100}{1000000} \times 10 \times 10^6\,\text{Hz} = \pm 1000\,\text{Hz}$$

따라서 초기 주파수의 범위는 10,000,000 Hz − 1000 Hz = **9,999,000 MHz**부터 10,000,000 Hz + 1000 Hz = **10,001,000 Hz**이다.

(b) 연간은 365일/연 × 24시간/일 × 60분/시 × 60초/분 = 31,536,000초이다. 허용오차가 ±100 ppm이면 다음과 같은 잠재적 오류가 발생한다.

$$\pm \frac{100}{1000000} \times 31,536,000\,\text{s} = \pm 3{,}154\,\text{s}$$

또는 연간 약 53분이다.

관련 문제 타이밍 회로가 연간 1초 이상 꺼지지 않도록 보장하는 발진기의 최대 허용오차는 얼마인가?

16-7절 복습

해답은 이 장의 끝에 있다.

1. 발진기란 무엇인가?

2. 발진기는 어떤 형태의 궤환을 이용하고, 궤환회로의 목적은 무엇인가?

3. 회로가 발진을 하기 위해 필요한 조건은 무엇인가?

4. 발진기의 발진 개시 조건은 무엇인가?

5. 4가지 형태의 발진기의 이름을 말하라.

6. 콜피츠 발진기와 하틀리 발진기의 기본적인 차이점을 설명하라.

7. 수정 발진기의 주된 장점은 무엇인가?

16-8 고장진단

어느 회로가 정상적으로 동작하지 않을 경우 고장진단을 할 수 있으려면 그 회로가 정상적인 경우에 어떻게 동작해야만 하는지를 먼저 알아야 한다. 커패시터로 연결된 2단 증폭기 회로를 이용하여 고장진단 순서를 설명한다. 이것은 하나의 출력이 커패시터를 통해 다른 하나의 입력에 연결된 2개의 CE 증폭기이다.

이 절의 학습목표

◆ 증폭기 회로를 고장진단한다.

　　◆ 신호를 추적하는 과정을 설명한다.

　　커패시터로 연결된 2단 증폭기에 대해 정상적으로 동작할 경우의 신호 레벨과 대략적인 직류전압 레벨을 그림 16-62에 보였다.

고장진단 순서

고장진단에 대한 APM(분석, 계획, 측정) 방법을 사용한다.

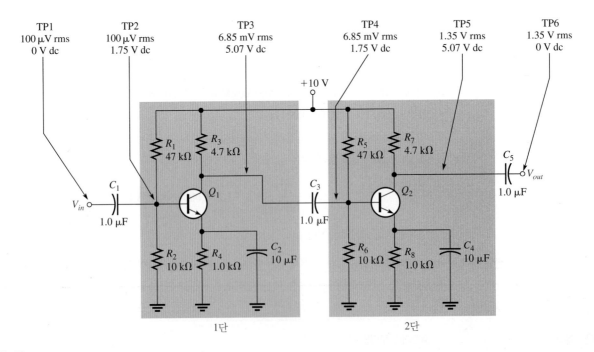

▲ 그림 16-62

정상적으로 동작할 경우의 교류 및 직류전압 레벨이 표시된 2단 증폭기

분석 출력전압 V_{out}이 없는 것으로 확인되었다. 또한 회로가 제대로 작동하다가 실패했음을 확인했다. 명백한 문제가 있는지 회로 기판이나 어셈블리를 육안으로 검사해도 아무것도 나오지 않았다.

계획 이 예제에서는 그림 16-63에 표시된 대로 순서도를 준비하여 계획 단계를 더 자세히 수행한다. 이와 같은 순서도는 기술자가 효율적으로 작업할 수 있도록 테스트해야 할 보드가 많을 때 준비되는 경우가 많다. 이것은 가능한 한 빨리 문제를 분리하기 위해 반분할 아이디어를 사용한다. 차트에서 TP1에는 올바른 입력신호가 있지만, TP6에는 출력이 없다는 가정을 기반으로 한다.

측정 다음의 단계들은 결함을 찾아내기 위해 측정하고 오류를 추론하는 순서이다.

1단계: 직류전원전압을 측정한다. 10 V라면 문제는 증폭기의 회로 내에 있을 것이다. 직류전압이 나오지 않거나 틀린 전압이 측정되면 직류전원 및 그 연결 부위를 검사한다.

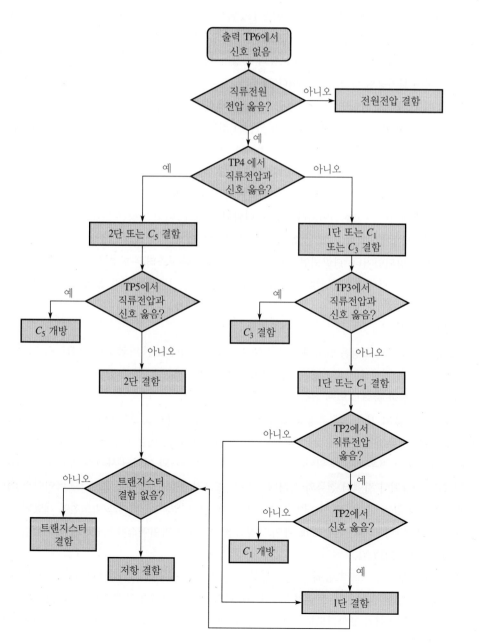

◀ **그림 16-63**

고장진단 순서도

2단계: 2단의 입력(TP4)에서 직류전압과 신호를 검사한다. 이 점에서 직류전압과 신호가 옳게 측정된다면, 결함은 2단에 있거나 결합 커패시터 C_5가 개방된 것이다. 3단계로 넘어간다.

만약 TP4에서 직류전압이 옳지 않거나 신호가 없다면 결함은 1단이나 C_1이나 C_3에 있다고 볼 수 있으므로 4단계로 넘어간다.

3단계: Q_2의 컬렉터(TP5)에서 직류전압과 신호를 측정한다. 이 점에서 직류전압이 옳거나 신호가 존재한다면 결합 커패시터 C_5가 개방된 것이다. 만약 TP5에서 직류전압이 옳지 않거나 신호가 없다면 2단에 고장이 있는 것이다. 트랜지스터 Q_2, 저항들 중의 한 저항, 바이패스 커패시터 C_4들 중 어느 것에 결함이 있다. 6단계로 넘어간다.

4단계: Q_1의 컬렉터(TP3)에서 직류전압과 신호를 측정한다. 이 점에서 직류전압이 옳거나 신호가 존재한다면 결합 커패시터 C_3가 개방된 것이다. 만약 TP3에서 직류전압이 옳지 않거나 신호가 없다면 1단에 고장이 있거나 결합 커패시터 C_1에 결함이 있다. 5단계로 넘어간다.

5단계: TP2에서 직류전압과 신호를 측정한다. 이 점에서 직류전압은 옳은데 신호가 없다면 결합 커패시터 C_1이 개방된 것이다. 만약 TP2에서의 신호가 옳다면 1단에 고장이 있는 것이다. 6단계로 넘어간다. TP2에서 신호를 검사하기 위해 TP1에 더 큰 신호를 입력으로 넣을 필요가 있을 수 있다. 왜냐하면 보통의 측정기로는 100 μV를 측정하는 것이 매우 어렵거나 아예 불가능할 수 있기 때문이다.

6단계: 이 단계까지 왔다면 두 단 중 어느 단에 문제점이 있는지 알게 된다. 다음 단계는 어느 소자 또는 어느 연결 부위에 문제가 있는지 찾는 것이다. 컬렉터의 직류전압이 V_{CC}라면 트랜지스터는 차단되었거나 개방된 것이다. 이런 현상은 트랜지스터가 불량이거나, 바이어스 저항(R_1 또는 R_5 중 하나)이 개방되었거나, 이미터 저항이 개방되었거나, 컬렉터에서의 결선이 끊어졌거나 할 때 생긴다. 컬렉터의 직류전압이 이미터의 직류전압과 거의 같다면 트랜지스터는 포화되었거나 아니면 단락된 것이다. 이런 현상은 트랜지스터가 불량이거나, 바이어스 저항(R_2 또는 R_6 중 하나)이 개방되었거나, 컬렉터 저항(R_3 또는 R_7 중 하나)이 개방되었거나, 단락되었을 때 생긴다. 이때 트랜지스터는 회로상에서 측정해야 한다. 트랜지스터에 문제가 없다면 저항이 개방되었는지, 접점에 문제가 있는지 검사한다.

결함 분석

회로상에서 소자의 고장을 알아내는 다른 예로 그림 16-64에 보인 바와 같이 오실로스코프에 의해 출력신호가 측정되는 A급 증폭기를 사용한다. 그림에서 보는 바와 같이 정현파 입력신호가 인가되면 정현파 출력을 얻게 된다.

여러 가지 옳지 않은 출력파형을 고려하고 가장 타당한 원인을 알아본다. 그림 16-65(a)에서 스코프상에 직류전원 전압과 같은 레벨의 직류가 나타날 경우, 이는 트랜지스터가 차단되었음을 의미한다. 이런 경우 가능한 원인은 (1) 트랜지스터의 컬렉터와 이미터 사이가 개방되어 있거나, (2) R_4가 개방되어 컬렉터 전류와 이미터 전류가 흐르지 못하는 것이다. 또는 (3) 바이어스 회로에 문제점이 있는 것이다(R_1이 개방되었거나, R_2가 단락되었거나, 베이스 리드선이 개방되어 있는 경우). (3)번의 경우는 단순히 dc 베이스 전압을 측정하여 바이어스가 맞는지를 확인하면 되므로 가장 쉽게 점검된다.

그림 16-65(b)는 스코프상에 이미터 전압과 거의 같은 직류전압이 컬렉터에 보인 경우이다. 이런 경우 가능한 원인은 (1) 트랜지스터의 컬렉터와 이미터 사이가 단락되어 있거나, (2) R_2가 개방되어 트랜지스터가 포화되도록 바이어스된 것이다. (2)번의 경우는 충분히 큰 입력전압이 음의

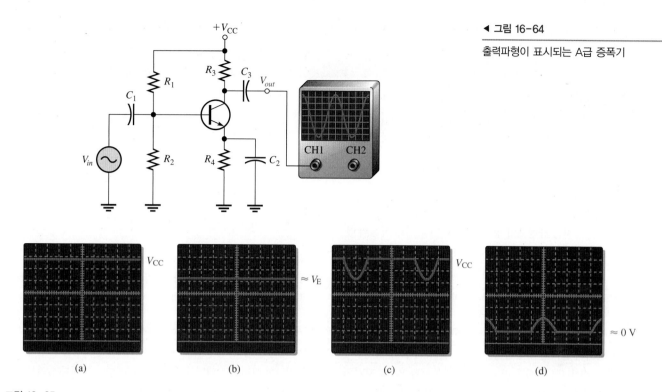

출력파형이 표시되는 A급 증폭기

(a)   (b)   (c)   (d)

▲ 그림 16-65

여러 가지 형태의 고장을 설명하기 위해 그림 16-64에 보인 증폭기에 대해 오실로스코프를 이용하여 출력전압을 보였다.

첨둣값에서 트랜지스터를 포화상태에서 벗어나게 할 수 있는데, 그 결과로 출력에는 작은 펄스가 나타난다.

그림 16-65(c)는 스코프상에 차단 영역에서 잘린 출력파형을 보인 경우이다. 이런 경우 가능한 원인은 (1) 저항값에 큰 변화가 있어서 Q-점이 내려갔거나, (2) R_1이 개방되어 트랜지스터가 차단되도록 바이어스된 것이다. (2)번의 경우는 입력신호가 한 주기의 짧은 시간 동안 트랜지스터를 차단 영역으로부터 빠져나오게 하기에 충분하다.

그림 16-65(d)는 스코프상에 포화 영역에서 잘린 출력파형을 보인 경우이다. 이런 경우 가능한 원인은 (1) 저항값에 큰 변화가 있어서 Q-점이 포화 영역을 향해 올라갔거나, (2) R_2가 개방되어 트랜지스터가 포화되도록 바이어스된 것이다. (2)번의 경우는 입력신호가 한 주기의 짧은 시간 동안 트랜지스터를 포화 영역으로부터 빠져나오게 하기에 충분하다.

16-8절 복습

해답은 이 장의 끝에 있다.

1. 그림 16-62에서 C_4가 개방되었다면 출력신호는 어떠한 영향을 받게 되는가? Q_2의 컬렉터에서 직류전압 레벨은 어떠한 영향을 받게 되는가?
2. 그림 16-62에서 R_5가 개방되었다면 출력신호는 어떠한 영향을 받게 되는가?
3. 그림 16-62에서 커플링 커패시터 C_3가 단락되었다면 증폭기 내의 직류전압 중 변화하는 것이 있는가? 변화한다면 어느 것인가?
4. 그림 16-62에서 Q_2의 베이스-이미터 접합이 단락되었다고 가정하자.
   (a) Q_2의 베이스에서 교류신호가 변화할 것인가? 변화한다면 어떻게 변화할 것인가?
   (b) Q_2의 베이스에서 직류전압 레벨은 변화할 것인가? 변화한다면 어떻게 변화할 것인가?
5. 그림 16-62에서 출력파형의 양쪽 첨둣값에서 클리핑이 일어나면 무엇을 검사해야 하는가?
6. 그림 16-62의 증폭기에서 이득이 현저하게 감소하면 어떤 형태의 고장 때문이라고 할 수 있는가?

응용과제

이 장치는 여러 부분으로 구성되어 있으나, 이 과제에서는 탱크 내 액체의 온도변화를 감지하고, 온도를 정확히 제어하는 데 사용되는 비례 출력을 내는 트랜지스터 회로와 관련되어 있다. 이 응용에서 트랜지스터는 직류 증폭기로 사용되었다.

장치의 설명

그림 16-66의 장치는 공정제어 장치의 한 예인데, 어느 물질의 온도를 50°C ± 1°C의 일정한 온도로 유지하기 위해 폐루프 궤환을 이용한다. 탱크 내의 온도 센서는 서미스터(thermistor)로 음(-)의 온도계수를 갖는 온도에 민감한 저항이다. 서미스터는 트랜지스터 감지기를 위한 바이어스 회로의 일부이다.

작은 온도 변화는 서미스터의 저항을 변하게 하는데, 이는 트랜지스터 감지기의 출력전압에 비례하는 변화를 가져온다. 서미스터는 비선형 소자이므로 장치의 디지털 부분의 목적은 온도감지기의 비선형 특성을 정확하게 보상하고자 하는 것인데, 이는 원하는 값과의 작은 온도 차이를 상쇄하여 버너로 흘러들어가는 연료의 흐름을 연속적이면서 선형적으로 조절하기 위한 것이다.

이 응용과제에서 관심을 갖는 온도감지기 회로기판(그림 16-66의 색상)은 분명히 전체 시스템의 작은 부분일 뿐이다. 그러나 이와 같은 상황에서 트랜지스터 바이어스 포인트의 변화가 어떻게 사용될 수 있는지 보는 것은 흥미롭다. 시스템의 디지털 부분은 다루지 않지만 일반적인 시스템에는 다양한 유형의 요소가 있음을 보여준다.

탱크의 측면에 장치되어 있는 온도감지기 회로기판과 서미스터 프로브를 그림 16-67에 보였다. 서미스터의 기호와 npn 트랜지스터의 케이스 모양도 함께 보였다.

1단계: PC 기판과 회로 그림을 연관시킨다

서미스터를 포함하여 그림 16-67의 회로기판의 그림을 그린다. 그림을 적당한 방법으로 배열하고 이용된 바이어스 형태를 살펴본다.

▶ 그림 16-66

산업체의 온도제어 장치의 블록도

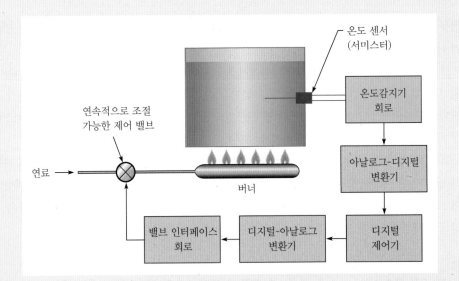

▶ 그림 16-67

온도감지기 회로

(그림 색깔은 책 뒷부분의 컬러 페이지 참조)

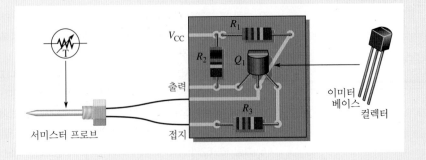

2단계: 회로를 해석한다

+15 V의 직류전원을 사용하여 온도감지기 회로를 분석하여 50°C 및 1.0°C 내외로 50°C 초과 및 미만의 출력전압을 결정한다. 베이스-이미터 전압으로 0.7 V를 사용한다. 트랜지스터의 경우 $\beta_{DC} = 100$이라고 가정한다. 이 작은 범위에서는 그래프의 정확도를 달성하기 어렵기 때문에 제어된 온도 범위에 대한 서미스터 저항은 다음과 같다고 가정한다.

$$T = 50°C에서 R = 2.75 \text{ k}\Omega$$
$$T = 49°C에서 R = 3.1 \text{ k}\Omega$$
$$T = 51°C에서 R = 2.5 \text{ k}\Omega$$

아날로그 디지털 변환기의 입력저항이 1.0 MΩ이라면 값들의 변화를 알 수 있겠는가?

3단계: 온도 범위에서 출력을 검사한다

온도가 제어되는 환경에서 회로를 이용하여 30°C에서 110°C까지 20°C 간격으로 출력전압을 구한다. 그림 16-68의 그래프를 이용한다.

4단계: 회로기판을 진단한다

다음 문제 각각에 대해 각 경우의 가능한 원인을 기술하라(1단계에서 개발한 회로도 참조).
1. V_{CE}가 약 0.1 V이고 V_C가 3.8 V이다.
2. Q_1의 컬렉터가 15 V이다.
3. 위의 각 조건에서 발생 가능한 고장이 한 가지 이상이라면 어떻게 문제점을 분리할 것인지 설명하라.

응용과제 복습

1. 공정제어 장치에서 감지기 회로기판의 기본 목적은 무엇인가?
2. 2단계에서 트랜지스터는 포화되겠는가, 차단되겠는가?
3. 40°C에서의 출력전압을 구하라.
4. 60°C에서의 출력전압을 구하라.

▶ 그림 16-68
서미스터 저항 대 온도의 그래프

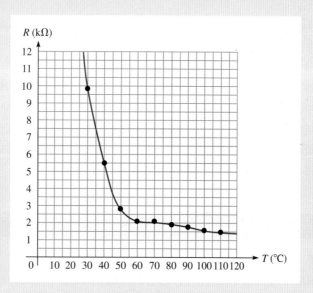

요약

- 쌍극 접합 트랜지스터(BJT)는 세 영역으로 이루어졌다. 이미터, 베이스, 컬렉터. 단자는 각 영역에 연결되었다.
- BJT의 세 영역은 2개의 *pn* 접합에 의해 분리된다.
- 쌍극 트랜지스터의 두 형태는 *npn*과 *pnp*이다.
- 쌍극의 의미는 두 종류의 전자 전류와 정공 전류가 있음을 의미한다.
- 전계 효과 트랜지스터(FET)는 3개의 단자(소스, 드레인, 게이트)를 갖는다.
- 접합 전계 효과 트랜지스터(JFET)는 게이트-소스 *pn* 접합이 역방향 바이어스로 동작한다.
- JFET 전류는 드레인과 소스 사이의 채널을 통해 흐르는데, 채널 폭은 게이트-소스 *pn* 접합의 역방향 바이어스 양에 의해 조절된다.

- 두 종류의 JFET는 n 채널과 p 채널이다.
- 금속산화 반도체 전계 효과 트랜지스터(MOSFET)는 MOSFET의 게이트가 채널과 절연되었다는 점에서 JFET와 다르다.
- D-MOSFET는 드레인과 소스 사이에서 물리적인 실제의 채널을 갖는다.
- E-MOSFET는 물리적인 채널을 갖고 있지 않다.
- 트랜지스터의 기호들을 그림 16-69에 나타냈다.

▶ 그림 16-69

트랜지스터의 기호

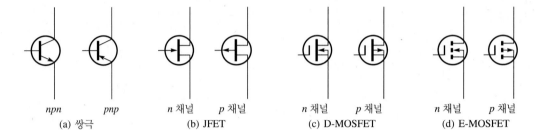

| npn | pnp | n 채널 | p 채널 | n 채널 | p 채널 | n 채널 | p 채널 |
| (a) 쌍극 | | (b) JFET | | (c) D-MOSFET | | (d) E-MOSFET | |

- 쌍극 트랜지스터 증폭기의 중요한 두 가지 결선 방법으로는 이미터 공통(CE)과 컬렉터 공통(CC)이 있으며, 세 번째로 베이스 공통(CB)이 있다.
- FET 증폭기의 중요한 두 가지 결선 방법으로는 소스 공통(CS)과 드레인 공통(CD)이 있으며, 세 번째로 게이트 공통(CG)이 있다.
- A급 증폭기는 입력 사이클의 전체 360° 동안 통전하며 낮은 전력에 사용한다.
- B급 증폭기는 입력 사이클의 180° 동안 통전하며 높은 전력에 사용한다.
- 정현파 발진기는 정궤환으로 동작한다.
- 궤환 발진기의 두 가지 조건은 궤환루프에서의 위상천이가 0°이고, 궤환루프의 전압이득이 적어도 1이어야 한다.
- 발진을 시작하기 위해 처음에 궤환루프의 전압이득은 1보다 커야 한다.
- 콜피츠 발진기에서 궤환신호는 LC 회로의 용량성 전압 분배기로부터 나온다.
- 하틀리 발진기에서 궤환신호는 LC 회로의 유도성 전압 분배기로부터 나온다.
- 수정 발진기는 가장 안정한 형태의 발진기이다.

핵심용어

게이트 FET 세 단자 중의 하나

공핍모드 채널에 다수 캐리어가 고갈된 경우 FET의 조건

궤환 어떤 특정한 동작 조건에서 출력신호의 일부가 입력으로 되돌아가는 과정

금속산화 반도체 전계 효과 트랜지스터(MOSFET) 매우 높은 게이트 저항을 특징으로 하는 FET 유형

드레인 전계 효과 트랜지스터의 세 단자 중의 하나

드레인 공통(CD) 드레인 단자가 접지인 FET 증폭기 결선

바디 다이오드 FET의 물리적 구성에 의해 생성된 소스와 본체 영역 사이의 pn 접합으로 인해 발생하는 MOSFET 내의 다이오드. 내장 다이오드라고도 함

배음 더 낮은 주파수의 정수배로 인해 발생하는 더 높은 주파수

베이스 쌍극 접합 트랜지스터에서 반도체 영역의 일부분

소스 FET 세 단자 중의 하나

소스 공통(CS) 소스 단자가 접지인 FET 증폭기 결선

쌍극 소수 및 다수 전하 캐리어로 구성된 전류에 의해 나타나는 특성

쌍극 접합 트랜지스터(BJT) 반도체에 세 번째 불순물을 도핑하여 2개의 pn 접합으로 분리한 트랜지스터 구조

이미터 BJT의 세 반도체 영역 중의 하나

이미터 공통(CE) 이미터 단자가 접지인 BJT 증폭기의 결선

전력이득 입력전력에 대한 출력전력의 비. 전압이득과 전류이득의 곱

전류이득 입력전류에 대한 출력전류의 비

전압이득 입력전압에 대한 출력전압의 비

접합 전계 효과 트랜지스터(JFET) 역바이어스 접합이 채널 내의 전류를 제어하여 동작하는 FET의 종류

증진모드 채널에 전도전자가 충분히 존재할 때의 MOSFET의 상태

증폭 작은 입력신호가 들어가 큰 전압, 전류, 전력이 만들어지는 과정

차단 트랜지스터의 비전도 상태

컬렉터 BJT에서 반도체의 한 영역

컬렉터 공통(CC) 컬렉터 단자가 접지인 BJT 증폭기의 결선

트랜지스터 두 단자 사이의 전류를 세 번째 단자의 전류와 전압을 토대로 제어하는 반도체 장치. 전기신호의 스위치이나 증폭에 사용된다.

포화 출력전류가 최대가 되는 트랜지스터의 상태와 입력변수의 추가적인 증가로 출력에 영향을 미치지 않는 상태

A급 증폭기 입력의 전체 주기가 입력의 파형과 같은 형태로 출력신호에 증폭되어 나오는 증폭기

B급 증폭기 입력의 반 주기만 동작하는 증폭기. 컬렉터 BJT의 반도체 영역 중 하나

Q-점 증폭기의 정지 또는 직류 작동(바이어스) 지점

수식

16-1	$I_E = I_C + I_B$	쌍극 트랜지스터 전류
16-1	$I_C = \alpha_{DC} I_E$	컬렉터와 이미터 전류의 관계
16-3	$I_C = \beta_{DC} I_B$	컬렉터와 베이스 전류의 관계
16-4	$V_C = V_{CC} - I_C R_C$	컬렉터 전압
16-5	$V_B = V_E + V_{BE}$	베이스 전압
16-6	$R_{IN} \approx \beta_{DC} R_E$	베이스에서의 입력저항
16-7	$V_B \approx \left(\dfrac{R_2}{R_1 + R_2} \right) V_{CC}$	근사적인 베이스 전압
16-8	$V_E = V_B - 0.7 \text{ V}$	이미터 전압
16-9	$\beta_{ac} = \dfrac{I_c}{I_b}$	교류 β
16-10	$A_v \approx \dfrac{R_C}{R_E}$	전압이득, A급 CE 증폭기
16-11	$A_v = \dfrac{R_C}{r_e + R_E}$	CE 전압이득(바이패스가 아닌 경우)
16-12	$A_v = \dfrac{R_C}{r_e}$	CE 전압이득(바이패스인 경우)
16-13	$r_e \approx \dfrac{25\,\text{mV}}{I_E}$	내부 이미터 저항
16-14	$R_{in} \approx \beta_{ac} r_e$	CE 입력저항
16-15	$R_{in(tot)} = R_1 \| R_2 \| R_{in}$	CE 총 입력저항
16-16	$A_v = \dfrac{R_E}{r_e + R_E}$	CC 전압이득

16-17	$R_{in} \approx \beta_{ac} R_E$	CC 입력저항
16-18	$R_{in(tot)} = R_1 \| R_2 \| R_{in}$	CC 총 입력저항
16-19	$A_i = \dfrac{I_e}{I_s}$	CC 전류이득
16-20	$A_p \approx A_i$	CC 전력이득
16-21	$I_{c(sat)} = \dfrac{V_{CEQ}}{R_L}$	B급 증폭기의 교류포화전류
16-22	$P_{out(max)} = 0.25 V_{CC} I_{c(sat)}$	B급 증폭기의 출력전력(최대)
16-23	$P_{DC} = \dfrac{V_{CC} I_{c(sat)}}{\pi}$	B급 증폭기의 입력전력
16-24	$\text{eff}_{max} = 0.785$	B급 증폭기의 이상적인 최대 효율
16-25	$V_{CE(cutoff)} = V_{CC}$	차단에서의 V_{CE}
16-26	$I_{C(sat)} \approx \dfrac{V_{CC}}{R_C}$	컬렉터 포화전류
16-27	$I_{B(min)} = \dfrac{I_{C(sat)}}{\beta_{DC}}$	포화를 위한 최소 베이스 전류
16-28	$V_{GS} = -I_D R_S$	n 채널 JFET의 자기바이어스 전압
16-29	$V_{GS} = +I_D R_S$	p 채널 JFET의 자기바이어스 전압
16-30	$V_D = V_{DD} - I_D R_D$	드레인 전압
16-31	$V_{DS} = V_{DD} - I_D(R_D + R_S)$	드레인-소스 전압
16-32	$V_{DS} = V_{DD} - I_{DSS} R_D$	D-MOSFET의 드레인-소스 전압
16-33	$V_{GS} = \left(\dfrac{R_2}{R_1 + R_2} \right) V_{DD}$	E-MOSFET의 게이트-소스 전압
16-34	$V_{DS} = V_{DD} - I_D R_D$	E-MOSFET의 드레인-소스 전압
16-35	$g_m = \dfrac{I_d}{V_{gs}}$	FET 트랜스컨덕턴스
16-36	$A_v = g_m R_D$	CS 전압이득
16-37	$A_v = \dfrac{g_m R_S}{1 + g_m R_S}$	CD 전압이득
16-38	$A_{cl} = A_v B$	폐루프이득
16-39	$f_r = \dfrac{1}{2\pi \sqrt{6} RC}$	R_C 위상천이 진동수
16-40	$f_r \approx \dfrac{1}{2\pi \sqrt{LC_T}}$	콜피츠 발진주파수
16-41	$C_T = \dfrac{C_1 C_2}{C_1 + C_2}$	콜피츠 총 궤환 커패시턴스
16-42	$f_r \approx \dfrac{1}{2\pi \sqrt{L_T C_P}}$	하틀리 발진주파수

참/거짓 퀴즈   해답은 이 장의 끝에 있다.

1. 쌍극 트랜지스터는 베이스-이미터 접합이 역 바이어스되면 차단된다.

2. 트랜지스터가 포화되면 베이스 전류를 증가할 수 없다.

3. 부하선은 포화와 차단 간을 이은 선이다.

4. CC 증폭기의 전력이득은 전류이득과 같다.

5. B급 증폭기는 A급 증폭기보다 효율이 높다.

6. JFET는 항상 게이트-소스 접합이 순방향 바이어스일 때 동작한다.

7. 게이트-소스 간 전압이 영일 때 드레인 전류는 I_{GSS}이다.

8. FET의 트랜스컨덕턴스는 게이트와 소스 간 전압에 대한 교류 드레인 전류의 비이다.

9. CD 증폭기의 전류증폭율은 1보다 작다.

10. 궤환 발진기의 입력은 전원공급 전압만 사용된다.

자습 문제　　해답은 이 장의 끝에 있다.

1. *npn* 쌍극 접합 트랜지스터에서 *n*형 영역은?

    (a) 컬렉터, 베이스　　　　　　　　　　　　(b) 컬렉터, 이미터

    (c) 베이스, 이미터　　　　　　　　　　　　(d) 컬렉터, 베이스, 이미터

2. *pnp* 트랜지스터에서 *n*형 영역은?

    (a) 베이스　　　　　(b) 컬렉터　　　　　(c) 이미터　　　　　(d) 케이스

3. *npn* 트랜지스터의 정상적인 동작을 위해 베이스는?

    (a) 끊어져 있어야 한다　　　　　　　　　　(b) 이미터에 비해 음이어야 한다

    (c) 이미터에 비해 양이어야 한다　　　　　　(d) 컬렉터에 비해 양이어야 한다

4. BJT에서 세 가지 전류는?

    (a) 순방향, 역방향, 중성　　　　　　　　　　(b) 드레인, 소스, 게이트

    (c) 알파, 베타, 시그마　　　　　　　　　　　(d) 베이스, 이미터, 컬렉터

5. 베타(β)는 무엇에 대한 무엇의 비율인가?

    (a) 이미터 전류에 대한 컬렉터 전류　　　　　(b) 베이스 전류에 대한 컬렉터 전류

    (c) 베이스 전류에 대한 이미터 전류　　　　　(d) 입력전압에 대한 출력전압

6. 알파(α)는 무엇에 대한 무엇의 비율인가?

    (a) 이미터 전류에 대한 컬렉터 전류　　　　　(b) 베이스 전류에 대한 컬렉터 전류

    (c) 베이스 전류에 대한 이미터 전류　　　　　(d) 입력전압에 대한 출력전압

7. 선형 영역에서 동작하는 어느 트랜지스터의 β가 30이고 베이스 전류가 1.0 mA이면, 컬렉터 전류는?

    (a) 0.033 mA　　　　(b) 1.0 mA　　　　(c) 30 mA　　　　(d) 알 수 없다

8. 베이스 전류가 증가하면,

    (a) 컬렉터 전류는 증가하고, 이미터 전류는 감소한다.

    (b) 컬렉터 전류는 감소하고, 이미터 전류도 감소한다.

    (c) 컬렉터 전류는 증가하고, 이미터 전류는 변화하지 않는다.

    (d) 컬렉터 전류는 증가하고, 이미터 전류도 증가한다.

9. *n* 채널 JFET가 통전을 위해 바이어스되었다면 게이트는?

    (a) 소스에 비해 양이다　　　　　　　　　　(b) 소스에 비해 음이다

    (c) 드레인에 비해 양이다　　　　　　　　　(d) 드레인과 같은 전압이다

10. *n* 채널 JFET의 게이트-소스 전압이 증가될 때 드레인 전류는?

    (a) 감소한다　　　　　　　　　　　　　　　(b) 증가한다

    (c) 일정하게 유지된다　　　　　　　　　　　(d) 0이 된다

11. *n* 채널 MOSFET에 음의 게이트-소스 전압이 인가되면 어느 상태에서 동작하는가?

    (a) 차단상태　　　(b) 포화상태　　　(c) 증진모드　　　(d) 공핍모드

12. 이미터 공통(CE) 증폭기에서 이미터와 접지 사이의 커패시터를 무엇이라 부르는가?

    (a) 결합 커패시터   (b) 비결합 커패시터

    (c) 바이패스 커패시터   (d) 동조 커패시터

13. CE 증폭기에서 이미터와 접지 사이의 커패시터를 떼어내면 전압이득은?

    (a) 증가한다   (b) 감소한다

    (c) 영향을 받지 않는다   (d) 오류가 생긴다

14. CE 증폭기에서 컬렉터의 저항값을 증가시키면 전압이득은?

    (a) 증가한다   (b) 감소한다

    (c) 영향을 받지 않는다   (d) 오류가 생긴다

15. CE 증폭기의 입력저항은 다음 중 어느 것에 의해 영향을 받는가?

    (a) α, r_e (b) β, r_e (c) R_C, r_e (d) Re, r_e, β

16. CE 증폭기의 출력신호는 항상

    (a) 입력신호와 동위상이다   (b) 입력신호와 위상이 다르다

    (c) 입력신호보다 크다   (d) 입력신호와 같다

17. CC 증폭기의 출력신호는 항상

    (a) 입력신호와 동위상이다   (b) 입력신호와 위상이 다르다

    (c) 입력신호보다 크다   (d) 입력신호와 정확히 같다

18. CC 증폭기에서 이론적으로 얻을 수 있는 최대 전압이득은?

    (a) 100   (b) 10   (c) 1.0   (d) β에 달려 있다

19. A급 증폭기에서 출력신호는

    (a) 왜곡된다   (b) 잘린다

    (c) 입력과 같은 모양을 갖는다   (d) 맥동한다

20. A급 증폭기의 통전은

    (a) 입력의 90° 동안   (b) 입력의 180° 동안

    (c) 입력의 270° 동안   (d) 입력의 360° 동안

21. B급 증폭기의 통전은

    (a) 입력의 90° 동안   (b) 입력의 180° 동안

    (c) 입력의 270° 동안   (d) 입력의 360° 동안

22. 궤환 발진기는 다음 중 어느 원리에 의해 동작하는가?

    (a) 신호 통과   (b) 정궤환   (c) 부궤환   (d) 감쇠

연습 문제   홀수 번호 연습 문제의 해답은 이 책의 끝에 있다.

기초 문제

16-1 쌍극 접합 트랜지스터의 직류동작

1. $I_E = 5.34$ mA, $I_B = 475$ μA이면 I_C의 값은 얼마인가?

2. $I_C = 8.23$ mA, $I_E = 8.69$ mA이면 α_{DC}의 값은 얼마인가?

3. 어느 트랜지스터에서 $I_C = 25$ mA, $I_B = 200$ μA일 때 β_{DC}를 구하라.

4. 트랜지스터 회로에서 베이스 전류는 이미터 전류 30 mA의 2%이다. 컬렉터 전류를 구하라.

5. 그림 16-70에서 $\alpha_{DC} = 0.98$, $\beta_{DC} = 49$일 때 I_B, I_E, I_C를 구하라.

▶ 그림 16-70

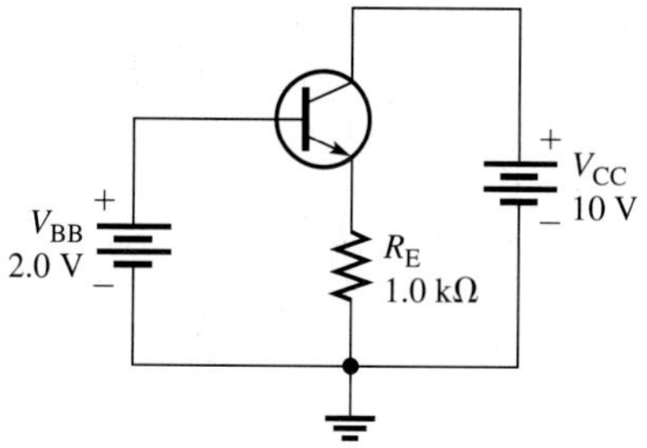

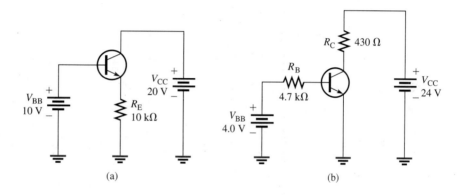

6. 그림 16-70의 트랜지스터가 $\beta_{DC} = 100$인 걸로 바뀌었다면 $\alpha_{DC} = 0.98$로 가정하고 I_B, I_E, I_C를 구하라.

7. 그림 16-70에서 접지에 대한 이미터 전압을 구하라.

8. 그림 16-71의 각 회로에 대해 접지에 대한 각 트랜지스터의 단자전압을 구하라. 또한 V_{CE}, V_{BE}, V_{BC}를 구하라. $\beta_{DC} = 50$이다.

▶ 그림 16-71

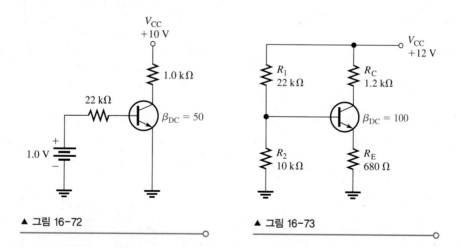

(a)　　　　　(b)

9. 그림 16-72에서 I_B, I_C, V_C를 구하라.

10. 그림 16-73의 회로에 대해 V_B, V_E, I_E, I_C, V_C를 구하라.

11. 그림 16-73에서 V_{CE}는 얼마인가? Q-점의 좌표는 무엇인가?

▲ 그림 16-72　　　　　▲ 그림 16-73

16-2 A급 BJT 증폭기

12. 어느 트랜지스터 증폭기의 전압이득이 50이다. 입력전압이 100 mV일 때, 출력전압은 얼마인가?

13. 입력이 300 mV일 때, 10 V의 출력을 얻기 위해는 얼마의 전압이득이 요구되는가?

14. $R_E = 100\ \Omega$이고 $R_C = 500\ \Omega$으로 적절하게 바이어스된 트랜지스터의 베이스에 50 mV의 신호를 인가했다. 컬렉터의 신호전압을 구하라.

15. 그림 16-74에서 전압이득을 구하라.

16. 그림 16-74에서 접지에 대한 각 직류전압 V_B, V_C, V_E를 각각 구하라.

▶ 그림 16-74

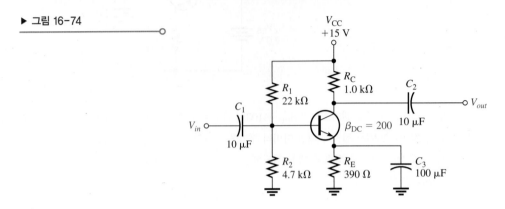

17. 그림 16-75에서 보인 증폭기에서 다음 직류값을 구하라.

   (a) V_B (b) V_E (c) I_E

   (d) I_C (e) V_C (f) V_{CE}

18. 그림 16-75에 보인 증폭기에서 다음 교류값을 구하라.

   (a) R_{in} (b) $R_{in(tot)}$ (c) A_v

▶ 그림 16-75

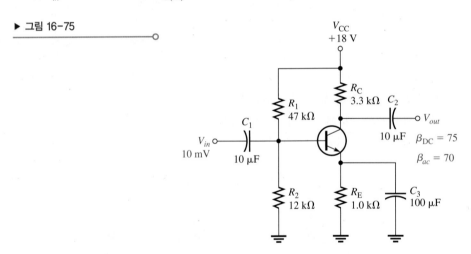

19. 그림 16-76의 증폭기는 R_E에 100 Ω의 가변저항을 이용하여 가변이득 제어가 가능하다. 가변저항 가운데 단자는 교

▶ 그림 16-76

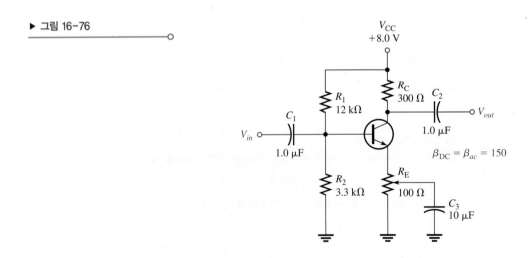

류접지되어 있다. 가변저항을 조절하여 교류접지를 통해 바이패스되는 양을 조절하면 이득이 변화한다. 직류에 대해서는 총 R_E 값이 일정하므로 바이어스의 변화는 없다. 이 증폭기의 최대 이득 및 최소 이득을 구하라.

20. 그림 16-76에 보인 증폭기 회로의 출력에 600 Ω의 부하저항을 연결할 때, 최대 이득은 얼마인가?

21. 그림 16-77의 이미터 폴로어에서 정확한 전압이득을 구하라.

22. 그림 16-77에서 총 입력저항은 얼마인가? 직류 출력전압은 얼마인가?

23. 그림 16-77에서 부하저항이 이미터에 커패시터를 통해 연결되어 있다. 신호의 입장에서 부하는 R_E와 병렬이므로 결과적으로 이미터 저항이 감소한 효과를 낸다. 이 경우 전압이득에 어떠한 영향을 미치는가?

▶ 그림 16-77

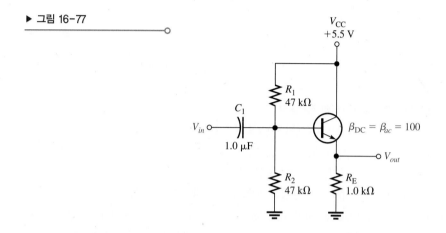

16-3 B급 BJT 증폭기

24. 그림 16-78에서 Q_1과 Q_2의 베이스와 이미터에서의 직류전압을 구하라. 그리고 각 트랜지스터의 V_{CEQ}를 구하라.

25. 그림 16-78의 회로에서 최대 첨두 출력전압과 첨두 부하전류를 구하라.

▶ 그림 16-78

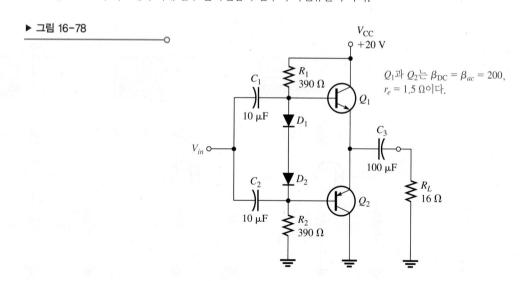

26. 어느 B급 푸시-풀 증폭기의 효율이 0.58이고, 직류입력전력이 20.0 W이다. 교류출력전력을 구하라.

16-4 스위치로써 BJT

27. 그림 16-79에서 트랜지스터의 $I_{C(sat)}$를 구하라. 포화를 만들기 위해 필요한 I_B는 얼마인가? 포화에 필요한 V_{IN}의 최솟값은 얼마인가?

28. 그림 16-80 트랜지스터의 β_{DC}는 150이다. V_{IN}이 5.0 V일 때 확실하게 포화시키는 데 필요한 R_B의 값을 구하라. 트랜지스터를 차단하려면 V_{IN}의 값은 얼마인가?

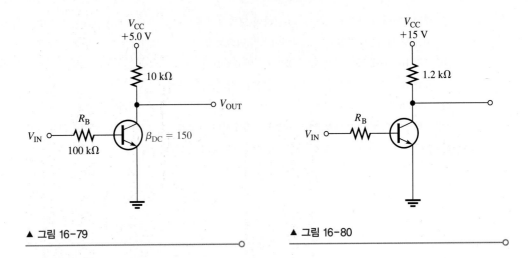

▲ 그림 16-79   ▲ 그림 16-80

16-5 전계 효과 트랜지스터의 직류동작

29. p 채널 JFET의 V_{GS}가 1.0 V에서 3.0 V로 증가했다.

  (a) 공핍영역이 좁아지는가, 넓어지는가?

  (b) 채널의 저항은 증가하는가, 감소하는가?

30. n 채널 JFET의 게이트-소스 전압은 왜 항상 0이거나 음이어야 하는가?

31. n 채널 및 p 채널의 D-MOSFET와 E-MOSFET의 기호를 그려라. 각 단자의 이름을 밝혀라.

32. 두 형태의 MOSFET가 게이트에서 매우 높은 입력저항을 갖는 이유를 설명하라.

33. 어느 모드에서 n 채널 D-MOSFET는 양의 V_{GS}로 동작하는가?

34. 어떤 E-MOSFET에서 $V_{GS(th)}$ = 3.0 V이다. 소자가 통전하기 위해 최소 V_{GS}는 얼마인가?

35. 그림 16-81의 각 회로에 대해 V_{DS}와 V_{GS}를 구하라.

▶ 그림 16-81

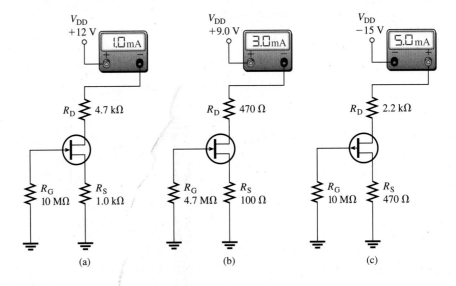

(a)   (b)   (c)

36. 그림 16-82의 각 D-MOSFET는 어느 모드(공핍 혹은 증진)로 바이어스되어 있는가?

37. 그림 16-83의 각 E-MOSFET는 $V_{GS(th)}$의 값이 n 채널 또는 p 채널에 따라 +5.0 V 또는 −5.0 V이다. 각 MOSFET 는 전도상태인가, 차단상태인가?

▶ 그림 16-82

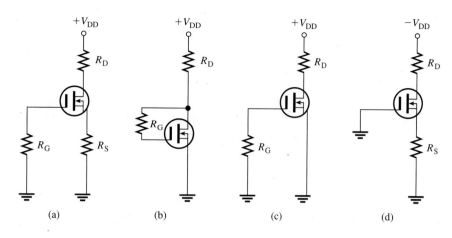

(a)　　　　　(b)　　　　　(c)　　　　　(d)

▶ 그림 16-83

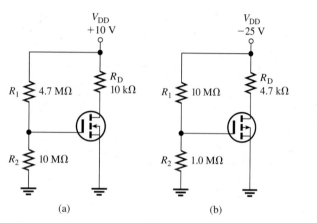

(a)　　　　　(b)

16-6 FET 증폭기

38. 그림 16-84에 보인 각 CS 증폭기의 전압이득을 구하라.

▶ 그림 16-84

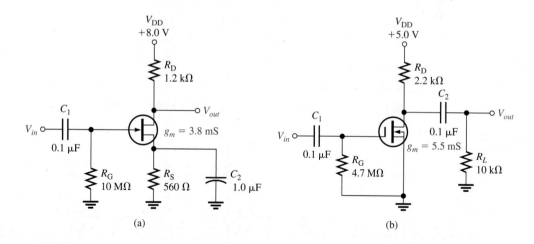

(a)　　　　　(b)

39. 그림 16-85에 보인 각 증폭기의 이득을 구하라.

40. 소스로부터 접지로 커패시터를 통해 10 kΩ의 부하가 연결될 때 그림 16-85에 보인 각 증폭기의 이득을 구하라.

16-7 궤환 발진기

41. 궤환 발진기의 증폭기 부분의 전압이득이 75라면 안정적인 정현파 발진을 유지하기 위한 궤환회로의 감쇠는 얼마여야 하는가?

42. 처음 전원을 넣었을 때 발진이 시작되게 하려면 41번 문제의 발진기에 일반적으로 필요한 변화는 무엇인지 설명하라.

▶ 그림 16-85

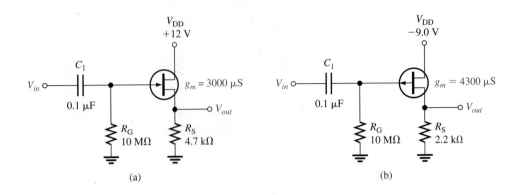

(a)   (b)

43. 그림 16-86에 보인 각 회로의 공진주파수를 계산하라. 그리고 어떤 형태의 발진기인지 밝혀라.

▶ 그림 16-86

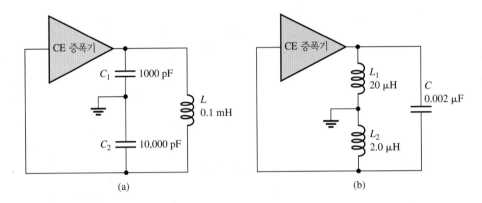

(a)   (b)

16-8 고장진단

44. 그림 16-62에서 R_5가 개방되었다고 가정한다. Q_2는 차단되는가 혹은 통전되는가? Q_2의 컬렉터에서의 직류전압은 얼마인가?

45. 그림 16-62에서 다음과 같은 고장이 일어났을 때 생기는 일반적인 효과를 설명하라.

(a) C_2 개방   (b) C_3 개방   (c) C_4 개방

(d) C_2 단락   (e) Q_1의 베이스-컬렉터 접합 개방   (f) Q_2의 베이스-이미터 개방

46. 그림 16-87에서의 신호조건에서 다음과 같은 고장이 발생할 경우 어떤 증상이 나타나는가?

(a) Q_1의 드레인에서 소스까지 개방   (b) R_3 개방   (c) C_2 단락

(d) C_3 단락   (e) Q_2의 드레인에서 소스까지 개방

▶ 그림 16-87

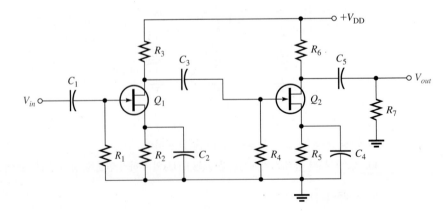

고장진단 문제

47. Multisim 파일 P17-47을 열어라. 회로를 검사하라. 고장이 있다면 고장을 진단하라.

48. Multisim 파일 P17-48을 열어라. 회로를 검사하라. 고장이 있다면 고장을 진단하라.

49. Multisim 파일 P17-49를 열어라. 여부를 검사하고 고장이 있다면 고장을 진단하라.

50. Multisim 파일 P17-50을 열어라. 회로가 정상적으로 동작하는지 확인하라. 고장이 있다면 고장을 확인하라.

51. Multisim 파일 P17-51을 열어라. 회로가 정상적으로 동작하는지 확인하라. 고장이 있다면 고장을 확인하라.

52. Multisim 파일 P17-52를 열어라. 회로가 정상적으로 동작하는지 확인하라. 고장이 있다면 고장을 확인하라.

53. Multisim 파일 P17-53을 열어라. 회로가 정상적으로 동작하는지 확인하라. 고장이 있다면 고장을 확인하라.

해답

각 절의 복습

16-1 쌍극 접합 트랜지스터의 직류동작

1. 트랜지스터의 세 단자는 이미터, 베이스 및 컬렉터이다.

2. 순방향 역방향 바이어스는 베이스-이미터 접합은 순방향 바이어스이고, 베이스-컬렉터 접합은 역방향 바이어스라는 것을 의미한다.

3. β_{DC}는 직류전류이득이다.

4. $I_C = \beta_{DC}I_B = 1.0$ mA

5. 1개의 전원이 전압 분배 바이어스를 위해 필요하다.

6. $V_B = (4.7\ k\Omega/26.7\ k\Omega)(30\ V) = 5.28$ V

16-2 A급 BJT 증폭기

1. 증폭은 전기신호의 진폭을 크게 하는 과정이다.

2. Q점은 직류 동작점이다.

3. $A_v \approx R_C/R_E = 21.4$

4. 바이패스 커패시터는 전압이득을 증가한다.

5. CE 증폭기의 전압이득은 총 이미터 저항에 대한 컬렉터 저항의 비율이다.

6. 이미터-폴로어이다.

7. $A_v(max) = 1.0$

16-3 B급 BJT 증폭기

1. Q-점은 차단상태에 있다.

2. 베이스-이미터의 전위장벽이 교차왜곡의 원인이다.

3. eff$_{max}$ = 78.5%

4. 푸시-풀 구성은 입력신호의 두 주기(양과 음) 모두 교대로 동작하여 효율이 매우 크다.

16-4 스위치로써 BJT

1. 스위칭 트랜지스터는 포화와 차단 영역에서 동작한다.

2. I_C는 포화에서 최대이다.

3. 차단에서 $I_C \approx 0$ A이다.

4. 베이스-이미터 접합과 베이스-컬렉터 접합이 순방향 바이어스이고, 베이스 전류가 충분할 때 포화가 일어난다.

5. 차단에서 $V_{CE} = V_{CC}$이다.

6. 트랜지스터 스위칭 속도와 스위칭 주파수는 모두 전력 소모에 영향을 미친다.

16-5 전계 효과 트랜지스터의 직류동작

1. FET의 세 단자는 드레인, 소스, 게이트이다.

2. n 채널 JFET는 음의 V_{GS}가 필요하다.

3. I_D는 V_{GS}에 의해 조절된다.

4. $V_{GS} = -I_D R_S = -8.0$ V

5. 공핍/증진모드 MOSFET. 증진모드 MOSFET

6. 맞음, $V_{GS} = 0$ V일 때 I_{DS}가 있음

7. 틀림, $V_{GS} = 0$ V일 때 I_{DS}가 없음

8. $V_{GS} = 0$ V이면 $I_D = I_{DSS}$

9. $V_{GS} > 2.0$ V

16-6 FET 증폭기

1. CS FET 증폭기의 A_v는 g_m 및 R_D에 의해 결정된다.

2. R_D가 반으로 되므로 A_v는 반으로 된다.

16-7 궤환 발진기

1. 발진기란 입력신호 없이 반복적인 출력신호를 얻는 회로이다.

2. 정궤환, 감쇄 및 위상천이를 일으킨다.

3. 발진 조건은 위상천이가 없고 폐루프 둘레의 전압이득이 1이어야 한다.

4. 발진 개시 조건은 루프이득이 적어도 1이어야 하고, 위상천이가 없다는 것이다.

5. 4가지 형태의 발진기는 RC 위상천이, 콜피츠, 하틀리, 수정이다.

6. 콜피츠는 인덕터와 평행으로 중간 탭이 접지된 2개의 커패시터를 사용한다. 하틀리는 커패시터와 평행으로 중간 탭이 접지된 2개의 코일을 사용한다.

7. 수정 발진기는 높은 주파수 안정성을 갖는다.

16-8 고장진단

1. C_4를 개방하면 이득은 감소한다. 직류 레벨은 영향을 받지 않는다.

2. Q_2가 차단 영역에서 바이어스되어 있을 것이다.

3. Q_1의 컬렉터 전압과 Q_2의 베이스 전압은 변할 것이다. V_{B2}의 변화는 V_{E2}, I_{E2}, V_{C2}의 변화를 가져올 것이다.

4. (a) 베이스-이미터 접합 및 C_4를 통해 접지와 단락되므로 교류신호는 사라진다.

    (b) 그렇다. 직류 레벨은 감소할 것이다.

5. 입력신호전압의 초과를 검사한다.

6. 바이패스 커패시터 C_2 또는 C_4가 개방되면 이득은 감소할 것이다.

예제 관련 문제

16-1 $V_B = 4.69$ V, $V_E = 3.99$ V, $V_C = 11.0$ V, $V_{CE} = 7.02$ V, $I_B = 19.9$ μA, $I_E = 3.99$ mA, $I_C \approx 3.99$ mA

16-2 수평 좌표축

16-3 직류 6.13 V에 최댓값 849 mV 교류가 더해진 정현파형

16-4 236

16-5 $A_v = 4.64$

16-6 28.6

16-7 7.5 V, 469 mA

16-8 12.5 W

16-9 78.4 μA

16-10 $V_{DS} = 2.0$ V, $V_{GS} = -3.12$ V

16-11 6.8 V

16-12 2.13 mA

16-13 직류레벨 8.4 V에 첨두-첨둣값 1.68 V 신호전압이 더해짐

16-14 R_{IN} = 7.5 MΩ

16-15 예제에서 1년은 31,536,000초이므로 정확도는 ±1.0초/연 = 1.0/31,536,000 = 31.7 × 10⁻⁹ = 31.7 ppb (또는 0.0317 ppm)이다.

참/거짓 퀴즈

1. T　　2. F　　3. T　　4. T　　5. T　　6. F　　7. F　　8. T　　9. F　　10. T

자습 문제

1. (b)　　2. (a)　　3. (c)　　4. (d)　　5. (b)　　6. (a)　　7. (c)　　8. (d)　　9. (b)　　10. (a)

11. (d)　　12. (c)　　13. (b)　　14. (a)　　15. (d)　　16. (b)　　17. (a)　　18. (c)　　19. (c)　　20. (d)

21. (b)　　22. (b)

연산 증폭기

（17）

학습목표

▶ 기본적인 연산 증폭기를 설명한다.
▶ 차동 증폭기의 기본적인 동작에 대해 설명한다.
▶ 여러 가지 연산 증폭기 파라미터를 설명한다.
▶ 연산 증폭기 회로에서 부궤환을 설명한다.
▶ 3가지 연산 증폭기 구조를 이해한다.
▶ 3가지 연산 증폭기 구조에 대한 부궤환의 효과를 해석한다.
▶ 연산 증폭기 회로를 고장진단한다.

응용과제 미리보기

화학 실험실에서 근무하는 당신에게 화학 용액의 내용 분석에 이용되는 분광 광도계 장치를 유지 보수하는 임무가 맡겨졌다. 이러한 일을 하기 위해 전자, 기계, 광 기술이 종합적으로 요구된다. 이 검출된 양을 프로세서로 보내 해석하고 표시하는데, 프로세서로 보내기 전의 신호를 증폭하기 위해 광 전지 및 연산 증폭기가 사용된다. 이 장을 공부하고 나면 응용과제를 해결할 수 있을 것이다.

핵심용어

▶ 개루프 전압이득   ▶ 단일모드
▶ 동상신호   ▶ 동상신호 제거비(CMRR)
▶ 반전 증폭기   ▶ 부궤환
▶ 비반전 증폭기   ▶ 연산 증폭기
▶ 전압 폴로어   ▶ 차동 증폭기
▶ 차동모드   ▶ 폐루프 전압이득

서론

앞서 2개 장에서 다이오드와 트랜지스터들이 소개되었다. 이러한 소자들은 개별 소자로 만들어져서 다른 개별 소자들과 회로 상에서 연결되어 하나의 기능을 하는 단위를 형성한다. 개별적으로 만들어진 소자들은 개별 소자라 한다.

이 장에서는 선형 집적회로(IC)를 설명하고자 하는데, 이들 중 하나인 연산 증폭기는 여러 개의 트랜지스터, 다이오드, 저항, 커패시터를 하나의 반도체 칩 상에 만들어서 하나의 케이스에 넣어 만든다. IC를 만드는 과정은 아주 복잡하므로 이 책에서는 다루지 않는다.

연산 증폭기를 공부하는 데 있어 이 장에서는 연산 증폭기를 하나의 소자로 간주한다. 연산 증폭기의 입력과 출력단이 연산 증폭기의 회로 동작에 어떠한 영향을 끼치는지 이해하기 위해 이 부분을 조사할 것이다. 입력단은 차동 증폭기가 사용되고 출력단은 푸시-풀 증폭기가 사용된다. 회로의 근본적인 이해는 연산 증폭기의 사용 방법에 대한 이해를 증가하는 것이다. 그러나 내부 회로에 대해 자세한 설명은 여기서 언급하지 않는다.

17-1 연산 증폭기 소개

초기에는 연산 증폭기가 가산, 감산, 적분, 미분과 같은 수학적 연산을 수행하는 데 이용되었다. 여기서 연산 증폭기라는 말이 유래되었다. 초기의 연산 증폭기 소자들은 진공관을 이용하여 만들었기 때문에 높은 전압이 필요했다. 오늘날의 연산 증폭기는 비교적 낮은 직류전압을 이용하며, 값이 싸고 신뢰도가 높은 선형 집적회로(IC)이다.

이 절의 학습목표

◆ **기본적인 연산 증폭기를 설명한다.**
  ◆ 연산 증폭기의 기호를 인식한다.
  ◆ 연산 증폭기 패키지의 단자를 식별한다.
  ◆ 이상적인 연산 증폭기에 대해 설명한다.

기호와 단자

표준적인 연산 증폭기(operational amplifier, op-amp)의 기호는 그림 17-1(a)에 보인 바와 같다. 2개의 입력단자와 1개의 출력단자가 있다. 2개의 입력단자는 반전입력(−)과 비반전입력(+)이다. 보통의 연산 증폭기는 2개의 직류 전원을 필요로 하는데, 그림 17-1(b)에 보인 바와 같이 하나는 양의 전압이고 다른 하나는 음의 전압이다. 이러한 직류전원단자들은 기호에서 표시하지 않는 것이 보통이지만 원래는 그 단자들이 있다는 것을 항상 기억해야 한다. 전형적인 집적회로 패키지를 그림 17-1(c)에 보였다.

▶ **그림 17-1**

연산 증폭기 기호와 패키지

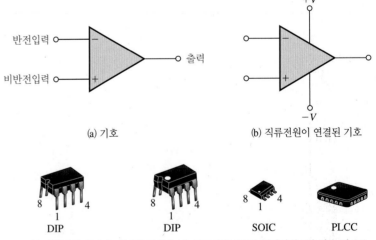

(a) 기호   (b) 직류전원이 연결된 기호

(c) 전형적인 패키지. 위에서 보았을 때, DIP 혹은 SOIC 패키지의 1번 핀은 점 또는 파인 곳의 왼쪽에 있다. PLCC 패키지에서 점은 1번 핀을 나타낸다.

이상적인 연산 증폭기

연산 증폭기가 무엇인지 설명하기 전에 먼저 연산 증폭기의 이상적인 특성을 설명한다. 물론 실제의 연산 증폭기는 이러한 이상적인 특성을 갖고 있지 못하지만, 이상적인 관점에서 소자를 이해하고 해석하는 것이 훨씬 쉽기 때문이다.

이상적인 연산 증폭기는 무한대의 전압이득과 무한대의 입력저항을 갖는데(즉 개방), 이는 구동

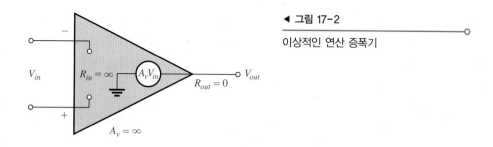

◀ 그림 17-2

이상적인 연산 증폭기

전원으로부터 어떠한 전력도 받지 않는다는 뜻이다(입력저항은 때때로 입력 임피던스라고도 한다). 또한 연산 증폭기의 출력저항은 0이다(출력저항은 때때로 출력 임피던스라고도 한다). 이러한 특성들을 그림 17-2에 설명했다. 두 입력단자 사이의 입력전압은 V_{in}이고, 출력전압은 내부 전압원 기호로 표시된 $A_v V_{in}$이다. 무한대의 입력저항 개념은 17-5절에서 다루겠지만 여러 가지 연산 증폭기 구조를 해석하는 데 유용하다.

실제의 연산 증폭기

최근의 IC 연산 증폭기는 많은 경우에 이상적인 연산 증폭기가 갖는 여러 파라미터 값에 가까운 값들을 갖도록 만들어지지만 실제로 이상적인 소자를 만들 수는 없다. 모든 소자는 그 파라미터 값이 어느 범위 안에서 제한되는데, IC 연산 증폭기도 예외는 아니다. 연산 증폭기는 전압과 전류에 제한을 갖는다. 예를 들어 첨두-첨두 출력전압은 보통 두 전원의 전압보다 약간 작게 제한된다. 출력전류도 전력소모 및 소자의 정격과 같은 내부 사양에 의해 제한된다.

그림 17-3에 보인 바와 같이 실제의 연산 증폭기의 특성은 높은 전압이득, 높은 입력저항, 낮은 출력저항이다.

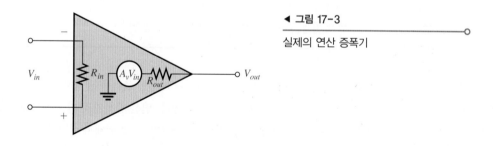

◀ 그림 17-3

실제의 연산 증폭기

연산 증폭기의 내부 블록도

일반적인 연산 증폭기는 그림 17-4와 같이 3가지 형태의 증폭회로(차동 증폭기, 전압 증폭기, 푸시-풀 증폭기)로 구성되어 있다.

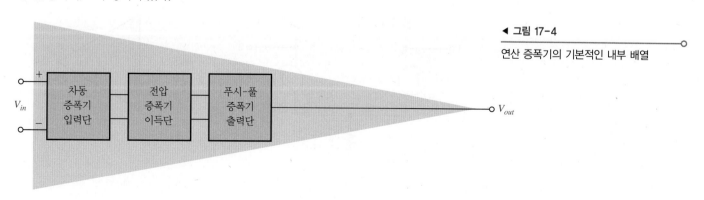

◀ 그림 17-4

연산 증폭기의 기본적인 내부 배열

차동 증폭기는 연산 증폭기의 입력단으로 2개의 입력을 받아 두 입력 차이의 전압을 증폭시켜 다음 단으로 보낸다. 전압 증폭기는 보통 A급 증폭기를 사용하며 추가적인 연산 증폭 이득을 발생시킨다. 일부 연산 승폭기는 2개 이상의 선압 증폭난을 가신다. 출력난에는 푸시-풀 B급 증폭기를 사용한다.

<table>
<tr><td>17-1절 복습
해답은 이 장의 끝에 있다.</td><td>1. 연산 증폭기의 기호를 그려라.
2. 이상적인 연산 증폭기를 설명하라.
3. 실제 연산 증폭기의 몇 가지 특성을 설명하라.
4. 일반적인 연산 증폭기의 증폭단을 나열하라.</td></tr>
</table>

17-2 차동 증폭기

기본적으로 연산 증폭기는 보통 둘 또는 그 이상의 차동 증폭기 단으로 구성된다. 차동 증폭기는 연산 증폭기의 기본이 되므로 연산 증폭기의 동작을 이해하기 위해 차동 증폭기 회로를 이해할 필요가 있다.

이 절의 학습목표

◆ **차동 증폭기의 기본적인 동작을 설명한다.**

 ◆ 입력이 하나인 경우의 동작을 설명한다.

 ◆ 차동 입력 동작을 설명한다.

 ◆ 동상신호 입력 동작을 설명한다.

 ◆ 동상신호 제거비(CMRR)를 정의한다.

 ◆ 연산 증폭기를 만들기 위해 차동 증폭기를 이용하는 방법을 설명한다.

차동 증폭기(differential amplifier, diff-amp)는 두 입력 차이에 비례한 출력을 발생하는 증폭기이다. 기본적인 차동 증폭기의 회로와 기호를 그림 17-5에 보였다. 연산 증폭기의 한 부분인 차동 증폭기 단은 높은 전압이득과 높은 동상신호 제거비를 제공한다(이 장의 뒤에서 설명함). 연산

▶ 그림 17-5

기본적인 차동 증폭기

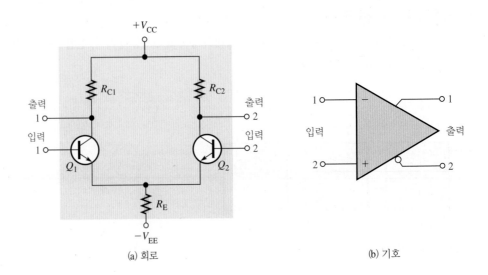

(a) 회로   (b) 기호

증폭기는 하나의 출력만을 갖지만 차동 증폭기는 2개의 출력을 가지며, 양($+V_{CC}$)과 음($-V_{EE}$)의 공급전압을 필요로 한다. 이 책에서 사용하는 차동 증폭기는 BJT로 구성한 것이다. FET는 매우 큰 입력 임피던스가 필요한 경우에 사용된다.

일부 연산 증폭기에는 차동 출력이 있다. 이러한 경우 그림 17-5(b)에 표시된 기호는 차동 출력을 갖는 연산 증폭기를 나타낸다. 버블 기호로 표시된 것처럼 출력 2는 반전된다.

기본 동작

연산 증폭기에는 보통 둘 이상의 차동 증폭기 단이 있지만, 기본적인 동작을 설명하기 위해 하나의 차동 증폭기를 이용하여 설명한다. 다음 설명은 그림 17-6과 관련된 것으로 차동 증폭기 동작의 기본적인 직류 해석이다.

먼저 두 입력이 접지되어 있을 때(0 V) 이미터 전압은 그림 17-6(a)에 보인 바와 같이 -0.7 V이다. 트랜지스터들의 특성이 서로 같고, 따라서 입력신호가 없을 경우에 직류 이미터 전류가 서로 같다고 가정한다. 따라서

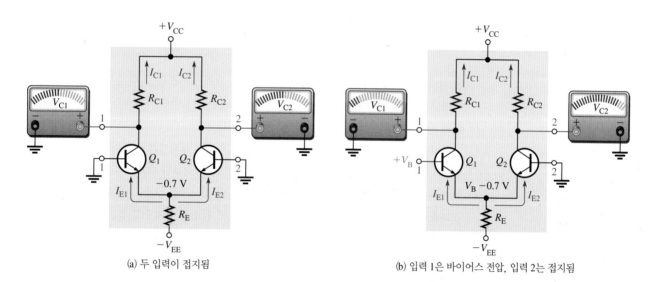

(a) 두 입력이 접지됨   (b) 입력 1은 바이어스 전압, 입력 2는 접지됨

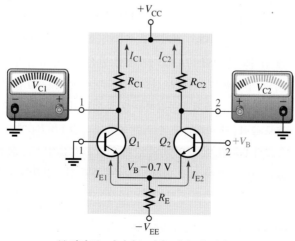

(c) 입력 2는 바이어스 전압, 입력 1은 접지됨

▲ 그림 17-6

컬렉터 전압에 대해 상대적인 변화를 보이는 차동 증폭기의 기본적인 동작(접지는 0 V이다)

$$I_{E1} = I_{E2}$$

두 이미터 전류는 R_E를 통해 합해지므로

$$I_{E1} = I_{E2} = \frac{I_{RE}}{2}$$

여기서

$$I_{RE} = \frac{V_E - V_{EE}}{R_E}$$

$I_C \approx I_E$라는 근사식을 이용하면 다음과 같이 쓸 수 있다.

$$I_{C1} = I_{C2} \approx \frac{I_{RE}}{2}$$

두 컬렉터 전류와 두 컬렉터 저항은 각각 서로 같으므로(입력전압이 0일 때)

$$V_{C1} = V_{C2} = V_{CC} - I_{C1}R_{C1}$$

이 조건을 그림 17-6(a)에 설명했다.

다음 입력 2를 접지시키고 그림 17-6(b)에 보인 바와 같이 입력 1에 양의 바이어스 전압을 인가한다. Q_1의 베이스에서 양의 전압은 I_{C1}을 증가하고, 이미터 전압을 높여준다. 이미터의 전압은 높아지는데, Q_2의 베이스는 0 V(접지)로 고정되어 있으므로 Q_2의 순방향 바이어스(V_{BE})는 감소하고, 따라서 그림 17-6(b)에 보인 바와 같이 I_{C2}는 감소한다. 즉 I_{C1}의 증가는 V_{C1}의 감소의 원인이 되고, I_{C2}의 감소는 V_{C2}의 증가의 원인이 된다.

마지막으로 그림 17-6(c)에 보인 바와 같이 입력 1을 접지시키고 입력 2에는 양의 바이어스 전압을 인가한다. Q_2에 양의 바이어스를 가하면 더 많은 전류가 흐르게 되고, 결국 I_{C2}를 증가하고 이미터 전압을 올려준다. Q_1의 베이스는 접지되어 있으므로 Q_1의 순방향 바이어스는 감소하며, 결과적으로 I_{C1}은 감소한다. 즉 I_{C2}의 증가는 V_{C2}의 감소를 가져오고, I_{C1}의 감소는 V_{C1} 증가의 원인이 된다.

신호 동작모드

단일 입력 차동 증폭기가 이 단일모드(single-ended mode)에서 동작할 때 그림 17-7에서 보인 바와 같이 한 입력은 접지되고, 입력신호는 다른 하나의 입력에만 인가된다. 신호전압이 입력 1에 인가되면 그림 17-7(a)에서처럼 반전이면서 증폭된 신호전압이 출력 1에 나타난다. 그리고 Q_1의 이미터에 동위상의 신호전압이 나타난다. Q_1과 Q_2의 이미터는 공통이므로 이미터 신호는 베이스 공통 증폭기로 동작하는 Q_2의 입력이 된다. 이 신호는 Q_2에 의해 비반전이면서 증폭된 신호로 출력 2에 나타난다. 이러한 동작을 그림 17-7(a)에 보였다.

그림 17-7(b)에 보인 바와 같이 입력 1이 접지되고, 신호전압이 입력 2에 인가되면 이미터 신호는 Q의 입력이 되고 반전이면서 증폭된 신호전압이 출력 2에 나타난다. 이 상황에서 Q_1은 베이스 공통 증폭기로 동작하며 비반전이면서 증폭된 신호가 출력 1에 나타난다.

차동 입력 그림 17-8(a)에 보인 바와 같이 이 차동모드(differential mode)에서는 극성이 서로 반대인(위상이 180° 차) 두 신호가 각 입력에 인가된다. 이 형태의 동작을 두 **입력동작**이라고 한다. 다음의 설명에서처럼 각 입력은 출력들에 영향을 미친다.

그림 17-8(b)에는 입력 1에만 단일 입력으로 동작하는 신호가 들어갈 경우의 출력신호를 보였

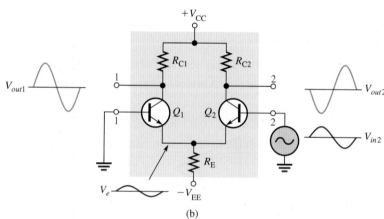

(a)

(b)

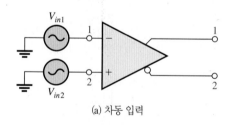

(a) 차동 입력

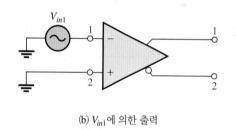

(b) V_{in1}에 의한 출력

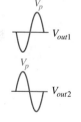

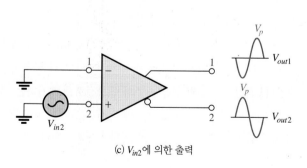

(c) V_{in2}에 의한 출력

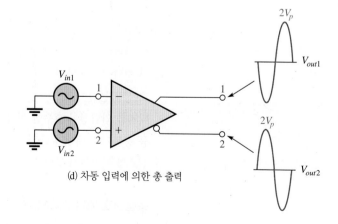

(d) 차동 입력에 의한 총 출력

▲ 그림 17-8

차동 증폭기의 차동 동작

다. 그림 17-8(c)에는 입력 2에만 단일 입력으로 동작하는 신호가 들어갈 경우의 출력신호를 보였다. 그림 17-8(b)와 (c)의 경우 출력 1에서의 신호들은 그 극성이 같다. 출력 2에 대해도 마찬가지이다. 그림 17-8(b)와 (c) 양쪽의 출력 1의 신호들을 중첩하고 그림 17-8(b)와 (c) 양쪽에 출력 2의 신호들을 중첩하면, 그림 17-8(d)에 보인 바와 같은 전체적인 차동 동작을 얻게 된다.

동상신호 입력 동상신호(common-mode) 조건을 고려하여 차동 증폭기 동작의 중요한 점 중 한 가지를 설명한다. 동상신호는 양쪽 입력에 동일한 교류 또는 직류전압을 가한 경우를 말한다. 그림 17-9(a)에 보인 바와 같이 두 입력에 같은 크기, 같은 주파수, 같은 위상의 신호전압을 동시에 인가하는 경우를 고려해보자. 또한 입력신호가 한 번에 한쪽 입력에만 인가되는 경우들을 각각 고려하면 차동 증폭기의 기본적인 동작을 이해할 수 있다.

그림 17-9(b)에는 입력 1에만 입력신호가 인가되는 경우의 출력신호를 보였고, 그림 17-9(c)에는 입력 2에만 입력신호가 인가되는 경우의 출력신호를 보였다. 그림 17-9(b)와 (c)를 보면 출력 1의 신호는 극성이 서로 반대이며, 출력 2에서의 신호도 극성이 서로 반대임을 알 수 있다. 입력신호가 양 입력에 모두 인가되면 출력은 중첩되어 나타나는데, 이때 서로 상쇄되어 그림 17-9(d)에 보인 바와 같이 거의 0에 가까운 출력전압이 나타난다.

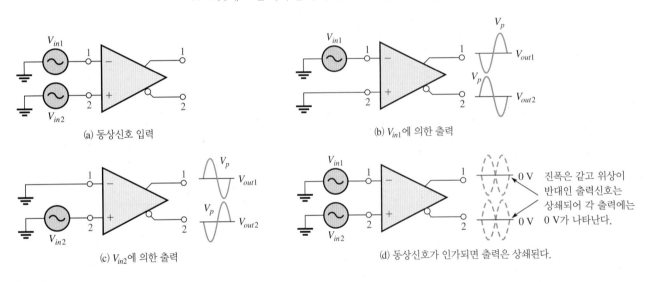

(a) 동상신호 입력

(b) V_{in1}에 의한 출력

(c) V_{in2}에 의한 출력

(d) 동상신호가 인가되면 출력은 상쇄된다.

▲ 그림 17-9

차동 증폭기의 동상신호 동작

이러한 동작을 **동상신호 제거**라 한다. 원하지 않는 신호가 차동 증폭기의 양 입력에 공통적으로 나타나는 경우에 동상신호 제거 동작이 유효하다. 동상신호 제거란 이러한 원하지 않는 신호가 출력에 나타나지 않도록 하여, 원하는 신호가 왜곡되지 않도록 한다는 것을 의미한다. **동상신호**(잡음)는 일반적으로 인접한 선으로부터, 60 Hz 전력선으로부터, 다른 곳으로부터 방출되는 에너지를 입력선이 흡수한 결과로 생긴다. 전력선 간섭과 같은 저주파 동상신호를 제거하는 데 차동 증폭기는 매우 효율적이다. 그러나 때때로 고주파 스위칭 잡음에 의해 발생하는 고주파 간섭신호를 제거하지 못할 수 있다. 고주파 잡음이 존재하는 경우 신호선 차폐가 필요하다.

동상신호 제거비(CMRP)

원하는 신호가 한 입력에만 인가되거나, 반대의 극성으로 양 입력에 인가되거나 하면 앞에서 설명한 바와 같이 출력에 원하는 신호가 증폭되어 나타난다. 양 입력에 같은 극성의 원하지 않는 신호

(잡음)는 차동 증폭기에 의해 상쇄되어 출력에 나타나지 않는다. 동상신호를 제거하는 증폭기의 능력을 동상신호 제거비(common-mode rejection ratio, CMRR)라 부르는 파라미터로 나타낸다.

이상적으로 차동 증폭기는 원하는 신호(단일 입력 혹은 차동 입력)에 대해 매우 높은 이득을 가지나 동상신호에 대해 그 이득이 0이다. 그러나 실제의 차동 증폭기는 매우 작은 동상신호이득(보통 1보다 작음)과 큰 차동전압이득(보통 수천 정도)을 갖는다. 동상신호이득에 비해 차동이득이 크면 클수록 동상신호를 제거한다는 관점에서 차동 증폭기의 성능은 더 좋아진다. 따라서 원하지 않는 동상신호를 제거하는 차동 증폭기의 능력은 동상신호이득 A_{cm}에 대한 차동이득 $A_{v(d)}$의 비로 나타낼 수 있다. 이 비율은 동상신호 제거비(CMRR)라고 한다.

$$CMRR = \frac{A_{v(d)}}{A_{cm}} \qquad (17-1)$$

CMRR이 크면 클수록 더 좋다. CMRR이 매우 높으면 차동이득 $A_{v(d)}$이 높고 동상신호이득 A_{cm}이 낮다는 것을 의미한다.

CMRR은 흔히 데시벨(dB)로 표현된다.

$$CMRR = 20 \log\left(\frac{A_{v(d)}}{A_{cm}}\right) \qquad (17-2)$$

예제 17-1

어느 차동 증폭기의 차동전압이득이 2000이고 동상신호이득이 0.2이다. CMRR을 구하고 데시벨로 표시하라.

풀이 $A_{v(d)} = 2000$이고 $A_{cm} = 0.2$이다. 그러므로

$$CMRR = \frac{A_{v(d)}}{A_{cm}} = \frac{2000}{0.2} = \textbf{10,000}$$

데시벨로 표현하면

$$CMRR = 20 \log(10,000) = \textbf{80 dB}$$

관련 문제*   차동전압이득이 8500이고 동상신호이득이 0.25인 증폭기에 대해 CMRR을 구하고 데시벨로 표시하라.

공학용 계산기 소개의 예제 18-1에 있는 변환 예를 살펴보라.

_____

* 해답은 이 장의 끝에 있다.

예를 들어 CMRR이 10,000이면 원하는 입력신호(차동 입력)가 원하지 않는 신호(동상신호)에 비해서 10,000배만큼 더 증폭된다는 뜻이다. 즉 만약 차동 입력신호의 크기와 동상신호 잡음의 크기가 서로 같다면 잡음보다 진폭이 10,000배 더 큰 원하는 신호가 출력에 나타난다는 뜻이다. 따라서 잡음이나 간섭이 제거된다.

예제 17-2를 통해 차동 증폭기의 동상신호 제거 및 일반적인 신호동작을 좀더 설명한다.

예제 17-2

그림 17-10에 보인 차동 증폭기는 2500의 차동전압이득과 30,000의 CMRR을 갖는다. 그림 17-10(a)에서는 500 μV rms의 단일 입력이 인가된다. 동시에 교류전력시스템의 영향으로 100 mV, 60 Hz의 동상신호 간섭신호가 양의 입력에 나타난다. 그림 17-10(b)에서는 500 μV rms의

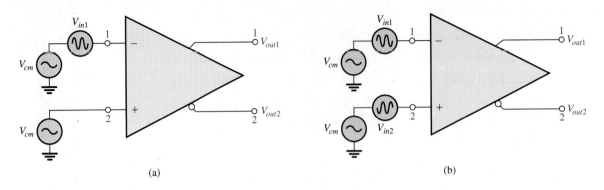

▲ 그림 17-10

차동 입력신호가 각 입력에 인가된다. 동상신호 간섭은 그림 17-10(a)에서와 같다.

(a) 동상신호이득을 구하라.

(b) CMRR을 dB로 표시하라.

(c) 그림 17-10(a)와 (b)의 rms 출력신호를 구하라.

(d) 출력에서의 rms 간섭전압을 구하라.

풀이 (a) CMRR = $A_{v(d)}/A_{cm}$이다. 그러므로

$$A_{cm} = \frac{A_{v(d)}}{\text{CMRR}} = \frac{2500}{30,000} = \textbf{0.083}$$

(b) CMRR = $20 \log(A_{v(d)}/A_{cm}) = 20 \log(30,000) = \textbf{89.5 dB}$

(c) 그림 17-10(a)에서 차동 입력전압 $V_{in(d)}$은 입력 1의 전압과 입력 2의 전압 차이다. 입력 2가 접지되어 있으므로 그 전압은 0이다. 그러므로

$$V_{in(d)} = V_{in1} - V_{in2} = 500\ \mu\text{V} - 0\ \text{V} = 500\ \mu\text{V}$$

이 경우 출력신호전압은 출력 1에서 취한다.

$$V_{out1} = A_{v(d)} V_{in(d)} = (2500)(500\ \mu\text{V}) = \textbf{1.25 V rms}$$

그림 17-10(b)에서 차동 입력전압은 극성이 반대인 500 μV 신호의 차이다.

$$V_{in(d)} = V_{in1} - V_{in2} = 500\ \mu\text{V} - (-500\ \mu\text{V}) = 1000\ \mu\text{V} = 1.0\ \text{mV}$$

출력신호전압은

$$V_{out1} = A_{v(d)}\ V_{in(d)} = (2500)(1.0\ \text{mV}) = \textbf{2.5 V rms}$$

차동 입력(극성이 다른 두 신호)이 들어가면 단일 입력의 경우보다 이득이 2배가 된다.

(d) 동상신호 입력은 100 mV rms이다. 동상신호이득(A_{cm})은 0.083이다. 출력에서의 간섭전압은

$$A_{cm} = \frac{V_{out(cm)}}{V_{in(cm)}}$$

$$V_{out(cm)} = A_{cm} V_{in(cm)} = (0.083)(100\text{mV}) = \textbf{8.3 mV rms}$$

관련 문제 그림 17-10에 보인 증폭기의 차동전압이득은 4200이고 CMRR은 25,000이다. 예제에서 보인 동일한 단일 입력신호와 차동 입력신호에 대한 다음 물음에 답하라. (a) A_{cm}을 구하라. (b) CMRR을

dB로 표시하라. (c) 그림 17-10(a)와 (b)의 rms 출력전압을 구하라. (d) 출력에 나타나는 rms간섭
(동상신호)전압을 구하라.

공학용 계산기 소개의 예제 18-2에 있는 변환 예를 살펴보라.

17-2절 복습	1. 단일 입력과 차동 입력의 차이점을 말하라.
해답은 이 장의 끝에 있다.	2. 동상신호 제거란 무엇인가?
	3. 차동이득 값이 주어졌을 때, CMRR이 커지면 동상신호이득은 커지는가, 작아지는가?
	4. 큰 CMRR이 바람직한 이유는 무엇인가?

17-3 연산 증폭기 파라미터

이 절에서는 여러 가지 중요한 연산 증폭기의 파라미터들이 정의되고 논의된다. 이러한 파라미
터들은 연산 증폭기가 특정 응용 분야에 적합한지 여부를 결정할 때 중요하다. 그리고 자주 이용
되는 여러 가지 IC 연산 증폭기의 파라미터들을 비교했다.

이 절의 학습목표

◆ 연산 증폭기 입력, 출력, 여러 가지 동작 파라미터를 정의한다.
  ◆ 입력 오프셋 전압, 입력 바이어스 전류, 입력 오프셋 전류, 입력저항, 출력저항, 동상신호 제거비
    를 정의한다.
  ◆ 여러 형태의 IC 연산 증폭기의 파라미터를 비교한다.

입력 오프셋 전압(V_{OS})

이상적인 연산 증폭기는 입력에 0 V가 인가되면 출력에 0 V가 나온다. 그러나 실제의 연산 증폭
기에서는 차동 입력전압이 인가되지 않더라도 출력에 작은 직류전압 $V_{OUT(error)}$이 나타난다. 이
전압은 양(+) 또는 음(−)일 수 있으며 동일한 유형의 연산 증폭기에서도 다를 수 있다. 주된 원
인은 연산 증폭기 차동 입력단의 베이스−이미터 전압의 작은 부정합 때문이다.

연산 증폭기 규격표에 있는 **입력 오프셋 전압**(V_{OS})은 차동 출력이 0 V가 되도록 하기 위해 입력
사이에 필요한 차동직류전압이다. 대표적인 입력 오프셋 전압값은 보통 2.0 mV의 범위에 있지
만 일부 최신 연산 증폭기는 구성 소자의 더 나은 정합으로 인해 훨씬 더 작은 값을 갖는다. 이상
적인 경우에는 0 V이다.

온도 변화에 따른 입력 오프셋 전압 드리프트 입력 오프셋 전압 드리프트는 V_{OS}와 관련된 파라
미터인데, 이는 1도의 온도 변화에 대해 입력 오프셋 전압이 얼마만큼 변화하는가 하는 것이다.
오프셋이 최소화된 경우 초깃값의 범위는 일반적으로 약 섭씨온도 1도당 1.0 μV에서 10 μV 정
도이다. 보통 큰 입력 오프셋 전압값을 갖는 연산 증폭기는 큰 드리프트를 나타낸다. 정밀한 응용
에는 자체 교정 드리프트 응답을 사용하여 드리프트가 극단적으로 낮은 값을 갖거나 드리프트가
없는 연산 증폭기가 사용 가능하다.

입력 바이어스 전류(I_{BIAS})

BJT 차동 증폭기의 입력단자는 트랜지스터의 베이스이므로 입력전류는 베이스 전류이다. (FET 의 경우에는 게이트 전류이다.)

입력 바이어스 전류(I_{BIAS})는 증폭기의 첫 단을 적절히 동작하기 위해 증폭기의 입력에 흘려주 어야 하는 직류전류이다. 정의에 의하면 입력 바이어스 전류는 두 입력전류의 평균값이며 다음 과 같이 계산한다.

$$I_{BIAS} = \frac{I_1 + I_2}{2} \qquad (17-3)$$

입력 바이어스 전류의 개념을 그림 17-11에 설명했다.

▶ 그림 17-11

입력 바이어스 전류는 연산 증폭기의 두 입력전류의 평균값 이다.

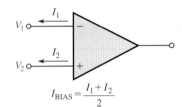

입력저항(R_{in})

연산 증폭기의 입력저항을 나타내는 두 가지 방법으로 차동모드와 동상신호가 있다. **차동 입력저 항**은 그림 17-12(a)에 보인 바와 같이 반전입력과 비반전입력 사이의 총 저항($R_{in(diff)}$)이다. 차동 저항은 차동 입력전압의 변화에 대한 바이어스 전류의 변화를 측정하여 구한다. **동상신호 입력저 항**은 각 입력들과 접지 사이의 저항이며(R_{in}), 동상신호 입력전압의 변화에 대한 바이어스 전류의 변화를 측정하여 구한다. 이를 그림 17-12(b)에 보였다.

▶ 그림 17-12

연산 증폭기 입력저항

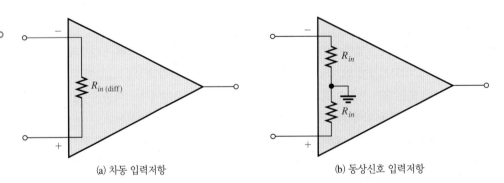

(a) 차동 입력저항   (b) 동상신호 입력저항

입력 오프셋 전류(I_{OS})

이상적으로는 두 입력 바이어스 전류는 서로 같아야 하며 그 차는 0이어야 한다. 그러나 실제의 연산 증폭기에서 바이어스 전류는 서로 똑같지는 않다.

입력 오프셋 전류(I_{OS})는 입력 바이어스 전류의 차이며 다음과 같은 절댓값으로 표현한다.

$$I_{OS} = |I_1 - I_2| \qquad (17-4)$$

오프셋 전류의 실제 크기는 아무리 크더라도 바이어스 전류의 10분의 1 정도이다. 많은 경우에 오프셋 전류는 무시된다. 그러나 높은 이득, 큰 입력 임피던스를 갖는 증폭기에서는 I_{OS}가 가능 한 한 작아야 한다. 왜냐하면 큰 입력저항을 통하는 전류는 그 크기가 작더라도 그림 17-13에 보

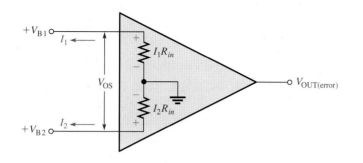

◀ 그림 17-13

입력 오프셋 전류의 영향

인 바와 같이 무시할 수 없는 오프셋 전압을 만들기 때문이다. 대부분의 최신 양극성 연산 증폭기 입력단에는 이 오류를 완화하기 위한 특별한 내부 바이어스 보상 기능이 있다.

입력 오프셋 전류에 의해 생기는 오프셋 전압은

$$V_{OS} = |I_1 R_{in} - I_2 R_{in}| = |I_1 - I_2|R_{in}$$

$|I_1 - I_2| = I_{OS}$이기 때문에 V_{OS}에 대한 표현은 다음과 같다.

$$V_{OS} = I_{OS}R_{in} \qquad (17-5)$$

I_{OS}에 의해 생기는 오차는 연산 증폭기의 이득 A_v 만큼 증폭되어 출력에 다음과 같이 나타난다.

$$V_{OUT(error)} = A_v I_{OS} R_{in} \qquad (17-6)$$

온도 변화에 따른 오프셋 전류의 변화는 오차전압에 영향을 미친다. 오프셋 전류의 온도 계수는 0.5 nA/°C 정도이다.

출력저항

그림 17-14에 보인 바와 같이 **출력저항**은 연산 증폭기의 출력 단자에서 바라본 저항(R_{out})이다. 전압 소스의 이상적인 내부 임피던스는 0 Ω이므로 접지 단락으로 나타남을 회상하자.

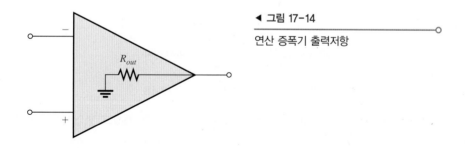

◀ 그림 17-14

연산 증폭기 출력저항

동상신호 입력전압 범위

모든 연산 증폭기는 어느 전압 범위 내에서 동작한다. 양 입력에 어느 전압 범위 내의 전압이 인가되었을 때 출력이 잘리거나 왜곡이 생기지 않는다면 그 입력전압의 범위를 **동상신호 입력전압 범위**라 한다. 일반적으로 최대 동상신호전압은 공급전압과 거의 같다. 공급 전압이 낮아지는 추세로 인해 동상신호전압 범위가 제한된다.

개루프 전압이득(A_{ol})

연산 증폭기의 개루프 전압이득(open-loop voltage gain, A_{ol})은 소자의 내부 전압이득이며 외부에 어떠한 소자도 연결되어 있지 않을 때 입력전압에 대한 출력전압의 비율이다. 개루프 전압이득은 연산 증폭기의 내부 회로를 설계할 때 결정된다. 이득은 크기가 없지만, 일반적으로 데이터 시트에는 V/mV 혹은 dB 단위로 표시된다. 개루프 전압이득은 그 크기가 200,000에 이르기도 하는데 쉽게 조절되는 파라미터는 아니다. 규격표에서 개루프 전압이득은 대신호 전압이득이라고 표시되는 경우도 있다.

동상신호 제거비

차동 증폭기와 관련해서 다루었던 것과 같이 **동상신호 제거비(CMRR)**는 연산 증폭기가 얼마나 동상신호를 제거할 수 있는가를 나타내는 양이며, 이는 전력선 픽업과 같이 양쪽 입력에서 나타날 수 있는 원하지 않는 신호이다. 연산 증폭기의 차동전압이득[$A_{v(d)}$]은 보통 개루프이득(A_{ol})으로 정의한다. CMRR이 무한대라는 것은 두 입력에 같은 신호(동상신호)를 인가할 경우 출력이 0이라는 것을 의미한다.

실제로는 무한대의 CMRR을 갖는 연산 증폭기를 얻을 수는 없으나 좋은 연산 증폭기의 경우에 매우 높은 값의 CMRR을 갖는다. 높은 CMRR을 갖는 연산 증폭기에서는 출력에 이러한 낮은 주파수의 간섭신호가 거의 나타나지 않는다.

연산 증폭기에 대한 CMRR의 정의는 개루프이득(A_{ol})을 동상신호이득으로 나눈 값이다.

$$CMRR = \frac{A_{ol}}{A_{cm}} \qquad (17-7)$$

CMRR을 데시벨로 표현하면 다음과 같다.

$$CMRR = 20 \log\left(\frac{A_{ol}}{A_{cm}}\right) \qquad (17-8)$$

예제 17–3	어느 연산 증폭기의 개루프 전압이득은 100,000이고 동상신호이득은 0.25이다. CMRR을 구하고 데시벨로 표현하라.

풀이

$$CMRR = \frac{A_{ol}}{A_{cm}} = \frac{100,000}{0.25} = \textbf{400,000}$$

$$CMRR = 20 \log(400,000) = \textbf{112 dB}$$

관련 문제 어느 연산 증폭기의 CMRR이 90 dB이고 동상신호이득이 0.4이다. 개루프 전압이득은 얼마인가?

공학용 계산기 소개의 예제 18–3에 있는 변환 예를 살펴보라.

회전율(SR)

계단입력전압에 응답하는 출력전압의 최대 변화율을 연산 증폭기의 **회전율**이라 한다. 회전율은 연산 증폭기 내에 있는 증폭기 단의 고주파응답에 좌우된다. 고주파응답은 전적으로 트랜지스터의 접합 커패시턴스에 의해 제한받는다. 결합 커패시터가 없기 때문에 저주파응답은 직류(0 Hz)까지 가능하다.

회전율은 그림 17-15(a)에 보인 바와 같이 연결된 연산 증폭기 회로에서 측정한다. 이 특수한 연산 증폭기 구조는 나중에 다루게 될 단일이득 비반전 구조인데, 가장 나쁜 경우(가장 느린)의 회전율을 보인다. 그림 17-15(b)에서 보인 바와 같이 입력에 펄스를 인가하고 이상적인 출력전압을 구한다. 입력펄스의 폭은 출력이 하한에서 상한까지 변할 수 있도록 충분히 넓어야 한다. 계단입력이 인가되었을 때 출력전압이 하한인 $-V_{max}$로부터 상한인 $+V_{max}$가 되는 데 걸리는 시간을 Δt라 하면 회전율은 다음과 같이 표현된다.

$$\text{회전율} = \frac{\Delta V_{out}}{\Delta t} \qquad (17-9)$$

여기서 $\Delta V_{out} = +V_{max} - (-V_{max})$이다. 회전율의 단위는 V/μs이다.

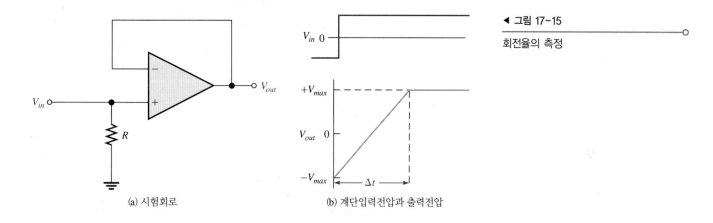

◀ 그림 17-15

회전율의 측정

(a) 시험회로

(b) 계단입력전압과 출력전압

예제 17-4

계단입력에 대한 어느 연산 증폭기의 출력전압이 그림 17-16에 보인 바와 같다. 회전율을 구하라.

▶ 그림 17-16

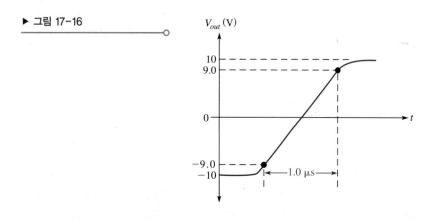

풀이 출력이 하한에서 상한까지 가는 데 1.0 μs 걸렸다. 이 응답은 이상적이지 않으므로 보인 바와 같이 상한과 하한을 90% 되는 점으로 취했다. 따라서 상한은 +9.0 V이고 하한은 -9.0 V이다. 회전율은

$$\text{회전율} = \frac{\Delta V_{out}}{\Delta t} = \frac{+9.0 \text{ V} - (-9.0 \text{ V})}{1.0 \text{ μs}} = \textbf{18 V/μs}$$

관련 문제 연산 증폭기에 펄스가 인가되었을 때 출력전압이 0.75 μs 동안 -8.0 V에서 +7.0 V가 되었다. 회전율은 얼마인가?

공학용 계산기 소개의 예제 18-4에 있는 변환 예를 살펴보라.

연산 증폭기 파라미터의 비교

응용을 위한 요구조건에 따라 설계자는 연산 증폭기의 1개 또는 2개 이상의 특성 최적화를 선택할 수 있다. 제조업자는 선택안내서를 제공하여 요구조건에 맞는 특정 연산 증폭기를 선택하는데 도움을 준다. 표 17-1은 몇 가지 널리 쓰이는 연산 증폭기의 주요한 특성을 나타낸 것이다. 이외에도 주어진 응용조건(예를 들어 노이즈 특성, 소비전력 요구조건, 대역폭, 출력전류, 드리프트)에 따라 고려해야 할 많은 특성이 있다. 완벽하게 나열된 특성은 제조자의 규격표에서 알 수 있다.

▼ 표 17-1

연산 증폭기	V_{OS} (mV)	I_{BIAS} (nA)	R_{in} (MΩ)	A_{ol} (×10^6)	SR (V/μs)	CMRR (dB)	비고
AD8009AR	5	150	—	—	5500	50	초고속, 전류궤환
AD8041A	7	2000	0.16	0.056	160	74	BW = 160 Hz
AD8055A	5	1200	10	0.0035	1400	82	고속 전압궤환
LF353	5	0.050	10^6	3.0	13	100	저가, JFET 입력
LM101A	7.5	250	1.5	0.16	—	80	범용
LM741C	6	500	0.3	0.20	0.5	70	산업용 표준제품, 저가
LMH6629	0.78	23000	—	0.05	1600	82	작은 신호, BW = 900 MHz
LMP2021	±0.005	0.025	—	100	2.6	139	매우 낮은 드리프트, 정밀용
LMP2012	±0.005	0.025		100	206	139	매우 낮은 드리프트, 정밀용
LT1028	0.040	90	0.02	7.0	11	114	극저잡음
OP177A	0.01	1.5	26	12	0.3	130	매우 높은 CMRR
OP184E	0.065	350		0.24	2.4	60	정밀 제품, 레일-레일 간
OPA365	0.2	0.010	—	1.0	25	100	저소비전력, 저잡음
OPA388	0.025	0.030	100	2.0	5	124	정밀용, 드리프트 없음
OPA827	0.15	0.015	10^7	1.0	28	114	저잡음, 정밀용
TLV9061	1.5	0.0005	—	0.1	6.5	103	초소형, 보청기용 등
THS4551	±0.05	1000	0.1	1.78	18	85	완전 차동 출력, ±5 V 공급을 위한 일반적인 사양

다른 특성

대부분의 연산 증폭기는 세 가지 매우 중요한 성질을 갖는다. 단락회로 보호 기능, 래치업하지 못하도록 하는 기능, 입력 오프셋 제거 기능이다. 단락회로 보호 기능은 출력이 단락되었을 때 회로의 손상을 막는 기능이며, 래치업을 하지 못하도록 하는 기능은 어떤 입력 조건 하에서 연산 증폭기가 한 출력 상태(높은 전압 또는 낮은 전압 레벨)에서 빠져나오지 못하는 것을 막는 기능이다. 입력 오프셋 제거 기능은 외부 가변저항 조절기를 이용하여 입력이 0일 때 출력전압이 정확하게 0이 되도록 하는 기능이다. 앞서 언급한 것처럼 THS4551과 같은 완전 차동 출력을 갖춘 연산 증폭기를 사용할 수 있다.

17-3절 복습 해답은 이 장의 끝에 있다.	1. 10가지 또는 그 이상의 연산 증폭기 파라미터를 열거하라. 2. 주파수응답을 제외하고 주파수와 관련된 파라미터를 두 가지 들어라. 3. 입력 바이어스 전류와 입력 오프셋 전류의 차이는 무엇인가? 4. 높은 CMRR의 장점은 무엇인가? 5. 회전율의 단위는 무엇인가?

17-4 부궤환

부궤환은 전자공학, 특히 연산 증폭기 응용에서 매우 유용한 개념이다. 부궤환은 증폭기 출력전압의 일부가 입력전압과는 위상이 반대로 되어 입력으로 들어가는 과정을 말한다. 위상이 반대라는 것은 출력전압의 일부만큼 입력전압에서 뺀다는 의미이다.

이 절의 학습목표

◆ **연산 증폭기 회로에서 부궤환을 설명한다.**
  ◆ 부궤환의 효과를 설명한다.
  ◆ 부궤환이 이용되는 이유를 설명한다.

부궤환(negative feedback)을 그림 17-17에 나타냈다. 그림에서 출력신호는 궤환회로를 통해 차동 증폭기의 반전(−)입력으로 되돌아온다. 연산 증폭기는 매우 높은 이득(개루프이득, A_{ol})을 가지며, 반전(V_f) 입력과 비반전(V_{in}) 입력에 인가되는 신호의 차이를 증폭한다.

$$V_{out} = (V_{in} - V_f)A_{ol}$$

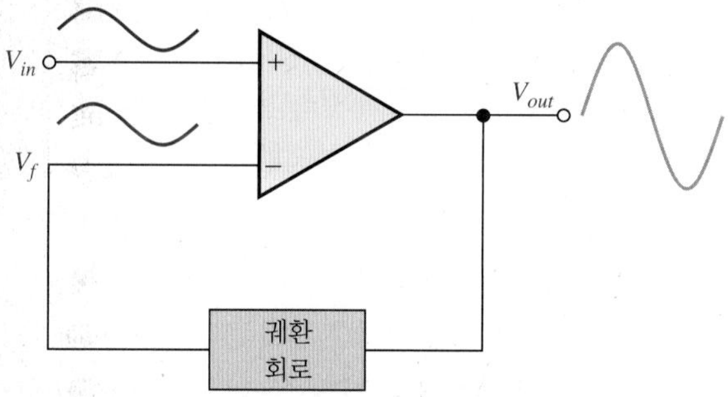

◀ 그림 17-17

부궤환의 설명

다시 정리하면

$$V_{in} - V_f = \frac{V_{out}}{A_{ol}}$$

A_{ol}은 일반적으로 매우 크고(표 17-1에 표시된 대로 일반적으로 100,000 이상) 출력전압이 공급전압에 의해 제한되기 때문에 연산 증폭기 입력전압 간의 차이는 매우 작아야 한다. 이는 이 두 입력신호 사이의 매우 작은 차이도 연산 증폭기가 필요한 크기로 증폭하여 출력에 나타나게 할 수 있다는 것을 의미한다. 결과적으로 부궤환이 존재할 때 반전입력과 비반전입력은 거의 같다. 이러한 개념은 많은 연산 증폭기 회로 내의 예상되는 신호를 알아내는 데 도움이 된다.

그러면 부궤환은 어떻게 동작하며, 부궤환이 이용될 때 반전입력과 비반전입력에서의 신호가 거의 같은 이유는 무엇인지 알아보기로 한다. 먼저 비반전입력 단자에 1.0 V의 입력신호가 인가되고 연산 증폭기의 개루프이득이 100,000이라고 가정한다. 비반전입력의 전압 때문에 증폭기의 출력은 포화상태가 된다. 이때 이러한 출력의 일부분은 궤환 경로를 통해 반전입력 단자에 가해진다. 만약 궤환신호가 1.0 V가 된다면 두 입력의 신호가 같으므로 연산 증폭기를 통해 증폭될 것은 아무것도 없게 된다. 궤환신호는 입력신호와 같아지려고 하지만 절대로 같아지지는 않는다. 이득은 궤환의 양에 의해 결정된다. 부궤환이 있는 연산 증폭기 회로의 고장진단을 할 때 스코프상에 나타나는 두 신호는 같아 보이지만 실제로는 약간 다르다.

연산 증폭기의 내부 이득을 감소하는 어떤 일이 일어났다고 가정하자. 이렇게 되면 출력신호가 약간 작아지며, 따라서 좀더 작은 신호가 궤환 경로를 통해 반전입력에 가해진다. 그러면 두 입력 사이의 차이는 이전보다 더 커지고, 결국 출력신호는 증가하여 이득의 감소를 보상하게 된다. 그러므로 출력에서의 실제 변화는 거의 없기 때문에 출력에서 변화를 측정하기는 매우 어렵다. 중요한 점은 증폭기 내의 모든 변화는 부궤환을 이용하여 즉시 보상되므로 안정되고 예측 가능한 출력을 얻을 수 있다는 것이다.

왜 부궤환을 이용하는가

이미 알고 있는 바와 같이 연산 증폭기의 개루프이득은 매우 크다(보통 100,000 이상). 그러므로 두 입력 사이의 아주 작은 전압의 차이도 연산 증폭기의 출력을 포화상태로 만든다. 실제로 연산 증폭기의 입력 오프셋 전압도 연산 증폭기를 포화상태로 만들 수 있다. 예를 들어 V_{in} = 1.0 mV 이고 A_{ol} = 100,000이라고 가정하면

$$V_{in}A_{ol} = (1.0 \text{ mV})(100,000) = 100 \text{ V}$$

연산 증폭기의 출력전압은 100 V가 될 수 없으므로 연산 증폭기는 포화상태가 되고, 그림 17-18에 보인 바와 같이 입력전압이 +1 mV 아니면 −1 mV인가에 따라서 출력전압은 출력이 가질 수 있는 최대 출력전압 레벨(+V_{max} 또는 −V_{max})을 나타나게 된다.

이러한 방식으로 동작하는 연산 증폭기는 비교기 응용 분야에서나 사용되고 다른 분야에서는 거의 사용되지 않는다(18장에서 다룸). 부궤환을 갖는 연산 증폭기는 전체 폐루프이득(A_{cl})을 조절할 수 있으므로 선형 증폭기로 사용할 수 있다. 부궤환을 통해 안정되면서 조절이 가능한 이득을 얻을 수 있다는 것 이외에도 입력 임피던스, 출력 임피던스, 증폭기의 대역폭을 조절할 수 있다. 표 17-2에는 부궤환이 연산 증폭기의 성능에 미치는 일반적인 효과를 요약했다.

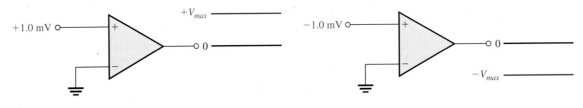

▲ 그림 17-18
부궤환이 없다면 두 입력전압의 차가 아주 작다 하더라도 연산 증폭기의 출력에 그 한계값을 나타내도록 하며, 결국 비선형으로 동작하게 한다.

▶ 표 17-2

	전압이득	입력저항	출력저항	대역폭
부궤환이 없는 경우	선형 증폭기 응용에 대해서는 A_{ol}이 너무 크다.	상대적으로 높다(표 17-1 참조).	상대적으로 낮다.	상대적으로 좁다(이득이 높기 때문에).
부궤환이 있는 경우	A_{cl}이 원하는 값으로 지정된다.	원하는 값으로 증감할 수 있다.	원하는 값으로 낮출 수 있다.	아주 넓다.

17-4절 복습

해답은 이 장의 끝에 있다.

1. 연산 증폭기 회로에서 부궤환의 장점은 무엇인가?
2. 연산 증폭기의 이득을 개루프의 이득값보다 작게 해야 하는 이유는 무엇인가?
3. 부궤환을 갖는 연산 증폭기 회로를 고장진단할 때 입력단자들의 값은 어떻게 해야 옳은가?

17-5 부궤환을 갖는 연산 증폭기 구조

이 절에서는 이득을 안정시키고 주파수응답을 증가하기 위해 부궤환을 이용하여 연산 증폭기를 구조하는 세 가지 기본적인 방법을 다룬다. 연산 증폭기의 매우 높은 개루프이득은 불안정한 상황을 만들게 되는데, 그 이유는 아주 작은 잡음전압이 입력에 인가되면 그 신호가 증폭기의 선형 동작점 이상의 값으로 증폭될 수 있기 때문이다. 또한 원하지 않는 발진이 일어날 수도 있다. 더욱이 연산 증폭기의 개루프이득은 소자마다 크게 다를 수 있다. 부궤환은 출력의 일부를 위상이 다르게 하여 입력에 인가하는데, 이득을 효과적으로 낮출 수 있다. 이 폐루프이득은 보통 개루프이득보다 많이 작으며 개루프이득과는 관계가 없다.

이 절의 학습목표

◆ 세 가지 연산 증폭기 구조를 해석한다.
  ◆ 비반전 증폭기 구조를 확인한다.
  ◆ 비반전 증폭기의 전압이득을 계산한다.
  ◆ 전압 폴로어 구조를 확인한다.
  ◆ 반전 증폭기 구조를 확인한다.
  ◆ 반전 증폭기의 전압이득을 계산한다.

폐루프 전압이득(A_{cl})

폐루프 전압이득(closed-loop voltage gain, A_{cl})은 부궤환을 갖는 연산 증폭기의 전압이득이다. 증폭기 구조는 연산 증폭기의 출력과 반전입력을 연결하는 궤환회로와 연산 증폭기로 구성된다. 폐루프 전압이득은 궤환회로의 소자값에 의해 결정되며, 이들 소자값에 의해 정확하게 조절될 수 있다.

비반전 증폭기

비반전 증폭기(noninverting amplifier)라 불리는 폐루프 구조 내에 연결된 연산 증폭기를 그림 17-19에 보였다. 입력신호는 비반전입력(+)에 인가된다. 출력의 일부분은 궤환회로를 통해 반전입력(−)으로 되돌아가 인가된다. 이것이 부궤환이다. 궤환비율 B는 전압 분배회로를 구성하는 R_i와 R_f에 의해 결정된다. 궤환회로는 출력을 전압 분배하여 작게 함으로써 이 작아진 전압을 반전입력으로 되돌려 증폭기의 이득을 결정한다. 이 작아진 궤환전압은 다음과 같이 표현된다.

$$V_f = \left(\frac{R_i}{R_i + R_f} \right) V_{out} = B V_{out}$$

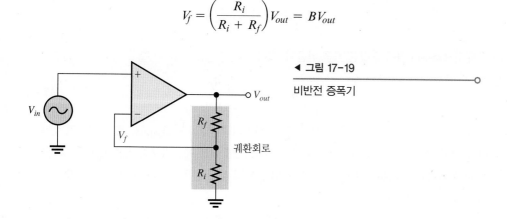

◀ 그림 17-19
비반전 증폭기

그림 17-20에 보인 바와 같이 연산 증폭기의 두 입력단자의 차동전압 V_{diff}는 다음 식으로 표현된다.

$$V_{diff} = V_{in} - V_f$$

▶ 그림 17-20

차동 입력 $V_{in} - V_f$

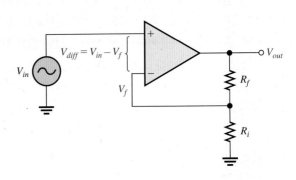

이 입력 차동전압은 부궤환과 높은 개루프이득 A_{ol} 때문에 매우 작아진다. 그러므로 다음과 같은 근사식이 성립한다.

$$V_{in} \approx V_f$$

대입하면

$$V_{in} \approx BV_{out}$$

정리하면

$$\frac{V_{out}}{V_{in}} \approx \frac{1}{B}$$

입력전압에 대한 출력전압의 비율은 폐루프이득이다. 이 결과는 비반전 증폭기의 폐루프이득 $A_{cl(NI)}$이 대략 다음과 같다는 것을 보여준다.

$$A_{cl(NI)} = \frac{V_{out}}{V_{in}} \approx \frac{1}{B}$$

출력전압 V_{out}의 일부가 반전입력으로 되돌아가는데, 그 크기는 궤환회로에 전압 분배식을 적용하여 구한다.

$$V_{in} \approx BV_{out} \approx \left(\frac{R_i}{R_i + R_f}\right)V_{out}$$

정리하면

$$\frac{V_{out}}{V_{in}} = \left(\frac{R_i + R_f}{R_i}\right)$$

이 식으로부터 다음과 같은 식을 얻을 수 있다.

$$A_{cl(NI)} = 1 + \frac{R_f}{R_i} \qquad (17\text{-}10)$$

식 (17-10)에 보인 바와 같이 비반전(NI) 증폭기의 폐루프이득 $A_{cl(NI)}$은 연산 증폭기의 개루프이득과는 관계가 없고 R_i와 R_f 값에 따라 결정된다. 이 식은 궤환저항의 비율에 비해 개루프이득이 아주 커서 입력 차동전압 V_{diff}이 매우 작다는 가정 하에 얻은 것이다. 거의 모든 실제 회로에서 이 가정은 잘 성립한다.

예제 17-5

그림 17-21에서 증폭기의 폐루프 전압이득을 구하라.

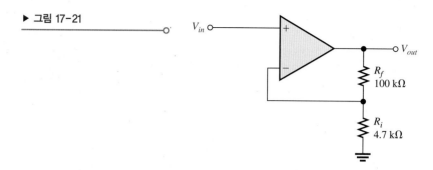

▶ 그림 17-21

풀이 이 회로는 비반전 연산 증폭기 구조이다. 그러므로 폐루프 전압이득은

$$A_{cl(\text{NI})} = 1 + \frac{R_f}{R_i} = 1 + \frac{100\ \text{k}\Omega}{4.7\ \text{k}\Omega} = \mathbf{22.3}$$

관련 문제 그림 17-21에서 R_f를 150 kΩ으로 증가했을 때 폐루프이득을 구하라.

공학용 계산기 소개의 예제 18-5에 있는 변환 예를 살펴보라.

Multisim 또는 LTspice 파일 E18-05를 열어라. 증폭기의 폐루프이득을 구하라. R_f를 150 kΩ으로 바꾸고 폐루프 전압이득을 구하라.

전압 폴로어 전압 폴로어(voltage-follower) 구조는 비반전 증폭기의 특수한 경우인데, 그림 17-22에 보인 바와 같이 모든 출력전압이 반전입력(−)으로 직접적인 연결을 통해 궤환된다. 직접 궤환되면 그 전압이득은 대략 1이다. 앞에서 설명한 바와 같이 비반전 증폭기의 폐루프 전압이득은 1/B이다. B = 1이므로 전압 폴로어의 폐루프이득은

$$A_{cl(\text{VF})} = \mathbf{1} \tag{17-11}$$

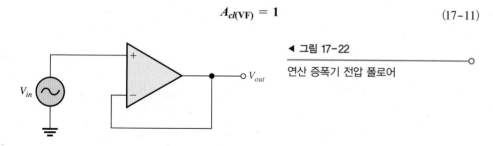

◀ 그림 17-22

연산 증폭기 전압 폴로어

전압 폴로어 구조의 가장 중요한 특성은 매우 높은 입력저항과 매우 낮은 출력저항이다. 이러한 성질 때문에 전압 폴로어는 높은 저항의 전원과 낮은 저항의 부하를 연결해주는 거의 이상적인 버퍼 증폭기로 이용될 수 있다. 이는 17-6절에서 좀 더 설명한다.

반전 증폭기

전압이득 조절이 가능한 반전 증폭기(inverting amplifier)로써 구조된 연산 증폭기를 그림 17-23에 보였다. 입력신호는 직렬입력저항 R_i를 통해 반전입력(−)에 인가된다. 또한 출력은 R_f를 통해 반전입력으로 궤환된다. 비반전입력(+)은 접지된다.

이상적인 연산 증폭기 파라미터 중 무한대의 입력저항은 반전 증폭기를 특별히 해석하는 데에 유용하다. 입력저항이 무한대라는 것은 반전입력으로부터 흘러나오는 전류가 없다는 것을 의미

▶ 그림 17-23

반전 증폭기

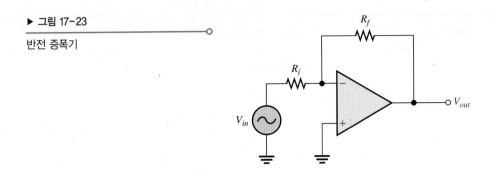

한다. 입력저항을 통한 전류가 0이라는 것은 반전입력과 비반전입력 사이에 전압강하가 없다는 뜻이다. 즉 비반전입력(+)이 접지되어 있으므로 반전입력(−)의 전압은 0이다. 반전 입력단자의 전압이 0이라는 것은 그림 17-24(a)에 설명한 바와 같이 **가상접지**를 의미한다. 실제 연산 증폭기에서 반전 단자는 실제로 0이 될 수 없지만 매우 작은 신호전압이 존재한다는 점을 유의하자.

반전입력에 흐르는 전류가 없으므로 R_i를 통해 흐르는 전류와 R_f를 통해 흐르는 전류는 그림 17-24(b)에 보인 바와 같이 서로 같다.

$$I_{in} = I_f$$

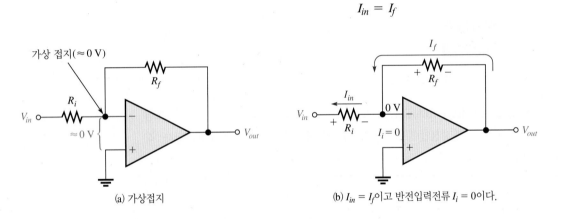

(a) 가상접지

(b) $I_{in} = I_f$이고 반전입력전류 $I_i = 0$이다.

▲ 그림 17-24

가상접지 개념과 반전 증폭기의 폐루프 전압이득

저항 R_i의 한쪽은 가상접지되어 있으므로 R_i에 걸리는 전압은 V_{in}과 같다. 그러므로

$$I_{in} = \frac{V_{in}}{R_i}$$

또한 가상접지 때문에 저항 R_f에 걸리는 전압은 $-V_{out}$이다. 따라서

$$I_f = \frac{-V_{out}}{R_f}$$

$I_f = I_{in}$이므로

$$\frac{-V_{out}}{R_f} = \frac{V_{in}}{R_i}$$

정리하면

$$\frac{V_{out}}{V_{in}} = \frac{R_f}{R_i}$$

물론 V_{out}/V_{in}은 반전 증폭기의 총 이득이다.

$$A_{cl(\mathrm{I})} = -\frac{R_f}{R_i} \tag{17-12}$$

반전 증폭기의 폐루프이득[$A_{cl(\mathrm{I})}$]은 저항 R_i에 대한 궤환저항 R_f의 비율이라는 것을 식 (17-12)에 보였다. 폐루프이득은 연산 증폭기의 내부 개루프이득과는 무관하다. 따라서 부궤환은 전압이득을 안정시킨다. 음의 부호는 V_{in}에 대한 V_{out}의 반전을 의미한다.

식 (17-12)는 이상적인 모델을 기반으로 개발되었다. 기본적인 응용 분야의 경우 실용적인 연산 증폭기를 사용하는 회로에서는 이 모델을 사용하여 탁월한 결과를 얻을 수 있다.

예제 17-6

그림 17-25에 보인 연산 증폭기 구조에서 폐루프 전압이득은 −100이 되도록 하는 R_f의 값을 구하라.

▶ 그림 17-25

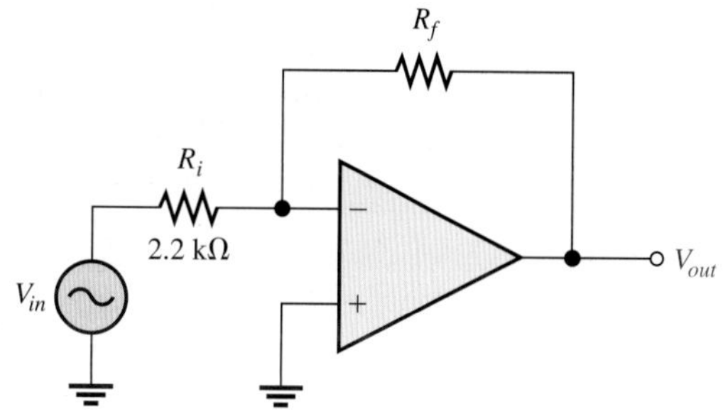

풀이 R_i = 2.2 kΩ이고 $A_{cl(\mathrm{I})} = -100$이므로 R_f는 다음과 같이 구한다.

$$A_{cl(\mathrm{I})} = -\frac{R_f}{R_i}$$

$$R_f = -A_{cl(\mathrm{I})}R_i = -(-100)(2.2\ \mathrm{k\Omega}) = \mathbf{220\ k\Omega}$$

관련 문제 (a) 만약 그림 17-25에서 R_i가 2.7 kΩ이 되면 폐루프이득을 −25로 하기 위해 R_f의 값을 얼마로 해야 하는가?

(b) R_f가 고장으로 개방된다면 예상되는 출력은 얼마인가?

공학용 계산기 소개의 예제 18-6에 있는 변환 예를 살펴보라.

Sattahipbeach/Shutterstock

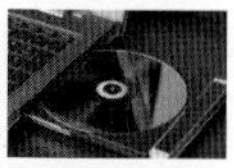

Multisim 또는 LTspice 파일 E18-06을 열어라. R_f 값을 예제에서 계산된 값으로 설정하고 폐루프 이득을 구하라.

17-5절 복습

해답은 이 장의 끝에 있다.

1. 부궤환의 주목적은 무엇인가?
2. 앞에서 다루어진 연산 증폭기의 폐루프 전압이득은 연산 증폭기의 내부 개루프 전압이득과 관계가 있다. (참/거짓)
3. 비반전 연산 증폭기 구조의 부궤환회로의 감쇠(B)는 0.02이다. 증폭기의 폐루프이득은 얼마인가?
4. 100 mV의 입력전압이 가해진 비반전 증폭기가 고장났다면 반전입력에서의 전압은 얼마인가?
5. 100 mV의 입력전압이 가해진 반전 증폭기가 고장났다면 반전입력에서의 전압은 얼마인가?

17-6 연산 증폭기 저항

이 절에서는 부궤환 구조가 반전 증폭기 및 비반전 증폭기의 입력 및 출력저항에 어떤 영향을 미치는지를 다룬다. 연산 증폭기의 내부 저항(R_{in}과 R_{out}으로 표시)과 외부 회로저항(R_i와 R_f로 표시)은 증폭기의 전체 입력저항과 전체 출력저항에 영향을 미친다. 일부 규격표에는 연산 증폭기 내부 저항을 입력 임피던스 Z_{in}, 출력 임피던스 Z_{out}으로 언급하기도 한다. 순수 저항에 대해서는 저항과 임피던스 용어를 서로 바꿔 사용할 수 있다.

이 절의 학습목표

◆ 세 가지 기본적인 연산 증폭기 구조에서 부궤환의 효과를 설명한다.
  ◆ 비반전 증폭기의 입력 및 출력저항을 계산한다.
  ◆ 전압 폴로어의 입력 및 출력저항을 계산한다.
  ◆ 반전 증폭기의 입력 및 출력저항을 계산한다.

비반전 증폭기의 저항

그림 17-26에 보인 비반전 증폭기 구조의 입력저항 $R_{in(\text{NI})}$은 식 (17-13)에 보인 바와 같이 연산 증폭기 자체의 내부 입력저항(궤환이 없는 경우)보다 $1 + A_{ol}B$배만큼 크다.

$$R_{in(\text{NI})} = (1 + A_{ol}B)R_{in} \tag{17-13}$$

▶ 그림 17-26

비반전 증폭기

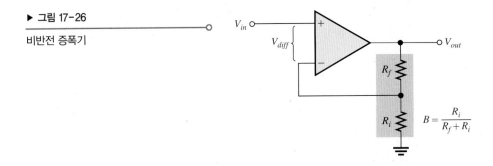

부궤환이 있는 경우의 출력저항 $R_{out(\text{NI})}$은 식 (17-14)에 보인 바와 같이 연산 증폭기의 출력저항보다 $1/(1 + A_{ol}B)$배만큼 작다.

$$R_{out(\text{NI})} = \frac{R_{out}}{1 + A_{ol}B} \tag{17-14}$$

요약하면 비반전 증폭기에서 부궤환은 입력저항을 증가하고 출력저항을 감소한다. 다음 예제에서 볼 수 있듯이 입력저항이 증가하고 출력저항이 감소하면 이상적인 경우에 근접해간다.

| 예제 17-7 | (a) 그림 17-27에 보인 증폭기의 입력 및 출력저항을 구하라. 연산 증폭기 규격표에서 $R_{in} = 2.0$ MΩ, $R_{out} = 75$ Ω, $A_{ol} = 200,000$이다. |

(b) 폐루프 전압이득을 구하라.

풀이 (a) 궤환회로의 감쇠 B는

▶ 그림 17-27

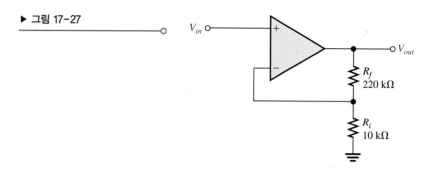

$$B = \frac{R_i}{R_i + R_f} = \frac{10\ \text{k}\Omega}{230\ \text{k}\Omega} = 0.0435$$

$$R_{in(\text{NI})} = (1 + A_{ol}B)\,R_{in} = \left[1 + (200{,}000)(0.0435)\right](2.0\ \text{M}\Omega) = \mathbf{17.4\ G\Omega}$$

$$R_{out(\text{NI})} = \frac{R_{out}}{1 + A_{ol}B} = \frac{75\ \Omega}{1 + 8696} = \mathbf{8.62\ m\Omega}$$

$R_{in(\text{NI})}$과 $R_{out(\text{NI})}$은 이상적인 값에 근접함을 주목해야 한다.

(b) $A_{cl(\text{NI})} = \dfrac{1}{B} = \dfrac{1}{0.0435} = \mathbf{23.0}$

관련 문제 (a) 그림 17-27에서 입력 및 출력 임피던스를 구하라. 연산 증폭기 규격표에서 $R_{in} = 3.5\ \text{M}\Omega$, $R_{out} = 82\ \Omega$, $A_{ol} = 135{,}000$이다.

(b) $A_{cl(\text{NI})}$를 구하라.

공학용 계산기 소개의 예제 18-7에 있는 변환 예를 살펴보라.

Multisim 또는 LTspice 파일 E18-07을 열어라. 폐루프이득을 구하라.

전압 폴로어 저항

전압 폴로어는 비반전 구조의 특별한 경우로 $B = 1$인 경우이다. 따라서 식 (17-13)과 식 (17-14)에 $B = 1$을 대입하면 전압 폴로어의 입력과 출력 저항은 다음과 같다.

$$R_{in(\text{VF})} = (1 + A_{ol})R_{in} \tag{17-15}$$

$$R_{out(\text{VF})} = \frac{R_{out}}{1 + A_{ol}} \tag{17-16}$$

A_{ol} 및 R_{in}이 주어졌을 때 전압 폴로어 입력저항은 전압분배 궤환회로가 있는 비반전 구조의 입력저항보다 더 크다. 또한 비반전 구조에 대해 B는 보통 1보다 많이 작으므로 전압 폴로어 출력저항은 비반전 구조의 출력저항에 비해 더욱 작아진다.

예제 17-8

예제 17-7에 이용된 것과 같은 연산 증폭기가 전압 폴로어 구조에 사용되었다. 입력 및 출력저항을 구하라.

풀이 $B = 1$이므로

$$R_{in(\text{VF})} = (1 + A_{ol})R_{in} = (1 + 200{,}000)2.0\ \text{M}\Omega = \mathbf{400\ G\Omega},$$

$$R_{out(\text{VF})} = \frac{R_{out}}{1 + A_{ol}} = \frac{75\ \Omega}{1 + 200{,}000} = \mathbf{375\ \mu\Omega}$$

예제 17-7로부터 $R_{in(VF)}$은 $R_{in(NI)}$보다 훨씬 더 크고, $R_{out(VF)}$은 $R_{out(NI)}$보다 훨씬 더 작은 것을 알 수 있다.

관련 문제 이 예제에서 이용된 연산 증폭기를 더 높은 개루프이득을 갖는 연산 증폭기로 대체했을 경우 입력 및 출력저항은 어떤 영향을 받는가?

공학용 계산기 소개의 예제 18-8에 있는 변환 예를 살펴보라.

반전 증폭기의 저항

그림 17-28에 보인 반전 증폭기 구조의 반전입력에서 가상접지 때문에 입력저항 $R_{in(I)}$은 외부 입력저항 R_i와 대략 같다.

$$R_{in(I)} \approx R_i \qquad (17-17)$$

출력저항 $R_{out(I)}$은 비반전 증폭기의 경우와 동일하다.

$$R_{out(I)} = \frac{R_{out}}{1 + A_{ol}B} \qquad (17-18)$$

▶ **그림 17-28**

반전 증폭기

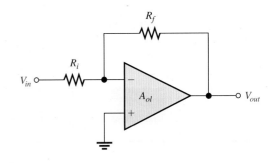

예제 17-9

그림 17-29에 보인 연산 증폭기의 파라미터는 다음과 같다. $A_{ol} = 50,000$, $R_{in} = 4.0$ MΩ, $R_{out} = 50$ Ω이다.

(a) 입력 및 출력저항을 구하라.

(b) 폐루프 전압이득을 구하라.

▶ **그림 17-29**

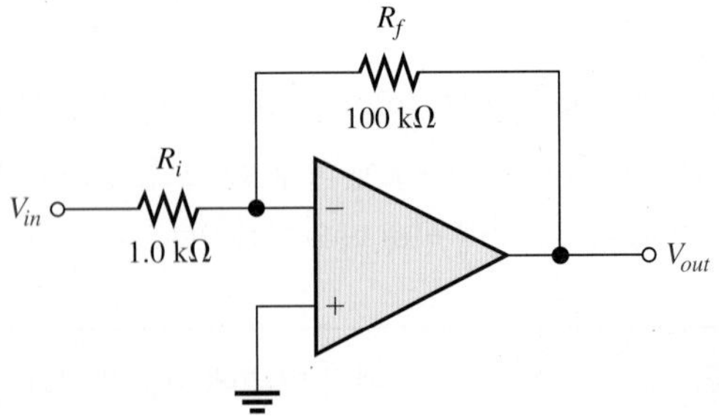

풀이 (a) $R_{in(I)} = R_i = \textbf{1.0 k}\boldsymbol{\Omega}$

$$R_{out(I)} = \frac{R_{out}}{1 + A_{ol}B} = \frac{R_{out}}{1 + A_{ol}(R_i/(R_i + R_f))}$$

$$= \frac{50 \ \Omega}{1 + (50,000)(1.0 \ k\Omega/101 \ k\Omega)} = \textbf{101 m}\boldsymbol{\Omega}$$

$$\text{(b)} \quad A_{cl(\text{I})} = -\frac{R_f}{R_i} = -\frac{100 \text{ k}\Omega}{1.0 \text{ k}\Omega} = \mathbf{-100}$$

관련 문제 그림 17-29에서 $A_{ol} = 100{,}000$, $R_{in} = 5.0 \text{ M}\Omega$, $R_{out} = 75 \ \Omega$, $R_i = 560 \ \Omega$, $R_f = 82 \text{ k}\Omega$일 때 $R_{in(\text{I})}$, $R_{out(\text{I})}$, A_{cl}를 구하라.

공학용 계산기 소개의 예제 18-9에 있는 변환 예를 살펴보라.

Multisim 또는 LTspice 파일 E18-09를 열어라. 폐루프이득을 구하라.

17-6절 복습

해답은 이 장의 끝에 있다.

1. 비반전 증폭기 구조의 입력저항은 연산 증폭기 자체의 입력저항과 비교할 때 어떠한가?
2. 연산 증폭기를 이용하여 전압 폴로어를 구성하면 입력저항은 증가하는가, 감소하는가?
3. $R_f = 100 \text{ k}\Omega$, $R_i = 2.0 \text{ k}\Omega$, $A_{ol} = 120{,}000$, $R_{in} = 2.0 \text{ M}\Omega$, $R_{out} = 60 \ \Omega$일 때 반전 증폭기에 대해 $R_{in(\text{I})}$, $R_{out(\text{I})}$를 구하라.

17-7 고장진단

연산 증폭기 또는 그와 관련된 회로가 정상적으로 동작하지 않는 상황이 발생했다고 가정하자. 연산 증폭기는 여러 종류의 내부 결함을 가질 수 있는 복잡한 집적회로이다. 그러나 연산 증폭기의 내부 회로에 대해 고장진단은 할 수 없으므로 연산 증폭기는 외부와 몇 개의 연결을 가진 하나의 간단한 소자로 다루게 된다. 그것이 불량품이라면, 저항, 커패시터, 트랜지스터의 경우처럼 대체하기만 하면 된다. 실제로 IC 참조 지정자의 문자 'U'는 '수리 불가능'이라는 명칭에서 유래한 것으로 일반적으로 인정된다.

이 절의 학습목표

◆ **연산 증폭기 회로를 고장진단한다.**

   ◆ 입력 오프셋 전압을 보상한다.
   ◆ 고장난 연산 증폭기, 끊어진 저항, 부정확한 오프셋 보상에 대해 진단한다.

기본적인 연산 증폭기 구조에서는 고장날 소지가 있는 적은 수의 외부 소자들이 있다. 이 들은 궤환저항, 입력저항, 오프셋 전압 보상에 쓰이는 전위차계 등이다. 물론, 연산 증폭기 자체가 고장날 수도 있지만 회로 내의 불완전한 접점이 발생하거나 부정확한 공급전압을 가할 수도 있다.

대부분의 집적회로 연산 증폭기는 오프셋 전압을 보상할 수 있다. 741 연산 증폭기에 대해 그림 17-30(a)와 (b)에서 설명한 것처럼 지정된 핀에 외부 전위차계를 연결하여 보상한다. 두 단자를 **오프셋 널**이라 부른다. 입력이 없는 상태에서 그림 17-30(c)에 보인 바와 같이 출력전압이 0이 될 때까지 전위차계를 조절하면 된다.

비반전 증폭기에서의 고장

회로가 고장이라고 의심이 가면 먼저 해야 할 일은 전위전압이 적절한가, 접지는 잘 되어 있는가 등을 검사하는 일이다. 별문제가 없다 해도 발생할 수 있는 여러 가지 고장들은 다음과 같다.

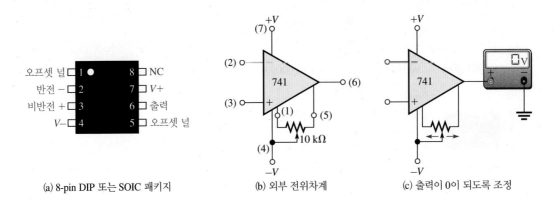

(a) 8-pin DIP 또는 SOIC 패키지

(b) 외부 전위차계

(c) 출력이 0이 되도록 조정

▲ 그림 17-30

741 연산 증폭기에 대한 입력 오프셋 전압 보상

궤환저항의 개방 그림 17-31에서 궤환저항 R_f가 개방되면 연산 증폭기는 매우 높은 개루프이득으로 동작하게 된다. 이 경우 소자는 입력신호에 의해 비선형 동작을 하게 되고, 그림 17-31(a)에서 보인 바와 같이 심하게 잘린 출력파형이 나온다.

입력저항의 개방 이 경우에는 폐루프가 유지된다. R_i가 개방이고 저항이 실질적으로 무한대(∞)와 같으므로 식 (17-10)에서 폐루프이득은

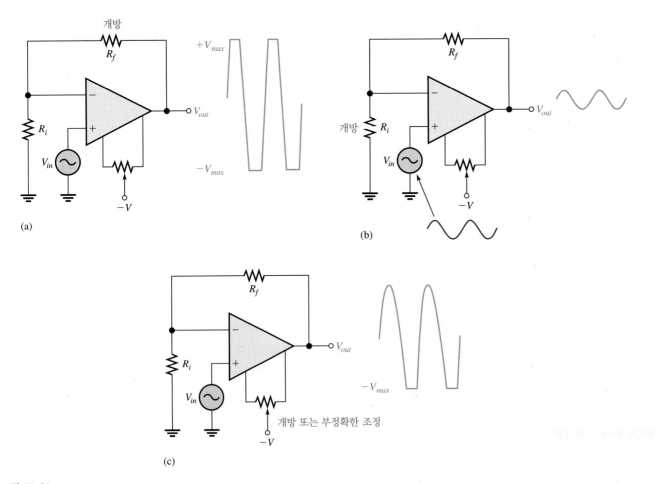

▲ 그림 17-31

비반전 증폭기의 고장

$$A_{cl(\text{NI})} = 1 + \frac{R_f}{R_i} = 1 + \frac{R_f}{\infty} = 1 + 0 = 1$$

그러므로 증폭기는 전압 폴로어처럼 동작한다. 그림 17-31(b)에 보인 바와 같이 입력과 같은 출력신호를 얻을 수 있다.

오프셋 널 전위차계의 개방 또는 부정확한 조정 이 경우에는 입력신호가 충분한 진폭으로 커지면서 출력 오프셋 전압은 출력신호의 한쪽 첨두 부분이 잘려나가기 시작하는 원인이 된다. 이를 그림 17-31(c)에 보였다.

연산 증폭기 고장 이미 설명한 바와 같이 연산 증폭기에는 많은 일이 일어날 수 있다. 일반적으로 내부 고장은 출력신호를 왜곡시키거나 사라지게 한다. 가장 좋은 접근 방법은 먼저 외부 고장이 있는지, 잘못 동작할 만한 원인이 있는지를 확실히 검증하는 것이다. 다른 모든 것이 양호하다면 연산 증폭기가 고장임이 틀림없다.

전압 폴로어에서의 고장

전압 폴로어는 비반전 증폭기의 특수한 경우이다. 불량 연산 증폭기, 불량 외부 연결, 문제점이 있는 오프셋 널 전위차계 등을 제외하면 전압 폴로어에서 생길 수 있는 고장으로는 궤환루프가 개방되는 정도이다. 이는 앞에서 설명한 개방된 궤환저항과 같은 효과가 있다.

반전 증폭기에서의 고장

궤환저항의 개방 R_f가 개방되면 입력신호는 연산 증폭기의 큰 개루프이득에 의해 증폭되고, 출력은 비반전 증폭기의 경우처럼 심각하게 첨두 부분이 잘린다.

입력저항의 개방 입력신호가 연산 증폭기의 입력으로 들어가지 못하므로 출력신호가 없을 것이다.

연산 증폭기 자체의 고장이나 혹은 오프셋 널 전위차계의 고장은 앞에서 설명한 바와 같이 비반전 증폭기의 경우와 같은 결과를 가져온다.

17-7절 복습	1. 입력신호를 증가함에 따라 연산 증폭기 출력신호의 한쪽 첨두 부분이 잘리기 시작하면 먼저 무엇을 검사해야 하는가?
해답은 이 장의 끝에 있다.	2. 이미 알고 있는 입력신호를 인가했는 데도 연산 증폭기의 출력에 아무런 신호가 없다면 어떠한 고장일 것이라 생각하는가?

여러 가지 용액의 화학적 성질을 해석하기 위해 광학과 전자공학이 함께 이용된 분광 광도계를 동작시켜야 한다. 이와 같은 기기는 화학 및 의학 실험실에서는 물론 많은 다른 실험실에서 공통적으로 이용한다. 이것은 어떤 특정한 기능을 수행하기 위해 전자회로가 기계적인 또는 광학적인 시스템과 같은 다른 종류의 시스템과 혼합 시스템을 이루는 한 예이다.

시스템의 설명

그림 17-32의 광원은 광대역의 파장성분을 포함하는 가시광선을 낸다. 광선의 각 파장의 성분은 그림에 보인 바와 같이 프리즘에 의해서 다른 각도로 굴절된다. 피봇 각도 제어기에 의해 조절된 플랫폼의 각도에 따라, 어떤 파장의 빛은 좁은 틈을 통과하여 해석하고자 하는 용액을 투과한다. 광원과 프리즘을 정확히 피봇팅하여 선택된 파장의 빛이 투과되도록 할 수 있다. 모든 화합물과 혼합물은 여러 가지 다른 파장의 빛을 각각 다른 방식으로 흡수하므로 용액을 투과하여 나온 빛은 용액의 화합물을 정의하는 데 이용될 수 있는 어떤 특수한 특징을 갖고 있다.

회로기판상의 광전 소자는 빛의 양과 파장에 비례하는 전압을 발생시킨다. 연산 증폭기 회로는 광전소자의 출력을 증폭하여 결과 신호를 용액에 들어있는 화학물질의 종류가 무엇인지 알아내어

표시하는 장치로 보낸다. 이것은 보통 마이크로프로세서를 이용한 디지털시스템이다. 이러한 시스템의 다른 부분도 재미있지만 여기서는 광전 소자와 연산 증폭기 기판에 초점을 맞춘다.

1단계: PC 기판과 회로를 연관시키기

소자들이 어떻게 연결되어 있는지 알기 위해 그림 17-32에 보인 바와 같이 PC 기판상의 연결선을 따라가면서 완전한 회로도를 그린다. 전위차계의 가운데 핀은 가변이다. 어떤 연결선은 기판의 뒷면에 있기도 하지만 기본적인 연산 증폭기 구조에 익숙하다면 구조를 그려나가는 데 별 어려움이 없을 것이다. 741 연산 증폭기의 핀 배열은 그림 17-30(a)을 참조한다. 이 연산 증폭기는 표면에 장착하는 SOIC-8 패키지에 들어 있다.

2단계: 회로 해석

1. 전압이득이 10이 되도록 궤환 가변저항을 조절하여 저항값을 구한다.
2. 연산 증폭기의 최대 선형 출력전압이 전원전압보다 1.0 V 작다고 가정한다. 최대 선형 출력을 얻을 수 있도록 궤환저항을 정하는 데 필요한 전압이득의 값을 구한다. 시스템의 광원은 400 nm에서 700 nm의 일정한 광 출력을 내는데, 이는 대략 보라색에서 빨간색까지 가시광선의 전체 범위를 의미한다. 광전소자로부터의 최대 전압은 800 nm에서 0.5 V이다.

▶ 그림 17-32

분광 광도계 시스템

(그림 색깔은 책 뒷부분의 컬러 페이지 참조)

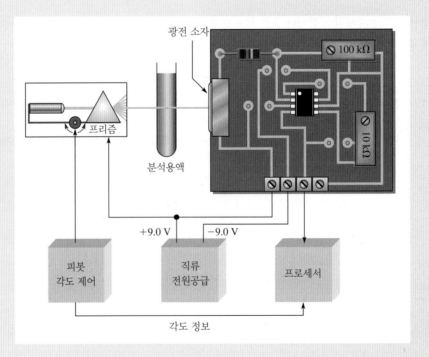

3. 앞에서 구한 이득을 이용하여 파장이 400 nm에서 700 nm까지 50 nm 간격으로 연산 증폭기의 출력전압을 구하고, 그 결과를 그래프로 그린다. 그림 17-33에 광전 소자의 응답 특성을 나타 냈다.

3단계: 회로의 고장진단

다음의 문제점들에 대해 가능한 원인들을 알아본다.

1. 연산 증폭기의 출력이 0 V이다. 3가지 가능한 원인을 기술하라.

2. 연산 증폭기의 출력이 약 −8.0 V로 유지된다.

3. 빛이 없는 상태에서 연산 증폭기의 출력전압은 작은 직류전압 이다.

응용과제 복습

1. 회로기판상에서 100 kΩ 전위차계의 목적은 무엇인가?

2. 10 kΩ 전위차계의 목적은 무엇인가?

3. 광원과 프리즘이 피봇팅 되어야 하는 이유를 설명하라.

▶ 그림 17-33

광전소자 응답 곡선

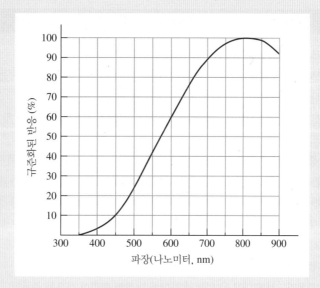

요약

- 연산 증폭기는 전원과 접지 단자를 제외하고 3개의 단자를 갖는다. 즉 반전입력(−), 비반전입력(+), 출력이다. 그리 고 대부분의 연산 증폭기는 양과 음의 직류전원전압을 모두 필요로 한다.
- 이상적인(완전한) 연산 증폭기는 무한대의 입력 저항, 0의 출력 저항, 무한대의 개루프 전압 이득, 무한대의 CMRR 을 갖는다.
- 양호한 실제의 연산 증폭기는 높은 입력저항, 낮은 출력저항, 높은 개루프 전압을 갖는다.
- 차동 증폭기는 보통 연산 증폭기의 입력 단에 이용된다.
- 차동 입력전압은 차동 증폭기의 반전입력과 비반전입력 사이에 나타난다.
- 단일 입력전압은 어느 하나의 입력과 접지 사이에 나타난다(이때 다른 입력은 접지).
- 차동 출력전압은 차동 증폭기의 두 출력단자 사이에 나타난다.
- 단일 출력전압은 차동 증폭기의 출력단자와 접지단자 사이에 나타난다.
- 동상신호는 크기가 같은 동위상의 전압이 두 입력단자에 인가될 때 나타난다.
- 입력 오프셋 전압은 출력 오차전압을 발생한다(입력전압이 없는 상태에서).
- 입력 바이어스 전류도 출력 오차전압을 발생한다(입력전압이 없는 상태에서).
- 입력 바이어스 전류는 두 바이어스 전류의 평균이다.
- 입력 오프셋 전류는 두 바이어스 전류의 차이다.
- 개루프 전압이득은 외부 궤환이 없는 경우의 연산 증폭기의 이득이다.
- 회전율은 계단입력에 대한 응답으로 연산 증폭기의 출력이 변화할 수 있는 비율($V/\mu s$)이다.

- 부궤환은 출력전압의 일부가 반전입력으로 연결되어 입력전압을 감소하고 전압이득이 감소하지만, 안정성과 대역폭은 증가한다.
- 2가지 기본적인 연산 증폭기 구조는 반전, 비반전이다. 전압 폴로어는 비반전 증폭기의 특별한 경우이다.
- 18장에서 다룰 비교기를 제외하고는 모든 연산 증폭기 구조는 부궤환을 이용한다.
- 비반전 증폭기 구조는 연산 증폭기 자체(궤환 없음)보다 더 높은 입력저항과 더 낮은 출력저항을 갖는다.
- 반전 증폭기 구조는 입력저항 R_i와 거의 같은 입력저항을 갖고, 연산 증폭기 자체의 내부 출력저항과 거의 같은 출력저항을 갖는다.
- 전압 폴로어는 높은 입력저항과 낮은 출력저항을 갖는다.

핵심용어

개루프 전압이득 궤환이 없는 연산 증폭기의 내부 전압이득

단일모드 신호전압이 연산 증폭기의 2개의 입력 중 한쪽 입력에 가해지는 상태

동상신호 연산 증폭기의 양 입력단자에 같은 신호가 가해지는 상태

동상신호 제거비(CMRR) 양쪽 입력에 인가된 같은 신호를 제거하는 차동 증폭기의 성능 지수. 동상신호이득에 대한 개루프이득의 비

반전 증폭기 입력신호가 반전입력에 인가되는 폐루프 구조의 연산 증폭기

부궤환 출력신호의 일부가 입력신호와 다른 위상으로 입력단자에 인가되는 것

비반전 증폭기 입력신호가 비반전입력에 인가되는 폐루프 구조의 연산 증폭기

연산 증폭기 매우 높은 개루프이득, 매우 큰 입력 임피던스, 매우 작은 출력 임피던스, 뛰어난 동상신호 제거비를 갖는 증폭기

전압 폴로어 전압이득이 1인 폐루프 비반전 연산 증폭기

차동 증폭기 서로 다른 두 입력의 차이에 비례해 출력이 나오는 증폭기

차동모드 입력에 반대 극성의 신호전압이 가해지는 연산 증폭기 동작 방식

폐루프 전압이득(A_{cl}) 부궤환이 있는 연산 증폭기의 전체 전압이득

수식

17-1	$CMRR = \dfrac{A_{v(d)}}{A_{cm}}$	동상신호 제거비(차동 증폭기)	
17-2	$CMRR = 20 \log\left(\dfrac{A_{v(d)}}{A_{cm}}\right)$	동상신호 제거비(dB)	
17-3	$I_{BIAS} = \dfrac{I_1 + I_2}{2}$	입력 바이어스 전류	
17-4	$I_{OS} = \lvert I_1 - I_2 \rvert$	입력 오프셋 전류	
17-5	$V_{OS} = I_{OS}R_{in}$	오프셋 전압	
17-6	$V_{OUT(error)} = A_v I_{OS} R_{in}$	출력오차 전압	
17-7	$CMRR = \dfrac{A_{ol}}{A_{cm}}$	동상신호 제거비(연산 증폭기)	
17-8	$CMRR = 20 \log\left(\dfrac{A_{ol}}{A_{cm}}\right)$	동상신호 제거비(dB)	
17-9	회전율 $= \dfrac{\Delta V_{out}}{\Delta t}$	회전율	

17-10	$A_{cl(NI)} = 1 + \dfrac{R_f}{R_i}$	전압이득(비반전)
17-11	$A_{cl(VF)} = 1$	전압이득(전압 폴로어)
17-12	$A_{cl(I)} = -\dfrac{R_f}{R_i}$	전압이득(반전)
17-13	$R_{in(NI)} = (1 + A_{ol}B)R_{in}$	입력저항(비반전)
17-14	$R_{out(NI)} = \dfrac{R_{out}}{1 + A_{ol}B}$	출력저항(비반전)
17-15	$R_{in(VF)} = (1 + A_{ol})R_{in}$	입력저항(전압 폴로어)
17-16	$R_{out(VF)} = \dfrac{R_{out}}{1 + A_{ol}}$	출력저항(전압 폴로어)
17-17	$R_{in(I)} \approx R_i$	입력저항(반전)
17-18	$R_{out(I)} = \dfrac{R_{out}}{1 + A_{ol}B}$	출력저항(반전)

참/거짓 퀴즈
해답은 이 장의 끝에 있다.

1. 차동 증폭기의 양쪽 입력에 동일한 신호가 가해지면 그 신호는 차동신호로 간주된다.
2. 차동 증폭기의 높은 CMRR은 동상신호이득이 차동이득보다 훨씬 크다는 것을 의미한다.
3. 연산 증폭기의 입력 바이어스 전류는 입력으로 들어가는 두 전류의 합이다.
4. 연산 증폭기의 개루프 전압이득은 대신호 전압이득으로 간주하기도 한다.
5. 연산 증폭기의 CMRR이 매우 작으면 동상신호 잡음을 제거하는 데 효율적이 될 것이다.
6. 부궤환이 사용되면 증폭기의 대역폭은 증가한다.
7. 전압 폴로어에서 개루프이득과 페루프이득은 같다.
8. 비반전 증폭기의 입력저항은 동일한 이득을 갖는 반전 증폭기의 입력저항보다 훨씬 크다.
9. 이상적인 증폭기의 출력저항은 0이다.
10. 증폭기의 궤환저항이 개방되었다면 출력에 신호가 발생하지 않는다.

자습 문제
해답은 이 장의 끝에 있다.

1. 일반적인 연산 증폭기의 입력단은?
   (a) 버퍼 증폭기   (b) 차동 증폭기
   (c) 컬렉터 공통 증폭기   (d) 푸시-풀 증폭기
2. 저주파 잡음 픽업이 걱정된다면 어떤 특성의 연산 증폭기를 선택해야 하는가?
   (a) 낮은 바이어스 전류   (b) 큰 대역폭
   (c) 큰 CMRR   (d) (a), (b), (c) 모두
3. 어느 연산 증폭기의 입력에 계단입력을 인가했더니 출력전압이 12 μs 동안에 8.0 V 증가했다. 회전율은 얼마인가?
   (a) 0.667 V/μs   (b) 1.5 V/μs   (c) 96 V/μs   (d) 0.75 V/μs
4. 비반전 연산 증폭기 구조에서 R_i는 1.0 kΩ이고, R_f는 100 kΩ이다. V_{out}이 5.0 V라면 V_f의 값은 얼마인가?
   (a) 50 mV   (b) 49.5 mV   (c) 495 mV   (d) 500 mV
5. 4번 문제의 증폭기에서 B의 값은 얼마인가?
   (a) 0.01   (b) 0.1   (c) 0.0099   (d) 101
6. 4번 문제의 증폭기에서 페루프이득은 얼마인가?

(a) 0.0099   (b) 1.0   (c) 99   (d) 101

7. 전압 폴로어의 특성 중 옳은 것은 어느 것인가?

   (a) $A_{cl} > 1$ (b) 정궤환   (c) 높은 R_{out} (d) 비반전

8. 반전 증폭기에서 회로의 값들이 $R_f = 220 \text{ kV}$, $R_i = 2.2 \text{ kV}$, $A_{ol} = 25{,}000$과 같다. 이때 폐루프이득은 얼마인가?

   (a) −100   (b) 101   (c) 100   (d) −250

9. 어느 연산 증폭기의 개루프이득만을 알고 있을 때 폐루프이득을 구할 수 있는 경우는 다음 중 어 느 경우인가?

   (a) 반전 증폭기   (b) 비반전 증폭기

   (c) 전압 폴로어   (d) 더 많은 정보가 있어야 알 수 있다

10. 전압 폴로어의 궤환 감쇄는 다음 중 어느 것인가?

    (a) 1   (b) 1보다 작다   (c) 1보다 크다   (d) 가변

11. 어느 비반전 증폭기의 B의 값이 0.025이다. 폐루프이득은 얼마인가?

    (a) 1   (b) 40   (c) 0.025   (d) 알 수 없다

12. 어느 경우에 가장 높은 입력저항이 가능한가?

    (a) 반전 증폭기   (b) 비반전 증폭기   (c) 차동 증폭기   (d) 전압 폴로어

연습 문제

홀수 번호 연습 문제의 해답은 이 책의 끝에 있다.

기초 문제

17-1 연산 증폭기 소개

1. 실제의 연산 증폭기와 이상적인 연산 증폭기를 비교하라.

2. 일반적으로 연산 증폭기의 출력저항이 낮은 것이 보다 바람직한 이유를 설명하라.

17-2 차동 증폭기

3. 그림 17-34에서 각 차동 증폭기의 입력과 출력의 구조 방식은 무엇인가?

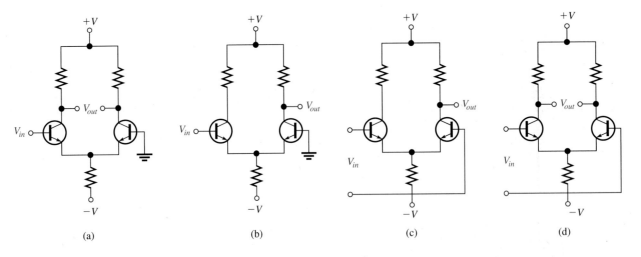

(a)   (b)   (c)   (d)

▲ 그림 17-34

4. 그림 17-35에서 베이스의 직류전압은 0이다. 트랜지스터 해석 방법을 이용하여 직류 차동 출력전압을 구하라. Q_1의 α는 0.98이고 Q_2의 α는 0.975이다.

5. 어느 차동 증폭기의 차동이득이 60이고 동상신호이득이 0.09이다. CMRR을 구하고 이를 데시벨로 환산하라.

6. 어느 차동 증폭기의 CMRR이 65 dB이다. 만약 차동이득이 150이면 동상신호이득은 얼마인가?

▶ 그림 17-35

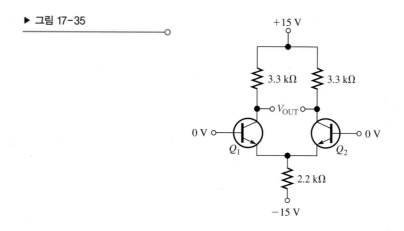

7. 그림 17-36에서 각 연산 증폭기의 입력모드 종류를 구분하라.

8. 그림 17-36에서 다른 방법으로 동상신호 입력을 보여라.

▶ 그림 17-36

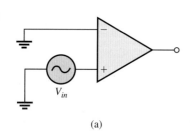 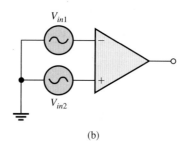 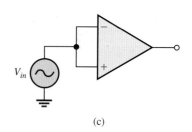

(a)　　　　　　　　　　(b)　　　　　　　　　　(c)

17-3 연산 증폭기 파라미터

9. 연산 증폭기의 입력전류가 8.3 μA 및 7.9 μA일 때 바이어스 전류 I_{BIAS}를 구하라.

10. 입력 바이어스 전류와 입력 오프셋 전류의 차이점을 설명하라. 그리고 9번 문제에서 입력 오프셋 전류를 구하라.

11. 어느 연산 증폭기의 CMRR이 250,000이다. 이를 데시벨로 환산하라.

12. 어느 연산 증폭기의 개루프이득이 175,000이고, 동상신호이득은 0.18이다. CMRR을 데시벨로 구하라.

13. 어느 연산 증폭기의 CMRR은 300,000이고, A_{ol}은 90,000이다. 동상신호이득은 얼마인가?

14. 계단입력에 대한 어느 연산 증폭기의 출력전압을 그림 17-37에 보였다. 회전율은 얼마인가?

▶ 그림 17-37

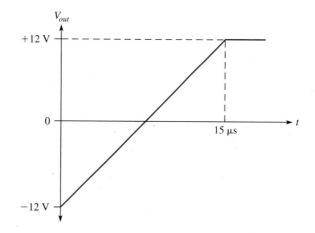

15. 회전율이 0.5 V/μs인 어느 연산 증폭기의 출력전압이 −10 V에서 +10 V까지 변화하는 데 걸리는 시간은 얼마인가?

17-5 부궤환을 갖는 연산 증폭기 구조

16. 그림 17-38에 보인 연산 증폭기의 구조 방식을 말하라.

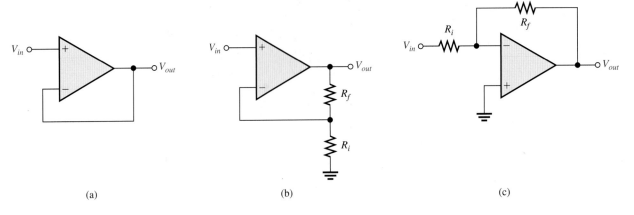

▲ 그림 17-38

17. 그림 17-38(b)의 증폭기가 R_f = 560 kΩ, R_i = 1.5 kΩ, V_{in} = 10 mV라 가정하자. 다음 값을 구하라.

    (a) $A_{cl(NI)}$ (b) V_{out} (c) V_f

18. 그림 17-39에서 각 증폭기의 폐루프이득을 구하라.

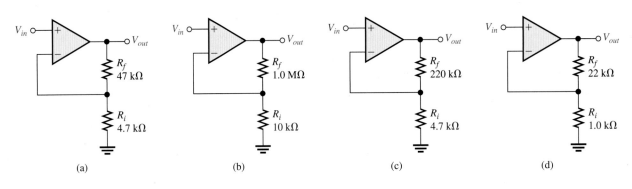

▲ 그림 17-39

19. 그림 17-40의 각 증폭기에 대해 주어진 폐루프이득을 얻기 위한 R_f의 값을 구하라.

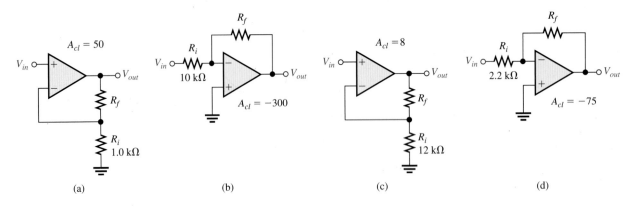

▲ 그림 17-40

20. 그림 17-41에서 각 증폭기의 이득을 구하라.

21. 그림 17-41의 각 증폭기에 10 mV rms의 신호전압이 인가되었을 때 출력전압은 얼마인가? 또 출력전압과 입력전압의 위상 관계는 어떠한가?

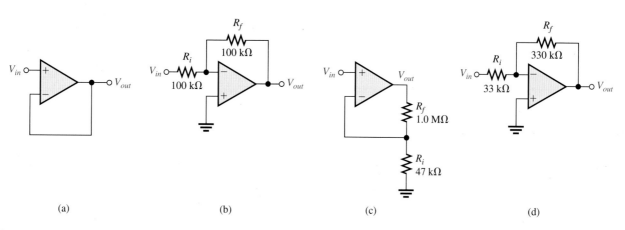

(a)　　　　　(b)　　　　　(c)　　　　　(d)

▲ 그림 17-41

22. 그림 17-42에서 다음의 대략적인 값을 구하라.

(a) I_{in}　　　　　(b) I_f　　　　　(c) V_{out}　　　　　(d) 폐루프이득

▶ 그림 17-42

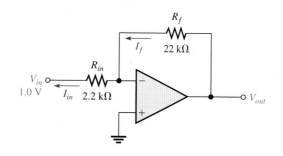

17-6 연산 증폭기 저항

23. 그림 17-43의 각 증폭기 구조에 대해 입력 및 출력 임피던스를 구하라.

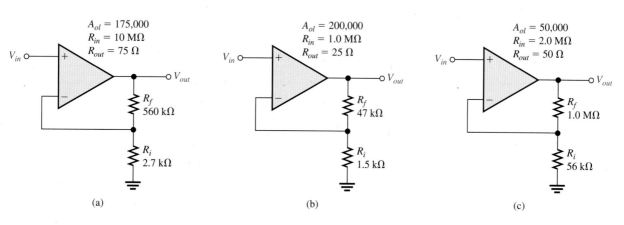

(a)　　　　　(b)　　　　　(c)

▲ 그림 17-43

24. 그림 17-44의 각 회로에 대해 23번 문제를 반복하라.

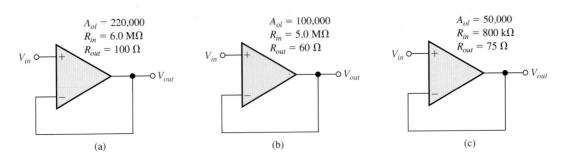

▲ 그림 17-44

25. 그림 17-45의 회로에 대해 23번 문제를 반복하라.

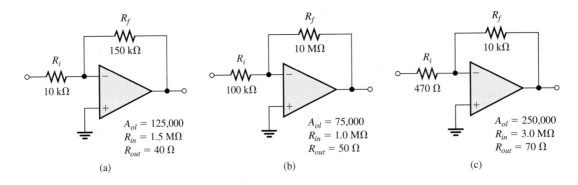

▲ 그림 17-45

17-7 고장진단

26. 그림 17-46에서 100 mV의 입력신호가 인가되었을 때 다음 고장 증상들에 대한 가장 적당한 이유는 무엇인가?

   (a) 출력신호가 없다.

   (b) 출력전압이 양과 음으로 스윙할 때 심하게 잘린다.

   (c) 입력전압이 어떤 값까지 증가하면 양의 첨두 부분만 잘린다.

▶ 그림 17-46

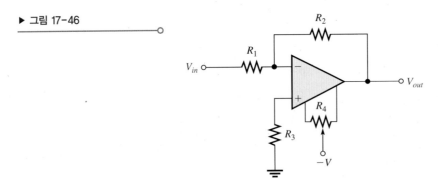

27. 그림 17-32의 회로기판에서 100 kΩ의 전위차계의 중간선이 끊어지면 어떤 현상이 일어나는가?

고장진단 문제

28. Multisim 파일 P18-28을 열어라. 고장이 있다면 고장을 진단하라.

29. Multisim 파일 P18-29를 열어라. 고장이 있다면 고장을 진단하라.

30. Multisim 파일 P18-30을 열어라. 고장이 있다면 고장을 진단하라.

31. Multisim 파일 P18-31을 열어라. 고장이 있다면 고장을 진단하라.

32. Multisim 파일 P18-32를 열어라. 고장이 있다면 고장을 진단하라.

해답

각 절의 복습

17-1 연산 증폭기 소개

1. 그림 17-47 참조

▶ 그림 17-47

2. 무한대의 R_{in}, 0의 R_{out}, 무한대의 전압이득

3. 높은 R_{in}, 낮은 R_{out}, 큰 전압이득

4. 차동 증폭기, 전압 증폭기, 푸시-풀 증폭기

17-2 차동 증폭기

1. 차동 입력은 두 입력 단자 사이의 차이다. 단일 입력은 다른 입력이 접지된 상태에서 하나의 입력 단자와 접지 사이에 인가한다.

2. 동상신호 제거는 연산 증폭기가 동상신호를 제거하는 능력이다.

3. CMRR이 커질수록 A_{cm}은 작아진다.

4. 큰 CMRR은 동상신호 잡음의 제거 성능이 향상된다.

17-3 연산 증폭기 파라미터

1. 연산 증폭기의 파라미터는 입력 바이어스 전류, 입력 오프셋 전압, 드리프트, 입력 오프셋 전류, 입력 임피던스, 출력 임피던스, 동상신호 입력전압 범위, CMRR, 개루프 전압이득, 회전율, 주파수응답과 같다.

2. 회전율과 전압이득은 주파수 종속 파라미터이다.

3. 입력 바이어스 전류는 입력단을 구동하는 데 필요한 두 전류의 평균값이다. 입력 오프셋 전류는 이들 두 전류 차이의 절댓값이다.

4. 높은 CMRR은 불필요한 동상신호 입력값을 제거하는데 좋다.

5. V/μs

17-4 부궤환

1. 부궤환을 이용하면 전압이득을 안정되게 조정할 수 있으며 입력 및 출력 저항을 조절할 수 있고, 대역폭을 넓게 할 수 있다.

2. 개루프이득이 너무 커서 아주 작은 입력신호에도 연산 증폭기는 포화상태가 되기 때문이다.

3. 서로 같게 한다.

17-5 부궤환을 갖는 연산 증폭기 구조

1. 부궤환은 이득을 안정시킨다.

2. 거짓

3. $A_{cl} = 1/B = 50$

4. 100 mV

5. 0 V

17-6 연산 증폭기 저항

1. 비반전 증폭기의 R_{in}은 연산 증폭기 자체의 입력저항보다 크다.

2. 전압 폴로어 구조는 R_{in}을 증가한다.

3. $R_{in(I)} = 2.0$ kΩ, $R_{out(I)} = 25.0$ mΩ

17-7 고장진단

1. 출력 오프셋 널 전위차계를 검사한다.

2. DC 전원공급 안 됨, 출력이 접지됨, 연산 증폭기 고장임

예제 관련 문제

17-1 34000, 90.6 dB

17-2 (a) 0.168

  (b) 88 dB

  (c) 2.1 V rms, 4.2 V rms

  (d) 16.8 mV

17-3 12649

17-4 20 V/μs

17-5 32.9

17-6 (a) 67.5 kΩ

  (b) 구형파를 갖도록 증폭기는 개루프이득을 가질 수 있다.

17-7 (a) 20.6 GV, 14.0 mΩ

  (b) 23

17-8 R_{in}은 증가하며, R_{out}은 감소한다.

17-9 $R_{in(I)} = 560$ Ω, $R_{out(I)} = 110$ mΩ, $A_{cl} = -146$

참/거짓 퀴즈

1. F   **2.** F   **3.** F   **4.** T   **5.** F   **6.** T   **7.** F   **8.** T   **9.** T   **10.** F

자습 문제

1. (b)   **2.** (c)   **3.** (a)   **4.** (b)   **5.** (c)   **6.** (d)   **7.** (d)   **8.** (a)   **9.** (c)   **10.** (a)

11. (b)   **12.** (d)

연산 증폭기의 기초응용

학습목표

▶ 비교기 회로의 기본 동작원리를 설명한다.
▶ 가산 증폭기, 평균 증폭기, 배율 가산기를 분석한다.
▶ 적분기와 미분기의 동작을 설명한다.
▶ 몇 가지 발진기의 동작을 설명한다.
▶ 기본적인 연산 증폭기 필터를 이해하고 평가한다.
▶ 직렬 및 분류전압 조정기의 기본적인 동작을 설명한다.

응용과제 미리보기

고장난 FM 수신기를 고친다고 가정하자. 사전 검사과정에서 ±12 V 전압을 필요로 하는 연산 증폭기의 고장이 수신기의 양쪽 채널에서 발견되었다. 전원공급장치는 양과 음 전압을 동시에 제공하는 집적회로로 구성되어 있다. 이 장을 공부하고 나면 응용과제를 해결할 수 있을 것이다.

핵심용어

▶ 가산 증폭기   ▶ 능동필터
▶ 배율 가산기   ▶ 분류 조정기
▶ 비교기   ▶ 빈 브리지 발진기
▶ 삼각파 발진기   ▶ 이완 발진기
▶ 직렬 조정기   ▶ 평균 증폭기
▶ 히스테리시스

서론

연산 증폭기의 응용 분야는 이 장의 내용으로는 물론 1권의 책으로도 모두 취급할 수 없을 정도로 다양하기 때문에 이 장에서는 연산 증폭기의 다양한 응용 중에서 기본적인 부분만 언급하기로 한다.

연산 증폭기 회로는 일반적으로 마지막 장에서 언급할 IC를 이용하여 구현한다. 프로그램 가능한 아날로그어레이(FPAA)라고 부르는 프로그램 가능한 소자를 사용할 수 있는데, 여기에 소프트웨어를 사용하여 연산 증폭회로를 구현할 수 있다.

18-1 비교기

두 전압의 크기를 비교할 때 연산 증폭기를 이용할 수 있다. 이 경우에는 연산 증폭기의 입력전압을 한쪽 입력에, 기준전압을 다른 쪽에 연결한 개루프 결선 형태를 이용한다.

이 절의 학습목표

◆ **비교기 회로의 기본적인 동작을 설명한다.**
  ◆ 영(0 Volt)준위 검출에 대해 논의한다.
  ◆ 비 영준위 검출에 대해 논의한다.
  ◆ 비교기에 적용되는 히스테리시스를 정의한다.
  ◆ 윈도우 비교기 작동에 대해 논의한다.

비교기(comparator)는 입력전압이 임의의 전압보다 큰지 여부를 검출하기 위한 회로이다. 정밀하지 않은 분야의 이와 같은 기능을 위해 높은 개루프 이득을 가진 다목적 연산 증폭기를 사용할 수 있다. 연산 증폭기가 비교기로 사용될 때는 부궤환이 없다. 따라서 연산 증폭기의 출력이 2개 상태[보통 (+) 전압 또는 (−) 전압] 중 어느 하나로 포화될 것이다. 연산 증폭기는 매우 작은 (+) 또는 (−) 입력전압을 받아 2개 포화상태의 어느 하나 값을 내보낸다. 예를 들어 개루프 이득이 100,000인 다목적 연산 증폭기를 고려해보자. 오직 +150 μV의 작은 신호가 가해지더라도 연산 증폭기의 출력은 (+150 μV)(100,000) = +15 V의 포화값에 이른다.

특별한 집적회로 비교기는 많은 응용 분야에서 비교 함수에 최적화된 특징을 가지고 있다. 비교기는 낮은 바이어스 전류와 빠른 스위칭 시간(5.0 ns 이하)으로 설계된 특수한 연산 증폭기이다. 낮은 바이어스 전류는 전류가 외부 저항에 있을 때 바이어스 전류가 스위칭 지점을 변화할 수 있기 때문에 비교기에서는 중요한 사양이다. 비교기에는 내장된 히스테리시스(hysteresis) 또는 신호가 상승하는지 하강하는지에 따라 다른 두 스위칭 레벨(신호가 상승하는지 여부에 따라 다름)이 있다. 이러한 문턱 전압은 제어핀(MAX931의 HYST 핀)에 연결된 외부 저항에 의해 고정되거나 프로그래밍할 수 있다. 또는 양의 피드백을 추가하여 사용자는 임의의 비교기에 히스테리시스를 더할 수도 있다(예제 18-2, 20-3절 참조). 느리거나 시끄러운 입력신호로 발생할 수 있는 다중 전이를 방지하기 위해 2개의 스위칭 포인트(**트립 포인트**라고도 함)가 사용된다. 스위칭 전압이 높은 트립 포인트를 상위 트립 포인트(UTP)라고 하고, 스위칭 전압이 낮은 트립 포인트를 하위 트립 포인트(LTP)라고 한다. 이러한 히스테리시스 유형은 7-4절에서 소개한 **자기 히스테리시스**와 혼동해서는 안 된다.

온도조절기는 히스테리시스의 개념을 설명할 수 있는 유용한 예이다. 온도조절기가 열이 켜지는 온도로 설정되어 있다고 가정하자. 회로에 히스테리시스가 없다면 히터가 켜지자마자 온도는 트립점을 지나 상승하여 히터를 끄게 된다. 이제 온도는 트립점 아래로 떨어지고 다시 히터가 켜지게 된다. 이렇게 반복된 동작은 사용자를 불편하게 할 뿐만 아니라 시스템을 너무 수명을 줄일 수도 있다. 이것을 피하기 위해 2개의 트립점이 사용하는데, 시스템을 켜는 낮은 트립점과 시스템을 끄는 약간 높은 트립점이다.

많은 비교기에서 발견되는 또 다른 특징은 온도 변화를 보상하는 매우 안정적인 내부 기준전압이다. 이것은 비교기의 가장 일반적인 응용 프로그램이 입력전압과 기준전압을 비교하는 것이기 때문에 유용하다. 일부 비교기는 2개의 반대 극성 출력을 제공하고 다른 비교기는 단일전압 또는 초저전력을 사용하도록 설계되어 있다. 저전력 장치는 휴대전화에 사용되는 장치와 같이 작은 배터리를 필요로 하는 응용 프로그램에서 특히 유용하다. 응용 프로그램에 따라 비교기는 저전력 또는 고속에 최적화될 수 있지만 두 가지 성능을 동시에 가지도록 설계할 수는 없다.

비교기는 비교기가 요구하는 것과는 다른 전압을 요구하는 회로에 사용되는 경우가 많기 때문에 많은 IC 비교기는 고정된 고전압 및 저출력 전압이 아닌 개방형 수집기(또는 개방 드레인) 출력을 사용한다. 이러한 출력은 BJT의 플로팅 수집기 또는 FET의 드레인에 연결되며, 그림 18-1과 같이 출력전압원에 대한 풀업 저항을 필요로 한다. 트랜지스터가 켜지면 전도성 트랜지스터의 낮은 저항을 통해 출력이 능동적으로 낮게 풀업 된다. 그러나 트랜지스터가 꺼지면 R_{PU}를 통해 저항에 연결된 전압이 무엇이든 높은 임피던스 출력이 수동적으로 풀업 된다. 이러한 방식으로 단일 비교기 유형을 사용하여 연결된 장치에 필요한 전압 또는 전류를 제공할 수 있다. 개방형 수집기 출력은 또한 윈도우 비교기의 설계를 단순화하며, 이 절에서 나중에 설명한다.

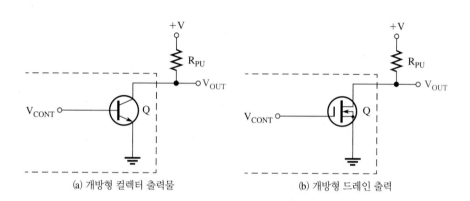

◀ 그림 18-1

(a) 개방형 컬렉터 출력물. (b) 개방형 드레인 출력

(a) 개방형 컬렉터 출력물   (b) 개방형 드레인 출력

영준위 검출

비교기의 한 가지 응용이 그림 18-2(a)에서 볼 수 있는 바와 같은 영준위 검출기이다. 반전입력은 접지되어 있고 0 V 기준으로 설정되어 있다. 신호는 비반전입력에 가해진다. 입력신호가 0 V 기준전위를 교차할 때 출력은 갑자기 1개의 포화상태에서 또 다른 포화상태로 바뀐다.

그림 18-2(b)는 정현파 입력전압이 영준위 검출기의 비반전입력 단자에 인가된 결과를 보여준다. 정현파가 음(-)일 때 출력 또한 음의 최댓값이 된다. 이러한 입력이 0 V를 통과할 때에 연산 증폭기의 출력은 그림과 같이 양의 방향으로 순간적으로 최댓값에 이르게 된다.

이 그림에서 볼 수 있듯이 영준위 검출기는 정현파로부터 구형파를 만드는 구형파 발생회로로 이용할 수 있다.

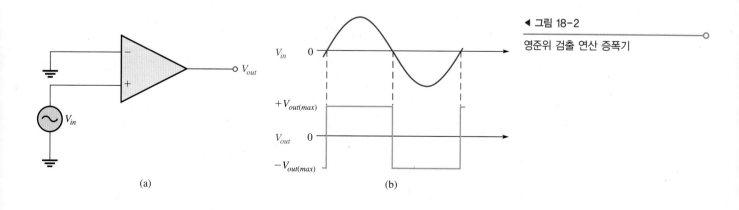

◀ 그림 18-2

영준위 검출 연산 증폭기

(a)   (b)

비영준위 검출

그림 18-2의 영준위 검출기에서 반전입력(−)의 접지를 그림 18-3(a)와 같이 다른 기준전압으로 변경하면 0 V가 아닌 다른 전위를 검출할 수 있다. 그림 18-3(b)는 좀더 실제적인 회로로 전압 분배기를 사용하여 다음과 같은 기준전압을 얻을 수 있다.

$$V_{REF} = \frac{R_2}{R_1 + R_2}(+V) \tag{18-1}$$

여기서 +V는 보통 연산 증폭기의 공급전원이다. 입력전압 V_{in}이 기준전압 V_{REF}보다 작을 때 출력전압은 (−)로 최대 전압을 유지한다. 입력전압이 기준전압보다 클 경우 (+)최대 전압으로 그림 18-3(c)에 보인 바와 같이 변화한다.

▶ 그림 18-3

비영준위 검출기

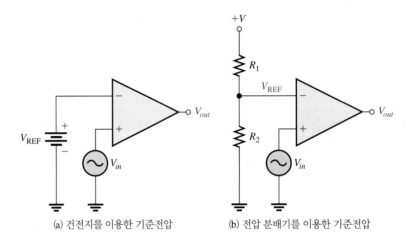

(a) 건전지를 이용한 기준전압   (b) 전압 분배기를 이용한 기준전압

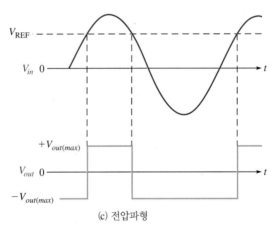

(c) 전압파형

예제 18-1

그림 18-4(a)와 같은 입력신호가 그림 18-4(b)의 비교기 회로에 인가되었다. 입력신호와의 관계를 보여주는 출력파형을 그려라. 연산 증폭기의 최대 출력전압은 ±12 V라고 가정한다.

풀이 R_1과 R_2에 의해 정해지는 기준전압은

$$V_{REF} = \frac{R_2}{R_1 + R_2}(+V) = \frac{1.0 \text{ k}\Omega}{8.2 \text{ k}\Omega + 1.0 \text{ k}\Omega}(+15 \text{ V}) = 1.63 \text{ V}$$

그림 18-5와 같이 입력이 +1.63 V를 초과할 때 출력전압은 +12 V로 바뀌며, 반대로 +1.63 V 이하일 때 −12 V로 다시 바뀐다.

▶ 그림 18-4

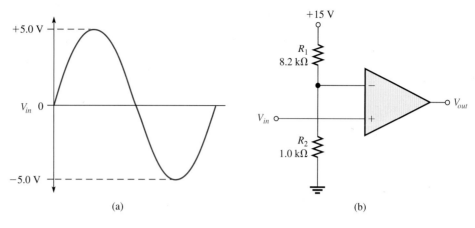

(a)　　　　　　　　　　　　　　　　　　(b)

▶ 그림 18-5

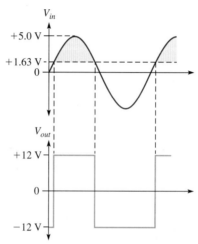

관련 문제* 그림 18-4의 회로에서 $R_1 = 22$ kΩ, $R_2 = 3.3$ kΩ일 때 기준전압은 얼마인가?

공학용 계산기 소개의 예제 19-1에 있는 변환 예를 살펴보라.

Multisim 또는 LTspice파일 E19-01을 열어라. 출력전압을 측정하고 그림 18-4의 형태인지 확인하라.

* 해답은 이 장의 끝에 있다.

예제 18-2

그림 18-6의 비교기는 단일전원 장치에서 작동하며, 출력은 +5.0 V 또는 0 V (레일-투-레일)이다. 회로는 양의 피드백을 추가하여 히스테리시스를 포함한다. 스위칭 임계값을 결정하라.

▶ 그림 18-6

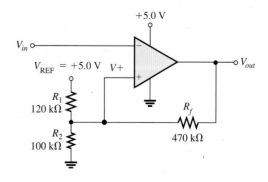

풀이 문턱전압은 비반전입력에서 나타나는 전압이다. 출력이 양의 포화 상태(+5.0 V)라고 가정한다. 중첩 정리를 적용하여 $V+$ (비반전입력에서의 전압)를 구할 수 있지만, 출력이 높을 때 $V_{REF} = V_{out}$를 확인하는 것이 더 간단한 방법이다. 그림 18-7(a)와 같은 비반전입력 등가회로를 참고하면 된다.

▶ 그림 18-7

비반전 입력에 대한 등가회로

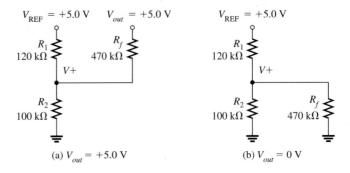

(a) $V_{out} = +5.0$ V

(b) $V_{out} = 0$ V

R_f와 R_1이 병렬로 연결된 것으로 보인다. 상위 임계값 전압을 결정하기 위해 등가전압 분배기를 설정할 수 있다.

$$V_{upper} = \frac{R_2}{R_2 + (R_1 \| R_f)} V_{REF} = \frac{100\ k\Omega}{100\ k\Omega + (120\ k\Omega \| 470\ k\Omega)}(+5.0\ V) = \mathbf{2.56\ V}$$

하한 임계값은 동일한 방식으로 계산할 수 있다. 출력은 이제 0 V (접지)이며, 비반전입력에 대한 등가회로는 그림 18-7(b)과 같다. 등가전압 분배기는 하한 임계값을 결정하도록 설정할 수 있다.

$$V_{lower} = \frac{R_2 \| R_f}{R_1 + (R_2 \| R_f)} V_{REF} = \frac{100\ k\Omega \| 470\ k\Omega}{120\ k\Omega + (100\ k\Omega \| 470\ k\Omega)}(+5.0\ V) = \mathbf{2.04\ V}$$

관련 문제 R_f가 560 kΩ이면 문턱전압은 얼마인가?

공학용 계산기 소개의 예제 19-2에 있는 변환 예를 살펴보라.

Multisim 또는 LTspice 파일 E19-02를 열어라. 관련 예제에 대한 상한 및 하한 문턱 전압을 확인하라.

윈도우 비교기

비교기의 변형은 윈도우 비교기이며, 윈도우 검출기라고도 불린다. 일반적인 비교기는 단순히 신호가 지정된 임계값 이상인지 미만인지를 나타내는 반면에 윈도우 비교기는 신호가 상위 및 하위 임계값 레벨(또는 트립 포인트)에 의해 정의된 특정 범위 내에 있는지 여부를 나타낸다. 윈도우 비교기는 기본적으로 공통 입력신호를 공유하는 2개의 개별 비교기로 구성된다. 하나의 비교기는 신호가 상위 트립 포인트 미만인지 여부를 판단하고, 다른 하나는 하위 트립 포인트 이상인지 여부를 판단한다. 윈도우 비교기의 출력은 두 조건이 모두 참일 때(신호가 정의된 범위 내에 있음)를 나타낸다. 그림 18-8은 2개의 오픈 콜렉터 비교기를 사용하는 기본 윈도우 비교기와 입력신호에 대한 반응을 보여준다.

회로의 분석은 간단하다. 먼저 두 비교기가 모두 개방형 수집기이므로 V_{out}이 높은 상태(이 경우 +5.0 V)에 R_{PU}가 필요하다. V_{in}은 상위 비교기의 반전입력에 인가되고 저항 R_1과 R_2는 UTP

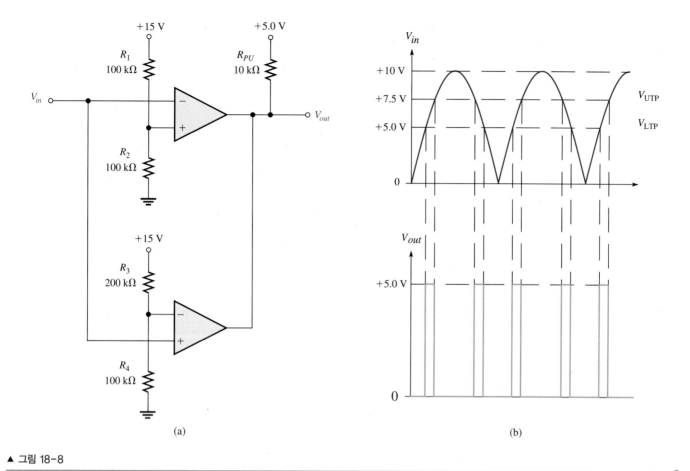

▲ 그림 18-8

(a) 기본 윈도우 비교기, (b) 윈도우 비교기 응답

전압을 +7.5 V로 설정하여 V_{in} < +7.5 V일 때 상위 비교기의 출력이 높고 V_{in} ≥ +7.5 V일 때는 낮다. 마찬가지로 V_{in}도 하위 비교기의 비반전입력에 인가된다. 저항 R_3와 R_4는 LTP 전압을 +5.0 V로 설정하여 V_{in} ≤ +5.0 V일 때 하위 비교기의 출력이 낮고 V_{in} > +5.0 V일 때는 높다. 이는 +5.0 V < V_{in} < +7.5 V일 때만 두 비교기의 출력이 높아서 V_{out}이 높음을 의미한다. V_{in} ≤ +5.0 V 또는 V_{in} ≥ +7.5 V일 때는 비교기 중 하나의 출력이 낮아지므로 V_{out}이 낮을 수밖에 없다. 이는 개방형 수집기 출력이 출력을 하이 레벨로 강제할 수 없고, 오직 상위 임피던스 상태이기 때문이다. 결과적으로 어느 하나의 비교기 출력이 낮으면 V_{out}이 낮음을 의미한다.

V_{out}를 상위와 하위로 능동적으로 구동하는 장치의 출력은 절대로 이런 방식으로 함께 연결되지 않아야 한다. 배터리와 전압공급 장치와 마찬가지로 직접 연결된 전자 장치의 출력전압의 차이는 높은 전류 흐름을 초래하고 전자회로를 손상시킬 수 있다.

이산형 비교기에서 윈도우 비교기를 구현하기 위해 그림 18-8보다 더 간단한 방법이 있다고 생각하면 정확하다. 그림 18-9는 하나의 3-저항 전압 분배기에서 두 문턱전압을 얻는 방법을 보여준다. R_1, R_2, R_3의 저항열에 전압 분배 정리를 적용하면 그림 18-8(a)의 윈도우 비교기와 동일한 문턱전압을 얻을 수 있음을 확인할 수 있다. 또한 아날로그 소자 TMP01 온도 센서와 같은 일부 모니터 및 제어 IC에는 윈도우 비교기 기능이 포함되어 있다. 이를 통해 장치는 어떤 동작 조건이 허용 가능한 동작 영역 밖에 있을 때 신호를 보낼 수 있다.

878 ● 제18장 연산 증폭기의 기초응용

▶ 그림 18-9

윈도우 비교기 디자인 간소화

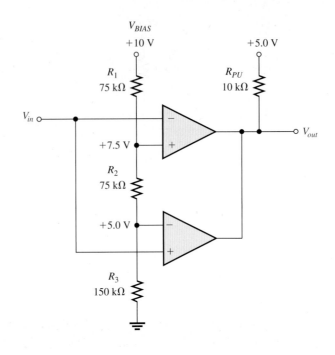

<table>
<tbody></tbody>
</table>

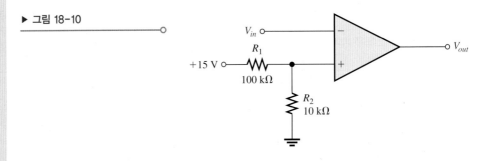

18-1절 복습

해답은 이 장의 끝에 있다.

1. 비교기의 중요한 2가지 특징을 언급하라.
2. 그림 18-10의 비교기에서 기준전압은 얼마인가?
3. 그림 18-10의 비교기에서 첨둣값 5.0 V인 정현파가 입력에 인가되었을 때 출력파형을 그려라.

▶ 그림 18-10

4. 비교기에서 히스테리시스의 목적은 무엇인지 설명하라.
5. 그림 18-9의 윈도우 비교기일 때, V_{BIAS} = +12 V, R_2 = 10 kΩ인 경우에 +9.0 V의 상한 문턱전압과 +5.0 V의 하한 문턱전압에 필요한 R_1과 R_3의 값은 얼마인가?

18-2 가산 증폭기

가산 증폭기는 17장에서 다룬 반전 연산 증폭기의 변형된 형태이다. 가산 증폭기(summing amplifier)의 입력단자 수는 2개 이상이며, 출력전압은 모든 입력전압의 대수적 합에 대한 음의 값에 비례한다. 기본 가산 증폭기의 변형인 평균 증폭기와 배율 증폭기를 다룬다.

이 절의 학습목표

◆ **가산 증폭기, 평균 증폭기, 배율 증폭기를 해석한다.**
  ◆ 단일이득과 비단일이득 조건에서 주어진 입력에 대한 가산 증폭기의 출력전압을 계산한다.
  ◆ 평균 증폭기의 출력전압을 계산한다.

◆ 배율 가산기의 출력전압을 계산한다.

◆ 배율 가산기가 디지털-아날로그 변환기에서 어떻게 사용되는가에 대해 설명한다.

2개의 입력을 가진 가산 증폭기를 그림 18-11에 보였다. 2개의 전압 V_{IN1}과 V_{IN2}가 입력에 인가되어 생성된 전류 I_1과 I_2는 그림과 같다. 이미 앞에서 언급한 연산 증폭기의 무한대의 입력 임피던스와 가상접지 개념을 이용하면, 연산 증폭기의 반전입력 단자는 거의 0 V이고 이 단자로 유입되는 전류는 없다는 것을 알 수 있다. 따라서 궤환저항 R_f를 통과하는 총 전류는 I_1과 I_2의 합이 된다.

$$I_T = I_1 + I_2$$

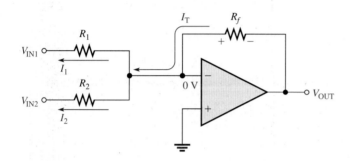

◀ 그림 18-11

2개의 입력을 가진 반전 가산 증폭기

$V_{OUT} = -I_T R_f$이므로

$$V_{OUT} = -(I_1 + I_2)R_f = -\left(\frac{V_{IN1}}{R_1} + \frac{V_{IN2}}{R_2}\right)R_f$$

3개의 저항이 같다면($R_1 = R_2 = R_f = R$)

$$V_{OUT} = -\left(\frac{V_{IN1}}{R} + \frac{V_{IN2}}{R}\right)R = -(V_{IN1} + V_{IN2})$$

이것은 출력전압이 두 입력전압의 합에 (−)를 붙인 것과 같음을 보여준다. 그림 18-12와 같이 모두 같은 저항값을 갖는 n개의 저항으로 구성된 가산 증폭기의 경우 일반적인 표현식은 식 (18-2)와 같다.

$$V_{OUT} = -(V_{IN1} + V_{IN2} + V_{IN3} + \cdots + V_{INn}) \qquad (18\text{-}2)$$

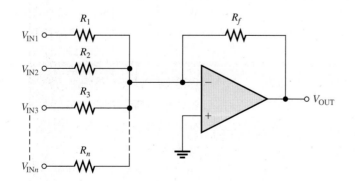

◀ 그림 18-12

입력이 n개인 가산 증폭기

예제 18-3

그림 18-13의 회로에서 출력전압을 구하라.

▶ 그림 18-13

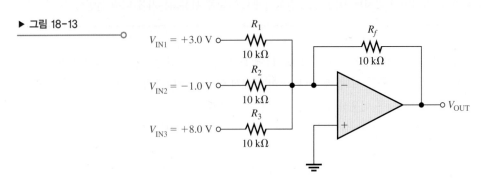

풀이

$$V_{OUT} = -(V_{IN1} + V_{IN2} + V_{IN3}) = -(3.0 \text{ V} - 1.0 \text{ V} + 8.0 \text{ V}) = -10 \text{ V}$$

관련 문제 만약 전압이 +0.5 V인 4번째 입력이 그림 18-13의 회로에서 10 kΩ 저항과 함께 더해진다면 출력전압은 얼마인가?

공학용 계산기 소개의 예제 19-3에 있는 변환 예를 살펴보라.

Multisim 또는 LTspice 파일 E19-03을 열어라. 출력전압을 측정하고 출력전압이 입력전압의 합임을 확인하라.

이득이 1보다 큰 가산 증폭기

R_f가 입력저항들보다 클 때 각 입력저항값이 R인 경우 증폭기의 이득은 R_f/R이 된다. 출력전압의 식은 다음과 같다.

$$V_{OUT} = -\frac{R_f}{R}(V_{IN1} + V_{IN2} + V_{IN3} + \cdots + V_{INn}) \qquad (18-3)$$

이 식에서 알 수 있듯이 출력은 모든 입력의 합에 상수 R_f/R의 곱이 된다.

예제 18-4

그림 18-14의 가산 증폭기에서 출력전압을 계산하라.

▶ 그림 18-14

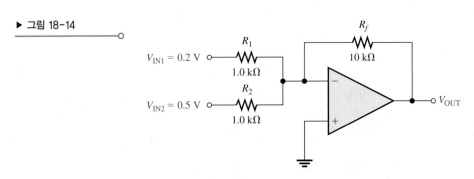

풀이 $R_f = 10 \text{ k}\Omega$이고 $R = R_1 = R_2 = 1.0 \text{ k}\Omega$이다.

$$V_{OUT} = -\frac{R_f}{R}(V_{IN1} + V_{IN2}) = -\frac{10 \text{ k}\Omega}{1.0 \text{ k}\Omega}(0.2 \text{ V} + 0.5 \text{ V}) = -10(0.7 \text{ V}) = -7.0 \text{ V}$$

관련 문제 그림 18-14에서 2개의 입력저항이 2.2 kΩ이고 궤환저항이 18 kΩ일 때 출력전압을 계산하라.

Sattahipbeach/ Shutterstock

공학용 계산기 소개의 예제 19-4에 있는 변환 예를 살펴보라.

Multisim 또는 LTspice 파일 E19-04를 열어라. 출력전압을 측정하고 계산값과 일치함을 보여라.

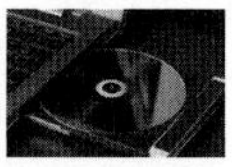

평균 증폭기

평균 증폭기(averaging amplifier)는 가산 증폭기의 변형된 형태로 입력전압들의 산술적 평균을 구할 수 있다. 이는 R_f/R의 비율을 입력 수의 역수와 같게 설정함으로써 만들 수 있다. 이미 알고 있듯이 N개의 평균을 구하려면 먼저 각각의 값을 더한 다음 N으로 나누어 구할 수 있다. 이미 식 (18-3)에서 이와 같은 증폭기의 출력전압을 보였다. 예제 18-5에서 이를 설명할 것이다.

예제 18-5

그림 18-15의 회로에서 입력전압의 평균과 같은 값의 출력전압을 나타냄을 보여라.

▶ 그림 18-15

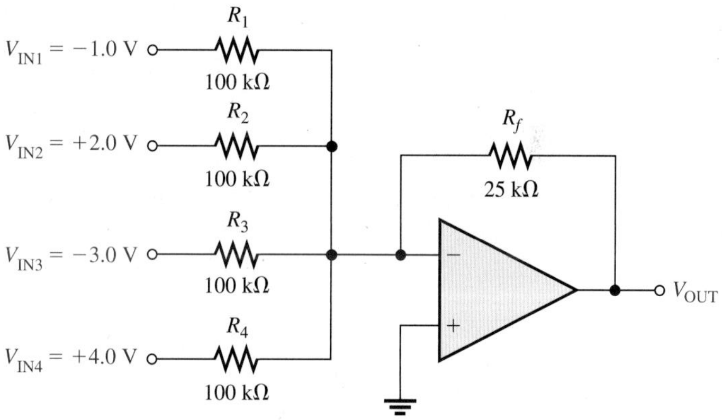
V_{IN1} = −1.0 V
R_1
100 kΩ
V_{IN2} = +2.0 V
R_2
100 kΩ
V_{IN3} = −3.0 V
R_3
100 kΩ
V_{IN4} = +4.0 V
R_4
100 kΩ
R_f
25 kΩ
−
+
V_{OUT}

풀이 모든 입력저항값이 R = 100 kΩ으로 같으므로 출력전압은 다음과 같다.

$$V_{OUT} = -\frac{R_f}{R}(V_{IN1} + V_{IN2} + V_{IN3} + V_{IN4})$$

$$= -\frac{25\ \text{k}\Omega}{100\ \text{k}\Omega}(-1.0\ \text{V} + 2.0\ \text{V} - 3.0\ \text{V} + 4.0\ \text{V}) = -0.5\ \text{V}$$

4개의 입력값의 평균은 부호만 반대이고 V_{OUT}과 같다

$$V_{IN(avg)} = -\frac{-1.0\ \text{V} + 2.0\ \text{V} - 3.0\ \text{V} + 4.0\ \text{V}}{4} = -0.5\ \text{V}$$

관련 문제 그림 18-15의 평균 증폭기에서 5개의 입력을 다루기 위해 필요한 변화요소들을 열거하라.

공학용 계산기 소개의 예제 19-5에 있는 변환 예를 살펴보라.

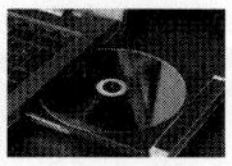

Sattahipbeach/ Shutterstock

Multisim 또는 LTspice 파일 E19-05를 열어라. 출력전압을 측정하고 측정값이 입력전압의 평균임을 보여라.

배율 가산기

앞에서 취급한 가산 증폭기에서 각 입력의 저항값을 조절함으로써 배율 가산기(scaling adder)를 구성하여 입력에 따라 가중치를 부여할 수가 있다. 따라서 출력전압은 다음과 같다.

$$V_{OUT} = -\left(\frac{R_f}{R_1}V_{IN1} + \frac{R_f}{R_2}V_{IN2} + \cdots + \frac{R_f}{R_n}V_{INn} \right) \qquad (18-4)$$

어느 특정 입력의 가중치는 입력저항과 궤환저항(R_f)의 비율로 정해진다. 예를 들어 한 입력의 가중치가 1이라면 이는 $R_f = R$를 의미하고, 0.5라면 $R = 2R_f$가 된다. 그러므로 R값이 작을수록 가중치는 더 커진다.

예제 18-6

그림 18-16의 배율 가산기에서 각 입력전압의 가중치와 출력전압을 구하라.

▶ **그림 18-16**

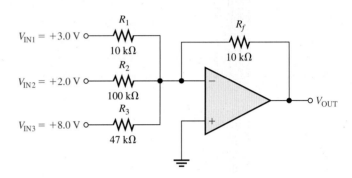

풀이   입력 1의 가중치: $\dfrac{R_f}{R_1} = \dfrac{10\,\text{k}\Omega}{10\,\text{k}\Omega} = \textbf{1.0}$

입력 2의 가중치: $\dfrac{R_f}{R_2} = \dfrac{10\,\text{k}\Omega}{100\,\text{k}\Omega} = \textbf{0.1}$

입력 3의 가중치: $\dfrac{R_f}{R_3} = \dfrac{10\,\text{k}\Omega}{47\,\text{k}\Omega} = \textbf{0.213}$

출력전압은

$$V_{OUT} = -\left(\frac{R_f}{R_1}V_{IN1} + \frac{R_f}{R_2}V_{IN2} + \frac{R_f}{R_3}V_{IN3} \right) = -\left[1.0(3.0\,\text{V}) + 0.1(2.0\,\text{V}) + 0.213(8.0\,\text{V}) \right]$$

$$= -(3.0\,\text{V} + 0.2\,\text{V} + 1.7\,\text{V}) = \textbf{-4.9 V}$$

관련 문제   그림 18-16에서 $R_1 = 22\,\text{k}\Omega$, $R_2 = 82\,\text{k}\Omega$, $R_3 = 56\,\text{k}\Omega$, $R_f = 10\,\text{k}\Omega$일 때, 각 입력전압의 가중치와 V_{OUT}을 구하라.

공학용 계산기 소개의 예제 19-6에 있는 변환 예를 살펴보라.

Multisim 또는 LTspice파일 E19-06을 열어라. 출력전압을 측정하고 계산값과 비교하라.

18-2절 복습

해답은 이 장의 끝에 있다.

1. 합의 점을 정의하라.
2. 5개의 입력을 가진 평균 증폭기의 R_f/R의 값이란 무엇인가?
3. 두 입력 가운데 한 입력의 가중치가 다른 쪽의 2배인 배율 가산기가 있다. 가중치가 작은 쪽의 저항이 10 kΩ이라면 다른 입력의 저항은 얼마인가?

18-3 적분기와 미분기

연산 증폭기를 이용하면 수학에서 면적을 구하는 데 이용되는 기본적 적분함수뿐만 아니라 어느
순간의 변화율을 나타내는 미분함수를 전기적으로 구현할 수 있다. 이 절에서는 미적분학의 수
학적인 이론을 다루지 않고 이들의 기본적인 동작 원리를 살펴본다. 실제의 적분기는 부가적인
저항이나 포화 상태가 되는 것을 방지하기 위해 다른 회로와 함께 병렬로 궤환 커패시터를 연결
한다. 실제의 미분기에서는 고주파 잡음을 감소하기 위해 직렬로 저항을 연결한다.

이 절의 학습목표

◆ 연산 증폭기 미분기와 적분기의 동작을 설명한다.
   - ◆ 적분기를 이해한다.
   - ◆ 적분기 출력전압의 변화율을 정의한다.
   - ◆ 미분기를 이해한다.
   - ◆ 미분기의 출력전압 결정을 정의한다.

연산 증폭기 적분기

그림 18-17은 이상적인 적분기를 보인 것이다. 여기서 궤환 소자는 커패시터로 입력저항과 함께
RC 회로를 구성하는 점에 주목하자. 저주파에서 이득을 제한하기 위해 보통 큰 값의 저항을 커
패시터와 병렬로 사용하지만 기본 동작에는 영향을 미치지 않는다.

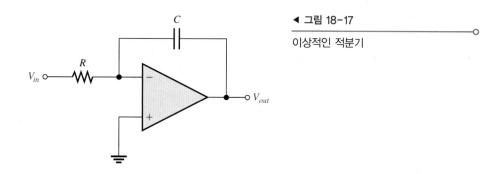

◀ 그림 18-17
이상적인 적분기

커패시터의 충전 적분기의 동작을 이해하기 위해 먼저 커패시터의 충전원리를 복습해보는 것
이 중요하다. 커패시터의 전하량 Q는 다음과 같이 충전전류와 시간에 비례한다.

$$Q = I_C t$$

전하량을 전압의 형태로 표현하면

$$Q = CV_C$$

이 두 관계로부터 커패시터의 전압은 다음과 같이 나타낼 수 있다.

$$V_C = \left(\frac{I_C}{C}\right)t$$

이 식은 일정한 기울기 I_C/C를 갖는 0에서 시작하는 직선 방정식의 형태이다. 즉 직선에 대한 일
반적인 식은 $y = mx + b$이다. 이 경우에 $y = V_C$, $m = I_C/C$, $x = t$, $b = 0$이다.

간단한 RC 회로에서 커패시터 전압은 선형이 아니고 지수함수이다. 이는 커패시터가 충전함에 따라 충전전류가 연속적으로 감소하며, 전압의 변화율이 계속 줄어드는 원인이 된다. 적분기를 구현하기 위해 RC 회로와 함께 연산 증폭기를 사용하는 이유는 커패시터의 충선전류를 일성하게 유지하는 직선(선형)전압을 만들기 때문이다. 이것이 사실인지 확인해보자.

그림 18-18에서 연산 증폭기의 반전입력은 가상접지(0 V)이므로 R_i 양단의 전압은 V_{in}과 같다. 따라서 입력전류는

$$I_{in} = \frac{V_{in}}{R_i}$$

만약 V_{in}이 상수라면 반전입력이 항상 0 V으로 R_i 양단의 전압을 일정하게 유지하므로 I_{in} 역시 상수가 된다. 연산 증폭기의 입력저항은 매우 크므로 반전입력으로부터의 전류는 무시할 수 있다. 그림 18-18과 같이 모든 입력전류는 커패시터를 통과하며, 다음과 같이 표시할 수 있다.

$$I_C = I_{in}$$

▶ 그림 18-18

적분기 전류

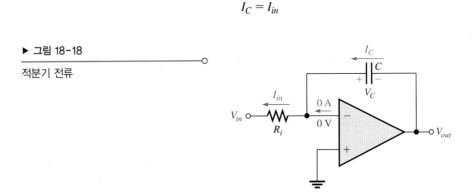

커패시터 전압 I_{in}은 일정하므로 I_C 역시 일정하다. 일정한 I_C는 커패시터를 선형적으로 충전하고 C 양단에 선형전압을 발생한다. 커패시터의 (+)측은 가상접지에 의해 0 V로 고정되어 있다. 그림 18-19와 같이 커패시터의 (−)측 전압은 커패시터가 충전함에 따라 0에서부터 선형적으로 감소한다. 이 전압을 **음램프**라고 부른다.

▶ 그림 18-19

일정한 충전전류에 의해 선형의 램프전압이 C 양단에 나타난다.

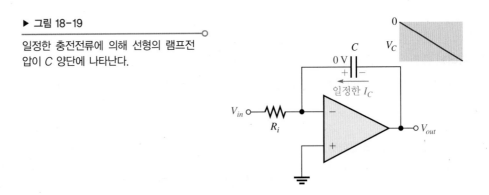

출력전압 V_{out}은 커패시터의 (−)측의 전압과 같다. 입력에 펄스(일정한 진폭)나 계단 형태의 일정한 전압이 인가될 때 출력램프는 연산 증폭기가 음의 최댓값으로 포화될 때까지 선형적으로 감소하게 될 것이다. 그림 18-20는 이와 같은 동작을 나타낸 것이다.

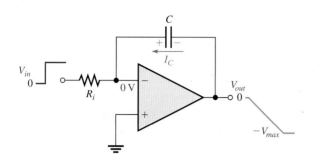

◀ 그림 18-20

일정한 입력전압은 출력에서 램프전압을 만든다.

출력의 변화율 커패시터의 충전율, 즉 출력램프의 기울기는 앞에서 언급한 바와 같이 I_C/C로 주어진다. $I_C = V_{in}/R_i$, $\Delta V_{out} = \Delta V_C = -I_c\Delta t/C$이므로 적분기의 출력전압의 변화율 또는 기울기는 $\Delta V_{out}/\Delta t = -I_C/C$이다.

$$\frac{\Delta V_{out}}{\Delta t} = -\frac{V_{in}}{R_iC} \qquad (18-5)$$

예제 18-7

그림 18-21(a)는 궤환저항을 사용한 실제 적분기인데 커패시터 충전, 방전 전류의 약간의 불일치로 인해 연산 증폭기가 포화에 이르지 못한다. 궤환저항은 회로에 약간의 영향만을 끼치고 충전전류의 약 7%가 흐르게 선택한다. 따라서 일반적인 회로 동작에 미치는 효과는 무시 가능하다. 궤환저항은 여러 사이클을 반복한 후에 출력이 0 라인 근처에 이르게 만든다.

▶ 그림 18-21

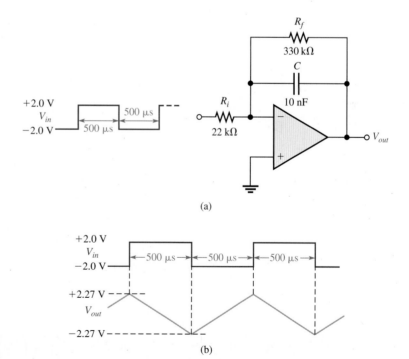

(a)

(b)

(a) 커패시터가 충전하는 시간 동안 출력전압의 변화율을 계산하라.

(b) 전압의 총 변화를 계산하라.

(c) 출력에 대해 설명하고 파형을 그려라(0 V를 중심으로).

풀이 (a) $\dfrac{\Delta V_{out}}{\Delta t} = -\dfrac{V_{in}}{R_iC} = -\dfrac{2.0\text{ V}}{(22\text{ k}\Omega)(10\text{ nF})} = -9.09\text{ kV/s} = \mathbf{-9.09\text{ mV/\mu s}}$

(b) 500 μs에서 출력은 (−9.09 mV/μs)(500 μs) = 4.55 V이며 음의 기울기를 갖는 램프를 발생한다.

(c) 커패시터가 방전하면 양의 기울기를 갖는 램프가 발생되는 것을 제외하면 변화율은 같다. 몇 사이클 반복 후에 출력은 0 V를 중심으로 움직이기 때문에 출력은 최소 (−½)(4.55 V) = −2.27 V, 최대 (½)(4.55 V) = +2.27 V 사이에서 변화할 것이다. 파형은 그림 18−21(b)와 같다.

관련 문제 입력저항이 33 kΩ으로 증가한다면 출력파형은 어떻게 되겠는가?

공학용 계산기 소개의 예제 19−7에 있는 변환 예를 살펴보라.

Multisim 또는 LTspice 파일 E19-07을 열어라. 출력전압 파형을 관찰하고 그림 18−21(b) 파형과 비교하라.

연산 증폭기 미분기

그림 18−22는 이상적인 미분기를 보인 것이다. 커패시터와 저항의 배치가 적분기의 배치와 다른 점에 주목하자. 이번에는 커패시터가 입력 소자이다. 미분기의 출력전압은 입력전압의 변화율에 비례한다. 작은 값의 저항이 이득을 제한하기 위해 커패시터와 직렬로 사용될 수 있다. 여기서는 이해를 쉽게 하기 위해 보이지는 않았고 이러한 작은 값의 직렬저항은 기본적인 동작에는 영향을 미치지 않는다.

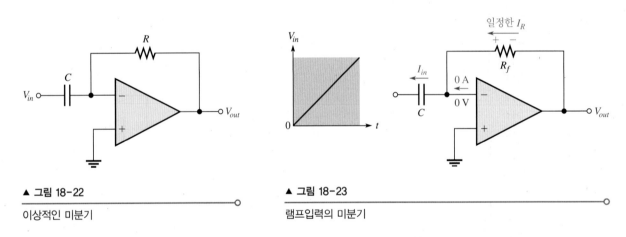

▲ 그림 18−22

이상적인 미분기

▲ 그림 18−23

램프입력의 미분기

미분기의 동작을 살펴보기 위해 그림 18−23과 같이 +로 변하는 램프전압을 공급한다고 하자. 이 경우 $I_C = I_{in}$이고, 커패시터 양단에 나타나는 전압은 반전입력에 가상접지가 되었으므로 항상 V_{in}과 같다($V_C = V_{in}$).

기본 공식 $V_C = (I_C/C)t$로부터 커패시터 전류는

$$I_C = \left(\frac{V_C}{t}\right)C$$

반전입력을 통해 흐르는 전류는 무시할 수 있으므로 $|I_R| = |I_C|$가 된다. 커패시터 전압의 기울기 (V_C/t)가 일정하므로 이 두 전류는 상수다. 또한 궤환저항의 한쪽 단자는 항상 0 V (가상접지)이기 때문에 출력전압 역시 일정하고 R_f에 걸리는 전압과 같다.

$$V_{out} = I_R R_f = -I_C R_f$$

$$V_{out} = -\left(\frac{V_C}{t}\right)R_f C \qquad\qquad (18\text{-}6)$$

그림 18-24에서와 같이 입력전압이 양으로 증가하는 램프전압일 때 출력전압은 음이고, 입력이 음으로 줄어드는 램프전압일 때 출력은 양이다. 입력전압의 기울기가 +인 동안 커패시터는 입력 전원으로부터 충전이 되고, 일정한 전류가 궤환저항을 통해 그림과 같은 방향으로 흐르게 된다. 입력의 기울기가 −인 동안 커패시터는 방전하므로 전류는 반대방향으로 흐르게 된다.

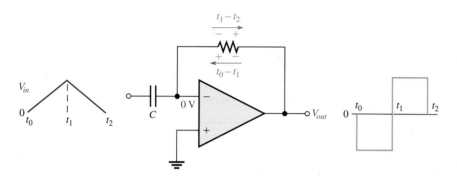

◀ 그림 18-24

입력이 삼각파일 때 미분회로의 출력

식 (18-6)에서 V_C/t는 입력의 기울기를 나타내고 있다는 점에 유의하자. 만일 기울기가 증가한 다면 V_{out} 역시 증가한다. 기울기가 감소한다면 V_{out}도 감소한다. 결국 출력전압은 입력의 기울기 (변화율)에 비례한다. 비례상수는 시정수 $R_f C$이다.

예제 18-8

입력단에 고주파 이득을 제한(잡음과 울림 현상도 줄임)하는 직렬저항을 가진 실제 미분기 회로를 그림 18-25에 나타냈다. 이 저항이 일반적인 회로 동작에 미치는 영향은 미미하다. 입력파형은 예제 18-7의 적분기 출력파형을 사용한다. 출력파형을 그려라.

▶ 그림 18-25

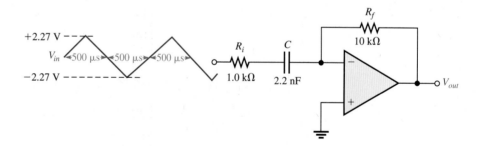

풀이 시정수는

$$R_f C = (10\ \text{k}\Omega)(2.2\ \text{nF}) = 22\ \mu\text{s}$$

입력의 기울기는 +9.09 mV/μs이다(예제 18-7 참조). 입력 상승기 동안 출력은

$$V_{out} = -\left(\frac{V_C}{t}\right)R_f C = -(9.09\ \text{mV}/\mu\text{s})(22\ \mu\text{s}) = -200\ \text{mV}$$

입력이 (−) 기울기 램프로 변화할 때 출력은 크기는 같으며 (+) 값을 갖는다.

$$V_{out} = -\left(\frac{V_C}{t}\right)R_f C = -(-9.09\ \text{mV}/\mu\text{s})(22\ \mu\text{s}) = +200\ \text{mV}$$

그림 18-26은 입력과 출력전압의 파형을 나타낸 것이다.

▶ 그림 18-26

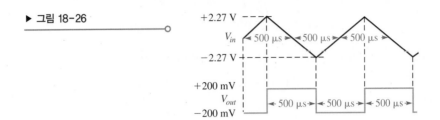

관련 문제   입력 커패시터의 커패시턴스 값이 2배가 되면 출력파형은 어떻게 되겠는가?

공학용 계산기 소개의 예제 19-8에 있는 변환 예를 살펴보라.

Multisim 또는 LTspice 파일 E19-08을 열어라. 예제 18-7의 적분기와 예제 18-8의 미분기가 결합된 것을 주목하라. 파형을 관찰하고 그 결과를 예제 18-7, 18-8에서 계산한 결과와 비교하라. 미분기의 직렬 입력저항을 줄이면 무엇이 발생하는지 확인하라.

18-3절 복습

해답은 이 장의 끝에 있다.

1. 연산 증폭 적분기에서 궤환 소자는 무엇인가?
2. 적분기에 일정한 입력전압이 인가될 경우 커패시터 양단의 전압이 선형이 되는 이유는 무엇인가?
3. 실제적인 적분회로와 이상적인 적분회로는 어떻게 다른가?
4. 연산 증폭 미분기에서 궤환 소자는 무엇인가?
5. 미분기의 출력은 입력과 어떻게 연결되어 있는가?
6. 실제적인 미분회로와 이상적인 미분회로는 어떻게 다른가?

18-4 발진기

이미 17장에서 궤환 발진기의 동작원리를 소개했다. 또한 개별 트랜지스터를 이용한 여러 가지 형태의 발진기 회로도 다루었다. 연산 증폭기를 이용하여 궤환 발진기들을 구현할 수 있다.

이 절의 학습목표

◆ 여러 가지 형태의 연산 증폭 발진기의 동작에 대해 논의한다.
   ◆ 빈 브리지 발진기의 특성과 동작을 해석한다.
   ◆ 삼각파 발진기의 특성과 동작을 해석한다.
   ◆ 이완 발진기 특성과 동작을 해석한다.

빈 브리지 발진기

빈 브리지 발진기(Wien-bridge oscillator)는 전자 발진기로써 넓은 범위의 주파수 영역에서 낮은 왜곡을 갖는 정현파를 발생한다. 이 발진기의 중요한 부분은 그림 18-27(a)에 보인 것과 같은 진상-지상회로이다. R_1과 C_1은 회로의 지상 부분을 만들고, R_2와 C_2는 진상 부분을 만든다. 이 회로의 동작 원리는 다음과 같다. 낮은 주파수에서는 C_2의 높은 리액턴스 때문에 진상회로가 주가 된다. 주파수가 증가하면 X_{C2}가 감소하여 출력전압은 증가하게 된다. 어떤 특정 주파수에서는 지상회로 응답이 나타나기 시작하며, 주파수가 증가하면 X_{C1}이 감소하여 출력전압이 감소하는 원인이 된다.

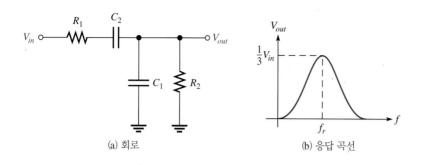

(a) 회로

(b) 응답 곡선

그림 18-27(b)에 보인 진상-지상회로에 대한 응답 곡선은 주파수 f_r에서 출력전압이 최대임을 보여준다. 이 점에서 $R_1 = R_2$이고 $X_{C1} = X_{C2}$라면 회로의 감쇠(V_{out}/V_{in})는 식 (18-7)과 같이 $\frac{1}{3}$이 된다.

$$\frac{V_{out}}{V_{in}} = \frac{1}{3} \tag{18-7}$$

공진주파수는

$$f_r = \frac{1}{2\pi RC} \tag{18-8}$$

요약하면 진상-지상회로는 회로를 통한 위상차가 0°이고, 감쇠가 1/3이 되는 공진주파수 f_r을 갖는다. f_r보다 낮은 주파수에서는 진상회로가 주도하여 출력은 입력에 앞선다. f_r보다 높은 주파수에서는 지상회로가 주도하여 출력은 입력보다 뒤지게 된다.

기본회로 진상-지상회로는 그림 18-28(a)와 같이 연산 증폭기의 정궤환루프에 사용된다. 전압 분배기는 부궤환루프에 사용된다. 빈 브리지 발진기 회로는 진상-지상회로를 통해 출력으로부터 궤환되는 입력신호를 갖는 비반전 증폭기로 볼 수 있다. 증폭기의 폐루프이득은 전압 분배기에 의해 다음과 같이 결정된다.

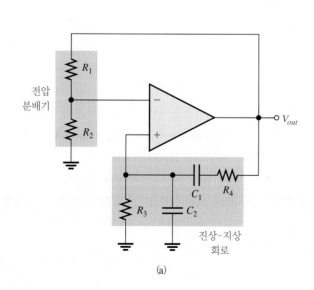

(a)

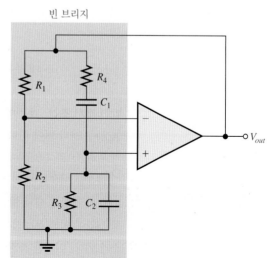

(b) 빈 브리지 회로는 전압 분배기와 진상-지상회로가 결합되어 있다.

▲ 그림 18-28

두 가지의 등가형태로 보인 빈 브리지 발진기 회로도

$$A_{cl} = \frac{1}{B} = \frac{1}{R_2/(R_1 + R_2)} = \frac{R_1 + R_2}{R_2}$$

　그림 18-28(b)의 회로는 연산 증폭기가 브리지 회로 양단에 연결되도록 다시 그린 회로이다. 브리지의 한쪽 구간은 진상-지상회로이고, 다른 한쪽 구간은 전압 분배기이다.

발진을 위한 정궤환 조건　이미 아는 바와 같이 안정적인 정현파 발진을 위해 정궤환 루프의 위상차는 0°이어야 하고 이득은 1이어야 한다. 위상차가 0°인 조건은 주파수가 f_r일 때 만족되는데, 그 이유는 진상-지상회로에서 위상차가 0°이고, 연산 증폭기의 비반전입력(+)으로부터 출력으로 위상반전이 없기 때문이다. 그림 18-29(a)는 이와 같은 현상을 보여준다.

　궤환루프에서 이득 1조건은 다음과 같을 때 충족된다.

$$A_{cl} = 3$$

그림 18-29(b)에서 보인 것처럼 지상-진상회로망의 ⅓ 감쇠에 의해 상쇄되어 정궤환루프 주위의 총 이득을 1로 만들수 있다. 폐루프이득 3을 얻기 위해

$$R_1 = 2R_2$$

$$A_{cl} = \frac{R_1 + R_2}{R_2} = \frac{2R_2 + R_2}{R_2} = \frac{3R_2}{R_2} = 3$$

▶ 그림 18-29

빈 브리지 회로의 발진 조건

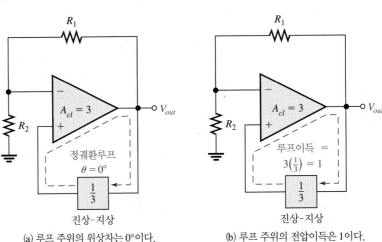

(a) 루프 주위의 위상차는 0°이다.　　(b) 루프 주위의 전압이득은 1이다.

발진 개시 조건　초기에 연산 증폭기의 폐루프이득은 출력전압이 원하는 크기에 이를 때까지 3($A_{cl} > 3$)보다 커야 한다. 이후 증폭기의 이득은 원하는 수준의 전압유지와 궤환의 이득을 1로 하기 위해 3으로 감소해야 발진이 가능하다. 이를 그림 18-30에 나타냈다.

　JFET를 이용한 안정적인 빈 브리지 발진기를 그림 18-31에 나타냈다. 연산 증폭기의 이득은 JFET가 포함된 색 음영 부분에 보인 소자들에 의해 조절된다. JFET의 드레인-소스 저항은 게이트 전압에 의해 정해진다. 출력전압이 없을 때 게이트 전압은 0 V이므로 드레인-소스 저항은 최소가 된다. 이러한 조건에서 루프 이득은 1보다 크다. 따라서 발진이 시작되고 출력전압은 빠르게 증가한다. 출력신호가 음인 동안 D_1은 순방향으로 바이어스되어 C_3가 음전압으로 충전된다. 이 전압은 JFET의 드레인-소스 저항을 증가하고 이득(따라서 출력)을 감소한다. 이는 전통적인 부궤환 동작이다. 소자들의 적절한 선택을 통해 이득을 필요한 수준으로 안정화시킬 수 있다.

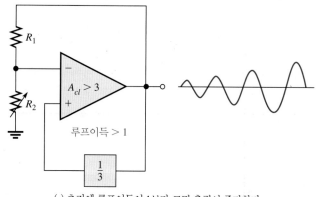

(a) 초기에 루프이득이 1보다 크면 출력이 증가한다.

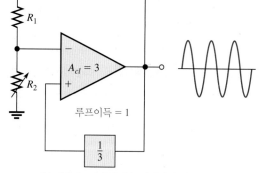

(b) 이득이 1이면 출력은 일정하게 유지된다.

▲ 그림 18-30

발진기의 발진 개시 조건

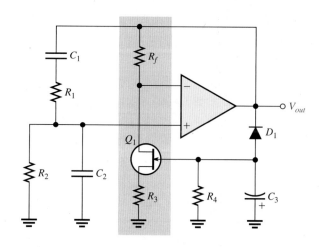

◀ 그림 18-31

부궤환에 JFET를 사용한 자기시동 빈 브리지 발진기

예제 18-9

그림 18-32의 빈 브리지 발진기에서 발진 주파수를 구하라.

▶ 그림 18-32

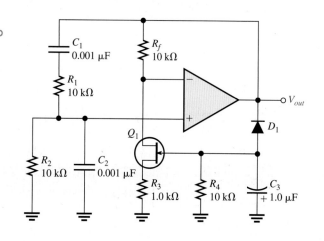

풀이 진상-지상회로에서 $R_1 = R_2 = R = 10$ kΩ이고, $C_1 = C_2 = C = 0.001$ μF이므로 공진주파수는

$$f_r = \frac{1}{2\pi RC} = \frac{1}{2\pi(10 \text{ k}\Omega)(0.001 \text{ μF})} = \textbf{15.9 kHz}$$

관련 문제 그림 18-32에서 C_1과 C_2가 0.01 μF일 때 발진주파수를 구하라.

공학용 계산기 소개의 예제 19-9에 있는 변환 예를 살펴보라.

Multisim 또는 LTspice 파일 E19-09를 열어라. 오실레이터 피드백 회로의 보드 선도와 그림 18-27(b)의 보드 선도를 비교하라.

삼각파 발진기

연산 증폭기 비교기를 이용한 삼각파 발진기(triangular-wave oscillator)의 실질적인 회로를 그림 18-33에 나타냈다. 이의 동작은 다음과 같다. 초기에 비교기의 출력전압이 음으로 최대 전압에 있다고 가정하자. 이 출력은 R_1을 거쳐 다음 단의 적분기의 반전입력으로 연결되어 적분기의 출력에서 양의 방향으로 증가하는 램프전압을 발생한다. 이 램프전압이 점차 증가하여 상측 구동점(UTP)에 도달할 때 비교기는 양의 최대 전압으로 전환된다. 따라서 이 양의 전압은 적분기의 출력을 음의 방향으로 변화시킨다. 이 방향에서 램프전압은 하측 구동점(LTP)에 이를 때까지 계속된다. 이 시점에서 비교기 출력은 다시 음의 최대 전압으로 변하게 되며 주기적으로 반복된다. 이러한 동작을 그림 18-34에 나타냈다.

▶ 그림 18-33

2개의 연산 증폭기를 이용한 삼각파 발진기

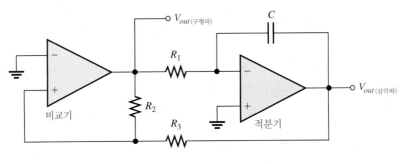

▶ 그림 18-34

그림 18-33 회로의 파형

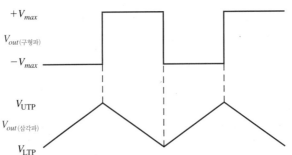

비교기는 구형파를 발생하기 때문에 그림 18-33의 회로는 삼각파 발진기와 구형파 발진기로 동시에 사용할 수 있다. 이와 같은 회로는 한 가지 이상의 출력을 발생하므로 일반적으로 함수 발생기로 알려져 있다. 구형파의 출력전압 크기는 비교기의 출력변화율에 따라 결정되고, 저항 R_2와 R_3는 다음과 같은 식에 따라 정해지는 UTP와 LTP에 의해 삼각파형의 진폭을 결정한다.

$$V_{\text{UTP}} = +V_{max}\left(\frac{R_3}{R_2}\right) \tag{18-9}$$

$$V_{\text{LTP}} = -V_{max}\left(\frac{R_3}{R_2}\right) \tag{18-10}$$

여기서 비교기의 출력전압 $+V_{max}$와 $-V_{max}$는 같다. 두 파형의 주파수는 시정수 $R_1 C$와 진폭 조정

저항 R_2, R_3에 따라 결정된다. R_1 값만을 조절하여 출력진폭의 변화없이 주파수를 조정할수 있다.

$$f = \frac{1}{4R_1C}\left(\frac{R_2}{R_3}\right) \qquad (18\text{-}11)$$

예제 18-10

그림 18-35 회로의 발진 주파수를 구하라.

▶ 그림 18-35

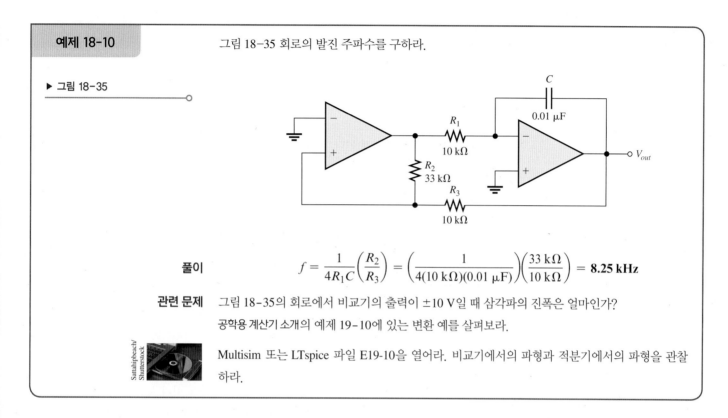

풀이

$$f = \frac{1}{4R_1C}\left(\frac{R_2}{R_3}\right) = \left(\frac{1}{4(10\ \text{k}\Omega)(0.01\ \mu\text{F})}\right)\left(\frac{33\ \text{k}\Omega}{10\ \text{k}\Omega}\right) = \textbf{8.25 kHz}$$

관련 문제 그림 18-35의 회로에서 비교기의 출력이 ±10 V일 때 삼각파의 진폭은 얼마인가?
공학용 계산기 소개의 예제 19-10에 있는 변환 예를 살펴보라.

Multisim 또는 LTspice 파일 E19-10을 열어라. 비교기에서의 파형과 적분기에서의 파형을 관찰하라.

구형파 이완 발진기

그림 18-36에 보인 기본적인 구형파 발진기는 커패시터의 충전과 방전을 기초로 하여 동작하므로 이완 발진기(relaxation oscillator)의 한 종류라고 볼 수 있다. 연산 증폭기의 반전입력은 커패시터 전압이고, 비반전입력은 저항 R_2와 R_3를 통해 궤환된 출력의 일부분이다. 회로가 처음 동작할 때 커패시터는 충전되어 있지 않으며, 따라서 반전입력은 0 V이다. 이는 출력을 양의 최댓값으로 만들며 커패시터는 R_1을 통해 V_{out}으로 충전을 시작한다. 커패시터 전압이 비반전입력의 궤환전압과 같게 될 때 연산 증폭기의 출력은 음의 최댓값 상태로 바뀌게 된다. 여기서 커패시터는

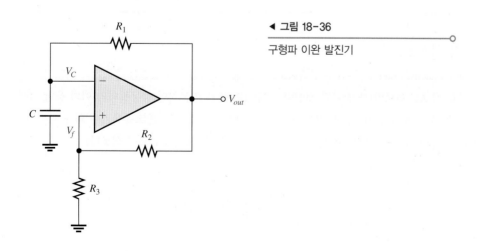

◀ 그림 18-36

구형파 이완 발진기

▶ 그림 18-37

구형파 이완 발진기의 전압파형

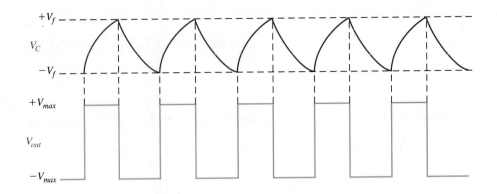

$+V_f$에서 $-V_f$로 방전을 하게 된다. 커패시터 전압이 $-V_f$에 이를 때 연산 증폭기의 출력은 양의 최댓값 상태로 바뀐다. 이러한 동작은 그림 18-37에서와 같이 계속해서 반복되며, 따라서 구형파 출력을 얻을 수 있다.

18-4절 복습

해답은 이 장의 끝에 있다.

1. 빈 브리지 발진기는 2개의 궤환루프가 있다. 각각의 목적은 무엇인가?
2. 함수 발생기가 무엇이며, 그 역할은 무엇인가?
3. 이완 발진기는 어떤 원리에 의해 동작하는가?

18-5 능동필터

필터는 입력전압의 주파수에 따라 출력전압이 변화하는 형태에 따라 분류한다. 이 절에서 공부할 능동필터는 저역, 고역, 대역통과필터이다. 여기서 능동이란 의미는 이득을 얻는 부품을 말하는 것으로 증폭기를 의미한다.

이 절의 학습목표

◆ **연산 증폭기를 이용한 필터를 평가하고 이해한다.**

 ◆ 저역통과필터의 단극과 2극점을 계산한다.
 ◆ 고역통과필터의 단극과 2극점을 계산한다.
 ◆ 대역통과필터의 공진주파수를 결정한다.
 ◆ 고역통과필터 및 저역통과필터를 이용한 대역거부필터 구현방법을 설명한다.

저역통과 능동필터

능동필터(active filter)는 주파수 선택회로로서 1개 또는 여러 개의 연산 증폭기와 리액티브 회로 요소(보통 RC 회로망)가 결합된 것이다. 그림 18-38은 기본적인 능동필터와 이의 응답 곡선이다. 입력회로는 단극 저역통과 RC 회로이며, 부궤환루프를 갖는 연산 증폭기에 의해 이득은 1이다. 즉 입력신호와 비반전입력 단자 사이에 RC 필터가 있는 전압 폴로어 회로다.

비반전입력에서 전압 $V+$는 다음과 같다.

$$V+ = \left(\frac{X_C}{\sqrt{R^2 + X_C{}^2}} \right) V_{in}$$

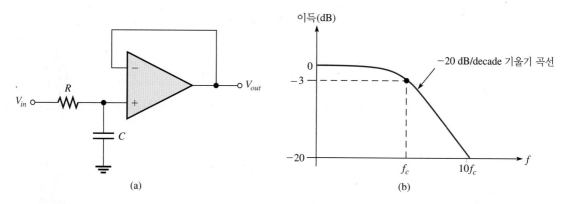

▲ 그림 18-38

단극 저역통과 능동필터와 응답 곡선

여기서 연산 증폭기의 이득은 1이므로 출력전압은 $V+$와 같다.

$$V_{out} = \left(\frac{X_C}{\sqrt{R^2 + X_C{}^2}} \right) V_{in} \qquad (18\text{-}12)$$

출력이 -20 dB/decade로 줄어들기 시작하는 주파수를 차단주파수 f_c라고 부르는데, 1개의 RC 회로로 구성된 필터를 단극 또는 1차 필터라 부른다. -20 dB/decade는 주파수가 10배(decade) 증가함에 따라 전압이득이 10배(-20 dB) 감소함을 뜻한다.

2극 저역통과필터 능동필터에는 여러 종류가 있으며, 이들의 극 또한 여러 개로 바뀔 수 있다. 그러나 여기서는 2극 필터만 살펴본다. 그림 18-39(a)에 2극(2차) 저역통과필터를 나타냈다. 필터의 각 RC 회로는 단극으로 간주되므로 그림 18-39(b)에 나타낸 것처럼 2극 필터는 -40 dB/decade의 감소율을 발생하기 위해 2개의 RC 회로를 사용한다. 그림 18-39의 능동필터는 연산 증폭기가 전압 폴로어처럼 연결되어 있기 때문에 f_c 이하에서의 이득은 1이다.

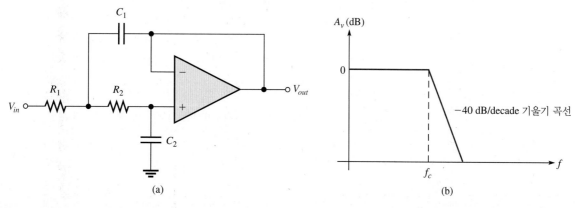

▲ 그림 18-39

2극 저역통과 능동필터와 이상적인 응답 곡선

그림 18-39(a)에서 RC 회로 중 하나는 R_1과 C_1으로, 다른 하나는 R_2와 C_2로 이루어졌다. 이러한 필터의 차단 주파수는 식 (18-13)에 의해 계산된다.

$$f_c = \frac{1}{2\pi \sqrt{R_1 R_2 C_1 C_2}} \qquad (18\text{-}13)$$

그림 18-40(a)는 1 kHz의 차단 주파수를 갖도록 선택된 값을 갖는 2극 저역통과필터의 예를 보인 것이다. $C_1 = 2C_2$, $R_1 = R_2$일 경우 f_c에서 이득은 0.707 (또는 −3 dB)이 된다. 1.0 kHz가 아닌 다른 차단 주파수를 갖도록 하는 커패시턴스의 값은 주파수에 반비례하여 조절할 수 있다. 예를 들어 그림 18-40(b)와 (c)에서와 같이 C_1과 C_2를 줄이거나 증가시키면 이에 따라 주파수 범위가 확대되거나 감소되는 것을 알 수 있으므로, 2.0 kHz의 필터를 얻으려면 C_1과 C_2를 반으로 500 Hz의 필터는 2배로 하면 된다.

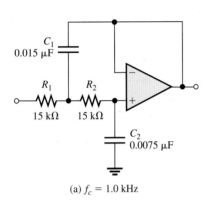

(a) f_c = 1.0 kHz

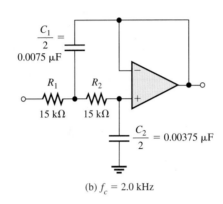

(b) f_c = 2.0 kHz

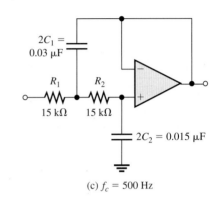

(c) f_c = 500 Hz

▲ 그림 18-40

저역통과필터(2극)의 예

예제 18-11

그림 18-41의 저역통과필터에서 차단 주파수를 3.0 kHz로 하기 위한 커패시턴스 값을 구하라.

▶ 그림 18-41

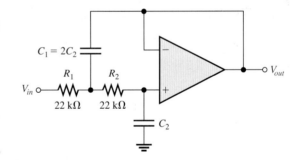

풀이 저항값은 이미 22 kΩ으로 고정되어 있다. 이 회로는 1.0 kHz 기준 필터와 다르므로 커패시턴스를 얻기 위해 배율법을 사용할 수 없다. 식 (18-13)을 이용하여 다음과 같이 계산한다.

$$f_c = \frac{1}{2\pi\sqrt{R_1 R_2 C_1 C_2}}$$

양쪽을 제곱하면

$$f_c^2 = \frac{1}{4\pi^2 R_1 R_2 C_1 C_2}$$

$C_1 = 2C_2$, $R_1 = R_2 = R$이므로

$$f_c^2 = \frac{1}{4\pi^2 R^2 (2C_2^2)}$$

C_2에 대해 풀고 C_1을 결정한다.

$$C_2 = C = \frac{1}{2\sqrt{2}\pi R f_c} = \frac{0.707}{2\pi(22\ \text{k}\Omega)(3.0\ \text{kHz})} = \textbf{1.71 nF}$$

$$C_1 = 2C = 2(0.0017\ \mu\text{F}) = \textbf{3.41 nF}$$

관련 문제 그림 18-41의 회로에서 $R_1 = R_2 = 27$ kΩ, $C_1 = 0.001$ μF, $C_2 = 500$ pF일 경우 f_c를 구하라.

공학용 계산기 소개의 예제 19-11에 있는 변환 예를 살펴보라.

Multisim 또는 LTspice 파일 E19-11을 열어라. 차단주파수가 3.0 kHz 됨을 보여라.

고역통과 능동필터

−20 dB/decade의 감소율을 갖는 고역통과 능동필터를 그림 18-42(a)에 나타냈다. 입력회로는 단극 고역통과 RC 회로이며, 부궤환을 갖는 연산 증폭기의 이득은 1이다. 응답 곡선을 그림 18-42(b)에 나타냈다.

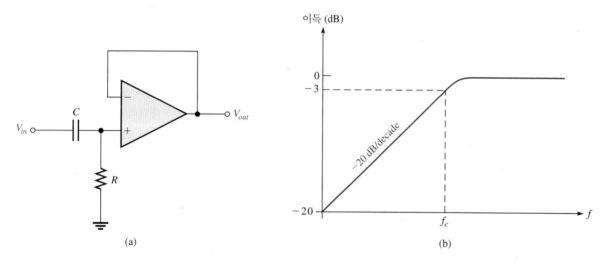

▲ 그림 18-42

단극 고역통과 능동필터와 응답 곡선

이상적인 고역통과필터는 그림 18-43(a)와 같이 f_c 이상의 모든 주파수의 신호를 제한 없이 통과시킨다. 그러나 실제로 이와 같은 동작은 불가능하다. 모든 연산 증폭기는 높은 주파수에서 증폭기의 응답을 제한하는 내부 RC 회로를 가지고 있다. 이러한 점이 고역통과 능동필터가 갖는 문제이다. 그림 18-43(b)에서와 같이 더 높은 주파수에서 필터의 응답이 제한을 받는데, 이런 종류의 필터는 사실상 고역통과필터라기보다는 매우 넓은 대역폭을 갖는 대역통과필터가 된다. 많은 경우에 내부의 고주파는 필터의 차단 주파수에 비해 대단히 높기 때문에 차단되어 무시할 수 있다.

비반전입력단의 전압은 다음과 같다.

$$V+ = \left(\frac{R}{\sqrt{R^2 + X_C^2}}\right)V_{in}$$

연산 증폭기는 이득이 1인 전압 폴로어로 연결되어 있기 때문에 출력전압은 비반전입력의 전압 $V+$와 같다.

▶ 그림 18-43

고역통과필터의 응답

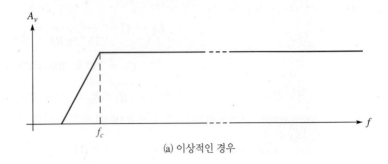

(a) 이상적인 경우

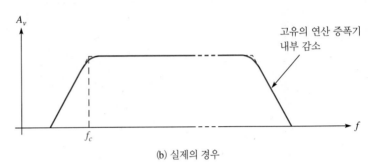

고유의 연산 증폭기
내부 감소

(b) 실제의 경우

$$V_{out} = \left(\frac{R}{\sqrt{R^2 + X_C^2}} \right) V_{in} \qquad (18-14)$$

연산 증폭기의 내부 차단주파수가 필터의 원하는 f_c보다 대단히 높다면 그림 18-43(b)에서와 같이 -20 dB/decade로 이득은 감소할 것이다. 이 회로는 1개의 RC 회로를 가지므로 단극 필터이다.

2극 고역통과필터 그림 18-44는 2극 고역통과 능동필터이다. 이 회로는 저항과 커패시터의 위치를 제외하고는 저역통과필터와 동일하다. 이 필터는 f_c 이하에서는 -40 dB/decade의 감소율을 가지며, 차단주파수는 식 (18-13)에서 주어진 저역통과필터와 같다.

▶ 그림 18-44

2극 고역통과필터($f_c = 1.0$ kHz)

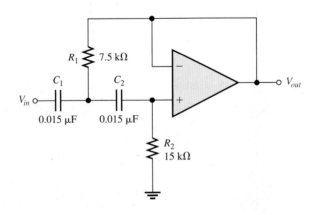

1.0 kHz의 차단 주파수로 응답이 나타나도록 선택된 값을 갖는 2극 고역통과필터를 그림 18-44에 나타냈다. f_c에서 0.707 (-3 dB)의 이득을 얻으려면 $R_2 = 2R_1$이고 $C_1 = C_2$이면 된다. 1.0 kHz 이외의 다른 주파수를 얻기 위해 저역통과필터에서 커패시터에 한 것처럼 저항값이 역으로 조절되어야 한다.

예제 18-12

그림 18-45의 고역통과필터에서 차단주파수가 5.5 kHz가 되기 위한 저항값을 구하라.

▶ 그림 18-45

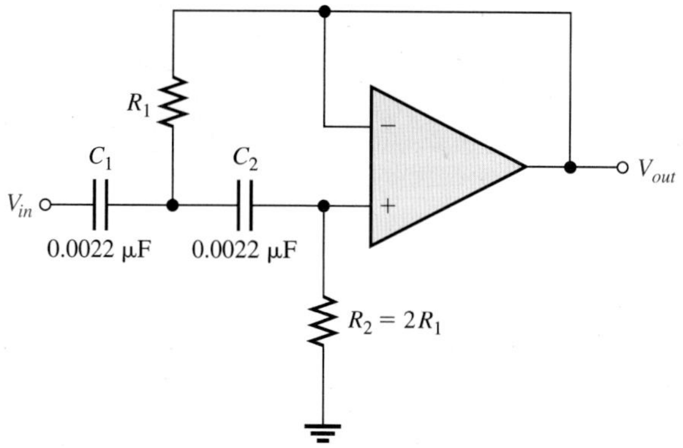

V_{in} ○—∥—— C_1 0.0022 μF ——∥—— C_2 0.0022 μF

R_1

$R_2 = 2R_1$

V_{out}

풀이 이 회로의 커패시터 값은 이미 0.0022 μF로 선택되었다. 1.0 kHz 기준필터와 다르기 때문에 저항값을 얻기 위해 배율법을 사용할 수 없다. 따라서 식 (18-13)을 이용하여 양쪽을 제곱하면

$$f_c = \frac{1}{2\pi\sqrt{R_1 R_2 C_1 C_2}}$$

$$f_c^2 = \frac{1}{4\pi^2 R_1 R_2 C_1 C_2}$$

$R_2 = 2R_1$이고 $C_1 = C_2 = C$이므로

$$f_c^2 = \frac{1}{4\pi^2 (2R_1^2)C^2}$$

R_1을 구한 후에 이를 이용하여 R_2를 구한다.

$$R_1^2 = \frac{1}{8\pi^2 C^2 f_c^2}$$

$$R_1 = \frac{1}{\sqrt{2}\,2\pi C f_c} = \frac{0.707}{2\pi C f_c} = \frac{0.707}{2\pi(0.0022\ \mu F)(5.5\ kHz)} = \mathbf{9.3\ k\Omega}$$

$$R_2 = 2R_1 = 2(9.3\ k\Omega) = \mathbf{18.6\ k\Omega}$$

관련 문제 그림 18-45에서 $R_1 = 9.3$ kΩ, $R_2 = 18.6$ kΩ, $C_1 = C_2 = 4700$ pF일 경우 f_c는 얼마인가? 공학용 계산기 소개의 예제 19-12에 있는 변환 예를 살펴보라.

Multisim 또는 LTspice 파일 E19-12를 열어라. 차단주파수가 5.5 kHz임을 보여라.

고역통과필터와 저역통과필터의 결합을 이용한 대역통과필터

대역통과필터를 만드는 한 가지 방법은 그림 18-46(a)와 같이 고역통과필터에 이어서 저역통과필터를 직렬로 연결하는 것이다. 각 필터는 2극 구조이므로 그림 18-46(b)의 혼합 응답 곡선에서 나타낸 것처럼 응답 곡선의 감소율은 −40 dB/decade가 된다. 각 필터의 차단주파수가 정해졌으므로 응답 곡선은 그림과 같이 겹쳐진다. 고역통과필터의 차단주파수는 저역통과필터의 차단주파수보다 낮다. 그 사이의 영역을 **통과대역**이라고 한다.

대역통과필터의 낮은 쪽 차단주파수 f_{c1}은 고역통과필터의 차단주파수에 의해 결정된다. 대역

▶ 그림 18-46

2극 고역통과필터와 저역통과필터를 결합한 대역통과필터(연결 순서는 무관함)

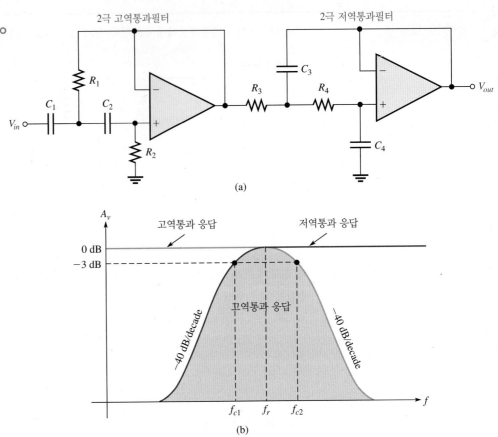

(a)

(b)

통과필터의 높은 차단주파수 f_{c2}는 저역통과필터의 차단주파수이다. 이상적인 경우 대역통과필터의 중간주파수 f_r은 하한 차단주파수 f_{c1}과 상한 차단주파수 f_{c2}의 기하학적 평균이 된다. 그림 18-46에서 대역통과필터의 세 가지 차단 주파수는 다음과 같다.

$$f_{c1} = \frac{1}{2\pi\sqrt{R_1 R_2 C_1 C_2}} \qquad (18\text{-}15)$$

$$f_{c2} = \frac{1}{2\pi\sqrt{R_3 R_4 C_3 C_4}} \qquad (18\text{-}16)$$

$$f_r = \sqrt{f_{c1} f_{c2}} \qquad (18\text{-}17)$$

예제 18-13

(a) 그림 18-47에서 필터의 대역폭과 중간주파수를 구하라.

▶ 그림 18-47

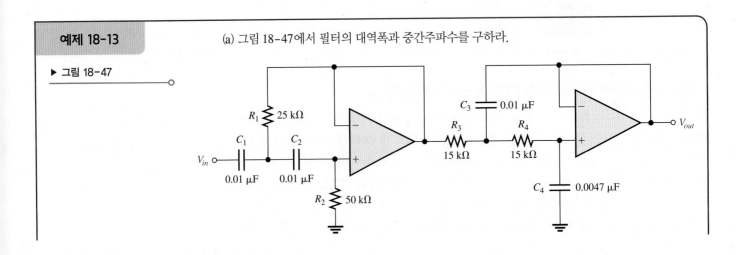

(b) 응답 곡선을 그려라.

풀이 (a) 고역통과필터의 차단주파수는

$$f_{c1} = \frac{1}{2\pi\sqrt{R_1 R_2 C_1 C_2}} = \frac{1}{2\pi\sqrt{(25 \text{ k}\Omega)(50 \text{ k}\Omega)(0.01 \text{ μF})(0.01 \text{ μF})}} = 450 \text{ Hz}$$

저역통과필터의 차단 주파수는

$$f_{c2} = \frac{1}{2\pi\sqrt{R_3 R_4 C_3 C_4}} = \frac{1}{2\pi\sqrt{(15 \text{ k}\Omega)(15 \text{ k}\Omega)(0.01 \text{ μF})(0.0047 \text{ μF})}} = 1.55 \text{ kHz}$$

대역폭과 중간주파수는

$$BW = f_{c2} - f_{c1} = 1.55 \text{ kHz} - 450 \text{ Hz} = \textbf{1.10 kHz}$$

$$f_r = \sqrt{f_{c1} f_{c2}} = \sqrt{(450 \text{ Hz})(1.55 \text{ kHz})} = \textbf{835 Hz}$$

(b) 응답 곡선은 그림 18-48과 같다.

▶ **그림 18-48**

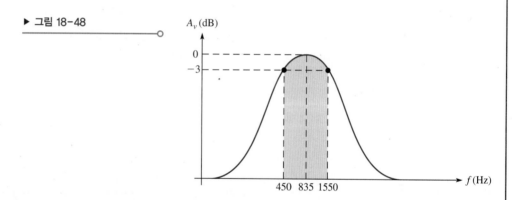

관련 문제 그림 18-47의 필터에서 f_{c1}의 변화없이 대역폭을 넓히려면 어떻게 해야 하는가?
공학용 계산기 소개의 예제 19-13에 있는 변환 예를 살펴보라.

고역통과/저역통과 조합을 이용한 대역거부필터

이름에서 알 수 있듯이 대역거부필터는 두 차단주파수 사이의 주파수를 차단하는 것을 목적으로
한다. 대역거부 또는 노치필터를 구현하는 한 가지 방법은 그림 18-49(a)와 같이 가산 증폭기를
사용하여 고역통과필터와 저역통과필터의 출력을 결합하는 것이다. 필터가 직렬이었던 대역통
과 구성과는 달리 대역거부필터의 경우 필터와 저역통과필터가 병렬로 연결된다. 표시된 각 필
터는 2극 구성이므로 응답 곡선의 기울기 속도는 −40 dB/decade이다. 그림 18-49(b)는 녹색으
로 저역통과 응답을 나타내고 빨간색으로 고역통과 응답을 나타낸다. 대역통과필터와 달리 저역
통과필터의 임계주파수는 고역통과필터의 임계주파수보다 낮다. 그 사이의 영역을 **정지대역**이
라고 한다.

이러한 방식으로 구성된 대역거부필터는 광대역필터인 경향이 있다. 이들은 다른 노치필터보
다 낮은 Q와 넓은 대역폭을 갖는 경향이 있으므로 주파수대역을 가장 잘 거부하는 특징이 있다.
이 필터의 경우 저역필터와 고역필터의 임계주파수를 1 decade 분리하기 위해 선택했다(즉 저역
필터의 임계주파수는 고역필터의 10분의 1이다). 450 Hz 미만과 4.5 kHz 이상에서는 필터가 입

력전압을 출력으로 전달하는 반면, 450 Hz에서 4.5 kHz 사이에서는 1개 또는 2개의 필터가 입력전압을 감쇠한다. 이 필터의 중심주파수는 기하학적 평균인 1.423 kHz이며, 각 필터의 출력은 −20 dB이다. 합산 증폭기는 저역필터와 고역필터의 출력을 함께 추가하여 이 주파수에서의 V_{out}이 실제로 −20 dB보다 커진다. 실제로 임계주파수 사이가 1 decade가 되지 않을 때, 2극 필터의 V_{out} 계산값과 실제값의 차이는 다음 예제처럼 매우 크다는 것을 알 수 있다.

▶ 그림 18-49

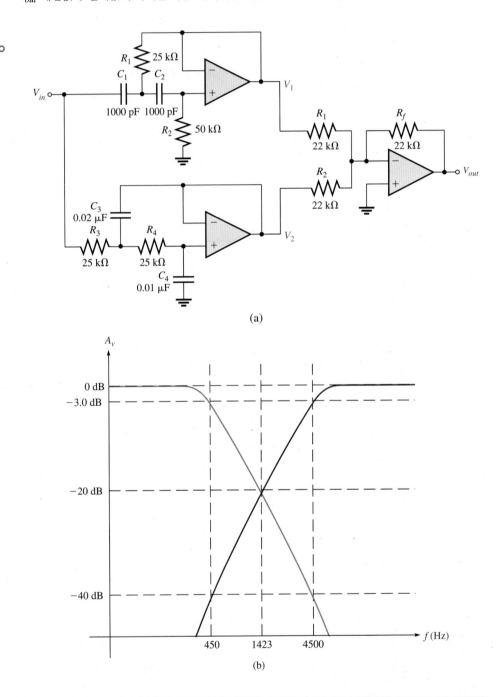

(a)

(b)

예제 18-14

그림 18-49에 표시된 필터 응답의 경우 중심주파수에 대한 실제 감쇠는 데시벨 단위로 얼마인가?

풀이 중심주파수에서 고역통과필터와 저역통과필터 모두에 대한 감쇠는 −20 dB이며, 이는 입력전압에 대한 필터의 출력이

$$V_{out} = \left(10^{\frac{-20\,\text{dB}}{20}} \right) V_{in}$$

$$V_{out} = 0.1\ V_{in}$$

가산 증폭기의 출력은 $V_{out}(\text{hp}) + V_{out}(\text{lp}) = 0.1\ V_{in} + 0.1\ V_{in} = 0.2\ V_{in}$이다. 이를 데시벨로 변환하면 다음과 같다.

$$V_{out} = 20 \log \left(\frac{0.2\ V_{in}}{V_{in}} \right) \text{dB}$$

$$= (20)(-0.699)\ \text{dB}$$

$$= -14.0\ \text{dB}$$

계산에서 알 수 있듯이 두 필터의 출력을 합하면 출력전압이 두 배로 증가하므로 이상적인 감쇠인 -20 dB보다 6 dB 더 높다. 실제로 필터의 출력전압은 동일하고 중심주파수에서 함께 더해지기 때문에 출력전압은 항상 이상적인 전압의 두 배이거나 6 dB 더 높아 단점이 될 수 있다. 그러나 중심주파수에서 더 절대적인 감쇠가 필요한 경우 극이 더 많은 저역통과필터 및 고역통과필터를 사용하여 더 가파른 기울기를 제공할 수 있다. 또는 임계주파수를 더 이격시킬 수 있다. 이를 통해 각 필터의 출력이 더 큰 주파수 범위에서 기울기가 되고 중심주파수에서 총 출력전압이 낮아지므로 6 dB 차이가 이상적인 값에 비해 덜 중요하다.

관련 문제   그림 18–49에 표시된 필터 응답의 이상적인 Q는?

공학용 계산기 소개의 예제 19–14에 있는 변환 예를 살펴보라.

Multisim 또는 LTspice 파일 E19-14를 열어라. 예제 18–14의 대역거부필터의 중심주파수 및 감쇠 값을 확인하라.

18-5절 복습

해답은 이 장의 끝에 있다.

1. 회로 구성요소와 관련하여 폴(pole)이라는 용어는 무엇인가?
2. 단극 저역통과필터의 특성을 나타내는 응답 유형은 무엇인가?
3. 고역통과필터는 해당 저역통과 버전과 구현 방식이 어떻게 다른가?
4. 고역통과필터의 저항값이 두 배가 될 경우 임계주파수는 어떻게 되는가?

18-6 전압 조정기

입력전압 변동률과 부하 변동률은 15장에서 언급했고 이 절에서는 복습한다. 2가지 기본적인 선형 전압 조정기는 직렬 조정기와 분류 조정기이다.

이 절의 학습목표

◆ **기본적인 직렬과 분류 전압 조정기의 동작 원리를 설명한다.**

    ◆ 입력전압 변동률과 부하 변동률에 대해 논의한다.

    ◆ 기본적인 직렬 연산증폭 전압 조정기의 동작을 설명한다.

    ◆ 단락회로와 과부하에 대한 보호를 논의한다.

    ◆ 기본적인 분류 연산증폭 전압 조정기의 동작을 설명한다.

입력전압 변동률과 부하 변동률

직류입력전압(또는 선로전압)이 변동할 때, 조정기라고 부르는 전자회로는 출력전압을 거의 일정하게 유지해야 한다. **입력전압 변동률**은 입력전압의 변화량에 대한 출력전압 변화량의 백분율로 정의할 수 있다. 입력전압 전체의 값을 가지는 범위에서 입력전압 변동률은 다음 공식과 같이 백분율로 표현된다.

$$\text{입력전압 변동률} = \left(\frac{\Delta V_{OUT}}{\Delta V_{IN}}\right)100\%$$

부하저항의 변화로 부하에 흐르는 전류가 변화하더라도 전압 조정기는 부하 양단의 출력전압을 거의 일정하게 유지해야 한다. **부하 변동률**은 부하전류의 변화량에 대한 출력전압 변화량의 백분율로 정의한다. 부하 변동률의 표현하는 방법 중 한 가지는 전부하(FL)에 대한 무부하(NL)의 출력전압 변화의 백분율로 표시하는 것이다.

$$\text{부하 변동률} = \left(\frac{V_{NL} - V_{FL}}{V_{FL}}\right)100\%$$

부하 변동률은 부하전류 mA 변화에 대한 출력전압 변화량의 백분율로 나타내기도 한다. 예를 들어 0.01%/mA의 부하 변동률은 부하전류가 1.0 mA 증가하거나 감소할 때 출력전압은 0.01% 변화함을 의미한다.

종종 전력공급회사는 부하 변동률 대신에 공급전압의 등가 출력저항(R_{OUT})으로 나타내기도 한다. 테브난 등가회로는 임의의 2단자 선형회로로 그릴 수 있음을 상기하자. 그림 18-50은 부하저항을 가진 공급전원에 대한 테브난 등가회로이다. 테브난 전압은 무부하 공급전압(V_{NL})이고, 테브난 저항은 출력저항, R_{OUT}이다. 이상적으로 R_{OUT}은 0이며, 이 경우 부하 변동률이 0%임을 의미하지만, 실제로 R_{OUT}은 0 아닌 작은 값을 갖는다. 부하저항을 고려하면 이 부하저항에서 출력전압은 분압 분배법칙을 적용하여 구한다.

$$V_{OUT} = V_{NL}\left(\frac{R_L}{R_{OUT} + R_L}\right)$$

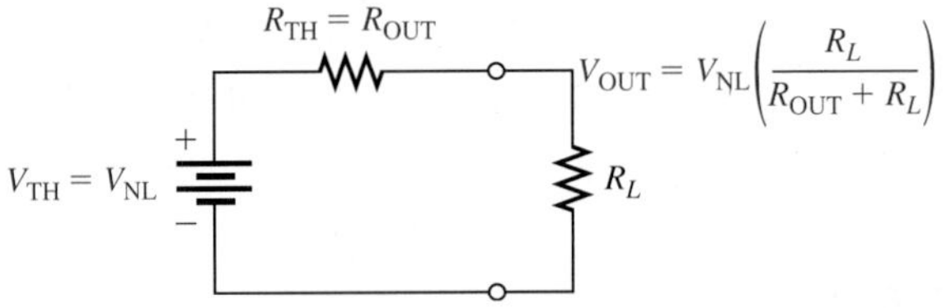

▶ 그림 18-50

부하저항을 가진 공급전압의 테브난 등가회로

만약 R_{FL}이 아주 작은 부하저항과 같다고 하면(대단히 큰 정격전류), 전부하 출력전압(V_{FL})은 다음 식과 같다.

$$V_{FL} = V_{NL}\left(\frac{R_{FL}}{R_{OUT} + R_{FL}}\right)$$

V_{FL}에 관한 방정식에서 V_{NL}을 구하면

$$V_{NL} = V_{FL}\left(\frac{R_{OUT} + R_{FL}}{R_{FL}}\right)$$

$$\text{부하 변동률} = \frac{V_{\text{FL}}\left(\dfrac{R_{\text{OUT}} + R_{\text{FL}}}{R_{\text{FL}}}\right) - V_{\text{FL}}}{V_{\text{FL}}} \times 100\%$$

$$= \left(\frac{R_{\text{OUT}} + R_{\text{FL}}}{R_{\text{FL}}} - 1\right)100\%$$

$$\textbf{부하 변동률} = \left(\frac{\boldsymbol{R_{\text{OUT}}}}{\boldsymbol{R_{\text{FL}}}}\right)\textbf{100}\% \qquad (18\text{-}18)$$

출력저항과 최소 부하저항이 지정될 경우 식 (18-18)은 백분율 부하 변동률을 구하는 데 유용한 방법이다.

기본적인 직렬 조정기

직렬 조정기(series regulator)는 제어 소자가 부하와 직렬로 연결되어 있는 전압 조정기의 일종이다. 직렬 조정기 기호를 그림 18-51(a)에 나타냈으며, 그림 18-51(b)에서는 기본적인 구성을 블록도로 나타냈다. 오차검출기는 보통 연산 증폭기나 비교기를 쓰고 제어 소자는 보통 파워 트랜지스터를 사용한다. 오차 검출기는 기준전압과 표본전압을 비교하여 일정한 출력전압이 유지될 수 있게 제어 소자를 보상한다.

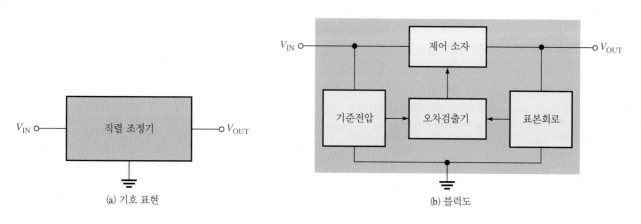

▲ 그림 18-51

단자가 3개인 직렬 전압 조정기의 블록도

조정 동작 그림 18-52는 기본적인 연산 증폭기를 이용한 직렬 조정기를 보인 것이다. 조정기의 동작을 그림 18-53에 나타냈다. R_2와 R_3로 이루어진 전압 분배기는 출력전압의 모든 변화를 감지한다. 그림 18-53(a)에서와 같이 V_{IN}이 감소하거나 I_{L}이 증가(R_{L}의 감소)하기 때문에 출력이 감소하기 시작할 때 이에 비례해서 감소된 전압이 전압 분배기에 의해 연산 증폭기의 반전입력에 인가된다. 제너 다이오드 D_1은 비반전입력을 거의 일정한 기준전압(V_{REF})으로 유지하므로, 작은 전압 차이(오차전압)가 증폭기의 입력에 발생한다. 이 전압 차이는 증폭되어 연산 증폭기의 출력전압(V_{B})이 증가한다. 이렇게 증가된 전압은 트랜지스터 Q_1의 베이스에 인가되기 때문에 반전입력으로의 전압이 기준(제너)전압과 다시 같아질 때까지 이미터 전압 V_{OUT}은 증가하게 된다. 이러한 동작은 출력전압이 감소하는 것을 상쇄하여 거의 일정하게 그 값을 유지한다. 전력 트랜지스터 Q_1은 모든 부하전류를 감당해야 하므로 보통 방열판과 함께 사용된다.

▶ 그림 18-52

기본 직렬전압 조정기

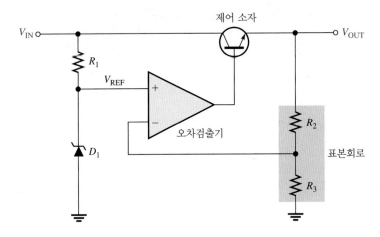

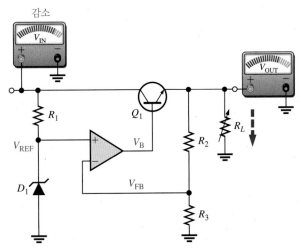

(a) V_{IN}이나 R_L이 감소할 때 V_{OUT}은 감소한다. 궤환전압 V_{FB} 역시 감소 하므로 연산 증폭기의 출력전압 V_B가 증가하게 되고, Q_1의 이미터 전압을 증가하고 V_{OUT}의 감소를 보상한다. V_{OUT}의 변화는 설명을 위해 약간 과장했다.
  V_{IN}이나 R_L이 새로운 낮은 값으로 안정될 때 전압은 본래의 값으로 되돌아가며, V_{OUT}은 부궤환으로 인해 일정하게 유지된다.

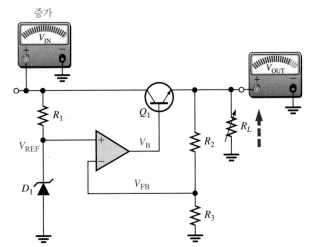

(b) V_{IN}이나 R_L이 증가할 때 V_{OUT}은 증가한다. 궤환전압 V_{FB} 역시 증가 하므로 제어 트랜지스터의 베이스에 인가되는 V_B는 감소하며, Q_1의 이미터 전압의 감소에 의해 V_{OUT}의 증가를 보상한다.
  V_{IN}이나 R_L이 새로운 높은 값으로 안정될 때 전압은 본래의 값으로 되돌아가며, V_{OUT}은 부궤환으로 인해 일정하게 유지된다.

▲ 그림 18-53

V_{IN}이나 R_L이 변할 때 V_{OUT}을 일정하게 유지하는 직렬 조정기

출력전압이 증가하는 경우에는 그림 18-53(b)에서와 같이 반대되는 동작이 일어난다.

그림 18-52의 연산 증폭기는 실제로 비반전 증폭기처럼 연결되어 있으며, 여기서 기준전압 V_{REF}는 비반전단자에서의 입력이며, R_2/R_3 전압 분배기가 부궤환회로를 구성하고 있다. 폐루프 전압이득은

$$A_{cl} = 1 + \frac{R_2}{R_3} \tag{18-19}$$

따라서 조정된 출력전압은

$$V_{OUT} = \left(1 + \frac{R_2}{R_3}\right)V_{REF} \tag{18-20}$$

이러한 해석으로부터 제너 전압과 저항 R_2, R_3에 의해 출력전압이 정해짐을 알 수 있다. 즉 입력전압과는 무관하게 전압 조정이 이루어진다(입력전압과 부하전류가 정해진 범위 이내인 경우).

| 예제 18-15 | 그림 18-54의 조정기에 대한 출력전압을 결정하라. |

▶ 그림 18-54

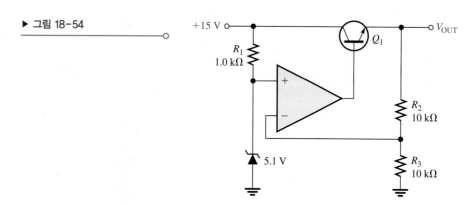

풀이   제너 전압 V_{REF} = 5.1 V이므로

$$V_{OUT} = \left(1 + \frac{R_2}{R_3}\right)V_{REF} = \left(1 + \frac{10\ k\Omega}{10\ k\Omega}\right)5.1\ V = (2)5.1\ V = \mathbf{10.2\ V}$$

관련 문제   그림 18-54의 회로에서 소자값을 5.1 V 제너를 3.3 V 제너로, R_1 = 1.8 kΩ, R_2 = 22 kΩ, R_3 = 18 kΩ으로 바꾸었다. 출력전압은 얼마인가?

단락회로 또는 과부하   과도한 부하전류가 흐르게 되면 직렬로 연결되어 있는 트랜지스터는 빠르게 손상을 입거나 파손될 수 있다. 대부분의 조정기는 전류를 제한하는 장치를 구성하여 과도한 전류로부터 보호하는 회로를 사용한다.

그림 18-55는 과부하를 방지하기 위해 전류를 제한하는 한 가지 방법이며, **정전류 제한기**라고 부른다. 이 보호회로는 트랜지스터 Q_2와 저항 R_4로 구성되어 있다. R_4를 통해 흐르는 부하전류는 Q_2의 베이스와 이미터 사이에 전압강하를 발생한다. 부하전류 I_L이 최댓값에 이르게 되면 R_4에서 발생되는 전압강하는 Q_2의 베이스-이미터 접합을 순방향 바이어스 상태로 만들기에 충분한 전압이 되어 Q_2가 동작하게 된다. 충분히 큰 Q_1의 베이스전류가 Q_2의 컬렉터로 나누어지게 되어 I_L은 최댓값 $I_{L(max)}$로 제한된다. Q_2의 베이스와 이미터 사이의 전압은 실리콘 트랜지스터의 경우 0.7 V 이상은 넘지 않으므로 R_4 양단의 전압은 이 값을 유지하게 되고, 부하전류는 다음과 같이 제한된다.

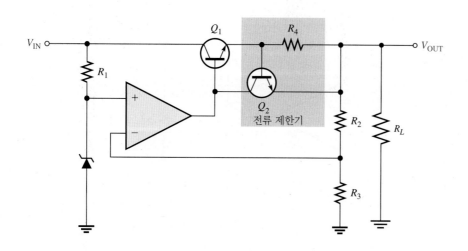

◀ 그림 18-55

정전류 제한기를 갖는 직렬 조정기

$$I_{\text{L(max)}} = \frac{0.7 \text{ V}}{R_4}$$

기본적인 분류 조정기

앞에서 배운 바와 같이 직렬 조정기의 제어부는 직렬로 연결된 트랜지스터로 이루어져 있다. 그림 18-56(a)는 간단한 선형 분류 조정기 회로를 보인 것이며, 그림 18-56(b)는 기본 구성을 블록도로 나타낸 것이다.

분류 조정기(shunt regulator)는 그림 18-57에서와 같이 제어 소자는 부하와 병렬로 연결되어 있는 트랜지스터(Q_1)이다. 직렬저항 R_1은 부하저항과 직렬로 연결되어 있다. 회로의 동작은 병렬 트랜지스터 Q_1을 통해 흐르는 전류를 제어하여 조정한다는 것을 제외하고는 직렬 조정기와 비슷하다.

그림 18-58(a)와 같이 입력전압이나 부하전류의 변화로 출력전압이 줄어들면 R_3와 R_4에 의해 이 변화가 감지되어 연산 증폭기의 비반전입력으로 인가된다. 이 결과 연산 증폭기의 출력전압 V_B가 감소되고, 트랜지스터 Q_1의 베이스전압이 줄어들어 컬렉터 전류(분류전류)를 감소하고 결과적으로 컬렉터와 이미터 사이의 내부 저항 r'_{CE}를 증가하게 된다. 이 r'_{CE}는 R_1과 함께 전압 분배기로 동작하므로, 이러한 동작은 V_{OUT}이 감소하는 것을 상쇄하여 거의 일정한 값을 유지시킨다.

그림 18-58(b)와 같이 출력전압이 증가하면 이와 반대되는 동작이 일어난다. I_L과 V_{OUT}이 일정하므로, 입력전압의 변화는 분류전류(I_S)를 다음과 같이 변화한다.

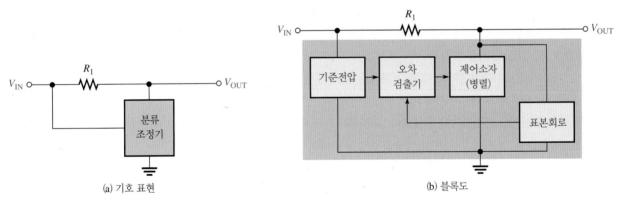

(a) 기호 표현   (b) 블록도

▲ 그림 18-56

단자가 3개인 분류 조정기의 블록도

▶ 그림 18-57

기본 분류 조정기

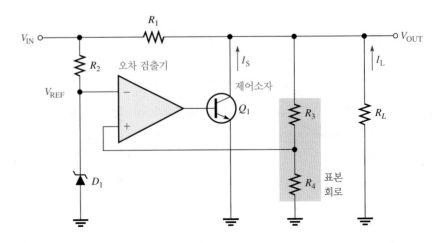

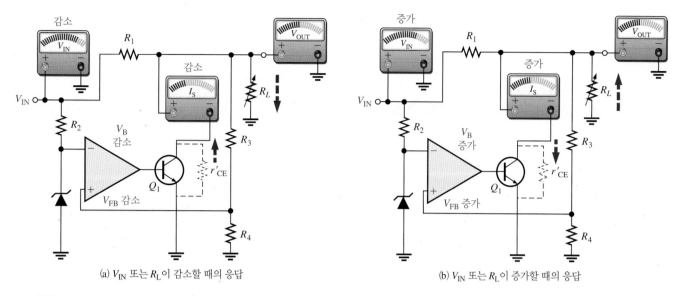

(a) V_{IN} 또는 R_L이 감소할 때의 응답

(b) V_{IN} 또는 R_L이 증가할 때의 응답

▲ 그림 18-58

V_{IN} 또는 R_L의 감소에 따라 V_{OUT}이 감소할 때의 응답 결과

$$\Delta I_S = \frac{\Delta V_{IN}}{R_1}$$

V_{IN}과 V_{OUT}이 일정하므로, 부하전류의 변화는 분류전류를 반대로 변화한다.

$$\Delta I_S = -\Delta I_L$$

이 식은 I_L이 증가할 때 I_S가 감소하며, 그 반대의 경우도 성립한다.

분류 조정기는 직렬 방식보다 효율이 낮지만, 고유의 단락회로 보호기능을 가지고 있다. 출력이 단락되었을 경우($V_{OUT} = 0$), 부하전류는 직렬저항 R_1에 의해 제한되고 최댓값은 다음과 같다 ($I_S = 0$).

$$I_{L(max)} = \frac{V_{IN}}{R_1}$$

예제 18-16

그림 18-59에서 최대 입력전압이 12.5 V일 때, R_1의 전력 정격은 얼마인가?

▶ 그림 18-59

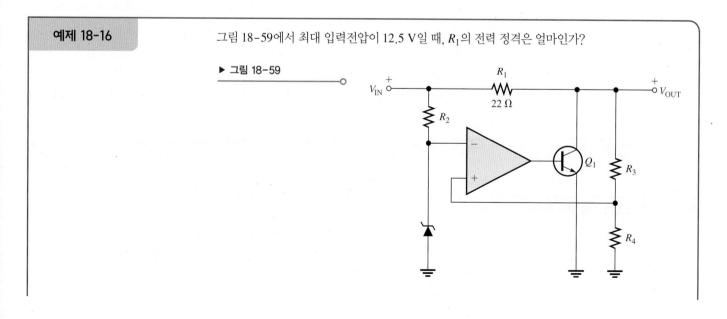

풀이 출력이 단락되어 $V_{OUT} = 0$이 될 때 R_1에서의 전력소모는 최대이다. 입력이 12.5 V일 때 R_1 양 단의 전압은

$$V_{IN} - V_{OUT} = 12.5 \text{ V}$$

R_1에서 발생하는 전력소모는

$$P_{R1} = \frac{V_{R1}^2}{R_1} = \frac{(12.5 \text{ V})^2}{22 \text{ }\Omega} = \textbf{7.1 W}$$

따라서 적어도 10 W 용량을 가진 저항기가 요구된다.

관련 문제 그림 18-59에서 $R_1 = 33 \text{ }\Omega$으로 바꾸었다. 최대 입력전압이 24 V라면 R_1의 전력 정격은 얼마여야 하는가?

조정기 안정성

논의된 간단한 직렬 및 분류 조정기 모두 출력전압의 샘플(**피드백**이라고 함)을 얻고 이를 기준전압과 비교하여 출력전압을 제어한다. 샘플링 전압이 너무 낮으면 조정기는 출력전압이 증가하도록 제어 요소를 조정한다. 반대로 샘플링전압이 너무 높으면 제어 요소가 조정되어 출력전압이 감소한다. 이러한 유형의 피드백 동작은 이해하고 구현하기 쉽지만, (1) 피드백이 정확하고, (2) 조정기 응답이 입력 또는 출력의 모든 방해에 응답할 수 있을 만큼 빠르다고 가정한다. 그러나 조정기의 피드백이 지연되면(반응 위상천이가 유발할 수 있는 것) 조정기는 실제 출력전압에 응답하지 않는다. 마찬가지로 조정기 응답이 너무 느리면 조정기는 잘못된 시간에 출력전압을 수정하고 있다. 이러한 상황 중 하나는 조정기가 출력전압에 도입한 오류를 계속 수정하려고 시도할 것이기 때문에 불안정으로 이어질 수 있다.

이 상황과 유사한 일반적인 경험은 샤워기의 물 온도를 조절하려고 시도하는 것이다. 만약 (1) 샤워 조절기가 즉시 뜨거운 물과 차가운 물의 혼합물을 바꾸고, (2) 물을 조절하는 사람이 즉시 물 온도에 반응할 수 있다면 편안한 온도를 설정하는 것은 쉽다. 그러나 조절기가 물 온도에 영향을 미치는 데 몇 초가 걸린다면 사람은 조절기를 너무 멀리 돌리면 반응할 것이다. 지연 때문에 물은 올바른 온도가 되기보다는 너무 차갑거나 너무 뜨거운(진동) 것 사이에서 번갈아가며 반응할 것이다.

설계자는 종종 조정기(및 기타 회로)의 **안정성**을 테스트한다. 한 가지 방법은 조정기가 경험할 것으로 예상되는 범위에 걸쳐 입력전압의 주파수를 스위핑하고, 그 범위 내의 일부 주파수 또는 주파수에 대해 출력이 피크 응답을 나타내는지, 진폭이 증가하는지 여부를 결정하는 것이다. 보통 수행하기 더 쉬운 두 번째 방법은 조정기의 출력을 **스텝 부하**하는 것이다. 이 방법은 출력의 부하를 갑자기 최소에서 최대로 변경하고(또는 그 반대의 경우), 출력전압의 링잉이 얼마나 빨

▶ 그림 18-60

안정성을 위한 조정기 스텝 부하 테스트의 예

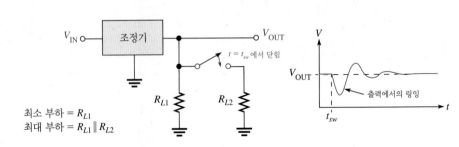

리 감쇠하고 출력이 공칭값으로 복귀하는지에 따라 조정기가 얼마나 안정적인지를 결정한다. 경험 원칙은 조정기가 안정적인 것으로 간주되기 위해 세 번째 피크의 진폭이 초기 첨두의 진폭의 10% 이하여야 한다는 것이다. 그림 18-60은 조정기의 출력에 스텝 부하를 적용하는 예를 보여준다.

18-6절 복습

해답은 이 장의 끝에 있다.

1. 입력전압 변동률을 정의하라.
2. 부하 변동률을 정의하라.
3. 분류 조정기와 직렬 조정기의 제어 소자 차이는?
4. 분류 조정기가 직렬 조정기에 비해 갖는 단점과 장점을 열거하라.
5. 조정기가 불안정할 수 있는 두 가지 조건은 무엇인가?

응용과제
Application Assignment

이 응용과제에서는 2개 극성의 직류전압을 사용하는 FM 스테레오 수신기에 필요한 전원 조정기에 초점을 맞출 것이다. 채널분류회로 및 음성 증폭기에 사용하는 연산 증폭기는 ±12 V로 동작된다. 양과 음의 전압 조정기는 브리지 정류기에서 정류되고 여과된 전압을 조정하는 데 사용된다.

전원공급장치는 브리지 전파정류기를 사용하는데, 적절한 크기의 ±전압을 전해 커패시터를 이용한 필터를 통과시켜 얻는다. 집적회로를 이용한 전압 조정기(7812, 7912)는 ±전압을 동시에 공급한다.

1단계: 인쇄기판과 회로도
그림 18-61에 전원공급장치의 기판을 나타냈다. 집적회로의 핀

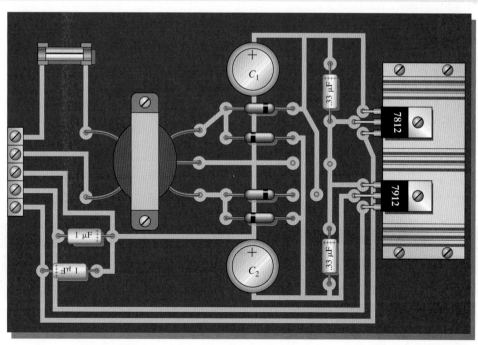

7812
Pin 1: 입력
Pin 2: 접지
Pin 3: 출력

7912
Pin 1: 입력
Pin 2: 접지
Pin 3: 출력

▲ 그림 18-61

번호를 포함한 누락된 지점을 보충하라. 정류 다이오드의 번호는 1N4001이고, 필터 커패시터 C_1과 C_2는 2200 μF, 변압기의 권선비는 5:1이다.

2단계: 전원공급회로 분석

1. 접지점을 기준으로 브리지의 네 모서리 점의 전압을 구하라. 각각의 전압들이 직류인지 교류인지를 파악하라.
2. 정류 다이오드의 첨두 역전압을 계산하라.
3. 교류입력의 전체 사이클에 대한 다이오드 D_1 양단의 전압파형을 그려라.

3단계: 전원공급장치의 고장진단

다음 문제점들의 원인은 무엇인가?
1. ±출력전압이 모두 0이다.
2. +출력전압이 0이고, −출력전압이 −12 V이다.
3. −출력전압이 0이고, +출력전압이 +12 V이다.
4. 조정기의 +출력에서 전압맥동이 발생한다.

    다음과 같은 고장일 경우 다이오드 브리지의 네 모서리 점에서 측정되는 전압은?
1. 다이오드 D_1 개방
2. 커패시터 C_2 개방

응용과제 복습

1. 전원공급장치의 퓨즈 정격은 얼마인가?
2. 0.33 μF 커패시터의 목적은?
3. 어느 조정기가 음의 전압을 공급하는가?

요약

- 연산 증폭기를 이용한 비교기에서 입력전압이 기준전압보다 커질 때, 출력의 상태는 변한다.
- 가산 증폭기의 출력전압은 입력전압의 합에 비례한다.
- 평균 증폭기는 폐루프이득이 입력수의 역수와 같은 가산 증폭기이다.
- 배율 가산기에서 각각 다른 가중치가 입력에 할당될 수 있다. 따라서 입력은 출력을 증가하거나 감소할 수 있다.
- 계단형의 적분은 램프이다.
- 램프의 미분은 계단형이다.
- 빈 브리지 발진기에서 폐루프이득은 정궤환 루프에서 1의 이득을 얻기 위해 3이어야 한다.
- 필터에서 1개의 단일 RC 회로를 1개의 극이라 부른다.
- 필터에서 각 극은 출력을 −20 dB/decade의 비율로 감소한다.
- 2극 필터는 최대 −40 dB/decade의 비율로 감소한다.
- 입력전압 변동률은 입력전압 변동 범위 내에서 일정한 출력전압을 내보낸다.
- 부하 변동률은 부하 변동 범위 내에서 일정한 출력전압을 내보낸다.
- 직렬전압 조정기에서 제어 소자는 부하와 직렬로 연결된 트랜지스터이다.
- 분류전압 조정기에서 제어 소자는 부하와 병렬로 연결된 트랜지스터나 제너 다이오드이다.
- 3개의 단자를 가진 전압 조정기의 단자들은 입력전압, 출력전압, 접지이다.

핵심용어

가산 증폭기   입력 전압의 수학적 평균에 비례하는 역출력 전압을 생성하는 다수의 입력을 갖는 증폭기

능동필터   반응성 소자(일반적으로 RC 네트워크)와 결합된 하나 이상의 연산증폭기로 구성된 주파수 선택 회로

배율 가산기   가중치 입력이 있는 특수한 유형의 가산 증폭기

분류 조정기   출력과 접지 사이에 제어 요소가 있는 전압 조정기

비교기   두 입력전압을 비교하여 두 입력 중 어느 것이 더 큰지를 나타내는 출력을 두 상태 중 하나에서 생성하는 회로

빈 브리지 발진기   진상-지상 피드백 네트워크 및 안정화된 이득을 이용하여 광범위한 주파수에 걸쳐 낮은 왜곡 정현파를 생성할 수 있는 전자 발진기

삼각파 발진기   2개의 구동점을 갖는 비교기와 1개의 적분기를 사용하여 삼각파를 생성하는 전자 발진기

이완 발진기   일반적인 비정현파 발진기의 일종으로, 커패시터의 충전과 방전을 기반으로 작동하는 발진기

직렬 조정기   입력과 출력 사이에 제어요소가 직렬로 연결된 전압 조정기

평균 증폭기   입력전압의 수학적인 평균값이 출력에서 나오는 증폭기

히스테리시스   비교기의 출력 상태를 낮은 레벨에서 높은 레벨로 전환하는 데 필요한 입력전압 레벨의 차이. 자기 히스테리시스와 다른 히스테리시스임

수식

18–1	$V_{REF} = \dfrac{R_2}{R_1 + R_2}(+V)$	비교기의 기준전압
18–2	$V_{OUT} = -(V_{IN1} + V_{IN2} + V_{IN3} + \cdots + V_{INn})$	n 입력 가산기
18–3	$V_{OUT} = -\dfrac{R_f}{R}(V_{IN1} + V_{IN2} + V_{IN3} + \cdots + V_{INn})$	이득을 갖는 가산 증폭기
18–4	$V_{OUT} = -\left(\dfrac{R_f}{R_1}V_{IN1} + \dfrac{R_f}{R_2}V_{IN2} + \cdots + \dfrac{R_f}{R_n}V_{INn}\right)$	이득을 갖는 배율 가산기
18–5	$\dfrac{\Delta V_{out}}{\Delta t} = -\dfrac{V_{in}}{R_i C}$	적분기의 변화율
18–6	$V_{out} = -\left(\dfrac{V_C}{t}\right)R_f C$	램프입력을 갖는 미분기의 출력
18–7	$\dfrac{V_{out}}{V_{in}} = \dfrac{1}{3}$	f_r에서 진상–지상회로의 감쇠
18–8	$f_r = \dfrac{1}{2\pi RC}$	진상–지상회로의 공진주파수
18–9	$V_{UTP} = +V_{max}\left(\dfrac{R_3}{R_2}\right)$	삼각파 발진기의 상한 구동점
18–10	$V_{LTP} = -V_{max}\left(\dfrac{R_3}{R_2}\right)$	삼각파 발진기의 하한 구동점
18–11	$f = \dfrac{1}{4R_1 C}\left(\dfrac{R_2}{R_3}\right)$	삼각파 발진기의 발진주파수
18–12	$V_{out} = \left(\dfrac{X_C}{\sqrt{R^2 + X_C^2}}\right)V_{in}$	단극 저역통과필터의 출력
18–13	$f_c = \dfrac{1}{2\pi\sqrt{R_1 R_2 C_1 C_2}}$	2극 저역통과필터의 차단주파수
18–14	$V_{out} = \left(\dfrac{R}{\sqrt{R^2 + X_C^2}}\right)V_{in}$	단극 고역통과필터의 출력
18–15	$f_{c1} = \dfrac{1}{2\pi\sqrt{R_1 R_2 C_1 C_2}}$	대역통과필터의 하한 차단주파수
18–16	$f_{c2} = \dfrac{1}{2\pi\sqrt{R_3 R_4 C_3 C_4}}$	대역통과필터의 상한 차단주파수
18–17	$f_r = \sqrt{f_{c1}f_{c2}}$	대역통과필터의 중간주파수
18–18	부하 변동률 $= \left(\dfrac{R_{OUT}}{R_{FL}}\right)100\%$	부하 변동률

18-19 $A_{cl} = 1 + \dfrac{R_2}{R_3}$ 전압 조정기의 폐루프 전압이득

18-20 $V_{OUT} = \left(1 + \dfrac{R_2}{R_3}\right)V_{REF}$ 직렬 조정기의 출력전압

참/거짓 퀴즈

해답은 이 장의 끝에 있다.

1. 비반전입력이 반전입력보다 크다면 비교기는 양의 출력값을 갖는다.
2. 가산 증폭기는 실제로 입력전압의 음의 합을 내보낸다.
3. 평균 증폭기에서 궤환저항은 입력저항과 같다.
4. 이상적인 적분기는 입력과 직렬인 커패시터 및 궤환 경로상의 저항을 갖는다.
5. 미분기에 대한 입력이 음의 기울기를 갖는 램프라고 하면 출력은 음의 값을 갖는 일정전압이 될 것이다.
6. 빈 브리지 발진기의 출력은 정현파이다.
7. 빈 브리지 발진기는 정궤환, 부궤환 둘 다 사용한다.
8. 2극 필터는 −20 dB/decade의 최대 감소 비율을 갖는다.
9. 저역통과필터와 고역통과필터를 결합한 것이 대역통과필터의 한 종류이다.
10. 직렬 조정기의 제어 소자는 출력과 직렬로 연결된 트랜지스터이다.

자습 문제

해답은 이 장의 끝에 있다.

1. 비교기의 목적은
   (a) 입력전압의 증폭   (b) 입력전압의 변화 검출
   (c) 입력전압이 기준전압과 같을 때 출력 변화   (d) 직류 입력전압이 변화할 때 일정출력 유지

2. 영준위를 검출하기 위해 비교기를 사용할 때 반전입력은 무엇과 연결되는가?
   (a) 접지   (b) 직류 전원전압   (c) +기준전압   (d) −기준전압

3. +5.0 V 준위 검출회로에서
   (a) 비반전입력은 +5.0 V에 연결   (b) 반전입력은 +5.0 V에 연결
   (c) 입력신호는 +5.0 V 첨둣값으로 제한   (d) 입력신호는 +5.0 V 직류전압에 얹혀져야 한다

4. 4개의 입력을 갖는 가산 증폭기에서 모든 입력저항과 궤환저항값이 2.2 kΩ이다. 모든 입력전압이 2.0 V라면 출력전압은?
   (a) −2.0 V   (b) −10 V   (c) −2.2 V   (d) −8.0 V

5. 4번 문제에서 증폭기의 이득은?
   (a) −1.0   (b) −2.2   (c) −4.0   (d) 알 수 없음

6. 가산 증폭기를 평균 증폭기로 변환하기 위해
   (a) 모든 입력저항은 다른 값들이어야 한다.   (b) R_f/R의 비는 입력 수의 역수와 같아야 한다.
   (c) R_f/R의 비는 입력의 수와 같아야 한다.   (d) (a)와 (b) 모두이다.

7. 배율 가산기에서
   (a) 입력저항들은 모두 같은 값이다.
   (b) 궤환저항은 입력저항들의 평균값과 같다.
   (c) 입력저항들은 각 입력의 가중치에 의존하는 값을 갖는다.
   (d) 각 입력들에 대해 R_f/R 비는 같아야 한다.

8. 연산 증폭기를 이용한 적분기에서 궤환 경로는 어느 요소로 구성되는가?
   (a) 저항   (b) 커패시터

(c) 직렬로 연결된 저항과 커패시터　　　　　　　(d) 병렬로 연결된 저항과 커패시터

9. 연산 증폭기를 이용한 미분기에서 궤환 경로는 어느 요소로 구성되는가?

　　(a) 저항　　　　　　　　　　　　　　　　　(b) 커패시터

　　(c) 직렬로 연결된 저항과 커패시터　　　　　　(d) 병렬로 연결된 저항과 커패시터

10. 연산 증폭기를 이용한 비교기는 어느 회로를 이용하는가?

　　(a) 정궤환　　　　　　(b) 부궤환　　　　　　(c) 재생궤환　　　　　　(d) 궤환 없음

11. 궤환루프에서 단위이득과 위상천이가 없기 위한 조건은?

　　(a) 능동필터　　　　　(b) 비교기　　　　　　(c) 발진기　　　　　　(d) 미분기 또는 적분기

12. 단극 저역통과 능동필터의 입력 주파수가 1.5 kHz에서 150 kHz로 증가한다. 차단 주파수가 1.5 kHz인 경우 이득은 다음과 같이 감소한다.

　　(a) 3.0 dB　　　　　　(b) 20 dB　　　　　　(c) 40 dB　　　　　　(d) 60 dB

연습 문제

홀수 번호 연습 문제의 해답은 이 책의 끝에 있다.

기초 문제

18-1 비교기

1. 그림 18-62의 각 비교기 회로에서 ±최대 출력전압을 구하라.

▶ 그림 18-62

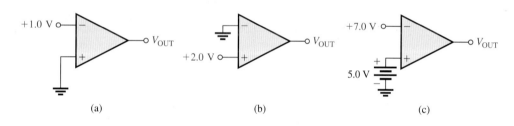

(a)　　　　　　　　　　　　　　　　(b)　　　　　　　　　　　　　　　　(c)

2. 어느 연산 증폭기의 개루프 이득이 80,000이다. 직류 공급전압이 ±13 V일 때 이 회로의 최대 포화 출력전압은 ±12 V이다. 입력에 0.15 mV rms 차의 전압이 인가되면 출력의 첨두-첨둣값은 얼마인가?

3. 그림 18-63의 회로에서 입력에 따른 출력전압 파형을 그리고 전압도 표시하라.

▶ 그림 18-63

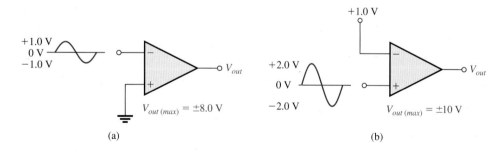

(a)　　　　　　　　　　　　　　　　　　　　(b)

4. 비교회로의 히스테리시스에 필요한 피드백 유형은 무엇인가?

5. 각 연산증폭기에 대해 V_{out} 범위가 0 ~ +10 V라고 가정할 때, 그림 18-64에 표시된 각 회로의 상단 및 하단 트립 지점을 결정하라.

▶ 그림 18-64

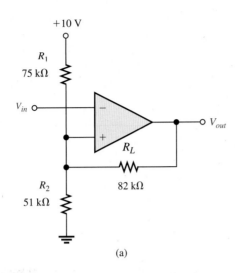

(a)

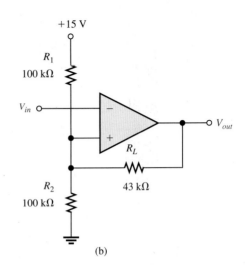

(b)

18-2 가산 증폭기

6. 그림 18-65에서 각 회로에 대한 출력전압을 구하라.

▶ 그림 18-65

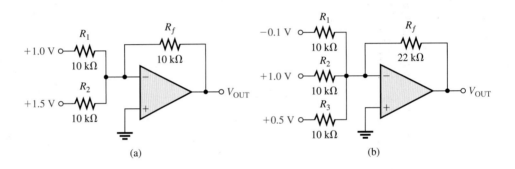

(a)   (b)

7. 그림 18-66에서 다음 값을 구하라.

    (a) V_{R1}과 V_{R2} (b) R_f에 흐르는 전류   (c) V_{OUT}

8. 그림 18-66의 회로에서 입력의 합에 5배가 되는 출력을 얻기 위한 R_f를 구하라.

▶ 그림 18-66

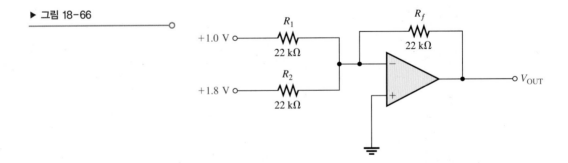

9. 그림 18-67에 나타낸 입력전압이 배율 가산기에 인가될 때 출력전압을 구하라. R_f에 흐르는 전류는 얼마인가?

10. 6개의 입력으로 구성된 배율 가산기에서 최저 가중치가 1이고, 다음 입력들의 가중치가 앞의 것의 2배일 때 각 입력 저항값들을 구하라 R_f = 100 kΩ을 사용한다.

▶ 그림 18-67

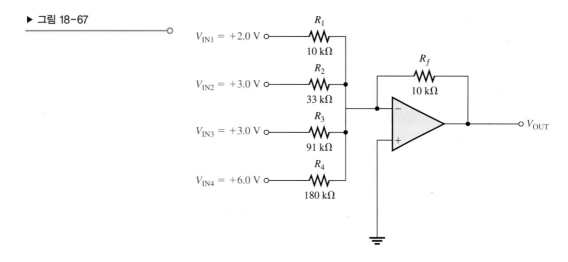

18-3 적분기와 미분기

11. 그림 18-68의 이상적인 적분기에서 계단입력에 응답하는 출력전압의 변화율을 구하라.

▶ 그림 18-68

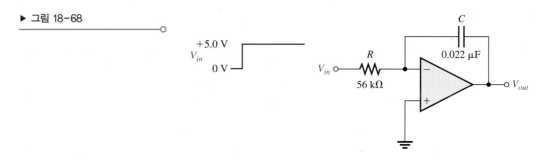

12. 그림 18-69에 보인 이상적인 미분기의 입력에 삼각파가 인가되었다. 출력이 어떻게 될지를 결정하고 입력에 대한 출력파형을 그려라.

▶ 그림 18-69

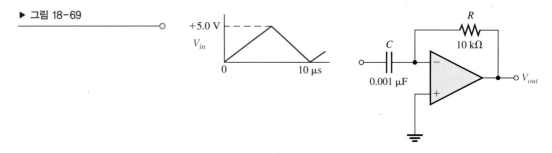

18-4 발진기

13. 어느 진상-지상회로의 공진주파수가 3.5 kHz이다. 주파수가 f_r과 같고 실효전압이 2.2 V인 입력신호가 인가될 때 출력전압의 실횻값은 얼마인가?

14. 진상-지상회로에서 $R_1 = R_2 = 6.2$ kΩ이고 $C_1 = C_2 = 0.022$ μF인 경우 공진주파수를 구하라.

15. 그림 18-70 회로에서 폐루프이득이 3일 때 JFET의 드레인-소스 사이의 저항을 구하라.

16. 그림 18-70에서 D_1의 사용 목적을 설명하라.

17. 그림 18-70의 빈 브리지 발진기에서 발진주파수를 구하라.

▶ 그림 18-70

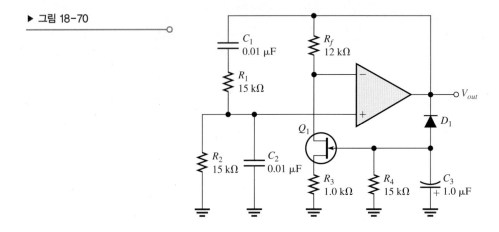

18. 그림 18-71의 회로는 어떠한 종류의 신호를 발생하는가? 출력의 주파수를 결정하라.

19. 그림 18-71에서 발진주파수를 10 kHz로 변경하려면 어떻게 해야 하는가?

▶ 그림 18-71

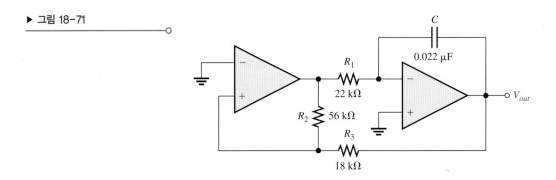

18-5 능동필터

20. 그림 18-72의 능동필터에서 회로의 극의 수를 구하고, 필터의 종류를 확인하라.

21. 그림 18-72에 보인 필터의 차단주파수를 계산하라.

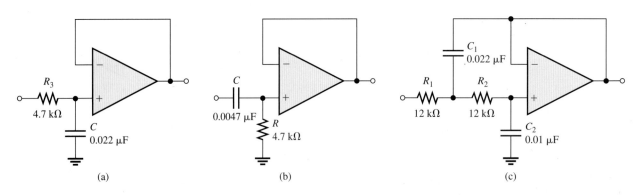

(a)   (b)   (c)

▲ 그림 18-72

22. 그림 18-73의 각 필터에 대한 대역폭과 중간 주파수를 구하라.

▶ 그림 18-73

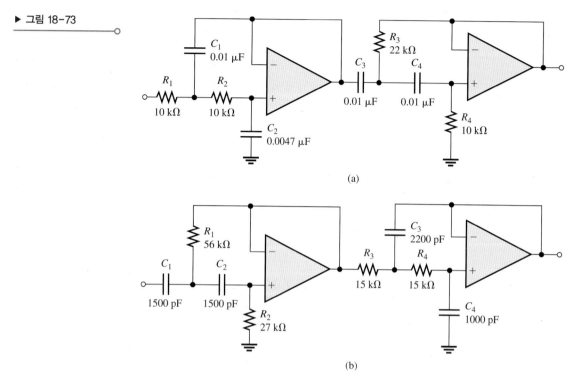

(a)

(b)

23. 대역거부필터가 기울기 속도가 −80 dB/dec인 4극 저역통과필터 및 고역통과필터를 사용하는 경우 예제 18-14를 반복하라.

24. 대역거부필터가 기울기 속도가 −120 dB/dec인 6극 저역통과필터 및 고역통과필터를 사용하는 경우 예제 18-14와 같은 관련 문제를 반복하라.

18-6 전압 조정기

25. 그림 18-74의 직렬 조정기의 출력전압을 구하라.

26. 그림 18-74의 회로에서 R_3가 2배로 증가할 때 출력전압은 어떻게 되는가?

27. 그림 18-74의 회로에서 제너 전압이 2.0 V 대신 2.7 V로 바뀔 때 출력전압은 얼마가 되는가?

▶ 그림 18-74

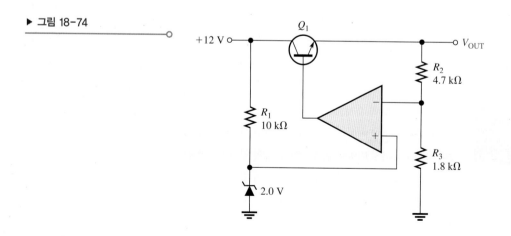

28. 그림 18-75의 회로는 일정 전류 이상을 제한하는 직렬 전압 조정기이다. 부하전류가 최대 250 mA로 제한될 때 R_4의 값을 구하라. R_4의 전력 정격은 얼마인가?

▶ 그림 18-75

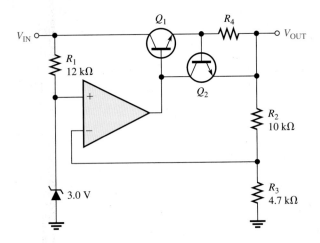

29. 28번 문제에서 구한 R_4 값이 반으로 줄어들면 최대 부하전류는 얼마인가?

30. 그림 18-76의 분류 조정기에서 부하전류가 증가하면 트랜지스터 Q_1의 동작 상태는 어떻게 되는가? 이러한 이유는 무엇인가?

31. 그림 18-76의 회로에서 V_{IN}이 1.0 V 증가하고 I_L이 일정하게 유지된다면 Q_1의 컬렉터 전류는 어떻게 변하는가?

32. 그림 18-76의 회로에서 입력전압이 18 V로 일정하고 부하저항은 1.0 kΩ에서 1.2 kΩ으로 변경되었다. 출력전압의 변화를 무시하면 Q_1에 흐르는 분류전류는 얼마만큼 변하는가?

▶ 그림 18-76

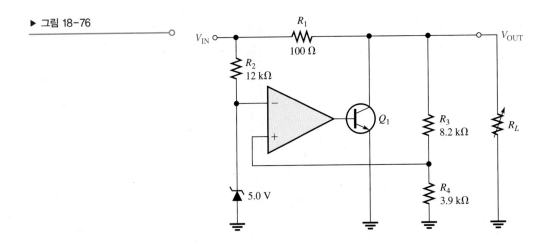

고장진단 문제

33. Multisim 파일 P19-33을 열어라. 고장이 있다면 고장진단하라.

34. Multisim 파일 P19-34를 열어라. 고장이 있다면 고장진단하라.

35. Multisim 파일 P19-35를 열어라. 고장이 있다면 고장진단하라.

36. Multisim 파일 P19-36을 열어라. 고장이 있다면 고장진단하라.

각 절의 복습

18-1 비교기

1. 스위칭 스피드와 바이어스 전류

2. $(10 \text{ k}\Omega/110 \text{ k}\Omega)15 \text{ V} = 1.36 \text{ V}$

3. 그림 18-77 참조

▶ 그림 18-77

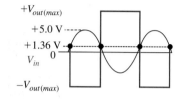

4. 비교기에서 히스테리시스의 목적은 느리거나 잡음이 많은 입력신호로 발생할 수 있는 다중 전이를 방지하기 위해 2개의 스위칭 포인트를 설정하는 것이다.

5. $I_{BIAS} = (V_{UTP} - V_{LTP})/R_2 = (+9.0 \text{ V} - (+5.0 \text{ V}))/10 \text{ k}\Omega = 400 \text{ }\mu\text{A}$
   $R_1 = (V_{BIAS} - V_{UTP})/I_{BIAS} = (+12 \text{ V} - (+9.0 \text{ V}))/400 \text{ }\mu\text{A} = 7.5 \text{ k}\Omega$
   $R_3 = V_{LTP}/I_{BIAS} = +5.0 \text{ V}/400 \text{ }\mu\text{A} = 12.5 \text{ k}\Omega$

18-2 가산 증폭기

1. 합 점이란 연산 증폭기에서 입력저항들이 공통으로 연결되는 단자이다.

2. $R_f/R = 1/5 = 0.2$

3. 5.0 kΩ

18-3 적분기와 미분기

1. 적분기에서 궤환 소자는 커패시터이다.

2. 커패시터 전류가 일정하므로 커패시터 전압은 선형적이다.

3. 실제 적분기는 경로상에 큰 값의 병렬저항을 갖는다.

4. 미분기에서 궤환 소자는 저항이다.

5. 미분기의 출력은 입력 변화율에 비례한다.

6. 실제 미분기는 입력과 직렬인 작은 값의 저항을 갖는다.

18-4 발진기

1. 부궤환루프는 폐루프이득을 정하고, 정궤환루프는 주파수를 정한다.

2. 함수 발생기는 한 가지 이상의 출력파형을 발생하는 발진기이다.

3. 이완 발진기의 기본은 커패시터의 충전과 방전이다.

18-5 능동필터

1. 1개의 극은 하나의 단일 RC 회로이다.

2. 단극 저역통과필터의 응답은 직류에서 차단주파수까지 평탄하다.

3. R과 C의 위치가 바뀌었다.

4. 차단주파수는 반으로 줄어든다.

18-6 전압 조정기

1. 입력전압 변동률은 주어진 입력전압 변화에 대한 출력전압의 변화를 나타내는 것으로 보통 백분율로 표시한다.

2. 부하 변동률은 주어진 부하전류 변화에 대한 출력전압의 변화를 나타내는 것으로 보통 백분율로 표시한다.

3. 분류 조정기에서 제어 소자는 부하와 병렬이다.

4. 분류 조정기는 원래 전류를 제한하는 기능이 있다. 그러나 부하전류가 제어 소자를 우회해야 한나는 점 때문에 직렬 조정기보다 효율이 낮다.

5. 조정기의 불안정성을 유발할 수 있는 두 가지 조건은 전압 피드백의 지연과 조정기 응답의 지연이다.

예제 관련 문제

18-1 1.96 V

18-2 V_{lower} = 2.07 V, V_{upper} = 2.51 V

18-3 −10.5 V

18-4 −5.73 V

18-5 100 kΩ의 입력저항을 더하고 R_f를 20 kΩ으로 변경

18-6 0.45, 0.12, 0.18, V_{OUT} = −3.03 V

18-7 기울기는 ±6.06 mV/μs로 감소하고 결과적으로 첨두-첨둣값의 출력값은 3.03 V가 된다.

18-8 출력전압이 2배가 된다.

18-9 1.59 kHz

18-10 6.06 V 첨두-첨둣값

18-11 8.34 kHz

18-12 2.57 kHz

18-13 저항값과(또는) 커패시터 값을 줄여서 f_{c2}를 증가

18-14 Q = 1.423 kHz/(4.5 kHz − 450 Hz) = 0.351

18-15 7.33 V

18-16 17.5 W

참/거짓 퀴즈

1. T   2. T   3. F   4. F   5. F   6. T   7. T   8. F   9. T   10. T

자습 문제

1. (c)   2. (a)   3. (b)   4. (d)   5. (a)   6. (b)   7. (c)   8. (b)   9. (a)   10. (d)

11. (c)   12. (c)

홀수 번호 연습 문제 해답

1장

1. (a) 3.0×10^3 (b) 7.5×10^4 (c) 2.0×10^6

3. (a) 8.4×10^3 (b) 9.9×10^4 (c) 2.0×10^5

5. (a) 0.0000025   (b) 500   (c) 0.39

7. (a) 4.32×10^7 (b) 5.00085×10^3 (c) 6.06×10^{-8}

9. (a) 2.0×10^9 (b) 3.6×10^{14} (c) 1.54×10^{-14}

11. (a) 89×10^3 (b) 450×10^3 (c) 12.04×10^{12}

13. (a) 345×10^{-6} (b) 25×10^{-3} (c) 1.29×10^{-9}

15. (a) 7.1×10^{-3} (b) 101×10^6 (c) 1.50×10^6

17. (a) 22.7×10^{-3} (b) 200×10^6 (c) 848×10^{-3}

19. (a) $345\,\mu\text{A}$ (b) $25\,\text{mA}$ (c) $1.29\,\text{nA}$

21. (a) $3.0\,\mu\text{F}$ (b) $3.3\,\text{M}\Omega$ (c) $350\,\text{nA}$

23. (a) $5000\,\mu\text{A}$ (b) $3.2\,\text{mW}$ (c) $5.0\,\text{MV}$ (d) $10,000\,\text{kW}$

25. (a) $50.68\,\text{mA}$ (b) $2.32\,\text{M}\Omega$ (c) $0.0233\,\mu\text{F}$

27. (a) 3   (b) 2   (c) 5   (d) 2   (e) 3   (f) 2

2장

1. $80 \times 10^{12}\,\text{C}$

3. $4.64 \times 10^{-18}\,\text{C}$

5. (a) $10\,\text{V}$ (b) $2.5\,\text{V}$ (c) $4.0\,\text{V}$

7. $20\,\text{V}$

9. $12.5\,\text{V}$

11. (a) $75\,\text{A}$ (b) $20\,\text{A}$ (c) $2.5\,\text{A}$

13. $2.0\,\text{s}$

15. **A:** $6800\,\Omega \pm 10\%$
     B: $33\,\Omega \pm 10\%$
     C: $47,000\,\Omega \pm 5\%$

17. (a) 빨강, 보라색, 갈색, 금색
     (b) **B:** $330\,\Omega$, **D:** $2.2\,\text{k}\Omega$, **A:** $39\,\text{k}\Omega$, **L:** $56\,\text{k}\Omega$, **F:** $100\,\text{k}\Omega$

19. (a) $10\,\Omega \pm 5\%$
     (b) $5.1\,\text{M}\Omega \pm 10\%$
     (c) $68\,\Omega \pm 5\%$

21. (a) $28.7\,\text{k}\Omega \pm 1\%$
     (b) $60.4\,\Omega \pm 1\%$
     (c) $9.31\,\text{k}\Omega \pm 1\%$

23. (a) $22\,\Omega$ (b) $4.7\,\text{k}\Omega$ (c) $82\,\text{k}\Omega$
     (d) $3.3\,\text{k}\Omega$ (e) $56\,\Omega$ (f) $10\,\text{M}\Omega$

25. 램프 2를 통과하는 전류가 있다.

27. 전류계는 저항과 직렬로 연결하는데, 전류계의 음의 단자를 전원의 음의 단자에 연결하고, 전류계의 양의 단자는 R_1의 한쪽에 연결한다. 전압계는 전원과 병렬(즉 음의 단자는 음의 단자끼리, 양의 단자는 양의 단자끼리)로 연결한다.

29. 위치 1: $V_1 = 0$, $V_2 = V_S$
     위치 2: $V_1 = V_S$, $V_2 = 0$

31. $250\,\text{V}$

33. (a) $200\,\Omega$ (b) $150\,\text{M}\Omega$ (c) $4500\,\Omega$

35. RoHS는 소비자 및 공산품에서 위험한 물질 사용으로 인해 발생하는 문제를 다룬다.

37. $33.3\,\text{V}$

39. AWG #27

41. 회로 (b)

43. 전류계 하나는 전원과 직렬, 전류계 하나는 각 저항과 직렬(전체 7개)

45. 그림 P–1 참조

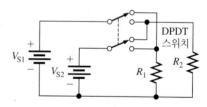

▲ 그림 P–1

3장

1. (a) $3.0\,\text{A}$ (b) $0.2\,\text{A}$ (c) $1.5\,\text{A}$

3. $15\,\text{mA}$

5. (a) $3.33\,\text{mA}$ (b) $550\,\mu\text{A}$ (c) $588\,\mu\text{A}$
     (d) $500\,\text{mA}$ (e) $6.60\,\text{mA}$

7. (a) $2.50\,\text{mA}$ (b) $2.27\,\mu\text{A}$ (c) $8.33\,\text{mA}$

9. $I = 0.642\,\text{A}$, 따라서 $0.5\,\text{A}$ 퓨즈는 끊어질 것이다.

11. (a) $10\,\text{mV}$ (b) $1.65\,\text{V}$ (c) $14.1\,\text{kV}$
     (d) $3.52\,\text{V}$ (e) $250\,\text{mV}$ (f) $750\,\text{kV}$
     (g) $8.5\,\text{kV}$ (h) $3.53\,\text{mV}$

13. (a) $81\,\text{V}$ (b) $500\,\text{V}$ (c) $117.5\,\text{V}$

15. (a) $2.0\,\text{k}\Omega$ (b) $3.5\,\text{k}\Omega$ (c) $2.0\,\text{k}\Omega$

(d) 100 kΩ   **(e)** 1.0 MΩ

17. **(a)** 4.0 Ω   **(b)** 3.0 kΩ   **(c)** 200 kΩ

19. 2.6 W

21. 417 mW

23. **(a)** 1.0 MW   **(b)** 3.0 MW
    (c) 150 MW   **(d)** 8.7 MW

25. **(a)** 2,000,000 μW   **(b)** 500 μW
    (c) 250 μW   **(d)** 6.67 μW

27. $P = W/t$ watt; $V = W/Q$; $I = Q/t$. $P = VI = W/t$,
    그래서 $(1.0\text{ V})(1.0\text{ A}) = 1.0$ watt

29. 16.5 mW

31. 1.18 kW

33. 5.81 W

35. 25 Ω

37. 0.00186 kWh

39. 156 mW

41. 1.0 W

43. **(a)** 위쪽이 양   **(b)** 아래쪽이 양
    (c) 오른쪽이 양

45. 36 Ah

47. 13.5 mA

49. 4.25 W

51. 5번째

53. 150 Ω

55. $V = 0\text{ V}, I = 0\text{ A}; V = 10\text{ V}, I = 100\text{ mA};$
    $V = 20\text{ V}, I = 200\text{ mA}; V = 30\text{ V}, I = 300\text{ mA};$
    $V = 40\text{ V}, I = 400\text{ mA}; V = 50\text{ V}, I = 500\text{ mA};$
    $V = 60\text{ V}, I = 600\text{ mA}; V = 70\text{ V}, I = 700\text{ mA};$
    $V = 80\text{ V}, I = 800\text{ mA}; V = 90\text{ V}, I = 900\text{ mA};$
    $V = 100\text{ V}, I = 1.0\text{ A}$

57. $R_1 = 0.5\text{ Ω}; R_2 = 1.0\text{ Ω}; R_3 = 2.0\text{ Ω}$

59. 10 V; 30 V

61. 216 kWh

63. 12 W

65. **(a)** 20 V   **(b)** 2.5 A
    2.0 퓨즈가 권장된다.

67. 고장 없음

69. 4번 램프 단락

4장

1. 그림 P-2 참조

3. 170 kΩ

5. 138 Ω

7. **(a)** 7.9 kΩ   **(b)** 33 Ω   **(c)** 13.24 MΩ
   직렬 회로를 전원에서 떼어낸 후 저항계를 회로단자 양단에 연결한다.

9. 1126 Ω

11. **(a)** 170 kΩ   **(b)** 50 Ω
    (c) 12.4 kΩ   **(d)** 1.97 kΩ

13. 0.1 A

15. **(a)** 625 μA   **(b)** 4.26 μA
    전류계는 직렬로 연결한다.

17. **(a)** 34.0 mA   **(b)** 16 V   **(c)** 0.545 W

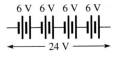

▲ 그림 P-3

19. 그림 P-3 참조

21. 26 V

23. **(a)** $V_2 = 6.8$ V
    (b) $V_R = 8.0$ V, $V_{2R} = 16$ V, $V_{3R} = 24$ V, $V_{4R} = 32$ V
    전압계는 전압을 모르는 각 저항과 병렬로 연결한다.

25. **(a)** 3.84 V   **(b)** 6.77 V

27. 3.80 V; 9.38 V

29. $V_{5.6\text{k}\Omega} = 10$ V; $V_{1\text{k}\Omega} = 1.79$ V;
    $V_{560\Omega} = 1.00$ V; $V_{10\text{k}\Omega} = 17.9$ V

31. 55.0 mW

33. 접지에 대한 V_A 및 V_B를 각각 측정하면 $V_{R2} = V_A - V_B$ 이다.

35. 4.27 V

37. **(a)** R_4 개방   **(b)** R_4, R_5 단락

39. 780 Ω

41. $V_A = 10$ V; $V_B = 7.72$ V; $V_C = 6.69$ V;
    $V_D = 1.82$ V; $V_E = 0.580$ V; $V_F = 0$ V

43. 500 Ω

45. **(a)** 19.1 mA   **(b)** 45.8 V
    (c) $R(\frac{1}{8}\text{W}) = 343\,\Omega, R(\frac{1}{4}\text{W}) = 686\,\Omega, R(\frac{1}{2}\text{W}) = 1371\,\Omega$

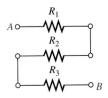 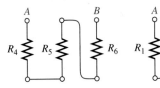 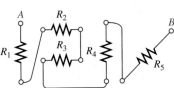

▲ 그림 P-2

47. 그림 P-4 참조

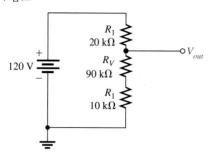

▲ 그림 P-4

49. $R_1 + R_7 + R_8 + R_{10} = 4.23\,\text{k}\Omega$;
$R_2 + R_4 + R_6 + R_{11} = 23.6\,\text{k}\Omega$;
$R_3 + R_5 + R_9 + R_{12} = 19.9\,\text{k}\Omega$

51. A: 5.46 mA; B: 6.06 mA; C: 7.95 mA; D: 12.0 mA

53. A: V_1 6.02 V, $V_2 = 3.35$ V, $V_3 = 2.74$ V,
$V_4 = 1.87$ V, $V_5 = 4.00$ V;
B: $V_1 = 6.72$ V, $V_2 = 3.73$ V, $V_3 = 3.06$ V, $V_5 = 4.50$ V;
C: $V_1 = 8.10$ V, $V_2 = 4.50$ V, $V_5 = 5.40$ V;
D: $V_1 = 10.8$ V, $V_5 = 7.20$ V

55. 예, R_3와 R_5는 단락

57. (a) R_{11}은 과도한 전력에 의해 타서 개방됨
(b) R_{11} (10 kΩ)으로 대치
(c) 338 V

59. R_6 단락

61. 램프 4 개방

63. 82 Ω 저항 단락

5장

1. 그림 P-5 참조

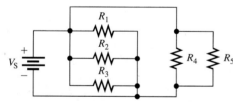

▲ 그림 P-5

3. 3.43 kΩ

5. (a) 25.6 Ω (b) 359 Ω (c) 819 Ω (d) 996 Ω

7. 2.0 kΩ

9. 12 V; 5.0 mA

11. (a) 909 μA (b) 76.1 mA

13. (a) $I_1 = 179$ A; $I_2 = 455$ μA
(b) $I_1 = 444$ μA; $I_2 = 80$ μA

15. 1350 mA

17. $I_2 = I_3 = 7.5$ mA. 전류계는 각 가지에서 각 저항과 직렬이다.

19. 6.4 A; 6.4 A

21. $I_1 = 2.19$ A; $I_2 = 811$ mA

23. 200 mW

25. 0.625 A; 3.75 A

27. 1.0 kΩ 저항 개방

29. R_2 개방

31. $R_2 = 25\,\Omega$; $R_3 = 100\,\Omega$; $R_4 = 12.5\,\Omega$

33. $I_R = 4.8$ mA; $I_{2R} = 2.4$ mA; $I_{3R} = 1.6$ mA; $I_{4R} = 1.2$ mA

35. (a) $R_1 = 100\,\Omega$, $R_2 = 200\,\Omega$, $I_2 = 50$ mA
(b) $I_1 = 125$ mA, $I_2 = 75$ mA, $R_1 = 80\,\Omega$, $R_2 = 133\,\Omega$, $V_S = 10$ V
(c) $I_1 = 25.3$ mA, $I_2 = 14.7$ mA, $I_3 = 10.0$ mA, $R_1 = 395\,\Omega$

37. 53.7 Ω

39. 예, 총 전류 = 14.7 A

41. $R_1 \| R_2 \| R_5 \| R_9 \| R_{10} \| R_{12} = 100\,\text{k}\Omega \| 220\,\text{k}\Omega \| 560\,\text{k}\Omega \| 390\,\text{k}\Omega \| 1.2\,\text{M}\Omega \| 100\,\text{k}\Omega = 33.6\,\text{k}\Omega$
$R_4 \| R_6 \| R_7 \| R_8 = 270\,\text{k}\Omega \| 1.0\,\text{M}\Omega \| 820\,\text{k}\Omega \| 680\,\text{k}\Omega = 135\,\text{k}\Omega$
$R_3 \| R_{11} = 330\,\text{k}\Omega \| 1.8\,\text{M}\Omega = 279\,\text{k}\Omega$

43. $R_2 = 750\,\Omega$; $R_4 = 423\,\Omega$

45. 4.7 kΩ 저항 개방

47. (a) 저항 중의 하나가 과도한 전력 소모로 개방된다.
(b) 30 V
(c) 1.8 kΩ 저항을 대치

49. (a) 941 Ω (b) 518 Ω (c) 518 Ω (d) 422 Ω

51. R_3 개방

53. (a) 핀 1에서 핀 4까지 R이 계산값과 일치
(b) 핀 2에서 핀 3까지 R이 계산값과 일치

6장

1. R_2, R_3, R_4는 병렬이고, 이 병렬결합이 R_1과 R_5는 직렬이다.

3. 그림 P-6 참조

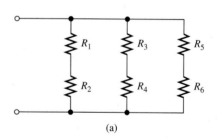

(a)

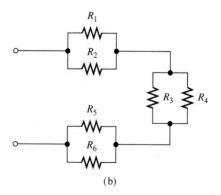

(b)

▲ 그림 P-6

5. 2.0 kΩ

7. **(a)** 128 Ω   **(b)** 791 Ω

9. (a) $I_1 = I_4 = 11.7\,\text{mA}, I_2 = I_3 = 5.85\,\text{mA}; V_1 = 655\,\text{mV},$
   $V_2 = V_3 = 585\,\text{mV}, V_4 = 257\,\text{mV}$

   (b) $I_1 = 3.8\,\text{mA}, I_2 = 618\,\mu\text{A}, I_3 = 1.27\,\text{mA}, I_4 = 1.91\,\text{mA};$
   $V_1 = 2.58\,\text{V}, V_2 = V_3 = V_4 = 420\,\text{mV}$

11. 1.11 mA

13. 무부하 시 7.5 V, 부하 시 7.29 V

15. 56 kΩ 부하

17. 22 kΩ

19. 208 mV

21. 33.3%

23. 360 Ω

25. 7.33 kΩ

27. $R_{TH} = 18.0\,\text{k}\Omega; V_{TH} = 2.70\,\text{V}$

29. 1.06 V; 225 μA

31. 75 Ω

33. 21.0 mA

35. 아니오. 계기는 4.39 V를 표시해야 한다. 680 Ω이 개방되었다.

37. 7.62 V와 5.24 V가 옳지 않으며, 이는 3.3 kΩ 저항이 개방되었음을 나타낸다.

39. **(a)** $V_1 = -10\,\text{V},$ 모든 다른 전압은 0 V

   (b) $V_1 = -2.33\,\text{V}, V_4 = -7.67\,\text{V}, V_2 = -7.67\,\text{V}, V_3 = 0\,\text{V}$

   (c) $V_1 = -2.33\,\text{V}, V_4 = -7.67\,\text{V}, V_2 = 0\,\text{V}, V_3 = -7.67\,\text{V}$

   (d) $V_1 = -10\,\text{V},$ 모든 다른 전압은 0 V

41. 그림 P-7 참조

43. $R_T = 5.76\,\text{k}\Omega; V_A = 3.31\,\text{V}; V_B = 1.70\,\text{V}; V_C = 848\,\text{mV}$

45. $V_1 = 1.61\,\text{V}; V_2 = 6.78\,\text{V}; V_3 = 1.73\,\text{V}; V_4 = 3.33\,\text{V};$
   $V_5 = 378\,\text{mV}; V_6 = 2.57\,\text{V}; V_7 = 378\,\text{mV}; V_8 = 1.73\,\text{V};$
   $V_9 = 1.61\,\text{V}$

47. 5.11 kΩ

49. $R_1 = 180\,\Omega; R_2 = 60\,\Omega. R_2$에 걸리는 전압이 출력

51. 847 μA

53. 11.8 V

55. 그림 P-8 참조

57. 위치 1: $V_1 = 8.80\,\text{V}, V_2 = 5.87\,\text{V}, V_3 = 2.93\,\text{V}$
   위치 2: $V_1 = 8.02\,\text{V}, V_2 = 5.82\,\text{V}, V_3 = 2.91\,\text{V}$
   위치 3: $V_1 = 8.98\,\text{V}, V_2 = 5.96\,\text{V}, V_3 = 2.93\,\text{V}$

59. 12 kΩ 저항들 중 하나 개방

61. 2.2 kΩ 저항 개방

63. $V_A = 0\,\text{V}; V_B = 11.1\,\text{V}$

65. R_2 단락

67. 고장 없음

69. R_4 단락

71. R_5 단락

7장

1. 감소

3. 37.5 μ Wb

5. 1000 G

7. 597

9. 1500 At

11. **(a)** 전자기력   **(b)** 스프링 힘

13. 전자기력

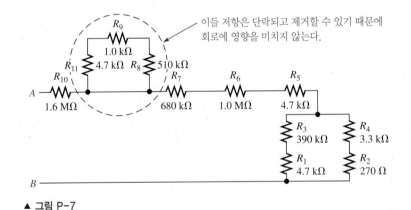

▲ 그림 P-7

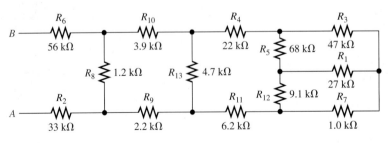

▲ 그림 P-8

15. 전류를 변화시킴

17. 물질 A

19. 1.0 mA

21. 3.01 m/s

23. 56.3 W

25. **(a)** 168 W   **(b)** 14 W

27. 80.6%

29. 출력전압은 주파수가 120 Hz이고 첨두전압이 10 V이다.

31. 설계가 잘못됨. 2개의 12 V 릴레이가 직렬로 12 V 전압원에 연결되어 전압 공급이 충분하지 못함. 12 V 램프를 동작시키려면 24 V가 필요함. 12 V 전압원 대신 24 V 전압원으로 바꾸어 릴레이와 연결함.

8장

1. **(a)** 1.0 Hz   **(b)** 5.0 Hz   **(c)** 20 Hz
  (d) 1.0 kHz   **(e)** 2.0 kHz   **(f)** 100 kHz

3. 2.0 μs

5. 10 ms

7. **(a)** 7.07 mA   **(b)** 4.5 mA   **(c)** 14.1 mA

9. **(a)** 17.7 V   **(b)** 25 V
  (c) 0 V   **(d)** −17.7 V

11. 15°, A가 앞선다.

13. 그림 P–9 참조

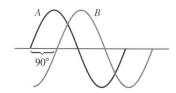

▲ 그림 P-9

15. **(a)** 22.5°   **(b)** 60°   **(c)** 90°
  (d) 108°   **(e)** 216°   **(f)** 324°

17. **(a)** 57.4 mA   **(b)** 99.6 mA   **(c)** −17.4 mA
  (d) − 57.4 mA   **(e)** − 99.6 mA   **(f)** 0 mA

19. 30°: 13.0 V; 45°: 14.5 V; 90°: 13.0 V; 180°: −7.5 V; 200°: −11.5 V; 300°: −7.5 V

21. **(a)** 7.07 mA   **(b)** 0 A   **(c)** 10 mA
  (d) 20 mA   **(e)** 10 mA

23. 7.39 V

25. 4.24 V

27. 250 Hz

29. 200 rps

31. 단상모터는 출발 권선이나 모터를 출발시키기 위해 토크를 생성할 수단을 필요로 한다. 반면에 3상 모터는 자체적으로 출발한다.

33. $t_r \approx 3.0$ ms; $t_f \approx 3.0$ ms; $t_W \approx 12.0$ ms; Ampl. ≈ 5.0 V

35. **(a)** −0.375 V   **(b)** 3.00 V

37. **(a)** 50 kHz   **(b)** 10 Hz

39. 25 kHz

41. 0.424 V; 2.0 Hz

43. 1.4 V; 120 ms; 30%

45. I_{max} = 2.38 mA; V_{avg} = 13.6 V; 그림 P-10 참조

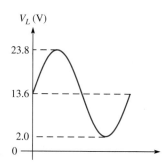

▲ 그림 P-10

47. **(a)** 2.5   **(b)** 3.96 V   **(c)** 12.5 kHz

49. 그림 P-11 참조

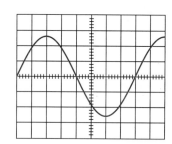

▲ 그림 P-11

51. $V_{p(in)}$ = 4.44 V; f_{in} = 2.0 Hz

53. R_3 개방

55. 5.0 V; 1.0 ms

9장

1. **(a)** 5.0 μF   **(b)** 0.1 μC   **(c)** 10 V

3. **(a)** 0.001 F   **(b)** 0.0035 μF   **(c)** 0.00025 μF

5. 2.0 μF

7. 89.0 pF

9. 0.0249 μF

11. 12.5 pF 증가

13. 세라믹

15. **(a)** 0.022 μF   **(b)** 0.047 μF
  (c) 0.001 μF   **(d)** 22 pF

17. **(a)** 캡슐   **(b)** 유전체(세라믹 디스크)
  (c) 판(금속 디스크)   **(d)** 납

19. **(a)** 0.688 μF   **(b)** 69.7 pF   **(c)** 2.64 μF

21. V_1 = 2.13 V; V_2 = 10.0 V; V_3 = 4.55 V; V_4 = 1.00 V

23. 5.5 μF, 27.5 μC

25. **(a)** 100 μs   **(b)** 560 μs
  (c) 22.1 μs   **(d)** 15 ms

27. **(a)** 9.48 V   **(b)** 13.0 V   **(c)** 14.3 V
  (d) 14.7 V   **(e)** 14.9 V

29. **(a)** 2.72 V **(b)** 5.90 V **(c)** 11.7 V

31. **(a)** 339 kΩ **(b)** 13.5 kΩ
(c) 677 Ω **(d)** 33.9 Ω

33. $X_{C1} = 1.42$ kΩ; $X_{C2} = 970$ Ω; $X_{CT} = 2.39$ kΩ
$V_1 = 5.94$ V; $V_2 = 4.06$ V

35. 200 Ω

37. $P_{true} = 0$ W; $P_r = 3.39$ mVAR

39. 0 Ω

41. 3.18 ms

43. 3.24 μs

45. **(a)** 10 ms 동안 3.32 V로 충전하고, 다음 215 ms 동안 0 V로 방전
(b) 10 ms 동안 3.32 V로 충전하고, 5 ms 동안 2.96 V로 방전한 후,
다시 20 V로 충전

47. 0.00555 μF = 5.55 nF

49. $V_1 = 7.24$ V; $V_2 = 2.76$ V; $V_3 = 0.787$ V;
$V_5 = 1.18$ V; $V_6 = 0.787$ V; $V_4 = 1.97$ V

51. C_2 개방

53. 고장 없음

10장

1. 8.0 kHz; 8.0 kHz

3. **(a)** 288 Ω **(b)** 1209 Ω

5. **(a)** 726 kΩ **(b)** 155 kΩ
(c) 91.5 kΩ **(d)** 63.0 kΩ

7. **(a)** 34.7 mA **(b)** 4.13 mA

9. $I_{tot} = 12.3$ mA; $V_{C1} = 1.31$ V; $V_{C2} = 0.595$ V;
$V_R = 0.616$ V; $\theta = 72.0°$ (V_S가 I_{tot} 보다 뒤진다)

11. 808 Ω; −36.1°

13. **(a)** 90° **(b)** 86.4° **(c)** 57.9° **(d)** 9.04°

15. 326 Ω; 64.3°

17. 245 Ω; 80.5°

19. $I_{C1} = 118$ mA; $I_{C2} = 55.3$ mA; $I_{R1} = 36.4$ mA;
$I_{R2} = 44.4$ mA; $I_{tot} = 191$ mA; $\theta = 65.0°$ (V_S가 I_{tot} 보다 뒤진다)

21. **(a)** 3.86 kΩ **(b)** 21.3 μA **(c)** 14.8 μA
(d) 25.9 μA **(e)** 34.8° (V_S가 I_{tot} 보다 뒤진다)

23. $V_{C1} = 8.74$ V; $V_{C2} = 3.26$ V; $V_{C3} = 3.26$ V; $V_{R1} = 2.11$ V;
$V_{R2} = 1.15$ V; $\theta = 85.5°$

25. $I_{tot} = 82.4$ mA; $I_{C2} = 14.5$ mA; $I_{C3} = 67.7$ mA;
$I_{R1} = I_{R2} = 6.40$ mA

27. 4.03 VA

29. 0.915

31. 다음 식을 사용하자. $V_{out} = \left(\dfrac{X_C}{Z_{tot}}\right)$ 1.0 V. 그림 P-12 참조

주파수 (kHz)	X_C (kΩ)	Z_{tot} (kΩ)	V_{out} (V)
0			1.000
1	4.08	5.64	0.723
2	2.04	4.40	0.464
3	1.36	4.13	0.329
4	1.02	4.03	0.253
5	0.816	3.98	0.205
6	0.680	3.96	0.172
7	0.583	3.94	0.148
8	0.510	3.93	0.130
9	0.453	3.93	0.115
10	0.408	3.92	0.104

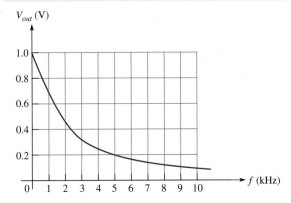

▲ 그림 P-12

33. 그림 P-13 참조

35. 그림 10-73: 1.05 kHz; 그림 10-74: 1.59 kHz

37. 누설 없음: $V_{out} = 3.21$ V; $\theta = 18.7°$;
누설 있음: $V_{out} = 2.83$ V, $\theta = 33.3°$

39. **(a)** 0 V **(b)** 0.321 V **(c)** 0.500 V **(d)** 0 V

41. **(a)** $I_{L(A)} = 4.80$ A; $I_{L(B)} = 3.33$ A
(b) $P_{r(A)} = 606$ VAR; $P_{r(B)} = 250$ VAR
(c) $P_{true(A)} = 979$ W; $P_{true(B)} = 760$ W
(d) $P_{a(A)} = 1.151$ kVA; $P_{a(B)} = 800$ VA

43. 11.4 kΩ

45. $P_r = 1.32$ kVAR; $P_a = 2.0$ kVA

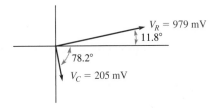

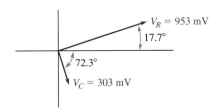

▲ 그림 P-13

47. 0.103 μF

49. C가 누설

51. 고장 없음

53. R_2 개방

55. C_1이 단락됐을 때 위상변화는 13.7°

11장

1. **(a)** 1000 mH   **(b)** 0.25 mH
   (c) 0.01 mH   **(d)** 0.5 mH

3. 3450회

5. 2.81 μJ

7. 155 μH

9. 7.14 μH

11. **(a)** 4.33 H   **(b)** 50.0 mH   **(c)** 57.1 μH

13. **(a)** 1.0 μs   **(b)** 2.13 μs   **(c)** 2.0 μs

15. **(a)** 5.52 V   **(b)** 2.03 V   **(c)** 0.747 V
   (d) 0.275 V   **(e)** 0.101 V

17. **(a)** 136 kΩ   **(b)** 1.57 kΩ   **(c)** 1.79 Ω

19. $I_{tot} = 10.1$ mA; $I_{L2} = 6.70$ mA; $I_{L3} = 3.35$ mA

21. 101 mVAR

23. **(a)** −3.35 V   **(b)** −1.12 V   **(c)** −0.376 V

25. **(a)** 426 μA   **(b)** 569 μA

27. 26.1 mA

29. L_3 개방

31. 고장 없음

33. L_3 단락

12장

1. 15 kHz

3. **(a)** 1.12 kΩ   **(b)** 1.80 kΩ

5. **(a)** 135 Ω   **(b)** 174 Ω   **(c)** 279 Ω   **(d)** 640 Ω

7. 335 mV

9. **(a)** 8.94 mA   **(b)** 2.77 mA

11. 38.7°

13. 그림 P-14 참조

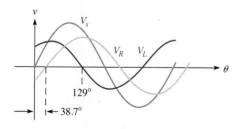

▲ 그림 P-14

15. **(a)** 0.0923°   **(b)** 9.15°   **(c)** 58.2°   **(d)** 86.4°

17. 1.84 kΩ

19. 5.37 MHz

21. **(a)** 274 Ω   **(b)** 89.3 mA   **(c)** 159 mA
   (d) 182 mA   **(e)** 60.7° (I_{tot}가 V_S 보다 뒤진다)

23. $V_{R1} = 7.92$ V; $V_{R2} = V_L = 20.9$ V

25. $I_{tot} = 36.0$ mA; $I_L = 33.2$ mA; $I_{R2} = 13.9$ mA

27. 12.9 mW; 10.4 mVAR

29. $PF = 0.639$; $P_{true} = 575$ mW; $P_r = 692$ mVAR;
   $P_a = 900$ mVA

31. 그림 P-15 참조

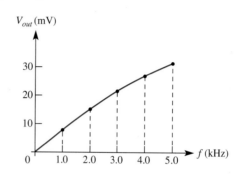

▲ 그림 P-15

33. $V_{R1} = V_{L1} = 18$ V; $V_{R2} = V_{R3} = V_{L2} = 0$ V

35. 5.57 V

37. 336 mA

39. **(a)** 405 mA   **(b)** 228 mA   **(c)** 333 mA   **(d)** 335 mA

41. 0.133

43. 그림 P-16 참조. 4.7 kΩ 저항은 개방

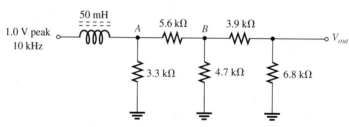

▲ 그림 P-16

45. L_2 개방

47. R_2 개방

49. L_1 단락

13장

1. 520 Ω, 88.9° (V_S가 I 보다 뒤진다), 520 Ω 용량성

3. 임피던스 증가

5. 그림 P-17 참조

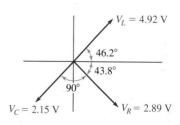

▲ 그림 P-17

7. f_r이 낮다.

9. $X_L = 14.6\,\Omega$; $X_C = 14.6\,\Omega$; $Z = 220\,\Omega$; $I = 54.5$ mA

11. $f_r = 454$ kHz; $f_1 = 416$ kHz; $f_2 = 492$ kHz

13. (a) 14.5 kHz; 대역통과 **(b)** 24.0 kHz; 대역통과

15. (a) $f_r = 339$ kHz, $BW = 239$ kHz
(b) $f_r = 10.4$ kHz, $BW = 2.61$ kHz

17. 용량성, $X_C < X_L$

19. 1.47 kΩ

21. 5.96 kΩ; 97.9 kHz

23. 62.5 Hz

25. 1.38 W

27. 200 Hz

29. 그림 P-18 참조

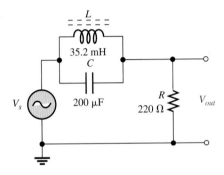

▲ 그림 P-18

31. $I_{R1} = I_C = 2.11$ mA; $I_{L1} = 1.33$ mA; $I_{L2} = 667\,\mu$A; $I_{R2} = 667\,\mu$A; $V_{R1} = 6.96$ V; $V_C = 2.11$ V; $V_{L1} = V_{L2} = V_{R2} = 6.67$V

33. $I_{R1} = I_{L1} = 41.5$ mA; $I_C = I_{L2} = 133$ mA; $I_{tot} = 104$ mA

35. $L = 994\,\mu$H; $C = 0.0637\,\mu$F

37. R_w 무시, 8.0 MHz: $C = 39.6$ pF; 9.0 MHz: $C = 31.3$ pF; 10 MHz: $C = 25.3$ pF; 11 MHz: $C = 20.9$ pF

39. 고장 없음

41. L 단락

43. L 단락

14장

1. 1.5 μH

3. 3

5. (a) 동위상 **(b)** 역위상 **(c)** 역위상

7. 500회

9. (a) 같은 극, 100 V rms
(b) 반대 극, 100 V rms

11. 240 V

13. (a) 6.0 V **(b)** 0 V **(c)** 40 V

15. (a) 10 V **(b)** 240 V

17. 33.3 mA

19. 27.2 Ω

21. 6.0 mA

23. 0.5

25. 5.0 kΩ

27. 94.5 W

29. 0.98

31. 25 kVA

33. 2차 1: 2.0, 2차 2: 0.5, 2차 3: 0.25

35. 맨 위 2차: $n = 100/1000 = 0.1$
다음 2차: $n = 200/1000 = 0.2$
다음 2차: $n = 500/1000 = 0.5$
아래 2차: $n = 1000/1000 = 1$

37. 펄스 변압기의 세 가지 응용 분야는 디지털시스템의 격리, 디지털 통신을 위한 임피던스 매칭, 고전력 전기시스템에서의 전압 변환이다.

39. 1차측을 퓨즈를 이용하여 보호하지 않으면, 과도한 1차 전류가 흘러서 전원 혹은 변압기가 탈 수 있다.

41. (a) $V_{L1} = 35$ V, $I_{L1} = 2.92$ A, $V_{L2} = 15$ V, $I_{L2} = 1.5$ A
(b) 28.9 Ω

43. (a) 20 V **(b)** 10 V

45. 0.0141 (70.7:1)

47. 0.1 A

49. 2차 측 개방

51. 1차 측 개방

15장

1. 실리콘, 게르마늄

3. 4

5. 전도대, 가전자대

7. 안티몬은 n형 불순물, 붕소는 p형 불순물

9. 재결합은 pn 접합을 가로질러간 전자가 p 영역의 정공과 결합하여 음이온을 형성하는 과정이다.

11. 다이오드는 전압원으로 쓸 수 없다. 전위는 전류 흐름을 막으며 에너지원을 생성하지 않고 평형조건을 형성한다.

13. 순방향 바이어스 동안 다이오드의 순방향 전류에 의해 과열되는 것을 방지하기 위해 직렬 저항이 필요하다.

15. 접합의 온도를 증가

17. (a) $V_R = 3.0$ V **(b)** $V_F = 0.7$ V
(c) $V_F = 0.7$ V **(d)** $V_F = 0.7$ V

19. $V_A = 25$ V; $V_B = 24.3$ V; $V_C = 8.7$ V; $V_D = 8.0$ V

21. $V_{L(\text{peak})} = 49.3$
$I_{L(\text{peak})} = 493$ mA
그림 P-19 참조

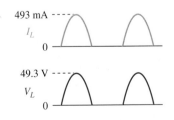

▲ 그림 P-19

23. $V_{RL(\text{peak})} = 84.2\text{ V}$

25. **(a)** 중간탭 전파 정류기
(b) 28.3 V
(c) 14.1 V
(d) 그림 P-20 참조
(e) 13.4 mA
(f) 26.9 V

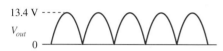

13.4 V
V_{out}
0

▲ 그림 P-20

27. 그림 P-21 참조

0
$-V_p$

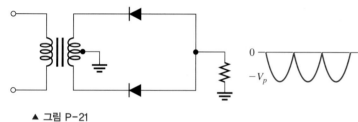

▲ 그림 P-21

29. 플라이백 다이오드는 인덕터가 에너지를 잃을 때 순방향 바이어스가 걸린다.

31. 첨두

33. 4.13%

35. 그림 P-22 참조

37. 9.0 pF 감소

39. 증가

41. 옵토커플러의 목적은 소회로들 사이에서 신호를 광학적으로 결합시키는 것이며, 옵토아이솔레이터의 목적은 광학적으로 결합된 회로 사이에 전기적 격리를 제공하는 것이다.

43. **(a)** 고전류가 2차 회로를 태워서 퓨즈를 끊을 수 있음.
(b) 출력은 반파 정류 출력임.
(c) 출력은 반파 정류 출력임.
(d) 회로에는 출력이 없음.

45. **(a)** 맞음
(b) 제너 다이오드 개방
(c) 퓨즈 끊김 또는 스위치 개방
(d) C_1 개방
(e) 변압기 결선 개방 또는 브리지 개방

47. 다이오드 개방

49. 고장 없음

51. D_1 누설

53. D_2 개방

55. 고장 없음

16장

1. 4.87 mA

3. 125

5. $I_B = 26.0\,\mu\text{A}; I_E = 1.3\text{ mA}; I_C = 1.27\text{ mA}$

7. 1.3 V

9. $I_B = 13.6\,\mu\text{A}; I_C = 682\,\mu\text{A}; V_C = 9.32\text{ V}$

11. $V_{CE} = 3.57\text{ V}$; Q점: $I_C = 4.49\text{ mA}$, $V_{CE} = 3.57\text{ V}$

13. 33.3

15. 199

17. **(a)** 3.66 V **(b)** 2.96 V **(c)** 2.96 mA
(d) ≈ 2.96 mA **(e)** 8.23 V **(f)** 5.27 V

19. $A_{v(\max)} = 123; A_{v(\min)} = 2.93$

21. 0.988

23. A_v가 약간 감소한다(대략 1.19%).

25. 10 V; 625 mA

27. 0.5 mA; 3.33 μA; 1.03 V

29. **(a)** 좁아짐 **(b)** 증가함

31. 그림 P-23 참조

33. 증진형 모드

35. **(a)** $V_{DS} = 6.3\text{ V}; V_{GS} = -1.0\text{ V}$
(b) $V_{DS} = 7.29\text{ V}; V_{GS} = -0.3\text{ V}$
(c) $V_{DS} = -1.65\text{ V}; V_{GS} = 2.35\text{ V}$

37. **(a)** on **(b)** off

39. **(a)** 0.934 **(b)** 0.301

41. 0.0133

43. **(a)** 528 kHz, 콜피츠 **(b)** 759 kHz, 하틀리

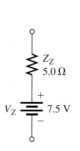

Z_Z
5.0 Ω
+
V_Z
7.5 V
−

▲ 그림 P-22

드레인
게이트
소스
D-MOSFET, n 채널
드레인
게이트
소스
D-MOSFET, p 채널
드레인
게이트
소스
E-MOSFET, n 채널
드레인
게이트
소스
E-MOSFET, p 채널

▲ 그림 P-23

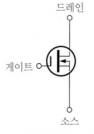

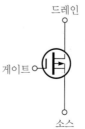

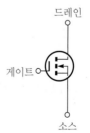

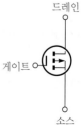

45. (a) 바이패스 커패시터 C_2가 개방되면 첫째 단의 전압이득 감소로 전체 전압이득이 감소한다. 직류전압과 전류는 영향이 없다.

(b) 결합 커패시터 C_3가 개방일 경우, 신호가 두 번째 단에 전달이 되지 않아 $V_{out} = 0$ V이다. 부하 쪽의 저항 감소로 첫째 단의 전압이득은 증가한다. 직류전압과 전류는 영향이 없다.

(c) 바이패스 커패시터 C_4가 개방인 경우, 두번째 단의 전압이득이 감소하여 전체 전압이득은 감소한다. 직류전압과 전류는 영향이 없다.

(d) 바이패스 커패시터 C_2가 단락이면 첫째 단의 전압이득은 급격히 증가하여 포화 상태가 될 수 있다. 입력신호 전압은 선형동작의 값보다 매우 작게 제한된다. 직류전압과 전류는 영향이 없다.

(g) Q_1 트랜지스터의 BC 접합이 개방이면, 신호는 첫째 단을 통과하지 못한다. Q_1의 베이스, 이미터, 컬렉터에서의 직류전압은 바뀌게 된다. 둘째 단의 직류전압과 전류는 영향이 없다.

(f) Q_2 트랜지스터의 BE 접합이 개방되면, 신호는 둘째 단을 통과하지 못한다. Q_2의 베이스, 이미터, 컬렉터에서의 직류전압은 바뀌게 된다. 첫째 단의 직류전압과 전류는 영향이 없다.

47. 베이스-컬렉터 접합이 개방임

49. 드레인과 소스가 단락임

51. 고장 없음

53. C_1 개방

17장

1. 실제의 연산 증폭기: 높은 개루프 이득, 높은 입력 임피던스, 낮은 출력 임피던스, 높은 CMRR

이상적인 연산 증폭기: 무한대의 개루프 이득, 무한대의 입력 임피던스, 영 출력 임피던스, 무한대의 CMRR

3. (a) 단일입력, 차동출력

(b) 단일입력, 단일출력

(c) 차동입력, 단일출력

(d) 차동입력, 차동출력

5. 56.5 dB

7. (a) 단일입력

(b) 차동입력

(c) 동상입력

9. 8.1 µA

11. 108 dB

13. 0.3

15. 40 µs

17. (a) 374　　**(b)** 3.74 V　　**(c)** 10.0 mV

19. (a) 49 kΩ　　**(b)** 3.0 MΩ　　**(c)** 84 kΩ　　**(d)** 165 kΩ

21. (a) 10 mV, 동위상

(b) −10 mV, 180° 위상차

(c) 223 mV, 동위상

(d) −100 mV, 180° 위상차

23. (a) $Z_{in(NI)} = 8410$ MΩ, $Z_{out(NI)} = 89.2$ mΩ

(b) $Z_{in(NI)} = 6187$ MΩ, $Z_{out(NI)} = 4.04$ mΩ

(c) $Z_{in(NI)} = 5305$ MΩ, $Z_{out(NI)} = 18.9$ mΩ

25. (a) $Z_{in(I)} = 10$ kΩ, $Z_{out(I)} = 5.12$ mΩ

(b) $Z_{in(I)} = 100$ kΩ, $Z_{out(I)} = 67.2$ mΩ

(c) $Z_{in(I)} = 470$ kΩ, $Z_{out(I)} = 6.24$ mΩ

27. A_{cl}이 100으로 증가

29. R_1 개방

31. 연산 증폭기 고장

18장

1. (a) 최대 음(−)

(b) 최대 양(+)

(c) 최대 음(−)

3. 그림 P-24 참조

5. (a) $V_{ltp} = 2.95$ V, $V_{utp} = 5.66$ V

(b) $V_{ltp} = 3.47$ V, $V_{utp} = 8.84$ V

7. (a) $V_{R1} = 1.0$ V, $V_{R2} = 1.8$ V

(b) 127 µA

(c) −2.8 V

9. −3.57 V; 357 µA

11. −4.06 mV/µs

13. 733 mV

15. 5.0 kΩ

17. 1.06 kHz

19. R_1을 3.54 kΩ으로 변경

21. (a) 1.54 kHz　　**(b)** 7.20 kHz　　**(c)** 894 Hz

23. −34.0 dB

25. 7.22 V

27. 9.75 V

29. 500 mA

31. 10 mA

33. R_2 개방

35. 고장 없음

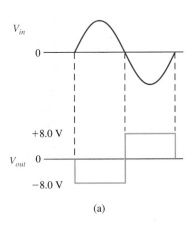

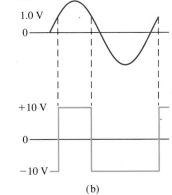

▲ 그림 P-24

찾아보기

	숫자	컬러
저항값, 처음 3개의 밴드: 첫 번째 밴드 — 첫 번째 숫자 두 번째 밴드 — 두 번째 숫자 * 세 번째 밴드 — 곱수(두 번째 숫자 다음에 오는 영들의 수)	0	
	1	
	2	
	3	
	4	
	5	
	6	
	7	
	8	
	9	
네 번째 밴드 — 허용오차	±5%	
	±10%	

* 10 Ω 미만의 저항값의 경우, 세 번째 밴드는 금색 혹은 은색이다. 금색은 0.1의 곱수를 나타내고, 은색은 0.01의 곱수를 나타낸다.

표 2-2

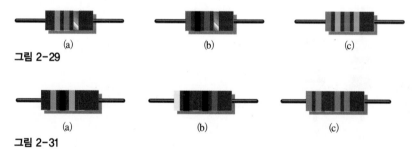

(a)   (b)   (c)

그림 2-29

(a)   (b)   (c)

그림 2-31

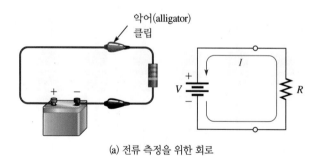

(a) 전류 측정을 위한 회로

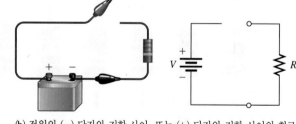

(b) 전원의 (−) 단자와 저항 사이, 또는 (+) 단자와 저항 사이의 회로를 개방한다.

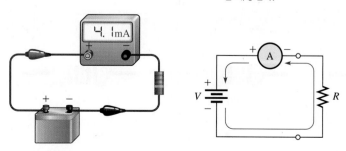

(c) 전류 경로에 전류계를 그림과 같은 극성으로 설치한다(− 는 −쪽으로, + 는 + 쪽으로).

그림 2-52

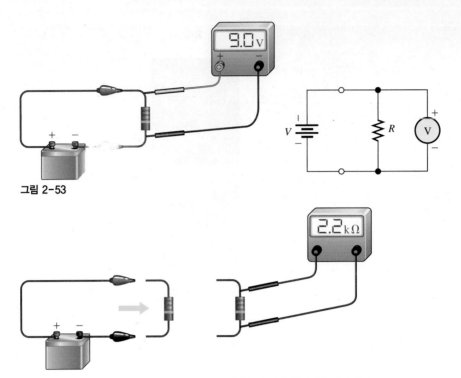

그림 2-53

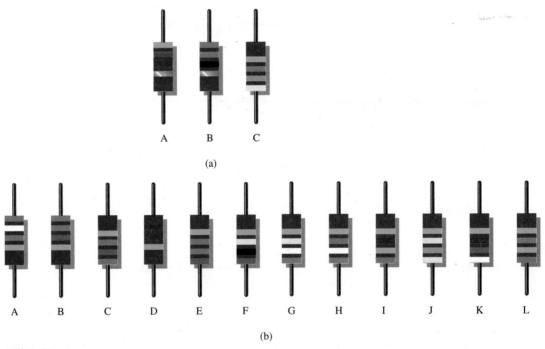

(a) 계측기의 손상과/혹은 부정확한 측
정을 피하기 위해 회로에서 저항을
떼어낸다.

(b) 저항을 측정한다(극성은 중요하지
않다).

그림 2-54

그림 2-65

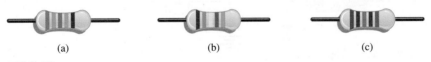

그림 2-66

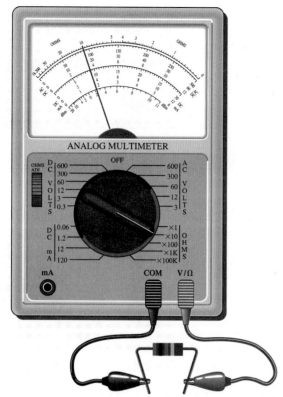

그림 2-70

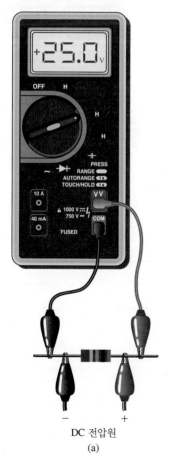

DC 전압원
(a)

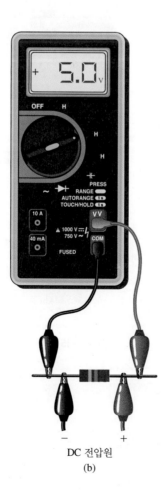

DC 전압원
(b)

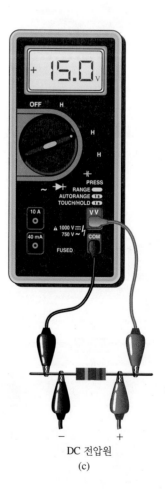

DC 전압원
(c)

그림 3-30

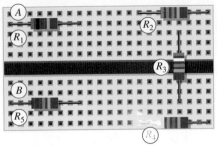

그림 4-3

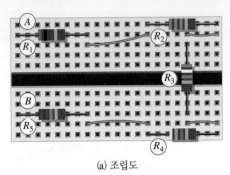

(a) 조립도

그림 4-4

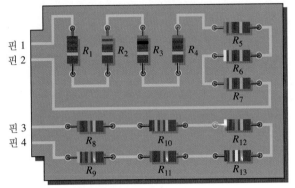

그림 4-5

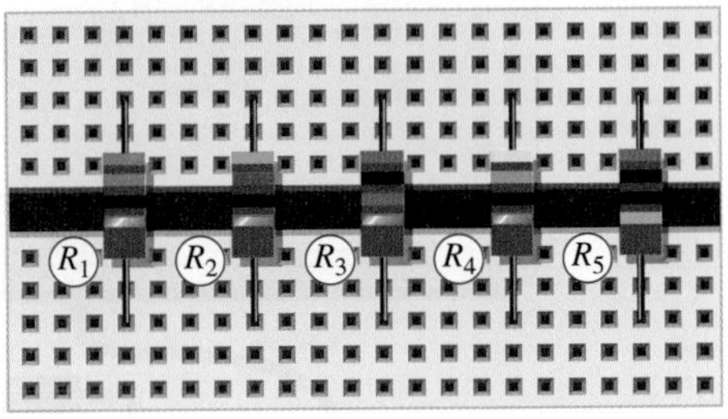

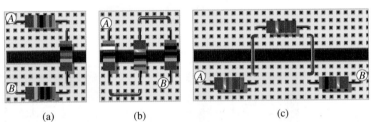

그림 4-9

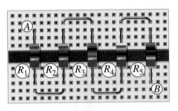

(a) 회로 조립

그림 4-10

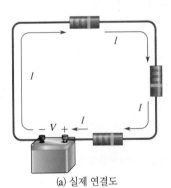

(a)   (b)   (c)

그림 4-13

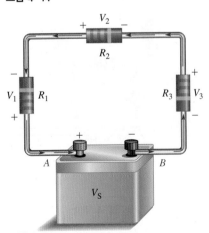

(a) 실제 연결도

그림 4-14

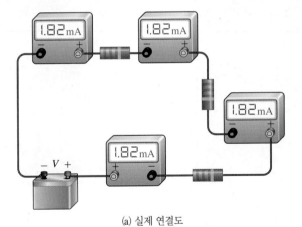

(a) 실제 연결도

그림 4-15

그림 4-31

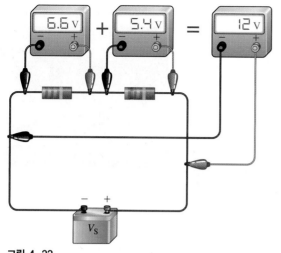

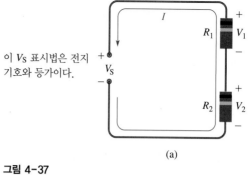

이 V_S 표시법은 전지
기호와 등가이다.

(a)

그림 4-37

그림 4-33

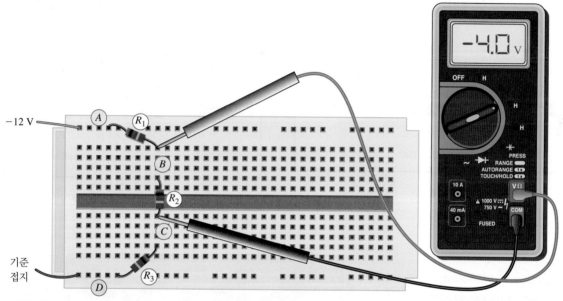

−12 V

기준
접지

그림 4-52

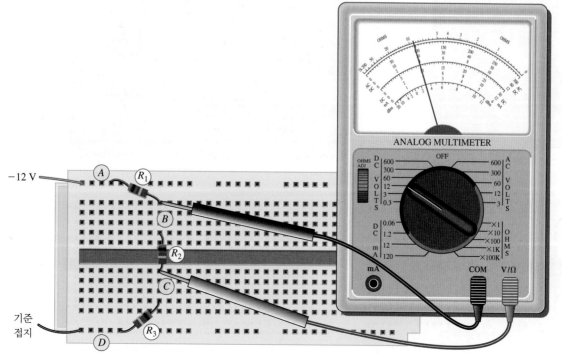

−12 V

기준
접지

그림 4-53

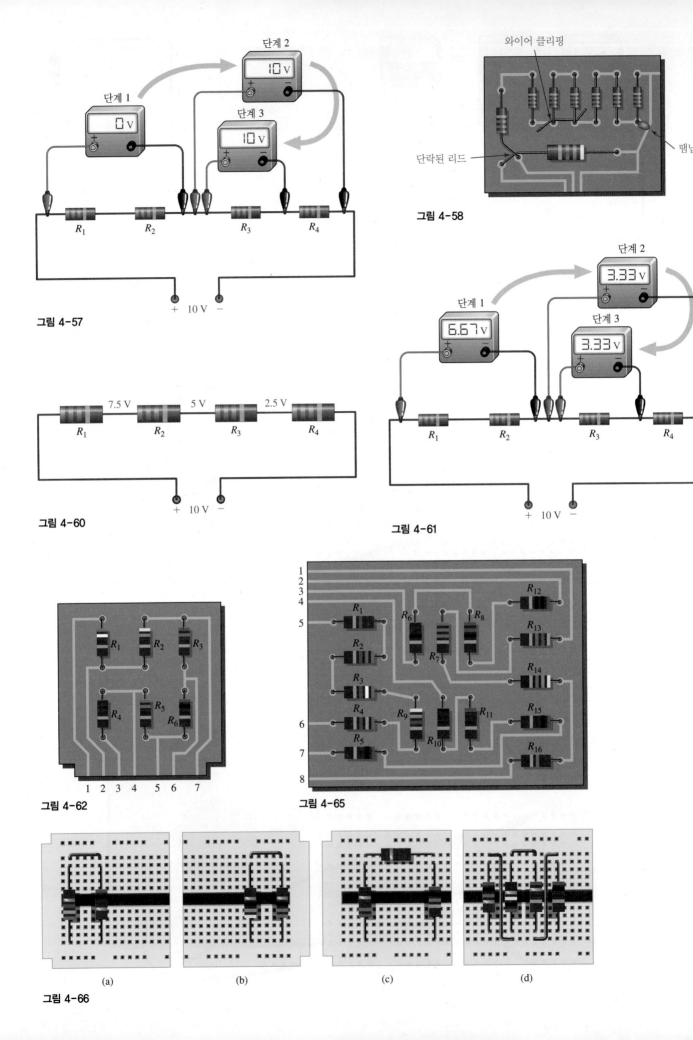

단계 1
단계 2
10 V
단계 3
10 V
0 V

R_1 R_2 R_3 R_4

+ 10 V −

그림 4-57

와이어 클리핑

단락된 리드   땜납 튐

그림 4-58

7.5 V   5 V   2.5 V

R_1 R_2 R_3 R_4

+ 10 V −

그림 4-60

단계 2
3.33 V
단계 1
6.67 V
단계 3
3.33 V

R_1 R_2 R_3 R_4

+ 10 V −

그림 4-61

R_1 R_2 R_3
R_4 R_5 R_6

1 2 3 4 5 6 7

그림 4-62

1
2
3
4
5

R_1 R_6 R_8 R_{12}
R_2 R_7 R_{13}
R_3 R_{14}
R_4 R_9 R_{11} R_{15}
6
R_5 R_{10} R_{16}
7
8

그림 4-65

(a)   (b)   (c)   (d)

그림 4-66

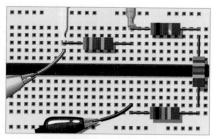

(b) 계측기 리드(노랑과 초록)와 전원 장치 리드(빨강과 검정)가 연결된 프로토보드

(a) 프로토보드로 가는 리드를 갖는 계측기

그림 4-75

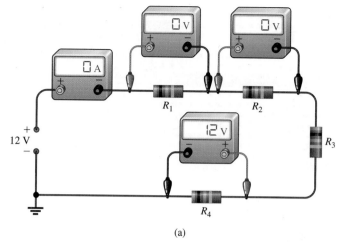

(a)

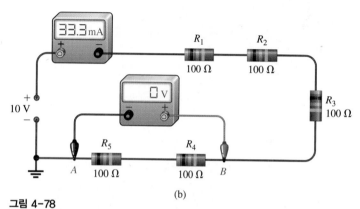

그림 4-78

그림 4-79

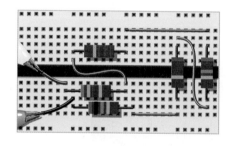

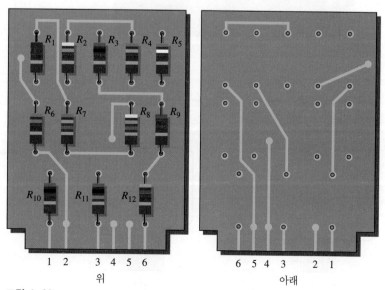

위   아래

그림 4-83

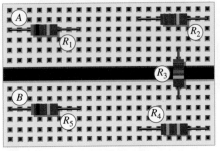

그림 5-3

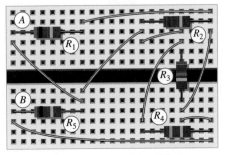

(a) 조립 부품의 결선 도형

그림 5-4

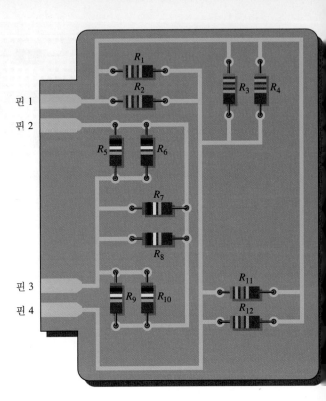

그림 5-5

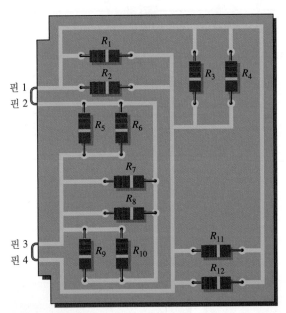

그림 5-14

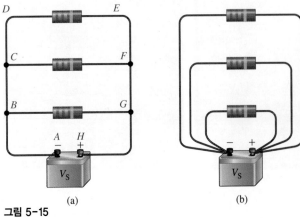

(a)   (b)

그림 5-15

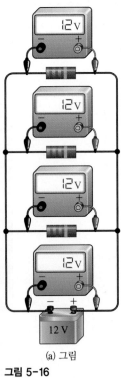

(a) 그림

그림 5-16

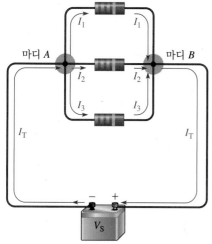

그림 5-24

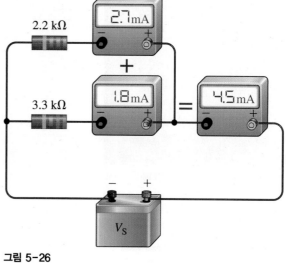

그림 5-26

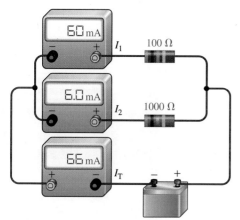

그림 5-32

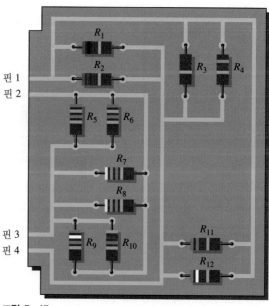

그림 5-45

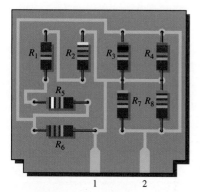

그림 5-58

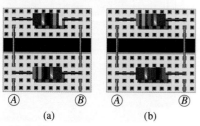
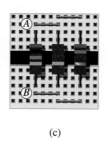
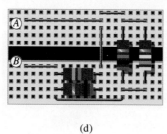

그림 5-59

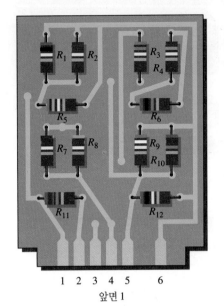
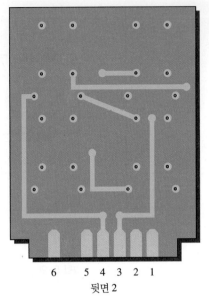

앞면 1   뒷면 2

그림 5-77

(a) 노랑 단자는(오른쪽 단자) 회로판으로 가고,
　　빨강 단자는(왼쪽 단자) 25V 전원 공급기의 +
　　단자로 연결한다.

그림 5-80

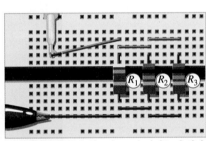

(b) 단자들이 연결된 회로판. 노랑 단자는 측정기
　　로부터, 집게는 25 V 전원 공급기의 접지로부
　　터, 빨강 단자는 양의 25 V로 간다.

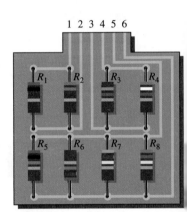

그림 5-81

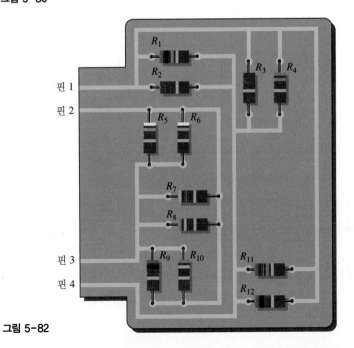

그림 5-82

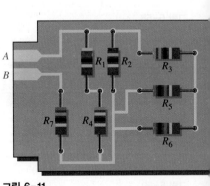

그림 6-11

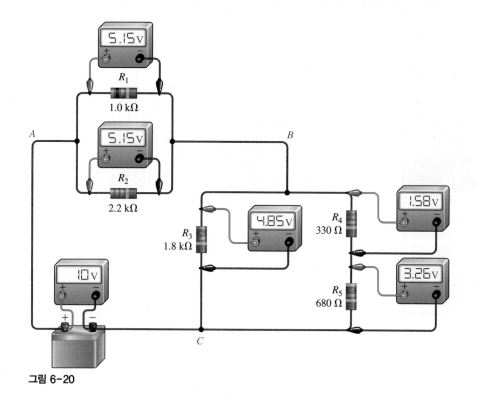

그림 6-20

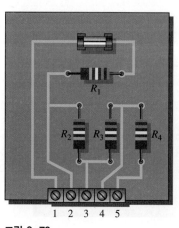

그림 6-70

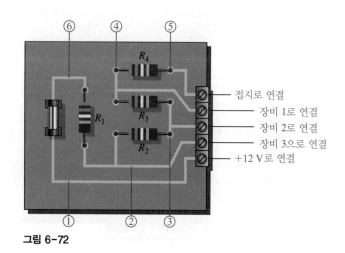

접지로 연결

장비 1로 연결

장비 2로 연결

장비 3으로 연결

+12 V로 연결

그림 6-72

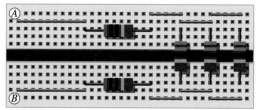

그림 6-77

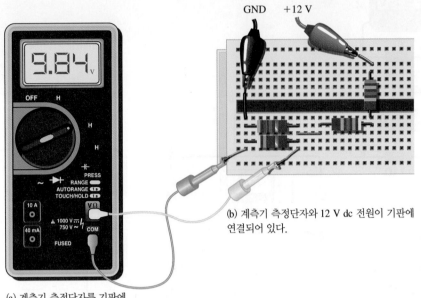

GND   +12 V

(b) 계측기 측정단자와 12 V dc 전원이 기판에
연결되어 있다.

(a) 계측기 측정단자를 기판에
연결한다.

그림 6-87

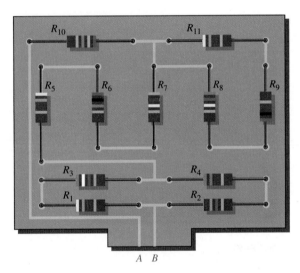

그림 6-91

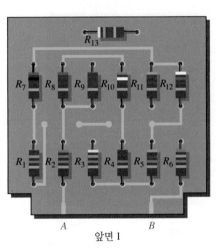

앞면 1

그림 6-102

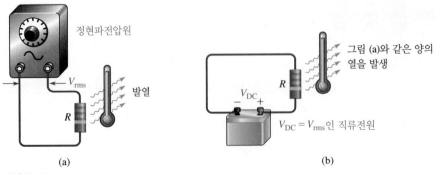

정현파전압원

V_{rms}

발열

R

(a)

그림 (a)와 같은 양의
열을 발생

V_{DC}
$-$ $+$
R

$V_{DC} = V_{rms}$인 직류전원

(b)

그림 8-14

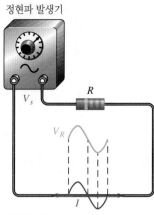

정현파 발생기

V_S

R

V_R

I

그림 8-31

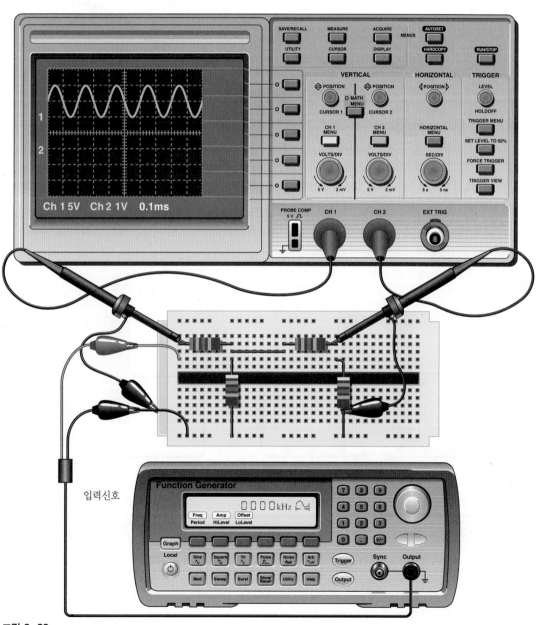

그림 8-88

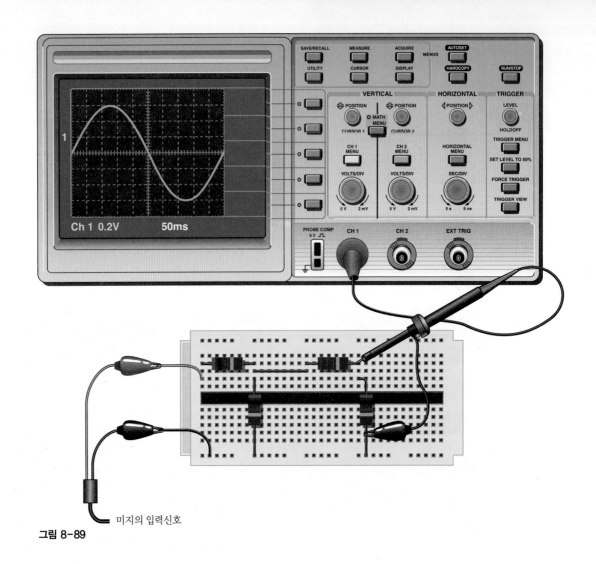

미지의 입력신호

그림 8-89

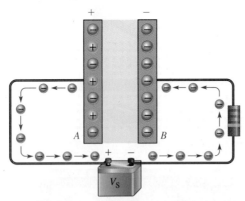

(b) 전원에 연결될 때, 커패시터가 충전하면서 전자가 도체판 A에서 도체판 B로 이동한다.

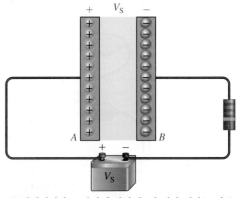

(c) 커패시터가 V_S까지 충전된 후 더 이상 전자는 이동하지 않는다.

그림 9-2

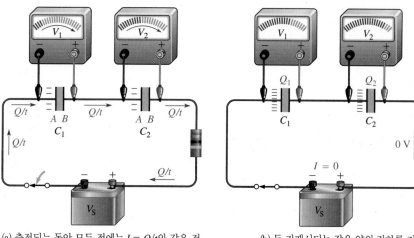

(a) 충전되는 동안 모든 점에는 $I = Q/t$와 같은 전류가 흐르고, 커패시터 전압은 증가한다.

그림 9-19

(b) 두 커패시터는 같은 양의 전하를 저장한다. ($Q_T = Q_1 = Q_2$).

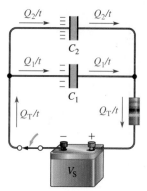
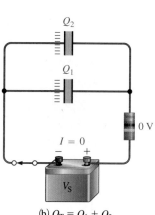

(a) 각 커패시터에 저장되는 전하량은 커패시턴스 값에 비례한다.

그림 9-24

(b) $Q_T = Q_1 + Q_2$

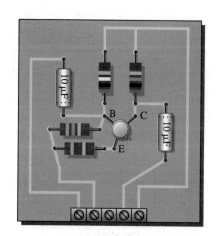

(b) 증폭기 기판

그림 9-58

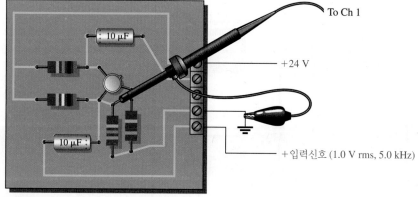

To Ch 1

+24 V

+입력신호 (1.0 V rms, 5.0 kHz)

그림 9-59

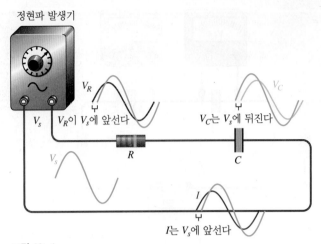

정현파 발생기

V_R

V_R이 V_s에 앞선다

V_s

R

V_C는 V_s에 뒤진다

C

V_C

V_s

I

I는 V_s에 앞선다

그림 10-1

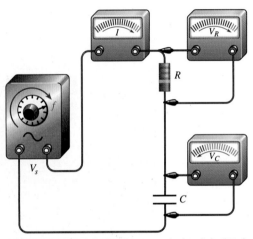

I V_R

f

R

V_s

V_C

C

(a) 주파수가 증가했기 때문에, Z는 X_C가 감소하기 때문에 감소하고 I와 V_R는 증가하고 V_C는 감소한다.

I V_R

f

R

V_s

V_C

C

(b) 주파수가 감소했기 때문에, Z는 X_C가 증가하기 때문에 증가하고 I와 V_R는 감소하고 V_C는 증가한다.

그림 10-15

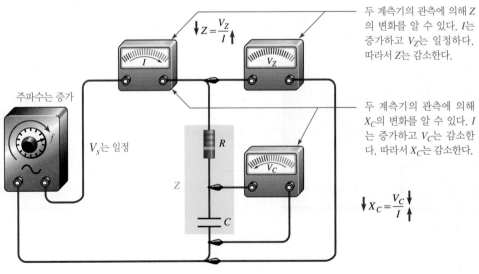

$\downarrow Z = \dfrac{V_Z}{I} \uparrow$

두 계측기의 관측에 의해 Z의 변화를 알 수 있다. I는 증가하고 V_Z는 일정하다. 따라서 Z는 감소한다.

I V_Z

주파수는 증가

V_s는 일정

f

R

Z

V_C

C

두 계측기의 관측에 의해 X_C의 변화를 알 수 있다. I는 증가하고 V_C는 감소한다. 따라서 X_C는 감소한다.

$\downarrow X_C = \dfrac{V_C}{I} \downarrow \uparrow$

그림 10-16

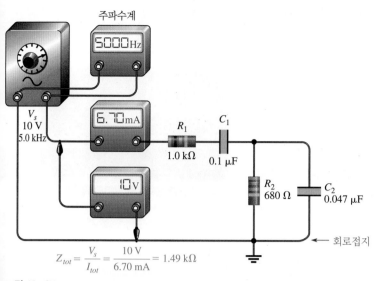

$$Z_{tot} = \frac{V_s}{I_{tot}} = \frac{10 \text{ V}}{6.70 \text{ mA}} = 1.49 \text{ k}\Omega$$

그림 10-37

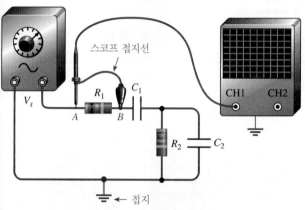

(a) 스코프 프로브의 접지선은 *B* 지점을 접지한다.

(b) *B* 지점의 접지 영향은 회로의 나머지 부분을 단락하는 것과 같다.

그림 10-38

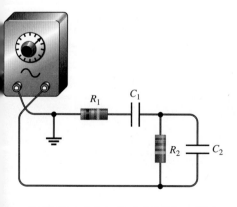

(a) R_1의 한쪽 끝이 접지되도록 접지 위치를 교체한다.

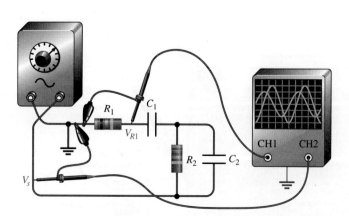

(b) 스코프에는 V_{R1}과 V_s를 표시한다. V_{R1}은 전체 전류의 위상을 표시한다.

그림 10-39

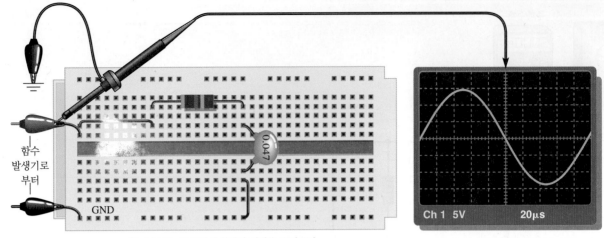

(a) 스코프는 입력에서 정확한 전압을 보여준다.

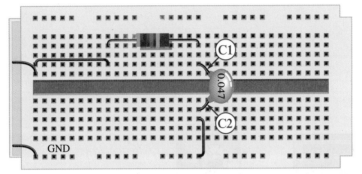

(b) 함수 발생기가 연결되지 않은 상태에서 커패시터가 단락되지 않았음을 시험기가
나타내고 있다.

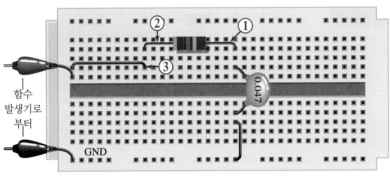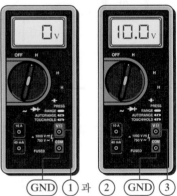

(c) 전압은 점 ③에서 확인되며, 가로 열에서 포토보드의 접점으로 사용된 두 곳 중 한
곳이 불량임을 나타낸다.

그림 10-60

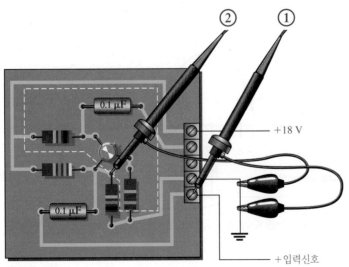

그림 10-63

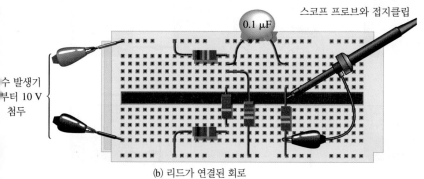

0.1 μF

스코프 프로브와 접지클립

수 발생기
부터 10 V
첨두

(b) 리드가 연결된 회로

림 10-92

N   S

I I

+   −

그림 11-1

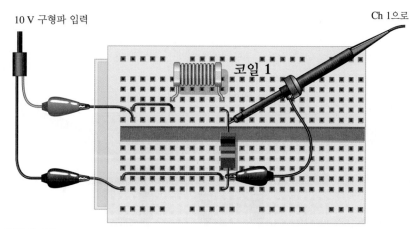

10 V 구형파 입력

Ch 1으로

코일 1

그림 11-39

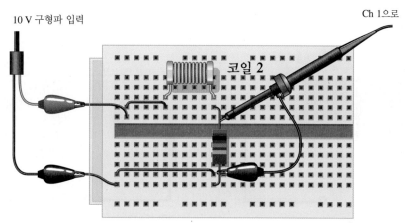

10 V 구형파 입력

Ch 1으로

코일 2

그림 11-40

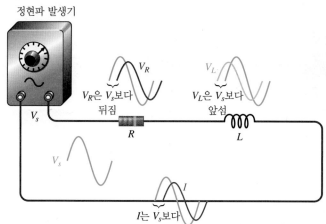

정현파 발생기

V_R

V_L

V_R은 V_s보다
뒤짐

V_L은 V_s보다
앞섬

V_s

R L

V_s

I

I는 V_s보다

그림 12-1

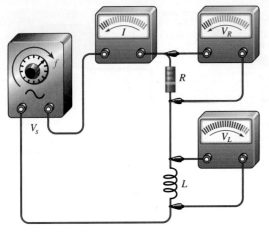

(a) 주파수가 증가할 때 I와 V_R는 감소하고, V_L은 증가한다.

그림 12-12

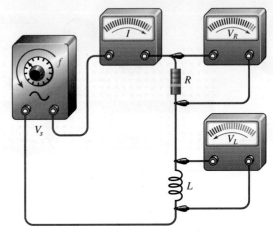

(b) 주파수가 감소할 때 I와 V_R는 증가하고, V_L은 감소한다.

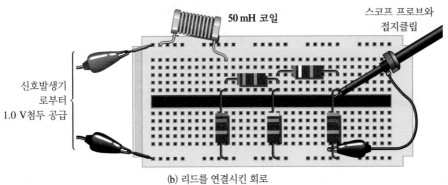

50 mH 코일

스코프 프로브와
접지클립

신호발생기
로부터
1.0 V첨두 공급

(b) 리드를 연결시킨 회로

그림 12-75

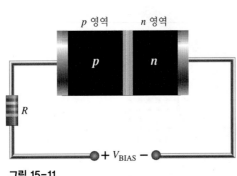

p 영역 n 영역

p n

R

$+ \; V_{\text{BIAS}} \; -$

그림 15-11

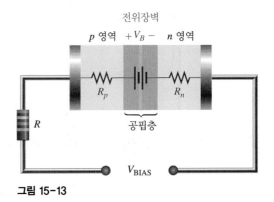

전위장벽

p 영역 $+ V_B -$ n 영역

R_p R_n

공핍층

R

V_{BIAS}

그림 15-13

p 영역 n 영역

p n

$- \; V_{\text{BIAS}} \; +$

(a) 역방향 바이어스의 연결

그림 15-14

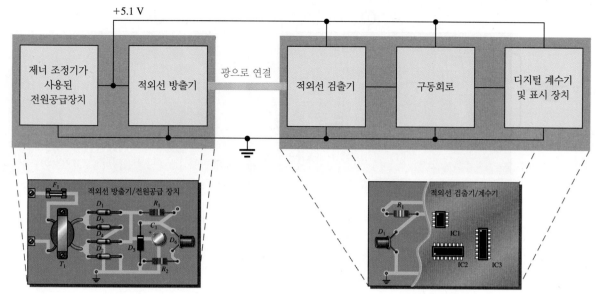

그림 15-72

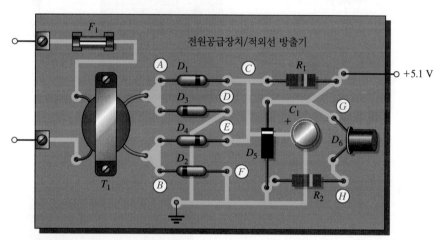

그림 15-73

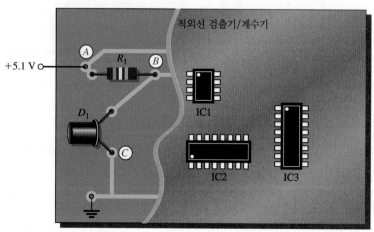

그림 15-74

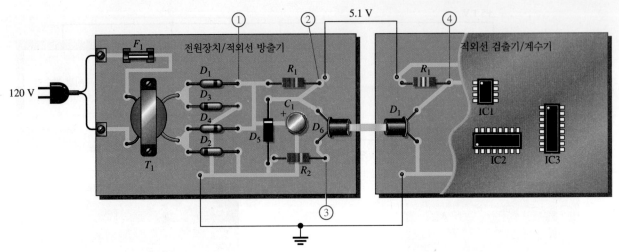

그림 15-75

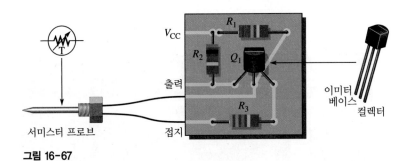

그림 16-67

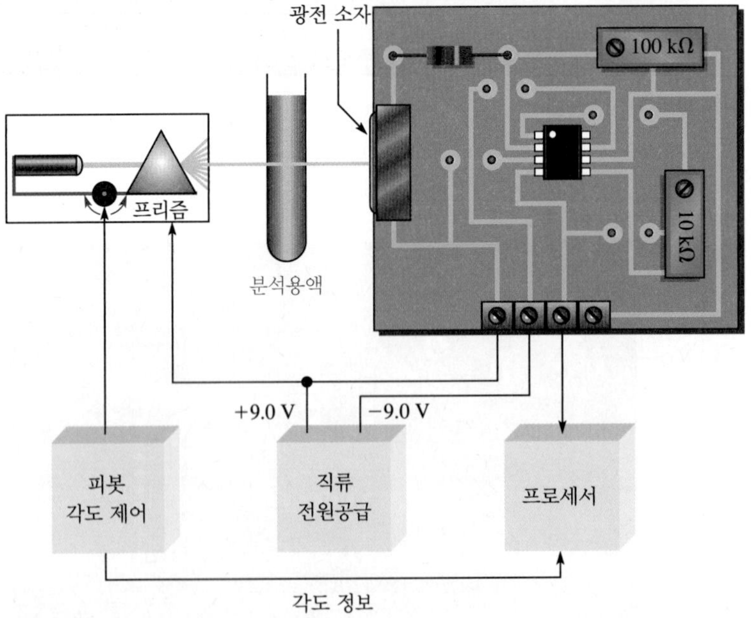

그림 17-32